国家级一流本科课程教材

"十二五"普通高等教育本科国家级规划教材

教育部高等学校材料类专业教学指导委员会规划教材

材料科学基础

第三版

陶 杰 姚正军 薛 烽 主编

Fundamentals of
Materials
Science

化学工业出版社

·北京·

内容简介

本书以材料基础理论为重点，将金属材料、陶瓷材料和高分子材料与复合材料有机结合，建立了更为宽广的基础知识体系，系统介绍了固体的结构、相图和相变基础、晶体的缺陷与界面结构和固体材料的变形等。具体细分为晶体学基础、固体材料的结构、固体中的扩散、凝固、相图、固态相变的基本原理、晶体缺陷、材料表面与界面、金属材料的变形与再结晶、非金属材料的应力-应变行为与变形机制共 10 章内容。本书适合材料类专业本科生、研究生以及工程技术人员学习使用。

图书在版编目（CIP）数据

材料科学基础/陶杰，姚正军，薛烽主编. —3 版. —北京：
化学工业出版社，2021.7（2023.7 重印）
"十二五"普通高等教育本科国家级规划教材
ISBN 978-7-122-39097-4

Ⅰ.①材…　Ⅱ.①陶…②姚…③薛…　Ⅲ.①材料科学-
高等学校-教材　Ⅳ.①TB3

中国版本图书馆 CIP 数据核字（2021）第 084546 号

责任编辑：王　婧　杨　菁　　　　　　　　　　　装帧设计：王晓宇
责任校对：边　涛

出版发行：化学工业出版社（北京市东城区青年湖南街 13 号　邮政编码 100011）
印　　装：北京宝隆世纪印刷有限公司
880mm×1230mm　1/16　印张 35　字数 986 千字　2023 年 7 月北京第 3 版第 2 次印刷

购书咨询：010-64518888　　　　　　　　售后服务：010-64518899
网　　址：http://www.cip.com.cn
凡购买本书，如有缺损质量问题，本社销售中心负责调换。

定　　价：188.00 元

版权所有　违者必究

材料科学基础是材料科学与工程专业一门重要的专业基础课程，为必修主干课程，也是研究生入学的必考课程。由于该门课程具有概念多、理论抽象、涉及知识面广等特点，使学习者颇感困难。随着教育部"卓越工程师教育培养计划"的实施和"新工科"建设的不断推进，对材料科学与工程专业的主干课程——材料科学基础也提出了更高要求。为了培养学生掌握材料科学与工程研究的科学原理、科学方法和基本的创新方法，本教材在注重基本概念和基本理论的基础上，适当拓展了教学内容的深度和宽度，及时吸纳了材料科学领域的最新研究成果，包括纳米晶结构、非平衡态下的材料科学问题、表面微观结构与亲/疏水特性的关系等内容。

为了进一步推进"课程思政"建设，培养具有独立思考能力，能够解决实际材料工程问题的高水平专业人才，本教材在加强课程基础内容的同时，在每章开始增加了构思巧妙、配图精致的导读内容；在各章最后部分，都从哲学的角度对相关内容进行了总结和分析，同时还将我国科学家最新研究成果有机融入课程章节体系中，积极引导学生建立正确的价值理念和精神追求。

同时，本教材还开发了金属层状复合材料构件的制备与性能虚拟仿真实验平台（http:virtualism.nuaa.edu.cn/exp/30.html），旨在帮助学生熟练掌握材料科学基础课程中相关知识，包括金属的晶体结构、固相扩散、固态相变、金属的塑性变形及材料表界面工程等内容，从而全面提升学生独立分析、创新设计和解决疑难问题的能力。

本教材采用数字融合出版的呈现形式，提供了系统的在线开放课程，中国大学MOOC（慕课）https://www.icourse163.org/course/NUAA-1461589176；配有丰富的在线教学内容，包括教学课件、拓展阅读、要点总结，以丰富的二维/三维动画、视频、文本等将材料科学基础中大量抽象和难以理解的概念与原理形象化地表达出来，非常有助于教师教学与学生自学。

本次修订由陶杰提出修订提纲，统稿由陶杰、薛烽和沈一洲共同完成。参加本书修订的人员有南京航空航天大学的陶杰教授、沈一洲副教授、张平则教授、姚正军教授和汪涛教授；东南大学的薛烽教授、周健副教授、白晶副教授和晏井利副教授；合肥工业大学的孙建副教授和崔接武副教授。南京航空航天大学许杨江山、江家威博士生参与了部分插图和文字编辑工作，在此谨致谢意。

因编者水平有限，书中不妥或谬误之处在所难免，恳请读者批评指正。

编者

2021 年 5 月于南京

材料技术与信息、生物、能源技术并列，被世界各国公认为当代以及今后相当长的时期内总揽人类社会全局的高科技技术。新材料技术既是一个独立的技术领域，又对其他领域起着引导、支撑和相互依存的关键性作用。可以说，没有先进的材料，就没有先进的工业、农业和科学技术。从世界科技发展史看，重大的技术革新往往起始于材料的革新，而近代新技术的发展又促进了新材料的研制。材料的基础理论实际上就是综合数学、物理、化学等各种基础知识来分析实际的材料问题。

目前，国内外材料科学基础课程的内容并未定型，材料科学基础教材的内容也不尽相同。有的偏重金属材料，有的偏重无机材料，还有的偏重性能，且面比较宽。本教材是在汲取最近十几年国内有关材料大专业培养模式改革实践经验的基础上，并结合南京航空航天大学、东南大学等几所大学的传统与特色，确定以材料的基础理论为重点，并将金属材料、陶瓷材料和高分子材料与复合材料的内容有机结合起来。 基础理论是共性的，适用于各种材料，是材料科学与工程专业的基础。 随着材料科学与工程的发展，基础理论显得日益重要，对发展新材料、培养学生创新能力具有深远的意义。《材料科学基础》第一版自 2006 年由化学工业出版社出版以来，已印刷多次，得到许多高校老师和同学的喜爱。 2013 年本书入选"十二五"普通高等教育本科国家级规划教材书目。

随着科学技术的快速发展，加之高校课程体制和教学时数的改革，特别是为适应普通高校工程教育本科专业认证要求，我们进一步完善了原教材的相关内容，并优化了原教材中的图表，修正了其中的错漏之处，增加了纳米材料科学的新成果、非平衡态下的材料科学问题、表面微观结构与亲水疏水特性的关系以及超塑性机理与应用等内容。

本书配有数字化教学资源，以丰富的动画、视频、图表等将材料科学基础中大量抽象的、难以理解的概念、原理形象直观地表达出来，非常有助于教师备课和学生学习。

南京航空航天大学陶杰教授、姚正军教授、汪涛教授、苏新清副教授以及东南大学的薛烽教授、周健副教授全面参与了本教材的修订工作，沈一洲博士、王文涛博士、张平则教授、李勇教授、白晶副教授和晏井利博士参加了部分内容的修订。

因编者水平有限，书中不妥或疏漏之处在所难免，恳请读者批评指正。

编者

2017 年 6 月

　　本书为江苏省普通高校"十一五"精品立项教材,是在 1998 年国家教育部高等学校专业设置调整、高等教育办学层次普遍提升的背景下,根据材料科学与工程一级学科办学的基础课教学实际需要,结合多年来从事本门课程的教学实践和体会精心编写而成。其编写的原则是进一步融合金属学原理、无机非金属材料物理化学、高分子材料科学等学科的共性科学原理和方法,从教学要求出发,着重对基本概念和基础理论的阐述,力求教材内容的科学性、先进性和实用性,培养学生运用科学原理解决材料工程实际问题的能力。

　　材料科学是研究材料的成分、组织结构、制备工艺及材料性能与应用之间相互关系的科学,其基本原理植根于凝聚态物理学、物理化学与合成化学。虽然各种材料的分支学科的学术背景不尽相同,其交叉融合需要一个历史过程,然而进入 21 世纪以来,随着科学技术的迅猛发展,学科之间的交叉融合正在加速进行,也促成了这门材料科学与工程专业本科生核心专业基础课——材料科学基础的日趋完善。

　　本教材的特点表现在:

　　1. 适应了新世纪对人才培养的新要求,打破传统各类小专业之间的条块分割,真正做到将金属材料、陶瓷材料、高分子材料以及复合材料四者有机结合起来,建立了更为宽广的基础知识体系,有关材料基础理论更全面、更系统、更实用;全书内容共性突出,个性分明;

　　2. 本书是在完成面向 21 世纪材料类大专教学内容和课程体系一系列改革的基础上编写的,能够反映当代教学改革的最新成果;

　　3. 本书能够体现当代材料领域所取得的最新理论与发展成果,如有关纳米材料及一些新型功能材料等内容;

　　4. 本书配有多媒体教学资源,以丰富的二维三维动画、图表、录像等将材料科学基础中大量抽象的、难于理解的或极其复杂的概念、原理形象直观地表达出来,非常有助于教师备课和学生学习;

　　5. 本书自编教材已印刷过两版,在南京航空航天大学及东南大学已试用过五届,获得了有关教师及学生们的宝贵意见,对此书正式出版有很大裨益;

　　6. 在结构编排方面突出教材编排的新颖性及易读性。 教材适应面广,既适应于材料科学与工程一级学科本科生基础课教学使用,亦可作为相关专业工程技术人员的参考书。

　　本书由南京航空航天大学陶杰、姚正军,东南大学薛烽,合肥工业大学宫晨利、许少凡等教授编写。 具体编写分工如下:南京航空航天大学姚正军编写第 1章、第 2 章、第 4 章部分内容;合肥工业大学宫晨利编写第 3 章、第 6 章;合肥工业大学许少凡编写第 5 章；南京航空航天大学陶杰编写第 7 章、第 8 章和第 10 章部分内容；东南大学薛烽编写第 8 章部分内容、第 9 章；南京航空航天大学苏新清编写了全书的高分子材料科学内容；南京航空航天大学李勇编写了书中的复合材料内容；南京航空航天大学向定汉、傅仁利编写了书中的陶瓷材料相关内容；南京航空航天大学汪涛、东南大学孙扬善、合肥工业大学吴玉程参与了本书的有关章节的审定和编写工作。 全书由陶杰、姚正军和薛烽统稿，薛烽还绘制了本书中的大部分彩图。 江苏省教育厅、南京航空航天大学对本书的编写和出版给予了大力支持，南京航空航天大学材料科学与技术学院的同事对本书提出了许多有益的建议，研究生陶海军、季光明、季学来、周金堂等在本书的资料收集等方面付出了辛勤劳动，编者对这些单位和个人的无私帮助和热情关怀表示衷心的感谢。

由于编者水平有限，书中难免存在疏漏之处，敬请读者批评指正。

编者
2006 年 2 月

第6章 固态相变的基本原理 ·········· 297

第7章 晶体缺陷 ·········· 355

第8章 材料表面与界面 ·············· 407

第9章 金属材料的变形与再结晶 ·············· 449

第1章
晶体学基础

导读

人类文明诞生于微小的细胞中，每个人都是由千千万万个细胞组成，而细胞中的DNA决定了人类的存在形式与繁衍方式。生物学上对人类的研究，主要依赖于人类对自身基因的了解程度。

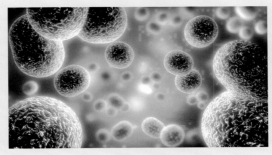

图1 细胞

图2 DNA

2011年，美国率先推动的材料基因组计划提出：不仅生命体内存在基因，看似冰冷的金属晶体内部同样存在着"基因"。

所有晶体均由最基本的原子构成，这些原子依循"基因"以特定的方式有序排列，构成了组成晶体的最小单元——晶胞。想要充分认识某种晶体，就必须从晶体的"基因"入手，全面了解晶胞的特性。

图3 钢铁材料

图4 原子

图5 典型晶胞

◉ 为什么学习晶体学基础?

现代使用的材料绝大部分是晶态材料，包括单晶、多晶、微晶等，而准晶、液晶等也具备了一些晶体的特征。晶态材料的本质特征是其内部的原子、分子或络合离子等结构基元在空间中呈规则的周期排列，厘清上述结构基元的点阵排列规律、对称性等晶体学基础知识，才能从本质上去认识不同晶态材料的宏观、微观特征和物理、化学性质。

◉ 学习目标

从几何特征出发，区别晶体和非晶体在结构和性质上的差异，学习晶体结构、空间点阵和结构基元的概念并厘清三者之间的关系。熟悉布拉菲点阵类型，并掌握晶体学相关参数及定理（晶向指数、晶面指数、晶面间距、晶面夹角和晶带定理）。本章的难点是晶体的对称性以及极射投影的基本概念，学习时可以从基本概念出发加以理解。

（1）晶体学的基本概念：晶体、非晶体、晶体结构、空间点阵、结构基元、晶体对称性。

（2）晶体学的基本参数及定理：晶向指数、晶面指数、晶面间距、晶面夹角和晶带定理。

（3）极射投影：熟悉极射赤面投影基本概念以及标准投影图的使用。

晶体与非晶体之间的主要差别在于它们是否具有点阵结构，即组成晶体的原子、离子、分子或配位离子等都具有长程的有序排列。晶体的各种性质，无论是物理、化学方面的性质，或是几何形态方面的性质，都与其内部点阵结构紧密相关。晶体之所以被广泛应用，其原因就在于它们具有和非晶体材料不同的一系列特性。由于近代科学技术的迅速发展，使得晶体学广泛地向化学、固体物理学、固体电子学、材料科学、分子生物学等学科渗透，而这种相互渗透的结果不仅促进了各学科本身的进一步发展，而且往往揭示出新的效应，开拓出新的领域，从而推动了整个科学技术的向前发展。

1.1 晶体的周期性和空间点阵

1.1.1 晶体与晶体学

人们对晶体的认识是从认识自然晶体开始的。对晶体的认识经历了一个由感性到理性、由宏观到微观、由现象到本质的过程，这种认识过程是随着人们对自然界认识的不断深入而发展的。

最初，人们认为，凡是具有规则几何外形的天然矿物，均称为晶体，但在今天看来，这个定义显然是不够严谨的。尽管晶体的实际外形是千变万化的，但影响晶体外形的主要因素只有两个方面，即晶体的内部结构与晶体生长的物理化学条件。若将一个外形不规则的晶种放入生长液中，在适宜的条件下，使其自由生长，最终将形成具有规则几何外形的晶体。晶体的这种性质是受其内部结构规律所支配的，晶体规则的几何外形是晶体内部结构规律的外在反映。

X射线衍射的结果表明，一切固体，不论其外形及透明度如何，不论是单质还是化合物，是天然的还是人工合成的，只要是晶体，它都具有结构基元（原子、分子、离子或配位离子等）长程有序排列的规律。玻璃、石蜡和沥青等，虽然也都是固体，但它们的结构基元仅具有短程有序的排列（即一个结构基元在微观小范围内，与其邻近的几个结构基元间保持着有序的排列），而没有长程有序的排列，这些固体物质均称为非晶体。由于非晶体不能自发地生长成规则的几何外形，因而非晶体固体又称为无定形体。但晶体与无定形体之间要划分一绝对的界限也是困难的。有些物质（如部分有机高聚物）的性质介于晶体与无定形体之间，其结构基元的排列具有一维或二维近似长程有序，处于这种状态的物质，称为液态晶体，或简称液晶。液晶是介于固态和液态之间的各向异性的流体，是一种具有特定分子结构的有机化合物凝聚体。通常固态有机晶体被加热后变成各向同性的透明液体。但某些固态有机物加热至 T_1 温度后变成黏稠状而稍有些浑浊的各向异性液体（即为液晶）；若再加热至 T_2 温度则变成各向同性的透明液体。最早发现的液晶是胆固醇苯甲酸酯 $C_{27}H_{45}O \cdot CO \cdot C_6H_5$，其 T_1 温度是 $146℃$，T_2 温度是 $178.5℃$。广泛应用的液晶显示器就是人们利用液晶的物理及化学性质，具有如下特点：电力消耗低、显示鲜明、分辨率高、可靠性高、品质优良、成本低、光电效应快（$<0.1s$）以及热稳定性好等。

在实际晶体中，结构基元均按着理想、完整的长程有序的排列是不可能的，总是或多或少地存在着不同类型的结构缺陷，因此就形成了长程有序中的无序成分，当然，长程有序还是基本的。晶体结构基元的长程有序排列包含着结构缺陷。

地球上大部分固体物质都是晶体状态的，在其他天体上也不断地进行着晶体形成和破坏的演变过程，甚至在整个宇宙中，也广泛存在着晶体物质，如飞落到地球上的陨石基本上也是由晶体组成的。晶体也存在于有生命的物质中，所以在探索生命起源的研究中，也日益显示其重要作用。如蛋白质是形成动物组织的主要物质。早在 20 世纪 60 年代，我国的科学工作者首次用人工方法生长出世界上第一块纯净的蛋白质晶体，并成功地测定了它的晶体结构，使得晶体结构的测定工作和生物的活动过程在微观尺度上联系起来。

晶体中原子的周期排列促成晶体具有一些共同的性质：均匀性，即晶体不同部位的宏观性质相同；各向异性，即在晶体中不同方向上具有不同的性质，如表 1-1 所示的 Cu 和 α-Fe 在不同方向上的力学性能有明显差异；有限性，即晶体具有自发地形成规则几何外形的特性；对称性，即晶体在某些特定方向上所表现的物理化学性质完全相同；具有固定的熔点等，而固态非晶体自液体冷却时，尚未转变为晶体就凝固了，它实质是一种过冷的液体结构，往往称为玻璃体，故液-固之间的转变温度不固定。

表 1-1　单晶体的各向异性

类　别	弹性模量/MPa		拉伸强度/MPa		延伸率/%	
	最大	最小	最大	最小	最大	最小
Cu	191000	66700	346	128	55	10
α-Fe	293000	125000	225	158	80	20

晶体与非晶体在一定的条件下可以相互转化，如玻璃调整其内部结构基元的排列方式可以向晶体转化，称为退玻璃化或晶化。晶体内部结构基元的周期性排列遭到破坏，也可以向非晶体转化，称为玻璃化或非晶化。含有放射性元素的矿物晶体，也可能受到放射性蜕变时所发出的 α 射线的作用，晶体结构遭到破坏而转化为非晶矿物。

当晶体内部的结构基元为长程有序排列且处于平衡位置时，其内能最小。对于同一物质的不同凝聚态来说，晶体是最稳定的。因此，晶体玻璃化作用的发生，必然与能量的输入或物质成分的变化相关联，但晶化过程却完全可以自发产生。

一块晶体中，若其内部的原子排列的长程有序规律是连续的，则称为单晶体。若某一固体物质是由许许多多的单晶体颗粒所组成，则称之为多晶体。晶粒间的分界面，称为晶面或界面。多晶体和单晶体一样具有 X 射线衍射效应，有固定的熔点，但显现不出晶体的各向异性（如果多晶内晶粒排布是随机的话）。多晶的物理性质不仅取决于所包含晶粒的性质，而且晶粒的大小及其相互间的取向关系也起着重要的作用。工业上所用的大多数金属和合金都是多晶体。

晶体学是一门研究晶体的自然科学。它研究晶体的成核与生长过程；研究晶体的外部形态和内部结构；研究实际晶体结构与其物理性质的相互关系等。如今它也被广泛地应用于自然科学和应用科学领域中，它与化学、物理学、冶金学、材料科学、分子生物学和固体电子学等学科关系十分密切。

晶体学开始是从研究自然界矿物晶体而发展起来的。最初，晶体学是矿物学的一个分支，随着人们对晶体观察研究的深化，发现晶体分布范围大大超出矿物晶体范畴，从而使晶体学由矿物学中解脱出来，单独成为一门学科。尤其到 19 世纪，德国学者赫塞尔推导出晶体外形对称性的 32 种点群；在此基础上，苏联晶体学者费道罗夫又首先导出描述晶体结构的 230 种空间群，从而使晶体结构的点阵理论基本成熟。但是一直到 19 世纪末，点阵理论未能被实验所证实。

1912 年，德国科学家劳厄（Max van Laue）发现了晶体的 X 射线衍射现象，证实了晶体结构点阵理论的正确性，这一开创性成果奠定了近代晶体学的基础，由于劳厄这一实验成果，因而便兴起了一门新的学科——X 射线晶体学。随后，在化学中出现了结晶化学。1913 年，英国晶体学家布拉格父子（W. H Bragg、W. L Bragg）提出了 X 射线衍射的最基本公式——布拉格公式，开始了晶体结构分析的工作。到 20 世纪 40 年代，各类有代表性的无机物和不太复杂的有机物的晶体结构，大多数已得到测定，并总结出原子间的键长、键角和分子构型等重要科学资料。20 世纪 60 年代，人们成功地测定了蛋白质大分子晶体结构。它标志着晶体结构分析工作已达到新的水平。近二十年来，研究者又采用了电子学和计算数学中的新技术与新成就，使晶体结构分析测定的精度、速度和广度得到了更进一步的提高。

近代科学的许多领域的进展都和近代晶体学密切相关。除了物理、化学等基础学科外，一些尖端科学技术，如自动化、红外遥感、计算机和空间技术等，都各有它所需要的特殊晶体材料。因此材料科学的发展在较大程度上得力于晶体结构理论所提供的观点与知识。各种材料，不管它是金属、合金、陶瓷、高分子聚合物，还是单晶材料，它们都存在着内部结构、物相组成和结构与性能关系等问题，即它们有个共同相关的问题，这种问题就是近代晶体学中需要研究和解决的问题。通过这个问题的解决，就可以把晶体材料和应用联系起来了。可以说，近代晶体学是材料科学的基础之一。

1.1.2　晶体点阵与空间点阵

晶体结构是指组成晶体的结构基元（分子、原子、离子、原子集团）依靠一定的结合键结合后，在三维空间作有规律的周期性重复排列方式。由于组成晶体的结构基元、排列规则或者周期性都可能不同，所以它们可以组成各种各样的晶体结构，即实际存在的晶体结构可以有无限多种。应用 X 射线衍射分析法，我们可以测定各种晶体的结构，但由于晶体结构种类繁多，不便于对其规律进行全面的系统性研究，故人为地引入一个几何模型，用科学的抽象建立一个三维空间的几何图形（即空间点阵），以此来描述各种晶体结构的规律和特征。下面我们举例分析如何将晶体结构抽象为空间点阵，并说明它们之间的关系。

NaCl 是由 Na^+ 和 Cl^- 所组成。人们实际测定出在 NaCl 晶体中 Na^+ 和 Cl^- 是相间排列的，NaCl 晶体结构的空间图形和平面图形分别如图 1-1、图 1-2 所示。所有 Na^+ 的上下、前后、左右均为 Cl^- ；所有 Cl^- 的上下、前后、左右均为 Na^+ 。两个 Na^+ 之间的周期分别为 0.5628nm 和 0.3978nm，即不同方向上周期不同。两个 Cl^- 之间的周期亦如此。可以发现，每一个 Na^+ 中心点在晶体结构中所处的几何环境和物质环境都是相同的，Cl^- 也同样如此。我们将这些在晶体结构中占有相同几何位置且具有相同物质环境的点都称其为等同点。除 Na^+ 中心点和 Cl^- 中心点之外，尚存在很多类等同点，例如 Na^+ 和 Cl^- 相接触的 X 点也是一类等同点。但 Na^+ 中心点、Cl^- 中心点和 X 点彼此不是等同点。如果将晶体结构中某一类等同点挑选出来，它们有规则地、周期性重复排列所形成的空间几何图形即称为空间点阵，简称点阵。构成空间点阵的每一个点称之为结点或阵点。由此可知，每一个阵点都是具有等同环境的非物质性的单纯几何点，而空间点阵是从晶体结构中抽象出来的非物质性的空间几何图形，它很明确地显示出晶体结构中物质质点排列的周期性和规律性。

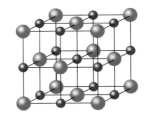

图 1-1　NaCl 结构空间图形

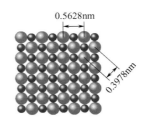

图 1-2　NaCl 结构平面图形

我们也可以这样理解空间点阵和晶体结构的关系：如果在空间点阵的每一个阵点处都放上一个结构基元，这个结构基元可以是由各种原子、离子、分子或原子集团所组成，则此时空间点阵就变为晶体结构。由于结构基元可以是各种各样的，所以不同的晶体结构可以属于同一空间点阵，而相似的晶体结构又可以分属于不同的空间点阵。例如 Cu、NaCl、金刚石为三种不同的晶体结构，但它们均属于同一空间点阵类型——面心立方点阵。其中，组成金刚石结构的虽然都是碳原子，但●和●两类碳原子不属于同种等同点，因为它们的几何环境不相同，如图 1-3 所示。反之，如果将●—●看作是一个结构基元，在面心立方点阵的每个结点上放上一个结构基元●—●，则构成金刚石结构。在图 1-4 中，Cr 是体心立方点阵，而 CsCl 属于简单立方点阵。由此看来，晶体结构和空间点阵是两个完全不同的概念，晶体结构是指具体的物质粒子排列分布，它的种类有无限多；而空间点阵只是一个描述晶体结构规律性的几何图形，它的种类却是有限的。二者关系可以表述为：

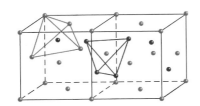

图 1-3　金刚石结构中不等同的两类碳原子

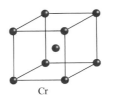

Cr

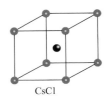

CsCl

图 1-4　结构相似的不同点阵

空间点阵＋结构基元——晶体结构

在研究晶体材料时，还常常应用晶体点阵的概念。当把空间点阵的结点不再当作单纯的几何点而作为物质质点的中心位置，此时它仍然是一个规则排列的点阵，但其意义发生了变化，从单纯的几何图形变成了具有物质性的点的阵列，称其为晶体点阵。晶体点阵是晶体结构的一种理想形式，它忽略了原子的热振动和晶体缺陷，突出了构成晶体的物质质点的对称性和周期性。图 1-5 所示是几种晶体点阵的平面图（a）、（b）、（c）和它们的空间点阵（d）。

图 1-6（a）～（e）所示分别为 γ-Fe、金刚石、NaCl、CaF₂、ZnS 五种晶体的晶体结构、空间点阵和结构基元，尽管它们的晶体结构完全不同，但

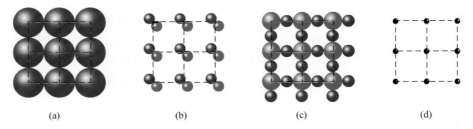

（a）　　　　　（b）　　　　　（c）　　　　　（d）

图 1-5　几种晶体点阵的平面图（a）、（b）、（c）和它们的空间点阵（d）

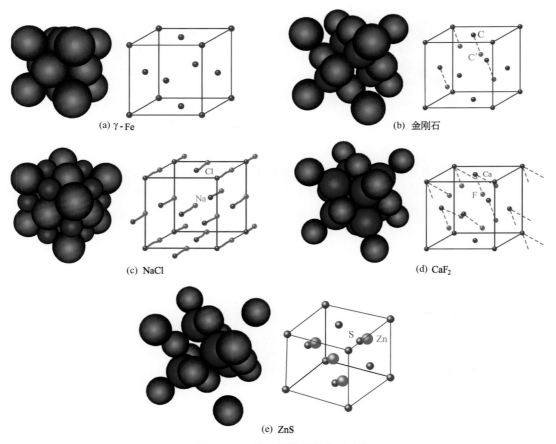

(a) γ-Fe　　　　　(b) 金刚石

(c) NaCl　　　　　(d) CaF₂

(e) ZnS

图 1-6　五种晶体结构的点阵分析

是它们的点阵类型相同，都是面心立方。

一个空间点阵若用不在同一平面上的三个方向的平行直线束串接起来，就称之为空间格子，如图 1-7 所示。空间格子中每个点称之为格点。在一般文献中，空间点阵和空间格子通常不加区别。

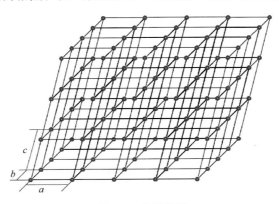

图 1-7 空间格子

1.2 布拉菲点阵

空间点阵到底有多少种排列形式？按照"每个阵点的周围环境相同"的要求，在这样一个限定条件下，法国晶体学家布拉菲（A. Bravais）在 1848 年首先用数学方法证明，空间点阵只有 14 种类型。这14 种空间点阵以后就被称为布拉菲点阵。

空间点阵是一个三维空间的无限图形，为了研究方便，可以在空间点阵中取一个具有代表性的基本小单元，这个基本小单元通常是一个平行六面体，整个点阵可以看作是由这样一个平行六面体在空间堆砌而成，我们称此平行六面体为单胞。当要研究某一类型的空间点阵时，只需选取其中一个单胞来研究即可。在同一空间点阵中，可以选取多种不同形状和大小的平行六面体作为单胞，如图 1-8 所示。一般情况下，单胞的选取有以下两种选取方式。

（1）固体物理选法 在固体物理学中，一般选取空间点阵中体积最小的平行六面体作为单胞，这样的单胞只能反映其空间点阵的周期性，不能反映其对称性。如面心立方点阵的固体物理单胞并不反映面心立方的特征，如图 1-9 所示。

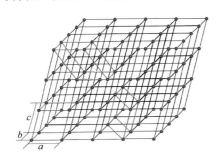

图 1-8 空间点阵及晶胞的不同取法

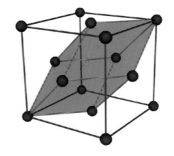

图 1-9 面心立方点阵中的固体物理单胞

（2）晶体学选法 由于固体物理单胞只能反映晶体结构的周期性，不能反映其对称性，所以在晶体学中，规定了选取单胞要满足以下几点原则（如图 1-10 所示）：

① 要能充分反映整个空间点阵的周期性和对称性；

② 在满足①的基础上，单胞要具有尽可能多的直角；

③ 在满足①、②的基础上，所选取单胞的体积要最小。

根据以上原则，所选出的 14 种布拉菲点阵的单胞（见图 1-12）可以分为两大类。一类为简单单胞，即只在平行六面体的 8 个顶点上有结点，而每个顶点处的结点又分属于 8 个相邻单胞，故一个简单单胞只含有一个结点。另一类为复合单胞（或称复杂单胞），除在平行六面体顶点位置含有结点之外，尚在体心、面心、底心等位置上存在结点，整个单胞含有一个以上的结点。14 种布拉菲点阵中包括 7 个简单单胞，7 个复合单胞。

根据单胞所反映出的对称性，可以选定合适的坐标系，一般以单胞中某一顶点为坐标原点，相交于原点的三个棱边为 X、Y、Z 三个坐标轴，定义 X、Y 轴之间夹角为 γ，Y、Z 之间夹角为 α，Z、X 轴之间夹角为 β，如图 1-11 所示。单胞的三个棱边长度 a、b、c 和它们之间夹角 α、β、γ 称为点阵常数或晶格参数。6 个点阵常数，或者说 3 个点阵矢量 a、b、c 描述了单胞的形状和大小，且确定了这些矢量的平移而形成的整个点阵。也就是说，空间点阵中的任何一个阵点都可以借矢量 a、b、c 由位于坐标原点的阵点进行重复平移而产生。每种点阵所含的平移矢量如下。

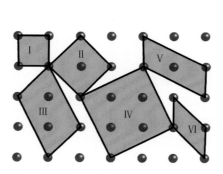

图 1-10　晶体学选取晶胞的原则

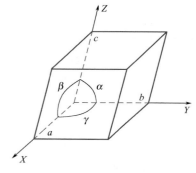

图 1-11　单晶胞及晶格参数

简单点阵：a、b、c；

底心点阵：a、b、c、$(a+b)/2$；

体心点阵：a、b、c、$(a+b+c)/2$；

面心点阵：a、b、c、$(a+b)/2$、$(b+c)/2$、$(a+c)/2$。

所以布拉菲点阵也称为平移点阵。

晶体根据其对称程度的高低和对称特点可以分为七大晶系，所有晶体均可归纳在这七个晶系中，而晶体的七大晶系是和 14 种布拉菲点阵相对应的，如图 1-12 和表 1-2 所示。所有空间点阵类型均包括在这 14 种之中，不存在这 14 种布拉菲点阵外的其他任何形式的空间点阵。例如在图 1-12 中未列出底心四方点阵，从图 1-13 可以看出，底心正方点阵可以用简单正方点阵来表示，面心正方可以用体心正方来表示。如果在单胞的结点位置上放置一个结构基元，则此平行六面体就成为晶体结构中的一个基本单元，称之为晶胞。在实际应用中，我们常将单胞与晶胞的概念混淆起来用，而没有加以细致的区分。

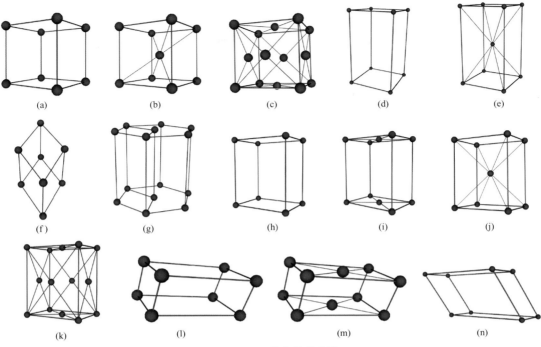

图 1-12　14 种布拉菲点阵

表 1-2　七大晶系和 14 种布拉菲点阵

晶系	布拉菲点阵	符号	晶胞中点阵数	阵 点 坐 标	点 阵 常 数	图 1-12 中对应标号
三斜系	简单三斜	P	1	0 0 0	$a \neq b \neq c$，$\alpha \neq \beta \neq \gamma \neq 90°$	（n）
单斜系	简单单斜	P	1	0 0 0	$a \neq b \neq c$，$\alpha = \gamma = 90° \neq \beta$	（l）
	底心单斜	C	2	0 0 0，$\frac{1}{2}$ $\frac{1}{2}$ 0		（m）
六角系（六方）	简单六角	P	1	0 0 0	$a = b \neq c$，$\alpha = \beta = 90°$，$\gamma = 120°$	（g）
三角系（菱方）	简单三角	R	1	0 0 0	$a = b = c$，$\alpha = \beta = \gamma \neq 90°$	（f）
正交系（斜方）	简单正交	P	1	0 0 0	$a \neq b \neq c$，$\alpha = \beta = \gamma = 90°$	（h）
	体心正交	I	2	0 0 0，$\frac{1}{2}$ $\frac{1}{2}$ $\frac{1}{2}$		（j）
	底心正交	C	2	0 0 0，$\frac{1}{2}$ $\frac{1}{2}$ 0		（i）
	面心正交	F	4	0 0 0，$\frac{1}{2}$ $\frac{1}{2}$ 0，$\frac{1}{2}$ 0 $\frac{1}{2}$，0 $\frac{1}{2}$ $\frac{1}{2}$		（k）
四方系（正方）	简单四方	P	1	0 0 0	$a = b \neq c$，$\alpha = \beta = \gamma = 90°$	（d）
	体心四方	I	2	0 0 0，$\frac{1}{2}$ $\frac{1}{2}$ $\frac{1}{2}$		（e）
立方系	简单立方	P	1	0 0 0	$a = b = c$，$\alpha = \beta = \gamma = 90°$	（a）
	体心立方	I	2	0 0 0，$\frac{1}{2}$ $\frac{1}{2}$ $\frac{1}{2}$		（b）
	面心立方	F	4	0 0 0，$\frac{1}{2}$ $\frac{1}{2}$ 0，$\frac{1}{2}$ 0 $\frac{1}{2}$，0 $\frac{1}{2}$ $\frac{1}{2}$		（c）

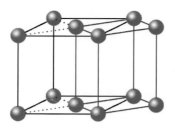 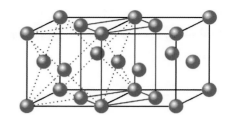

(a) 底心正方和简单正方点阵的关系　　　(b) 面心正方和体心正方点阵的关系

图 1-13　底心、面心正方分别与简单、体心正方点阵的关系

1.3 晶向指数与晶面指数

在晶体物质中，原子在三维空间中作有规律的排列。因此在晶体中存在着一系列的原子列或原子平面，晶体中原子组成的平面叫晶面，原子列表示的方向称为晶向。晶体中不同的晶面和不同的方向上原子的排列方式和密度不同，构成了晶体的各向异性。这对分析有关晶体的生长、变形、相变以及性能等方面的问题都是非常重要的。因此，研究晶体中不同晶向晶面上原子的分布状态是十分必要的。为了便于表示各种晶向和晶面，需要确定一种统一的标号，称为晶向指数和晶面指数，国际上通用的是密勒（Miller）指数。

1.3.1　晶向指数

晶向指数是按以下几个步骤确定的：

① 以晶胞的某一阵点为原点，三个基矢为坐标轴，并以点阵基矢的长度作为三个坐标的单位长度；

② 过原点作一直线 OP，使其平行于待标定的晶向 AB（见图 1-14），这一直线必定会通过某些阵点；

③ 在直线 OP 上选取距原点 O 最近的一个阵点 P，确定 P 点的坐标值；

④ 将此值乘以最小公倍数化为最小整数 u、v、w，加上方括号，$[uvw]$ 即为 AB 晶向的晶向指数。如 u、v、w 中某一数为负值，则将负号标注在该数的上方。

图 1-15 给出了正交点阵中几个晶向的晶向指数。

显然，晶向指数表示的是一组互相平行、方向一致的晶向。若晶体中两直线相互平行但方向相反，则它们的晶向指数的数字相同，而符号相反。如 $[2\bar{1}1]$ 和 $[\bar{2}1\bar{1}]$ 就是两个相互平行、方向相反的晶向。

晶体中因对称关系而等同的各组晶向可归并为一个晶向族，用 $\langle uvw \rangle$ 表示。例如，对立方晶系来说，$[100]$、$[010]$、$[001]$ 和 $[\bar{1}00]$、$[0\bar{1}0]$、$[00\bar{1}]$ 六个晶向，它们的性质是完全相同的，用符号 $\langle 100 \rangle$ 表示。如果不是立方晶系，改变晶向指数的顺序，所表示的晶向可能不是等同的。例如，对于正交晶系 $[100]$、$[010]$、$[001]$ 这三个晶向并不是等同晶向，因为以上三个方向上的原子间距分别为 a、b、c，沿着这三个方向，晶体的性质并不相同。

确定晶向指数的上述方法可适用于任何晶系。但对六方晶系，除上述方法之外，常用另一种表示方法，后面还要介绍。

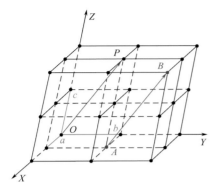

图 1-14　晶向指数的确定

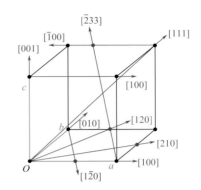

图 1-15　正交点阵中几个晶向的晶向指数

1.3.2　晶面指数

在晶体中，原子的排列构成了许多不同方位的晶面，故要用晶面指数来分别表示这些晶面。晶面指数的确定方法如下：

① 对晶胞作晶轴 X、Y、Z，以晶胞的边长作为晶轴上的单位长度；

② 求出待定晶面在三个晶轴上的截距（如该晶面与某轴平行，则截距为∞），例如 1、1、∞，1、1、1，1、1、1/2 等；

③ 取这些截距数的倒数，例如 1、1、0，1、1、1，1、1、2 等；

④ 将上述倒数化为最小的简单整数，并加上圆括号，即表示该晶面的指数，一般记为 (hkl)，例如 (110)，(111)，(112) 等。

下面再举例来加以说明。

图 1-16 中所标出的晶面 $a_1b_1c_1$，相应的截距为 1/2、1/3、2/3，其倒数为 2、3、3/2，化为简单整数为 4、6、3，所以晶面 $a_1b_1c_1$ 的晶面指数为 (463)。图 1-17 表示了晶体中一些晶面的晶面指数。

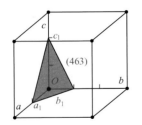

图 1-16　晶面指数的表示方法

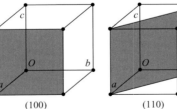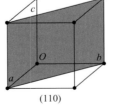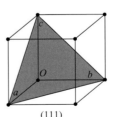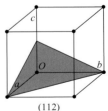

(100)　　　　(110)　　　　(111)　　　　(112)

图 1-17　几个晶面的晶面指数

对晶面指数需作如下说明：h、k、l 分别与 X、Y、Z 轴相对应，不能随意更换其次序。若某一数为 0，则表示晶面与该数所对应的坐标轴是平行的。例如 $(h0l)$ 表明该晶面与 Y 轴平行。若截某一轴为负方向截距，则在其相应指数上冠以 "—" 号，如 $(hk\bar{l})$、$(\bar{h}kl)$ 等。在晶体中任何一个晶面总是按一定周期重复出现的，它的数目可以无限多，且互相平行，故均可用同一晶面指数 (hkl) 表示。所以 (hkl) 并非只表示一个晶面，而是代表相互平行的一组晶面。h、k、l 分别表示沿三个坐标轴单位长度范围内所包含的该晶面的个数，即晶面的线密度。例如，(123) 表示在 X 轴的单位长度内有 1 个该晶面，在 Y 轴单位长度内有 2 个该晶面，而在 Z 轴单位长度内有 3 个该晶面，而其中距原点最近的晶面在三坐标轴上的截距为 1、1/2、1/3。在晶体中有些晶面具有共同的特点，其中原子排列和分布规律是完全相同的，晶面间距也相同，唯一不同的是晶面在空间的位向，这样的一组等同晶面称为一个晶面族，用符号 $\{hkl\}$ 表示。在立方系中，晶面族中所包含的各晶面其晶面指数的数字相同，但数字的排列次序和正负号不同。例如图 1-18 所示，在立方系中：

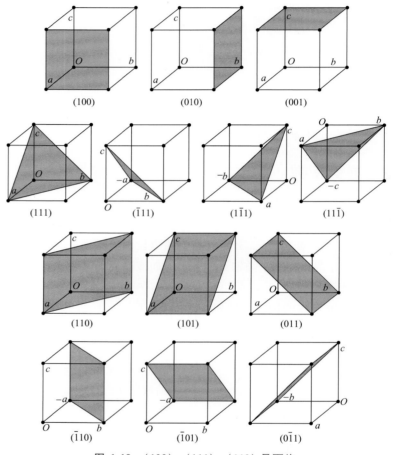

图 1-18　$\{100\}$，$\{111\}$，$\{110\}$ 晶面族

$\{100\}$ 包括 (100)、(010)、(001)；

$\{110\}$ 包括 (110)、(101)、(011)、$(\bar{1}10)$、$(\bar{1}01)$、$(0\bar{1}1)$；

$\{111\}$ 包括 (111)、$(\bar{1}11)$、$(1\bar{1}1)$、$(11\bar{1})$。

而 $\{123\}$ 则包括 (123)、(132)、(231)、(213)、(312)、(321)；

$(\bar{1}23)$、$(\bar{1}32)$、$(\bar{2}31)$、$(\bar{2}13)$、$(\bar{3}12)$、$(\bar{3}21)$；

$(1\bar{2}3)$、$(1\bar{3}2)$、$(2\bar{3}1)$、$(2\bar{1}3)$、$(3\bar{1}2)$、$(3\bar{2}1)$；

$(12\bar{3})$、$(13\bar{2})$、$(23\bar{1})$、$(21\bar{3})$、$(31\bar{2})$、$(32\bar{1})$。

共 24 组晶面。

在立方晶系中，具有相同指数的晶向和晶面必定是相垂直的，即 $[hkl]$ 垂直于 (hkl)。例如：$[100]$ 垂直于 (100)，$[110]$ 垂直于 (110)，$[111]$ 垂直于 (111) 等。但是，此关系不适用于其他晶系。

1.3.3　六方晶系的晶向指数与晶面指数

六方晶系的晶面指数和晶向指数同样可以应用上述方法标定。参阅图 1-19，a_1、a_2、c 为晶轴，而 a_1 与 a_2 间的夹角为 120°。按这种方法，六方晶系六个柱面的晶面指数应为（100）、（010）、（$\bar{1}$10）、（$\bar{1}$00）、（0$\bar{1}$0）、（1$\bar{1}$0）。这六个面是同类型的晶面，但其晶面指数中的数字却不尽相同。用这种方法标定的晶向指数也有类似情况，例如［100］和［110］是等同晶向，但晶向指数却不相同。为了解决这一问题，可采用专用于六方晶系的指数标定方法。

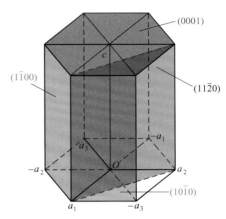

图 1-19　六方晶系晶面指数

这一方法是以 a_1、a_2、a_3 和 c 四个轴为晶轴，a_1、a_2、a_3 彼此间的夹角均为 120°。晶面指数的标定方法与前述基本相同，但须用（$hkil$）四个数字表示。根据立体几何，在三维空间中独立的坐标轴不会超过三个。上述方法中位于同一平面上的 h、k、i 中必定有一个不是独立的。可以证明，h、k、i 之间存在着下列关系：

$$i = -(h+k)$$

此时六个柱面的指数就成为（10$\bar{1}$0）、（01$\bar{1}$0）、（$\bar{1}$100）、（$\bar{1}$010）、（0$\bar{1}$10）、（1$\bar{1}$00），数字全部相同，于是可以把它们归并为 {10$\bar{1}$0} 晶面族。

采用这种四轴坐标时，晶向指数的确定方法也和采用三轴系时基本相同，但须用［$uvtw$］四个数来表示。同理，u、v、t 三个数中也只能有两个是独立的，仿照晶面指数的标注方法，它们之间的关系被规定为：

$$t = -(u+v)$$

根据上述规定，当沿着平行于 a_1、a_2、a_3 轴方向确定 a_1、a_2、a_3 坐标值时，必须使沿 a_3 轴移动的距离等于沿 a_1、a_2 轴移动的距离之和的负数。这种方法的优点是相同类型晶向的指数相同，但比较麻烦。

尽管作出了 $t = -(u+v)$ 的规定，用四轴坐标系标注晶向指数并不十分容易。用三轴坐标系标注六方晶系中的晶向指数则比较方便。

三轴坐标系标出的晶向指数［UVW］与四轴坐标系标出的晶向指数［$uvtw$］存在下列关系：

$$u = \frac{2U-V}{3}$$

$$v = \frac{2V-U}{3}$$

$$t = -\frac{U+V}{3}$$

$$w = W$$

对于六方晶系，可先用三轴坐标系标出给定晶向的晶向指数，再利用上述关系按四轴坐标系标出该晶向的晶向指数。这是一种比较方便的办法。

图 1-20 所示为六方晶系中常见的一些晶向指数与晶面指数。

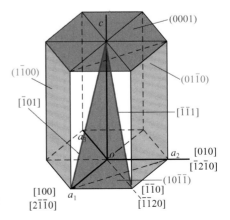

图 1-20　六方晶系的一些晶向指数与晶面指数

1.4 晶面间距、晶面夹角和晶带定理

1.4.1 晶面间距

不同的 $\{hkl\}$ 晶面，其面间距（即相邻的两个平行晶面之间的距离）各不相同。总的来说，低指数的晶面其面间距较大，而高指数面的面间距小。以图 1-21 所示的简单立方点阵为例，可看到其 $\{100\}$ 面的晶面间距最大，$\{120\}$ 面的间距较小，而 $\{320\}$ 面的间距就更小。但是，如果分析一下体心立方或面心立方点阵，则它们的最大晶面间距的面分别为 $\{110\}$ 或 $\{111\}$ 而不是 $\{100\}$，说明此面还与点阵类型有关。此外还可证明，晶面间距最大的面总是阵点（或原子）最密排的晶面（从图 1-21 也可看出），晶面间距越小则晶面上的阵点排列就越稀疏。正是由于不同晶面和晶向上的原子排列情况不同，使晶体表现为各向异性。晶面间距 d 与点阵常数之间具有如下确定的关系。

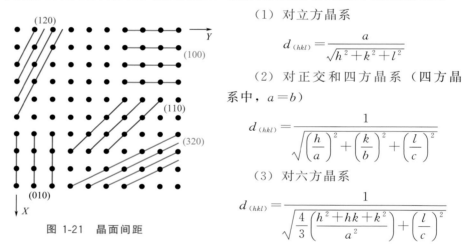

图 1-21　晶面间距

（1）对立方晶系

$$d_{(hkl)} = \frac{a}{\sqrt{h^2+k^2+l^2}}$$

（2）对正交和四方晶系（四方晶系中，$a=b$）

$$d_{(hkl)} = \frac{1}{\sqrt{\left(\dfrac{h}{a}\right)^2 + \left(\dfrac{k}{b}\right)^2 + \left(\dfrac{l}{c}\right)^2}}$$

（3）对六方晶系

$$d_{(hkl)} = \frac{1}{\sqrt{\dfrac{4}{3}\left(\dfrac{h^2+hk+k^2}{a^2}\right) + \left(\dfrac{l}{c}\right)^2}}$$

必须注意，按以上这些公式所算出的晶面间距是对简单晶胞而言的，如为复杂晶胞（例如体心立方、面心立方等），在计算时应考虑到晶面层数增加的影响。例如，在体心立方或面心立方晶胞中，上、下底面 (001) 之间还有一层同类型的晶面 [可称为 (002) 晶面]，故实际的晶面间距应为 $d_{001}/2$。

1.4.2 晶面夹角

晶面与晶面在空间的几何关系，在实际应用中往往是很重要的，两个空间平面的夹角，可用它们的法线的夹角来表示，因此晶面的夹角也可看成是两个晶向之间的夹角。根据空间几何关系可以证明，两个晶向 $[u_1v_1w_1]$ 和 $[u_2v_2w_2]$ 之间的夹角 ϕ 有如下的关系。

（1）立方晶系　晶面指数与其法线指数相同，故晶面夹角与其法线夹角可用同一公式表示，即

$$\cos\phi = \frac{u_1u_2 + v_1v_2 + w_1w_2}{\sqrt{u_1^2+v_1^2+w_1^2}\sqrt{u_2^2+v_2^2+w_2^2}}$$

（2）正交或四方晶系　$[u_1v_1w_1]$ 和 $[u_2v_2w_2]$ 之间的夹角 ϕ 的关系为

$$\cos\phi=\frac{a^2u_1u_2+b^2v_1v_2+c^2w_1w_2}{\sqrt{(au_1)^2+(bv_1)^2+(cw_1)^2}\sqrt{(au_2)^2+(bv_2)^2+(cw_2)^2}}$$

对四方晶系，上式中 $a=b$，在正交或四方晶系中，晶面 $(h_1k_1l_1)$ 的法线并不是 $[h_1k_1l_1]$，因此要求二晶面 $(h_1k_1l_1)$ 和 $(h_2k_2l_2)$ 之间的夹角 ψ 的公式为

$$\cos\psi=\frac{\dfrac{1}{a_2}h_1h_2+\dfrac{1}{b_2}k_1k_2+\dfrac{1}{c_2}l_1l_2}{\sqrt{\left(\dfrac{h_1}{a}\right)^2+\left(\dfrac{k_1}{b}\right)^2+\left(\dfrac{l_1}{c}\right)^2}+\sqrt{\left(\dfrac{h_2}{a}\right)^2+\left(\dfrac{k_2}{b}\right)^2+\left(\dfrac{l_2}{c}\right)^2}}$$

（3）六角晶系　$[u_1v_1w_1]$ 和 $[u_2v_2w_2]$ 二晶向间的夹角 ϕ 和 $(h_1k_1l_1)$ 与 $(h_2k_2l_2)$ 二晶面之间的夹角 ψ，其计算式分别为

$$\cos\phi=\frac{u_1u_2+v_1v_2+\dfrac{1}{2}(u_1v_2+v_1u_2)+\left(\dfrac{c}{a}\right)^2w_1w_2}{\sqrt{u_1^2+v_1^2+u_1v_1+\left(\dfrac{c}{a}\right)^2w_1^2}\sqrt{u_2^2+v_2^2+u_2v_2+\left(\dfrac{a}{c}\right)^2w_2^2}}$$

$$\cos\psi=\frac{h_1h_2+k_1k_2+\dfrac{1}{2}(h_1k_2+k_1h_2)+\dfrac{3}{4}\left(\dfrac{a}{c}\right)^2l_1l_2}{\sqrt{h_1^2+k_1^2+h_1k_1+\dfrac{3}{4}\left(\dfrac{a}{c}\right)^2l_1^2}\sqrt{h_2^2+k_2^2+h_2k_2+\dfrac{3}{4}\left(\dfrac{a}{c}\right)^2l_2^2}}$$

1.4.3　晶带定理

相交于同一直线（或平行于同一直线）的所有晶面的组合称为晶带，该直线称为晶带轴，同一晶带轴中的所有晶面的共同特点是，所有晶面的法线都与晶带轴垂直（如图 1-22 所示）。设有一晶带，其晶带轴为 $[uvw]$ 晶向，该晶带中任一晶面为 (hkl)，则由矢量代数可以证明晶带轴 $[uvw]$ 与该晶带的任一晶面 (hkl) 之间均具有下列关系：

$$hu+kv+lw=0$$

这就是晶带定理。凡满足此关系的晶面都属于以 $[uvw]$ 为晶带轴的晶带。晶带定理在分析许多晶体学问题时，常常是一个非常有用的工具，下面列举两个最常见的应用。

① 已知某晶带中任意两个晶面 $(h_1k_1l_1)$ 和 $(h_2k_2l_2)$，则可通过下式求出该晶带的晶带轴方向 $[uvw]$：

$$u=k_1l_2-k_2l_1$$
$$v=l_1h_2-l_2h_1$$
$$w=h_1k_2-h_2k_1$$

图 1-22　晶带、
晶带面与晶带轴

② 已知某晶面同属于两个晶带 $[u_1v_1w_1]$ 和 $[u_2v_2w_2]$，则可通过下式求出该晶面的晶面指数 (hkl)：

$$h=v_1w_2-v_2w_1$$
$$k=w_1u_2-w_2u_1$$
$$l=u_1v_2-u_2v_1$$

1.5 晶体的对称性

晶体结构中结构基元的规则排列，使晶体除了具有由空间点阵所表征的周期性外，还具有重要的对称性。在自然界中，天然金刚石、雪花、枝叶、花瓣、动物躯体的器官等无不呈现出各种各样的规则排列和对称分布，各具有不同的对称规律。晶体外形的宏观对称性是其内部晶体结构微观对称性的表现。晶体的某些物理参数如热膨胀、弹性模量和光学常数等也与晶体的对称性密切相关。因此，分析探讨晶体的对称性，对研究晶体结构及其性能具有重要意义。

对称是指物体相同部分作有规律的重复。使一个物体或一个图形作规律重复的动作称为对称操作或对称变换。在进行对称操作时，所借助的几何元素称为对称元素。对称操作是用来揭示物体或图形对称性的手段。晶体的对称操作可以分为宏观和微观两类，宏观对称元素是反映晶体外形和其宏观性质的对称性，而微观对称元素与宏观对称元素配合运用就能反映出晶体中原子排列的对称性。

1.5.1 宏观对称元素

（1）对称面 晶体通过某一平面作镜像反映而能复原，则该平面称为对称面或镜面（见图 1-23 中的 P 面），用符号"m"表示。对称面通常是晶棱

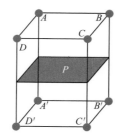

图 1-23 对称面

或晶面的垂直平分面或者为多面角的平分面，且必定通过晶体的几何中心。

（2）对称轴（旋转） 围绕晶体中一根固定直线作为旋转轴，整个晶体绕它旋转 $2\pi/n$ 角度后而能完全复原，称晶体具有 n 次对称轴，用 n 表示，重复时所旋转的最小角度称为基转角 α，n 与 α 之间的关系为 $n=360°/\alpha$（$n=1$、2、3、4、6；α 为 360°、180°、120°、90°、60°）。

晶体中不存在 5 次旋转轴和大于 6 次的旋转轴，因为它们与晶体结构的周期性相矛盾。晶体中的对称轴必定通过晶体的几何中心。

① 1 次对称轴，习惯符号为 L^1，国际符号为 1，$n=1$，$\alpha=360°$，任何晶体旋转 360°以后等同部分会重复。

② 2 次对称轴，习惯符号为 L^2，国际符号为 2，$n=2$，$\alpha=180°$，晶体旋转 180°以后等同部分会重复，旋转一周重复 2 次，如图 1-24（a）所示。

③ 3 次对称轴，习惯符号为 L^3，国际符号为 3，$n=3$，$\alpha=120°$，晶体旋转 120°以后等同部分会重复，旋转一周重复 3 次，如图 1-24（b）所示。

④ 4 次对称轴，习惯符号为 L^4，国际符号为 4，$n=4$，$\alpha=90°$，晶体旋转 90°以后等同部分会重复，旋转一周重复 4 次，如图 1-24（c）所示。

⑤ 6 次对称轴，习惯符号为 L^6，国际符号为 6，$n=6$，$\alpha=60°$，晶体旋转 60°以后等同部分会重复，旋转一周重复 6 次，如图 1-24（d）所示。

（3）对称中心（反演）　若晶体中所有的点在经过某一点反演后能复原，则该点就称为对称中心（见图 1-25 中的 C 点），用符号"i"表示。对称中心必然位于晶体中的几何中心。

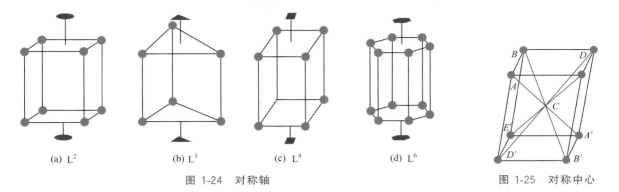

（a）L^2　（b）L^3　（c）L^4　（d）L^6

图 1-24　对称轴

图 1-25　对称中心

（4）旋转-反演轴　若晶体绕某一轴回转一定角度（$360°/n$），再以轴上的一个中心点作反演之后能得到复原时，此轴称为旋转-反演轴。旋转-反演轴的对称操作是围绕一根直线旋转和对此直线上一点反演。

旋转-反演轴的符号为 $\overline{1}$、$\overline{2}$、$\overline{3}$、$\overline{4}$、$\overline{6}$，也可用 L_i^n 来表示，i 代表反演，n 代表轴次。n 可以为 1、2、3、4、6，相应的基转角为 $360°$、$180°$、$120°$、$90°$、$60°$，旋转-反演轴的作用如图 1-26（a）～（e）所示。

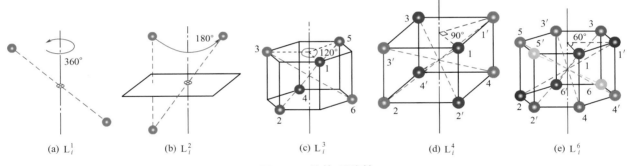

（a）L$_i^1$　（b）L$_i^2$　（c）L$_i^3$　（d）L$_i^4$　（e）L$_i^6$

图 1-26　旋转-反演轴

当已经考虑了对称面和反演对称元素后，L_i^1、L_i^2、L_i^3、L_i^6 次旋转-反演对称轴就不必再列为基本的对称元素，原因如下。

L_i^1 次旋转-反演对称轴就是对称中心，用 i 表示，即 $L_i^1 = i$。

L_i^2 次旋转-反演对称轴就是垂直于该轴的对称面，用 m 表示，即 $L_i^2 = m$。

L_i^3 次旋转-反演的效果和 L^3 次转轴加上对称中心 i 的总效果一样。

L_i^6 次旋转-反演的效果和 L^3 次转轴加上垂直于该轴的对称面的总效果一样。

综上所述，晶体的宏观对称性中，只有以下 8 种最基本的对称元素，即 L^1、L^2、L^3、L^4、L^6、i、m、L_i^4。

1.5.2　32 种点群

晶体的宏观外形可以只有一种对称元素独立存在，也可以有若干对称元素同时存在，由上面八种对称元素的不同组合就可以组成形形色色晶体的各种宏观对称性，但是晶体除了对称性以外，还必须具有周期性这样一个特点，因此这些对称元素的组合不能是任意的，必须遵循对称元素的组合规律，使对称元素之间相互制约而又相互协调，利用数学方法可以导出这八个宏观对称元素可能有的组合数为 32 种，构成了晶体 32 种宏观对称类型，即 32 种点群。之所以称其为点群，是因为每种宏观对称类型中的各个对称元素必须至少相交于一点，此点称为点群中心。

八种宏观对称元素按照一定规则进行组合，可以得到 32 种点群。这 32 种点群概括起来不外乎属于以下四种组合之一。

① 对称轴的组合，当 5 个对称轴分别与 1 个二次轴组合后，可以得到 4 种双面群，2 种等轴旋转群，加上原来 5 种单轴旋转群，共 11 种点群。

② 反演中心分别加到上述 11 种点群上，可以得到另外 11 种新的点群。

③ 对称面与第一项中 11 种点群组合（分别以垂直和平行的方式加入镜面），这样又可以增加 9 种点群。

④ 四次反演，因为它不能与其他对称元素组合成新的对称群，所以它独立成为一种点群。

这样，共计有 32 种点群，具体表示如表 1-3 所示。

表 1-3 中点群的国际符号按一定次序表示了其中各种对称元素，一般场合下包括三位。在各晶系中，每位代表相应晶胞的 a、b、c 三个向量形成确定关系的方向。在某一方向上出现的旋转轴、旋转-反演轴系指与这一方向相平行的，在某一方向出现的晶面系指与这一方向垂直的，在某一方向同时出现旋转轴或旋转反演轴与镜面时，可将旋转轴或旋转反演轴写在分数的分子位置，而镜面 m 则写在分母的位置。如 $2/m$ 指该方向上有一个二次轴和一个镜面。现将各晶系中与国际符号三位相应的方向列于表 1-4。

在一般场合，1 与 $\bar{1}$ 并不放在国际符号上。但三斜晶系中，1 或 $\bar{1}$ 放在第一位上。有时，在第三位上有对称元素，而在第二位上并无对称元素可以填入时，则可用 1 填注空白。国际符号的优点是可以一目了然地看出其中的对称情况，例如，在立方晶系中，$4/m \, \bar{3} \, 2/m$ 表示在 [100] 与 [110] 方向上有垂直的对称面，且平行于 [100] 与 [110] 方向分别存在一个四次轴和二次轴，平行于 [111] 方向存在一个三次轴。

表 1-3　32 种点群

晶系	三斜	单斜	正交	四方	菱方	六方	立方
对称要素	1 $\bar{1}$	m 2 $2/m$	2　　m 2　2　2 $2/m\ 2/m\ 2/m$	$\bar{4}$ 4 $4/m$ $\bar{4}$　2　m 4　m　m 4　2　2 $4/m\ 2/m\ 2/m$	$\bar{3}$ 3 3　　m 3　2 $\bar{3}$　$2/m$	$\bar{6}$ 6 $6/m$ $\bar{6}$　　m 6　　m 6　2　2 $6/m\ 2/m\ 2/m$	2　　$\bar{3}$ $2/m$　$\bar{3}$ $\bar{4}$　3　m 4　3　2 $4/m$　$\bar{3}$　$2/m$
特征对称要素	无	1个2或m	3个互相垂直的2或2个互相垂直的m	1个4或$\bar{4}$	1个3或$\bar{3}$	1个6或$\bar{6}$	4个3

表 1-4　各晶系中与国际符号三位相应的方向

晶　系	国际符号中三位的方向	晶　系	国际符号中三位的方向
立方晶系	a、$a+b+c$、$a+b$	正交晶系	a、b、c
六方晶系	c、a、$2a+b$	单斜晶系	b
四方晶系	c、a、$a+b$	三斜晶系	a
三方晶系	c、a		

1

晶体共有 32 种对称型，把属于同一对称型的所有晶体归为一类，称为晶类，所以也有 32 个晶类。根据有无高次轴和高次轴的多少将 32 个晶类划分为低、中、高三个晶族。

低级晶族：对称型中无高次轴。

中级晶族：对称型中只有一个高次轴。

高级晶族：对称型中高次轴多于一个。

根据有无二次旋转轴 L^2 或对称面 P，以及 L^2 或 P 是否多于一个将低级晶族划分为三个晶系：三斜晶系（无 L^2，无 P）、单斜晶系（L^2 或 P 不多于一个）、斜方晶系（或称正交晶系）（L^2 或 P 多于一个）。

根据高次轴的轴次将中级晶族划分为 3 个晶系：三方晶系（L^3）、四方晶系（或正方晶系）（L^4 或 L_i^4）和六方晶系（L^6 或 L_i^6）。

高级晶族不再进一步划分，称为等轴晶系或立方晶系。

三个晶族、七个晶系、32 个对称型的具体组成见表 1-5 和表 1-6 所示。

表 1-5　低级晶族

晶族	晶系	对称特点	对称型种类	对称型符号		晶类名称
				圣弗利斯符号	国际符号	
低级晶族	三斜晶系	无 L^2，无 P	L^1	C_1	1	单面晶类
			$\overline{C}$	$C_1=S_2$	$\overline{1}$	平行双面晶类
	单斜晶系	L^2 或 P 不多于 1 个	L^2	C_2	2	轴双面
			P	$C_{1h}=C_3$	m	反映双面
			L^2PC	C_{2h}	2/m	斜方柱
	斜方晶系	L^2 或 P 多于 1 个	$3L^2$	$D_2=V$	222	斜方四面体
			L^22P	C_{2v}	mm(mm2)	斜方单锥
			$3L^23PC$	$D_{2h}=V_h$	mmm	斜方双锥

表 1-6　中级和高级晶族

晶族	晶系	对称特点	对称型种类	对称型符号		晶类名称
				圣弗利斯符号	国际符号	
中级晶族	四方晶系	有 1 个 L^4 或 L_i^4	L^4	C_4	4	四方单锥
			L^44L^2	D_4	42(422)	四方偏方面体
			L^4PC	C_{4h}	4/m	四方双锥
			L^44P	C_{4D}	4mm	复四方单锥
			L^44L^25PC	D_{4h}	4/mmm	复四方双锥
			L_i^4	S_4	$\overline{4}$	四方四面体
			$L_i^42L^22P$	$D_{2h}=V_d$	$\overline{4}2m$	复四方偏三角面体
	三方晶系	有 1 个 L^3	L^3	C_3	3	三方单锥
			L^33L^2	D_3	32	三方偏方面体
			L^33P	C_{3D}	3m	复三方单锥
			L^3C	$C_{3i}=S_6$	$\overline{3}$	菱面体
			L^33L^23PC	D_{3D}	$\overline{3}m$	复三方偏三角面体
	六方晶系	有 1 个 L^6 或 L_i^6	L_i^6	C_{3h}	$\overline{6}$	三方双锥
			$L_i^63L^23P$	D_{3h}	$\overline{6}2m$	复三方双锥
			L^6	C_6	6	六方单锥
			L^66L^2	D_6	62(622)	六方偏方面体
			L^6PC	C_{6h}	6/m	六方双锥
			L^66P	D_{6v}	6mm	复六方单锥
			L^66L^27PC	D_{6h}	6/mmm	复六方双锥
高级晶族	等轴晶系	有 4 个 L^3	$3L^24L^3$	T	23	五角三四面体
			$3L^24L^33PC$	T_h	m3	复方偏十二面体
			$3L_i^4L^36P$	T_d	43m	六四面体
			$3L^44L^36L^2$	O	43	五角三八面体
			$3L^44L^36L^29PC$	O_h	m3m	六八面体

1.5.3　微观对称元素

宏观对称元素在晶体内部结构中仍然存在。此外，由于介入平移操作又出现了一些新的对称元素，一般将这些微观特有的对称元素称为微观对称元素。微观对称元素主要分为以下三类。

1.5.3.1　平移轴

晶体最根本的特点是其内部结构具有空间点阵的特征，即晶体内部结构的周期性。若点阵沿着点阵中某一方向上任何两点的矢量进行平移，点阵必然复原，由这种平移操作所组合的对称群称为平移群，可以用下式来表达：

$$T_{mnp} = ma + nb + pc$$

式中，m、n、$p = 0$、± 1、$\pm 2 \cdots$

因此，如果说空间点阵是反映晶体内部结构周期性的几何形式，那么平移群的表达式则是反映晶体内部结构周期性的代数形式。点阵与相应平移群间的对应关系还体现在下列两个重要的性质上：

① 连接点阵中任意两点的矢量必属于平移群 T 中的一个平移矢量；

② 属于平移群 T 中的任何矢量必定通过点阵中的两个节点。所以不难得出：平移群矢量的组合仍属于平移群。

晶体的宏观对称性与微观对称性的区别就在于：宏观对称操作至少要求有一点不动，而微观对称操作要求全部点都动。因此，宏观对称性无法反映微观对称性中的平移部分。然而，当宏观对称元素一旦与平移结合起来即可形成新的微观对称元素。

1.5.3.2　螺旋轴

螺旋轴是设想的直线，晶体内部的相同部分绕其周期转动，并且附以轴向平移得到重复。螺旋轴是一种复合的对称要素，其辅助几何要素为：一根假想的直线及与之平行的直线方向。相应的对称变换为，围绕此直线旋转一定的角度和此直线方向平移的联合。螺旋轴的周次 n 只能等于1、2、3、4、6，所包含的平移变换其平移距离应等于沿螺旋轴方向结点间距的 s/n，s 为小于 n 的自然数。螺旋轴的国际符号一般为 n_s。旋转轴根据其轴次和平移距离的大小的不同可分为 2_1、3_1、3_2、4_1、4_2、4_3、6_1、6_2、6_3、6_4、6_5 共11种螺旋轴。螺旋轴根据其旋转方向可分为左旋、右旋和中性旋转轴。左旋方向是指顺时针旋转，右旋是指逆时针旋转，旋转方向左右旋性质相同时为中性旋转轴。

总之，当转轴与平移组合后，可以形成以上所述的11种新的微观对称元素。在各种晶体结构中，可以存在的旋转轴的国际符号和对称操作见表1-7与图1-27。

表 1-7　螺旋轴（n_s）及其相应的基本操作

轴次	国际符号	基本对称操作	备注	轴次	国际符号	基本对称操作	备注
1	1	$C(2\pi) \cdot T(t)$	t 为点阵的基矢		6_1	$C\left(\dfrac{2\pi}{6}\right) \cdot T\left(\dfrac{1}{6}t\right)$	
2	2_1	$C\left(\dfrac{2\pi}{2}\right) \cdot T\left(\dfrac{1}{2}t\right)$			6_2	$C\left(\dfrac{2\pi}{6}\right) \cdot T\left(\dfrac{2}{6}t\right)$	
3	3_1	$C\left(\dfrac{2\pi}{3}\right) \cdot T\left(\dfrac{1}{3}t\right)$		6	6_3	$C\left(\dfrac{2\pi}{6}\right) \cdot T\left(\dfrac{3}{6}t\right)$	同方向旋转
	3_2	$C\left(\dfrac{2\pi}{3}\right) \cdot T\left(\dfrac{2}{3}t\right)$			6_4	$C\left(\dfrac{2\pi}{6}\right) \cdot T\left(\dfrac{4}{6}t\right)$	
4	4_1	$C\left(\dfrac{2\pi}{4}\right) \cdot T\left(\dfrac{1}{4}t\right)$	同方向旋转		6_5	$C\left(\dfrac{2\pi}{6}\right) \cdot T\left(\dfrac{5}{6}t\right)$	
	4_2	$C\left(\dfrac{2\pi}{4}\right) \cdot T\left(\dfrac{1}{2}t\right)$					
	4_3	$C\left(\dfrac{2\pi}{4}\right) \cdot T\left(\dfrac{3}{4}t\right)$					

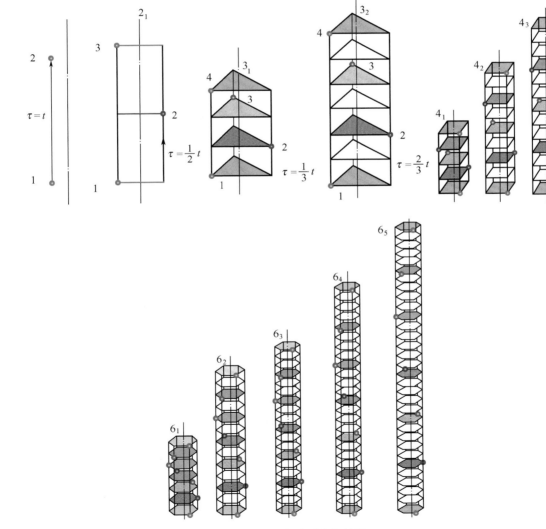

图 1-27　各种对称旋转轴

1.5.3.3　滑移面

滑移面是设想的平面。晶体内部的相同部分沿平行于该面的直线方向平移后再反映而会得到重复。滑移面也是一种复合的对称要素，其辅助对称要素有两个，一个是假想的平面和平行此平面的某一直线方向。相应的对称变换为：对于此平面的反映和沿此直线方向平移的联合，其平移的距离等于该方向行列结点间距的一半。根据平移成分 τ 的方向和大小，滑动面一般可归纳为以下三种。

（1）轴滑移面　用 a、b、c 各表示沿 $\boldsymbol{a}$、$\boldsymbol{b}$、$\boldsymbol{c}$ 方向平移对应轴一半 $a/2$、$b/2$、$c/2$ 后又反演而得到重复的滑移机制，见图 1-28 所示。

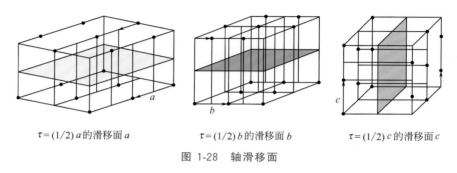

τ＝(1/2)a的滑移面a　　τ＝(1/2)b的滑移面b　　τ＝(1/2)c的滑移面c

图 1-28　轴滑移面

（2）对角滑移面　一律用 n 表示平移 $(\boldsymbol{a}+\boldsymbol{b})/2$、$(\boldsymbol{b}+\boldsymbol{c})/2$、$(\boldsymbol{a}+\boldsymbol{c})/2$、$(\boldsymbol{a}+\boldsymbol{b}+\boldsymbol{c})/2$ 各种对角矢量的 1/2 平移后再反演而重复的晶面，图 1-29（a）列举了 n 滑移面滑移了 $(\boldsymbol{a}+\boldsymbol{b})/2$。

（3）金刚石滑移面　对滑移量为 $(\boldsymbol{a}+\boldsymbol{b})/4$、$(\boldsymbol{b}+\boldsymbol{c})/4$、$(\boldsymbol{a}+\boldsymbol{c})/4$、$(\boldsymbol{a}+\boldsymbol{b}+\boldsymbol{c})/4$ 的滑移反映对称面统称为金刚石滑移对称面，用 d 表示，图 1-29（b）列举了 d 滑移面滑移了 $(\boldsymbol{a}+\boldsymbol{b})/4$。

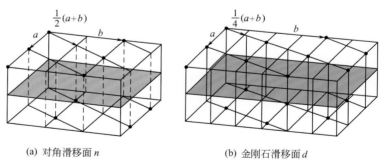

(a) 对角滑移面n　　　　　　(b) 金刚石滑移面d

图 1-29　对角滑移面和金刚石滑移面

在各种晶体结构中，由镜面 m 和平移 t 结合而形成的滑移面的国际符号和滑移矢量等归纳在表 1-8 中。而反演、四次旋转-反演轴在进行对称操作时都要求有一点不动，所以只有平移一个周期才能使晶体规则复原，然而平移一个周期相当于不动，所以反演和四次旋转-反演轴均不能与平移结合而形成新的微观对称元素。

表 1-8 滑移面的类型

国际符号	平移矢量 τ	基本对称操作	国际符号	平移矢量 τ	基本对称操作
a	$\frac{1}{2}\boldsymbol{a}$	$\sigma(\sigma) \cdot \tau\left(\frac{1}{2}\boldsymbol{a}\right)$	n	$\frac{1}{2}(\boldsymbol{c}+\boldsymbol{a})$	$\sigma(\sigma) \cdot \tau\left[\frac{1}{2}(\boldsymbol{c}+\boldsymbol{a})\right]$
b	$\frac{1}{2}\boldsymbol{b}$	$\sigma(\sigma) \cdot \tau\left(\frac{1}{2}\boldsymbol{b}\right)$	d	$\frac{1}{4}(\boldsymbol{a}+\boldsymbol{b})$	$\sigma(\sigma) \cdot \tau\left[\frac{1}{4}(\boldsymbol{a}+\boldsymbol{b})\right]$
c	$\frac{1}{2}\boldsymbol{c}$	$\sigma(\sigma) \cdot \tau\left(\frac{1}{2}\boldsymbol{c}\right)$		$\frac{1}{4}(\boldsymbol{b}+\boldsymbol{c})$	$\sigma(\sigma) \cdot \tau\left[\frac{1}{4}(\boldsymbol{b}+\boldsymbol{c})\right]$
n	$\frac{1}{2}(\boldsymbol{a}+\boldsymbol{b})$	$\sigma(\sigma) \cdot \tau\left[\frac{1}{2}(\boldsymbol{a}+\boldsymbol{b})\right]$		$\frac{1}{4}(\boldsymbol{c}+\boldsymbol{a})$	$\sigma(\sigma) \cdot \tau\left[\frac{1}{4}(\boldsymbol{c}+\boldsymbol{a})\right]$
	$\frac{1}{2}(\boldsymbol{b}+\boldsymbol{c})$	$\sigma(\sigma) \cdot \tau\left[\frac{1}{2}(\boldsymbol{b}+\boldsymbol{c})\right]$			

注：$\boldsymbol{a}$，$\boldsymbol{b}$，$\boldsymbol{c}$ 为单位矢量。

1.5.4 空间群

晶体外形的对称分类用点群来说明，而晶体内部结构——原子、离子、分子类别和排列的对称性类别则用空间群来说明。这种微观的对称性不但包括了所有宏观对称元素，而且又多出三类微观对称元素：平移、螺旋轴以及滑移面。导致这种差异的根本原因在于晶体内部结构具有特有的平移对称性。

把宏观对称元素的点群与微观对称元素的螺旋轴、滑移面结合作为一部分，将其与平移再组合而形成的对称群称为空间群。很显然，由宏观对称元素和微观对称元素在三维空间中可能的组合排列数很多，经过申夫利斯和费多罗夫的精确分析，晶体最多可能有 230 种空间群。但是，并非所有空间群都能找到与它相应的晶体结构。迄今为止，在测定的晶体中，大部分只属于 230 种空间群中的 100 个空间群，将近 80 个空间群还未找到与其相应的实际晶体结构。实际上，重要的空间群只有 30 个，对金属材料而言，比较重要的空间群只有 15～16 个。

1.6 极射投影

在分析讨论关于晶体的各项问题时，常常需要正确而清晰地表示出各种晶向、晶面及它们之间的夹角关系等。晶体中各晶面、晶向、原子面和晶带之间的角度关系，以及晶体的对称元素是很难用透射图准确地表示的。如果这些关系用精确的数学符号和关系来表述，往往又令人难以理解和熟练应用；如果采用立体图不仅复杂、麻烦，而且难以达到要求。但是，如果用极射赤面投影或心射切面投影来表示，这些关系就很容易被理解并应用。对于大量的晶体学问题，极射赤面投影或心射切面投影是能够精确把上述各种关系记录下来。一般只需要几分钟的时间，晶体中的某一角关系问题就可以在一张普通大小的纸上用极射投影的方法得到解决，其精度可达 $0.5°$（度）。在少数场合中，用心射切面投影比极射赤面投影更为完美。但对大多数晶体学问题，极射赤面投影的方法更为方便，因而其应用也更为普遍。所以在此我们只学习应用得最满意、最广泛的极射赤面投影。

极射赤面投影主要被大量应用于如下几个方面：确定晶体位向；当需要沿某一特定的晶面切割晶体时定向；确定滑移面、孪晶、形变断裂面、侵蚀坑等表面标记的晶体学指数以及解决固态沉淀、相变和晶体生长等过程中的晶体学问题，多晶体的择优取向问题几乎总是借助于极射赤面投影来解决的。此外，单晶体和某些多晶体中的一些有方向性的力学或物理性质，如弹性模量、屈服点和电导率等可以在极射赤面投影上用图解法表示。

1.6.1 参考球和极射投影

设想将一很小的晶体或晶胞置于一大圆球的中心，这个圆球称为参考球，则晶体的各个晶面可在参考球上表示出来。作晶面的法线，它与参考球的球面的交点称为极点；此外，也可将各晶面扩大使之与球面相交，由于晶体极小，可认为各晶面都通过球心，故晶面与球相截而得的圆是直径最大的圆，称为大圆。这种投影方法称为晶体的球面投影，如图 1-30 所示。用球面投影来表示晶体各晶面的相对位置，比起用三维图形来表达已经进了一步，但仍然是不方便的。为了把球面投影变成平面投影，通常采用极射投影法。

作极射投影时，先过球心任意选定一直径 AB，如图 1-31 所示。B 点作为投射的光源，过 A 点作一平面与球面相切，并以该平面作为投影面，直径 AB 与投影面相垂直。假若晶体的某一晶面的极点为 P，连接 BP 线并延长这一直线与投影面相交，交点 P' 即为 P 点的极射投影。这种投影可形象地看成是以 B 这一极点为光源，用点光源 B 射出的光线照射参考球上各晶面的极点，这些极点在投影平面上的投影点就是极射投影。在看投影图时，观察者位于投影面的背面。

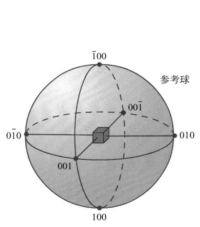

图 1-30　参考球和立方晶体的球面投影

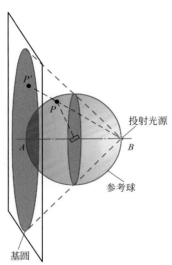

图 1-31　晶体的极射赤面投影

垂直于 AB 并通过球心的平面与球面的交线为一大圆（参看图 1-31），这一大圆投影后成为投影面上的基圆，基圆的直径是球径的两倍。所有位于左半球上的极点都投影到基圆之内；而位于右半球上的极点则投影到基圆之外。为此，右半球极点投影时把光源由 B 移至 A，而投影面则由 A 搬至 B。为了在同一图上标出两个半球的极点投影，通常要用不同的标记加以区别。

投影面的位置沿 AB 线或其延长线移动时，仅图形的放大率改变，而投影点的相对位置不发生改变。投影面也可以置于球心，这时基圆与大圆重合。如果把参考球比拟为地球，A 点为北极，B 点为南极，过球心的投影面就是地球的赤道平面。以地球的一个极为投射点，将球面投影射到赤道平面上就称为极射赤面投影；如投影面不是赤道平面，则叫作极射平面投影。

1.6.2　吴氏网

分析晶体的极射投影时，吴氏网是很有用的工具。吴氏网实际上就是球网坐标的极射平面投影。图 1-32 为刻有经线（子午线）和纬线的球面坐标网，N、S 为球的两极。经线是过 N 和 S 极的子午面和球面的交线，它是大圆；纬线平行于赤道平面，它是小圆。在球面上，经纬线正交形成球面坐标网。以赤道线上某点 B 为投影点，投影面平行于 NS 轴并与球面相切于 A 点。光源 B 将球面上经纬线投射至投影平面上就成为吴氏网，如图 1-33 所示。球面上的经线大圆投影后成为通过南北极的大弧线（吴氏网经线）；纬线小圆的投影是小弧线（吴氏网纬线）。图 1-33 的经线与纬线的最小分度为 $2°$。经度沿赤道线读数；纬度沿基圆读数。

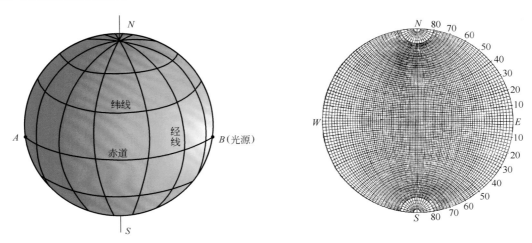

图 1-32　刻有经纬线的球面坐标网　　　　　　　　图 1-33　吴氏网

利用吴氏网可进行晶面夹角的测量。因为两晶面之间的夹角就等于其法线之间的夹角，故可在参考球的球面上对经过两极点的大圆量出此两点间弧段的度数。根据这个方法，也可在极射平面投影图上利用吴氏网求出两晶面间的夹角，这时应先将投影图画在透明纸上，其基圆的直径与所用吴氏网的直径相等，然后将此透明纸复合在吴氏网上进行测量，在测量夹角时同样应使两极点位于吴氏网经线或赤道（即大圆）上。图 1-34（a）中 B 点和 C 点位于同一经线上，它们之间的夹角 β［见图 1-34（b）］就是投影图上 B、C 两点间的纬度差数。从吴氏网上读出 B、C 两点间的纬度差数为 $30°$，所以 B、C 之间的

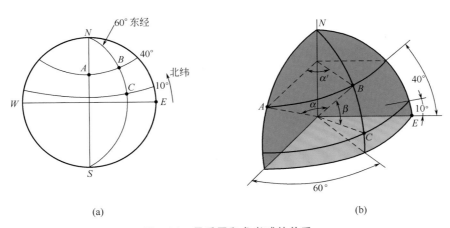

(a)　　　　　　　　　　　　　　　(b)

图 1-34　吴氏网和参考球的关系

夹角即等于 30°。但位于同一纬度圆上的 A、B 两极点，它们之间的实际夹角为 α，而由吴氏网上量出它们之间的经度相当于 α'，由于 $\alpha \neq \alpha'$，所以不能在小圆上测量这两极点间的角度。要测量 A、B 两点间的夹角，应将覆在吴氏网上的透明纸绕圆心转动，使 A、B 两点落在同一个吴氏网大圆上，然后读出这两极点的夹角。

1.6.3　标准投影图

以晶体的某个晶面平行于投影面作出全部主要晶面的极射投影图称为标准投影图。一般选择一些重要的低指数的晶面作为投影面，这样得到的图形能反映晶体的对称性。立方晶系常用的投影面是（001）、（110）和（111）；六方晶系则为（0001）。立方晶系的（001）标准投影如图 1-35 所示。对于立方晶系，相同指数的晶面和晶向是相互垂直的，所以标准投影图中的极点既代表了晶面，又代表了晶向。

同一晶带的各晶面的极点一定位于参考球的同一大圆上（因为晶带各晶面的法线位于同一平面上），因此在投影图上同一晶带的晶面极点也位于同一大圆上。图 1-35 中绘出了一些主要晶带的面，它们以直线或弧线连在一起。由于晶带轴与其晶面的法线是相互垂直的，所以可根据晶面所在的大圆求出该晶带的晶带轴。例如，图 1-35 中（100）、（$1\bar{1}1$）、（$0\bar{1}1$）、（$\bar{1}\,\bar{1}1$）、（$\bar{1}00$）等位于同一经线上，它们属于同一晶带。应用吴氏网在赤道线上向右量出 90°，求得其晶带轴为 [011]。

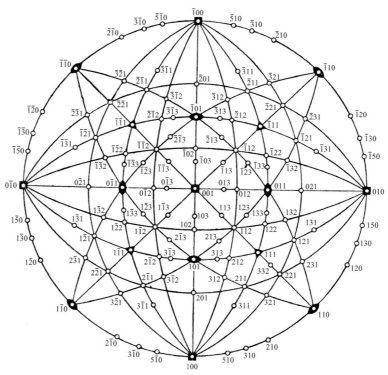

图 1-35　立方晶系的（001）标准投影

要点总结

拓展阅读

第2章
固体材料的结构

导读

钙钛矿电池具有较高的光电转化效率（29%左右）与低廉的制造成本，是当前太阳能电池领域的研究热点，如图1（a）所示。

钙钛矿电池一般由多层材料复合而成，如图1（b）所示。其中，钙钛矿层是钙钛矿电池的主要工作单元，图1（c）为其多层结构的微观示意图。

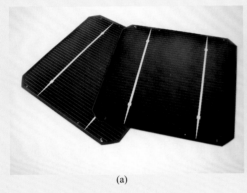
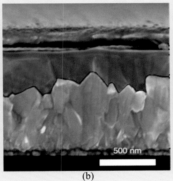
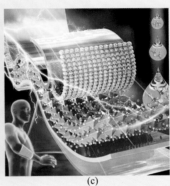

图1　钙钛矿电池

图2为钙钛矿材料晶体结构示意图，其晶体结构由多个基本晶胞嵌套而成，对材料性能有着决定性影响。

钙钛矿电池材料晶体中含有大量阴、阳离子，在光照条件下极易受到激发，形成游离的电子，从而产生电流。正是钙钛矿电池特殊的晶体结构赋予其优异的光电转化性能。

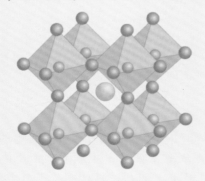
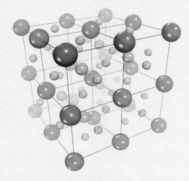

图2　钙钛矿晶胞　　　　　图3　钙钛矿结构中的离子分布

◉ 为什么学习晶体结构?

晶体结构是研究和理解材料性质最关键的要素，主要是指原子、离子、分子在空间作三维周期性的规则排列，其结构的对称性直接影响了晶体的宏观性能，包括物理性能、化学性能和力学性能。晶体结构也是材料科学理论体系中的基础，是学习扩散、相变、位错理论、表面与界面、形变与再结晶行为的重要前提。此外，准晶的发现显著地扩大了晶体的平移对称和旋转对称范围，为晶体学增添了新的内容，对材料科学的发展具有深远影响。

◉ 学习目标

基于晶体学基础，掌握晶体结构基础知识，并熟悉金属及合金相、陶瓷的晶体结构、高分子的链结构及聚集态结构，掌握材料同质异构转变的热力学和动力学条件。学习化合物的特点及分类，并熟悉非晶体、准晶和纳米晶体之间的区别和联系。

（1）晶体结构基础知识：能级图和原子的电子结构、晶体中的原子结合。

（2）固体材料结构的基本分类：金属及合金相的晶体结构、陶瓷的晶体结构、高分子的链结构及聚集态结构。

（3）化合物的特点与分类，非晶体、准晶和纳米晶体的性质与结构。

（4）熟悉高分子链结构和聚集态结构、复合材料的微观结构等。

固体材料的宏观使用性能（包括力学性能、物理性能和化学性能）和工艺性能（如铸造性能、压力加工性能、机加工性能、焊接性能、热处理性能等）取决于其微观的化学成分、组织和结构，化学成分不同的材料具有不同的性能，而相同成分的材料经不同处理使其具有不同的组织、结构时，也将具有不同的性能。而在化学成分、组织和结构中，晶体结构又是最关键的因素。因此，要正确地选择性能符合要求的材料或研制具有更好性能的材料，首先要熟悉和控制其晶体结构。除了实用意义外，研究固体材料的结构还有很大的理论意义。

2.1 基础知识

原子结构影响原子结合的方式，而根据原子结合方式，又可以将材料分成金属、陶瓷和聚合物，并得出关于这三种材料的宏观物理性能、化学性能及力学性能的一些普遍性结论。

2.1.1 原子结构

大家都知道，原子是由电子及其所围绕的原子核组成的。原子核内有中子和带正电的质子，因此原子核带正电荷。通过静电吸引，带负电荷的电子被牢牢地束缚在原子核周围。每 26 个电子和质子所带的电荷 q 为 1.6×10^{-19} C。因为原子中电子和质子的数目相等，所以从整体说来，原子是电中性的。

元素的原子序数等于原子中的电子或质子数。因此，有 26 个电子和 26 个质子的 Fe 原子，其原子序数为 26。

原子的大部分质量集中在原子核内。每个质子和中子的质量大致为 $1.67×10^{-24}$ g，但是每个电子的质量只有 $9.11×10^{-28}$ g。原子质量 M 等于原子中质子和中子之和的平均数，是原子数量为阿伏伽德罗数 N_A 的质量。$N_A = 6.02×10^{23}$/mol 是 1mol 物质内原子或分子的数目。因此，原子质量的单位是 g/mol。原子质量的另一个单位是原子质量单位，它是碳 12 质量的 1/12。

原子核内含有不同中子数的相同元素的原子称为同位素，它们有着不同的原子质量。这种元素的原子质量是一些不同同位素质量的平均值，因此原子质量可能不是一个整数。

2.1.2 能级图和原子的电子结构

电子在原子内部占据着不同的能级。每个电子具有一个特定的能量，而每个电子的能级可由四个量子数决定，可能的能级数由前三个量子数决定。

2.1.2.1 量子数

① 主量子数 n 为正整数 1、2、3、4、5、…，它表示电子所处的量子壳层，如图 2-1 所示。量子壳层往往用一个字母而不是用一个数表示。$n=1$ 的壳层命名为 K，$n=2$ 的壳层用 L 表示，而 $n=3$ 时则用 M 表示等。

② 每个量子壳层内的能级数由角量子数 l 和磁量子数 m_l 决定。角量子数也可用数字表示：$l=0$、1、2、…、$n-1$。假如 $n=2$，那么就有两个角量子数 $l=0$ 和 $l=1$。角量子数往往用英文小写字母表示。

$l=0$，s 能级；

$l=1$，p 能级；

$l=2$，d 能级；

$l=3$，f 能级。

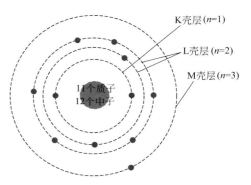

图 2-1 钠（原子序数为 11）原子结构中 K、L、M 量子壳层的电子分布状况

磁量子数 m_l 给出每个角量子数的能级数和轨道数。每个 l 下的磁量子数的总数为 $2l+1$。$-l$ 和 $+l$ 之间的整数给出 m_l 值。对于 $l=2$ 的情况，磁量子数为 $2×2+1=5$，其值为 -2、-1、0、$+1$、$+2$。

③ 泡利不相容原理规定，在每一轨道上只允许存在两个电子，且它们的自旋方向相反。自旋量子数 m_s 规定为 $+\frac{1}{2}$ 和 $-\frac{1}{2}$，以反映不同的自旋方向。图 2-2 显示了钠原子内每个电子的量子数和能级数。

2.1.2.2 原子轨道近似能级图

我们知道，在氢原子中，原子轨道的能级只与主量子数 n 有关，n 越大的轨道能级越高，n 相同的轨道能级相同。所以各轨道的能级顺序应为：1s<2s=2p<3s=3p=3d<4s…。但在多电子原子中，各轨道的能级不仅与主量子数有关，还与角量子数 l 有关。其原因是存在着电子间的相互作用。鲍林（L. Pauling）根据光谱实验结果，总结出了多电子原子的原子轨道近似能级图，如图 2-3 所示。图中小圆圈表示原子轨道，每个方框中的各轨道能量相近，合称为一个能级组。例如，1s 轨道为第一能级组；5s、4d 和 5p 轨道合称为第五能级组。

从图 2-3 中可以看到，对于角量子数 l 相同而主量子数 n 不同的各轨道，总是 n 越大，能级越高。例如 1s<2s<3s<4s…；3d<4d<5d…。对于主量子数 n 相同而角量子数 l 不同的各轨道，总是 l 越大能级越高。即 ns<np<nd<nf…，例如 3s<3p<3d。对于主量子数和角量子数都不同的轨道，情况要复杂得多，有能级交错现象，如 5s<4d、6s<4f<5d 等。

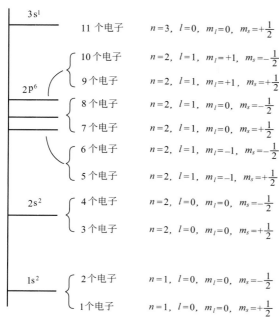

图 2-2　钠原子 11 个电子中每个电子的全部量子数　　　　图 2-3　原子轨道近似能级

上述结果是从光谱实验得到的，理论上则可以由屏蔽效应和钻穿效应给予解释。

2.1.2.3　原子核外电子分布

多电子原子的结构就是原子核外的电子如何分布的问题。这一问题主要是靠光谱实验的结果来解决的。这里要介绍的则是根据光谱实验的结果所总结出的一些规律。主要有泡利（W. Pauli）不相容原则、能量最低原则和洪特（F. Hund）规则。

（1）泡利不相容原则　一个原子轨道最多只能容纳两个电子，且这两个电子自旋方向必须相反，这就是泡利不相容原则。其实质就是一个原子中不可能有两个电子具有完全相同的运动状态，也就是不可能有两个电子具有完全相同的四个量子数。对于一个原子轨道来说，n、l 和 m_l 都是相同的，因此这个轨道中的各个电子其 m_s 必须不相同，而 m_s 的取值只有两个，即 $+\dfrac{1}{2}$ 和 $-\dfrac{1}{2}$。所以，这一轨道中最多只能容纳自旋方向相反的两个电子。

（2）能量最低原则　要解决原子核外电子如何分布的问题，只知道每个轨道可能容纳的电子数还不够，还得解决电子先分布在什么轨道，后分布在什么轨道的问题。自然界有一条普遍的规律：体系能量越低的状态相对越稳定。这一规律也适用于原子结构。电子优先占据能级较低的原子轨道，使整个原子体系能量处于最低，这就叫作能量最低原则，当然，前提是不违背泡利不相容原则。

有了能量最低原则和前面介绍的原子轨道近似能级图，电子在原子轨道中的填充顺序就可以确定为：首先是填充 1s 轨道，然后依次填充 2s、2p、3s、3p、4s、3d、4p、5s、4d、5p、6s、4f、5d、6p、7s、5f、6d 等轨道。

利用图 2-4 将更容易掌握这一填充顺序。

（3）洪特规则　能量最低原则解决了电子在能级不同的各轨道中的分布问题。n 和 l 都相同的三个 p 轨道，其能级是相同的。这种能级相同的一组轨道称为等价轨道。在等价轨道中电子又是如何分布的呢？洪特根据光谱数据总结出了电子在等价轨道中的分布规律，即洪特规则：电子在等价轨道中分布时，应尽可能分占不同的轨道，而且自旋方向相同（或者说自旋平行）。例如，若 np 轨道上有两个电子，那么这两个电子的分布应为 ↑ ↑ □，而不是 ↑↓ □ □ （□ 表示原子轨道；↑↓ 表示两个电子自旋方向相反；↑ ↑ 表示两个电子自旋方向平行）。

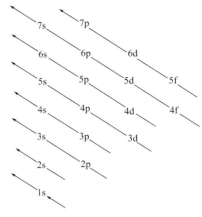

图 2-4　核外电子填充顺序

此外，作为洪特规则的补充，当等价轨道处于半充满、全充满状态时，体系相对较稳定，也是电子分布的一条规律。

有了上述原则和填充顺序，大多数原子基态时的电子分布式（也称电子组态）就可以正确简便地写出来。例如，$Z=10$ 的 Ne 原子，核外有 10 个电子，首先在 1s 轨道上填充 2 个电子，然后在 2p 轨道上填充 2 个电子，最后在 2p 轨道上填充剩下的 6 个电子，所以 Ne 原子的电子组态应为：

$$1s^2 2s^2 2p^6$$

轨道符号右上角的数值表示轨道中的电子数。26 号的 Fe 原子，其电子的填充情况应为：

$$1s^2 2s^2 2p^6 3s^2 3p^6 4s^2 3d^6$$

而其电子组态则要重新改写，把主量子数相同的原子轨道写在一起。因此 Fe 原子的电子组态应为：

$$1s^2 2s^2 2p^6 3s^2 3p^6 3d^6 4s^2$$

有些原子因考虑全充满、半充满的要求，在最外层常出现一个电子转移到另一个轨道。如 $Z=24$ 的 Cr 原子和 $Z=29$ 的 Cu 原子，若按一般情况，其电子填充情况应分别为：

$$Cr：1s^2 2s^2 2p^6 3s^2 3p^6 4s^2 3d^4$$
$$Cu：1s^2 2s^2 2p^6 3s^2 3p^6 4s^2 3d^9$$

但为满足全充满、半充满的要求，Cr 的 1 个 4s 电子转移到 3d 轨道，Cu 的 1 个 4s 电子也转移到 3d 轨道，这样 Cr 和 Cu 的电子实际填充情况分别为：

$$Cr：1s^2 2s^2 2p^6 3s^2 3p^6 4s^1 3d^5 \qquad Cu：1s^2 2s^2 2p^6 3s^2 3p^6 4s^1 3d^{10}$$

它们的电子组态分别为：

$$Cr：1s^2 2s^2 2p^6 3s^2 3p^6 3d^5 4s^1 \qquad Cu：1s^2 2s^2 2p^6 3s^2 3p^6 3d^{10} 4s^1$$

2.1.2.4　原子价

原子价是指一种原子与其他元素化合的能力，因此往往由最外层的杂化 sp 能级中的电子数决定。例如：

$$Mg：\quad 1s^2 2s^2 2p^6 \underline{3s^2} \qquad\qquad 原子价 = 2$$
$$Al：\quad 1s^2 2s^2 2p^6 \underline{3s^2 3p^1} \qquad\qquad 原子价 = 3$$
$$Ge：\quad 1s^2 2s^2 2p^6 3s^2 3p^6 3d^{10} \underline{4s^2 4p^2} \qquad 原子价 = 4$$

原子价也取决于化学反应的性质。P 的电子结构为：

$$1s^2 2s^2 2p^6 3s^2 3p^3$$

P 与 O 化合时为 5 价，与正常价数相符。但是当 P 与 H 反应时，它只有 3 价——因为起作用的是 3p 能级中的电子。

2.1.2.5　原子稳定性

假如原子的价数是 0，即没有电子参与化学反应，则该元素是惰性的。Ar 就是一个例子，它的电子结构为：

$$1s^2 2s^2 2p^6 3s^2 3p^6$$

其他原子也倾向于或者填满其外壳层 sp 能级，使之具有 8 个电子，或者让它们完全空着。Al 的电子结构是在外壳层 sp 能级中有 3 个电子，即

$$1s^2 2s^2 2p^6 3s^2 3p^1$$

因此，Al 原子很容易放弃它的 3 个外层电子，使 3sp 能级空出来。这 3 个外层电子与周围原子的相互作用机制决定了 Al 的原子键合本质和化学行为。

另一方面，外层 3sp 能级具有 7 个电子的 Cl 元素的电子结构为：

$$1s^2 2s^2 2p^6 3s^2 3p^5$$

Cl 的活泼性在于它要接受电子以填充它的外层能级。

2.1.3　周期表与周期性

已发现的 100 多种元素被排列成元素周期表，周期表中各元素的性质呈现出周期性的递变规律。事实上，这都是由于原子结构即原子核外电子的分布呈周期性的变化所造成的。

2.1.3.1　原子结构与元素周期表

1869 年，门捷列夫将当时已发现的元素按其化学性质及物理性质的相似性和周期性分组分周期排列成表，称为元素周期表。后来又不断地把新发现的元素排入表中，发展成为现在较通用的长式周期表。各元素排列成七横行和十八纵行，每一横行就是一个周期。另外还有二横行位于周期表的下面，由镧系和锕系元素组成，实际上是分别从第六、七周期中抽出来的，目的只是为了编排的方便。每一纵行就是一个族。从左至右，第一、二纵行和第十三至十八纵行为主族元素，分别用ⅠA～ⅧA 表示，ⅧA 又称为零族；第三至第十二纵行为副族元素，分别用ⅠB～ⅧB 表示，其中第八、九、十这三个纵行合称ⅧB 族。

随着对原子结构的认识不断深入，人们发现元素周期表与原子核外电子的分布有着直接的关系。例如元素在周期表中的周期数、族数以及周期表的分区等，都是由核外电子的分布所决定的。

各元素在周期表中的周期数等于该元素原子的最大主量子数，即电子层数。例如 He 原子，其电子组态为 $1s^2$，原子轨道的最大主量子数也就是电子层数，为 1。所以 He 原子位于第一周期。再如 $Z=30$ 的 Zn 原子，其电子组态为：

$$1s^2 2s^2 2p^6 3s^2 3p^6 3d^{10} 4s^2$$

电子层数为 4，所以它位于第四周期。

各元素在周期表中的族数则与某些电子层中的电子数有关。所有主族及ⅠB、ⅡB 族元素在周期表中的族数等于该原子最外层电子的个数。例如，

ⅠA 族的 Li、Na、K 等原子，最外层电子数都是 1；ⅦA 族的 F、Cl、Br、I 等原子，最外层电子数都是 7；ⅡB 族的 Zn、Cd、Hg 等原子，最外层电子数都是 2。第Ⅲ～ⅦB 族元素的族数则等于该原子 $(n-1)$ d 及 ns 轨道上的电子总数。例如 $Z=24$ 的 Cr 原子，其电子组态为：

$$1s^2 2s^2 2p^6 3s^2 3p^6 3d^5 4s^1$$

$(n-1)$ d 及 ns 轨道上的电子总数为 6，所以它位于第ⅥB 族。

元素周期表的分区则是根据原子的外层电子分布（又称外层电子构型）进行的。这里的外层电子不一定是最外层电子。对于主族元素是最外层电子；对于副族元素则指最外层的 s 电子和次外层的 d 电子；对于镧系和锕系元素还包括外数第三层的 f 电子。根据原子的外层电子构型通常将元素周期表分为五个区：

  s 区   包括ⅠA、ⅡA 族，外层电子构型为 $ns^{1～2}$；

  p 区   包括ⅢA～ⅧA 族，外层电子构型为 $ns^2 np^{1～6}$；

  d 区   包括ⅢB～ⅧB 族，外层电子构型为 $(n-1)$ d$^{1～8}$ ns^2（有例外）；

  ds区 包括ⅠB、ⅡB 族，外层电子构型为 $(n-1)$ d^{10} $ns^{1～2}$；

  f 区   包括镧系和锕系，外层电子构型为 $(n-2)$ f$^{1～14}$ $(n-1)$ d$^{0～2}$ ns^2。

同一个区的元素，其原子具有相似的外层电子构型，而原子的外层电子构型对元素性质的影响最大。所以同一区的元素，性质也相似。

最后再强调几个问题。

① 凡是外层电子填充在 d 轨道的元素都称为过渡元素。因此，第Ⅳ周期中从 21 号 Sc 到 29 号 Cu，第Ⅴ周期中从 39 号 Y 到 47 号 Ag，第Ⅵ周期中从 72 号 Hf 到 79 号 Au 均为过渡元素。

② 凡是外层电子填充在 4f 轨道上的元素都称为镧系元素，包括第Ⅳ周期中从 57 号 La 到 71 号 Lu 的 15 个元素。凡是外层电子填充在 5f 轨道上的元素都称为锕系元素，包括从 89 号 Ac 到 103 号 Lr 的 15 个元素。

③ 从能级图可知，对过渡元素，E_{ns} 和 $E_{(n-1)d}$ 的能量相近。对镧系和锕系元素，E_{ns}、$E_{(n-1)d}$ 和 $E_{(n-2)f}$ 的能量都相近，因此这些元素都是变价的。镧系元素的物理和化学性质非常相似，其原因就在于 E_{6s}、E_{5d} 和 E_{4f} 能级非常相近。

2.1.3.2　元素性质的周期性与原子结构的关系

元素周期表中各元素的许多性质都具有周期性的递变规律，例如在中学就已经学习过的金属性、非金属性。在这里我们仅就元素的一些最基本的性质，如原子半径、电离能与电子亲和能以及电负性与原子结构的关系作一简单介绍。

（1）原子半径　由于电子在核外运动并没有固定的轨道，因此电子在核外的分布也就没有明确的边界。所以就单个原子讨论原子半径是没有意义的。但原子总是以相互结合的形式存在的，而两个相互结合的原子间确实存在一定的距离。这个核间距就可以认为是两个原子的原子半径之和，原子半径的意义也就在于此。通常，原子半径有三种类型：共价半径、金属半径和范德瓦耳斯（van der Waals）半径。共价半径是指同种原子形成共价单键时两个相邻原子核间距离的一半。金属半径是指同种元素的原子组成的金属晶体中两个相邻原子核间距离的一半。范德瓦耳斯半径是指两个原子间只靠范德瓦耳斯力相互结合时两个核间距离的一半，零族元素的原子半径就是范德瓦耳斯半径。表 2-1 列出了许多元素的原子半径。表中零族元素是范德瓦耳斯半径；金属元素是金属半径；非金属元素是共价半径。

从表中可以看到，原子半径随原子结构的变化而发生周期性的变化。

对于主族元素，同一周期中，从左至右原子半径逐渐减小（零族元素的范德瓦耳斯半径除外）。这主要是因为随着原子序数的增加，新增加的电子都分布在同一最外电子层，而同层电子的屏蔽常数较小，

表 2-1　原子半径/$(10^{-12}\,\mathrm{m})$

IA	IIA	IIIB	IVB	VB	VIB	VIIB	VIII			IB	IIB	IIIA	IVA	VA	VIA	VIIA	0
H																	He
32																	93
Li	Be											B	C	N	O	F	Ne
123	89											82	77	70	66	64	112
Na	Mg											Al	Si	P	S	Cl	Ar
154	136											118	117	110	104	99	154
K	Ca	Sc	Ti	V	Cr	Mn	Fe	Co	Ni	Cu	Zn	Ga	Ge	As	Se	Br	Kr
203	174	144	132	122	118	117	117	116	115	117	125	126	122	121	117	114	169
Rb	Sr	Y	Zr	Nb	Mo	Tc	Ru	Rh	Pd	Ag	Cd	In	Sn	Sb	Te	I	Xe
216	191	162	145	134	130	127	125	125	128	134	148	144	140	141	137	133	190
Cs	Ba		Hf	Ta	W	Re	Os	Ir	Pt	Au	Hg	Tl	Pb	Bi	Po	At	Rn
235	198		144	134	130	128	126	127	130	134	144	148	147	146	146	145	220

镧系元素

La	Ce	Pr	Nd	Pm	Sm	Eu	Gd	Tb	Dy	Ho	Er	Tm	Yb	Lu
169	165	164	164	163	162	185	162	161	160	158	158	158	170	158

所以作用在最外层电子的有效核电荷明显地依次增加，核对最外层电子的吸引力也逐渐增加，所以原子半径逐渐减小。同一族中，自上而下电子层数依次增多，所以原子半径逐渐增大。对于副族元素，同一周期中，从左至右，新增加的电子分布于$(n-1)$d 轨道中，这些电子对最外层 ns 电子的屏蔽常数较大，因此作用于最外层电子的有效核电荷虽然也依次增大，但较缓慢，所以从左至右原子半径缩小较缓慢。同一副族中，自上而下，电子层数增加，原子半径也略有增加。但第五、六周期的同一副族两种元素的原子半径相差很小，近于相等，这是由所谓的镧系收缩造成的。

总的来说，主族元素原子半径随原子结构的变化规律性较强、较明显，而副族元素变化较小、较复杂。

（2）电离能与电子亲和能　使基态的气体原子失去一个电子形成一价气态正离子所需的最低能量称为原子的第一电离能（用 I_1 表示），由一价气态正离子再失去一个电子形成二价气态正离子所需的最低能量称为第二电离能（用 I_2 表示），其余依次类推。显然，电离能的大小表示原子失去电子的难易程度。表 2-2 列出了许多元素的第一电离能，从表中可以看到电离能随原子结构而变化的一些规律。

对于主族元素，同一周期中，从左至右，电离能依次增大，最左边的碱金属具有极小值，最右边的零族元素具有极大值。这是由于从左至右，核对最外层电子的吸引力依次增大，原子失去电子越来越难，致使具有完满电子层结构的零族元素最难失去电子。同一族中，自上而下，随原子半径的增大，核的吸引力相应减小，原子越易失去电子，所以电离能依次减小。这些

表 2-2　元素的第一电离能/$(kJ \cdot mol^{-1})$

H 1312																	He 2372
Li 520	Be 899											B 801	C 1086	N 1402	O 1314	F 1681	Ne 2081
Na 496	Mg 738											Al 578	Si 786	P 1012	S 1000	Cl 1251	Ar 1521
K 419	Ca 590	Sc 631	Ti 658	V 650	Cr 623	Mn 717	Fe 759	Co 758	Ni 737	Cu 745	Zn 906	Ca 579	Ge 762	As 947	Se 941	Br 1140	Kr 1351
Rb 403	Sr 550	Y 616	Zr 660	Nb 664	Mo 685	Te 702	Ru 711	Rh 720	Pd 805	Ag 804	Cd 868	In 558	Sn 709	Sb 834	Te 869	I 1008	Xe 1170
Cs 376	Ba 503	La 538	Hf 675	Ta 761	W 770	Re 760	Os 839	Ir 878	Pt 868	Au 890	Hg 1007	Tl 589	Pb 716	Bi 703	Po 812	At	Rn 1041
Fr	Ra 509	Ac 666															

规律都是总趋势，但也有一些特殊情况。如第二周期的 Be、N 二原子的 I_1 分别较同一周期中前后相邻的原子的 I_1 都大。第三周期的 Mg、P 等也有这一现象。这主要是由于这些原子具有半充满、全充满的电子层结构，相对较稳定，难以失去电子，所以电离能相对较大。

基态的气体原子获得一个电子形成一价气态负离子时所放出的能量称为第一电子亲和能。类似地有第二、第三电子亲和能。显然，电子亲和能可用来衡量原子获得电子的难易。电子亲和能的大小与核的吸引和核外电子相斥两方面的因素有关。一方面，随着原子半径的减小，核的吸引力增强，电子亲和能增大；另一方面，随着原子半径的减小，电子云密度增大，电子间的排斥力增强，电子亲和能减小。所以不论是同一周期还是同一族，电子亲和能都没有很明显的变化规律。而且确定电子亲和能的数值也较困难，只有少数元素能形成稳定的负离子，这些元素的电子亲和能数据较准确。表 2-3 列出了这些元素的第一电子亲和能。

表 2-3　某些元素的第一电子亲和能/$(kJ \cdot mol^{-1})$

元素	第一电子亲和能	元素	第一电子亲和能
H	77	F	333
O	142	Cl	348
S	200	Br	324
C	108	I	296

（3）电负性　元素的电离能和电子亲和能各自从一个方面表达原子得失电子的能力，但没有考虑原子间的成键作用等情况。为了定量地比较原子在分子中吸引电子的能力，1932 年，鲍林在化学中引入了电负性的概念来衡量分子中原子吸引电子的能力。电负性越大，原子在分子中吸引电子的能力越大；电负性越小，原子在分子中吸引电子的能力越小。表 2-4 中列出了鲍林从热化学数据得到的电负性数值，应用较广。从表 2-4 中可以看出，电负性具有明显的周期性变化。一般金属元素的电负性小于 2.0（除铂系元素和 Au），而非金属元素（除 Si）大于 2.0。

元素电负性是一个相对的数值，鲍林指定 F 的电负性为 4.0，不同的处理方法所获得的元素电负性数值有所不同。

表 2-4　元素的电负性数值

周期＼族	I	II											III	IV	V	VI	VII	0
1	H ● 2.1																H ● 2.1	He
2	Li ● 1.0	Be ● 1.5											B ● 2.0	C ● 2.5	N ● 3.0	O ● 3.5	F ● 4.0	Ne
3	Na • 0.9	Mg • 1.2											Al • 1.5	Si ● 1.8	P ● 2.1	S ● 2.5	Cl ● 3.0	Ar
4	K • 0.8	Ca • 1.0	Sc • 1.3	Ti • 1.5	V ● 1.6	Cr ● 1.6	Mn • 1.5	Fe ● 1.8	Co ● 1.9	Ni ● 1.9	Cu ● 1.9	Zn ● 1.6	Ga • 1.6	Ge ● 1.8	As ● 2.0	Se ● 2.4	Br ● 2.8	Kr
5	Rb • 0.8	Sr • 1.0	Y • 1.2	Zr • 1.4	Nb ● 1.6	Mo ● 1.8	Tc ● 1.9	Ru ● 2.2	Rh ● 2.2	Pd ● 2.2	Ag ● 1.9	Cd ● 1.7	In • 1.7	Sn ● 1.8	Sb ● 1.9	Te ● 2.1	I ● 2.5	Xe
6	Cs • 0.7	Ba • 0.9	La~Lu 1.0~1.2	Hf • 1.3	Ta • 1.5	W ● 1.7	Re ● 1.9	Os ● 2.2	Ir ● 2.2	Pt ● 2.2	Au ● 2.4	Hg • 1.9	Tl • 1.8	Pb ● 1.9	Bi ● 1.9	Po ● 2.0	At ● 2.2	Rn
7	Fr • 0.7	Ra • 0.9	Ac • 1.1	Th • 1.3	Pa • 1.4	U • 1.4	Np~No 1.4~1.3											

2.1.4　晶体中的原子结合

原子能够相互结合成分子或晶体，说明原子间存在着某种强烈的相互作用，而且这种作用将使体系的能量状态降低。化学上就把这种原子间的强烈的相互作用称为化学键。根据原子间作用方式的不同，化学键可以分为金属键、共价键、离子键、分子键和氢键，而在工程材料中常见化学键主要有四类：金属键、共价键、离子键和分子键。

2.1.4.1　金属键

在化学元素周期表中，金属元素约占 4/5，金属中原子大多以金属键相结合。金属原子结构的特点是外层电子较少，当金属原子互相靠近产生相互作用时，各金属原子都易失去最外层电子而成为正离子。这些脱离了每个原子的电子为相互结合的集体原子所共有。成为自由的公有化的电子云（或称电子气）而在整个金属中运动，金属结合如图 2-5 所示。电子云的分布可看作是球形对称的。这些正离子、自由电子之间产生强烈的静电相互作用，使其结合成一个整体。金属键没有饱和性和方向性，故形成的金属晶体结构大多为具有高对称性的紧密排列。利用金属键可以解释金属的导电性、导热性、金属光泽以及正的电阻温度系数等一系列特性。

在金属中，将原子维持在一起的电子并不固定在一定的位置上（即金属键是无方向性的），因此当金属弯曲和原子企图改变它们间的彼此关系时，只是变动键的方向，变换金属键结合的原子的相对位置，并不使键破坏，如图 2-6 所示。这就使金属具有良好的延性，并可变形成为各种有用的形状。金属键也使金属成为良导体。在外加电压影响下，假如电路是接通的话，价电子运动（见图 2-7）。靠其他机制结合的原子，为使电子从结合状态摆脱而成为自由电子，则需要很高的电压。

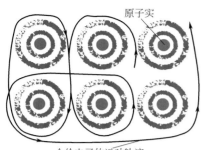

图 2-5　金属结合示意

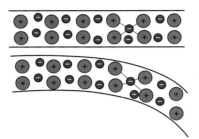

图 2-6　金属弯曲时键方向的变动

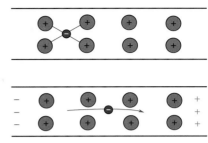

图 2-7　将电压作用于金属时，电子云中的电子很容易运动并传送电流

2.1.4.2　共价键

亚金属（例如ⅣA 族元素 C、Si、Ge 以及ⅥA 族的 Se、Te 等）大多以共价键相结合。此类原子一般具有 3 个以上价电子，当其结合时，相邻原子各给出一个电子作为二者共有，原子借共用电子对产生的力而结合。为了使原子的外层填满 8 个电子以满足原子稳定性的要求，电子必须由（8－N）个邻近原子所共有，N 为原子的价电子数，因而共价键结合具有饱和性。Si 即为共价键结合，Si 是ⅣA 族元素，故它有 8－N＝4 个共价键，每个 Si 原子具有 4 个最近邻原子，共价键要求原子间共享电子的方式使每个原子的外层 sp 轨道被填满，在 4 价 Si 中，必须形成 4 个共价键，如图 2-8 所示。SiO_2 中的 Si 和 O 也是以共价键结合的，如图 2-9 所示。共价晶体在形成共价键时，除依赖电子配对外，还依赖于电子云的重叠，电子云重叠越大，结合能越大，结合能越强。原子的结构表明，s 轨道的电子云呈球状对称，而其他轨道的电子云都有一定的方向性。例如，p 轨道呈哑铃状。在形成共价键时，为使电子云达到最大限度的重叠，共价键具有方向性。例如，对 Si 来说，Si 原子就要排成四面体，在形成的四面体结构中，每个共价键之间的夹角约为 109°（见图 2-10）。电子位于这些共价键的概率要比位于原子核周围的其他地方高得多。

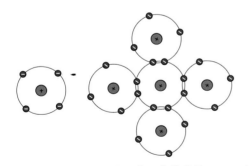

图 2-8　4 价硅形成 4 个共价键

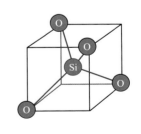

图 2-9　氧化硅（SiO_2）的四面体结构，它包含硅和氧原子之间的共价键

虽然共价键本身是很强的，但是以这种方式结合起来的材料，其延性和导电性都很差。弯曲硅棒时，如果 Si 原子永久性地改变彼此之间的相互位置（见图 2-11），Si 的键必定破坏。此外，为了使电子运动及产生电流，也必须破坏共价键，这就要求施高温或高电压。因此，共价键材料是脆性的，而不是延性的，其行为如同绝缘体而不是导体。许多陶瓷和聚合物材料是完全地或部分地通过共价键结合的，这就解释了玻璃掉到地上会破碎以及砖是良好绝缘材料的原因。

共价键晶体具有高熔点、高硬度，例如金刚石具有最高的摩氏硬度，且熔点高达 3750℃。

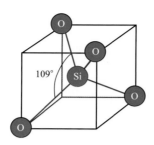

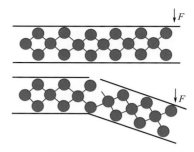

图 2-10　硅的共价键键角　　　图 2-11　共价键材料在外力作用下键的破断

2.1.4.3　离子键

离子键结合即为失掉电子的正离子和得到电子的负离子依靠静电引力而结合在一起。例如 Na 失掉一个电子成为 Na^+，Cl 得到一个电子成为 Cl^-，Na^+ 和 Cl^- 由于静电引力相互靠拢，当它们接近到一定距离时，两者的电子云之间以及原子核之间将产生排斥力，当斥力和引力达到平衡时，正负离子处于相对稳定位置上，形成 NaCl 晶体，如图 2-12 所示。在离子键组成的化合物 $A_x B_y$ 中，A 离子周围最近邻的异号离子数与 B 离子周围最近邻的异号离子数之比等于 $y : x$。例如在 CaF_2 晶体中，每个 Ca 离子周围有 8 个 F 离子，每个 F 离子周围有 4 个 Ca 离子，其比恰为 $8 : 4 = 2 : 1$。离子键是没有方向性的，因离子周围的电子云是以核为中心球对称分布的，它在各个方向上与异性离子的作用力都是相同的。

一般离子键结合力也较强，结合能很高，所以离子晶体大多具有高熔点、高硬度、低的热膨胀系数。而且由于不存在自由电子，所以离子晶体是不导电的，但在熔融状态下，可以依靠离子的定向运动来导电。

2.1.4.4　分子键（范德瓦耳斯键）

范德瓦耳斯键是以弱静电吸引的方式使分子或原子团连接在一起的。许多塑料、陶瓷、水以及其他分子是具有永久极性的，就是说，分子的一部分往往带正电荷，而另一部分则往往带负电荷。一个分子的正电荷部位和另一个分子的负电荷部位间的微弱静电吸引力将两个分子结合在一起，在水中，氧的电子往往向远离氢的方向集中，形成的电荷差使水分子间呈现微弱结合（如图 2-13 所示）。范德瓦耳斯键是次要的键合机制，但是分子或原子团内

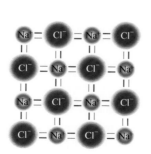

图 2-12　氯化钠离子键合示意

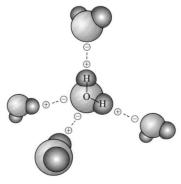

图 2-13　由分子或原子团的极化
而形成的范德瓦耳斯键

部的原子之间则由强有力的共价键或离子键连接。将水加热到沸点就破坏了范德瓦耳斯键，因而水变成蒸汽，但是要破坏将 O 和 H 连接在一起的共价键则需要高得多的温度。范德瓦耳斯键可在很大程度上改变材料性质。既然聚合物通常具有共价键，则可以预料聚氯乙烯（PVC 塑料）是很脆的。但是，聚氯乙烯含有许多长的链状分子（如图 2-14 所示），在每个链内是共价键结合，但是链与链之间的结合则是范德瓦耳斯键。因此，只要在分子链彼此滑动时，范德瓦耳斯键发生破裂，就可使聚氯乙烯产生很大的变形。

由于分子键键能很低，所以分子晶体的熔点很低，在金属与合金中这种键不多。

2.1.4.5　结合能

晶体中原子间的相互作用力有吸引力和排斥力两种。引力是一种长程力，它来源于异性电荷间的库仑力。斥力有两个来源，其一为同性电荷间的库仑力，其二是由于泡利不相容原理引起的。根据泡利不相容原理，当两个原子相互接近时，电子云要产生重叠，部分电子动能增加，而使总能量升高。为了使系统总能量降低，电子应占据更大的空间，从而产生电子间的斥力，这种力是短程力。分析图 2-15 双原子模型，可以清晰了解原子间结合力及结合能。当两个原子相距无限远时，即 $r \to \infty$ 时，如图 2-15（b）所示，原子间的作用力 $f_{总}$ 为 0，可以令此时的势能值 E 为参考值，取其为 0。当两原子的距离逐渐靠近时，吸引力首先变为主要因素，且随 r 的减小，吸引力越来越强。$r > r_0$ 时，吸引力大于斥力，$f(r) < 0$；当两原子的距离接近 r_0 时，斥力成为主要的，$r < r_0$ 时，斥力大于吸引力，$f(r) > 0$。当 $r = r_0$ 时，吸引力和斥力平衡，$f(r) = 0$。相应的能量变化如图 2-15（a）所示，对应 $r = r_0$ 处总能量值最低，故 r_0 为两原子间平衡距离。

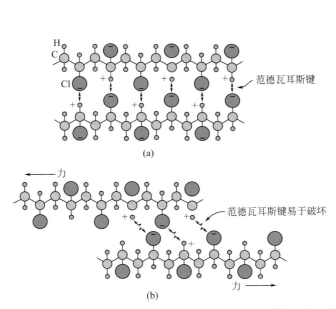

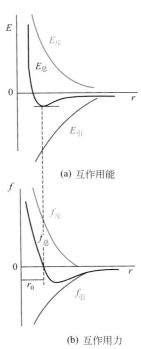

图 2-15　原子间的相互作用

图 2-14　(a) 在聚氯乙烯中，连接聚合物的氯原子带负电荷，而氢原子带正电荷，键之间是范德瓦耳斯键的弱结合；(b) 将力作用在聚合物上时，就破坏了范德瓦耳斯键，键之间开始滑动

2.1.4.6　不同类型结合键的特性

（1）键结合的多重性　在工程材料中，只有一种键合机制的材料并不多见，大多数的工程材料是以

共价键、金属键、离子键三种混合机制方式结合的。例如，钢中常存的渗碳体相 Fe_3C，其中 Fe 原子之间为纯粹的金属键结合，Fe 原子和 C 原子之间可能存在金属键和离子键；石墨晶体既有共价键，也存在金属键和范德瓦耳斯键（在石墨晶体中，每个 C 原子的 3 个价电子与周围的 3 个原子结合，属于共价键，3 个价电子差不多分布在同一平面上，使晶体呈层状。第 4 个价电子则较自由地在整个层内运动，具有金属键性质。而层与层之间则靠范德瓦耳斯键结合）。再举例如下。

① 金属　虽然是典型的金属键，但工程材料中的大多数金属内，不只是含有一种金属原子，通常还含有其他物质，如化合物等。因此，金属材料大多是除范德瓦耳斯键以外的多种键合机制。

② 陶瓷　是以离子键（尤其是 Al_2O_3、MgO 等金属氧化物）和共价键（如 Si_3N_4、SiC 等）为主的结合键。所以通常陶瓷材料也是以两种或两种以上的键合机制进行结合的。

③ 工程塑料　有共价键、范德瓦耳斯键等机制进行结合。

④ 复合材料　可以有三种或三种以上的键合机制。

（2）不同键结合的特性　虽然工程材料中可有不同的键结合机制，但是毕竟存在主次之分。如金属材料，以金属键为主，氧化物陶瓷材料以离子键为主，高分子材料以共价键为主。

不同键结合的强弱是用结合键能来表达的。不同结合键的键能如表 2-5 所列。可见，离子键能最高，共价键能其次，金属键能第三，而范德瓦耳斯键最弱。因此，反映在不同键结合的材料特性上将有明显差异，离子键、共价键材料的熔点高、硬度高，范德瓦耳斯键的熔点低、硬度也低。

表 2-5　不同结合键的键能及其材料的特性

结合键种类	键能/(kJ/mol)	熔点	硬度	导电性	键的方向性
离子键	586～1047	高	高	固态不导电	无
共价键	63～712	高	高	不导电	有
金属键	113～350	有高有低	有高有低	良好	无
范德瓦耳斯键	<42	低	低	不导电	有

2.2 金属及合金相的晶体结构

2.2.1　元素的晶体结构

在第 1 章我们讨论了晶体结构的共性，即晶体的点阵类型、晶系等问题，本节的任务是具体分析元素，特别是金属与合金的晶体结构。参照元素周期表，有助于全面地了解元素的晶体结构。按晶体结构类型，周期表中的元素可分为三大类（见表 2-6）。

表 2-6　周期表中的晶体结构

IA	IIA	IIIB	IVB	VB	VIB	VIIB	VIII			IB	IIB	IIIA	IVA	VA	VIA	VIIA	0
3 A2 A1 Li A3	4 (A2) Be					1 A3 H A1	2 (A3) He (A2)					5 H T B R	6 R H C A4	7 H N C	8 C O (R)	9 F	10 A1 Ne
11 A2 A3 Na	12 A3 Mg											13 Al A1	14 A4 Si	15 C P C	16 O M S R	17 A1 Cl A2	18 Ar
19 K A2	20 A2 Ca A1	21 Sc	22 A2 Ti A3	23 V A2	24 (A1) Cr A2	25 A1 Mn C	26 A2 Fe A1	27 Co A3	28 Ni A1	29 Cu A1	30 Zn A3	31 Ga O	32 Ge A4	33 As A7	34 A8 Se M	35 Br O	36 Kr A1
37 Rb A2	38 A2 Sr A1	39 Y A3	40 A2 Zr A3	41 Nb A2	42 Mo A2	43 Tc A3	44 Ru A3	45 Rh A1	46 Pd A1	47 Ag A1	48 Cd A3	49 In A6	50 A5 Sn A4	51 Sb A7	52 Te A8	53 I O	54 Xe A1
55 Cs A2	56 A2 (T) Ba (H)	57 A2 A1 La H	72 A2 Hf A3	73 Ta A2	74 W A2	75 Re A3	76 Os A3	77 Ir A1	78 Pt A1	79 Au A1	80 R T Hg	81 A2 Tl A1	82 Pb A1	83 Bi A7	84 R Po C	85 At	86 Rn
87 Fr	88 Ra	89 A1 Ac															

第一类 ——— 第二类 ——— 第三类

58 A2 A1 Ce H	59 A2 Pr A1	60 A2 Nd A1	61 Pm	62 (A2) Sm	63 Eu A2	64 (A2) Gd A3	65 (A2) Tb A3	66 (?) Dy A3	67 (?) Ho	68 Er A3	69 Tu A3	70 (A2) A1 Yb	71 (?) Lu
90 A2 Th A1	91 Pa T	92 A2 T U O	93 A2 T Np O	94 A2 T A1 O Pu M	95 Am H	96 Cm	97 Bk	98 Cf	99 Es	100 Fm	101 Md	102 No	103 Lr

注：$A1$＝面心立方；$A2$＝体心立方；$A3$＝密排立方；$A4$＝金刚石立方；$A5$＝体心正方；$A6$＝面心正方；$A7$＝菱方；$A8$＝三角；H＝六方（通常是 ABCD…密堆）；R＝菱方（与 $A7$ 不同）；O＝正交；C＝复杂立方；T＝正方；M＝单斜；（?）＝未定。

　　第一类是真正的金属。这一类除了少数例外，绝大多数都具有高对称性的简单结构，其典型结构为：面心立方结构（代号为 $A1$）；体心立方结构（$A2$）；密排六方结构（$A3$）。

　　第二类包括 8 个金属元素，其晶体结构和第一类有些不同。其中锌、镉虽为 $A3$ 结构，但已有些变化，其 c/a 较大。铊和铅的结构和第一类相同，但原子的离子化不完全，原子间距也比典型金属大。这一类中汞和锡的结构比较复杂，而镓则具有复杂的正交结构。

　　第三类多数为非金属元素，也包括少数亚金属，如硅、锗、锑、铋等，这类元素多数具有复杂的晶体结构。

　　我们的重点是讨论第一类中典型的晶体结构。

2.2.2　典型金属的晶体结构

2.2.2.1　三种常见结构

　　绝大多数典型金属都具有高对称性的简单晶体点阵。最典型的是面心立方点阵（$A1$）、体心立方点阵（$A2$）和密排六方点阵（$A3$）。这几种点阵的晶胞如图 2-16～图 2-18 所示。应当指出，密排六方晶体应属于简单六方空间点阵。因为空间点阵应当有严格的周期性，而对位于密排六方点阵中间的阵点如图 2-19 中的 B 点，若沿图中 AB 直线平移一矢量 $\boldsymbol{AB}$，将移至点阵中的 C 点，而实际点阵中该处却没有阵点。若把 A、B 两个阵点作为一个阵点看，就可看出密排六方晶体点阵实质上就是一个复式简单六方空间点阵。

　　（1）面心立方结构（$A1$）　在表 2-6 中约有 20 种金属具有这种晶体结构。在图 2-16 所表示的面心立方晶胞中可见，面心立方点阵的每个阵点上只有一个金属原子，结构很简单。

　　下面从几个方面来进一步分析面心立方结构的特征。

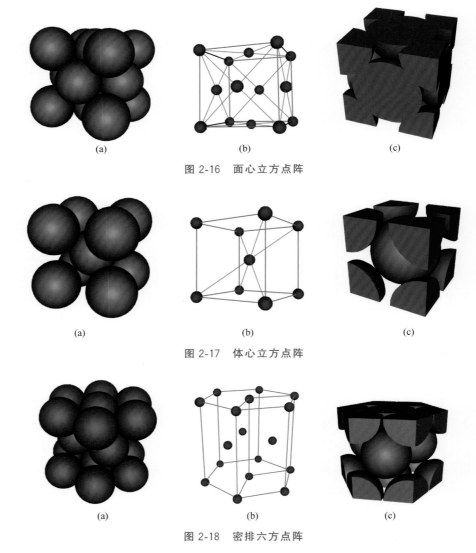

図 2-16　面心立方点阵

图 2-17　体心立方点阵

图 2-18　密排六方点阵

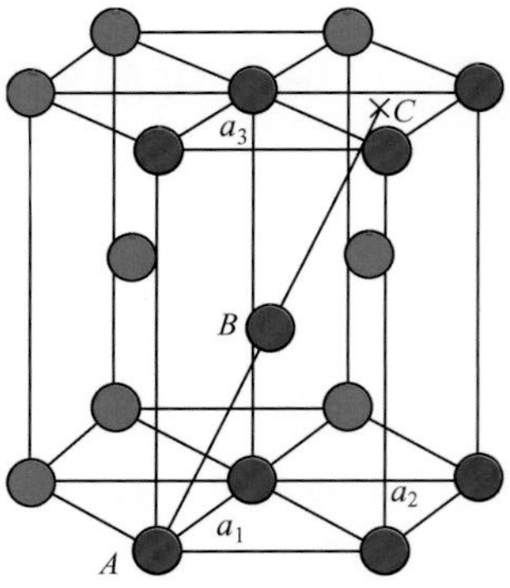

① 晶胞中原子数　由于晶体可看作是由许多晶胞堆砌而成，故每个晶胞角上的原子应同时属于相邻的 8 个晶胞所共有，每个晶胞实际上只占有该原子的 1/8；而位于面中心上的原子同时属于相邻的两个晶胞所共有，所以每个晶胞只分到面心原子的 1/2。如果设想把面心立方晶胞［图 2-16（a）］从晶体中切割开来［图 2-16（c）］，即可清楚地看出上述情况。因此，面心立方晶胞中的原子数为 4。

② 点阵常数　虽然有许多金属都具有面心立方晶体结构，但它们的晶胞大小各不相同，每种金属在一定温度时有其特有的晶胞尺寸。晶胞大小是用点阵常数来衡量的，它是表征物质晶体结构的一项基本参数。对于立方晶系，点阵常数

图 2-19　密排六方点阵与
简单六方点阵的关系

只用晶胞的棱边长度 a 一个数值。点阵常数 a 通常以 nm 为单位。在面心立方晶胞中，a 并不是原子间的最近距离，沿其面对角线 $\langle 110 \rangle$ 方向原子排列最密集，故最近原子间距 $d = \dfrac{\sqrt{2}}{2} a$。表 2-7 中列出常见的几种面心立方金属的点阵常数 a 和最小原子间距 d 的实际数值。

表 2-7　常见 FCC 结构金属点阵常数和最小原子间距

金属	Al	γ-Fe	β-Co	Ni	Cu	Rh	Pt	Ag	Au
点阵常数 a/nm	0.40496	0.36468 (916℃)	0.3544	0.35236	0.36147	0.38044	0.39239	0.40857	0.40788
最小原子间距 d/nm	0.28683	0.2579 (916℃)	0.2506	0.2492	0.2556	0.2690	0.2775	0.2889	0.2884

③ 配位数和致密度　晶体中原子排列的紧密程度与晶体结构类型有关。为了定量地表示原子排列的紧密程度，通常应用配位数和致密度这两个参数。

a. 配位数　配位数是指晶体结构中，与任一原子最近邻并且等距离的原子数。面心立方结构的配位数是 12。

b. 致密度　可把金属晶体中的原子看作是直径相等的刚性小球，原子排列的密集程度可以用刚性小球所占空间的体积百分数来表示，称为致密度。如以一个晶胞来计算，致密度 K 就等于晶胞中原子所占体积与晶胞体积之比，即

$$K = \frac{nv}{V}$$

式中，n 是晶胞中原子数；v 是一个原子（刚性小球）的体积；V 是晶胞体积。

对面心立方结构来说，面对角线上相邻的原子彼此接触，因此刚性小球的直径就等于最近邻原子间距 d。$d = \dfrac{\sqrt{2}}{2} a$，$n = 4$，故致密度为：

$$K = \frac{nv}{V} = \frac{4 \times \dfrac{1}{6} \pi d^3}{a^3} = 0.74 \text{（或 74\%）}$$

此值表明，面心立方结构的晶体中，有 74% 的体积为原子所占据，其余 26% 则为间隙体积。

（2）体心立方结构（A2）　体心立方结构晶胞（见图 2-17）除了晶胞的 8 个角上各有一个原子外，在晶胞的中心尚有一个原子。因此体心立方晶胞原子数为 2，如图 2-17（c）所示。

在体心立方结构中，原子沿立方体对角线方向上排列得最紧密。设晶胞的点阵常数为 a，则原子间距 $d = \dfrac{\sqrt{3}}{2} a$。

体心立方结构中每原子的最近邻原子数为 8，所以配位数等于 8。其致密度为：

$$K = \frac{nv}{V} = \frac{2 \times \dfrac{1}{6} \pi d^3}{a^3} = 0.68 \text{（或 68\%）}$$

可见，体心立方结构的配位数与致密度均小于面心立方结构，即其原子密集程度低于面心立方结构。

具有体心立方结构的金属有 α-Fe、Cr、V、Nb、Mo、W 等共约 30 种，约占金属元素的一半左右。

一些体心立方结构金属的点阵常数和最小原子间距列于表 2-8。

（3）密排六方结构（A3）　密排六方结构（图2-18）可看成是由两个简单六方晶胞穿插而成。密排六方结构也是原子排列最密集的晶体结构之一。其晶胞原子数参照图2-18（c）可计算如下：六方柱每个角上的原子属6个相邻的晶胞所共有；上下底面中心的每个原子同时为两个晶胞所共有；再加上晶胞内的3个原子，故晶胞内原子数为6。

在理想的密排情况下，以晶胞上底面中心的原子（刚性小球）为例，它不仅与周围6个角上的原子相接触，还与其下的3个位于晶胞之内的原子相接触，此外又与其上面相邻晶胞内的3个原子相接触，所以密排六方结构的配位数等于12；最邻近的原子间距$d=a$，故可算出密排六方结构的致密度也是74%，即其配位数和致密度都与面心立方结构相同，这表明此两种晶体结构都是原子排列最紧密的结构。

密排六方晶胞的点阵常数有二：六方底面的边长a和上下底面的间距（即六方柱的高度）c。c/a称为轴比。在上述的理想密排情况下，可算得轴比$c/a=1.633$，但实际测得的轴比常常偏离此值。表2-9列举了某些密排六方结构金属在室温下的轴比数值，可见都有不同程度的偏差，尤其是锌和镉的轴比超过很多，严格地讲，其配位数应为6（最近邻的是同一层的6个原子），如果考虑到上、下层各3个次近邻的原子，配位数可写成6+6。

（4）多型性　在周期表中，大约有40多种元素具有两种或两种以上的晶体结构，即具有同素异晶性，或称多晶型性。它们在不同的温度或压力范围内具有不同的晶体结构，故当条件变化时，会由一种结构转变为另一种结构称为多晶型转变或同素异构转变。例如，Fe在912℃以下为体心立方结构，称为α-Fe；在912～1394℃具有面心立方结构，称为γ-Fe；温度超过1394℃到熔点，又变成体心立方结构，称为δ-Fe。又比如，C具有六方结构时称为石墨，而在一定条件下，C还可以具有金刚石结构。由于不同晶体结构的致密度不同，当金属由一种晶体结构变为另一种晶体结构时，将伴随有比容的跃变，即体积的变化。例如，当纯铁由室温加热到912℃以上时，致密度较小的α-Fe转变为致密度较大的γ-Fe，体积突然减小；冷却时则相反。图2-20是实验测得的纯铁加热时的膨胀曲线，在α-Fe转变为γ-Fe以及γ-Fe转变为δ-Fe时，均会因体积突变而使曲线上出现明显的转折点。除体积变

表2-8　一些体心立方结构金属的点阵常数和最小原子间距

金　属	β-Ti	V	Cr	α-Fe	β-Zr	Nb	Mo	Cs	Ta	W
点阵常数 a/nm	0.33065 (900℃)	0.30282	0.28846	0.28664	0.36090 (862℃)	0.33007	0.31468	0.614 (−10℃)	0.33026	0.31650
最小原子间距 d/nm	0.2863 (900℃)	0.2622 (30℃)	0.2498	0.2482	0.3125 (862℃)	0.2858	0.2725	0.532 (−10℃)	0.2860	0.2741

表2-9　某些密排六方结构金属的轴比（室温）

金　属		Be	α-Ti	α-Zr	α-Co	Mg	Zn	Cd
点阵常数/nm	a	0.22856	0.29506	0.32312	0.2506	0.32094	0.26649	0.29788
	c	0.35832	0.46788	0.51477	0.4069	0.52105	0.49468	0.56167
轴比 c/a		1.5677	1.5857	1.5931	1.624	1.6235	1.8563	1.8858

化外，多晶型转变还会引起一些其他性质的变化。

2.2.2.2 晶体中原子的堆垛方式

金属晶体的原子结构是可用空间点阵中原子的排列情况来描述。对于金属所具有的简单晶体结构而言，还可以用其他更有效的方法加以描述。我们把金属晶体中的原子看作大小相等的球体，当然这只是近似的，但是却为我们提供了相当可靠的第一级近似，而这在许多情况下是非常有用的。

使金属原子结合在一起的金属键方向性很小。因此可以认为，这种将金属原子拉在一起的吸引力将使金属原子在各个方向上都等同地堆积起来，并使各金属原子间具有最小的间隙空间。如果把原子视为刚性小球，试问：将大小相等的刚性小球堆积在一起，并使各刚性小球之间的间隙达到最小，可以有几种堆积方式？由于明显的原因，这种结构称为"密集结构"。下面我们来讨论这个问题。首先，我们在二

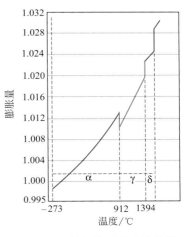

图 2-20 纯铁加热时的膨胀曲线

维平面上确定这些刚性小球怎样排列才能形成最密排的平面阵列。然后确定这些最密排的原子面以怎样的最密集方式加以堆积，才能得到最密集的三维阵列。考虑图 2-21（a）中的两排原子。很明显，如果这两排原子靠在一起，而且上面一排原子被推到图 2-21（b）所示的位置，那么这两排原子将最紧密地排列在一起。如果像图 2-22（a）那样重画图 2-21（b），便可看出在二维平面上密排原子的中心将构成六边形的网格。为了便于分析这些密排面的堆积情况，考虑图 2-22（b）所示的六边形区域。值得注意的是，这个六边形网格单元可以看作是六个等边三角形，而且这六个三角形的中心与密排原子的六个间隙中心相重合。图 2-23（a）表明这六个间隙可以分为 B、C 两组，每一组构成一个等边三角形，同时在每一组中，间隙中心间的距离恰好是网格上原子的间距。因此，当在第一层上堆积第二层密排面时，使其原子落在间隙 B 处就得到最密集的三维空间阵列，如图 2-23（b）所示。此外，也可将第二层原子堆在间隙 C 处，以获得图 2-23（c）所示的最密集三维空间阵列。如果把第一层原子所占据的位置称为 A 位置，那么，图 2-23（b）便属于 A-B 堆积方式，而图 2-23（c）是 A-C 堆积方式。为了得到晶体结构的模型，各原子层必须继续堆积下去，以便获得长程有序的排列。显然，只存在 4 种可能的堆积方式：

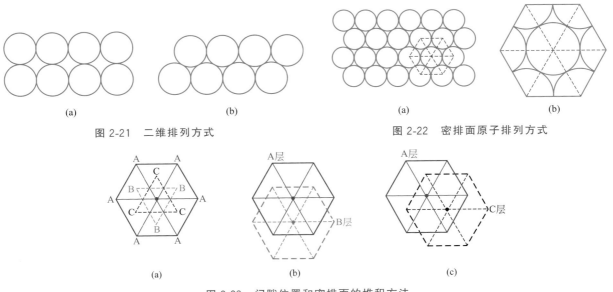

(a)　　　　　　　　(b)　　　　　　　　(a)　　　　　　　　(b)

图 2-21　二维排列方式　　　　　　图 2-22　密排面原子排列方式

(a)　　　　　　　(b)　　　　　　　(c)

图 2-23　间隙位置和密排面的堆积方法

①　—A—B—A—B—A—B—；　　②　—A—C—A—C—A—C—；

③　—A—B—C—A—B—C—；　　④　—A—C—B—A—C—B—。

对于两种不同的晶体，第①种与第②种堆积方式之间的差异是难以辨别的。第③种和第④种堆积方式也是如此。因此，只有两种堆积方案：一种是每二层重复一次，即—A—B—A—B—A—B—；另一种是每三层重复一次，即—A—B—C—A—B—C—。

密排六方晶体结构和面心立方晶体结构都是密集结构，它们对应于这里所讨论的两种堆积方式。在密排六方晶体结构中，基面是密排面。从图2-18(b)可以看出，这些面上的原子是一个在另一个之上直接堆积起来的，它们中间只插入一个密排面，即(0002)面。因此，在密排六方结构中，密排面堆积的层序是—A—B—A—B—。在面心立方结构中，密排面为(111)面，图2-24(a)给出了其中的两个密排面在晶胞上的交线。如果沿图示的体对角线方向向下看，这两个密排面便如图2-24(b)所示。显然，这两个面是相互邻接的密排面，分别称之为B层和C层。体对角线上两顶角上的原子分别位于两个相互平行的(111)晶面上；应当看到，这两个晶面应当处于A位置，这是因为这两个晶面的原子位于B层和C层的剩余间隙之上。因此，在面心立方结构中，密排面的堆积层序是—A—B—C—A—B—C—。

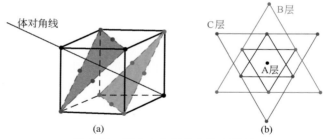

图 2-24　面心立方晶体中的密排面

体心立方晶体结构不是密集结构。在这种结构中，沿立方体对角线方向的原子是相互接触的。由此可以推论，体心立方结构比密集结构包含着更多的间隙空间。

2.2.2.3　晶体结构中的间隙

钢中C原子的有效半径为0.07nm，而Fe原子的有效半径为0.124nm。C溶解于Fe中时，或者替代点阵阵点上的Fe原子（作为置换型溶质），或者挤进Fe原子的间隙位置（作为间隙型溶质）。由于C的原子半径很小，于是像N、H和O一样，C在Fe中也呈间隙型溶解。这些原子对金属，尤其是体心立方金属的力学性能产生很强烈的影响，因此，了解球体堆积模型中球体之间的间隙大小和位置是很有必要的。

(1) 面心立方结构中的间隙　面心立方结构有两种间隙，如图2-25所示。第一种是比较大的间隙[见图2-25(a)]，位于6个原子所组成的八面体中间，称为八面体间隙；第二种间隙[见图2-25(b)]位于4个原子所组成的四面体中间，称为四面体间隙。图中清楚地标明了两种不同间隙在晶胞中的位置，它们是有规律地分布于晶体空间之中。

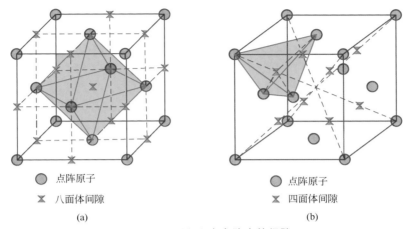

图 2-25 面心立方点阵中的间隙

图 2-26 表示八面体间隙和四面体间隙的刚性小球模型。相邻的原子相互接触，原子中心就是多面体的各个角顶。根据几何学关系可以求出两种间隙能够容纳的最大圆球半径。设原子半径为 r_A，间隙中能容纳的最大圆球半径为 r_B，则对于面心立方结构的四面体间隙和八面体间隙，$\dfrac{r_B}{r_A}$ 数值见表 2-10。

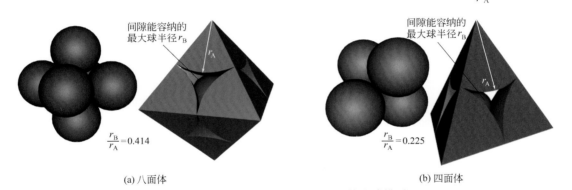

图 2-26 面心立方晶体中间隙的刚性小球模型

表 2-10 面心立方结构的四面体间隙和八面体间隙比较

晶体结构	八面体间隙		四面体间隙	
	间隙数/原子数	r_B/r_A	间隙数/原子数	r_B/r_A
BCC	6/2＝3	0.155	12/2＝6	0.291
FCC	4/4＝1	0.414	8/4＝2	0.225
HCP	6/6＝1	0.414	12/6＝2	0.225

　　面心立方晶胞中围绕两个四面体间隙的四面体的位置示于图 2-27。分析该图可以看出，相对于 A 原子来说，上面那个间隙的中心的坐标为 $\left(-\dfrac{1}{4}\ -\dfrac{1}{4}\ -\dfrac{1}{4}\right)$，因此是在立方体的体对角线上。现在问，在该晶胞中包含有多少个这类四面体间隙？这个问题可以容易地用面心立方晶体的四次转动对称轴来解答，通过绕垂直轴的四重转动，上述两个间隙都会产生另外 3 个间隙，因此，这个晶胞共包含 8 个这种间隙。

　　如图 2-28 所示，面心立方晶体有一个恰好位于晶胞中心处的八面体间隙。该图还表明，另一个八面体间隙位于晶胞一条棱边的中点处。而且运用面心立方晶体的四次转动对称轴，很容易推知在晶胞的 12 条棱边的中点处必然各有一个八面体间隙。现在问在这个面心立方晶胞中包含多少个八面体间隙？读者可以自己求得其答案为 4。

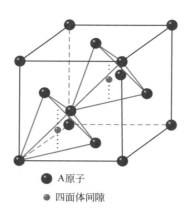

● A原子

● 四面体间隙

图 2-27　面心立方晶胞中两个四
面体间隙的位置

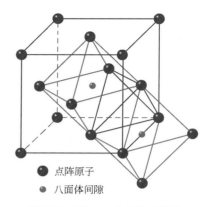

● 点阵原子

● 八面体间隙

图 2-28　面心立方晶胞中两个
八面体间隙的位置

从图 2-28 可以看出，在晶胞下部右前方两个八面体间隙之间紧连着一个四面体间隙。如果在图 2-28 上把其他八面体间隙的八面体都画出来，那么将可看出各四面体间隙恰好处于各八面体之间，以致不再存在自由空间。这就表明整个空间可以通过堆积棱边长度相同的规则四面体和八面体而被完全填满。当各个八面体的棱边与棱边相接触时，这种堆积方式便相当于面心立方晶体中间隙的组态。

（2）体心立方结构中的间隙　体心立方结构的间隙如图 2-29 所示。对照面心立方结构的间隙，可见这两种结构的间隙位置并不相同。此外，在形状上也有差别，面心立方为正八面体和正四面体间隙，而体心立方结构的八面体和四面体间隙都是不对称的，其棱边长度不全相等，故八面体的顶角间距沿某个方向（如图中 Z 轴方向）较另外两个方向为短；而四面体是不规则的。根据几何关系可以求出体心立方结构的八面体间隙和四面体间隙的 r_B/r_A 数值，见表 2-10。可见，与面心立方结构的情况相反，体心立方结构的四面体间隙比八面体的大。而且，在原子半径 r_A 相同的条件下，体心立方结构的八面体间隙比面心立方结构的同类间隙要小；而四面体间隙则稍大一些。因此，具有体心立方结构的 α-Fe 通常几乎是不溶 C 的。

图 2-30 给出体心立方结构中八面体和四面体间隙的位置。如前所述，连接最邻近原子所形成的多面体是不规则的多面体，其中有的边长为 a，而另一些边长却为 $0.866a$。八面体间隙位于晶胞中各个面的中心处和每条棱边的中心处。4 个四面体间隙位于晶胞的各个面上。这里需要指出的是，与密集晶体不同，体心立方晶体中的四面体实际上被包含于八面体之中。读者也许会感到奇怪，为什么不把四面体间隙简单地当作八面体间隙的一部分来考虑呢？理由是，如果在四面体间隙中放置一个最大尺寸的刚性小球，这个刚性小球就会陷在那里，除非它把邻近的原子推开，这个刚性小球是不能移到邻近的八面体间隙中去的。由表 2-10 可以看出，四面体间隙所能容纳的最大尺寸的球体比八面体间隙所能容纳者为大。

（3）密排六方结构中的间隙　图 2-31 标出了密排六方结构的八面体间隙和四面体间隙。与面心立方结构相比，这两种结构的八面体和四面体的形

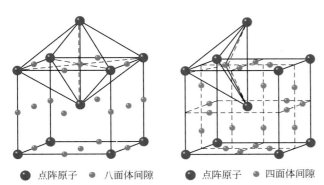

●点阵原子　●八面体间隙　　　●点阵原子　●四面体间隙

图 2-29　体心立方结构的间隙

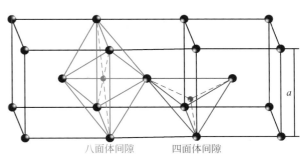

八面体间隙　　　四面体间隙

图 2-30　体心立方晶体中八面体间隙与四面体间隙的位置

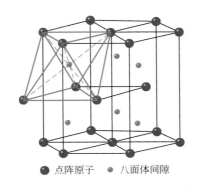

●点阵原子　●八面体间隙　　　●点阵原子　●四面体间隙

图 2-31　密排六方结构中的间隙

状完全相似，但位置不同。在原子半径相同的条件下，两种结构的同类间隙的大小也是相同的（见表 2-10）。

　　研究密排六方晶体中八面体间隙的位置，可以发现四面体与八面体是紧密地连接在一起并充满整个空间的。但是，对于密排六方结构而言，在 c 轴方向，八面体之间以面与面相接触；而在其他方向是棱边与棱边相接触。显然，由上述讨论可知，将规则的四面体和八面体堆积起来使晶体空间能够完全被填满可以有两种不同的方式。其中之一相当于密排六方结构中的间隙组态，另一种相当于面心立方结构中的间隙组态。

2.2.2.4　金属原子半径

　　如把金属原子近似地看成刚性小球，则在晶体中最近邻的原子中心间距的一半就等于刚性小球的半径，通常称之为金属原子半径。金属原子半径的数值可以从其晶体的点阵常数推算出来。它对于探讨晶体结构的有关问题很有用处，特别是关于固溶体的一些溶解规律和中间相的晶体结构等问题。

　　原子半径与晶体结构（配位数）和键的变化等有关。例如，同一种元素构成配位数不同的晶体结构时，原子半径也会发生变化。根据高施密特（V. M. Goldschmidt）的总结，当晶体结构的配位数降低时，原子半径也随之减小。如把配位数为 12 时的原子半径相对地作为 1，则不同配位数时原子半径的相对值如表 2-11 所列。当配位数由 12 减至 8 时，原子半径减小 3%；配位数由 12 减至 6 时，原子半径减小 4%。

表 2-11　不同配位数原子半径的相对值

配位数	12	8	6	4	2	1
原子半径	1.00	0.97	0.96	0.88	0.81	0.72

　　这样，同一金属从配位数高的结构转变为配位数低的结构时，致密度的减小与原子半径的收缩同时产生，从而减少了转变时的体积变化。例如，面心立方结构的 γ-Fe 转变为体心立方结构的 α-Fe 时，致

密度由 74% 降至 68%。如果原子半径不变，应产生 9% 的体积膨胀，但实际的体积膨胀只有 0.8%。金属的原子半径随配位数的降低而减小是基于下述的原因：当原子体积达到一定值时，金属中自由电子的能量才是最低的。如配位数降低，将使原子间出现更大的间隙，势必引起体积的增大和自由电子能量的增高。为了部分地抵消这种效应，只有使原子半径相应地减小。

2.2.2.5　亚金属的晶体结构

主要表现为共价键的亚金属，其晶体结构有一共同的特点：配位数等于 $8-N$，N 是该亚金属在周期表中的族数。这一规律称为 $8-N$ 规则，周期表中第ⅣA、ⅤA、ⅥA、ⅦA 族中大部分元素的晶体结构都服从这个规则。这是因为，每个原子为使其外电子壳层填满，必须形成 $8-N$ 个共价键，即与 $8-N$ 个原子相邻。

（1）金刚石型结构　金刚石是 C 的一种结晶形态。金刚石结构不仅限于金刚石，ⅣA 族的 α-Sn、Si 和 Ge 都具有这种结构。在金刚石结构中，$N=4$，按 $8-N$ 规则，其配位数等于 $8-N=4$。每个 C 原子的四周有 4 个相邻的 C 原子［如图 2-32（a）所示］，构成复杂立方晶体结构，其晶胞见图 2-32（b）。C 原子在晶胞内除按面心立方结构排列之外，在相当于面心立方结构内 4 个四面体间隙位置处还各有一个 C 原子，故每个晶胞的原子数是 8。

在金刚石型晶胞中，以立方晶系的 3 个晶轴为坐标轴，晶胞棱边长度为单位长度，则金刚石晶胞中 8 个原子的坐标为：

$$0\,0\,0, \quad \frac{1}{2}\,\frac{1}{2}\,0, \quad \frac{1}{2}\,0\,\frac{1}{2}, \quad 0\,\frac{1}{2}\,\frac{1}{2};$$

$$\frac{1}{4}\,\frac{1}{4}\,\frac{1}{4}, \quad \frac{3}{4}\,\frac{3}{4}\,\frac{1}{4}, \quad \frac{3}{4}\,\frac{1}{4}\,\frac{3}{4}, \quad \frac{1}{4}\,\frac{3}{4}\,\frac{3}{4}$$

其中前 4 个坐标表示面心立方晶胞的 4 个原子，后 4 个坐标表示晶胞内的 4 个原子。对于复杂的晶胞，常用投影图来表示其原子的位置：图 2-32（c）表示金刚石结构晶胞中的原子在晶胞底面上的投影位置，数字标明它所在的高度。

（2）复杂密排结构　在密排结构中，除了密排次序为—A—B—C—A—B—C—的面心立方和—A—B—A—B—的密排六方外，还有更复杂的密排结构。一种为四层结构，堆垛顺序为—A—B—A—C—，在锕系中的 α-镅和

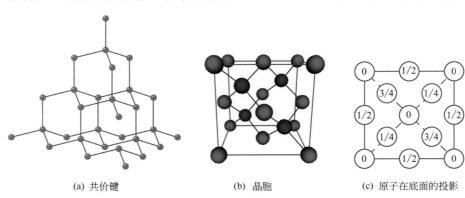

(a) 共价键　　　　　　　(b) 晶胞　　　　　　　(c) 原子在底面的投影

图 2-32　金刚石型结构

镧系中的 α-镨、α-钕、α-镧、β-铈等都具有这种结构，如图 2-33 所示。另一种为九层结构，堆垛顺序为 —A—B—C—B—C—A—C—A—B—，在镧系中的钇和钐具有这种结构。在各种密排结构中，往往由于加工或相变等原因，造成堆垛顺序的改变，因而造成层错。

（3）菱方或三角系结构　第 Ⅴ A 元素砷、铋、锑具有菱形的层状结构，如图 2-34 所示，同一层原子之间以共价键结合，层与层之间以金属键结合，金属性比较弱。它的配位数为 3，也符合 $8-N$ 规律。第 Ⅵ A 族的元素硒和碲属于三角结构。它们的配位数为 2，即每个原子周围有 2 个近邻原子，以共价键结合。原子沿 c 轴方向成平行的螺旋状分布的链状结构。原子链之间以范德瓦耳斯键结合。当采用六方系坐标时，则用 a 和 c 两个晶格常数来表示晶胞的大小，各原子与 c 轴的距离为 x，如图 2-35 所示。

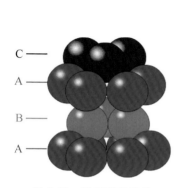

图 2-33　四层密排结构

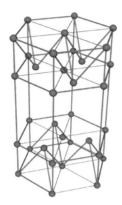

图 2-34　第 Ⅴ A 族元素 As、Sb、Bi 的晶体结构

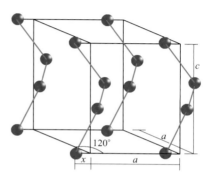

图 2-35　Se 和 Te 的晶体结构

（4）正交系结构　β-锡、铟和 β-铀的结构属于正方晶系。β-锡是体心正方结构（见图 2-36），铟是面心正方结构（见图 2-37）。它们的晶胞原子数都是 4。β-铀为复杂正方结构，每个晶胞内含 30 个原子。

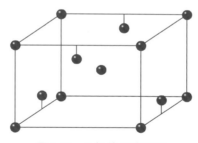

图 2-36　β-锡的晶体结构

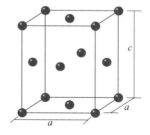

图 2-37　铟的晶体结构

2.2.3　合金相的晶体结构

2.2.3.1　概述

（1）纯金属的合金化　虽然纯金属在工业上获得了一定的应用，但由于纯金属的性能有一定的局限性，特别是强度等重要性能指标往往不能满足要求，因此它的应用范围也受到了限制。实际使用的金属材料绝大部分是合金，合金化后金属的性能得到大大地提高，合金化是提高纯金属性能的最主要的途径。表 2-12 列举了工业纯铁、纯铝、纯铜合金化前后强度的变化。

（2）基本概念

① 合金　所谓合金是由两种或两种以上的金属或金属与非金属，经过熔炼、烧结或其他方法组合而成并具有金属特性的物质。

表 2-12   工业纯 Fe、Al、Cu 合金化前后 σ_b 的变化

材　　料	σ_b/MPa	备　　注
工业纯铁	200	退火状态
40Cr	1000	C:0.37～0.45;Cr:0.80～1.10;Mn:0.50～0.80;Si:0.20～0.40
60Si2CrVA	1900	C:0.56～0.64;Si:1.40～1.80;Cr:0.90～1.20;V:0.10～0.20
工业纯铝	50	退火状态
LD10	480	Cu:3.9～4.8;Mn:0.4～1.0;Mg:0.4～0.8
LC6	680	Cu:2.2～2.8;Mn:0.2～0.5;Mg:2.5～3.2;Zn:7.6～8.6
工业纯铜	230	退火状态
H70	660	Zn:30
QBe2	1400	Be:1.9～2.2

② 组元   通常把组成合金的最简单、最基本而且能独立存在的物质称为组元。在大多数情况下，组元就是元素。例如，Pb-Sn 合金中的 Pb 和 Sn。但在所研究的合金系内，存在着既不分解也不发生任何化学反应的稳定化合物，也可看为组元。如 Fe-C 系中的 Fe_3C 也可视为一个组元。通常人们按照合金中组元的多少将合金分为二元合金（即由两个组元组成的合金）、三元合金（即由三个组元组成的合金）、多元合金（即由多个组元组成的合金）。

③ 合金相   因为合金中各组元之间会产生复杂的物理、化学作用，所以在固态合金中存在一些成分不同、结构不同、性能也不相同的合金相。所谓合金相（简称相），是从组织角度说明合金中具有同一聚集状态、同一结构，以及成分性质完全相同的均匀组成部分。通常人们按照合金中相的多少将合金分为单相合金（即由一种相组成的合金）、两相合金（即由两种相组成的合金）、多相合金（即由多种不同的相组成的合金）。例如，有"弹壳黄铜"之称的 H68 黄铜，它强度高、塑性特别好，适宜于冷冲压或深冲拉伸，可以制造各种形状复杂的零件，其原因就在于它是由 FCC 结构的单相（即 α 相）所组成的；而强度高、塑性也比较好，应用很广泛的（如用作水管、油管等）H62 黄铜，其之所以有"商业黄铜"之美名，其原因就在于该合金中不仅有塑性比较好的 α 相，而且还有能起到强化作用的 β 相，该合金属于（α＋β）两相合金。

④ 组织   在一定的外界条件下，一定成分的合金可能由不同成分、结构和性能的合金相所组成，这些相的总体便称为合金的组织。

⑤ 合金相的分类   组成合金的相是多种多样的，不同的相有不同的晶体结构，按照晶体结构的不同，可以将合金相分为固溶体和化合物两类。

固溶体是一种组元（溶质）溶解在另一种组元（溶剂，一般是金属）中，其特点是溶剂（或称基体）的点阵类型不变，溶质原子或是代替部分溶剂原子而形成置换式固溶体，或是进入溶剂组元点阵的间隙中而形成间隙式固溶体。一般来说，固溶体都有一定的成分范围。溶质在溶剂中的最大含量（即极限溶解度）便称为固溶度。

化合物是由两种或多种组元按一定比例（一定的成分）构成一个新的点阵，它既不是溶剂的点阵，也不是溶质的点阵。以 NaCl 为例（见图 1-1），

Na 离子和 Cl 离子分别占据各自的面心立方点阵（称为分点阵或次点阵），而 NaCl 的点阵就是由两个面心立方分点阵穿插而成的复合点阵。虽然化合物通常可以用一个化学式（如 A_xB_y）表示，但许多化合物，特别是金属与金属形成的化合物（所谓金属间化合物）往往或多或少有一定的成分范围（但一般比固溶体的成分范围小得多）。

2.2.3.2　固溶体

（1）固溶体的特征　人们通常所说的固溶体具有以下三个基本特征。

① 溶质和溶剂原子占据一个共同的布拉菲点阵，且此点阵类型和溶剂点阵类型相同。例如，少量的锌溶解于铜中形成的以铜为基的 α 固溶体（又称 α-黄铜）就具有溶剂（铜）的面心立方点阵，而少量铜溶解于锌中形成的以锌为基的 η 固溶体则具有锌的密排六方点阵。

② 有一定的成分范围，也就是说，组元的含量可在一定范围内改变而不会导致固溶体点阵类型的改变。由于固溶体的成分范围是可变的，而且有一个溶解度极限，故通常固溶体不能用一个化学式来表示。

③ 具有比较明显的金属性质，例如，具有一定的导电、导热性和一定的塑性等。这表明，固溶体中的结合键主要是金属键。

（2）固溶体的分类　固溶体的晶体结构虽然与溶剂相同，但因溶质原子的溶入而使其强度升高。它是工业合金中重要的基体相。我们可以从不同角度对固溶体进行分类。

① 按照溶质原子在溶剂晶格中位置的不同，可将固溶体分为置换式固溶体和间隙式固溶体。在置换式固溶体中，溶质原子置换了一部分溶剂原子而占据了溶剂晶格中的某些结点位置。图 2-38 是纯铜的 FCC 结构，图 2-39 表示 Ni 溶于 Cu 中的置换固溶体，其中一些结点上的 Cu 原子被 Ni 原子所替代。

在间隙式固溶体中，溶质原子不占据溶剂晶格的结点位置而位于溶剂晶格的间隙中，如图 2-40 所示。

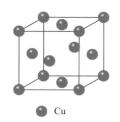  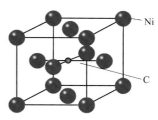

图 2-38　纯铜的 FCC 结构　　图 2-39　Cu-Ni 置换固溶体　　　　　图 2-40　间隙式固溶体

② 按照固溶体溶解度大小的不同，可分为无限固溶体和有限固溶体。在无限固溶体中，溶质和溶剂元素可以以任何比例相互溶解。其合金成分可以从一个组元连续改变到另一个组元而不出现其他合金相，所以又称为连续固溶体。图 2-41 表示形成无限固溶体时，两组元原子连续置换的情况。

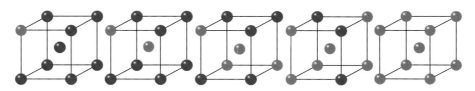

图 2-41　形成无限固溶体时两组元原子连续置换示意

在有限固溶体中，溶质原子在固溶体中的溶解度有一定限度，超过这个限度，就会有其他合金相（另一种固溶体或化合物）形成。它在相图中的位置靠近两端的纯组元，因此也称为端际固溶体。

置换式固溶体在一定条件下可能是无限固溶体，但间隙固溶体都是有限固溶体。

③ 根据溶质原子在溶剂晶格中的分布特点，可分为无序固溶体和有序固溶体。在无序固溶体中，

溶质原子在溶剂晶格中的分布是随机的，完全无序的。但近几年的研究表明，只有在稀薄固溶体中或在高温下，溶质原子才有可能接近于完全无序分布。在一般情况下，溶质原子的分布会偏离上述完全无序状态，可能出现近程的有序分布或溶质原子的近程偏聚。

在有序固溶体中，溶质原子在大范围内完全有序分布，即长程有序结构。它在 X 射线衍射图上会出现附加的线条，称为超结构线，故有序固溶体也称为超结构或超点阵。

在一定条件下，即在特定成分和温度下，具有短程有序的固溶体会转变为长短有序固溶体，这种转变称为有序化转变。从本质上看，有序固溶体属于中间相的范畴，因此，在中间相中讨论和分析它的结构特点和形成规律。

④ 根据溶剂组元的类型不同，可以分为一次固溶体（或称第一类固溶体）和二次固溶体（或称第二类固溶体，其中包括缺位固溶体）。一次固溶体是以纯金属元素为溶剂而形成的固溶体，通常所说的固溶体就是指这一类。二次固溶体和缺位固溶体是以化合物为溶剂、组元元素之一为溶质而形成的固溶体。一部分中间相为二次固溶体，因此二次固溶体实质上属于中间相。二次固溶体的成分可以在一定范围内变化，在相图上也表现为一个区域，位于相图的中间部位。

（3）置换固溶体　除了少数原子半径很小的非金属元素之外，绝大多数金属元素之间都能形成置换固溶体，例如 Fe-Cr、Fe-Mn、Fe-V、Cu-Ni 等。但对大多数元素而言，常常形成有限固溶体。在室温下，Si 在 α-Fe 中的溶解度≤15%，Al 在 α-Fe 中溶解度≤35%。只有少部分金属元素之间可以形成无限固溶体，例如 Cu-Ni、Fe-Cr 等，即不同溶质元素在不同溶剂中的固溶度大小是不相同的。固溶度的大小主要受以下一些因素的影响。

① 组元的晶体结构

a. 晶体结构相同是组元间形成无限固溶体的必要条件，组元间要无限互溶，晶体结构类型必须要相同。因为只有这样，组元之间才可能连续不断地置换而不改变溶剂的晶格类型。例如，Cu、Ni 两种元素皆为面心立方结构，因而二者才能形成无限固溶体。

b. 形成有限固溶体时，如果溶质与溶剂的晶体结构类型相同，则溶解度通常也较不同结构时为大；否则，反之。例如 Ti、Mo、W、V、Cr 等体心立方结构的溶质元素，在体心立方溶剂（例如 α-Fe）中具有较大的固溶度，而在面心立方的溶剂（例如 γ-Fe）中固溶度相对较小。具有面心立方结构的溶质元素 Co、Ni、Cu 等在 γ-Fe 中的溶解度又大于在 α-Fe 中溶解度。密排六方结构的 Ti 和 Zr，虽然点阵常数相差很悬殊，但 Ti 的 c/a 为 1.587，Zr 的 c/a 为 1.593，两者比较接近，它们仍能形成连续固溶体。表 2-13 列出一些合金元素在铁中的溶解度。

② 原子尺寸因素　所谓原子尺寸因素，是指形成固溶体的溶质原子半径与溶剂原子半径的相对差值大小，常以 ΔR 表示。

$$\Delta R = (R_A - R_B)/R_A \times 100\%$$

表 2-13　合金元素在铁中的溶解度

元素	结构类型	在 γ-Fe 中最大溶解度/%	在 α-Fe 中最大溶解度/%	室温在 α-Fe 中的溶解度/%
C	六方 金刚石型	2.11	0.0218	0.008(600℃)
N	简单立方	2.8	0.1	0.001(100℃)
B	正交	0.018~0.026	约 0.008	<0.001
H	六方	0.0008	0.003	约 0.0001
P	正交	0.3	2.55	约 1.2
Al	面心立方	0.625	约 36	35
Ti	β-Ti 体心立方(>882℃) α-Ti 密排六方(<882℃)	0.63	7~9	约 2.5(600℃)
Zr	β-Zr 体心立方(>862℃) α-Zr 密排六方(<862℃)	0.7	约 0.3	0.3(385℃)
V	体心立方	1.4	100	100
Nb	体心立方	2.0	α-Fe 1.8(989℃) δ-Fe 4.5(1360℃)	0.1~0.2
Mo	体心立方	约 3	37.5	1.4
W	体心立方	约 3.2	35.5	4.5(700℃)
Cr	体心立方	12.8	100	100
Mn	δ-Mn 体心立方(>1133℃) γ-Mn 面心立方(1095~1133℃) α、β-Mn 复杂立方(<1095℃)	100	约 3	约 3
Co	β-Co 面心立方(>450℃) α-Co 密排六方(<450℃)	100	76	76
Ni	面心立方	100	约 10	约 10
Cu	面心立方	约 8	2.13	0.2
Si	金刚石型	2.15	18.5	15

式中，R_A、R_B 分别表示溶剂和溶质原子的半径。经验表明，ΔR 越大，固溶度越小，这是因为溶质原子溶入将引起溶剂晶格产生畸变。如果溶质原子尺寸大于溶剂原子，则溶质原子溶入后将排挤它周围的溶剂原子。如果溶质原子尺寸小于溶剂原子，则其周围的溶剂原子将产生松弛，向溶质原子靠拢，如图 2-42 所示。随着溶质原子溶入量的增加，引起的晶格畸变也越严重，畸变能越高，结构稳定性越低。所以 ΔR 的大小限制了固溶体中的固溶度。显然，溶入同量溶质原子时，ΔR 越大，引起的晶格畸变越大，畸变能越高，极限溶解度就越小。

对一系列合金系所做的统计表明，只有当溶质与溶剂原子半径的相对差 $\Delta R < 14\% \sim 15\%$ 时，才可能形成溶解度较大甚至无限溶解的固溶体；反之，则溶解度非常有限。在其他条件相近的情况下，原子半径的相对差越大，其溶解度越受限制。图 2-43 表示了周期表中各元素的原子直径，α-Fe 和 γ-Fe 的原子直径分别为 0.248nm 和 0.252nm。因此取铁的原子直径为 0.25nm。在该图中以 0.25nm 为基准线，

在其上下绘出了与铁的原子尺寸相差为 ±15% 的两条虚线。可以看到，凡是同铁的原子直径相差 15% 以上者在铁中的溶解度均很小，例如 Mg、Ca、Rb、Sr 等。至于 C 和 N 在 γ-Fe 中能有一定的溶解度是因为它们在 γ-Fe 中能形成间隙固溶体。而能与铁形成无限固溶体的那些元素，如 Ni、Co、Cr、V 等，它们与 Fe 的原子直径相差都不超过 10%。

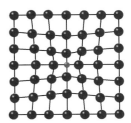

图 2-42　形成置换固溶体时的点阵畸变

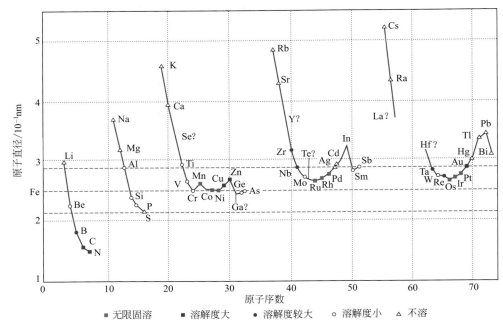

图 2-43　元素的原子直径（虚线表示与铁的原子直径相差 15% 的上下限）

■ 无限固溶　　■ 溶解度大　　● 溶解度较大　　○ 溶解度小　　△ 不溶

总之，一般当 $\Delta R > 15\%$ 时，固溶度很小；当 $\Delta R < 14\% \sim 15\%$，则固溶度显著加大，甚至能形成无限固溶体。对于弹性模量大的高熔点金属，则对此判据要求更加严格，例如熔点在 2000℃ 以上的金属，在形成无限固溶体时甚至要求 $\Delta R < 5\%$；Fe 一般也只有在 $\Delta R < 8\%$ 时，才有可能形成溶解度较大或无限互溶的固溶体。这是因为高熔点金属弹性模量大，金属原子间结合力强，同样的尺寸因素 ΔR 所引起的畸变能高而点阵更不稳定，故对尺寸因素要求严格。而低熔点的弹性模量较小的金属，对尺寸因素的要求可以放宽些，例如 Se-Te 系，允许 $\Delta R < 17\%$，或更高些。应该注意，尺寸因素 ΔR 判据只是元素间形成无限固溶体或溶解度较大的有限固溶体的必要条件，而不是充分条件。

③ 化学亲和力（电负性因素）　元素间化学亲和力的大小显著影响它们之间的固溶度。如果它们之间的化学亲和力很强，则倾向于形成化合物而不利于形成固溶体；即使形成固溶体，固溶度也很小。形成化合物稳定性越高，则固溶体的固溶度越小。

泡利提出可以用元素相对电负性来度量其化学亲和力的大小。如第 1 章所述，电负性是指元素吸引电子的能力，即表示该元素的原子在化学反应中或/和异类原子形成合金时，能够得到电子成为负离子的能力。从表 2-4 中我们可以看出，元素的电负性具有周期性，同一周期的元素，其电负性随原子序数的增大而增大；而在同一族元素中，电负性随原子序数增大而减小。据此我们可以从组元在周期表中的位置来估计它们之间形成固溶体的倾向性以及形成固溶体时的固溶度大小。例如 Pb、Sn、Si 分别与 Mg 形成固溶体时，Pb 与 Mg 的电负性差最小，故形成的化合物 Mg_2Pb 稳定性低，Pb 在 Mg 中的最大固溶度可达 7.75%。而 Si 和 Mg 的电负性差较大，形成的 Mg_2Si

稳定性较高，Si 只能在 Mg 中微量溶解。Sn 与 Mg 电负性差大小居中，故 Sn 在 Mg 中最大固溶度为 3.35%，具体数据见表 2-14。

表 2-14　镁基固溶体的溶解度与所生成化合物稳定性的关系

元素	最大溶解度/%（原子）	生成的化合物	熔点/℃	生成热/（kJ/mol）
Pb	7.75	Mg_2Pb	550	17.6
Sn	3.35	Mg_2Sn	778	25.6
Si	微量	Mg_2Si	1102	27.2

④ 电子浓度因素　人们在研究以 Cu、Ag、Au 为基的固溶体时，发现随着溶质原子价的增大，其溶解度极限减少。例如 Zn、Ga、Ge、As 分别为 2～5 价，它们在 Cu 中的固溶度极限以 Zn 最大，为 38%；Ga 为 20%；Ge 为 12%；As 最小，仅为 7.0%，如图 2-44 所示。如果将浓度坐标以电子浓度来表示，则它们的溶解度极限是近似重合的，都在电子浓度为 1.4 附近。进一步研究发现，当溶剂金属为 1 价面心立方时，溶入 2 价或 2 价以上溶质元素时最大溶解度极限对应的电子浓度为 1.36。1 价体心立方结构金属为溶剂时，此极限值为 1.48，而以密排六方金属为溶剂时，此极限值为 1.75。所以溶质原子价越高，溶解度极限越小。

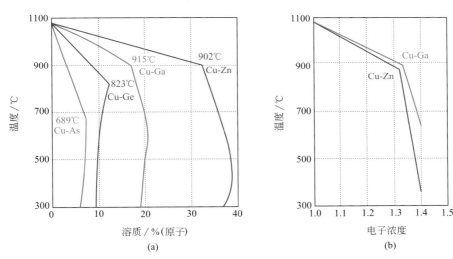

图 2-44　以原子浓度（a）和电子浓度（b）表示的 Zn、Ga、Ge、As 在 Cu 中的固溶度

所谓电子浓度，是指固溶体中价电子数目 e 与原子数目 a 之比。假设溶质原子价为 v，溶剂原子价为 V，溶质元素的原子百分数为 x，则该固溶体的电子浓度为：

$$e/a = \frac{V(100-x)+vx}{100}$$

在计算电子浓度时，各元素的原子价与其在周期表中的族数是一致的，此数值与在化学反应中该元素所表现出来的化合价不完全一致，例如 Cu 在化学反应中有 1 价、2 价两种情况，而在计算电子浓度时恒定为 1 价。在计算过渡元素的原子价时遇到了困难和分歧，一般定为 0 价，也有人认为在 0～2 价范围内变化。这是因为过渡元素原子的电子结构具有独特之处，它们的内层（d 层）电子未填满，在形成合金时，它们可以贡献出 s 层电子，也可能吸收电子来填充 d 层，所以可近似认为贡献电子与吸收电子相抵消，将其原子价规定为 0。但有时随着合金系组元的不同，元素含量的不同，情况也不同，故有人认为过渡元素是变价的。为了克服这一困难，人们引入了平均族数的概念，用平均族数的计算来代替电子浓度的估算。所谓平均族数，是指合金内组元总的外壳层电子数（即惰性气体满壳层以外的全部电子数）与原子数之比。例如 Cr 满壳层以外的（s＋d）层电子数为 6，其族数为 6，Fe 的（s＋d）层电子数为 8，其族数为 8，对于 50％Cr-50％Fe 的合金，其平均族数为（6＋8）/2＝7。人们发现 Cr、V 在 γ-Fe 中的溶解度极限对应的平均族数为 7.7，而 Ru、Rh 在以体心立方结构 Mo 为溶剂的固溶体中，最大溶解度极限对应的平均族数为 6.6。

电子浓度因素对固溶度影响还表现在相对价效应上。即当 1 价金属 Cu、Ag、Au 与高价元素形成合金时，高价元素在低价元素中的溶解度极限，总是大于低价元素在高价元素中的溶解度极限。例如在 Cu-Zn 合金系中，Zn 在 Cu 中的溶解度极限为 38.8％，而 Cu 在 Zn 中的溶解度极限仅为 2.5％。但此相对价效应不是普遍规律，当两组元都是高价元素时，此规律不存在。

除此之外，固溶度还与温度有密切关系。在大多数情况下温度越高，固溶度越大。而对少数含有中间相的复杂合金系（例如 Cu-Zn），则随温度升高，固溶度减小。

由上可知，各种因素对固溶度的影响是极其复杂的，在分析问题时不能孤立的考虑某一个因素，而必须考虑各因素的综合影响。而且在不同的合金系中，应考虑影响固溶度的各因素所处的地位和不同的作用。当然，也有些例外情况，它们并不遵从上述诸规律。

（4）间隙固溶体　当一些原子半径比较小的非金属元素作为溶质溶入金属或化合物的溶剂中时，这些小的溶质原子不占有溶剂晶格的结点位置，而存在于间隙位置，形成间隙固溶体。形成间隙固溶体的溶剂元素大多是过渡元素，溶质元素一般是原子半径小于 0.1nm 的一些非金属元素，即氢、硼、碳、氮、氧等，它们的原子半径见表 2-15。

表 2-15　常见间隙原子半径

元　素	H	B	C	N	O
原子半径/nm	0.046	0.097	0.077	0.071	0.060

溶质原子存在于间隙位置上引起点阵畸变较大，所以它们不可能填满全部间隙，而且一般固溶度都很小。固溶度大小除与溶质原子半径大小有关以外，还与溶剂元素的晶格类型有关，因为它决定了间隙的大小。

C 和 N 与 Fe 形成的间隙固溶体是钢中的重要合金相。在面心立方结构的 γ-Fe 中，八面体间隙比较大，C、N 原子常常存在于此种位置。如果 C、N 原子能够填满八面体间隙，则 γ-Fe 中最大溶碳量将为 50％（原子）或 18％（质量）。最大溶氮量为 50％（原子）或 20％（质量）。而实际上，在 γ-Fe 中最大溶碳量和溶氮量仅为 2.11％（质量）和 2.8％（质量）。在体心立方结构的 α-Fe 中，单个间隙尺寸比较小，因此，C、N 原子溶入后引起的点阵畸变较大，C、N 在 α-Fe 中的固溶度远比在 γ-Fe 中的固溶度小。而且在 α-Fe 中，尽管四面体间隙比较大，但 C、N 原子仍存在于八面体间隙中。这是因为体心立方结构中的八面体间隙是非对称的，在 〈100〉 方向间隙半径比较小，只有 $0.154R_{原子}$，而在 〈110〉 方向间隙半径为 $0.633R_{原子}$，当 C、N 原子填入八面体间隙时，受到 〈100〉 方向上的 2 个原子压力较大，而受到〈110〉方向上的 4 个原子压力较小，所以 C、N 原子溶入八面体间隙反而比溶入四面体间隙受到的阻力要小。当然，由于八面体间隙本身不对称，C、N 原子溶入后引起的晶格畸变也是不对称的，在〈100〉方向引起畸变较大，而在〈110〉方向引起畸变较小。若 C、N 原子溶入后在各八面体间隙位置上是随机分布的，则引起的宏观畸变是均匀的。若在一定条件下出现溶质原子在某方向的八面体间隙位置上择优分布，则可能导致晶格在该方向上被拉长。

（5）固溶体的微观不均匀性　长期以来，人们一直认为在固溶体中溶质原子的分布是随机的、完全无序的，如图 2-45（a）所示。但溶质原子的分布通常会偏离完全无序状态，呈现微观的不均匀性。若同类原子结合力较强，会产生溶质原子的偏聚。在偏聚区，溶质原子的浓度超过了它在固溶体中的原子分数［图 2-45（b）］；若异类原子结合力较强，则溶质原子趋于以异类原子为邻的短程有序分布，如图 2-45（c）所示。

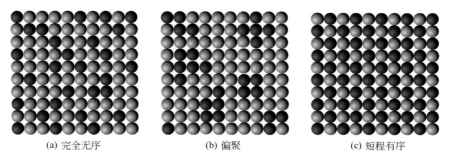

(a) 完全无序　　　　　　　　(b) 偏聚　　　　　　　　(c) 短程有序

图 2-45　固溶体中溶质原子分布示意

为了描述溶质原子在固溶体中的微观不均匀性，引入了短程有序度的概念。

假设 A、B 二组元形成固溶体，A 原子的百分数为 X_A，P_A 为 A 原子在 B 原子周围出现的概率，则短程有序度定义为：

$$\alpha_i = 1 - \frac{P_A}{X_A}$$

若 $P_A = X_A$，$\alpha_i = 0$，说明在 B 原子周围出现 A 原子的概率与其在固溶体中的原子百分数相同，溶质原子的分布为完全无序状态。

若 $P_A > X_A$，即 $\alpha_i < 0$，在 B 原子周围出现 A 原子的概率超过其在固溶体中的原子百分数，说明异类原子结合力较强，则将出现短程有序状态。

若 $P_A < X_A$，即 $\alpha_i > 0$，在 B 原子周围出现 A 原子的概率小于 A 组元的原子百分数，说明同类原子结合力较强，则出现溶质原子的偏聚。

（6）固溶体的性能特点

① 固溶体的点阵畸变　形成固溶体时，虽然仍然保持溶剂的晶体结构，但由于溶质原子的大小与溶剂不同，点阵产生局部畸变（见图 2-42），导致点阵常数的改变。形成置换固溶体时，若溶质原子比溶剂原子大，则溶质原子周围点阵发生膨胀，平均点阵常数增大。反之，若溶质原子较小，在溶质原子附近的点阵发生收缩，使固溶体的平均点阵常数减小。可见，固溶体点阵常数的变化大小也反映了点阵畸变的情况。在形成间隙固溶体时，点阵常数总是随溶质原子的溶入而增大。

维加（L. Vigard）在研究盐类晶体形成固溶体时得出，固溶体的点阵常数与溶质的浓度之间呈线性关系。这一关系一般称为维加定律。但固溶体合金的点阵常数常常偏离直线关系：有些合金呈现正偏差，有些合金则呈现负偏差，如图 2-46 所示。这表明固溶体的点阵常数还受其他一些因素如溶质与溶剂之间的原子价差别、电负性差别等的影响。

固溶体因溶质与溶剂原子尺寸不同而产生点阵畸变可以用原子的平均静位移来估量。从图 2-47 可以看到，当两种不同尺寸的原子固溶在一起的时候，各原子将不同程度地偏离其理想的点阵位置（图中方格的交点），原子实际中心与其点阵位置之差称为静位移，通常用原子位移 u_a 的均方根值 $\sqrt{u_a^2}$ 来表示平均静位移，它可用 X 射线分析方法求得。对一些合金的测定得出，当两种原子大小相差为 $10\%\sim15\%$，平均静位移的数值约为 0.01nm。

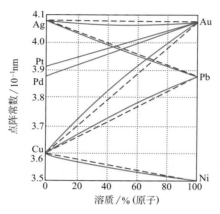
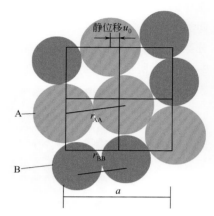

图 2-46　一些固溶体的点阵常数与成分的关系　　图 2-47　固溶体中原子的静位移

② 固溶体的强度和硬度　固溶体的强度和硬度往往高于各组元，而塑性则较低，这种现象就称为固溶强化。强化的程度（或效果）不仅取决于它的成分，还取决于固溶体的类型、结构特点、固溶度、组元原子半径差等一系列因素。固溶强化的特点和规律有如下几点。

间隙式溶质原子的强化效果一般要比置换式溶质原子更显著。这是因为间隙式溶质原子往往择优分布在位错线上，形成间隙原子"气团"，将位错牢牢地钉扎住，从而造成强化。相反，置换式溶质原子往往均匀分布在点阵内，虽然由于溶质和溶剂原子尺寸不同，造成点阵畸变，从而增加位错运动的阻力，但这种阻力比间隙原子气团的钉扎力小得多，因而强化作用也小得多。

显然，溶质和溶剂原子尺寸相差越大或固溶度极限越小，固溶强化越显著，则单位浓度溶质原子所引起的强化效果越大。

但是也有些置换式固溶体的强化效果非常显著，并能保持到高温。这是由于某些置换溶质原子在这种固溶体中有特定的分布。例如在面心立方的18Cr-8Ni 不锈钢中，合金元素 Ni 往往择优分布在 ｛111｝ 面上的扩展位错层错区，使位错的运动十分困难。

对于某些具有无序-有序转变的中间固溶体来说，有序状态的强度高于无序状态。这是因为在有序固溶体中最近邻原子是异类原子，因而结合键是 A—B 键，而在无序固溶体中，结合键是平均原子间的键（平均原子是指 C_A 个 A 原子和 C_B 个 B 原子组成的原子）。由于在具有无序-有序转变的合金中，A—B 原子间的引力必然大于 A—A 和 B—B 原子间的引力，故有序固溶体要破坏大量的 A—B 键而发生塑性变形和断裂就比无序固溶困难得多。这种现象也叫有序强化。实际上，有序强化就是利用反相畴界的强化作用而使固溶体强度、硬度提高，而且最好的强化效果是与一定的有序度、一定的有序畴尺寸相对应的。这一点，我们可以从图 2-48 中 Cu_3Au 的应力-应变曲线上看出。

③ 固溶体的物理性能　固溶体的电学、热学、磁学等物理性质也随成分而连续变化，但一般都不是线性关系。图 2-49 画出了 Cu-Ni 合金（连续固溶体）在 0℃的电阻率 ρ 随含镍量（质量百分数）的变化曲线。从图中可以看出，固溶体的电阻率是随溶质浓度的增加而增加的，而且在某一中间浓度时电阻率最大。这是由于溶质原子加入后破坏了纯溶剂中的周期势场，在溶质原子附近电子波受到更强烈的散射，因而电阻率增加。但是，如果在某一成分下合金呈有序状态，则电阻率急剧下降，因为有序合金中势场也是有严格周期性的，因而电子波受到的散射较小。图 2-50 分别画出了从 650℃淬火和 200℃退火的 Cu-Au 连续固溶体的电阻率随成分的变化。淬火状态的合金是无序固溶体，其电阻率随溶质（含量较低的组元）浓度而连续增大，在浓度为 50%时电阻率达到极大值，如曲线 a 所示。退火状态的合金是部分有序合金，并且成分越接近完全有序的 Cu_3Au 和 CuAu 合金时有序度越高，因而电阻率越低（和同样成分的无序固溶体相比较），而 Cu_3Au 和 CuAu 合金的电阻率则达到极小值，如图 2-50 中的折线 b 所示。

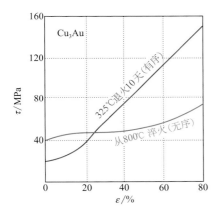

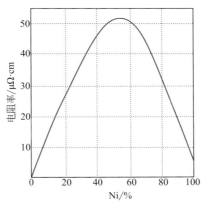

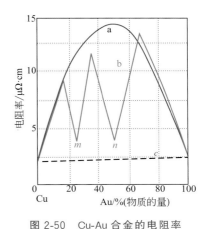

图 2-48　Cu_3Au 单晶在有序和无序
状态下的应力-应变曲线

图 2-49　Cu-Ni 合金在 0℃的电阻率
与成分的关系

图 2-50　Cu-Au 合金的电阻率
与成分的关系

a—淬火合金；b—退火合金

m—完全有序 Cu_3Au；n—完全有序

CuAu；c—纯 Cu 与纯 Au 电阻率连接线

此外，溶质原子的溶入还可改变溶剂的磁导率、电极电位等，故一般要求高磁导率（例如硅钢片）、高塑性和耐蚀性合金（例如不锈钢），大多为固溶体合金。

2.2.3.3　化合物

（1）化合物的特点　构成合金的各组元间除相互溶解形成固溶体外，还可发生化学相互作用，形成晶体结构不同于组元元素的新相。这些新相种类繁多，但它们一般具有以下几方面的特点。

① 它们在二元相图上所处的位置总是在两个端际固溶体之间的中间部位，所以将它们统称为中间相。

② 中间相大多数是由不同的金属或金属与亚金属组成的化合物，故这类中间相又称为金属间化合物。

③ 构成各类中间相的结合键各不相同，中间相的结合键取决于组元元素之间的电负性差。电负性相近的元素，形成的中间相多以金属键为主，而电负性相差较大时，倾向于以离子键或共价键结合。但一般都具有一定程度的金属性（因此中间相的化学键多不是单一的，而是几种化学键的混合，只是组元性质不同时，各种化学键比例会有所不同）。

④ 中间相通常按一定或大致一定的原子比组成，可以用化学分子式来表示，但是除正常价化合物外，

大多数中间相的分子式不遵循化学价规则。许多中间相的成分可以在一定范围内变化，在相图上表现为一个域，形成以化合物为基的二次固溶体，比分子式原子比多出的某组元的原子可以占据中间相中其他组元的位置，或者中间相中某一不足原子比的组元所占据的位置空缺，形成所谓缺位固溶体。

⑤ 中间相具有不同于各组成元素的晶体结构，组元原子各占据一定的点阵位置，呈有序排列。但也有一些中间相的有序程度不很高，甚至在高温时无序而在较低温度时才转变为有序排列，如 Cu_3Au、$CuZn$ 等。

⑥ 中间相的性能明显不同于各组元的性能，一般是硬而脆的。有些金属间化合物具有特殊的性能，例如超导材料 Nb_3Sn、核反应堆材料 Zr_3Al、形状记忆合金 $Ni\text{-}Ti$ 等，它们正成为一些新的科技领域中的重要材料。中间相对金属材料的硬度、强度、耐磨性以至脆性有重要影响，因为中间相是许多合金中重要的第二相，其种类、数量、大小、形状和分布决定了合金的显微组织和性能。

⑦ 中间相的形成也受原子尺寸、电子浓度、电负性等因素的影响。例如，许多中间相是在原子尺寸有利的条件下形成的，常称为几何因素决定的金属间化合物，如间隙相和间隙化合物、拓扑密堆相等；而另一些中间相如电子化合物则决定于电子浓度；此外，组元间的电负性差将决定新相的键合性质：电负性相差较大的元素形成带有离子键成分的化合物，电负性相近的元素倾向于金属键结合。

中间相的类型很多，主要包括：服从原子价规律的正常价化合物，电子浓度起控制作用的电子化合物，原子尺寸因素为主要控制因素的间隙相、间隙化合物和拓扑密堆相以及有序固溶体（超结构）等。

（2）正常价化合物　金属与化学元素周期表中一些电负性较强的ⅣA、ⅤA、ⅥA族元素，按照化学上的原子价规律所形成的化合物，称为正常价化合物。它们的成分可以用分子式来表达，如 Mg_2Si、Mg_2Sn、ZnS、$ZnSe$ 等。

这些化合物的稳定性与组元间电负性差有关，电负性差越大，化合物越稳定，越趋于离子键结合。电负性差越小，化合物越不稳定，越趋于金属键结合。例如由 Pb 到 Si 与 Mg 的电负性差逐渐增大，所以 Mg_2Si 较稳定，熔点为 1102℃；Mg_2Sn 稳定性居中，熔点为 778℃；而 Mg_2Pb 熔点仅为 550℃，且显示典型的金属性质。表 2-16 列出一些正常价化合物及其晶体结构类型。正常价化合物一般有 AB、A_2B（或 AB_2）、A_3B_2 三种类型，因为其晶体结构往往对应于同类分子式的离子化合物的结构［AB 型为 NaCl 或 ZnS 结构，AB_2 为 CaF_2 型结构，A_2B 型为反 CaF_2 型结构、A_3B_2 型为反 M_2O_3 型结构（M 表示金属）］，所以正常价化合物具体的晶体结构可以参考有关陶瓷的晶体结构的内容。

正常价化合物包括从离子键、共价键过渡到金属键为主的一系列化合物。如 S 的电负性很强，故 MgS 为典型的离子化合物。Sn 的电负性比 S 弱些，所以 Mg_2Sn 主要为共价键性质，显示出典型的半导体特性，其比电阻甚高，电导率随温度升高而增大。Pb 的电负性较弱，Mg_2Pb 呈金属的性质，金属键占主导地位，其电阻率仅为 Mg_2Sn 的 1/188。

表 2-16　一些正常价化合物及其晶体结构类型

NaCl 结构	反 CaF$_2$ 结构	CaF$_2$ 结构	立方 ZnS 结构	六方 ZnS 结构
MgSe	Mg$_2$Si	PtSn$_2$	ZnS	ZnS
CaSe	Mg$_2$Ge	PtIn$_2$	CdS	CdS
SrSe	Mg$_2$Sn	AuAl$_2$	MnS	MgTe
BaSe	Mg$_2$Pb	Pt$_2$P	AlP	CdTe
MnSe	Cu$_2$Se		ZnSe	MnSe
PbSe	Ir$_2$P		MnSe	AlN
CaTe	LiMgN		AlAs	GaN
SrTe	LiMgAs		ZnTe	InN
BaTe	CuCdSb		CdTe	
SnTe	Li$_3$AlN$_2$		AlTe	
PbTe	Li$_5$TiN$_3$		InSb	
			SiC	

正常价化合物通常具有较高的硬度和脆性。但它们当中有一部分主要以共价键结合为主的化合物具有半导体性质，引起了人们的关注。

（3）电子化合物　电子化合物是休姆-罗塞里（W. Hume-Rothery）在研究 IB 族的贵金属（Cu、Ag、Au）与 IIB、IIIA、IVA 族元素所形成的合金（例如 Cu-Zn、Cu-Al、Cu-Sn 等合金系）时首先发现的，以后又在其他合金系（例 Fe-Al、Ni-Al、Co-Zn 等）中发现。电子化合物相又称为休姆-罗塞里相。

电子化合物的特点是：凡具有相同的电子浓度，则该相的晶体结构类型相同。即结构稳定性，主要取决于电子浓度因素。例如，Cu-Zn 系合金在 Zn 超过 38.5%（原子）时出现的 β 相 CuZn，Cu-Al 系超过溶解度极限时出现的 β 相 Cu$_3$Al，以及 Cu-Sn 系的 β 相 Cu$_5$Sn，它们的电子浓度都等于 3/2，晶体结构都是体心立方。Cu-Zn 合金在 Zn 更高时出现的 γ 相 Cu$_5$Zn$_8$，电子浓度为 21/13；Zn 含量再高时出现 ε 相 CuZn$_3$，电子浓度是 7/4。同样在 Cu-Al 和 Cu-Sn 系合金中也都有相应的中间相，其电子浓度也分别为 21/13 和 7/4，晶体结构也分别相同。以后的进一步研究得知，过渡金属与一些元素之间也形成电子化合物（过渡元素取 0 价）。表 2-17 列出常见的电子化合物及其结构类型。

表 2-17　常见的电子化合物及其结构类型

电子浓度 $=\dfrac{3}{2}$，即 $\dfrac{21}{14}$			电子浓度 $=\dfrac{21}{13}$	电子浓度 $=\dfrac{7}{4}$，即 $\dfrac{21}{12}$
体心立方结构	复杂立方 β-Mn 结构	密排六方结构	γ-黄铜结构	密排六方结构
CuZn	Cu$_5$Si	Cu$_3$Ga	Cu$_5$Zn$_8$	CuZn$_3$
CuBe	Ag$_3$Al	Cu$_5$Ge	Cu$_5$Cd$_8$	CuCd$_3$
Cu$_3$Al	Au$_3$Al	AgZn	Cu$_5$Hg$_8$	Cu$_3$Sn
Cu$_3$Ga①	CoZn$_3$	AgCd	Cu$_9$Al$_4$	Cu$_3$Si
Cu$_3$In		Ag$_3$Al	Cu$_9$Ga$_4$	AgZn$_3$
Cu$_5$Si①		Ag$_3$Ga	Cu$_9$In$_4$	AgCd$_3$
Cu$_5$Sn		Ag$_3$In	Cu$_{31}$Si$_8$	Ag$_3$Sn
AgMg①		Ag$_5$Sn	Cu$_{31}$Sn$_8$	Ag$_5$Al$_3$
AgZn①		Ag$_7$Sb	Ag$_5$Zn$_8$	AuZn$_3$
AgCd①		Au$_3$In	Ag$_5$Cd$_8$	AuCd$_3$
Ag$_3$Al①		Au$_5$Sn	Ag$_5$Hg$_8$	Au$_3$Sn
Ag$_3$In①			Ag$_9$In$_4$	Au$_5$Al$_3$
AuMg			Au$_5$In$_8$	
AuZn			Au$_5$Cd$_8$	
AuCd			Au$_9$In$_4$	
FeAl			Fe$_5$Zn$_{21}$	
CoAl			Co$_5$Zn$_{21}$	
NiAl			Ni$_5$Be$_{21}$	
PdIn			Na$_{31}$Pb$_8$	

① 不同温度出现不同结构。

电子化合物晶体结构与合金的电子浓度有如下关系。

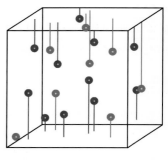

图 2-51　β-Mn 结构

当电子浓度为 21/14 时，电子化合物（一般称为 β 相）多数是体心立方结构。但在有些合金系中，当电子浓度为 21/14 时，还可出现密排六方结构，如 Cu_3Ga、Ag_5Sn 等。还有少数合金系，当 $e/a=21/14$ 时，出现复杂立方的 β-Mn 型结构，如图 2-51 所示，每个晶胞中原子数为 20，Cu_5Si、Ag_3Al 等就属于这种结构。

当电子浓度为 21/13 时的电子化合物具有如图 2-52（b）所示的 γ-黄铜型结构。它是复杂的立方结构，每个晶胞中有 52 个原子，其中包括 20 个铜原子和 32 个锌原子。可以把它看作是由图 2-52（a）所示的 27 个体心立方晶胞（每个晶胞有 2 个原子）所组成的大晶胞变来的。即将这一大晶胞中带有×标记的原子［图 2-52（b）］取走，再适当调整其余原子的位置即可得到图 2-52（b）所示的 γ-黄铜结构。该图为沿 Z 轴向下看的俯视图，各阵点的 X、Y 坐标值可由图中直接测出，图中所标数字均系该阵点的 Z 坐标值，并以大晶胞的点阵常数为单位。

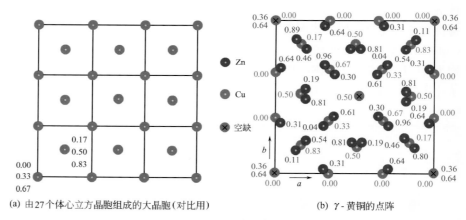

(a) 由27个体心立方晶胞组成的大晶胞(对比用)　　(b) γ- 黄铜的点阵

图 2-52　γ-黄铜点阵

当电子浓度为 21/12 时，形成具有密排六方结构的电子化合物，称为 ε 相，其轴比 e/a 为 1.55～1.58。具有这种结构的典型合金为 ε 黄铜合金，故又称为 ε 黄铜结构。

决定电子化合物结构的主要因素是电子浓度，但它并非唯一的因素。其他因素，特别是尺寸因素 ΔR 接近于 0，即两组元原子半径相近，则倾向于形成密排六方结构。当尺寸因素较大，即两组元原子半径差较大，则倾向于形成体心立方结构。

电子化合物虽然可以用化学分子式来表示，但实际上它在相图上占有一定的成分范围，因而其电子浓度也并非是确切的比值，也是存在一个范围，如图 2-53 表示铜基和银基合金的 β 相区的电子浓度范围，无序的 β 相只在高温时稳定，随着温度下降，其相区宽度减小，结果出现了 V 型相区。Cu-In 合金的 β 相区向电子浓度低的方向偏移，这可能与尺寸因素有关。由于电子化合物存在着一定的成分范围，可以把它们看作是以化合物为基的第二类固溶体。又比如 NiAl 电子化合物，其成分及电子浓度可在较大范围内变化。当原子半径较小的镍含量大于 50%（原子）时，则形成以 NiAl 为溶剂，溶有 Ni 的置换固溶体。而当原子半径较大的 Al 含量大于 50%（原子）时，则晶体结构的镍原子位置上会出现一些空位，即这些位置上没有原子，这种相结构常称为缺位固溶体或缺陷相。有人得出当铝含量为 54%（原子）时，合金中空位浓度可达 8%。形成空位的原因是为了维持晶胞的电子浓度不变，以保证 β 相的稳定性，因为有些人认为，实质上决定结构稳定性的是每个晶胞的电子数目而不是每个原子的电子数。图 2-54 表示 AlNi 中密度及点阵常数随成分变化的规律。

电子化合物大多以金属键结合，具有显著的金属特性。但它们的性能差异也较大，例如，β-黄铜（CuZn）具有良好塑性和导电性能，接近于一般金属；而 γ-黄铜（Cu_5Zn_8）比较脆，导电性能差，接近于离子晶体或共价晶体。

（4）具有砷化镍结构的相　砷化镍（NiAs）相为六方点阵（见图 2-55），它的结合键和性质都介于典型的正常价化合物和典型的金属间化合物（如电子化合物）之间。具体说，它的结合键是介于离子（或共价）键与金属键之间的结合，但很多砷化镍型相具有金属性质，而且随着金属原子含量的增多，金属性质增强。砷化镍是由原子半径较大的 As（类金属元素）原子组成密排六方结构，而较小的 Ni（过渡金属）原子形成简单六方点阵穿插其间，其点阵常数 c 为密排六方的一半。这种结构也可以看成是以 As 原子构成的密排六方结构为基础，而 Ni 原子占据密排六方结构的八面体间隙（见图 2-31）位置。两类原子分层分布，形成所谓层状结构。

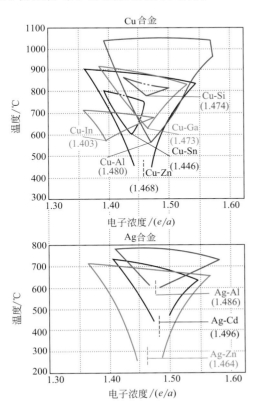

图 2-53　某些铜基和银基合金的 β 相区

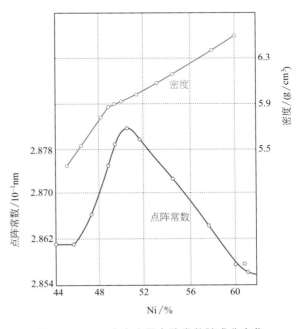

图 2-54　AlNi 中密度及点阵常数随成分变化

砷化镍结构的相往往是由过渡金属 Cr、Mn、Fe、Co、Ni、Cu、Au、Pd、Pt 等与类金属元素 S、Se、Te、As、Sb、Bi、Ge、Sn 等组合而成。表 2-18 列举了一些具有这种结构的合金相的例子。

表 2-18　NiAs 类结构的化合物

TiS	TiSe	CrTe	MnAs	PtSb	NiSn
VS	VSe	MnTe	NiAs	MnBi	PtSn
NbS	CrSe	FeTe	CrSb	NiBi	CuSn
CrS	FeSe	CoTe	MnSb	RhBi	AuSn
FeS	CoSe	NiTe	FeSb	PtBi	PtPb
CoS	NiSe	RhTe	CoSb		InPb
NiS	TiTe	PdTe	NiSb		
	VTe	PtTe	PdSb		

砷化镍型相常呈 AB 化学式，但其成分可在一定范围内变动。当金属原子 A 不足 50%（原子）时，则一部分八面体间隙位置空着，形成缺位固溶体。当 A 含量超过 50%（原子）时，过量的金属原子占据一部分四面体间隙位置。在有些合金系中，金属原子 A 甚至大大地超过 50%，而不再保持 AB 化学式，这就形成 A_2B 型砷化镍结构，其八面体间隙和四面体间隙都占有金属原子，如 Ni_2In、Cu_2In、Ni_2Ge、Co_2Ge、Fe_2Ge、Mn_2Sn、Rh_3Sn、Mn_3Sb_2 等。

（5）受原子尺寸因素控制的中间相

① 间隙相　过渡金属能与原子半径比较小的非金属元素 C、N、H、O、B 等形成化合物，它们具有金属的性质、很高的熔点和极高的硬度。当金属（M）与非金属（X）的原子半径比值 $R_X/R_M < 0.59$ 且电负性差较大时，化合物具有比较简单的晶体结构，称为间隙相（若 $R_X/R_M < 0.59$ 且电负性差较小时，可形成间隙固溶体）；而当 $R_X/R_M > 0.59$ 且电负性差较大时，形成具有复杂结构的化合物，称为间隙化合物。我们知道，$R_H = 0.046nm$、$R_N = 0.071nm$、$R_C = 0.077nm$、$R_B = 0.097nm$。其中 H、N 原子半径比较小，因此所有过渡金属的氢化物、氮化物都满足 $R_X/R_M < 0.59$，均为间隙相。B 原子半径较大，因此所有过渡金属的硼化物都是间隙化合物。C 的原子半径居中，一部分碳化物为间隙相，例如 VC、WC、TiC 等，另一部分碳化物为间隙化合物，例如 Fe_3C、$Cr_{23}C_6$、Fe_4W_2C 等。

a. 间隙相的主要特点

（a）在间隙相中，金属原子组成简单点阵类型的结构，此结构与其为纯金属时的结构不相同。例如 V 在纯金属时为体心立方点阵，而在间隙相 VC 中，金属 V 的原子形成面心立方点阵，C 原子存在于其间隙位置，如图 2-56 所示。

（b）间隙相一般可以用简单的化学式来表达，而且一定的化学表达式对应着一定的晶体结构类型，如表 2-19 所示。从表中可知，除 H 原子比较小，有可能填入四面体间隙以外，其他非金属原子均占据八面体间隙位置。H 原子也有可能成对地填入八面体间隙。

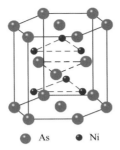

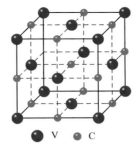

图 2-55　砷化镍结构　　　　图 2-56　间隙相 VC 的晶体结构

表 2-19　间隙相举例

分 子 式	间隙相举例	金属原子排列类型
M_4X	Fe_4N，Mn_4N	面心立方
M_2X	Ti_2H，Zr_2H，Fe_2N，Cr_2N，V_2N，W_2C，Mo_2C，V_2C	密排六方
MX	TaC，TiC，ZrC，VC，ZrN，VN，TiN，CrN，ZrH，TiH	面心立方
	TaH，NbH	体心立方
	WC，MoN	简单六方
MX_2	TiH_2，ThH_2，ZnH_2	面心立方

（c）尽管间隙相可以用简单的化学式表示，但大多数间隙相的成分可以在一定范围内变化，如表 2-20 所示。间隙相成分的变化实际上是形成了以化合物为溶剂，溶解了部分组元元素的第二类固溶体。有时也可形成缺位固溶体。例如 Fe_4N 可以溶解超过 20%（原子）的 N，此时 Fe 原子位置上出现缺位。间隙相之间也可以相互溶解具有相同结构类型且原子大小相近的间隙相，甚至可以相互形成无限固溶体，例如 TiC-VC、TiC-NbC、VC-NbC 等。

表 2-20　一些间隙相的成分范围

相的名称	$Fe_4N(\gamma')$	$Fe_2N(\epsilon)$	Mn_4N	Mn_2N	Mo_2C	NbC	PdH	TaC
非金属 X/%（原子）	19～21	17～33	20～21.5	25～34	30～39	44～48	39～45	45～50
相的名称	TiC	TiN	Ti_2H	$TiH-TiH_2$		VC	ZrC	UC_2
非金属 X/%（原子）	25～50	30～50	0～33	47～62		43～50	33～50	26～65

（d）在间隙相中虽然非金属元素含量较高，甚至可能超过 50%（原子），但它们仍具有明显的金属特性，例如金属光泽、良好导电性、正的电阻温度系数等。在温度为 0K 附近，很多间隙相具有超导性。而且间隙相几乎全部具有高熔点和高硬度的特点（见表 2-21），这表明间隙相的结合键较强，且金属原子之间存在一定的金属键结合。

表 2-21　一些金属与间隙相的熔点和硬度

物质名称	W	W_2C	WC	Mo	Mo_2C	MoC	Ta	TaC
熔点/℃	3630	3130	2867	2895±40	2960±50	2960±50	3300	4150±140
矿物硬度等级	6.5～7.5	＞9	9	6～7	7～9	7～8	6	8～9
硬度（HV）	约 400	3000	1730	350	1480	—	300	1550
物质名称	TaN	Nb	NbC	Nb_2N	V	VC	ZrC	TiC
熔点/℃	3360±50	2770	3770±125	2300	1993	3023	3805	3410
矿物硬度等级	8	6	9	—	6.5	＞9	＞9	＞9
硬度（HV）	—	300	2050	—	—	2010	2840	2850

b.间隙相的晶体结构　在面心立方结构中，八面体间隙数与金属原子数相等，而四面体间隙数则为金属原子数的两倍。所以有以下几种情况。

（a）MX 型

NaCl 型结构：当非金属原子填满八面体间隙时出现。

立方 ZnS 型（即金刚石型）：当非金属原子占据四面体间隙的半数时出现。

多数 MX 型碳化物和氮化物的金属原子层堆垛方式，如图 2-57（a）所示。

（b）MX_2 型

CaF_2 型结构：非金属原子完全填满四面体间隙（仅在氢化物中）时出现，如 TiH_2。

变形 NaCl 型结构：H 原子成对地填入八面体间隙，此时金属原子的点阵将由于成对原子进入间隙而产生不对称畸变，晶胞呈四方而不是立方，故得变形的 NaCl 型结构，如图 2-58 所示。

（c）M_4X 型　此种情况为金属原子组成面心立方结构，非金属原子占据晶胞中一个八面体间隙，如图 2-59 所示。

（d）M_2X 型　在间隙相 W_2C、Fe_2N、Cr_2N、Nb_2N 等中，金属原子通常按密排六方结构排列，非金属原子填于密排六方结构的八面体间隙，金属原子密排层按 ABAB…方式堆垛，见图 2-57（b）所示。

少数金属原子通常按面心立方结构排列，非金属原子填于面心立方结构的八面体间隙，如 W_2N、Mo_2N 等。

c. 间隙相的性能及应用　间隙相具有极高硬度和熔点（见表 2-21），但很脆。许多间隙相具有明显的金属特性：金属的光泽、较高的导电性、正的电阻温度系数。

间隙相的高硬度使其成为一些合金工具钢和硬质合金中的重要相。有时通过化学热处理的方法在工件表面形成薄层的间隙相，以此达到表面强化的目的。如在钢基体上沉积 TiC 可以用来制造工具，也可用来制造太空中使用的轴承，因为这种轴承不能用润滑剂，而 TiC 与钢之间的摩擦系数极小。TiN 还可用来作为手表表壳、眼镜框的表面装饰覆层，因为它具有与黄金相近的色泽，又具有很高的硬度。

② 间隙化合物　间隙化合物具有复杂的晶体结构，它的类型较多。一般在合金钢中，常出现的间隙化合物有 M_3C 型（如 Fe_3C 和 Mn_3C）、M_7C_3 型（如 Cr_7C_3）、$M_{23}C_6$（如 $Cr_{23}C_6$）、M_6C（如 Fe_3W_3C 和 Fe_4W_2C）等。式中 M 可表示一种元素，也可以表示有几种金属元素固溶在内。例如，在渗碳体 Fe_3C 中，一部分 Fe 原子若被 Mn 原子置换，则形成合金渗碳体 $(Fe,Mn)_3C$；

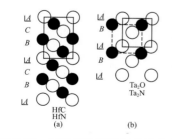

图 2-57　间隙相的密排层堆垛方式

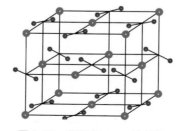

图 2-58　间隙相 ZrH_2 的结构

（变形的 NaCl 型结构）

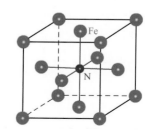

图 2-59　间隙相 Fe_4N 的结构

而 $Cr_{23}C_6$ 中往往溶入 Fe、Mo、W 等元素，或写成（Cr，Fe，Mo，W）$_{23}C_6$；同样，Fe_3W_3C 中能溶入 Ni、Mo 等元素，成为（Ni，Fe）$_3$（W，Mo）$_3$C。

间隙化合物的晶体结构都很复杂，下面列举几个典型例子加以说明。

a. M_3C（Fe_3C）型结构　它属于正交晶系，$a \neq b \neq c$，$\alpha = \beta = \gamma = 90°$，它的晶体结构见图 2-60。晶胞原子数为 16，其中 C 原子 4 个，Fe 原子 12 个，符合 Fe∶C＝3∶1 的关系。在 Fe_3C 晶体结构中，Fe 原子接近于密堆排列，而 C 原子位于其间隙位置。每个 C 原子周围有 6 个相邻的 Fe 原子，Fe 原子的配位数接近于 12。Fe_3C 硬度为 HV950～1050。

b. $M_{23}C_6$（$Cr_{23}C_6$）型结构　它为复杂的立方结构，如图 2-61 所示。一个大晶胞中包含 116 个原子，其中 92 个金属原子，24 个 C 原子。为了清晰起见，我们可以将一个大晶胞分为 8 个小立方体，即分为 8 个亚胞，在每个亚胞的顶角上交替分布着十四面体和正六面体。92 个金属原子分布在大晶胞的 8 个顶点、面心位置、每个亚胞的体心位置以及每个十四面体和正六面体的顶点位置。在 $M_{23}C_6$ 中，C 原子位于立方八面体和小立方体之间的大立方体的棱边上。每个 C 原子有 8 个相邻的金属原子，如图 2-62 所示。分布在每个亚胞棱边的中点，即十四面体和正六面体之间。

$Cr_{23}C_6$ 的熔点较低，与 Fe 的熔点相当，硬度约为 HV1050。它是不锈钢中的主要碳化物，在铁基或镍基高温合金中也常存在。

c. M_6C　这也是一种常见的碳化物，通常为多元，即由两种以上的金属元素 M′、M″ 与碳组合而成。例如，M′ 为 Fe、Co、Ni 等元素，M″ 为 Mo、W 等元素。M_6C 的成分一般为 $M'_4M''_2C$ 或 $M'_3M''_3C$。M_6C 的晶体结构如图 2-63 所示。在立方晶胞中共有 112 个原子。为了便于分析，也可将大晶胞分成 8 个较小的立方晶胞，在小晶胞的角上分布着按八面体和四面体排列的原子群。以化合物 Fe_3W_3C 为例，W 原子分布于八面体的顶点；Fe 原子除了分布于四面体的顶点之外，还有序地分布于小立方体内，如果化合物为 Fe_4W_2C，则多余的 Fe 原子与 W 原子一起分布在八面体顶点。晶胞中有 16 个 C 原子，每个 C 原子与 6 个 W 原子相近邻。

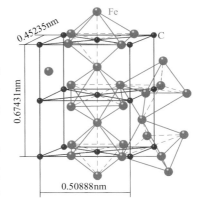

图 2-60　Fe_3C 晶体结构

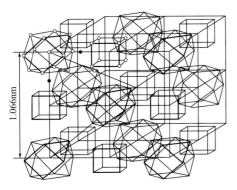

图 2-61　$M_{23}C_6$ 的晶体结构

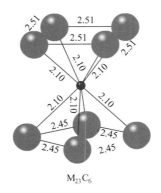

图 2-62　$M_{23}C_6$ 中金属原子和碳原子之间的相互位置（0.1nm）

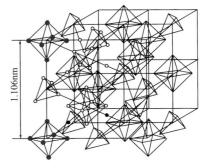

●W或Mo原子　○Fe原子　●C原子

图 2-63　M_6C 型碳化物——Fe_4（W，Mo）$_2$C 或 Fe_3（W，Mo）$_3$C 的晶体结构

M_6C 具有较高的硬度，约为 HV1100，是高速工具钢中重要的组成相，在一些含 W 和 Mo 的耐热钢或高温合金中也会出现。

在钢中，只有周期表中位于铁左方的过渡元素能形成间隙相或间隙化合物。因为这些元素的原子中，d 层电子缺额数比铁多，与碳的亲和力比铁强，形成的碳化物也更稳定。

（6）超结构（有序固溶体） 具有短程有序的固溶体，当其成分接近于一定的原子比且从高温缓冷至某一临界温度以下时，两种原子就可能在大范围内呈规则排列，即转变为长程有序结构，这便是有序固溶体。它在 X 射线衍射图上会出现附加的线条，称为超结构线，见图 2-64。所以有序固溶体又称为超结构或超点阵。

有序固溶体结构类型很多，主要分为以下三大类。

① 面心立方固溶体中形成的超结构 这类超结构主要存在于 Cu-Au、Cu-Pt 以及 Fe-Ni、Al-Ni 等合金系中，主要有 Cu_3Au 型、CuAu I 型、CuAu II 型以及 CuPt 型。

a. Cu_3Au 型 Cu_3Au 合金在温度高于 390℃ 时为无序固溶体 [如图 2-65 （a）]，但缓慢冷却到 390℃ 以下时，Cu、Au 两种原子则呈有序排列，Au 位于立方晶胞的顶角上，Cu 则占据面心位置，如图 2-65 （b）所示。这种 Cu_3Au 型超结构的合金有 Ag_3Mg、Fe_3Ni、Fe_3Pt 等。

b. CuAu I 型 成分相当于 CuAu 的合金，在 385℃ 以下具有 CuAu I 型超结构。它具有正方点阵，Au 原子占据晶胞的顶角和上、下底面中心位置，Cu 原子占据四个柱面的中心位置，即 Au 原子和 Cu 原子沿 c 轴方向上相间逐层排列。一层（001）面上全部排列 Au 原子，而相邻的另一层（001）面上全部排列 Cu 原子。由于 Cu 原子较小，故使原来的面心立方点阵略为变形，成为 $c/a=0.93$ 的正方点阵，如图 2-66 所示。具有这类超结构的合金还有 FePt、NiPt、AlTi 等。

c. CuAu II 型 在 385~410℃ 之间，Cu、Au 原子呈特殊的有序排列，形成 CuAu II 型超结构，如图 2-67 所示。它的基本单元为 10 个小晶胞沿 b 轴排列而成，每隔 5 个小晶胞原子排列顺序改变，相当于沿 [001] 及 [100] 方向平移 $c/2$ 及 $a/2$。亦可看作 5 个小晶胞组成一个反相畴，在畴界处原子排列顺序的改变，相当于沿（010）面位移 $(a+c)/2$，得到如图 2-67 所示的正交晶胞，其 $c/a=1$，$b=10.02a$，它是一种一维长周期的超结构。

d. CuPt 型 成分相当于 CuPt 的合金，Cu 原子和 Pt 原子在（111）面上逐层相间排列，如图 2-68 （a）所示。由于 Cu 和 Pt 原子大小不同，使原来的

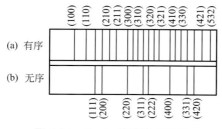

图 2-64 Cu_3Au 的德拜相示意

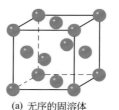
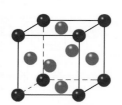

(a) 无序的固溶体　　　　(b) Cu_3AuI 超结构

● 25%Au, 75%Cu　　　● Cu　● Au

图 2-65 25%Au+75%Cu 合金的晶体结构

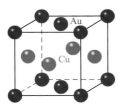
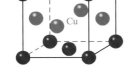

图 2-66　CuAu I 型超结构

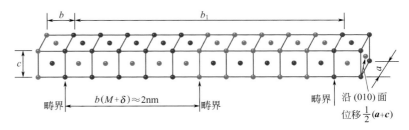

图 2-67　CuAu II 型超结构，半周期 $M=5$

面心立方点阵变形为菱方点阵。当合金中 Pt 原子超过 50%（原子）时，多余的 Pt 原子将有序地取代 Cu 原子所组成的 (111) 面上的一些 Cu 原子，如图 2-68（b）所示。当成分相当于 Cu_3Pt_5 时，则全部 Cu 原子面上都呈上述的原子排列方式变成另一种有序结构类型。

② 在体心立方固溶体中形成的超结构

a. CuZn（β-黄铜）型　电子化合物 CuZn 在高温时是无序的体心立方结构。当冷却到 470℃ 以下时变为有序固溶体，如图 2-69 所示。有序化以后，Zn 原子位于立方晶胞的顶角位置，Cu 原子位于立方晶胞的体心位置。或者两种原子呈完全相反的位置分布。这种结构也称为 CsCl 型结构。类似合金有 AgZn、AgMg、FeTi、CoTi、NiTi、AuZn、FeAl、CoAl、NiAl、CuBe 等。

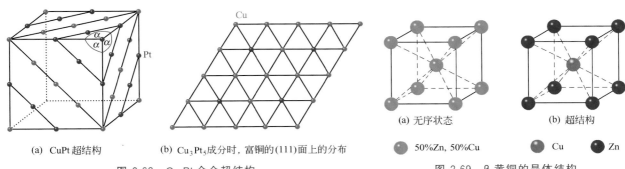

(a) CuPt 超结构　　(b) Cu_3Pt_5 成分时, 富铜的(111)面上的分布

图 2-68　Cu-Pt 合金超结构

(a) 无序状态　　　(b) 超结构
● 50%Zn, 50%Cu　　● Cu　　● Zn

图 2-69　β-黄铜的晶体结构

b. Fe_3Al 型　图 2-70 表示体心立方点阵中的 4 种原子位置，分别以代号 a、b、c、d 表示。处于无序状态的 Fe-Al 固溶体，这 4 种位置可以任意由 Fe 或 Al 占据。含 Al 为 25%（原子）的 Fe-Al 合金形成 Fe_3Al 超结构，Fe 原子占据 a、b、c 三个位置，见图 2-71（a）所示，而 Al 原子则占据 d 位置。当成分超过 25%（原子）后，多余的 Al 原子则占据 b 位置，当成分达 50%（原子）时，则 b 位置也全部被 Al 原子占据［图 2-71（b）］，形成了 FeAl 超结构。具有 Fe_3Al 型超结构的合金还有 Fe_3Si、Mg_3Li、Cu_3Al、Cu_2MnAl、Cu_2MnGa、Cu_2MnSn、Ni_2TiAl 等。

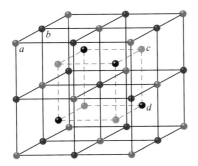

图 2-70　体心立方点阵中 4 种原子位置

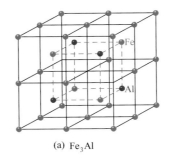

(a) Fe_3Al　　　(b) FeAl

图 2-71　Fe-Al 合金超结构

③ 在密排六方固溶体中形成的超结构　典型的代表为 Mg-Cd 合金，Mg-Cd 合金在高温时为密排六方的连续固溶体，当冷却时可在三个成分处形成超结构，即 Mg_3Cd、$MgCd$、$MgCd_3$。

Mg_3Cd 型结构的有序化转变温度为 150℃，其晶胞如图 2-72 所示，$c/a=$ 1.610。$MgCd_3$ 的超结构和 Mg_3Cd 类似，只是将两种原子的位置互换。$MgCd$ 具有正交结构。

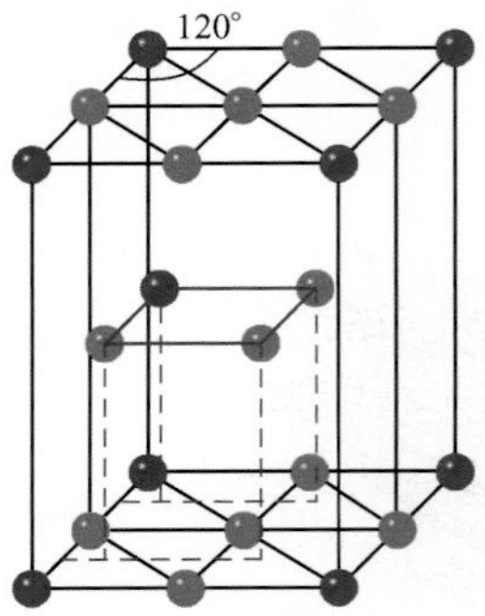

顺便指出，要达到稳定的有序化，必须异类原子间的吸引力大于同类原子间的吸引力，以降低能量，即 $E_{AB}<(E_{AA}+E_{BB})/2$，式中，E_{AB}、E_{AA}、E_{BB} 分别表示 AB、AA、BB 原子间交互作用能。有序固溶体可以存在于一定的成分范围内，在相图上表现为一定区域。

图 2-72　Mg_3Cd 型结构

通常用"长程有序度参数" S 来定量地表示有序化程度。定义 S 为：

$$S=(P-N_A)/(1-N_A)$$

式中，P 表示 A 原子的正确位置上（即完全有序时此位置应为 A 原子所占据）出现 A 原子的概率；N_A 为 A 原子在合金中的原子分数。完全有序时，$P=1$，因此有序度参数 $S=1$；完全无序时，$P=N_A$，有序度参数 $S=0$。

合金由无序到有序（指长程有序）的转变过程称为有序化转变。对一定成分的合金来说，温度对有序度有很大的影响。图 2-73 示意地表示出 AB 型（如 CuAu）或 A_3B 型（如 Fe_3Al）超结构的长程有序度 S 与温度的关系。温度升高，由于原子热运动增强，有序度 S 降低。当温度达到临界温度 T_c 时，有序度 S 急剧降低至零，长程有序完全消失。高于 T_c 温度，短程有序还存在，但随着温度继续增高，短程有序度逐渐减小。在这里用 σ 表示短程有序度。

有序化转变是一个依赖于原子迁移而重新排列的过程。所以，有序化过程还与冷却速率有关。合金如从高于 T_c 温度快速冷却，有序化过程往往受到抑制，甚至可以保留高温的无序状态。但若将这种合金在低于 T_c 的温度保温一定时间，仍将发生有序化转变，形成有序固溶体。从成分方面来考虑，当合金的成分偏离理想成分时，就不能产生完全的有序结构，故符合理想成分（如 CuAu、Cu_3Au）的合金具有最高的有序度 S，而偏离此成分的合金其有序度将降低，如图 2-74 所示。

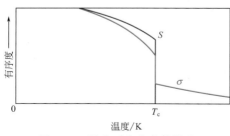

图 2-73　温度对有序度的影响

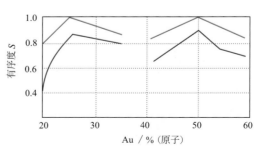

图 2-74　成分变化时 Cu-Au 合金有序度 S 的影响

（红线—理论曲线；蓝线—试验曲线）

塑性变形使合金的有序度降低，强烈的塑性变形甚至使合金呈无序状态。

有序化大多是一个形核与长大的过程。核心是短程有序的微小区域，当合金缓冷经过有序化转变点 T_c 时，各个核心慢慢独自长大，直至互相接壤。这些区域内部原子排列都是有序的，但彼此之间原子排列有错动，因而有界面（见图 2-75）。通常称这种区域为反相畴，畴间之界称为反相畴界。反相畴界的特点是键合数目和取向不变，但键的化学性质变化了。

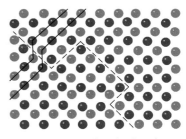

图 2-75　两个反相畴示意

反相畴的存在表明，固溶体从无序转变到有序的过程是在晶体各部分许多地点同时发生的，这些有序小区域扩大到彼此相遇而停止（通常称之为形核和长大），由于它们都是独立地形核，故在相遇时其原子排列顺序往往不能一致，产生了反相畴界。

有序化后合金的性能发生了较大的变化：有序化使固溶体的电阻率急剧降低，仅为无序状态的 1/2 或 1/3；有序化往往使合金的硬度增加，例如 CuPt 合金，无序时硬度为 HB130，经 500℃、1h 有序化退火形成超结构时，硬度升高到 HB260（其原因是有序化时原子间结合力加强，点阵发生了畸变和产生了反相畴界）；有序化对有些合金的磁性产生很大影响，如 Ni_3Mn 和 Cu_2MnAl 合金在无序状态时呈顺磁性，但在形成超结构后成为铁磁性物质。

2.3　陶瓷的晶体结构

2.3.1　概述

材料品种繁多，各具特性，材料学家通常把它们分为金属材料、无机非金属材料和高分子材料三大类。无机非金属材料大多是由兼具离子键和共价键特征的无机化合物所构成。它们的一般特性是质地脆、硬度大、强度高、耐高温、耐腐蚀，对电和热的绝缘性良好。过去，无机材料主要指陶瓷、玻璃、水泥和耐火材料。这些材料无论是从它们的制造原料，还是根据其本身的物相组成，都是含有 SiO_2 的化合物，所以又称为传统硅酸盐材料。

为了适应空间、红外、激光、能源和电子等新技术的需要，原有的用来制作秦砖汉瓦、碗碟坛罐一类制品的硅酸盐材料已不能满足需求了，人们在传统硅酸盐材料的基础上，用无机非金属物质为原料，经高温处理制得大量新型无机材料，如人工单晶、特种玻璃、功能陶瓷、复合材料及特种涂层等，为新技术的发展提供了关键性的无机材料。

陶瓷是一种多晶态无机材料，是粉末烧结体，一般由结晶相、玻璃相和气相（气孔）交织而成。从微观结构来看，陶瓷材料可以看作是各种形状的晶粒（颗粒状、针状、片状、纤维状等）及晶界、气孔、包裹物等组合而成的集合体。

陶瓷可以是只含一种结晶相的单晶相多晶体，也可以是含有多种晶相的多晶相多晶体，也就是说，除了主晶相外，还有其他副晶相。陶瓷中主晶相主要有硅酸盐、氧化物和非氧化物三种，主晶相的性能往往能表征材料的基本特性，而且习惯上也用主晶相来命名陶瓷。例如，以刚玉（α-Al_2O_3）为主晶相的陶瓷叫做刚玉瓷。由于刚玉是一种结构紧密、键强很大的晶体，因此刚玉瓷具有强度高、耐高温、抗腐蚀等优异性能。

陶瓷中的玻璃相是一种非晶态低熔物，在陶瓷材料中有一定的地位，其主要作用是：在瓷坯中起黏结作用，即把分散的结晶相黏结在一起；降低烧成温度；抑制晶体长大，阻止多晶转变；填充气孔空隙，促使坯体致密化。玻璃相的数量随不同陶瓷而异，在固相烧结的瓷料中几乎不含玻璃相，在有液相参加烧结的陶瓷中则存在较多的玻璃相。

一般陶瓷材料均不可避免地含有一定数量的气相（气孔），通常的残留气孔量为5%～10%（体积百分率），气孔含量在各种陶瓷材料中差别很大，它可以在0～99%之间变化。

气孔分为开口气孔和闭口气孔，在坯料烧成前大部分是开口气孔，在烧成过程中开口气孔消失或转变为闭口气孔，气孔率下降。

气孔的含量、形状、分布影响陶瓷材料的力学、热学、光学和电学等一系列性能。开口气孔对材料透气性、真空气密性、催化反应表面活性和化学腐蚀性有直接影响。气孔的存在还使陶瓷材料热导率下降、介电损耗增大、抗电击穿强度降低。气孔往往是应力集中的地方，并且有可能直接成为裂纹，这将使材料强度大大降低。气相还可使光线散射而降低陶瓷透明度。1%的气孔率变动可使陶瓷从透明变为半透明。所以透明陶瓷中微小的气孔也需消除。

为了制成密度小、绝热性能好的陶瓷，则希望含有尽可能多的、大小一致、分布均匀的气孔。陶瓷材料中气相可以通过显微镜测定，对于很小的气孔则可用X射线的小角度散射法检查。

陶瓷材料几乎都是由一种或多种晶体组成，晶体周围通常被玻璃体包围着，有时在晶内或晶界处还有气孔。由不同种类、不同数量、不同形状和分布的晶体相、玻璃相、气相组成了具有各种物理、化学性能的陶瓷材料。

陶瓷材料一般可分为工程（结构）陶瓷和功能陶瓷两大类。陶瓷材料的生产过程一般包括原料配制、坯料成型和烧结三大步骤。原料在一定程度上决定着陶瓷的质量和工艺条件的选择，传统陶瓷的主要原料有三部分：黏土（它是以高岭土结构 $Al_2O_3 \cdot 2SiO_2 \cdot 2H_2O$ 为基础的矿物，是多种含水的铝硅酸盐的混合体）、石英（无水 SiO_2 或硅酸盐）、长石（助熔剂原料，是碱金属或碱土金属的无水铝硅酸盐矿物，如钾长石 $K_2O \cdot Al_2O_3 \cdot 6SiO_2$、钠长石 $Na_2O \cdot Al_2O_3 \cdot 6SiO_2$）；坯料可以是可塑泥料、粉料或浆料，以适应不同的成型方法，成型的目的是将坯料加工成一定形状和尺寸的半成品，使坯料具有必要的强度和致密度，具体成型方法有可塑成型、注浆成型和压制成型三种；干燥后的坯料进行高温烧结的目的是通过一系列的物理化学变化，使坯件瓷化并获得所要求的性能。陶瓷材料的性能主要由材料的化学组分和显微结构（包括晶相的结构、缺陷等）所决定。

2.3.2　离子晶体结构

陶瓷材料的晶相大多属于离子晶体，而离子晶体是由正负离子通过离子键，按一定方式堆积起来的。离子间的结合力和结合能、离子半径、离子的堆积以及离子晶体的结构规则等是描述、理解、熟悉离子晶体结构的基本知识，由于离子间的结合力和结合能这些内容我们在前面已经讨论过，所以在这里我们只介绍如上所述的后几项内容。

2.3.2.1　离子半径、配位数和离子的堆积

在陶瓷材料研究中，离子半径是一个很重要的参数。在研究材料的晶相结构、固溶体的类型、掺杂改性机理以及由此而引起的晶格畸变和缺陷特征等微观结构问题上，都会涉及离子的大小问题。

离子半径是决定离子晶体结构类型的一个重要的几何因素。

我们知道，正、负离子的电子组态与惰性气体原子的组态相同，在不考虑相互间的极化作用时，它们的外层电子形成闭合的壳层，电子云的分布是球面对称的。因此可以把离子看作是带电的圆球。利用 X 射线结构分析，可以测得离子半径的大小。必须注意，离子半径的大小并非绝对的，同一离子随着价态和配位数的变化而变化。现将部分离子半径值列于表 2-22 中。

表 2-22　离子价态和配位数对离子半径的影响

原子序数	符号	电荷	配位数	离子半径/nm	原子序数	符号	电荷	配位数	离子半径/nm
16	S	2−	4	0.156	24	Cr	3+	6	0.070
			6	0.172			4+	4	0.078
			8	0.178			4+	6	0.081
		6+	4	0.020			5+	4	0.068
17	Cl	1−	4	0.167			6+	4	0.076
			6	0.172	34	Se	2−	6	0.188
			8	0.166				8	0.190
		5+	3	0.020			6+	4	0.037
		7+	4	0.028	41	Nb	2+	6	0.079
20	Ca	2+	6	0.108			3+	4	0.078
			7	0.115			4+	4	0.077
			8	0.120			5+	4	0.040
			9	0.126				6	0.072
			10	0.136				7	0.074
			12	0.143	57	La	3+	6	0.113
22	Ti	2+	6	0.094				7	0.118
		3+	6	0.074				8	0.126
		4+	4	0.061				9	0.128
		4+	6	0.069				10	0.135
23	V	2+	6	0.087				12	0.140
		3+	6	0.072	58	Ce	3+	6	0.109
		4+	6	0.067				8	0.122
		5+	4	0.044				9	0.123
			5	0.054				12	0.137
			6	0.062			4+	6	0.088
								8	0.105

离子半径的大小一般遵从下列规律：

① 在原子序数相近时，阴离子尺寸比阳离子大；

② 同一周期的阳离子，如 Na^+、Mg^{2+}、Al^{3+}，价数越大离子半径越小；

③ 同一周期的阴离子，价数越大离子半径越大，如 O^{2-} 与 F^-；

④ 变价元素离子，如 Mn^{2+}、Mn^{4+}、Mn^{7+}，价数越大，离子半径越小；

⑤ 同价离子原子序数越大，离子尺寸越大。

但锕系元素与镧系元素例外。

在离子晶体中，配位数是指最邻近的异号离子数。在描述离子晶体结构时，也常常用配位多面体。配位多面体就是晶体中最邻近的配位原子所组成的多面体。在陶瓷中，最常见的多面体是硅氧四面体 $[SiO_4]$ 和铝氧八面体 $[AlO_6]$。在硅氧四面体中，Si^{4+} 处于 O^{2-} 形成的四面体中心，其配位数为 4［见

图 2-76（a）]。在铝氧八面体中，Al^{3+} 处于由 6 个 O^{2-} 所形成的八面体中心，其配位数为 6 [见图 2-76（b）]。在离子晶体中，正离子的配位数主要取决于正离子与负离子半径的比值。表 2-23 列出正负离子半径比值与配位数的关系。

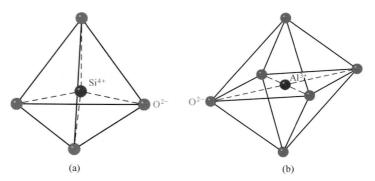

图 2-76　四面体和八面体结构

表 2-23　正负离子半径比值与配位数的关系

r_+/r_- 值	正离子的配位数	负离子多面体的形状	实　例
0.000～0.155	2	哑铃形	干冰 CO_2
0.155～0.225	3	三角形	B_2O_3
0.255～0.414	4	四面体形	SiO_2、GeO_2
0.414～0.732	6	八面体形	$NaCl$、MgO、TiO_2
0.732～1.000	8	立方体形	ZrO_2、CaF、$CsCl$
1.00 以上	12	立方八面体	

　　在离子晶体中，正负离子是怎样堆积成离子晶格的呢？由于正离子半径一般较小，负离子半径较大，所以离子晶体可以看成是由负离子堆积成的骨架，正离子则按其自身的大小，居留于相应的负离子空隙——负离子配位多面体中。负离子好像等径圆球一样，其堆积方式主要有立方最密堆积（立方面心堆积）、六方最密堆积、立方体心密堆积和四面体堆积等。例如 CsCl 结构可以看作是 Cl^- 的立方体心密堆积，而 Cs^+ 就居留在立方体空隙中。负离子作不同堆积时，可以构成形状不同、数量不等的空隙。

　　所谓负离子配位多面体，是指离子晶体结构中，与某一个正离子成配位关系而邻接的各个负离子中心连线所构成的多面体。各种可能的负离子配位多面体如图 2-77 所示。

　　在实际晶体中，由于负离子往往只近似作最密堆积，有时甚至根本不成最密堆积，同时离子间还存在着极化（在离子紧密堆积时，带电荷的离子所产生的电场对另一离子的电子云会产生作用，使离子的大小和形状发生变化，这种现象称为极化。离子极化的结果使离子间的距离缩短，减少配位数。而且可以使晶体结构类型发生变化，质点间化学键的性质变化），因而负离子配位多面体大多不是正多面体，而是有着某种程度的畸变，例如出现三方柱形的六配位情况，见图 2-77（e）。

2.3.2.2　离子晶体的结构规则

　　关于离子晶体结构的规律，可以总结出几条规则，即鲍林规则（Pauling rule）。

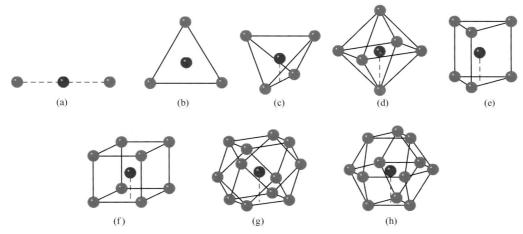

图 2-77　各种配位多面体形状

鲍林第一规则即负离子配位多面体规则认为，离子化合物中，"在正离子的周围，形成一个负离子配位多面体，正负离子之间的距离取决于离子的半径之和，正离子的配位数则决定了正负离子半径之比，而与离子的价数无关"。

对于简单的离子晶体，其结构通常都用离子在晶胞中的位置和配位情况来描述、想象。对于复杂的离子晶体就难于采用这种方法。在描述和理解离子晶体的结构时，运用第一规则，将其结构视为由负离子配位多面体按一定方式连接而成，正离子则处于负离子多面体的中央。例如 NaCl 的结构，可以看作是 Cl^- 的立方最密堆积，即视为由 Cl^- 的配位多面体——氯八面体连接成的，Na^+ 占据全部氯八面体中央。人们常把钠氯八面体记作 $[NaCl_6]$，这样，NaCl 的晶格就是由钠氯八面体 $[NaCl_6]$ 按一定方式连接成的。由此看来，配位多面体才是离子晶体的真正的结构基元。在陶瓷材料的晶相中，负离子一般都是 O^{2-}。现将各种正离子的氧离子配位数列于表 2-24 中。

表 2-24　各种正离子的氧离子配位数

配位数	正　离　子
3	B^{2+}，N^{5+}
4	Be^{2+}，B^{3+}，Al^{3+}，Si^{4+}，P^{5+}，S^{6+}，V^{5+}，Cr^{6+}，Mn^{7+}，Zn^{2+}，Ga^{3+}，Ge^{4+}，As^{5+}，Se^{6+}
6	Li^+，Mg^{2+}，Al^{3+}，Se^{3+}，Ti^{4+}，Cr^{3+}，Mn^{2+}，Fe^{2+}，Fe^{3+}，Co^{2+}，Ni^{2+}，Cu^{2+}，Zn^{2+}，Ga^{3+}，Nb^{5+}，Ta^{5+}，Sn^{4+}
6～8	Na^+，Ca^{2+}，Sr^{2+}，Y^{3+}，Zr^{4+}，Cd^{2+}，Ba^{2+}，Ce^{4+}，Sm^{3+}，Hf^{4+}，Th^{4+}，U^{4+}
8～12	Na^+，K^+，Ca^{2+}，Rb^+，Sr^{2+}，Ba^{2+}，La^{3+}，Ce^{3+}，Sm^{3+}，Pb^{2+}

鲍林第二规则称为电价规则，"在一个稳定的离子化合物结构中，每一个负离子的电价等于或近似等于相邻正离子分配给它的静电键强度的总和"，即

$$Z_- = \sum_i S_i = \sum_i \left(\frac{Z_+}{n} \right)_i$$

式中，Z_- 为负离子的电价；Z_+ 为正离子的电荷数（电价）；n 为正离子的配位数；S_i 为正离子到每一个配位负离子的静电键强度。

由电价规则可知，在一个离子晶体中，一个负离子必定同被一定数量的负离子配位多面体所共有。电价规则适用于一切离子晶体，在许多情况下也适用于兼具离子性和共价性的晶体结构。电价规则可以帮助我们推测负离子多面体之间的连接方式，有助于对复杂离子晶体的结构进行分析。

鲍林第三规则是关于负离子多面体共用顶点、棱和面的规则。"在一配位的结构中，配位多面体共用棱，特别是共用面的存在会降低这个结构的稳定性，尤其是电价高、配位数低的离子，这个效应更显

著"。因为多面体中心的正离子间的距离随着它们之间公共顶点数的增多而减小，并导致静电斥力的增加，结构稳定性降低（见图2-78）。例如两个四面体中心间的距离在共用一个顶点时设为1，则共用棱和共用面时，分别等于0.58和0.33；在八面体的情况下，分别为1、0.71和0.58。这种距离的显著缩短，必然导致正离子间库仑斥力的激增，使结构稳定性大大降低。

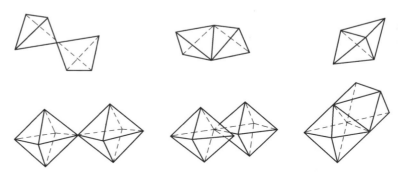

图 2-78   多面体共用顶点、棱或面时，多面体中心距离的变化

鲍林第四规则是"在含有一种以上正离子的晶体中，电价高、配位数小的那些正离子特别倾向于共角连接"。因为一对正离子之间的互斥力按电价数的平方成正比增加。配位多面体中的正离子之间的距离随配位数的降低而减小。

鲍林第五规则指出："在同一晶体中，本质上不同组成的构造单元的数目趋向于最少数目"称为节约规则。因为不同尺寸的离子和多面体很难有效地堆积成均一的结构。

2.3.2.3　几种典型的晶体结构

对一种化合物，如果知道它的阴离子排列方式，同时知道阴阳离子的半径比，则可以根据理想情况推断出其晶体结构。由此，着眼于原子组成及配位数，对有代表性的晶体结构进行分类，如表2-25所列。以下分别对各种组成与结构进行阐述。

表 2-25   晶体结构与配位数

组成	配位数	晶体结构模型	组成	配位数	晶体结构模型
MX	4:4	闪锌矿型	M_2X	2:4	赤铜矿型
MX	4:4	纤锌矿型	M_2X_3	6:4	刚玉型
MX	6:6	NaCl	M_2X_3	6:4	稀土类C型
MX	8:8	CsCl	M_2X_3	7:4	稀土类A型
MX_2	4:2	β-方石英型	M_2X_5	6:2	Nb_2O_5 型
MX_2	6:3	金红石型		6:3	
MX_2	8:4	萤石型	MX_3	6:2	ReO_3 型
M_2X	4:8	反萤石型			

（1）MX结构　MX（M为金属阳离子，X为阴离子）这种化合物组成中，阳离子与阴离子个数的比为1:1，即与阳离子配位的阴离子个数为n，与阴离子配位的阳离子的个数也为n。这种结构的化合物的配位数有4:4、6:6、8:8等。

① 闪锌矿结构（CuCl 型、金刚石型）　闪锌矿是以 ZnS 为主要成分的天然矿物，4：4 配位，立方晶系，其结构如图 2-79 所示。阴离子构成 FCC 结构，而阳离子占据一半的（即 4 个）四面体间隙位置，其坐标为：$(\frac{3}{4}\ \frac{1}{4}\ \frac{1}{4})$、$(\frac{1}{4}\ \frac{3}{4}\ \frac{1}{4})$、$(\frac{1}{4}\ \frac{1}{4}\ \frac{3}{4})$、$(\frac{3}{4}\ \frac{3}{4}\ \frac{3}{4})$。在这种结构中，每个原子有 4 个相邻的异类原子，它也可看作是由两种原子各自的面心立方点阵穿插而成，但一点阵的顶角原子位于另一点阵的 $\frac{1}{4}$、$\frac{1}{4}$、$\frac{1}{4}$ 处。超硬材料立方氮化硼、半导体 GaAs、高温结构陶瓷 β-SiC 都属于闪锌矿结构。具有这种结构的化合物有 ZnS、CuCl、AgI、ZnSe 等。如果闪锌矿中阳离子与阴离子的位置为同一元素的原子所占据，则成为金刚石结构。金刚石为共价键晶体，其结合键有很强的方向性，每个 C 原子都位于正四面体中心的位置，与四面体顶点的 4 个原子相键合，因此这种四面体相互共有各顶点，而形成金刚石结构。

② 纤锌矿结构（ZnS 型）　纤锌矿也是以 ZnS 为主要成分的矿石，其结构如图 2-80 所示，4：4 配位，六方晶系。它实际上是由两个密排六方点阵叠加而成的，其中一个相对另一个平移了 $r=0a+0b+1/3c$ 的点阵矢量。在这种结构中，阳离子及阴离子的位置坐标为：

$$\text{阳离子}（0\ 0\ 0）、(\frac{1}{3}\ \frac{2}{3}\ \frac{1}{2})；$$

$$\text{阴离子}（0\ 0\ \frac{3}{8}）、(\frac{1}{3}\ \frac{2}{3}\ \frac{7}{8})。$$

超硬材料密排六方氮化硼，结构材料 AlN，氧化物 BeO、ZnO 以及化合物 ZnS、ZnSe、AgI 等都具有纤锌矿结构。

③ NaCl 结构　这种晶体结构如图 1-1 所示，6：6 配位，立方晶系。NaCl 晶体点阵实际上是由两个面心立方点阵叠加而成的。假设原来有两个面心立方点阵完全重合，其中一个不动，而另一个面心立方点阵的所有阵点都相对于第一个点阵平移了一个点阵矢量 r。当 $r=0a+0b+1/2c$（其中 $|a|=|b|=|c|$）时，就得到 NaCl 晶体点阵。具有 NaCl 结构的化合物特别多，如 CaO、CoO、MgO、NiO、TiC、VC、TiN、VN、LiF 等。具有这种结构的化合物，多数具有熔点高、稳定性好等特性。

④ CsCl 结构　如图 2-81 所示，阴阳离子总体来看为 BCC 结构，Cl^- 位于单胞的顶角，而 Cs^+ 位于体心。中心的 1 个 Cs^+ 与顶角上的 8 个 Cl^- 相结合，因此配位数为 8：8。具有这种结构的化合物还有 CsBr、CdI 等。

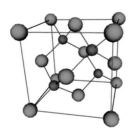

图 2-79　闪锌矿结构

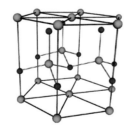

图 2-80　纤锌矿结构

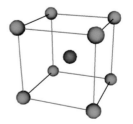

图 2-81　CsCl 结构

⑤ MX 结构与离子半径的关系　这类化合物的结构可以根据离子半径比分类如下：

$r_C/r_A > 0.732$　　　　　　　CsCl 结构

$0.732 > r_C/r_A > 0.414$　　　NaCl 结构

$0.414 > r_C/r_A > 0.225$　　　闪锌矿或纤锌矿型结构

上述分类大体上是准确的，但对 NaCl 型、闪锌矿型及纤锌矿型结构的化合物，有的 r_C/r_A 比值相当大，超过了上述限度，但也能稳定存在。表 2-26 给出一些化合物的离子半径比。

表 2-26　一些化合物的离子半径比

(a)MX 组成中 4∶4 配位化合物的晶体结构及离子半径比			(b)NaCl 型晶体结构的化合物及离子半径比	
化合物	r_C/r_A(离子半径比)	结构	化合物	r_C/r_A(离子半径比)
BeS	0.174	Z	LiI	0.31
BeO	0.235	W	LiCl	0.38
ZnSe	0.351	Z,W	MgO	0.47
ZnS	0.378　满足 4 配位条件	Z,W	LiF	0.51
CuI	0.410	Z,W	NaCl 等	0.54　满足 6 配位条件
ZnBr	0.460	Z,W	KCl	0.73
ZnO	0.497	W	SrO	0.80
CuCl	0.499	Z	BaO	0.76
AgI	0.538	Z,W	CsF	1.26

注：Z 为闪锌矿型；W 为纤锌矿型。

（2）MX$_2$ 结构

① 萤石结构　萤石（CaF$_2$）属立方晶系，面心立方点阵，其结构如图 2-82 所示，钙正离子位于立方晶胞的角顶和面的中心，形成面心立方结构，而氟负离子填充在全部的（8 个）四面体间隙中。阴、阳离子数比为 8∶4，其坐标为：

阳离子 $(0\ 0\ 0)$、$(0\ \frac{1}{2}\ \frac{1}{2})$、$(\frac{1}{2}\ 0\ \frac{1}{2})$、$(\frac{1}{2}\ \frac{1}{2}\ 0)$；

阴离子 $(\frac{1}{4}\ \frac{1}{4}\ \frac{1}{4})$、$(\frac{1}{4}\ \frac{3}{4}\ \frac{3}{4})$、$(\frac{3}{4}\ \frac{1}{4}\ \frac{3}{4})$、$(\frac{3}{4}\ \frac{3}{4}\ \frac{1}{4})$、$(\frac{3}{4}\ \frac{3}{4}\ \frac{3}{4})$、$(\frac{3}{4}\ \frac{1}{4}\ \frac{1}{4})$、$(\frac{1}{4}\ \frac{3}{4}\ \frac{1}{4})$、$(\frac{1}{4}\ \frac{1}{4}\ \frac{3}{4})$。

由于 F$^-$ 半径很大，因而 Ca^{2+} 之间不可能相互接触。属于萤石型结构的化合物有 ThO$_2$、UO$_2$、CeO$_2$、BaF$_2$ 等。这些化合物的正离子半径都较大。

萤石的熔点低，是陶瓷材料中的助熔剂，UO$_2$ 是陶瓷核燃料。

② 金红石结构　金红石是 TiO$_2$ 的稳定型结构（异构体之一，TiO$_2$ 还有板钛矿和锐钛矿结构）。金红石属四方晶系，简单四方点阵，其晶胞如图 2-83 所示。单位晶胞中 8 个顶角和中心为阳离子，这些阳离子的位置正好处在由阴离子构成的稍有变形的八面体中心，构成八面体的 4 个阴离子与中心距离较近，其余 2 个距离较远。阳离子的价数是阴离子的 2 倍，所以阳阴离子的配位数为 6∶3。这种结构的化合物还有 CrO$_2$、VO$_2$、MnO$_2$ 等。

③ β-方石英结构　这种结构如图 2-84 所示为立方晶系，4∶2 配位。β-方石英为 SiO$_2$ 异构体的一种，在 1470~1723℃ 的高温区域稳定。1 个 Si 同 4 个 O 结合形成 SiO$_4$ 四面体，多个四面体之间相互共用顶点并重复堆积而形成这种结构。因此与球填充模型相比，这种结构中的氧离子排列是很疏松的。SiO$_2$ 虽有很多种异构体，但其他的结构都可看成是由 β-方石英的变形而得。

④ MX$_2$ 结构与离子半径的关系　对 MX$_2$ 结构同样有如下规律：

$r_C/r_A > 0.732$　　　　萤石结构（CaF$_2$）

$0.732 > r_C/r_A > 0.414$　　金红石结构（TiO$_2$）

$0.414 > r_C/r_A > 0.225$　　β-方石英结构（SiO$_2$）

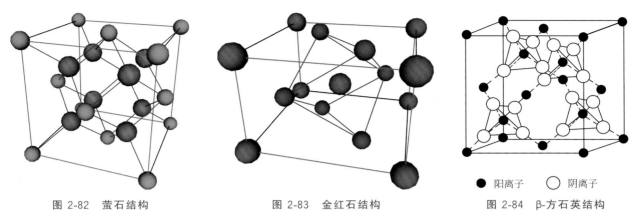

图 2-82　萤石结构　　　　　图 2-83　金红石结构　　　　图 2-84　β-方石英结构

● 阳离子　　○ 阴离子

表 2-27 给出 MX_2 化合物的结构与离子半径比的关系，虽有若干例外，但总体看来，具有很好的一致性。

表 2-27　MX_2 化合物的结构与离子半径比的关系

化　合　物	r_C/r_A（离子半径比）	结构（含畸变的）
BeF_2	0.271 ⎤ 理想情况 C	C
SiO_2	0.288 ⎦	C
GeO_2	0.379 ⎤	R 及其他
CrO_2	0.429 ⎥	R
TiO_2	0.486 ⎥	R
MgF_2	0.496 ⎥ 理想情况 R	R
SnO_2	0.507 ⎥	R
ZrO_2	0.581 ⎥	F
UO_2	0.711 ⎦	F
ThO_2	0.750 ⎤	F
CaF_2	0.767 ⎥ 理想情况 F	F
SrF_2	0.867 ⎦	F

（3）M_2X 结构

① 赤铜矿结构　赤铜矿为以 Cu_2O 为主要成分的天然矿物。如图 2-85 所示，2：4 配位，立方晶系。在这种结构中，阴离子构成 BCC 结构，离子的坐标为：

阴离子 （0 0 0）、$(\frac{1}{2}\ \frac{1}{2}\ \frac{1}{2})$；

阳离子 $(\frac{3}{4}\ \frac{1}{4}\ \frac{1}{4})$、$(\frac{1}{4}\ \frac{3}{4}\ \frac{1}{4})$、$(\frac{1}{4}\ \frac{1}{4}\ \frac{3}{4})$、$(\frac{3}{4}\ \frac{3}{4}\ \frac{3}{4})$。

这是一种间隙较多的结构，阳离子容易产生位移。具有这种结构的化合物还有 Ag_2O 等。

② 反萤石结构　这种结构从晶体几何上与萤石相同，但是阴阳离子位置与萤石结构恰好相反，阳、阴离子数之比为 2：1，配位数为 4：8。这种结构的化合物有 Li_2O、Na_2O、K_2O、Rb_2O、Cu_2Se、$CuCdSb$ 等。

（4）M_2X_3 结构

① 刚玉型结构　刚玉为天然 α-Al_2O_3 单晶体，呈红色的称红宝石，呈蓝色的称为蓝宝石。刚玉为三方晶系，6：4 配位，单位晶胞较大，且结构较复杂，因此，我们用两个图来加以说明。首先以原子层的排列结构和各层间的堆积顺序来说明，如图 2-86 所示，其中 O^{2-} 的排列大体上为 HCP 结构，其中八

面体间隙位置的 2/3 被 Al^{3+} 有规律地占据，空位均匀分布，这样六层构成一个完整周期，多个周期堆积起来形成刚玉结构。另外，从图 2-87 也可以看出这种结构的排列规律。类似的化合物还有 Cr_2O_3、V_2O_5、$\alpha\text{-}Fe_2O_3$（赤铁矿）等。

② C 型稀土化合物（Sc_2O_3 型、Tl_2O_3 型、$\alpha\text{-}Mn_2O_3$ 型）　这种结构为立方晶系，6:4 配位，它可以从萤石结构演化而来，即将 CaF_2 的 Ca^{2+} 换成 Mn^{3+}，将 F^- 的 3/4 换成 O^{2-}，剩下的 1/4 F^- 为空位。空位的分布如图 2-88 所示，但单位晶胞为 CaF_2 型的 2 倍。

③ A 型稀土化合物（La_2O_3）　这种结构为三方晶系，7 配位，如图 2-89 所示。可以认为它是由 C 型结构的阳离子尺寸增大，再经畸变成 7 配位而成的结构。

④ B 型稀土化合物（Sm_2O_3）　这种结构也有 7 配位，但属单斜晶系，是对称程度低的复杂结构。

⑤ M_2X_3 型结构与离子半径的关系　由于在刚玉型、稀土 A、B、C 型结构中多数为离子键性强的化合物，因此，其结构的类型仍有随离子半径比

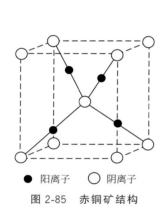

●阳离子　○阴离子

图 2-85　赤铜矿结构

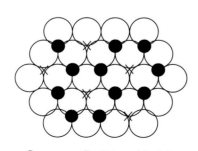

●阳离子　○阴离子　✕空位

图 2-86　刚玉结构中的阳离子排列

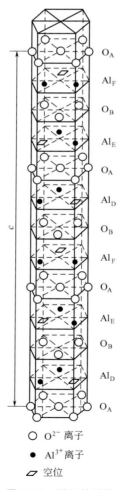

○ O^{2-} 离子
● Al^{3+} 离子
▱ 空位

图 2-87　刚玉的结构

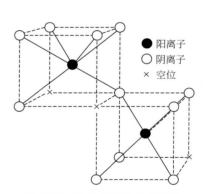

●阳离子
○阴离子
✕空位

图 2-88　稀土化合物 C 型结构

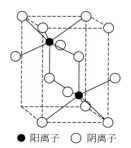

●阳离子　○阴离子

图 2-89　稀土化合物 A 型结构

变化的趋势。在刚玉型和 C 型中阳离子都是 6 配位，但 C 型的 6 配位是将 8 配位中的氧离子的 2 个去掉而成，因此，阳离子的位置稍大些。A 型和 B 型结构中的阳离子虽都是 7 配位，但 A 型结构中阳离子的位置要大得多。表 2-28 中列出了一些化合物的结构与离子半径的关系。

表 2-28　M_2X_3 组成化合物的结构与离子半径比的关系

化合物	r_C/r_A（离子半径比）	结构	原子序数（仅指稀土类）	化合物	r_C/r_A（离子半径比）	结构	原子序数（仅指稀土类）
$\alpha\text{-}Al_2O_3$	0.364	刚玉型		Er_2O_3	0.636	C 型	68
$\alpha\text{-}Ga_2O_3$	0.443	刚玉型		Dy_2O_3	0.657	C 型	66
$\alpha\text{-}Fe_2O_3$	0.457	刚玉型		Gd_2O_3	0.693	B 型	64
Ti_2O_3	0.543	刚玉型		Sm_2O_3	0.714	B 型	62
Sc_2O_3	0.579	C 型		Pr_2O_3	0.757	A 型	59
Lu_2O_3	0.607	C 型	71	La_2O_3	0.814	B 型	57

（5）MX_3 结构　这种类型化合物中代表性晶体结构有 ReO_3 型，配位关系为 $3n : n$（一般为 $n=2$）。这种结构如图 2-90 所示，6:2 配位，立方晶系。ReO_3 八面体之间共用顶点在三维上进行堆积，便成了此晶体结构。由图可知，其特点是单位晶胞的中心有很大的空隙。WO_3 的结构可由 ReO 的结构稍加变形而得，WO_3 晶胞中心的空隙加入 Na^+ 使 W^{6+} 变成 W^{5+}，即成了满足电中性要求的 Na_xWO_3 晶体。

（6）M_2X_5 结构　这种组成的化合物一般结构都比较复杂，代表性的有 V_2O_5、Nb_2O_5 等，其中 Nb_2O_5 的结构可以参照 ReO_3 的结构进行理解。在 ReO_3 结构中共有八面体顶点。如共用八面体的棱，则成为 Nb_2O_5 结构。

（7）含有两种以上阳离子的氧化物的结构

① 钛铁矿型　钛铁矿是以 $FeTiO_3$ 为主要成分的天然矿物，组成为 ABO_3，三方晶系，这种结构是将刚玉结构中的阳离子分成两类而成。例如将 Al_2O_3 中的两个 3 价阳离子用 2 价和 4 价或 1 价和 5 价的两种阳离子置换即成钛铁矿型结构，代表性化合物为 $FeTiO_3$。

在刚玉结构中，氧离子的排列为 HCP 结构，其中 6 配位位置的 2/3 被铝离子所占据，将这些铝阳离子用两种阳离子置换有两种方法。图 2-91 示出 $\alpha\text{-}Al_2O_3$ 与 $FeTiO_3$ 的结构对比情况。在图中 Fe 层与 Ti 层交互排列构成钛铁矿结构，这是第一种排列（置换排列）方式，属于这种结构的化合物有 $MgTiO_3$、$MnTiO_3$、$FeTiO_3$、$CoTiO_3$、$LiTaO_3$ 等。但 $LiSbO_3$ 例外，它的结构取第二种排列（置换）方式，即在同一层内 Li^+ 与 Sb^{5+} 共存。

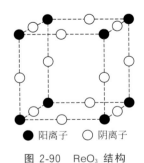

●阳离子　○阴离子

图 2-90　ReO_3 结构

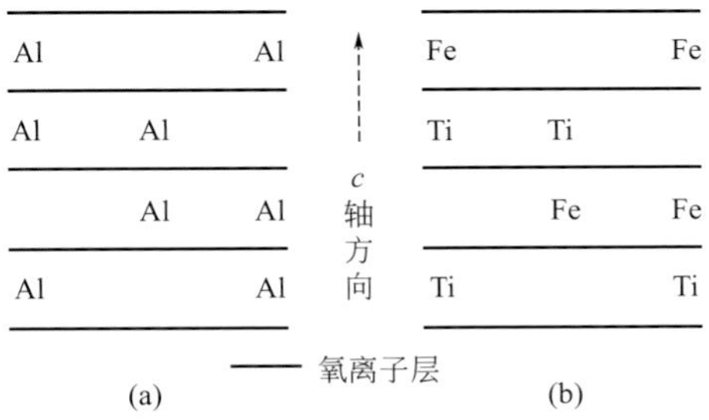

Al		Al		Fe		Fe
Al	Al			Ti	Ti	
	Al	Al			Fe	Fe
Al		Al		Ti		Ti

—— 氧离子层

（a）　　　c 轴方向　　　（b）

图 2-91　$\alpha\text{-}Al_2O_3$ 结构（a）与 $FeTiO_3$ 结构（b）对比

② 灰钛石结构　灰钛石是以 $CaTiO_3$ 为主要成分的天然矿物，组成为 ABO_3，理想情况下为立方晶系。灰钛石与钛铁矿的组成都是 ABO_3 型，只是 A 离子的尺寸大小不同。A 离子的尺寸与氧离子的尺寸大小相同或相近时，便成了灰钛石结构，即 A 离子与氧离子构成 FCC 结构。B 离子位于由氧离子围成的 6 配位间隙中。图 2-92 示出理想的灰钛石的结构，可以看出，Ca^{2+} 与 O^{2-} 构成 FCC 晶胞，Ca^{2+} 位于顶角。

O^{2-} 位于面心，而 Ti^{4+} 位于体心。配位数 Ca^{2+}：Ti^{4+}：O^{2-} 为 12：6：6。这种结构当 Ca^{2+} 位置上的阳离子与阴离子同样大小或比其大些，并且 Ti^{4+} 阳离子的配位数为 6 时才是稳定的。理想情况下的灰钛石结构中两种阳离子的半径 r_A、r_B 与阴离子的半径 r_0 之间应满足下面的关系式：

$$r_A + r_B = 1.414(r_B + r_0)$$

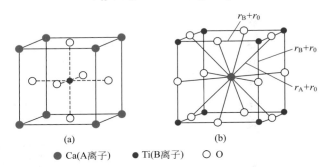

● Ca(A离子)　● Ti(B离子)　○ O

图 2-92　灰钛石结构 [(a)、(b) 为取不同原点时的结构差异]

实际材料中能满足这种理想情况的非常少，多数这种结构的化合物都不是理想结构而有一定畸变，因此产生介电性能。其代表性化合物为 $BaTiO_3$、$PbTiO_3$，具有高温超导特性的氧化物的基本结构也是灰钛石结构。

实际的灰钛石结构中离子半径之间只需满足下列关系：

$$r_A + r_B = t \times 1.414(r_B + r_0) \quad 0.8 < t < 1$$

式中，t 称为容忍因子。t 超过这个界限时，就会出现其他结构型。一些灰钛石型结构的容忍因子 t 列于表 2-29 中。

表 2-29　一些灰钛石型结构晶体的 t 值

晶　体	t	晶　体	t	晶　体	t
$CdTiO_3$（高温）	0.93	KIO_3	0.90	$CaZrO_3$	0.90
$CaTiO_3$	0.94	$RbIO_3$	0.95	$SrZrO_3$	0.97
$SrTiO_3$	1.02	$NaNbO_3$	0.90	$KNiF_3$	1.00
$BaTiO_3$	1.09	$KNbO_3$	1.02	$KZnF_3$	0.99

灰钛石型结构化合物，在温度变化时会引起晶体结构的变化，以 $BaTiO_3$ 为例，随温度的变化将产生如下的晶体结构转变：三方→（−80℃）斜方→（5℃）正方→（120℃）立方→（1460℃）六方。其中三方、斜方、正方都是由立方体经少量畸变而得到的（如图 2-93 所示）。这种畸变与其介电性能有密切的关系。在高温下当由立方向六方转变时，则立方结构被破坏而进行六方点阵重构。

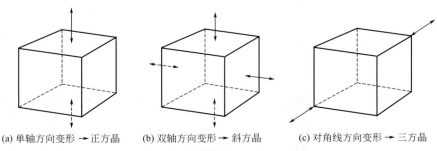

(a) 单轴方向变形 → 正方晶　　(b) 双轴方向变形 → 斜方晶　　(c) 对角线方向变形 → 三方晶

图 2-93　立方晶体形变时形成的晶系

③ 尖晶石结构　在 AB_2O_4 型化合物中，A 为 2 价正离子（例如 Mg^{2+}、Mn^{2+}、Fe^{2+}、Co^{2+}、Zn^{2+}、Cd^{2+}、Ni^{2+}），B 代表 3 价正离子（Al^{3+}、Cr^{3+}、Ga^{3+}、Fe^{3+}、Co^{3+} 等）。AB_2O_4 型化合物主要的结构是尖晶石（$MgAl_2O_4$ 型化合物），尖晶石属立方晶系。正离子 A 和 B 的总电价为 8，氧离子作面心立方最紧密排列，Mg^{2+} 进入四面体间隙，Al^{3+} 则占据八面体间隙。

图 2-94 是尖晶石的晶胞，包含 8 个分子，共 56 个离子，即 $Mg_8Al_{16}O_{32}$。由氧离子堆砌形成的骨架中，有 64 个四面体间隙，32 个八面体间隙。但是，Mg^{2+} 只占有四面体间隙的 1/8，Al^{3+} 只占有八面体间隙的 1/2。尖晶石晶胞可以看成是由 8 个小块拼合而成，小块中质点的排列有两种情况，分别注以 A 和 B。在 A 块中，Mg^{2+} 占据四面体间隙，在 B 块中 Al^{3+} 占据八面体间隙。将 A 块和 B 块按图 2-94（a）的位置堆积起来，就是尖晶石的完整晶胞。

尖晶石结构可分为正型和反型两种。在正型尖晶石结构中，A^{2+} 占据氧的四面体间隙，共 8 个；B^{3+} 占据八面体间隙 16 个。而在反型尖晶石结构中，A^{2+} 占据八面体间隙，B^{3+} 则占据 8 个八面体间隙和 8 个四面体间隙，通式为 $B(AB)O_4$。应用广泛的 Mn-Zn、Ni-Zn 软磁铁氧体都属尖晶石结构。

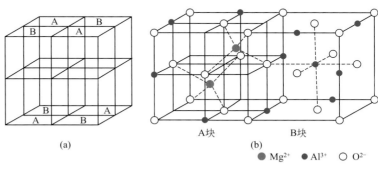

图 2-94　尖晶石（$MgAl_2O_4$）结构

$\gamma\text{-}Al_2O_3$ 的结构和尖晶石相似，在 $\gamma\text{-}Al_2O_3$ 结构中，O^{2-} 按面心立方密堆积方式排列，Al^{3+} 分布在尖晶石中的 8 个 A 和 16 个 B 位置，相当于用两个 Al^{3+} 取代三个 Mg^{2+}。$\gamma\text{-}Al_2O_3$ 是缺位的尖晶石结构。在 $\gamma\text{-}Al_2O_3$ 晶胞中，只有 $21\frac{1}{3}$ 个 Al^{3+} 和 32 个 O^{2-}。

常见一些离子晶体结构的有关信息列于表 2-30。

表 2-30　离子晶体结构型综合

负离子密堆积方式	正、负离子的配位数	正离子占据的间隙	结构类型	晶体实例
立方最密堆积	6∶6　MO	全部八面体	NaCl	NaCl、KCl、LiF、KBr、MgO、CaO、BaO、VO、MnO、FeO、CoO、NiO
立方最密堆积	4∶4　MO	1/2 四面体	闪锌体	ZnS、BeO、SiC
立方最密堆积	4∶8　M_2O	全部四面体	反萤石型	Li_2O、Na_2O、K_2O、Rb_2O
畸变立方最密堆积	6∶3　MO_2	1/2 八面体	金红石	TiO_2、GeO_2、SnO_2、PbO_2、VO_2、NbO_2、TeO_2、MnO_2、RuO_2、OsO_2
立方最密堆积	12∶6∶6　ABO_3	1/4 八面体（B 离子）	钙钛矿	$CoTiO_3$、$SrTiO_3$、$SrSnO_3$、$SrZrO_3$、$SrHfO_3$、$BaTiO_3$、$CaTiO_3$
立方最密堆积	4∶6∶4　AB_2O_4	1/2 八面体、1/8 四面体	尖晶石	$FeAl_2O_4$、$ZnAl_2O_4$、$MgAl_2O_4$
立方最密堆积	4∶6∶4　$B(AB)O_4$	1/2 八面体、1/8 四面体	反尖晶石	$FeMgFeO_4$、$MgTiMgO_4$
六方最密堆积	4∶4　MO	1/2 四面体	纤锌矿	ZnS、ZnO、SiC
六方最密堆积	6∶6　MO	全部八面体	砷化镍	NiAs、FeS、FeSe、CoSe
六方最密堆积	6∶4　M_2O_3	2/3 八面体	$\alpha\text{-}Al_2O_3$	Al_2O_3、Fe_2O_3、Cr_2O_3、Ti_2O_3
六方最密堆积	6∶6∶4　ABO_3	2/3 八面体（A、B）	钛铁矿	$FeTiO_3$、$NiTiO_3$、$CoTiO_3$、$LiNbO_3$、$LiTaO_3$
六方最密堆积	6∶4∶4　A_2BO_4	1/2 八面体、1/8 四面体	镁橄榄石	Mg_2SiO_4、Fe_2SiO_4
立方密堆积	8∶8　MO	全部立方体	CsCl	CsCl、CsBr、CsI
立方密堆积	8∶4　MO_2	1/2 立方体	萤石	ThO_2、CeO_2、PrO_2、UO_2、ZrO_2
四面体互相连接	4∶2　MO_2	全部四面体	SiO_2	SiO_2、GeO_2

2.3.3 硅酸盐晶体结构

硅酸盐晶体是构成地壳的主要矿物，它们不仅是制造水泥、陶瓷、玻璃、耐火材料的主要原料，同时也往往是这些材料的主要构成部分，另外某些电子陶瓷也采用硅酸盐矿物原料。硅酸盐的化学组成比较复杂，正离子和负离子都可以被许多其他离子全部或部分地取代。硅酸盐矿物的化学式有两种表达方法：一种称为实验式或分子式，另一种称为结构式。前者用组成元素或分子的数目来表示，先写低价氧化物，后写高价氧化物，例如，高岭土表示为 $Al_2O_3 \cdot 2SiO_2 \cdot 2H_2O$，绿柱石为 $3BeO \cdot Al_2O_3 \cdot 6SiO_2$。后者的表示方法较接近其结构，例如，高岭土为 $Al[Si_2O_5](OH)_4$，绿柱石为 $Be_3Al_2[Si_6O_8]$。

硅酸盐的结构虽然复杂，但是都是由 $[SiO_4]$ 四面体作为骨干而组成的。Si^{4+} 处于 4 个 O^{2-} 形成的四面体的中心。Al^{3+} 一般是在 6 个 O^{2-} 形成的八面体的中心，有时也代替 Si^{4+} 而处于四面体中心。Mg^{2+} 处于八面体间隙中。硅酸盐晶体结构的特点如下。

① 构成硅酸盐的基本单元是 $[SiO_4]$ 四面体，硅氧之间的平均距离为 0.160nm 左右，此值比硅氧离子半径之和要小，这说明硅氧之间并不是全部按纯离子键结合，还存在一定比例的共价键。

② 每一个 O 最多只能被两个 $[SiO_4]$ 四面体所共有。

③ $[SiO_4]$ 四面体可以是互相孤立地在结构中存在或者通过共顶点互相连接。

④ Si—O—Si 的结合键并不形成一直线，而是一折线。在硅酸盐中这个折线的夹角一般在 145° 左右。

按照硅氧四面体在空间的组合情况，硅酸盐结构可以分成岛状、组群状、链状、层状和架状几种方式。硅酸盐晶体就是由一定方式的硅氧结构单元通过其他金属离子联系起来而形成的。表 2-31 列出五种硅酸盐晶体结构的形状和实例。

表 2-31　五种硅酸盐晶体结构的形状和实例

结构类型	$[SiO_4]$ 共用 O^{2-} 数	形状	配合阴离子	Si：O	实 例
岛状	0	四面体	$[SiO_4]^{4-}$	1：4	镁橄榄石 $Mg_2[SiO_4]$
组群状	1	双四面体	$[Si_2O_7]^{6-}$	2：7	硅钙石 $Ca_3[Si_2O_7]$
	2	三节环	$[Si_3O_9]^{6-}$	1：3	蓝锥矿 $BaTi[Si_3O_9]$
	2	四节环	$[Si_4O_{12}]^{8-}$	1：3	
	2	六节环	$[Si_6O_{18}]^{12-}$	1：3	绿宝石 $Be_3Al_2[Si_6O_{18}]$
链状	2	单链	$[Si_2O_6]^{4-}$	1：3	透辉石 $CaMg[Si_2O_6]$
	2,3	双链	$[Si_4O_{11}]^{6-}$	4：11	透闪石 $Ca_2Mg_5[Si_4O_{11}]_2(OH)_2$
层状	3	平面层	$[Si_4O_{10}]^{4-}$		滑石 $Mg_3[Si_4O_{10}](OH)_2$
架状	4	骨架	$[SiO_2]$ $[(Al_xSi_{4-x})O_8]^x$	1：2	石英 SiO_2 钠长石 $Na[AlSi_3O_8]$

2.3.3.1　岛状结构

在岛状结构中，[SiO₄] 四面体以孤立状态存在，[SiO₄] 四面体之间不互相连接，每个 O^{2-} 除与一个 Si^{4+} 相接外，不再与其他 [SiO₄] 四面体中的 Si^{4+} 配位。[SiO₄] 四面体之间通过其他金属离子连接起来。这种结构的代表是镁橄榄石、锆英石等。孤立的硅氧四面体如图 2-95 所示。

图 2-95　孤立的硅氧四面体

（1）锆英石 $Zr[SiO_4]$ 结构　锆英石结构如图 2-96 所示，它属四方晶系，结构中的硅氧四面体孤立存在，它们之间通过 Zr^{4+} 而联系起来，每一个 Zr^{4+} 填充在 8 个 O^{2-} 之间。锆英石具有较高的耐火度，可用于制造锆质耐火材料。

（2）镁橄榄石 $Mg_2[SiO_4]$ 结构　镁橄榄石是镁橄榄石瓷的主晶相，其结构如图 2-97 所示，孤立的 $[SiO_4]^{4-}$ 由 Mg^{2+} 所联系，Mg^{2+} 处于 6 个 O^{2-} 构成的八面体中心。镁橄榄石结构紧密，Si—O 和 Mg—O 键力较强，所以结构比较稳定，熔点高达 1890℃，硬度也较高，是镁硅质耐火材料的主要矿物之一。同时因各方向上结合力均衡，所以没有明显的解理，裂碎时呈粒状。镁橄榄石中的 Mg^{2+} 可以被 Fe^{2+}、Mn^{2+} 等离子置换而形成固溶体，形成铁橄榄石、镁铁橄榄石、锰橄榄石等。

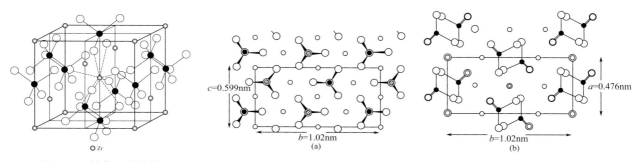

图 2-96　锆英石的结构　　　　　　　图 2-97　镁橄榄石结构

除了镁橄榄石、锆英石之外，属于岛状结构的还有钙镁橄榄石 $CaMg[SiO_4]$、水泥熟料中 γ-$CaSiO_4$ 和 β-$CaSiO_4$（前者因 Ca^{2+} 的配位数为 6，属稳定配位，因此在水中没有化学活性，而后者 Ca^{2+} 的配位数有 8 和 6 两种，属不规则配位，因此能与水发生反应）、石榴石族硅酸盐、重要的激光基质材料钇铝石榴石 $Y_3Al_5O_{12}$（YAG）。

2.3.3.2　组群状结构

这类结构一般由 2 个、3 个、4 个或 6 个 [SiO₄] 四面体通过公共的氧相连接，形成单独的硅氧配位阴离子，如图 2-98 所示。硅氧配位阴离子之间再通过其他正金属离子联系起来，所以这类结构也称为孤立的有限硅氧四面体群。

硅钙石 $Ca_3[Si_2O_7]$、铝方柱石 $Ca_2Al[AlSiO_7]$、镁方柱石 $Ca_2Mg[Si_2O_7]$ 等属于成对的硅氧团结构。蓝锥矿 $BaTi[Si_3O_9]$ 是环状三四面体群结构的代表。绿宝石 $Be_3Al_2[Si_6O_{18}]$ 中则出现环状六

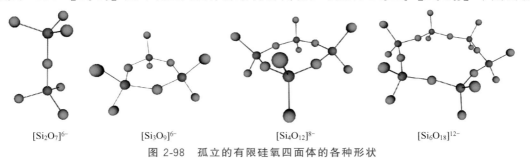

$[Si_2O_7]^{6-}$　　　　$[Si_3O_9]^{6-}$　　　　$[Si_4O_{12}]^{8-}$　　　　$[Si_6O_{18}]^{12-}$

图 2-98　孤立的有限硅氧四面体的各种形状

四面体群的硅氧团。

（1）绿宝石　绿宝石结构式为 $Be_3Al_2[Si_6O_{18}]$，属六方晶系。图 2-99 是其 1/2 晶胞投影，其基本结构单元是 6 个硅氧四面体形成的六节环，这些六节环之间靠 Al^{3+} 和 Be^{2+} 离子连接，Al^{3+} 的配位数为 6，与硅氧网络的非桥氧形成 $[AlO_6]$ 八面体；Be^{2+} 配位数为 4，构成 $[BeO_4]$ 四面体。从结构上看，在上下叠置的六节环内形成了巨大的通道，可储有 K^+、Na^+、Cs^+ 离子及 H_2O 分子，使绿宝石结构成为离子导电的载体。

堇青石是陶瓷中具有优良抗热震性能的一种矿物，其结构式为 $Mg_2Al_3[Si_5O_{18}]$，具有与绿宝石相同的结构。不同的是在六节环中有 Si^{4+} 被 Al^{3+} 所取代，环外的 (Be_3Al_2) 被 (Mg_2Al_3) 所取代，形成电价平衡的稳定结构。

（2）镁方柱石 $Ca_2Mg[Si_2O_7]$ 的结构　镁方柱石属四方晶系，结构如图 2-100 所示。双四面体群之间由 Mg^{2+} 和 Ca^{2+} 所联系，Mg^{2+} 和 Ca^{2+} 配位数分别为 4 和 8。铝方柱石 $Ca_2Al[AlO_7]$ 结构可看作由镁方柱石通过 $2Al^{3+}$ 取代 $(Mg^{2+}+Si^{4+})$ 而形成。

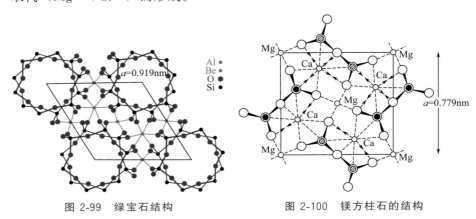

图 2-99　绿宝石结构　　　　　　　图 2-100　镁方柱石的结构

2.3.3.3　链状结构

硅氧四面体通过公共的氧连接起来，形成一维空间无限伸展的链状结构，即单链（见图 2-101）。两条相同的单链通过尚未共用的氧可以形成双链（图 2-101）。

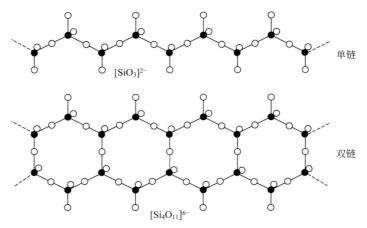

图 2-101　链状硅氧四面体

链状结构硅酸盐的代表是辉石族，通式 $R_2[Si_2O_6]$。例如，顽火辉石 $Mg_2[Si_2O_6]$、透辉石 $CaMg[Si_2O_6]$、锂辉石 $LiAl[Si_2O_6]$ 等属于单链硅酸盐矿物；而斜方角闪石 $(MgFe)_7[Si_4O_{11}](OH)_2$ 和透闪石 $Ca_2Mg_5[Si_4O_{11}](OH)_2$ 等属于双链硅酸盐产物。$Mg_2[Si_2O_6]$ 是滑石瓷的主晶相，它有三种晶型：顽火辉石、原顽火辉石和斜火辉石。前两者为正交晶系，后者为单斜晶系。

在单链状结构中，由于链内 Si—O 键比链间 M—O 键强得多，因此链状硅酸盐矿物很容易沿链间结合较弱处劈裂成纤维（如角闪石石棉细长纤维状）。但辉石类晶体的离子堆积比绿宝石类晶体要紧密，因此一般具有良好的介电性。

2.3.3.4　层状结构

层状结构的基本单元是由硅氧四面体的某一个面（由 3 个公共氧组成），在平面上彼此以其节点连接成向二维空间无限延伸的六节环的硅氧层（见图 2-102）。在六节环的层中，可以取出一个 $a=0.52$nm，$b=0.90$nm 的矩形单位 $[Si_4O_{10}]^{4-}$，所以硅氧层的化学式应是 $[Si_4O_{10}]_n^{4n-}$。每个 $[SiO_4]$ 四面体有一个活性氧，这个活性氧可以同其他正离子发生配位关系。活性氧是指硅氧四面体上的非公共氧，它只用去 1 价，尚有剩余电价同其他正离子相配位。硅氧层有两类，一类是所有活性氧都指向同一个方向，另一类是活性氧更迭地指向上和指向下的方向。

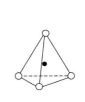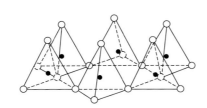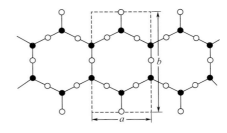

图 2-102　层状硅酸盐中的四面体

大部分层状结构硅酸盐矿物是由复网层（双四面体）构成的。复网层是由活性氧相对着的两层硅氧层通过 Mg^{2+}、Al^{3+}、Fe^{2+} 等联系起来而组成的。属于层状结构的矿物有滑石、叶蜡石、高岭石、蒙脱石（微晶高岭石）、水云母和白云母等。这些矿物都含有结构水，以 OH^- 形式存在。对于某些矿物，在复网层与复网层之间可以有层间结合水存在。

（1）叶蜡石　叶蜡石 $Al_2O_3 \cdot 4SiO_2 \cdot H_2O$ 的结构式可写为 $Al_2[Si_4O_{10}](OH)_2$。其结构属于 2∶1 型层状结构，如图 2-103（a）所示。由于层间结合力为较弱的范德瓦耳斯力，所以层间水容易嵌入，成为蒙脱石结构，如图 2-103（b）所示。叶蜡石脱水后变成莫来石 $3Al_2O_3 \cdot 2SiO_2$。

（2）蒙脱石　图 2-103（b）为蒙脱石 $Al_2[Si_4O_{10}](OH)_2 \cdot nH_2O$ 理想化的结构，由于层间水插入晶格内，在 c 轴方向得到扩大。自然界中的蒙脱石，由于在铝氧八面体中大约有 1/3 的 Al^{3+} 被 Mg^{2+} 取代，而引入层间 Na^+ 或 Ca^{2+}，因此蒙脱石的阳离子交换量大，板条粒子负电荷高，以蒙脱石为主要矿物的膨润土具有较高的塑性和水溶液悬浮性。实际蒙脱石的结构式可写为 $(M_x \cdot nH_2O)(Al_{2-x}Mg_x)[Si_4O_{10}](OH)_2$，式中，M 代表层间离子 Na^+、Ca^{2+} 等，x 为置换量，约为 0.33。

（3）滑石　叶蜡石中用 3 个 Mg^{2+} 代替 2 个 Al^{3+} 就得到滑石，其分子式和结构式分别为 $3MgO \cdot 4SiO_2 \cdot H_2O$ 和 $Mg_3[Si_4O_{10}](OH)_2$。其结构如图 2-103（c）所示。滑石 $Mg_3[Si_4O_{10}](OH)_2$ 属单斜晶系，由两层相对的硅氧层通过一层镁氢氧中间层连接而组成复网层。滑石与叶蜡石不一样，层间容易解理，即具有良好的片状解理，有滑腻感，塑性、悬浮性差。滑石脱水后变成斜顽火辉石 α-$Mg_2[Si_2O_6]$。

（4）白云母　当叶蜡石中硅氧层中的 Si^{4+} 有 1/4 被 Al^{3+} 置换并以 K^+ 平衡电价时，就形成了白云母，如图 2-103（d）所示。白云母 $KAl_2[AlSi_3O_{10}](OH)_2$ 都具有复网层结构，K^+ 的配位数为 12，位于叠层之间与硅氧层化学结合，因此，白云母实际上没有离子交换能力。白云母的分子式为 $K_2O \cdot 3Al_2O_3 \cdot 6SiO_2 \cdot 2H_2O$。与白云母对应，黑云母是由滑石通过置换转变而来的。两类中的 OH^- 也可被 F^- 置换形成含氟云母，如氟金云母是可切削加工微晶玻璃的主晶相。

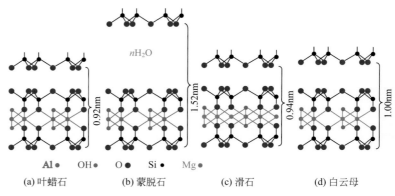

图 2-103　叶蜡石、蒙脱石、滑石和白云母的结构示意

（5）高岭石结构　高岭石 $Al_4[Si_4O_{10}](OH)_8$ 的分子式可写为 $Al_2O_3 \cdot 2SiO_2 \cdot 2H_2O$，它没有复网层，而是一层水铝石加在一层硅氧层上的单网层。其结构属于 1∶1 型层状结构。具有 1∶1 型层状结构的高岭石、埃洛石和叶蛇纹石的结构，如图 2-104 所示。

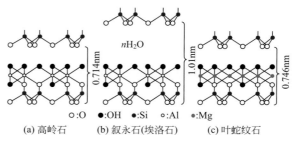

图 2-104　双层矿的结构示意

高岭石结构中，离子取代很少，化学组成较纯净。因在铝氧八面体侧有一层 OH^-，与下层的硅氧网络中的氧形成氢键作为叠层间的结合力，使叠层间水分子不易进入，阳离子交换能力及可塑性均较低。高岭石是黏土的主要矿物之一。

2.3.3.5　架状结构

架状结构中每一个氧都是桥氧，$[SiO_4]^{4-}$ 之间直接有桥氧相连，整个结构就是由 $[SiO_4]^{4-}$ 连接成的三维骨架。石英族晶体即属于架状结构，通式为 SiO_2。当石英结构中有 Al^{3+} 取代 Si^{4+} 时，K^+、Na^+、Ca^{2+}、Ba^{2+} 等离子将引入结构以平衡电价，形成长石族、霞石和沸石等，它们也以架状结构存在。

石英族晶体中的主要晶型和性质列于表 2-32，其中重要的晶型是石英、鳞石英和方石英（白硅石）。这三种形式的硅石都是以硅氧四面体连成骨架，只是四面体的连接方式有些不同，它们各有一定的稳定温度范围：

表 2-32　各种 SiO₂ 晶型的性质

晶型	结晶系	晶格常数 /nm×10⁻¹	温度 /℃	Si—O 间距 /nm×10⁻¹	Si—O—Si 键角/(°)	密度(20℃) /(g/cm³)	折射率 n_D	线性热膨胀系数 $\alpha_{0/1000} \times 10^{-6}/℃^{-1}$
低温石英	三角	$a=4.913$ $c=5.405$	25	1.61	144	2.651	$n_0=1.5533$ $n_E=1.5442$	12.3
高温石英	六角	$a=4.999$ $c=4.457$	575	1.62	147	—	—	—
低温方石英	正方	$a=4.972$ $c=6.921$	20	1.60～1.61	147	2.33	$n_0=1.484$ $n_E=1.487$	10.3
高温方石英	立方	$a=7.12$	300	1.56～1.69	151	—	—	—
低温鳞石英	单斜	$a=18.45$ $b=4.99$ $c=13.83$ $\beta=105°39'$	25	1.51～1.71	约 140	2.27	$n_x=1.470$ $n_z=1.474$	21.0
高温鳞石英	六角	$a=5.06$ $c=8.25$	200	1.53～1.55	180	—	—	—
杰石英	正方	$a=7.16$ $c=8.59$	25	1.57～1.61	149～156	2.50	$n_0=1.522$ $n_E=1.513$	—
柯石英	单斜	$a=7.17$ $b=7.17$ $c=12.18$ $\beta=120°$	25	1.59～1.64	139～143 和 180	2.92	$n_x=1.594$ $n_z=1.599$	—
超石英	正方	$a=4.18$ $c=2.65$	25	1.72～1.87	—	4.35	$n_0=1.799$ $n_E=1.826$	—
硫方石英	立方	$a=13.2$	20	—	—	2.05	1.425	—
纤维状 SiO₂	斜方	$a=4.7$ $b=5.2$ $c=8.4$	20	1.87	—	1.98	—	—
石英玻璃	玻璃状	—	20	约 1.6	约 145	2.20	1.453	0.5

$$石英 \xrightarrow{870℃} 鳞石英 \xrightarrow{1470℃} 方石英 \xrightarrow{1710℃} 熔融$$

这三种硅石形式之间的转变需要改变原有的硅氧四面体骨架，破坏硅-氧-硅键，然后形成新的骨架。硅石的这三种形式都有低温型变体和高温型变体。它们之间的转变温度如下：

$$低温型石英 \xrightarrow{573℃} 高温型石英$$

$$低温型鳞石英 \xrightarrow{120～160℃} 高温型鳞石英$$

$$低温型方石英 \xrightarrow{200～275℃} 高温型方石英$$

石英的三个主要变体：β-石英、β-鳞石英和β-方石英结构上的主要差别是硅氧四面体之间的连接方式不同（见图 2-105）。在β-方石英中，两个共顶的硅氧四面体相连，相当于以共用氧为对称中心。在β-鳞石英中，两

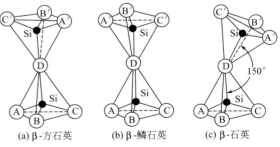

图 2-105　硅氧四面体的结合方式
(a) β-方石英　(b) β-鳞石英　(c) β-石英

个共顶的硅氧四面体之间相当于有一对称面，而在β-石英中，相当于在β-方石英结构基础上 Si—O—Si 键角由 180°转变为 150°。以上三种石英的转变属于重构型转变。

长石是陶瓷和玻璃的重要原料之一。长石有以下几种类型：

钾长石　K[AlSi₃O₈]　　　钠长石　　　Na[AlSi₃O₈]

钙长石　Ca[AlSi₃O₈]　　钡长石　　　Ba[AlSi₃O₈]

钾长石和钠长石容易形成固溶体，称为透长石。钠长石和钙长石也能形成固溶体，称为斜长石。

钾长石结构的基本单元是 4 个四面体（有 1 个［AlO_4］）相互共顶形成一个四联环，其中 2 个四面体的顶尖朝上，另 2 个顶尖朝下，这种四联环的发展形成了曲轴状的链（见图 2-106），链与链之间以桥氧相连，形成三维架状结构。结构中 Al^{3+} 占据 1/4 的四面体中心，而 K^+ 依附于 Al^{3+} 以平衡电价。钠长石与钙长石等具有类似的结构，只是结构的对称性下降，由钾长石的单斜晶系变为斜长石的三斜晶系。

陶瓷材料的晶体结构分析，多年来经常用的方法是 X 射线衍射或中子衍射。近年来，高分辨电子显微镜的应用，使陶瓷的晶体结构及原子排列更加直观形象，一目了然。图 2-107 为 Si_3N_4 的高分辨电子显微镜照片。从照片的衬度可以清晰地显示出 Si_3N_4 的晶体结构。这种高分辨分析特别适用于获取局部小区域的离子或原子排列的信息，是分析晶体结构的最有效的手段。

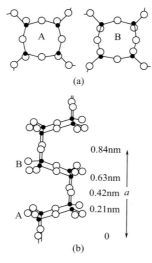

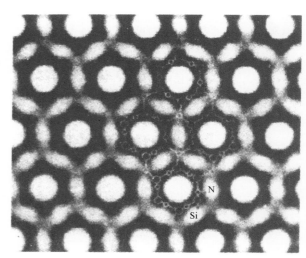

图 2-106　长石类结构中
硅氧四面体的连接方式

图 2-107　Si_3N_4 的高分辨
电子显微镜照片

2.3.4　同质异构现象

同一种化学组成而具有几个不同的晶体结构，这种现象称为同质异构现象。同金属材料一样，陶瓷材料也普遍存在同质异构现象。ZrO_2、Al_2O_3、C、BN、SiC、Si_3N_4、SiO_2、TiO_2、ZnS、$CaTiO_3$、$BaTiO_3$、Al_2SiO_5 等重要陶瓷材料都有同质异构现象。在相变过程中，常常伴随有体积的变化。陶瓷是脆性材料，在熔点 1/2 温度以下，一般没有塑性，往往因为不能协调因相变产生的体积变化而开裂。但是，人们也可以利用相变产生的体膨胀来韧化材料，例如 ZrO_2 的相变：四方 ZrO_2 向单斜 ZrO_2 的转变可以增加韧性。

在一定温度范围内，只有一种晶型是热力学稳定的，晶型转变有一定的临界温度。最稳定的晶型相当于自由能最低的状态。同质异构转变，主要是晶体结构发生改变，这种相变称为结构相变。从动力学过程看，这种相变可分为两类，即位移相变和重建相变。

位移相变过程不需要化学键的破坏和原子的重新组合，只需要原子在原先位置上作微小位移（或键角转动）就可以实现。位移相变需要的能量小，转变速率快。ZrO_2 的高、低温型之间的转变属位移相变。在金属材料中，位移型相变称为马氏体相变。这种相变是非扩散型的，只要通过母相结构的剪切就可以得到新相。例如，钢中的奥氏体（面心立方）向马氏体（四方）的转变。在陶瓷中，立方 $BaTiO_3$ → 四方 $BaTiO_3$ 的转变，四方 ZrO_2 → 单斜 ZrO_2 转变都是马氏体型相变。在 ZrO_2 的显微组织中，存在板条状单斜相，同钢中的板条马氏体相似。

重建型相变需要破坏原子的键合并重新组合，需要较大的激活能来实现原子的迁移和扩散。重建型相变的速率较慢，高温型常常冷却到转变温度以下旧相仍可部分地保持下来，处于亚稳状态。

在陶瓷材料中，重建型相变可以通过下列途径来实现：新相在固态旧相中形核长大，新相与旧相某个晶面共格；对于饱和蒸气压高的材料，可以通过蒸发凝聚而转变成稳定晶型；在有液相时，不稳定晶型可以溶解到液相中，而后析出稳定晶型。

2.4 非晶、准晶和纳米晶

体系自由能最低应当是材料的稳定状态，但是由于各种原因，材料会以高于平衡态时自由能的状态存在，处于一种非平衡的亚稳态。同一化学成分的材料，其亚稳态时的性能不同于平衡态时的性能，亚稳态材料的某些性能会优于其处于平衡态时的性能，甚至出现特殊的性能。因此，对材料亚稳态的研究具有一定理论意义和重要的实用价值。

非平衡的亚稳态能够存在原因可用图 2-108 所表示的自由能变化来解释。图中 a 点是自由能最高的不稳定状态；d 点是自由能最低的位置，此时体系处于稳定状态；b 点位于它们之间的另一低谷，如果要进入到自由能最低的 d 状态，需要越过能峰 c，在没有进一步的驱动力的情况下，体系就可能处于 b 这种亚稳状态，故从热力学上说明了亚稳态是可以存在的。

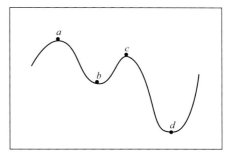

图 2-108　材料自由能随能量状态
变化示意图

材料在平衡条件下只以一种状态存在，而非平衡的亚稳态则可出现多种形式，常见的有以下几种类型：细晶组织；高密度晶体缺陷的存在；形成过饱和固溶体；发生非平衡转变，生成具有与原先不同结构的亚稳新相；非晶态组织。

2.4.1 非晶态材料

由第 1 章可知，在晶体中原子或离子在三维空间进行有规律的周期性排列，而非晶态结构中的原子或离子排列并没有规律性和同期性的特征。

非晶态的结构特征可用短程有序和长程无序来概括。图 2-109 示出了二维晶体、玻璃和气体的原子排列。图 2-109（a）和（b）中的圆点代表原子振动的平衡位置，而图 2-109（c）中的圆点则表示瞬时气体原子位置的状态快照。比较图 2-109（a）与（b）可明显看出，非晶体在结构上与晶体本质的区别是不存在长程有序，没有平移对称性。另一方面，非晶态中原子位置空间分布不是完全无规则的，在图 2-109（b）中可看到一种高度的局域关联性，每个原子有 3 个与其距离几乎相等的最近邻原子，并且键角也几乎相等。由此看来，非晶态与晶体同样具有高度的短程有序。而图 2-109（c）所示的气体原子是一个真正的无规则，根本不存在短程有序。因此，在图 2-109（a）和（b）中，原子围绕它们的平衡位置作振动，而在图 2-109（c）中，原子可以自由地不停地做长距离平移运动。

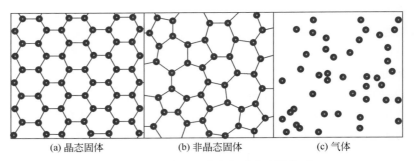

(a) 晶态固体　　　　(b) 非晶态固体　　　　(c) 气体

图 2-109　三种不同状态物质中原子排列

　　非晶态材料的结构特征，还可以通过气体、液体、非晶态固体和晶体这四种状态物质的双体相关函数的对比做进一步说明。图 2-110 所示为气体、液体、非晶态固体和晶体这四种状态物质的双体相关函数 $g(R)$ 及它们相对于某一时刻的原子分布状态。可以看出，晶体的 $g(R)$ 是敏锐的峰，而气体的是平坦的直线；非晶态固体和液体则介于其间，在短程范围内是振荡式的，到长程范围就趋于平坦。如图 2-110 (d′) 所示，晶体的原子都位于晶格的格点上，形成周期性排列的长程有序；气体的原子（或分子）平均自由程很大，如图 2-110 (a′) 所示呈完全无序分布；液体中原子的分布仍处于无序运动状态，平均自由程较短，原子间相互作用强（相对于气体而言），如图 2-110 (b′) 所示；非晶态固体中的原子只能在平衡位置附近作热振动，不像液体中的原子那样可以在较大范围内自由运动，如图 2-110 (c′) 所示。

　　晶体与非晶态物质可以用 X 射线衍射、中子散射或电子衍射的方法来鉴别。图 2-111 分别给出方石英、石英玻璃和石英凝胶的 X 射线衍射图，虽然它们都是 SiO_2，但晶体方石英与非晶态的石英玻璃及石英凝胶的衍射图却大不相同。

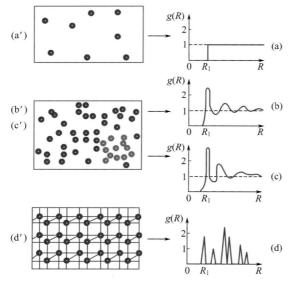

图 2-110　气体、液体、非晶态固体和晶体这四种状态物质的双体相关函数 $g(R)$ 及它们相对于某一时刻的原子分布状态

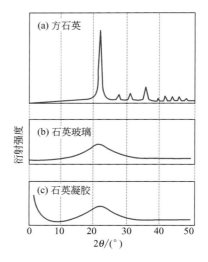

图 2-111　方石英、石英玻璃及石英凝胶的 XRD 图

图 2-111 (a) 中，在特定的角度有尖锐的衍射峰出现。这是晶体的特征。当 X 射线入射晶体时，X 射线波长 λ 与晶面间距 d 及衍射角 θ 之间如果满足 Bragg 条件：

$$\lambda = 2d\sin\theta$$

则在衍射角 θ 方向上产生强烈衍射而得到图 2-111 (a) 所示的尖锐衍射峰，图中每个衍射峰都与满足 Bragg 条件的特定晶面的衍射相对应。但在非晶态中，由于原子混乱排列而无规律性、无周期性，也就没有特定间距的晶面存在，所以在 X 射线衍射图上 [见图 2-111 (b)、(c)] 没有尖锐的衍射峰出现。如果原子是完全无序混乱排列的，X 射线图上不会有峰出现，但实际上，非晶物质中的原子间距分布在一定尺寸的区间，因此，在衍射图上 ($2\theta = 23°$ 附近) 出现宽化平坦的衍射峰，这也是非晶态物质的特征，图 2-111 (c) 的石英凝胶衍射图中低角区出现了高衍射强度，而在图 2-111 (b) 石英玻璃的衍射图中却没有。这是由于与原子排列无关的不均匀结构引起的。即在石英凝胶中，在纳米级有序石英单元的间隙中有空气或水存在而对低角衍射强度有贡献的结果。

当然，也可在透射电子显微镜下直接观察和鉴别晶体与非晶态物质。在衍射成像中，由于非晶态原子排列的无序性，入射电子束几乎不产生衍射，几乎全部透过物质，因此在明场成像时，无论怎样倾转角度，非晶区总是亮的。电子束入射晶体时被分成透射束和衍射束。随着样品的倾转，满足 Bragg 条件的程度在变化，而使衍射束与透射束的强度随之发生互补变化，所以在明场成像时，若倾转晶体样品，明暗衬度会发生明显变化。晶体的电子衍射花样为规则排列的若干斑点，而非晶态的衍射花样只是一个漫散的中心斑点，如图 2-112 所示。

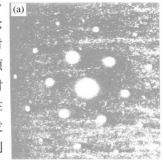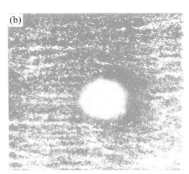

图 2-112　晶体与非晶体的电子衍射结果

2.4.1.1　无机非晶态材料

非晶态材料包括无机、高分子聚合物及无定形材料等，其中无机非晶态（如表 2-33 所示）可分为无机玻璃、凝胶、非晶态半导体、无定形碳及合金玻璃等。这些非晶态物质可分为玻璃与其他非晶态两大类。所谓玻璃，常被定义为"具有玻璃转变点（玻璃化转变温度）的非晶态固体"。依此定义，玻璃与其他非晶态的区别在于有无玻璃化温度。非晶半导体及无定形碳没有玻璃化温度。而无机玻璃及多数合金玻璃都有此转变温度，因此被纳入玻璃的范畴。

表 2-33　非晶态材料的分类

种　类	材　料（例）	化学组成（例）
无机玻璃（氧化物及氟化物）	石英玻璃平板，光学玻璃，氟化物玻璃	SiO_2，$16Na_2O \cdot 12CaO \cdot 72SiO_2$，$53La_2O_3 \cdot 37B_2O_3 \cdot 5ZrO_2 \cdot 5Ta_2O_5$，$NaF\text{-}BoF_2$
凝胶	石英凝胶，氧化硅，氧化铝（吸附剂，催化剂载体）	SiO_2，$SiO_2\text{-}Al_2O_3$
非晶态半导体		
氧族化物玻璃	电视摄像管用光电膜	Se，$As_{40}Se_{30}Te_{30}$
非晶态元素半导体	太阳能电池用非晶态半导体	Si，Ge
无定形碳	玻璃碳，碳膜	C
合金玻璃	软磁性合金，高强度非晶合金	$Fe_{80}P_{13}C_7$，$Co_{70}Fe_5Si_{15}B_{10}$

2.4.1.2　玻璃的结构

在原子结构的尺度上，玻璃的结构像液体一样，是长程无序的。玻璃是凝固下来的过冷液体，在形成玻璃后原子已经失去活动能力，因此玻璃保持了液体的长程无序结构，即在较大距离上不存在原子的周期排列。但是，在 10^{-10} m 的范围内，玻璃和液体存在短程有序。玻璃和液体的短程有序，可以用径向分布函数来表示。

在玻璃中，以任选的一个原子为中心，作一半径 R 的球壳，在球壳上的原子密度就定义为径向分布函数。通常把 $4\pi r^2 \cdot \rho(r)$ 称为径向分布函数，图 2-113 是玻璃态硒的径向分布函数。它是用 X 射线衍射法测定的。由图可见，径向分布函数有明显的起伏。因此在短距离内原子排列是有一定规律的，即近程有序。但是，在较大距离时，径向分布函数连续上升，并达到原子的平均密度。这说明在距离大时，不存在有序结构，显示出长程无序的特点。

为了描写玻璃的结构，曾经提出一些模型：最早门捷列夫认为玻璃是没有固定化学组成的无定形物质，与金属合金类似；泰曼把玻璃看成为过冷液体；索克曼等则提出玻璃基本结构单元是具有一定化学组成的分子聚合体。目前晶子学说和无规网络学说被人们普遍接受。晶子学说认为玻璃是由与该玻璃成分一致的晶态化合物组成的。但这个晶态化合物的尺度远比一般多晶体中的晶粒为小，故称为晶子。这个模型的主要实验根据是玻璃的 X 射线衍射图形（如图 2-111 所示）。在方石英的主峰位置处，石英玻璃也有一条很宽的衍射峰。根据 X 射线衍射理论，衍射线的变宽是晶粒细化的结果，当晶粒尺寸小于 $0.1\mu m$ 时，X 射线变宽就很明显了。由于玻璃的变宽衍射峰正好在方石英的主峰位置，晶子学说认为玻璃中晶子的化学成分和结构与相应的晶体是一致的。换句话说，晶子学说认为玻璃是由无数晶子组成，晶子是带有晶格变形的有序排列小区域。它们分散在无定形介质中，并且从晶子到无定形的过渡是逐步完成的。故晶子不同于一般的微晶。这种学说较好地解释了硅酸盐玻璃在急冷时引起的折射率变化等一系列实验现象。晶子学说解释了玻璃结构的微观不均匀性和近程有序现象。但有许多问题尚未解决。

无规网络学说能满意地解释玻璃各向同性、内部性质的均匀性、成分变化时其性能变化的连续性等现象。这种学说提出：某物质的玻璃态结构与其相应的晶体结构一样，也是由离子多面体（如四面体）构筑起来的空间网络组成。不同点是玻璃体的结构网络中多面体的重复没有规律性，而晶体结构则是多面体无数次有规则重复的结果。图 2-114 为石英晶体网络结构，它是由硅氧四面体结构单元无数次有规则地重复形成的，是长程有序结构；图 2-115

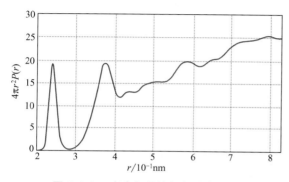

图 2-113　玻璃态硒的径向分布函数

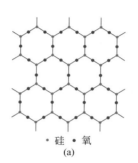

·硅　·氧
(a)

▽硅氧四面体
(b)

图 2-114　石英晶体网络结构

为石英玻璃网络结构，它的基本结构单元也是硅氧四面体，但组成了无规则的网络结构；图 2-116 为钠玻璃网络结构。当在石英玻璃中加入 Na_2O 后，引起 Si—O 网络的破裂，而且随加入量增加，硅氧网络破断情况更加严重，使得完整的三维网络变成了类似高聚物中支化链状结构或部分交联的网状结构。这种结构的变化将对玻璃的一系列性能有重大影响，如黏度和熔点降低等。K_2O、CaO、MgO、PbO 等氧化物加入后也对结构有影响，称这些氧化物为调整剂，通过加入不同种类和数量的调整剂，可达到玻璃改性的目的。

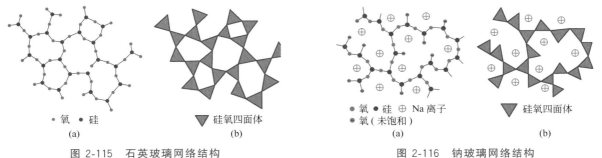

图 2-115　石英玻璃网络结构　　　　　　　图 2-116　钠玻璃网络结构

2.4.1.3　玻璃的生成条件及性质

各种材料的熔融液体在冷却凝固时，可能出现两种情况：结晶形成晶体或形成玻璃态固体（非晶态固体）。在凝固点附近的熔体黏度和冷却条件是能否形成玻璃的最重要条件。

（1）在熔点附近黏度很大的物质，凝固时容易形成玻璃　黏度是表征流体中两流体层相对移动时，内摩擦力大小的性能参数。流体层之间相对运动困难，黏度就大，这种流体的流动性就差，常称其为黏稠液体。黏度单位为 $g \cdot cm^{-1} \cdot s^{-1}$。工程上称 $1g \cdot cm^{-1} \cdot s^{-1}$ 为 1P，$1P = 10^{-1} Pa \cdot s$。一些物质在熔点附近的黏度列于表 2-34，表中左半部物质黏度很小，很难形成玻璃体。右半部物质黏度大，容易形成玻璃体。液体冷却时，若要形成晶体结构，则液态时无规则排列的原子（或离子）必须要实行迁移和调整，先集聚形成小的结晶核心，然后晶核再继续长大。如果熔融液体的黏度很大，原子迁移和调整十分困难，则凝固后就会保留液态的结构，成为玻璃。液态、结晶态、玻璃态的结构致密度不同，液态原子排列无规而松散，故比体积（单位质量的体积）最大。晶体规则排列的结构，使它比体积最小。玻璃态的比体积介于两者之间，且随温度下降，比体积之值与液态保持连续，并逐渐降低。图 2-117 曲线上表示出不同冷却产物的结构特点及相互关系。结晶是在确定的温度下进行的，结晶前后比体积有突变。形成玻璃体时的玻璃化转变温度（T_g）不是一个确定的数值，它随冷却速率不同而略有变化，是一个温度区间。T_g 是重要的特征温度。还应该指出：对具有相似的温度与黏度变化规律的材料，熔点（或液相线）温度比较低的材料，冷却时更容易形成玻璃体。

表 2-34　一些物质在熔点附近的黏度

液　体	熔点/℃	黏度/Pa·s	液　体	熔点/℃	黏度/Pa·s
水	0	0.002	As_2O_3	309	10^5
LiCl	613	0.002	B_2O_3	450	10^4
$CdBr_2$	567	0.003	GeO_2	1115	10^6
Na	98	0.001	SiO_2	1710	10^6
Zn	420	0.003	BeF_2	540	$>10^5$
Fe	1535	0.007			

黏度虽然是形成玻璃的重要条件，但它只反映物质内部结构的宏观属性，黏度与键及结构有关。离子键结合的物质，由于熔融态时以单独的离子存在，实现迁移非常容易，故流动性很好，黏度很低，难以形

成玻璃体。金属键结合的物质，熔融态以正离子状态存在，黏度最小，组成晶体结构更容易。一般地说，只有极性共价键的化合物，在熔融状态下具有较复杂的链状或层状结构的化合物，黏度大，容易生成玻璃体。一定的化学组成是形成玻璃的条件之一。

（2）冷却条件是能否形成玻璃的外部因素　熔融液体的冷却速率，对于玻璃体的形成有着重要的影响。当冷却速率很大时，温度急剧下降，与温度成指数关系的黏度陡然上升，原子扩散迁移受到抑制，来不及形成晶体核心，液态的非晶体结构可能保留下来，形成玻璃态固体。加热至 1710℃ 的 SiO_2（石英）熔融液体，如果缓慢冷却，则生成石英晶体。如果将上述石英熔体急冷，则形成石英玻璃。随着冷却速率的增大，玻璃化转变温度 T_g 也升高。图 2-117 中不同冷速下生成玻璃时 T_g 是不同的，生成玻璃的比体积也不同。

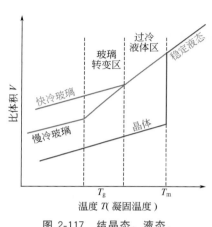

图 2-117　结晶态、液态、玻璃态之间关系

近代研究表明，充分挖掘传热机制（辐射、对流、热传导）的潜在导热能力，特别是热传导导热机制的导热潜力，可以获得 $10^5 \sim 10^{11} K/s$ 的极高冷速（将铁水直接喷入水中冷速只有 $10^3 \sim 10^4 K/s$）。这样高的冷却速率能使形成玻璃体很困难的材料获得非晶态结构。目前国内外利用这种"液态急冷技术"已可进行工业规模的 Fe-Ni 非晶磁性材料的生产。这种合金也称为金属玻璃。

2.4.1.4　无机玻璃

表 2-35 为几种常见玻璃的化学组成。除 SiO_2 可作为网络形成体外，B_2O_3 是构成硼酸盐玻璃骨架的基础，也是陶瓷釉料中主要组成。P_2O_5、P_2O_3、As_2O_3、Sb_2O_3、V_2O_5、Nb_2O_5、Ta_2O_5 等氧化物都可单独制成玻璃。

各种组成的非晶态材料具有许多优异的物理、化学性能，已成为近代材料科学研究中十分活跃的领域，它的意义远远超出了传统玻璃的范畴。玻璃体的以下性能特点，对陶瓷的生产和产品的质量有重要影响。

玻璃体黏度对陶瓷材料的烧成工艺及高温性能影响特别大。玻璃黏度随温度上升而急剧下降，呈指数关系。在玻璃中加入调整剂（如 Na_2O、PbO 等金属氧化物），可使 SiO_2 网络破断，黏度显著降低。而加入 Al_2O_3 又可将破断网络"缝合"，使黏度回升。

玻璃的热膨胀系数在陶瓷生产中有重要意义。釉料（玻璃）和坯件之间、主晶相和玻璃相之间由于两者热膨胀的不同，会在结合处形成很大的热应力。石英玻璃的热膨胀系数是很小的，其数值为 $0.5 \times 10^{-6}/℃$，加入金属氧化物调整剂后，网络破断，原子振动的不对称程度增大，导致热膨胀系数剧增。

表 2-35　几种常见玻璃的化学组成

玻璃名称	SiO_2	Na_2O	K_2O	CaO	MgO	PbO	B_2O_3	Al_2O_3
石英玻璃	99.5							
平板玻璃	71~73	12~14		10~12	1~4			
铅玻璃	63	7.6	6	0.3	0.2	21	0.2	0.6
高铅玻璃	35		7.2			58		
低膨胀系数硼玻璃	80.5	3.8	0.4				12.9	2.2
铝硅酸盐玻璃	57	1.0		5.5	12		4	20.5

玻璃的热导率比相同成分的晶态固体小，随着温度的升高，热导率略有上升（晶体热导率随温度升高而下降）。

玻璃的化学稳定性与玻璃的化学组成、温度及腐蚀时间有关。氢氟酸和玻璃作用可生成 SiF_4。酸可通过 H^+ 将玻璃网络中碱金属离子（Na^+、K^+）置换而造成腐蚀。可以使网络强化的碱土金属离子（Mg^{2+}、Ca^{2+}）提高抗腐蚀能力。一般玻璃中含有一定数量的 MgO、CaO 就起这个作用。碱（OH^-）会导致玻璃网络中氧桥的断裂而造成腐蚀，而 Al_2O_3 及 B_2O_3 可将断裂的网络"缝合"，故 SiO_2-Al_2O_3-B_2O_3 玻璃的化学稳定性最好。玻璃力学性能的最大特点是脆性极大。

从以上介绍不难看出，玻璃的形成、结构及性质均与玻璃化学组成有极密切关系，表 2-36 列举了玻璃中主要氧化物的作用。

表 2-36　玻璃中主要氧化物的作用

氧化物	在玻璃中含量	对玻璃各种性质的影响	
		减　低	增　高
SiO_2	铝玻璃含 52% 以上	密度	熔融温度、退火温度、耐热性、化学稳定性强度
B_2O_3	硼硅玻璃含 16%，耐热玻璃含 23.5%	熔融温度、韧性、析晶倾向	化学稳定性、耐热性、折射率
K_2O、Na_2O	工业玻璃含 13%~16.5%，超过此含量化学稳定性恶化	化学稳定性、耐热性、熔融温度、退火温度、析晶倾向、韧性	热膨胀系数
CaO	允许含 13%，过多则易析晶	耐热性	化学稳定性、退火温度、强度、硬度、析晶倾向
MgO	一般玻璃含量<5.5%，特殊耐热玻璃可达 9%	（含量<2.5%时）析晶倾向、韧性	耐热性、化学稳定性、退火温度、机械强度
PbO	铅玻璃可含 33% 晶质，光学玻璃可达 60%	熔融温度、光学稳定性	密度、光泽、折射率、抗照射性
Al_2O_3	普通玻璃达 15%，超过此含量成型困难	（含量在 2%~5%时）析晶倾向	熔融温度、韧性、化学稳定性
BaO	一般<15%~20%	熔融温度、化学稳定性	软化温度、密度、光泽、折射率、析晶倾向
ZnO	普通玻璃含量 2%~4%，锌玻璃可达 10%	热膨胀系数	耐热性、化学稳定性、熔融温度

（1）结构玻璃　实际应用玻璃种类很多。表 2-37 列出了主要的结构玻璃和功能玻璃。能实际应用的唯一的单纯氧化物玻璃是石英玻璃（SiO_2）。由于它耐蚀、耐热、膨胀系数小，因而应用广泛。但由于纯 SiO_2 的熔点高达 1730℃，用熔融法制作困难，因此纯石英玻璃价格较高。

以 SiO_2 为主要成分的玻璃统称为硅酸盐玻璃。在 SiO_2 中加入 Na_2O、CaO 等网络修饰体（即调整剂）使熔点下降，使其容易熔化及成型，易于熔化与成型是工业玻璃生产的必要条件。容器玻璃及平板玻璃等实用玻璃的大部分都是以 SiO_2-Na_2O-CaO 为主要成分的硅酸盐玻璃。另外，Al_2O_3 含量多的玻璃称为铝硅酸盐玻璃，这种玻璃的软化点高，故作为高温玻璃应用。

含有 B_2O_3 的代表性硼硅酸盐玻璃为耐热玻璃，它属于 SiO_2-Na_2O-B_2O_3 系玻璃，其中 Na_2O 为 4.4%，B_2O_3 为 12%。另外，还有含 Al_2O_3 及 CaO 的玻璃。以此为基础并添加其他成分制作各种化学

表 2-37 主要的结构玻璃和功能玻璃

玻璃名称	代 表 成 分	用　　途
结构玻璃	SiO$_2$(单纯氧化物)	石英玻璃、光纤玻璃
	SiO$_2$-NaO$_2$-CaO(硅酸盐玻璃)	平板玻璃、容器用玻璃
	SiO$_2$-Al$_2$O$_3$(铝硅酸盐玻璃)	高压水银灯玻璃、物理化学用燃烧管
	SiO$_2$-NaO$_2$-B$_2$O$_3$(硼硅酸盐玻璃)	耐热玻璃
	SiO$_2$-NaO$_2$-B$_2$O$_3$(硼硅酸盐玻璃)	多孔石英玻璃及耐热玻璃的原料
	B$_2$O$_3$-PbO,B$_2$O$_3$-ZnO-PbO(硼酸盐玻璃)	焊接用玻璃
	SiO$_2$-NaO$_2$-ZrO$_2$-Al$_2$O$_3$	水泥强化用玻璃纤维
	SiO$_3$N$_4$-SiO$_2$-Al$_2$O$_3$(氮氧玻璃)	
光纤玻璃	SiO$_2$＋SiO$_2$-B$_2$O$_3$,SiO$_2$-GeO$_2$	光通讯用纤维
光色玻璃	SiO$_2$-Na$_2$O-Al$_2$O$_3$-B$_2$O$_3$＋卤化银结晶	眼镜用镜片
玻璃激光器	SiO$_2$-BaO-K$_2$O-Nd$_2$O$_3$	激光核融钢铁材料
导电玻璃	AgI-Ag$_2$O-P$_2$O$_5$	
高强度玻璃	SiO$_2$-MgO-Al$_2$O$_3$	调频绝缘体、IC 基板
低热膨胀玻璃	SiO$_2$-Li$_2$O-Al$_2$O$_3$ SiO$_2$-TiO$_2$	家庭用品热交换器大型反射镜

用硬质玻璃，这些硬质玻璃具有优良的耐化学腐蚀性和耐热性。在 SiO$_2$ 中加 20%（质量）B$_2$O$_3$ 和 5%（质量）Na$_2$O 所制成的玻璃可作为多孔玻璃和耐热玻璃的原料。将这种玻璃成型后再于 500～600℃加热时，使分离成富 SiO$_2$ 相及富 Na$_2$B$_3$O$_{13}$ 相双相组织。再将其放入酸中加热浸渍，把富 Na$_2$B$_3$O$_{13}$ 相浸出，便可得到由富 SiO$_2$ 相形成的多孔玻璃。再将这种多孔玻璃于 900～1000℃加热进行致密化处理，则形成透明的耐热玻璃。这种玻璃含 B$_2$O$_3$、Na$_2$O、Al$_2$O$_3$ 的量虽少，但熔化成型要比纯 SiO$_2$ 玻璃容易得多，因而用途特别广泛。含有 B$_2$O$_3$-PbO 及 B$_2$O$_3$-ZnO-PbO 的硼酸盐玻璃，软化温度低，因而用来作为玻璃与玻璃或玻璃与金属之间连接用的连接玻璃。

强化水泥的玻璃纤维需要有耐碱性。为适应此目的而开发出含 ZrO$_2$ 耐碱玻璃。耐碱玻璃 G20 中，除含有约 11% 的 Na$_2$O 和约 16% 的 ZrO$_2$ 外，还含有少量的 Al$_2$O$_3$ 及 Li$_2$O。此成分系列玻璃的耐碱性随 ZrO$_2$ 含量的增多而提高。

含氮的氮氧玻璃具有优良的硬度、弹性模量、断裂韧性等力学性能，因而作为一类新型玻璃对其进行了大量的研究。对这种玻璃的研究是伴随着被称为 Si-Al-O-N 的 Si$_3$N$_4$-Al$_2$O$_3$ 系陶瓷的开发面逐渐活跃起来的。氮氧玻璃可以根据要求设计成不同的成分和微观组织结构。例如以弹性模量受成分的影响为例，Y-Al-Si-O-N 系的弹性模量可达 186GPa，但不含 N 的 Y-Al-Si-O 系的弹性模量只有 110GPa。研究结果已表明，N 的加入对提高弹性模量有显著效果。

（2）功能玻璃　玻璃不但具有一定的力学性能，而且也出现多种功能特性。如平板玻璃绝大多数情况下都是作为透光透明结构材料使用的。但一般的窗用玻璃只有几毫米厚，质量最好的光学玻璃，10m 厚时的透光率也只有 25%，100m 厚时的透光率为 10^{-4}%。因此开发了光损失小的高纯度石英玻璃纤维制作技术。以此为契机，又开发了光损失在 1dB/km 以下的光导纤维，应用于光纤通信。最近又制造光损失比石英玻璃还小的氧化物玻璃，将声音信号转换成光信号，通过这种光纤传输，比用电信号传输效率显著提高。

光学功能玻璃的另一种是用作眼镜片的变色玻璃。这种玻璃当有光照射时便着色，没有光照时便恢复透明，这种现象称为光致变色现象。将卤化银粒子分散在铝硼酸盐玻璃中便可获得优良的光色特性。

含有荧光物质 Nd^{3+} 的玻璃激光器，由于其成型简易，输出功率大等优点，因而作为激光核融材料开发研究进展很快。为使玻璃激光器的输出功率提高，目前正对硅酸盐系及硼酸盐系等多种玻璃的组成与结构进行进一步深入研究。

玻璃一般都是绝缘体，但发现 $AgI-Ag_2O-P_2O_5$、$AgI-Ag_2O-MgO$ 等系玻璃在室温有 $10^{-2}\Omega^{-1} \cdot cm^{-1}$ 的高电导率，而通常的氧化物玻璃在室温的电导率只有 $10^{-5}\Omega^{-1} \cdot cm^{-1}$ 的水平。研究已表明，这些高电导率玻璃的非晶态要比结晶态导电性好。

将含有 TiO_2、SnO_2、ZrO_2 等添加剂的 $SiO_2-MgO-Al_2O_3$ 系玻璃熔化后热处理，得到主晶相为堇青石（$2MgO \cdot 2Al_2O_3 \cdot 5SiO_2$）的结晶化玻璃。这种玻璃由于耐热性好，在高频区域电绝缘性好，因而被用作各种绝缘体，IC 基板器件。

多数玻璃的热膨胀系数在 $10^{-7} \sim 10^{-6}$℃$^{-1}$ 的范围内。热膨胀系数小的玻璃，耐热冲击性及尺寸稳定性好，常被用来制作精密光学仪器部件。$SiO_2-Li_2O-Al_2O_3$ 系玻璃为低膨胀微晶玻璃。以 β-石英为主晶相的玻璃及 β-锂辉石的热膨胀系数分别为 $(-3 \sim 0) \times 10^{-7}$℃$^{-1}$ 和 $(7 \sim 13) \times 10^{-7}$℃$^{-1}$。$SiO_2-TiO_2$ 系玻璃则为近零膨胀玻璃。

（3）玻璃陶瓷　玻璃陶瓷（微晶玻璃）是 20 世纪 60 年代发展起来的材料，由玻璃相基体和大量（95%~98%体积）弥散的微小晶体（通常小于 1μm）组成。一般玻璃不希望含有晶体，如果玻璃结晶就会不透明，并使机械强度显著降低。但是，通过控制玻璃的结晶而生产的微晶玻璃的强度比普通玻璃高好几倍。微晶玻璃的特点是结构致密，基本上无气孔，晶体细小而分布均匀。微晶玻璃既是玻璃又是陶瓷，故也称玻璃陶瓷。

微晶玻璃的制造是采用普通玻璃的工艺熔制和成型后，再经过两个阶段的热处理。首先在有利于成核的温度下，产生大量的晶核，然后再缓慢加热到有利于结晶长大的温度下保温，使晶核适当长大，最后冷却。为了促进微晶的成核，在配料中常常加入一些成核剂。

玻璃陶瓷同一般陶瓷比较，生产工艺简单，易于大量生产，性能可以在广泛范围内进行调节。因此，玻璃陶瓷已在许多领域得到应用。例如，$Li_2O-Al_2O_3-SiO_2$ 系玻璃陶瓷，膨胀系数近于零，强度高，耐磨耐蚀，用作望远镜、滚珠轴承、耐蚀管道等。$MgO-Al_2O_3-SiO_2$ 系玻璃陶瓷，具有良好的电特性、强度高，可用于微波天线和微波外壳、电子管外壳、飞机和火箭的前锥体、印刷线路板等。

2.4.1.5　金属玻璃

金属玻璃是非晶态金属，它的主要成分是金属元素，但结构与玻璃类似，不是原子规则排列的晶体，而是无规则排列的玻璃态，不过金属玻璃不像普通玻璃那样脆，也不透明。金属玻璃在外观上和普通金属没有任何区别，具有金属光泽，甚至也可以弯曲。由于金属玻璃具有一些不同于晶态合金的力学、物理、化学性能，自 20 世纪 60 年代出现之后，就引起人们的重视。1960 年美国杜威兹（Duwez）在研究 Au-Si 二元相图时，将液体合金喷射到冷金属板上，从这种急冷的过程中偶然得到了非晶态合金。到 20 世纪 60 年代末，就已出现了轧辊液淬技术，生产出非晶态带材。

为了获得非晶态，最重要的是要有足够快的冷却速率，并冷到材料的再结晶温度以下，以抑制熔体的晶核的形成、长大。金属非晶态材料的制备方法可归纳为以下三类。

① 由气相直接凝聚成非晶态固体，例如，真空蒸发、溅射、化学气相沉积等。

② 由液态通过快速淬火获得非晶态固体，例如离心法、轧辊法等，冷却速率可达 10^6℃/s。单辊法可

获得宽 100mm 以上，长度 100m 以上的薄带。图 2-118 是液体淬火法的示意图。

③ 由结晶材料通过辐照、离子注入、冲击波等方法也可制得非晶态材料。但这种方法只能得到表面上一薄层非晶态材料。

在迄今已发现的几百种非晶态合金中，可分为三大系：过渡金属-类金属系；前过渡金属-后过渡金属系；第ⅡA族金属的二元或多元合金。后过渡金属指周期表中的第ⅦB族、Ⅷ族，也指ⅠB贵金属；前过渡金属指第ⅣB族和ⅥB族金属，类金属指 B、Si、P、C、N 等元素。非晶态合金的成分都在其共晶成分附近。

图 2-119 是典型的二元共晶相图，E 是共晶点。液体在连续冷却过程中会过冷，凝固过程在低于液相线的温度下进行，这相当于液相线降低。冷却速率越大，过冷度越大，液相线降低得越多。当冷却速率极大时，液体在温度 T_g 凝固，此时液相线与 T_g 交于 C、D。相应于 C、D 的 P、Q 之间的成分，在这种激冷下不生成其他相，而是形成非晶态。

但是，共晶成分并不是形成非晶态合金的必要条件。一些不处于非共晶成分的二元系，例如，Co-Zr、Au-Pb 等，也可以形成非晶态合金。对于非晶态合金的形成条件，至今还不是很清楚。

金属玻璃的综合机械性能比普通金属好得多，不但强度高，韧性也好。例如 $Fe_{80}B_{20}$ 和 $Fe_{46}Cr_{16}Mo_{20}C_{18}$ 非晶态合金的拉伸强度分别达到 3400N/mm^2 和 3900N/mm^2，而强度最高的普通高强度钢在 2000N/mm^2 左右。普通高强度钢的韧性较差，而金属玻璃的韧性则较好。$Ni_{75}Si_8B_{17}$ 非晶态合金的断裂韧性 K_{Ic} 达 1500，而普通马氏体高强度钢为 300～500 左右。金属玻璃已作为增强纤维用来制作轮胎、传送带、高压容器和高压管道，用金属玻璃制成的安全刀片已投放市场。

金属玻璃由于是无序结构，没有晶粒，因而不存在磁晶各向异性，并且没有位错、晶界等结构缺陷，故磁导率、饱和磁感应强度高，而矫顽力、损耗小，具有优异的软磁特性。作为变压器材料，铁基金属玻璃在磁导率、激磁电流和铁损方面，都比目前广泛应用的硅钢片好。特别是铁损小，对于连续工作的配电变压器，降低能耗很有意义。钴基非晶态合金的初始磁导率高、电阻率高，且磁致伸缩接近于零，是理想的磁头材料。现已用非晶态合金磁头装备立体声组合音响，以改善高频响应和清晰度。

金属玻璃还具有优异的耐腐蚀性能。因为它的显微组织均匀，没有位错、

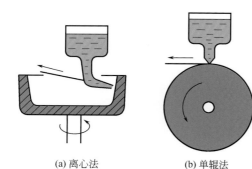

(a) 离心法　　　(b) 单辊法　　　(c) 双辊法

图 2-118　液体淬火法获取非晶体示意

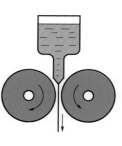

图 2-119　典型二元共晶相图

晶界等缺陷。同时，非晶态合金的活性高，能迅速形成表面钝化膜，并能自动修复。例如，$Fe_{70}Cr_{10}P_{13}C_7$ 在盐酸溶液中完全不被腐蚀，而不锈钢则有明显的腐蚀。非晶态合金已被用来制造耐腐蚀管道、电池电极、海底电缆屏蔽、磁分离介质等。

在非晶态材料中，除了金属玻璃外，还有非晶态半导体。非晶态固体像晶态固体一样，也有绝缘体、半导体、导体和超导体。半晶态半导体的研究，从 20 世纪 50 年代始，在 20 世纪 60 年代末取得突破。目前研究得最多的非晶态半导体有两大类：一类是元素周期表上 IVA 族元素的半导体，特别是非晶态硅；另一类是硫属非晶态半导体，其主要成分是硫、硒、碲等，包括二元系（例如 As_3Se_2）和多元系。非晶态半导体已制成各种微电子器件，许多已商品化。

2.4.2 准晶的结构

德国科学家在 1850 年就总结出晶体的平移周期性，即晶体中原子的三维周期排列方式可以概括为 14 种空间点阵。受这种平移对称约束，晶体的旋转对称只能有 1、2、3、4、6 五种旋转轴。这种限制就像生活中不能用正五角形拼块铺满地面一样，晶体中原子排列是不允许出现 5 次或 6 次以上的旋转对称性的。

1984 年，中国、美国、法国和以色列等国家的学者几乎同时在淬冷合金中发现存在 5 次对称轴，确证这些合金相是具有长程定向有序，而没有周期平移有序的一种封闭的正二十面体相，并称之为准晶体。科学家们是在 AlMn 合金的透射电子显微镜的研究中首次发现了 5 次对称轴，其颗粒的点群为 m35。在其结构中，配位多面体是定向长程有序的，但没有平移周期，即不具有格子构造（参看图 2-120）。这类物质以后被陆续发现，受到很多学者的重视。它们被认为是介于非晶态和结晶态之间的一种新物态——准晶态。5 次对称轴在晶体中虽然不能出现，但"草木花多五出"说明其在生物界却颇常见。有人认为具有 5 次对称轴的准晶的发现，为非生物和生物结构的研究搭起了一座桥梁。

在 5 次对称轴的准晶以后又陆续发现了具有 8 次、10 次、12 次对称的准晶结构。5 次对称性和准晶的发现对传统晶体学产生了强烈的冲击，它为物质微观结构的研究增添了新的内容，为新材料的发展开拓了新的领域。

准晶结构虽有待最终揭示，但通过 $Al_{12}Mn$ 准晶已有二十面体配位结构单元被提出。图 2-121 为由 12 个 Al 原子围绕 Mn 原子形成的 $Al_{12}Mn$ 二十面体配位，二十面体边长 $a_0=0.3nm$，Mn—Al 间距 $d=0.28nm$。这种二十面体单元，以适当方式相互联结，构成准晶结构。

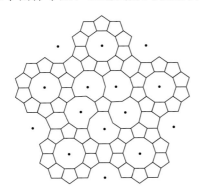

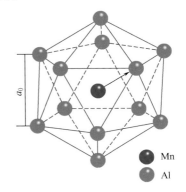

图 2-120 具有 5 次对称轴定向长程有序但无重复周期的图形　　图 2-121 $Al_{12}Mn$ 二十面体配位结构

如前所述，高次轴多于一个的对称轴的组合，相当于正多面体中对称轴的组合。正多面体如表 2-38 所列，共有四面体、八面体、立方体、正五角十二面体和正三角二十面体共 5 种。设二者因为具有与格子构造不相容的 5 次对称轴，因此，在以往的结晶学中被排除。准晶的发现，使二十面体的探讨又被提出。

表 2-38　正多边形可能围成的正多面体及其对称轴的组合

正多边形形状		正三角形 △			正四边形 □	正五边形 ⬠
正多面体形状		四面体	八面体	正三角二十面体	立方体	正五角十二面体
正多面体面棱角数	面	4	8	20	6	12
	棱	6	12	30	12	30
	角	4	6	12	8	20
对称轴		$3L^2 4L^3$	$3L^4 4L^3 6L^2$	$6L^5 10L^3 15L^2$	$3L^4 4L^3 6L^2$	$6L^5 10L^3 15L^2$

　　就配位数为 12 而言，二十面体在能量上应是一种合适的配位形式。图 2-122 中绘出了 3 种 12 次配位的三种配位形式。图中 2-122（a）的配位见于立方最紧堆积晶体结构中。在这种结构中，所有的配位原子都是等效的，但每个配位原子周围的原子不是均等分布的，从图中可以明显地看出每个配位原子与周围配位原子连线的交角中，两个对顶角为 90°，另两个对顶角为 60°，角度分布为 90°、60°、90°、60°。图 2-122（b）的配位见于六方最紧密堆积晶体结构中。在这种结构中配位原子不是等效的，它们分为两类，一类其周围原子的分布与图 2-122（a）中相同，另一类每个原子与周围原子的连线交角顺序为 90°、90°、60°、60°。这两类原子周围原子都不是均等分布的。图 2-122（c）的二十面体配位中，配位原子全部等效，而且每个原子周围的五个原子均等分布，连线交角都是 60°，能量分布均匀，配位原子之间的斥力能达到平衡，应是最为稳定的。因此，对单个原子孤立的十二次配位来说，二十面体配位是一种最理想的形式。只是由于几何原因，它不能联结成空间格子构造，在晶体中，规则的二十面体配位不能存在。但对大小相近的离子在其形成独立配位体时，是有形成二十面体配位的倾向的。这一客观规律是物质组成过程中，特别是由无序混沌状态开始向规律组织发展的初期应起重要作用，在准晶、生物界这一规律得到了很好的发挥。

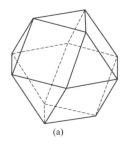
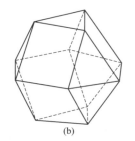
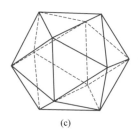

（a）　　　　　　　　（b）　　　　　　　　（c）

图 2-122　配位数为 12 的配位多面体

至于具有五次轴的正五角十二面体配位，则只有几何意义，因为此时中心离子与配位离子半径之比，反过来为 1/1.801＝0.555，更倾向于形成八面体配位。

中国科学院金属研究郭可信教授于 1988 年首次生长出数十微米大小的 AlCuCo 十边棱柱准晶的基础上，添加少量硅又长出长数毫米、直径约半毫米的十边柱状准晶（见图 2-123）。这是国际上首先长出的毫米级十边准晶。毫米级 10 次对称准晶的产生为准晶晶体结构测定与物性测量创造了条件。他们与德国合作，首次用 X 射线衍射法测定了复杂的准晶体结构特征，并首次测量了 10 次对称准晶的电导、热电势、霍尔效应等传导性能，做出国际水平工作。

目前只有在合金系统中才能够发现具有无长程平移对称性和没有单一晶体单胞特征的准晶，它们的特殊结构使其硬度高、耐腐蚀，可应用于工程材料。每一种准晶都有相应的非寻常电子衍射花样，例如图 2-124 所示即为某一铝合金准晶的电子衍射图。通常描述准晶结构是借助图 2-125 所示的 Penrose 瓷砖模型，它是由宽、窄两种菱形按照一定的匹配规则构成，Widom 等人在此方面做了大量的研究工作，图 2-126 是他们运用蒙特卡洛方法模拟的具有 10 次旋转对称的 AlCoCu 准晶合金的典型原子配置。

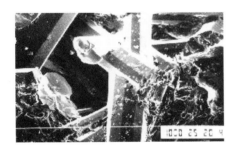

图 2-123　AlCuCo 10 次对称棱柱状准晶

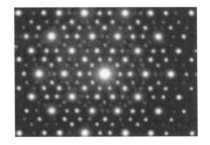

图 2-124　铝合金准晶的电子衍射图

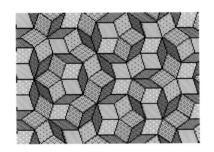

图 2-125　Penrose 瓷砖模型

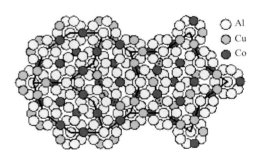

图 2-126　AlCoCu 准晶合金的典型原子配置

日本的研究人员首次透过电子显微镜观察到准晶特有的原子运动模式，为"准晶为什么可以存在"这个问题提供了解答的方向。"单胞"是晶体结构最小的重复单位，虽然局部来看，准晶的结构也有一定的规则与某些规律，但是准晶却不存在这种可以填满整个空间的最小单位，如前所列举的 Penrose 瓷砖，它以两种菱形瓷砖为基础，通过一些复杂的组合填满整个空间。准晶有一种特殊的原子运动模式称为 phason，由 Penrose 瓷砖的例子我们知道，准晶至少是由几种基本结构的组合以填满整个原子空间。由于这个特性，准晶内的原子振动可使得这几种基本结构之间来回变换而不会破坏准晶的整体构造（假设准晶是由两种四边形的组合形成的平面结构，如果构成准晶的某种原子在 A 位置与附近的原子一起形成一种四边形对称，在 B 位置则一起形成另一种四边形对称，原子在 A、B 之间振荡的话就会让这附近的晶格在两种四边形结构之间来回变化）。东京大学枝川圭一的研究小组成功的通过电子显微镜捕捉到这个特殊的振动。以往的实验只能看到 phason 运动的静态影像，枝川的小组则将铝、铜、钴的合金加热到 1123K 后，利用高分辨率穿透式电子显微镜（HRTEM）录制 phason 的振动影像。

1998 年美国普林斯顿大学 P. J. Steinhardt 等在国际著名杂志 NATURE 上报道了一种新准晶结构范例。图 2-127 即为准晶 $Al_{72}Ni_{20}Co_8$ 经水淬后运用高角环形暗场技术拍摄的完美十边形重叠晶格图,其单胞如图 2-128 所示,红色大球代表 Ni,绿色大球代表 Co,而小球代表 Al。在该图中,沿着 c 轴有明显的两种原子层,其中,实心球代表 $c=0$ 层,空心球代表 $c=1/2$ 层。

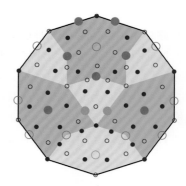

图 2-127　准晶 $Al_{72}Ni_{20}Co_8$ 的十边形重叠晶格　　图 2-128　准晶 $Al_{72}Ni_{20}Co_8$ 的单胞

2.4.3　纳米晶的结构

自 20 世纪 80 年代以来,随着材料制备新技术的发展,人们开始研制出晶粒尺寸为纳米级的材料,并发现这类材料不仅强度更高(但不符合 Hall-Petch 公式),其结构和各种性能都具有特殊性,引起了科学界和企业界的极大关注。一些国家政府高度重视纳米材料,先后将其列入美国的"星球大战"、欧洲的"尤里卡"及日本的"高技术探索研究"等高技术研究计划。我国也及时地编制"863"计划,对其进行跟踪和研究开发,国家火炬计划重点支持研究成果向生产力的转化,使纳米材料的研究开发取得了可喜的进展。

纳米材料是指晶粒尺寸小于 100nm 的物质。一些科学家认为,纳米材料不同于晶态与非晶态,是物质的第三态固体材料,其种类很多,可分为金属、陶瓷、有机与无机、复合纳米材料等。

纳米结构材料是由(至少在一个方向上)尺寸为几个纳米的结构单元(主要是晶体)所构成。图 2-129 表示纳米晶材料的二维硬球模型,不同取向的纳米尺度小晶粒由晶界联结在一起,由于晶粒极微小,晶界所占的比例就相应地增大。若晶粒尺寸为 5~10nm,按三维空间计算,晶界将占到 50% 体积,即有约 50% 原子位于排列不规则的晶界处,其原子密度及配位数远远偏离了完整晶体结构。因此纳米晶材料是一种非平衡态的结构,其中存在大量的晶体缺陷。此外,如果材料中存在杂质原子或溶质原子,则因这些原子的偏聚作用,使晶界区域的化学成分也不同于晶内成分。

纳米材料也可由非晶物质组成,例如,半晶态高分子聚合物是由厚度为纳米级的晶态层和非晶态层相间地构成的(见图 2-130),故是二维层状纳米结构材料。又如纳米玻璃的组成相均为非晶态,它是由纳米尺度的玻璃珠和界面层所组成,如图 2-131 所示。由不同化学成分所组成的纳米晶材料,通常称为纳米复合材料。图 2-132 表示 Ag-Fe 纳米复合材料的构造,从 Ag-Fe

二元相图可知，Ag 和 Fe 在液态和固态均不互溶，但在 Ag-Fe 纳米结构中却出现一定的固溶度，形成 Fe 原子在 Ag 中的固溶体和 Ag 原子在 Fe 中的固溶体，溶质原子多数分布在界面地区及界面附近。除了所举的 Ag-Fe 系例子之外，其他互不固溶的体系构成的纳米复合材料中也出现类似的情况。这种亚稳态的纳米晶固溶体可在高能球磨等制备纳米晶的过程中形成，称为机械化学反应。另一类纳米复合材料是由化学成分不相同的超细晶和非晶组成的，其粒子是纳米级的金属或半导体微粒（如 Ag、CdS 或 CdSe）

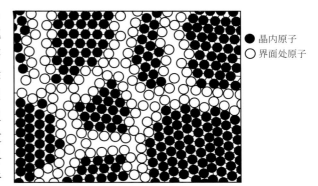

● 晶内原子
○ 界面处原子

图 2-129　纳米晶材料的二维硬球模型

嵌在非晶的介电质基体中（如 SiO_2），构成如图 2-133 的结构。第三类纳米复合材料是由掺杂的晶界所组成，如果掺杂原子甚少，不足以构成一原子层，则它们将占据界面区的低能位置上，如图 2-134（a）中的 Bi 原子在纳米晶 Cu 的晶界中，每 3 个 Cu 原子包围一个 Bi 原子。如果掺杂原子的浓度较高，它们组成掺杂层位于界面区域，如图 2-134（b）为纳米尺寸的 W 微细晶粒被 Ga 原子层所隔开。显然，晶界掺杂层原子排列是不规则的，形成这类晶界的原因可能与应力诱导下溶质原子在晶界地区再分布有关，这样的再分布使晶界附近应力场储存能下降。掺杂晶界的形成可阻碍晶粒长大，有利于纳米晶的稳定性。

　　纳米材料由于结构上和化学上偏离正常多晶结构，所表现的各种性能也明显不同于通常的多晶体材料。纳米材料的特殊结构，使之产生四大效应，即小尺寸效应、量子效应（含宏观量子隧道效应）、表面效应和界面效应，从而具有传统材料所不具备的物理、化学和力学性能。如 TiO_2 纳米材料具有奇特韧性，在 180℃经受弯曲不断裂；CaF_2 纳米材料在 80～180℃温度下，塑性提高 100%。

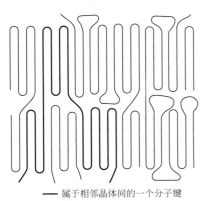

—— 属于相邻晶体间的一个分子键

图 2-130　半晶态高分子聚合物结构

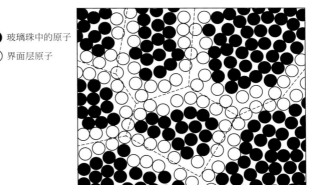

● 玻璃珠中的原子
○ 界面层原子

图 2-131　纳米玻璃的结构

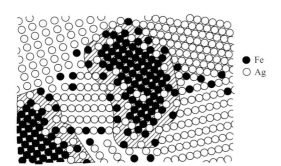

● Fe
○ Ag

图 2-132　纳米晶 Ag-Fe 复合材料的构造示意

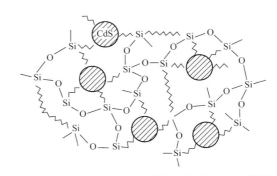

图 2-133　CdS 嵌在 SiO_2 非晶基体中的纳米复合材料结构

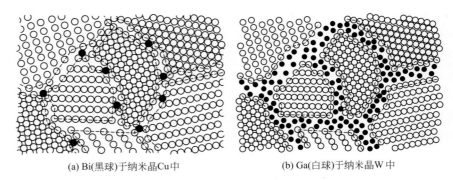

(a) Bi(黑球)于纳米晶Cu中　　　　　(b) Ga(白球)于纳米晶W中

图 2-134　掺杂晶界的纳米复合材料结构

2.5 高分子的链结构及聚集态结构

高分子结构包括高分子链结构和聚集态结构。链结构是指单个高分子的结构和形态，又可分为近程结构和远程结构。近程结构包括构造和构型。构型是指分子中原子在空间的几何排列；构造是指聚合物分子的形状，例如线型、支化、交联网络等。近程结构属于化学结构，又称一级结构。远程结构又称二级结构，是指单个高分子的大小和形态、链的柔顺性及分子在各种环境中所采取的构象。聚集态结构是指高分子材料整体的内部结构，包括晶态结构、非晶态结构、取向态结构、液晶态结构以及织态结构。

2.5.1　高分子链的组成和构造（近程结构）

高分子链的近程结构指的是结构单元的化学组成、键接方式、空间构型、支化和交联、序列结构等问题。虽然高分子的化学组成和结构单元本身的结构都比较简单，但由于高分子中包含的结构单元可能不止一种，每一种结构单元又可能具有不同的构型，成百上千个结构单元连接起来时还可能有不同的键接方式与序列，因此高分子链的近程结构是相当复杂的，而且这些近程结构与高聚物的凝聚态结构和性能密切相关。

2.5.1.1　结构单元化学组成

通常，合成高分子是由单体通过聚合反应连接而成的链状分子，称为高分子链。高分子链中重复结构单元的数目称为聚合度（n）。例如，氯乙烯和聚氯乙烯结构式如下：

氯乙烯　　　　　聚氯乙烯

对于一般聚合物而言，分子链的化学组成可以用其重复单元的化学组成表示。从化学结构的观点看，高分子化合物的主链的化学组成可以分为三大类。

（1）碳链高分子　　分子主链全部由碳原子以共价键相连构成，它们大多由加聚反应制得，例如常见的聚乙烯、聚丙烯、聚氯乙烯、聚苯乙烯等聚烯烃。这类聚合物不易水解。

（2）杂链高分子　分子主链由碳、氧、氮、硫等两种或两种以上原子以共价键相连而成，如聚醚、聚酯、聚酰胺、聚氨酯、聚砜、聚甲醛、酚醛树脂等。这类聚合物主要由缩聚反应及开环等逐步反应制得。由于主链含有极性基团，因此杂链高分子较易水解、醇解和酸解。

（3）元素高分子　主链含有硅、磷、硼、铝、钛、砷、锑等元素的高分子，这类聚合物既具有无机物的热稳定性，又具有有机物的弹性和塑性，缺点是强度较低。

除了结构单元的组成外，在高分子链的末端，通常含有与链组成不同的端基。由于高分子链很长，端基含量是很少的，但却直接影响聚合物的性能，尤其是热稳定性。链的断裂可以从端基开始，所以封闭端基可以提高这类聚合物的热稳定性、化学稳定性。如聚甲醛分子链的—OH 端基被酯化后可提高它的热稳定性。

一些通用高分子的化学结构列于表 2-39 中。

表 2-39　一些通用高分子的化学结构

高分子	化学结构	高分子	化学结构
聚丙烯(PP)	$-[CH_2-CH]_n-$ 　CH_3	聚己二酰己二胺(尼龙 66)	$-[N(CH_2)_6-N-C-(CH_2)_4-C]_n-$
聚异丁烯(PIB)	$-[CH_2-C]_n-$ 　CH_3	聚(ε-己内酰胺)(尼龙 6)	$-[C-(CH_2)_5-N]_n-$
聚甲基丙烯酸甲酯(PMMA)	$-[CH_2-C]_n-$ 　$COOCH_3$	聚苯醚(PPO)	$-[O-\bigcirc-]_n-$
聚异戊二烯(PI)	$-[CH_2-C=CH-CH_2]_n-$ 　CH_3	聚碳酸酯(PC)	$-[\bigcirc-C-\bigcirc-O-C]_n-$
聚丁二烯(PB)	$-[CH_2-CH=CH-CH_2]_n-$	聚对苯二甲酸乙二醇酯(PET)	$-[C-\bigcirc-C-O-CH_2-CH_2-O]_n-$
聚氯乙烯(PVC)	$-[CH_2-CH]_n-$ 　Cl	聚对苯二甲酰对苯二胺(Kevlar)	$-[C-\bigcirc-C-N-\bigcirc-N]_n-$
聚偏二氯乙烯	$-[CH_2-C]_n-$ 　Cl	聚二甲基硅氧烷(硅橡胶)	$-[Si-O]_n-$ 　CH_3
聚丙烯腈(PAN)	$-[CH_2-CH]_n-$ 　CN	聚甲醛(POM)	$-[O-CH_2]_n-$

2.5.1.2　高分子链的构型

构型是对分子中最近邻原子间的相对位置的表征，也可以说，构型是指分子中由化学键所固定的原子在空间的几何排列。这种排列是稳定的，要改变构型必须经过化学键的断裂和重组。构型不同的异构体有旋光异构体、几何异构体和键接异构体。

（1）旋光异构　正四面体的中心原子（如 C、Si、P^+、N^+）上 4 个取代基或原子如果是不对称的，则可能产生异构体，这样的中心原子叫不对称原子。例如结构单元为 $—CH_2—\underset{\underset{X}{|}}{CH}—$ 型的高分子，每一个结构单元中有一个

不对称碳原子 C^*，每一个链节就有 d 型和 l 型两种旋光异构体，见图 2-135。

d 型、l 型两种旋光异构体在高分子中有以下三种键接方式，如图 2-136 所示。若将 C—C 链拉伸放在一个平面上，则 H 和 X 分别处于平面的上下两侧。当取代基全部处于主链一侧时，即高分子全部由一种旋光异构单元键接而成，则称为全同（或等规）立构；当取代基交替位于主链两侧时，称为间同（或间规）立构；当取代基在平面两侧作不规则分布，两种旋光异构单元完全无规键接时，则称为无规立构。全同立构和间同立构的高分子链具有高度立构规整性，被称作有规立构聚合物或定向聚合物。等规度即是指高聚物中含有全同立构和间同立构的总的百分数。

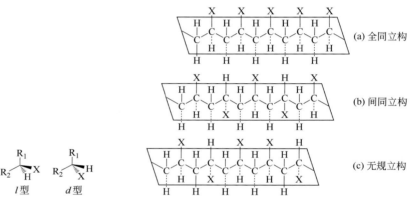

图 2-135　旋光异构体示意　　图 2-136　乙烯类聚合物分子的三种立体构型

分子的立体构型不同时，材料的性能也有所不同，例如全同立构的聚苯乙烯结构比较规整，能结晶，熔点在 240℃，而无规立构的聚苯乙烯结构不规整，不能结晶，软化温度为 80℃。

对小分子物质来说，不同的空间构型常有不同的旋光性，高分子链虽然含有许多不对称原子，但由于内消旋或外消旋作用，即使空间规整性很好的聚合物，也没有旋光性。

（2）几何异构　当主链上存在双键时，形成双键的碳原子上的取代基不能绕双键旋转，否则将会破坏双键中的 π 键。当组成双键的两个碳原子同时被两个不同的原子或基团取代时，由于内双键上的基团在双键两侧排列方式不同而有顺式构型和反式构型之分，称为几何异构体。以聚 1,4-丁二烯为例，内双键上基团在双键一侧的为顺式，在双键两侧的为反式，即

链节取代基的定向和异构主要是由合成方法所决定的。一般自由基聚合物只能得到无规立构聚合物，而用 Ziegler-Natta 催化剂进行定向聚合，可得到等规或全同立构聚合物。如双烯类单体进行自由基聚合，既有 1，2-加成和 3，4-加成，又有顺式和反式加成，且反式结构较多。全顺式或全反式 1，4-结构的聚合物可以分别用钴、镍和钛催化系统或者钒催化剂配位聚合制得。

不同制备方法或不同催化体系得到的不同大分子构型，对该聚合物的性能起到决定性作用。例如，1,2-加成的全同立构或间同立构的聚丁二烯，由于结构规整，容易结晶，弹性很差，只能作为塑料使用。顺式 1,4-聚丁二烯，分子链与分子链之间的距离较大，在室温下是一种弹性很好的橡胶；反式 1,4-聚丁二烯结构比较规整，容易结晶，在室温下是弹性很差的塑料。

（3）键接异构　键接异构通常也可归入构型之中。它是指结构单元在高分子中的连接方式。在缩聚和开环聚合中，结构单元的键接方式是确定的，但在加聚过程中，单体的键接方式可以有所不同。例如：单烯类单体（CH_2=CHR）聚合时，有一定比例的头-头、尾-尾键合出现在正常的头尾键合之中。

$$-CH_2-CH-CH_2-CH-CH_2-CH-$$ 头-尾
$$\quad\quad\ \ |\quad\quad\quad\ \ |\quad\quad\quad\ \ |$$
$$\quad\quad\ \ R\quad\quad\quad\ R\quad\quad\quad\ R$$

$$-CH_2-CH-CH-CH_2-CH_2-CH-$$ 头-头
$$\quad\quad\ \ |\quad\quad\ |\quad\quad\quad\quad\quad\ |$$
$$\quad\quad\ \ R\quad\quad R\quad\quad\quad\quad\quad R$$

头-头结构的比例有时可以相当大。双烯类聚合物中单体单元的键合结构更加复杂，如丁二烯聚合过程中，有 1,2-加成、3,4-加成和 1,4-加成的区别，分别得到如下产物：

$$-(CH_2-CH)_{\overline{n}}\ \text{和}\ -(CH_2-CH=CH-CH_2)_{\overline{n}}$$
$$\quad\quad\quad |$$
$$\quad\quad\ CH$$
$$\quad\quad\ \|$$
$$\quad\quad\ CH_2$$

对于 1,2-加成或 3,4-加成，可能有头-尾、头-头、尾-尾三种键合方式；对于 1,4-加成，又有顺式和反式等各种构型。而第 2 和第 3 碳原子上有取代基的双烯类单体，在 1,4-加成中也有头-尾和头-头键合的问题。例如自由基聚合的聚氯丁二烯，其中 1,4-加成产物中主要是头-尾键合，但头-头键合的含量有时可高达 30%。

单体单元的键合方式对聚合物的性能特别是化学性能有很大的影响。例如，用作纤维的聚合物，一般都要求分子链中单体单元排列规整，以提高聚合物的结晶性能和强度。

2.5.1.3　分子构造

一般高分子链的形状为线型。也有高分子链为支化或交联结构，例如缩聚过程中有 3 个或 3 个以上官能度的单体存在，加聚过程中有自由基的链转移反应发生或者双烯类单体中第二双键的活化等，均可生成支化或交联结构的高分子。所谓分子构造，就是指聚合物分子的各种形状。几种典型的非线型构造高分子见图 2-137 所示。

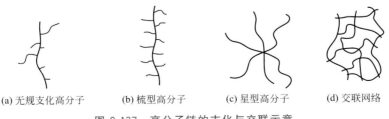

(a) 无规支化高分子　　(b) 梳型高分子　　(c) 星型高分子　　(d) 交联网络

图 2-137　高分子链的支化与交联示意

支化高分子的化学性质与线型分子相似，但支化对力学性能的影响有时相当显著。例如高压聚乙烯

（低密度聚乙烯），由于支化破坏了分子的规整性，使其结晶度大大降低。低压聚乙烯（高密度聚乙烯）是线型分子，易于结晶，故在密度、熔点、结晶度和硬度方面都要高于前者。

支化高分子又有梳型、星型和无规支化之分，它们的性能也有所差别。例如无规支化往往会降低高聚物薄膜的拉伸度。以无规支化高分子制成的橡胶，其拉伸强度及伸长率均不及线型高分子制成的橡胶。

高分子链之间通过化学键或链段连接成一个三维空间网状大分子，即为交联高分子。交联和支化是有质的区别的，支化的高分子能够溶解，而交联的高分子是不溶不熔的，只有当交联度不太大时能在溶剂中溶胀。天然橡胶的硫化可示意如图 2-138，其交联点的分布是无规的。

(a) 交联以实圈表示　　　　　(b) 交联以硫桥表示

图 2-138　硫化的天然橡胶示意

交联程度常用交联点密度（即交联的结构单元占总结构单元的分数）和相邻两个交联点之间的链段的平均分子量 $\overline{M}_c$ 表示，$\overline{M}_c$ 越小，交联度越大。

分子构造对聚合物的性能有很大影响。线型高分子分子间没有化学键结合，可以在适当的溶剂中溶解，加热可以熔融，易于加工成型。支化高分子的化学性质与线型高分子相似，但支化对力学性能、加工流动性的影响有时相当显著。一般的无规交联聚合物是不溶不熔的，只有当交联长度不大时，才能在溶剂中溶胀。热固性树脂因其具有交联结构，表现出良好的强度、耐热性和耐溶剂性。橡胶经硫化后，为轻度交联高分子，交联点之间链段（本章构象部分有定义）仍然能够运动，但大分子链之间不能滑移，具有可逆的高弹性能。

2.5.1.4　共聚物的连接顺序

由两种或两种以上单体单元组成的聚合物称为共聚物，其分子链的结构十分复杂，现仅以由 A 和 B 两种单体单元所生成的二元共聚物为例进行讨论。按两单体的连接方式可产生如下所示的四种类型的共聚物。

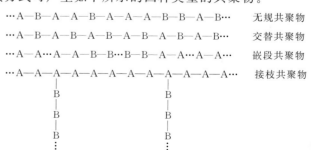

无规共聚物的结构单元排列完全无规，交替共聚物的两种结构单元交替排列。它们都属于短序列共聚物。接枝共聚物和嵌段共聚物是通过连续而分

别进行的两步聚合反应得到的,所以称之为多步聚合物。它们都属于长序列共聚物,即其中任一组分长度达到聚合物分子的水平。

共聚物的结构不同,材料性能也不尽相同。在无规共聚物的分子链中,两种单体无规则排列,既改变了结构单元的相互作用,也改变了分子间的相互作用,因此,无论在溶液性质、结晶性质或力学性质方面,都与均聚物有很大的差异。例如,全同立构聚丙烯和聚乙烯为塑料,而乙烯-丙烯无规共聚物则为橡胶。又如,聚四氟乙烯是不能熔融加工的塑料,而四氟乙烯和六氟丙烯无规共聚物却是易熔融加工的热塑性塑料。

嵌段和接枝共聚物的结构特点是各组分保持其均聚物的链结构而不同链之间又以共价键相连而成为同一大分子。嵌段和接枝共聚物的聚集体中,两种链段各自聚集形成微相分离结构,呈现出两种均聚物和无规共聚物所没有的独特性能。例如在室温下,聚苯乙烯是脆性塑料,顺式聚-1,4-丁二烯是橡胶,苯乙烯-丁二烯-苯乙烯三嵌段共聚物(SBS)具有聚苯乙烯链段聚成簇(畴)分散在聚丁二烯链段形成的连续相中的海岛结构,如图 2-139 所示。

在常温下,聚苯乙烯分散相处于玻璃态,在聚丁二烯橡胶段之间起物理交联点的作用,使 SBS 热塑性弹性体具有一般硫化橡胶的基本特点。但它毕竟属线型高聚物,在高温下随着聚苯乙烯分散相的软化、流动,不仅"交联点"失效,而且整个体系会发生流动,所以它又可以像一般热塑性塑料那样反复加工,故称为热塑性弹性体。

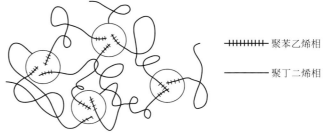

╂╂╂╂╂╂ 聚苯乙烯相

—————— 聚丁二烯相

图 2-139　SBS 热塑性弹性体两相结构示意

通过改变共聚物的组成和结构,可在广泛的范围内改善和提高高聚物的性能。例如 ABS 树脂是丙烯腈、丁二烯和苯乙烯的三元共聚物,它兼有三种组分的特性。其中丙烯腈有 CN 基,能使高分子耐化学腐蚀,提高制品的拉伸强度和硬度;丁二烯使高分子呈现橡胶状韧性,这是制品冲击韧性提高的主要因素;苯乙烯的高温流动性能好,便于加工成型,而且还可以改善制品的表面粗糙度。所以 ABS 是一类性能优良的热塑性塑料。

2.5.2　高分子链的构象(远程结构)

高分子的远程结构又称二级结构,通常包括分子的大小与形态、链的柔顺性及分子在各种环境中所采取的构象。

2.5.2.1　高分子链的内旋转构象

高分子的主链虽然很长,但通常并不是伸直的,它可以蜷曲起来,使分子采取各种形态。为什么高分子链有蜷曲的倾向呢?这要从单键的内旋转谈起。在大多数高分子主链中,都存在着许多的单键,例如聚乙烯、聚丙烯、聚苯乙烯等,主链完全由 C—C 单键组成。单键是由 σ 电子组成,电子云分布具有轴对称性,因此高分子在运动时,C—C 单键可绕轴旋转称为内旋转。由于单键内旋转而产生的分子在空间的不同形态称为构象。当碳链上不带有任何其他原子或基团的时候,C—C 键的旋转是完全自由的,这种链称作自由连接链。它可采取的构象将无穷多,且瞬息万变。这是柔性高分子的理想状态。在实际的高分子链中,键角是固定的。对于碳链来说,键角是 $109°28'$。所以即使单键可以自由旋转,每一个键只能出现在以前一个键为轴,以 2θ($\theta=\pi-109°28'$)为顶角的圆锥面上(见图 2-140)。高分子的每个单键都能内旋转,因此很容易想象,高分子在空间的形态可以有无穷多个。假设每个单键内旋转可取的位置数为 m,那么一个包含 n 个单键的高分子链可能的构象数为 m^{n-1}。当 n 足够大时,m^{n-1} 无疑是一个非常大的数值。从统计规律可知,分子链呈伸直构象的概率是极小的,而呈蜷曲构象的概率较大。

单键的内旋转是导致高分子链呈蜷曲构象的原因，内旋转越是自由，蜷曲的趋势就越大。我们称这种不规则蜷曲的高分子链构象为无规线团。

可以想象，一个高分子链类似一根摆动着的绳子，是由许多个可动的段落联结而成的。同理，高分子链中的单键旋转时互相牵制，一个键转动，要带动附近一段链一起运动，这样，每个键不能成为一个独立运动的单元。把若干个键组成的一段链作为一个独立运动的单元，称为"链段"，它是高分子物理学中的一个重要概念。

实际上，由于分子上非键合原子之间的相互作用，内旋转一般是受阻的，即旋转时需要消耗一定的能量。以乙烷分子内旋转势能 u 对内旋转角 φ 作图，可以得到内旋转位能曲线，见图 2-141。其中 ΔE 是顺式构象与反式构象间的位能差，称为位垒。如果我们的视线在 C—C 键的方向，两个碳原子上的碳氢键重合时叫做顺式，其势能达到极大值；两个碳原子上的碳氢键相差 60° 时叫做反式，其在势能曲线上出现最低值，它所对应的分子中原子排布方式最稳定。从反式构象转动到顺式构象需要克服位垒。

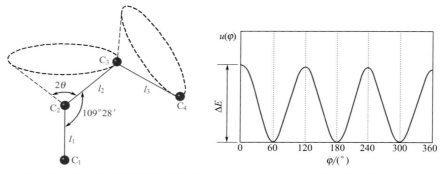

图 2-140　键角固定的高分子链的内旋转　　图 2-141　乙烷分子内旋转位能图

分子结构不同，内旋转位垒也不同。表 2-40 列出了各种分子绕指定单键旋转 360° 的位垒和键长。低分子的内旋转位垒数值对高分子来说有着重要的参考意义。

高分子链的内旋转也像低分子一样，不是完全自由的，这也是由于分子中原子之间存在相互作用的缘故。以聚乙烯为例，主链上两个相邻的碳原子上联结的氢原子之间有相互作用。当它们充分接近时，氢原子的电子云相互推斥，使它们之间保持尽可能远的距离。正是由于分子中原子间的相互作用，使高分子链尽量采取位能最低、结构最稳定的构象存在，例如聚乙烯在晶相中的分子链呈平面锯齿型排列，见图 2-141。

2.5.2.2　高分子链的柔顺性

高分子链能够改变其构象的性质称为柔顺性，这是高聚物许多性能不同于低分子物质的主要原因。通常，内旋转的单键数目越多，内旋转阻力越小，构象数越大，链段越短，柔顺性越好。链的柔顺性可从平衡态和动态两个方面来理解。平衡态柔性（又称为热力学柔性），是指在热力学平衡条件下的柔性。它反映在溶液里高分子链的形态上，如无扰均方末端距 $\overline{h_0^2}$、无扰均方旋转半径 $\overline{s_0^2}$ 等参数的大小（$\overline{h_0^2}$、$\overline{s_0^2}$ 定义见后述）。动态柔性是指在外

表 2-40　各种分子绕指定单键转动 360°的位垒和键长

化 合 物	$\Delta E/(kJ/mol)$	L/nm	化 合 物	$\Delta E/(kJ/mol)$	L/nm
$H_3Si{-}SiH_3$	4.2	0.234	$CH_3{-}OCH_3$	11.3	0.143
$CH_3{-}SiH_3$	7.1	0.193	$CH_3{-}CHO$	4.9	0.154
$CH_3{-}CH_3$	11.7	0.154	$CH_3{-}CH{=}CH_2$	8.4	0.154
$CH_3{-}CH_2CH_3$	13.8	0.154	$CH_3{-}C(CH_3){=}CH_2$	10.0	0.154
$CH_3{-}CH(CH_3)_2$	16.3	0.154	$-CH_2{-}CH_2COCH_2-$	9.6	0.154
$CH_3{-}C(CH_3)_3$	20.1	0.154	$-CH_2{-}COCH_2CH_2$	3.4	0.154
$CCl_3{-}CCl_3$	42	0.154	$-CH_2{-}COOCH_2-$	2.1	0.154
$CH_3{-}NH_2$	8.3	0.147	$-CH_2{-}OOCCH_2$	5.0	0.143
$CH_3{-}SH$	5.4	0.181	$-CH_2{-}NH{-}CH_2CH_2-$	13.8	0.147
$CH_3{-}OH$	4.5	0.144	$-CH_2{-}S{-}CH_2{-}CH_2-$	8.8	0.181

界条件影响下从一种平衡态构象向另一种平衡态构象转变的难易程度，这是一个速度过程，所以又称为动力学柔性。下面我们定性的讨论分子结构对链的平衡态柔顺性的影响。

（1）主链结构的影响　若主链全部由单键组成，一般链的柔性较好。例如聚乙烯、聚丙烯、乙丙橡胶等。但不同的单键，柔性也不同，其顺序如下—Si—O—＞—C—N—＞—C—O—＞—C—C—。例如，聚乙烯的柔顺性好，聚二甲基硅氧烷柔顺性更佳。

主链上有孤立双键时，尽管双键本身不能内旋转，与之相邻的单键却更容易内旋转，因此像聚丁二烯和聚异戊二烯一类的高分子链都具有良好的柔顺性。如果主链上有共轭双键或苯环，则分子链的刚性较大。若整个高分子链是一个大 π 共轭体系，则这种分子链犹如一根刚性棒。聚乙炔 —CH=CH—CH=CH—CH=CH— 和聚苯 之类都是典型的刚性分子。

主链含有芳杂环结构时，由于芳杂环不能内旋转，所以，这样的分子链的柔顺性差，例如芳香尼龙

再如纤维素，由于分子中能生成氢键，所以链刚硬；而蛋白质分子采取螺旋型构象，螺圈之间以氢键相连，所以刚性更强。

（2）取代基的影响　取代基可分为极性取代基和非极性取代基两类。

高分子链中引进极性取代基的结果是增加了分子内和分子间的相互作用，从而降低了高分子链的柔顺性。影响程度与取代基的极性大小、取代基在分子链上的密度和对称性有关。取代基的极性越大，高分子链的柔顺性越小。例如：

$$\left(CH_2{-}CH\right)_n \quad \left(CH_2{-}CH\right)_n \quad \left(CH_2{-}CH\right)_n \quad \left(CH_2{-}CH\right)_n$$

聚乙烯　＞　聚丙烯　＞　聚氯乙烯　＞　聚丙烯腈

极性取代基在高分子链上的分布密度越高，则高分子链的柔性越小。例如氯化聚乙烯中氯原子的数目比聚氯乙烯中的少，因而前者较后者柔顺性好。而氯化聚乙烯本身又随氯化程度的提高，分子量的柔顺性减小。如果极性取代基在主链上的分布具有对称性，则该高分子链的柔顺性比极性取代基非对称分布的高分子链好。例如聚偏氯乙烯分子 比聚氯乙烯分子 柔顺性好，聚偏氟乙烯分子 比聚氟乙烯分子 柔顺性好。

　　非极性取代基对高分子链柔顺性的影响需从两方面考虑。一方面，取代基的存在增大了主链单键内旋转的空间位阻，使高分子链柔顺性减小。另一方面，取代基的存在又增大了分子链之间的距离，从而削弱了分子间的相互作用，有利于提高高分子链的柔顺性。最终结果取决于哪一方面起主导作用。在下面一组高分子链中，取代基本身的刚性都较大，随取代基体积的增大，空间位阻效应是主要的，因而柔顺性依次减小。

$$
\text{聚乙烯} \quad > \quad \text{聚丙烯} \quad > \quad \text{聚苯乙烯} \quad > \quad \text{聚乙烯基咔唑}
$$

　　然而在下面一组高分子中，取代基本身具有一定的柔顺性，而且取代基越长，柔顺性越好。这类取代基对主链内旋转的空间位阻效应不大，但随取代基长度的增加，分子链之间的距离增大而相互作用减小，因而高分子链的柔顺性依次增加。

$$
\text{聚丙烯酸甲酯} \quad < \quad \text{聚丙烯酸乙酯} \quad < \quad \text{聚丙烯酸丙酯}
$$

　　（3）支化、交联的影响　若支链很长，阻碍链的内旋转起主导作用时，柔顺性下降。

　　当高分子链之间以化学键交联起来时，交联点附近的单键内旋转便受到很大的阻碍，分子链的柔顺性减小。不过，当交联点的密度较低，交联点之间的链足够长时，它们仍然能表现出相当的柔顺性。随着交联密度的增加，交联点之间的链长缩短，链的柔顺性便迅速减小。交联点密度足够高时，高分子可能完全失去柔顺性。例如，橡胶在未硫化之前，其分子都是柔顺性很好的，但随着硫化程度的提高，分子量的柔顺性逐渐减小，交联度超过30％就是硬橡胶了。又如热固性塑料，一般交联密度很高，因而其分子的柔顺性很小。

　　（4）分子链的长短　一般分子链越长，构象数目越多，链的柔顺性越好。

　　（5）分子间作用力　分子间作用力较大，聚合物中分子链所表现出的柔顺性越小。例如，单个分子链柔顺性相近时，非极性主链比极性主链柔顺，极性主链又比能形成氢键的柔顺。又如，当某些柔性非极性取代基的体积增大时，分子间作用力减弱，链的柔顺性提高。聚甲基丙烯酸酯类的情况就是这样，甲酯柔顺性最小，乙酯柔顺性增大，依次类推。直至取代基为$(CH_2)_nCH_3$，$n>18$ 时，过长支链的内旋转阻力起主导作用，柔顺性才随取代基的体积增大而减小。非极性取代基对称双取代时，如异丁烯，主链间距离增大，作用力减弱，柔顺性比聚乙烯还好。再有，短支链时，分子间距离加大，作用力减小，链的柔顺性增加；支链过长，阻碍链的内旋转起主导作用，链的柔顺性下降。

　　（6）分子链的规整性　分子链越规整，结晶能力越强，高分子一旦结晶，链的柔顺性就表现不出来，聚合物呈现刚性。例如，聚乙烯的分子链是柔顺的，但由于结构规整，很容易结晶，所以聚合物具有塑料的性质。

高分子链的柔顺性和实际材料的刚柔性不能混为一谈，两者有时是一致的，有时却不一致。判断材料的刚柔性，必须同时考虑分子内的相互作用以及分子间的相互作用和凝聚状态。

除分子结构对链的柔顺性影响之外，外界因素对链的柔顺性也有很大影响。

① 温度　温度是影响高分子链柔顺性最重要的外因之一。温度升高，分子热运动能量增加，内旋转容易，构象数增加，柔顺性增加。例如聚苯乙烯，室温下链的柔顺性差，聚合物可作为塑料使用，但加热至一定温度时，也呈现一定的柔性；顺式聚 1,4-丁二烯，室温时柔顺性好，可用作橡胶，但冷却至 −120℃，却变得硬而脆了。

② 外力　在外界条件影响下，如外力作用下，高分子链从一种平衡态构象向另一种平衡态构象转变的难易程度称为动态柔顺性。因而外力作用影响的是高分子链的动态柔顺性。当外力作用速度缓慢时，柔性容易显示；外力作用速度快，高分子链来不及通过内旋转而改变构象，柔性无法体现出来，分子链显得僵硬。

2.5.2.3　高分子的构象统计

高分子是由很大数目的结构单元连接而成的长链分子，由于单键内旋转，分子具有许多不同的构象。

对于瞬息万变的无规线团状高分子，可以采用"均方末端距"或者"根均方末端距"来表征其分子尺寸。所谓末端距，是指线型高分子链的一端至另一端的直线距离，以 h 表示，见图 2-142。由于不同的分子以及同一分子在不同的时间其末端距是不同的，所以应取其统计平均值。又由于

图 2-142　高分子链的末端距

h 的方向是任意的，故 $\overline{h} \to 0$，而 $\overline{h^2}$ 或 $\sqrt{\overline{h^2}}$ 则是一个标量，称作"均方末端距"和"根均方末端距"，是常用的表征高分子尺寸的参数。

对于支化的聚合物，随着支化类型和支化度的不同，一个分子将有数目不等的端基，上述均方末端距就没有什么物理意义了。为此，可以采用"均方旋转半径"来表征其分子尺寸。"均方旋转半径"定义如下：假设高分子链中包含许多个链单元，每个链单元的质量都是 m_i，设从高分子链的质心到第 i 个链单元的距离为 s_i，它是一个向量，则全部链单元的 s_i^2 的质量平均值为

$$s^2 = \frac{\sum_i m_i s_i^2}{\sum_i m_i} \tag{2-1}$$

对于柔性分子，s^2 值依赖于链的构象。将 s^2 对分子链所有可能的构象取平均值，即可得到均方旋转半径 $\overline{s^2}$。

可以证明，对于"高斯链"（均方末端距的统计算法部分有定义），当分子量很大时，其"无扰均方末端距"和"无扰均方旋转半径"之间存在如下关系

$$\overline{h_0^2} = 6\overline{s_0^2} \tag{2-2}$$

（1）均方末端距的几何计算法　一个孤立的高分子链，在内旋转时有键角和位垒的障碍，情况比较复杂。我们先从最简单的情况考虑，讨论"自由连接链"，即键长 l 固定，键角 θ 不固定，内旋转自由的理想化的模型。

由 n 个键组成的"自由连接链"的末端距应该是各个键长的矢量和。

用数学式表示

$$\boldsymbol{h}_{f,j} = \boldsymbol{l}_1 + \boldsymbol{l}_2 + \cdots + \boldsymbol{l}_n = \sum_{i=1}^{n} \boldsymbol{l}_i$$

式中，下标 f，j 代表自由连接链。

则 $(\boldsymbol{h}_{f,j})^2 = (\boldsymbol{l}_1 + \boldsymbol{l}_2 + \cdots + \boldsymbol{l}_n)(\boldsymbol{l}_1 + \boldsymbol{l}_2 + \cdots + \boldsymbol{l}_n) = \sum_{i=1}^{n} \sum_{j=1}^{n} \boldsymbol{l}_i \boldsymbol{l}_j$

在数学上，$\boldsymbol{l}_i \cdot \boldsymbol{l}_j$ 表示 $\boldsymbol{l}_j$ 在 $\boldsymbol{l}_i$ 上的投影与 $\boldsymbol{l}_i$ 的模的乘积。

$i = j$ 的项，$\overline{\boldsymbol{l}_i \cdot \boldsymbol{l}_j} = l^2$ 共 n 项。

$i \neq j$ 的项，$\overline{\boldsymbol{l}_i \cdot \boldsymbol{l}_j} = 0$，这是因为对于自由连接链，键在各个方向取向的概率相等。所以

$$\overline{h_{f,j}^2} = nl^2 \tag{2-3}$$

自由连接链的尺寸比完全伸直时的尺寸 nl 要小得多。

自由连接链是极端理想化的模型，实际上共价键是有方向性的，例如饱和链烃中的 C—C 键，相互之间有严格的键角，为 $109°28'$。因此，键在空间的取向不可能是任意的，而只能在一定的范围内取向。假定分子链中每一个键都可以在键角允许的方向自由转动，不考虑空间位阻对转动的影响，我们称这种链为"自由旋转链"，即键长固定，键角 θ 固定，单键内旋转自由的长链分子模型。

对于由 n 个键组成的"自由旋转链"，均方末端距为

$$\overline{h_{f,r}^2} = \sum_{i=1}^{n} \sum_{j=1}^{n} \overline{\boldsymbol{l}_i \cdot \boldsymbol{l}_j}$$

式中，下标 f，r 代表自由旋转链。

即
$$\overline{h_{f,r}^2} = \begin{vmatrix} \overline{\boldsymbol{l}_1 \cdot \boldsymbol{l}_1} + \overline{\boldsymbol{l}_1 \cdot \boldsymbol{l}_2} + \cdots + \overline{\boldsymbol{l}_1 \cdot \boldsymbol{l}_n} \\ + \overline{\boldsymbol{l}_2 \cdot \boldsymbol{l}_1} + \overline{\boldsymbol{l}_2 \cdot \boldsymbol{l}_2} + \cdots + \overline{\boldsymbol{l}_2 \cdot \boldsymbol{l}_n} \\ \cdots \\ + \overline{\boldsymbol{l}_n \cdot \boldsymbol{l}_1} + \overline{\boldsymbol{l}_n \cdot \boldsymbol{l}_2} + \cdots + \overline{\boldsymbol{l}_n \cdot \boldsymbol{l}_n} \end{vmatrix} \tag{2-4}$$

对角线各项 $\overline{\boldsymbol{l}_i \cdot \boldsymbol{l}_j} = l^2$ 共 n 项。

邻近对角线各项 $\overline{\boldsymbol{l}_i \cdot \boldsymbol{l}_{i\pm1}} = l(-\cos\theta)l = l^2(-\cos\theta)$ 共 $2(n-1)$ 项。

对角线起第三项 $\overline{\boldsymbol{l}_i \cdot \boldsymbol{l}_{i\pm2}} = l^2(-\cos\theta)^2 = l^2\cos^2\theta$ 共 $2(n-2)$ 项。

依次类推，$\overline{\boldsymbol{l}_i \cdot \boldsymbol{l}_{i\pm m}} = l^2(-\cos\theta)^m$ 共 $2(n-m)$ 项。

将这些结果代入式（2-4），得

$$\overline{h_{f,r}^2} = l^2 [n + 2(n-1)(-\cos\theta) + 2(n-2)(-\cos\theta)^2 + \cdots + 2(-\cos\theta)^{n-1}]$$

$$= nl^2 \left\{ \left(\frac{1-\cos\theta}{1+\cos\theta} \right) + \left(\frac{2\cos\theta}{n} \right) \left[\frac{1-(-\cos\theta)^n}{(1+\cos\theta)^2} \right] \right\}$$

因为 n 是一个很大的数值，所以

$$\overline{h_{f,r}^2} = nl^2 \frac{1-\cos\theta}{1+\cos\theta} \tag{2-5}$$

对于聚乙烯，假设不考虑位阻效应，则由于 $\theta = 109.5°$，$\cos\theta = -\dfrac{1}{3}$

$$\overline{h_{f,r}^2} = 2nl^2$$

所以，假定聚乙烯为"自由旋转链"，其均方末端距比"自由连接链"要大一倍。

若将碳链完全伸直成平面锯齿型，这种锯齿型长链在主链方向上的投影为 h_{max}，可以证明

$$\overline{h}_{max}^2 = n^2 l^2 \frac{1-\cos\theta}{2} \approx \frac{2}{3} n^2 l^2$$

所以

$$\frac{\overline{h}_{max}^2}{\overline{h}_{f,r}^2} = n \frac{1+\cos\theta}{2} \approx \frac{n}{3}$$

$\frac{n}{3}$ 是一个很大的数字，因此，完全伸直的高分子链的末端距比蜷曲的末端距要大得多。

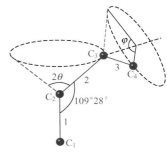

实际高分子链中，单键的内旋转是受阻的，内旋转位能函数 $u(\varphi)$ 不等于常数，其值与内旋转的角度 φ（见图 2-143）有关。考虑阻碍内旋转的问题，并假设内旋转位能函数为偶函数 $[u(+\varphi) = u(-\varphi)]$，即带有对称碳原子的碳-碳单键组成的碳链高分子，例如，聚乙烯其均方末端距为

$$\overline{h}^2 = nl^2 \frac{1-\cos\theta}{1+\cos\theta} \times \frac{1+\alpha}{1-\alpha} \qquad (2\text{-}6)$$

$$\alpha = \overline{\cos\varphi} = \frac{\int_0^{2\pi} N(\varphi)\cos\varphi \, \mathrm{d}\varphi}{\int_0^{2\pi} N(\varphi) \, \mathrm{d}\varphi} = \frac{\int_0^{2\pi} \mathrm{e}^{-u(\varphi)/KT}\cos\varphi \, \mathrm{d}\varphi}{\int_0^{2\pi} \mathrm{e}^{-u(\varphi)/KT} \, \mathrm{d}\varphi}$$

图 2-143　内旋转角 φ 示意

式中，$N(\varphi)$ 是单位时间内旋转次数（该式的详细推导略）。

θ 和 φ 角对高分子链均方末端距的影响，都属于分子的近程相互作用。实际上，高分子链中结构单元的远程相互作用对内旋转也有很大影响，$u(\varphi)$ 是一个很复杂的函数，很难得知。因此，不能单纯以几何的观点来计算实际链的均方末端距。但是，上述理论为揭示聚合物所特有的高弹性实质作出了巨大贡献，同时又为实验测定高分子链的均方末端距提供了理论依据。这里所谓远程相互作用，是指沿柔性链相距较远的原子（或原子基团）由于主链单键的内旋转而接近到小于范德瓦耳斯半径距离时所产生的排斥力，这是一种高分子链段间的相斥作用。

（2）均方末端距的统计计算法　为便于讨论起见，计算也从"自由连接链"的统计模型出发。该模型中，高分子链的每一个键均可自由旋转，且不受键角的限制。

设键长为 l，键数为 n 的"自由连接链"的一端固定在坐标原点，则另一端在空间的位置随时间而变化，末端距 h 是一个变量，而均方末端距 $\overline{h}^2$ 可用下式表示

$$\overline{h}^2 = \int_0^\infty W(h) h^2 \, \mathrm{d}h$$

式中，$W(h)$ 是末端距的概率密度。

为了求解均方末端距 $\overline{h}^2$，就必须寻求末端距的概率分布函数 $W(h)$，这可套用古老的数学课题"三维空间无规行走"的结果。即一个盲人若能在三维空间任意行走，他由坐标原点出发，每跨出一步的距离是 l，走了 n 步后，$n \geqslant 1$，他出现在离原点距离为 h 处的小体积元 $\mathrm{d}x\mathrm{d}y\mathrm{d}z$ 内的概率大小，见图 2-144。

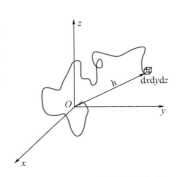

统计计算的结果（略）表明：对于一维空间的无规行走

$$W(x)\mathrm{d}x = \frac{\beta}{\sqrt{\pi}} \mathrm{e}^{-\beta^2 x^2} \mathrm{d}x$$

$$\beta^2 = \frac{3}{2nl^2}$$

图 2-144　三维空间的无规链

式中，$W(x)$ 为 h 在 x 轴上的投影为 x 的概率密度。

$$W(y)\mathrm{d}y = \frac{\beta}{\sqrt{\pi}}\mathrm{e}^{-\beta^2 y^2}\mathrm{d}y$$

式中，$W(y)$ 为 h 在 y 轴上的投影为 y 的概率密度。

$$W(z)\mathrm{d}z = \frac{\beta}{\sqrt{\pi}}\mathrm{e}^{-\beta^2 z^2}\mathrm{d}z$$

式中，$W(z)$ 为 h 在 z 轴上的投影为 z 的概率密度。

对于三维空间的无规行走

$$W(x,\ y,\ z)\mathrm{d}x\mathrm{d}y\mathrm{d}z = W(x)\mathrm{d}x W(y)\mathrm{d}y W(z)\mathrm{d}z$$

$$= \left(\frac{\beta}{\sqrt{\pi}}\right)\mathrm{e}^{-\beta^2(x^2+y^2+z^2)}\mathrm{d}x\mathrm{d}y\mathrm{d}z$$

可以证明，向量 h 在三个坐标轴上的投影的平均值 x、y、z 应相等，投影平方的平均值等于该向量模的平方的 $1/3$，即 $x^2 = y^2 = z^2 = h^2/3$。这样，上式可改写为

$$W(x,\ y,\ z)\mathrm{d}x\mathrm{d}y\mathrm{d}z = \left(\frac{\beta}{\sqrt{\pi}}\right)^3\mathrm{e}^{-\beta^2 h^2}\mathrm{d}x\mathrm{d}y\mathrm{d}z$$

$W(x,\ y,\ z) = \left(\frac{\beta}{\sqrt{\pi}}\right)^3\mathrm{e}^{-\beta^2 h^2}$ 称为高斯密度分布函数，它与 h 的关系如图 2-145 所示。

如果考虑的只是终点离原点的距离，而不管它飞到什么方向，那么，它的终点出现在离原点距离为 $h \sim (h+\mathrm{d}h)$ 的球壳 $4\pi h^2\mathrm{d}h$ 中的概率为 $W(h)\ \mathrm{d}h$，见图 2-146。

将直角坐标换算成球坐标，即

$$\mathrm{d}x\mathrm{d}y\mathrm{d}z = 4\pi h^2\mathrm{d}h$$

则 $W(x,\ y,\ z)\ \mathrm{d}x\mathrm{d}y\mathrm{d}z = W(x,\ y,\ z)4\pi h^2\mathrm{d}h = \left(\dfrac{\beta}{\sqrt{\pi}}\right)\mathrm{e}^{-\beta^2 h^2}4\pi h^2\mathrm{d}h = W(h)\ \mathrm{d}h$。

$$W(h) = \left(\frac{\beta}{\sqrt{\pi}}\right)\mathrm{e}^{-\beta^2 h^2}4\pi h^2$$ 称为径向分布函数，它与 h 的关系如图 2-147 所示。

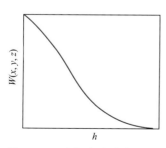

图 2-145　高斯密度分布函数
W（x，y，z）与 h 的关系

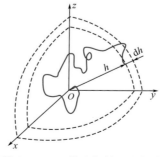

图 2-146　三维空间的无规行走

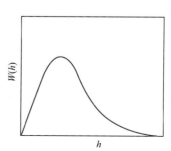

图 2-147　径向分布函数 $W(h)$
与 h 的关系

将以上数学计算结果应用于高斯统计链，因为 $\dfrac{\mathrm{d}W}{\mathrm{d}h}=0$，可得

$$h^*=-\frac{1}{\beta}=\sqrt{\frac{2n}{3}}\,l$$

末端距为 h^* 时，出现的机会最多，概率最大。

同时

$$\overline{h^2}=\int_0^\infty h^2 W(h)\,\mathrm{d}h=\int_0^\infty h^2\left(\frac{\beta}{\sqrt{\pi}}\right)^3 \mathrm{e}^{-\beta^2 h^2}4\pi h^2\,\mathrm{d}h=\frac{3}{2\beta^2}=nl^2 \tag{2-7}$$

这一结论和几何计算法所得结果是一致的。

显然，$\sqrt{\overline{h^2}}>h^*$。

如果高分子链完全伸直，则 $h_{\max}=nl$，即 $\overline{h}_{\max}\gg(\overline{h^2})^{1/2}$，与几何方法计算末端距的结果是一样的，说明单键的内旋转是高分子链具有柔顺性的原因。

实际高分子链不是自由连接链，而且，内旋转也不是完全自由的。为此，将一个原来含有 n 个键长为 l、键角 θ 固定，旋转不自由的键组成的链视为一个含有 Z 个长度为 b 的链段组成的"等效自由连接链"（图 2-148）。若以 $h_{\max}$ 表示链的伸直长度，则

$$h_{\max}=Zb \tag{2-8}$$

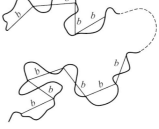

图 2-148　等效自由连接链

而所谓等效，意思是说这种链的均方末端距仍旧可以借用 $\overline{h^2}=nl^2$ 的形式计算，即

$$\overline{h^2}=Zb^2 \tag{2-9}$$

向量统计理论得到的实际高分子链均方末端距计算公式仅仅在理论上具有重要价值，不能定量计算分子链的尺寸。事实上，任何实际高分子链的尺寸都是通过实验测定的。

在 θ 条件下，通过高分子溶液的光散射实验，可以得到无扰均方半径 $\overline{s_0^2}$，从而计算出无扰均方末端距 $\overline{h_0^2}$。根据分子量和分子结构，求出总键数 n 及链的伸直长度 $h_{\max}$。最后，将 $\overline{h^2}$ 和 $h_{\max}$ 代入式（2-8）和式（2-9）中，解联立方程即得

$$Z=\frac{h_{\max}^2}{\overline{h_0^2}} \tag{2-10}$$

$$b=\frac{\overline{h_0^2}}{h_{\max}} \tag{2-11}$$

例如，对于聚乙烯，$h_{\max}^2=\dfrac{2}{3}n^2 l^2$，实验测得 $\overline{h_0^2}=6.76nl^2$，则

$$Z\approx\frac{n}{10}$$

$$b\approx 8.3l$$

这就说明聚乙烯链的内旋转受阻程度。

均方末端距是单个分子的尺寸，必须将高分子分散在溶剂中才能进行测定。但是，由于高分子与溶剂之间的相互作用等热力学因素对链的构象会产生影响或者说是干扰，实测结果不能真实反映高分子本身的性质。不过，这种干扰的程度随着溶剂和温度的不同而不同。选择合适的溶剂和温度，可以使溶剂分子对高分子构象所产生的干扰忽略不计（此时高分子"链段"间的相互作用等于"链段"与溶剂分子

间的相互作用），这样的条件称为 θ 条件，在 θ 条件下测得的高分子尺寸称为无扰尺寸，只有无扰尺寸才是高分子本身结构的反映。

因为等效自由连接链的链段分布符合高斯分布函数，故这种链又称为"高斯链"。虽然高斯链的链段分布函数与自由连接链的分布函数相同，但二者之间却有很大的差别。自由连接链是不存在的，而高斯链却体现了大量柔性高分子的共性，它是确确实实存在的。此外，高斯链包括自由连接链，后者是前者的一个特例。

（3）柔顺性的表征　定性讨论了高分子链柔顺性与分子结构之间的关系后，为了定量地表征链的柔顺性，通常采用由实验测定的参数。

① 空间位阻参数（或称刚性因子）σ　因为键数 n 和键长 l 一定时，分子链越柔顺，其均方末端距越小，故将实测的无扰均方末端距 $\overline{h_0^2}$ 与自由旋转链的均方末端距 $\overline{h_{f,r}^2}$ 之比作为分子链柔顺性的量度，即

$$\sigma = \left[\frac{\overline{h_0^2}}{\overline{h_{f,r}^2}} \right]^{1/2} \tag{2-12}$$

链的内旋转阻碍越大，分子尺寸越扩展，σ 值越大，柔顺性越差；反之，σ 值越小，链的柔顺性越好。该参数表征链的柔顺性较为准确可靠。

② 特征比 C_n　在高分子链柔顺性的表征中，还经常采用称为特征比的量 C_n，定义为无扰链与自由连接链均方末端距的比值，即

$$C_n = \frac{\overline{h_0^2}}{nl^2} \tag{2-13}$$

对于自由连接链　　　$C_n = \dfrac{\overline{h_0^2}}{nl^2} = 1$

对于完全伸直的链　　　　　　　　　$C_n = \dfrac{\overline{h_0^2}}{nl^2} = n$

假如将特征比 C_n 视为 n 的函数，则当 $n \to \infty$ 时，对应的 C_n 可定义为 C_∞。对于自由连接链，$C_\infty = 1$，而对于完全伸直链，$C_\infty \to \infty$。因而，C_n 对 n 的依赖性的大小，也是链柔顺性的一种反映。并且，C_∞ 值越小，链的柔顺性越好。

③ 链段长度　若以等效自由连接链描述分子尺寸，则链越柔顺，链段越短。所以，链段长度 b 也可以表征链的柔顺性。但是，由于实验上的困难，实际应用很少。

2.5.2.4　晶体和溶液中的构象

（1）晶体中分子链的构象　高分子结晶形成晶格后，链的构象决定于分子链内及分子链之间的相互作用。分子链内和分子链间的作用必然影响链的堆砌，分子聚集体的密度发生变化就是其表现之一。通常情况下，只考虑分子内的相互作用就可以对结晶高分子的构象进行估算，但当分子链间存在较强相互作用比如氢键作用时，则分子间相互作用的构象的影响就不能忽略不计了。

研究表明，在合成高聚物的晶体中，分子链通常采取比较伸展的构象。一些没有取代基或取代基较小的高分子链，如聚乙烯、聚乙烯醇、聚酯和尼龙等，都采取平面锯齿型构象，而具有较大取代基的高分子链，如聚丙烯、

聚 4-甲基-1-戊烯等，都采取螺旋型构象。

等规聚丙烯是用配位定向聚合的方法合成的。这种聚合物的最大特点是其中的高分子链具有全同立构的特征并且可以结晶，其熔点为 175℃。大量事实证明，等规聚丙烯晶格中分子链并非是以平面锯齿型构象存在，而是以螺旋型构象存在。为了了解其内在原因，必须考察一下聚丙烯锯齿型构象的极端不稳定性。原子或基团范德瓦耳斯吸引力作用的范围称为范德瓦耳斯半径，其大小与原子或基团的体积有关。当两个原子或基团之间距离小于范德瓦耳斯半径之和时，就要产生排斥作用，称一级近程排斥力。表 2-41 列出了某些原子或基团的范德瓦耳斯半径。图 2-149 为甲基的范德瓦耳斯半径重叠示意图。

表 2-41　某些原子或基团的范德瓦耳斯半径

原子(或基团)	r/nm	原子(或基团)	r/nm
H	0.12	S	0.185
N	0.15	P	0.19
O	0.14	As	0.20
F	0.135	Se	0.20
Cl	0.18	—CH$_2$	0.20
Br	0.195	—CH$_3$	0.20
I	0.215	⌬	0.185

由图 2-149 不难看出，如果聚丙烯分子链取平面锯齿型（⋯ttt⋯全反式）构象，从一级近程排斥力来看，它是稳定的。但是，应该注意相隔一个碳上还有 2 个甲基，甲基的范德瓦耳斯半径为 0.20nm，两个甲基相距 0.25nm，比其范德瓦耳斯半径总和 0.4nm 小，必然要产生排斥作用，为便于讨论起见，称这种排斥力为二级近程排斥力。显然这种构象是极不稳定的，必须通过 C—C 键的旋转，加大甲基间的距离，形成图 2-150 所示⋯tgtg⋯反旁螺旋型构象，才能满足晶体中分子链构象能最低原则。相比之下，对聚乙烯而言，由于氢原子体积小，2 个氢原子之间二级排斥力小，所以，晶体中分子链取⋯ttt⋯全反式平面锯齿型构象（见图 2-151）时，能量最低。

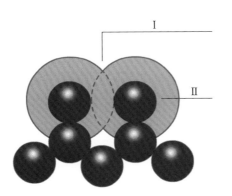

图 2-149　范德瓦耳斯半径重叠示意

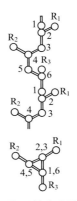

图 2-150　等规聚丙烯分子链的螺旋型构象

图 2-150 中，R_1 为甲基，$R_1C_1C_2$ 为第一个单体链节，$R_2C_3C_4$ 为第 2 个单体链节，$R_3C_5C_6$ 为第 3 个单体链节，到第 4 个单体链节时，又与第一个单体链节完全重复，3 个单体共旋转 360°，每个甲基相互间隔 120°，按此排列，3 个体积较大的侧基即可互不干扰。如果将此分子链作俯视投影，则 C_2C_3 重叠，C_4C_5、C_1C_6 重叠，人们以 3$_1$ 表示，即一个等同周期中沿螺旋轴旋转一周有 3 个单体单元。等规聚丙烯⋯tt⋯构象能比⋯tg⋯的构象能高 41.8kJ/mol。等规聚苯乙烯和等规聚丙烯一样，也是 3$_1$ 螺旋体，旋转角也为 0° 和 120°。随着取代基尺寸的增大，键角明显有改变，聚乙烯 110°、等规聚丙烯 114°、等规聚苯

乙烯 116°。等规聚 4-甲基-1-戊烯呈 7_2 螺旋体，而聚 3-甲基-1-丁烯中，甲基更贴近主链，呈 4_1 螺旋体。图 2-152 为各种等规聚合物 $\text{-(CH}_2\text{—CHR)}_{\overline{n}}$ 的各种螺旋体的示意图。

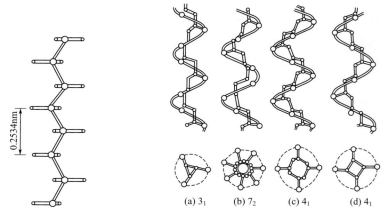

图 2-151　聚乙烯分子链　　图 2-152　各种等规聚合物 $\text{-(CH}_2\text{—CHR)}_{\overline{n}}$
平面锯齿型构象　　　　　　　的各种螺旋体示意

(a) 3_1　　(b) 7_2　　(c) 4_1　　(d) 4_1

通常，由含有两个链原子的单体单元组成的等规聚合物差不多总是倾向于形成理想的 tg 构象，而与理想旋转角稍有差别的位置，其能量与理想情况相差不大。因此，等规聚合物有时能够结晶形成多种类型的螺旋体，如等规聚（丁烯）快速结晶时生成高能量的 4_1 螺旋体；而在退火时，它又转化为 3_1 螺旋体。

在全反式构象中，间规乙烯类聚合物的取代基比等规的分得更开，因而，对于间规聚合物，全反式构象即…tt…是能量最低的构象。全反式构象在几何图形上表示为平面锯齿型，聚 1,2-丁二烯、聚丙烯腈、聚氯乙烯都属于此类。在少数情况下，旋转角取 0°、0°、−120°、−120° 序列更为有利，因此，间规聚丙烯一般采取…ttgg…（4_2 螺旋）构象，但因为此种构象与全反式…tt…能量差别不大，故间规聚丙烯可以采取这两种形式结晶。

单体单元为 $\text{-(CH}_2\text{—CHOH)}_{\overline{n}}$ 的聚乙烯醇，与其他乙烯基聚合物的分子链在晶格中的构象正好相反，它的全同立构形式倾向于平面锯齿型，而间规立构形式易发生螺旋结构，其原因是这些构象对于生成分子内氢键更加有利。

在杂链聚合物中，主链原子间键的电子云作用要少得多。例如，在 CH_2 基中要考虑 3 个键，而在 O 键合中只考虑 1 个，其位垒只有碳键的 1/3 左右，因此，主链中含有氧原子的分子比碳链大分子更柔顺。例如 C—O 键的键长为 0.144nm，比 C—C 键的键长 0.154nm 短，这使等规聚乙醛分子链上两相邻甲基之间靠得更近，螺旋体直径增大，以 4_1 螺旋体存在；而等规聚丙烯以 3_1 螺旋体存在。

（2）溶液中理想的线团分子　除刚性很大的棒状大分子外，柔性链分子在溶液中均呈线团状无规蜷曲。在晶体中已成螺旋状的链，当溶解在溶剂中时，也会有部分成分和构型都均匀的大分子链改变构象，由棒状螺旋变为线团状构象，而只能部分保持原有的棒状小段。

如果线团直径足够大，则在电子显微镜中能够观察到这种大分子线团。由于分子总是在衬底上观察的，所以看到的是溶液中三维形态的二维投影图。例如，脱氧核糖核酸分子的电子显微镜照片表明，单体单元的局部构象是双螺旋状的。

2.5.3　高聚物的晶态结构

大量实验证明，高分子链凝聚在一起是可以结晶的。可以从熔体结晶，也可以从溶液结晶。只要高分子本身具有必要的规整结构，并给予适宜的条件，就会发生结晶而形成晶体。

X 射线衍射实验证明，在很多结晶聚合物中，高分子链确实堆砌成具有三维远程有序的点阵结构，即晶格。

迄今为止，聚合物的晶胞参数是利用多晶样品从 X 射线衍射实验测得的，如表 2-42 所示。由于多晶样品的衍射数据仍然显得不足，需将试样拉伸取向，再在适当条件下处理，使晶体长得尽可能大而完善。在此基础上，当入射 X 射线垂直于多晶样品拉伸方向时，可测定其衍射花样，这类衍射花样，称作"纤维图"。

表 2-42　结晶聚合物晶体结构参数[①]

| 聚　合　物 | 晶系 | 晶　胞　参　数 | | | | | | N 链构象 | 晶体密度 /(g/cm³) |
		$a \times 10^{-1}$/nm	$b \times 10^{-1}$/nm	$c \times 10^{-1}$/nm	α	β	γ		
聚乙烯	正交	7.417	4.945	2.547				2PZ	1.00
聚丙烯(全同)	单斜	6.65	20.96	6.50		99.3°		4H3₁	0.936
聚丙烯(间同)	正交	1.450	5.60	7.40				2H4₁	0.93
聚苯乙烯(全同)	三方	21.90	21.90	6.65				6H3₁	1.13
聚甲基丙烯酸甲酯(全同)	正交	20.98	12.06	10.40				4DH10₁	1.26
聚甲醛	三方	4.47	4.47	17.39				1H9₅	1.49
聚碳酸酯	单斜	12.30	10.10	20.80		84°		4Z	1.315
尼龙 6	单斜	9.56	17.2	8.01		67.5°		4PZ	1.23
聚偏氯乙烯	单斜	6.71	4.68	12.51		123°		2H2₁	1.954
聚四氟乙烯(<19℃)	准六方	5.59	5.59	16.88			119.3°	1H13₆	2.35
聚四氟乙烯(>19℃)	三方	5.66	5.66	19.50				1H15₇	2.30

①　N 表示晶胞中所含链数；PZ—平面锯齿型；Z—锯齿型；H—螺旋型；DH—双螺旋；N 链构象一栏中的后序指数 U$_t$（如 3₁，4₁ 等）表示 t 圈螺旋中含有 U 个重复单元。

以聚乙烯和聚丙烯为例。

研究表明，晶体中高分子链通常采取比较伸直的构象，以使其构象能尽可能降低。故聚乙烯分子链在晶体中呈平面锯齿型构象。

聚乙烯试样的 X 射线纤维图，如图 2-153 所示。

从图 2-153 层线间的间距可以求得聚乙烯的等同周期 $c = 0.2534$nm，每个等同周期中有一个单体单元。从赤道线的反射位置计算得到 $a = 0.740$nm，$b = 0.493$nm，又从第一层线的反射位置可以说明 c 垂直于 a、b。所以，单位晶胞属斜方晶系，其体积为 $a \times b \times c = V = 9.2 \times 10^{-29}$ m³。

又根据实验或通过计算的方法可以求得聚乙烯分子链在晶格中的排布情况，如图 2-154 所示。晶格角上每一个锯齿型分子链主链的平面和 bc 平面呈41°的夹角，而中央那个分子链和格子角上的每个分子链主轴平面成 82°。

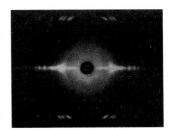

图 2-153　单轴取向聚乙烯的 X 射线衍射花样

由图 2-154 又可知，单位晶胞中单体（即链结构单元）的数目 $Z=2$，则晶胞密度可由式（2-14）计算：

$$\rho_{c}=\frac{MZ}{N_{A}V} \qquad (2\text{-}14)$$

式中，N_A 为阿伏伽德罗常数；M 为结构单元分子量（$M=28$）。

计算结果，$\rho_c=1.00g/cm^3$。

由于结晶条件的变化，引起分子链构象的变化或者链堆积方式的改变，则一种聚合物可以形成几种不同的晶型。聚乙烯的稳定晶型是正交晶系，拉伸时则可形成三斜或单斜晶系。其他在结晶中分子链取平面锯齿型构象的聚合物还有脂肪族聚酯、聚酰胺、聚乙烯醇等。

实验证明，等规聚丙烯的分子链呈螺旋型结构。用 X 射线衍射方法去研究等规聚丙烯，得出它的等同周期为 0.65nm，且每个等同周期中含有 3个单体单元。$a=0.665nm$，$b=2.096nm$，$\alpha=\gamma=90°$，$\beta=99.2°$，单位晶胞属于单斜晶系。

等规聚丙烯分子链在晶格中的排布情况如图 2-155 所示。由图 2-155 可知，单位晶胞中单体数目为 12。据此，可以计算出等规聚丙烯的密度 ρ_c。

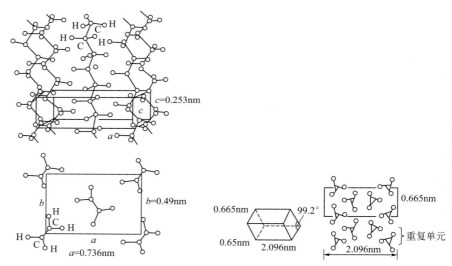

图 2-154　聚乙烯的结晶结构　　　　图 2-155　等规聚丙烯的结晶结构

与聚乙烯相同，随着结晶条件的不同，等规聚丙烯也有四种晶型或叫变态，即 α、β、γ、δ 体。其中，α 变态是最普遍的一种。晶型不同，聚合物的性质也不同，例如，等规聚丙烯中，α、β、γ 晶型的熔点各不相同，分别为 165℃、145~150℃ 和 155℃。α 晶型的硬度和刚性比 β 晶型大，而冲击强度和透明性比 β 晶型差。

由于聚合物分子具有长链结构的特点，结晶时链段并不能充分自由地运动，这就妨碍了分子链的规整堆砌排列，因而，高分子晶体内部往往含有比低分子晶体更多的晶格缺陷。所谓晶格缺陷，指的是晶格点阵的周期性在空间的中断。典型的高分子晶格缺陷是由端基、链扭结、链扭转所引起的局部构象错误所致。链中的局部键长、键角的改变和链的局部位移使聚合物晶体中时常含有许多歪斜的晶格结构。当结晶缺陷严重影响晶体的完善程度时，便导致所谓准晶结构，即存在畸变的点阵结构，甚至成为非晶区。

2.5.3.1　高分子的结晶形态

结晶形态学是研究尺寸大于晶胞的结构特征。影响结晶形态的因素是晶体生长的外部条件和晶体的内部结构。外部条件包括溶液的成分、晶体生长所处的温度、黏度、所受作用力的方式、作用力的大小等。随着结晶条件的不同，聚合物可以形成形态极不相同的晶体，如单晶、球晶、树枝状晶、纤维晶和串晶、柱晶、伸直链晶体等。它们对于聚合物的性能有着深刻的影响。

（1）单晶　早期，人们认为高分子链很长，分子间容易缠结，所以不容易形成外形规整的单晶。但是，1957 年，Keller 等人首次发现浓度约 0.01% 的聚乙烯溶液极缓慢冷却时可生成菱形片状的、在电子显微镜下可观察到的片晶，其边长为数微米至数十微米。它们的电子衍射图（电子束代替 X 射线）呈现出单晶所特有的典型衍射花样，如图 2-156 所示。随后，又陆续制备并观察到聚甲醛、尼龙、线型聚酯等单晶。例如聚甲醛单晶为六角形片晶，如图 2-157 所示。

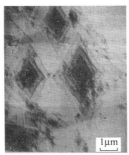

(a) 电镜照片　　　　　(b) 电子衍射图

图 2-156　聚乙烯单晶

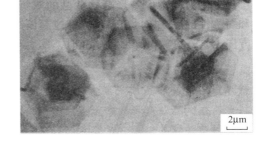

图 2-157　聚甲醛单晶的电子显微镜照片

聚合物单晶横向尺寸可以从几微米至几十微米，但其厚度一般都在 10nm 左右，最大不超过 50nm。而高分子链通常长达数百纳米。电子衍射数据证明，单晶中分子链是垂直于晶面的。因此，可以认为，高分子链规则地近邻折叠，进而形成片状晶体——片晶，这就是 Keller 的"折叠链模型"。

实际上，结晶过程包括初级晶核的形成和晶粒的生长两个过程。由若干个高分子链规则排列形成具有折叠链结构的晶核（一次核），只有当其大小达到某一临界值以上时，才能自发地稳定生长。结晶的一次核形成之后，其他分子链仍以折叠形式在其侧面以单分子层附着继续生长为单晶（又称二次成核），如图 2-158 所示。

片晶厚度对分子量不敏感，但随结晶温度 T_c 或过冷程度 ΔT（平衡熔点 T_m^0 与结晶温度 T_c 之差）变化而变化。一般，随着结晶温度升高（或过冷程度减小），片晶厚度增加，其关系式如下

$$l = \frac{2\sigma_e T_m^0}{\Delta h (T_m^0 - T_c)} \tag{2-15}$$

式中　l——理论计算的片晶厚度；

　　　Δh——单位体积的熔融热；

　　　σ_e——表面能。

从极稀溶液中得到的片晶一般是单层的，而从稀浓溶液中得到的片晶则是多层的。过冷程度增加，结晶速率加快，也将会形成多层片晶。此外，高分子单晶的生长规律与小分子相似，为了减少表面能，往

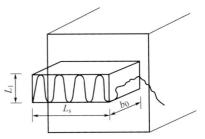

图 2-158　在已生成的晶核上
二次成核的示意

L_1—片晶厚度；L_s—片晶长度；
b_0—与分子直径相当的宽度

往是沿着螺旋位错中心不断盘旋生长变厚。例如，图 2-159 为聚甲醛单晶的螺旋型生长机制照片。

（2）球晶　球晶是高聚物结晶的一种最常见的特征形式。当结晶性高聚物从浓溶液中析出或从熔体冷却结晶时，在不存在应力或流动的情况下，都倾向于生成这种更为复杂的结晶形态。球晶呈圆球形，直径通常在 $0.5\sim100\mu m$ 之间，大的甚至达厘米数量级。例如，聚乙烯、等规聚丙烯薄膜未拉伸前的结晶形态就是球晶；不少结晶聚合物的挤出或注射制件的最终结晶形态也是球晶。较大的球晶（$5\mu m$ 以上）很容易在光学显微镜下观察到。在偏光显微镜两正交偏振器之间，球晶呈现特有的黑十字消光图像，如图 2-160 所示。

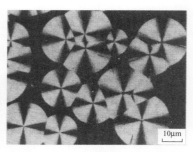

图 2-159　聚甲醛单晶的螺旋型生长机制　　图 2-160　全同立构聚苯乙烯球晶的偏光显微镜照片

黑十字消光图像是聚合物球晶的双折射性质和对称性的反映。一束自然光通过起偏镜后变成偏振光，使其振动（电矢量）方向都在单一方向上。一束偏振光通过球晶时，发生双折射，分成两束电矢量相互垂直的偏振光，这两束光的电矢量分别平行和垂直于球晶半径方向。由于两个方向的折射率不同，两束光通过样品的速度不等，必然要产生一定的相位差而发生干涉现象。结果，通过球晶的一部分区域的光线可以通过与起偏镜处于正交位置的检偏镜，另一部分区域的光线不能通过检偏镜，最后形成亮暗区域。

大量关于球晶生长过程的研究表明，成核初期阶段先形成一个多层片晶，然后逐渐向外张开生长，不断分叉形成捆束状形态，最后形成填满空间的球状晶体，见图 2-161。晶核少，球晶较小时，呈现球形；晶核多并继续生长扩大后，成为不规则的多面体，如图 2-162 所示。

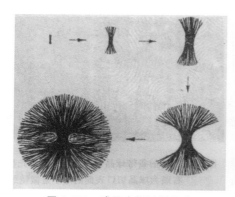

图 2-161　球晶生长过程示意

图 2-162　PEO 结晶过程正交偏光显微镜观察的生长球晶

另外，小角激光光散射法也早已发展成为研究高分子聚集态特别是球晶的有效方法，它适用于研究尺寸为几百纳米至几十微米的结构。这里不作介绍。

研究球晶的结构、形成条件、影响因素和变形破坏，有着十分重要的实际意义。球晶的大小直接影响聚合物的力学性能。球晶越大，材料的冲击强度越小，越容易破裂。另外，球晶大小对聚合物的透明性也有很大影响。通常，非晶聚合物是透明的，而结晶聚合物中晶相和非晶相共存，由于两相折射率不同，光线通过时，在两相界面上将发生折射和反射，所以呈现乳白色而不透明。球晶或晶粒尺寸越大，透明性越差。但是，如果结晶聚合物中晶相和非晶相密度非常接近，如聚 4-甲基-1-戊烯，则仍然是透明的；如果球晶或晶粒尺寸小到比可见光波长还要小时，那么对光线不发生折射和反射，材料也是透明的。

（3）树枝状晶　当结晶温度较低或溶液浓度较大或相对分子质量过大时，高分子从溶液析出结晶时不再形成单晶，结晶的过度生长会导致较为复杂的结晶形式，生成树枝晶，如图 2-163 所示。在树枝晶的生长过程中，也重复发生分叉支化，但这是在特定方向上择优生长的结果。

（4）纤维状晶和串晶　当存在流动场时，高分子链伸展，并沿着流动方向平行排列。在适当的情况下，可以发生成核结晶，形成纤维状晶，见图 2-164。应力越大，伸直链成分越多。纤维状晶的长度可以不受分子链平均长度的限制，电子衍射实验进一步证实，分子链的取向是平行于纤维轴的。因此，这样得到的纤维有极好的强度。

高分子溶液温度较低时边搅拌边结晶，可以形成一种类似于串珠式结构的特殊结晶形态——串晶，见图 2-165。这种聚合物串晶具有伸直链结构的中心线，中心线周围间隔地生长着折叠链的片晶，它是同时具有伸直链和折叠链两种结构单元组成的多晶体。应力越大，伸直链组分越多。图 2-166 为串晶的结构模型示意。由于具有伸直链结构的中心线，因而提供了材料的高强度、抗溶剂、耐腐蚀等优良性能。例如，聚乙烯串晶的杨氏模量相当于普通聚乙烯纤维拉伸 6 倍时的模量。在高速挤出淬火所得聚合物薄膜中也发现有串晶结构，这种薄膜的模量和透明度大为提高。

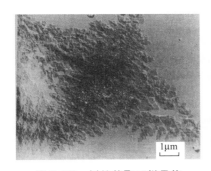

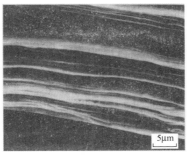

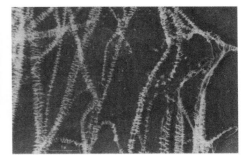

图 2-163　树枝状聚乙烯晶体　　图 2-164　从靠近转轴的晶种生长的　　图 2-165　线型聚乙烯串晶的电镜照片
　　　　　　　　　　　　　　　　聚乙烯纤维状晶（二甲苯，114℃）

（5）伸直链晶体　近年来，发现聚合物在极高压力下进行熔融结晶或者对熔体结晶加压热处理，可以得到完全伸直链的晶体，如图 2-167 所示。晶体中分子链平行于晶面方向，片晶的厚度基本上等于伸直了的分子链长度，其大小与聚合物分子量有关，但不随热处理条件而变化。该种晶体的熔点高于其他结晶形态，接近厚度趋于无穷大时的晶体熔点。为此，目前公认，伸直链结构是聚合物热力学上最稳定的一种凝聚态结构。

2.5.3.2　高分子的晶态结构模型

随着人们对高聚物结晶的认识的逐渐深入，在已有实验事实的基础上，提出了各种各样的模型，试图解释观察到的各种实验现象，进而探讨结晶结构与高聚物性能之间的关系。例如，20 世纪 40 年代 Bryant

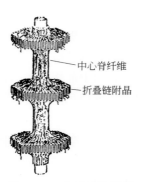

图 2-166　串晶结构模型

图 2-167　聚乙烯伸直链晶体的电镜照片

（结晶条件：225℃，486MPa，8h）

的缨状微束模型，20 世纪 50 年代 Keller 提出的折叠链模型以及 20 世纪 60 年代 Flory 提出的插线板模型等。不同观点之间的争论仍在进行之中。

（1）缨状微束模型　它是 Bryant 在 1947 年提出的。他们用 X 射线研究了许多结晶型高分子，结果否定了以往关于高分子无规线团杂乱无章的聚集态概念，证明不完善结晶结构的存在，并认为结晶高分子晶区与非晶区互相穿插同时存在。在晶区中，分子链互相平行排列成规整的结构，但晶区尺寸很小，一根分子链可以同时穿过几个晶区和非晶区，晶区在通常情况下是无规取向的；而在非晶区中，分子链的堆砌是完全无序的。这个模型有时也称为两相模型（见图 2-168）。这个模型解释了 X 射线衍射和其他许多实验结果，例如高聚物的宏观密度比晶胞的密度小，是由于晶区与非晶区的共存；高聚物拉伸后，X 射线衍射图上出现圆弧形，是由于微晶的取向；结晶高聚物熔融时有一定大小的熔限，是由于微晶的大小不同；拉伸聚合物的光学双折射现象，是因为非晶区中分子链取向的结果；对于化学反应和物理作用的不均匀性，是因为非晶区比晶区有比较大的可渗入性等。

（2）折叠链模型　用 X 射线衍射法研究晶体结构只能观察到几个纳米范围内分子有序排列的情况，不能观察到整个晶体的结构，有一定的局限性。20 世纪 50 年代以后，广泛采用电子显微镜来研究高聚物聚集态结构，可以直接观察到几十微米范围内的晶体结构。Keller 根据电镜观察的结果提出了折叠链模型，指出聚合物晶体中，伸展的高分子链倾向于以折叠的方式堆砌起来，如图 2-169 所示。

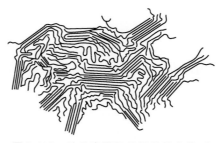

图 2-168　结晶高聚物的缨状微束模型

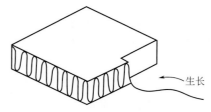

图 2-169　折叠链片晶的生长

（3）插线板模型 Flory 从他的高分子无规线团形态的概念出发，认为高聚物结晶时，分子链作近邻规整折叠的可能性是很小的。他以聚乙烯的熔体结晶为例，进行了半定量推算，证明由于聚乙烯分子线团在熔体中的松弛时间过长，而实验观察到聚乙烯的结晶速率又很快，结晶时分子链根本来不及作规整的折叠，而只能对局部链段作必要的调整，以便排入晶格，即分子链是完全无规进入晶片的。因此在晶片中，相邻排列的两段分子链并不像折叠链模型那样，是同一个分子的相连接的链段，而是非邻接的链段和属于不同分子的链段。在形成多层片晶时，一根分子链可以从一个晶片通过非晶区，进入到另一个晶片中去；如果它再回到前面的晶片中来的话，也不是邻接的再进入（见图 2-170）。为此，仅就一层晶片而言，其中分子链的排列方式与老式电话交换台的插线板相似（图 2-171），晶片表面上的分子链就像插头电线一样，毫无规则，也不紧凑，构成非晶区。所以通常把 Flory 模型称为插线板模型。中子小角散射（SANS）实验证明，晶态聚丙烯中，分子链的尺寸与它在 θ 溶剂中及熔体中的分子尺寸相同，有力地证明了晶体聚合物中分子链的大构象可以用不规则非近邻折叠链模型来描述。

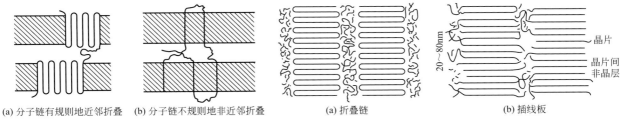

(a) 分子链有规则地近邻折叠　(b) 分子链不规则地非近邻折叠　(a) 折叠链　(b) 插线板

图 2-170　晶片中分子链折叠示意　　　　图 2-171　晶态聚合物的折叠链与插线板模型示意

2.5.3.3　结晶度表征

从以上讨论不难理解，细长、柔软而结构复杂的高分子链，一般很难形成十分完善的晶体。即使在严格的结晶条件下培养的单晶体，也不可避免包含许多晶体缺陷。实际晶态聚合物中，通常是晶区和非晶区同时存在的。结晶度即试样中结晶部分所占的质量分数（质量结晶度 x_c^m）或者体积分数（体积结晶度 x_c^v）。

$$x_c^m = \frac{m_c}{m_c + m_a} \times 100\% \tag{2-16}$$

$$x_c^v = \frac{V_c}{V_c + V_a} \times 100\% \tag{2-17}$$

式中，m_c 和 V_c 分别表示试样中结晶部分的质量和体积；m_a 和 V_a 分别表示试样非晶部分的质量和体积。

由于部分结晶聚合物中，晶区与非晶区的界限很不明确，无法准确测定结晶部分的量。因此，结晶度的概念缺乏明确的物理意义，其数值随测定方法不同而不同。较为常用的测定结晶度的方法有密度法，此外还有 X 射线衍射法、量热法、红外光谱法等。这些方法分别在某种物理量和结晶程度之间建立了定量或半定量的关系，故可称为密度结晶度、X 射线结晶度等，可用来对材料结晶程度作相对的比较。

密度法的基本依据是分子链在晶区规整堆砌，故晶区密度（ρ_c）大于非晶区密度（ρ_a）。或者说，晶区比体积（v_c）小于非晶区比体积（v_a）。部分结晶聚合物的密度介于 ρ_c 和 ρ_a 之间。

假定试样的比体积 v 等于晶区和非晶区比体积的线性加和，即

$$v = x_c^m v_c + (1 - x_c^m) v_a$$

则

$$x_c^m = \frac{v_a - v}{v_a - v_c} = \frac{1/\rho_a - 1/\rho}{1/\rho_a - 1/\rho_c} = \frac{\rho_c(\rho - \rho_a)}{\rho(\rho_c - \rho_a)} \tag{2-18}$$

假定试样的密度 ρ 等于晶区和非晶区密度的线性加和，即

$$\rho = x_c^v \rho_c + (1 - x_c^v) \rho_a$$

则

$$x_c^v = \frac{\rho - \rho_a}{\rho_c - \rho_a} \tag{2-19}$$

由式（2-19）可知，为了求得试样的结晶度，需要知道试样的密度 ρ、晶区的密度 ρ_c 和非晶区的密度 ρ_a。试样密度可用密度梯度管进行实测，晶区和非晶区的密度分别认为是聚合物完全结晶和完全非结晶时的密度。完全结晶的密度即晶胞密度，可由式（2-14）计算。完全非结晶的密度可以从熔体的比体积-温度曲线外推到被测温度求得。把熔体淬火，以获得完全非结晶的试样后进行实测。

实际上，许多聚合物的 ρ_c 和 ρ_a 都已有人测定过，可以从手册或文献中查到。表 2-43 列出了几种结晶型聚合物的密度。

表 2-43　几种结晶型聚合物的密度

聚　合　物	$\rho_c/(g/cm^3)$	$\rho_a/(g/cm^3)$	聚　合　物	$\rho_c/(g/cm^3)$	$\rho_a/(g/cm^3)$
聚乙烯	1.014	0.854	聚丁二烯	1.01	0.89
聚丙烯（全同）	0.936	0.854	天然橡胶	1.00	0.91
聚氯乙烯	1.52	1.39	尼龙 6	1.230	1.084
聚苯乙烯	1.12	1.052	尼龙 66	1.220	1.069
聚甲醛	1.506	1.215	聚对苯二甲酸乙二酯	1.455	1.336
聚丁烯	0.95	0.868	聚碳酸酯	1.31	1.20

2.5.4　高聚物的非晶态、取向及液晶态结构

2.5.4.1　非晶态结构

许多聚合物，如无规立构的聚苯乙烯、聚甲基丙烯酸甲酯等都是非晶态的，在结晶性聚合物中也都存在着非晶区。高分子链如何堆砌在一起形成非晶态结构，一直是高分子科学界热烈探索和争论的课题。目前主要有两种对立的学说。其一是 Flory 学派的无规线团模型，其二为 Yeh 等的局部有序模型。

早在 20 世纪 50 年代初，Flory 从高分子溶液理论的研究结果推论，提出了非晶态聚合物的无规线团模型［图 2-172(a)］。这种模型说明，在非晶态聚合物中，无论处于玻璃态、高弹态或熔融态，分子链的构象都与在溶液中一样，呈无规线团状，大分子链之间是贯穿的，它们之间可以缠结，但并不存在局部有序的结构，因而非晶态高分子在聚集态结构上是均相的。但是当时没有直接的实验证据。

20 世纪 70 年代以来，由于小角中子散射（SANS）技术的发展及其在非晶态聚合物结构研究中所取得的结果，有力地支持了 Flory 学派的无规线团模型。中子是一种不稳定的粒子，半衰期为 12min。中子是中性的，它和原子核碰撞可产生弹性散射和非弹性散射。SANS 是一种弹性中子散射技术，该技术在高分子方面的应用，主要是根据 H 和 D（氘）的散射振幅差别较大，将 D 代替 H 后，物质热力学性质在大多数情况下没发生变化，而在散射振幅上呈现差别，散射能力相差很大，中子散射反差很大。迄今，人

们采用 SANS 测定了多种氘代非晶聚合物固体"稀溶液"（即以氘代的聚合物为标记分子，把它分散在相应的非氘代的聚合物本体中，反之亦然）中分子链的旋转半径，同时研究了这些聚合物在其他有机溶剂中的中子散射情况，证明在所有情况下，旋转半径与重均分子量均成正比，聚合物本体中的分子链具有与它在 θ 溶剂相同的形态，即呈现为无规线团。标记聚合物的小角 X 射线衍射（SAXS，其散射角小于 2°，而广角 X 射线衍射 θ 为 10°～30°），得到了与 SANS 相同的结果。例如，不同溶剂和不同分子量的有机玻璃（PMMA）用中子散射及其他方法测得的旋转半径与重均分子量的关系曲线均成直线，如图 2-173 所示。溶剂为二氧六环时（良溶剂）斜率最大，丙酮（中等溶剂）次之，氯代正丁烷（θ 溶剂）的斜率最小。有机玻璃本体与在 θ 溶剂时的斜率基本相同，均为 0.5，即 $(\overline{s^2})^{1/2}_{本体} \approx (\overline{s^2})^{1/2}_{\theta} \propto M^{0.5}$。分子链的旋转半径也基本相同，如表 2-44 所示，两者间的差异仅为实验误差。

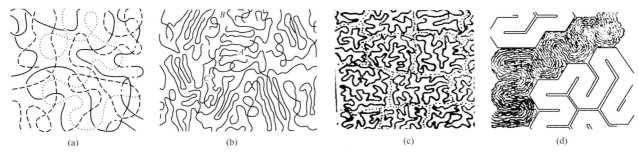

图 2-172　聚合物的非晶态模型示意

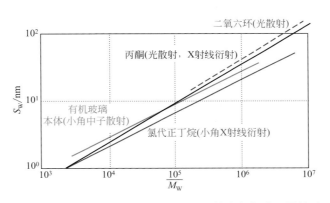

图 2-173　有机玻璃（PMMA）的分子旋转半径与分子量关系

表 2-44　有机玻璃（PMMA）的分子形态（$\overline{M}_w=25000$）

溶　　　剂	$(\overline{s^2})^{1/2}_w$/nm	溶　　　剂	$(\overline{s^2})^{1/2}_w$/nm
二氧六环(25℃)	17.0	氯代正丁烷(35℃)	11.0
丙酮(25℃)	14.0	氘代有机玻璃(25℃,外推到 $c=0$ 时)	11.6

根据电子显微镜观察发现，非晶态结构中可能存在某种局部有序的束状或球状结构。Yeh 于 1972 年提出了折叠链缨状胶束粒子模型，简称两相球粒模型。这种模型说明，非晶态高分子存在着一定程度的局部有序，由粒子相和粒间相两部分组成。粒子相又可分成有序区（OD）和粒界区（GB）两部分。OD 的大小约为 2～4nm，分子链是互相平行排列的，其有序程度与热历史、链结构和范德瓦耳斯相互作用等因素有关。有序区周围有 1～2nm 大小的粒间区，由折叠链的弯曲部分构成。而粒间相则由无规线团、低分子物、分子链末端和联结链组成，尺寸约为 1～5nm，见图 2-172（b）。该模型的重要特征是存在粒间区。这个无序区可以解释橡胶回缩力的本质，即粒间区首先为回缩力提供了所需的熵。无序区

又存在着过剩的自由体积，由此可以解释非晶聚合物的延性、塑性形变。模型中有序区的存在为聚合物能迅速结晶并生成折叠链结构提供了依据。通常，非晶高聚物的密度比完全无序模型的计算值要高，有序的粒子相和无序的粒间相并存的两相球粒模型又可对这一问题进行有效的解释。即非晶聚合物的比体积按照加和性原则可由下式表示：

$$v_A = v_G \varphi_G + v_{IG} \varphi_{IG}$$

式中，v_A、v_G、v_{IG} 分别为试样、粒子相、粒间相的比体积；φ_G、φ_{IG} 分别为粒子相和粒间相的体积分数。

此外，认为非晶态聚合物局部有序的还有 Vollmert 提出的分子链互不贯穿，各自成球的塌球模型，见图 2-172 (c)，还有 W.Pechhold 等提出的非晶链束整体曲折的曲棍状模型，见图 2-172 (d)。

2.5.4.2　取向态结构

高分子是长链结构，分子链充分伸展时，其长度是宽度的几百、几千甚至几万倍，因此，分子形态具有显著不对称性，使它们在外力作用下，容易发生取向，即分子链、链段及结晶聚合物的晶片沿外力作用方向择优排列。取向态不同于结晶态，它们只是一维或二维上一定程度的有序，而结晶则是分子链规整堆砌而成的三维有序的点阵结构。未取向的高分子材料，其链段任意取向，使材料各向同性。而取向了的高分子材料，链段或晶片在某一方向上有序排列，因而，材料呈现各向异性。如取向后，在取向方向上，材料的力学性能，如拉伸强度、挠曲强度等，显著增强，而在垂直于取向方向的方向上则降低。又如光学性能，取向高分子材料呈现双折射现象，即与取向方向平行和垂直的两个方向上的折射率不同，它们的差值称为双折射率，用来表征材料的光学各向异性。此外，取向还使高分子材料玻璃化转变温度提高，结晶聚合物取向后，密度和结晶度都会提高，从而提高了高分子材料的使用温度。

高分子材料的取向方式分两种：一种是单轴取向，如在纤维纺丝加工过程中，从喷丝孔出来的丝中，分子链已经有些取向了，再经牵伸若干倍，分子链沿纤维轴方向一维有序排列，使纤维强度大大增加。另一种是双轴取向，薄膜经双向拉伸后，取向单元在二维方向上择优排列，分子链取平行于薄膜平面上的任何方向，使薄膜在各个方向上的强度均有所提高。

高分子材料在诸如挤出、压延、吹塑、纺丝、牵引等加工过程中发生分子链取向。取向过程是高分子的运动单元在外力作用下进行运动，调整相互位置的过程。对于非晶态高分子，取向单元有两种：一是链段，二是高分子链。取向时，链段沿外力方向排列，但分子链的主轴方向可能是无序的。分子链取向时，分子链的主轴沿外力方向排列，但链段的排列可能是无序的（见图 2-174）。

取向过程是一种在外力帮助下实现分子排列有序化的过程，而热运动却使分子取向紊乱无序，即为解取向过程。取向态是一种非平衡状态，一旦外力除去，链段或分子便自发解取向，恢复原来无序状态。并且越易取向的，解取向也越容易。因此，除去外力后，首先发生链段解取向，然后才是整根链的解取向。

结晶高聚物在外场作用下取向时，除了有非晶区中的链段或整链取向外，还可能有微晶的取向。结晶结构的稳定性使得结晶聚合物的取向态比非晶聚合物的取向态稳定，只要晶格不被破坏，就不会发生解取向。

在实际应用中，常利用取向与解取向速率不同来控制材料的取向状态，以获得所需的性能。例如，纤维生产中，用牵伸方法使其单轴取向，虽能大幅度提高纤维轴向的强度，但是纤维的弹性受破坏，其断裂伸长率下降，纤维变脆。为克服此弊端，加工成型时，采用缓慢的取向过程，

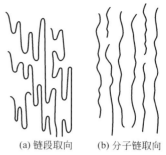

(a) 链段取向　　(b) 分子链取向

图 2-174　高分子链取向示意

使大尺寸运动单元-整个高分子链得到很好取向，可获高强度。然后，采用快速过程使小尺寸运动单元-链段解取向，可获弹性。这样，使得纤维既具有高强度，又具有适当的弹性。

分子活动能力决定其取向态的稳定性。刚性分子活动能力低，其取向态稳定，能防止自发变形，但弹性不足。取向态稳定又具弹性的高分子链必定具有刚柔兼备的结构，而非晶高分子难以具有这样的结构。而结晶高分子中晶区部分可以维持住其取向态的稳定性，非晶区部分又提供了必要的弹性，由此结晶高分子能达到稳定的取向与适度弹性的统一。因此，大多数合成纤维和薄膜都由结晶高分子制备。

2.5.4.3　液晶态结构

一些物质的结晶结构受热熔融或被溶剂溶解之后，表观上虽然失去了固体物质的刚性，变成了具有流动性的液体物质，但结构上仍然保持着一维或二维有序排列，从而在物理性质上呈现出各向异性，形成一种兼有部分晶体和液体性质的过渡状态，这种过渡状态称为液晶态，处在这种状态下的物质称为液晶。

液晶包括液晶小分子和液晶高分子。液晶高分子与液晶小分子化合物相比，具有高分子量和高分子化合物的特性；与其他高分子相比，又有液晶相所特有的分子取向序和位置序。高分子量和液晶相序的有机结合，赋予液晶高分子独特的性能。例如，液晶高分子具有高强度、高模量，被用于制造防弹衣、缆绳及航天航空器的大型结构部件；液晶材料热膨胀系数最小，适用于光导纤维的被覆；其微波吸收系数小，耐热性好，适用于制造微波炉具；具铁电性，适用于显示器件、信息传递和热电检测等。

大多数液晶物质是长棒状的或长条状的。这些长棒状分子的基本化学结构如下：

$$R-\text{〇}-X-\text{〇}-R$$

它的中心是一个刚性的核，核中间有的有一个桥键—X—，例如 —CH=N—、—N=N—、—N=N(O)—、—COO— 等，两侧有苯环或者脂环、杂环组成，形成共轭体系。分子的尾端含有较柔性的极性基团或者可极化的基团—R、—R′，例如酯基、氰基、硝基、氨基、卤素等。上述棒状液晶可以以 ～～～ 核 ～～～ 简单表示。理论和实验都已表明，只有当分子的长宽比大于 4 左右的物质才有可能呈液晶态。例如，N-对戊苯基-N′-对丁苯基对苯二甲亚胺（TBPA）。

$$C_5H_{11}-\text{〇}-N=CH-\text{〇}-CH=N-\text{〇}-C_4H_9$$

根据液晶的形成条件，将通过加热熔融，在某温度范围内成为液晶态的物质称作热致型液晶，如 4,4′-二甲氧基氧化偶氮苯。而将溶于某种溶剂中，在一定浓度范围内成为液晶态的物质称作溶致型液晶。

根据分子排列的形式和有序性不同，液晶可分为如图 2-175 所示的三类。

① 近晶型　棒状分子互相平行排列为层状结构，长轴垂直于层平面。层间可相对滑动，而垂直层面方向的流动困难。这是最接近结晶结构的一类液晶。其黏性较大。

② 向列型　棒状分子互相平行排列，但其重心排列是无序的，只保存一维有序性。分子易沿流动

方向取向和互相穿越。故向列型液晶流动性较大。

③ 胆甾型　扁平的长形分子靠端基相互作用彼此平行排列为层状结构，长轴在平面内。相邻层间分子长轴取向由于伸出面外的光学活性基团相互作用，依次规则扭转一定角度，而成螺旋面结构。两取向相同的分子层之间的距离称胆甾液晶的螺距。这类液晶有极高的旋光特性。

液晶高分子是具有液晶性的高分子。它是由小分子液晶基元键合而成的。这里所谓液晶基元，是指高分子液晶中具有一定长宽比的结构单元。绝大多数液晶高分子都含有刚性棒状的结构单元。

高分子液晶按其液晶基原所处位置不同而分为主链型和侧链型液晶。主链液晶的主链即由液晶基原和柔性链节相间组成。侧链液晶的主链为柔性，刚性的液晶基原接在侧链上。一般情况下，侧链液晶高分子的主干链是相当柔顺的。如果侧链型液晶高分子的主干链和支链上均含有液晶基元，这种高分子被称为组合式液晶高分子。如果用刚棒代表液晶基元，各类液晶高分子的分子构造可用图 2-176 表示。无论是主链液晶还是侧链液晶，都有热致型液晶和溶致型液晶两种。

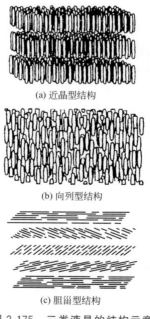

(a) 近晶型结构

(b) 向列型结构

(c) 胆甾型结构

图 2-175　三类液晶的结构示意

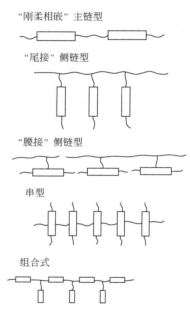

"刚柔相嵌" 主链型

"尾接" 侧链型

"腰接" 侧链型

串型

组合式

图 2-176　液晶高分子的分子构造示意

2.5.5　高分子合金的织态结构

高分子合金又称多组分聚合物。该体系中存在两种或两种以上不同的聚合物组分，不论组分之间是否以化学键相互连接。典型的高分子合金如图 2-177 所示。其中，互穿聚合物网络（简称 IPN）是用化学方法将两种或两种以上的聚合物互穿成交织网络。两种网络可以同时形成，也可以分步形成。如果聚合物 A，B 组成的网络中，有一种是未交联的线型分子，穿插在交联的另一种聚合物中，称为半互穿聚合物网络。

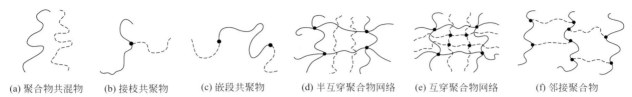

(a) 聚合物共混物　(b) 接枝共聚物　(c) 嵌段共聚物　(d) 半互穿聚合物网络　(e) 互穿聚合物网络　(f) 邻接聚合物

图 2-177　典型的高分子合金

高分子合金的制备方法可分为两类：一类称为化学共混，包括接枝共聚、嵌段共聚等；另一类称为物理共混，包括机械共混合溶液浇铸共混等。

按照共混物的性能与应用分类，聚合物共混物可分类如下：①塑料为连续相（即基体）、橡胶为分散相的共混物，如三元乙丙橡胶（EPDM）改性聚丙烯（PP），以橡胶为分散相的主要目的是增韧，以克服基体塑料的脆性；②橡胶为连续相、塑料为分散相的共混体系，例如少量聚苯乙烯和丁苯橡胶共混，其目的主要是提高橡胶的强度；③两种塑料共混体系，例如聚苯醚（PPO）和聚苯乙烯（PS）形成相容的均相体系，其熔体流动温度和黏度下降很多，大大改善了 PPO 的加工性能；④两种橡胶的共混体系，主要目的是降低成本、改善加工流动性以及改善产品的其他性能。

共混得到的高分子合金可能是非均相体系，也可能是均相体系，依赖于共混组分之间的相容性。两种高分子掺和在一起，能不能混合，混合的程度如何，这就是高分子的相容性问题。不言而喻，高分子-高分子混合物的织态结构与混合组分高分子之间的相容性有着密切的关系。从溶液热力学已知：

$$\Delta G = \Delta H - T\Delta S$$

对于聚合物共混物，如果 $\Delta G < 0$，则两组分是互容的；反之，则是不互容的。由于高分子的分子量很大，混合时熵的变化很小，而且多种高分子的混合过程一般又是吸热过程，即 ΔH 是正值，ΔG 往往是正的，因而绝大多数高分子合金都是不相容的，结果形成非均相的混合物，即所谓"两相结构"和"两相体系"。而这又往往正是人们所追求的，因为如果高分子-高分子混合物能达到分子水平的混合，或者说完全相容，则结果形成均相的混合物（如 PS/PPO 体系），反倒显示不出希望获得的特性了。在不完全相容的高分子-高分子混合物中，还存在着混合程度的差别，而这种混合的程度仍然与高分子-高分子之间的相容性有关。因此，高分子的相容性概念不像低分子的互容性那么简单，不只是指相容不相容，而且还注意相容性的好坏。对于高分子合金，在物理共混中，加入第三组分增容剂，是改善两组分间相容性的有效途径。增容剂可以是与 A、B 两种高分子化学组成相同的嵌段或接枝共聚物，也可以是与 A、B 的化学组成不同但能分别与之相容的嵌段或接枝共聚物。高分子合金的两相结构对其性能起着决定性的作用，例如实现了高模量与韧性、韧性与耐热性的结合。

为了揭示高分子合金的结构与性能的关系，人们已经对其形态学进行了大量研究。电子显微镜在这些研究中发挥了很大作用。高分子合金形态学的典型示例为按照紧密堆砌原理得出的二嵌段及三嵌段共聚物的形态示意图，如图 2-178 所示。

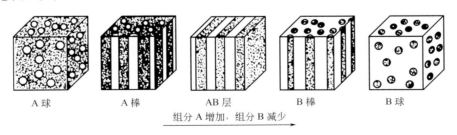

A 球　　A 棒　　AB 层　　B 棒　　B 球

组分 A 增加，组分 B 减少 →

图 2-178　含有 A 嵌段（白相）和 B 嵌段（黑相）的二嵌段及三嵌段的共聚物的形态

　　一般来说，含量少的组分形成分散相，含量多的组分形成连续相。随着分散相含量的逐渐增加，分散相从球状分散变成棒状分散，到两个组分含量相近时，则形成层状结构，这时两个组分在材料中都成连续相。大多数实际的共混高聚物的织态结构要更复杂些，通常也没有这样规则，可能出现过渡形态，或者几种形态同时存在。例如球和短棒或不规则的条、块等形状同时作为分散相存在于同一共混高聚物中。

　　对于一个组分能结晶或者两组分都能结晶时，合金的形态结构的基本情况如图 2-179 和图 2-180 所示。图 2-179 示意出晶态-非晶态共混物的形态结构。当非晶高分子为基体时，晶粒或球晶分散在非晶区中。而当结晶程度大时，结晶高分子为连续相（基体），非晶高分子分散在球晶中，或非晶高分子聚集成较大的相畴分布在球晶中。图 2-180 示意出晶态-晶态聚合物共混物的形态结构。当两种高分子的结晶度均较低时，非晶高分子为连续相，两种晶粒或晶粒和球晶分散在非晶区中。当两种高分子的结晶度都很高时，可能生成两种不同的球晶，也可能共同生成混合型的球晶，其中分布着非晶相。

(a) 晶粒分散在非晶区中

(b) 球晶分散在非晶区中

(c) 非晶态分散在球晶中

(d) 非晶态聚集成较大的相畴分布在球晶中

图 2-179　晶态-非晶态共混物形态结构

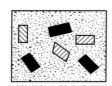
(a) 两种晶粒分散在非晶区中

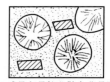
(b) 球晶和晶粒分散在非晶区

(c) 分别生成两种不同的球晶

(d) 共同生成混合型的球晶

图 2-180　晶态-晶态聚合物共混物的形态结构

2.6 复合材料的细观结构

2.6.1　复合材料及其组成

　　复合材料是由两种或两种以上异质、异形、异性的原材料通过某工艺组合而成的一种新的材料。它既保留了原组分材料的主要特性，又通过复合效应获得原组分所不具备的新性能。现代复合材料可以通过设计使各组分的性能互相补充并彼此关联，从而获得新的优越性能，它与一般材料的简单混合有本质的区别。

　　从复合材料的定义中可以看出，一般材料的简单混合与复合材料的本质区别主要体现在两个方面：其一是复合材料不仅保留了原组分材料的特点，而且通过各组分的相互补充和关联可以获得原组分所没有的新的优越性能；

2

其二是复合材料的可设计性，如结构复合材料不仅可根据材料在使用中受力的要求进行组元选材设计，更重要的是还可以通过调整增强体的比例、分布、排列和取向等因素，进行复合结构设计。

复合材料是由基体、增强体和两者之间的界面组成，复合材料的性能则取决于增强体与基体的比例以及三个组成部分的性能。

2.6.1.1　复合材料的基体

基体是复合材料中的连续相，起到将增强体黏结成整体、赋予复合材料一定形状、传递载荷、保护增强体免受外界环境侵蚀的作用。复合材料常用的基体主要有聚合物、金属、陶瓷、水泥和碳等。

聚合物基复合材料是复合材料的主要品种，其产量远远超过其他基体的复合材料。习惯上把橡胶基复合材料划入橡胶材料，所以聚合物基体一般仅指热固性聚合物与热塑性聚合物。

常用热固性基体有不饱和聚酯树脂、环氧树脂和酚醛树脂等。室温低压成型是不饱和聚酯树脂的突出特点，是玻璃纤维增强塑料的常用基体；环氧树脂广泛用作碳纤维复合材料及绝缘复合材料；酚醛树脂则大量用于摩擦复合材料。

热塑性聚合物基复合材料发展较晚，但这类复合材料具有不少热固性聚合物所不具备的优点，发展速度很快。首先是该类聚合物本身的断裂韧性好，提高了复合材料的冲击能力；其次是吸湿性低，可改善聚合物基复合材料的耐环境能力。用作复合材料基体的热塑性聚合物较多，包括各种通用塑料（如聚丙烯、聚氯乙烯等）、工程塑料（如尼龙、聚碳酸酯等）以及特种耐高温聚合物（如聚醚醚酮、聚醚砜及杂环类聚合物等）。

用作金属基复合材料的金属有铝及铝合金、镁合金、钛合金、铜与铜合金、锌合金、铅、钛铝、镍铝金属间化合物等。基体材料成分的正确选择对能否充分组合和发挥基体金属和增强体的性能、特点，获得预期的优异综合性能，满足使用要求十分重要。用于各种航空、航天、先进武器、汽车等结构件的复合材料一般均要求有高的比强度和比刚度，有高的结构效率，因此大多选用铝及铝合金、镁及镁合金作为基体金属。目前研究发展较成熟的金属基复合材料主要是铝基、镁基复合材料，用它们制成的各种高比强度、高比模量的轻型结构件，广泛用于航空、宇航、汽车等领域。

由于陶瓷材料主要以共价键和离子键结合，同时晶体结构较为复杂，这使得陶瓷材料的断裂通常为脆性断裂，影响了其作为结构材料的广泛使用。为此，在陶瓷基复合材料中引入第二相颗粒、晶须以及纤维的主要目的是提高陶瓷材料的韧性；用作基体材料的陶瓷一般应具有优异的耐高温性能、与增强相之间有良好的界面相容性以及较好的工艺性能。常用的陶瓷基体主要包括玻璃、玻璃陶瓷、氧化物和非氧化物等。

陶瓷基复合材料大多以航空发动机为应用背景，选择耐高温陶瓷基体应使基体具有较高的熔点、较低的高温挥发性、良好的抗蠕变性能和抗热震性能以及良好的抗氧化性能。目前用作陶瓷基复合材料基体的氧化物主要有氧化铝、氧化锆、莫来石、锆英石；非氧化物主要有氮化硅、碳化硅、氮化硼等，目前研究较多的是碳纤维增韧碳化硅和碳化硅纤维增韧碳化硅。

水泥基复合材料是指以水泥净浆、水泥砂浆或混凝土为基体与其他材料组合形成的复合材料。主要分为两大类：纤维增强水泥基复合材料和聚合物混凝土复合材料。

碳/碳复合材料的碳基体可以从多种碳源采用不同的方法获得，典型的基体有树脂碳和热解碳，前者是合成树脂或沥青经碳化和石墨化而得，后者是由烃类气体的气相沉积而成。当然，也可以是这两种碳的混合物。

2.6.1.2　复合材料的增强体

增强体是高性能结构复合材料的关键组分，在复合材料中起着增加强度刚度、改善性能的作用。增强体按形态分为颗粒状、纤维状、片状、立体编织物等。一般按化学特征来区分，即无机非金属类（共价键和离子键）、有机聚合物类（共价键、高分子链）和金属类（金属键）。常用纤维增强体的品种及性能见表 2-45。高强度碳纤维和高模量碳纤维性能异常突出，碳化硅纤维、硼纤维和有机聚合物的聚芳酰胺、超高分子量聚乙烯纤维也具有很好的力学性能。

2.6.2 复合材料的细观结构

复合材料按增强体的几何形状和细观结构可以分为颗粒增强型、纤维增强型、层板状复合材料和混杂复合材料。复合材料的性能除了取决于增强材料本身的性能外，还取决于增强体的形态，因此这些不同细观结构对复合材料的性能影响是不同的。

2.6.2.1 颗粒复合材料

复合材料中的颗粒增强体，按颗粒尺寸的大小可以分为颗粒增强型和弥散增强型两类。颗粒增强型是颗粒尺寸在 $0.1\sim1\mu m$ 以上的颗粒增强体，它们与金属基体或陶瓷基体复合的材料在耐磨性能、耐热性能及超硬性能方面都有很好的应用前景；弥散增强型是颗粒尺寸在 $0.01\sim0.1\mu m$ 范围内的微粒增强体，其强化机理与颗粒增强型不同，由于微粒对基体位错运动的阻碍而产生强化，属于弥散强化原理，如 $Ni-ThO_2$ 系和 $Mo-ZrO_2$ 系。

在颗粒增强复合材料中，虽然载荷主要由基体承担，但颗粒也承受载荷，并约束基体的变形，颗粒阻止基体位错运动的能力越大，增强效果越好。按颗粒所起作用的不同，颗粒增强体又可以分为延性颗粒增强体和刚性颗粒增强体两类。延性颗粒增强体是指加入到陶瓷、玻璃、微晶玻璃等脆性基体中的金属颗粒。目的是增加基体材料的韧性。延性颗粒增韧作用源自其塑性。增韧机理大致分为两类：①桥联机制，延性颗粒拦截裂纹，并在裂纹尾区塑性伸张，这样既消耗了能量，又使裂纹得以被桥联，从而提高复合材料的断裂韧性；②区域屏蔽机制，延性颗粒的塑性变形对宏观裂纹尖端的外加应力场形成屏蔽，从而使复合材料的韧性得以提高。在这种机制下，延性颗粒的尺寸大小及延性相的屈服强度值等因素对增韧效果有显著的影响。如在 AlO_3/Al 复合材料体系中，由于金属颗粒的加入，材料的韧性显著提高，但高温力学性能有所下降。

刚性颗粒增强体一般具有以下特点：①高模量、高强度、高硬度、高热稳定性和化学稳定性；②增强体与基体之间具有一定的结合度，否则在界面

表 2-45　纤维增强体的典型品种及性能

性　能	聚合物纤维			碳　纤　维			无机纤维		
	聚芳酰胺		聚乙烯	标准级	高强中模	高强高模	玻璃纤维	碳化硅纤维	氧化铝纤维
	Kevlar-49	Kevlar-129		T300	T800H	M60J			
密度/g·cm³	1.45	1.44	0.96	1.76	1.81	1.91	2.54	2.74	3.75
强度/GPa	2.80	3.40	3.43	3.53	5.49	3.82	3.43	2.80	3.20
模量/GPa	109.0	96.9	98.0	230.0	294.0	588.0	72.5	270.0	370.0
伸长率/%	2.5	3.3	4.0	1.5	1.9	0.7	4.8	1.4	0.5

处易诱发裂纹，从而降低韧性；③增强体热膨胀系数大于基体材料，形成热膨胀系数失配，促使基体处于径向受张、切向受压的应力状态，促使裂纹绕刚性颗粒增强体偏析，可抑制基体内部微裂纹生长，使材料的韧性得以提高；④在一定范围内，增大增强体颗粒粒径，复合材料的韧性可以提高，但强度降低；⑤不同形貌的刚性颗粒增强体对于裂纹的偏析、桥联作用不同。刚性颗粒增强陶瓷基复合材料比单相陶瓷具有更好的高温力学性能。这类材料能够耐高温、高应力，是制造切削刀具、高速轴承和陶瓷发动机部件的优良材料。刚性颗粒增强体可分为氧化物颗粒（如 Al_2O_3、ZrO_2、TiO_2 等）和非氧化物颗粒（如 Si_3N_4、SiC、BC、TiB_2、Cr_7C_3 等）。

2.6.2.2　纤维复合材料

纤维复合材料按增强纤维的长度可以分为连续纤维增强型和非连续纤维增强型两大类；而非连续纤维增强型复合材料按纤维的长短又有短纤维增强型和晶须增强型之分；按短纤维在复合材料中的排列方式又有随机排列和定向排列之分；按纤维的种类可以分为玻璃纤维增强、碳纤维增强、芳纶纤维增强、氧化铝纤维增强、石英纤维增强、钛酸钾纤维增强和金属丝增强等；而按金属丝的种类又可分为钨丝、铜丝、不锈钢丝等。其增强机理是高强度、高模量的纤维承受载荷，基体只是作为传递和分散载荷的媒介。这类复合材料的强度除与纤维和基体性能、纤维体积分数有关外，还与纤维与基体界面的结合强度，基体剪切强度和纤维排列、分布及断裂形式有关。

2.6.2.3　层合复合材料

层合复合材料至少是由两层不同材料胶合而成的。层合的目的是为了将组分层的优点组合起来以得到更为有用的材料。用层合法增强的性能有强度、刚度、轻质、耐腐蚀、耐磨损、美观或绝热性、隔声性等。典型的如双金属、Glare 层板、夹层玻璃以及纤维增强层合板。通常层合复合材料指纤维增强层合板。

层合复合材料是包含纤维复合与层合工艺的混合型复合物，层合复合材料一般是由不同方向的纤维铺层组成的，所以在不同方向上得到的强度和刚度是不同的，于是层合复合材料的强度与刚度能按照构件特定的设计要求来设置铺层。

2.6.2.4　混杂及超混杂复合材料

混杂纤维复合材料是指由两种或两种以上的纤维增强同一种树脂基体而构成的复合材料，通常一种为低断裂应变纤维，另一种为高断裂应变纤维。混杂的目的就在于保持组分材料优点的同时，获得优良的综合性能，既降低成本，又提高材料的实用性。混杂纤维复合材料有时称为混杂复合材料。混杂复合材料最早出现于 20 世纪 70 年代初。它是复合材料领域重要的发展方向。混杂纤维复合材料能够广泛地满足设计与结构形式的需要，它不仅来源于参与混杂的纤维种类、性能和基体，更多的是可采用不同的混杂方式，根据制件结构的需要进行铺叠来复合。

混杂复合材料的混杂方式大体可分为以下几种类型。

（1）层内混杂复合材料　由两种或两种以上纤维组成同一铺层铺叠而成的层合板，如图 2-181（a）所示。

（2）层间混杂复合材料　由两种或两种以上不同纤维铺层相间铺叠而成的层合板，如图 2-181（b）所示。

（3）层内-层间混杂复合材料　同时存在层内和层间两种混杂形式的层合板，如图 2-181（c）所示。

（4）混杂织物复合材料　由两种或两种以上纤维在经、纬两方向上交织成织物所构成的混杂复合材料，如图 2-181（d）所示。

例如碳纤维增强塑料的最大缺点是破坏应变小，所以破坏韧性小，呈脆性。为此采用碳纤维增强层合板作飞机的主要结构件会突发性的破坏就是一大弊病。因此在碳纤维增强塑料中，可以通过加入玻璃纤维或凯芙拉来增加它的韧性，并能防止裂纹发生以及改善耐冲击性，这也是混杂化的目的之一。从力学观点看，混杂化也是提高性能的一条途径。

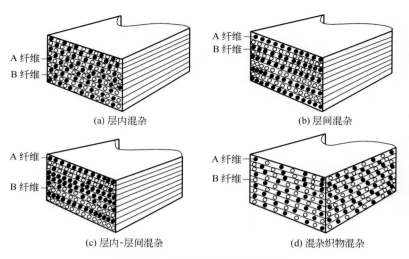

图 2-181　混杂复合材料混杂方式

超混杂复合材料是 20 世纪 80 年代初开发的一类具有优良性能的新型结构材料。纤维增强金属层合板是超混杂复合材料一个很大的类别。利用胶黏剂把中间夹有增强纤维的两层或多层薄金属板胶接在一起而制成的层合板，称为超混杂复合材料，也称纤维金属胶接层合板。所用的金属薄板多为铝合金、铝锂合金、铝铜合金、铝锌合金、钛合金、钢等，以及其他一些金属结构材料。金属板的厚度一般为 0.1～0.3mm。增强纤维多用玻璃纤维、芳纶纤维、碳纤维等。增强纤维形式有单向无纬布、编织物、短切纤维，所用胶黏剂可以采用热固性树脂，也可以采用热塑性树脂。该材料具有高强度、高韧性、耐高温及良好的加工性能。相继应用于飞机的舱门和飞机的机翼蒙皮，近二十年来，获得了迅速的发展和应用。

目前应用较多的超混杂复合材料有两类：一类是芳纶纤维/环氧-铝/环氧超混杂复合材料，简称（ARALL），另一类是碳纤维/环氧-铝/环氧超混杂复合材料，简称（CRALL）。由薄的经表面处理并涂底胶的铝合金板和芳纶纤维预浸料交替铺叠，经加温加压固化而成的层合板，即为 ARALL。由薄的经表面处理并涂底胶的铝合金板和碳纤维预浸料交替铺叠，经加温加压固化而成的层合板，即为 CRALL。

由于 ARALL 层合板具有优异的综合性能，使得这种材料可用于制作飞机上某些结构件，尤其对承受大的拉伸和疲劳载荷的结构。典型的应用有：①F-27 机翼下面板（可减轻质量 33%，疲劳寿命提高 3 倍）；②C-17 军用运输机货舱门（可减轻质量 23%）；③A330/A340 飞机的前机身段座舱顶部壁板、加强板和止裂带的壁板（可减轻质量 25%）。

要点总结

拓展阅读

第3章
固体中的扩散

导读 C))

2015 年，我国拥有完全知识产权的大型盾构机在长沙下线，结束了国外长达一个世纪的技术垄断。如今，中国盾构机制造水平已达到世界一流，生产的超大直径盾构机远销法国、波兰、澳大利亚等国家。

图 1　盾构机

图 2　渗碳工艺与组织金相图

盘形滚刀作为盾构机主要工作单元，需要具备超高的强度、硬度与耐磨性能。采用渗碳处理方法，将碳原子扩散进盾构机刀头钢材表面中，显著提高刀头的硬度和耐磨性，如图 2 所示。

采用激光熔覆技术，在刀口表面形成硬质合金涂层，涂层中的原子通过扩散与钢基体形成良好的冶金结合。可以说，扩散原理是盾构机刀头强化最重要的理论基础之一。

图 3　激光熔覆工艺与组织金相图

◉ 为什么学习固体中的扩散？

固体中的扩散即原子迁移问题是材料微观组织和性能演变的核心问题。从唯象理论的菲克第一定律、第二定律，再到两种乃至多种原子相对运动情况下的达肯方程，扩散系数的引入将扩散的物理问题变成了数学求解，从而帮助材料科研人员对材料的演变尤其是微观成分和组织的变化进行量化预测和分析。

◉ 学习目标

从渗碳工程问题引入，掌握扩散的唯象理论（包括菲克第一定律、第二定律及其适用条件）和典型求解形式，能熟练运用扩散定律解决实际渗碳（或渗氮、渗金属）、焊接、半导体掺杂等工程问题。掌握扩散的微观理论及影响因素，正确理解克肯达尔效应以及上坡扩散的产生机制，全面掌握扩散的热力学分析方法。本章的难点是达肯方程的推导以及反应扩散的动力学问题。

（1）扩散的基本理论：菲克第一定律、菲克第二定律、间隙扩散、置换扩散、空位扩散等。

（2）扩散的基本参数：扩散系数、扩散激活能、互扩散系数、本征扩散系数、自扩散系数等。

（3）扩散的热力学问题：扩散的驱动力、上坡扩散问题。

（4）反应扩散：反应扩散的过程及特点、反应扩散动力学。

物质中的原子随时进行着热振动，温度越高，振动频率越快。当某些原子具有足够高的能量时，便会离开原来的位置，跳向邻近的位置，这种由于物质中原子（或者其他微观粒子）的微观热运动所引起的宏观迁移现象称为扩散。

在气态和液态物质中，原子迁移可以通过对流和扩散两种方式进行，与扩散相比，对流要快得多。然而，在固态物质中，扩散是原子迁移的唯一方式。固态物质中的扩散与温度有很强的依赖关系，温度越高，原子扩散越快。实验证实，物质的许多物理及化学过程均与扩散有关，因此研究物质中的扩散无论在理论上还是在应用上都具有重要意义。

物质中的原子在不同的情况下可以按不同的方式扩散，扩散速度可能存在明显的差异，可以分为以下几种类型。

① 化学扩散和自扩散　扩散系统中存在浓度梯度的扩散称为化学扩散，没有浓度梯度的扩散称为自扩散，后者是指纯组元中的粒子扩散。

② 上坡扩散和下坡扩散　扩散系统中原子由浓度高处向浓度低处的扩散称为下坡扩散，由浓度低处向浓度高处的扩散称为上坡扩散。

③ 体扩散和短路扩散　原子在晶格内部的扩散称为体扩散或称晶格扩散；沿晶体中缺陷进行的扩散称为短路扩散，主要包括表面扩散、晶界扩散、位错扩散等。短路扩散比体扩散快得多。

④ 反应扩散　原子在扩散过程中由于固溶体过饱和而生成新相的扩散称为相变扩散或称反应扩散。本章主要讨论扩散的宏观规律、微观机制和影响扩散的因素。

3.1 扩散定律及其应用

3.1.1 扩散第一定律

在纯金属中，原子的跳动是随机的，形成不了宏观的扩散流；在合金中，虽然单个原子的跳动也是随机的，但是在有浓度梯度的情况下，就会产生宏观的扩散流。例如，具有严重晶内偏析的固溶体合金在高温扩散退火过程中，原子不断从高浓度向低浓度方向扩散，最终合金的浓度逐渐趋于均匀。

菲克（A. Fick）于 1855 年参考导热方程，通过实验确立了扩散物质量与其浓度梯度之间的宏观规律，即单位时间内通过垂直于扩散方向的单位截面积的物质量（扩散通量）与该物质在该面积处的浓度梯度成正比，数学表达式为

$$J = -D\frac{\partial C}{\partial x} \tag{3-1}$$

上式称为菲克第一定律或称扩散第一定律。式中，J 为扩散通量，表示扩散物质通过单位截面的流量，单位为 $kg/(m^2 \cdot s)$；x 为扩散距离；C 为扩散组元的体积浓度，单位为 kg/m^3 或原子数$/m^3$；$\partial C/\partial x$ 为沿 x 方向的浓度梯度；D 为原子的扩散系数，单位为 m^2/s。负号表示扩散由高浓度向低浓度方向进行。

对于扩散第一定律应该注意以下问题。

① 扩散第一方程与经典力学的牛顿第二方程、量子力学的薛定谔方程一样，是被大量实验所证实的公理，是扩散理论的基础。

② 浓度梯度一定时，扩散仅取决于扩散系数，扩散系数是描述原子扩散能力的基本物理量。扩散系数并非常数，而与很多因素有关，但是与浓度梯度无关。

③ 当 $\partial C/\partial x = 0$ 时，$J = 0$，表明在浓度均匀的系统中，尽管原子的微观运动仍在进行，但是不会产生宏观的扩散现象，这一结论仅适合于下坡扩散的情况。有关扩散驱动力的问题，请参考后面内容。

④ 在扩散第一定律中没有给出扩散与时间的关系，故此定律适合于描述 $\partial C/\partial t = 0$ 的稳态扩散，即在扩散过程中，系统各处的浓度不随时间变化。

⑤ 扩散第一定律不仅适合于固体，也适合于液体和气体中原子的扩散。

3.1.2 扩散第二定律

稳态扩散的情况很少见，有些扩散虽然不是稳态扩散，只要原子浓度随时间的变化很缓慢，就可以按稳态扩散处理。但是，实际中的绝大部分扩散属于非稳态扩散，这时系统中的浓度不仅与扩散距离有关，也与扩散时间有关，即 $\partial C(x,t)/\partial t \neq 0$。对于这种非稳态扩散可以通过扩散第一定律和物质平衡原理两个方面加以解决。

考虑如图 3-1 所示的扩散系统，扩散物质沿 x 方向通过横截面积为 $A(=\Delta y \Delta z)$、长度为 Δx 的微元体，假设流入微元体（x 处）和流出微元体（$x+\Delta x$ 处）的扩散通量分别为 J_x 和 $J_{x+\Delta x}$，则在 Δt 时间内微元体中累积的扩散物质量为

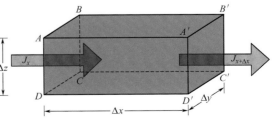

图 3-1　原子通过微元体的情况

$$\Delta m = (J_x A - J_{x+\Delta x} A)\Delta t$$

$$\frac{\Delta m}{\Delta x A \Delta t} = \frac{J_x - J_{x+\Delta x}}{\Delta x}$$

当 $\Delta x \rightarrow 0$，$\Delta t \rightarrow 0$ 时，则

$$\frac{\partial C}{\partial t} = -\frac{\partial J}{\partial x} \tag{3-2}$$

将扩散第一方程式（3-1）代入上式，得

$$\frac{\partial C}{\partial t} = \frac{\partial}{\partial x}\left(D\frac{\partial C}{\partial x}\right) \tag{3-3}$$

扩散系数一般是浓度的函数，当它随浓度变化不大或者浓度很低时，可以视为常数，故式（3-3）可简化为

$$\frac{\partial C}{\partial t} = D\frac{\partial^2 C}{\partial x^2} \tag{3-4}$$

式（3-2）、式（3-3）和式（3-4）是描述一维扩散的菲克第二定律或称扩散第二定律。

对于三维扩散，根据具体问题可以采用不同的坐标系，在直角坐标系下的扩散第二定律可由式（3-3）拓展得到

$$\frac{\partial C}{\partial t} = \frac{\partial}{\partial x}\left(D_x\frac{\partial C}{\partial x}\right) + \frac{\partial}{\partial y}\left(D_y\frac{\partial C}{\partial y}\right) + \frac{\partial}{\partial z}\left(D_z\frac{\partial C}{\partial z}\right) \tag{3-5}$$

当扩散系统为各向同性时，如立方晶系，有 $D_x = D_y = D_z = D$，若扩散系数与浓度无关，则上式转变为

$$\frac{\partial C}{\partial t} = D\left(\frac{\partial^2 C}{\partial x^2} + \frac{\partial^2 C}{\partial y^2} + \frac{\partial^2 C}{\partial z^2}\right) \tag{3-6}$$

或者简记为

$$\frac{\partial C}{\partial t} = D\nabla^2 C \tag{3-7}$$

与扩散第一定律不同，扩散第二定律中的浓度可以采用任何浓度单位。

3.1.3 扩散第二定律的解及其应用

对于非稳态扩散，可以先求出扩散第二定律的通解，再根据问题的初始条件和边界条件，求出问题的特解。为了方便应用，下面介绍几种常见的特解，并均假定扩散系数为常数。

3.1.3.1 误差函数解

误差函数解适合于无限长或者半无限长物体的扩散。无限长的意义是相对于原子扩散区长度而言，只要扩散物体的长度比扩散区长得多，就可以认为物体是无限长的。

（1）无限长扩散偶的扩散　将两根溶质原子浓度分别是 C_1 和 C_2、横截面积和浓度均匀的金属棒沿着长度方向焊接在一起，形成无限长扩散偶，然后将扩散偶加热到一定温度保温，考察浓度沿长度方向随时间的变化，如图 3-2。将焊接面作为坐标原点，扩散沿 x 轴方向，列出扩散问题的初始条件和边界条件分别为

$t=0$ 时：$x<0$，$C=C_2$；$x>0$，$C=C_1$。

$t\geqslant0$ 时：$x=-\infty$，$C=C_2$；$x=+\infty$，$C=C_1$。

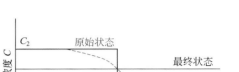

为得到满足上述条件的扩散第二方程的解 $C(x,t)$，采用变量代换法，令 $\beta=x/2\sqrt{Dt}$，并将其代入式（3-4），这样做的目的是将浓度由二元函数转化为 β 的单变量函数，从而将式（3-4）转化为常微分方程，然后解之，即

$$\frac{\partial C}{\partial t}=\frac{\mathrm{d}C}{\mathrm{d}\beta}\frac{\partial \beta}{\partial t}=-\frac{\beta}{2t}\frac{\mathrm{d}C}{\mathrm{d}\beta}$$

$$\frac{\partial^2 C}{\partial x^2}=\frac{\mathrm{d}^2 C}{\mathrm{d}\beta^2}\left(\frac{\partial \beta}{\partial x}\right)^2=\frac{1}{4Dt}\frac{\mathrm{d}^2 C}{\mathrm{d}\beta^2}$$

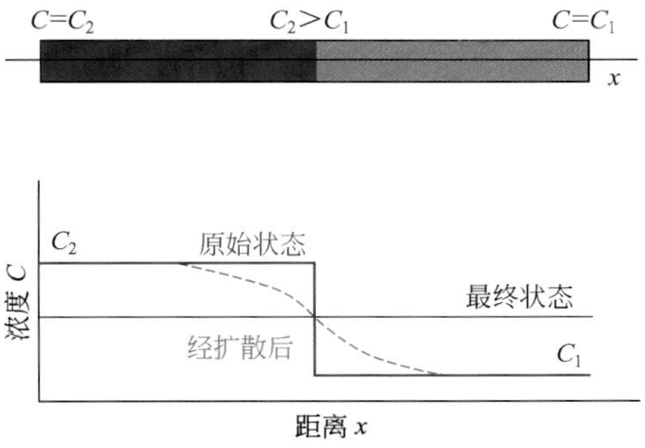

图 3-2　无限长扩散偶中的溶质原子分布

将以上两式代入式（3-4），得

$$\frac{\mathrm{d}^2 C}{\mathrm{d}\beta^2}+2\beta\frac{\mathrm{d}C}{\mathrm{d}\beta}=0 \tag{3-8}$$

方程的通解为

$$C=A_1\int_0^\beta \exp(-\beta^2)\mathrm{d}\beta+A_2 \tag{3-9}$$

式中，A_1 和 A_2 是积分常数。上述积分不能得到准确解，只能用数值解法。现在定义一个 β 的误差函数

$$erf(\beta)=\frac{2}{\sqrt{\pi}}\int_0^\beta \exp(-\beta^2)\mathrm{d}\beta \tag{3-10}$$

误差函数具有如下性质：$erf(+\infty)=1$，$erf(-\beta)=-erf(\beta)$，因此它是一个原点对称的函数，不同 β 的误差函数 $erf(\beta)$ 值参考表 3-1。由式（3-10）和误差函数的性质，当 $\beta\to\pm\infty$ 时，有

$$\int_0^{\pm\infty}\exp(-\beta^2)\mathrm{d}\beta=\pm\frac{\sqrt{\pi}}{2}$$

表 3-1　误差函数 $erf(\beta)$

β	0	1	2	3	4	5	6	7	8	9
0.0	0.0000	0.0113	0.0226	0.0338	0.0451	0.0564	0.0676	0.0789	0.0901	0.1013
0.1	0.1125	0.1236	0.1348	0.1439	0.1569	0.1680	0.1790	0.1900	0.2009	0.2118
0.2	0.2227	0.2335	0.2443	0.2550	0.2657	0.2763	0.2869	0.2974	0.3079	0.3183
0.3	0.3286	0.3389	0.3491	0.3593	0.3684	0.3794	0.3893	0.3992	0.4090	0.4187
0.4	0.4284	0.4380	0.4475	0.4569	0.4662	0.4755	0.4847	0.4937	0.5027	0.5117
0.5	0.5204	0.5292	0.5379	0.5465	0.5549	0.5633	0.5716	0.5798	0.5879	0.5979
0.6	0.6039	0.6117	0.6194	0.6270	0.6346	0.6420	0.6494	0.6566	0.6638	0.6708
0.7	0.6778	0.6847	0.6914	0.6981	0.7047	0.7112	0.7175	0.7238	0.7300	0.7361
0.8	0.7421	0.7480	0.7358	0.7595	0.7651	0.7707	0.7761	0.7864	0.7867	0.7918
0.9	0.7969	0.8019	0.8068	0.8116	0.8163	0.8209	0.8254	0.8249	0.8342	0.8385
1.0	0.8427	0.8468	0.8508	0.8548	0.8586	0.8624	0.8661	0.8698	0.8733	0.8168
1.1	0.8802	0.8835	0.8868	0.8900	0.8931	0.8961	0.8991	0.9020	0.9048	0.9076
1.2	0.9103	0.9130	0.9155	0.9181	0.9205	0.9229	0.9252	0.9275	0.9297	0.9319
1.3	0.9340	0.9361	0.9381	0.9400	0.9419	0.9438	0.9456	0.9473	0.9490	0.9507
1.4	0.9523	0.9539	0.9554	0.9569	0.9583	0.9597	0.9611	0.9624	0.9637	0.9649
1.5	0.9661	0.9673	0.9687	0.9695	0.9706	0.9716	0.9726	0.9736	0.9745	0.9755

β	1.55	1.6	1.65	1.7	1.75	1.8	1.9	2.0	2.2	2.7
$erf(\beta)$	0.9716	0.9763	0.9804	0.9838	0.9867	0.9891	0.9928	0.9953	0.9981	0.9999

注：β 为 0～2.7。

利用上式和初始条件，当 $t=0$ 时，$x<0$，$\beta=-\infty$；$x>0$，$\beta=+\infty$。将它们代入式(3-9)，得

$$C_1=\frac{\sqrt{\pi}}{2}A_1+A_2$$

$$C_2=-\frac{\sqrt{\pi}}{2}A_1+A_2$$

解出积分常数

$$A_1=\frac{C_1-C_2}{\sqrt{\pi}}, \quad A_2=\frac{C_1+C_2}{2}$$

然后代入式（3-9），则

$$C=\frac{C_1+C_2}{2}+\frac{C_1-C_2}{2}erf\left(\frac{x}{2\sqrt{Dt}}\right) \tag{3-11}$$

式（3-11）就是无限长扩散偶中的溶质浓度随扩散距离和时间的变化关系，见图 3-2。下面针对误差函数解讨论几个问题。

① $C(x，t)$ 曲线的特点　根据式（3-11）可以确定扩散开始以后焊接面处的浓度 C_s，即当 $t>0$，$x=0$ 时

$$C_s=\frac{C_1+C_2}{2}$$

表明界面浓度为扩散偶原始浓度的平均值，该值在扩散过程中一直保持不变。若扩散偶右边金属棒的原始浓度 $C_1=0$，则式（3-11）简化为

$$C=\frac{C_2}{2}\left[1-erf\left(\frac{x}{2\sqrt{Dt}}\right)\right] \tag{3-12}$$

而焊接面浓度 $C_s=C_2/2$。

在任意时刻，浓度曲线都相对于 $x=0$，$C_s=(C_1+C_2)/2$ 为中心对称。随着时间的延长，浓度曲线逐渐变得平缓，当 $t\rightarrow\infty$ 时，扩散偶各点浓度均达到均匀浓度 $(C_1+C_2)/2$。

② 扩散的抛物线规律　由式（3-11）和式（3-12）看出，如果要求距焊接面为 x 处的浓度达到 C，则所需要的扩散时间可由式（3-13）计算

$$x=K\sqrt{Dt} \tag{3-13}$$

式中，K 是与晶体结构有关的常数。此式表明，原子的扩散距离与时间呈抛物线关系，许多扩散型相变的生长过程也满足这种关系。

③ 在应用误差函数去解决扩散问题时，对于初始浓度曲线上只有一个浓度突变台阶（相当于有一个焊接面，如图 3-2），这时可以将浓度分布函数写成

$$C=A+Berf\left(\frac{x}{2\sqrt{Dt}}\right) \tag{3-14}$$

然后由具体的初始和边界条件确定出比例常数 A 和 B，从而获得问题的解。同样，如果初始浓度曲线上有两个浓度突变台阶（相当于有两个焊接面），则可以在浓度分布函数式（3-14）中再增加一个误差函数项，这样就需要确定 3 个比例常数。

（2）半无限长物体的扩散　化学热处理是工业生产中最常见的热处理工艺，它是将零件置于化学活性介质中，在一定温度下，通过活性原子由零件表面向内部扩散，从而改变零件表层的组织、结构及性能。钢的渗碳就是经常采用的化学热处理工艺之一，它可以显著提高钢的表面强度、硬度和耐磨性，在生产中得到广泛应用。由于渗碳时，活性碳原子附在零件表面上，然后向零件内部扩散，这就相当于无限长扩散偶中的一根金属棒，因此看作半无限长。

将碳浓度为 C_0 的低碳钢放入含有渗碳介质的渗碳炉中在一定温度下渗碳，渗碳温度通常选择在 $900 \sim 930\,℃$ 范围内的一定温度。渗碳开始后，零件的表面碳浓度将很快达到这个温度下奥氏体的饱和浓度 C_s（它可由 $Fe\text{-}Fe_3C$ 相图上的 A_{cm} 线和渗碳温度水平线的交点确定，如 $927\,℃$ 时，为 $1.3\%C$），随后表面碳浓度保持不变。随着时间的延长，碳原子不断由表面向内部扩散，渗碳层中的碳浓度曲线不断向内部延伸，深度不断增加。碳浓度分布曲线与扩散距离及时间的关系可以根据式（3-14）求出。将坐标原点 $x=0$ 放在表面上，x 轴的正方向由表面垂直向内，即碳原子的扩散方向。列出此问题的初始和边界条件分别为

$t=0$ 时：$\qquad\qquad\qquad x>0,\ C=C_0$

$t>0$ 时：$\qquad\qquad x=0,\ C=C_s\ ;\ x=+\infty,\ C=C_0$

将上述条件代入式（3-14），确定比例常数 A 和 B，就可求出渗碳层中碳浓度分布函数

$$C=C_0+(C_s-C_0)\left[1-erf\left(\frac{x}{2\sqrt{Dt}}\right)\right] \tag{3-15}$$

该函数的分布特点与图 3-2 中焊接面右半边的曲线非常类似。若为纯铁渗碳，$C_0=0$，则上式简化为

$$C=C_s\left[1-erf\left(\frac{x}{2\sqrt{Dt}}\right)\right] \tag{3-16}$$

由以上两式可以看出，渗碳层深度与时间的关系同样满足式（3-13）。渗碳时，经常根据式（3-15）和式（3-16），或者式（3-13）估算达到一定渗碳层深度所需要的时间。

除了化学热处理之外，金属的真空除气、钢铁材料在高温下的表面脱碳也是半无限长扩散的例子，只不过对于后者来说，表面浓度始终为零。

3.1.3.2　高斯函数解

在金属的表面上沉积一层扩散元素薄膜，然后将两个相同的金属沿沉积面对焊在一起，形成两个金属中间夹着一层无限薄的扩散元素薄膜源的扩散偶。若扩散偶沿垂直于薄膜源的方向上为无限长，则其两端浓度不受扩散影响。将扩散偶加热到一定温度，扩散元素开始沿垂直于薄膜源方向同时向两侧扩散，考察扩散元素的浓度随时间的变化。因为扩散前扩散元素集中在一层薄膜上，故高斯函数解也称为薄膜解。

将坐标原点 $x=0$ 选在薄膜处，原子扩散方向 x 垂直于薄膜，确定薄膜解的初始和边界条件分别为

$t=0$ 时：$\qquad |x|\neq0,\ C(x,\ t)=0\ ;\ x=0,\ C(x,\ t)=+\infty$

$t\geqslant0$ 时：$\qquad x=\pm\infty,\ C(x,\ t)=0$

可以验证满足扩散第二方程［式（3-4）］和上述初始、边界条件的解为

$$C=\frac{a}{\sqrt{t}}\exp\left(-\frac{x^2}{4Dt}\right) \tag{3-17}$$

式中，a 为待定常数。设扩散偶的横截面积为 1，由于扩散过程中扩散元素的总量 M 不变，则

$$M=\int_{-\infty}^{+\infty}C(x,\ t)\mathrm{d}x \tag{3-18}$$

与误差函数解一样，采用变量代换，$\beta=x/2\sqrt{Dt}$，微分有 $\mathrm{d}x=2\sqrt{Dt}\,\mathrm{d}\beta$，将其与式（3-17）同时代入

上式，得

$$M = 2a \sqrt{D} \int_{-\infty}^{+\infty} \exp(-\beta^2) \mathrm{d}\beta = 2a \sqrt{\pi D}$$

$$a = \frac{M}{2\sqrt{\pi D}}$$

将待定常数代入式（3-17），最后得高斯函数解

$$C = \frac{M}{2\sqrt{\pi Dt}} \exp\left(-\frac{x^2}{4Dt}\right) \tag{3-19}$$

在上式中，令 $A = M/2\sqrt{\pi Dt}$，$B = 2\sqrt{Dt}$，它们分别表示浓度分布曲线的振幅和宽度。当 $t = 0$ 时，$A = \infty$，$B = 0$；当 $t = \infty$ 时，$A = 0$，$B = \infty$。因此，随着时间延长，浓度曲线的振幅减小，宽度增加，这就是高斯函数解的性质，图 3-3 给出了不同扩散时间的浓度分布曲线。

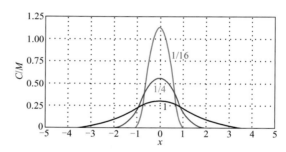

图 3-3　薄膜扩散源的浓度随距离及时间的变化（数字表示不同的 Dt 值）

3.2 扩散微观理论与机制

扩散第一及第二定律及其在各种条件下的解反映了原子扩散的宏观规律，这些规律为解决许多与扩散有关的实际问题奠定了基础。扩散定律中引入的扩散系数是衡量原子扩散能力的重要参数，建立扩散系数与扩散的其他宏观量和微观量之间的关系是扩散理论的重要内容。事实上，宏观扩散现象是微观中大量原子的无规则跳动的统计结果。从原子的微观跳动出发，研究扩散的原子理论、扩散的微观机制以及微观理论与宏观现象之间的联系是本节的主要内容。

3.2.1　原子跳动和扩散距离

由扩散第二方程导出的扩散距离与时间的抛物线规律揭示出，晶体中原子在跳动时并不是沿直线迁移，而是呈折线的随机跳动，就像花粉在水中的布朗运动那样。

首先在晶体中选定一个原子，在一段时间内，这个原子差不多都在自己的位置上振动着，只有当它的能量足够高时，才能发生跳动，从一个位置跳向相邻的下一个位置。在一般情况下，每一次原子的跳动方向和距离可能不

同，因此用原子的位移矢量表示原子的每一次跳动是很方便的。设原子在 t 时间内总共跳动了 n 次，每次跳动的位移矢量为 r_i，则原子从始点出发，经过 n 次随机的跳动到达终点时的净位移矢量 R_n 应为每次位移矢量之和，如图 3-4。因此

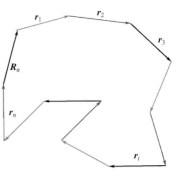

$$R_n = r_1 + r_2 + r_3 + \cdots + r_n = \sum_{i=1}^{n} r_i \tag{3-20}$$

当原子沿晶体空间的一定取向跳动时，总有前进和后退，或者正和反两个方向可以跳动。如果正、反方向跳动的概率相同，则原子沿这个取向上所产生的位移矢量将相互抵消。为避免这种情况，采取数学中的点积运算，则式（3-20）为

图 3-4　原子的无规行走

$$R_n^2 = R \cdot R = r_1 \cdot r_1 + r_1 \cdot r_2 + r_1 \cdot r_3 + \cdots + r_1 \cdot r_n + r_2 \cdot r_1 + r_2 \cdot r_2 + r_2 \cdot r_3 + \cdots + r_2 \cdot r_n + \cdots + r_n \cdot r_1 + r_n \cdot r_2 + r_n \cdot r_3 + \cdots + r_n \cdot r_n$$

$$= \sum_{i=1}^{n} r_i^2 + 2\sum_{i=1}^{n-1} r_i \cdot r_{i+1} + 2\sum_{i=1}^{n-2} r_i \cdot r_{i+2} + \cdots + 2r_1 \cdot r_n$$

可以简写为

$$R_n^2 = \sum_{i=1}^{n} r_i^2 + 2\sum_{j=1}^{n-1}\sum_{i=1}^{n-j} r_i r_{i+j} \tag{3-21}$$

对于对称性高的立方晶系，原子每次跳动的步长相等，令 $|r_1| = |r_2| = |r_3| = \cdots = |r|$，则

$$R_n^2 = nr^2 + 2r^2 \sum_{j=1}^{n-1}\sum_{i=1}^{n-j} \cos\theta_{i,i+j} \tag{3-22}$$

式中，$\theta_{i,i+j}$ 是位移矢量 r_i，r_{i+j} 之间的夹角。

上面讨论的是一个原子经有限次随机跳动所产生的净位移，对于晶体中大量原子的随机跳动所产生的总净位移，就是将上式取算术平均值，即

$$\overline{R_n^2} = nr^2 + 2r^2 \overline{\sum_{j=1}^{n-1}\sum_{i=1}^{n-j} \cos\theta_{i,i+j}} \tag{3-23}$$

如果原子跳动了无限多次（这可以理解为有限多原子进行了无限多次跳动，或者无限多原子进行了有限次跳动），并且原子的正、反跳动的概率相同，则上式中的求和项为零。譬如，如果在求和项中有 i 个 $\cos\theta$ 项，当 i 足够大时，必然有同样数量的 $\cos(\theta+\pi)$ 项与之对应，二者大小相等方向相反，相互抵消。因此，式（3-23）简化成

$$\overline{R_n^2} = nr^2 \tag{3-24}$$

将其开平方，得到原子净位移的方均根，即原子的平均扩散距离

$$\sqrt{\overline{R_n^2}} = \sqrt{n} \cdot r \tag{3-25}$$

设原子的跳动频率是 Γ，其意义是单位时间内的跳动次数，与振动频率不同。跳动频率可以理解为，如果原子在平衡位置逗留 τ 秒，即每振动 τ 秒才能跳动一次，则 $\Gamma = 1/\tau$。这样，t 时间内的跳动次数 $n = \Gamma t$，代入上式得

$$\sqrt{\overline{R_n^2}} = \sqrt{\Gamma t} \cdot r \tag{3-26}$$

上式的意义在于，建立了扩散的宏观位移量与原子的跳动频率、跳动距离等微观量之间的关系，并且表明根据原子的微观理论导出的扩散距离与时间的关系也呈抛物线规律。

3.2.2 原子跳动和扩散系数

由上面分析可知，大量原子的微观跳动决定了宏观扩散距离，而扩散距离又与原子的扩散系数有关，故原子跳动与扩散系数间存在内在的联系。

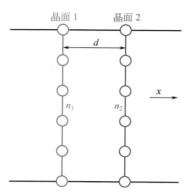

图 3-5　原子沿一维方向的跳动

在晶体中考虑两个相邻的并且平行的晶面，如图 3-5 所示。由于原子跳动的无规则性，溶质原子即可由晶面 1 跳向晶面 2，也可由晶面 2 跳向晶面 1。在浓度均匀的固溶体中，在同一时间内，溶质原子由晶面 1 跳向晶面 2 或者由晶面 2 跳向晶面 1 的次数相同，不会产生宏观的扩散；但是在浓度不均匀的固溶体中则不然，会因为溶质原子朝两个方向的跳动次数不同而形成原子的净传输。

设溶质原子在晶面 1 和晶面 2 处的面密度分别是 n_1 和 n_2，两面间距离为 d，原子的跳动频率为 Γ，跳动概率无论由晶面 1 跳向晶面 2，还是由晶面 2 跳向晶面 1 都为 P。原子的跳动概率 P 是指，如果在晶面 1 上的原子向其周围近邻的可能跳动的位置总数为 n，其中只向晶面 2 跳动的位置数为 m，则 $P=m/n$。譬如，在简单立方晶体中，原子可以向 6 个方向跳动，但只向 x 轴正方向跳动的概率 $P=1/6$。这里假定原子朝正、反方向跳动的概率相同。

在 Δt 时间内，在单位面积上由晶面 1 跳向晶面 2 或者由晶面 2 跳向晶面 1 的溶质原子数分别为

$$N_{1\to 2}=n_1 P\Gamma\Delta t$$
$$N_{2\to 1}=n_2 P\Gamma\Delta t$$

若 $n_1>n_2$，则晶面 1 跳向晶面 2 的原子数大于晶面 2 跳向晶面 1 的原子数，产生溶质原子的净传输

$$N_{1\to 2}-N_{2\to 1}=(n_1-n_2)P\Gamma\Delta t$$

按扩散通量的定义，可以得到

$$J=(n_1-n_2)P\Gamma \tag{3-27}$$

现将溶质原子的面密度转换成体积浓度，设溶质原子在晶面 1 和晶面 2 处的体积浓度分别为 C_1 和 C_2，参考图 3-5，分别有

$$C_1=\frac{n_1}{1\times d}=\frac{n_1}{d}$$
$$C_2=\frac{n_2}{1\times d}=C_1+\frac{\partial C}{\partial x}d \tag{3-28}$$

式中 C_2 相当于以晶面 1 的浓度 C_1 作为标准，如果改变单位距离引起的浓度变化为 $\partial C/\partial x$，那么改变 d 距离的浓度变化则为 $(\partial C/\partial x)d$。实际上，C_2 是按泰勒级数在 C_1 处展开，仅取到一阶微商项。由上面两式可得到

$$n_1-n_2=-\frac{\partial C}{\partial x}\cdot d^2$$

将其代入式（3-27），则

$$J = -d^2 P\Gamma \frac{\partial C}{\partial x} \qquad (3\text{-}29)$$

与扩散第一方程比较，得原子的扩散系数为

$$D = d^2 P\Gamma \qquad (3\text{-}30)$$

式中，d 和 P 决定于晶体结构类型；Γ 除了与晶体结构有关外，与温度关系极大。式（3-30）的重要意义在于，建立了扩散系数与原子的跳动频率、跳动概率以及晶体几何参数等微观量之间的关系。

将式（3-30）中的跳动频率 Γ 代入式（3-26），则

$$\sqrt{R_n^2} = \frac{r}{d\sqrt{P}}\sqrt{Dt} = K\sqrt{Dt} \qquad (3\text{-}31)$$

式中，r 是原子的跳动距离；d 是与扩散方向垂直的相邻平行晶面之间的距离，也就是 r 在扩散方向上的投影值；$K = r/d\sqrt{P}$ 是取决于晶体结构的几何因子。上式表明，由微观理论导出的原子扩散距离与时间的关系与宏观理论得到的式（3-13）完全一致。

下面以面心立方和体心立方间隙固溶体为例，说明式（3-30）中跳动概率 P 的计算。在这两种固溶体中，间隙原子都是处于八面体间隙中心的位置，如图 3-6，间隙中心用"⊠"号表示。由于两种晶体的结构不同，间隙的类型、数目及分布也不同，将影响到间隙原子的跳动概率。在面心立方结构中，每一个间隙原子周围都有 12 个与之相邻的八面体间隙，即间隙配位数为 12，如图 3-6（a）所示。由于间隙原子半径比间隙半径大得多，在点阵中会引起很大的弹性畸变，使间隙固溶体的平衡浓度很低，所以可以认为间隙原子周围的 12 个间隙是空的。当位于晶面 1 体心处的间隙原子沿 y 轴向晶面 2 跳动时，在晶面 2 上可能跳入的间隙有 4 个，则跳动概率 $P = 4/12 = 1/3$。同时 $d = a/2$，a 为晶格常数。将这些参数代入式（3-30），得面心立方结构中间隙原子的扩散系数

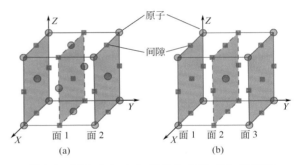

图 3-6 面心立方（a）和体心立方（b）晶体中八面体间隙位置及间隙扩散

$$D = d^2 P\Gamma = \frac{1}{12}a^2\Gamma$$

在体心立方结构中，间隙配位数是 4，见图 3-6(b)。由于间隙八面体是非对称的，因此每个间隙原子的周围环境可能不同。考虑间隙原子由晶面 1 向晶面 2 的跳动。在晶面 1 上有两种不同的间隙位置，若原子位于棱边中心的间隙位置，当原子沿 y 轴向晶面 2 跳动时，在晶面 2 上可能跳入的间隙只有 1 个，跳动概率为 1/4，晶面 1 上这样的间隙有 $4 \times (1/4) = 1$ 个；若原子处于面心的间隙位置，当向晶面 2 跳动时，却没有可供跳动的间隙，跳动概率为 $0/4 = 0$，晶面 1 上这样的间隙有 $1 \times (1/2) = 1/2$ 个。因此，跳动概率是不同位置上的间隙原子跳动概率的加权平均值，即 $P = \left(4 \times \frac{1}{4} \times \frac{1}{4} + 1 \times \frac{1}{2} \times 0\right) \Big/ \left(\frac{3}{2}\right) = \frac{1}{6}$。如果间隙原子由晶面 2 向晶面 3 跳动，计算的 P 值相同。同样将 $P = 1/6$ 和 $d = a/2$ 代入式（3-30），得体心立方结构中间隙原子的扩散系数

$$D = d^2 P\Gamma = \frac{1}{24}a^2\Gamma$$

对于不同的晶体结构，扩散系数可以写成一般形式

$$D = \delta a^2 \Gamma \qquad (3\text{-}32)$$

式中，δ 是与晶体结构有关的几何因子；a 为晶格常数。

3.2.3　扩散的微观机制

人们通过理论分析和实验研究试图建立起扩散的宏观量和微观量之间的内在联系，由此提出了各种不同的扩散机制，这些机制具有各自的特点和各自的适用范围。下面主要介绍两种比较成熟的机制：间隙扩散机制和空位扩散机制。为了对扩散机制的发展过程有一定的了解，首先介绍原子的换位机制。

（1）换位机制　这是一种提出较早的扩散模型，该模型是通过相邻原子间直接调换位置的方式进行扩散的，如图 3-7 所示。在纯金属或者置换固溶体中，有两个相邻的原子 A 和 B，见图 3-7（a）；这两个原子采取直接互换位置进行迁移，见图 3-7（b）；当两个原子相互到达对方的位置后，迁移过程结束，见图 3-7（c）。这种换位方式称为 2-换位或称直接换位。可以看出，原子在换位过程中，势必要推开周围原子以让出路径，结果引起很大的点阵膨胀畸变，原子按这种方式迁移的能垒太高，可能性不大，到目前为止尚未得到实验的证实。

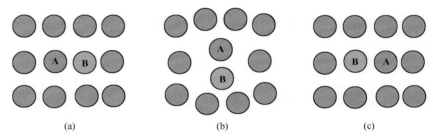

(a)　　　　　　(b)　　　　　　(c)

图 3-7　直接换位扩散模型

为了降低原子扩散的能垒，曾考虑有 n 个原子参与换位，如图 3-8。这种换位方式称为 n-换位或称环形换位。图 3-8（a）和（b）给出了面心立方结构中原子的 3-换位和 4-换位模型，参与换位的原子是面心原子。图 3-8（c）给出了体心立方结构中原子的 4-换位模型，它是由两个顶角和两个体心原子构成的换位环。由于环形换位时原子经过的路径呈圆形，对称性比 2-换位高，引起的点阵畸变小一些，扩散的能垒有所降低。

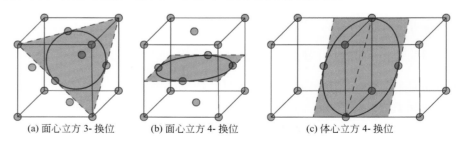

(a) 面心立方 3- 换位　　　(b) 面心立方 4- 换位　　　(c) 体心立方 4- 换位

图 3-8　环形换位扩散模型

应该指出，环形换位机制以及其他扩散机制只有在特定条件下才能发生，一般情况下它们仅仅是下面讲述的间隙扩散和空位扩散的补充。

（2）间隙机制　间隙扩散机制适合于间隙固溶体中间隙原子的扩散，这一机制已被大量实验所证实。在间隙固溶体中，尺寸较大的溶剂原子构成了固定的晶体点阵，而尺寸较小的间隙原子处在点阵的间隙中。由于固溶体中间隙数目较多，而间隙原子数量又很少，这就意味着在任何一个间隙原子周围几乎都是间隙位置，这就为间隙原子的扩散提供了必要的结构条件。例如，碳固溶在 γ-Fe 中形成的奥氏体，当奥氏体达到最大溶解度时，平均每 2.5 个晶胞也只含有一个碳原子。这样，当某个间隙原子具有较高的能量时，就会从一个间隙位置跳向相邻的另一个间隙位置，从而发生了间隙原子的扩散。

图 3-9（a）给出了面心立方结构中八面体间隙中心的位置，图 3-9（b）是结构中（001）晶面上的原子排列。如果间隙原子由间隙 1 跳向间隙 2，必须同时推开沿途两侧的溶剂原子 3 和 4，引起点阵畸变；当它正好迁移至 3 和 4 原子的中间位置时，引起的点阵畸变最大，畸变能也最大。畸变能构成了原子迁移的主要阻力。图 3-10 描述了间隙原子在跳动过程中原子的自由能随所处位置的变化。当原子处在间隙中心的平衡位置时（如 1 和 2 位置），自由能最低，而处于两个相邻间隙的中间位置时，自由能最高。二者的自由能差就是原子要跨越的自由能垒，$\Delta G = G_2 - G_1$，称为原子的扩散激活能。扩散激活能是原子扩散的阻力，只有原子的自由能高于扩散激活能，才能发生扩散。由于间隙原子较小，间隙扩散激活能较小，扩散比较容易。

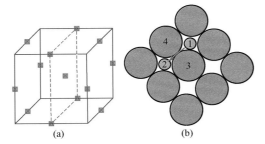

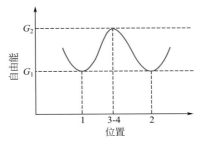

图 3-9　面心立方晶体的八面体间隙及（001）晶面　　　图 3-10　原子的自由能与位置之间的关系

（3）空位机制　空位扩散机制适合于纯金属的自扩散和置换固溶体中原子的扩散，甚至在离子化合物和氧化物中也起主要作用，这种机制也已被实验所证实。在置换固溶体中，由于溶质和溶剂原子的尺寸都较大，原子不太可能处在间隙中通过间隙进行扩散，而是通过空位进行扩散的。

空位扩散与晶体中的空位浓度有直接关系。晶体在一定温度下总存在一定数量的空位，温度越高，空位数量越多，因此在较高温度下在任一原子周围都有可能出现空位，这便为原子扩散创造了结构上的有利条件。

图 3-11 给出面心立方晶体中原子的扩散过程。图 3-11（a）是（111）面的原子排列，如果在该面上的位置 4 出现一个空位，则其近邻的位置 3 的原子就有可能跳入这个空位。图 3-11（b）能更清楚地反映出原子跳动时周围原子的相对位置变化。在原子从（100）面的位置 3 跳入（010）面的空位 4 的过程中，当迁移到画影线的（$\overline{1}$10）面时，它要同时推开包含 1 和 2 原子在内的 4 个近邻原子。如果原子直径为 d，可以计算出 1 和 2 原子间的间隙是 $0.73d$。因此，直径为 d 的原子通过 $0.73d$ 的间隙，需要足够的能量去克服间隙周围原子的阻

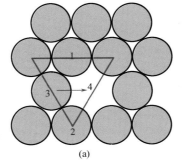

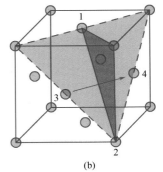

图 3-11　面心立方晶体的空位扩散机制

碍，并且引起间隙周围的局部点阵畸变。晶体结构越致密，或者扩散原子的尺寸越大，引起的点阵畸变越大，扩散激活能也越大。当原子通过空位扩散时，原子跳过自由能垒需要能量，形成空位也需要能量，使得空位扩散激活能比间隙扩散激活能大得多。

衡量一种机制是否正确有多种方法，通常的方法是，先用实验测出原子的扩散激活能，然后将实验值与理论计算值加以对比，看二者的吻合程度，从而做出合理的判断。

3.2.4　扩散激活能

扩散系数和扩散激活能是两个息息相关的物理量。扩散激活能越小，扩散系数越大，原子扩散越快。从式（3-32）已知，$D=\delta a^2 \Gamma$，其中几何因子 δ 是仅与结构有关的已知量，晶格常数 a 可以采用 X 射线衍射等方法测量，但是原子的跳动频率 Γ 是未知量。要想计算扩散系数，必须求出 Γ。下面从理论上剖析跳动频率与扩散激活能之间的关系，从而导出扩散系数的表达式。

（1）原子的激活概率　以间隙原子的扩散为例，参考图 3-10。当原子处在间隙中心的平衡位置时，原子的自由能 G_1 最低，原子要离开原来位置跳入邻近的间隙，其自由能必须高于 G_2，按照统计热力学，原子的自由能满足麦克斯韦-玻尔兹曼（Maxwell-Boltzmann）能量分布规律。设固溶体中间隙原子总数为 N，当温度为 T 时，自由能大于 G_1 和 G_2 的间隙原子数分别为

$$n(G>G_1)=N\exp\left(\frac{-G_1}{kT}\right)$$
$$n(G>G_2)=N\exp\left(\frac{-G_2}{kT}\right)$$

（3-33）

二式相除，得

$$\frac{n(G>G_2)}{n(G>G_1)}=\exp\left(-\frac{G_2-G_1}{kT}\right)=\exp\left(-\frac{\Delta G}{kT}\right)$$

式中，$\Delta G=G_2-G_1$ 为扩散激活能，严格说应该称为扩散激活自由能。因为 G_1 是间隙原子在平衡位置的自由能，所以 $n(G>G_1)\approx N$，则

$$\frac{n(G>G_2)}{N}=\exp\left(-\frac{G_2-G_1}{kT}\right)=\exp\left(-\frac{\Delta G}{kT}\right)$$

（3-34）

这就是具有跳动条件的间隙原子数占间隙原子总数的百分比，称为原子的激活概率。可以看出，温度越高，原子被激活的概率越大，原子离开原来间隙进行跳动的可能性越大。式（3-34）也适用于其他类型原子的扩散。

（2）间隙扩散的激活能　在间隙固溶体中，间隙原子是以间隙机制扩散的。设间隙原子周围近邻的间隙数（间隙配位数）为 z，间隙原子朝一个间隙移动的频率为 ν。由于固溶体中的间隙原子数比间隙数少得多，所以每个间隙原子周围的间隙基本是空的，利用式（3-34），则跳动频率可表达为

$$\Gamma=\nu z\exp\left(-\frac{\Delta G}{kT}\right)$$

（3-35）

代入式（3-30），并且已知扩散激活自由能 $\Delta G=\Delta H-T\Delta S\approx\Delta E-T\Delta S$，

其中，ΔH、ΔE、ΔS 分别称为扩散激活焓、激活内能及激活熵，通常将扩散激活内能简称为扩散激活能，则

$$D = d^2 P \nu z \exp\left(\frac{\Delta S}{k}\right) \exp\left(-\frac{\Delta E}{kT}\right) \tag{3-36}$$

在上式中，令

$$D_0 = d^2 P \nu z \exp\left(\frac{\Delta S}{k}\right)$$

$$Q = \Delta E$$

得

$$D = D_0 \exp\left(-\frac{Q}{kT}\right) \tag{3-37}$$

式中，D_0 称为扩散常数；Q 为扩散激活能。间隙扩散激活能 Q 就是间隙原子跳动的激活内能，即迁移能 ΔE。

（3）空位扩散的激活能　在置换固溶体中，原子是以空位机制扩散的，原子以这种方式扩散要比间隙扩散困难得多，主要原因是每个原子周围出现空位的概率较小，原子在每次跳动之前必须等待新的空位移动到它的近邻位置。设原子配位数为 z，则在一个原子周围与其近邻的 z 个原子中，出现空位的概率为 n_v/N，即空位的平衡浓度。其中，n_v 为空位数；N 为原子总数。经热力学推导，空位平衡浓度表达式为

$$\frac{n_v}{N} = \exp\left(-\frac{\Delta G_v}{kT}\right) = \exp\left(\frac{\Delta S_v}{k}\right) \exp\left(-\frac{\Delta E_v}{kT}\right)$$

式中，空位形成自由能 $\Delta G_v \approx \Delta E_v - T \Delta S_v$，$\Delta S_v$、$\Delta E_v$ 分别称为空位形成熵和空位形成能。设原子朝一个空位振动的频率为 ν，利用上式和式（3-34），得原子的跳动频率为

$$\Gamma = \nu z \exp\left(\frac{\Delta S_v + \Delta S}{k}\right) \exp\left(-\frac{\Delta E_v + \Delta E}{kT}\right)$$

同样代入式（3-30），得扩散系数

$$D = d^2 P \nu z \exp\left(\frac{\Delta S_v + \Delta S}{k}\right) \exp\left(-\frac{\Delta E_v + \Delta E}{kT}\right) \tag{3-38}$$

令

$$D_0 = d^2 P \nu z \exp\left(\frac{\Delta S_v + \Delta S}{k}\right)$$

$$Q = \Delta E_v + \Delta E$$

则空位扩散的扩散系数与扩散激活能之间的关系，形式上与式（3-37）完全相同。空位扩散激活能 Q 是由空位形成能 ΔE_v 和空位迁移能 ΔE（即原子的激活内能）组成。因此，空位机制比间隙机制需要更大的扩散激活能。表 3-2 列出了一些元素的扩散常数和扩散激活能数据，可以看出 C、N 等原子在铁中的扩散激活能比金属元素在铁中的扩散激活能小得多。

（4）扩散激活能的测量　不同扩散机制的扩散激活能可能会有很大差别。不管何种扩散，扩散系数和扩散激活能之间的关系都能表达成式（3-37）的形式，一般将这种指数形式的温度函数称为 Arrhenius 公式。在物理冶金中，许多在高温下发生的与扩散有关的过程，如晶粒长大速度、高温蠕变速度、金属腐蚀速度等，也满足 Arrhenius 关系。

扩散激活能一般靠实验测量，首先将式（3-37）两边取对数

表 3-2　某些扩散常数 D_0 和扩散激活能 Q 的近似值

扩散元素	基体金属	$D_0/(10^{-5} m^2/s)$	$Q/(10^3 J/mol)$
C	γ-Fe	2.0	140
N	γ-Fe	0.33	144
C	α-Fe	0.20	84
N	α-Fe	0.46	75
Fe	α-Fe	19	239
Fe	γ-Fe	1.8	270
Ni	γ-Fe	4.4	283
Mn	γ-Fe	5.7	277
Cu	Al	0.84	136
Zn	Cu	2.1	171
Ag	Ag（晶内扩散）	7.2	190
Ag	Ag（晶界扩散）	1.4	90

$$\ln D = \ln D_0 - \frac{Q}{kT}$$

然后由实验测定在不同温度下的扩散系数，并以 $\frac{1}{T}$ 为横轴，$\ln D$ 为纵轴绘图。如果所绘的是一条直线，根据上式，直线的斜率为 $-Q/k$，与纵轴的截距为 $\ln D_0$，从而用图解法求出扩散常数 D_0 和扩散激活能 Q。D_0 和 Q 是与温度无关的常数。

3.3 达肯方程

3.3.1 柯肯达尔效应

在间隙固溶体中，间隙原子尺寸比溶剂原子小得多，可以认为溶剂原子不动，而间隙原子在溶剂晶格中扩散，此时运用扩散第一及第二定律去分析间隙原子的扩散是完全正确的。但是在置换固溶体中，组成合金的两组元的尺寸差不多，它们的扩散系数不同，但是又相差不大，因此两组元在扩散时就必然会产生相互影响。

柯肯达尔（Kirkendall）首先用实验验证了置换型原子的互扩散过程。他们于 1947 年进行的实验样品如图 3-12。在长方形的 α 黄铜（Cu-30％Zn）表面敷上很细的 Mo 丝（或其他高熔点金属丝），再在其表面镀上一层铜，

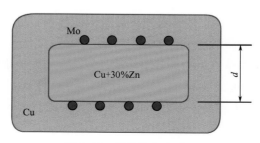

图 3-12　柯肯达尔实验

这样将 Mo 丝完全夹在铜和黄铜中间，构成铜-黄铜扩散偶。Mo 丝熔点高，在扩散温度下不扩散，仅作为界面运动的标记。将制备好的扩散偶加热至 785℃ 保温不同时间，观察铜和锌原子越过界面发生互扩散的情况。实验结果发现，随着保温时间的延长，

Mo 丝（即界面位置）向内发生了微量漂移，1 天以后，漂移了 0.0015cm，56 天后，漂移了 0.0124cm，界面的位移量与保温时间的平方根成正比。由于这一现象首先由柯肯达尔等人发现的，故称为柯肯达尔效应。

如果铜和锌的扩散系数相同，由于锌原子尺寸大于铜原子，扩散以后界面外侧的铜晶格膨胀，内部的黄铜晶格收缩，这种因为原子尺寸不同也会引起界面向内漂移，但位移量只有实验值的 1/10 左右。因此，柯肯达尔效应的唯一解释是，锌的扩散速度大于铜的扩散速度，使越过界面向外侧扩散的锌原子数多于向内侧扩散的铜原子数，出现了跨越界面的原子净传输，导致界面向内漂移。

大量的实验表明，柯肯达尔效应在置换固溶体中是普遍现象，它对扩散理论的建立起到了非常重要的作用。例如，在用物质平衡原理和扩散方程去计算某些扩散型相变的长大速度时发现，长大速度不取决于组元各自的扩散系数，而取决于它们的某种组合。

3.3.2　达肯方程与互扩散系数

达肯（Darken）首先对置换固溶体中的柯肯达尔效应进行了数学处理。考虑一个由高熔点金属 A 和低熔点金属 B 组成的扩散偶，焊接前在两金属之间放入高熔点标记。他引入两个平行坐标系，一个是相对于地面的固定坐标系（X，Y），另一个是随界面标记运动的动坐标系（X'，Y'），如图 3-13 所示。

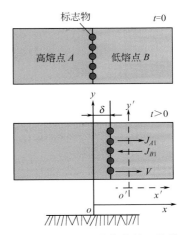

由于高熔点金属的原子结合力强扩散慢，低熔点金属的原子结合力弱扩散快，因此在高温下界面标记向低熔点一侧漂移。界面漂移类似于力学中的相对运动，原子相对于运动的界面标记扩散，而界面标记又相对于静止的地面运动。这种相对运动的结果，使站在界面标记上的观察者和站在地面上的观察者所看到的景象完全不同。假设扩散偶中各处的摩尔密度（单位体积中的总摩尔数）在扩散过程中保持不变，并且忽略因原子尺寸不同所引起的点阵常数变化，则站在标记上的观察者看到穿越界面向相反方向扩散的 A、B 原子数不等，向左过来的 B 原子多，向右过去的 A 原子少，结果使观察者随着标记一起向低熔点一侧漂移，但是站在地面上的观察者却看到向两个方向扩散的 A、B 原子数相同。

图 3-13　置换固溶体中的互扩散

经过如上分析，扩散原子相对于地面的总运动速度 V 是原子相对于标记的扩散速度 V_d 与标记相对于地面的运动速度 V_m 之和，即

$$V = V_m + V_d \tag{3-39}$$

原子总移动速度 V 可以根据图 3-14 所示的扩散系统进行计算。设扩散系统的横截面积为 1，原子沿 x 轴进行扩散。单位时间内，原子由面 1 扩散到面 2 的距离是 V，则在单位时间内通过单位面积的原子摩尔数（扩散通量）即是 $1 \times V$ 体积内的扩散原子的摩尔数

$$J = C(V \times 1) = CV \tag{3-40}$$

式中，C 为扩散原子的摩尔体积浓度。利用式（3-39）和式（3-40），可以分别写出 A 及 B 原子相对于固定坐标系的总通量为

$$J_A = C_A V_A = C_A[V_m + (V_d)_A]$$
$$J_B = C_B V_B = C_B[V_m + (V_d)_B] \tag{3-41}$$

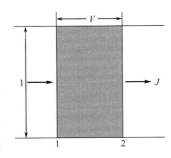

式（3-41）中第一项是标记相对于固定坐标系的通量，第二项是原子相对于标记的扩散通量。若 A 和 B 原子的扩散系数分别用 D_A 和 D_B 表示，根据扩散第一定律，由扩散引起的第二项可以写成

图 3-14　扩散系统的计算模型

$$C_A(V_d)_A = -D_A\frac{\partial C_A}{\partial x}$$

$$C_B(V_d)_B = -D_B\frac{\partial C_B}{\partial x}$$

将上两式代入式（3-41），得

$$J_A = C_A V_A = C_A V_m - D_A\frac{\partial C_A}{\partial x}$$

$$J_B = C_B V_B = C_B V_m - D_B\frac{\partial C_B}{\partial x}$$

(3-42)

根据前面的假设，跨过一个固定平面的 A 和 B 原子数应该相等，方向相反，故

$$J_A = -J_B$$

将式（3-42）代入上式，得

$$V_m(C_A + C_B) = D_A\frac{\partial C_A}{\partial x} + D_B\frac{\partial C_B}{\partial x}$$

另一方面，组元的摩尔体积浓度 C_i 与摩尔密度 ρ 及摩尔分数 x_i 之间有如下关系

$$C_i = \rho x_i$$

(3-43)

其中，$x_1 + x_2 = 1$。利用式（3-43），则求出的界面漂移速度为

$$V_m = (D_A - D_B)\frac{\partial x_A}{\partial x} = (D_B - D_A)\frac{\partial x_B}{\partial x}$$

(3-44)

然后将界面漂移速度代回式（3-42），最后得 A、B 原子的总扩散通量分别为

$$J_A = -(D_A x_B + D_B x_A)\frac{\partial C_A}{\partial x} = -\tilde{D}\frac{\partial C_A}{\partial x}$$

$$J_B = -(D_A x_B + D_B x_A)\frac{\partial C_B}{\partial x} = -\tilde{D}\frac{\partial C_B}{\partial x}$$

(3-45)

式中，$\tilde{D} = (D_A x_B + D_B x_A)$，称为合金的互扩散系数，而 D_A 和 D_B 称为组元的本征扩散系数。式（3-44）和式（3-45）称为达肯方程。由推导的结果可以看出，只要将扩散第一及第二定律中的扩散系数 D 换为合金的互扩散系数 $\tilde{D}$，扩散定律对置换固溶体的扩散仍然是适用的。

到现在为止，我们所接触到的扩散系数可以概括为以下三种类型。

① 自扩散系数 D^*　是指在没有浓度梯度的纯金属或者均匀固溶体中，由于原子的热运动所发生扩散。在实验上，测量金属的自扩散系数一般采用在金属中放入少量的同种金属的放射性同位素作为示踪原子，如果同位素原子存在浓度梯度，就会发生可观察的扩散。由于金属与金属的放射性同位素的物理及化学性质相同，因此测出的同位素原子的扩散系数就是金属的自扩散系数。

② 本征扩散系数 D　或称为偏（分）扩散系数，是指在有浓度梯度的合金中，组元的扩散不仅包含组元的自扩散，而且还包含组元的浓度梯度引起的扩散。由合金中组元的浓度梯度所驱动的扩散称为组元的本征扩散，用

本征扩散系数描述。

③ 互扩散系数 $\widetilde{D}$ 它是合金中各组元的本征扩散系数的加权平均值，反映了合金的扩散特性，而不代表某一组元的扩散性质。本征扩散系数和互扩散系数都是由浓度梯度引起的，因此统称为化学扩散系数。

对于互扩散系数，有几种特殊情况应当注意。当 $D_A = D_B$ 时，$V_m = 0$，这时不产生柯肯达尔效应，$\widetilde{D} = D_A = D_B$；当 $x_A = x_B = 1/2$ 时，$\widetilde{D} = (D_A + D_B)/2$；当 $x_B \approx 0$ 时，$\widetilde{D} \approx D_B x_A \approx D_B$。

3.4 扩散的热力学分析

用浓度梯度表示的菲克第一定律 $J = -D\dfrac{\partial C}{\partial x}$ 只能描述原子由高浓度向低浓度方向的下坡扩散，当 $\dfrac{\partial C}{\partial x} \to 0$ 时，即合金浓度趋向均匀时，宏观扩散停止。然而，在合金中发生的很多扩散现象却是由低浓度向高浓度方向的上坡扩散，例如固溶体的调幅分解、共析转变等就是典型的上坡扩散，这一事实说明引起扩散的真正驱动力不是浓度梯度。

3.4.1 扩散的驱动力

物理学中阐述了力与能量的普遍关系。例如，距离地面一定高度的物体，在重力 F 的作用下，若高度降低 ∂x，相应的势能减小 ∂E，则作用在该物体上的力定义为

$$F = -\frac{\partial E}{\partial x}$$

式中，负号表示物体由势能高处向势能低处运动。晶体中原子间的相互作用力 F 与相互作用能 E 也符合上述关系。

根据热力学理论，系统变化方向的更广义判据是，在恒温、恒压条件下，系统变化总是向吉布斯自由能降低的方向进行，自由能最低态是系统的平衡状态，过程的自由能变化 $\Delta G < 0$ 是系统变化的驱动力。

合金中的扩散也是一样，原子总是从化学位高的地方向化学位低的地方扩散，当各相中同一组元的化学位相等（多相合金），或者同一相中组元在各处的化学位相等（单相合金），则达到平衡状态，宏观扩散停止。因此，原子扩散的真正驱动力是化学位梯度。如果合金中 i 组元的原子由于某种外界因素的作用（如温度、压力、应力、磁场等），沿 x 方向运动 ∂x 距离，其化学位降低 $\partial \mu_i$，则该原子受到的驱动力为

$$F_i = -\frac{\partial \mu_i}{\partial x} \tag{3-46}$$

原子扩散的驱动力与化学位降低的方向一致。

3.4.2 扩散系数的普遍形式

原子在晶体中扩散时，若作用在原子上的驱动力等于原子的点阵阻力时，则原子的运动速度达到极限值，设为 V_i，该速度正比于原子的驱动力

$$V_i = B_i F_i \tag{3-47}$$

式中，B_i 为单位驱动力作用下的原子运动速度，称为扩散的迁移率，表示原子的迁移能力。将式（3-46）和式（3-47）代入式（3-40），得 i 原子的扩散通量

$$J_i = -C_i B_i \frac{\partial \mu_i}{\partial x} \tag{3-48}$$

由热力学知，合金中 i 原子的化学位为

$$\mu_i = \mu_i^0 + kT \ln a_i$$

式中，μ_i^0 为 i 原子在标准状态下的化学位；a_i 为活度，$a_i = \gamma_i x_i$；γ_i 为活度系数；x_i 为摩尔分数。对上式微分，得

$$\partial \mu_i = kT \partial (\ln a_i)$$

因为

$$\partial \ln a_i = \partial \ln \gamma_i + \partial \ln C_i$$

式中，C_i 为 i 原子的体积浓度。将以上两式代入式（3-48），经整理得

$$J_i = -B_i kT \left(1 + \frac{\partial \ln \gamma_i}{\partial \ln C_i}\right) \frac{\partial C_i}{\partial x} \tag{3-49}$$

与菲克第一定律比较，得扩散系数的一般表达式

$$D_i = B_i kT \left(1 + \frac{\partial \ln \gamma_i}{\partial \ln C_i}\right) \tag{3-50}$$

或者

$$D_i = B_i kT \left(1 + \frac{\partial \ln \gamma_i}{\partial \ln x_i}\right) \tag{3-51}$$

式（3-50）和式（3-51）中括号内的部分称为热力学因子。

对于理想固溶体（$\gamma_i = 1$）或者稀薄固溶体（$\gamma_i =$ 常数），式（3-50）和式（3-51）简化为

$$D_i = B_i kT \tag{3-52}$$

上式称为爱因斯坦（Einstein）方程。可以看出，在理想固溶体或者稀薄固溶体中，不同组元的扩散系数的差别在于它们有不同的迁移率，而与热力学因子无关。这一结论对实际固溶体也是适用的，证明如下。

在二元合金中，根据吉布斯-杜亥姆（Gibbs-Duhem）公式

$$x_A d\mu_A + x_B d\mu_B = 0$$

将 $\partial \mu_i = kT \partial (\ln a_i)$ 和 $a_i = \gamma_i x_i$ 代入上式，则

$$x_A d\ln a_A + x_B d\ln a_B = x_A d\ln \gamma_A + x_B d\ln \gamma_B = 0$$

在计算时，运用了 $dx_A = -dx_B$，将此关系式和上式结合，得

$$\frac{\partial \ln \gamma_A}{\partial \ln x_A} = \frac{\partial \ln \gamma_B}{\partial \ln x_B} \tag{3-53}$$

根据式（3-53），合金中各组元的热力学因子是相同的。当系统中各组元可以独立迁移时，各组元存在各自的扩散系数，各扩散系数的差别在于不同的迁移率，而不在于活度或者活度系数。

3.4.3　上坡扩散

由式（3-50）和式（3-51）知道，决定扩散系数正负的因素是热力学因子。因为扩散通量 $J > 0$，所以当热力学因子为正时，$D_i > 0$，$\partial C / \partial x < 0$，发生下坡扩散；当热力学因子为负时，$D_i < 0$，$\partial C / \partial x > 0$，发生上坡扩散，

从热力学上解释了上坡扩散产生的原因。

为了对上坡扩散有更进一步的理解，下面将扩散第一方程表达为最普遍的形式，即用化学位梯度表示的扩散第一方程。由式（3-48），得

$$J_i = -D_i^{\mu} \frac{\partial \mu_i}{\partial x} \tag{3-54}$$

式中，$D_i^{\mu} = C_i B_i$，是与化学位有关的扩散系数。根据化学位定义以及关系式（3-43），$C_i = \rho x_i$，则

$$\mu_i = \frac{\partial G}{\partial x_i} = \rho \frac{\partial G}{\partial C_i}$$

$$\frac{\partial \mu_i}{\partial x} = \rho \frac{\partial^2 G}{\partial C_i \partial x}$$

式中，G 为系统的摩尔自由能。将上式代入式（3-54），得

$$J_i = -\left(D_i^{\mu} \rho \frac{\partial^2 G}{\partial C_i^2}\right) \frac{\partial C_i}{\partial x} \tag{3-55}$$

将式（3-55）与扩散第一方程 $J_i = -D_i \dfrac{\partial C_i}{\partial x}$ 比较，有

$$D_i = D_i^{\mu} \rho \frac{\partial^2 G}{\partial C_i^2} \tag{3-56}$$

因为 $D_i^{\mu} > 0$，所以当 $\dfrac{\partial^2 G}{\partial C_i^2} > 0$ 时，发生下坡扩散；当 $\dfrac{\partial^2 G}{\partial C_i^2} < 0$ 时，发生上坡扩散。下坡扩散的结果是形成浓度均匀的单相固溶体，上坡扩散的结果是使均匀的固溶体分解为浓度不同的两相混合物。

3.5 影响扩散的因素

由扩散第一定律，在浓度梯度一定时，原子扩散仅取决于扩散系数 D。对于典型的原子扩散过程，D 符合 Arrhenius 公式，$D = D_0 \exp\left(\dfrac{-Q}{kT}\right)$。因此，$D$ 仅取决于 D_0、Q 和 T，凡是能改变这三个参数的因素都将影响扩散过程。

3.5.1　温度

由扩散系数表达式（3-37）看出，温度越高，原子动能越大，扩散系数呈指数增加。以 C 在 γ-Fe 中扩散为例，已知 $D_0 = 2.0 \times 10^{-5}\ \mathrm{m^2/s}$，$Q = 140 \times 10^3\ \mathrm{J/mol}$，计算出 927℃和 1027℃时 C 的扩散系数分别为 $1.76 \times 10^{-11}\ \mathrm{m^2/s}$，$5.15 \times 10^{-11}\ \mathrm{m^2/s}$。温度升高 100℃，扩散系数增加 3 倍多。这说明对于在高温下发生的与扩散有关的过程，温度是最重要的影响因素。

一般来说，在固相线附近的温度范围，置换固溶体的 $D = 10^{-8} \sim 10^{-9}\ \mathrm{cm^2/s}$，间隙固溶体的 $D = 10^{-5} \sim 10^{-6}\ \mathrm{cm^2/s}$；而在室温下它们分别为 $D = 10^{-20} \sim 10^{-50}\ \mathrm{cm^2/s}$ 和 $D = 10^{-10} \sim 10^{-30}\ \mathrm{cm^2/s}$。因此，扩散只有在高温下才能发生，置换固溶体更是如此。表 3-3 列出了一些常见元素在不同温度下铁中的扩散系数。

应该注意，有些材料在不同温度范围内的扩散机制可能不同，那么每种机制对应的 D_0 和 Q 不同，D 便不同。在这种情况下，$\ln D$-$1/T$ 并不是一条直线，而是由若干条直线组成的折线。例如，许多卤化

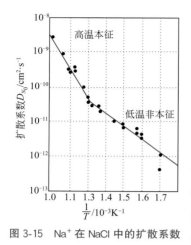

图 3-15 Na$^+$ 在 NaCl 中的扩散系数

表 3-3 不同温度时各元素在铁中的扩散系数

元素	扩散温度/℃	$10^5D/cm^2 \cdot d^{-1}$	元素	扩散温度/℃	$10^5D/cm^2 \cdot d^{-1}$
C	925	1205	Cr	1150	5.9
	1000	3100		1200	15~70
	1100	8640		1300	190~460
Al	900	33	Mo	1200	20~130
	1150	170	W	1280	3.2
Si	960	65		1330	21
	1150	125	Mn	960	2.6
Ni	1200	0.8		1400	830

物和氧化物等离子化合物的扩散系数在某一温度会发生突变，反映了在这一温度以上和以下受到两种不同的机制控制。图 3-15 表示出 Na$^+$ 在 NaCl 晶体中扩散系数的实验值。其中，高温区发生的是以点缺陷扩散为主的本征扩散，低温区发生的是以夹杂产生或控制的缺陷扩散为主的非本征扩散。

3.5.2 成分

（1）组元性质   原子在晶体结构中跳动时必须要挣脱其周围原子对它的束缚才能实现跃迁，这就要部分地破坏原子结合键，因此扩散激活能 Q 和扩散系数 D 必然与表征原子结合键大小的宏观或者微观参量有关。无论是在纯金属还是在合金中，原子结合键越弱，Q 越小，D 越大。

能够表征原子结合键大小的宏观参量主要有熔点（T_m）、熔化潜热（L_m）、升华潜热（L_s）以及膨胀系数（α）和压缩系数（κ）等。一般来说，T_m、L_m、L_s 越小或者 α、κ 越大，则原子的 Q 越小，D 越大，如表 3-4 所示。

表 3-4 扩散激活能与宏观参量间的经验关系式

宏观参量	熔点 （T_m）	熔化潜热 （L_m）	升华潜热 （L_s）	体积膨胀系数 （α）	体积压缩系数 （κ）
经验关系式	$Q=32T_m$ $Q=40T_m$	$Q=16.5L_m$	$Q=0.7L_s$	$Q=2.4/\alpha$	$Q=V_0/8\kappa$[①]

① V_0 为摩尔体积。

合金中的情况也一样。考虑 A、B 组成的二元合金，若 B 组元的加入能使合金的熔点降低，则合金的互扩散系数增加；反之，若能使合金的熔点升高，则合金的互扩散系数减小，见图 3-16。

在微观参量上，凡是能使固溶体溶解度减小的因素，都会降低溶质原子的扩散激活能，扩散系数增大。例如，固溶体组元之间原子半径的相对差越大，溶质原子造成的点阵畸变越大，原子离开畸变位置扩散就越容易，使 Q 减小，D 增加。表 3-5 列出一些元素在银中的扩散系数。

（2）组元浓度   在二元合金中，组元的扩散系数是浓度的函数，只有当浓度很低，或者浓度变化不大时，才可将扩散系数看作是与浓度无关的常数。

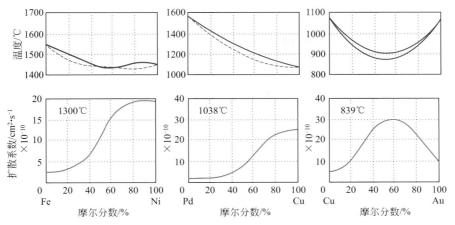

图 3-16　几种合金相图与互扩散系数间的关系

表 3-5　某些元素在银中的扩散系数

金属	Ag	Au	Cd	In	Sn	Sb
$D/(10^{-10}\,\mathrm{cm^2/s})(1000K)$	1.1	2.8	4.1	6.6	7.6	8.6
最大溶解度/摩尔比	1.00	1.00	0.42	0.19	0.12	0.05
哥氏半径/nm	0.144	0.144	0.1521	0.1569	0.1582	0.1614

组元的浓度对扩散系数的影响比较复杂,若增加浓度能使原子的 Q 减小,而 D_0 增加,则 D 增大。但是,通常的情况是 Q 减小,D_0 也减小;Q 增加,D_0 也增加。这种对扩散系数的影响呈相反作用的结果,使浓度对扩散系数的影响并不是很剧烈,实际上浓度变化引起的扩散系数的变化程度一般不超过 2～6 倍。

图 3-17 给出了其他组元在铜中的扩散系数与其浓度间的关系。可以看出,随着组元浓度增加,扩散系数增大。C 在 γ-Fe 中的扩散系数随其浓度的变化也呈现出同样的规律,如图 3-18 所示。实际上,C 的增加不仅可以提高自身的扩散能力,而且也对 Fe 原子的扩散产生明显的影响。例如在 950℃时,不含 C 的 γ-Fe 的自扩散系数为 $0.5\times10^{-12}\,\mathrm{cm^2/s}$,而碳含量为 1.1% 时,则达到 $9\times10^{-12}\,\mathrm{cm^2/s}$。

但是在 Au-Ni 合金中,随着 Ni 含量的增加,扩散系数却呈现出与上不同的变化,如图 3-19 所示。在 900℃时,Ni 在稀薄固溶体中的扩散系数约为 $10^{-9}\,\mathrm{cm^2/s}$,而当 Ni 含量达到 50% 时,扩散系数却为 $4\times10^{-10}\,\mathrm{cm^2/s}$,降低了 50%。

（3）第三组元的影响　在二元合金中加入第三组元对原有组元的扩散系数的影响更为复杂,其根本原因是加入第三组元改变了原有组元的化学位,从而改变了组元的扩散系数。

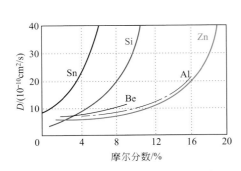

图 3-17　其他组元在铜中的扩散系数

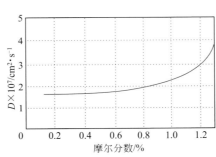

图 3-18　碳在 γ-Fe 中的扩散系数

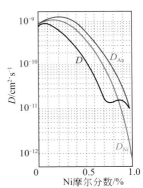

图 3-19　Au-Ni 系中扩散系数与浓度的关系

合金元素 Si 对 C 在钢中扩散的影响如图 3-20 所示。将 Fe-0.4％C 碳钢和 Fe-0.4％C-4％Si 硅钢的钢棒对焊在一起形成扩散偶，然后加热至 1050℃进行 13 天的高温扩散退火。实验结果发现，在退火之前，C 浓度在扩散偶中是均匀的；但是在退火之后，C 原子出现了比较大的浓度梯度。这一事实表明，在有 Si 存在的情况下 C 原子发生了由低浓度向高浓度方向的扩散，即上坡扩散。上坡扩散产生的原因是，Si 增加了 C 原子的活度，从而增加了 C 原子的化学位，使之从含 Si 的一端向不含 Si 的一端扩散。

图 3-21 给出经过不同退火时间后的 C、Si 沿扩散偶长度方向的浓度分布曲线。$t=t_0$ 表示原始的浓度分布。随着退火时间的延长，$t_1 < t_2 < t_3 < t_4$，开始时 C 浓度在焊接面附近逐渐变陡，然后又趋于平缓，当退火时间很长时，C 和 Si 的浓度最终都趋于均匀，形成均匀的固溶体。

图 3-22 是 Fe-C-Si 三元相图等温截面图的富 Fe 角，A、B 是在碳钢和硅钢中分别取与焊接面等距离的两点。扩散开始后，两点沿着箭头所指的实线变化。开始时 Si 浓度不变，这是由于 Si 原子扩散较慢的缘故；然后 C、Si 浓度都发生变化，最后达到浓度均匀的 C 点。

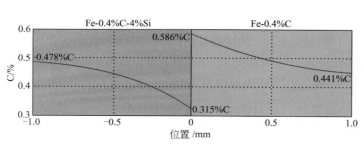

图 3-20　碳钢和硅钢组成的扩散偶在 1050℃扩散退火后的碳浓度分布

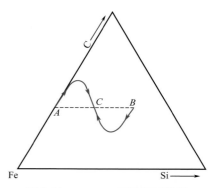

图 3-22　Fe-C-Si 三元相图等温截面图的富 Fe 角

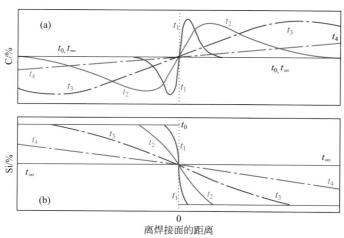

图 3-21　扩散偶中碳（a）和硅（b）的浓度分布

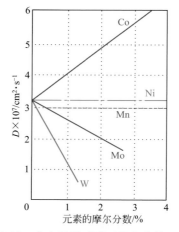

图 3-23　合金元素对碳（摩尔分数 1％）在奥氏体中扩散系数的影响

合金元素对 C 在奥氏体中扩散的影响对钢的奥氏体化过程起到非常重要的作用，按合金元素作用的不同可以将其分为三种类型。①碳化物形成元素：这类元素与 C 的亲和力较强，阻碍 C 的扩散，降低 C 在奥氏体中的扩散系数，如 Nb、Zr、Ti、Ta、V、W、Mo、Cr 等；②弱碳化物形成元素：Mn，对 C 的扩散影响不大；③非碳化物形成元素：Co、Ni、Si 等，其中 Co 增大 C 的扩散系数，Si 减小 C 的扩散系数，而 Ni 的作用不大。不同合金元素对 C 在奥氏体中扩散的影响见图 3-23。

3.5.3　晶体结构

（1）固溶体类型　固溶体主要有间隙固溶体和置换固溶体，在这两种固溶体中，溶质原子的扩散机制完全不同。在间隙固溶体中，溶质原子以间隙扩散为机制，扩散激活能较小，原子扩散较快；反之，在置换固溶体中，溶质原子以空位扩散为机制，由于原子尺寸较大，晶体中的空位浓度又很低，其扩散激活能比间隙扩散大得多。表 3-6 列出了不同溶质原子在 γ-Fe 中的扩散激活能。

（2）晶体结构类型　晶体结构反映了原子在空间排列的紧密程度。晶体的致密度越高，原子扩散时的路径越窄，产生的晶格畸变越大，同时原子结合能也越大，使得扩散激活能越大，扩散系数减小。这个规律无论对纯金属还是对固溶体的扩散都是适用的。例如，面心立方晶体比体心立方晶体致密度高，实验测定的 γ-Fe 的自扩散系数与 α-Fe 的相比，在 910℃时相差了两个数量级，$D_{α-Fe} \approx 280 D_{γ-Fe}$。溶质原子在不同固溶体中的扩散系数也不同。910℃时，C 在 α-Fe 中的扩散系数比在 γ-Fe 中的大 100 倍。

表 3-6　不同溶质原子在 γ-Fe 中的扩散激活能 Q

溶质原子类型	置　换　型						间　隙　型		
溶质元素	Al	Ni	Mn	Cr	Mo	W	N	C	H
Q/(kJ/mol)	184	282.5	276	335	247	261.5	146	134	42

钢的渗碳温度选择在 900～930℃，对于常用的渗碳钢来讲，这个温度范围应该处在奥氏体单相区。奥氏体是面心立方结构，C 在奥氏体中的扩散速度似乎较慢，但是由于渗碳温度较高，加速了 C 的扩散，同时 C 在奥氏体中的溶解度远比在铁素体中的大也是一个基本原因。

（3）晶体的各向异性　理论上讲，晶体的各向异性必然导致原子扩散的各向异性。但是实验却发现，在对称性较高的立方系中，沿不同方向的扩散系数并未显示出差异，只有在对称性较低的晶体中，扩散才有明显的方向性，而且晶体对称性越低，扩散的各向异性越强。铜、汞在密排六方金属锌和镉中扩散时，沿（0001）晶面的扩散系数小于沿 [0001] 晶向的扩散系数，这是因为（0001）是原子的密排面，溶质原子沿这个面扩散的激活能较大。但是，扩散的各向异性随着温度的升高逐渐减小。

晶体结构的三个影响扩散的因素本质上是一样的，即晶体的致密度越低，原子扩散越快；扩散方向上的致密度越小，原子沿这个方向的扩散也越快。

3.5.4　短路扩散

固体材料中存在着各种不同的点、线、面及体缺陷，缺陷能量高于晶粒内部，可以提供更大的扩散驱动力，使原子沿缺陷扩散速度更快。通常将沿缺陷进行的扩散称为短路扩散，沿晶格内部进行的扩散称为体扩散或晶格扩散，各种扩散的途径如图 3-24 所示。短路扩散包括表面扩散、晶界扩散、位错扩散及空位扩散等。一般来讲，温度较低时，以短路扩散为主；温度较高时，以体扩散为主。

在所有的缺陷中，表面的能量最高，晶界的能量次之，晶粒内部的能量最小。因此，原子沿表面扩散的激活能最小，沿晶界扩散的激活能次之，体扩散的激活能最大。对于扩散系数，则有 $D_s > D_b > D_1$，其中，D_s、D_b、D_1 分别是表面扩散系数、晶界扩散系数及体扩散系数，如图 3-25 所示。

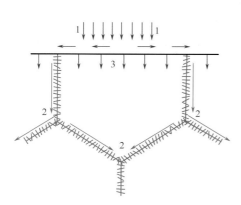

图 3-24　短路扩散示意

1—表面扩散；2—晶界扩散；3—晶格扩散

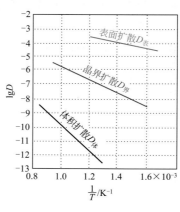

图 3-25　不同扩散方式的扩散
系数与温度的关系

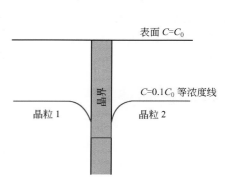

图 3-26　示踪原子在晶界和晶内的
浓度分布

实验上，通常采用示踪原子法测量晶界扩散现象。选一块多晶体金属样品，其晶界与表面垂直，在表面上涂有浓度为 C_0 的扩散组元的放射性同位素作为示踪原子，然后将样品加热到高温并保温一段时间，示踪原子开始由样品表面沿晶界和晶格同时向内部扩散。由于示踪原子沿晶界扩散比晶粒内部快得多，晶界上的浓度会逐渐高于晶粒内部，然后再由晶界向两侧扩散。如果扩散时间足够长的话，就会观察到如图 3-26 所示的等浓度曲线。

在多晶体金属中，原子的扩散系数实际上是体扩散和晶界扩散的综合结果。晶粒尺寸越小，金属的晶界面积越多，晶界扩散对扩散系数的贡献就越大。图 3-27 表示出锌在黄铜中的扩散系数随晶粒尺寸的变化。可以看出，黄铜的晶粒尺寸越小，扩散系数明显增加。例如，在 700℃ 时，锌在单晶黄铜中的扩散系数 $D = 6 \times 10^{-4} \mathrm{cm^2/d}$，而在晶粒尺寸为 0.13mm 的多晶黄铜中的扩散系数 $D = 2.3 \times 10^{-2} \mathrm{cm^2/d}$，提高了约 40 倍。

温度对晶界扩散有很大影响，图 3-28 给出了银单晶体和多晶体的自扩散系数与温度关系。低于 700℃ 时，多晶体的 $\lg D \sim 1/T$ 直线的斜率为单晶体的 $1/2$；但是高于 700℃ 时，多晶体的直线与单晶体的相遇，并重合于单晶体的直线上。实验结果说明，温度较低时晶界扩散激活能比体扩散激活能小得多，晶界扩散起主导作用；温度较高时晶体中的空位浓度增加，扩散速度加快，体

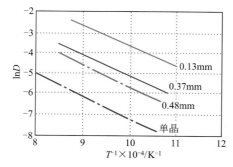

图 3-27　锌在黄铜中的扩散系数随晶粒尺寸的变化

（数字为平均晶粒直径）

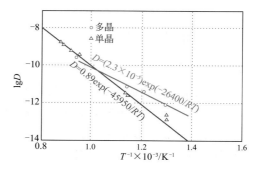

图 3-28　银在单晶体和多晶体中的
自扩散系数随温度的变化

扩散起主导作用。晶界扩散对较低温度下的自扩散和互扩散有重要影响。但是，对于间隙固溶体来说，溶质原子的体扩散激活能本来就不高，扩散速度比较大，晶界扩散的作用并不明显。

　　晶体中的位错对扩散也有促进作用。位错与溶质原子的弹性应力场之间交互作用的结果，使溶质原子偏聚在位错线周围形成溶质原子气团（包括 Cottrell 气团和 Snoek 气团）。这些溶质原子沿着位错线为中心的管道形畸变区扩散时，激活能仅为体扩散激活能的一半左右，扩散速度较高。由于位错在整个晶体中所占的比例很小，所以在较高温度下，位错对扩散的贡献并不大，只有在较低温度时，位错扩散才起重要作用。

3.6　反应扩散

　　前面讨论的是单相固溶体中的扩散，其特点是溶质原子的浓度未超过固溶体的溶解度。然而在许多的实际相图中，不仅包含一种固溶体，有可能出现几种固溶体或者中间相。如果由构成这样相图的两个组元制成扩散偶，并且在温度适宜保温时间足够的情况下，就会由于作为基体的组元过饱和而反应生成一种或者几种新的合金相（中间相或者固溶体）。习惯上将伴随有相变过程的扩散，或者有新相产生的扩散称为反应扩散或者相变扩散。

3.6.1　反应扩散的过程及特点

　　反应扩散包括两个过程，一是在渗入元素渗入到基体的表层，但是还未达到基体的溶解度之前的扩散过程；二是当基体的表层达到溶解度以后发生相变而形成新相的过程。反应扩散时，基体表层中的溶质原子的浓度分布随扩散时间和扩散距离的变化以及在表层中出现何种相和相的数量，这些均与基体和渗入元素间组成的合金相图有关。

　　以在 A 组元（基体）的表面渗入 B 组元，并且 A、B 组成共析相图的情况为例，分析在 T_0 温度下的反应扩散过程，相关的 A-B 相图及其各相的平衡浓度如图 3-29（a）所示。从相图上可以看出，在 T_0 温度下，在基体 A 中连续地溶入 B 组元，随着 B 组元的增加，最先形成 α 固溶体，然后形成 γ 固溶体，最后形成 β 固溶体。反应扩散时各相出现的顺序与此相同。

　　当 B 组元开始向基体的表面渗入时，表层的 B 原子浓度逐渐升高，B 原子浓度曲线不断向基体的内部延伸，当表面浓度达到 α 固溶体的饱和浓度 $C_{α/γ}$ 时，在表层形成的全部是 α 固溶体。随后 $C_{α/γ}$ 值暂时维持不变，随着 B 组元的不断渗入，α 层逐渐增厚。当表面浓度在某一时刻突然上升到与 α 平衡的 γ 固溶体的平衡浓度 $C_{γ/α}$（即 γ 的最低浓度）时，在 α 层的外面开始形成γ 层。如果渗剂中活性 B 原子的浓度足够高的话，表面浓度还会达到 γ 固溶体的饱和浓度 $C_{γ/β}$，并且在 γ 层的外面形成 β 层。随着扩散的进行，已形成的 α、γ 及 β固溶体层不断增厚，每个单相层内的浓度梯度也在随时间而变化。在 T_0 温度下形成的渗层中的溶质原子浓度分布和相分布分别如图 3-29（b）和图 3-29（c）所示。

　　值得注意的是，在 T_0 温度下，在二元相图中存在α＋γ 和 γ＋β 两相区，但是在渗层组织中任何两相之间却

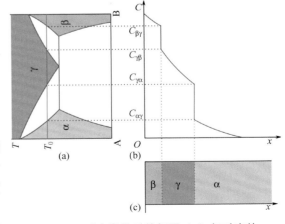

图 3-29　反应扩散时的相图（a）与对应的浓度分布（b）和相分布（c）

不存在两相共存区，两相之间仅以界面的形式存在，在界面处浓度发生突变。渗层中无两相区可以用热力学解释如下。

根据热力学，两相平衡时，两相的化学位相等，根据 $F = -\dfrac{\partial \mu}{\partial x}$，扩散驱动力为零。又由扩散第一定律的普遍式（3-54）知，扩散通量为零。因此，在渗层组织中不可能出现两相区，否则扩散将在两相区中断，显然与事实不符。退一步讲，即使在扩散过程中出现两相区也会因系统自由能升高而使其中某一相逐渐消失，最终由两相演变为单相。由相律也可以对此现象进行解释。当二元合金处于两相平衡时，组元 $c=2$，相数 $p=2$，则自由度 $f=c-p=0$，这就意味着如果在渗层组织中出现两相区的话，两相的浓度都不能变化，从而没有浓度梯度，也就不能扩散。因此得到这样的结论，在二元系（含渗入元素）的渗层中没有两相共存区，在三元系的渗层中没有三相共存区，依次类推。

钢铁材料的渗氮（也称氮化）是典型的反应扩散。现在结合 Fe-N 二元合金相图，如图 3-30（a）所示，分析纯铁的氮化过程。将纯铁放入氮化罐中在 520℃ 温度下经长时间氮化，当表面氮浓度超过 8% 时，便会在表面形成 ε 相。ε 相为以 Fe_3N 为基的固溶体，氮原子有序地分布在铁原子构成的密排六方点阵的间隙位置。ε 相的含氮量范围很宽，通常的氮化温度下大约在 8.25%～11.0% 变化，氮浓度由表面向里逐渐降低。在 ε 相的内侧是 γ' 相，它是以 Fe_4N 为基的固溶体，氮原子有序地分布在铁原子构成的面心立方点阵的间隙位置。γ' 相的含氮量很窄，在 5.7%～6.1% 变化。在 γ' 相的内

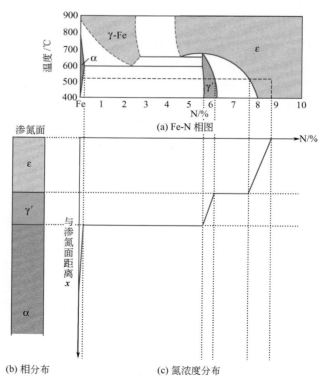

(a) Fe-N 相图

(b) 相分布　　　　(c) 氮浓度分布

图 3-30　纯铁的表面氮化

侧是含氮的 α 固溶体，而远离表面的心部才是纯铁。氮化层中的相分布和相应的浓度分布如图 3-30（b）和图 3-30（c）。同样，氮化层仅由各单相层组成，没有出现两相共存区。

3.6.2　反应扩散动力学

反应扩散动力学主要研究以下问题：反应扩散速度、扩散过程中相宽度的变化规律及生成相的产生顺序。假设两相在相界面处的浓度满足局部平衡，反应扩散速度由扩散过程控制。

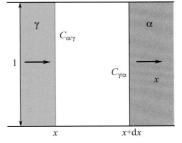

图 3-31　反应扩散时相界面的移动

反应扩散速度即相界面移动速度，可由图 3-31 所示的扩散系统计算。反应扩散时，先在表面生成 α 相，然后在 α 相的外面形成 γ 相。由于两相的生长速度可能不同，因此它们的相对厚度变化也不同。假设 γ 相生长比 α 相的快，则扩散过程中将发生 α→γ 的转变。

设扩散系统的横截面积为 1，γ 相沿 x 轴向 α 相生长。经 $\mathrm{d}t$ 时间，α/γ 相界面由 x 位置移动微小距离至 $x+\mathrm{d}x$ 位置，相界面经过的微元体的体积为 $1\times\mathrm{d}x$。在相界面移动之前，这部分体积为 α 相，其浓度为 $C_{\alpha/\gamma}$；在移动之后，该体积转变为 γ 相，其浓度为 $C_{\gamma/\alpha}$。相界面移动前后由于 α→γ 转变所引起的溶质原子的变化可以根据物质平衡原理和扩散第一定律得到，即

$$(C_{\gamma/\alpha}-C_{\alpha/\gamma})\times 1\times\mathrm{d}x=\left[-D_{\gamma/\alpha}\left(\frac{\partial C}{\partial x}\right)_{\gamma/\alpha}+D_{\alpha/\gamma}\left(\frac{\partial C}{\partial x}\right)_{\alpha/\gamma}\right]\times 1\times\mathrm{d}t$$

式中，$-D_{\gamma/\alpha}\left(\dfrac{\partial C}{\partial x}\right)_{\gamma/\alpha}$ 是溶质原子进入微元体、$D_{\alpha/\gamma}\left(\dfrac{\partial C}{\partial x}\right)_{\alpha/\gamma}$ 是溶质原子流出微元体的扩散通量。由上式解出相界面移动速度

$$\frac{\mathrm{d}x}{\mathrm{d}t}=\frac{1}{C_{\gamma/\alpha}-C_{\alpha/\gamma}}\left[D_{\alpha/\gamma}\left(\frac{\partial C}{\partial x}\right)_{\alpha/\gamma}-D_{\gamma/\alpha}\left(\frac{\partial C}{\partial x}\right)_{\gamma/\alpha}\right] \tag{3-57}$$

利用变量代换 $\beta=x/\sqrt{t}$，得

$$\frac{\partial C}{\partial x}=\frac{\partial C}{\partial\beta}\times\frac{\partial\beta}{\partial x}=\frac{1}{\sqrt{t}}\times\frac{\mathrm{d}C}{\mathrm{d}\beta}$$

注意上式中的浓度 C 为 x、t 的函数，经过变换后仅为 β 的函数。由于两相的界面浓度在温度一定时为定值，因此 $\mathrm{d}C/\mathrm{d}\beta$ 仅为浓度的函数，而与时间无关。将上式代入式（3-57），得

$$\frac{\mathrm{d}x}{\mathrm{d}t}=\frac{1}{C_{\gamma/\alpha}-C_{\alpha/\gamma}}[(Dk)_{\alpha/\gamma}-(Dk)_{\gamma/\alpha}]\frac{1}{\sqrt{t}}=\frac{a}{\sqrt{t}} \tag{3-58}$$

式中，k 是与浓度有关的系数。将上式进行积分，得相界面位置与时间的关系

$$x=2a\sqrt{t}=b\sqrt{t} \tag{3-59}$$

或

$$x^2=ct \tag{3-60}$$

以上三式中，a、b、c 是与 α 和 γ 相的扩散系数以及两相在界面处的平衡浓度有关的系数。所有这些式子说明，如果相界面移动受扩散过程控制，则相界面移动距离随时间的变化满足抛物线规律。新相形成时，开始长大快，然后长大速度逐渐变缓。

在实际的渗层组织中，能否出现平衡相图在反应扩散温度下的所有合金相，这决定于很多因素。从热力学角度看，自由能最低的相具有出现的可能性，但是未必真正出现，这是因为新相形成时需要克服很大的相变阻力，主要包括应变能和界面能，同时还要考虑动力学因素。当相变阻力足够大，或者冷却

速度足够快时，就有可能抑制新相的产生。

以图 3-29 所示的情况为例，这时由表面向里依次形成的相为 β、γ 及 α。因为各相的扩散系数和界面浓度不同，所以各相在同一时间内移动的距离也不同。若位于中间位置的 γ 相在时间为 t 时，向两侧移动的距离分别为 $x_{\gamma/\alpha}$，$x_{\beta/\gamma}$，则 γ 相区的宽度

$$w_\gamma = x_{\gamma/\alpha} - x_{\beta/\gamma}$$

由式（3-58），则

$$\frac{\mathrm{d}w_\gamma}{\mathrm{d}t} = \frac{\mathrm{d}x_{\gamma/\alpha}}{\mathrm{d}t} - \frac{\mathrm{d}x_{\beta/\gamma}}{\mathrm{d}t} = \frac{A_\gamma}{\sqrt{t}} \tag{3-61}$$

对其积分，得

$$w_\gamma = B_\gamma \sqrt{t} \tag{3-62}$$

B_γ 称为反应扩散的速度常数。下面根据上式分析 γ 相的生长。

① 若 $B_\gamma > 0$，说明 γ/α 相界面的移动速度快于 β/γ 相界面，γ 相可以形成，并按抛物线规律长大。

② 若 $B_\gamma = 0$，说明 γ/α 和 β/γ 相界面的移动速度相同，$w_\gamma = 0$，γ 相不会出现。

③ 若 $B_\gamma < 0$，意味着 γ 相两侧面的距离在缩小，γ 相也不会出现。

要点总结

拓展阅读

第 4 章
凝 固

导读 ◖》

　　凝固是物质从液相转化为固相的现象。大部分材料的生产制造均涉及物质从液相到固相的转变，即凝固过程。控制材料凝固过程，可以调控材料的组织结构，进而赋予材料特殊的性能。

　　早期飞机发动机叶片组织是由大量等轴晶组成，如图 1 所示，但是等轴晶组织在高温工况下易发生蠕变，难以满足现代飞机叶片更高的服役需求。

　　采用定向凝固技术生产的飞机发动机叶片组织为单向柱状晶，如图 2 所示。柱状晶叶片组织中垂直应力轴方向上薄弱的横向晶界被基本消除，其高温性能有所改善。

图 1　等轴晶金相组织　　　　　　　图 2　柱状晶金相组织

　　近年来，双层壁超气冷技术的发展使单晶叶片制造工艺逐渐成熟。由于单晶叶片组织内部不存在易发生蠕变的晶界，如图 4 所示，材料高温力学性能与结构稳定性优异，叶片的耐高温性能大幅提升。

图 3　飞机发动机单晶叶片　　　　　图 4　单晶叶片 TEM 图

◉ 为什么学习凝固?

金属及合金的生产一般都要经过熔炼与铸造。通过熔炼，得到要求成分的液态金属，通过一定的凝固形式和加工方法获得各种型材、棒材、板材和线材。金属及合金的凝固组织对其性能以及随后的加工有很大的影响，而凝固组织的形成与凝固过程密切相关。因此，掌握金属和合金的凝固理论和凝固过程，对控制材料铸态组织，提高金属制品的质量和性能有重要的指导作用。

◉ 学习目标

通过液态金属结构的分析，掌握液态金属结构特征对结晶过程的作用机理，继而阐明结晶过程的动力学和热力学条件。依据经典形核理论，掌握临界晶核尺寸、临界能垒的计算方法和晶体的长大机制，能够准确阐述固溶体合金、共晶合金、铸件等凝固过程，了解微观组织和结构的变化过程，最终能够针对实际工程需求，提出相应的工艺优化方案。

(1) 金属的凝固过程：液态金属的结构、结晶过程的热力学和动力学条件、临界晶核尺寸和能垒的计算。

(2) 均匀形核和非均匀形核、晶体的长大机制。

(3) 固溶体、共晶合金、陶瓷的凝固：形核与长大、平衡与非平衡凝固、成分过冷。

(4) 铸锭组织与凝固技术：典型铸锭组织、铸造缺陷、凝固技术。

金属材料、无机非金属材料和有机高分子聚合物材料的凝固存在结晶和非晶转变两种形式。结晶相变是各种相变中最常见的相变，通过对结晶相变的研究可揭示相变进行所必须的条件、相变规律和相变后的组织与相变条件之间的变化规律，对材料的制取、加工成型及性能的控制均有指导作用。本章包含纯金属、固溶体合金、共晶合金的结晶及其铸锭组织的形成、凝固技术，陶瓷的凝固，聚合物的结晶。

4.1 液体的性能与结构

4.1.1 液态金属的结构

结晶是液态金属转变为金属晶体的过程，液态金属的结构对结晶过程有重要的影响，因此，下面我们对液态金属的结构作以简单介绍。

液态金属的结构可通过对比液、固、气三态的特性间接分析、推测，也可由 X 衍射方法加以验证。根据三种状态下形状和体积的性质可以看出，液体有一定的体积，无固定的形状，而固体形状、体积都固定，气体两者全不固定，说明液体更接近于固体，原子间有较强的结合力，原子排列较为致密，与气体截然不同。

实际上迄今为止，人们对气态和固态金属的了解已比较清楚，但对于液态金属结构的认识还不成熟，有关原子分布的具体结构模型尚未确定。目前有关液态金属结构的定性描述都是根据对液态金属的物理性质的研究分析而作出的。研究结果表明，液态金属的许多物理性质更接近于固态金属（如表 4-1 所示）。

表 4-1　一些金属的热学性质

金属	晶体结构	熔点/K	熔化时体积变化/%	熔化潜热 L_m/(10^3J/mol)	沸点/K	气化潜热 L_b/(10^3J/mol)	L_b/L_m	从 298K 至熔点的熵变 ΔS/(J/mol·K)	熔化熵 ΔS_m/(J/mol·K)	$\Delta S_m/\Delta S$
铝	面心立方	932	6	10.46	2723	291.2	27.8	31.42	11.51	0.37
金	面心立方	1336	5.1	12.80	3081	342.3	26.7	40.92	9.25	0.23
铜	面心立方	1357	4.15	13.01	2846	304.6	23.4	40.96	9.62	0.24
锌	密排六方	693	4.2	7.20	1184	115.1	16.0	22.80	10.67	0.47
镁	密排六方	923	4.1	8.70	1378	133.9	15.3	31.55	9.71	0.31
镉	密排六方	594	4.0	6.40	1043	99.6	15.6	18.95	10.67	0.54
铁	体心立方 / 面心立方	1809	3.0	15.19	3148	340.2	22.4	64.85	8.37	0.13
锡	体心四方	505	2.3	6.97	2896	295	42.5	15.05	13.78	0.915
镓	面心正交	302.9	−3.2	5.57	2520	256	45.9	0.408	18.4	45.09
铋	菱方	544.5	−3.35	10.84	1852	179.5	16.6	16.25	19.95	1.23
锑	菱方	903	−0.95	19.55	1908	227	11.6	30.05	21.65	0.72

　　① 金属的熔化潜热（L_m）远小于其气化潜热（L_b），而相变过程的热效应是原子间结合力变化的标志，这表明金属由固态转变为液态时，近邻原子间的结合键破坏远非汽化时那样大。

　　② 金属熔化时的体积变化仅为 3%～5% 左右。而液、气态之间的体积差别却大得多。这表明熔化前后原子间距变化不大。原子间距是原子间结合力的另一表征量，这进一步说明液、固两态的原子结合力较为接近。

　　③ 金属的熔化熵 S_m 相对于固态时由室温至 T_m 之间熵变 ΔS 有较大的增加。这表明液态金属中原子排列的无序程度显著增大。

　　④ 金属液、固两态的热容量差别不大，一般在 10% 以下，而液、气态热容量相差为 20%～50%。热容量可以作为判断原子运动特性的依据。由此可见，液态金属中原子运动状态与固态相近。

　　⑤ 由 X 射线分析结果表明，在熔点 T_m 附近的液态金属中的原子平均间距比固态稍大些；原子配位数比密排结构的晶体稍小些，通常在 8～11 之间（如表 4-2 所列）。液态原子的径向密度函数的分析表明，液体中原子排列还存在着短程有序，而大范围中的原子的规则排列已不存在。

表 4-2　由衍射分析得到的液体和固体结构数据的比较

金属	液 体		固 体	
	原子间距/nm	配位数	原子间距/nm	配位数
Al	0.296	10～11	0.286	12
Zn	0.294	11	0.265 / 0.294	6 / 6
Cd	0.306	8	0.297 / 0.330	6 / 6
Au	0.286	11	0.288	12

　　由以上研究结果推断，液态金属具有与固态金属相近似的结构。1963 年巴克（Banker）提出了准晶体结构模型，即认为在略高于熔点的液态金属中，存在着许许多多与固态金属中原子排列近似的微小原子集团。在这些小原子集团之间，是宽泛的原子紊乱排列区。由于液态金属中原子热运动比较激烈，

这些近程规则排列的原子集团不稳定，时聚时散，此起彼伏。液态金属中这种结构不稳定的现象称为结构起伏，把近程规则的原子集团称作晶胚。

1965～1970 年，伯纳尔（Bernal）等人提出了随机密堆模型（非晶体模型）来描述液体结构。这个模型的基本点是认为液态结构属非晶态，假设把许多相同的刚性小球倒入一具有不规则的光滑表面的容器中，用力晃动容器，使刚性小球彼此紧密接触，这就是液态金属中原子排列的图像，它与固态金属的主要差别是前者是随机密堆，而后者是"有序地排列密堆"。根据这个模型求得的刚性小球近邻数和径向分布函数都与实验结果符合得较好。

尽管这些结构模型都仅仅是定性地描述了液态金属中原子排列状态，但液态金属中结构起伏的观点普遍为人们所接受。根据这个观点，金属的结晶实际上是近程规则排列的液态结构转变为长程规则排列的固态结构的过程。起伏中的晶胚对于液态金属的结晶过程有着重要的作用。

4.1.2　高分子溶液

高分子溶液是高分子材料应用和研究中常碰到的对象。一般而言，浓度在 5% 以上为浓溶液，不是很稳定；5% 以下为稀溶液；1% 以下者为极稀溶液。实际应用的常是高分子浓溶液，如纺丝液、胶黏液、涂料以及增塑等；稀溶液一般作研究之用，如测定聚合物分子量等。

4.1.2.1　高聚物的溶解

所谓溶解，就是指溶质分子通过分子扩散与溶剂分子均匀混合成为分子分散的均相体系。由于高聚物结构的复杂性，它的溶解要比小分子的溶解缓慢而又复杂得多。高聚物的溶解一般需要几小时、几天、甚至几个星期。高聚物的溶解过程要经过两个阶段：先溶胀而后溶解。首先是溶剂分子渗入高聚物内部，使高聚物体积膨胀，然后才是高分子均匀分散在溶剂中，形成完全溶解的均相体系。高聚物溶解的这一特性，与高聚物的分子量很大有关。由于高分子与溶剂分子的尺寸相差悬殊，两者的分子运动速度存在着数量级的差别，因而溶剂分子首先渗入高聚物中，并与链段发生溶剂化作用。在高分子的溶剂化程度达到能摆脱高分子间的相互作用之后，高分子才向溶剂中扩散，从而进入溶解阶段。

高聚物的溶胀和溶解行为与聚集态结构有关。非晶态高聚物分子的堆砌比较疏松，分子间相互作用较弱，溶剂分子较易渗入使之溶胀和溶解。晶态高聚物分子排列规整，分子间相互作用力强，致使溶剂分子的渗入较难。因此晶态高聚物的溶解比非晶态的要困难得多，非极性晶态高聚物室温时很难溶解，常需升高温度，甚至升高到熔点附近才能溶解；而极性晶态高聚物在室温就能溶解在极性溶剂中，这是由于极性大分子与极性溶剂分子之间具有较大的相互作用力。

对于交联高聚物，与溶剂接触时发生溶胀，但因交联化学键的存在，不能再进一步溶解，只能停留在溶胀阶段。

线性高聚物在不良溶剂中也能产生有限溶胀。例如，天然橡胶在甲醇中就能发生有限溶胀。这是因为高分子链段间的相互作用大于链段与溶剂分子间的作用能，以致高分子链不能被溶剂分子完全分离，而只能与溶剂部分互溶。然而当温度升高时，由于高分子热运动加剧，有限溶胀可转化溶解。

4.1.2.2 高聚物溶解的热力学解释

高分子溶液是热力学平衡体系，可用热力学方法来研究。溶解过程是溶质分子和溶剂分子相互混合的过程。在恒温恒压下，这种过程能自发进行的必要条件是混合自由能 $\Delta G_m < 0$，即

$$\Delta G_m = \Delta H_m - T\Delta S_m < 0$$

式中，T 是溶解时的温度；ΔS_m 和 ΔH_m 分别为混合熵和混合热。这样，可以根据 ΔS_m 和 ΔH_m 来判断溶解能否进行。

由于在溶解过程中分子的排列趋于混乱，因而混合过程熵的变化是增加的，即 $\Delta S_m > 0$。按上式，ΔG_m 的正负取决于 ΔH_m 的正负及大小。

（1）$\Delta H_m < 0$ 即溶解时放热，使体系的自由能降低（$\Delta G_m < 0$），溶解能自动进行。通常极性高聚物在极性溶剂中属这种情况。因为这种高分子与溶剂分子有强烈的作用，溶解时放热。

（2）$\Delta H_m = 0$ 由于 $\Delta S_m > 0$，故 $\Delta G_m < 0$，即溶解能自动进行。非极性的柔顺链高聚物溶解在其结构相似的溶剂（即其氢化单体）中属这种情况。例如，聚异丁烯溶于异庚烷中。

（3）$\Delta H_m > 0$ 即溶解时吸热。在这种情况下，只有当 $\Delta S_m > 0$，且 $T|\Delta S_m| > |\Delta H_m|$ 时，溶解才能自动进行（$\Delta G_m < 0$）。通常非极性柔性高聚物溶于非极性溶剂时就是吸热的。由于柔性高聚物的混合熵很大，即使溶解时吸热也能满足 $T|\Delta S_m| > |\Delta H_m|$ 的条件，因此仍能自发溶解。例如，橡胶溶于苯中是吸热的。显然，在这种情况下，升高温度对溶解有利。

4.1.2.3 溶剂选择

（1）极性相似原则 与小分子物质溶解规律相似，极性大的高分子溶于极性大的溶剂，极性小的高分子溶于极性小的溶剂。如非极性丁苯橡胶能溶于非极性苯、己烷等溶剂中。极性的聚甲基丙烯酸甲酯不易溶于苯而能很好地溶于丙酮中。

（2）溶度参数相近原则 描述高分子分子间力的大小，常用内聚能密度（CED）来表示，内聚能密度的平方根为溶度参数 δ，即 $\delta = (CED)^{1/2}$。

实验表明，非极性高分子与溶剂的内聚能密度相近时，高分子能很好地溶解于这一溶剂。在实践中，不以内聚能密度来衡量，而是直接把溶度参数 δ 作为选择溶剂的参考依据。表 4-3 和表 4-4 分别列出了一些常用高聚物及溶剂的溶度参数。

在选择高聚物溶剂时，除了使用单一溶剂外，常常选用混合溶剂效果更佳。在这种情况下，溶度参数也可作为选择混合溶剂的依据。混合溶剂的溶度参数 δ，可用线性相加法计算得出。

表 4-3 某些高聚物溶度参数的实验值

聚合物	δ_2 的实验值/$(J \cdot cm^{-3})^{\frac{1}{2}}$		聚合物	δ_2 的实验值/$(J \cdot cm^{-3})^{\frac{1}{2}}$	
	下限值	上限值		下限值	上限值
聚乙烯	15.8	17.1	聚丙烯腈	25.6	31.5
聚丙烯	16.8	18.8	聚丁二烯	16.6	17.6
聚异丁烯	16.0	16.6	聚异戊二烯	16.2	20.5
聚苯乙烯	17.4	19.0	聚氯丁二烯	16.8	18.9
聚氯乙烯	19.2	22.1	聚甲醛	20.9	22.5
聚四氟乙烯	12.7	—	聚对苯二甲酸乙二酯	19.9	21.9
聚乙烯醇	25.8	29.1	聚己二酰己二胺	27.8	—
聚甲基丙烯酸甲酯	18.6	26.2			

表 4-4　常用溶剂的溶度参数

溶剂名称	$\delta_1/(J \cdot cm^{-3})^{\frac{1}{2}}$	溶剂名称	$\delta_1/(J \cdot cm^{-3})^{\frac{1}{2}}$	溶剂名称	$\delta_1/(J \cdot cm^{-3})^{\frac{1}{2}}$
己烷	14.8～14.9	乙醚	15.2～15.6	苯甲醛	19.2～21.3
环己烷	16.7	苯甲醚	19.5～20.3	甲醇	29.2～29.7
苯	18.5～18.8	四氢呋喃	19.5	乙醇	26.0～26.5
甲苯	18.2～18.3	乙酸乙酯	18.6	环己醇	22.4～23.3
十氢化萘	18.0	丙酮	20.0～20.5	苯酚	25.6
三氯甲烷	18.9～19.0	2-丁酮	19.0	二甲基甲酰胺	24.9
四氯化碳	17.7	环己酮	19.0～20.2		

（3）溶剂化原则　高聚物的溶胀和溶解与溶剂化作用有关。溶剂化作用就是指溶质和溶剂分子之间的作用力大于溶质分子之间的作用力，以致使溶质分子彼此分离而溶解于溶剂中。研究表明，极性高聚物的溶剂化作用与广义的酸、碱作用有关。广义的酸是指电子接收体（即亲电子体）；广义的碱就是电子给予体（即亲核体）。当高分子与溶剂分子所含的极性基团分别为亲电基团和亲核基团时，就能产生强烈的溶剂化作用而互溶。常见的亲电、亲核基团的强弱次序如下。

亲电子基团：

$-SO_2OH > -COOH > -C_6H_5OH > -CHCN > -CHNO_2 > -CHO-NO_2 > -CH_2Cl > =CHCl$

亲核基团：

$-CH_2NH_2 > C_6H_5NH_2 > CON(CH_3)_2 > -CONH > -CH_2-COCH_2- > -CH_2-O-COCH_2- > -CH_2-O-CH_2-$

4.1.2.4　高分子链在溶液中的构象

我们知道，单个高分子链的模型是无规统计线团。在溶液中，高分子链也蜷曲成无规统计线团（见图 4-1）。但线团所占的体积要比纯高分子线团占有的体积大得多。这是因为这些线团是被溶剂化的，即它们被溶剂所饱和。被线团所吸收的溶剂称为内含溶剂或束缚溶剂。在高分子稀溶液中，除了内含溶剂之外，还有自由溶剂，当然，这两种溶剂可通过扩散而达到稳定的平衡。一些实验表明，线团内含溶剂的体积可高达 90%～99.8%，当然它并非常数，而是依赖于分子量的大小、溶剂的种类和溶剂的不同而变化。

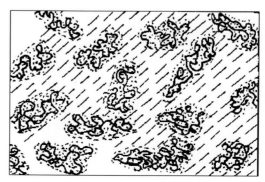

图 4-1　高分子链在溶剂中的构象

由此可见，在溶液中高分子以被溶剂饱和的线团形式存在。由于线团中间隙的毛细管力控制着线团内的溶剂，使其成为一个整体而跟随线团一起运动，也就是说，线团和存在于线团内的溶剂可以成为一个运动单元。在高分子溶液中，除了线团的移动和转动外，还有线团链段的连续运动。其结果是线团的构象不断变化着，其最可能的构象是黄豆状的椭圆体。

4.1.2.5　高分子稀溶液

高分子稀溶液是真溶液，是分子分散体系，处于热力学平衡状态，是能用热力学函数描述的稳定体系，只是它离理想溶液相去甚远。因为根据理想溶液的条件，应当是相溶两种物质的分子大小相等，两种分子（溶质和溶剂）自身的作用力以及彼此之间的作用都相等。对于高分子溶液，显然不符，高分子的大分子和溶剂的小分子大小相差悬殊，大分子之间以及与溶剂之间的各种分子间作用力不可能正好相等或相近，而且当溶液的浓度越大时，偏离得越严重，浓度越小，偏离越小。当高分子的存在不受溶剂分子作用力影响时，高分子处于自由自在状态，此时高分子与溶剂之间的相互作用参数为 1/2，这样就达到了理想溶液的状态。

在高分子溶液中存在着链段与链段之间的作用力以及链段与溶剂分子之间的作用力，前一种倾向于使高分子彼此接近而凝聚；后一种使高分子彼此分离而溶解，并使分子链趋于伸展而变刚，显然这种力相当于链段间的斥力。如果某一溶剂与高分子链段的作用力占优势，即链段间的相互作用以斥力为主，则高分子线团趋于松散，体积变大，这种溶剂就是良溶剂；反之，若溶液中链段与链段之间作用力占优势，则线团紧缩，相应的溶剂就是不良溶剂。除了溶剂的性质之外，温度对这两种作用力也有影响。一种高聚物对每一种溶剂均可找到使这两种作用力达到平衡的温度，这种温度称作 θ 温度或弗洛利温度。在一定温度下，能使这两种作用力达到平衡的溶剂称为 θ 溶剂。在 θ 溶剂或 θ 温度下，由于这两种作用力相等，线团的运动处于自由状态，故可近似看作是理想的高斯统计线团。

相互作用参数为 1/2 时的稀溶液为 θ 溶液，微观状态和宏观热力学性质遵从理想溶液规律。然而此时，偏摩尔混合热和混合熵并非为零，实质上是非理想的，只是两者的效应刚好相互抵消。表 4-5 列出了某些高聚物的 θ 溶剂和 θ 温度。

表 4-5　某些高聚物的 θ 溶剂和 θ 温度

高聚物	溶剂	θ 温度/℃	高聚物	溶剂	θ 温度/℃
聚 1-丁烯(无规)	苯甲醚	86.2	聚苯乙烯(无规)	十氢萘	31
聚乙烯	二苯醚	161.4		环己烷	35
聚异丁烯	乙苯	−24.0	聚氯乙烯(无规)	苯甲醇	155.4
	甲苯	−13.0	丙烯腈-苯乙烯共聚物	苯/甲醇 66.7/33.3	25
	苯	24.0			
	四氯化碳/二氧六环 63.8/36.2	25.0	聚甲基丙烯酸甲酯(无规)	丙酮	−55
	氯仿/正丙醇 77.1/22.9	25.0		丙酮/乙醇 47.7/52.3	25
			丁苯橡胶 70/30	正辛烷	21
聚丙烯(无规)	氯仿/正丙醇 74/26	25.0	尼龙 66	2.3mol/L KCl 的 90% 甲酸溶液	28
聚丙烯(等规)	二苯醚	145～146.2	聚二甲基硅氧烷	乙酸乙酯	18
聚苯乙烯(无规)	环己烷/甲苯 86.9/13.1	15		甲苯/环己醇 66/34	25
	甲苯/甲醇 20/80	25		氯苯	68

高分子稀溶液或极稀溶液的依散性，已经被广泛应用于测定高分子的分子量及分子量分布的测定。高分子的分子量测定常用方法有黏度法、渗透压法、端基分析法和凝胶渗透色谱法等。稀溶液还用来研究高分子的其他物理表现，如研究高分子与溶剂的作用情况，溶液的光散射、自由能等。

4.1.2.6　高分子浓溶液

高分子浓溶液常见的形式有高聚物的增塑、高分子溶液纺丝、凝胶和冻胶、涂料及黏合剂等。

（1）浓溶液特性　高分子浓溶液在生产和使用中常会碰到，用于湿法纺丝的高分子溶液一般是 20%～40% 的浓度。而用于作涂料的高分子溶液，有时可能高达 60%。高分子浓溶液与稀溶液有许多不同之处。

随着高分子溶液的浓度增加，高分子线团之间彼此逐渐靠近、碰撞概率增大，分子间力逐步增大其作用，偏离理想溶液的程度越来越大。当高分子的浓度继续增加，直到自由溶剂全部被高分子吸收而成为"内含"的溶剂时，这时的浓度称为"临界浓度"。溶剂全部吸收还不足以达到临界浓度时称"超临界浓度"。

高分子浓溶液黏度很大，而且随浓度增加而迅速增大。溶液稳定性差，由于分子间力的作用，容易凝聚，因此，一般纺丝液都是随配随用，涂料的储存期也较短。

（2）高分子凝胶　当高分子浓度达到临界浓度以上时，分子间力使高分子无规线团中紧密接触的那些链段产生"次价交联点"，各个本来不相干的线团，借次价交联而彼此连成了一个整体，不能互相位移，也不能互换位置，这样一个饱含着溶剂的又不能流动的整体，称为"冻胶"，又叫"次价凝胶"，当温度升高时，由于次价交联点不是固定的，且交联也较薄弱，随着分子热运动的加强，交联点的破坏、消失，又成为高分子浓溶液，冷却后又成为冻胶或胶冻。天然的如琼脂、果胶、淀粉冻胶。湿法纺丝某些纤维经凝固浴后的情况，硝酸纤维素溶于硝化甘油等都是冻胶。冻胶的可逆行为在工农业生产、食品、科研中都有意义。

与上述可逆凝胶相反，当高分子线团之间由化学共价键交联在一起，称不可逆凝胶，叫"共价凝胶"或简称"凝胶"。这种凝胶即使加热，也不会变成溶液，如被溶剂溶胀了的硫化橡皮属于此类。

当冻胶在机器搅拌、振荡、加热或较大剪切力作用下时，冻胶也会变成有一定流动性的溶液状物体，这种性质称为"触变性"。有时加入第二种溶剂，也会屏蔽链上极性基团，减少次价交联，使冻胶具有一定的流动性。

（3）高聚物的增塑　为了改变某些高聚物的使用性能或加工性能，常常在高聚物中混溶一定量的高沸点、低挥发性的小分子液体，这种小分子液体称为增塑剂。例如在聚氯乙烯成型过程中常加入 30%～50% 的邻苯二甲酸二丁酯。这样，一方面可以降低它的流动温度，以便在较低温度下加工；另一方面，由于增塑剂仍保留在制件中，使分子链比未增塑前较易活动，其玻璃化温度自 80℃ 降至室温下，弹性大大增加，从而改善了制件的耐寒、耐冲击等性能，使聚氯乙烯能制成柔软的薄膜、胶管、电线绝缘皮和人造革等制品。

增塑剂的增塑作用一般认为是由于增塑剂加入导致高分子链间相互作用减弱。然而，非极性增塑剂对非极性高聚物的增塑作用与极性增塑剂对极性高聚物的增塑作用不同。非极性增塑剂溶于非极性聚合物中，使高分子链之间的距离增大，从而使高分子链之间的作用力减弱，链段间相互运动的摩擦力也减弱。这样，使原来在本体中无法运动的链段能够运动，因而玻璃化温度降低，使高弹态在低温下出现。所以，增塑剂的体积越大，其隔离作用越大。而且长链分子比环状分子与高分子链的接触机会多，因而所起的增塑作用也较为显著。非极性增塑剂使非极性高聚物的玻璃化温度降低的数值与增塑剂的体积分数成正比。长链化合物比同分子量的环状化合物的增塑作用大。加入增塑剂后高聚物的熔融黏度大大降低。

在极性高聚物中，由于极性基团或氢键的强烈作用，在分子链间形成了许多物理交联点。增塑剂分子进入大分子链之间，其本身的极性基团与高分子的极性基团相互作用，从而破坏了高分子间的物理交联点，使链段运动得以实现。因此使高聚物玻璃化温度降低值与增塑剂的物质的量成正比，与其体积无关。

可想而知，如果某种增塑剂分子中含有两个可以破坏高分子物理交联点的极性基团，则增塑效果更好，用量只要普通增塑剂的一半。实际上，高聚物的增塑往往兼有两种类型的情况。

（4）高聚物的共混　从广义来说，共混高聚物也是一种溶液。例如两种或两种以上的高聚物借机械力的作用混合而达到改变高聚物性能的目的，在工业中有重要的实用意义。一般高聚物的共混都是以一种弹性体和一种塑性体相混合，按照不同的配比可以得到性能不同的材料。早在 20 世纪 20 年代聚苯乙烯出现不久，就有人把天然橡胶混入聚苯乙烯改善它的脆性而得到耐冲击的聚苯乙烯。现在高聚物共混体系已发展到弹性体与弹性体以及塑性体与塑性体之间的共混。例如聚甲醛中混入聚四氟乙烯可降低摩擦系数；在环氧树脂或酚醛树脂中混入聚己内酯可改进它们的脱模性；聚己内酯混入聚乙烯或聚丙烯可改善它们的染色性等。

高聚物的共混材料也出现于合成纤维工业，例如把两种合成纤维在同一溶剂中纺丝形成共混纤维以改进它们的强度、染色性、去除静电效应等性能。

总之，用共混方法来得到有指定性能的材料比合成新的高聚物要省力得多。过去认为，要得到优良性能的共混材料，各组分必须能够互溶。如果不互溶就不能相互影响，因而不能显示出综合性能。因此发展了接枝共聚和嵌段共聚。可是最近研究的结果发现，只有极少数的高聚物对可以互溶，而大多数的共混物都是非均相的。连聚乙烯和聚丙烯都不互溶，共混物具有所谓两相结构，这样就更扩大了共混体系的研究范围。例如共混性的 ABS 树脂中的树脂相是聚苯乙烯或聚苯乙烯-丙烯腈无规共聚物，橡胶相是聚丁二烯、丁苯或丁腈橡胶等。这样，树脂相的组成、分子量，橡胶相的组成，交联部分占的比例，交联点密度等对共混物的性能都有影响。

（5）纺丝液与涂料　在纤维工业中所采用的纺丝方法，或是将聚合物熔融，或是将聚合物溶解在适当的溶剂中配成浓溶液，然后由喷丝头喷成细流，经冷凝或凝固成为纤维。前者称为熔融纺丝，例如棉纶、涤纶等合成纤维都采用这种纺丝方法；后者称为溶液纺丝。有些合成纤维，如聚丙烯腈、聚乙烯醇、聚氯乙烯以及某些化学纤维如醋酸纤维素、硝酸纤维素等都无法用升高温度的办法使之处于流动状态，因为它们的分解温度较低，在未达到流动温度时即已分解，因此只能将它们配成浓溶液进行纺丝。

此外，像油漆、涂料、流延成膜所用的溶液都是高分子的浓溶液，它们对溶剂的要求与纺丝液大致相同。

4.2 金属的凝固与结晶

由液体凝固成晶体的过程称为结晶。金属及合金的生产、制备一般都要经过熔炼与铸造。通过熔炼，得到要求成分的液态金属，浇注在铸型中，凝固后获得铸锭或成型的铸件，铸锭再经过冷热变形以制成各种型材、棒材、板材和线材。金属及合金的结晶组织对其性能以及随后的加工有很大的影响，比如铸锭的凝固组织对其热变形性能就很大，不合理的铸锭组织会引起热变形中的开裂、破坏，降低成材率；热加工虽然可以改善铸锭组织和性能（例如，一般热处理能够消除大部分微观偏析），可是如果出现了宏观缺陷（如宏观偏析、非金属夹杂、缩孔、裂纹等），即使用热处理或塑性加工也不能消除，它们仍将残留于最终成品中，给制品性能带来很大影响。而结晶组织的形成与结晶过程密切相关。因此，了解有关金属和合金的结晶理论和结晶过程，不仅对控制铸态组织，提高金属制品的性能有重要的指导作用，而且也有助于理解金属及合金的固态相变过程。

4.2.1 纯金属的凝固

4.2.1.1 金属的凝固过程

（1）过冷现象和过冷度　用图 4-2 所示的装置，将金属加热使之熔化成液体，然后缓慢冷却，并用 x-y 记录仪将冷却过程中的温度与时间记录下来，所获得的温度-时间关系曲线将如图 4-3 所示。这一曲线叫做冷却曲线。这种实验方法叫做热分析实验法。

金属由液体冷凝成固体时要放出凝固潜热，如果这一部分热量恰好能补偿系统向环境散失的热量，凝固将在恒温下进行，表现为图 4-3 中的平台。

实验表明，纯金属的实际凝固温度 T_n 总比其熔点 T_m 低，这种现象叫做过冷。T_m 与 T_n 的差值 ΔT 叫做过冷度。不同金属的过冷倾向不同，同一种金属的过冷度也不是恒定值，凝固过程总是在或大或小的过冷度下进行，过冷是凝固的必要条件。特别是结晶开始往往发生在较大的过冷度下，即 $\Delta T = T_m - T_n$ 为在该条件下所达到的最大过冷。最大过冷度也不是一个恒定数值，而是随具体凝固条件而变化的。

（2）结晶的热力学条件

① 纯金属的吉布斯自由能　由纯金属自由焓可给出其凝固时的热力学条件。纯金属是单组元系，没有成分变化，其吉布斯自由能主要随温度变化，根据吉布斯自由能与温度变化的关系可确定平衡状态和转变。纯金属中参加转变的有液、固两相，液、固两相的吉布斯自由能由下式确定：

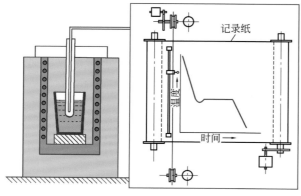

图 4-2　热分析设备示意

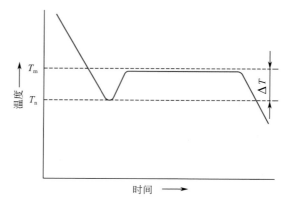

图 4-3　纯铁的冷却曲线

液相吉布斯自由能

$$G_{\mathrm{L}} = H_{\mathrm{L}} - TS_{\mathrm{L}}$$

固相吉布斯自由能

$$G_{\mathrm{S}} = H_{\mathrm{S}} - TS_{\mathrm{S}}$$

式中，H_{L}、H_{S} 分别为液、固相的焓；S_{L}、S_{S} 为液、固相的熵，由 H 和 S 随温度的变化可决定吉布斯自由能 G 随温度的变化。

焓 H 随温度的变化可由式 $\mathrm{d}H = C_{\mathrm{P}}\mathrm{d}T$ 得出，对该式积分，并取 298K（25℃）下稳定状态纯组元的焓为零，可得下式：

$$H = \int_{298}^{T} C_{\mathrm{P}}\mathrm{d}T$$

图 4-4 给出焓与温度的关系曲线，由图可知，温度越高，焓值越大。

根据图 4-5 的熵 S 与温度的关系，并取 0K 下熵为零，有以下关系：

$$S = \int_{0}^{T} (C_{\mathrm{P}}/T)\mathrm{d}T$$

其关系如图 4-5 所示。从该图可看出，随温度升高，熵增大。

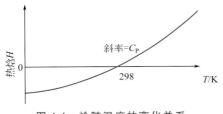

图 4-4　焓随温度的变化关系

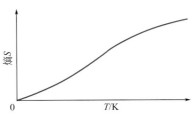

图 4-5　熵随温度的变化关系

综合焓（H）和熵（S）与温度的关系，可得出吉布斯自由能（G）随温度变化的曲线，如图 4-6 所示，图中也给出焓随温度的变化曲线，一定温度下 H 减去相应的 TS 值即可得出吉布斯自由能值。由式 $\left(\dfrac{\delta G}{\delta T}\right)_P = -S$ 可知，吉布斯自由能随温度变化曲线的斜率由熵（S）决定。

由图 4-6 看出，随温度升高，吉布斯自由能下降。但下降的程度，或变化的斜率对固、液相不同，固、液相吉布斯自由能和温度关系曲线如图 4-7 所示，图中也对应给出焓随温度的变化曲线。图中曲线的变化趋势可作如下分析，在温度很低时，吉布斯自由能中 TS 项可忽略，在 $H = U + PV$ 中，PV 项也可忽略，故 $G \approx U$，$G_{\mathrm{L}} \approx U_{\mathrm{L}}$，$G_{\mathrm{S}} \approx U_{\mathrm{S}}$。由于液相比固相有更高的内能，故 $U_{\mathrm{L}} > U_{\mathrm{S}}$，$G_{\mathrm{L}} > G_{\mathrm{S}}$。当温度升高，原子排列混乱程度增加使熵增大，$TS$ 项增加，吉布斯自由能则随温度升高而降低，由于液相原子混乱排列，比固相有更高的熵，$S_{\mathrm{L}} > S_{\mathrm{S}}$，相应的，$TS_{\mathrm{L}} > TS_{\mathrm{S}}$，故 $G_{\mathrm{L}} = H_{\mathrm{L}} - TS_{\mathrm{L}}$ 的下降比 $G_{\mathrm{S}} = H_{\mathrm{S}} - TS_{\mathrm{S}}$ 的下降更快，因而两条曲线在一定温度下相交。在相交温度 T_{m} 处，$G_{\mathrm{S}} = G_{\mathrm{L}}$，液、固两相处于平衡状态，$T_{\mathrm{m}}$ 为平衡熔化温度。低于相交温度，$T < T_{\mathrm{m}}$，$G_{\mathrm{S}} < G_{\mathrm{L}}$，固相处于稳定状态；高于相交温度，$T > T_{\mathrm{m}}$，$G_{\mathrm{L}} < G_{\mathrm{S}}$，液相处于稳定状态。从图中焓（$H$）的变化曲线看出，纯组元从 0K 加热，所供给热量以 C_{P} 速率沿 ab 线使热焓提高，相应吉布斯自由能沿 ae 下降，在 T_{m} 温度所供热量不提高温度，而用于提供熔化潜热 L，使固相转变为液相，H 曲线沿 bc 变化，当全部固相转变为液相后，温度继续升高，系统焓沿 cd 增加，相应，吉布斯自由能 G 沿 ef 线下降。

如上所述，热力学分析可给出纯组元在不同温度下平衡存在的相的状态和发生转变的方向，T_{m} 温度之上，液相稳定存在，低于 T_{m} 温度，固相稳定，因而将发生液相至固相的转变——凝固。

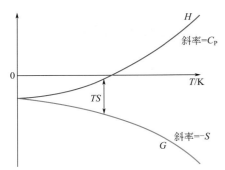

图 4-6　吉布斯自由能随温度变化的
关系

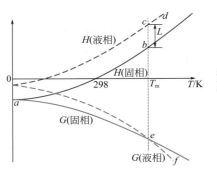

图 4-7　纯金属固、液相的焓（H）和
吉布斯自由能（G）随温度变化关系

L—熔化潜热；T_m—平衡熔化温度

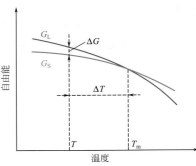

图 4-8　靠近熔点处液相与固相
之间的自由能差

（忽略了 G_S 和 G_L 线的曲率）

② 纯金属凝固的驱动力　由液、固相吉布斯自由能变化曲线还可给出凝固转变的驱动力，如图 4-8 所示。一定温度下液、固两相吉布斯自由能的差 ΔG 即表示转变驱动力，ΔG 越大，转变驱动力越大。由于 $\Delta G = G_S - G_L = \Delta H - T\Delta S$，在 T_m 温度下，$\Delta G = 0$，故有以下关系：

$$\Delta S = \frac{\Delta H}{T_m} = \frac{L_m}{T_m}$$

式中，L_m 为熔化潜热；ΔS 为熔化熵。试验得出，对大多数金属，熔化熵是常数，约等于气体常数 R（$8.314\ \mathrm{J \cdot mol^{-1} \cdot K^{-1}}$）。在接近 T_m 的温度，也即小的过冷条件下，液、固的定压热容差（$C_P^S - C_P^L$）可以忽略，故 ΔH、ΔS 可认为与温度无关，仍保持上式的关系。在此过冷条件下有：

$$\Delta G = \Delta H - T\Delta S = L_m - \frac{TL_m}{T_m} = \frac{L_m(T_m - T)}{T_m} = \frac{L_m \Delta T}{T_m}$$

因而，纯金属液-固转变驱动力 ΔG 取决于过冷度 ΔT，过冷度越大，转变的驱动力也越大。

以上热力学分析从吉布斯自由能随温度变化的关系提供了单元系纯金属的平衡条件、转变方向和驱动力。

（3）结晶的一般过程　当液态金属冷却到熔点 T_m 以下的某一温度开始结晶时，在液体中首先形成一些稳定的微小晶体，称为晶核（如图 4-9 所示）。随后这些晶核逐渐长大，与此同时，在液态金属中又形成一些新的稳定的晶核并长大。这一过程一直延续到液体全部耗尽为止，形成了固态金属的晶粒组织。各晶核长大至互相接触后形成的外形不规则的小晶体叫做晶粒。晶粒之间的界面称为晶界。单位时间、单位液态金属中形成的晶核数叫做形核率，用 N 表示，单位为 $\mathrm{cm^{-3} \cdot s^{-1}}$。单位时间内晶核增长的线长度叫

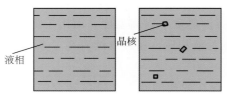

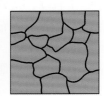

图 4-9　金属结晶过程示意

做长大速度，用 u 表示，单位为 cm·s^{-1}。

因此，液态金属的结晶过程乃是由形核和长大两个基本过程所组成，并且这两个过程是同时并进的。液态金属结晶时形成的晶核越多，则结晶后的晶粒就越细小，反之晶粒则粗大。

4.2.1.2 形核

形核方式有两种，一种是均匀形核，即新相晶核在母相内均匀地形成；另一种是非均匀形核，即新相晶核在母相中不均匀处形成。尽管实际金属的凝固主要以非均匀形核方式进行，但均匀形核的基本规律十分重要，它不仅是研究金属凝固问题的理论基础，而且也是研究金属固态相变的基础。

（1）均匀形核

① 液态金属中的相起伏　如前文所述，液态金属的结构从长程范围（宏观）来看，原子排列是不规则的，而在短程范围（微观）来看，每一瞬间都存在着大量尺寸不等的规则排列的原子团。由于原子的热运动，它们只能维持短暂的时间很快就消失，同时在其他地方又会出现新的尺寸不等的规则排列的原子团，然后又立即消失。因此，液态金属中的规则排列的原子团总是处于时起时伏，此起彼伏的变化之中，人们把液态金属中这种规则排列原子团的起伏现象称为相起伏或结构起伏。相起伏是产生晶核的基础。当把金属熔液过冷到熔点以下时，这种规则排列的原子团被冻结下来，成为规则排列的固相，就有可能成为均匀形核的胚芽，故称为晶胚。但它们是否都能成为晶核呢？这涉及晶核形成时的能量变化。

② 晶核形成时的能量变化　当过冷金属熔液中晶胚出现时，一方面使体系的体积自由能降低，另一方面又增加了表面能，因此体系总自由能的变化为：

$$\Delta G = \Delta G_V V + \sigma A$$

式中，ΔG_V 是液、固两相单位体积自由能差，为负值；σ 是晶胚单位面积表面能，为正值；V 和 A 分别是晶胚的体积和表面积。设晶胚为球形，其半径为 r，则上式可改写成：

$$\Delta G = \Delta G_V \times 4\pi r^3/3 + \sigma \times 4\pi r^2 \tag{4-1}$$

由上式可知，体积自由能的降低与 r^3 成正比，而表面能的增加与 r^2 成正比。ΔG 与 r 的变化关系如图 4-10 所示。由图可见，ΔG 在半径为 r^* 处达最大值。当晶胚较小时，即 $r < r^*$，其进一步长大将导致体系总自由能增加，因此这种晶胚不能成为晶核，会重新熔化；当晶胚较大时，即 $r \geqslant r^*$，其进一步长大将导致体系自由能减小，因此半径等于或大于 r^* 的晶胚能够成为晶核。把半径恰为 r^* 的晶核称为临界晶核，而 r^* 称为晶核的临界半径，即能成为晶核的晶胚的最小半径。形成临界晶核时，体系能量增加至最大值，这部分能量叫临界晶核形成功，用 ΔG^* 表示。r^* 及 ΔG^* 可由上式求得，其步骤如下：

$$d(\Delta G)/dr = 4\pi r^2 \Delta G_V + 8\pi r \sigma$$

令 d$(\Delta G)/dr = 0$，则

$$r^* = -2\sigma/\Delta G_V$$

将上式代入式（4-1）中，得

$$\Delta G^* = (16\pi\sigma^3)/(3\Delta G_V^2) \tag{4-2}$$

将 $\Delta G_V = -L_m \Delta T/T_m$ 分别代入上两式，得到

$$r^* = \frac{2\sigma T_m}{L_m \Delta T} \tag{4-3}$$

$$\Delta G^* = \frac{16\pi\sigma^3 T_m^2}{3(L_m \Delta T)^2} \tag{4-4}$$

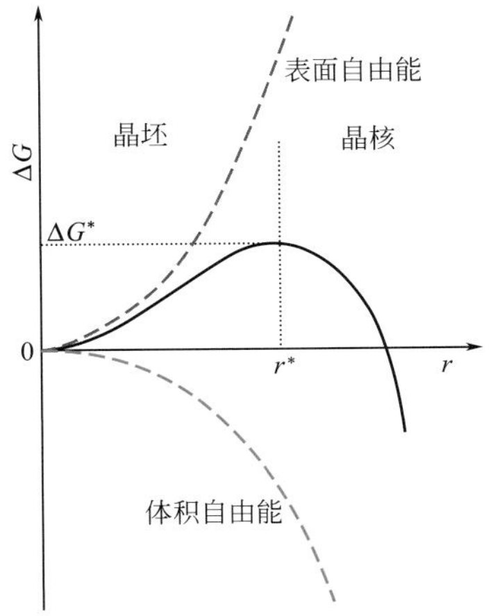

由以上两式可见，过冷度 ΔT 越大，r^* 和 ΔG^* 越小，这意味着过

图 4-10　ΔG 随 r 的变化曲线示意

冷度增大时，可使较小的晶胚成为晶核，所需的形核功也较小，从而使晶核数增多。由于球形临界晶核的表面积为

$$A^* = \frac{16\pi\sigma^2 T_m^2}{(L_m \Delta T)^2} \tag{4-5}$$

由此可得出

$$\Delta G^* = (\sigma A^*)/3 \tag{4-6}$$

上式表明，临界形核功等于表面能的 1/3。这意味着形成临界晶核时，液、固两相自由能差值只能补偿表面能的 2/3，而另外的 1/3 则靠系统中存在的能量起伏来补偿。所谓能量起伏是指体系中微小体积所具有的能量偏离体系的平均能量，而且微小体积的能量处于时起时伏，此起彼伏状态的现象。系统（液相）的能量分布有起伏，呈正态分布形式，如图 4-11 所示。能量起伏包括两个含义：一是在瞬时，各微观体积的能量不同，二是对某一微观体积，在不同瞬时，能量分布不同。在具有高能量的微观地区生核，可以全部补偿表面能，使 $\Delta G < 0$。

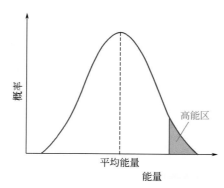

图 4-11　液相的能量起伏

综上所述，过冷度是形核的必要条件，而熔液中客观存在的相起伏和能量起伏也是均匀形核的必要条件，只有满足这三个条件才能形成稳定晶核。

③ 均匀形核的形核率　形核率受两个互相矛盾的因素控制：一方面从热力学考虑，过冷度越大，晶核的临界半径及临界形核功越小，因而需要的能量起伏小，满足 $r \geq r^*$ 的晶胚数越多，稳定晶核容易形成，则形核率越高；但另一方面从动力学考虑，晶核形成需要原子从液相转移到临界晶核上才能成为稳定晶核。过冷度越大，原子活动能力越小，原子从液相转移到临界晶核上的概率减小，不利于稳定晶核形成，则形核率越低。因此综合考虑上述两个方面，形核率可用下式表示：

$$N = N_1 N_2$$

式中，N 为总的形核率；N_1 为受形核功影响的形核率因子；N_2 为受原子扩散影响的形核率因子。

$$N_1 \propto e^{-\frac{\Delta G^*}{kT}}$$

$$N_2 \propto e^{-\frac{Q}{kT}}$$

所以

$$N = K e^{-\frac{\Delta G^*}{kT}} e^{-\frac{Q}{kT}}$$

式中，K 为比例常数；ΔG^* 为形核功；Q 为原子从液相转移到固相的扩散激活能；k 为玻尔兹曼常数；T 为绝对温度。

由于 Q 的数值随温度变化很小，因此可近似看成一个常数，故 N_2 项

是随温度降低（即过冷度增加）而下降，如图 4-12 曲线 b 所示。但另一方面，由式（4-4）可知，ΔG^* 与 $(\Delta T)^2$ 成反比，故当温度接近于 T_m（即 ΔT 趋近于零）时，N_1 趋近于零，ΔT 增大则 N_1 也增大，如图 4-12 中曲线 a 所示。这样，形核率 N 与温度的关系应是曲线 a 和 b 的综合结果，如图 4-13 所示。可见，当过冷度较小时，形核率主要受 N_1 项的控制，随过冷度增大，形核率迅速增加；但当过冷度很大时，由于原子活动能力减小，此时形核率主要由 N_2 项控制，随过冷度增加，形核率迅速减小。对于金属材料，其结晶倾向极大，形核率与过冷度的关系通常如图 4-14 所示。可见，在达到某一过冷度之前，N 的数值一直保持很小，几乎为零，此时液体不发生结晶，而当温度降至某一过冷度时。N 值突然增加。形核率突然增大的温度称为有效形核温度，在此以上，液体处于亚稳定状态。

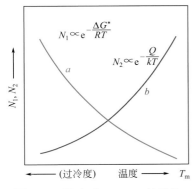

图 4-12　温度对 N_1、N_2 的影响

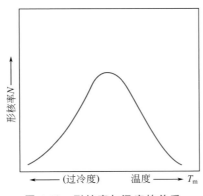

图 4-13　形核率与温度的关系

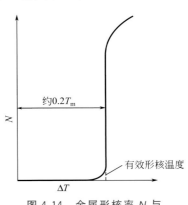

图 4-14　金属形核率 N 与
过冷度 ΔT 之间的关系

　　研究表明，金属熔液均匀形核所需的过冷度很大。将超纯金属熔液分散为许多不与容器接触的小液滴进行均匀形核实验，测出金属凝固时均匀形核过冷度约为 $0.2T_m$（T_m 为金属熔点，用绝对温度 K 表示），如表 4-6 所示，在这个过冷度下，晶核的临界半径 $r^* \approx 10^{-7}$ cm，即 1nm 左右，这样大小的晶核约包含 200 个原子。但实际生产中金属凝固的过冷度一般不超过 20℃，这是由于实际生产条件下都是非均匀形核。

表 4-6　一些常见金属液滴均匀形核时能达到的过冷度

金属	熔点 T_m/K	过冷度 ΔT/℃	$\Delta T/T_m$	金属	熔点 T_m/K	过冷度 ΔT/℃	$\Delta T/T_m$
Hg	234.2	58	0.287	Ag	1233.7	227	0.184
Ga	303	76	0.250	Au	1336	230	0.172
Sn	505.7	105	0.208	Cu	1356	236	0.174
Bi	544	90	0.166	Mn	1493	308	0.206
Pb	600.7	80	0.133	Ni	1725	319	0.185
Sb	903	135	0.150	Co	1763	330	0.187
Al	931.7	130	0.140	Fe	1803	295	0.164
Ge	1231.7	227	0.184	Pt	2043	370	0.181

　　（2）非均匀形核　在实际生产条件下，金属中难免含有少量杂质，而且熔液总要在容器或铸型中凝固，这样，形核优先在某些固态杂质表面及容器或铸型内壁进行，这就是非均匀形核。如上所述，非均匀形核所需过冷度显著小于均匀形核，要解释这个问题必须从非均匀形核的形核功谈起。

　　① 非均匀形核的形核功　金属熔液（L）注入铸型中，设晶核（α）在型壁平面（W）上形成，其形状是从半径为 r 的圆球上截取的截面为 R 的球冠，如图 4-15（a）所示。晶核形成后体系的体积自由能降低值为 $\Delta G_V V$，表面能增加值为 ΔG_S，则体系总自由能变化为：

$$\Delta G = \Delta G_V V + \Delta G_S \tag{4-7}$$

式中，V 为晶核体积；ΔG_V 为负值。根据立体几何知识可知：

$$V = \pi r^3 (2 - 3\cos\theta + \cos^3\theta)/3 \tag{4-8}$$

$$\Delta G_S = \sigma_{\alpha L} A_{\alpha L} + \sigma_{\alpha W} A_{\alpha W} - \sigma_{LW} A_{LW} \tag{4-9}$$

式中，$\sigma_{\alpha L}$、$\sigma_{\alpha W}$、σ_{LW} 分别为晶核-液相、晶核-型壁、液相-型壁间单位面积界面能；$A_{\alpha L}$、$A_{\alpha W}$、A_{LW} 分别为晶核-液相、晶核-型壁、液相-型壁间的界面积。由图 4-15（b）中表面张力平衡可知：

$$\sigma_{LW} = \sigma_{\alpha L}\cos\theta + \sigma_{\alpha W}$$

而

$$A_{LW} = A_{\alpha W} = \pi R^2 = \pi r^2 (1 - \cos^2\theta)$$

$$A_{\alpha L} = 2\pi r^2 (1 - \cos\theta)$$

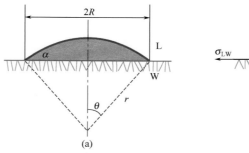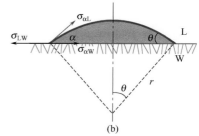

图 4-15　非均匀形核示意

将以上三式代入式（4-9）中得：

$$\Delta G_S = \pi r^2 \sigma_{\alpha L} (2 - 3\cos\theta + \cos^3\theta)$$

将式（4-8）及上式代入式（4-7）得：

$$\Delta G = (4\pi r^3 \Delta G_V/3 + 4\pi r^2 \sigma_{\alpha L})[(2 - 3\cos\theta + \cos^3\theta)/4] \tag{4-10}$$

由 $\mathrm{d}(\Delta G)/\mathrm{d}r = 0$ 可求得：

$$r^* = -2\sigma_{\alpha L}/\Delta G_V$$

将上式代入式（4-10）得：

$$\Delta G_{\text{非}}^* = [(16\pi\sigma_{\alpha L}^3)/(3\Delta G_V^2)][(2 - 3\cos\theta + \cos^3\theta)/4] \tag{4-11}$$

将上式与均匀形核功 $\Delta G_{\text{均}}^*$ 由相比较可得

$$\Delta G_{\text{非}}^*/\Delta G_{\text{均}}^* = (2 - 3\cos\theta + \cos^3\theta)/4 \tag{4-12}$$

由图 4-15（b）可以看出 θ 能在 0～π 之间变化，θ 称为接触角或湿润角，由式（4-12）可见：

当 $\theta = 0$ 时，$\cos\theta = 1$，则 $\Delta G_{\text{非}}^* = 0$，说明固体杂质或型壁可作为现成晶核，这是无核长大的情况，如图 4-16（a）所示。

当 $\theta = \pi$ 时，$\cos\theta = -1$，则 $\Delta G_{\text{非}}^* = \Delta G_{\text{均}}^*$，说明固体杂质或型壁不起非均匀形核的基底作用，即相当于均匀形核的情况，如图 4-16（c）所示。

当 $0 < \theta < \pi$ 时，$G_{\text{非}}^* < \Delta G_{\text{均}}^*$，这便是非均匀形核的条件，如图 4-16（b）所示。显然，θ 越小，$G_{\text{非}}^*$ 越小，形核时所需过冷度 ΔT 也越小，非均匀形核越容易。

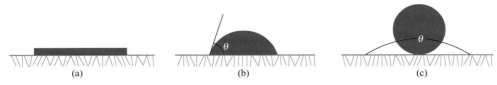

图 4-16 不同润湿角的晶核形貌

② 非均匀形核的形核率 非均匀形核时的形核率表达式与均匀形核相似。只是由于 $G_{\text{非}}^* < \Delta G_{\text{均}}^*$，所以非均匀形核可在较小过冷度下获得较高的形核率，如图 4-17 所示。由图可见，非均匀形核时达到最大形核率所需的过冷度较小，约为 $0.02T_{\text{m}}$，而均匀形核所需过冷度较大，约为 $0.2T_{\text{m}}$；此外，非均匀形核的最大形核率小于均匀形核。其原因是非均匀形核需要合适的"基底"，而基底数量是有限的，当新相晶核很快地覆盖基底时，使适合新相形核的基底大为减少。应当指出，不是任何固体杂质均能作为非均匀形核的基底促进非均匀形核。实验表明，只有那些与晶核的晶体结构相似，点阵常数相近的固体杂质才能促进非均匀形核，这样可以减小固体杂质与晶核之间的表面张力，从而减小 θ 角，以减小 $\Delta G_{\text{非}}^*$。例如 Zr 能促进 Mg 的非均匀形核，其原因是两者都是密排六方结构，而且点阵常数也很相近（Mg 的 $a = 0.3202\text{nm}$，$c = 0.5199\text{nm}$；Zr 的 $a = 0.322\text{nm}$，$c = 0.5123\text{nm}$）；又如 WC 能促进 Au 的非均匀形核，虽然二者晶体结构不同，

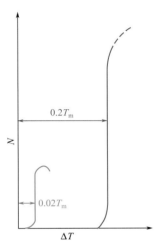

图 4-17 均匀形核率和非均匀
形核率随过冷度变化的对比

前者为扁六方结构，后者为面心立方结构，但是由于面心立方结构的 {111} 晶面与六方结构的 {0001} 晶面的原子排列情况完全相同，而且 Au 和 WC 在此二面上的原子间距也非常相近（Au 为 0.2884nm，WC 为 0.2901nm）。也有人认为，碳化物之所以有较强烈的促进形核作用是因为其导电性较好。由于表面能中含有一项恒为负值的静电能 γ_e。其绝对值随基底导电性增加而增加，基底导电性越好，γ_e 绝对值越高，从而使基底与晶核之间的表面能减少，因而促进形核。

4.2.1.3 晶体长大

一旦核心形成后，晶核就继续长大而形成晶粒。系统总自由能随晶体体积的增加而下降是晶体长大的驱动力。晶体的长大过程可以看作是液相中原子向晶核表面迁移、液-固界面向液相不断推进的过程。界面推进的速度与界面处液相的过冷程度有关。液相中原子向晶核表面迁移的方式，即晶体生长方式，取决于液-固相界面的微观结构；而晶体生长形态，即界面的宏观形态则取决于界面前沿温度的分布。

（1）晶体长大的动力学条件 考虑一个正在移动的液-固界面，如图 4-18 所示。在界面上可能同时存在两种原子迁移过程。即固相原子迁移到液相中的熔化过程（M）和液相原子迁移到固相中的凝固过程（S）。

由统计热力学可以得出两个过程单位界面上原子迁移速度为：

$$(\text{d}n/\text{d}t)_{\text{M}} = n_{\text{S}}\nu_{\text{S}}P_{\text{M}}\exp\left(-\frac{\Delta G_{\text{M}}}{kT}\right) \tag{4-13}$$

$$(\text{d}n/\text{d}t)_{\text{S}} = n_{\text{L}}\nu_{\text{L}}P_{\text{S}}\exp\left(-\frac{\Delta G_{\text{S}}}{kT}\right) \tag{4-14}$$

式中，n_{L}、n_{S} 分别为单位面积界面处液相和固相的原子数；ν_{L}、ν_{S} 分别为界面处液相和固相原子的振动频率；P_{S}、P_{M} 分别为原子从液相跳向固相和从固相跳向液相的概率。ΔG_{M}、ΔG_{S} 分别为一个原子从固相跳向液相和从液相跳向固相的激活能（见图 4-19）。

由以上两式分别作出示意曲线，如图 4-20 所示。由图可知：

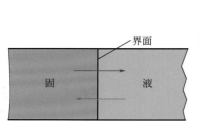

图 4-18   液-固界面上的原子迁移

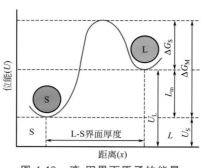

图 4-19   液-固界面原子的能量
状态示意

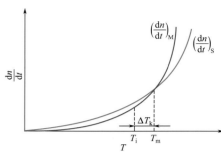

图 4-20   温度对晶核熔化和长大
的影响

① 当界面温度 T_i 等于熔点 T_m 时，$(dn/dt)_M = (dn/dt)_S$，这意味着晶核既不长大也不熔化。

② 当界面温度 T_i 小于熔点 T_m 时，$(dn/dt)_M < (dn/dt)_S$，此时，界面向液相中的推移可以进行，晶核可以长大。

③ 当界面温度 T_i 大于熔点 T_m 时，$(dn/dt)_M > (dn/dt)_S$，这意味着晶核将熔化。界面向液相中的推移不可以进行，晶核不可以长大。

$T_m - T_i = \Delta T_k > 0$ 称为界面动态过冷度。晶核要长大，就必须在界面处有一定的过冷度，即动态过冷度 ΔT_k。$\Delta T_k > 0$ 是晶核长大的动力学条件。

（2）液-固界面的微观结构   晶核长大既然是液-固界面两侧原子迁移的过程，界面的微观结构必然会影响到晶核长大的方式。目前普遍认为，液-固相界面按其微观结构可以分为两种，即光滑界面和粗糙界面。

① 光滑界面   在液-固界面处液相和固相截然分开，固相表面为基本完整的原子密排面。从微观看，界面是平整光滑的。但从宏观上看，它往往由若干弯折的小平面组成，呈小平面台阶状特征，故又称小平面界面。图 4-21 (a) 和 (b) 分别为光滑界面的微观和宏观示意图。

② 粗糙界面   在液-固相界面处存在着几个原子层厚度的过渡层，在过渡层中只有大约 50% 的位置被固相原子分散地占据着。从微观看界面是高低不平的，无明显边界，但从宏观看，界面却呈平直状而无曲折的小平面，因而又称非小平面界面。图 4-22 (a) 和 (b) 分别为粗糙界面的微观和宏观示意图。

由 K. A. Jackson 对液-固相界面平衡结构的研究表明，界面的平衡结构是界面能最低的结构。如果在光滑界面上任意增加原子，即界面粗糙化时界

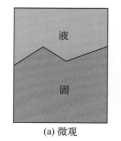

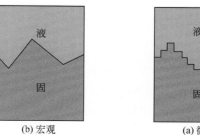

(a) 微观   (b) 宏观

图 4-21   光滑界面

(a) 微观   (b) 宏观

图 4-22   粗糙界面

面自由能的相对变化 ΔG_S 与界面上固相原子所占位置的分数 P 之间的关系可表示为：

$$\Delta G_S/(NkT_m)=\alpha P(1-P)+[P\ln P+(1-P)\ln(1-P)]$$

式中，N 为界面上原子位置总数；k 是玻尔兹曼常数；T_m 是熔点；$\alpha=\xi(\Delta S_m/R)$，其中 ξ 为晶体表面原子的平均配位数（Z'）与晶体配位数（Z）之比，ΔS_m 为熔化熵，R 为气体常数；$P=N_A/N$，N_A 为界面上被固相原子所占的位置数目，不同的物质具有不同的 α 值。

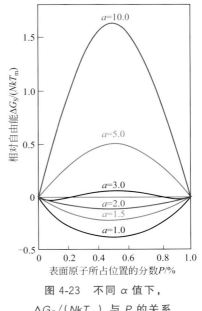

图 4-23　不同 α 值下，$\Delta G_S/(NkT_m)$ 与 P 的关系

对应于不同 α 值，$\Delta G_S/(NkT_m)$ 与 P 的关系由图 4-23 所示。由图可见：

a. $\alpha<2$ 时，在 $P=0.5$ 处，界面能具有极小值，这意味着界面上约有一半的原子位置被固相原子占据着，形成粗糙界面；

b. $\alpha\geqslant5$ 时，在 $P=1$ 和 $P=0$ 处，界面能具有两个极小值，这表明界面上绝大多数原子位置被固相原子占据或空着，此时的界面为光滑界面；

c. 对于 $2<\alpha<5$，情况比较复杂，往往形成以上两种类型的混合界面。

金属和某些有机化合物的 $\alpha<2$，故其液-固相界面为粗糙界面；对于多数无机非金属，$\alpha>5$，其液-固相界面为光滑界面；而对于某些亚金属（Bi、Sb、Ga、Ge、Si 等），α 在 2～5 之间，其界面多为混合型。

（3）晶体长大机制　晶体长大机制是指在结晶过程晶体结晶面的生长方式，与其液-固相界面的结构有关。

① 具有光滑界面晶体的生长　光滑界面的晶体在长大过程中，其液-固相界面总是保持比较完整的平面。界面的生长通过台阶生长机制。其中具有代表性的模型有以下两种。

a. 二维晶核台阶生长机制　首先在平整界面上通过均匀形核形成一个具有单原子厚度的二维晶核，然后液相中的原子不断地依附在二维晶核周围的台阶上，使二维晶核很快地向四周横向扩展而覆盖了整个晶体表面（见图 4-24）。接着在新的界面上又形成新的二维晶核，并向横向扩展而长满一层，如此反复进行，界面的推移通过二维晶核的不断形成和横向扩展而进行。这种界面的推移是不连续的。每覆盖一层，界面就沿其法线方向推进了一个原子层的距离，相当于该生长晶面族的面间距。晶体中不同生长晶面族的面间距是不同的，原子最密排面的面距最大。因此，在晶体生长过程中，不同晶面族的晶面沿其法线方向的生长速度不同。生长速度较慢的非原子密排面逐渐被生长速度较快的原子密排面所淹没，最终结晶成的晶粒的外表面多由原子密排面和次密排面所组成，具有较规则的几何外形。

b. 晶体缺陷台阶生长机制　由于二维晶核的形成需要一定的形核功，因而需要较强的过冷条件。如果结晶过程中，在晶体表面存在着垂直于界面的螺型位错露头，那么液相原子或二维晶核就会优先附在这些地方。图 4-25 是晶体的螺型位错台阶生长机制。液相原子不断地添加到由螺型位错露头形成的台阶上，界面以台阶机制生长和按螺旋方式连续地扫过界面，在成长的界面上将形成螺旋新台阶。这种生长是连续的。

② 具有粗糙界面晶体的生长　粗糙界面晶体在长大过程中，其液-固相界面上总是有大约一半的原子位置是空的，它们对接纳液相中的单原子具有等效性。因此液相中的原子可随机地添加在界面的空位置上而成为固相原子。随着液相原子不断地附着，界面连续地沿其法线方向推进。晶体的这种生长方式称为垂直生长机制（如图 4-26 所示）。

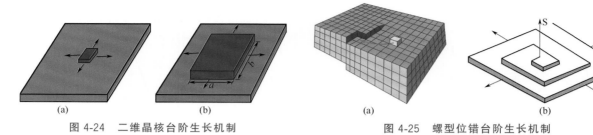

图 4-24　二维晶核台阶生长机制　　　　　图 4-25　螺型位错台阶生长机制

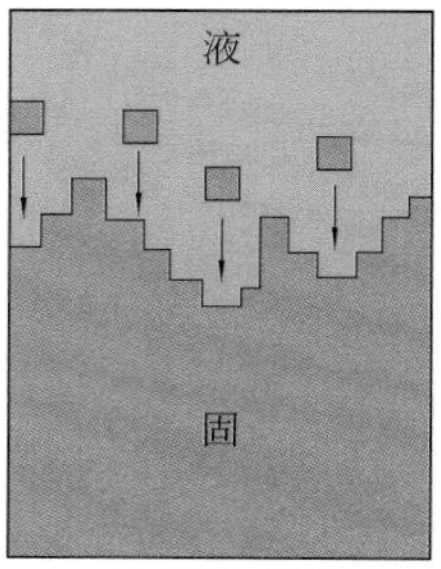

图 4-26　晶体的垂直
生长方式

在晶体长大过程，液相原子的附着不需要附加能量，界面的推移是连续的，所以晶体的长大速度比较快。但由于晶体中各晶面族的原子排列状况不同，液相原子向各晶面族上的附着速度也不同。研究表明，液相原子在体心立方和面心立方晶体上最快附着的晶面族是〈100〉，晶体最快生长方向是〈100〉，密排六方晶体的原子最快附着晶面族是〈1010〉，晶体最快生长方向是〈1010〉。

（4）晶体的生长形态　纯金属凝固时晶体的生长形态取决于界面的微观结构和界面前沿液相中的温度分布。这种温度分布有两种类型。

① 温度梯度　液态金属在铸模中凝固时，往往由于模壁温度比较低，使靠近模壁的液体首先过冷而凝固。而在铸模中心的液体温度最高，液体的热量和结晶潜热通过固相和模壁传导而迅速散出，这样就造成了液-固相界面前沿液体的温度分布为正的温度梯度，即液体中的过冷度随离界面距离的增加而减小，如图 4-27（a）所示。

在缓慢冷却条件下，液体内部的温度分布比较均匀并同时过冷到某一温度。这时在模壁上的液体首先开始形核长大，液-固相界面上所产生的结晶潜热将同时通过固相和液相传导散出，这样使得界面前沿的液体中产生负的温度梯度，即界面前沿的液体中的过冷度随着离界面距离的增加而增大，如图 4-27（b）所示。

② 生长形态

a. 在正的温度梯度下　对于粗糙界面的晶体，其生长界面以垂直长大方式推进。由于前方液体温度高，所以生长界面只能随前方液体的逐渐冷却而均匀地向前推移。整个液-固相界面保持稳定的平面状态，不产生明显的突起。界面上的温度相同并保持不变，由于粗糙界面的推移所需要能量较小，因此，大多数金属的动态过冷度 ΔT_k 相当小，仅为 $0.01\sim0.05℃$，因此晶体的生长界面与 T_m 等温线几乎重合，如图 4-28（a）所示。

对于光滑界面结构的晶体，其生长界面以小平面台阶生长方式推进。小平面台阶的扩展同样不能伸入到前方温度高于 T_m 的液体中去，因此，从宏观来看，液-固相界面似与 T_m 等温线平行，但小平面与 T_m 等温线呈一定角度［如图 4-28（b）所示］。在这种情况下，晶体生长时的动态过冷度比粗糙界面要大得多，一般在 $1\sim2℃$。

在正的温度梯度下，晶体的这种生长方式称为平面状生长。晶体生长方向与散热方向相反，生长速度取决于固相的散热速度。

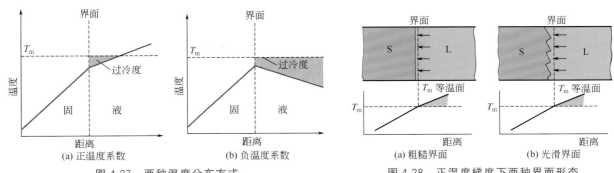

图 4-27 两种温度分布方式   图 4-28 正温度梯度下两种界面形态

b. 在负的温度梯度下 晶体生长界面一旦出现局部凸出生长，由于前方液体具有更大的过冷度而使其生长速度增加。在这种情况下，生长界面就不可能继续保持平面状而会形成许多伸向液体的结晶轴，同时在晶轴上又会发展出二次晶轴、三次晶轴等，如图 4-29 和图 4-30 所示。晶体的这种生长方式称为树枝状生长。在树枝晶生长时，伸展的晶轴具有一定的晶体取向以降低界面能。晶轴的位向和晶体结构类型有关。例如，面心立方和体心立方结构主要为 $\langle 100 \rangle$，密排六方结构主要为 $\langle 10\overline{1}0 \rangle$，体心正方结构为 $\langle 100 \rangle$。同一晶核发展成的枝晶，各次晶轴上的原子排列位向基本一致，最后各次晶轴互相接触形成一个充实的晶粒。

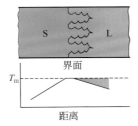

图 4-29 晶体生长界面与 T_m 等温线

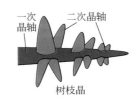

图 4-30 树枝状生长

在负的温度梯度下，对于粗糙界面结构的金属晶体，明显以树枝状方式生长。对于光滑界面结构的晶体，仍以平面生长方式为主（即树枝状生长方式不很明显），某些亚金属则具有小平面的树枝状结晶特征。

（5）晶体生长速度 晶体生长速度 u 与界面过冷度 ΔT_k 有关，不同类型的界面以及生长机制不同，其生长速度 u 与界面过冷度的关系则不同。

① 粗糙界面垂直长大机制

$$u = K_1 \Delta T_k \tag{4-15}$$

式中，K_1 为常数，单位为 cm/(sec·K)，有人估计为 1cm/(sec·K)，故在较小 ΔT_k 下，就可获得较大的生长速度。

② 光滑界面二维晶核生长机制

$$u = K_2 \exp(-b/\Delta T_k) \tag{4-16}$$

式中，K_2 和 b 均为常数，当 ΔT_k 较小时，u 极低。这是因为二维晶核形核时所需要的形核功较大。

③ 光滑界面螺位错台阶生长机制

$$u = K_3 \Delta T_k^2 \tag{4-17}$$

式中，K_3 为常数，由于界面上的缺陷所能提供的形核位置有限，故生长速度很小。

4.2.2 固溶体合金的凝固

合金的凝固过程也是形核和核的长大过程。但由于合金中存在第二组元或第三组元，使其凝固过程较纯金属复杂。例如合金凝固时，晶核成分与液相成分不同，因此其形核除了需要过冷度、相起伏和能量起伏之外，还需要成分起伏。所谓成分起伏是指合金熔液中微小体积的成分偏离熔液平均成分，而且微小体积的成分因原子热运动而处于时起时伏、此起彼伏状态的现象。又如晶核长大除了需要动态过冷度之外，还伴随组元原子的扩散过程。

固溶体的凝固过程就是匀晶转变过程，图 4-31 所示为 Cu-Ni 匀晶相图，从该图中我们可以看出匀晶转变有两个特点：一是转变在一个温度范围内进行；二是转变过程中固相和液相成分都随温度的下降而不断地变化。因此固溶体凝固过程中要发生溶质原子的重新分配。

图 4-32（a）为匀晶相图的一部分，假设液相线和固相线为直线，由图可见，尽管不同温度下液、固两相平衡成分不同，但两平衡相成分的比值却为恒定值。例如图中成分为 C_0 的合金冷却到温度 T_0 时，平衡固相和液相的溶质浓度之比 C_S/C_L 为恒定值。我们把 $C_S/C_L = k_0$ 叫做平衡分配系数。从图中可以看出，这里的 $k_0 < 1$，即随溶质增加，液、固相线下降；图 4-32（b）所示为 $k_0 > 1$，即随溶质增加，液、固相线上升。下面讨论 $k_0 < 1$ 的有关问题。

为了便于讨论，考虑一水平圆棒的凝固过程，合金熔液的原始浓度为 C_0，自左端逐渐向右凝固。假定液-固界面为平面，液相、固相密度相等，且在凝固过程中保持不变。

4.2.2.1 固溶体的平衡凝固

（1）固溶体的平衡凝固过程　固溶体的凝固过程也是形核和长大过程，如上所述，形核需要过冷度、相起伏、能量起伏和成分起伏；长大需要动态过冷度和组元原子的互扩散。

设图 4-33 中成分为 C_0 的合金熔液冷却至 t_0 温度时，固溶体 α 成分应为 $k_0 C_0$，但由于没有过冷度，无法形核［如图 4-34（a）所示］，只有当温度冷却至稍低于 t_0 的 t_1 温度时才能形核，α 晶核成分为 $k_0 C_1$，在液-固相界面

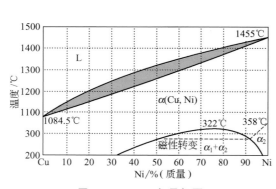

图 4-31　Cu-Ni 匀晶相图

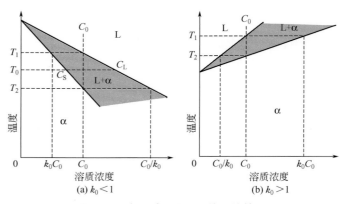

(a) $k_0 < 1$　　　　(b) $k_0 > 1$

图 4-32　相图中不同 k_0 的取值情况

处与之平衡的液相成分为 C_1，如图 4-34（b）所示，此时远离相界面 I 处的液相仍保持原合金的成分 C_0，在液相中产生了浓度梯度，必然引起液相内溶剂 A 和溶质 B 原子的相互扩散，B 原子由界面向外扩散，A 原子向界面扩散，使界面处 B 原子含量降低，A 原子含量增高，破坏了液-固界面处的相平衡，只有靠 α 长大，排出 B 原子，吸收 A 原子才能维持液-固界面相平衡。这样，固溶体不断长大，液-固界面连续向液相中推移，溶液中 B 含量不断升高，直至整个液相的成分都达到 t_1 温度下平衡成分 C_1 为止，此时液-固界面到达 II 处，液、固两相平衡，α 停止长大〔见图 4-34（c）所示〕。要使 α 继续长大，必须降低温度。当温度降至 t_2 时，α 长大使液-固界面 II 移至 III 处，立即在界面处建立新的平衡，固溶体 α 成分为 k_0C_2，与之平衡的液相成分为 C_2，而远离界面处固相成分

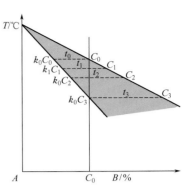

图 4-33 固溶体长大与相平衡

为 k_0C_1，液相成分为 C_1。这样不仅在液相内有扩散过程，而且在固相内也有扩散过程，如图 4-34（d）所示。由图可见，在液-固界面两侧，B 原子由界面向固相和液相中扩散，A 原子由固相和液相中向界面扩散，使界面处 B 原子含量降低、A 原子含量升高，破坏了液-固界面处的相平衡。同样，只有靠 α 长大排出 B 原子、吸收 A 原子才能维持液-固界面相平衡。固溶体不断长大，液-固界面连续向液相中推移，固相和液相中 B 组元含量不断增加，直至固相成分全部达到 t_2 温度下的平衡成分 k_0C_2 和液相成分全部达到该温度下的平衡成分 C_2 为止。此时液-固界面到达 IV 处，液、固两相平衡，α 停止长大，如图 4-34（e）所示。要使 α 继续长大，必须再降低温度，直至 t_3 温度，液-固界推移至 V 处，界面处 α 成分为 $k_0C_3=C_0$，与之平衡的液相成分为 C_3，又重复上述过程，固溶体 α 不断长大直至液相全部转变为成分为 C_0 的均匀固溶体 α 为止，如图 4-34（f）和图 4-34（g）所示。

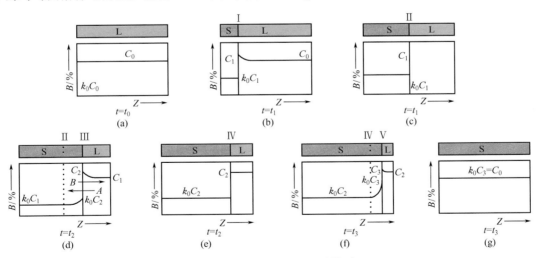

图 4-34 固溶体长大机制的模型

综上所述，固溶体平衡凝固过程是：形核→相界平衡→扩散破坏平衡→长大→相界平衡。随着温度降低，此过程重复进行，直至熔液全部转变为相同成分的均匀固溶体为止。

（2）固溶体平衡凝固时的溶质分布 根据上述凝固过程可以推导出固溶体平衡凝固时液相和固相中的溶质分布。

设水平圆棒长度为 L，温度 t 下，液、固两相达到平衡，固相成分为 C_S、液相成分为 C_L，且 $C_S=k_0C_L$。此时液-固界面在距离 Z 处，固相和液相的体积分数分别为：$f_S=Z/L$ 和 $f_L=1-f_S=1-Z/L$，

如图 4-35 中实线所示。温度降低 $\mathrm{d}t$，固溶体长大，其增加的体积分数为 $\mathrm{d}f_\mathrm{S}=\mathrm{d}Z/L$，液相减少的体积分数为 $\mathrm{d}f_\mathrm{L}=-\mathrm{d}f_\mathrm{S}=-\mathrm{d}Z/L$，此时固相和液相成分分别为 $C_\mathrm{S}+\mathrm{d}C_\mathrm{S}$ 和 $C_\mathrm{L}+\mathrm{d}C_\mathrm{L}$，如图 4-35 中虚线所示。根据凝固前、后体积元中质量平衡可写出下式：

$$C_\mathrm{L}\frac{\mathrm{d}Z}{L}=\mathrm{d}C_\mathrm{S}\frac{Z}{L}+(C_\mathrm{S}+\mathrm{d}C_\mathrm{S})\frac{\mathrm{d}Z}{L}+\mathrm{d}C_\mathrm{L}\left(1-\frac{Z}{L}-\frac{\mathrm{d}Z}{L}\right) \tag{4-18}$$

由于凝固时保持相界平衡，故 $C_\mathrm{S}=k_0C_\mathrm{L}$，$\mathrm{d}C_\mathrm{S}=k_0\mathrm{d}C_\mathrm{L}$ 将其代入上式并加以整理得：

$$\frac{Z}{L}k_0\mathrm{d}C_\mathrm{L}+k_0C_\mathrm{L}\frac{\mathrm{d}Z}{L}+\left(1-\frac{Z}{L}\right)\mathrm{d}C_\mathrm{L}-C_\mathrm{L}\frac{\mathrm{d}Z}{L}=0$$

再将上式整理得：

$$\frac{\mathrm{d}C_\mathrm{L}}{C_\mathrm{L}}=\frac{1-k_0}{1-(1-k_0)\dfrac{Z}{L}}\times\frac{\mathrm{d}Z}{L}$$

两侧积分得：

$$C_\mathrm{L}=C_0\left[1-\frac{(1-k_0)Z}{L}\right]^{-1} \tag{4-19}$$

$$C_\mathrm{S}=k_0C_0\left[1-\frac{(1-k_0)Z}{L}\right]^{-1} \tag{4-20}$$

式（4-20）就是固溶体平衡凝固过程中液相和固相的溶质分布方程，它表示凝固过程中液相和固相成分随凝固体积分数的变化。

如上所述，平衡凝固过程中液相和固相中的组元原子都能充分扩散，凝固结束后，固溶体成分均匀，整个合金棒的成分均为 C_0，不产生偏析，如图 4-36 中水平线 a。实际上平衡凝固是难于达到的，因为实际凝固过程中的冷却速度较快，没有足够时间使液、固两相，尤其是固相的成分扩散均匀。因此实际生产中的凝固过程都属于不平衡凝固过程，又称正常凝固过程。下面讨论固溶体不平衡凝固时液相和固相中的溶质分布。

4.2.2.2 固溶体不平衡凝固时的溶质分布

假设固相中无扩散，液相中有扩散，根据液相中溶质混合情况，分为完全混合、部分混合、完全不混合三种情况进行讨论。

（1）液相完全混合时的溶质分布　当固溶体凝固时，若其凝固速度较慢，液相中溶质通过扩散、对流甚至搅拌而完全混合，液相成分均匀；而固相中无扩散，成分不均匀，如图 4-37 所示。其溶质分布方程的推导步骤如下。

设凝固过程某一时刻，液-固界面到达距离 Z 处，此时固相体积分数为 $f_\mathrm{S}=Z/L$，液相体积分数为 $f_\mathrm{L}=1-Z/L$，液相成分为 C_L，液-固界面处固相成分为 C_S，如图 4-37 中实线所示。经过一段时间后液-固界面向右推移了 $\mathrm{d}Z$ 距离，固相体积分数增量 $\mathrm{d}f_\mathrm{S}=\mathrm{d}Z/L$，剩余液相体积分数为 $(1-Z/L-\mathrm{d}Z/L)$，如图 4-37 中虚线所示。根据凝固前、后体积元中质量平衡，可写出下式：

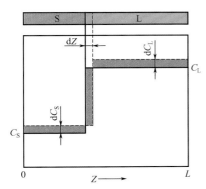

图 4-35　平衡凝固时，合金棒凝固过程中的溶质分布

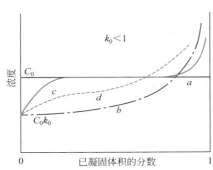

图 4-36　原始浓度为 C_0（$k_0<1$）的合金溶液在凝固后得到的溶质分布曲线

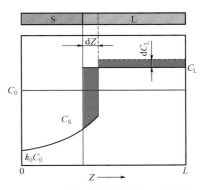

图 4-37　液相完全混合时，合金棒凝固过程中的溶质分布（$k_0>1$）

$$C_L\left(1-\frac{Z}{L}\right)=(C_L+dC_L)\left(1-\frac{Z}{L}-\frac{dZ}{L}\right)+C_s\frac{dZ}{L} \tag{4-21}$$

因为液-固界面处保持相平衡，可用 $C_s=k_0C_L$ 代入式（4-21）并略去 dC_LdZ 加以整理得：

$$\frac{dC_L}{C_L}=-\frac{k_0-1}{L-Z}dZ$$

两边积分得：

$$C_L=C_0\left(1-\frac{Z}{L}\right)^{k_0-1} \tag{4-22}$$

$$C_s=k_0C_0\left(1-\frac{Z}{L}\right)^{k_0-1} \tag{4-23}$$

式（4-22）和式（4-23）就是液相完全混合情况下固溶体不平衡凝固过程中液相和固相的溶质分布方程，它表示凝固过程中液相和固相成分随凝固体积分数的变化。对于给定合金，k_0 和 C_0 均为定值，由上两式可以看出，$k_0<1$ 时，随着凝固体积分数 Z/L 的增大，C_L 和 C_s 均不断升高，凝固结束后，合金棒的左端到右端产生显著的浓度差异，如图 4-36 中曲线 b 所示。

（2）液相部分混合时的溶质分布　当固溶体凝固时，若其凝固速度较快，液相中溶质只能通过对流和扩散而部分混合。根据流体力学，液体在管道流动时紧靠管壁的薄层流速为零，这里不发生对流，如图 4-38 所示。而液-固界面好似管壁，因此在紧靠界面处的液体薄层也不会发生对流，只能通过扩散进行混合，这个薄层叫做边界层。由于扩散速度较慢，溶质从液-固界面处固相中排出的速度高于从边界层中扩散出去的速度，这样，在边界层中就产生溶质原子"富集"，而在边界层外的液体则因对流而获得均匀的浓度 $(C_L)_B$，液-固界面一直保持局部平衡，即 $(C_s)_i=k_0(C_L)_i$，如图 4-39（a）所示。随着液-固界面不断向前移动，边界层中溶质原子富集越来越多，浓度梯度加大，扩散速度加快，达到一定速度后，溶质从液-固界面处固相中排出的速度正好等于溶质从边界层中扩散出去的速度时，$(C_L)_i/(C_L)_B$ 变为常数，直至凝固结束，此比值一直保持不变。把凝固开始直到 $(C_L)_i/(C_L)_B$ 开始变为常数的阶段称为初始过渡区，如图 4-39（b）所示，一般初始过渡区约 1cm 长。

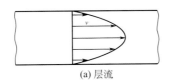

(a) 层流

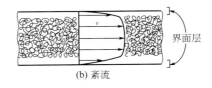

(b) 紊流

图 4-38　流动液体在管子横断面上的分布

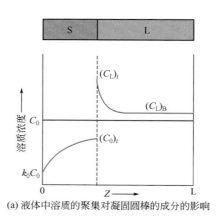

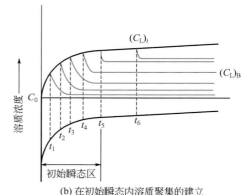

(a) 液体中溶质的聚集对凝固圆棒的成分的影响 　　(b) 在初始瞬态内溶质聚集的建立

图 4-39　液相部分混合时的情况

设初始过渡区建立后 $(C_L)_i/(C_L)_B=k_1$，而液-固界面处始终保持两相平衡，即 $(C_S)_i/(C_L)_i=k_0$，则 $(C_S)_i/(C_L)_B=k_0 \cdot k_1=k_e$。$k_e$ 称为有效分配系数。

对边界层的扩散方程求解可导出：

$$k_e = \frac{k_0}{k_0+(1-k_0)\mathrm{e}^{-R\delta/D}} \qquad (4\text{-}24)$$

式中，R 为凝固速度；δ 为边界层厚度；D 为溶质扩散系数。

用 $(C_L)_B$ 代替式（4-21）中 $(C)_L$，则可以写出与完全混合相似的质量平衡表达式：

$$(C_L)_B\left(1-\frac{Z}{L}\right)=\left[(C_L)_B+\mathrm{d}(C_L)_B\right]\left(1-\frac{Z}{L}-\frac{\mathrm{d}Z}{L}\right)+C_S\frac{\mathrm{d}Z}{L} \qquad (4\text{-}25)$$

用 k_e 代替 k_0，即 $C_S=k_e(C_L)_B$，将上式进行整理并积分，得到类似于式（4-22）、式（4-23）的结果，即

$$\left.\begin{array}{l} (C_L)_B=C_0\left(1-\dfrac{Z}{L}\right)^{k_e-1} \\[2mm] C_S=k_e C_0\left(1-\dfrac{Z}{L}\right)^{k_e-1} \end{array}\right\} \qquad (4\text{-}26)$$

式中，$k_0<k_e<1$。上式就是液相部分混合情况下固溶体不平衡凝固过程中液相和固相的溶质分布方程，它表示凝固过程中在初始过渡区建立后，液相和固相成分随凝固体积分数的变化。凝固结束后合金棒中溶质分布如图 4-36 中曲线 d 所示，由图可见，其宏观偏析程度不如液相完全混合情况严重。

应该指出，k_e 的大小主要决定于凝固速度 R。若凝固速度较慢、R 很小时，$(R\delta/D)\to 0$，$k_e\approx k_0$，这就是上面已讨论过的液相中溶质完全混合的情况；若凝固速度很快、R 很大时，$(R\delta/D)\to\infty$，$k_e\approx 1$，这是下面将要讨论的液相中溶质完全不混合的情况；若凝固速度介于上述两者之间，$k_0<k_e<1$，这就是液相中溶质部分混合的情况。

（3）液相完全不混合时的溶质分布　当固溶体凝固时，若其凝固速度很快，液-固界面很快推移，边界层中溶质迅速富集，由于液相完全不混合，

当固相中溶质浓度由 k_0C_0 提高到 C_0 时，大体积液相中溶质浓度仍保持 C_0，但液-固界面处两相平衡，这时 $(C_L)_i = C_0/k_0$，界面前沿液相中溶质浓度将从此保持这个数值，即初始过渡区建立后 $k_e = 1$，如图 4-40 所示。由式（4-26）得到：

$$(C_L)_B = C_0\left(1 - \frac{Z}{L}\right)^{1-1} = C_0 \left.\begin{array}{l} \\ \\ \end{array}\right\}$$
$$C_S = 1C_0\left(1 - \frac{Z}{L}\right)^{1-1} = C_0$$

$$(4\text{-}27)$$

式（4-27）表示液相完全不混合情况下，凝固过程中在初始过渡区建立后，固相溶质浓度保持 C_0，边界层外液相浓度也保持为 C_0。直至凝固接近结束、剩余液相很少时，由于质量守恒，剩余液相中溶质浓度迅速升高，故凝固结束后合金棒的末端又出现了一个富含溶质的末端过渡区，如图 4-36 中的曲线 c 所示。

综上所述，固溶体不平衡凝固时，凝固速度越慢，液相中溶质混合越充分，凝固后溶质分布越不均匀，宏观偏析越严重。

4.2.2.3 成分过冷

（1）成分过冷的概念　设固溶体合金的成分为 C_0，其相图一角如图 4-41（a）所示，图中 $k_0 < 1$。如上所述，在液相完全不混合的情况下，合金棒凝固时，在初始过渡区建立后，液相中溶质分布曲线如图 4-41（c）所示，而液相熔点变化曲线如图 4-41（b）所示，图中 x 为距液-固界面的距离。液相实际温度为 T_L，其随距离 x 的变化如图 4-42 所示，图中 $\mathrm{d}T_L/\mathrm{d}x > 0$，即液相中温度梯度为正值。将图 4-41（b）中液相熔点变化曲线叠加于图 4-42 中，由图可以看出，尽管液相的实际温度以液-固界面处最低，但由于此处液相的熔点也最低，因而使界面处液相过冷度极小，几乎接近于零，而距界面稍远处的液相反而有较大的过冷度。这种由液相成分变化与实际温度分布所决定的特殊过冷现象称为成分过冷，图中阴影区称为成分过冷区。

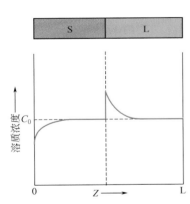

图 4-40　液相完全不混合时合金
棒凝固过程中的溶质分布示意

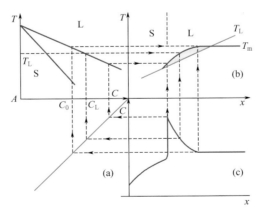

图 4-41　T_m-x 曲线的作图法

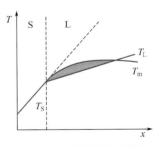

图 4-42　成分过冷示意

（2）出现成分过冷的临界条件　用 $\mathrm{d}C_L/\mathrm{d}x$ 表示初始过渡区建立后边界层中的浓度梯度。设凝固速度，即液-固界面移动速度为 R，合金棒截面积为 A。在 $\mathrm{d}t$ 时间内凝固体积为 $AR\mathrm{d}t$，这部分体积内原为液相，其中含溶质质量应为 $AR(C_L)_i\mathrm{d}t$，形成固相后，固相中溶质质量为 $AR(C_S)_i\mathrm{d}t$。根据扩散第一定律，即在单位时间内通过垂直于扩散方向的单位截面积的扩散物质流量 $J = -D\mathrm{d}C_L/\mathrm{d}x$，式中，$D$ 为扩散系数，因此 $\mathrm{d}t$ 时间内通过截面积 A 的溶质质量为 $AD(\mathrm{d}C_L/\mathrm{d}x)\mathrm{d}t$。根据质量平衡可以得出：

$$AR(C_L)_i\mathrm{d}t - AR(C_S)_i\mathrm{d}t = AD\frac{\mathrm{d}C_L}{\mathrm{d}x}\mathrm{d}t$$

$$(4\text{-}28)$$

在液相不混合情况下，初始过渡区建立后，$(C_S)_i = C_0$，$(C_L)_i = C_0/k_0$，将式（4-28）化简得：

$$\frac{dC_L}{dx} = -\frac{R}{D}\left(\frac{1-k_0}{k_0}\right)C_0 \qquad (4\text{-}29)$$

在图 4-42 中液-固界面处作 T_m 曲线的切线，如图中虚线所示。当界面前沿的温度梯度与这条虚线的斜率相同时，将无成分过冷区，这个温度梯度称为临界温度梯度 G_C，此时

$$G_C = \left(\frac{dT_m}{dx}\right) \qquad (4\text{-}30)$$

由图 4-41（a）可以得出：

$$T_m = T_A - mC_L \qquad (4\text{-}31)$$

式中，T_A 为纯溶剂 A 的熔点；m 为液相线斜率。将式（4-31）代入式（4-30）得：

$$G_C = -m\left(\frac{dC_L}{dx}\right) \qquad (4\text{-}32)$$

将式（4-29）代入式（4-32），则

$$G_C = \frac{mR}{D}\left(\frac{1-k_0}{k_0}\right)C_0 \qquad (4\text{-}33)$$

式（4-33）就是成分过冷的临界条件。设 G 为液相实际温度梯度，若 $G \geqslant G_C$，则无成分过冷；若 $G < G_C$，则出现成分过冷。显然，液相线斜率 m 绝对值越大，合金成分 C_0 越大，凝固速度 R 越大，扩散系数 D 越小，$k_0 < 1$ 时 k_0 值越小或 $k_0 > 1$ 时 k_0 值越大，液相实际温度梯度 G 越小，越容易出现成分过冷。

（3）成分过冷对液-固界面形貌的影响　在正温度梯度下，单相固溶体晶体的生长方式取决于成分过冷程度。由于温度梯度的不同，成分过冷程度可分为三个区，如图 4-43 所示。在不同成分过冷区，晶体生长方式不同。

在第 Ⅰ 区，液相温度梯度很大，使 $T_m > T_L$，故不产生成分过冷。离开界面，过冷度减小，液相内部处于过热状态。此时固溶体晶体以平界面方式生长，界面上小的凸起，进入过热区，会使其熔化消失，故形成稳定的平界面。

在第 Ⅱ 区，液相温度梯度减小，产生小的成分过冷区，此时，平界面不稳定，界面上偶然凸起，进入过冷液体，可以长大，但因过冷区窄，凸出距离不大，不产生侧向分枝，发展不成枝晶，而形成胞状界面，最后出现胞状结构，纵截面为长条形，横截面为六角形。如图 4-44 所示。

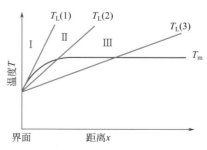

图 4-43　不同成分过冷程度的三个区域

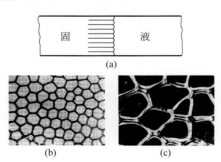

图 4-44　胞状晶界及胞状组织

　　在第Ⅲ区，当液相温度梯度更为平缓，成分过冷程度很大，液相很大范围处于过冷状态，类似负温度梯度条件，晶体以树枝状方式长大，界面上偶然的凸起，进入过冷液体，得到大的生长速度，并不断分枝，形成树枝状骨架。晶体生长中，周围液相富集溶质，使结晶温度降低，过冷度降低，同时，因放出潜热，周围温度升高，进一步减小过冷度，因而分枝生长停止，最后依靠固相散热、平界面方式生长，以填充枝晶间隙，直至结晶完成，形成晶粒。以上三种晶体生长方式，如图 4-45 所示。
影响晶体生长方式的主要因素有液相的温度梯度 G_L、固相凝固速度 R 和合金的溶质浓度 C_0，其与晶体生长的综合关系如图 4-46 所示。图中看出，增大合金溶质浓度、降低液体温度梯度、增大固相凝固速度，均可增大成分过冷程度，发展树枝状结晶；相反，则促进平面式生长。

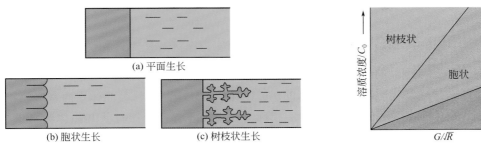

图 4-45　不同成分过冷下的晶体生长方式　　　　图 4-46　影响晶体生长方式的主要因素

　　图 4-47 示意地表明液相的温度梯度 G_L 对合金铸锭液固界面形貌的影响。图 4-48 表明同一种合金在不同条件下凝固时，由胞状向树枝状组织的过渡。

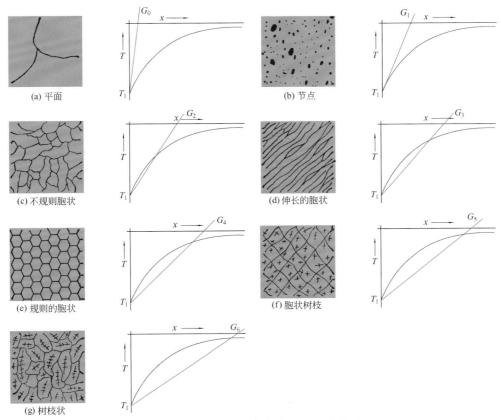

图 4-47　G_L 与单相合金液-固界面的关系

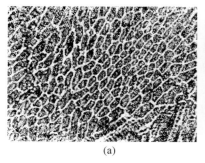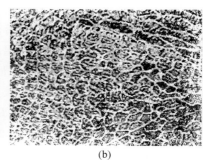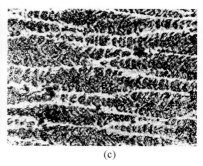

(a)　　　　　　　　　　(b)　　　　　　　　　　(c)

图 4-48　镍钢的胞状晶、胞状枝晶及树枝晶

4.2.3　共晶合金的凝固

4.2.3.1　共晶体的形核和长大

共晶合金的凝固也是形核和核的长大过程。共晶体中两个组成相不会同时形核，首先形核的一相称为先析出相。现以层片状共晶体为例进行分析。设 A、B 二组元组成共晶合金，共晶体组成相为 α 和 β，它们分别是以 A 和 B 为溶剂的固溶体。如果先析出相是 α，由于 α 中 B 组元含量较低，在它形核之后，其周围的液相将富集 B 组元，这就给 β 相的形核创造了条件，β 相就在 α 相的两侧形成。而 β 相的形核又会促进 α 相形核，如此反复进行就形成了 α、β 两相交替相间的层片状共晶晶核，如图 4-49（a）所示。但实际上形成共晶晶核并不需要 α、β 两相反复形核，而是首先形成一个 α 晶核，随后在其上再形成一个 β 晶核，然后 α 相和 β 相分别以搭桥方式连成整体构成共晶晶核，因此一个共晶晶核只包含一个 α 晶核和一个 β 晶核，如图 4-49（b）所示。共晶晶核形成后，α 相和 β 相将沿层片纵向长大，并分别向液相中排出 B 和 A 组元，随后这些 B、A 组元原子分别向相邻的 β 相和 α 相前沿进行短程扩散，破坏了 β 相和 α 相各自与液相间的相平衡，这又为 β 相和 α 相的继续长大创造了条件，如图 4-50 所示，最后就形成了一个由相互平行的 α 相和 β 相层片相间的共晶领域或称共晶晶团。应该指出，在共晶合金凝固过程中，可以同时形成许多共晶晶核，每个共晶晶核各自长大成一个共晶领域，直至各个共晶领域彼此相碰、液相全部消失为止。研究表明，层片状共晶体中，两相之间常有一定晶体学取向关系。例如 $\alpha(Al)\text{-}CuAl_2$ 共晶体中 $(111)_{\alpha(Al)} \parallel (211)_{CuAl_2}$，$[101]_{\alpha(Al)} \parallel [120]_{CuAl_2}$，且层片交界面 $\parallel (111)_{\alpha(Al)}$，这层取向关系使层片交界面上单位面积界面能降低。

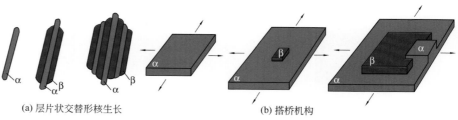

(a) 层片状交替形核生长　　　　　　　　　　(b) 搭桥机构

图 4-49　层片状共晶的形核与生长示意

综上所述，共晶合金凝固过程是形核→相界平衡→短程扩散破坏平衡→长大→相界平衡。此过程在恒温下重复进行，直至熔液全部转变为由不同共晶领域组成的共晶组织为止。

4.2.3.2 成分过冷对共晶合金液-固界面形貌的影响

如果将上述 A-B 二元共晶合金进行定向凝固，共晶晶核形成后，α、β 两相将沿层片的纵向从铸型的一端向另一端长大。如上所述，两相前沿液相中的溶质原子总是不断地进行短程扩散，使两相不断长大，也就不能建立起有效的成分过冷区。因此液-固界面为平面状，长大过程中界面平面推进，使相邻共晶领域中 α、β 层片取向完全一致，无法辨认共晶领域。例如经区域熔炼的 Pb-Sn 共晶合金和 Al-CuAl$_2$ 共晶合金定向凝固后都看不到共晶领域。但是如果在共晶合金中含有第三组元，当共晶凝固时，两组成相都要排出第三组元，则在液-固界面就能建立起成分过冷区，使液-固界面为胞状，这样就可以看到共晶领域，其在铸件纵断面上呈扇形（如图 4-51 所示），在横断面上呈蜂窝状。再比如，图 4-52（a）、（b）所示分别为定向凝固 Al-Mg$_2$Al$_3$ 合金的共晶胞状组织。纵断面的每个共晶领域犹如扇形，而横断面的每个共晶领域呈蜂窝状。若不是定向凝固，则在任意断面的胞状组织中，兼有扇状和蜂窝状两者，如图 4-53 所示。另外，当合金的杂质含量较多而出现较大成分过冷时，胞状组织就可伸展而形成树枝状组织。

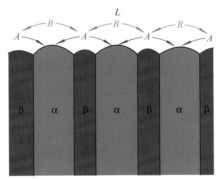

图 4-50 层片状共晶凝固时的横向扩散示意

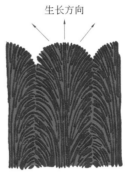

图 4-51 共晶体的胞状组织

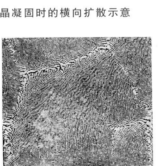

(a)　　　　　　　(b)

图 4-52 定向凝固 Al-Mg$_2$Al$_3$ 合金的共晶胞状组织
（凝固方向自下而上）

（a）纵断面：每个共晶领域内 Mg$_2$Al$_3$（暗黑色）与 Al（白亮色）交替的两相层片呈扇状排列；（b）横断面：由 Mg$_2$Al$_3$（暗黑色）与 Al（白亮色）组成的每个共晶领域呈蜂窝状

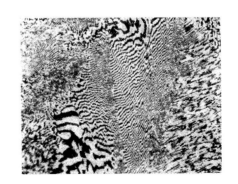

图 4-53 CuAl$_2$-Al 层片状共晶
（非定向凝固，其中垂直于凝固方向的共晶领域呈蜂窝状，平行于凝固方向的共晶领域呈扇状，未侵蚀）

4.2.4 铸锭组织与凝固技术

在生产实际中，液体金属结晶成固体产品的工艺过程称为铸造。铸造后不再经塑性加工的产品叫作铸件，而铸造后还要经过塑性加工的叫作铸锭。焊接也要经过熔化和结晶，所以焊接也涉及铸造过程。金属结晶后的组织称为铸态组织。铸态组织指的是结晶后的晶粒的尺寸、形状、晶界状态、杂质分布等内容。下面我们以铸锭为例分析铸态宏观组织的特征、形成和影响因素。

4.2.4.1 铸锭（件）的组织及形成

如果把一个普通的镇静钢锭沿轴线剖开，经过研磨腐蚀后就可以清楚看到三个截然不同的三个晶区，如图 4-54 所示。最外层是一层很薄的等轴细晶区；中间是方向垂直铸锭表面的柱状晶区；心部是粗大的等轴晶区。

不同的浇注条件可使铸锭的晶区结构有所变化，甚至可使其中一个或两个晶区完全消失。下边我们分析各晶区的形成过程。

（1）表层等轴细晶区的形成　浇注后，接触锭模表面的液态金属急剧冷却，造成很大的过冷度，如图 4-55 中曲线 t_1 所示。这样便在最外层形成大量的晶核。再加上模壁的凹凸不平可作为非自发晶核形成的基底，所以在外层形成等轴细晶区。由于等轴细晶区结晶很快，放出的结晶潜热来不及散失，使液固界面处的温度急剧升高，因此细晶区便很快停止了发展，所以细晶区很薄。如果铸模材料的导热性较差（如砂模）或浇注温度较高，由于内部热量的外传和结晶潜热的作用，已形成的细晶还可能返熔掉。相反，冷却速度快时，等轴细晶区会扩展到铸锭中部。

（2）柱状晶区的形成　随着细晶区的形成和内部热量的向外传递表面温度逐渐升高，在铸锭内部形成一定的温度梯度，如图 4-55 中曲线 t_2 和 t_3 所示。这样便在细晶的基础上部分晶粒向里生长形成柱状晶。

由于晶体各方向生长的速度不同，各晶粒向里生长的速度也不同。那些生长最快的晶向（面心立方和体心立方点阵为〈100〉方向，密排六方点阵为〈10$\bar{1}$0〉方向）与温度梯度方向（垂直于铸锭表面）一致的晶粒向前生长的快些，而最快生长方向与温度梯度的夹角较大的晶粒将逐渐被排挤掉。所以随着柱状晶的生长晶粒数逐渐减少，而每个晶粒逐渐变粗，如图 4-56 所示的柱状区的形成。

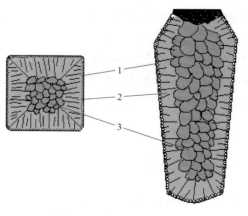

图 4-54　铸锭的晶区结构

1—表层等轴细晶区；2—柱状晶区；

3—中心等轴粗晶区

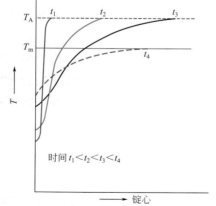

图 4-55　浇注后铸锭内温度的
分布与变化

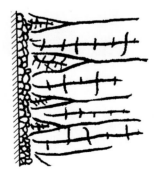

图 4-56　铸锭中柱状晶区
的形成

在柱状晶生长过程中，液-固相界面前沿液体中具有正的温度梯度。对于纯度高的纯金属，柱状晶以平面状方式生长；而对于工业纯金属和合金来说，通常在界面前沿液体中存在着较大的成分过冷度，故柱状晶以树枝状方式生长，但柱状晶的主晶轴垂直于模壁。

（3）中心等轴粗晶区的形成（温度梯度如图 4-55 中曲线 t_4 所示） 在柱状晶生长阶段，由于液-固界面前沿的液相中溶质原子的富集，形成成分过冷区。而且柱状晶越发展，温度梯度越小，则成分过冷区越来越宽。当铸锭内四周的柱状晶都向锭心发展并达到一定的位置时，由于成分过冷的增大，使铸锭心部的溶液都处于过冷状态，如图 4-57 所示，都达到非均匀成核的过冷度，便开始形成许多晶核，沿着各个方向均匀生长，这样就阻碍了柱状晶区的发展，形成中心等轴晶。应该指出，中心区等轴晶晶核的来源，除由于成分过冷区的扩大，在中心区域的液相内不均匀成核以外，还由于锭壁细晶区形成过程中，部分小晶体受到冲刷随液流卷入

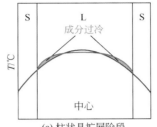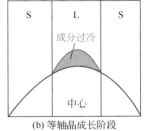

(a) 柱状晶扩展阶段 (b) 等轴晶成长阶段

图 4-57 铸锭结晶过程中的成分过冷

（图中：蓝线为实际温度；红线为熔点）

铸型中部，还可能是铸锭表面形成的小晶体下沉的结果。如果合金的浇注温度不高，这些小晶体在未熔化之前，作为籽晶而形成等轴晶粒。还有一种情况，在柱状树枝晶生长过程中，由于树枝主干周围溶质原子富集，如图 4-58（a）所示。在这些富集区生长的枝干，其所含的溶质原子比主干部分更多，如图 4-58（b），则熔点比较低。而且由于过冷度较大，生长速度快而形成细长形态，如图 4-58（c）所示。因此，当溶质富集区以外的贫区结晶时，枝干就变得粗厚，这部分支干结晶时释放出大量的潜热，有可能使枝干根部细颈处重熔，如图 4-58（d）所示，导致主干与枝干相脱离。如果这些被熔断的枝干在漂移至柱状晶前沿液相中时，在外力作用下发生破碎，尚未被进一步熔掉，便作为籽晶而形成等轴晶粒。

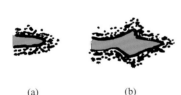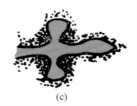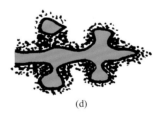

(a)　　　　　(b)　　　　　(c)　　　　　(d)

图 4-58 树枝晶枝干重熔漂移模型

4.2.4.2 铸锭（件）中三层组织的性能

由于铸锭中存在着表层等轴细晶区、柱状晶区和中心等轴粗晶区三层不同组织，因此在性能上就有明显的不同。

细晶区为等轴的细晶粒，组织较致密，故力学性能较好。但由于细晶区层总是比较薄的，故对整个铸锭的性能影响不大。

柱状晶区为相互平行的柱状晶层。但在垂直模壁处发展起来的两排相邻的柱状晶的交界面（例如铸锭横截面上的对角线处，如图 4-59 所示）上强度、塑性较低，且常聚集了易熔杂质及非金属夹杂物，使金属在热压力加工时，容易沿该交界面处开裂。甚至当铸件快冷时，由于内应力较大，也会沿这些地方形成裂纹。因此，对塑性较差的黑色金属来说，一般不希望有较大的柱状晶区。但是，柱状晶比较致密，它不像等轴晶那样容易形成显微疏松。因此，对于纯度较高、不含易熔杂质、塑性较好的有色金属来说，有时为了获得较为致密的铸锭，反而要使柱状晶区扩大。另外，在某些场合，如果要求零件沿着某一方向具有优越的性能时，也可利用柱状晶沿其长度方向的性能较高的特点，使铸件形成全部为同一

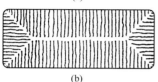

图 4-59　柱状晶区交界处
的脆弱分界面

方向的柱状晶组织，这种工艺称为定向凝固。

中心等轴晶区由于在结晶时没有择优取向，故不存在上述那种脆弱的交界面，且方位不同的晶粒彼此交错咬合，各方向上的力学性能较均匀一致。但由于各个等轴晶粒在生长过程中互相交叉，有可能造成许多封闭的小区，将残留在这些小区中的液体相互隔绝起来。当这些液体结晶收缩时，由于得不到外界液体的补充，就形成了很多微小的缩孔（缩松）。因此等轴晶区的组织就比较疏松。这又使该区的力学性能降低。

4.2.4.3　影响铸锭（件）组织的因素

根据合金的技术条件，可以对铸锭（件）的组织提出不同的要求。对于钢铁一类铸锭，一般不希望有发达的柱状晶区。原因如前文所述，相互平行的粗大柱状晶本身的脆性就比较大，而且它们之间的接触面及相邻垂直的柱状晶区交界面较为脆弱，并常聚集易熔杂质和非金属夹杂物。所以铸锭热加工时极易沿这些脆弱面开裂。对于一般铸件，在使用时也易于沿脆弱面断裂。中心等轴晶粒无择优取向，没有脆弱界面，同时取向不同的晶粒彼此咬合，裂纹不易扩展，故获得细小的等轴晶粒可以改善铸锭（件）的质量。

但是，柱状晶区比中心等轴晶区的气孔和疏松都少，组织致密度较高，对于塑性较好的铝合金一类有色金属铸锭（件），要求获得致密的柱状晶组织。对于某些特殊要求的零件，沿着零件某一方向具有较优越的性能，采用定向凝固方法可以获得完全一个方向的柱状组织。控制铸锭（件）各晶区的组织，可以采用以下工艺措施。

（1）铸模的冷却能力　铸模的冷却能力越大，越有利于在结晶过程中保持较大的温度梯度，即保持较窄的成分过冷区，从而有利于柱状晶区的发展。因此，生产上经常采用导热性较好与热容量较大的铸模材料，并增大铸模的厚度以及降低预热温度等，都可以增大柱状晶区。但是对较小尺寸的铸件，如果铸模的冷却能力很大，整个铸件都可以在很大的过冷度下结晶，则形核率很大，不但抑制柱状晶的生长，而且促进等轴晶区的发展。例如连续铸锭时，采用水冷结晶器就可以使铸锭全部获得细小的等轴晶粒。

（2）熔化温度与浇注温度　熔化温度越高，液态金属的过热度越大，非金属夹杂物熔解量越多，则非均匀形核率就越小，有利于柱状晶区的发展。如果再适当提高浇注温度，增大铸锭（件）截面的温度梯度，则柱状晶区就更加得到发展。相反，熔化温度和浇注温度都低，则有利于中心等轴晶区的发展。

（3）变质处理　在液态金属浇注前加入有效的形核剂，增加液态金属的形核率，阻碍柱状晶区的发展，获得细小的等轴晶粒。这种变质处理的方法在工业生产中获得广泛的采用。

（4）物理方法　在液态金属结晶过程中，如果采用机械振动、超声波振动、电磁搅拌及离心铸造等物理方法，使液态金属发生运动，不但可以使其温度均匀，减少铸锭（件）截面的温度梯度，而且使已结晶的树枝晶破碎增加籽晶数量，这都不利于柱状晶区的发展，使铸锭（件）整体形成细小等轴晶粒。

4.2.4.4　铸锭（件）中的缺陷

金属和合金凝固过程所产生的铸造缺陷主要包括偏析、缩孔和疏松以及气孔和夹杂物。这些缺陷的存在对铸锭（件）的质量产生重要的影响。

（1）偏析　合金凝固时，随着结晶过程的进行，在液、固相中的溶质要发生重新分布。在非平衡凝固条件下，凝固速度比较快，溶质原子来不及重新分布，使得先后结晶的固相中成分不均匀，这种现象称为偏析。根据产生偏析的范围不同，可分为宏观偏析和微观偏析。

① 宏观偏析　宏观偏析表现为铸锭（件）从里层到外层或从上到下成分不均匀。根据表现形式不同，可分为正偏析、反偏析和比重偏析。

a. 正偏析　当平衡分配系数 $k_0<1$ 的合金以平直界面定向凝固时，沿着垂直于界面的纵向会产生明显的成分不均匀。先凝固的固相溶质浓度低于后凝固部分。合金在铸模中凝固时，凝固首先从模壁开始并向中心进行，这样就造成先凝固的铸锭（件）外层溶质浓度低于后凝固的内层。这种内外成分不均匀的现象是正常凝固的结果，故称为正常偏析或正偏析。对于 $k_0>1$ 的合金，偏析方向正好相反。

正常偏析的程度与凝固速度、液体对流以及溶质扩散条件等因素有关。当凝固速度比较慢，液体对流比较强，溶质原子能够向液体纵深扩散，使剩余液体中的溶质浓度逐渐升高。凝固后所产生的正常偏析就比较严重。反之，凝固速度比较快，液体中对流比较弱，液体中溶质原子的扩散距离缩短，溶质易于富集在树枝间，使正常偏析程度减小。在正常偏析程度比较大的情况下，最后凝固的液体溶质浓度高，有时会形成其他非平衡相。

b. 反偏析　反偏析正好是与正偏析相反，即在 $k_0<1$ 合金铸锭（件）中表层溶质浓度高于内层的溶质浓度。目前认为反偏析形成的主要原因与铸模中心的液体倒流有关。由于在合金凝固时，先凝固部分发生收缩，在枝晶之间产生空隙和负压，使铸模中心溶质浓度较高的液体沿枝晶间隙吸回到表层，形成反偏析。

c. 比重偏析　比重偏析是由于合金凝固时形成的先共晶相与液体密度不同而引起先共晶相上浮或下沉，从而导致了铸锭（件）中组成相上下分布和成分不均匀的一种宏观偏析。这种宏观偏析主要存在于共晶系和偏晶系合金中，并在缓慢冷却条件下产生的。

防止或减轻比重偏析的方法有：增大冷却速度，使先共晶相来不及上浮或下沉；加入第三组元，形成高熔点的、密度与液体相近的树枝状新相，阻止偏析相的沉浮。

② 微观偏析（显微偏析）　在不平衡凝固条件下，对于 $k_0<1$ 的合金，在凝固过程中，溶质将同时沿纵向和侧向排入到液-固界面前沿的液体之中。溶质沿纵向的排入将导致了前述的宏观偏析，而沿测向的排出则引起微观偏析等。

微观偏析是在一个晶粒范围内成分不均匀的现象。根据凝固时晶体生长形态的不同，可分为枝晶偏析、胞状偏析和晶界偏析。

a. 枝晶偏析（晶内偏析）　当合金以树枝状方式凝固时，形成枝晶偏析。在先结晶枝干和后结晶的枝间溶质分布不均匀。枝干含高熔点组元多，枝间含低熔点组元多。通常凝固速度越快，液体的对流扩散越不充分，k_0 值越小（$k_0<1$），则枝晶偏析越严重。

枝晶偏析的产生对铸锭（件）的性能是有害的，特别使铸件的韧性、塑性及抗蚀性下降。枝晶偏析可以通过扩散退火消除。

b. 胞状偏析　当成分过冷比较小时，固溶体以胞状方式生长。对于 $k_0<1$ 的合金，在凹陷的胞界处将富集着溶质（如图 4-60）。这种胞内和胞界处成分不均匀的现象称为胞状偏析。胞状偏析可以通过高温扩散退火消除。

c. 晶界偏析　当合金以树枝状方式凝固，最终形成晶粒组织时，在各晶粒之间的界面处是液体最后凝固的地方。对于 $k_0<1$ 的合金，最后凝固的液体中溶质含量高。因此凝

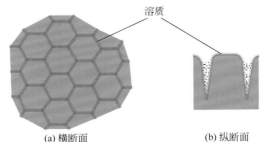

溶质

(a) 横断面　　　(b) 纵断面

图 4-60　胞状生长时溶质分布

固结束后晶界处产生溶质富集，形成晶界偏析。

由凝固形成的晶界偏析有两种情况。一种情况是两个晶粒并排生长，由于表面张力平衡条件要求，在晶粒之间出现一个深达 10^{-8} cm 的凹槽，该处的液体是最后凝固，从而形成晶界偏析（见图 4-61）。

另一种情况是两个晶粒彼此相对生长，当彼此相遇时，在它们之间的液体中富集着大量溶质，这部分液体最后凝固，从而造成晶界偏析（见图 4-62 所示）。

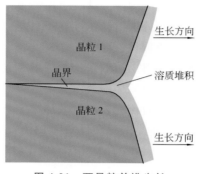

图 4-61　两晶粒并排生长

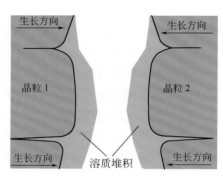

图 4-62　两晶粒对面生长

（2）缩孔和疏松

① 缩孔的类型　大多数金属和合金在凝固过程要发生体积收缩。如果没有足够的液体继续补充，就会在铸锭（件）中形成收缩孔洞，简称缩孔。根据缩孔的位置和分布，可分为集中缩孔和分散缩孔，集中缩孔有缩管、缩穴等形式，而分散缩孔又称疏松，有一般疏松和中心疏松之分。图 4-63 为几种缩孔的示意图。

② 影响缩孔形成的因素

a. 凝固方式　金属和合金的凝固方式如图 4-64 所示。

当金属和合金的凝固自模壁开始后，主要以柱状晶的长大向前进行时，称这种凝固方式为壳状凝固。以这种方式凝固的合金具有较窄的凝固温度范围，且液体中具有较高的温度梯度，凝固过程中液体流动性好，且易补缩，故液体最后凝固处以集中缩孔的形式存在。

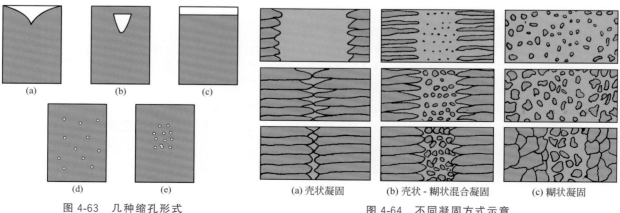

图 4-63　几种缩孔形式

（a）壳状凝固　　（b）壳状 - 糊状混合凝固　　（c）糊状凝固

图 4-64　不同凝固方式示意

当柱状晶以树枝方式生长时，枝晶之间不易补缩，凝固后在铸锭（件）中会产生疏松，一般疏松比较细小，且呈层状组织存在于枝晶之间。

当合金的凝固主要以树枝状方式进行并形成等轴晶时，称这种凝固方式为糊状凝固。以这种方式凝固的合金具有较宽的凝固温度范围，并且液体中具有较低的温度梯度，界面前沿的成分过冷区较宽。有利于籽晶的形成和长大，从而形成等轴晶。树枝状晶的形成降低液体的流动性，在枝晶之间的最后凝固部分不易得到液体补充，从而形成了遍及整个铸锭（件）的一般疏松。

b. 散热条件　当液态合金浇注到铸模中后，如果热量由中心向四周散发，并且凝固从外到里，自下而上进行，则容易形成图 4-63 （a） 所示的缩管。如果铸模内部液体尚未完全凝固，而上部液体已基本凝固，那么内部的液体凝固时将得不到补缩，从而在铸锭内部形成缩穴 ［图 4-63 （b） 所示］。

如果由铸模底部散热，凝固基本上自下而上进行，凝固后将形成如图 4-63 （c） 所示的单向收缩。

在铸锭中的集中缩孔通常要切掉，因此冶金生产中为了降低铸锭的切头率，常采用一定的方法来减小缩管深度。疏松的形成使铸锭（件）的致密性降低，但可以通过高温热加工焊合起来。中心疏松的形成不仅与体积收缩有关，还与铸模中心最后凝固时气体的析出和聚集有关。

（3）气孔和夹杂

① 气孔　气孔是合金在凝固时气体析出而形成的孔洞，其内壁比较光滑，与疏松一样，可以通过热加工焊合起来。

根据形成方式，气孔可分为析出型和反应型。

析出型气孔是溶于液体中的气体在凝固过程由于溶解度降低而来不及逸出液体而形成的孔洞，反应型气孔是指液体中发生某些化学反应所产生的气体保留在铸锭（件）中而形成的孔洞。

② 夹杂　夹杂是指混在金属和合金组织中与组成相成分和结构完全不同的化合物颗粒。根据其来源不同，可分为外来夹杂和内生夹杂。

外来夹杂是从浇注系统和铸模中带入到液体中，凝固后被保留在金属和合金组织中的。内生夹杂是冶炼或凝固过程内部反应而成的。一种是基体金属与气体反应形成的化合物；一种是冶炼和浇注时加入脱氧剂或变质剂而形成的化合物，如用 Al 脱氧的钢液中形成的 Al_2O_3；还有一种是富集在晶界、枝晶间的杂质元素与基体金属形成的化合物，如钢中 FeS、Fe_3P 等。

4.2.4.5　凝固技术

（1）控制晶粒大小　金属和合金凝固后的晶粒大小对铸锭（件）的性能有显著影响，例如细化晶粒可使铸锭（件）的硬度、强度、塑性和韧性提高。通常晶粒大小用单位体积中的晶粒数 Z 来表示，它决定于形核率 N 和长大速率 u，三者之间关系为：

$$Z = 0.9(N/u)^{3/4}$$

上式表明，晶粒大小随 N 增大而减小，随 u 增大而增大。实验证明，金属和合金凝固时，N 和 u 随过冷度增加而增大，且 N 比 u 增大得快，既随过冷度增加，N/u 增大，则 Z 增大，晶粒变细。因此金属和合金凝固时，增大冷却速度（如降低浇注温度、采用金属模并通水冷却等）可以细化晶粒。但是这种方法只适用于小件或薄件，对于大件就难以办到，而且冷却速度过快还可能导致铸锭（件）出现裂纹，造成废品。因此实际生产中都是采用加入形核剂（孕育剂）的方法，促进非均匀形核以细化晶粒，这种方法叫做孕育处理，又称变质处理。例如纯铝和形变铝合金熔液浇注前加入 Ti、B 元素，会在熔液中生成 TiB_2 和 $TiAl_3$ 化合物质点，二者的晶体结构和点阵常数与铝相近，可以有效地成为 Al 和 α-Al 结晶的外来核心，从而细化 Al 和 α-Al 的晶粒，常用形核剂如表 4-7 所列。此外，还可采用振动的方法（如图 4-65、图 4-66 所示），使凝固过程中正在长大的晶体破碎，从而提供更多的结晶核心。

表 4-7　某些金属或合金常用的形核剂

金属或合金	形 核 剂	注 　释
Mg、Mg-Zr 合金	Zr 合金或 Zr 的盐类	Zr 或富 Zr 的 Mg 包晶晶核
Mg-Al	C	Al_4C_3 或 $AlNAl_4C_3$ 晶核
Mg-Al-Mn	$FeCl_3$	Fe-Al-Mn 或 Al_4C_3 晶核
Mg-Zn	$FeCl_3$ 或 Zn-Fe	铁的化合物晶核
Mg-Zn	NH_3	H_2 引起的核心
铝合金	Al-Ti 或 Ti 的卤化物	TiC 晶核或 $TiAl_3$ 包晶体
铝合金	Ti＋B 的卤化物或 Al-Ti-B	TiB_2 晶核
铝合金	Al-B 或 B 的卤化物	AlB_2 晶核
铝合金	Nb	
铜合金	Fe 或 Fe 的合金	富铁包晶晶核
青铜	FeB 或过渡族的氮化物或硼化物	
Cu-Al_2Cu 共晶	Ti	使初生铝为晶核
Cu-7％Al	Mo、Nb、W、V	
Cu-9％Al	Bi	
低合金钢	Ti	
低合金钢	过渡族元素和碳化物	
硅钢	TiB_2	析出 TiN 或 TiC
低合金钢	铁粉	显微激冷质点
奥氏体钢	$CaCN_2$ 氮化铬和其他金属粉末	由增 N 引起
锡合金	锗或铟	
铅合金	S	
铅合金	Se、Te	
Monel 合金	Li	
Al-Si 过共晶合金	Cu-P,$PNCl_2$,P	细化初生硅
Fe-C 石墨	C	通过石墨晶核细化共晶
Fe-C-Si(石墨)	C	通过石墨晶核细化共晶
灰铸铁	含铝、碱土金属或稀土的 Si 合金	通过析出碳化物或石墨细化共晶

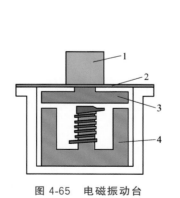

图 4-65　电磁振动台

1—铸型；2—平台；3—电枢；4—铁芯

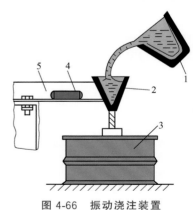

图 4-66　振动浇注装置

1—浇包；2—浇杯；3—铸型；4—振动器；5—支架

（2）制取单晶体　单晶体对研究金属的物理性质很有科学价值，单晶半导体和某些磁性材料还具有特别优异的性能，单晶的硅、锗是制造大规模集成电路的基本材料，近百种氧化物单晶体如 TeO_2、TiO_2、$LiTiO_3$、$LiTaO_3$、$PbGeO_3$、$KNbO_3$ 等可用于制造磁记录、磁储存元件、光记忆、光隔离、光变调等光学和光电元件以及制造红外检测、红外传感器。另外，在高温下晶界容易软化强度降低，所以在高温下使用的零件，例如燃气轮机的叶片单晶化，其性能要比多晶体好得多。和上述细化晶粒相反，制备单晶体的原理是使熔液凝固时只存在一个晶核并长大而形成单晶。晶核可以是事先制备的籽晶，也可以直接在熔液中形成。根据晶核来源的不同，制取单晶的方法有两种。

① 上拉法　如图 4-67 所示，将同种金属的人工晶核（籽晶）镶嵌在水冷引晶杆的下部，待熔化金属缓慢地冷却到略低于熔点（过冷度为 1～2℃）后，从炉子上部把引晶杆下降，使籽晶与液体金属接触。转动引晶杆使液体金属逐步在籽晶上结晶。结晶时引晶杆以一定的速度上升，最后使整个金属结晶成一个纺锤形的单晶体。为了保持液体金属内部的温度均匀性，结晶时坩埚要进行与引晶杆相反方向的转动。以上全部操作应在真空或惰性气体保护下进行。使用这种方法可制成重达十几千克的单晶体，它是制备大尺寸单晶体的主要方法。

② 下移法　下移法原理如图 4-68 所示。这一方法的特点是熔化材料的容器具有尖底。材料熔化后使容器从炉中缓慢退出，并使尖端首先冷却。尖端先冷、冷却缓慢这两个条件保证了只有一个晶核在尖端形成，这个晶核在容器出炉过程中可以不断长大，形成单晶体。制取单晶要求金属很纯净，避免非自发晶核的产生。试管退出炉腔的速度控制应该严格，要求和结晶速度相适应。

图 4-67　上拉法制造单晶的原理

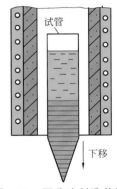

（3）制取非晶态合金　我们知道，金属的结晶能力很强，在一般凝固条件下得到的都是晶体。但是当纯金属液体以 10^{10} K/s 以上、合金液体以 $10^5 \sim 10^6$ K/s 以上的急剧冷却速度方法，也可以把它们凝固成原子无规则排列的非晶态或玻璃态。

实验证明，非晶态金属具有优异的性能，例如高强度、高硬度和高的塑性、韧性、高电阻率、高磁导率和低磁损、高耐蚀性及低的声波衰减率等。目前已成功地用非晶态铁磁材料制作变压器铁芯和录像机磁头。这类材料的大致成分为 $(Fe,Co,Ni)_{80}$（非金属）$_{20}$，其中非金属为 B、Si、C、P、Ge 等元素，例如 $Fe_{40}Ni_{40}P_{14}$、$Fe_{80}B_{10}Si_{10}$、$Fe_{80}B_{20}$、$Fe_{50}Co_6Ni_{16}B_{28}$ 等。所以可以说非晶态金属的研制和生产，为人们有效的利用金属材料开创了一个新局面。现在已能小批量生产尺寸不大的薄带和细丝以及粉末等非晶态金属产品。

图 4-68　下移法制造单晶原理图

急冷制造非晶态金属的典型方法有三种，其原理如图 2-118 所示。将熔融的金属喷射到高速旋转的离心筒或冷却辊上，使之快速冷却便可得到非晶态金属制品。一般纯金属非晶态化比较困难，而加入 20% 左右的类金属（B、Si、Ge、Se、Te、As、Sb、Bi 等）的合金，非晶态化比较容易。

（4）定向凝固　柱状晶纯净致密，若排列方向合理（如与受力或延伸方向一致），其优越性便可得到充分发挥。例如，汽轮机的叶片若使柱状晶的方向平行母线，如图 4-69 所示，则其高温强度将会有显著提高。

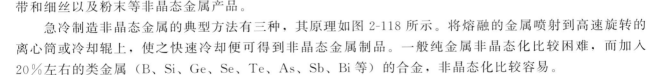

（a）定向凝固

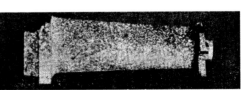

（b）非定向凝固

图 4-69　定向凝固与非定向凝固的叶片

柱状晶定向排列可以采用控制冷却方向的方法获得。如图 4-70 所示，把铸模放在炉内的水冷底板上，将炉温升高到铸造金属的熔点以上之后，把熔化的金属注入铸模中，然后把铸模与水冷底板一起以一定的速度从炉子下部退出炉膛，结晶便从下部开始并逐步向上进行。结晶后便可以得到竖直排列的柱状晶，并且可以通过不同的退出炉膛的速度来控制柱状晶的粗细。

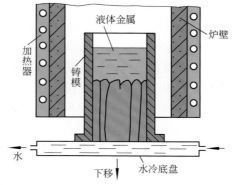

图 4-70　定向结晶装置原理

这种控制结晶从一定部位开始，并且沿一定方向进行长大的结晶过程称为定向结晶（即定向凝固）。定向结晶的条件是通过定向冷却造成一定方向的温度梯度。在保证温度梯度方向的原则下，定向结晶的方法可以是多样的。

（5）区域熔炼　区域熔炼是应用固溶体凝固原理来提纯材料的一种工艺，目前有很多纯材料由区域提纯来获得，如将锗经区域提纯，得到一千万个锗原子中只含小于 1 个杂质原子，可作为半导体整流器的元件。

如图 4-71 所示，将一根长度为 L 的合金棒锭用感应加热圈沿棒自左至右逐渐移动（熔区长度为 l），进行分区熔化。先凝固部分将杂质（溶质）转移给预熔化的液体，最后杂质富集在右端，如此多次重复区域熔化，便不断将锭棒纯化。

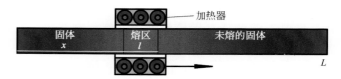

图 4-71　区域熔化示意

第一次分区熔化时，刚开始熔化的原材料浓度为 C_0，当熔区移前一短距离后，在 $x=0$ 处凝固出浓度为 $k_0 C_0$ 的固体，面在 $x=l$ 处熔化了一层浓度为 C_0 的原材料，液体富集了溶质；等熔区再向前移一段距离后，凝固出来的固体含溶质浓度就较高；这样继续进行，使熔区浓度不断升高，一直达到 C_0/k_0 为止。从此时起，进入熔区的溶质浓度和离开熔区而凝固的溶质浓度都为 C_0，直到熔区移到锭料的尾部，由于熔区长度减小，溶质浓度不断上升。图 4-72 表示均匀平均浓度为 C_0 的原料，经过一个熔区一次通过后溶质的近似分布。

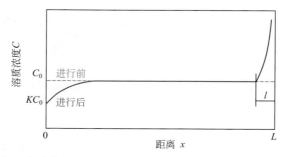

图 4-72　均匀平均浓度为 C_0 的原料，经一个熔区一次通过后溶质的近似分布

当多次通过时，即 $n>1$ 时，提得的纯度更高。例如对 $k_0=0.1$ 的杂质，经几次区熔后，料棒前面一半的杂质浓度约减低至原来的 $1‰$。多次区熔的提纯效果如图 4-73 所示。

区域熔化除用于提纯外，还可用作区域匀化（致匀）和单晶生长。使右端第一熔区长度范围内的浓度成为 C_0/k_0，其余部分的浓度为 C_0，如图 4-74 所示。利用图 4-75 所示的设备，既使区域熔化均化又生长单晶体。

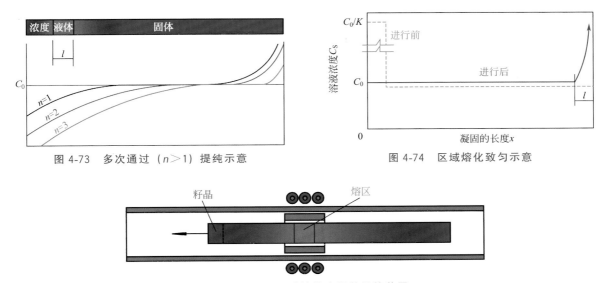

图 4-73　多次通过（$n>1$）提纯示意　　　　图 4-74　区域熔化致匀示意

图 4-75　利用区域熔化生长单晶的装置

近年来区域熔化技术又有不少发展和改进，如不用坩埚的浮悬区熔以及温差区熔，能得到高纯度的金属。高纯度金属有十分可贵的特性，如高纯铁具有良好的延性、抗氧化性和超导电性；容易折断的铍经提纯后可弯曲自如等，纯材料在工业上的应用越来越引起人们的关注。

4.3 陶瓷的凝固

陶瓷的凝固过程比金属材料的凝固过程复杂，但其结晶的基本规律与金属相同。因此，本书只对陶瓷的凝固过程作以简单概述。陶瓷结晶时也要有一定的过冷度，也是晶核形成与晶体长大的过程。结晶过程中组织的变化规律与合金相似，也要用相图来说明。根据热力学理论，当熔体温度处于熔点以下时，熔体的自由焓高于稳定的晶相（固相）。因此，当熔体冷却到熔点（液相温度）或更低温度时，会产生析晶，最后变成晶粒大小不同的多晶体。但事实上，在熔点时结晶往往并不发生，要产生固相，必须使温度降低到比熔点低的某一温度。该温度至熔点的温度范围为亚稳范围，即液相以亚稳态存在、固相还不能产生，只有越过亚稳范围，结晶过程才能发生，这表明相变的发生需要推动力。因此，过冷度为液相-固相相变的推动力。只有在一定过冷度下，液相才开始析晶。

当熔体或液体转变为晶体时，首先是产生晶核，然后是晶核的进一步长大，故析晶过程分两步进行，第一步是形成稳定的晶核（核化过程），第二步是晶核成长为晶体（晶化过程）。整个析晶的速度取决于晶核的生成速率和晶体的长大速度。核化过程又可分为均态核化和非均态核化。均态核化在均匀的单相介质中进行，在整个介质中的核化概率处处相同。非均态核化在异相界面上发生，如容器壁、气泡界面、杂质和晶核剂等处。然而与金属熔体不同，陶瓷熔体依组分和组元数的不同，熔体的黏度差异很大，从百分之几 Pa·s 到 10^{15} Pa·s。因此陶瓷熔体在凝固时更易于以非平衡态结晶形式出现，甚至以非晶态玻璃形式出现，所以常规陶瓷制备方法中，并不是直接将陶瓷粉末熔融后凝固制备陶瓷固体材料，而是将陶瓷粉体以某种形式先成型，然后再在低于陶瓷粉末熔点的温度条件下通过固-固反应或固-液反应烧结制备陶瓷固体。然而，确定陶瓷材料的配方、选择陶瓷的烧成制度、预测陶瓷产品的性能，采用提拉法生长陶瓷单晶体和制备高性能玻璃材料等，都要涉及陶瓷熔体的在不同温度下的相变过程和结晶过程。

4.4 聚合物的结晶

聚合物按其能否结晶可以分为两大类：结晶性聚合物和非结晶性聚合物。后者是在任何条件下都不能结晶的聚合物，而前者是在一定条件下能结晶的聚合物，即结晶性聚合物可处于晶态，也可以处于非晶态。聚合物结晶能力和结晶速度的差别的根本原因是不同的高分子具有不同的结构特征，而这些结构特征中能不能和容易不容易规整排列形成高度有序的晶格是关键。

聚合物结晶的必要条件是分子结构的对称性和规整性，这也是影响其结晶能力、结晶速度的主要结构因素。此外，结晶还需要提供充分条件，即温度和时间。首先讨论分子结构的影响。高聚物结晶行为的一个明显特点就是各种高分子链的结晶能力和结晶速度差别很大。大量实验事实说明，链的结构越简单，对称性越高，取代基的空间位阻越小，链的立构规整性越好，则结晶速度越大。例如，聚乙烯链相对简单、对称而又规整，因此结晶速度很快，即使在液氮中淬火，也得不到完全非晶态的样品。类似的，聚四氟乙烯的结晶速度也很快。脂肪族聚酯和聚酰胺结晶速度明显变慢，与它们的主链上引入的酯基和酰胺基有关。分子链带有侧基时，必须是有规立构的分子链才能结晶。分子链上有侧基或者主链上含有苯环，都会使分子链的截面变大，分子链变刚，不同程度地阻碍链段的运动，影响链段在结晶时扩散、迁移、规整排列的速度。如全同立构聚苯乙烯和聚对苯二甲酸乙二酯的结晶速度就慢多了，通过淬火比较容易得到完全的非晶态样品。另外，对于同一种聚合物，分子量对结晶速度是有显著影响的。一般在相同的结晶条件下，分子量大，熔体黏度增大，链段的运动能力降低，限制了链段向晶核的扩散和排列，聚合物的结晶速度慢。最后，共聚物的结晶能力与共聚单体的结构、共聚物组成、共聚物分子链的对称性、规整性有关。无规共聚通常会破坏链的对称性和规整性，从而使共聚物的结晶能力降低。如果两种共聚单元的均聚物结晶结构不同，当一种组分占优势时，该共聚物是可以结晶的。这时，含量少的组分作为结晶缺陷存在。但当两组分配比相近时，结晶能力大大减弱，如乙丙共聚物当丙烯含量达 25% 左右时，产物便不能结晶而成为乙丙橡胶。如果两种共聚单元的均聚物结晶结构相同，这种共聚物也是可以结晶的。通常，晶胞参数随共聚物组成而变化。嵌段共聚物的各个嵌段基本上保持着相对的独立性，其中能结晶的嵌段将形成自己的晶区。如聚酯-聚丁二烯-聚酯嵌段共聚物，聚酯段仍可较好地结晶，形成微晶区，起到物理交联的作用。而聚丁二烯段在室温下可以有高弹性，使共聚物成为一种良好的热塑性弹性体。

4.4.1　结晶动力学

结晶性聚合物因分子结构和结晶条件不同，其结晶速度会有很大差别。而结晶速度大小又对材料的结晶程度和结晶状态影响显著。为此，研究聚合物的结晶动力学将有助于人们控制结晶过程，改善制品性能。

4.4.1.1　结晶速度的测定方法

研究聚合物结晶速度的实验方法大体可以分为两种：一种是在一定温度下观察试样总体结晶速率，如膨胀计法、光学解偏振法、DSC 法等；另一种是在一定温度下观察球晶半径随时间的变化，如热台偏光显微镜法、小角激光光散射法等。

（1）膨胀计法和差示扫描量热法（DSC）　聚合物结晶过程中，从无序的非晶态排列成高度有序的晶态，由于密度变大，会发生体积收缩，观察体积变化即可研究结晶过程。方法是将试样与惰性跟踪液体（通常是水银）装入一膨胀计内，加热到聚合物熔点以上，使其全部熔融。然后将膨胀计移入恒温槽内，观察毛细管内液柱的高度随时间的变化。如果以 h_0、h_∞ 和 h_t 分别表示膨胀计的起始、最终和 t 时间的读数，以 $\dfrac{h_t-h_\infty}{h_0-h_\infty}$ 对 t 作图，则可得到如图 4-76 所示的反 S 形曲线。该曲线表明，聚合物在等温结晶过程中，体积变化开始时较为缓慢，过了一段时间后速度加快，之后又逐渐减慢，最后体积收缩变得非常缓慢，达到了视平衡。

从等温结晶曲线还可看出，体积收缩的瞬时速度一直在变，变化终止所需要的时间也不明确，但体积收缩一半的时间可以较准确地测量。因为在这点附近，体积变化的速度较大，时间测量的误差较小。为此，通常规定体积收缩进行到一半所需的时间的倒数 $t_{1/2}^{-1}$ 作为实验温度下的结晶速度，单位为 s^{-1}、min^{-1} 或 h^{-1}。

用膨胀计法测定聚合物结晶速度具有简便、重复性好等优点。但是，由于体系充装水银，热容量较大，聚合物熔融后移入等温结晶"池"，达到平衡所需时间较长，故对结晶速度很快的聚合物就不适用了。

DSC 方法是将试样以一定的升温速度加热至熔点以上，恒温一定时间，以充分消除试样的热历史和受力历史，然后，迅速降温至测试温度进行等温结晶。由于结晶时放出结晶潜热，所以出现一个放热峰，见图 4-77。基线开始向放热方向偏离时，作为开始结晶的时间（$t=0$），重新回到基线时，作为结晶结束的时间（$t=t_\infty$），则 t 时刻的结晶程度为

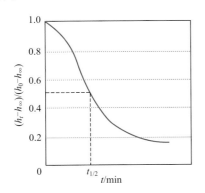

图 4-76　聚合物的等温结晶曲线

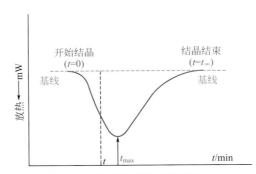

图 4-77　聚合物的结晶放热峰

$$\frac{x_t}{x_\infty}=\frac{\displaystyle\int_0^t (\mathrm{d}\Delta H/\mathrm{d}t)\,\mathrm{d}t}{\displaystyle\int_0^\infty (\mathrm{d}\Delta H/\mathrm{d}t)\,\mathrm{d}t}=\frac{A_t}{A_\infty} \tag{4-34}$$

式中，x_t、x_∞ 是结晶时间为 t 及无限大时非晶态转变为晶态的分数；A_t、A_∞ 为 $0\sim t$ 时间及 $0\sim\infty$ 时间 DSC 曲线所包含的面积。

DSC 方法可以进行快速结晶的测定，且样品用量很少。除上述等温结晶外，还可进行更有实用价值的非等温结晶研究。

（2）偏光显微镜法和小角激光光散射法　另一类测定结晶速度方法是直接测定球晶半径随时间的变化。在等温结晶时，高聚物球晶半径随时间变化是线性的。在这种情况下，可以简单地用单位时间球晶半径增加的长度，表征在某一结晶温度下球晶的径向生长速度。测定球晶半径随时间变化的方法有两种，就是带有恒温热台的偏光显微镜和小角激光光散射仪。前一方法相当于目测，而后一方法需要利用 H_v 散射图中产生最大散射强度的散射角 θ_{max} 与样品中球晶半径 R 之间的关系计算出每一时刻的球晶半径，即

$$\frac{4\pi R}{\lambda}\sin\left(\frac{\theta_{max}}{2}\right)=4.1$$

$$R=\frac{4.1\lambda}{4\pi}\left[\sin\left(\frac{\theta_{max}}{2}\right)\right]^{-1} \tag{4-35}$$

式中，λ 为光波在介质中的波长。

4.4.1.2　阿弗拉米（Avrami）方程

聚合物和小分子熔体的结晶过程相同，包括两个步骤，即晶核的形成和晶粒的生长。晶核形成又分为均相成核和异相成核两类。均相成核为熔体中的高分子链段依靠热运动形成有序排列的链束（晶核），有时间依赖性。异相成核则以外来杂质、未完全熔融的残余结晶聚合物、分散的小颗粒固体或容器的器壁为中心，吸附熔体中的高分子链有序排列而形成晶核，故常为瞬时成核，与时间无关。

由以上讨论可知，膨胀计法研究聚合物的等温结晶动力学是基于结晶过程试样的体积收缩。令 V_0、V_t、V_∞ 分别为结晶开始时、结晶过程某一时刻 t 以及结晶终了时聚合物的比体积，则 V_t-V_∞ 即 ΔV_t 为任一时刻 t 时未收缩的体积，V_0-V_∞ 即 ΔV_∞ 为结晶完全时最大的体积收缩，$\dfrac{\Delta V_t}{\Delta V_\infty}$ 为 t 时刻未收缩的体积分数。

聚合物的等温结晶过程与小分子物质相似，也可以用 Avrami 方程来描述：

$$\frac{V_t-V_\infty}{V_0-V_\infty}=\exp(-Kt^n) \tag{4-36}$$

式中，K 为结晶速度常数；n 为 Avrami 指数。

n 值与成核机理和生长方式有关，等于生长的空间维数和成核过程的时间维数之和（见表 4-8）。可以看出，均相成核时，晶核由大分子链规整排列而成，n 值等于晶粒生长维数 $+1$；异相成核时，晶核是由体系中的杂质形成的，结晶的自由度减小，n 值就等于晶粒生长的维数。

将上述 Avrami 方程两次取对数可得

$$\lg\left(-\ln\frac{V_t-V_\infty}{V_0-V_\infty}\right)=\lg K+n\lg t \tag{4-37}$$

表 4-8　不同成核和生长类型的 Avrami 指数

生长类型	均相成核	异相成核
三维生长(球状晶体)	$n=3+1=4$	$n=3+0=3$
二维生长(片状晶体)	$n=2+1=3$	$n=2+0=2$
一维生长(针状晶体)	$n=1+1=2$	$n=1+0=1$

对于膨胀计法所得实验数据，以 $\lg\left(-\ln\dfrac{V_t-V_\infty}{V_0-V_\infty}\right)$ 对 $\lg t$ 作图，即可得到斜率为 n、截距为 $\lg K$ 的直线，如图4-78 所示。由测得的 n 和 K 值，可以获得有关结晶过程成核机理、生长方式及结晶速度的信息。

此外，当 $\dfrac{V_t-V_\infty}{V_0-V_\infty}=\dfrac{1}{2}$ 时，便可得到

$$t_{1/2}=\left(\frac{\ln2}{K}\right)^{1/n}$$

$$K=\frac{\ln2}{t_{1/2}^{n}}\tag{4-38}$$

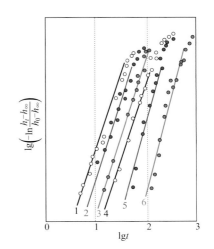

图 4-78　尼龙 1010 等温
结晶的 Avrami 作图

1—189.5℃；2—190.3℃；3—191.5℃；
4—193.4℃；5—195.5℃；6—197.8℃

这也就是结晶速度常数 K 的物理意义和采用 $\dfrac{1}{t_{1/2}}$ 来衡量结晶速度的依据。

Avrami 方程可定量地描述聚合物的结晶前期，即主期结晶阶段。但在结晶后期，即次期结晶或二次结晶阶段，由于生长中的球晶相遇而影响生长，方程与实验数据偏离，如图 4-78 所示。钱保功等提出的改进 Avrami 方程，其结晶程度的适用范围可比原式扩大。

应该指出，要给一个实际得到的 n 值赋予真正的物理意义，有时是非常困难的。例如 PET，视其结晶程度不同，n 值介于 $2\sim4$ 之间。此外，有时发现 n 的非整数值以及 $n=6$ 这样比较高的数值。说明实际聚合物的结晶过程比起理论的 Avrami 模型要复杂得多。这可归因于有时间依赖性的初期成核作用、均相成核作用和异相成核作用同时存在等原因。一些聚合物的 Avrami 指数列于表 4-9 中。

表 4-9　一些聚合物的 Avrami 指数

聚合物	n	聚合物	n	聚合物	n
聚乙烯	$1\sim4$ 和小数	聚丁二酸乙二酯	3	尼龙 6	$2\sim6$
等规聚丙烯	$3\sim4$	聚对苯二甲酸乙二酯	$2\sim4$	尼龙 8	$5\sim6$

上述 Avrami 关系处理的是结晶总速率，而偏光显微镜方法可以直接观察到球晶的生长速率。在很宽的温度范围内，球晶生长的线速度 $G(T)$ 的数学表达式为

$$G(T)=G_0\mathrm{e}^{\frac{-E_D}{RT}}\mathrm{e}^{\frac{-\Delta F^*}{RT}}\tag{4-39}$$

式中，E_D 为链段从熔体扩散到晶液界面所需的活化能；ΔF^* 为形成稳定的晶核所需的自由能；G_0 是与温度几乎没有关系的一个常数。

因而，式（4-39）指数第一项称迁移项，第二项为成核项。进而还可以得知，E_D 与结晶温度和玻璃化温度之差 T_c-T_g 成反比；ΔF^* 与熔点和结晶温度之差 $\Delta T=T_m-T_c$（即过冷度）的一次或二次方成反比，如果将核看成是二元核，则有

$$\Delta F^{*}=\frac{KT_{m}}{\Delta H_{u}\Delta T} \tag{4-40}$$

式中，ΔH_{u} 为链结构单元的熔融热；K 是常数。

4.4.1.3　结晶速度与温度的关系

选用膨胀计法在一系列温度下观察聚合物的等温结晶过程，可以得到一组 $t_{1/2}^{-1}$ 即结晶速度值，然后以 $t_{1/2}^{-1}$ 对 T 作图，即可得到结晶速度-温度曲线。一些聚合物的结晶速度与温度的关系曲线如图 4-79 所示。

如果用偏光显微镜直接观察一系列温度下球晶的生长速度，在球晶半径对时间的图上，将得到一组通过坐标原点的直线，每一根直线的斜率代表该温度下的球晶径向生长速度。以球晶径向生长速度对温度作图，也可以得到与膨胀计法类似的曲线。

仔细分析上列实验结果可以知道，尽管不同聚合物结晶速度随温度的变化关系各不相同，但是它们的变化趋势是相同的，即均呈单峰形。而且结晶温度范围都在其玻璃化温度与熔点之间，在某一适当的温度 T_{max} 下，结晶速度将出现极大值。T_{max} 可以由熔点 T_{m} 利用以下经验关系式来估算：

$$T_{max}\approx 0.85T_{m} \tag{4-41}$$

温度单位为 K。例如聚丙烯的 T_{m} 为 449K，T_{max} 为 393K。

结晶过程可分为晶核生成和晶粒生长两个阶段：成核过程涉及核的生成和稳定，是一个热力学问题。故靠近 T_{m}，晶核容易被分子热运动所破坏，成核速度极慢，它是结晶总速度的控制步骤；晶粒生长取决于链段向晶核扩散和规整堆砌的速度，是一个动力学问题。故靠近 T_{g}，链段运动的能力大大降低，晶粒生长速度极慢，结晶总速度由生长速度所控制。两种速度对过冷程度的依赖性详见图 4-80。成核速度（I）和晶粒生长速度（V）都呈现一极大值。在 T_{m} 和 T_{g} 附近，结晶总速度接近于零。只有在两条曲线交叠的温度区间，能进行均相和异相成核并继而生长，并且在其间的某一温度，成核、生长速率都较大，结晶总速度最大，也就是说，总速度（S）与温度的关系呈单峰形。

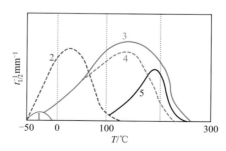

图 4-79　一些聚合物的结晶
速度与温度的关系曲线

1—橡胶；2—聚乙烯；3—尼龙 66；

4—尼龙的共聚体；5—聚对苯二甲酸乙二酯

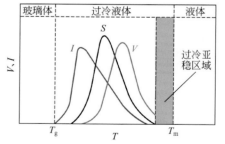

图 4-80　在黏性液体中结晶的
成核速度与生长速度依赖于
过冷程度的关系曲线

同样，由球晶生长线速度表达式可以看出，随着温度的降低，迁移项减少，成核项增加。温度降至 T_{g} 附近，迁移项迅速减少，对结晶速度起支配作用；而温度升高到熔点附近，成核项迅速减少，对结晶速度起支配作用。

4.4.1.4　外力、溶剂、杂质对结晶速度的影响

一般结晶性聚合物在熔点附近是很难发生结晶的，但是如果将熔体置于压力下，就会引起结晶。例如，聚乙烯熔点为 137℃，但在压力达到 150MPa 的高压下，160℃ 也能结晶。而且，高压下形成的结晶聚合物密度比普通条件下形成的结晶体密度高。

应力可以加速聚合物的结晶。例如，天然橡胶在室温下结晶速度非常慢，0℃ 下结晶也需数百小时，但如果将它拉伸，则立即可产生结晶。

一些结晶速度很慢的结晶性聚合物，如聚对苯二甲酸乙二醇酯等，只要过冷程度稍大，即可形成非晶态。如果将这类透明非晶薄膜浸入适当的有机溶剂中，薄膜会因结晶而变得不透明。这是由于某些与聚合物有适当相溶性的小分子液体渗入到松散堆砌的聚合物内部，使聚合物溶胀，相当于在高分子链之间加入了一些"润滑剂"，从而使高分子链获得了在结晶过程中必须具备的分子运动能力，促使聚合物发生结晶。这一过程被称为溶剂诱导结晶。杂质的存在对聚合物的结晶过程有很大影响。有些杂质能阻碍结晶的进行，有些杂质能促进结晶。能促进结晶的杂质在结晶过程中起到晶核的作用，被称作"成核剂"。加入成核剂可使聚合物的结晶速度大大加快。如新型晶态聚合物聚醚醚酮（PEEK）与碳纤维组成的复合材料其结晶速度大于纯 PEEK，这是由于碳纤维表面具有诱导和促进 PEEK 树脂基体结晶的作用。

4.4.2　结晶热力学

4.4.2.1　聚合物熔融过程和熔点

物质从结晶状态变为液态的过程称为熔融。熔融过程中，体系自由能对温度 T 和压力 p 的一阶导数（即体积和熵）发生不连续变化，转变温度与保持平衡的两相的相对数量无关。按照热力学的定义，这种转变为一级相转变。

在通常的升温速度下，结晶聚合物熔融过程与小分子晶体熔融过程既相似又有差别。相似之处在于热力学函数（如体积、比热容等）发生突变；不同之处在于聚合物熔融过程有一较宽的温度范围，例如 10℃ 左右，称为熔限。在这个温度范围内，发生边熔融边升温的现象。而小分子晶体的熔融发生在 0.2℃ 左右的狭窄的温度范围内，整个熔融过程中，体系的温度几乎保持在两相平衡的温度下。图 4-81（a）给出了结晶聚合物熔融过程体积（或比热容）对温度的曲线，并与小分子晶体进行比较。

为了弄清楚结晶聚合物熔融过程中的热力学本质，实验过程，每变化一个温度，如升温 1℃，便维持恒温约 24h，直至体积不变后才测定比体积。结果表明，在这样的条件下，结晶聚合物的熔融过程十分接近跃变过程，见图 4-81（b），熔融过程发生在 3～4℃ 的较窄的温度范围内，熔融终点曲线上也出现明显的转折。对于不同条件下获得的同一种聚合物的不同试样进行类似的测量，结果得到了相同的转折温度（图 4-82）。上述实验事实有力地证明，结晶聚合物的熔化现象只有突变程度的差别，而没有本质的不同。比体积-温度曲线上熔融终点处对应的温度为聚合物的熔点。

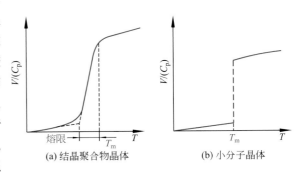

图 4-81　晶体熔融过程体积（或比热容）-温度曲线

研究表明，结晶聚合物边熔融边升温的现象是由于试样中含有完善程度不同的晶体。结晶时，如果降温速度不是足够慢，随着熔体黏度的增加，分子链的活动性减小，来不及作充分的位置调整，则结晶停留在不同的阶段上；等温结晶过程中，也存在着完善程度不同的晶体。这时再升温，在通常的升温速

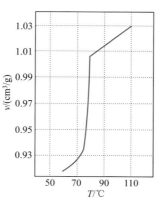

图 4-82　聚己二酸癸二酯的
比体积-温度曲线

度下，比较不完善的晶体在较低的温度下熔融，比较完善的晶体则要在较高的温度下熔融，因而出现较宽的熔融范围。如果升温速度足够的慢，不完善晶体可以熔融后再结晶而形成比较完善的晶体。最后，所有较完善的晶体都在较高的温度下和较窄的温度范围内被熔融，比体积-温度曲线在熔融过程的最后出现急剧的变化和明显的转折。

原则上结晶熔融时发生不连续变化的各种物理性质都可以用来测定熔点。除观察熔融过程比体积随温度变化的膨胀计法外，利用结晶熔融过程的热效应也可以测定熔点，这就是 DTA 和 DSC 方法。此外，还有利用结晶熔融时双折射消失的偏光显微镜法，利用结晶熔融时 X 射线衍射图上晶区衍射消失、红外光谱图上以及核磁共振谱上结晶引起的特征谱带消失的 X 射线衍射法、红外光谱法以及核磁共振法等。

4.4.2.2　影响 T_m 的因素

从热力学观点看，在熔点，晶相和非晶相达到热力学平衡，即自由能变化 $\Delta G=0$。因此，

$$\Delta H - T\Delta S = 0$$
$$T = T_m^0 = \Delta H / \Delta S \tag{4-42}$$

这就是平衡熔点的定义。然而，高分子结晶时常常难以达到热力学平衡，熔融时也就难以达到两相平衡，故一般不能直接测得平衡熔点，而需采用外推法得到。具体地说，将结晶聚合物试样从熔体结晶，选择不同的过冷度，得到一系列 T_m 以下不同结晶温度 T_c 结晶的试样，结晶尽可能完全。然后，再将各试样在一定升温速度下测定熔点，以 T_m 对 T_c 作图，可得一直线，将此直线向 $T_m = T_c$ 直线外推，就可得到所求样品的平衡熔融温度 T_m^0。

熔融热 ΔH 和熔融熵 ΔS 是聚合物结晶热力学的两个重要参数。熔融热 ΔH 标志着分子或链段离开晶格所需吸收的能量，与分子间作用力强弱有关；熔融熵 ΔS 标志着熔融前后分子混乱程度的变化，与分子链的柔顺性有关。当 ΔS 一定时，分子间作用力越大，ΔH 越大，T_m 越高；当 ΔH 一定时，链的柔顺性越差，ΔS 越小，T_m 越高。

对于聚合物而言，增加高分子或链段之间的相互作用，即在主链或侧基上引入极性基团或氢键，可以使 ΔH 增大，高分子的熔点提高。而增加分子链的刚性，可以使高分子链的构象在熔融前后变化较小，ΔS 较小，熔点提高。增加主链的对称性和规整性，可以使分子排列更紧密，熔融过程中 ΔS 减小，熔点提高。在聚合物加工过程中，通常会加入增塑剂或可溶性添加剂等助剂，在改善加工性能的同时，还会使聚合物的熔点降低。

结晶聚合物的熔点和熔限与结晶形成的温度有关。结晶温度越低，熔点越低，熔限越宽；否则反之。

要点总结

拓展阅读

第5章
相 图

导读 ◀))

相图描述了材料在不同成分、温度、压力等条件下的物相变化规律，可以帮助人们清楚认识材料的微观组织变化规律，指导研究人员设计出符合应用需求的新材料。

图1为纯碳的相图，常温常压下，碳以具有片层结构的石墨形式存在。当压力足够大时，片层状的石墨结构将转变为正四面体的金刚石结构。

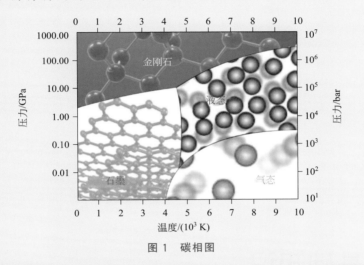

图1 碳相图

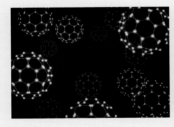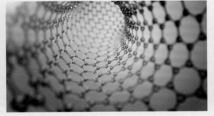

图2 划时代的碳材料

遵循相图的指导，研究人员通过创造超高温高压环境，成功合成了金刚石。在此启发下，富勒烯、碳纳米管等划时代的碳材料被逐步发现，其中富勒烯的发现者于1996年获诺贝尔奖。

随后，石墨烯的发现开启了现代二维材料研究的新纪元，相关研究工作于2010年获得诺贝尔奖。

👁 为什么学习相图?

相图是理解和分析材料微观组织转变的重要工具，将温度、成分与材料物相状态的关系通过相图表现出来，方便研究人员根据应用要求设计材料和工艺，也有利于分析材料服役过程中发生的物相转变过程。尽管大多数相变过程并不是平衡转变，但平衡相图依然可以作为参照辅助分析和预测材料的组织演变过程。

👁 学习目标

以掌握材料组织转变规律为学习目标，学习二元相图基本概念，注意不同二元相图之间的区别与联系，并根据实际二元相图示例掌握点、线代表的含义，熟悉二元相图中的相区结构。尤其需要熟练掌握二元 Fe-Fe₃C 相图（包括成分的相变过程、组织转变过程等）。学习掌握三元相图的基本概念和相区结构。本章的难点是三元相图的分析（包括投影图、垂直截面图、水平截面图）。

（1）二元相图的基本概念：匀晶反应与匀晶相图、共晶反应与共晶型反应、包晶反应与包晶型反应、匀晶反应与脱溶反应。

（2）二元相图的相区结构：相区接触法则，三相区与相邻单相区、两相区的位置关系，根据条件画相图示意图，Fe-Fe₃C 相图的分析与应用。

（3）三元相图的基本概念：成分三角形、单变量线、共轭曲线、杠杆定理和重心法则、四相平衡类型。

（4）三元相图的相区结构：四相平衡反应区和三相平衡反应区的特征、不同反应类型的四相区与相邻三相区的位置关系、三相区与相邻两相区的位置关系。

5.1 相图基础知识

5.1.1 研究相图的意义

相图是反映物质状态（固态、液态或气态）随温度、压力变化的关系图，所以也称为状态图。但物质（单元系物质由一种元素或化合物构成）在同一状态（如固态）时，温度改变，它可能存在的相也不同（如晶体的同素异构转变），各相之间的相平衡关系也不同，所以相图又称为平衡图或平衡状态图。它是物质发生液固相变（液相与固相之间的转变）和固态相变（固相与固相之间的转变）的重要图解，利用相图可以一目了然地了解物质在不同的温度或压力时，所处的平衡状态以及该状态是由哪些平衡相组成。对于多元系物质（如二元或三元合金等），它的相图不仅能反映该物质在不同温度和压力时的相平衡状态，还能反映该物质在成分变化时的相平衡状态。

相图是反映物质在不同温度、压力和成分时，各种相的平衡存在条件，以及相与相之间平衡关系的重要图解，掌握相图对于了解物质在加热、冷却或压力改变时的组织转变基本规律，以及物质的组织状态和预测物质的性能，都具有重要的意义；另外相图也是制定物质的各种热加工（铸造、锻造和热处理等）工艺和研究新材料的重要理论依据。因此，从事材料研究的科技工作者，学习和掌握好各种材料的相图，具有十分重要的意义。

5.1.2　相图的表示方法

5.1.2.1　单元系物质相图的表示法

单元系物质由于它的成分是固定不变的，所以在反映它随温度变化时，状态的变化图可用一个温度坐标表示，如纯金属在其熔点 T_m 以上为液相，在 T_m 以下为固相。而在表示它同时随温度和压力改变时，状态的变化图必须用一个温度坐标和一个压力坐标表示，这时的相图为一个二维平面图。

5.1.2.2　二元系物质相图的表示法

二元系物质比单元系物质多了一个组元，因此它还有成分的变化，在反映它的状态随成分、温度和压力变化时，必须用三个坐标轴的三维立体相图。由于二元合金的凝固是在一个大气压下进行，所以二元系相图的表示多用一个温度坐标和一个成分坐标表示，即用一个二维平面表示。该平面内的任何点，称为表象点（相图中由成分和温度所确定的任何点），一个表象点反映一个合金的成分和温度，所以表象点可反映不同成分的合金在不同温度时所具有的状态。二元相图的纵坐标为温度，横坐标为成分，横坐标两端分别代表两个纯组元，如 Pb、Sb，往对方端点移动时对方组元含量增加，见图 5-1 如合金 I 的成分为 x，在 t_1 温度时处于液相 L 和固相 Pb 两相平衡共存。

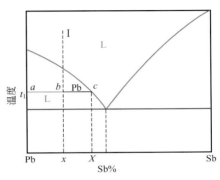

图 5-1　二元 Pb-Sb 合金相图

二元相图中的成分按国家标准有两种表示法。

① 质量分数（w）：$w_A = \dfrac{R_A x_A}{R_A x_A + R_B x_B}$，$w_B = \dfrac{R_B x_B}{R_A x_A + R_B x_B}$　　　　　（5-1）

② 摩尔分数（x）：$x_A = \dfrac{w_A / R_A}{w_A / R_A + w_B / R_B}$，$x_B = \dfrac{w_B / R_B}{w_A / R_A + w_B / R_B}$　　　　　（5-2）

式中，w_A、w_B 分别为 A、B 组元的质量分数；x_A、x_B 分别为 A、B 组元的摩尔分数；R_A、R_B 分别为 A、B 组元的相对原子质量；$w_A + w_B = 100\%$，质量分数；$x_A + x_B = 100\%$，摩尔分数。

5.1.2.3　三元系物质相图的表示法

三元系物质比二元系物质又多了一个组元，它的成分变量为二，需用两个坐标轴表示；在不考虑压力变化时，加上一个温度坐标，三元系相图为三维立体图。该立体通常为三棱柱体，三棱柱体内的任何点都代表着不同成分的三元合金和它的状态。

三元系物质有两个独立的成分变量，需用两个成分坐标来反映它的成分，这两个坐标轴限定的三角形平面区称为成分三角形或浓度三角形，该三角形内的任何点代表着不同成分的三元物质或三元合金。三元系相图常用的成分三角形是等边三角形，在某些情况下也可使用等腰三角形和直角三角形来反映三元系的成分。

（1）等边三角形　等边三角形是三元相图中最常用的一种成分表示法，它是利用等边三角形的某些几何特性来表示三元系中三组元之间的浓度关系。因为等边三角形的三条边长度相等，每两条边之间的夹角相同都等于 60°。用它表示三元合金成分的具体方法见图 5-2，由图可以看出：①等边三角形的三个顶角，分别表示三元合金的三个纯组元 A、B、C；②等边三角形的三条边，分别表示三元合金系中的三个二元合金系 A-B、B-C 和 C-A 的浓度；③等边三角形内任意一点都表示一个三元合金。合金含三个组元的量可用下述方法求得，见图 5-2。若以 O 合金为例，首先过 O 点分别作等边三角形三条边的平行线，并相交于各边，这样与各顶角相对的平行线与等边三角形各边的截距，分别表示各顶角组元的含量。如 O 合金中含 A 组元的量为 $a\%$，含 B 组元的量为 $b\%$，含 C 组元的量为 $c\%$。由等边三角形的几何特性知 $a\%+b\%+c\%=AB=BC=CA=100\%$。

通常为了使用方便，可把等边三角形用相同的格值作成带浓度网络的浓度三角形，见图 5-3，用这样的浓度三角形可以很方便地确定出各三元合金的成分。如图 5-3 中 O 合金含 A 组元 40%，含 B 组元 30%，含 C 组元 30%。

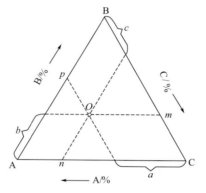

图 5-2　在等边三角形内确定合金的成分　　图 5-3　带浓度网格的浓度三角形

（2）成分三角形中的两条特性线　用等边三角形表示三元合金的成分时，在成分三角形中存在着两条具有特定意义的直线，见图 5-4。

① 平行于成分三角形某一边的直线　该直线的特定意义是，凡是位于这样的直线上的合金，它们含其对应顶角组元的浓度是相同的。如 dc 线上的合金含 C 组元的量相同。

② 由成分三角形一顶角到其对边的直线　该直线的特定意义是，凡是位于这样的直线上的合金，它们含另外两组元的浓度比是恒定不变的，如 CP 线上的合金含 A、B 组元的浓度比是不变的。

（3）等腰三角形　用等腰三角形表示三元系合金的成分时，一般多用在三元合金中某一组元的含量较少，而另外两组元含量较多的情况下。因为这样的三元合金用等边三角形表示时，其成分点很靠近三角形的一边，不便于观察。而用等腰三角形表示这样的三元合金的成分时，是将表示含量较少组元的成分坐标放大 5 倍或 10 倍，而表示含量较多的两组元的成分坐标不变。见图 5-5，若某合金 O 含 B 组元较少，含 A、C 组元较多，则把 AB、BC 边放大，AC 边不变，这样放大后就构成了以 AC 边为底的等腰三角形（只画出了一部分）。

用等腰三角形表示三元合金的成分时，各组元含量的确定方法也是用作平行线法来确定。如 O 合金含 A 组元为 30%，含 C 组元为 60%，含 B

组元为 10%。

（4）直角三角形　用直角三角形表示三元合金的成分，一般多用在三元合金中某一个组元的含量较多，而另外两个组元的含量较少的情况下。因为这样的三元合金用等边三角形表示时，其成分点靠近含较多组元的那个顶角。为了能清楚地表示出这类合金的成分，通常采用直角三角形表示比较方便。用直角三角形表示三元合金的成分时，是使两成分坐标轴垂直，并采用相同的分度单位，将含量较多的那个组元的顶角作为坐标原点，而另外两个组元分别作为直角三角形的横坐标和纵坐标。在图 5-6 中，合金 M 的成分可以从直角三角形中直接读出，它含 B 组元的量为 2%，含 C 组元的量是 3%，则含 A 组元的量为 A%＝（100－B－C）%＝（100－2－3）%＝95%。

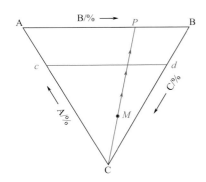
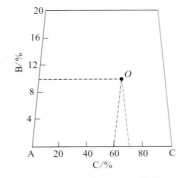
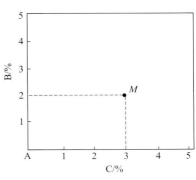

图 5-4　成分三角形中具有特殊意义的线　　图 5-5　等腰三角形表示成分　　图 5-6　直角坐标表示法

一般来说，三元合金的成分可以用任意三角形来表示，即两成分坐标轴之间的夹角可以是任意的，并且分度单位也可以不同，但它确定三元合金成分含量的方法与等边、等腰和直角三角形是一样的，也是通过分别作平行线来确定。不管采用什么形状的三角形来表示三元合金的成分，总的来说，它们都是以三角形的三个顶角代表三个纯组元，以三条边代表三个二元系合金，以三角形内任意一点代表一个三元合金成分点，并且在这些成分三角形中也都存在着上述两条特性线。

5.1.3　相图的建立

相图的建立主要是用实验的方法，测出物质在温度、压力或成分改变时发生相变（或状态改变）的临界点，而绘制出来的。测定物质相变临界点的方法很多，如热分析法、金相法、硬度法、X 射线分析法、膨胀法和电阻法等。这些实验方法都是以物质相变时，伴随发生某些物理性能的突变为基础而进行的。为了测量结果的精确，通常必须同时采用几种方法配合使用。下面简单介绍一种最常用也是最基本的方法——热分析，用它建立二元合金相图的具体步骤是：

① 将给定两组元配制成一系列不同成分的合金；

② 将它们分别熔化后在缓慢冷却的条件下，分别测出它们的冷却曲线；

③ 找出各冷却曲线上的相变临界点（曲线上的转折点）；

④ 将各临界点注在温度-成分坐标中相应的合金成分线上；

⑤ 连接具有相同意义的各临界点，并作出相应的曲线；

⑥ 用相分析法测出相图中各相区（由上述曲线所围成的区间）所含的相，将它们的名称填入相应的相区内，即得到一张完整的相图。

用热分析法建立 Cu-Ni 二元合金相图的具体过程见图 5-7。

由上述介绍可知，建立合金相图时配制的合金数目越多；合金的成分越纯，测温技术越先进，冷却速率越缓慢，测得的数据越精确，由此制作的相图也越精确。

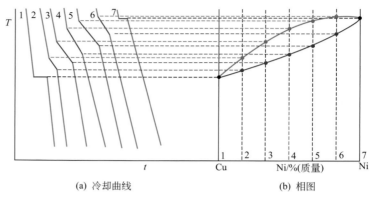

(a) 冷却曲线　　　　　　(b) 相图

图 5-7　用热分析法建立 Cu-Ni 相图

5.1.4　相图热力学基础

相图是反映多元系（合金系）中各不同成分合金相平衡关系的一种图形，也是反映合金状态与温度、成分之间关系的图解。由于相图是以热力学为理论基础的，所以首先应该了解合金相平衡的有关热力学知识。

5.1.4.1　相平衡的热力学条件

（1）相平衡　相平衡是指合金系中参与相变过程的各相长时间不再互相转化（指成分和相对量）时所达到的平衡。而相平衡的热力学条件是，合金系中各组元在各平衡相中的化学势（偏摩尔自由能）彼此相等。如用 μ 表示化学势，则 μ_A^α 表示 α 相中 A 组元的化学势，即上标表示平衡相，下标表示组元。当 A-B 二元系处于 α、β、γ 三相平衡时，其热力学条件为 $\mu_A^\alpha = \mu_A^\beta = \mu_A^\gamma$。也可以说，A-B 二元合金系实现 α、β、γ 三相平衡共存时，各平衡相的自由能之和应最低，即这时合金系应具有最低的自由能。从动力学角度来说，相平衡是一种动态平衡，即在各相达到平衡时，相界面两侧附近的原子仍在不停地转移，只是在同一时间内各相之间的转移速度相等。

（2）相平衡条件的推导　设某一合金系含有 C 个组元，组元 1 的含量为 n_1 mol，组元 2 的含量为 n_2 mol……组元 C 的含量为 n_c mol，当各组元的含量变动时会引起该合金系性质的变化。因吉布斯自由能 G 是温度 T、压力 P 以及各组元含量 n_1，n_2，…，n_c 的函数，则 $G = G(T, P, n_1, n_2, \cdots, n_c)$，经微分运算和整理后可得：

$$\mathrm{d}G = -S\mathrm{d}T + V\mathrm{d}p + \sum_i^c \mu_i \mathrm{d}n_i \tag{5-3}$$

式中，S 和 V 分别为体系的总熵和总体积；$\sum_i^c \mu_i \mathrm{d}n_i$ 表示各组元量改变时引起体系自由能的变化；$\mu_i = \left(\dfrac{\partial G}{\partial n_i}\right)(T, p, n_1, n_2, \cdots, n_c)$ 是组元 i 的偏摩尔自由能，也称为组元 i 的化学势，它代表体系内物质传输的驱动力。当某组元在各相中的化学势相等时，由于没有物质迁移的驱动力，体系便处于平衡状态。

合金系的相平衡条件可推导如下：设合金系中含 1，2，$\cdots$，c 个组元，它包含有 α，β，$\cdots$，k 个相，则对每个相自由能的微分式可写成

$$dG^{\alpha}=-S^{\alpha}dT+V^{\alpha}dp+\mu_1^{\alpha}dn_1^{\alpha}+\mu_2^{\alpha}dn_2^{\alpha}+\cdots+\mu_c^{\alpha}dn_c^{\alpha}$$

$$dG^{\beta}=-S^{\beta}dT+V^{\beta}dp+\mu_1^{\beta}dn_1^{\beta}+\mu_2^{\beta}dn_2^{\beta}+\cdots+\mu_c^{\beta}dn_c^{\beta}$$

$$\cdots$$

$$dG^{k}=-S^{k}dT+V^{k}dp+\mu_1^{k}dn_1^{k}+\mu_2^{k}dn_2^{k}+\cdots+\mu_c^{k}dn_c^{k}$$

当该合金系处在等温等压条件下，上面各式可简化为：

$$dG^{\alpha}=\mu_1^{\alpha}dn_1^{\alpha}+\mu_2^{\alpha}dn_2^{\alpha}+\cdots+\mu_c^{\alpha}dn_c^{\alpha}$$

$$dG^{\beta}=\mu_1^{\beta}dn_1^{\beta}+\mu_2^{\beta}dn_2^{\beta}+\cdots+\mu_c^{\beta}dn_c^{\beta}$$

$$\cdots$$

$$dG^{k}=\mu_1^{k}dn_1^{k}+\mu_2^{k}dn_2^{k}+\cdots+\mu_c^{k}dn_c^{k}$$

若合金系中只有 α 和 β 两相，当极少量的组元 2（dn_2）从 α 相转移到 β 相中时，所引起总的自由能变化为：

$$dG=dG^{\alpha}+dG^{\beta}$$

式中，dG^{α} 和 dG^{β} 分别代表此时 α 和 β 相的自由能变化，即

$$dG^{\alpha}=\mu_2^{\alpha}dn_2^{\alpha},\ dG^{\beta}=\mu_2^{\beta}dn_2^{\beta}$$

因 $-dn_2^{\alpha}=dn_2^{\beta}$，则 $dG=dG^{\alpha}+dG^{\beta}=\mu_2^{\alpha}dn_2^{\alpha}+\mu_2^{\beta}dn_2^{\beta}=(\mu_2^{\beta}-\mu_2^{\alpha})dn_2^{\beta}$

显然，组元 2 从 α 相自发地转移到 β 相中的热力学条件为 $dG<0$，即 $\mu_2^{\beta}-\mu_2^{\alpha}<0$，或 $\mu_2^{\alpha}>\mu_2^{\beta}$，只有这样它才有迁移的驱动力。而当 $\mu_2^{\alpha}=\mu_2^{\beta}$ 时，$dG=0$，因此 α 相和 β 相处于两相平衡。同理可知，多元系各相平衡（有 c 个组元，p 个相的体系）的热力学条件为：

$$\left.\begin{array}{l}\mu_1^{\alpha}=\mu_1^{\beta}=\cdots=\mu_1^{p}\\\mu_2^{\alpha}=\mu_2^{\beta}=\cdots=\mu_2^{p}\\\mu_c^{\alpha}=\mu_c^{\beta}=\cdots=\mu_c^{p}\end{array}\right\} \tag{5-4}$$

5.1.4.2 相律

（1）相律　相律是物质发生相变时所遵循的规律之一，它是检验、分析和使用相图的重要理论基础。相律可用来确定相平衡时，体系的组元数（C）、平衡相数（P）与自由度数（f）三者之间的关系。在温度和压力改变时，吉布斯相律的表达式为：

$$f=C-P+2 \tag{5-5}$$

当压力恒定不变时，其表达式为：

$$f=C-P+1 \tag{5-6}$$

相律的应用范围很广，如可以用它来确定体系在组元数不同时，最多能够实现平衡共存的相数。例如：①纯金属 $C=1$，在恒压时，由式（5-6）可知，当 $f=0$ 时，$0=1-P+1$，$P=2$，即最多能实现两相平衡共存，即纯金属的凝固只能在恒温下进行，并且能实现液、固两相平衡共存；②二元合金 $C=2$，当 $f=0$ 时，$0=2-P+1$，$P=3$，即二元合金在压力不变时，在恒温下最多能实现三相平衡共存。

（2）相律的推导　设某一多元多相体系中，有 C 个组元，P 个相。当体系的状态不受电场、磁场和重力场等外力场影响时，每个相的独立可变因素只是温度、压力和其成分（即所含各组元的浓度）。但确定每个相的成分，只需确定（$C-1$）个组元的浓度，因体系有 P 个相，故有 $P(C-1)$ 个浓度变量。再加上温度和压力两个变量，则描述体系的状态共有 $P(C-1)+2$ 个变量。但这些变量并不是彼此独立的，有些是相互制约的。如当体系处于平衡状态时，每一组元在各相中的分配都应满足公式（5-4）

的要求，由公式（5-4）可写出个方程式，而这些方程式表明各相化学势彼此之间的关系。因化学势是浓度的函数，所以用来确定体系状态的这些变量中，有 $C(P-1)$ 个浓度变量是不能独立改变的，因此反映整个体系状态的自由度为：

$$f=[P(C-1)+2]-C(P-1)=C-P+2$$

5.1.4.3 溶体的自由能-成分曲线

这里溶体是指组元组成的溶液和固溶体。由热力学可知溶体的自由能：

$$G=H-TS$$

式中，H 是溶体的热焓；S 是溶体的熵。由于在等压条件下热焓和熵都是温度 T 和溶体成分 x 的函数，即 $H=f(T,x)$，$S=f(T,x)$。因此只要得出热焓和熵与温度和成分的关系曲线，就不难得到溶体的自由能-成分曲线。为了使问题简化，可先讨论在一定温度时，如绝对零度时，热焓和熵与溶体成分的关系曲线，这样就能使上述双变量函数简化为单变量函数 $H^T=f(x)$，$S^T=f(x)$。

（1）绝对零度时溶体的热焓-成分曲线　溶体在绝对零度时的摩尔热焓 H^0，通常可认为是溶体中各原子结合能的总和。如在 A-B 二元系中，原子的结合方式有三种，即 AA、BB（同类结合），AB（异类结合），它们之间的结合能可分别用 E_{AA}，E_{BB} 和 E_{AB} 表示，它们都是负值，因为要破坏原子间的结合必须提供热量。因此原子间的结合能越低，它们之间的结合越稳定。当二元系中两组元之间的结合能为：①$E_{AB}=(E_{AA}+E_{BB})/2$ 时，即 AB 原子对的结合能等于同类原子结合能的平均值，则 A、B 原子呈统计均匀分布，相当于理想固溶体；②$E_{AB}<(E_{AA}+E_{BB})/2$ 时，即 AB 原子对的结合能小于同类原子结合能的平均值，则异类原子易于结合，形成有序固溶体；③$E_{AB}>(E_{AA}+E_{BB})/2$ 时，即 AB 原子对的结合能大于同类原子结合能的平均值，则同类原子易于结合，AB 原子发生偏聚，使单一的溶体分解为两种不同成分的溶体。在以上三种不同情况下，溶体在绝对零度时的 H^0-成分曲线见图 5-8。

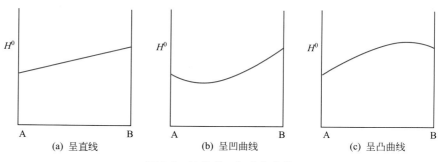

图 5-8　溶体的 H^0-成分曲线

（2）绝对零度时溶体的熵-成分曲线　由热力学第三定律可知，在绝对零度时，纯组元 A、B 的熵为零，溶体的熵等于 B 组元（溶质）溶入 A 组元（溶剂）中所引起的排列熵的变化。如果设每摩尔溶体中 A、B 组元的原子数分别为 N_A、N_B，则 $N_A+N_B=N_0$（阿伏伽德罗常数），由于熵 $S=k\ln\omega$，式中，k 为玻尔兹曼常数；ω 为混乱度，它是溶体中 A、B 原子可能排列方式的总数。$\omega=(N_A+N_B)!\,/N_A!\,N_B!$，则 $S^0=k\ln[(N_A+N_B)!\,/N_A!\,N_B!]$。由斯特令近似公式 $\ln N!\approx N\ln N-N$，可将上式化简为：

$$S^0=-N_0k\left(\frac{N_A}{N_0}\ln\frac{N_A}{N_0}+\frac{N_B}{N_0}\ln\frac{N_B}{N_0}\right)=-R(x_A\ln x_A+x_B\ln x_B) \qquad (5\text{-}7)$$

式中，R 为气体常数，$R=N_0k$；x_A、x_B 分别为 A、B 组元的摩尔分数。由式（5-7）可求出绝对零度时溶体的熵-成分曲线，如图 5-9 所示。

（3）溶体的自由能-成分曲线　由于温度升高时，溶体的热焓和熵也将增大，但它们与成分的关系曲线的形状不会发生本质上的变化。由溶体的自由能公式 $G=H-TS$ 可知，溶体的自由能-成分曲线应该是溶体的焓-成分曲线和负的温度与熵的乘积与成分的曲线之和，见图 5-10。由该图可以看出，当 $E_{AB}\leqslant(E_{AA}+E_{BB})/2$ 时，溶体的自由能-成分曲线呈简单的 U 形，只有一个极小值；当 $E_{AB}>(E_{AA}+E_{BB})/2$ 时，溶解的自由能-成分曲线上有两个极小值。

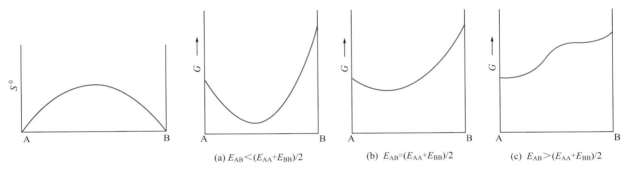

图 5-9　S^0-成分曲线　　　　图 5-10　三种自由能-成分曲线

5.1.4.4　多相平衡的公切线法则

由相平衡热力学条件的介绍可知，合金系实现多相平衡的条件是同一组元在各平衡相中的化学势相等，即 $\mu_A^\alpha=\mu_A^\beta=\mu_A^\gamma=\cdots$ 式中下标为组元，上标为平衡相。若 A-B 二元合金系在某一温度时，实现 α、β 两相平衡，即 $\mu_A^\alpha=\mu_A^\beta$，$\mu_B^\alpha=\mu_B^\beta$，要满足该相平衡热力学条件，只有作该温度时 α 相和 β 相的自由能-成分曲线的公切线。见图 5-11 所示。

由该图可以看出，这时合金系具有最低的自由能，并且满足了 α、β 两相平衡的热力学条件。因为该公切线与 A 组元纵坐标的截距，表示 A 组元在两平衡相切点成分时的化学势即 $\mu_A^\alpha=\mu_A^\beta$，而公切线与 B 组元纵坐标的截距，表示 B 组元在两平衡相切点成分时的化学势，即 $\mu_B^\alpha=\mu_B^\beta$。公切线与两平衡相 α、β 的自由能-成分曲线的切点的成分坐标值，为该温度时两平衡相的平衡成分。同理可知二元系在特定的温度出现 α、β、γ 三相平衡，根据相平衡热力学条件 $\mu_A^\alpha=\mu_A^\beta=\mu_A^\gamma$，$\mu_B^\alpha=\mu_B^\beta=\mu_B^\gamma$，只能作三相平衡的自由能-成分曲线的公切线见图 5-12，因为只有这样，合金系才具有最低的自由能。

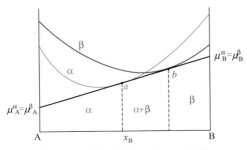
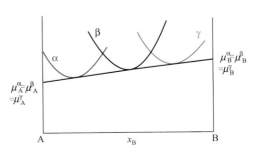

图 5-11　两相平衡的自由能曲线　　　　图 5-12　二元系中三相平衡时的自由能-成分曲线

5.1.4.5 由自由能-成分曲线建立相图

相图主要是用各种实验方法测定和绘制的，但借助计算机用热力学计算法，已能建立简单的相图。用热力学计算法绘制相图，就是通过计算得出合金系在不同温度时，各相的自由能-成分曲线，根据能量最小原理，用公切线法则找出平衡相的成分和存在的范围，然后将它们对应地画在温度-成分坐标图上，就能得出所求二元相图。图 5-13 为二元匀晶相图的建立，图 5-14 为二元共晶相图的建立。

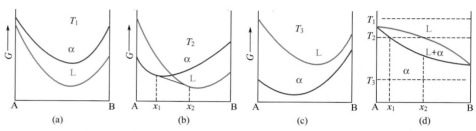

图 5-13 由一系列自由能曲线求得两组元组成匀晶系的相图

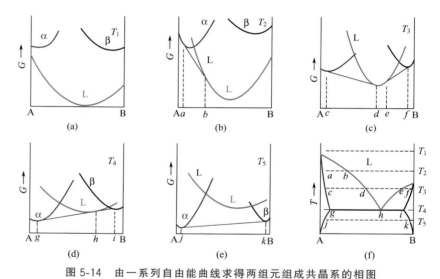

图 5-14 由一系列自由能曲线求得两组元组成共晶系的相图

5.1.5 杠杆定律和重心法则

5.1.5.1 杠杆定律

杠杆定理是利用相图确定和计算合金在两相区中，两平衡相的成分和相对量的方法，由于它与力学中的杠杆定律很相似，故称为杠杆定律。

（1）二元系相图中杠杆定律的应用 以图 5-1 中合金 I 为例，来介绍杠杆定律在二元合金相图中的应用方法。用杠杆定律计算合金 I 在 t_1 温度时，液、固两平衡相的相对量。首先应沿 t_1 温度作水平线，该水平线与固相铅的交点为 a，与液相线的交点为 c，与合金 I 的交点为 b。a、b、c 三点在成分坐标上的对应值，分别为固相铅、合金 I 和液相 L 的成分值。若设固相的质量分数为 W_{Pb}，液相的质量分数为 W_L，合金 I 的质量分数为 $W_I =$

100%。因固相与液相的质量之和应等于合金的质量，则有：

$$W_{Pb} + W_L = W_I \tag{5-8}$$

又因为固相中含溶质组元锑的量（$W_{Pb}a$）加上液相中含溶质组元锑的量（$W_L c$），应等于合金 I 中含溶质组元锑的量（$W_I b$），则有：

$$W_{Pb}a + W_L c = W_I b \tag{5-9}$$

将式（5-8）代入式（5-9）得

$$W_{Pb}a + W_L c = (W_{Pb} + W_L)b$$

移项整理后得：

$$\frac{W_L}{W_{Pb}} = \frac{b-a}{c-b} = \frac{ab}{bc} \tag{5-10}$$

式（5-10）表明合金在两相区内，两平衡相的相对量之比与合金成分点两边的线段长度呈反比关系。合金中两平衡相的含量也可用下式表达：

$$W_{Pb}\% = \frac{bc}{ac} \times 100\% , \quad W_L\% = \frac{ab}{ac} \times 100\% \tag{5-11}$$

应该注意的是，在二元系相图中，杠杆定律只能在两相平衡状态下使用。

（2）三元系相图中杠杆定律的应用

① 共线法则　共线法则是三元系出现两相平衡时，两平衡相成分所遵循的法则。因为三元合金在一定温度下出现两相平衡时，合金的成分点与两平衡相的成分点必定位于成分三角形内的同一条直线上，这一规律就称为共线法则。

图 5-15 是两个不同成分的三元合金 P、Q 混合熔化后，构成一个新成分的三元合金 R，则这三个合金 P、Q、R 的成分点应位于成分三角形中的同一条直径上，并且 R 合金的成分点一定位于 P、Q 合金成分点连成的直线内。另外，如果 R 合金在一定温度下分解成 α 和 β 两个新相，则 R 合金的成分点与这两个新相 α、β 的成分点必定也位于成分三角形中的同一条直线上。

② 共线法则的证明　三元合金出现两相平衡时，遵循的共线法则可用以下方法证明，见图 5-16（即用直角三角形证明），当 O 合金在某一温度下分解成 α 和 β 两个新相时，若 α、β 相的成分点分别为 a、b 点，由成分三角形可以读出合金和 α、β 相中含 B 组元的量分别为 Ao_1、Aa_1 和 Ab_1，而含 C 组元的量分别为 Ao_2、Aa_2 和 Ab_2。若此时 α 相的质量分数为 w_α，则 β 相的质量分数应为 $1-w_\alpha$。那么 α 和 β 相中的 B 组元质量之和及 C 元组质量之和应分别等于合金中 B 组元和 C 组元的质量。即

$$\text{B 含量} \rightarrow \text{C 含量} \rightarrow \begin{cases} Aa_1 w_\alpha + Ab_1(1-w_\alpha) = Ao_1 \\ Aa_2 w_\alpha + Ab_2(1-w_\alpha) = Ao_2 \end{cases}$$

移项得：
$$\begin{cases} w_\alpha(Aa_1 - Ab_1) = Ao_1 - Ab_1 \\ w_\alpha(Aa_2 - Ab_2) = Ao_2 - Ab_2 \end{cases}$$

上下两式相除得 $\dfrac{Aa_1 - Ab_1}{Aa_2 - Ab_2} = \dfrac{Ao_1 - Ab_1}{Ao_2 - Ab_2}$。由该式可以看出三元合金在二相平衡时，两平衡相的成分点与合金的成分点为直线关系，即 o，a，b 三点共线。

③ 杠杆定律的应用　由于三元合金在两相平衡时遵守共线法则，所以在该直线上可以利用杠杆定律来计算两平衡相的相对量。若以图 5-16 中 O 合金为例，它在一定温度处于 α、β 两相平衡，若设 α 相的质量分数为 w_α，则由上述讨论知 $w_\alpha(Aa_1 - Ab_1) = Ao_1 - Ab_1$，移项得 $w_\alpha = \dfrac{Ab_1 - Ao_1}{Ab_1 - Aa_1} = \dfrac{o_1 b_1}{a_1 b_1} = \dfrac{ob}{ab}$，

$w_\beta = 1 - w_\alpha = \dfrac{ao}{ab}$，即两平衡相的相对量与其线段长度成反比。

这里应该注意的是，在实际计算两平衡相的相对量时，应先确定出合金和两平衡相的成分（即它们含各组元的量），若 O 合金含 30%B，30%C，α 相含 20%B，20%C，β 相含 40%B，40%C，则 $w_\alpha = \dfrac{40-30}{40-20} \times 100\% = 50\%$，$w_\beta = 1 - w_\alpha = 50\%$。

由三元合金系中共线法则和杠杆定律的讨论，可以得出以下推论。

a. 当一定成分的三元合金在一定温度下处于两相平衡时，如果知道其中一相的成分，则另一相的成分一定位于已知相成分点和合金成分点连线的延长线上。

b. 当两平衡相的成分点已知时，合金的成分点一定位于两平衡相成分点的连线上。

5.1.5.2 重心法则

重心法则是三元合金出现三相平衡时，合金的成分点与其三平衡相成分点所遵循的法则，也称重心定律。

（1）重心定律 一定成分的三元合金在某一温度下处于三相平衡时，该合金的成分点一定位于三个平衡相成分点组成的三角形的质量重心（不是几何重心）位置上，这个规律就称为重心定律。参见图 5-17。

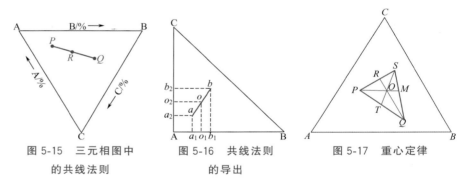

图 5-15 三元相图中　　图 5-16 共线法则　　图 5-17 重心定律
　　的共线法则　　　　　的导出

因为三元合金处于三相平衡时，其自由度为 1。当温度一定时，三个平衡相的成分是一定的。图 5-17 中 O 合金（它可以是单相固溶体或单相液相）在某一温度处于 α、β、γ 三相平衡（它们的成分点分别为 P、Q、S），则 O 合金的成分点一定位于 α、β、γ 三个平衡相成分点 P、Q、S 组成的三角形质量重心位置上。

另外如果三个不同成分的三元合金，在一定温度下熔配成一个新的三元合金时，则该新三元合金的成分点一定位于三个熔配合金的成分点组成的三角形的质量重心位置上。

（2）重心定律的应用 根据重心定律，利用杠杆定律可以计算三元合金处于三相平衡时，各相的相对量见图 5-17。在计算 α、β、γ 三个平衡相的相对量时，可设想先把其中任意两相混合成一个整体，则由共线法则可知，该混合体的成分点一定在两混合相成分点连接线上。若将 α、β 相混合，则混合体的成分点一定在 PQ 点连线上，再将混合体与 γ 相混合成合金 O，则由共线法则可知，混合体、γ 相和合金 O 的成分点应在同一条直线上，并且混合体的成分点应是 γ 相成分点与合金 O 成分点连线的延长线与 α、β 相成分点 P、Q 连线的交点，即 T 点。因此由杠杆定律可知 γ 相的相对量 $w_\gamma = \dfrac{OT}{ST}$，用同样的方法也可以求出 α 相和 β 相的相对量为

$$w_\alpha = \dfrac{OM}{PM}, \quad w_\beta = \dfrac{OR}{QR}。$$

应该注意求三元合金三平衡相相对量的具体方法是，必须首先知道各平衡相和合金的成分，若合金 O 中含 A、B、C 组元的量为 x_0、y_0、z_0；α 相中含 A、B、C 组元的量为 x_α、y_α、z_α；β 相中含 A、B、C 组元的量为 x_β、y_β、z_β；γ 相中含 A、B、C 组元的量为 x_γ、y_γ、z_γ。若设 α、β、γ 三个平衡相的相对量分别为 w_α、w_β、w_γ，则各平衡相中含同一组元的质量之和应等于合金 O 中含该组元的质量，即下列方程组成立：

$$\begin{cases} w_\alpha x_\alpha + w_\beta x_\beta + w_\gamma x_\gamma = x_0 & \text{（A 组元量）} \\ w_\alpha y_\alpha + w_\beta y_\beta + w_\gamma y_\gamma = y_0 & \text{（B 组元量）} \\ w_\alpha z_\alpha + w_\beta z_\beta + w_\gamma z_\gamma = z_0 & \text{（C 组元量）} \end{cases}$$

解该方程组就可求出 α、β、γ 各相的相对量：

$$w_\alpha = \frac{\begin{vmatrix} x_0 & x_\beta & x_\gamma \\ y_0 & y_\beta & y_\gamma \\ z_0 & z_\beta & z_\gamma \end{vmatrix}}{\Delta}; \quad w_\beta = \frac{\begin{vmatrix} x_\alpha & x_0 & x_\gamma \\ y_\alpha & y_0 & y_\gamma \\ z_\alpha & z_0 & z_\gamma \end{vmatrix}}{\Delta}; \quad w_\gamma = \frac{\begin{vmatrix} x_\alpha & x_\beta & x_0 \\ y_\alpha & y_\beta & y_0 \\ z_\alpha & z_\beta & z_0 \end{vmatrix}}{\Delta};$$

式中，$\Delta = \begin{vmatrix} x_\alpha & x_\beta & x_\gamma \\ y_\alpha & y_\beta & y_\gamma \\ z_\alpha & z_\beta & z_\gamma \end{vmatrix}$

5.2 一元相图

一元相图就是单元系相图，它主要用来反映纯元素或纯化合物的相图。在压力不变（如一个大气压）时，只需用一个温度坐标表示；当温度和压力改变时，它需要用温度、压力两个坐标轴表示，即用一个二维平面表示。

5.2.1 纯铁的相图

研究纯铁一般是在一个大气压下进行，并且是在气态以下进行研究，因此可用热分析法，通过测出纯铁的冷却曲线来制作纯铁的相图（见图 5-18）。由图可以看出，纯铁在其熔点以上为液相 L，当冷却到熔点温度 1538℃时发生凝固，结晶出体心立方结构的 δ-Fe（L→δ-Fe）；继续冷却到 1394℃时，纯铁发生同素异构转变形成面心立方结构的 γ-Fe（δ-Fe→γ-Fe）；温度继续降低到 912℃时，纯铁又发生一次同素异构转变形成体心立方结构的 α-Fe（γ-Fe→α-Fe）。

由纯铁的相图可以看出，纯铁在 0～912℃，912～1394℃，1394～1538℃和 1538～纯铁的沸点之间时，它分别以单相的 α-Fe、γ-Fe、δ-Fe 和液相存在。由相律 $f = C - P + 1$ 可知，纯铁以单相存在时 $f = 1 - 1 + 1 = 1$，其自由度数为 1，即温度是可以独立改变的。而纯铁在其熔点（1538℃）和同素异构转变点（1394℃和 912℃）时，当自由度 $f = 0$ 时，由相律 $f = C - P + 1$ 可知，$0 = 1 - P + 1$ 即 $P = 2$，因此，纯铁在上述转变时，可以两相平衡共存，如液相与 δ-Fe、δ-Fe 与 γ-Fe、γ-Fe 与 α-Fe 两相平衡共存。

当温度和压力同时改变时，纯铁的相图如图5-19所示，由图可以看出，在不同的温度和压力时，纯铁所处的状态不同。但主要可以出现固、液、气三种状态。由于纯铁在固态具有同素异构转变，因此在α-Fe、γ-Fe和δ-Fe相区之间，有相应的转变线分开，在各转变线上纯铁以两相共存，如液、气两相共存，液相与δ-Fe两相共存。而在各转变线的交点为三相共存，如从下往上分别为气相、α-Fe和γ-Fe，气相、γ-Fe和δ-Fe，气相、液相和δ-Fe三相共存。

5.2.2　碳的相图

碳材料的结构多种多样，因此产生了很多的变体，石墨、金刚石、足球烯、碳纳米管以及石墨烯等都是碳的不同变体。金刚石是自然界最硬的物质，广泛应用于研磨、抛光、切割、钻探等行业。因此金刚石和冶金、煤炭、石油、机械、光学仪器、玻璃陶瓷、电子工业和空间技术等的发展都有紧密的关系。天然金刚石资源很少，开采也有限，只有在人造金刚石出现后，金刚石才得到广泛的应用。图5-20是碳在高温高压下的相平衡图。从相图可以看出稳定金刚石要采用高温高压技术由石墨转变获得。如果有金属催化剂（如钴），可以大大加速这种转变。

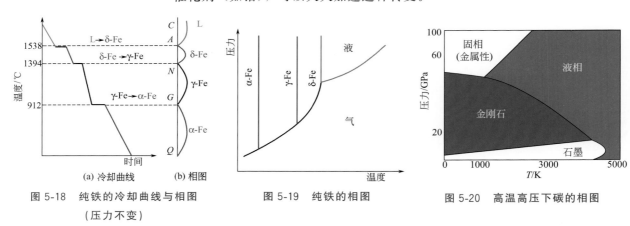

图 5-18　纯铁的冷却曲线与相图（压力不变）　　　图 5-19　纯铁的相图　　　图 5-20　高温高压下碳的相图

5.3 二元相图

5.3.1　二元匀晶相图

两组元在液态和固态均能无限互溶，这样的二元系所构成的相图，称为二元匀晶相图。如 Cu-Ni、Au-Ag、Au-Pt、Fe-Ni、W-Mo 等。其中 Cu-Ni 相图为最典型的二元匀晶相图，下面以它为例进行讲解。

5.3.1.1　相图分析

图5-21为 Cu-Ni 二元匀晶相图，按相图中的点、线、相区进行相图分析。

（1）点　相图中 T_a、T_b 点分别为纯组元 Cu、Ni 的熔点。

（2）线　T_aT_b 凸曲线为液相线。各不同成分的合金加热到该线以上时全部转变为液相，而冷却到该线时开始凝固出 α 固溶体。T_aT_b 凹曲线为固相线。各不同成分的合金加热到该线时开始熔化，而冷却到该线时全部转变为 α 固溶体。

（3）相区　在 T_aT_b 凸曲线以上为液相的单相区，用 L 表示；在 T_aT_b 凹曲线以下为固相的单相区，用 α 表示；α 是 Cu-Ni 互溶形成的置换式无限固溶体。在 T_aT_b 凸曲线和 T_aT_b 凹曲线之间为液、固两相平衡区，用 L+α 表示。

（4）匀晶转变　从液相中直接凝固出一个固相的过程，称为匀晶转变。一般用 L→α 表示。匀晶转变是匀晶相图中液、固相之间的主要转变方式，而且几乎在所有的二元合金相图中都含有匀晶转变部分。

5.3.1.2　固溶体合金的平衡凝固及组织

（1）平衡凝固　是液态合金，在无限缓慢的冷却条件下进行的凝固，因冷却速率十分缓慢，原子能够进行充分扩散，在凝固过程的每一时刻都能达到完全的相平衡，这种凝固过程称为平衡凝固。

（2）平衡凝固过程及组织　以 Ni%＝20% 的 Cu-Ni 合金为例，来分析单相固溶体合金的平衡凝固过程。由图 5-21 可以看出，该合金在液相线以上，即在 t_1 温度以上为单相的液体 L，从高温冷却时只是温度降低不发生状态的变化。当冷却到 t_1 温度时，液相开始发生匀晶转变，凝固出含高熔点组元 Ni 较多的固溶体 α_1，而液相的成分为 L_1 与合金的成分相同，此时液、固两相的相平衡关系为 $L_1 \rightarrow \alpha_1$。由相图可以看出 α_1 的 Ni 含量大于该合金的 Ni 含量，即大于 20%Ni，这种现象称为选分凝固。由杠杆定律可知，在 t_1 温度时 α_1 的质量分数为零。这说明在 t_1 温度时，由于没有过冷度固相还不能形成，当温度略低于 t_1 时，固相便可以形成，并且随着温度的降低，固相的相对量不断增加，液相的相对量不断减少，液、固两相的成分也在不断变化。如冷却到 t_2 温度时，从液相中凝固出成分为 α_2 固溶体，而液相的成分为 L_2，此时，液、固两相的相平衡关系为 $L_2 \rightarrow \alpha_2$，为了保持该温度时的相平衡，在 t_2 温度以上凝固出的 α_1，必须通过扩散使成分由 α_1 变为 α_2，而且液相的成分也必须通过扩散由 L_1 变为 L_2。这些变化过程的原子扩散示意图见图 5-22，先凝固出的固相中 Ni 含量最高，由里向外向液相中扩散，Ni 扩散方向（$\alpha_1 \rightarrow \alpha_2 \rightarrow L_2$ 中）。而固相外层的液相中 Cu 含量最高，由外向里向 α_1 中扩散，Cu 扩散方向（$L_2 \rightarrow \alpha_2 \rightarrow \alpha_1$ 中）。由于是平衡凝固，冷却速率很慢，一般认为上述扩散过程能充分进行。当冷却到 t_3 温度时，合金与固相线相交，这时液、固两相建立最后的相平衡关系 $L_3 \rightarrow \alpha_3$，则 α_2 必须通过扩散变为 α_3 成分，即合金成分；而液相的成分必须通过扩散由 L_2 变为 L_3，即最后一滴液相的成分为 L_3。继续冷却，即在 t_3 温度以下液相消失，α 固溶体的成分不变，只是进行单纯的冷却，最后在室温时得到组织为等轴状晶粒的单相 α 固溶体，其成分为 Ni%＝20%。这就是固溶体的平衡凝固过程及组织。

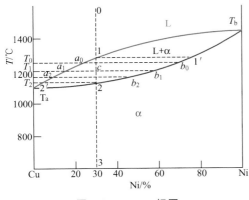

图 5-21　Cu-Ni 相图

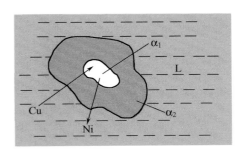

图 5-22　匀晶转变过程中原子扩散

由上述讨论可以看出，固溶体平衡凝固时的成分变化为，随着温度的降低，固相的成分沿固相线变化，相对量不断增加，液相的成分沿液相线变化相对量不断减少，这是固溶体平衡凝固的重要规律之一。固溶体平衡凝固时，液、固两相相对量的变化可以用杠杆定律确定，由图 5-21 可以看出，随着温度的降低，代表液相相对量的线段不断缩短，而代表固相相对量的线段不断增长。因此，随着温度的降低，液相的相对量不断减少，而固相的相对量不断增加。

另外，如果将固溶体合金的凝固过程与纯金属的凝固过程进行比较，可以发现它们具有以下异同点。①相同点：都需要过冷度，能量起伏和结构起伏，并以形核长大的方式进行凝固；②不同点：纯金属是在恒温下凝固，而固溶体合金是在一个温度范围内凝固，具有变温凝固的特征。这也是固溶体凝固的重要规律之一。固溶体具有变温凝固特征，可以用相律来证明，因为对于二元合金，组元数 $C=2$，在液、固两相共存区平衡相数 $P=2$，则自由度 $f=2-2+1=1$，这说明在液、固两相区，温度和成分只有一个是独立可变的因素，当温度一定时，液、固两平衡相的成分一定，只有合金的成分是唯一的独立可变因素；当合金的成分一定时，温度成为唯一的独立可变因素，因此合金的凝固是在一个温度范围内进行，是变温凝固过程。另外，纯金属形核时只需要能量起伏和结构起伏，而固溶体合金形核时不仅需要能量起伏和结构起伏，还需要成分起伏。

成分起伏是指液态合金中某些微小区域的成分时起时伏地偏离其平均成分的现象。固溶体合金均匀形核时，就是在那些能量起伏、结构起伏和成分起伏都能满足要求的地方首先形核。

5.3.1.3　固溶体合金的不平衡凝固及组织

由匀晶系合金的平衡凝固过程可知，它是一种比较理想的情况，即在凝固过程中原子能够进行充分的扩散，合金的成分能够达到完全的均匀一致。但在实际生产中，合金凝固时冷却速率比较快，原子来不及进行充分扩散，合金的成分也达不到完全的均匀一致，因此它是在不平衡条件下进行凝固的。

（1）固溶体合金的不平衡凝固过程　不平衡凝固是指液态合金凝固时冷却速率较快，原子来不及进行充分扩散，在凝固过程中合金的成分得不到完全均匀的凝固过程。

以图 5-23 中 C_0 合金为例，来讨论固溶体合金的不平衡凝固。由图可以看出，不平衡凝固时冷却速率较快，当液态合金过冷到 t_1 温度时才开始凝固，首先凝固出成分为 α_1 的固溶体，此时液-固界面处液相的成分为 L_1。当温度降到 t_2 时，在成分 α_1 的固溶体表面形成一层成分为 α_2 的固溶体，此时液-固界面处液相的成分 L_2。由于冷却速率较快，原子来不及进行充分扩散，使 t_1 温度时形成的固溶体成分来不及由 α_1 转变成 α_2，因此固体的内部和外层的成分不一致，它们的平均成分介于 α_1 与 α_2 之间为 α_2'；同样液相的成分也来不及由 L_1 转变为 L_2，所以它们的平均成分介于 L_1 与 L_2 之间为 L_2'。同理，当温度降低到 t_3 时，在已凝固出的固溶体表示又形成一层成分为 α_3 的固溶体，此时液-固界面处液相的成分为 L_3。而这时固溶体的平均成分为 α_1、α_2、α_3 的平均值 α_3'，液相的平均成分为 L_1、L_2、L_3 的平均值 L_3'。如果是平衡凝固该合金在 t_4 温度时应凝固完毕，但不平衡凝固时，该合金冷却到 t_4 温度时，液相还没有完全消失，固相的平均成分也没有达到合金的成分，只有当冷却到 t_5 温度时，固溶体的平均成分才能达到合金的成分，这时液相完全消失凝固才告结束。因此不平衡凝固时，凝固终止温度总是低于平衡凝固的终止温度。如果将各温度下固溶体和液相的平均成分点分别连接成线，则该线分别称为固相平均成分线和液相平均成分线。但应该注意的是，不平衡凝固时，液、固相在各温度时的相平衡成分仍在平衡凝固时的液、固相线上，只是它们的平均成分偏离了平衡凝固时的液、固相线；并且偏离程度的大小主要取决于冷却速率，冷却速率越大，偏离的程度越大，反之相反。由于液相中原子的扩散速度比固相中的快，因此其平均成分线偏离的程度比固相平均成分线小。在冷却速率较慢时，可以认为液相平均成分线与液相线重合。

（2）固溶体合金的不平衡凝固组织　由上述分析可知，固溶体合金在不平衡凝固时，先凝固出的固溶体与后凝固出的固溶体成分不同，并且没有足够的时间使成分扩散均匀。因此在凝固完毕后，整个固溶体的成分是不一致的，这种成分不均匀现象称为成分偏析，而在一个晶粒内部的成分不均匀现象称为晶内偏析。

以 Cu-Ni 合金为例，它在不平衡凝固后的组织见图 5-24（a）。固溶体呈树枝状，先凝固的白色枝干部分含高熔点组元 Ni 较多，后凝固的黑色枝间部分含低熔点组元 Cu 较多。因此枝干和枝间的成分也不相同，通常把这种晶内偏析称为枝晶偏析。由电子探针微区分析也证实在不易浸蚀的白色枝杆处 Ni 含量较高，在易浸蚀的黑色枝间处 Cu 含量较高，见图 5-24（b）。

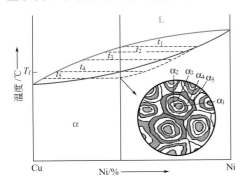

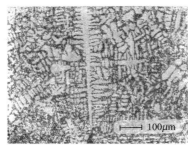

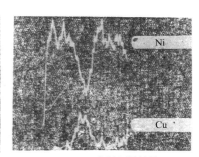

图 5-23　匀晶系合金的不平衡凝固　　　　　　　　（a）显微组织　　　　（b）电子探针测量结果

图 5-24　铜镍合金的铸造组织

固溶体合金不平衡凝固后枝晶偏析程度的大小通常受内外两种因素的影响。

① 内因　a. 合金液、固相线之间的距离，包括水平距离和垂直距离。水平距离越大，合金凝固时的成分间隔越大，先后凝固出的固溶体成分差别越大，偏析越严重；垂直距离越大，合金凝固的温度间隔越大，高温时和低温时凝固出的固溶体成分差别越大，而且低温时原子的扩散速度也慢；另外一般垂直距离较大时，水平距离也较大，因此，这种情况的偏析程度更严重。所以，合金的液、固相线间距越大，合金凝固后的偏析程度越严重。b. 组元的扩散能力，一般扩散能力越小，偏析程度越大，扩散能力越大，偏析程度越小。

② 外因　合金的浇铸条件，冷却速率越大，偏析越严重，冷却速率越小，偏析越小。

合金的枝晶偏析是一种微观偏析，它是一个晶粒内部成分不均匀的现象。由于成分不均匀使晶粒内部性能也不均匀。因此，降低了合金的力学性能（主要是塑性和韧性）、耐蚀性能和加工工艺性能等。所以，生产上必须设法将它消除或改善。由于枝晶偏析是在不平衡凝固时造成的，所以它是一种不平衡组织，可以采用扩散退火或均匀化退火的方法，将它加热到高温，一般低于固相线 100～200℃，进行长时间保温，让原子进行充分扩散，这样就能使其成分基本上均匀一致，然后缓慢冷却下来，从而使枝晶偏析得以消除。图 5-25 是 Cu-Ni 合金铸件经扩散退火后的组织，可以看出枝晶偏析已被消除。组织与平衡组织基本相同。

5.3.2　二元共晶相图

当两组元在液态能无限互溶，在固态只能有限互溶，并具有共晶转变的二元合金系所构成的相图称为二元共晶相图。如 Pb-Sn，Pb-Sb，Cu-Ag，Al-Si 等合金的相图都属于共晶相图。图 5-26 所示即为典型的 Pb-Sn 二元共晶相图，下面以它为例进行讲解。

5.3.2.1　相图分析

（1）点　t_A，t_B 点：分别是纯组元铅与锡的熔点，为 327.5℃ 和 231.9℃。

M 点：为锡在铅中的最大溶解度点。

N 点：为铅在锡中的最大溶解度点。

E 点：为共晶点，具有该点成分的合金在恒温 183℃ 时发生共晶转变 $L_E \rightarrow \alpha_M + \beta_N$，共晶转变是具有一定成分的液相在恒温下同时转变为两个具有一定成分和结构的固相的过程。

F 点：为室温时锡在铅中的溶解度。

G 点：为室温时铅在锡中的溶解度。

（2）$t_A E t_B$ 线　为液相线，其中 $t_A E$ 线为冷却时 L→α 的开始温度线，$E t_B$ 线为冷却时 L→β 的开始温度线。

$t_A MEN t_B$ 线：为固相线，其中 $t_A M$ 线为冷却时 L→α 的终止温度线，$t_B N$ 线为冷却时 L→β 的终止温度线。

MEN 线：为共晶线，成分在 $M \sim N$ 之间的合金在恒温 183℃ 时均发生共晶转变 $L_E \rightarrow (\alpha_M + \beta_N)$ 形成两个固溶体所组成的机械混合物，通常称为共晶体或共晶组织。

MF 线：是锡在铅中的溶解度曲线。NG 线：是铅在锡中的溶解度曲线。

（3）相区

① 单相区　在 $t_A E t_B$ 液相线以上，为单相的液相区用 L 表示，它是铅与锡组成的合金溶液。

$t_A MF$ 线以左为单相 α 固溶体区，α 相是 Sn 在 Pb 中的固溶体。

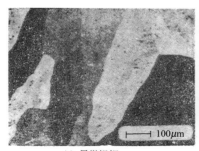

(a) 显微组织

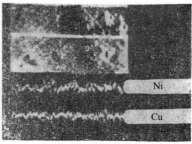

(b) 电子探针测量结果

图 5-25　铜镍合金扩散退火后的组织

图 5-26　铅锡相图

t_BNG 线以右为单相 β 固溶体区，β 相是 Pb 在 Sn 中的固溶体。

② 两相区 在 t_AEMt_A 区为 L+α 相区，在 t_BENt_B 区为 L+β 相区。在 $FMENGF$ 区为 α+β 相区。

③ 三相线 MEN 线为 L+α+β 三相共存线。由相律可知三相平衡共存时，$f=2-3+1=0$，只能在恒温下实现。

具有共晶相图的二元系合金，通常可以根据它们在相图中的位置不同，分为以下几类。①成分对应于共晶点（E）的合金称为共晶合金，如 Pb-Sn 相图中 Sn%＝61.9% 的合金。②成分位于共晶点（E）以左，M 点以右的合金称为亚共晶合金，如 Sn%＝19%～61.9% 的合金都是亚共晶合金。③成分位于共晶点（E）以右，N 点以左的合金称为过共晶合金。如 Sn%＝61.9%～97.5% 的合金都是过共晶合金。④成分位于 M 点以左，N 点以右的合金称为端部固溶体合金。如 Sn%＜19% 和 Sn%＞97.5% 的合金都是端部固溶体合金。

5.3.2.2 共晶系典型合金的平衡凝固过程分析

（1）端部固溶体合金（10%Sn-Pb 合金） 由图 5-26 可以看出，合金 1 冷却到 t_1 温度时开始发生匀晶转变从 L→α。随着温度的降低，α 量不断增加，L 量不断减少，并且 α 相的成分沿固相线 t_AM 变，L 相的成分沿液相线 t_AE 变。当冷却到 t_2 温度时 L 全部转变成 α 相，继续降低温度 α 相自然冷却不发生成分和相的变化。当冷却到 t_3 温度时，Sn 在 α 固溶体中达到饱和状态，因此随着温度的降低，它处于过饱和状态，多余的 Sn 以 β 固溶体的形式从 α 固溶体中析出，这时 α 固溶体的平衡成分沿 MF 线变化，相对量逐渐减少，而析出的 β 固溶体的平衡成分沿 NG 线变化，相对量逐渐增加。通常将固溶体中析出另一种固相的过程称为脱溶转变，脱溶转变的产物一般称为次生相或二次相。次生相 β 固溶体用 β_{II} 表示，以区别从液相中直接凝固出的 β 固溶体。由于次生相是从固相中析出的，而原子在固相中的扩散速度慢，所以次生相一般都较细小，并分布在晶界上或固溶体的晶粒内部。由上述分析可知该合金在室温时的组织为 α+β_{II}，见图 5-27。图中黑色基体为 α 相，白色颗粒为 β_{II} 相。图 5-28 为该合金的平衡凝固过程示意图。

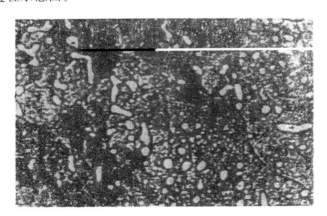

图 5-27 10%Sn-Pb 合金显微组织（500×）

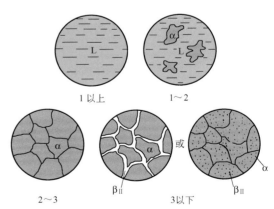

图 5-28 10%Sn-Pb 合金凝固过程

由相图可以看出 F 点以左，G 点以右的合金凝固过程与匀晶合金完全相同，而成分位于 F 点和 M 点之间的所有合金的平衡凝固过程都与上述合金相同，显微组织都为 α+β_{II}，只是 α 和 β_{II} 的相对量不同。合金成分越接近 M 点，其含 β_{II} 越多；而越接近 F 点，其含 β_{II} 越少。

另外由相图还可以看出，成分位于 N 点和 G 点之间的所有合金的平衡凝固过程与上述合金相似，所不同的是它从 L→β，从 β→α_{II}。由于某些固溶体合金的溶解度随温度的降低而降低，因此可以通过热处理来控制次生相的析出量和大小，从而达到改善合金性能的目的。所以，由相图不仅可以判断合金的特性，还可以指导热处理生产。

（2）共晶合金（61.9%Sn-Pb）　由相图可以看出，共晶合金 2 从液态缓慢冷却到 t_E 温度时，在恒温下从液相中同时结晶出两个成分不同的固相，即发生共晶转变 $L_E \rightarrow \alpha_M + \beta_N$（$L_{61.9\%} \rightarrow \alpha_{19\%} + \beta_{97.5\%}$）。由于发生共晶转变时是三相平衡，所以可以用相律证明它是在恒温下进行的。共晶转变在恒温下一直进到液相完全消失，继续冷却 α_M 和 β_N 分别析出次生相 β_{II} 和 α_{II}，成分分别沿着 MF 和 NG 线变化。由于析出的 α_{II} 和 β_{II} 与共晶体中的 α 和 β 常常混合在一起，所以在显微镜下很难分辨。因此该合金在室温时的组织一般认为是由（$\alpha+\beta$）共晶体组成。如图 5-29 所示，它是由黑色的 α 相和白色的 β 相呈层片状交替分布。图 5-30 为该合金平衡凝固过程的示意图。

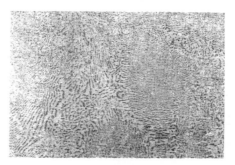

图 5-29　铅锡共晶合金的显微组织（200×）

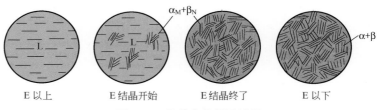

图 5-30　共晶合金凝固过程

共晶合金的显微组织是由 α 和 β 两相组成，所以它的相组成物为 α 和 β 两相。相组成物是指组成合金显微组织的基本相。组织组成物是指合金在结晶过程中，形成的具有特定形态特征的独立组成部分。

（3）亚共晶合金（50%Sn-Pb 合金）　由图 5-26 可以看出该合金 3 在冷却到 t_1 温度时，开始发生匀晶转变，从 $L \rightarrow \alpha$，该 α 称为初生相或初晶固溶体或先共晶相，用 $\alpha_{初}$ 表示，随着温度的降低，$\alpha_{初}$ 的成分沿着固相线 $t_A M$ 变，相对量不断增加，L 的成分沿着液相线 $t_A E$ 变，相对量不断减少，当冷却到 t_2 温度时，$\alpha_{初}$ 的成分达到 M 点的成分，剩余液相的成分达到 E 点的成分，它们的相对量可用杠杆定律计算：

$$\alpha_{初}\% = \frac{t_2 E}{ME} \times 100\% = \frac{61.9 - 50}{61.9 - 19} \times 100\% = 27.8\%$$
$$(L\% = 100\% - \alpha_{初}\% = 72.2\%)$$

或

$$L\% = \frac{Mt_2}{ME} \times 100\% = \frac{50 - 19}{61.9 - 19} \times 100\% = 72.2\%$$

在该温度（略低于 t_2）剩余液相发生共晶转变 $L_E \xrightarrow{t_2} \alpha_M + \beta_N$ 全部转变为共晶体，此时的组织为 $\alpha_{初} + (\alpha + \beta)$，可以看出共晶体的量就等于 t_2 温度时液相的量。因此 $(\alpha + \beta)\% = L\% = 72.2\%$，这时它的相组成物为 α 和 β，它们的相对量为 $\alpha\% = \dfrac{t_2 N}{MN} \times 100\% = \dfrac{97.5 - 50}{97.5 - 19} \times 100\% = 60.5\%$，$\beta\% = 100\% - \alpha\% = 39.5\%$。继续冷却由于固溶体的溶解度减小，因此它们都要发生脱溶过程，$\alpha_{初}$ 和 $\alpha_{共}$ 的成分沿 MF 线变化析出二次相 $\alpha_{初} \to \beta_{II}$，$\alpha_{共} \to \beta_{II}$；$\beta_{共}$ 的成分沿 NG 线变化析出二次相 $\beta_{共} \to \alpha_{II}$，它们析出的二次相 α_{II} 和 β_{II} 的成分也分别沿着 MF 和 NG 线变化，相对量逐渐增加。由于共晶体 $(\alpha + \beta)$ 中析出的二次相 β_{II} 与共晶体 α、β 混合在一起，在显微镜下分辨不出，所以该合金的室温组织为 $\alpha_{初} + \beta_{II} + (\alpha + \beta)$。见图 5-31 暗黑色块状部分为 $\alpha_{初}$，在其上的白色颗粒为 β_{II}，而黑白相间的部分为共晶体$(\alpha + \beta)$，图 5-32 为该合金的平衡凝固示意图。可以看出该合金在室温时的相组成物为

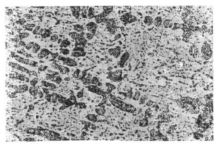

图 5-31　50％Sn-Pb 合金显微组织
(200×)

α 和 β 两相，它们的相对量为 $\alpha_F\% = \dfrac{t_3 G}{FG} \times 100\%$，$\beta_G\% = \dfrac{F t_3}{FG} \times 100\%$，而组织组成物为 $\alpha_{初} + \beta_{II} + (\alpha + \beta)$，它们的相对量也可用杠杆定律计算。由前面计算可知 $\alpha_{初}\% = 27.8\%$，$(\alpha + \beta)\% = 72.2\%$，现在要计算从 $\alpha_{初}$ 中析出的 β_{II} 的量，应先计算出 β_{II} 的最大析出量（即为 $100\% \alpha_{初}$ 中能析出的 β_{II} 的量）β_{II} 最大 $\% = \dfrac{FM'}{FG} \times 100\%$，则从 $\alpha_{初}$ 中析出的 β_{II} 量为，$\beta_{II}\% = \beta_{II}$ 最大 $\% \times \alpha_{初}\% = \dfrac{FM'}{FG} \times 100\% \times 27.8\%$。另外由相图可以看出，所有亚共晶合金的凝固过程都与该合金的凝固过程相同，不同的是当合金成分靠近 M 点时，$\alpha_{初}$ 的相对量增加，析出的 $\beta_{II}\%$ 增加，其 $(\alpha + \beta)$ 的相对量减少；而合金的成分靠近 E 点时，$\alpha_{初}$ 的相对量减少，析出的 $\beta_{II}\%$ 减少，$(\alpha + \beta)$ 相对量增加。

1 以上　　　1～2　　　2 开始　　　2 终了　　　2 以下

图 5-32　亚共晶合金凝固过程

（4）过共晶合金（70％Sn-Pb 合金）　由相图可以看出过共晶合金的凝固过程与亚共晶合金的凝固过程相似，不同的是它的初生相（先共晶相）为 β 固溶体，因此它在室温时的组织为：$\beta_{初} + \alpha_{II} + (\alpha + \beta)$，见图 5-33，其中白亮色卵形部分为 $\beta_{初}$，黑白相间部分为共晶体 $\alpha + \beta$。

由上述典型合金的平衡凝固过程分析，可以得出二元共晶系合金的组织组成物图（或称为组织分区图），如图 5-34 所示。

5.3.2.3　共晶系合金的不平衡凝固及组织

共晶系合金在不平衡凝固时，由于冷却速率快，原子扩散不能充分进行，这不仅使固溶体产生枝晶偏析，而且还使共晶体的组织形态和共晶体与初晶的相对量发生变化，共晶系合金的典型不平衡凝固组织主要有伪共晶和离异共晶。

（1）伪共晶　由共晶系合金的平衡凝固过程分析可知，只有共晶成分的合金在平衡凝固时，才能得到 100％ 的共晶组织。但是在不平衡凝固时，成分在共晶点附近的亚共晶和过共晶合金，也能得到 100％

的共晶组织，这种由非共晶成分的合金经不平衡凝固后，所得到的全部共晶组织称为伪共晶组织。

成分在共晶点附近的亚共晶和过共晶的合金，在不平衡凝固时能够得到全部共晶组织的原因是，在不平衡凝固时由于冷却速率较快，合金液体被过冷到共晶温度以下才凝固，这时液相对 α 固溶体的饱和极限，沿着 α 液相线的延长线变化，而液相对 β 固溶体的饱和极限，沿着 β 液相线的延长线变化，当合金液体过冷到这两条延长线所包围的区域中时，同时被 α 和 β 两相所饱和，发生共晶转变而得到全部的共晶组织，这两条延长线所包围的区域称为伪共晶区，凡是合金被过冷到该区域才凝固，都能得到伪共晶组织。见图 5-35。

通常亚共晶合金和过共晶合金在不平衡凝固时，随着冷却速率的增加，初晶量减少，共晶量增加。这种比平衡凝固时多出的共晶体都具有伪共晶特征，但不称它为伪共晶组织，因为伪共晶组织的形态特征与共晶组织完全相同，只是它的合金成分不是共晶成分。

值得注意的是，伪共晶区并不只是简单的由两液相线的延长线所构成，伪共晶区的形状和位置，通常与组成合金的两组元的熔点和组成共晶体的两相的生长速度以及共晶点的位置等因素有关。①当两组元的熔点相近，共晶点的位置一般处在共晶线的中间，这时两组成相的生长速度相差不大，因此，伪共晶区大体上与共晶点对称，见图 5-36（a）。②当组元的熔点相差较大时，共晶点的位置一般偏向低熔点的组元，在这种情况下形成 α（与液相成分相近）比形成 β（与液相成分相差较大）容易（因为只有当 α 相生长到一定程度后，使液相中溶质浓度升高到一定程度时才能形成 β 相）。如果 α 相的生长速度比 β 相大得多，则伪共晶区偏向高熔点组元；当 α 相的生长速度约大于或等于 β 相的生长速度，则伪共晶区逐渐向低熔点组元偏离，见图 5-36（c）、（d）、（b），在这种情况下不平衡凝固时，共晶成分的合金也得不到全部共晶组织。

因此伪共晶区在相图中的位置，对于了解合金在不平衡凝固后的组织是很有帮助的，图 5-37 中共晶成分的 Al-Si 合金，由于伪共晶区偏向右边（Si 侧），使其在不平衡凝固后得到 $\alpha_{初}+(\alpha+Si)$ 的亚共晶组织（因为共晶成分的液相过冷后其表象点 a，没有落入伪共晶区，则先凝固出 α 相，使液相成分移到 b 点，才能发生共晶转变，这就相当于共晶点向右移动，共晶合金变

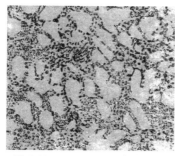

图 5-33　70%Sn-Pb 合金显微
组织（200×）

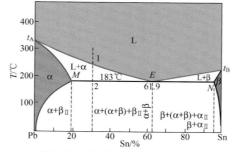

图 5-34　铅锡合金组织分区图

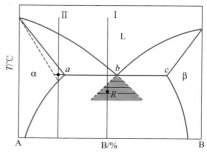

图 5-35　共晶系合金的不平衡凝固

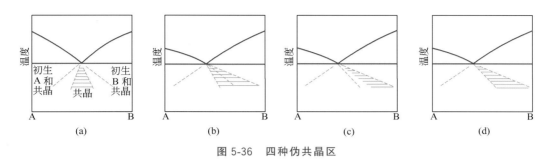

图 5-36 四种伪共晶区

成了亚共晶合金），同样，过共晶成分的合金在不平衡凝固后，也可能得到亚共晶或共晶组织。

（2）离异共晶 离异共晶通常出现在成分接近 M 点或 N 点的端部固溶体合金的不平衡凝固组织中，见图 5-38。

由图可以看出，这样的合金 II 在平衡凝固时，组织中不会有共晶体出现。但在不平衡凝固时，由于冷却速率较快，原子扩散不能充分进行，使形成的固溶体中存在着枝晶偏析，其平均成分线偏离了固相线（液相中由于原子扩散快，故可以认为它的平均成分线偏离得少或不偏离），因此当合金冷却到与固相线相交的温度时，凝固过程还没有完成，仍剩有少量液体；当合金冷却到共晶温度或共晶温度以下时，剩余液相的成分达到或接近共晶成分，它将发生共晶转变形成共晶体，由于剩余液相的量很少，并且是最后凝固，因此形成的共晶体往往为一薄层，分布在先共晶固溶体（初晶固溶体）的晶界或枝晶间，它的组织形态见图 5-39。由于共晶体中与初生固溶体相同的一相往往依附在初生固溶体上生长，而把另一相推向最后凝固的晶界处，因此这种共晶体失去了共晶组织的形态特征，看上去好像两相被分离开来，所以称为离异共晶。图 5-39 是 Cu 含量为 4% 的 Cu-Al 合金在不平衡凝固时形成的离异共晶（$\alpha + CuAl_2$），在晶界处分布的是金属化合物 $CuAl_2$。

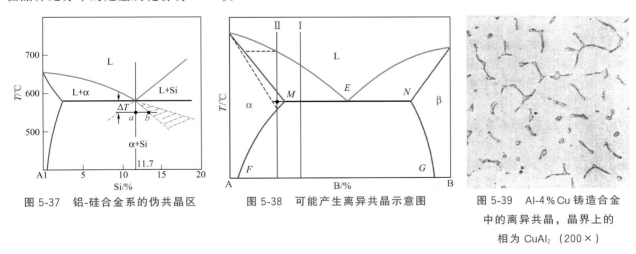

图 5-37 铝-硅合金系的伪共晶区   图 5-38 可能产生离异共晶示意图   图 5-39 Al-4% Cu 铸造合金中的离异共晶，晶界上的相为 $CuAl_2$ （200×）

由于端部固溶体合金在不平衡凝固时可以形成离异共晶，所以这种离异共晶组织是一种不平衡组织，可以用均匀化处理的方法予以消除。这种方法是将具有离异共晶组织的端部固溶体合金，加热到低于共晶温度并进行长时间保温，让原子进行充分扩散，这样就能得到接近平衡状态的组织 $\alpha + \beta_{II}$。

另外成分接近 M 点和 N 点的亚共晶和过共晶合金，在平衡凝固时也可能形成离异共晶（因为形成的初晶量很多，共晶量很少）这种离异共晶不是不平衡组织，所以用均匀化处理也无法消除。

离异共晶组织容易和次生相组织混淆，所以容易将端部固溶体合金当作亚共晶或过共晶合金，或把亚共晶和过共晶合金当作端部固溶体合金，因此在制订实际生产工艺时应严格加以区分。

5.3.3　二元包晶相图

两组元在液态时能无限互溶，在固态时只能有限互溶，并且有包晶转变的二元合金系所构成的相图称为包晶相图。

具有包晶相图的二元合金系主要有 Pt-Ag、Ag-Sn、Al-Pt、Sn-Sb 等，另外在许多二元合金系中也含有包晶转变部分。图 5-40 为典型的 Pt-Ag 合金包晶相图，下面以它为例进行分析。

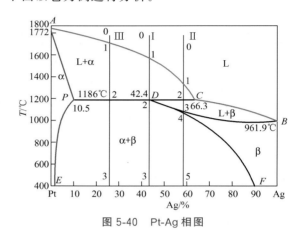

图 5-40　Pt-Ag 相图

5.3.3.1　相图分析

（1）点　A 点：纯组元 Pt 的熔点和凝固点，为 1772℃。

B 点：纯组元 Ag 的熔点和凝固点，为 961.9℃。

C 点：是包晶转变时，液相的平衡成分点。

D 点：是包晶点，具有该点成分的合金在恒温下发生包晶转变，$L_C + \alpha_P \xrightarrow[1186°]{t_D} \beta_D$，得到 100% 包晶产物。D 点也是 Pt 在 Ag 中的最大溶解度点。

包晶转变是一定成分的固相和一定成分的液相，在恒温下转变成一个新的一定成分的固相的过程。

P 点：是 Ag 在 Pt 中的最大溶解度点，也是包晶转变时 α 相的平衡成分点。

E 点：是室温时 Ag 在 Pt 中的溶解度。

F 点：是室温时 Pt 在 Ag 的溶解度。

（2）线　ACB 线为液相线，其中 AC 线为冷却时 L→α 的开始温度线，CB 线为冷却时 L→β 的开始温度线。

APDB 线为固相线，其中 AP 线为冷却时 L→α 的终止温度线，DB 线为冷却时 L→β 的终止温度线。

CDP 线是包晶转变线，成分在 C～P 之间的合金在恒温 t_D 下都发生包晶转变，$L_C + \alpha_P \xrightarrow[1186℃]{t_D} \beta_D$ 形成单相固溶体，可用相律证明在三相平衡时 $f = 0$，该线是水平线。

PE 线为 Ag 在 Pt 中的固溶度曲线，冷却时 $\alpha \rightarrow \beta_{II}$，DF 线为 Pt 在 Ag 中的固溶度曲线，冷却时 $\beta \rightarrow \alpha_{II}$。

（3）相区

① 单相区　有 3 个，即 L、α、β，在 ACB 液相线以上为单相的液相区，在 APE 线以左为单相的 α 固溶体区（α 是 Ag 在 Pt 中的置换固溶体），在 BDF 线右下方为单相的 β 固溶体区（β 是 Pt 在 Ag 中的置换固溶体）。

② 两相区　有 3 个，即 L＋α、L＋β、α＋β，在 ACPA 区为 L＋α 相区，在 BCDB 区为 L＋β 相区，在 EPDFE 区为 α＋β 相区。

③ 三相线　CDP 线为 L＋α＋β 三相平衡共存线。

5.3.3.2　典型合金的平衡凝固及组织

由相图可以看出成分在 C 点以右，P 点以左的合金，在平衡凝固时不发生包晶转变，其凝固过程与共晶相图中的端部固溶体合金完全相同，因此这里主要分析具有包晶转变合金的平衡凝固过程。

（1）合金 I （42.4％Ag-Pt 合金）　由图 5-40 可以看出，该合金在冷却到 t_1 温度时开始匀晶转变，从 L→α，随着温度的降低，固溶体 α％ 不断增加，成分沿固相线 AP 变化；液相 L％ 不断减少，成分沿液相线 AC 变化，当冷却到 t_D 温度时，L 的成分达到 C 点，α 相的成分达到 P 点，这时它们的相对量可用杠杆定律计算：$L\% = \dfrac{PD}{PC} \times 100\% = \dfrac{42.4-10.5}{66.3-10.5} \times 100\% = 57.3\%$，$\alpha\% = \dfrac{DC}{PC} \times 100\% = \dfrac{66.3-42.4}{66.3-10.5} \times 100\% = 42.7\%$，则 $\dfrac{L}{\alpha} = \dfrac{PD}{DC}$。

在该温度时具有 C 点成分的液相和具有 P 点成分的 α 发生包晶转变：$L_C + \alpha_P \xrightarrow[1186℃]{t_D} \beta_D$，完全转变为具有 D 点成分的单相 β 固溶体，因为 β 固溶体是在 α 与液相的界面（α/L）处形核，并且包围着 α，通过消耗 L 和 α 相而生长，所以称为包晶转变。由于 β 相的 Ag 含量低于 L 相，高于 α 相（含 Ag，L＞β＞α），而 Pt 含量低于 α 相，高于 L 相（含 Pt，α＞β＞L），所以 β 相在生长时 α 相中的 Pt 原子须向 β 和 L 相中扩散，而 L 相中的 Ag 原子须向 β 相和 α 相中扩散，见图 5-41。

在包晶转变完毕后，L 相和 α 相完全消失，只剩下生成 β 相，随着温度的降低，Pt 在 β 相中的溶解度达到过饱和，不断析出 α_{II}，其成分沿 DF 线变，相对量（β％）逐渐减少，α_{II} 成分沿 PE 线变相对量（α_{II}％）逐渐增加，最后在室温时的组织为 $\beta + \alpha_{II}$，该合金的平衡凝固示意图见图 5-42（a）。

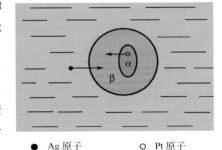

● Ag 原子　　　○ Pt 原子

图 5-41　包晶反应时原子迁移示意

（2）合金 II （42.4％＜Ag＜66.3％的 Pt-Ag 合金）　由相图可以看出，该合金在 1～2 点温度范围内的凝固过程与合金 I 相同，当冷却到 2 点温度时 L 的成分达到 C 点，α 的成分达到 P 点，它们的相对量为：$L\% = \dfrac{P2}{PC} \times 100\%$，$\alpha\% = \dfrac{2C}{PC} \times 100\%$，而 $\dfrac{L}{\alpha} = \dfrac{P2}{2C} ＞ \dfrac{PD}{PC}$（因 P2＞PD，2C＜DC）。

所以，该合金在包晶转变结束时有液相剩余，α 相消耗完毕，这时合金由 β＋L_剩 组成。在 2～3 点温度范围内随温度的降低，剩余液相发生匀晶转变 L→β，L 的成分沿液相线 CB 变，相对量 L_剩％ 不断减少，β 的成分沿固相线 DB 变，相对量 β％ 不断增加。当冷却到 3 点温度时 L_剩 凝固完毕，得到单相 β 固溶体；在 3～4 点随温度的降低，β 相自然冷却；在冷却到 4 点以下时，Pt 在 β 相中的溶解度达到过饱和，β→α_{II}。这时随温度的降低，β 的成分沿 DF 变，相对量逐渐减少，α_{II} 的成分沿 PE 变，相对量逐渐增加，在冷却到室温时，得到的组织为 $\beta + \alpha_{II}$，该合金的平衡凝固示意图见图 5-42（b），由相图可

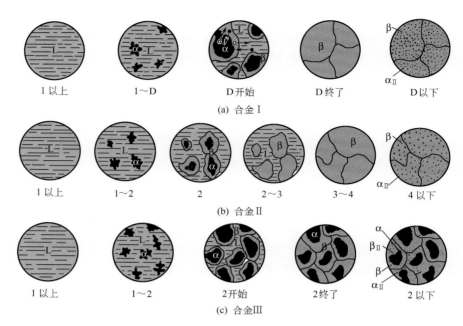

图 5-42　包晶系三种典型合金平衡凝固示意

以看出，成分在 DC 之间的合金凝固过程都与它相同，只是成分越接近 D 点，包晶转变后剩余的液相越少，而成分越接近 C 点包晶转变后，剩余的液相越多。

（3）合金Ⅲ（10.5％＜Ag＜42.4％的 Pt-Ag 合金）　由相图可以看出，该合金在 t_1～t_2 温度范围的凝固与合金Ⅰ和合金Ⅱ相同，发生匀晶转变，当冷却到 t_2 温度时，L 的成分达到 C 点，α 的成分达到 P 点，其相对量为：

$$L\% = \frac{Pt_2}{PC} \times 100\%, \quad \alpha\% = \frac{t_2C}{PC} \times 100\%, \quad \frac{L}{\alpha} = \frac{Pt_2}{t_2C} < \frac{PD}{DC}$$

（因 $Pt_2 < PD$，$t_2C > DC$）

以含30％Ag-Pt合金为例：$L\% = \dfrac{30-10.5}{66.3-10.5} \times 100\% = 35\%$，$\alpha\% = 100\% - 35\% = 65\%$，即 $L\% = 35\% < 57.3\% = L_包\%$，$\alpha\% = 65\% > 42.7\% = \alpha_包\%$。

所以在包晶转变结束时，L 消失有 α 剩余，因此这时的组织为 α＋β，继续冷却 α 的成分沿 PE 变析出 α→$\beta_Ⅱ$，β 的成分沿 DF 变析出 β→$\alpha_Ⅱ$，并随温度的降低，α 相和 β 相对量不断减少，而 $\alpha_Ⅱ$ 和 $\beta_Ⅱ$ 的相对量逐渐增加，因此在室温时它的组织为 α＋β＋$\alpha_Ⅱ$＋$\beta_Ⅱ$。该合金的平衡凝固示意图见图 5-42（c）。由相图可以看出，成分在 PD 之间的合金，凝固过程都与该合金相同，只是成分越接近 P 点，剩余的 α 量越多；而越接近 D 点，剩余的 α 量越少。

5.3.3.3　包晶合金的不平衡凝固及组织

由于包晶转变时，L 相和 α 相中的 A、B 组元的扩散都必须通过 β 相进行，而原子在固相中的扩散速度很慢，因此包晶转变的速度也相当慢，所以在实际生产条件下，（即不平衡凝固时），由于冷却速率较快，原子不能进行充分扩散，因此包晶转变也不能充分进行。这样就会使在平衡凝固时本应消

失的 α 相，在不平衡凝固时有部分被保留，所以具有包晶转变的合金在不平衡凝固后的组织与平衡凝固后的组织相比，一般具有较多的 α 固溶体（包晶反应相），而具有较少的 β 固溶体（包晶生成相），但在包晶转变温度很高时，原子扩散较快，包晶转变能充分进行。

另外，成分小于并接近 P 点的合金，在不平衡凝固时，由于匀晶转变时发生枝晶偏析，使冷却到包晶转变温度以下，仍有少量液相存在，因此也可以发生包晶转变，形成本不应出现的 β 相。以上在较快冷却速率下得到的包晶转变的不平衡组织，是由于原子扩散不充分所造成的。因此可以采用扩散退火的方法，使原子进行充分的扩散来改善或消除。

5.3.4　二元相图的分析与使用

5.3.4.1　其他类型的二元合金相图

二元合金相图除了具有上述三种（即匀晶、共晶、包晶）最基本的类型外，通常还有一些其他类型的二元合金相图，现简要介绍如下。

（1）具有其他类型恒温转变的相图

① 具有熔晶转变的相图　合金在一定温度下，由一个一定成分的固相，同时转变成另一个一定成分的固相和一定成分的液相的过程，称为熔晶转变，即 $\alpha \rightarrow L + \beta$。如图 5-43 的 Fe-B 相图，可以看出含 B 量在 $0.02\% \sim 3\%$ 的 Fe-B 合金，在 1381℃时都将发生熔晶转变 $\delta \rightarrow \gamma + L$。另外在 Fe-S、Cu-Sb 等合金系中也存在熔晶转变。

② 具有偏晶转变的相图　由一个一定成分的液相（L_1）在恒温下，同时转变为另一个一定成分的液相（L_2）和一定成分的固相（α）的过程，称为偏晶转变，即 $L_1 \rightarrow L_2 + \alpha$。图 5-44 所示为 Cu-Pb 相图，可以看出在 Cu-Pb 合金系中，存在着偏晶转变 $L_{36\%} \rightarrow L_{87\%} + Cu$。另外在 Cu-S、Cu-O、Ca-Cd、Fe-O 和 Mn-Pb 等合金系中都具有偏晶转变部分。

③ 具有合晶转变的相图　由两个一定成分的液相 L_1 和 L_2，在恒温下转变为一个一定成分的固相 α 的过程，称为合晶转变，$L_1 + L_2 \rightarrow \alpha$。图 5-45 所示的 Na-Zn 相图，可以看出它具有合晶转变，$L_1 + L_2 \xrightarrow{557℃} \beta$。

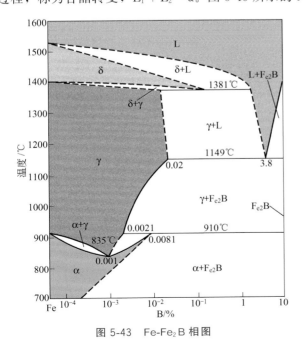

图 5-43　Fe-Fe₂B 相图

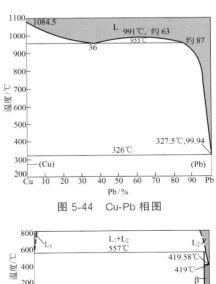

图 5-44　Cu-Pb 相图

图 5-45　Na-Zn 相图

④ 具有共析转变的相图　由一个一定成分的固相，在恒温下同时转变成另外两个一定成分的固相的过程，即 γ→α＋β。图 5-46 所示的 Fe-Ti 相图就具有共析转变 β(Ti) $\xrightarrow{590℃}$ ξ＋α（Ti），可以看出共析转变与共晶转变相似，区别在于它不是由液相，而是由一个固相同时转变为另外两个固相，并且是固态相变，具有共析转变的相图很多，如 Fe-C、Fe-N、Cu-Sb、Cu-Sn 等。

⑤ 具有包析转变的相图　由两个一定成分的固相，在恒温下转变成另一个一定成分的固相的过程，即 γ＋α→β。图 5-43 所示的 Fe-B 相图就具有包析转变 γ＋Fe$_2$B $\xrightarrow{910℃}$ α，可以看出，包析转变与包晶转变相似，它们的区别在于包析转变不是由一个液相和一个固相组成，而是由两个固相转变为一个新的固相，具有包析转变的相图很多，如 Fe-Sn、Cu-Si、Al-Cu、Fe-Ta 等。

（2）组元之间形成化合物的相图

Al$_2$O$_3$-SiO$_2$ 系统相图与许多常用耐火材料的制造和使用有着密切关系，在陶筑工业中也得到广泛应用，因此，该系统相图是研究硅酸盐材料的基本相图之一。

① 两组元形成稳定化合物的相图　稳定化合物是指两组元形成的具有一定熔点，并在熔点以下保持固有结构不发生分解的化合物。图 5-47 所示的 Al$_2$O$_3$-SiO$_2$ 相图就是具有稳定化合物（又称一致熔融化合物）的相图。相图中只有一个化合物 3Al$_2$O$_3$·2SiO$_2$（莫来石 Mullitte，A$_3$S$_2$），其质量组成是 72％Al$_2$O$_3$ 和 28％SiO$_2$，摩尔组成是 60％Al$_2$O$_3$ 和 40％SiO$_2$。莫来石是普通陶瓷、黏土质耐火材料的重要成分。由于该稳定化合物的成分在一定范围内变化，表明该化合物可以溶解其组成组元，形成以化合物为溶剂的固溶体，这时相图中的垂直线变为一个相区。它可以看作是一个独立的组元，因此在相图分析时，可以以它划分相图，以这类稳定化合物划分相图时，通常以对应熔点的虚线为界进行划分，具有这类稳定化合物的相图还有 Cd-Sb，Fe-P，Mn-Si，Cu-Th 等。当形成的化合物在相图中是一条垂直线，如图 5-48，Mg$_2$Si 把 Mg-Si 相图划分为 Mg-Mg$_2$Si（L$_{1.38％Si}$ $\xrightarrow{638.8℃}$ Mg＋Mg$_2$Si）和 Mg$_2$Si-Si（L$_{56.5％Si}$ $\xrightarrow{946.7℃}$ Mg$_2$Si＋Si）两个共晶相图。

② 两组元形成不稳定化合物的相图　不稳定化合物是指两组元形成的没有明显熔点，并在一定温度就发生分解的化合物。

图 5-49 所示的 Al$_2$O$_3$-SiO$_2$ 相图，就是具有不稳定化合物的相图。非稳定化合物的莫来石在 1828℃分解为液相 L$_P$ 和 Al$_2$O$_3$，在 P 点进行的过程是 A$_3$S$_2$ $\longrightarrow$ L＋Al$_2$O$_3$。由于本系统的液相线温度都比较高，高温实验技术的困难，在整个研究历史中已先后发表了多种不同形式的相图。这些相图的主要分歧是对莫来石（A$_3$S$_2$）的性质认识不同，有人认为莫来石是稳定化合物，有人认为是不稳定化合物。这种情况在硅酸盐体系相平衡的研究中屡见不鲜。究竟莫来石是否为稳定化合物？进一步的实验证明，当试样中含有少

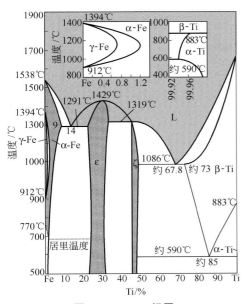

图 5-46　Fe-Ti 相图

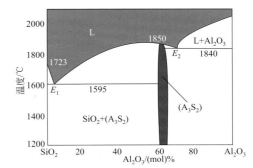

图 5-47　Al_2O_3-SiO_2 相图（形成稳定化合物）

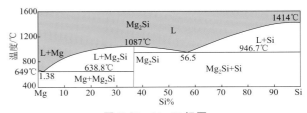

图 5-48　Mg-Si 相图

量碱金属等杂质，或相平衡实验是在非密封条件下进行时，A_3S_2 均为不稳定化合物；当使用高纯原料试样并在密封条件下进行相平衡实验时，A_3S_2 则是一致熔融化合物。这是由于 SiO_2 具有高温挥发性，在非密封条件下受长时间高温作用，会引起 SiO_2 的挥发，从而导致莫来石熔融前后的成分不一致。在工业生产和一般实验中，很难使用高纯原料和严格密封条件，因此在一般硅酸盐材料中，A_3S_2 多以不一致熔融状态存在，在加热或冷却过程中的相平衡关系为 $A_3S_2 \longrightarrow L+Al_2O_3$，其中刚玉（$Al_2O_3$）析晶能力很强，有利于 A_3S_2 的熔融分解，这更加剧了 A_3S_2 的分解。所以在分析实际生产问题时，把 A_3S_2 视为非稳定化合物较为适宜。

如图 5-50，当含钠（Na）54.4％时 K-Na 形成不稳定化合物 KNa_2，由于它的成分是一定的，所以在相图中以一条垂直线表示，可以看出该不稳定化合物是包晶转变的产物 $L+Na \xrightarrow{6.9℃} KNa_2$。由于在加热到 6.9℃时会分解成液相和钠晶体 $KNa_2 \xrightarrow{6.9℃} L+Na$，所以不稳定化合物不能当作一个独立的组元来划分相图。

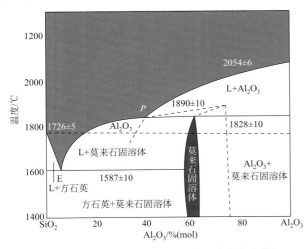

图 5-49　Al_2O_3-SiO_2 相图（形成不稳定化合物）

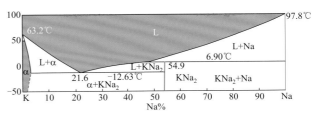

图 5-50　K-Na 相图

尽管二元合金相图的类型很多，但基本类型还是共晶和包晶两大类。为了便于掌握，将其主要的恒温转变列于表 5-1。

表 5-1　二元系各类恒温转变图型

恒 温 转 变 类 型		反 应 式	图 型 特 征
共晶式	共晶转变	$L \rightarrow \alpha + \beta$	
	共析转变	$\gamma \rightarrow \alpha + \beta$	
	偏晶转变	$L_1 \rightarrow L_2 + \alpha$	
	熔晶转变	$\delta \rightarrow L + \gamma$	
包晶式	包晶转变	$L + \beta \rightarrow \alpha$	
	包析转变	$\gamma + \beta \rightarrow \alpha$	
	合晶转变	$L_1 + L_2 \rightarrow \alpha$	

5.3.4.2　复杂二元相图的分析方法

由前面介绍可知，当二元合金系中既形成化合物又存在各种固态相变时，它的相图往往比较复杂，是由各种类型的基本相图组合而成的复杂相图。下面以图 5-51 Cu-Sn 相图为例进行分析。

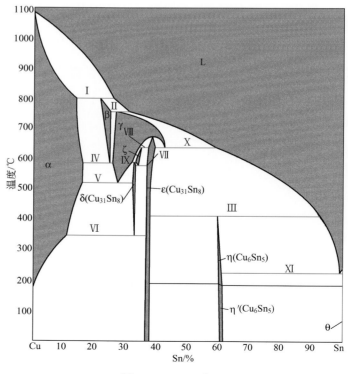

图 5-51　Cu-Sn 相图

分析相图主要是确定相图中各相区的相组成物和各水平线所代表的恒温转变。由 Cu-Sn 相图可以看出它有 11 条水平线，说明该合金系共有 11 个恒温转变。

Ⅰ　包晶转变：$L + \alpha \rightarrow \beta$；　　Ⅱ　包晶转变：$L + \beta \rightarrow \gamma$；　　Ⅲ　包晶转变：$L + \varepsilon \rightarrow \eta$；

Ⅳ　共析转变：$\beta \rightarrow \alpha + \gamma$；　　Ⅴ　共析转变：$\gamma \rightarrow \alpha + \delta$；　　Ⅵ　共析转变：$\delta \rightarrow \alpha + \varepsilon$；

Ⅶ　共析转变：$\zeta \rightarrow \delta + \varepsilon$；　　Ⅷ　包析转变：$\gamma + \varepsilon \rightarrow \zeta$；　　Ⅸ　包析转变：$\gamma + \zeta \rightarrow \delta$；

Ⅹ　熔晶转变：$\gamma \rightarrow \varepsilon + L$；　　Ⅺ　共晶转变：$L \rightarrow \eta + \theta$。

搞清楚了各种恒温转变后，在分析某个具体成分合金的凝固过程时，就可知道该合金经过哪些转变，最终得到什么组织。

5.3.4.3　根据相图判断合金的性能

由于合金的性能主要取决于合金的组织，而合金的组织又与合金的成分有着密切关系，因为相图是反映合金成分与组织的关系图，所以由相图可以大致判断合金的性能。见图 5-52 为各类合金相图与合金力学性能和物理性能之间的关系。由图 5-52（a）可以看出：当合金的组织为两相组成的混合物时，其性能与合金的成分呈直线关系，它的强度、硬度和导电性一般介于两组成相之间，大致为两组成相性能的算术平均值。图 5-52（a）为两纯组元组成的合金组织。由图 5-52（b）可以看出：当合金的组织为单相固溶体时，其性能与合金的成分呈曲线关系，固溶体合金的强度、硬度一般均高于纯金属，并随溶质组元浓度的增加而增加；但导电性低于纯金属，并随溶质浓度的升高而降低。图 5-52（c）为两固溶体组成的合金组织（两固溶体在固态时溶解度不变）。由图 5-52（d）可以看出，当合金系中形成稳定化合物时，在合金系的性能-成分线上出现奇异点（即升高点或降低点）。如图 5-52（d）为形成成分一定的稳定化合物。而图 5-52（e）为形成具有一定成分范围的稳定化合物。以上讲的是合金为平衡组织时，其性能与成分之间的关系，对于两相合金在不平衡凝固时，由于凝固速度越快，两组成相越细小，因此其强度、硬度越高，见图 5-52 中对应共晶点附近的虚线升高处。

另外，由相图还可以判断合金的铸造性能。合金的铸造性能主要是指合金的流动性（即液体充填铸型的能力）和缩孔性。合金的铸造性能与合金相图上的液、固相线距离（是指水平距离和垂直距离，即凝固时的成分间隔与温度间隔）有很大关系，若合金的液、固相线距离越大（即成分间隔和温度间隔越大），合金的流动性越差。因此，固溶体合金的流动性比纯金属和共晶合金差。由图 5-53（a）可以看出，

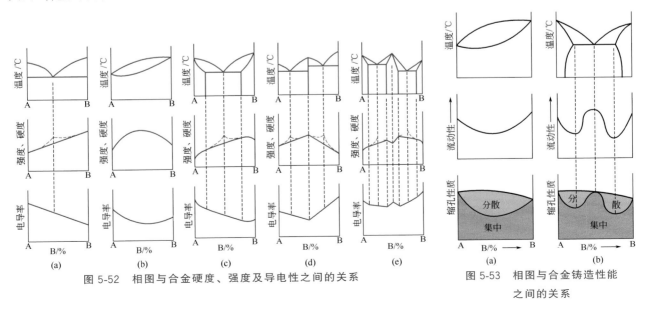

图 5-52　相图与合金硬度、强度及导电性之间的关系

图 5-53　相图与合金铸造性能之间的关系

合金的液、固相线距离越大，即合金凝固时的成分和温度间隔越大，合金的流动性越差，凝固后形成的分散缩孔越严重；而合金的液、固相线距离越小，即成分和温度间隔越小，合金的流动性越好，凝固后主要形成集中缩孔。因此，单相固溶体合金一般不采用铸造成型，而多采用锻造成型，即具有较好的锻造性能。而纯金属和共晶合金都是恒温下凝固，并且共晶合金具有较低的熔点，所以合金的成分越靠近共晶点，其流动性越好，铸造性能优良。见图 5-53（b）。

此外，根据相图还可以制订合金的浇铸温度，开锻、终锻温度，以及判断合金的热处理可能性和制订合金热处理的加热温度等。

5.3.5　实际二元相图举例

因铁碳合金相图是反映使用量最广的钢铁材料的重要资料，掌握铁碳合金相图，对于了解钢铁材料的成分、组织与性能之间的关系，以及制订钢铁材料的各种热加工工艺，都具有十分重要的意义，所以以它为例进行介绍。

5.3.5.1　铁碳合金相图

铁碳合金是由过渡金属元素铁与非金属元素碳所组成，因碳原子半径小，它与铁组成合金时，能溶入铁的晶格间隙中，与铁形成间隙固溶体。而间隙固溶体只能是有限固溶体，所以当碳原子溶入量超过铁的极限溶解度后，碳与铁将形成一系列化合物，如 Fe_3C、Fe_2C、FeC 等。由实际使用发现，碳含量大于 5%C 的铁碳合金脆性很大，使用价值很小，因此通常使用的铁碳合金碳含量都不超过 6.69%，这是因为铁与碳形成的化合物渗碳体（Fe_3C）是一个稳定化合物，它的碳含量为 6.69%，因此可以把它看作一个组元，它与铁组成的相图就是下面所要介绍的铁碳合金相图，实际上应该称为铁-渗碳体（$Fe-Fe_3C$）相图。$Fe-Fe_3C$ 相图是反映碳含量从 0~6.69% 的铁碳合金在缓慢冷却条件下，温度、成分和组织的转变规律图。由于所讨论的铁碳合金中含铁量都大于 93%，因此铁是铁碳合金中主要的组成部分，了解有关纯铁的特性对于掌握铁碳合金相图是十分必要的。

（1）纯铁

① 纯铁的同素异构转变　纯铁具有同素异构转变，由它的冷却曲线可以得到纯铁的相图，见图 5-18，了解了纯铁的相图后对于进一步了解和掌握铁碳合金相图都是很必要的。

② 纯铁的性能与应用　由实验测定纯铁的力学性能大致为：抗拉强度 $\sigma_b = 176 \sim 274 MN/m^2$，屈服强度 $\sigma_{0.2} = 98 \sim 166 MN/m^2$，延伸率 $\delta = 30\% \sim 50\%$，断面收缩率 $\psi = 70\% \sim 80\%$。硬度（布氏）$HB = 50 \sim 80$，冲击韧性 $\alpha_k \leqslant 1.5 \sim 2 MN \cdot m/m^2$，由于纯铁的强度、硬度低，所以很少用作结构材料，但纯铁具有高的磁导率，因此它主要用来制作各种仪器仪表的铁芯。

（2）铁与碳形成的相　在通常使用的铁碳合金中，铁与碳主要形成以下5 个基本相。

① 液溶体　用 L 表示，铁和碳在液态能无限互溶形成均匀的液溶体。

② δ 相　它是碳与 δ-Fe 形成的间隙固溶体，具有体心立方结构，称为

高温铁素体，常用 δ 表示。由于体心立方的 δ-Fe 的点阵常数 $a=0.293$nm，它的晶格间隙小，最大溶碳量在 1495℃为 0.09%C，是相图中的 H 点。

③ γ 相 它是碳与 γ-Fe 形成的间隙固溶体，具有面心立方结构，称为奥氏体，常用 γ 或 A 表示，由于面心立方的 γ-Fe 的点阵常数 $a=0.366$nm，它的晶格间隙较大，最大溶碳量在 1148℃为 2.11%C（质量），是相图中的 E 点，奥氏体的强度、硬度较低，塑性、韧性较高，是塑性相，它具有顺磁性。

④ α 相 它是碳与 α-Fe 形成的间隙固溶体，具有体心立方结构称为铁素体，常用 α 或 F 表示，由于体心立方的 α-Fe 的点阵常数 $a=0.287$nm，它的晶格间隙很小，最大溶碳量在 727℃为 0.0218%（质量），是相图中的 P 点，铁素体的性能与纯铁相差无几（强度、硬度低，塑性、韧性高），它的居里点（磁性转变温度）是 770℃。

⑤ 中间相（Fe_3C） 它是铁与碳形成的间隙化合物，碳含量为 6.69%C，称为渗碳体。渗碳体是稳定化合物，它的熔点为 1227℃（计算值），是相图中的 D 点。渗碳体的硬度很高，维氏硬度 HV=950～1050，但是塑性很低（δ≈0），是硬脆相，铁碳合金中 Fe_3C 的数量和分布对合金的组织和性能有很大影响。

Fe_3C 具有磁性转变，在 230℃以上为顺磁性，在 230℃以下为铁磁性，该温度称为 Fe_3C 的磁性转变温度或居里点，常用 A_0 表示。

（3）铁碳合金相图 由于碳以石墨形式存在时，热力学稳定性比 Fe_3C 高，所以 Fe_3C 在一定条件下将发生分解，形成石墨（$Fe_3C \xrightarrow{\text{分解}} 3Fe+C$ 石墨），因此从热力学角度讲，Fe_3C 是一个亚稳定相，石墨才是稳定相，但石墨的表面能很大，形核需要克服很高的能量，所以在一般条件下，铁碳合金中的碳大部分以渗碳体的形式存在。因此铁碳合金相图往往具有双重性，即一个是 Fe-Fe_3C（6.69%C）亚稳系相图（常用实线表示），另一个是 Fe-C（石墨100%C）稳定系相图（常用虚线表示），如图 5-54 所示。下面主要介绍 Fe-Fe_3C 亚稳系相图。

5.3.5.2 铁-渗碳体相图

Fe-Fe_3C 相图看起来比较复杂，其实并不复杂。只要对二元合金的基本相图掌握的比较好，就不难看出 Fe-Fe_3C 相图主要是由包晶相图、共晶相图和共析相图 3 个部分所构成。

（1）相图分析

① 特性点 Fe-Fe_3C 合金相图中的特性点列于表 5-2。

② 特性线 Fe-Fe_3C 相图中的特性线列于表 5-3。

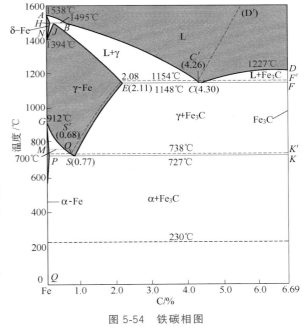

图 5-54 铁碳相图

③ 相区

a. 单相区 ⓐ在 $ABCD$ 线以上为液相区 L；ⓑ在 $AHNA$ 区中为 δ 相区（高温铁素体）；ⓒ在 $NJESGN$ 区为 γ 相区（奥氏体区）；ⓓ在 $GPQG$ 区中为 α 相区（铁素体区）；ⓔ在 $DFKL$ 区为 Fe_3C（渗碳体区）。

b. 两相区 ⓐ在 $ABJHA$ 区中为 L+δ 区；ⓑ在 $JBCEJ$ 区中为 L+γ 区；ⓒ在 $DCFD$ 区中为 L+Fe_3C；ⓓ在 $HJNH$ 区中为 δ+γ 区；ⓔ在 $GSPG$ 区中为 α+γ 区；ⓕ在 $ECFKSE$ 区中为 γ+Fe_3C；ⓖ在 $QPSKLQ$ 区中为 α+Fe_3C 区。

表 5-2 Fe-Fe₃C 合金相图中的特性点

特性点	温度/℃	碳含量/%（质量）	特 性 点 的 含 义
A	1538	0	纯铁的熔点
B	1495	0.53	包晶转变时液相的成分
C	1148	4.3	共晶点 L→(γ+Fe₃C)，莱氏体用 L_d 表示
D	1227	6.69	渗碳体的熔点
E	1148	2.11	碳在 γ-Fe 中的最大溶解度，共晶转变时 γ 相的成分，也是钢与铸铁的理论分界点
F	1148	6.69	共晶转变时 Fe₃C 的成分
G	912	0	纯铁的同素异构转变点(A₃)γ-Fe→α-Fe
H	1495	0.09	碳在 δ-Fe 中的最大溶解度，包晶转变时 δ 相的成分
J	1495	0.17	包晶点 L_B+δ_H → γ_J
K	727	6.69	共析转变时 Fe₃C 的成分点
M	770	0	纯铁的居里点(A₂)
N	1394	0	纯铁的同素异构转变点(A₄)δ-Fe → γ-Fe
O	770	0.5	含碳 0.5 合金的磁性转变点
P	727	0.0218	碳在 α-Fe 中的最大溶解度，共析转变时 α 相的成分点，也是工业纯铁与钢的理论分界点
S	727	0.77	共析点 γ_S→ α_P+Fe₃C(α+Fe₃C)，珠光体用 P 表示
Q	室温	<0.001	室温时碳在 α-Fe 中的溶解度

表 5-3 Fe-Fe₃C 合金相图中的特性线（冷却）

特 性 线	名　　称	特 性 线 的 含 义
$ABCD$	液相线	AB 是 L $\xrightarrow[\text{冷却}]{\text{匀晶}}$ δ 的开始线 BC 是 L $\xrightarrow[\text{凝固}]{\text{匀晶}}$ γ 的开始线 CD 是 L $\xrightarrow[\text{凝固}]{\text{匀晶}}$ Fe₃C_Ⅰ 的开始线
$AHJECF$	固相线	AH 是 L $\xrightarrow[\text{凝固}]{\text{匀晶}}$ δ 的终止线 JE 是 L $\xrightarrow{\text{匀晶}}$ γ 的终止线 ECF 是共晶线 L_C $\xrightarrow{1148℃}$ γ_E+Fe₃C
HJB	包晶转变线	L_B+δ_H $\xrightarrow{1495℃}$ γ_J
HN	同素异构转变线	δ→γ 的开始线
JN	同素异构转变线	δ→γ 的终止线
ES	固溶线	碳在 γ-Fe 中的溶解度极限线(A_cm 线)γ $\xrightarrow{\text{析出}}$ Fe₃C_Ⅱ
GS	同素异构转变线	γ→α 的开始线(A₃ 线)
GP	同素异构转变线	γ→α 的终止线
PSK	共析转变线	γ_S $\xrightarrow{727℃}$ α_P+Fe₃C(A₁ 线)
PQ	固溶线	碳在 α-Fe 中的溶解度极限线,α $\xrightarrow{\text{析出}}$ Fe₃C_Ⅲ
MO	磁性转变线	A₂ 线 770℃,α 无磁性>770℃>α 铁磁性
230℃虚线	磁性转变线	A₀ 线 230℃,Fe₃C 无磁性>230℃> Fe₃C 铁磁性

　　c. 三相线　ⓐ在 HJB 为 L+δ+γ 三相共存；ⓑ在 ECF 为 L+γ+Fe₃C 三相共存；ⓒ在 PSK 为 γ+α+Fe₃C 三相共存。

　　(2) 铁碳合金的分类　铁碳合金按其碳含量的不同，大致可以将它分为三类。

　　① 工业纯铁　C%<0.0218% 的铁碳合金常称为工业纯铁，它的室温组织为单相铁素体或铁素体＋三次渗碳体。

　　② 钢　0.0218%<C%<2.11% 的铁碳合金称为钢，钢在高温时的组织为单相的奥氏体，具有良好的塑性，可进行热煅，根据钢在室温时的组织又可将它分以下为三类。

　　a. 亚共析钢：0.0218%<C%<0.77% 的铁碳合金称为亚共析钢，其室温组织为先共析铁素体＋珠光体（F＋P）。

　　b. 共析钢：C%=0.77% 的铁碳合金称为共析钢，其室温组织为 100% 的珠光体（P）。

　　c. 过共析钢　0.77%<C%<2.11% 的铁碳合金称为过共析钢，其室温组织为珠光体＋二次渗碳体（P＋Fe₃C_Ⅱ）。

　　③ 白口铸铁　2.11%<C%<6.69% 的铁碳合金称为铸铁，由于 C 以 Fe₃C 的形式存在时，其断口呈白亮色，故称为白口铸铁，它们在凝固时发生共晶转变，具有较好的铸造性能，但共晶转变后得到的以 Fe₃C 为基的莱氏体脆性很大〔按 Fe-C（石墨）相图凝固的铸铁，断口为灰色，称为灰口铸铁，因为碳大部分以石墨形式存在〕。

　　白口铸铁根据其室温组织又可分为三类。

　　a. 亚共晶白口铸铁　2.11%<C%<4.3% 的铁碳合金称为亚共晶铸铁，其室温组织为珠光体、二次渗碳体和变态莱氏体（P＋Fe₃C_Ⅱ＋L'_d）。

　　b. 共晶白口铸铁　C%=4.3% 的铁碳合金称为共晶铸铁，其室温组织为 100% 变态莱氏体（L'_d）。

　　c. 过共晶白口铸铁　4.3%<C%<6.69% 的铁碳合金称为过共晶铸铁，其室温组织为一次渗碳体和变态莱氏体（Fe₃C_Ⅰ＋L'_d）。

　　(3) 典型成分合金的平衡凝固过程分析　由 Fe-Fe₃C 相图可以看出，铁碳合金中有七种典型成分的合金，即①工业纯铁；②共析钢；③亚共析钢；④过共析钢；⑤共晶铸铁；⑥亚共晶铸铁；⑦过共晶铸铁。下面逐个进行分析。

　　① 合金 Ⅰ（0.01%C 工业纯铁）的凝固　碳含量为 0.01% 的工业纯铁在相图中的位置参见图 5-55，由图可以看出，当该合金从液相冷却到与液相线相交的 1 点时，发生匀晶转变，从液相中凝固出 δ 相，随着温度的降低，液相的成分沿相线 AB 变，C% 不断增加，但相对量不断减少；而 δ 相的成分沿固相线 AH 变，C% 和相对量不断增加。当冷却到 2 点时，匀晶转变结束，L 消失，得到 C%=0.01% 的单相 δ 固溶体，在 2～3 点之间随温度的降低，δ 相的成分和结构都不变，只是进行降温冷却。当冷到 3 点时开始发生固溶体的同素异构转变，由 δ 相→γ 相。通常奥氏体的晶核优先在 δ 相的晶界处形成，在 3～4 点之间随温度的降低，δ 相的成分沿 HN 线变，C% 和相对量都不断减少；而 γ 相的成分沿 JN 线变，C% 不断降低，但相对量不断增加。当冷却到 4 点时，固溶体的同素异构转变结束，δ 相消失，得到 C%=0.01% 的单相奥氏体。在 4～5 点之间，随温度的降低，γ 相的成分和结构都不变，只是进行降温冷却。当冷却到 5 点时又开始发生

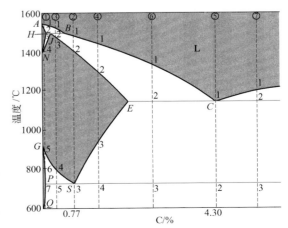

图 5-55　典型铁碳合金冷却时的组织转变过程分析

固溶体的同素异构转变，由 γ 相→α 相。通常铁素体的晶核优先在 γ 相的晶界处形成。在 5～6 点之间随温度的降低，γ 相的成分沿 GS 线变，C％不断增加，但相对量不断减少；而 α 相的成分沿 GP 线变，C％和相对量都不断增加。当冷到 6 点时，固溶体的同素异构转变结束，γ 相消失得到成分为 C％＝0.01％的单相铁素体。在 6～7 点之间随温度的降低，α 相的成分和结构都不变，只是进行降温冷却，当冷到 7 点时，铁素体的溶碳量达到过饱和，在 7 点以下铁素体将发生脱溶转变，α $\xrightarrow{析出}$ Fe₃C_Ⅲ，这时 F 的成分沿 PQ 线变，相对量逐渐减少，而 Fe₃C_Ⅲ 的量逐渐增加。Fe₃C_Ⅲ 的析出量一般很少，沿 F 的晶界分布，由它的凝固过程示意图 5-56 可以看出，它在室温时的组织为 F＋Fe₃C_Ⅲ，如图 5-57 所示。由杠杆定律可以计算出它在室温时的组织组成物和相组成物的相对量。工业纯铁碳含量为 0.0218％时，析出的三次渗碳体的量最大，用杠杆定律计算，Fe₃C_Ⅲ 最大 ＝ $\frac{0.0218}{6.69} \times 100\%$ ＝ 0.33％（这里把 F 在室温时的碳含量当作零处理）。

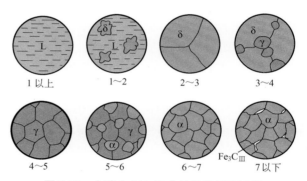

图 5-56　含碳 0.01％工业纯铁的凝固过程

由相图可以看出，所有的工业纯铁的凝固过程都与该合金的凝固过程相似，只是碳含量越靠近 P 点，析出的 Fe₃C_Ⅲ 的量越多。

② 合金 Ⅱ（共析钢 0.77％C）的凝固　碳含量为 0.77％的共析钢在相图中的位置参见图 5-55，由图可以看出，当它从液相冷却到与液相线 BC 相交的 1 点时，发生匀晶转变从 L→γ 相，随着温度的降低，液相的成分沿液相线 BC 变，C％不断增加但相对量不断减少；而 γ 相的成分沿固相线 JE 变 C％和相对量都不断增加。当冷到 2 点时匀晶转变结束，L 消失，得到 C％＝0.77％的单相奥氏体，在 2～3 点之间随温度的降低，γ 相的成分和结构都不变，只是进行降温冷却，当冷却到 3 点时奥氏体在恒温（727℃）发生共析转变，$\gamma_{0.77} \xrightarrow{727℃} \alpha_{0.0218} + Fe_3C$，转变产物称为珠光体（一般用 P 表示），它是 F 和 Fe₃C 的机械混合物，该铁素体通常称为共析铁素体，用 F_P 表示，该渗碳体通常称为共析渗碳体，用 Fe₃C_K 表示。共析渗碳体通常呈层片状分布在铁素体基体上，如图 5-58 所示，共析渗碳体经适当的球化退火后，可呈球状或粒状分布在 F 基体上，称为球状（或粒状）珠光体（见图 5-59）。在 3 点以下共析铁素体的成分沿 PQ 线变，发生脱溶转变析出三次渗碳体，

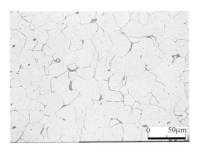

图 5-57　工业纯铁的光学显微
组织照片

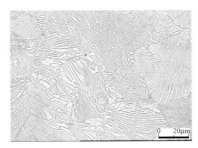

图 5-58　珠光体的光学显微
组织照片

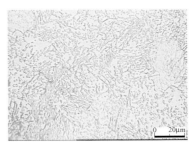

图 5-59　球状珠光体的光学显微
组织照片

$\alpha_P \rightarrow Fe_3C_{III}$，它和共析渗碳体混合在一起，并且量很少，所以在显微镜下分辨不出来，一般可以忽略不计，而共析 Fe_3C 和 Fe_3C_{III} 的成分都不发生变化，只是进行降温冷却。所以共析钢在室温时的组织组成物为 100%珠光体。而相组成物为 $F+Fe_3C$，它们的相对量可用杠杆定律计算。

室温时：$F\% = \dfrac{6.69-0.77}{6.69} \times 100\% = 88.5\%$，$Fe_3C\% = 100\% - F\% = 11.5\%$。它的凝固过程如图 5-60 所示。

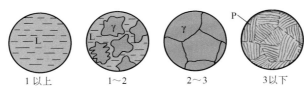

1 以上　　　　　1～2　　　　　2～3　　　　　3 以下

图 5-60　含碳 0.77%共析钢凝固过程

③ 合金Ⅲ（亚共析钢 0.4%C）的凝固　碳含量为 0.4%的亚共析钢在相图中的位置参见图 5-55，由图可以看出，当它从液相冷却到与液相线 AB 相交的 1 点时，发生匀晶转变，从 L→δ 相，随温度的降低，液相的成分沿液相线 AB 转变，C%不断增加，但相对量不断减少，而 δ 相的成分沿固相线 AH 转变，C%和相对量都不断增加，当冷却到 2 点时，液相的成分达到 B 点（0.53%C），δ 相的成分达到 H 点（0.09%C），这时液相和 δ 相在恒温下（1495℃）发生包晶转变 $L_{0.53} + \delta_{0.09} \xrightarrow{1495℃} \gamma_{0.17} + L_{0.53}$（剩余），由于该钢的 C%=0.4%＞包晶成分 C%=0.17%，所以在包晶转变结束后有液相剩余。在 2～3 点之间随温度的降低，剩余液相发生匀晶转变，不断凝固出 γ 相（$L_剩 \rightarrow \gamma_相$），其成分沿液相线 BC 转变，C%不断增加，但相对量不断减少；而包晶转变得到的 γ 相和匀晶转变得到的 γ 相成分都沿固相线 JE 转变，C%和相对量不断增加，当冷却至 3 点时匀晶转变结束，液相消失，得到成分为 C%=0.4%的单相奥氏体，在 3～4 点之间随温度的降低，γ 相的成分和结构都不变，只是进行降温冷却。当冷却到 4 点时开始发生固溶体的同素异构转变，由 γ 相→α 相。通常铁素体晶核优先在奥氏体晶界处形成。在 4～5 点之间随温度的降低，γ 相的成分沿 GS 线转变，C%不断增加，但相对量不断减少，而 α 相的成分沿 GP 线转变，C%和相对量都不断增加。当冷却到 5 点时，α 相的成分达到 P 点（0.0218%C），剩余的 γ 相的成分达到共析成分 S 点（0.77%C），这部分 γ 相在恒温（727℃）下发生共析转变 $\gamma_{0.77} \xrightarrow{727℃} \alpha_{0.0218} + Fe_3C$ 形成珠光体，通常将在共析转变前由同素异构转变形成的 α 相称为先共析铁素体 $F_先$，在 5 点以下，$F_先$ 和 $F_{共析}$ 的成分都沿 PQ 线变，发生脱溶转变析出三次渗碳体 $F_先 \rightarrow Fe_3C_{III}$，$F_{共析} \rightarrow Fe_3C_{III}$，而共析渗碳体的成分不变，只是降温冷却，由于析出的 Fe_3C_{III} 量很少，一般可以忽略不计，所以 0.4%C 的亚共析钢在室温时的组织为 α＋P（铁素体＋珠光体）。它的凝固过程如图 5-61 所示，图 5-62 为亚共析钢的显微组织。

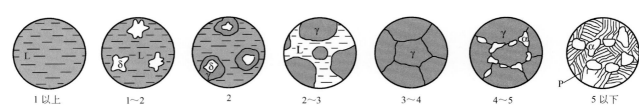

| 1以上 | 1~2 | 2 | 2~3 | 3~4 | 4~5 | 5以下 |

图 5-61　含碳 0.40% 亚共析钢凝固过程

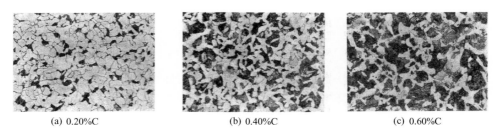

(a) 0.20%C　　　　　　　(b) 0.40%C　　　　　　　(c) 0.60%C

图 5-62　亚共析钢光学显微组织照片（白色晶粒为铁素体，暗黑色组织为珠光体）

该钢在室温时的组织组成物和相组成物的相对量也可用杠杆定律计算，相组构成为 $\alpha+Fe_3C$，$\alpha\%=\dfrac{6.69-0.40}{6.69-0}\times100\%=\dfrac{6.29}{6.69}\times100\%=94\%$，$Fe_3C\%=100\%-94\%=6\%$，组织组成物为 $\alpha_{先}+P$，如果要算 Fe_3C_{III} 的量，需先算共析温度时 $\alpha_{先}$ 和 P 的相对量。

$$\alpha_{先}\%=\dfrac{0.77-0.40}{0.77-0.0218}\times100\%=49.45\%，\quad P\%=100\%-49.45\%=50.55\%，$$

从 $\alpha_{先}$ 中析出的 $Fe_3C_{III}\%=Fe_3C_{III最大}\%\times\alpha_{先}\%=0.33\%\times49.45\%=0.16\%$，则 $C\%=0.4\%$ 的亚共析钢室温时组织组成物的相对量为 $P\%=50.55\%$。$\alpha_{先}\%=49.45\%-0.16\%=49.29\%$，$Fe_3C_{III}\%=0.16\%$。不算 $Fe_3C_{III}\%$，可直接在室温计算：$\alpha\%=\dfrac{0.77-0.40}{0.77}\times100\%=48.05\%$。$P\%=100\%-48.05\%=51.95\%$（$Fe_3C_{III}\%$ 和 $P_{先}$ 混在一起）。

由上述讨论结合相图可以看出，$0.17\%<C\%<0.53\%$ 的亚共析钢的平衡凝固过程都与该合金相似，而 $0.53\%<C\%<0.77\%$ 的亚共析钢，在平衡凝固时只是不发生包晶转变，但它们的组织组成物都是由 $\alpha+P$ 组成，所不同的是亚共析钢随着 $C\%$ 增加，组织中 $P\%$ 增加，$\alpha_{先}\%$ 减少，并且两相的分布状态也有所改变，如图 5-62 所示。

④ 合金 IV（过共析钢 1.2%C）的凝固　碳含量为 1.2% 的过共析钢在相图中的位置参见图 5-55，由图可以看出，当它从液相冷却到与液相线 BC 相交的 1 点时，发生匀晶转变，从液相中凝固出 γ 相，在 1~2 点之间随温度的降低，液相的成分沿液相线 BC 变，$C\%$ 不断增加，但相对量不断减少；而 γ 相的成分沿固相线 JE 转变，$C\%$ 和相对量都不断增加。当冷到 2 点时，匀晶转变结束，液相消失，得到 $C\%=1.2\%$ 的单相奥氏体，在 2~3 点之间随温度的降低，γ 相的成分和结构都不变，只是进行降温冷却，当冷却到 3 点时，与固溶线 ES 相交，奥氏体的碳含量达到过饱和，开始发生脱溶转变，沿晶界析出二次渗碳体（$\gamma\rightarrow Fe_3C_{II}$）；随温度的降低，$Fe_3C_{II}$ 的成分不变，但相

对量不断增加，并呈网状分布在 γ 相的晶界上，而 γ 相的成分沿固溶线 ES 转变，C% 和相对量都在不断减少，当冷却到 4 点时，γ 相的成分达到共析成分 S 点，这部分 γ 相在恒温（727℃）发生共析转变 $\gamma_{0.77} \xrightarrow{727℃} P$，而 Fe_3C_{II} 不变，在 4 点以下，P 中的 $\alpha_{\text{共析}}$ 成分沿 PQ 线变发生脱溶转变，析出 Fe_3C_{III}，由于析出量少并与共析 Fe_3C 混合在一起，所以在显微镜下观察不到，可不考虑。1.2%C 的过共析钢的凝固过程如图 5-63 所示，可以看出，该钢在室温时的组织为 P＋网状 Fe_3C_{II}，如图 5-64 所示，用不同的浸蚀剂浸蚀后，P 和 Fe_3C_{II} 的颜色不同，用硝酸酒精时，Fe_3C_{II} 呈白色网状，P 为黑色；用苦味酸钠时 Fe_3C_{II} 呈黑色网状，P 为浅灰色。

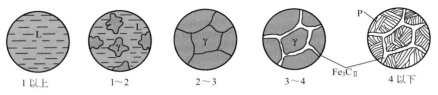

图 5-63　含碳 1.2% 过共析钢凝固过程

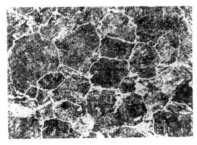 

(a) 硝酸酒精浸蚀，白色网状为二次渗碳体，暗黑色为珠光体　(b) 苦味酸钠浸蚀，黑色为网状二次渗碳体，浅白色为珠光体

图 5-64　过共析钢光学显微组织照片

该钢在室温时的组织组成物和相组成物的相对量也可用杠杆定律计算：组织组成物为 P＋Fe_3C_{II}，$P\% = \dfrac{6.69-1.2}{6.69-0.77} \times 100\% = 92.74\%$，$Fe_3C_{II}\% = 100\% - 92.74\% = 7.26\%$。相组成物为 $\alpha + Fe_3C$，$\alpha\% = \dfrac{6.69-1.2}{6.69} \times 100\% = \dfrac{5.49}{6.69} \times 100\% = 82\%$；$Fe_3C\% = 100\% - 82\% = 18\%$。18% 的 Fe_3C 中包括共析 Fe_3C、二次渗碳体和 Fe_3C_{III}。

由相图可以看出，所有的过共析钢的凝固过程都与该钢相似，不同的是，C% 接近 0.77% 时，析出的 $Fe_3C_{II}\%$ 少，呈断续网状分布，并且网很薄。而 C% 接近 2.11% 时，析出的 $Fe_3C_{II}\%$ 多呈连续网状分布，并且网的厚度增加，过共析钢在 2.11%C 时析出的 $Fe_3C_{II}\%$ 最大，可用杠杆定律计算：

$$Fe_3C_{II}\%_{\text{最大}} = \dfrac{2.11-0.77}{6.69-0.77} \times 100\% = 22.6\%$$

⑤ 合金 V（共晶白口铸铁 4.3%C）的凝固　碳含量为 4.3% 的共晶白口铸铁在相图中的位置参见图 5-55，由图可以看出，合金从液相冷却到 1 点时，在恒温（1148℃）发生共晶转变 $L_{4.3} \xrightarrow{1148℃} \gamma_{2.11} + Fe_3C$，该共晶体称为莱氏体（$L_d$），莱氏体中的 γ 称为共晶 γ，Fe_3C 称为共晶 Fe_3C，在 1～2 点之间随温度的降低，共晶 γ 发生脱溶转变析出 Fe_3C_{II}，其成分沿固溶线 ES 线变相对量和 C% 不断减少，Fe_3C_{II} 的成分不变，相对量不断增加，但共晶 Fe_3C 的成分和相对量都不变，只是进行降温冷却，当冷却到 2 点时，共晶 γ 的成分达到共析点（S 点 0.77%C），这部分 γ 在恒温下（727℃）发生共析转变 $\gamma_{0.77} \xrightarrow{727℃} P$，而共

晶 Fe_3C 和 Fe_3C_{II} 不发生变化。当冷却到 2 点以下，P 中的 α 成分沿 PQ 线变，发生脱溶转变析出 Fe_3C_{III}，而各 Fe_3C 不发生变化，只是进行降温冷却，由于 Fe_3C_{II} 和 Fe_3C_{III} 都依附在共晶 Fe_3C 基体上，在显微镜下无法分辨，所以在室温时得到的组织组成物为 100% 变态莱氏体（L'_d）=（P＋Fe_3C_{II}＋$Fe_3C_{共晶}$），见图 5-65，凝固过程见图 5-66。

共晶转变后莱氏体中的共晶 γ 和共晶 Fe_3C 的相对量可用杠杆定律计算：

$$\gamma_{共晶}\% = \frac{6.69-4.3}{6.69-2.11} \times 100\% = \frac{2.39}{4.58} \times 100\% = 52.2\%，\quad Fe_3C_{共晶}\% = 100\% - 52.2\% = 47.8\%。$$

共析转变后为 P＋Fe_3C（Fe_3C_{II}＋$Fe_3C_{共晶}$），它们的相对量也可用杠杆定律计算：

$$P\% = \frac{6.69-4.3}{6.69-0.77} \times 100\% = \frac{2.39}{5.92} \times 100\% = 40.37\%，\quad Fe_3C\% = 100\% - 40.37\% = 59.63\%。$$

因此，$Fe_3C_{II}\% = Fe_3C\% - Fe_3C_{共晶}\% = 59.63\% - 47.8\% = 11.83\%$，或 $Fe_3C_{II}\% = \gamma_{共晶}\% \times Fe_3C_{II最大}\% = 52.2\% \times 22.6\% = 11.80\%$。

该合金在室温时的相组成物为 $\alpha + Fe_3C$，它们的相对量也可用杠杆定律计算：$\alpha\% = \frac{6.69-4.3}{6.69} \times 100\% = \frac{2.39}{6.69} \times 100\% = 35.73\%$，$Fe_3C\%$（$Fe_3C_{III}$＋$Fe_3C_{共析}$＋$Fe_3C_{II}$＋$Fe_3C_{共晶}$）$= 100\% - 35.73\% = 64.27\%$。

⑥ 合金 Ⅵ（亚共晶白口铸铁 3%C）的凝固　碳含量 3.0% 的亚共晶白口铸铁在相图中的位置见图 5-55，由图可以看出，该合金从液相冷却到与液相线 BC 相交的 1 点时，开始发生匀晶转变从 L→γ 相，在 1～2 点之间随温度的降低，液相的成分沿液相线 BC 转变，C% 不断增加，但相对量不断减少，而 γ 相的成分沿固相线 JE 转变，C% 和相对量都不断增加。当冷却到 2 点时，γ 相的成分达到 E 点（2.11%C），而液相的成分达到共晶成分 C 点（4.3%C），在恒温（1148℃）下发生共晶转变 $L_{4.3} \xrightarrow{1148℃} \gamma_{2.11} + Fe_3C$，形成莱氏体，在共晶转变前，从液相中凝固出的 γ 相称为初晶（$\gamma_{初}$）或先共晶 γ（$\gamma_{先}$），它在共晶转变时不发生变化，在 2～3 点之间随温度的降低，共晶 Fe_3C 不发生变化，只是进行降温冷却，但 $\gamma_{初}$ 和 $\gamma_{共晶}$ 的成分沿固溶线 ES 转变，发生脱溶转变析出 Fe_3C_{II}，它们的 C% 和相对量都不断减少，而 Fe_3C_{II} 的成分

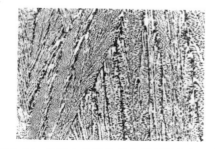

图 5-65　共晶白口铸铁的光学显微组织照片
（白色基体是共晶渗碳体，黑色颗粒
是共晶奥氏体转变成的珠光体）

图 5-66　含碳 4.3% 共晶白口铸铁的凝固过程

不变，相对量不断增加，当冷却到 3 点时，$\gamma_{初}$ 和 $\gamma_{共晶}$ 的成分都达到共析成分 S 点（0.77%C），都在恒温（727℃）发生共析转变 $\gamma_{0.77} \rightarrow P$（$\alpha + Fe_3C$）转变成珠光体，在 3 点以下 P 中的 α 成分沿固溶线 PQ 转变，发生脱溶转变析出 Fe_3C_{III}，而各 Fe_3C 的成分不变，只是进行降温冷却，因此最后的室温组织为 P（$\alpha + Fe_3C$）+ Fe_3C_{II} + L_d' [P（$\alpha + Fe_3C$）+ Fe_3C_{II} + $Fe_3C_{共晶}$]，如图 5-67 所示，由该图可以看出，$\gamma_{初}$ 转变的 P 在室温时仍保留着 $\gamma_{初}$ 的树枝状形态，在其周围包围着的白色薄层为从它中析出的 Fe_3C_{II}，而从 $\gamma_{共晶} \rightarrow Fe_3C_{II}$ 与共晶 Fe_3C 混合在一起无法分辨，该合金在室温时的组织组成物和相组成物的相对量也可用杠杆定律计算：组织组成物为 P + Fe_3C_{II} + L_d'。由于共晶转变后的组织为 $\gamma_{初}$ + L_d，$\gamma_{初}\% = \dfrac{4.3 - 3.0}{4.3 - 2.11} \times 100\% = \dfrac{1.3}{2.19} \times 100\% = 59.36\%$，$L_d'\% = 100\% - 59.36\% = 40.64\%$。则 $L_d' = L_d = 40.64\%$，因为 $Fe_3C_{II}\%_{最大} = 22.6\%$，所以 $Fe_3C_{II}\%$（由 $\gamma_{初}$ 中析出）= $\gamma_{初}\% \times 22.6\% = 59.36\% \times 22.6\% = 13.41\%$；因此，$P\% = \gamma_{初}\% - Fe_3C_{II}\% = 59.36\% - 13.41\% = 45.95\%$。相组成物为 $\alpha + Fe_3C$，$\alpha\% = \dfrac{6.69 - 3.0}{6.69} \times 100\% = \dfrac{3.69}{6.69} \times 100\% = 55.17\%$；$Fe_3C\% = 100\% - 55.17\% = 44.83\%$。

由相图可以看出，所有亚共晶白口铸铁的凝固过程都与该合金相似，所不同的是，C% 接近 2.11% 时 P 和 Fe_3C_{II} 的量增加，$L_d'\%$ 减少，而 C% 接近 4.3% 时，P 和 Fe_3C_{II} 的量减少，$L_d'\%$ 量增加。亚共晶白口铸铁与共晶白口铸铁相比只是多了 $\gamma_{初}$，其他的与共晶白口铸铁相同，该合金的凝固过程如图 5-68 所示。

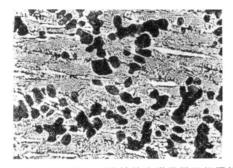

图 5-67　亚共晶白口铸铁的光学显微组织照片
（黑色树枝状组织为珠光体，其余为莱氏体）

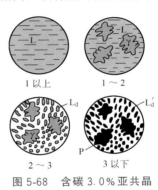

图 5-68　含碳 3.0% 亚共晶
白口铸铁的凝固过程

⑦ 合金Ⅶ（过共晶白口铸铁 5%C）凝固　碳含量为 5% 的过共晶白口铸铁在相图中的位置参见图 5-55，由图可以看出，该合金从液相冷却到与液相线 CD 相交的 1 点时，开始发生匀晶转变，从液相中凝固出条状的一次渗碳体，在 1～2 点之间随温度的降低，液相的成分沿液相线 CD 转变，C% 和相对量不断减少，而 Fe_3C_I 的成分不变，但相对量不断增加，当冷却到 2 点时，液相的成分达到共晶成分 C 点（4.3%C），在恒温（1148℃）下发生共晶转变：$Fe_3C_I + L_{4.3} \xrightarrow{1148℃} Fe_3C_I + L_d$（$\gamma_{2.11} + Fe_3C$），形成莱氏体，在 2～3 点之间随温度的降低，共晶 γ 的成分沿固溶液线 ES 相变，发生脱溶转变析出 Fe_3C_{II}，它的 C% 和相对量都不断减少，析出的 Fe_3C_{II} 成分不变，但相对量不断增加，当冷却到 3 点时，共晶 γ 成分达到共析成分 S 点（0.77%C），在恒温（727℃）下发生共析转变形成 P，冷却到 3 点以下，P 中的 α 成分沿 PQ 线变析出 Fe_3C_{III}，最后得到的室温组织为 $Fe_3C_I + L_d'$ [$Fe_3C_{共晶} + Fe_3C_{II} + P$（$\alpha + Fe_3C$）]，如图 5-69 所示，$Fe_3C_I$ 具有规则的外形。它的凝固过程见图 5-70。该合金在室温时的组织组成物和相组成物的相对量也可用杠杆定律计算，组织组成物为 $Fe_3C_I + L_d'$，$L_d'\% = L_d\% = \dfrac{6.69 - 5}{6.69 - 4.3} \times 100\% = \dfrac{1.69}{2.39} \times 100\% = 70.71\%$，$Fe_3C_I\% = 100\% - 70.71\% = 29.29\%$。相组成物为 $\alpha + Fe_3C$，$\alpha\% = \dfrac{6.69 - 5}{6.69} \times$

$100\%=25.26\%$，$Fe_3C\%=100\%-25.26\%=74.7\%$。

由相图可以看出，所有过共晶白口铸铁的凝固过程都与该合金相似，所不同的是，$C\%$接近4.3%时，$L'_d\%$增加，$Fe_3C_I\%$减少，而$C\%$接近6.69%时，$L'_d\%$减少，$Fe_3C_I\%$增加。由上述典型成分铁碳合金的平衡凝固过程分析，可以得出铁碳合金的成分与组织的关系图，即Fe-Fe_3C相图的组织分区图（组织组成物图），如图5-71所示。掌握该图对了解各不同成分的铁碳合金在平衡凝固后的组织变化有很大帮助。

（4）碳含量和杂质元素对碳钢组织与性能的影响

① 碳含量的影响　由上述分析可知，铁碳合金随碳含量的增加，其组织的变化规律为：$\alpha+Fe_3C_{\mathrm{III}}\rightarrow\alpha+P$（珠光体）$\rightarrow P\rightarrow P+Fe_3C_{\mathrm{II}}\rightarrow P+Fe_3C_{\mathrm{II}}+L'_d$（变态莱氏体）$\rightarrow L'_d\rightarrow L'_d+Fe_3C_I$。

由于平衡凝固后铁碳合金的各种组织，都是由铁素体和渗碳体两个基本相组成，而铁碳合金随碳含量的增加，这两个基本相的变化规律是：铁素体的量不断减少，渗碳体的量不断增加。因铁素体是塑性相，渗碳体是硬脆相，所以铁碳合金的力学性能主要取决于这两个基本相的性能、相对量和它们的相互分布形貌。

由图5-72可以看出，碳含量对碳钢机械性能的影响是：在$C\%<1\%$时，随碳含量的增加，钢的强度、硬度增加，但塑性、韧性降低，这说明渗碳体起到了较好的强化相作用；当$C\%>1\%$后，随碳含量的增加，钢的硬度增加，但强度、塑性、韧性降低，这是因为Fe_3C_{II}成连续网状分布，进一步破坏了铁素体基体之间的连接作用所造成。

对于白口铸铁由于其组织中的莱氏体是以渗碳体为基体的硬脆组织，所以它们具有很高的硬度和耐磨性，但脆性很大，因此它们只能用做要求高硬

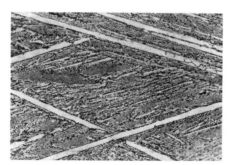

图5-69　过共晶白口铸铁的光学显微
组织照片

（白色条状为一次序渗碳体，其余为莱氏体）

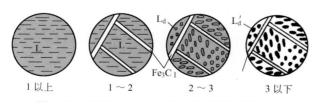

图5-70　含碳5.0%过共晶白口铸铁的凝固过程

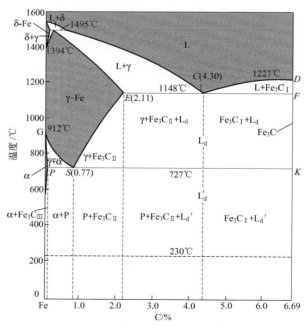

图5-71　按组织分区的铁碳合金相图

度、高耐磨性、受冲击较小的零件，如犁铧、球磨机磨球等。

② 杂质元素的影响 通常使用的碳钢并不只是由铁和碳两个组元组成，而是或多或少地存在着一些杂质元素。

杂质元素是炼钢过程中由矿石和炼钢过程的需要，而进入钢中又不能完全去除的元素，称为杂质元素。

由实验发现，钢中常存的杂质元素有硅、锰、硫、磷、氮、氢、氧等，它们对钢的组织、性能和质量都有一定程度的影响。

a. 硅的影响 硅在钢中的存在属于有益元素，由于它与氧有很大的亲和力，具有很好的脱氧能力。在炼钢时作为脱氧剂加入，$Si+2FeO \rightleftharpoons 2Fe+SiO_2$，硅与氧化铁反应生成二氧化硅（$SiO_2$）非金属夹杂物，一般大部分进入炉渣，消除了 FeO 的有害作用。但如果它以夹杂物形式存在于钢中，将影响钢的性能。碳钢中的硅含量一般 ≤0.4%，它大部分熔入铁素体，起固溶强化作用，提高铁素体的强度，而使钢具有较高的强度。

b. 锰的影响 锰在钢中的存在也属于有益元素，它与氧有较强的亲和力，具有较好的脱氧能力，在炼钢时作为脱氧剂加入 $Mn+FeO \rightleftharpoons Fe+MnO$。另外，锰与硫的亲和力很强，在钢液中与硫形成 MnS，起到去硫作用，大大地消除了硫的有害影响。钢中的锰含量一般为 0.25%～0.80%，它一部分溶入铁素体起到固溶强化作用，提高铁素体的强度，锰还可溶入渗碳体形成合金渗碳体 $(Fe,Mn)_3C$，使钢具有较高的强度；另一部分锰与硫形成 MnS，与氧形成 MnO，这些非金属夹杂物大部分进入炉渣，如残留在钢中对钢的性能有一定的影响。

c. 硫的影响 硫在钢中的存在属于有害元素，它主要是由矿石和炼钢原料所带入的，而且在炼钢过程中又不能完全除尽，图 5-73 所示为 Fe-S 相图，可以看出，在液态时铁、硫能够互溶，固态时铁几乎不溶解硫，而与硫形成熔点为 1190℃ 的化合物 FeS（S%=38%）。S%=31.6% 的 Fe-S 溶液在 989℃ 发生共晶转变，形成熔点为 989℃ 的 γ-Fe+FeS 共晶体，由于钢中的硫含量一般较低，形成的共晶体很少，γ-Fe+FeS 以离异共晶形式分布在 γ-Fe 晶界处。若将含有硫化铁共晶体的钢加热到轧制、锻造温度（1150～1200℃）时，γ-Fe+FeS 共晶体已熔化，进行轧制或锻造时，钢将沿晶界开裂，这种现象称为

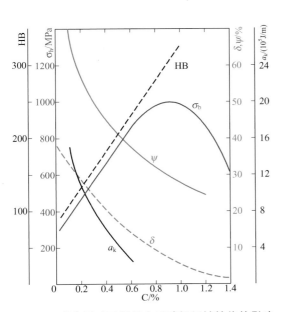

图 5-72 碳含量对平衡状态下碳钢机械性能的影响

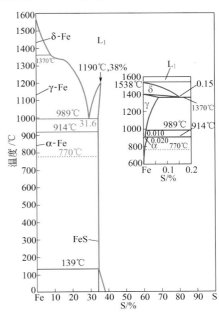

图 5-73 Fe-S 相图

钢的"热脆"或"红脆"。对于脱氧不充分的钢液，硫与 Fe、FeO 形成熔点更低（940℃）的三元共晶（Fe＋FeO＋FeS），使钢的热脆性更加明显。

由于锰和硫的亲和力大于铁和硫的亲和力，所以在钢中，它优先与硫形成熔点为 1600℃ 的 MnS，MnS 在高温下具有一定的塑性，可沿轧制或锻造方向变形，所以可避免钢"热脆"发生，但是 MnS 的存在割断了钢基体的连续性，会使钢的塑性、韧性和疲劳强度降低。另外，钢中硫含量较高时，钢件在焊接时会形成 SO_2 气体，使焊缝处产生气孔和疏松，降低钢的焊接性能，因此钢中硫含量一般限制在普通钢 S％＜0.065％；优质钢 S％＜0.040％；高级优质钢 S％＜0.030％。

硫虽说是有害元素，但它也有有利的一面，如钢中含有较多的硫、锰时，可改善低碳钢的切削加工性，使加工后的工件具有低的表面粗糙度。在易切削钢中就是通过提高硫和锰的含量，一般 S％＝0.08％～0.25％；Mn％＝0.5％～1.2％，使它们主要以 MnS 的形式存在，而降低钢的塑性，使切屑易断；另外 MnS 对刀具有一定的润滑作用，可减少刀具的磨损，延长它的使用寿命。

d. 磷的影响　磷在钢中的存在一般属于有害元素，它是炼钢原料中本身具有的，而在炼钢过程中又不能完全除尽。图 5-74 所示为 Fe-P 相图，可以看出，在 1049℃ 时，磷在 α-Fe 中的最大溶解度可达 2.55％P，在室温时溶解度仍在 1％ 左右，因此磷具有较高的固溶强化作用，使钢的强度、硬度显著提高，但也使钢的塑性、韧性剧烈降低，特别是使钢的脆性转折温度（冲击韧性与温度的关系）急剧升高，使钢的冷脆性提高（低温时的韧性降低），钢在低温变脆的现象称为冷脆，变脆的温度叫脆性转折温度。

另外从 Fe-P 相图中可以看出，铁磷合金的凝固温度间距很宽，而且 P 在 α-Fe 和 γ-Fe 中的扩散速度都很小，因此 P 在 Fe 中具有严重的偏析倾向，并且不易消除，这对钢的组织和性能都有很大的影响，所以对钢中的磷含量要严格控制，一般普通钢 P％≤0.045％；优质钢 P％≤0.04％；高级优质钢 P％≤0.035％。

磷使钢的脆性升高的作用，通常也可以加以利用，如在钢中加入 0.08％～0.15％P 可使钢脆化，提高钢的切削加工性和降低表面粗糙度，另外，在炮弹钢（C％＝0.6％～0.9％，Mn％＝0.6％～1.0％）中加入较多的磷可增加钢的脆性，使炮弹爆炸时碎片增多，提高炮弹的杀伤力，此外，在钢中同时含 Cu 和 P 时，P 还能提高钢在大气中的耐蚀性。

e. 氮的影响　氮在钢中的存在一般认为是有害元素，它是由炼钢时的炉料和炉气进入钢中的，由图 5-75 所示 Fe-N 相图可以看出，N 在 γ-Fe 中的最大溶解度在 650℃ 为 2.8％N，在 α-Fe 中的最大溶解度在 590℃ 约为 0.1％N，而在室温时的溶解度很小，低于 0.001％N，因此将钢由高温快速冷却后，可得到溶氮过饱和的铁素体。这种溶氮过饱和的铁素体是不稳定的，在室温长时间放置时，N 将以 Fe_4N 的形式析出，使钢的强度、硬度升高，塑性、韧性降低，这种现象称为时效硬化，如溶氮过饱和铁素体进行冷变形后，在室温或稍微加热，可促使 Fe_4N 加速析出这种现象称为机械时效或应变时效，

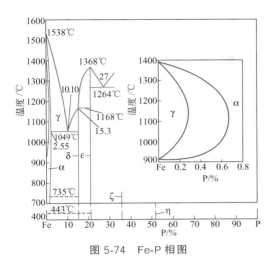

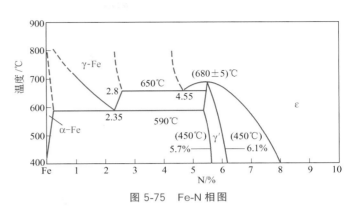

图 5-74　Fe-P 相图　　　　　　　　　　图 5-75　Fe-N 相图

利用第二相的沉淀析出，进行沉淀硬化，提高钢的强度、硬度，是一种强化钢的有效手段，但对于低碳钢一般不要求有高的强度、硬度，而要求有良好的塑性、韧性，以便于冲压成型，故氮在这里起有害作用。为了减轻氮的有害作用，就必须减少钢中的氮含量或加入 Al、V、Nb、Ti 等元素，使它们优先形成稳定的氮化物（AlN、VN、NbN、TiN 等），以减小氮所造成的时效敏感性，另外，这些氮化物在钢中弥散分布，阻止奥氏体晶粒的长大，起到细化晶粒和强化基体的作用，使钢具有较好的强度和韧性。

　　f. 氢的影响　　氢在钢中的存在也是有害元素，它是由潮湿的炼钢原料和炉气而进入钢中的。氢在钢中的溶解度甚微，但严重地影响钢的性能，氢溶入铁中形成间隙固溶体，使钢的塑性大大降低，脆性大大升高，这种现象称为氢脆。含有较多氢的钢，在加热热轧时溶入 γ-Fe，冷却时溶解度降低，析出的氢结合成氢分子（H_2），对周围钢产生很大压力，由于氢使钢的塑性大大降低，脆性大大升高，加上热轧时产生的内应力，当它们的综合作用力大于钢的 σ_b 时，在钢中就会产生许多微细裂纹如头发丝一样，也称发裂，这种组织缺陷称为白点。因为具有发裂的材料，其纵断面上有许多银白色的亮点，白点的出现将使零件报废。合金钢对白点的敏感性较大，消除白点的有效方法是降低钢中氢含量。

　　g. 氧的影响　　氧在钢中的存在也是有害元素，由于炼钢是一个氧化过程，氧在钢液中起到去除杂质的积极作用，但在随后的脱氧过程中不能完全将它除净，氧在钢中的溶解度很小，在 700℃时为 0.008%，在 500℃时在铁素体中的溶解度＜0.001%。氧溶入铁素体一般降低钢的强度、塑性和韧性，氧在钢中主要以氧化物方式存在，如 FeO、Fe_2O_3、Fe_3O_4、MnO、SiO_2、Al_2O_3 等，所以它对钢的性能的影响主要取决于这些氧化物的性能、数量、大小和分布等。高硬度的氧化物（如 Al_2O_3）对钢的切削加工性不利，另外，从高温快冷得到过饱和氧的铁素体，在时效时将以 FeO 沉淀析出造成钢的冷脆性，总的来说，钢中氧含量越高，钢的塑性、韧性、疲劳强度降低，脆性转变温度升高，因此要想减少氧的有害作用，就必须降低钢中的氧含量。

5.4 三元相图

5.4.1 两相平衡的三元相图

　　由相律可知，三元合金在两相平衡时，其自由度 $f=3-2+1=2$，因此它有两个可变因素，即温度和一个相的成分是可以独立改变的，所以三元合金的两相平衡区应是一个固定的空间区域。

若组成三元合金的三个组元，在液态和固态均能无限互溶时，则其所构成的相图称为三元匀晶相图，如图 5-76 所示。

5.4.1.1 相图分析

图 5-76 是由 A、B、C 三个组元组成的三元匀晶相图的立体模型图，图中△ABC 是 A、B、C 三组元的成分三角形，与它垂直的三个坐标都是温度坐标。

（1）点　A、B、C 三点代表三个纯组元。A_1、B_1、C_1 三点分别是 A、B、C 三个组元的熔点。

（2）线　A_1B_1、B_1C_1 和 C_1A_1 上凸线分别是 A-B、B-C 和 C-A 三个二元合金系的液相线；A_1B_1、B_1C_1 和 C_1A_1 下凹线分别是 A-B、B-C 和 C-A 三个二元合金系的固相线。

（3）面　$A_1B_1C_1$ 上凸面是 A-B-C 三元合金系的液相面，三元合金冷却到该面时开始凝固（L→α 的开始面）。$A_1B_1C_1$ 下凹面是 A-B-C 三元合金的固相面，三元合金冷却到该面时凝固终止（L→α 的终止面），该匀晶转变从液相中凝固出的是三元固溶体。

（4）相区　①单相区有 L、α 两个，在液相面 $A_1B_1C_1$ 上凸以上为单相的液相区；在固相面 $A_1B_1C_1$ 下凹面以下是单相的 α 固溶体相区。②两相区，有一个 L+α，在液相面 $A_1B_1C_1$ 上凸面和固相面 $A_1B_1C_1$ 下凹面之间是液相 L 和 α 固溶体两相区。

由上述分析可以看出，三元匀晶相图的立体模型图是一个三棱柱体，它的三个侧面分别为三个二元匀晶相图。三元合金的液相面和固相面的边缘是由这三个二元匀晶相图的液相线和固相线所组成。

5.4.1.2 三元固溶体合金的平衡凝固过程分析

由于三元匀晶相图是由三个两两互成二元匀晶相图的组元组成，所以三元匀晶合金的凝固过程与二元匀晶合金很相似，所不同的是，它的成分变化比二元匀晶合金复杂。如果以 D 合金为例，图 5-77 可以看出，D 合金在液相面以上时为单相的液相，当冷却到与液相面相交的 t_1 温度时，开始发生匀晶转变 L→α，从液相中凝固出 α 固溶体，这时液相的成分为 D 合金的成分，α 固溶体的成分在固相面上为 E 点；随着温度的降低，液相的成分沿液相面变化，固相的成分沿固相面变化，液相的量不断减少，固相的量不断增加；当冷却到 t_2 温度时液相的成分达到 M 点，固相的成分达到 F 点，由共线法则可知在该温度时，M 点和 F 点与 D 合金在该温度的成分点必定在同一直线上，该直线就是 L 和 α 两平衡相的连接线；当温度继续降低到 t_3 时，液相的成分达到 N 点，固相的成分达到 D 合金的成分，该合金凝固完毕，得到单相的均匀的 α 固溶体组织，它的冷却曲线见图 5-78，这里值得注意的是，D 合金凝固时，液相 L 和 α 固溶体的成分沿液相面和固相面的变化线 t_1MN 和 EFt_3 是两条空间曲线，它们不在同一个垂直平面上；因此这两条空间曲线在成分三角形中的投影为蝴蝶形图形，所以三元固溶体合金平衡凝固时，两平衡相成分变化轨迹的投影按蝴蝶形规律变化，如图 5-77 所示。

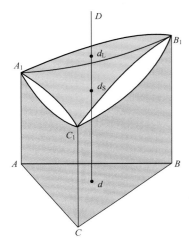

图 5-76　三元匀晶相图

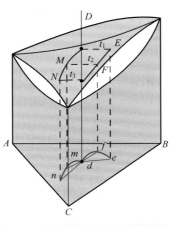

图 5-77　三元固溶体合金的凝固过程

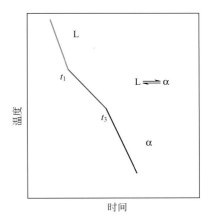

图 5-78　三元固溶体合金的冷却曲线

由于三元合金凝固时，两相平衡的成分无法由立体图直接确定，所以必须由实验测出一平衡相的成分后，才能根据共线法则确定出另一平衡相的成分，然后应用杠杆定律利用两平衡相的连接线计算它们的相对量。如 D 合金在 t_2 温度时 L 和 α 两平衡相的连接线为 MF，则可计算出：$L\% = \dfrac{t_2 F}{MF} \times 100\%$；

$\alpha\% = \dfrac{t_2 M}{MF} \times 100\%$。

三元合金相图一般也是用热分析法测定的，它是先配制一系列不同成分的三元合金，测出它们的冷却曲线，然后将各合金的相同性质的相变点连接起来而得出的。由于用三元合金的立体图无法确定合金的凝固开始温度和凝固终了温度，所以通常实际使用的三元合金相图都是平面化了的垂直截面图、水平截面图或投影图。

5.4.1.3　垂直截面图（变温截面图）

实际使用的三元合金相图的垂直截面图，一般是根据成分三角形中的两条特性线。配制合金即令一个组元的含量是恒定的或两个组元含量的比值是一定的。分别按这两种方法配制一系列合金后，再用热分析法分别测出各合金的冷却曲线，并将具有相同意义的相变点连接起来而得到的，因此常用的垂直截面图主要有两种，一种是含某一组元的量是恒定的，另一种是含某两个组元的量的比值是一定的。通常为了认识上的方便，都是用一垂直成分三角形的平面与三元合金的立体模型相截来作垂直截面图。

这种作垂直截面图的方法主要有两种，如图 5-79 所示，一种是截面平行于成分三角形的某一边；另一种是截面过成分三角形的某一顶角。先讨论第一种截法，因为截面 FE 与成分三角形的 A、B 边平行，所以该截面与三元合金的液相面和固相面的交线分别为 L_1L_2 和 a_1a_2，则凸曲线 L_1L_2 为液相线，凹曲线 a_1a_2 为固相线，该垂直截面如图 5-79（b）所示，由图可以看出，它与二元匀晶相图很相似，在液相线 L_1L_2 以上是单相 L 相区，在固相线 a_1a_2 以下是单相的 α 相区，在 L_1L_2 和 a_1a_2 之间是 α+L 两相区。所不同的是，在该截面上的所有三元合金含 C 组元的量都相同，并且成分坐标轴的两端所代表的不是纯组元 A、B，而是含 C 组元一定的 A-C 和 B-C 二元合金；所以液、固相线在该垂直截面图的两端不能相交成一点（这可由相律证明，二元合金两相平衡共存时自由度为 1，所以合金凝固是在一个温度区间内进行）。

对于第二种截法，因为截面 BG 过成分三角形纯组元 B 的顶角，所以该截面与三元合金的液相面和固相面的交线分别为 bL_3 和 ba_3，则凸曲线 bL_3 为液相线，凹曲线 ba_3 为固相线，该截面见图 5-79（c）。

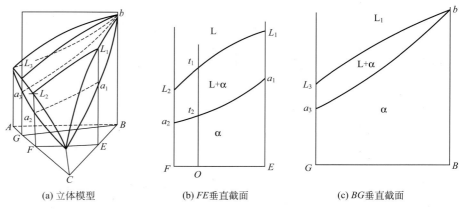

(a) 立体模型   (b) FE垂直截面   (c) BG垂直截面

图 5-79　三元匀晶相图的垂直截面

由该图可以看出，它与二元匀晶相图也很相似，即在液相线 bL_3 线以上为单相 L 相区，在固相线 ba_3 下为单相的 α 相区，在液、固相线之间为 L+α 两相区。但所不同的是，在该截面图上，所有合金 A、C 组元的比值是一定的，而且成分坐标轴的一端是纯组元 B，另一端是 A、C 组元按一定比例熔合成的二元合金。所以液、固相线在纯组元一端相交于一点，而在二元合金一端则不能相交。

由上述讨论可以看出，不论用哪种垂直截面图来分析温度变化时三元合金的凝固过程都很方便。如 O 合金在 t_1 温度以上为单相的 L，在 t_1 温度时开始发生匀晶转变 L→α，凝固出 α 固溶体，进入 L+α 两相区，到 t_2 温度时凝固完毕，形成均匀的单相 α 固溶体，即只需用一个垂直截面图，就能反映 O 合金在各不同温度时所处的状态。

但是，应该指出的是，用垂直截面图不能确定两平衡相的成分，也不能用杠杆定律计算两平衡相的相对量。因为垂直截面图上的液相线和固相线与二元合金相图中的液相线和固相线不同，它们是由垂直截面与立体图中的液、固相面相截得到的，它们之间不存在着相平衡关系。因为三元固溶体合金凝固时，各两相平衡的连接线（温度变化时的一系列连接线）不在同一个垂直平面上，所以垂直截面图上的液、固相线不能代表合金凝固时液、固两平衡相的成分变化轨迹。

另外应该注意，在使用垂直截面图时，所分析的合金一定要在该垂直截面图上才能使用该图，否则，则不能使用该垂直截面图。还应该注意，实际使用的垂直截面图，都是由实验测出的，而不是先测出立体图后再用垂直截面截取。

由于用垂直截面图分析合金的凝固时，无法确定两平衡相的成分和计算两平衡相的相对量，而用水平截面图可以确定三元合金在两相平衡时，在一定温度时两平衡相的成分，并根据连接线利用杠杆定律计算两平衡相的相对量。

5.4.1.4　水平截面图（等温截面图）

三元匀晶相图的水平截面图见图 5-80，它是以一定温度为一水平面与三元匀晶相图的立体图相截，其截面就是该温度时的水平截面图或等温截面图。由图 5-80 可以看出，该水平截面与液相面和固相面的交线分别为 de 和 fg，因此，de 和 fg 分别是液相面和固相面的等温线，也就是共轭曲线，在这里一般称为液相线和固相线。由该图可以看出，液相线 de 和固相线 fg 把该水平截面图分为三个相区，即在液相线 de 以下为单相的液相区，在固相线 fg 以上为单相的 α 固溶体相区，在 de 和 fg 线之间为 L 和 α 两相区。应该注意的是水平截面图的制作，实际上也是由实验直接测定的，而不是先作出立体图后再用水平截面截取。

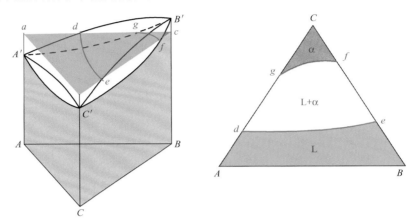

图 5-80　三元匀晶相图的水平截面

由于一张水平截面图只能反映三元合金在该温度时的状态，而不能反映三元合金的整个凝固过程，所以用水平截面图分析三元合金的凝固过程时，必须用一组不同温度的水平截面的图才行。由图 5-81 (a)、(b)、(c)，可以看出，随着温度的降低，α 固相区扩大，L 液相区缩小，L＋α 两相平衡区向液相区一方移动。另外，各水平截面图中，L 和 α 两相区中的直线为各不同成分的合金，在 T_1、T_2、T_3 温度时两平衡相的连接线，这些连接线也是由实验测出的。因为由相律可知，三元合金在两相平衡时自由度为 2，即 $f = C - P + 1 = 3 - 2 + 1 = 2$，对于水平截面图由于温度是一定的，所以只有一个自由度，因此只有一个相的成分是独立可变的，而另一个相的成分必定随之而变。当要确定两平衡相的成分时，必须用实验方法先测出一个相的成分，再由共线法则确定出另一个相的成分，知道了两平衡相的成分后，由两平衡相的连接线就可计算出合金在该温度时，两平衡相的相对量，如图 5-81 (a) 所示合金 O 在 T_1 温度时液、固两平衡相的成分为 L' 和 S'，则两平衡的相对量分别为 $W_L = \dfrac{OS'}{L'S'} \times 100\%$，$W_S = \dfrac{L'O}{L'S'} \times 100\%$。

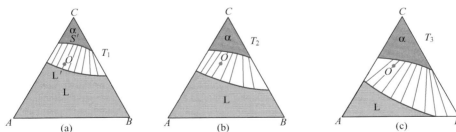

图 5-81　由水平截面图确定平衡相的成分和相对量

$$T_1 > T_2 > T_3$$

另外，用一组水平截面图分析三元合金的凝固过程时，由图 5-81 可知，$T_1 > T_2 > T_3$，可以看出在 T_1 温度时合金 O 处于 L 和 α 两相平衡，由它们的连接线可以看出，此时液相的量较多，α 相的量较少，随着温度的降低，$T_1 \rightarrow T_2 \rightarrow T_3$，液相的量不断减少，$\alpha$ 相的量不断增加，在 T_3 温度时合金 O 已接近固相线，液相量此时已很少，当温度继续降低到与固相（等温）线相交，凝固完毕得到单相的 α 固溶体组织。

如果将某三元匀晶合金 O 在凝固过程中的一组水平截面图中的过合金 O 点的各液、固两平衡相的连接线都投影到成分三角形中，并将代表液相和固相的成分点分别连接起来，就可发现三元匀晶合金凝固时，液、固两相的成分和相对量的变化符合蝴蝶形规律，即液、固两相的成分和相对量的变化轨迹为蝴蝶形轨迹，如图 5-82 所示。图中，S^0O，$S^1L^1 \cdots$ 为各不同温度时合金 O 液、固两相的连接线。S^0，S^1，$\cdots$，O 和 O，L^1，$\cdots$，L^n 分别为合金 O 凝固时固相和液相成分随温度的变化轨迹，开始凝固时固相（α 相）的成分为 S^0，液相的成分为合金 O 的成分；凝固终了时液相的成分为 L^n，固相的成分为合金 O 的成分。

5.4.1.5 连接线的方向

三元匀晶合金凝固时两平衡相的连接线方向，通常可以根据三组元的熔点高低来大致判断。另外知道了连接线的转动方向随温度的变化规律后，还可以说明三元匀晶合金凝固时，液、固两相的成分随温度的变化轨迹为什么为蝴蝶形轨迹。因为三元固溶体合金的凝固与二元固溶体合金的凝固情况相同，在凝固过程中，固相中含高熔点组元比液相中多，而液相中含低熔点组元比固相中多，这一规律叫选分凝固（或选分结晶）。如果有一三元系匀晶合金，其三组元的熔点高低情况为 $T_C > T_B > T_A$。则 $x_C^\alpha > x_C^L$，$x_B^\alpha > x_B^L$，$x_A^\alpha < x_A^L$（x 代表组元含量，下标为所含组元，上标为平衡相）。若该合金系在某一温度的水平截面图如图 5-83 所示。当合金 O 在该温度时处于 L 和 α 两相平衡，根据选分结晶规律，则 α 相中含高熔点组元 B 的量大于液相中含高熔点组元 B 的量（即 $x_B^\alpha > x_B^L$）；而液相中含低熔点组元 A 的量大于 α 相中含低熔点组元 A 的量（即 $x_A^L > x_A^\alpha$）。所以 $\dfrac{x_B^\alpha}{x_A^\alpha} > \dfrac{x_B^L}{x_A^L}$，即 α 相中高熔点组元 B 与低熔点组元 A 的浓度比，应该大于液相中这两种组元的浓度比。如果作组元 C 与合金成分点 O 的连线 $ChOkk'$，则这时液、固两相中 B、A 组元的浓度比相等，这显然不符合上述浓度比的关系。所以合金 O 在该温度时液、固两平衡相的连接线一定偏离 $ChOk$ 线，但往何方向偏离，只有当两

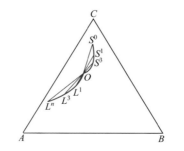

图 5-82　三元匀晶转变过程中液、固相成分变化的投影

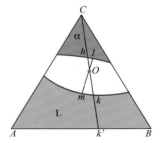

图 5-83　连接线的方向

平衡相的连接线使 α 相和 L 相中 B、A 组元的浓度比为 $\dfrac{x_B^\alpha}{x_A^\alpha} > \dfrac{x_B^L}{x_A^L}$ 时，才是连接线的偏离方向。因两平衡

相的连接线往 mOl 方向偏离时，满足上述浓度比 $\dfrac{x_B^\alpha}{x_A^\alpha} > \dfrac{x_B^L}{x_A^L}$，所以 mOl 是合金 O 在该温度时两平衡相的

连接线。

　　由上述讨论可知，合金处于两相平衡时，两平衡相的连接线偏离了合金成分点 O 与 C 组元顶角的连线，但偏离的角度无法计算。通常可以近似地用合金成分点与 C 组元顶角的连线 $ChOk$ 作为两平衡相的连接线，但按该连接线确定出的两平衡相的成分误差较大，而计算出的两平衡相的相对量误差较小。

　　另外由上述讨论还可以看出，三元合金在两相平衡时，其连接线是随着温度的降低，向低熔点组元方向转动。所以三元固溶体合金凝固时，液、固两相的成分随温度的变化线都是空间曲线，并且不处在同一垂直平面上，因此它们的投影图为蝴蝶形图形，随着温度的降低，液、固两相的连接线逐渐向低熔点组元方向转动，从 C→B→A 转动，固相的成分点逐渐靠近合金的成分点，液相的成分点逐渐远离合金的成分点，所以它是按蝴蝶形规律变化的。

5.4.1.6　等温线投影图

　　如果将各不同温度时水平截面图上的液相（等温）线和固相（等温）线分别投影到同一个成分三角形中，就可以得到如图 5-84（a）、（b）所示的液相面等温线投影图和固相面等温线投影图，由该图就可以直接找出各不同成分的三元合金的开始凝固温度和凝固终止温度，如可以看出合金 O 约在 980℃时开始凝固，在 975℃时凝固结束。

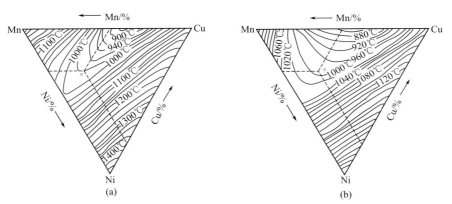

图 5-84　Cu-Ni-Mn 三元相图液相面等温线（a）和固相面等温线（b）

5.4.1.7　析出次生相的两相平衡

　　图 5-85 具有析出次生相两相平衡的三元合金相图，它也是一个三元匀晶相图，只是在固态时多了一个半闭合的溶解度曲面 $abcd$，该溶解度曲面的形成可以由图 5-86 所示的 A-B 二元系相图说明，由图可以看出 A-B 二元系合金，在固态时只能在高温相互无限互溶，而在低温时只能有限互溶。其中曲线 ab 为 α_1 的溶解度曲线，α_1 是以 A 组元为溶剂的固溶体，曲线 bc 为 α_2 的溶解度曲线，α_2 是以 B 组元为溶剂的固溶体；它们都是二元固溶体，在曲线 abc 内为 α_1 和 α_2 二相平衡区，当第三个组元 C 加入后，原来的溶解度曲线就变成了溶解度曲面，如 ab 线变为 abd 面，bc 线变为 bcd 面，它们分别为 A、B、C 三元固溶体的溶解度曲面，通常第三组元的加入会改变原二元固溶体的溶解度，在图 5-85 中，C 组元的加入使 α_1 中 B 组元和 α_2 中 A 组元的溶解度都加大，并连成一片，合金在冷却时若遇到该溶解度曲面，将析出次生相而处于 $\alpha_1 + \alpha_2$ 两相平衡，两平衡相成分点的连接线如图 5-87 所示，它是图 5-85 在低温时的水平截面图，由图可以看出两平衡相的连接线也为直线。

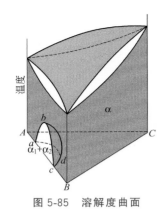

图 5-85　溶解度曲面

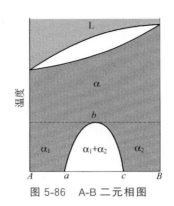

图 5-86　A-B 二元相图

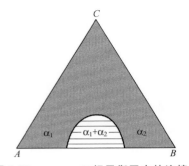

图 5-87　α_1、α_2 二相平衡区内的连接线

5.4.2　三相平衡的三元相图

由相律可知，三元合金在三相平衡时，其自由度为 1，所以温度和三个平衡相的成分只有一个可以独立改变，即在温度一定时，三个平衡相的成分是一定的，温度改变时，三个平衡相的成分也随之改变，当一个相的成分被确定后，则温度和另外两个相的成分就随之而定了。因此，三元合金的三相平衡区也是一个固定的空间立体区域，由重心定律可知，三元合金在三相平衡时符合重心定律，所以三相平衡区通常为三棱柱体。

具有三相平衡的三元合金相图很多，但主要可以分为共晶型三相平衡相图和包晶型三相平衡相图两类。共晶型三相平衡相图主要包括共晶（L→$\alpha+\beta$）、偏晶（L_1→$L_2+\alpha$）、熔晶（α→$L+\beta$）、共析(γ→$\alpha+\beta$)等，即随温度降低时发生由一相分解成两相的转变。包晶型三相平衡相图主要包括，包晶(L+α→β)、合晶(L_1+L_2→α)、包析($\gamma+\alpha$→β)等，即随温度降低时发生由两相合成一相的转变，在这一节中，主要讨论共晶三相平衡相图和包晶三相平衡相图。

5.4.2.1　具有共晶三相平衡的三元相图

如图 5-88 所示，该类相图一般是三个组元在液态完全互溶，两对组元组成二元共晶系，一对组元组成二元匀晶系时所构成的，它是具有共晶三相平衡的三元相图的立体图（$T_B > T_C > T_A > E_1 > E_2$）。

（1）相图分析

① 点　A、B、C 三点为三个纯组元，T_A、T_B、T_C 为 A、B、C 三个组元的熔点。E_1、E_2 点分别为 B-C、A-C 二元系的共晶点，a_1、b_1 点分别是 B-C 二元系中 α 相和 β 相的最大溶解度，a_2、b_2 点分别是 A-C 二元系中 α 相和 β 相的最大溶解度，c_1、d_1 点分别是 B-C

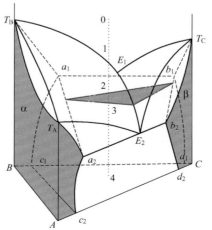

图 5-88　具有三相平衡的共晶相图

二元系在室温时在 α 相和 β 相的溶解度，c_2、d_2 点分别是 A-C 二元系在室温时 α 相和 β 相的溶解度。

② 线　$T_BE_1T_C$ 线是 B-C 二元系的液相线，$\begin{cases} T_BE_1 \text{线：L} \xrightarrow{\text{开始}} \alpha \\ T_CE_1 \text{线：L} \xrightarrow{\text{开始}} \beta \end{cases}$；$T_AE_2T_C$ 线是 A-C 二元系的液相

线 $\begin{cases} T_CE_2 \text{线：L} \xrightarrow{\text{开始}} \beta \\ T_AE_2 \text{线：L} \xrightarrow{\text{开始}} \alpha \end{cases}$；$T_AT_B$ 上凸线是 A-B 二元系的液相线，L $\xrightarrow{\text{开始}} \alpha$；$T_Ba_1E_1b_1T_C$ 线是 B-C 二元系

的固相线，其中，$a_1E_1b_1$ 线是 B-C 二元系的共晶线，L→α+β，$\begin{cases} T_Ba_1 \text{线：L} \xrightarrow{\text{终止}} \alpha \\ T_Cb_1 \text{线：L} \xrightarrow{\text{终止}} \beta \end{cases}$；$T_Aa_2E_2b_2T_C$ 线是

A-C 二元系的固相线，其中，$a_2E_2b_2$ 线是 A-C 二元系的共晶线 L→α+β，$\begin{cases} T_Cb_2 \text{线：L} \xrightarrow{\text{开始}} \beta \\ T_Aa_2 \text{线：L} \xrightarrow{\text{开始}} \alpha \end{cases}$。$T_AT_B$ 下凹线

是 A-B 二元系的固相线 L $\xrightarrow{\text{终止}} \alpha$。

E_1E_2 线称为共晶沟线，凡是成分位于该线上的液相都要发生两相共晶反应，即共晶三相平衡转变 L→α+β，E_1E_2 线也称为液相的单变量线，它是三相平衡时，液相的成分随温度的变化轨迹。

a_1a_2 线是 α 相的单变量线，它是三相平衡时，α 相的成分随温度的变化轨迹。

b_1b_2 线是 β 相的单变量线，它是三相平衡时，β 相的成分随温度的变化轨迹。

a_1c_1 线，b_1d_1 线分别是 B-C 二元系中 α 相和 β 相的固溶度曲线；a_2c_2 线，b_2d_2 线分别是 A-C 二元系中 α 相和 β 相的固溶度曲线。

c_1c_2 线是 α 相（三元）在室温时的溶解度线；d_1d_2 是 β 相（三元）在室温时的溶解度线。

③ 面　$T_BE_1T_CE_2T_AT_B$ 为液相面，其中，$T_BE_1E_2T_AT_B$ 面是 L→α 的开始面；$T_CE_1E_2T_C$ 面是 L→β 的开始面。

$T_Ba_1b_1T_Cb_2a_2T_AT_B$ 面是固相面，其中，$T_Ba_1a_2T_AT_B$ 面是 L→α 的终止面，$T_Cb_1b_2T_C$ 面是 L→β 的终止面，$a_1b_1b_2a_2a_1$ 面是三相平衡共晶转变的终止面，当合金与该面相交时，L→（α+β）结束，液相消失。它也是 α 相和 β 相的直纹面（即由各温度时 α 和 β 的连接线所组成），因为它是由 α 相和 β 相的单变量线所构成。中间面：有两个 $a_1E_1E_2a_2a_1$ 是三相平衡共晶转变开始面，当合金与该面相交时开始发生 L→（α+β）转变。它也是 L 和 α 相的直纹面，因为它是由 L 和 α 相的单变量线所构成。$b_1E_1E_2b_2b_1$ 三相平衡共晶转变开始面，当合金与该面相交时，开始发生 L→（α+β）转变。它也是 L 和 β 相的直纹面，因为它是由 L 和 β 相的单变量线所构成。

$c_1a_1a_2c_2c_1$ 面是 α 相的溶解度曲面，冷却时合金遇到该面从 α 相中析出次生相 β（α→β_{II}），$d_1b_1b_2d_2d_1$ 面是 β 相的溶解度曲面（β→α_{II}）。

④ 相区

a. 单相区有 3 个，即 L、α、β。在液相面 $T_BE_1T_CE_2T_AT_B$ 面以上为 L 单相区。在固相面 $T_Ba_1a_2T_AT_B$ 面以下和溶解度面 $c_1a_1a_2c_2c_1$ 面以左为 α 相单相区。在固相面 $T_Cb_1b_2T_C$ 面以下和溶解度面 $d_1b_1b_2d_2d_1$ 面以右为 β 单相区。

b. 两相区有 3 个，即 L+α、L+β、α+β。在液相面 $T_BE_1E_2T_AT_B$ 面和固相面 $T_Ba_1a_2T_AT_B$ 面之间在中间面 $a_1E_1E_2a_2a_1$ 面以上，为 L+α 两相区。在液相面 $T_CE_1E_2T_C$ 面和固相面 $T_Cb_1b_2T_C$ 面之间，在中间面 $b_1E_1E_2b_2b_1$ 面以上为 L+β 两相区，在固相面 $a_1b_1b_2a_2a_1$ 面以下在溶解度曲面 $c_1a_1a_2c_2c_1$ 面和

$d_1b_1b_2d_2d_1$ 面之间为 $\alpha+\beta$ 两相区。

c. 三相区有 1 个，即 $L+\alpha+\beta$。由三相平衡转变开始面 $a_1E_1E_2a_2a_1$、$b_1E_1E_2b_2b_1$ 面和三相平衡转变终止面 $a_1b_1b_2a_2a_1$ 面 3 个面，构成的 1 个两端封闭的在二元共晶的线上的三棱柱体中，为 $L+\alpha+\beta$ 三相共存区。

（2）典型合金凝固过程分析

以图 5-88 中合金 O 为例，当合金 O 从液态冷却 1 点时与液相面 $T_BE_1E_2T_AT_B$ 面相交时，开始从液相中凝固出初晶 α 相，进入 $L+\alpha$ 两相区，其成分在 α 相的固相面 $T_Ba_1a_2T_AT_B$ 面上，液相的成分在液相 $T_BE_1E_2T_AT_B$ 面上。随着温度的降低 α 相的成分沿 α 相的固相面 $T_Ba_1a_2T_AT_B$ 变化，相对量不断增加，L 相的成分沿液相面 $T_BE_1E_2T_AT_B$ 面变化，相对量不断减少。当冷却到 2 点时，与三相平衡共晶转变开始面 $a_1E_1E_2a_2a_1$ 面相交，这时剩余液相的成分变到与共晶沟线 E_1E_2 相交，发生三相平衡共晶的转变 $L \rightarrow \alpha+\beta$ 进入 $L+\alpha+\beta$ 三相区，其成分分别在 L、α、β 的 3 条单变量线上。继续冷却液相的成分，沿液相单变量线 E_1E_2 变化，相对量不断减少，α 相和 β 相的成分分别沿 α 单变量线 a_1a_2 线和 β 单变量线 b_1b_2 变化，相对量不断增加。当冷却到 3 点时，与三相平衡共晶转变终止面 $a_1b_1b_2a_2a_1$ 面相交，液相消失进入 $\alpha+\beta$ 两相区，这时合金 O 的组织为 $\alpha_{初}+(\alpha+\beta)$。继续冷却 α 相的成分沿 α 相的溶解度面 $a_1a_2c_2c_1a_1$ 面变化，不断析出 β_{II}，β 相的成分沿 β 相的溶解度面 $b_1b_2d_2d_1b_1$ 面变化，不断析出 α_{II}。冷却到 4 点即室温时，合金 O 得到的组织组成物为 $\alpha_{初}+\beta_{II}+(\alpha+\beta)$，共晶体（$\alpha+\beta$）中析出的二次相 α_{II}、β_{II}，由于和共晶体（$\alpha+\beta$）混合在一起，在显微镜下难以分辨。故可以不考虑。

（3）投影图　具有共晶三相平衡的三元合金相图的投影图，见图 5-89（a），它是把该三元系合金的立体图上的各相界面的交线（或各空间曲面）投影到成分三角形中而得到的。由该投影图应该能想象出该三元系合金的立体图。即应该知道，BE_1E_2AB 面为 α 相的液相面。CE_1E_2C 面为 β 相的液相面，Ba_1a_2AB 面为 α 相的固相面等。因此由三元合金的投影图也能分析，该三元合金系中各不同成分合金的平衡凝固过程。

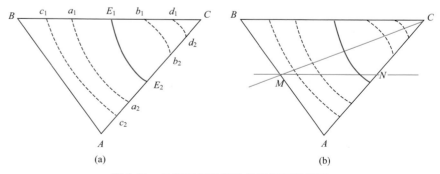

图 5-89　具有三相平衡的共晶相图投影图

（4）垂直截面图　用立体图和投影图可以分析合金的凝固过程时，但很难具体确定合金的开始凝固温度和它在什么温度开始发生什么转变（即处于什么状态)。用垂直截面图分析合金的凝固过程时，就能很容易地解决这些问题。垂直截面图一般是按成分三角形中的两条特性线作，见图 5-89 (b) 中 M-C 截面和 M-N 截面，它们的垂直截面图如图 5-90 (a)、(b) 所示。

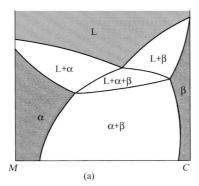
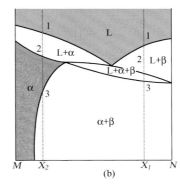

图 5-90　具有三相平衡的共晶相图的垂直截面图

　　由图可以看出，三相平衡区的三角形，顶角朝上与 L 相区相连，底边朝下两角分别与 α、β 相区相连。各边分别与两相区相连。在 M-C 垂直截面上所有合金含 A、B 组元的浓度比量相同。

　　在 M-N 垂直截面图上所有合金含 A 组元的量相同。如以该截面图上的 x_1 和 x_2 合金为例来分析它们的凝固过程，由 M-C 截面图可以作出 x_1 合金的冷却曲线，如图 5-91 (a) 所示。由图可以看出，x_1 合金在 t_1 温度时开始凝固出初晶 β 相 ($L \xrightarrow{t_1} \beta_{初}$)，随着温度的降低，β 相的相对量不断增加，L 的相对量不断减少。当冷却到 t_2 温度时，剩余 L 发生三相平衡共晶转变 $L_{剩余} \xrightarrow{t_2} (\alpha+\beta)$，随着温度的降低，共晶体 $(\alpha+\beta)$ 的相对量不断增加，L 的相对量不断减少。当冷却到 t_3 温度时，L 消失，这时 x_1 合金的相组成物为 α+β，组织组成物为 $\beta_{初} + (\alpha+\beta)$，继续冷却，α 相和 β 相中分别析出次生相 β_{II}、α_{II}，故 x_1 合金在室温时的组织组成物为 $\beta_{初} + \alpha_{II} + (\alpha+\beta)$，共晶体 $(\alpha+\beta)$ 中析出的二次相可不考虑。

　　由 M-N 截面图也可以作出 x_2 合金的冷却曲线，如图 5-91 (b) 所示。

　　由图可以看出，x_2 合金在 t_1 温度时，开始凝固出 α 相，随着温度的降低，α 相的量不断增加，L 相的量不断减少，当冷却到 t_2 温度时，L 全部转变为 α 相。在 $t_2 \sim t_3$ 温度之间，α 相冷却，到 t_3 温度时，α 相中析出次生相 β_{II}，到室温时，x_2 合金的组织组成物为 $\alpha+\beta_{II}$。

　　应该注意的是，三元合金的垂直截面图与二元合金相图很相似，但它上面的各条线不能反映合金凝固时的成分变化规律（因为三元合金凝固时成分的变化线不在同一垂直平面内），所以不能用杠杆定律在它上面计算各相的相对量。

　　(5) 水平截面图　计算三元合金在某一温度时，两平衡相或三平衡相的相对量，一般需要用它的水平截面图，并利用杠杆定律根据共线法则和重心定律进行计算。因为水平截面图可以反映合金在某一温度时所处的状态，并且水平截面图上的各条线代表着合金在两相平衡或三相平衡时的成分，图 5-88 中各组元的熔点与二元共晶点的温度关系为：$T_B > T_C > T_A > E_1 > E_2$，当水平截面的温度分别为 T_1、T_2 时，若截取的温度关系为 $E_1 > T_1 > T_2 > E_2$，则它的水平截面见图 5-92。

　　在水平截面图中可以看出，共晶三相平衡区为倒立的直边三角形。

　　若合金在该温度时处于三相平衡，则可以利用重心定律，根据连接三角形确定各平衡相的成分和计算各平衡相的相对量；若合金处于两相平衡则可以利用共线法则，根据连接线确定两平衡相的成分和计算它们的相对量，水平截面图的特点是能反映合金在某一温度时所处的状态，并能确定各平衡相的成分和计算它们的相对量，但用它分析合金的凝固过程时，一般需要用一组不同温度的水平截面图。

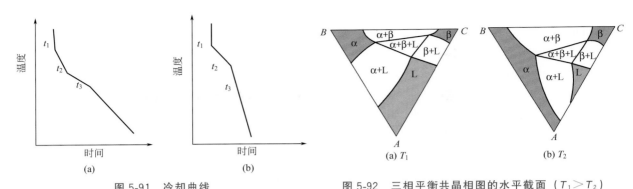

图 5-91　冷却曲线　　　　　图 5-92　三相平衡共晶相图的水平截面（$T_1 > T_2$）

5.4.2.2　具有包晶三相平衡的三元相图

具有包晶三相平衡的三元相图，一般是三个组元在液态完全互溶，两对组元组成二元包晶系，一对组元组成二元晶系时所构成的，如图 5-93 所示，就是具有包晶三相平衡的三元相图的立体图。

对于具有包晶三相平衡的三元相图，应注意它的三相平衡区与具有共晶三相平衡的三元相图中的三相平衡区有何不同。

包晶三相平衡的三元相图中的三相平衡区，是由一个三相平衡包晶转变开始面 pbb_1p_1p 和两个三相平衡包晶转变终止面 paa_1p_1p 面和 abb_1a_1a 面构成的一个封闭的三棱柱体，见图 5-94（b），它与共晶三相平衡区图 5-94（a）不同的是三棱柱的底边向上，而一个顶角向下，即反应相 L+β 在前，生成相 α 在后，具有包晶三相平衡的合金在冷却时，当遇到包晶转变开始面 pbb_1p_1p 面时，由 L+β→α 进入三相平衡区。当合金遇到包晶转变终止面 paa_1p_1p 面时，反应相中的 β 相消耗完了，有 L 剩余，故为 $L_{剩}$+α。若合金遇到包晶转变终止面 abb_1a_1a 面时，反应相中的 L 相消耗完了，有 β 剩余，故为 α+$β_{剩}$。

而具有共晶三相平衡的合金在冷却时，若合金与 E_1E_2 线相交，则发生二相共相转变 L→(α+β)，进入 L+α+β 三相平衡区，当遇到共晶转变终止面 $a_1b_1b_2a_2a_1$ 面时 L 消失，得到全部 (α+β) 组织，若合金冷却时与共晶转变开始面 $a_1E_1E_2a_2a_1$ 面相遇，它由 $α_{初}$+L 构成，这时 L→(α+β)，$α_{初}$不参

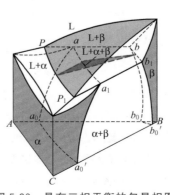

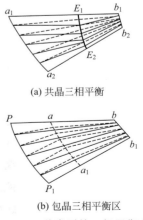

(a) 共晶三相平衡

(b) 包晶三相平衡区

图 5-93　具有三相平衡的包晶相图　　图 5-94　两种类型的三相平衡空间

加反应，当冷却到与共晶转变终止面 $a_1b_1b_2a_2a_1$ 面相遇时 L 消失，得到 $\alpha_{初}$ ＋ $(\alpha+\beta)$ 组织。若合金冷却时与共晶转变开始面 $b_1E_1E_2b_2b_1$ 面相遇，则它由 $\beta_{初}$ ＋L 构成，这时 L→$(\alpha+\beta)$，$\beta_{初}$ 不参加反应，当冷却到与共晶转变终止面 $a_1b_1b_2a_2a_1$ 面相遇时，L 消失，得到 $\beta_{初}$ ＋$(\alpha+\beta)$。

具有包晶三相平衡的三元相图的投影图见图 5-95。

各不同成分合金的组织组成物可在该图上填出，即得到组织组成物（组织分区）图，与具有共晶三相平衡的三元相图的投影图相比，它们是不相同的。

具有包晶三相平衡的三元相图的垂直截面图与具有共晶三相平衡的三元相图的垂直截面图也不相同，由图 5-96 可以看出，在垂直截面图中，包晶三相平衡区是倒立的三角形，而共晶三相平衡区是正立的三角形，这一点可以作为判断合金相图类型的依据。

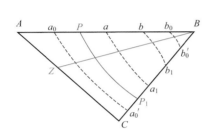

图 5-95　具有包晶三相平衡相图的投影

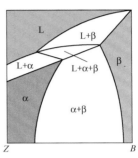

图 5-96　具有三相平衡的包晶相图垂直截面

另外，包晶和共晶三相平衡的相图的水平截面图也不相同，若上述包晶三相平衡三元相图中，各组元的熔点与二元包晶温度的关系是 $T_B>P>T_A>P_1>T_C$，如果水平截面温度为 $P>T_1>T_2>T_A>T_3>P_1$，则它的水平截面图如图 5-97 所示。由图可以看出在水平截面图上，包晶三相平衡区为正立的直边三角形。而共晶三相平衡区是倒立的直边三角形，这一点也可以作为判断相图类型的依据。

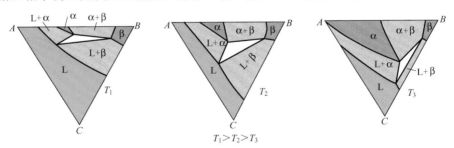

$T_1>T_2>T_3$

图 5-97　具有三相平衡的包晶相图的水平截面

$(P>T_1>T_2>T_A>T_3>P_1)$

以上介绍了具有三相平衡的三元合金相图，主要是为了让大家了解三元合金相图中的三相平衡区是一个封闭的不规则的三棱柱体，它主要有上述两种形状，即两端封闭在二元共晶线或包晶线上，在具有四相平衡的三元相图中，它还具有其他形状。另外，初步了解如何使用各种三元合金相图（立体图、投影图、垂直和水平截面图）分析三元合金的凝固过程。

5.4.3　四相平衡的三元相图

由相律可知，三元合金在四相平衡时，其自由度为零，$f=C-P+1=3-4+1=0$，因此三元合金在四相平衡时，温度和四个平衡相的成分是固定不变的，所以四相平衡区是一个水平面。

具有四相平衡的三元合金相图很多，但主要可以分为共晶型四相平衡相图，包共晶型四相平衡相图和包晶型四相平衡相图三类，共晶型四相平衡相图主要包括共晶、偏共晶和共析等四相平衡相图，这类四相平衡是在一定温度下发生，由一个相转变成三个相的反应，典型的反应表达式为：$L \xrightarrow{T} \alpha+\beta+\gamma$。包共晶型四相平衡相图主要包括包共晶和包共析等四相平衡相图，这类四相平衡是在一定温度下发生，由两个相转变成另外两个相的反应，典型的反应表达式为 $L+\alpha \xrightarrow{T} \beta+\gamma$。包晶型四相平衡相图主要包括包晶和包析等四相平衡相图，这类四相平衡是在一定温度下发生，由三相转变成一相的反应，典型的反应表达式为 $L+\alpha+\beta \xrightarrow{T} \gamma$。下面主要介绍共晶四相平衡相图，包共晶和包晶四相平衡相图只作简单介绍。

5.4.3.1　固态有限互溶的三元共晶相图

三元共晶相图是具有共晶四相平衡的三元相图，它一般是由组成三元合金的三对组元，两两都组成二元共晶系时所构成的。它的立体模型见图 5-98。由图可以看出它是三对组元在液态无限互溶，在固态只能有限互溶，并且有四相平衡共晶转变的三元相图。

（1）相图分析

① 点　E 点为四相平衡共晶点转变，$L_E \xrightarrow{T_E} \alpha_m+\beta_n+\gamma_p$，$E$ 点也是四相平衡时液相的成分点，m、n、p 点分别为四相平衡时 α、β、γ 相的成分点，它们也是三元固溶体 α、β、γ 的最大溶解度点。m'、n'、p' 分别是 α、β、γ 在室温时的溶解度点。

② 线　e_1E 线、e_2E 线和 e_3E 线是共晶沟线，它们分别是 $L \to \alpha+\beta$、$L \to \beta+\gamma$、$L \to \alpha+\gamma$ 三相平衡时，液相的单变量线，fm 和 gn 线是 $L \to \alpha+\beta$ 三相平衡时 α 相和 β 相的单变量线，hn 和 ip 线是 $L \to \beta+\gamma$ 三相平衡时 β 相和 γ 相的单变量线，kp 和 lm 线是 $L \to \gamma+\alpha$ 三相平衡时 γ 和 α 相的单变量线。

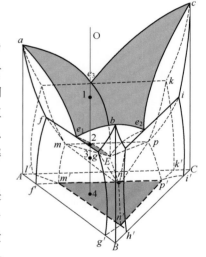

图 5-98　组元在固态有限溶解的三元共晶相图的立体模型

mE、En、mn 线是在 E 点温度时 $L \to \alpha+\beta$ 三相平衡时 α 与 L、L 与 β、α 与 β 的连接线；nE、Ep、np 线是在 E 点温度时 $L \to \beta+\gamma$ 三相平衡时 β 与 L、L 与 γ、β 与 γ 的连接线；pE、Em、mp 线是在 E 点温度时 $L \to \alpha+\gamma$ 三相平衡时 γ 与 L、L 与 α、α 与 γ 的连接线；mm'、nn' 和 pp' 线是 $\alpha+\beta+\gamma$ 三相平衡时，α、β、γ 的单变量线，也是 α、β、γ 的溶解度曲线，称为双析线，冷却时 $\begin{cases} mm'\text{线} & \alpha \to \beta_{\mathrm{II}}+\gamma_{\mathrm{II}} \\ nn'\text{线} & \beta \to \alpha_{\mathrm{II}}+\gamma_{\mathrm{II}} \\ pp'\text{线} & \gamma \to \alpha_{\mathrm{II}}+\beta_{\mathrm{II}} \end{cases}$。

$m'n'$、$n'p'$、$p'm'$ 线分别是室温时，α、β、γ 三相平衡时，α 与 β、β

与 γ、γ 与 α 的连接线；$f'm'$ 和 $l'm'$ 线是室温时 α 相对 B、C 组元的溶解度；$g'n'$ 和 $h'n'$ 线是室温时 β 相对 A、C 组元的溶解度；$i'p'$ 和 $k'p'$ 线是室温时 γ 相对 B、A 组元的溶解度。

③ 面　液相面有三个，即：

$$\begin{cases} ae_1Ee_3a \text{ 面 } \quad L \xrightarrow{\text{开始}} \alpha \text{ 的液相面} \\ be_1Ee_2b \text{ 面 } \quad L \xrightarrow{\text{开始}} \beta \text{ 的液相面} \\ ce_2Ee_3c \text{ 面 } \quad L \xrightarrow{\text{开始}} \gamma \text{ 的液相面} \end{cases}$$

固相面有七个，即：

$$\begin{cases} almfa \text{ 面 } \quad L \xrightarrow{\text{终止}} \alpha \text{ 的固相面} \\ bgnhb \text{ 面 } L \xrightarrow{\text{终止}} \beta \text{ 的固相面} \\ cipkc \text{ 面 } \quad L \xrightarrow{\text{终止}} \gamma \text{ 的固相面} \\ fgnmf \text{ 面 } \quad L \xrightarrow{\text{终止}} \alpha + \beta \text{，也是 α 与 β 的直纹面} \\ hipnh \text{ 面 } \quad L \xrightarrow{\text{终止}} \beta + \gamma \text{，也是 β 与 γ 的直纹面} \\ klmpk \text{ 面 } \quad L \xrightarrow{\text{终止}} \alpha + \gamma \text{，也是 α 与 γ 的直纹面} \\ \text{四相平衡转变面} \triangle mnp \text{，} L_E \rightarrow \alpha_m + \beta_n + \gamma_p \text{，也是固相面} \end{cases}$$

三个三相平衡共晶转变终止面也是固相面。

中间面有六个，即：

$$\begin{cases} fe_1Emf \text{ 面 } \quad L \xrightarrow{\text{开始}} \alpha + \beta \text{，也是 L 与 α 的直纹面} \\ ge_1Eng \text{ 面 } \quad L \xrightarrow{\text{开始}} \alpha + \beta \text{，也是 L 与 β 的直纹面} \\ he_2Enh \text{ 面 } \quad L \xrightarrow{\text{开始}} \beta + \gamma \text{，也是 L 与 β 的直纹面} \\ ie_2Epi \text{ 面 } \quad L \xrightarrow{\text{开始}} \beta + \gamma \text{，也是 L 与 γ 的直纹面} \\ ke_3Epk \text{ 面 } \quad L \xrightarrow{\text{开始}} \alpha + \gamma \text{，也是 L 与 γ 的直纹面} \\ le_3Eml \text{ 面 } \quad L \xrightarrow{\text{开始}} \alpha + \gamma \text{，也是 L 与 α 的直纹面} \end{cases}$$

它们是三相平衡共晶转变开始面。

单析溶解度曲面有六个，即：

$$\begin{cases} fmm'f'f \text{ 面 } \quad \alpha \xrightarrow{\text{冷却}} \beta_{II} \text{，它是 B、C 组元在 α 相中的溶解度曲面} \\ lmm'l'l \text{ 面 } \quad \alpha \xrightarrow{\text{冷却}} \gamma_{II} \text{，它是 B、C 组元在 α 相中的溶解度曲面} \\ gnn'g'g \text{ 面 } \quad \beta \xrightarrow{\text{冷却}} \alpha_{II} \text{，它是 A、C 组元在 β 相中的溶解度曲面} \\ hnn'h'h \text{ 面 } \quad \beta \xrightarrow{\text{冷却}} \gamma_{II} \text{，它是 A、C 组元在 β 相中的溶解度曲面} \\ ipp'i'i \text{ 面 } \quad \gamma \xrightarrow{\text{冷却}} \beta_{II} \text{，它是 A、B 组元在 γ 相中的溶解度曲面} \\ kpp'k'k \text{ 面 } \quad \gamma \xrightarrow{\text{冷却}} \alpha_{II} \text{，它是 A、B 组元在 γ 相中的溶解度曲面} \end{cases}$$

双析溶解度曲面有三个，即：

$$\begin{cases} m'mnn'm' \text{面 } \quad \alpha \rightarrow \beta_{II} + \gamma_{II} \text{、} \beta \rightarrow \alpha_{II} + \gamma_{II} \text{、是 α、β 两相平衡溶解度曲面} \\ n'npp'n' \text{面 } \quad \beta \rightarrow \alpha_{II} + \gamma_{II} \text{、} \gamma \rightarrow \alpha_{II} + \beta_{II} \text{、是 β、γ 两相平衡溶解度曲面} \\ p'pmm'p' \text{面 } \quad \gamma \rightarrow \alpha_{II} + \beta_{II} \text{、} \alpha \rightarrow \gamma_{II} + \beta_{II} \text{、是 α、γ 两相平衡溶解度曲面} \end{cases}$$

④ 相区

a. 单相区有四个，即 L、α、β、γ。

L 相在 α、β、γ 三个液相面 ae_1Ee_3a 面、be_1Ee_2b 面和 ce_2Ee_3c 面以上；α 相在固相面 $afmla$ 面以下和单析溶解度曲面 $fmm'f'f$ 面和 $lmm'l'l$ 面以外；β 相在固相面 $bgnhb$ 面以下和单析溶解度曲面 $gnn'g'g$ 面和 $hnn'h'h$ 面以外；γ 相在固相面 $cipkc$ 面以下和单析溶解度曲面 $ipp'i'i$ 面和 $kpp'k'k$ 面以外。

b. 两相区有六个，即 L+α、L+β、L+γ、α+β、β+γ、α+γ。

L+α 两相区在液相面 ae_1Ee_3a 和固相面 $afmla$ 以及三相平衡共晶转变开始面 fe_1Emf 和 le_3Eml 面之间；L+β 两相区，在液相面 be_1Ee_2b 和固相面 $bgnhb$ 以及三相平衡共晶转变开始面 ge_1Eng 和 he_2Enh 面之间；L+γ 两相区，在液相面 ce_2Ee_3c 和固相面 $cipkc$ 以及三相平衡共晶转变开始面 ie_2Epi 和 ke_3Epk 之间；α+β 两相区在三相平衡共晶转变终止面 $fgnmf$ 以下和双析溶解度曲面 $m'mnn'm'$ 以外，以及两个单析溶解度曲面 $fmm'f'f$ 和 $gnn'g'g$ 面之间；β+γ 两相区，在三相平衡共晶转变终止面 $hipnh$ 以下和双析溶解度曲面 $n'npp'n'$ 以外，以及两个单析溶解度曲面 $hnn'h'h$ 和 $ipp'i'i$ 面之间；α+γ 两相区，在三相平衡共晶转变终止面 $klmpk$ 以下和双析溶解度曲面 $p'pmm'p'$ 以外，以及两个单析溶解度曲面 $kpp'k'k$ 和 $lmm'l'l$ 面之间。

c. 三相区有四个，即 L+α+β、L+β+γ、L+α+γ、α+β+γ。

L+α+β 三相平衡区，在两个三相平衡共晶转变开始面 fe_1Emf 和 ge_1Eng 面，一个三相平衡共晶的转变终止面 $fgnmf$ 之中，并与四相共晶面相接为 $\triangle mEn$ 面以上；它们构成一个封闭的三棱柱体。

L+β+γ 三相平衡区在两个三相平衡共晶转变开始面 he_2Enh 和 ie_2Epi 面，一个三相平衡共晶转变终止面 $hipnh$ 之中，并与四相共晶面相接为 $\triangle nEp$ 面以上；它们也构成一个封闭的三棱柱体。

L+α+γ 三相平衡区，在两个三相平衡共晶转变开始面 ke_3Epk 和 le_3Eml 面，一个三相平衡共晶转变终止面 $klmpk$ 之中，并与四相平衡共晶面相接为 $\triangle pEm$ 面以上；它们也构成一个封闭的三棱柱体。

α+β+γ 三相平衡区，在四相共晶面 $\triangle mnp$ 面以下，以及三个双析溶解度曲面 $m'mnn'm'$、$n'npp'n'$ 和 $p'pmm'p'$ 面之中，见图 5-99，它们构成一个封闭的三棱柱体。

d. 四相区有一个，即 L+α+β+γ，是四相平衡共晶面 $\triangle mnp$ 水平面。

由立体图可看出，四相平衡面：ⓐ它与四个单相区 L、α、β、γ 相交于 E、m、n、p 四个点，即以点接触；ⓑ它与六个两相区 L+α、L+β、L+γ、α+β、β+γ、α+γ 相交于 Em、En、Ep、mn、np、pm 六条直线，即以线接触；ⓒ它与四个三相区 L+α+β、L+β+γ、L+α+γ 和 α+β+γ 相交于 $\triangle Emn$、$\triangle Enp$、$\triangle Emp$ 和 $\triangle mnp$ 四个三角形水平面，即以面接触。

（2）典型合金平衡凝固过程分析　以图 5-98 中 O 合金为例，当 O 合金从液态冷却到与液相面 ae_1Ee_3a 相交时，开始发生匀晶转变 L→α，从液相

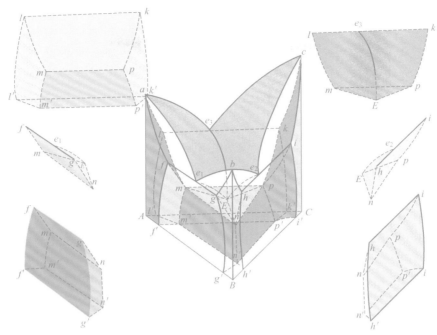

图 5-99　三元共晶相图的两相区和三相区

中凝固出初晶 α 相，进入 L＋α 两相区。这时 α 相的成分在 α 相的固相面 $afmla$ 面上，液相的成分在 α 相的液相面 ae_1Ee_3a 面上。随着温度的降低，液相中不断凝固出初晶 $α_初$，它的成分沿液相面变，α 相的成分沿固相面变，符合连接线规律。当冷却到三相平衡共晶转变开始面 fe_1Emf 面相交时，α 相的成分与 fm 单变量线相交，液相的成分与 e_1E 共晶线相交。这时剩余液相发生三相平衡共晶转变 L→α＋β，随着温度的降低，液相的成分沿单变量线 e_1E 转变，相对量不断减少，α 相和 β 相的成分沿单变量线 fm 和 gn 转变，相对量不断增加（$α_初$ 的成分也沿 fm 线转变，但相对量不变）。当冷却到 t_E 温度时，液相的成分变到 L_E；这时剩余液相发生四相平衡共晶转变，$L_E \xrightarrow{T_E} α_m＋β_n＋γ_p$，直到液相完全消失。这时合金的组织成物为 $α_初＋(α＋β)＋(α＋β＋γ)$。继续冷却合金进入 α＋β＋γ 三相平衡区，α、β、γ 三个相的成分分别沿双析溶解度线 mm'、nn' 和 pp' 线变，α→$β_Ⅱ＋γ_Ⅱ$、β→$α_Ⅱ＋γ_Ⅱ$、γ→$β_Ⅱ＋α_Ⅱ$。因此，O 合金在室温时的相组成物为 α＋β＋γ，组织组成物为 $α_初$＋二相共晶 (α＋β) ＋三相共晶 (α＋β＋γ)＋$β_Ⅱ＋γ_Ⅱ$。

（3）投影图　三元合金相图的投影图，常用的有液相面投影图、液相面等温线投影图、综合投影图。

① 液相面投影图　具有四相平衡共晶转变的三元共晶相图 5-98 的液相面投影图如图 5-100 所示。其中，e_1E、e_2E 和 e_3E 是共晶沟线，它们是 α、β、γ 三个液相面的交线，也分别是三相平衡共晶转变 L→α＋β、L→β＋γ、L→α＋γ 时液相单变量线的投影。通常用液相面的投影图可以判断三元系中各不同成分的合金的初生相，并可根据液相面交线的走向判断三元合金系中的四相平衡转变类型。如图 5-100 中，三液相面的交线走向都流向 E 点（即为三进），所以该三元合金系中的四相平衡转变为四相平衡共晶转变，即 L→α＋β＋γ。

② 液相面等温线投影图　图 5-98 的液相面等温线投影图如图 5-101 所示，它是将各不同温度的水平截面上的液相面等温线画在液相面投影图上所得到的，用它可以确定各合金的开始凝固温度和初生相，并可根据液相面交线的走向，判断四相平衡转变类型和研究低熔点合金的成分设计。

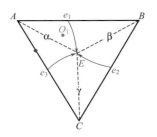

图 5-100　液相面投影

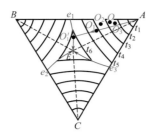

图 5-101　液相面等温线投影

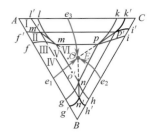

图 5-102　三元共晶相图的综合投影

③ 综合投影图　图 5-98 的综合投影图如图 5-102 所示，它是投影图中应用最多的一种。因为这种投影图是把三元合金立体图中的各空间曲面和曲线投影到成分三角形中而得到的，所以它能全面地反映出三元合金立体图的全貌。只要把该投影图中的各线和它们所组成的各面的含义真正搞清楚，就能由它想象出三元合金的立体图，并用它来分析各不同成分合金的平衡凝固过程。如合金 O 在从液态冷却时，首先与 α 相的液相面 Ae_1Ee_3A 相交，凝固出初晶 $α_初$，这时 α 相的成分在 α 相的固相面 $AfmlA$ 上，液相的成分为合金 O 的成分在液相面上。随着温度的降低，液相的成分沿液相面变，相对量不断减少，α 相的成分沿固相面转变，相对量不断增加，它们成分变化轨迹的投影呈蝴蝶形。由于合金 O 在冷却时要通过 L＋α＋β 三相平衡区，所以当合金冷却到与三相平衡共晶转变开始面 fe_1Emf 面相交时，α 相的成分与 fm 单变量线相交，液相的成分与 e_1E 单变量线相交，这时将开始发生三相平衡共晶转变 L→α＋β，进入 L＋α＋β 三相区。继续冷却液相的成分沿 e_1E 线变，相对量不断减少，α＋β 的成分沿 fm 和 gn 线变，相对量不断增加。由于合金 O 的成分点位于四相平衡平面内，所以当冷却到 t_E 温度时，剩余液相的成分为 L_E，发生四相平衡共晶转变 $L_E \xrightarrow{t_E} α_m+β_n+γ_p$，直到液相完全消失。继续冷却 α、β、γ 相的成分，分别沿双析溶解度曲线 mm'、nn'、pp' 线变，α→$β_Ⅱ$＋$γ_Ⅱ$、β→$α_Ⅱ$＋$γ_Ⅱ$、γ→$α_Ⅱ$＋$β_Ⅱ$。因此该合金在室温时的组织组成物为：$α_初$＋（α＋β）＋（α＋β＋γ）＋$α_Ⅱ$＋$β_Ⅱ$＋$γ_Ⅱ$。相组成物为α＋β＋γ。用该综合投影图同样也可以分析该三元合金系中各不同成分合金的平衡凝固过程，并可得出它们的组织组成物和组织分区图，根据该合金系中各合金的组织，可以将该合金系划分为 33 个区域，见图 5-103。但是根据各合金的凝固过程，可以将这 33 个不同区域的合金总的归为六类。见图 5-102，这六类合金的组织组成物分别为Ⅰ—α；Ⅱ—$α_初$＋$β_Ⅱ$；Ⅲ—$α_初$＋$β_Ⅱ$＋$γ_Ⅱ$；Ⅳ—$α_初$＋（α＋β）＋$β_Ⅱ$；Ⅴ—$α_初$＋（α＋β）＋$β_Ⅱ$＋$γ_Ⅱ$；Ⅵ—$α_初$＋（α＋β）＋（α＋β＋γ）＋$β_Ⅱ$＋$γ_Ⅱ$。因为Ⅰ区合金冷却时先与液相面 Ae_1Ee_3A 面相交，从 L→α，然后与固相面 $AfmlA$ 面相交凝固完毕得到单相的 α，继续冷却到室温不发生其他转变。所以组织组成物为 α，Ⅱ区合金的凝固过程与Ⅰ区合金相同，只是在凝固完毕后继续冷却时，还会与单析溶解度 $fmm'f'f$ 面相交，从 α→$β_Ⅱ$，所以室温组织为 α＋$β_Ⅱ$。Ⅲ区合金的凝固过程与Ⅰ区完全相同，但在凝固完毕后继续冷却时，先与单析溶解度曲面 $fmm'f'f$ 面相交，从 α→$β_Ⅱ$，

然后在冷却时又与双析溶解度曲面 $m'mnn'm'$ 面相交，这时 α 相的成分沿双析溶解度线 mm' 转变，α→β$_{II}$+γ$_{II}$，故室温组织为 α$_初$+β$_{II}$+γ$_{II}$，Ⅳ区合金冷却时先与液相面 Ae_1Ee_3A 面相交，从 L→α，L 沿液相面变，α 沿其固相面变，当冷却到与三相平衡共晶转变开始面 fe_1Emf 面相交时，L 的成分与 e_1E 线相交发生 L→(α+β)，随温度 T 下降，液相 L％减少，(α+β)％增加；L、α、β 各自沿单变量线变。当冷却到与三相平衡共晶转变终止面 $fgnmf$ 面相交时，L→(α+β)，液相消失，进入 α 和 β 两相区。这时组织为 α$_初$+(α+β)。继续冷却 α 和 β 相的成分分别沿单析溶解度曲面 $fmm'f'f$ 和 $gnn'g'g$ 面变从 α→β$_{II}$，从 β→α$_{II}$。所以室温组织为 α$_初$+(α+β)+α$_{II}$+β$_{II}$。Ⅴ区合金的凝固过程与Ⅳ区合金完全相同，只是在 L→α，L→(α+β) 后进入 α 和 β 两相区后，α 和 β 的成分沿单析溶解度曲面变时（α→β$_{II}$、β→α$_{II}$）；合金又与双析溶解度曲面 $m'mnn'm'$ 面相交时，α 和 β 的成分分别沿 mm' 和 nn' 变，从 α→β$_{II}$+γ$_{II}$，从 β→α$_{II}$+γ$_{II}$，所以室温组织为 α$_初$+(α+β)+β$_{II}$+γ$_{II}$。Ⅵ区合金的凝固过程已经分析过了（即合金 O），它的室温组织为 α$_初$+(α+β)+(α+β+γ)+β$_{II}$+γ$_{II}$。图 5-104 为合金 O 的冷却曲线。

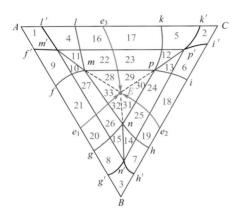

图 5-103　三元共晶型相图投影图各区域分布

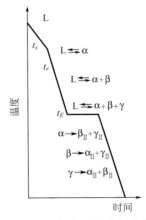

图 5-104　合金 O 的冷却曲线

由上述分析可以看出，该合金系中的所有合金的凝固过程都可以归为这六类合金，只是它们的初生相、三相平衡共晶转变的生成物及它们的次生相和成分变化面不同而已。另外还应该了解与各线相交的特殊成分的合金的凝固过程。

（4）垂直截面图　由立体图和投影图可知，垂直截面所截取的位置不同时，它的垂直截面图也不相同，见图 5-105。其垂直截面图如图 5-105（b）、（c）所示，由图 5-105（b）、（c）可以看出，四相平衡区在垂直截面图上为一条水平直线，其上下都与三相区相接。由图 5-105（b）可以看出，在四相平衡水

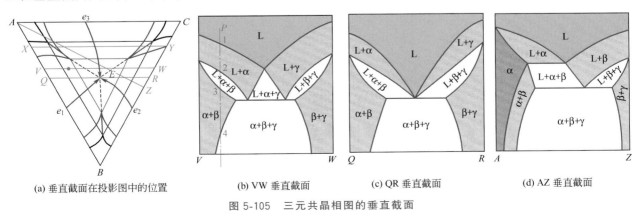

(a) 垂直截面在投影图中的位置　　(b) VW 垂直截面　　(c) QR 垂直截面　　(d) AZ 垂直截面

图 5-105　三元共晶相图的垂直截面

平线上有三个三相区，下有一个三相区，根据三上一下的特征，可以判断该四相平衡转变为共晶型四相平衡转变。另外由图 5-105（d）可以看出，在垂直截面图中，三相区不一定为三角形，并且不一定任何水平线都是四相平衡区。由垂直截面图可以很方便地了解合金在不同温度时进行什么转变。如合金 P 在 1 点以上为液相 L，在 1～2 点之间发生匀晶转变 L→α，在 2～3 点之间发生三相平衡共晶转变 L→α＋β，在 3 点以下液相消失，α、β 相冷却，在 4 点以下 α、β 相发生单析和双析转变，析出二次相。

（5）水平截面图　若所讨论的图 5-98 三元共晶相图中，各组元的熔点与二元共晶温度的关系是：$c>a>b>e_3>e_2>e_1>E$。则当水平截面温度不同时，可得到下列一系列水平截面图，见图 5-106。

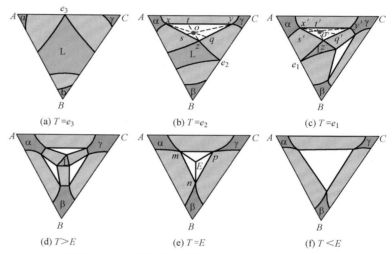

图 5-106　三元共晶相图在不同温度时的水平截面

以上是该三元合金相图在六个不同温度时的水平截面图，由于水平截面图反映的是在一定温度时，各合金所具有的平衡相，所以可以根据共线法则和重心定律，来确定合金在两相平衡和三相平衡时的成分，并能利用杠杆定律计算它们的相对量，而且用一组水平截面图可以分析各合金的凝固过程。由水平截面温度 $T>E$、$T=E$ 和 $T<E$ 的三张水平截面图可以看出，在四相平衡共晶转变温度以上，有 L＋α＋β、L＋β＋γ、L＋α＋γ 三个三相平衡区，在四相平衡共晶转变温度以下，有 α＋β＋γ 一个三相平衡区，即四相平衡区与三相平衡区的连接方式满足三上一下的特征。

5.4.3.2　三元包共晶相图

三元包共晶相图是具有包共晶四相平衡的三元相图，三元合金能够发生包共晶四相平衡转变的情况较多，如三组元组成三个二元共晶或两个二元共晶，一个二元包晶或两个二元包晶一个二元共晶时，都可能发生包共晶四相平衡转变。但要真正发生包共晶四相平衡转变，通常要求三对组元的三个三相平衡转变温度的差别较大，一般是二个三相平衡转变的温度高于四相平衡转变温度，一个三相平衡转变的温度低于四相平衡转变温度。这样的三元合金系一般就会发生包共晶四相平衡转变。

下面介绍上述三种情况中的一种，即三组元在液态无限互溶，在固态有限互溶，两对组元形成二元包晶系，一对组元形成二元共晶系，具有包共晶四相平衡转变的相图。见图 5-107 对三元包共晶相图，主要应掌握它的四相平衡区，与三元共晶相图的四相平衡区有什么不同。并且会用其综合投影图分析各合金的凝固过程。由图可以看出它的四相平衡区为 $abpca$ 四边形水平面（而三元共晶相图中的四相平衡区为三角形水平面），在四相平衡水平面上有 $L+\alpha \rightarrow \beta$ 和 $L+\alpha \rightarrow \gamma$ 两个三相平衡区，它们分别由 p_1p、a_1a、b_1b 和 p_2p、a_2a、c_2c 三条单变量线围成，在四相平衡水平面下有 $L\rightarrow\beta+\gamma$ 和 $\alpha+\beta+\gamma$ 两个三相平衡区，它们分别由 pe、bb_3、cc_3 和 af_0、bg_0、ch_0 三条单变量线围成（而在三元共晶相图中，在四相平衡水平面上有 $L\rightarrow\alpha+\beta$、$L\rightarrow\beta+\gamma$ 和 $L\rightarrow\alpha+\gamma$ 三个三相平衡区，在四相平衡水平面下有 $\alpha+\beta+\gamma$ 一个三相平衡区）。成分位于 $abpca$ 四边形水平面内的三元合金，在凝

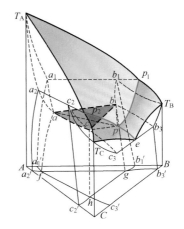

图 5-107　具有包共晶四相平衡的三元系立体图

固时都要发生四相平衡包共晶转变 $L+\alpha \xrightarrow{T_p} \beta+\gamma$，而成分位于 $\triangle abc$ 中的合金在 $L+\alpha \rightarrow \beta+\gamma$ 后，L 消失，有 α 剩余，为 $\alpha_{剩}+\beta+\gamma$，进入 $\alpha+\beta+\gamma$ 三相区。而位于 $\triangle bpc$ 中的合金在 $L+\alpha \rightarrow \beta+\gamma$ 后，α 消失，有 L 剩余，为 $L_{剩}+\beta+\gamma$，进入 $L+\beta+\gamma$ 三相区。而成为位于 ap 线上的三元合金在凝固时不发生三相平衡包晶转变（$L+\alpha \rightarrow \beta$、$L+\alpha \rightarrow \gamma$），在匀晶转变 $L\rightarrow\alpha$ 后，在 T_p 温度发生四相平衡包共晶转变 $L+\alpha \xrightarrow{T_p} \beta+\gamma$。

该三元包共晶相图的综合投影图如图 5-108 所示，由图可以看出它的四相平衡区为四边形。

由它的液相图投影图中三液相面的交线，即单变线走向可以看出，四相平衡包共晶转变时为两进一出（而四相平衡共晶转变时为三进）。另外还可以看出三液相面的交点（即三液相的单变线的交点）在四边形四相平衡水平面的一个顶角上而不是在四边形水平面中。它的垂直截面图如图 5-109 所示。

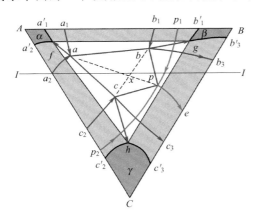

图 5-108　三元包共晶相图的综合投影

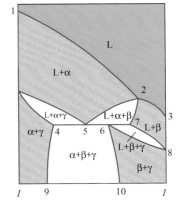

图 5-109　三元包共晶相图的 I-I 垂直截面

由 $I—I$ 垂直截面图可以看出，四相平衡面为一水平直线，在它以上有两个三相区 $L+\alpha+\gamma$ 和 $L+\alpha+\beta$，在四相平衡面下有两个三相区 $\alpha+\beta+\gamma$ 和 $L+\beta+\gamma$，即为两上两下。另外，若该三元包共晶相图中各组元的熔点与二元包晶和二元共晶温度的关系为 $T_A>P_1>P_2>T_B>P>T_C>e$。则在下列温度时的水平截面图如图 5-110 所示，由图 5-110 也可以看出三元包共晶相图的四相平衡面为四边形水平面，在其上有两个三相平衡区，在其下有两个三相平衡区。

5.4.3.3　三元包晶相图

具有四相平衡包晶转变的三元相图一般是由一对组元形成二元共晶系，两对组元形成二元包晶系，

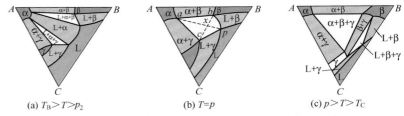

(a) $T_B > T > p_2$　　(b) $T = p$　　(c) $p > T > T_C$

图 5-110　三元包共晶相图在不同温度时的水平截面

并且三相平衡共晶转变温度高于四相平衡包晶转变温度，而两个包晶三相平衡转变温度低于四相平衡包晶转变温度。这样的三个组元就能形成三元包晶相图，见图 5-111。

该相图的四相平衡转变特征是 $L + \alpha + \beta \rightarrow \gamma$，它的四相平衡区为三角形水平面，即 $\triangle abp$。它与十二条单变量线相连，每三条单变量线围成一个三相平衡区，该面共与四个三相平衡区相接；在四相平衡水平面上有 $L \rightarrow \alpha + \beta$ 一个三相平衡区，由 $e_1 p$、$a_1 a$、$b_1 b$ 三条单变量线围成，它与四相平衡区以面接触交线为 $\triangle abp$；在四相平衡水平面下有 $L + \alpha \rightarrow \gamma$（由 $p_2 p$、$a_2 a$、$c_2 c$ 三条单变量线围成），$L + \beta \rightarrow \gamma$（由 $p_3 p$、$b_2 b$、$c_3 c$ 三条单变量线围成）和 $\alpha + \beta + \gamma$（由 af、bg、ch 三条单变量线围成）三个三相平衡区，它们与四相平衡区都以面接触，交线分别为 $\triangle pac$、$\triangle pbc$ 和 $\triangle abc$。即三相平衡区与四相平衡区的接触特征是一上三下。

该相图的综合投影图见图 5-112，由图可以看出，它的四相平衡区为三角形。由它的液相面投影，即三个液相面交线的走向可以看出，四相平衡包晶转变为一进两出，且一进两侧的两个相与液相为反应相，而两出所夹的相为生成相。并且三液相面的交点落在三角形四相平衡水平面的一个顶角上，而不是在三角形水平面中。另外由它的 D-D 垂直截面图（图 5-113）可以看出，四相平衡面为一水平直线，在它上方有一个三相平衡区 $L + \alpha + \beta$，在它下方有三个三相平衡区 $L + \alpha + \gamma$、$\alpha + \beta + \gamma$、$L + \beta + \gamma$，即也存在一上三下的特征。由它的一组水平截面图也可以看出，三元包晶相图的四相平衡面为三角形水平面，在其上有一个三相平衡区，在其下有三个三相平衡区，见图 5-114。

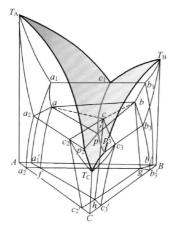

图 5-111　三元包晶相图的立体图

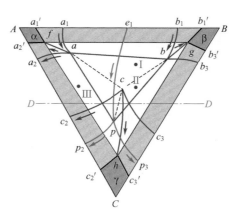

图 5-112　三元包晶相图综合投影

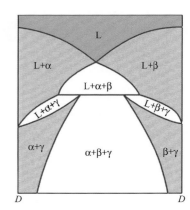

图 5-113　三元包晶相图的垂直截面

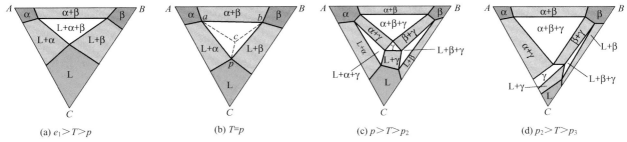

图 5-114 三元包晶相图在不同温度的水平截面

(a) $e_1 > T > p$ (b) $T = p$ (c) $p > T > p_2$ (d) $p_2 > T > p_3$

5.4.4 形成稳定化合物的三元相图

以上介绍的三元相图只是几种最典型、最基本的三元相图，实际使用的三元相图要比它们复杂得多，因为在三元系中三组元之间除了形成固溶体外，还会形成化合物。三元系中的化合物通常可以分为两类：一类是在成分三角形线上由两个组元组成的二元化合物，另一类在成分三角形内由三个组元组成的三元化合物。若三元系中形成的化合物是稳定化合物，则可以像二元相图中的稳定化合物一样来划分相图，把复杂三元相图分割成若干个简单三元相图。但三元系中形成的稳定化合物类型不同时，它们分割相图的方式不同。

形成二元稳定化合物时相图的分割法具体如下。

（1）一个二元系形成二元稳定化合物 当三元系中一个二元系中形成一个二元稳定化合物时，相图的分割法见图 5-115（a）为 B-C 二元系中形成一个二元稳定化合物 $B_m C_n$ 时，可把该三元系相图分割为 A-B-$B_m C_n$ 和 A-C-$B_m C_n$ 两个简单相图。当三元系中同一个二元系中形成两个二元稳定化合物时，相图的分割法见图 5-115（b）。由此可以发现，在三元系中同一个二元系中形成 n 个二元稳定化合物时，相图的分割数为 $x = n + 1$。

（2）形成三元稳定化合物时相图的分割法 当三元系中形成一个三元稳定化合物 $A_m B_n C_p$ 时，相图的分割法见图 5-116（a），由图可以看出，它将该相图分割为 A-C-$A_m B_n C_p$、A-B-$A_m B_n C_p$、B-C-$A_m B_n C_p$ 三个简单相图。当三元系中形成两个三元稳定化合物时，相图的分割法见图 5-116（b），由图可以看出，它有两种可能的分割法，每种可将相图分割为五部分，但只有一种分法是正确的，必须由实验来确定。若三元系中形成 m 个三元稳定化合物，则相图的分割数 $y = 2m + 1$。

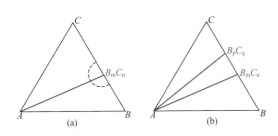

(a)   (b)

图 5-115 一个二元系形成稳定化合物时相图的分割法

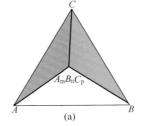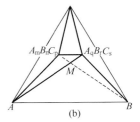

(a)   (b)

图 5-116 三元系中形成稳定化合物时相图的分割法

（3）三元相图分割部分的总数 由上述介绍可知，三元系中若存在着 n 个二元稳定化合物和 m 个三元稳定化合物，则三元相图的分割总数 $z = n + 2m + 1$，若 $n = 1$，$m = 1$，则 $z = 1 + 2 \times 1 + 1 = 4$。

5.4.5　三元相图小结

由上述介绍可知三元相图比二元相图复杂得多，这主要是因为它增加了一个成分变量，使二元相图中的点变成了线，线变成了面，但根据相律可知，三元相图具有以下特征。

（1）单相区形态　三元系以单相存在时，由相律可知 $f=C-P+1=3-1+1=3$，即温度和两个组元的成分是可以独立改变的，因此，在三元相图中，单相区占有一定的温度和成分变化范围，为不规则的三维空间区域。

（2）两相平衡区　三元系中的两相平衡可以是两液相、一液相一固相或两固相平衡，它们多为三元匀晶转变或单析转变。由相律可知，三元系在两相平衡时，$f=C-P+1=3-2+1=2$，即温度和一个相中的一个组元的成分可以独立改变，而这个相中的另外两个组元的含量和另一相的成分都随之而定，不能独立改变。因此，在三元相图中，两相区也占有一定的温度和成分变化范围，为不规则的三维空间区域。但它常以一对共轭曲面与单相区相隔，在一定温度时，三元系实现两相平衡时满足共线法则，按其连接线可用杠杆定律计算两平衡相的相对量。两相区与三相区的界面为两平衡相连接线组成的直纹面。

（3）三相平衡区　三元系中出现三相平衡时，由相律可知，$f=C-P+1=3-3+1=1$，即温度和各平衡相成分只有一个可以独立改变，当温度一定时，三个平衡相的成分随之而定。它与二元相图的三相平衡转变的最大区别是，三元系三相平衡转变是变温转变，而二元系三相平衡转变是恒温转变。因此三元系的三相平衡区为一个三维空间区域，多为不规则的三棱柱。三元系中的三相平衡转变主要有共晶型（共晶转变 $L\rightarrow\alpha+\beta$，共析转变 $\gamma\rightarrow\alpha+\beta$，偏晶转变 $L_1\rightarrow L_2+\alpha$，熔晶转变 $\gamma\rightarrow L+\alpha$）和包晶型（包晶转变 $L+\alpha\rightarrow\beta$，包析转变 $\alpha+\gamma\rightarrow\beta$，合晶转变 $L_1+L_2\rightarrow\alpha$）两类，它们的三相平衡区都由参加反应的三个相的三条单变量线构成，三相平衡转变时三个平衡相的成分分别沿三条单变量线变。见图 5-117 共晶型三相平衡转变三相区，是两个三相平衡转变开始面在上，一个三相平衡转变终止面在下；而包晶型三相平衡转变三相区是一个三相平衡转变开始面在上，两个三相平衡转变终止面在下。

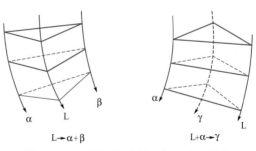

图 5-117　三元相图中的三相平衡区特征

（4）四相平衡区　三元系在四相平衡时，由相律可知，$f=C-P+1=3-4+1=0$，即温度和四个平衡相的成分是恒定不变的，因此它只能是一定温度时的一个水平面。三元系中的四相平衡转变主要有共晶型（共晶转变 L→α+β+γ，共析转变 δ→α+β+γ），包共晶型（包共晶转变 L+α→β+γ，包共析转变 δ+α→β+γ）和包晶型（包晶转变 L+α+β→γ，包析转变 δ+α+β→γ）三类，共晶型和包晶型四相平衡面为三角形水平面，包共晶型四相平衡面为四边形水平面。每个四相平衡面与十二条单变量线相连，每三条单变量线围成一个三相平衡区，因此一个四相平衡面都与四个三相平衡区以面接触，与六个二相平衡区以线接触，与四个单相区以点接触。具体见图 5-118，这三种四相平衡转变的重要特征见表 5-4。

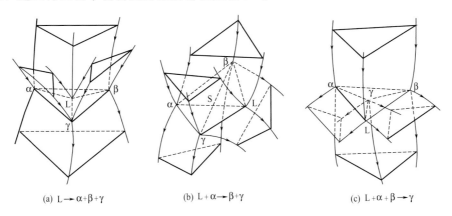

(a) L→α+β+γ   (b) L+α→β+γ   (c) L+α+β→γ

图 5-118　三种四相平衡面与三相平衡区的连接方式

表 5-4　三元系中的四相平衡转变特征

转变类型	L→α+β+γ	L+α→β+γ	L+α+β→γ
转变前的三相平衡			
四相平衡			
转变后的三相平衡			
液相面交线的投影			

5.4.6　实际三元相图举例

实际使用的三元相图往往比较复杂，一般不是只有一个四相平衡转变，而是存在着若干个四相平衡转变，并且实际使用的三元相图也不是立体图，而主要是垂直截面图、水平截面图或投影图。

5.4.6.1　Fe-C-Cr 三元系垂直截面图（13%Cr）

图 5-119 是 Fe-C-Cr 三元系垂直截面图，铬的质量分数为 13%。它是反映 Cr13 型不锈钢和 Cr12 高

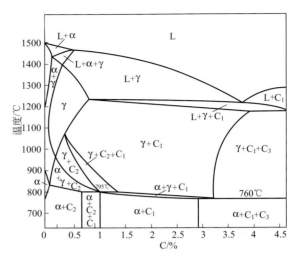

图 5-119 13% Cr 的 Fe-C-Cr 三元系的垂直截面

碳高铬型模具钢的组织与温度关系的重要资料。由前面的介绍可知，用垂直截面图分析合金的凝固过程，可以一目了然地看出合金在各不同温度时的状态，但要搞清楚合金在凝固时发生什么转变，就必须了解垂直截面图中各三相区和四相区发生什么样的三相平衡和四相平衡转变。三相平衡转变类型通常需要根据相图中的三相区三角形的位置和它与周围单相区和两相区的接触情况来判断。一般是正立的三角形为共晶型三相平衡转变，倒立的三角形为包晶型三相平衡转变。图 5-119 左上角有一个 L＋α＋γ 三相区，为倒立的三角形，因此它是三相平衡包晶转变 L＋α→γ；在右上角有一个 L＋γ＋C_1 三相区，为正立的三角形，因此它是三相平衡共晶转变 L→γ＋C_1；在左下角有一个 α＋γ＋C_2 三相区，为正立的三角形，是三相平衡共析转变 γ→α＋C_2。但并不是所有的三相区的三相平衡转变，都能由垂直截面图直接判断出，有些还必须参考其投影图和有关的二元相图，才能判断出发生何种三相平衡转变。

相图中的四相平衡转变只有在四相平衡水平线与四个三相区接触时，才能判断出发生何种四相平衡转变。如图 5-119 中左下方水平线与四个三相区接触，并且是两上两下，所以是包共析四相平衡转变 γ＋C_2 $\xrightarrow{795℃}$ α＋C_1。而右下角 760℃ 的四相平衡水平线只与三个三相区接触，所以无法直接判断它发生何种四相平衡转变。

另外由该图可以看出，它有 4 个单相区，是液相 L、铁素体 α、高温铁素体 δ 和奥氏体 γ，图中，C_1 为 (Cr，Fe)$_7$$C_3$，$C_2$ 为 (Cr，Fe)$_{23}$$C_6$ 碳化物，C_3 为 (Fe，Cr)$_3$C 合金渗碳体。因为加入较多的 Cr 使 Fe-C 相图变得比较复杂，它的包晶点、共晶点、共析点和奥氏体的最大溶碳量都发生了较大程度的移动，在 C％＞0.8％ 后钢中便会出现莱氏体 (γ＋C_1)，而且钢中的碳化物类型也增加了。

5.4.6.2 Fe-C-N 三元系水平截面图

图 5-120 是 565℃ 时 Fe-C-N 三元系的水平 (恒温) 截面图，因为钢的渗氮常采用该温度，所以该图是了解碳钢在该温度渗氮时，工件表层到内部各

层相组成物的重要资料。由该图可以看出它有六个单相区，分别是铁素体 α、奥氏体 γ、渗碳体 C、ε 表示 $Fe_{2\sim3}$（C，N）相、γ′表示 Fe_4（C，N）相、x 表示碳化物。因图中存在一个三角形区域，它与四个单相区接触，三个顶角分别与 α、C 和 γ′接触，而三角形内一点与 γ 接触，并且该三角形为直边三角形，它有六个两相平衡连接线，分别为该三角形的三条边和 γ 与 α、γ 与 C、γ 与 γ′；所以该三角形水平面为四相平衡共析转变 γ→α+C+γ′；若在 565℃ 对 45 钢（C%＝0.45%）进行长时间渗氮，则由该图中 C%＝0.45% 的水平虚线可知，工件表层到内部的相组成物依次为 ε、γ′+ε、γ′+C、α+C。

5.4.6.3　投影图

（1）Al-Cu-Mg 三元系液相面等温线投影图　见图 5-121，它是富 Al 组元部分，由于它带有液相面等温线，所以可用它确定合金的开始凝固温度、初生相，并可根据液相面交线的走向判断发生的四相平衡转变类型。如 E_T 点液相面交线走向为三进，则发生四相平衡共晶转变 L→α+θ+S；P_1 点为二进一出，则发生四相平衡包共晶转变 L+Q→S+T，P_2 点为二进一出，则也发生四相平衡包共晶转变 L+S→α+T，而 E_U 点也是三进，所以也发生四相平衡共晶转变 L→α+β+T。图中各液相面处初生相的含义是，α-Al 代表以 Al 为溶剂的固溶体，β 代表 Mg_2Al_3，γ 代表 $Mg_{17}Al_{12}$，θ 代表 $CuAl_2$，Q 代表 $Cu_3Mg_6Al_7$，S 代表 $CuMgAl_2$，T 代表 $Mg_{32}(Al,Cu)_{49}$。

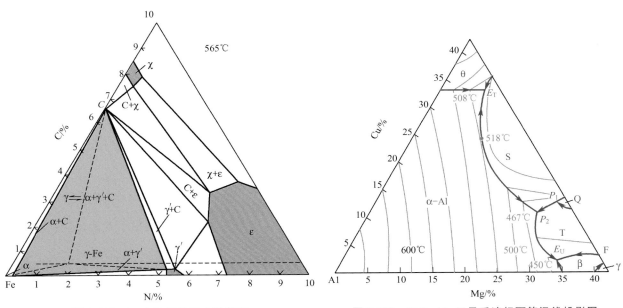

图 5-120　Fe-C-N 三元系水平截面　　　　　图 5-121　Al-Cu-Mg 三元系液相面等温线投影图

（2）Fe-C-P 三元系综合投影图　Fe-C-P 三元系富 Fe 角的综合投影图如图 5-122，它主要用于铸铁的组织分析，该图实际上是 Fe-Fe_3C-Fe_3P 三元系综合投影图，它采用的是直角坐标，并且各坐标的成分比例不同。由该图液相面交线的走向可知，在 T 点 1005℃ 时为二进一出，发生四相平衡包共晶转变 $L_T+\delta_F$→γ_G+Fe_3P，它的四相平衡水平面为 TGFQ 四边形；在 E_T 点 950℃ 时为三进，发生四相平衡共晶转变 L_E→γ_D+Fe_3C+Fe_3P，它的四相平衡水平面为△QRD 水平面，另外在固态时还有一个四相平衡转变，即在 N 点 745℃，发生包共析转变 γ_N+Fe_3P→α_M+Fe_3C，搞清楚这三个四相平衡转变后，再结合相关二元相图还可以知道各三相平衡转变，则用该图分析合金的凝固过程就比较容易进行，由图 5-122 可以看出大部分 Fe-C-P 合金在凝固时会发生两个四相平衡转变，少数合金还会发生 3 个四相平衡转变。

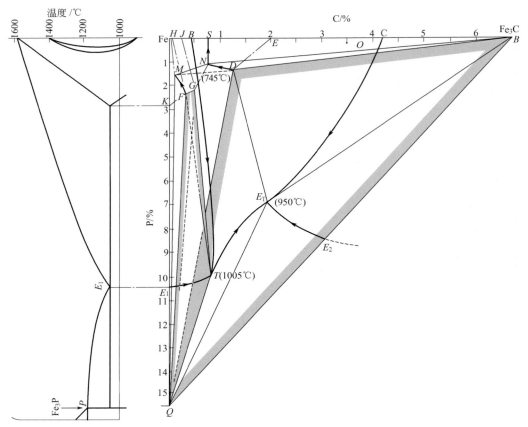

图 5-122　Fe-C-P 三元系综合投影图

5.4.7　三元交互系统相图

5.4.7.1　基本概念

设想有两个无共同离子的盐 AX 和 BY，它们发生了置换反应：

$$AX + BY \longrightarrow AY + BX$$

由这样的盐构成的体系就是交互体系。实际例子是很多的，如压电和铁电材料中：

$$PbZrO_3 + BaTiO_3 \longrightarrow PbTiO_3 + BaZrO_3$$

$$PbTiO_3 + SrZrO_3 \longrightarrow PbZrO_3 + SrTiO_3$$

氮化物陶瓷中：

$$Si_3N_4 + Al_4O_6 \longrightarrow Si_3O_6 + Al_4N_4$$

上述反应中，反应前后均为两个不具有共同离子的盐对。我们把交互体系中两个没有共同离子的但能进行置换反应的盐称为交互盐对。

从表面上看，容易把这种体系看作四元体系，因为构成这种体系有 4 种盐。然而，正如我们在前面已讨论过的，这种体系由于发生了一个置换反应，其组分数等于其中实有物质的数目减去有这些物质参加的独立化学反应数目，即 $4-1=3$，所以称为三元交互系统。

三元交互系统可用正方形的相图来表示。正方形的四个角顶分别表示系统中的四种纯化学物质，规定在反应方程式同一边的两种物质必须置于正方形同一对角线的两个角顶。但需用下面的方法来表示体系的组成，即使各阳离子的摩尔分数之和等于各阴离子的摩尔分数之和，并都等于一个恒定值。从图 5-123 看即为

$$x_{Li}^+ + x_K^+ = 1, \quad x_{Cl}^- + x_F^- = 1$$

式中，x_{Li}^+、x_K^+ 分别为 Li^+ 和 K^+ 的摩尔分数；x_{Cl}^- 和 x_F^- 分别为 Cl^- 和 F^- 的摩尔分数。

在正方形中的任一点的组成表示法可以通过该点（图 5-123 中的 P 点）作各边的垂直线，与边的交点 G 和 W 把各边分成两段。其中 a 段表示 x_{Li}^+，b 段表示 x_K^+；u 段表示 x_{Cl}^-，v 段表示 x_F^-。

例如，由 0.1mol KNO_3、0.7mol KCl、0.8mol $NaNO_3$ 构成的熔盐，其组成点可根据各离子的摩尔分数来确定。在此熔体中，各离子的物质的量为 $K^+ = 0.8mol$，$Na^+ = 0.8mol$，$Cl^- = 0.7mol$，$NO_3^- = 0.9mol$。各离子的摩尔分数为：

$$Na^+ = \frac{0.8}{0.8 + 0.8} = 50\%, K^+ = 50\%$$

$$Cl^- = \frac{0.7}{0.7 + 0.9} = 43.75\%, NO_3^- = 56.25\%$$

在浓度正方形上，把此三元交互系统的四种盐按图 5-124 放置于四个角顶。正方形每条对角线两端角顶的盐处于反应方程式的同一边。从 $NaCl$ 角顶出发，具有相同阴离子的 $NaCl$-KCl 边表示阳离子的摩尔分数，具有相同阳离子的 $NaCl$-$NaNO_3$ 边则表示阴离子的摩尔分数。在 $NaCl$-KCl 边上根据 K^+ 的摩尔分数为 50% 得到 E 点。在 $NaCl$-$NaNO_3$ 边上根据 NO_3^- 的摩尔分数为 56.25% 得到 D 点。过 E 点、D 点分别作各边的垂直线 EE'、DD'。EE' 和 DD' 相交于 P 点，P 点即为该系统的组成点。

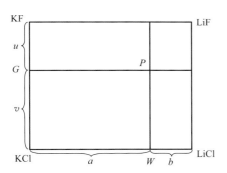

图 5-123 KF-LiF-LiCl 三元交互系统

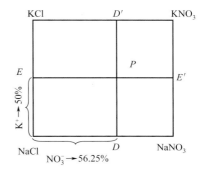

图 5-124 KNO_3-KCl-$NaNO_3$ 三元交互相图

如果参加系统的盐价数不同，为了能保持正方形，每个角上化合物正离子的电价应相等，负离子的电价也应相等。例如：

$$2KCl + MgSO_4 \Longrightarrow MgCl_2 + K_2SO_4$$

对于 K^+ 和 Cl^- 应该用双倍值才能满足上述要求。上述方程可改写为：

$$K_2Cl_2 + MgSO_4 \Longrightarrow MgCl_2 + K_2SO_4$$

在浓度正方形角顶分别标注 K_2Cl_2、$MgSO_4$、$MgCl_2$、K_2SO_4，各离子分数则分别以离子基 $2K^+$、Mg^{2+}、SO_4^{2-}、$2Cl^-$ 作为计算基准。

在上例中，也可将已知的 KNO_3、KCl、$NaNO_3$ 物质的量换算成各物质的摩尔分数，将 KNO_3-KCl-$NaNO_3$ 作为一个浓度三角形，按浓度三角形表示组成的方法同样可确定 P 点。

5.4.7.2　三元交互系统相图常见类型及应用

除了正方形和物质的量表示法上有些区别外，在绘制这类相图时，其余各步骤和绘制普通三元相图

时所用的方法完全相同。在垂直于组成正方形图的各垂直线上标出各相应温度，并通过得到的各点连成曲面，这些曲面及位于其间的各体积就形成了空间图形，这就是该类相图的立体图。空间图上部为液相面包围着，液相面包括若干曲面，这些曲面是各组分以及由它们生成的化合物的第一次结晶区，空间图的下部为固相面包围着，在无固溶体的情况下，此固相面包括位于不同高度的各水平面。在液相面和固相面之间有第一次结晶体（或区域）和第二次结晶体。其划分方法和普通三元立体相图中的情况相同。

上述立体相图同样可以投影在底部的平面上，即引一系列水平等温平面，并将这些平面与空间图中的各液相面的交线（恒温线）投影在正方形组成图上（图 5-125）。所得到的平面图具有普通三元体系相图的许多几何性质，如杠杆规则、重心规则、连线规则，同样也有低共熔点、转熔点、双转熔点及共熔线和转熔界线。

（1）不可逆交互系统　如图 5-125 所示，图中有 AX、BY、AY、BX 四种物质的初晶区，五条界线及两个三元无量变点 E_1、E_0。对角线 AY-BY 将系统划分为两个简单三元 BY-AY-BX 和 AX-AY-BX。根据重心规则，E_1、E_0 分别是这两个分三元系统的低共熔点。E_1、E_2、E_3、E_4 则是各相应二元系统的低共熔点。

界线 E_1E_0 与相应连线 AY-BX 相交的 e 点是界线上的温度最高点，也是 AY-BX 这个二元系统的二元低共熔点。任何 AY 和 BX 的配料，即组成点落在 AY-BX 线上的配料，其高温熔体都在 e 点结束析晶，析晶产物是 AY 和 BX。另一条对角线情况就不同了。如将 BY 和 AX 配料，加热到高温完全熔融获得熔体 D，冷却时首先析出 BX，液相点到达界线后析出 AY 和 BX，最后在低共熔点 E_0 析出 AX、AY 和 BX。其析晶产物不是 BY 和 AX，表明 BY-AX 并不能构成一个真正的二元系统。我们把 AY-BX 这条对角线称为稳定对角线，因为这条对角线两端的两个盐的混合物是稳定的，BY-AX 则称为不稳定对角线。稳定对角线不但有其相应的界线，而且与相应界线直接相交。

三元交互系统中是否具有稳定对角线是由系统中离子互换反应的方向所决定的。在不可逆交互系统中，平衡强烈偏向反应的某一方。在反应 AX＋BY ——→ AY＋BX 中，如果平衡强烈偏向 AY＋BX 一方，则在相图中会出现稳定对角线，这条稳定对角线就是 AY-BX，它只与 AY、BX 两个初晶区相截。

（2）具有单转熔点 P 的三元交互系统图　如图 5-126 所示，对角线 BY-AX 没有相应的界线，对角线 AY-BX 虽有相应的界线，但并不和相应界线直接相交，因而系统中不存在稳定对角线，不能把系统划分成两个分三元系统，P 点是一个单转熔点，它和 E 点不同，不是同时析出三种晶相，而是回吸 AX 晶体，析出 AY 和 BX 晶体。

图 5-126 所示的相图也是可逆交互系统相图。在该系统中，平衡不是显著偏向某一方，这时在相图上就不会出现稳定对角线。在可逆交互系统的相图上，两条对角线所穿过的相区中，至少有一个属于反应方程式右边某个盐，一个属于反应方程式左边某个盐。

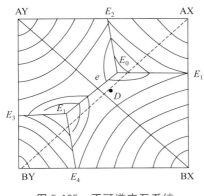

图 5-125　不可逆交互系统

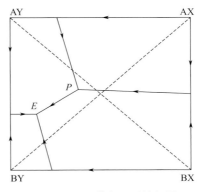

图 5-126　可逆交互系统相图

　　三元交互系统的组分间同样可能有各种不同的物理、化学作用（形成固溶体、生成化合物等），其相图图形因而会具有不同的形态。

　　分析三元交互系统的结晶路程与分析一般三元系统的结晶路程完全相同。根据无量变点划分出分三角形后，配料点落在哪个副三角形内，与此分三角形相应的无量变点即是其析晶终点，而此分三角形的顶点所表示的三种晶相物质即其结晶产物。

　　（3）三元交互相图在铁电、压电材料上的应用　在有关铁电、压电材料的文献和书籍中，我们常常可以看到如图 5-127 所示的相图，这类相图可称为三元交互系统的固态相变图。前面我们只讨论了三元交互系统的立体相图中液相面到固相面这一段的情况，实际上在固相面之下往往还有变化。其一是随温度变化置换固溶体固溶度的变化，其二是随温度变化还要发生相变，这些是人们在制备铁电和压电材料时比较关心的问题。在文献中见到的不同温度下的固态相变图，就是为了反映上述情况的。当然，固相面以下的固溶度变化以及是否发生相变，必须观察几个不同温度的等温截面之后才能清楚。图 5-127 （a）、（b）两张相图都是在室温下的等温截面。单是一个等温截面能说明什么问题呢？它说明这几种化合物的各种配方冷却到室温时形成铁电体的范围在哪里，这点很重要，因为有时为了改变居里温度或改进其他性能，经常采用调整配比的方法。例如，当 Sr^{2+} 取代 Pb^{2+} 时，Sr^{2+} 的摩尔分数每增加 0.01 可使居里温度下降 9.5K。从图 5-127 （a）可知，Sr^{2+} 取代 Pb^{2+} 是有一定限度的，因为当 Sr^{2+} 过多时配方就进入了顺电相的范围。又如在 $PbTiO_3$-$PbZrO_3$ 二元系统中，F_T 和 F_R 之间的界线称为准同型相界。当

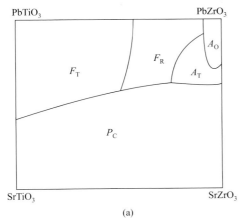

(a)

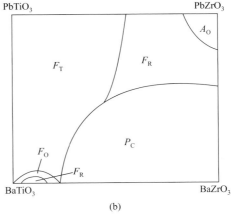

(b)

图 5-127　等温截面图

F—铁电相；A—反铁电相；P—顺电相；T—四方晶相；R—三方晶相；O—斜方晶相；C—立方晶相

Zr/Ti 原子比例数量在这个界线附近时（约 53/47）晶胞参数将发生演变。钛锆酸铅陶瓷（简称 PZT）中 Zr/Ti 比接近 53/47 时，物理性能上出现一些"异常"现象。例如，机电耦合系数 K_p 和介电常数都出现最大值，而机械品质因数 Q_m 则表现为最小值。之所以这样是由于准同型相界处组成的晶体结构属于四方-三方两相过渡的特殊情况。四方、三方两种结构同时存在，在电场或外力作用下容易发生相变，即从四方相转变到三方相，或从三方相转变到四方相。这有利于铁电活性离子（如钛离子）的迁移和极化，因而在这种结构状态介电常数（它部分地反映了电场作用下离子位移的影响）以及 K_p（反映了机械能与电能之间转换的难易）能够达到最大。

由于准同型相界处的组成使铁电活性离子容易迁移，所以电畴运动就比较容易，能量的机械损耗大（或者说内摩擦大），因而 Q_m 值就小。图 5-127（a）中 F_T 和 F_R 的界线表明加入 Sr^{2+} 之后准同型相界变化情况。当 Sr^{2+} 取代 Pb^{2+} 时，界线先是偏向 $PbZrO_3$，随着 Sr^{2+} 的增加，逐渐偏向 $PbTiO_3$。这样为配方中添加 Sr^{2+} 后如何调整锆钛比，以保证高的介电常数和机电耦合系数提供了指导作用。

要点总结

拓展阅读

第6章
固态相变的基本原理

 导读

在室温下，铁钉、一元硬币等钢铁制品可以被磁铁吸引。当温度提高到一定温度以上，钢铁制品便会失去铁磁性。但如果将钢铁再次冷却到室温，其铁磁性会恢复，仍可以被磁铁吸引。

图 1 磁铁吸引钢铁制品

钢铁制品铁磁性的消失与恢复涉及钢铁的固态相变过程，由于温度的改变，钢铁的组织结构与性质均发生了变化。图 2 为 Fe-C 相图，图 3 为铁素体钢与奥氏体钢的晶胞。

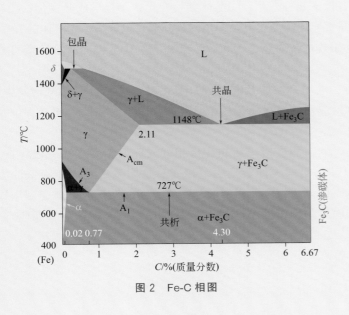

图 2 Fe-C 相图

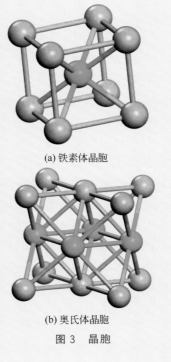

(a) 铁素体晶胞

(b) 奥氏体晶胞

图 3 晶胞

当外界条件（温度、压力、应力、电场等）变化时，可能引起材料发生相变，导致材料组织、结构和性能发生变化，为材料应用的多样性提供了必要条件。因此，掌握固态相变的原理及规律，可以控制固态相变的过程以获得预期的组织和结构，从而获得预期的性能，最大限度地发挥材料潜力。

◉ 学习目标

固态相变通常按热力学、动力学、长大方式以及成分或结构变化进行分类，学习掌握每种分类下的特征及内涵，重点学习固态相变的热力学，包括相的平衡状态、稳定性、转变方向及驱动力等问题。厘清扩散型相变（固溶体析出和共析转变）、非扩散型相变（马氏体相变）和过渡型相变（贝氏体相变）之间的区别和各自的基本特征。

（1）固态相变的分类及特征。

（2）固态相变的相变热力学：固态相变的能量变化、均匀形核和非均匀形核、形核位置及析出相形状。

（3）固态相变的动力学：长大机制及长大速度。

（4）脱溶（沉淀、析出）相变：析出条件及分类、析出过程及析出相、时效及析出强化。

（5）马氏体相变：马氏体相变的基本特征、马氏体相变机制、马氏体的晶体结构、马氏体的组织形态及力学性能。

（6）贝氏体相变：贝氏体相变的基本特征、组织形态、力学性能等。

固态金属及合金中发生的相变可能包含以下几种变化：①晶体结构变化；②化学成分变化；③有序度变化。有些相变包含一种变化，如纯金属同素异构转变只包含①，调幅分解只包含②，固溶体的有序-无序转变只包含③；有些相变包含几种变化，如共析转变包含①和②，某些产生化合物的脱溶转变可能包含全部的三种变化。

当外界条件（例如温度、压力、应力、电场、磁场及辐射等）变化时，可能会引起材料发生相变，改变材料的组织、结构和性能，从而为材料应用的多样化提供了必要条件。正因如此，相变理论及应用一直是材料科学研究的重要领域。

与气-固、气-液和液-固相变相同的是，固态相变时，新相和母相（或称旧相）之间一般存在界面，相变需要足够大的过冷度（或过热度）以获得足够大的驱动力，相变总是向系统自由能降低的方向进行。不同的是，固态相变时新旧两相都是固体，新相在固体中形核和生长在很大程度上会受到固体性质以及两固体间界面结构的影响，这是由于固体中原子间结合能大，原子一般呈规则排列（晶体），以及各种点阵缺陷的存在所致。

本章主要讨论固态相变的基本类型、特点及其相变理论。

6.1 固态相变的分类与特征

6.1.1 固态相变的分类

固态相变种类繁多，性质各异，通常按热力学、动力学、长大方式以及成分或结构变化进行分类，每种分类方法各有特点。

按相变时热力学函数的变化特征，固态相变分为一级相变和高级相变（二级或二级以上的相变称为高级相变）；按动力学（即原子迁移方式）分为扩散型相变、过渡型相变和非扩散型相变；按长大方式分为形核-长大型相变和连续型相变；按相变过程分为近平衡相变和远平衡相变。

6.1.1.1 按热力学分类

热力学分类是一种最基本的分类方法，分类依据是相变时的热力学函数变化。考虑 α 和 β 两相之间的转变。一级相变时，两相的化学位相等，但是它们的一阶偏导数不等，即

$$\mu^{\alpha} = \mu^{\beta}$$
$$\left(\frac{\partial \mu^{\alpha}}{\partial T}\right)_p \neq \left(\frac{\partial \mu^{\beta}}{\partial T}\right)_p \tag{6-1}$$
$$\left(\frac{\partial \mu^{\alpha}}{\partial p}\right)_T \neq \left(\frac{\partial \mu^{\beta}}{\partial p}\right)_T$$

由热力学函数关系式

$$\left(\frac{\partial \mu}{\partial p}\right)_T = V$$
$$\left(\frac{\partial \mu}{\partial T}\right)_p = -S$$

将以上两式代入式（6-1），得

$$V^{\alpha} \neq V^{\beta} \tag{6-2}$$
$$S^{\alpha} \neq S^{\beta}$$

说明一级相变时，两相的体积和熵发生不连续变化，即有体积变化和相变潜热的吸收或释放。绝大多数的相变属于一级相变，如金属及合金的结晶、固溶体的脱溶、马氏体相变等。

二级相变时，两相的化学位以及一阶偏导数均相等，但是二阶偏导数不等，即

$$\mu^{\alpha} = \mu^{\beta}$$
$$\left(\frac{\partial \mu^{\alpha}}{\partial T}\right)_P = \left(\frac{\partial \mu^{\beta}}{\partial T}\right)_P$$
$$\left(\frac{\partial \mu^{\alpha}}{\partial p}\right)_T = \left(\frac{\partial \mu^{\beta}}{\partial p}\right)_T$$
$$\left(\frac{\partial^2 \mu^{\alpha}}{\partial T^2}\right)_P \neq \left(\frac{\partial^2 \mu^{\beta}}{\partial T^2}\right)_P \tag{6-3}$$
$$\left(\frac{\partial^2 \mu^{\alpha}}{\partial p^2}\right)_T \neq \left(\frac{\partial^2 \mu^{\beta}}{\partial p^2}\right)_T$$
$$\left(\frac{\partial^2 \mu^{\alpha}}{\partial T \partial p}\right) \neq \left(\frac{\partial^2 \mu^{\beta}}{\partial T \partial p}\right)$$

根据热力学函数关系式

$$\left(\frac{\partial^2 \mu}{\partial T^2}\right)_p = -\left(\frac{\partial S}{\partial T}\right)_p = -\frac{C_p}{T}$$

$$\left(\frac{\partial^2 \mu}{\partial p^2}\right)_T = \frac{V}{V}\left(\frac{\partial V}{\partial p}\right)_T = -VB$$

$$\left(\frac{\partial^2 \mu}{\partial T \partial p}\right) = \frac{V}{V}\left(\frac{\partial V}{\partial T}\right)_p = VA$$

式中，C_p 为恒压热容；A 为膨胀系数；B 为压缩系数。将以上三式代入式（6-3），得

$$V^\alpha = V^\beta, S^\alpha = S^\beta \tag{6-4}$$

$$C_p^\alpha \neq C_p^\beta, B^\alpha \neq B^\beta, A^\alpha \neq A^\beta$$

说明二级相变时，两相的体积和熵发生连续变化，只有热容、膨胀系数及压缩系数发生不连续变化。目前所发现的二级相变比一级相变少得多，如磁性转变、超导态转变及部分有序化转变。三级以上的相变极为罕见。

由式（6-2）和式（6-4）可知，一级相变和二级相变时，两相的热力学函数随温度的变化如图 6-1 所示，其中 T_c 为相变临界温度。

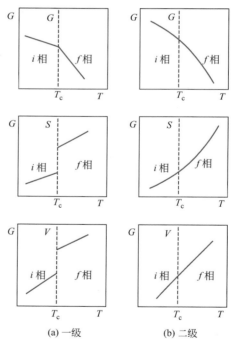

(a) 一级　　　　　(b) 二级

图 6-1　一级及二级相变的自由能、熵和体积变化

6.1.1.2　按动力学分类

固态相变的三种基本变化都必须通过原子迁移来完成，因此可以按照原子迁移的动力学，即原子迁移方式，将相变分为扩散型相变、非扩散型相变以及介于二者之间的过渡型（或称半扩散型）相变。

扩散型相变时，形核和长大都要依靠原子的长距离扩散，相界面进行扩散性移动。因此，即使在形核初期相界面是共格的，但是在晶核生长过程

中，共格界面也会转变为非共格界面，否则会阻碍晶体生长。在这类相变中，扩散是相变的主要控制因素。多数在较高温度下发生的相变均属于扩散型相变。

非扩散型相变也叫做位移型相变。在相变时，新相长大不是通过原子扩散，而是通过类似于塑性变性的滑移或者孪生那样的切变和转动进行的。通过这种方式，母相中的原子有组织地、协调一致地循序转入新相中。此时，相界面是共格的，转变前后两相的化学成分不变，两相的位向关系不变，最典型的例子是马氏体相变。

过渡型相变已发现有两种，一种是块状转变，它更接近于扩散型相变，相界面是非共格的，相界面移动也是通过原子扩散进行的，但是原子扩散只限于跨越相界面的短距离扩散，没有长距离扩散，因此相变时成分不发生或者很少发生变化。另一种是贝氏体相变，贝氏体是由铁素体与碳化物组成的非层状组织，其中碳化物靠扩散长大，类似于扩散型相变；铁素体可能靠切变长大，又类似于非扩散型相变。在贝氏体相变中，扩散性长大和非扩散性长大相互制约。

6.1.2 固态相变的特征

固体具有确定的形状，较高的切变强度，内部按一定的点阵类型规则排列，并且呈现明显的各向异性（晶体），总是不同程度地存在分布不均匀的结构缺陷，这就决定了固态相变有别于液体结晶，概括起来有如下一些重要特征。

6.1.2.1 原子的扩散速度

对于扩散型固态相变，由于新旧两相的化学成分不同，相变时必须有原子的扩散。众所周知，固态金属中原子的扩散速度远低于液态金属的扩散速度。例如在熔点附近，液态金属的扩散系数约为 $10^{-5}\,\mathrm{cm^2/s}$，而固态金属的扩散系数仅为 $10^{-10}\,\mathrm{cm^2/s}$，因此固态相变时原子的扩散速度成为相变的控制因素。

当相变温度较高时，即扩散不是决定性因素的温度范围内，随着温度的降低，即过冷度的增大，相变驱动力增大，相变速度加快；但是当过冷度增大到一定程度，扩散成为决定性因素时，进一步增大过冷度，反而使相变速度减小。由于这个特点，快冷比较容易通过固态相变形核最快的温度区域，一般以 $10^2\,\mathrm{℃/s}$ 的冷却速度即可通过。然而，要想控制液态金属的结晶则需要 $10^6\,\mathrm{℃/s}$ 以上的冷却速度。对于固态相变，快冷能抑制高温发生的相变，将高温相置于不同的过冷度下发生相变，从而为固态相变的多样性创造了条件。

6.1.2.2 形核特点

（1）非均匀形核 固态相变主要是非均匀形核，这是因为固态介质中有各种点、线、面、体结构缺陷，这些缺陷分布很不均匀，能量水平不同，从而为非均匀形核创造了条件。如果晶核在缺陷处形成能使缺陷消失，则缺陷储存的能量就会被释放，可以降低甚至克服形核能垒。缺陷能量越高，越能促进形核。与之相比，均匀形核则要困难得多，因为均匀形核的形核功大，需要更大的过冷度才能达到所要求的相变驱动力，而过冷度太大使扩散变得困难，反而对均匀形核不利。

在固体的各种结构缺陷中，界面是能量最高的一类，所以晶体的外表面、内表面（缩孔、气孔、裂纹等）、晶界、相界、孪晶界以及亚晶界往往是优先形核的场所，其次是位错，再次是空位和其他点缺陷。由此可以解释为什么过冷度低时，固态相变多沿表面和晶界进行，只有当过冷度较大时，才会在晶界和晶内同时进行。

固态相变也不完全排除均匀形核方式。在相变驱动力较大，界面能和应变能等相变阻力较小，缺陷密度较低时，也可能发生均匀形核，或二者同时进行。固溶体析出初期的 G. P. 区的形成就属于均匀形核。

非均匀形核是固态相变按阻力最小进行的有效途径之一。

（2）固相界面　固态相变时，在新旧两相之间形成界面，三种主要的相界面类型及其结构如图 6-2 所示。

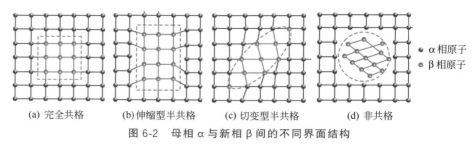

（a）完全共格　　（b）伸缩型半共格　　（c）切变型半共格　　（d）非共格

● α 相原子
● β 相原子

图 6-2　母相 α 与新相 β 间的不同界面结构

① 共格界面　相界面上的原子同时位于两相晶格的共同阵点上，即界面上的原子保持完全匹配。只有在两相的晶体结构和晶格常数，特别是在界面上两相的晶体结构和晶格常数非常接近的情况下，才能形成完全共格界面。

② 半共格界面　当两相在界面上的晶体结构或晶格常数差别增大时，这时若仍然维持共格界面，将会在共格界面附近引起很大的弹性应变能，使界面结构不稳定，从而演变为半共格界面（或称部分共格界面），其特点是，在界面相上出现了一些位错（称为界面位错或错配位错），以松弛因为共格引起的弹性应变能。可以看出，在位错附近的区域，原子不匹配（非共格区），在位错之间的区域，原子还是匹配的（共格区）。

③ 非共格界面　当两相在界面上的晶体结构或晶格常数差别很大时，界面原子完全不匹配，形成非共格界面。这种界面与大角度晶界非常相似，大约由几个原子层厚的原子排列混乱区组成。

为描述两相在相界面上原子的匹配程度，引入界面错配度（或称点阵错配度）的概念，其定义为

$$\delta = \frac{a_\alpha - a_\beta}{a_\alpha} \tag{6-5}$$

式中，$a_\alpha > a_\beta$，分别为两相沿平行于界面同一晶向上的原子间距。δ 越大，界面产生的应变能越大，界面便由共格界面逐渐演变为非共格界面。一般认为，$\delta < 0.05$，相界面为共格界面；$0.05 < \delta < 0.25$，为半共格界面；$\delta > 0.25$，为非共格界面。

在半共格界面上存在着相互平行的刃型位错，假设刃型位错的平均距离为 D，经过简单计算得

$$D = \frac{a_\beta}{\delta}$$

从此关系式可知，$\delta \to 0$ 时，$D \to \infty$，界面上几乎没有位错，为共格界面；$\delta \to \infty$ 时，$D \to 0$，界面位错密度太大，足以使界面上原子排列非常混乱，成为非共格界面。

在三种相界面中，由于界面结构不同，界面性质也存在很大差异，这些都会影响固态相变的形核与生长过程。共格界面的原子匹配最好，界面能最低；非共格界面的原子匹配最差，界面能最高；半共格界面的界面能介于二者之间。与液态金属的形核很类似，为最大限度降低固态相变的形核功，最

有效的途径就是形成界面能最低的晶核，这在形核中起重要作用。形成共格界面的相变阻力最小，形成非共格界面的相变阻力最大，这说明在相变的形核初期为什么往往会形成共格或半共格界面，这也是固态相变按阻力最小进行的有效途径之一。

事实上，完全共格界面只有在共格孪晶界上才能出现，除此以外的共格界面不可能是完全共格的，这是因为两相的晶体结构或者晶格常数总是存在一定的差异，因此在形成共格界面的同时，或多或少会在共格界面附近的一定范围内产生一定量的弹性应变，出现弹性应变能。这种因相界面共格引起的，并且仅限制在相界面附近的弹性应变能称为共格应变能，以区别于因两相比容不同产生的比体积应变能。在通常情况下，为维持两相在界面上的共格关系，势必会引起很大的共格应变能。在共格界面的情况下，两相的错配度越大，共格应变能也越大。因此，共格界面的共格应变能最高，非共格界面的最低，半共格界面的介于二者之间，其顺序刚好与界面能顺序相反。

经过分析可得出这样结论：相变时，形成何种界面决定于界面能和共格应变能这一对矛盾因素。当形成共格界面使界面能的降低超过了所引起的共格应变能时，便形成共格界面，可以减小相变阻力；否则，便形成半共格或非共格界面，即使开始形成了共格界面也会自动破坏而转变为半共格或非共格界面。在相变的形核阶段，新相很细薄，由共格引起的应变能小，特别是当两相中有一相的弹性模量较小时更是如此，这就是为什么在形核阶段容易形成共格界面的基本原因。

（3）晶核的位向关系　固态相变时，新旧相间往往存在一定的位向关系，例如 γ-Fe→α-Fe 的转变就存在 K-S 关系：

$$\{110\}_\alpha /\!/ \{111\}_\gamma, \ \langle 111\rangle_\alpha /\!/ \langle 110\rangle_\gamma$$

这说明在形核时，新相的取向已被旧相所制约，不像液体结晶那样，新相的取向可以是任意的。新旧相之间相互平行的晶面或晶向一般都是原子排列最密的晶面或晶向，也就是两相中相互最相似的晶面或晶向。这样的晶面或晶向相互平行，所形成的界面的界面能最低，形核阻力最小，晶核也就易于形成。形核时两相保持一定的位向关系，同样是固态相变按阻力最小进行的有效途径之一。

但是在有些固态相变中，新旧两相的位向关系并不满足 K-S 关系，或者与 K-S 关系稍有偏差，原因是影响晶核取向的不仅仅是界面能，也与共格应变能有关。

6.1.2.3　长大特点

（1）惯习现象　固态相变时，新相多易沿母相一定的晶面和晶向以针状或片状等形式成长，也就是这些形状的新相往往沿一定的方向躺卧在母相的特定晶面上，这种现象称为惯习现象，这个晶面称为惯习面，这个晶向称为惯习方向。惯习面和惯习方向通常用母相的晶面和晶向指数表征。在许多情况下，惯习面和惯习方向就是位向关系中母相的晶面和晶向，但也可能是其他的晶面和晶向，原因是惯习现象的产生也与固态相变按阻力最小进行有关。当界面能随新相的长大方向而改变时，为了减小相变阻力，界面能最低的相界面将得到充分发展；当应变能随新相的长大方向而改变时，为了减小应变能，新相会沿应变能最小的方向长大，这就是惯习现象出现的基本原因。不过，若相变条件不同，界面能和应变能这两个因素的作用程度也不同，就表现出不同的惯习现象。因此，位向关系和惯习现象既有联系又有区别。

（2）共格性长大和非共格性长大　对于扩散型相变，新相长大是通过非共格相界面的扩散性移动，即使在形核阶段形成了界面能低的共格界面，从而促进了形核，但是共格界面扩散性移动困难，所以在长大过程中变成了累赘，共格界面也就逐渐消失，演变为非共格界面。

对于非扩散型相变，新相长大是依靠相界面按切变方式进行的，只有在维持两相的共格关系时才能长大，不论在形核阶段还是在长大阶段都必须维持界面的共格性。只有当新相长大到一定程度，由于共格应变能过大，引起两相中较软的一相发生塑性变形，共格性就会遭到破坏，长大停止。

6.1.2.4　过渡相

固态相变的另一特点就是容易产生过渡相。过渡相是晶体结构或化学成分，或者两者都处于新旧两相之间的一种亚稳相。有些固态相变甚至产生的都是过渡相，不出现稳定相；有些固态相变又不只一种过渡相，甚至两个或者更多。例如，在 Al-Cu 合金时效时，稳定相是 θ（CuAl$_2$），在它形成前依次出现 θ″和 θ′两种过渡相。钢在淬火时得到的马氏体和贝氏体是最常见的过渡相。过渡相总是在相变阻力大、平衡相变难以进行的条件下产生的，比如新旧两相的比容差过大、晶体结构差别过分悬殊以及温度特别低原子扩散被抑制等。

过渡相的晶体结构和化学成分更接近于母相，因此有时比稳定相更容易形成。过渡相的形成虽然从热力学来说较为不利，但是从动力学来看是有利的，这也是减小相变阻力的重要途径之一。

6.2　相变热力学

相变热力学是应用热力学基本原理，去分析和计算材料在相变过程中的各种热力学现象，包括相的平衡状态、相的稳定性、相的转变方向以及相变驱动力等问题。相变热力学与相变动力学一起构成了材料科学的主要内容。

材料科学是研究材料的化学成分、组织、结构以及外界环境与性能之间的关系。影响材料性能的这些内在因素和外在因素及其变化规律，材料中各种结构缺陷的形成、运动以及它们之间的交互作用对材料性能的影响，这些都与相变热力学有关。

6.2.1　热力学基本原理

热力学系统所处的状态及其变化趋势决定了系统的热力学性质，而系统的状态及其变化是由一系列热力学函数所确定的，热力学函数的意义及其相互关系是解决相变问题的基本理论。

6.2.1.1　热力学定律

（1）热力学第一定律　热力学第一定律是描述系统的内能、功及热量之间关系的能量守恒与转化定律。当系统发生微小变化时，其数学表达式如下

$$dU = \delta Q - \delta W \tag{6-6}$$

式中，U、Q 及 W 分别为内能、热量及功。内能是状态函数，热量和功是过程函数，后两者只有在特定条件下，才能转化为状态函数。对于只作膨胀功的热力学系统，上式变为

$$dU = \delta Q - p \, dV \tag{6-7}$$

式中，p 和 V 分别为压力和体积。引入状态函数焓，其定义为

$$H = U + pV$$

在恒容及恒压条件下，并利用上述定义及式（6-7），分别得到

$$dU = \delta Q_V = C_V dT$$
$$dH = \delta Q_p = C_p dT \tag{6-8}$$

以上两式给出了恒容热容和恒压热容的表达式。

（2）热力学第二定律　为了描述热力学系统自发变化的方向和限度，引入状态函数熵的概念，用来度量孤立系统中自发过程的不可逆程度，其定义为

$$dS = \frac{\delta Q}{T}$$

式中，δQ 为可逆过程的热效应。在恒压条件下，利用式（6-8），上式改写为

$$dS = \frac{\delta Q_p}{T} = \frac{C_p}{T} dT$$

由热力学推导，对于孤立系统或绝热的不可逆过程，熵的变化满足如下关系

$$dS \geqslant 0 \tag{6-9}$$

式（6-9）即为热力学第二定律的数学表达式，其意义为在孤立系统中发生的自发不可逆过程，熵值总是增加的，直到最大达到平衡状态。

（3）最小自由能原理　熵判据只适合于孤立系统。对于实际热力学系统，总熵变 dS 应该包括系统熵变 dS_s 和环境熵变 dS_e，因此根据式（6-9），熵判据应扩充为

$$dS = dS_s + dS_e \geqslant 0 \tag{6-10}$$

定义恒温恒容条件下的亥姆霍兹（Helmholtz）自由能 F 和恒温恒压条件下的吉布斯（Gibbs）自由能 G（或称自由焓）分别为

$$F = U - TS$$
$$G = H - TS$$

将以上两式代入式（6-10），经整理后得到恒温恒容条件下及恒温恒压条件下的热力学判据，分别为

$$dF \leqslant 0$$
$$dG \leqslant 0 \tag{6-11}$$

以上两式的意义为，在恒温恒容条件下或者在恒温恒压条件下，系统总是向自由能降低的方向进行，平衡状态时，自由能达到极小，称为最小自由能原理。这两个判据在材料科学中都有广泛的应用，在解决与界面曲率有关的材料学问题时经常采用第一个自由能判据，而对于绝大多数材料学问题则经常采用第二自由能判据。

6.2.1.2　热力学函数基本关系式

应用热力学理论解决实际问题时，常根据需要进行热力学函数间的转换，在材料科学中应用的主要关系式有

$$dU = TdS - pdV$$
$$dH = TdS + Vdp$$
$$dF = -SdT - pdV$$
$$dG = -SdT + Vdp \tag{6-12}$$

由于自由能函数 F 和 G 可以看作是任意两个热力学参量的状态函数，对它们全微分，有

$$dF = \left(\frac{\partial F}{\partial T}\right)_V dT + \left(\frac{\partial F}{\partial V}\right)_T dV$$

$$dG = \left(\frac{\partial G}{\partial T}\right)_p dT + \left(\frac{\partial G}{\partial p}\right)_T dp \tag{6-13}$$

根据式（6-12）和式（6-13），经计算得到如下关系式

$$
\begin{aligned}
\left(\frac{\partial F}{\partial T}\right)_V &= -S \\
\left(\frac{\partial F}{\partial V}\right)_T &= -p \\
\left(\frac{\partial G}{\partial T}\right)_p &= -S \\
\left(\frac{\partial G}{\partial p}\right)_T &= V
\end{aligned}
\tag{6-14}
$$

6.2.1.3 化学位

在多组元组成的合金系统中，系统除了受温度、压力等因素影响外，还与各组元的物质的量有关。设组元 i 的摩尔数是 n_i，则化学位或称偏摩尔吉布斯自由能定义为

$$
\mu_i = \left(\frac{\partial G}{\partial n_i}\right)_{T,p,n_j}
\tag{6-15}
$$

化学位的意义为，当温度、压力及其他组元含量不变时（假设其他各组元的量足够多），仅改变 i 组元所引起的系统自由能的变化。因此，合金系统自由能变化应表达为

$$
\mathrm{d}G = -S\mathrm{d}T + V\mathrm{d}p + \sum_{i=1}^{n} \mu_i \mathrm{d}n_i
\tag{6-16}
$$

由式（6-16）可知，在恒温恒压条件下，合金系统的自由能判据为

$$
\mathrm{d}G = \sum_{i=1}^{n} \mu_i \mathrm{d}n_i \leqslant 0
\tag{6-17}
$$

6.2.2　固态相变的形核

经典固态相变都要经历形核与晶核长大过程，按形核是否对时间敏感，可以将其分为以下两种类型。

热激活形核是通过原子热运动使晶胚达到临界尺寸，其特点是不仅温度对形核有影响，而且时间对形核也有影响，晶核可以在等温过程中形成。一般扩散型相变发生在较高温度范围，故为热激活形核。在过冷度较小时，驱动力较小，晶核往往在缺陷处形成，属于非均匀形核；在过冷度很大时，驱动力增大，也可能发生均匀形核。

非热激活形核不是通过原子扩散使晶胚达到临界尺寸，而是通过快速冷却在变温过程中形成的，故也称为变温形核。这种形核对时间不敏感，晶核一般不会在等温过程中形成。非热激活形核大都为非均匀形核，需要较大的过冷度，形核率极快，如马氏体相变。

6.2.2.1 均匀形核

均匀形核时除了产生界面能外，还产生弹性应变能（在有些固态相变中，也会产生较大的塑性应变能，这时应变能应包括弹性应变能和塑性应变能），二者构成了相变阻力。正因如此，固态相变的形核阻力比液体结晶大

得多。根据经典形核理论，在固体中形成一个新相晶核时的自由能变化可表达为

$$\Delta G = V\Delta G_V + S\sigma + V\omega \qquad (6-18)$$

式中，V 为晶核体积；S 为晶核表面积；$\Delta G_V = G_N - G_P$ 为单位体积新旧两相化学自由能差（G_N、G_P 分别为新、旧相的自由能），当 $\Delta G_V < 0$ 时，为相变驱动力；σ 为单位面积界面能；ω 为单位体积弹性应变能。

假定晶核为半径为 r 的球体，上式变为

$$\Delta G = \frac{4}{3}\pi r^3 \Delta G_V + 4\pi r^2 \sigma + \frac{4}{3}\pi r^3 \omega \qquad (6-19)$$

在式 (6-19) 中，令 $\dfrac{\partial \Delta G}{\partial r} = 0$，求出晶核的临界半径、临界体积和形核功分别为

$$r_c = -\frac{2\sigma}{\Delta G_V + \omega}$$

$$V_c = -\frac{32\pi\sigma^3}{3(\Delta G_V + \omega)^3} \qquad (6-20)$$

$$\Delta G_c = \frac{16\pi\sigma^3}{3(\Delta G_V + \omega)^2}$$

可以看出，临界半径（或临界体积）越大，系统具有临界尺寸的晶核数就越少；形核功越大，系统的自由能增加就越多，所以临界半径和形核功越大，形核就越难。与液态结晶相比，在其他条件相同的情况下，由于固态相变增加了应变能阻力，使临界半径和形核功增大，表明在相变驱动力一定时，固态相变比液态结晶需要更大的过冷度。

形核功靠系统的能量起伏提供，能量起伏水平达到 ΔG_c 的概率应该与因子 $\exp\left(-\dfrac{\Delta G_c}{kT}\right)$ 成正比，故单位体积中出现临界晶核的数量也应该与此因子成正比。临界晶核长大和熔化的概率相同，其中只有 1/2 的晶核能够成为有效晶核。有效晶核至少需要补充一个以上的原子才能稳定长大，因此原子跨越相界面扩散至晶核表面并使其长大，同样也是一个概率问题。令 Q 为原子扩散激活能，则临界晶核转变为稳定晶核的概率应该与因子 $\exp\left(-\dfrac{Q}{kT}\right)$ 成正比。据此得到固态相变的形核率表达式

$$N = K\exp\left[-\frac{16\pi\sigma^3}{3kT(\Delta G_V + \omega)^2}\right]\exp\left(-\frac{Q}{kT}\right) \qquad (6-21)$$

式中，k 为玻耳兹曼常数；K 为比例常数。

上式与液态结晶的形核率表达式非常相似。固态相变时，由于应变能的存在使形核功增大，以及固态原子的扩散激活能比液态大得多，导致固态相变的形核率比相同条件下的结晶的形核率要小得多，这就说明为什么快速冷却能抑制固态相变。

即使对固态相变本身来说，由于相变驱动力不同以及弹性应变能和扩散系数的差异，不同固态相变的难易程度也存在差异，有的甚至差异很大。应变能与材料的弹性模量成正比，与弹性应变的平方成正比，因此固体的刚性越大，相变引起的应变能越大，越不利于相变。由于应变能与弹性应变的平方成正比，故弹性应变的作用更为强烈。由此看出，固态相变时两相的比容差对相变有重要作用。有些固态相变从热力学看是可能进行的，但是由于两相的比容差过大或者温度过低，实际上很难进行，母相甚至可以长期存在。

（1）相变驱动力　相变驱动力是新、旧两相的化学自由能差 ΔG_V，各相自由能大小不仅与温度有关，也与合金成分有关，因此相变驱动力与合金所处的温度和成分有密切关系。

① 相变驱动力与温度的关系　对于没有磁性转变的金属或合金（如 Ti），随着温度升高，恒压热容 C_p 单调增大，焓 H 单调增大 [式（6-8）]，自由能 G 则单调下降 [式（6-14）]。如果平衡两相是 α 和 β，由于它们的恒压热容 C_p 不同，两相的自由能-温度曲线必然在某一临界温度 T_0 处相交，T_0 是两相自由能相等的温度，即相平衡温度，如图 6-3 所示。当 $T < T_0$ 时，$\Delta T = T_0 - T$ 称为过冷度，将发生 α→β 转变，相变驱动力为 $\Delta G_V^{\alpha \to \beta} = G_V^\beta - G_V^\alpha$；当 $T > T_0$ 时，$\Delta T = T - T_0$ 称为过热度，将发生 β→α 转变，相变驱动力为 $\Delta G_V^{\beta \to \alpha} = G_V^\alpha - G_V^\beta$。

在降温时，α→β 转变的驱动力与过冷度的关系可按如下方式近似计算。在恒温恒压条件下，T 温度时

$$\Delta G_V^{\alpha \to \beta}(T) = \Delta H_V^{\alpha \to \beta}(T) - T \Delta S_V^{\alpha \to \beta}(T) \tag{6-22}$$

当 $T = T_0$ 时

$$\Delta G_V^{\alpha \to \beta}(T_0) = \Delta H_V^{\alpha \to \beta}(T_0) - T_0 \Delta S_V^{\alpha \to \beta}(T_0) = 0$$

由此式得

$$\Delta S_V^{\alpha \to \beta}(T_0) = \frac{\Delta H_V^{\alpha \to \beta}(T_0)}{T_0}$$

如果过冷度不大，采取如下近似

$$\Delta H_V^{\alpha \to \beta}(T) \approx \Delta H_V^{\alpha \to \beta}(T_0), \quad \Delta S_V^{\alpha \to \beta}(T) \approx \Delta S_V^{\alpha \to \beta}(T_0)$$

将以上两式代入式（6-22），得

$$\Delta G_V^{\alpha \to \beta}(T) \approx \frac{\Delta H_V^{\alpha \to \beta}(T_0) \Delta T}{T_0} \tag{6-23}$$

式（6-23）中，$\Delta H_V^{\alpha \to \beta}(T_0)$ 为相变潜热。

可以看出，相变驱动力与过冷度成正比，温度越低，过冷度越大，驱动力越大。而由式（6-20）可知，温度越低，晶核的临界半径、临界体积和形核功均减小，形核越容易。

对于有磁性转变的金属或合金，恒压热容 C_p 并非随温度升高而单调增加，如图 6-4 所示。升温时，无磁性转变的 C_p 随温度变化如图中虚线，有磁性转变的 C_p 随温度变化如图中实线。当由低温铁磁性转变为高温顺磁性时，C_p 在居里点附近急剧增大，表明有额外的能量吸收，这部分额外能量

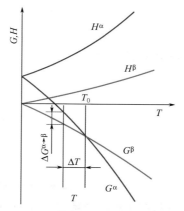

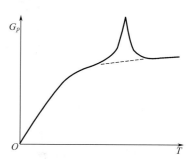

图 6-3　α、β 的自由焓和焓随温度的变化　　图 6-4　磁性金属在居里点附近的热容变化

被消耗于加热时的磁有序结构的消失。因此，有磁性转变的金属或合金的 C_p 包含与结构转变有关的热容和与磁性转变有关的热容两部分。热容的异常变化将使自由能-温度曲线发生变化，影响到相的自由能大小及相的状态。计算结果表明，在居里点以下，铁磁状态比顺磁状态具有更低的自由能，稳定性更高，这一点将影响到铁磁性金属或合金的相变驱动力。

②　相变驱动力与成分的关系　在压力一定时，单元系的自由能只是温度的函数，而合金的自由能除了与温度有关外，还与成分有关。假定由 A、B 组成二元合金，设 G_i^0 为组元 i 在一个大气压下的摩尔自由能，x_i 为组元 i 的摩尔分数，则固溶体的摩尔自由能可表达为

$$G_s = G_A^0 + (G_B^0 - G_A^0)x_B + \Delta G_m \tag{6-24}$$

式中，ΔG_m 为两组元间的混合自由能，其表达式为

$$\Delta G_m = \Delta H_m - T\Delta S_m \tag{6-25}$$

式中，ΔH_m 为混合焓，其意义为微观上固溶体形成前后原子间结合能的变化，宏观上为形成固溶体的热效应，经过推导，得

$$\Delta H_m = \Omega x_A x_B \tag{6-26}$$

式中，Ω 为原子间相互作用参数。

式（6-25）中的 ΔS_m 为混合熵，微观上为形成固溶体所引起的原子混乱度的度量，其值大于零，若按理想固溶体处理，则

$$\Delta S_m = -R(x_1 \ln x_1 + x_2 \ln x_2) \tag{6-27}$$

下面根据式（6-24）至式（6-27），将固溶体自由能随成分的变化规律归纳如下。

a. 理想固溶体，由于溶质原子、溶剂原子以及溶质与溶剂原子之间的结合能相同，混合焓 $\Delta H_m = 0$，原子呈无序分布。由式（6-25），得

$$\Delta G_m = \Delta H_m - T\Delta S_m = -T\Delta S_m < 0$$

说明形成理想固溶体的自由能比纯组元的自由能低，G_s 与成分的关系如图 6-5。

b. 非理想固溶体，ΔS_m 仍按理想固溶体处理，即忽略了振动熵变化和固溶体有序及偏聚引起的熵的变化，而 $\Delta H_m \neq 0$。若形成固溶体时放热，则 $\Delta H_m < 0$，原子呈有序分布，固溶体自由能更低，G_s 与成分的关系如图 6-6 所示；若形成固溶体时吸热，则 $\Delta H_m > 0$，原子呈偏聚分布，固溶体自由能升高，当 ΔH_m 足够大时，固溶体将在一定成分范围内分解为两相，出现了溶解度间隙，G_s 与成分的关系如图 6-7 所示。

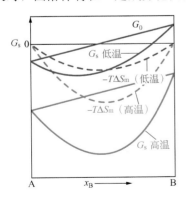

图 6-5　无序固溶体的自由能-成分曲线

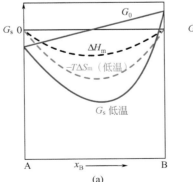

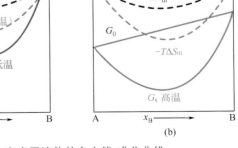

图 6-6　有序固溶体的自由能-成分曲线

从上面分析看出，在一定温度和压力下，合金中各相自由能是其成分的函数，作出各相在一定温度下的自由能-成分曲线，这种曲线对研究相变非常有用。下面根据自由能-成分曲线来确定合金在形核时的相变驱动力。

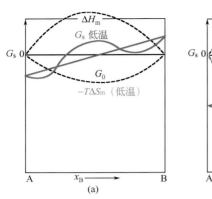
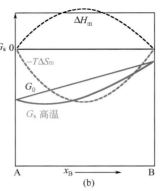

图 6-7 偏聚固溶体的自由能-成分曲线

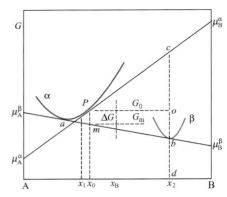

图 6-8 固溶体析出时的自由能变化

以过饱和固溶体的析出为例。在 T 温度时，在 α 固溶体中析出 β 固溶体（或者中间相），在该温度下的自由能变化曲线如图 6-8 所示。成分为 x_0 的 α 在转变之前的摩尔自由能为 G_0（图中 P 点），转变之后分解为 α 和 β 的混合物，平衡两相的成分点分别由图中公切线上的切点 a 及 b 确定。根据杠杆定理，混合物的摩尔自由能点应落在公切线上的 m 点，自由能为 G_m。因此，转变时总的相变驱动力是两相达到平衡成分时的自由能差，$\Delta G = G_m - G_0 < 0$，由于混合物的自由能低于母相 α 的自由能，相变可以发生。

但是，在转变刚开始时，合金处于形核阶段，α 相成分并未达到平衡成分（图中 a 点），而是接近于原始合金成分 x_0，比如 x_1。因此，形核时的相变驱动力与总的相变驱动力不同。当过饱和固溶体中出现较大的成分起伏，并且成分起伏尺寸超过临界尺寸时，就会形成 β 相晶核。考虑在成分为 x_0 的 α 相中析出成分为 x_2、摩尔数为 n_2、摩尔自由能为 G_2 的 β 相。由于 β 相的析出，α 相成分变为 x_1、摩尔数变为 n_1、摩尔自由能变为 G_1，则析出前后系统自由能变化为

$$\Delta G = (n_1 G_1 + n_2 G_2) - (n_1 + n_2) G_0 \tag{6-28}$$

由杠杆定理，得

$$\frac{n_1}{n_2} = \frac{x_2 - x_0}{x_0 - x_1}$$

将其代入式（6-28），经整理后得

$$\Delta G = n_2 \left[G_2 - G_0 - (x_2 - x_0) \left(\frac{G_0 - G_1}{x_0 - x_1} \right) \right] \tag{6-29}$$

相变开始时，转变量很少，令 $x_1 \rightarrow x_0$，则

$$\Delta G' = \frac{\Delta G}{n_2} = G_2 - G_0 - (x_2 - x_0) \left(\frac{\mathrm{d}G}{\mathrm{d}x} \right)_{x_0} \tag{6-30}$$

式中，$\left(\dfrac{\mathrm{d}G}{\mathrm{d}x} \right)_{x_0}$ 代表 x_0 处自由能曲线的斜率；$\Delta G'$ 为形成 1mol β 相的自由能差。对照图 6-8 中的几何关系，可知 $G_2 = bd$，$G_0 = od$，$(x_2 - x_0) \left(\dfrac{\mathrm{d}G}{\mathrm{d}x} \right)_{x_0} = co$，则 $\Delta G' = -cb$，系统自由能降低，因此成为形核的相变驱动力。

由此可以得到用图解法确定相变驱动力的方法：过母相 α 的成分点 x_0 作自由能-成分曲线的切线，该切线与析出相 β 的成分垂线交于 c 点，β 相自由能曲线的切点为 b，则线段 cb 就是 α→β 转变的形核驱动力。可以得出这样的结论，从母相的成分点作自由能-成分曲线的切线，如果新相的自由能曲线在此切线以下，相变驱动力 $\Delta G < 0$，新相就有条件形成，否则在切线以上，则无条件形成。

（2）界面能　α 和 β 两个固溶体（如 α 为母相，β 为新相）是 A-B 二元合金，它们之间相互接触形成 α/β 相界面，两相在相界面上的晶格常数分别是 a_α、a_β，界面错配度如式（6-5），$\delta = (a_\alpha - a_\beta)/a_\alpha$。

① 共格界面能　当 $\delta = 0$ 时，两相在界面上完全匹配，属完全共格界面。按 Becker 采用的准化学模型，完全共格界面的界面能由化学能项构成，它是由于两相在界面上化学键能的变化引起的。相界面结构模型如图 6-9 所示，S-S′ 为相界面。

设 α 和 β 中 B 原子百分数分别为 x_α、x_β，N_s 为界面上原子的面密度，Z_s 为界面上原子的面配位数[例如 fcc 晶体的体配位数是 12，若以（111）作为界面，其面配位数是 3]。若两相都是无序固溶体，α 相中 a-a' 面上 A、B 原子数分别是 $N_s(1-x_\alpha)$ 和 $N_s x_\alpha$，则面 1 上的 A 原子与面 2 上的 B 原子形成的 A-B 化学键数为

$$(Q_{AB})_{\alpha 1} = N_s Z_s x_\alpha (1 - x_\alpha)$$

面 1 上的 B 原子与面 2 上的 A 原子形成的 A-B 化学键数为

$$(Q_{AB})_{\alpha 2} = N_s Z_s x_\alpha (1 - x_\alpha)$$

α 相中 a-a' 面上总 A-B 键数为两式之和

$$(Q_{AB})_\alpha = 2 N_s Z_s x_\alpha (1 - x_\alpha)$$

同理，β 相中 b-b′ 面上总 A-B 键数为

$$(Q_{AB})_\beta = 2 N_s Z_s x_\beta (1 - x_\beta)$$

形成 α/β 相界面 S-S′ 时，在相界面上总 A-B 键数为

$$(Q_{AB})_s = N_s Z_s [x_\alpha (1 - x_\beta) + x_\beta (1 - x_\alpha)]$$

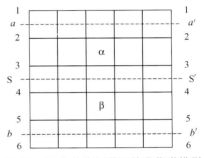

图 6-9　完全共格相界面的准化学模型

从以上三式得到形成单位 α/β 相界面导致的 A-B 键数的变化

$$\Delta Q_{AB} = (Q_{AB})_s - \frac{1}{2}[(Q_{AB})_\alpha + (Q_{AB})_\beta] \tag{6-31}$$
$$= N_s Z_s (x_\alpha - x_\beta)^2$$

现在需要找出增加一个 A-B 键引起的 A-A 键数和 B-B 键数的变化。分析过程与上面相同，可以分别求出形成单位 α/β 相界面导致的 A-A 键数的变化和 B-B 键数的变化。

$$\Delta Q_{AA} = -\frac{1}{2} N_s Z_s (x_\alpha - x_\beta)^2 \tag{6-32}$$

$$\Delta Q_{BB} = -\frac{1}{2} N_s Z_s (x_\alpha - x_\beta)^2 \tag{6-33}$$

可以看出

$$\Delta Q_{AA} = \Delta Q_{BB} = -\frac{1}{2} \Delta Q_{AB} \tag{6-34}$$

根据准化学模型，界面能的化学能项是由于形成相界面时原子对间的结合能变化引起的，令 U_{AA}、U_{BB}、U_{AB} 分别是 A-A、B-B、A-B 原子间的结合能，可看作与温度无关的常数，因此得界面能的化学能项为

$$\sigma_c = \Delta Q_{AB} U_{AB} + \Delta Q_{AA} U_{AA} + \Delta Q_{BB} U_{BB}$$

将式（6-31）和式（6-34）代入上式，并令原子间相互作用参数

$$\Omega = U_{AB} - \frac{1}{2}(U_{AA} + U_{BB})$$

则

$$\sigma_c = \Omega N_s Z_s (x_\alpha - x_\beta)^2 \qquad (6-35)$$

已知合金的摩尔溶解热 ΔH 与阿伏伽德罗常数 N_0 及体配位数 Z 之间的关系是

$$\Delta H = N_0 Z \Omega$$

将其代入式（6-35），得单位面积界面能的化学能项

$$\sigma_c = \frac{N_s Z_s \Delta H}{N_0 Z}(x_\alpha - x_\beta)^2 \qquad (6-36)$$

对于极稀固溶体，$(x_\alpha - x_\beta)^2 \rightarrow 1$，故上式简化为

$$\sigma_c \approx \frac{N_s Z_s \Delta H}{N_0 Z} \qquad (6-37)$$

以 Cu-Ag 合金形成的相界面为例，合金为面心立方结构，{111} 是原子密排面。实验测得溶解热 $\Delta H = 3.56 \times 10^4 \, \text{J/mol}$。若以 {111} 作为相界面，原子面密度的平均值 $N_s = 1.577 \times 10^{15} / \text{cm}^2$，$Z_s = 3$，$Z = 12$，$N_0 = 6.023 \times 10^{23} / \text{mol}$，将数据代入式（6-37），求得 $\sigma_c = 0.23 \, \text{J/m}^2$。

当 $0 < \delta < 0.05$ 时，两相仍然维系共格关系，但其中较软的一相（如 α 相）将通过点阵的弹性变形使晶格常数 $a_\alpha \rightarrow a'_\alpha$，从而与 β 在界面上完全匹配，此时新的界面错配度

$$\delta' = (a'_\alpha - a_\beta)/a'_\alpha = 0$$

界面能仍可按式（6-36）和式（6-37）计算，但是在界面处产生了点阵弹性应变，应变量为

$$\varepsilon = (a'_\alpha - a_\alpha)/a_\alpha$$

相应的共格应变能为

$$u = \mu \varepsilon^2 \qquad (6-38)$$

式中，μ 是 α 相切变模量。

② 半共格界面能　当 $0.05 < \delta < 0.25$ 时，相界面上出现刃型位错，形成半共格界面，位错之间的区域还是匹配的。半共格界面能除了化学能项 σ_c 外，还应有结构能项 σ_s。化学能项仍然按照式（6-36）和式（6-37）计算，结构能项实际上就是位错的应变能。

已知单位长刃型位错的弹性应变能为

$$E_e = \frac{G b^2}{4\pi(1-\nu)} \ln \frac{r}{r_0} + E_0$$

式中，ν 为泊松比；b 为位错强度；r 为位错应力场作用的范围；r_0 为位错中心区半径，近似取 $r_0 \approx b$；E_0 为位错中心的能量。

在相界面上刃型位错线沿相互垂直的方向构成位错网络结构，如图6-10所示。已知位错间距 $D = a_\beta / \delta$，单位面积上位错线的长度为 $2D/D^2 = 2/D$，近似取 $r \approx D$，则单位面积界面能的结构能项经计算为

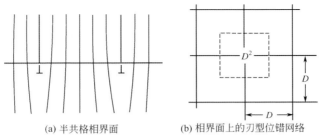

图 6-10　半共格相界面的结构能计算模型

$$\sigma_s = \frac{2E_e}{D} = \tau_0 b\delta \left(\frac{2E_0}{\tau_0 b^2} + \ln\frac{1}{\delta} \right) \tag{6-39}$$

式中，$\tau_0 = \dfrac{G}{2\pi(1-\nu)}$。

对 Cu-Ag 合金，$\delta = 0.12$，相界面属于半共格界面，将有关数据代入式（6-39）得到，$\sigma_s = 0.35 \mathrm{J/m^2}$，此值约为大角度晶界能的 2/3。结合前面的计算结果，总的界面能 $\sigma = \sigma_c + \sigma_s = 0.58 \mathrm{J/m^2}$。通常，半共格界面能在 $0.2 \sim 0.5 \mathrm{J/m^2}$。

③ 非共格界面能　当 $\delta > 0.25$ 时，相当于在相界面上每几个原子间距就有一个位错，位错中心的严重畸变区几乎重叠，失去共格或半共格性质，转变为非共格相界面。非共格相界面的结构与大角度晶界很相似，界面能一般很高，大约为 $0.5 \sim 1.0 \mathrm{J/m^2}$。

（3）弹性应变能　只要保持弹性联系的新相和母相的比容不同或者新相和母相之间存在错配，均会产生弹性应变能。固态相变产生的弹性应变能分为共格应变能和比体积应变能。

① 共格应变能　共格应变能是为了维持相界面的共格性，在相界面附近产生弹性应变引起的。界面错配度 δ 越大，共格应变能越大，如表达式（6-38）所示。

② 比体积应变能　比体积应变能是由于新旧两相的比容不同引起的。由于两相的比容不同，在新相形成时必然要发生体积变化，从而使两相内部产生弹性应变，引起弹性应变能。两相比容差越大，产生的弹性应变能越大。当比容差一定时，弹性应变能与新相的形状有关。

假设新相 β 在母相 α 中形成，并且母相 α 较软，所产生的弹性应变全部由 α 承担；两相都为各向同性，形成的相界面不共格。Nabarro 将新相看作一个旋转椭球体，其三个半轴分别为 R、R、y，经过计算求出每个原子的弹性应变能为

$$\Delta G_e = \left[\frac{2\mu^\alpha (v^\beta - v^\alpha)^2}{3v^\beta} \right] E\left(\frac{y}{R} \right) \tag{6-40}$$

式中，μ^α 为 α 相的切变模量；v^α、v^β 分别为 α、β 相的原子体积，定义体积错配度为

$$\Delta = \frac{v^\beta - v^\alpha}{v^\beta} \tag{6-41}$$

从式（6-40）和式（6-41）看出，比体积应变能与体积错配度 Δ 的平方成正比，而与界面错配度 δ 无关。决定析出相形状的是 $E(y/R)$，它是一个以形状参数 y/R 为变量的函数。

当 $y/R \to \infty$ 时，析出相为针状，此时 $E(y/R) = 3/4$；当 $y/R = 1$ 时，析出相为球体，$E(y/R) = 1$；当 y/R 很小时，析出相为盘状，$E(y/R) \approx 3\pi y/4R$，并且 $y/R \to 0$ 时，$E(y/R) \to 0$。$E(y/R)$ 函数随形状参量 y/R 的变化关系如图 6-11 所示。此图表明，析出相为球状时，应变能最大；呈片状时，应变能最小；为针状时，应变能居中。

实际分析析出相的形状时，除了考虑弹性应变能外，还应考虑界面能的大小。当以盘状析出时，应变能最小，但是盘状不具有最小的表面积；球状具有最小的表面积，可是球状的应变能最大。因此，新相析出时往往采取折中的形状，使应变能和界面能总和为最低值，一般为有偏心度的椭球体。

6.2.2.2　非均匀形核

固态相变大都是非均匀形核，这是由于各种结构缺陷在材料中的分布本身就是不均匀的。非均匀形核时系统自由能变化如下式

$$\Delta G = V \Delta G_V + S\sigma + V\omega + \Delta G_d \tag{6-42}$$

与均匀形核的系统自由能变化表达式（6-18）相比，唯一区别是上式中增加了缺陷能量项 ΔG_d。由于缺陷的能量高于晶粒内部，如果在缺陷处形核能使缺陷消失并使缺陷的能量释放出来，则可减小甚至消除形核能垒，因此形核更加容易。ΔG_d 小于零，是相变的驱动力。下面依据缺陷对形核贡献由大到小的顺序加以讨论。

（1）晶界形核　晶界是形核的重要场所。晶界的能量较高，对形核的促进作用强；晶界形核时，新旧两相间的界面只需部分重建。

假设母相 α 的晶界为非共格界面，新相 β 与母相 α 间的相界面也为非共格界面。一般来说，两晶粒之间接触相交成面，三晶粒接触相交成棱，四晶粒接触相交成隅。在晶界、晶棱及晶隅上形核各有特点。

在晶界上形核时，晶核的形状应满足其表面积与体积之比为最小，同时各相之间的界面张力（界面张力与界面能物理意义不同，但数值相等）应达到平衡，故晶核应为透镜状，如图 6-12 所示。

令 ΔG_V 为单位体积两相的化学自由能差，即相变驱动力；V 为晶核体积；$\sigma_{\alpha\alpha}$、$S_{\alpha\alpha}$ 分别为母相的晶界能及晶核中原有的晶界面积；$\sigma_{\alpha\beta}$、$S_{\alpha\beta}$ 分别为晶核与母相间的相界能及晶核与母相间的界面积，由图可以计算出如下几何关系

$$
\begin{aligned}
h &= r(1-\cos\theta) \\
V &= \frac{2}{3}\pi r^3 (2-3\cos\theta+\cos^3\theta) \\
S_{\alpha\alpha} &= \pi r^2 \sin^2\theta \\
S_{\alpha\beta} &= 4\pi r^2 (1-\cos\theta)
\end{aligned}
\tag{6-43}
$$

由图中的界面张力平衡，又得

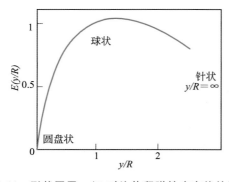

图 6-11　形状因子 y/R 对比体积弹性应变能的影响

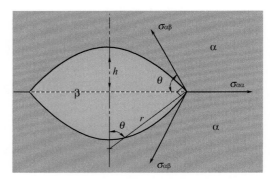

图 6-12　在 αα 晶界形成的透镜状 β 晶核

$$\sigma_{\alpha\alpha}=2\sigma_{\alpha\beta}\cos\theta \tag{6-44}$$

如果忽略弹性应变能，则形成一个透镜状晶核引起的系统自由能变化

$$\Delta G=V\Delta G_{V}+\sigma_{\alpha\beta}S_{\alpha\beta}-\sigma_{\alpha\alpha}S_{\alpha\alpha} \tag{6-45}$$

上式中最后一项即为晶界能的贡献，将式（6-43）和式（6-44）代入式（6-45），然后令 $\dfrac{\partial G}{\partial r}=0$，可求出临界半径

$$r_{c}=-\frac{2\sigma_{\alpha\beta}}{\Delta G_{V}} \tag{6-46}$$

和形核功

$$\Delta G_{c}=\frac{8}{3}\pi(2-3\cos\theta+\cos^{3}\theta)\frac{\sigma_{\alpha\beta}^{3}}{\Delta G_{V}^{2}} \tag{6-47}$$

临界半径与均匀形核的相同。

　　大角度晶界和非共格界面的结构很相似，界面能相差不大，故令 $\sigma_{\alpha\alpha}=\sigma_{\alpha\beta}$，由式（6-44）得，$\cos\theta=1/2$，将其代入式（6-47），则

$$\Delta G_{c}=\frac{5}{3}\pi\frac{\sigma_{\alpha\beta}^{3}}{\Delta G_{V}^{2}} \tag{6-48}$$

　　若取 $\sigma_{\alpha\alpha}=\sigma_{\alpha\beta}=0.7\mathrm{J/m^{2}}$，则按式（6-48）求得的等效临界半径约 1nm，将此值与共格界面晶核的临界半径比较，数值太大，说明非共格界面晶核形成的可能性不大。实际上晶界形核常见的情况是，晶核的一侧与母相晶界形成共格或半共格界面，因此具有较低的界面能，晶核的另一侧与母相形成非共格界面。这样的晶核在生长过程中只能向非共格一侧生长，共格一侧很难长大。

　　图 6-13 给出相对形核功（即非均匀形核功与均匀形核功之比）与 $\cos\theta(\sigma_{\alpha\alpha}/2\sigma_{\alpha\beta})$ 之间的关系。从图中看出，在不同界面上形核的难易程度不同，在晶隅处形核的形核功最小，在晶棱处形核的形核功居中，在晶界处的形核功最高。然而在实际晶体中，晶隅的数量最少，晶界的数量最多。联系到这两个方面的影响，可以肯定晶界对形核率的贡献最大。

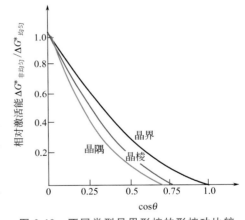

图 6-13　不同类型晶界形核的形核功比较

　　（2）位错形核　电子显微镜观察证实位错也是固态相变形核的有利位置，主要原因有：

　　① 位错与溶质原子交互作用形成溶质原子气团，使溶质原子偏聚在位错线附近，在成分上有利于形核；

　　② 位错形核形成的新相如果能使原有的位错消失，可以降低形核功；

　　③ 位错是原子的扩散管道，可降低原子的扩散激活能，有利于核胚长大到临界尺寸；

　　④ 比容大的和比容小的新相可分别在刃型位错的拉应力区和压应力区形核，降低弹性应变能；

　　⑤ FCC 中的扩展位错所夹的层错区是 HCP 结构，可作为 FCC→HCP 转变的核胚。反之，HCP 中的扩展位错所夹的层错区是 FCC 结构，可作为 HCP→FCC 转变的核胚。

　　（3）空位的影响　空位对形核的影响是间接的，主要作用有：

　　① 空位团达到一定尺寸会崩塌成位错环，促进位错对形核的作用；

　　② 当两相比容差很大时，相变阻力增大，形核比较困难。若晶体中存在一定数量的空位，就可以通过吸收或释放空位来改变两相的比容，使形核容易；

③ 对扩散型相变，原子扩散对相变过程起控制作用，而空位可增大置换型溶质原子的扩散系数，有利于形核。

6.3 相变动力学

对于一级相变来说，新相长大不仅与相界面类型有关，也与原子的迁移方式有关，这就构成了不同类型的相变。不同相变的长大情况如图 6-14 所示，其中列举了各种长大机制及其具体的相变实例。

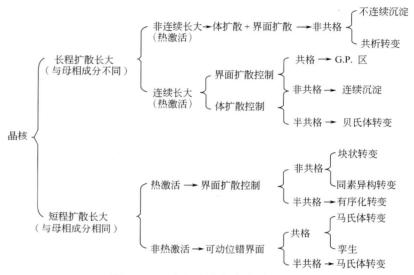

图 6-14　一级相变的长大类型及机制

长大是通过相界面推移进行的，从控制界面移动的机制看，长大可分为扩散型与非扩散型两种类型。扩散型长大又分为长程扩散与短程扩散两类。

长程扩散长大具体包括如下。

① 体扩散控制的长大　新相长大时，扩散是在有浓度梯度的空间内进行，界面移动方向与组元扩散方向相同或者相反。

② 界面扩散控制的长大　新相长大时，扩散沿界面进行，界面移动的方向与组元扩散方向垂直。

短程扩散长大也属于界面过程控制的长大，它是通过界面上原子快速短程牵动转移到新相中，所以两相的化学成分不变或几乎不变，这一点与长程扩散的界面控制长大不同，最典型的例子是块状转变。

6.3.1　扩散性长大

对扩散型相变来说，当新相尺寸大于临界尺寸后，将自发长大。新相长大过程就是相界面移动过程，界面移动速度也就是新相的长大速度。扩散性界面移动的速度和界面结构有关。对非共格界面，界面移动受体扩散控制；对共格或者半共格界面，界面移动受界面扩散控制。

6.3.1.1　体扩散控制的长大

以过饱和 α 固溶体析出 β 相球形颗粒为例。将成分为 x_0 的合金加热到 α 单相区，再急冷至溶解度曲线以下 T_0 温度保温，则从 α 中析出球形 β 相。假设 β 颗粒的半径为 r，并且在 α 内均匀析出，两相间的界面为非共格，界面能为各向同性，对应的 A-B 二元合金相图如图 6-15（a）所示，求 β 颗粒的长大速度。

根据相图画出浓度分布曲线，见图 6-15（b）。可见 β 颗粒周围的 α 中存在浓度梯度，引起 B 组元向 β 颗粒扩散并使之长大。设在 dt 时间内 β 颗粒长大了 dr 距离，增加的体积 $Sdr \approx 4\pi r^2 dr$，该体积内含有的总物质的量是 Sdr/V_m^β，其中 S 是 β 颗粒的表面积；V_m^β 是 β 相摩尔体积。根据物质平衡原理，β 颗粒长大由 α 基体中所获得的 B 组元物质的量随时间的变化率，即 B 组元的扩散流量为

$$\frac{dm_B}{dt} = \frac{S\,dr}{V_m^\beta\,dt}(x^{\beta/\alpha} - x^{\alpha/\beta}) \qquad (6\text{-}49)$$

它应等于在 α 相中向 β 颗粒扩散所提供的 B 组元物质的量随时间的变化率，根据扩散第一定律得 B 组元的扩散流量为

$$\frac{dm_B}{dt} = \frac{SD^\alpha}{V_m^\alpha}\frac{dx^\alpha}{dr} \qquad (6\text{-}50)$$

式中，V_m^α 为 α 相摩尔体积；D^α 为 α 相中 B 原子的扩散系数。

如果 α 固溶体的过饱和度较低，可以将这个过程近似为稳态扩散过程，这时扩散流量与时间无关。将式（6-50）移项后积分，积分限确定为：当扩散距离由 $r \to \infty$ 时，浓度 $x^{\alpha/\beta} \to x_0$，经计算得

$$\frac{dm_B}{dt} = 4\pi r^2 D^\alpha \frac{x_0 - x^{\alpha/\beta}}{r} \qquad (6\text{-}51)$$

式中，r 和 $S = 4\pi r^2$ 分别称作有效扩散距离和有效扩散面积；$\Delta x^\alpha = x_0 - x^{\alpha/\beta}$ 称为固溶体的过饱和度。

令式（6-49）和式（6-51）两式相等然后积分，得 β 颗粒的半径随时间的变化

$$r^2 = \frac{2D^\alpha \Delta x^\alpha}{x^{\beta/\alpha} - x^{\alpha/\beta}}\frac{V_m^\beta}{x V_m^\alpha}t \qquad (6\text{-}52)$$

上式表明，β 颗粒随时间的长大满足抛物线关系。如果 β 相在晶界处呈片状析出，经计算发现，β 相的厚度随时间的变化也满足抛物线关系。如果材料基体中没有其他的阻碍因素，很多扩散性长大都符合这种关系。

若将式（6-52）对时间微分，可求出析出相长大速度。析出相长大速度与固溶体过饱和度成正比，因此过饱和度是固溶体析出的驱动力。

6.3.1.2　界面扩散控制的长大

早期，Aronson 把对蒸汽凝固和液相凝固考虑以单个原子台阶作为新相长大的机制应用于固态相变的长大过程，提出台阶长大机制。根据对 Fe-C 合金中先共晶铁素体的电子显微镜观察，发现有四种类型的台阶，这些台阶都是新相长大时遇到使其位向改变的因素引起的。图 6-16 给出台阶长大机制的示意图，图中台阶的宽面是半共格界面，侧面是非共格界面。在扩散性长大时，与半共格界面垂直的方向上难以长大，与非共格界面垂直的方向靠原子由母相转入新相使台阶侧向移动，台阶移动后，半共格界面在与其垂直的方向长大了一个台阶高度。设台阶横向移动速度为 v，台阶高度为 a，台阶之间距离为 b，则单位时间内沿宽面通过的台阶数为 $n = v/b$，得到新相的加厚速度（即垂直于宽面的法向长大速度）为

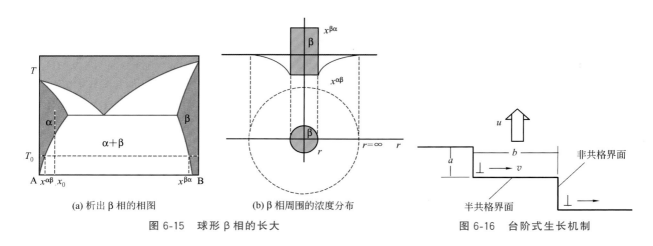

(a) 析出 β 相的相图

图 6-15 球形 β 相的长大

(b) β 相周围的浓度分布

图 6-16 台阶式生长机制

$$u = na = \frac{av}{b} \tag{6-53}$$

上式说明界面上台阶密度越大，台阶越高，新相的加厚速度越快。

台阶的侧向运动同样依靠位错运动来完成。如图 6-16 所示的那样，位于每个台阶前沿的刃型位错，其柏氏矢量平行于滑移面，当位错沿滑移面侧向运动时，就会使新相沿法向长大。

固态相变时，由于原子排列的致密性，台阶高度都较小，属于小台阶。但是小台阶也可以堆积成大台阶，一般称为巨型台阶。通过电子显微镜观察，已经在许多材料中发现了这种巨型台阶。

6.3.2 相变动力学方程

等温相变动力学是研究在一定温度下的相转变量与转变时间的关系，影响相变动力学的主要因素是新相的形核率和长大速度。

6.3.2.1 形核率与时间无关的等温动力学方程

假设新相在母相中以均匀形核方式形成，在长大时母相成分保持不变，形核率 I 和长大速度 u 均与时间 t 无关。经过推导，已转变新相的体积分数与等温时间满足如下关系

$$x_t = \frac{V}{V_0} = 1 - \exp\left(\frac{-\eta I u^3 t^4}{4}\right) \tag{6-54}$$

式中，V_0 是材料的原始体积；V 是已经转变的体积；η 为晶核的形状因子，若新相为球形，$\eta = 4\pi/3$。通常将式（6-54）称为约翰逊-梅尔（Johnson-Mehl）方程。

6.3.2.2 形核率与时间有关的等温动力学方程

大部分条件下的固态相变均为非均匀形核，在这种情况下，新相的长大速度 u 可以认为是常数，但是形核率 I 却是随时间衰减的函数，因为固体中优先形核的场所随着相变的进行会逐渐减少。如果单位体积母相中存在 N_0 个可供形核的场所，并且形核场所的数量随时间呈放射性衰减，则在 t 时刻剩下可供形核的场所数则为

$$N_t = N_0 \exp(-\nu t)$$

式中，ν 为在这些场所上形核的频率，是与时间无关的常数，那么 t 时刻新相的形核率为

$$I_t = N_t \nu = N_0 \nu \exp(-\nu t)$$

形核率与时间有关的动力学方程与约翰逊-梅尔方程的推导过程相同，利用上式并经过计算得：

当 νt 很大时

$$x_t = 1 - \exp(-\eta N_0 u^3 t^3) \tag{6-55}$$

当 νt 很小时

$$x_t = 1 - \exp(-\eta N_0 u^3 t^4 / 4) \tag{6-56}$$

一般情况下，时间 t 的方次在 3～4 之间，决定于相变类型和形核场所。实际应用时，通常将以上两式合并写成一般形式，即

$$x_t = 1 - \exp(-bt^n) \tag{6-57}$$

式（6-55）、式（6-56）及式（6-57）称为艾夫拉米（Avrami）方程，方程中的系数通过实验来确定。

6.4　扩散型相变

6.4.1　固溶体的析出

析出是指过饱和固溶体的分解，析出相可以是固溶体或者化合物，也可以是溶质原子富集区。固溶体的析出也称为脱溶或者沉淀。

6.4.1.1　析出条件及分类

如相图 6-15 所示，在平衡组织含有固溶体的相图中，固溶体的溶解度一般随着温度降低而减小。如果将成分为 x_0 的合金加热到 α 固溶体的溶解度曲线以上，即相图中的 T_0 温度以上，在 α 单相区保温一段时间，然后快速冷却到 T_0 以下得到过饱和固溶体，这个过程称为固溶处理。过饱和固溶体在热力学上是亚稳定的，随时会发生析出转变。能够发生析出转变的相图如图 6-17 所示。

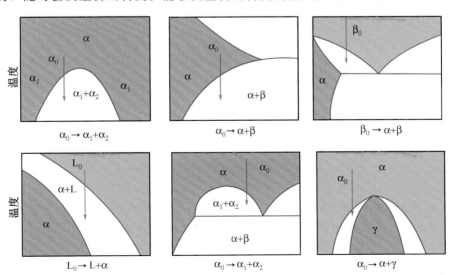

图 6-17　能够发生析出转变的相图

固溶体析出应满足如下条件：①固溶体的溶解度随着温度降低而减小；②原子在析出温度下具有足够的扩散能力；③固溶体处于过饱和状态。固溶体的析出按析出条件和析出的组织特征划分为两种基本类型，如图 6-18 所示。

图 6-18　固溶体析出的基本类型

（1）平衡析出与时效　将固溶体在溶解度曲线以下缓慢冷却或者析出温度接近于溶解度曲线时，析出的是平衡相，析出相和母相（即基体）的成分分别达到各自的溶解度曲线上的平衡浓度，这种析出称为平衡析出。

将固溶体淬冷到远离溶解度曲线的低温时，此时固溶体不析出平衡相，而析出亚稳相或称过渡相，这种不平衡析出称为时效。在有较大溶解度变化的某些合金中，时效能显著提高合金的强度和硬度，称为时效强化。时效强化是材料强化的重要方法，在生产中得到广泛应用。

（2）正析出相与负析出相　如果析出相和母相的成分分别用 X_p 和 X_m 表示，定义 $X_p > X_m$ 的析出相是正析出相，反之，$X_p < X_m$ 的析出相是负析出相，这样的划分是相对的，决定于成分表示方法。实际应用的大部分是正析出相的情况。

（3）连续析出与不连续析出　如果析出相以孤立的小颗粒在母相中均匀形成并且长大，析出相周围母相的成分变化是连续的，这种析出称为连续析出。连续析出时，在析出初期或者析出相与基体的晶体结构和晶格常数很接近时，析出相与基体保持共格关系，一般呈圆盘状、小片状或小球状；在析出后期或者析出相与基体的晶体结构相差太大时，析出相与基体保持非共格关系，一般为等轴状。

若析出相在母相晶界处形核，并且呈胞状（称为脱溶胞）向晶粒内部生长，在脱溶胞与母相的界面处，母相成分发生突变，这样的析出称为不连续析出。

（4）均匀析出与局部析出　析出相均匀地分布在母相中，这样的析出称为均匀析出。如果析出相择优地分布在合金的晶界、非共格孪晶界、滑移面等缺陷处，这种析出称为局部析出。连续析出既可以是均匀析出（过冷度较大时），也可以是局部析出（过冷度过小时）。有时，两种析出方式同时出现。钢中的魏氏组织既可以均匀析出（图 6-19），也可以局部析出（图 6-20），经常生长成针状或条状。均匀析出时，魏氏组织在晶粒内部形核；而局部析出时，往往在晶界形核，向晶内生长。

6.4.1.2　连续析出

（1）连续析出的特点　连续析出最典型的例子是 Al-Cu 合金，该合金是

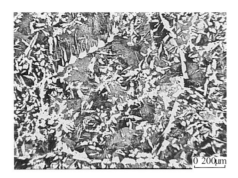

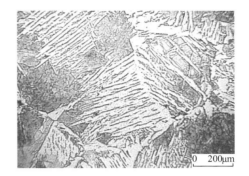

图 6-19 魏氏组织铁素体的均匀析出   图 6-20 魏氏组织铁素体的局部析出

研究最早的时效硬化型合金。Al-Cu 合金以及以此为基础添加其他合金元素形成的合金系在航空航天、仪器仪表等行业有广泛的应用。现以 Al-4%Cu 合金为例，如相图 6-21 所示。合金在室温下的平衡组织是 α 和 θ 的混合组织，其中 α 是 Cu 在 Al 中的置换固溶体，θ 是金属间化合物 $CuAl_2$。将合金加热到 550℃保温一段时间，θ 相全部溶入到 α 中形成单相 α 固溶体，快速冷却得到过饱和 α 固溶体，然后在不同温度下进行等温时效，同时测量合金硬度随时效时间的变化，如图 6-22 所示。从图中可以看出如下规律：

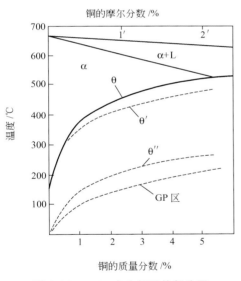

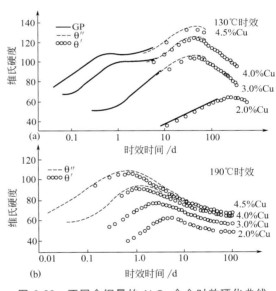

图 6-21 Al-Cu 合金相图的部分图   图 6-22 不同含铜量的 Al-Cu 合金时效硬化曲线

① 合金未时效之前的硬度很低；

② 合金硬度随时效时间的延长而升高，出现两个峰值，超过一定时间以后，硬度开始下降，称为过时效；

③ 时效温度对合金硬化有明显影响，在某一温度附近时效的效果最佳，温度过高或者过低都会降低时效效果。

（2）连续析出过程及析出相结构   过饱和固溶体的连续析出一般要经历一个复杂的过程。析出温度高时，可以直接析出平衡相；析出温度过低时，也可以析出过渡相而告终。Al-4%Cu 合金在适当温度时效时，析出相的完整顺序为

$$G.P. 区（或称 G.P. I 区）\rightarrow\theta''（或称 G.P. II 区）\rightarrow\theta'\rightarrow\theta$$

先于平衡相 θ 之前析出的 G.P. 区、θ''、θ' 都是亚稳的，在每种析出相析出时，基体成分也发生相应的变化。应用电子显微镜及 X 射线衍射等技术手段，析出相的组织、结构已经清楚。

① G.P. 区　以均匀形核方式，在母相 $\{100\}_\alpha$ 晶面上形成的 Cu 原子富集区，在富集区中，Cu 原子平均浓度约为 90%，富集区的晶体结构与 α 相的相同（α 为 FCC 结构，晶格常数 $a=b=c=0.404nm$），由于 Cu 原子半径小于 Al 的，引起富集区附近产生一定的点阵畸变。G.P. 区与基体保持完全共格关系，呈圆盘状，厚度约 $0.3\sim0.6nm$，直径约 8nm，均匀地分布在 α 基体上。

② θ'' 相　过去称 G.P. II 区，以均匀形核方式在 α 中单独形成，也可以由 G.P. 区转换而来，成分接近于 $CuAl_2$，具有正方点阵，$a=b=0.404nm$，$c=0.78nm$（垂直于片状析出物）。θ'' 相的惯习面为 $\{100\}_\alpha$，呈圆盘状，厚度约 2nm，直径约 30nm，形状与 G.P. 区相似。它与基体保持严格的位向关系

$$(001)_{\theta''} /\!/ (001)_\alpha$$
$$[100]_{\theta''} /\!/ [100]_\alpha$$

因此在界面区域内产生很大的点阵畸变，这是合金强化的主要原因。

③ θ' 相　在位错线或者亚组织边界上以非均匀形核方式形成，成分接近于 $CuAl_2$，为正方点阵，$a=b=0.404nm$，$c=0.58nm$。θ' 相的惯习面和位向关系与 θ'' 相同，呈圆盘状，直径在 100nm 以上。由于圆盘析出物的宽面为共格或非共格，侧面已经变为非共格，所以界面附近的点阵畸变减弱，合金硬度逐渐下降。

④ θ 相　为平衡相，成分为 $CuAl_2$，具有正方点阵，$a=b=0.606nm$，$c=0.487nm$。它的每个侧面都与基体不共格，合金开始显著软化。

图 6-23 绘出 Al-Cu 合金的母相、过渡相和平衡相的晶体结构及它们的形貌。表 6-1 按照合金的析出惯序对析出产物的形成、成分、结构、形貌、界面类型及对宏观性能的影响进行全面的总结。根据这些已知的事实，可以对前述的 Al-Cu 合金在不同温度时效所产生的现象给予解释。130℃时效时，G.P. 区的形成使合金硬度升高，形成时效曲线的第一个峰值；继续延长时效时间，由于 θ'' 相的析出，使硬度再次升高，对应于时效曲线的第二个峰值；但是过长的时效时间，将使 θ'' 相逐渐溶解，θ' 相开始形成，当 θ'' 全部转变为 θ' 时，硬度开始下降，出现过时效现象。而在 190℃时效时，由于温度较高，没有出现 G.P. 区，开始便析出 θ''，相应的时效曲线上只有一个峰值。因此，温度过高合金硬度下降，容易产生过时效，温度过低由于原子扩散缓慢，也不利于时效。时效温度、时效时间以及合金的成分对析出产物的形成、析出相类型和性能有重要影响。

表 6-2 列出了一些合金的析出相惯序。可以看出，由于每种合金的性质不同，析出物的形貌和析出惯序不尽相同。低温时效时，相变阻力大，不利于过渡相和平衡相的析出，G.P. 区往往最先形成，但是在有些合金中，G.P. 区和过渡相就不一定出现。

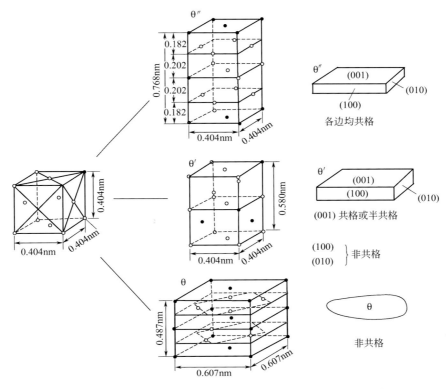

图 6-23　Al-Cu 合金中亚稳相和稳定相的晶体结构及组织形貌

表 6-1　Al-4.5%Cu 合金的脱溶产物及特征

结构及性能 \ 母相及脱溶产物	母相	G. P. 区	过渡相		平衡相	
	α_0	G. P. Ⅰ	θ''(G. P. Ⅱ)	θ'	θ	θ 长大
形成	加热到 550℃ 形成 Cu 固溶于 Al 的固溶体	室　温 130~165℃ 190℃ 220℃				
成分	Al-4.5%Cu	90%Cu	接近 $CuAl_2$	$Cu_2Al_{3.6}$	$CuAl_2$	$CuAl_2$
结构	无序固溶体 FCC $a=0.404nm$	偏聚区 Cu 原子在 (001) 面上富集而形成,无明显界面,无新结构,保持共格	有序区 亚稳的共格预沉淀,正方点阵 $a=b=0.404nm$, $c=0.768nm$	有序区 亚稳的半共格预沉淀,正方点阵 $a=b=0.404nm$, $c=0.580nm$	平衡沉淀相,复杂体心正方结构,非共格 $a=b=0.607nm$,$c=0.487nm$	平衡粗,粗化
析出物形貌		圆盘状,直径 8nm,厚度 0.3~0.6nm,密度为 $10^{18}/cm^3$	圆盘状,直径 30nm(最大 150nm),厚度 2nm(最大 10nm)	在 ${100}_\alpha$ 上形成片状脱溶物非均匀形核,在位错线上或亚组织边界上析出	光学显微镜下可见稀疏分布的逐渐粗大的脱溶物	脱溶物继续粗化
取向关系惯习面		偏聚区沿 ${100}$ 晶面形成	$(001)_\theta$ // $(001)_\alpha$, $[100]_\theta$ // $[100]_\alpha$, ${100}_\alpha$ 共格	宽面共格,片的边缘非共格或半共格,${100}_\alpha$ 半共格	无确定的取向关系	无确定的取向关系
对宏观性能的影响	低硬度	硬度第一峰值	硬度第二峰值		硬度逐渐下降	
对宏观性能影响的原因	单相固溶体	由于原子偏聚或形成有序化区域,产生共格变形的晶格畸变,位错线切过析出物,会增加界面能、反相畴界能、再加上位错线与高密度析出物的长程相互作用,使材料强度增加		位错线与析出物的长程相互作用,位错线绕过析出物,从而使材料强化;随着析出物粗化,这种强化作用逐渐减弱		

表 6-2　一些合金的析出相惯序

基体金属	合金	析　出　惯　序
Al	Al-Ag	G. P. 区（球状）→γ'（片状）→γ（Ag$_2$Al）
	Al-Cu	G. P. 区（盘状）→θ''（盘状）→θ'（片状）→θ（CuAl$_2$）
	Al-Cu-Mg	G. P. 区（棒状）→S'（条状）→S（CuMgAl$_2$）（条状）
	Al-Zn-Mg	G. P. 区（球状）→η'（片状）→η（MgZn$_2$）（片或条状）
	Al-Mg-Si	G. P. 区（棒状）→β'（棒状）→β（Mg$_2$Si）（片状）
Cu	Cu-Be	G. P. 区（盘状）→γ'→γ（CuBe）
	Cu-Co	G. P. 区（球状）→β（Co）（片状）
Fe	Fe-C	ε-碳化物（盘状）→Fe$_3$C（片状）
	Fe-N	α''（盘状）→Fe$_4$N
Ni	Ni-Cr-Ti-Al	γ'（立方或球状）

（3）连续析出动力学

① G. P. 区的形成速度　G. P. 区是通过扩散形成的，测量其形成时间就可以计算出溶质原子的扩散系数。M. E. Fine 对 Al-2%Cu 合金进行了研究。将合金加热至 520℃形成单相 α 固溶体保温后急冷，然后在 27℃时效，测量出 Cu 原子在 3h 内平均迁移 4×10^{-7} cm，根据熟知的扩散距离与时间的关系式，计算出 Cu 在 Al 中的扩散系数为 2.8×10^{-18} cm^2/s。此数值与采用常规的等温测量方法测出的 Cu 在 27℃时的扩散系数 2.3×10^{-25} cm^2/s 相比，大约提高了 1.2×10^7 倍。此结果说明，固溶体经固溶处理后可得到比平衡空位浓度高得多的空位。由此推知，G. P. 区形成初期的速度是由过饱和空位浓度控制的，形成速度较大，但因过饱和空位浓度会随时间成指数衰减，G. P. 区的形成速度也会随时间逐渐衰减。

② 析出相粒子的长大驱动力　析出相开始析出时，曲率半径较小，因此对固溶体基体的平衡浓度将有较大影响，从而影响到析出相的长大。当粒状析出相 β 从 α 基体中析出时，由于粒子与基体之间存在相界面，设 A 为界面面积，σ 为比界面能，按前面的公式（6-16），则系统的自由能变化应该增加界面能一项，即

$$dG = -SdT + Vdp + \sum_{i=1}^{n}\mu_i dn_i + \sigma dA \qquad (6\text{-}58)$$

对于 A-B 二元合金，在恒温恒压条件下，系统的平衡条件简化为

$$\mu_A dn_A + \mu_B dn_B + \sigma dA = 0$$

在 β 粒子从 α 基体中析出时，如果有 dn_B mol 的 B 组元从 α 相转移到 β 相，此过程只改变了 B 组元物质的量，而 A 组元物质的量 n_A 没有变化，即 $dn_A=0$。因此，β 相增加了 dn_B mol，α 相减少了 dn_B mol，则上式变为

$$\mu_B^{\beta} dn_B - \mu_B^{\alpha} dn_B + \sigma dA = 0$$

或者

$$\mu_B^{\alpha} = \mu_B^{\beta} + \sigma \frac{dA}{dn_B} \qquad (6\text{-}59)$$

设析出相 β 为半径为 r 的球体，V_B^m 为 β 相的摩尔体积（即每物质的量 B

组元对应的 β 相体积），V 为 β 相体积。对球形粒子有关系式，$dA/dV = 2/r$，将此关系式代入式（6-59）经过计算，得

$$\mu_B^\alpha(r) = \mu_B^\beta + \frac{2V_B^m \sigma}{r} \tag{6-60}$$

式（6-60）说明，在 α 基体中析出 β 相粒子时，在相界面处 α 基体中 B 组元的化学位随 β 粒子的曲率半径而变，β 粒子半径越小，基体中 B 组元的化学位越高。

设在 α 相中存在半径分别为 r_1 及 r_2 两个 β 相粒子，彼此相邻，如图 6-24 所示。由式（6-60）得二者的化学位差

$$\Delta\mu_B^\alpha = \mu_B^\alpha(r_2) - \mu_B^\alpha(r_1) = 2V_B^m \sigma \left(\frac{1}{r_2} - \frac{1}{r_1} \right) \tag{6-61}$$

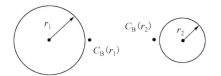

根据式（6-61），小粒子周围 B 组元的化学位大于大粒子周围 B 组元的化学位，导致 B 原子由小粒子向大粒子扩散，从而使小粒子逐渐缩小直至消失，而大粒子长大，式（6-61）为析出相粒子长大的驱动力。

现在分析两个粒子间的溶质原子的浓度分布。根据热力学公式

$$\mu_i = \mu_i^0 + RT\ln a_i$$

图 6-24 半径不同的粒子间浓度分布

式中，i 组元的活度 $a_i = \gamma_i C_i$，γ_i、C_i 分别为活度系数和浓度。因此

$$\Delta\mu_B^\alpha = \mu_B^\alpha(r_2) - \mu_B^\alpha(r_1) = RT\ln\frac{C_2}{C_1} \approx RT\frac{C_2 - C_1}{C_1} \tag{6-62}$$

令式（6-61）和式（6-62）相等，得两个粒子之间 α 基体中的浓度差

$$\frac{C_2 - C_1}{C_1} = \frac{2V_B^m \sigma}{RT} \left(\frac{1}{r_2} - \frac{1}{r_1} \right) \tag{6-63}$$

α 相中的浓度分布曲线见图 6-24。

设 $r_1 = \infty$，$r_2 = r$，相应的浓度 $C_1 = C_\infty$，$C_2 = C$，则式（6-63）转变为

$$C = C_\infty \left(1 + \frac{2V_B^m \sigma}{RTr} \right) \tag{6-64}$$

这就是在基体中析出第二相粒子时，粒子表面浓度随粒子半径的变化关系。上式称为 Gibbs-Thompson 公式。

③ 析出相粒子的长大速度 当析出相全部析出后，因为析出的前后顺序不同，粒子的粒度也大小不等，出现了小粒子溶解，大粒子长大的现象。粒子的长大过程是通过溶质原子在基体中扩散进行的。

粒子的长大速度可以通过物质平衡原理和溶质原子在母相中的扩散分析得到。当半径为 r_1 的粒子在 dt 时间内长大 dr_1 距离，则粒子长大时从基体中获得的溶质原子流量为

$$\frac{dV_1}{V_B^m dt} = \frac{4\pi r_1^2}{V_B^m} \times \frac{dr_1}{dt} \tag{6-65}$$

根据式（6-51）和式（6-63），由基体向粒子扩散的溶质原子流量为

$$4\pi r_1^2 D^\alpha \frac{C_2 - C_1}{r_1} = 4\pi D^\alpha r_1 \frac{2V_B^m \sigma C_1}{RT} \left(\frac{1}{r_2} - \frac{1}{r_1} \right) \tag{6-66}$$

以上两式相等，并且令 $C_1 = C_\infty$，即析出相的平衡溶解度，得粒子的长大速度为

$$\frac{dr_1}{dt} = \frac{2D^\alpha (V_B^m)^2 \sigma C_\infty}{RTr_1} \left(\frac{1}{r_2} - \frac{1}{r_1} \right) \tag{6-67}$$

在正常长大情况下，粒子的尺寸分布比较均匀，有些粒子长大，有些粒子缩小，而有些粒子不变，

因此可以认为有一个平均粒子半径，设 $r_1 = r$，$r_2 = \bar{r}$，式（6-67）变为

$$\frac{\mathrm{d}r}{\mathrm{d}t} = \frac{2D^\alpha (V_B^m)^2 \sigma C_\infty}{RTr}\left(\frac{1}{\bar{r}} - \frac{1}{r}\right) \tag{6-68}$$

从式（6-68）可以得到如下结论：

a. 当 $r = \bar{r}$ 时，$\dfrac{\mathrm{d}r}{\mathrm{d}t} = 0$，粒子不能长大；

b. 当 $r < \bar{r}$ 时，$\dfrac{\mathrm{d}r}{\mathrm{d}t} < 0$，小粒子溶解；

c. 当 $r > \bar{r}$ 时，$\dfrac{\mathrm{d}r}{\mathrm{d}t} > 0$，大粒子长大；

d. 当 $r = 2\bar{r}$ 时，$\dfrac{\mathrm{d}r}{\mathrm{d}t}$ 最大，粒子长大最快；

e. 在长大过程中，由于小粒子溶解，大粒子长大，粒子总数减少，平均粒子半径增大。当 $r > 2\bar{r}$ 时，长大速度会迅速降低。

图 6-25 给出粒子长大速度与粒子半径的关系。为了降低粒子长大速度，应设法降低溶质原子扩散系数 D、比界面能 σ 和析出相的平衡溶解度 C_∞，这是发展耐热合金及高温合金的有效措施。例如，镍基合金中的 γ' 相 $[Ni_3(Al,Ti)]$ 与基体之间的 σ 很小；钨基和镍基合金中加入 ThO_2，其 C_∞ 很小；铁素体耐热钢中合金碳化物的 D 很小，这些都是上述理论的成功应用。

温度对第二相粒子的长大速度影响很大，从式（6-68）可以看出，虽然 T 位于分母上，升温会使长大速度下降，但是位于分子上的扩散系数 $D = D_0\exp(-Q/RT)$ 与温度呈指数增加，总的结果是升温使长大速度加快。

6.4.1.3　不连续析出

（1）不连续析出的特点　在有些合金中，析出相在晶界上形核之后，并不是沿着晶界长成仿晶界形，也不是向晶粒内长成针状或者片状的魏氏组织，而是形成如图 6-26（b）所示的胞状组织（脱溶胞），胞的前沿近乎球形，与基体有明显的界面分开。胞状组织只向晶界的一侧生长，说明胞与不向其长大的晶粒具有共格关系，界面的可动性低；与向其长大的晶粒具有非共格关系，界面的可动性高。与珠光体类似，胞状组织是两相相间分布的层片状组织。

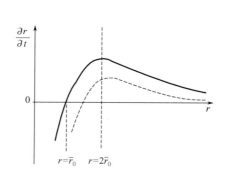

图 6-25　粒子长大速度与粒子半径的关系

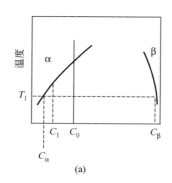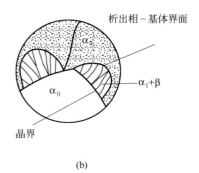

图 6-26　固溶体不连续析出时的相图（a）和胞状组织（b）

将成分为 C_0 的 α 固溶体（记为 $α_0$）过冷到溶解度曲线以下的某一温度 T_1 发生不连续析出时，如图 6-26（a）所示，析出成分为 C_1 的 α 固溶体（记为 $α_1$）和 β 相的混合物。$α_1$ 的晶体结构与 $α_0$ 相同，其浓度一般大于 T_1 温度下的平衡浓度 $C_α$，即有一定的过饱和度，而 β 是平衡相，反应式如下

$$α_0 \rightarrow α_1 + β$$

与连续析出不同，不连续析出总是产生稳定相（如 β），而不是亚稳相。因为胞状组织中的 $α_1$ 与基体 $α_0$ 在界面上成分发生突变，故称之为不连续析出（或称胞状析出）。在胞状组织与基体的界面上除了发生成分不连续外，晶体位向也不连续。

不连续析出大多数发生在置换固溶体中。一般情况下，不连续析出会干扰连续析出，使析出相分布不均匀，不利于材料的强化，应该予以防止。

（2）脱溶胞的生长　不连续析出与连续析出一样，都是扩散型相变，但是原子的扩散距离明显不同。在连续析出时，扩散范围大，受体扩散控制；在不连续析出时，扩散范围小，仅限于脱溶胞层片间距的范围内，一般小于 $1μm$，主要受界面扩散控制。

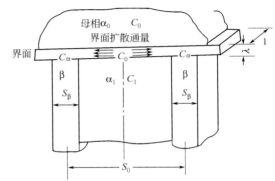

图 6-27　脱溶胞长大模型

将脱溶胞-基体界面看成是厚度为 λ 的平面，其侧面宽度为 1。脱溶胞向基体中长大时，相当于 $α_0$ 基体进入界面，同时脱溶胞中 $α_1$ 固溶体和 β 相离开界面。在脱溶胞-基体界面中溶质原子通过界面扩散从 $α_1$ 相前沿进入 β 相前沿，如图 6-27 所示。设 β 相厚度为 $S_β$，β 相与界面交界的面积为 $S_β × 1 = S_β$，考虑到 β 相和其前沿的 α 相在界面处达到局部平衡，因此 β 相前沿界面浓度为平衡浓度 $C_α$，则 β 相获得溶质原子的通量为

$$J_1 = \frac{1}{S_β} \times \frac{dm}{dt} = R(C_β - C_α) \approx R(C_β - C_0) \tag{6-69}$$

式中，dm/dt 为 β 相获得溶质原子的流速；R 为界面向母相的推移速度，浓度单位是体积浓度。

另一方面，在脱溶胞-基体界面中每个 β 片可以从两侧面接受溶质原子，所以提供给 β 相的界面扩散通量所穿过的面积是 $2 × 1 × λ = 2λ$。界面扩散从 $α_1$ 片中线开始，沿着界面向两侧进行，因为与 α 相相比，β 相很薄，所以在界面中溶质原子的扩散距离近似为 $S_0/2$，其中 S_0 为脱溶胞层片间距。在 α 中线处的界面浓度为 C_0，β 相前沿界面浓度为 $C_α$，界面中的溶质浓度梯度为 $(C_0 - C_α)/(S_0/2)$，令 D 为溶质原子的界面扩散系数，则通过界面扩散提供给 β 相溶质原子的通量为

$$J_2 = \frac{1}{2λ} \times \frac{dm}{dt} = D \frac{2(C_0 - C_α)}{S_0} \tag{6-70}$$

在稳态扩散条件下，通过上述途径提供给 β 相和 β 相获得溶质原子的流速 dm/dt 应该相等，由式（6-69）和式（6-70）解出界面推移速度

$$R = \frac{4Dλ}{S_β S_0} \times \frac{C_0 - C_α}{C_β - C_0} \tag{6-71}$$

根据物质平衡原理，转变之前的基体浓度应等于转变之后的两相浓度之和，即

$$C_0 S_0 = C_β S_β + C_1(S_0 - S_β)$$

解得

$$\frac{S_β}{S_0} = \frac{C_0 - C_1}{C_β - C_1} \tag{6-72}$$

令

$$Q = \frac{C_0 - C_1}{C_0 - C_\alpha} \tag{6-73}$$

参数 Q 的意义是 α_1 的浓度偏离平衡浓度的程度，若 $C_1 \rightarrow C_\alpha$，则 $Q \rightarrow 1$。将式（6-72）和式（6-73）代入式（6-71），则

$$R = \frac{4D\lambda}{QS_0^2} \times \frac{C_\beta - C_{\alpha 1}}{C_\beta - C_{\alpha 0}} \tag{6-74}$$

一般 $C_\beta \gg C_1$，$C_\beta \gg C_0$，则上式可简化为

$$R \approx \frac{4D\lambda}{QS_0^2} \tag{6-75}$$

不连续析出时，$\lambda \approx 0.5\text{nm}$。可以看出，界面扩散系数越大，层片间距越薄，脱溶胞的生长速度越快。

不连续析出一般发生在高过饱和度的固溶体中，形核比较困难，但是形核之后的生长速度很快，这是因为脱溶胞的生长是依靠胞与基体之间的短程界面扩散进行的。

6.4.1.4　调幅分解

调幅分解又称为增幅分解或拐点分解，它是一种特殊的固溶体析出形式，其特点是相变时不需要形核过程，而是通过自发的浓度起伏，浓度振幅不断增加，最终固溶体分解为结构相同而浓度不同的两相，即一部分为溶质原子富集区，另一部分为溶质原子贫化区。

（1）调幅分解的热力学条件　从相图热力学知道，在二元合金系中，当原子间相互作用参数 $\Omega_0 > 0$ 时，自由能-成分曲线将会出现溶解度间隙。图 6-28（b）给出了对应于相图 6-28（a）中 T_2 温度下的自由能-成分曲线。其中，x_1、x_2 是公切线上的两个切点，x_3、x_4 是一对拐点。当合金成分 $x < x_1$ 或 $x > x_2$ 时，合金为单相 α 固溶体；当 $x_1 < x < x_2$ 时，α 固溶体不稳定，分解为成分分别为 x_1 和 x_2 的两个固溶体，即 $\alpha \rightarrow \alpha_1 + \alpha_2$。测出不同温度下自由能-成分曲线的切点和拐点，然后将不同温度下相同类型的切点和拐点画在相图上，如图 6-28（a）所示。相图中实线为溶解度曲线，虚线为拐点线。在拐点线上，$\partial^2 G / \partial x^2 = 0$；在拐点线外侧，$\partial^2 G / \partial x^2 > 0$；在拐点线内侧，$\partial^2 G / \partial x^2 < 0$。

当成分为 x_0' 的合金在 α 单相区（如 T_1 温度）保温后快速冷却到溶解度曲线和拐点线之间的某一温度（如 T_2）时，合金中任何微小的成分波动，都会引起系统自由能升高，固溶体将通过下坡扩散以形核长大的方式分解；然而，将成分为 x_0 的合金加热完以后过冷到 T_2 温度时，由于合金成分点位于拐点线内侧，任何微小的成分起伏，都能使系统自由能降低，固溶体将通过上坡扩散的方式自发分解。因此，发生调幅分解的热力学条件是，合金的成分点必须位于自由能-成分曲线的两个拐点之间，分析如下。

将成分为 x 的固溶体过冷到拐点线内侧的某一温度时，如果成分发生微小的起伏，由均匀的成分 x 分解为成分为 $x + \Delta x$ 和 $x - \Delta x$ 的两部分，则系统自由能变化

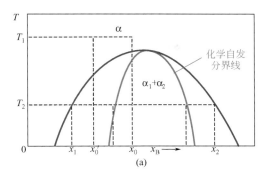 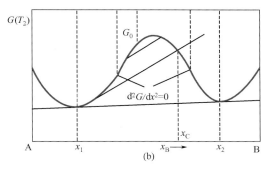

图 6-28　发生调幅分解的相图（a）和相应的自由能曲线（b）

$$\Delta G_V = \frac{1}{2}\left[G(x+\Delta x)+G(x-\Delta x)\right]-G(x) \tag{6-76}$$

按泰勒级数展开，则

$$\Delta G_V = \frac{1}{2}\left[G(x)+\frac{\partial G}{\partial x}\Delta x+\frac{1}{2}\times\frac{\partial^2 G}{\partial x^2}(\Delta x)^2+\cdots+G(x)-\frac{\partial G}{\partial x}\Delta x+\frac{1}{2}\times\frac{\partial^2 G}{\partial x^2}(\Delta x)^2-\cdots\right]-G(x) \tag{6-77}$$

$$\approx \frac{1}{2}\times\frac{\partial^2 G}{\partial x^2}(\Delta x)^2$$

由于合金处于拐点线以内，$\partial^2 G/\partial x^2 < 0$，故 $\Delta G_V < 0$，说明成分起伏使合金的自由能降低，固溶体会自发分解为由许多成分 $x+\Delta x$ 和 $x-\Delta x$ 的微区组成的不均匀固溶体。成分波动 Δx 越大，$|\Delta G|$ 越大，调幅分解的速度越快。根据扩散理论，调幅分解时，溶质原子发生了上坡扩散过程。

许多合金中的 G. P. 区就是通过调幅分解形成的。与一般的脱溶转变不同，调幅分解产生的溶质原子的富集区和贫化区之间无明显界面，它们的晶体结构相同，成分变化连续。如果忽略界面能和弹性应变能，调幅分解不存在形核功，不需要克服热力学能垒，其生长是通过扩散自发进行的。调幅分解所形成的贫、富区的尺寸很小，约为 5～10nm，如果扩散充分的话，调幅分解速度很快，快冷一般不容易抑制调幅分解。由于贫、富区间的共格界面的存在，调幅分解可以提高材料的强度。

（2）调幅分解的充分条件　当固溶体降温至拐点线以内时，驱动力 $\Delta G_V < 0$，从而为调幅分解提供了必要条件，但这不是调幅分解的充分条件，这是因为调幅分解还存在着其他的阻力，主要有以下两方面。

① 梯度能　调幅分解时，固溶体中产生了尺寸很小的溶质原子贫、富区，在贫、富区之间的浓度梯度将会越来越陡，从而影响原子间的化学键，使原子的化学位升高，这部分能量称为梯度能。

② 弹性应变能　调幅分解时，固溶体的点阵常数将随化学成分变化，如果溶质原子贫、富区间保持共格关系，必然使点阵发生弹性畸变而引起共格应变能。

因此，调幅分解时贫、富区尺寸越小，则浓度梯度越陡，所产生的梯度能和共格应变能就越大。

作为调幅分解和形核长大脱溶分解的对比，图 6-29 和图 6-30 给出二者的长大过程，从中可以看出它们的区别。

6.4.2　共析转变

6.4.2.1　概述

共析转变属于共晶型转变的一种类型，它是在共析相图上将合金加热到共析温度以上进入到固溶体单相区，然后以缓慢速度冷却至共析温度（平衡结晶），或者过冷至共析温度以下的伪共析区（不平衡结晶），则由母相固溶体以相互协作的方式生成两个成分和结构都不同的固相的过程，反应式可以表示如下

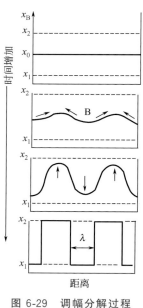

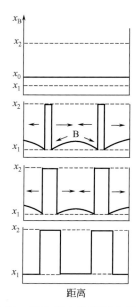

图 6-29　调幅分解过程　　　图 6-30　形核长大的脱溶分解过程

$$\gamma \rightarrow \alpha + \beta$$

共析转变与共晶转变的共同点是它们的形核、长大过程及组织形貌非常类似，是典型的扩散型相变，不同点是共析转变是固态相变，原子扩散要困难得多，转变速度慢，甚至在冷却速度较快或者转变温度较低时，转变能部分或者完全被抑制。

共析转变的产物称为共析组织或共析体。由于转变产物中两相的成分、结构及性质的不同，共析组织呈现出各种不同的形态，最典型的是两相呈层片状交替分布，称为层片状共析组织。除此而外，还有球状（粒状）、纤维状（棒状）共析组织等。

铁碳合金中的共析转变是研究最多的一种，因此下面的讨论主要是以铁碳合金为主。钢在极其缓慢的加热和冷却过程中发生转变的临界点，都可以根据铁碳平衡相图中的 A_1 线（PSK）、A_3 线（GS）和 A_{cm} 线（ES）来确定。但是在实际的加热和冷却过程中，温度变化比较快，相变是在一定的过热度或过冷度条件下进行的，实际的相变临界温度与平衡相图中的临界温度有所偏离，温度变化越快，偏离也越大。在实际应用中，通常用 A_{c_1}、A_{c_3} 和 $A_{c_{cm}}$ 表示加热时的临界温度，A_{r_1}、A_{r_3} 和 $A_{r_{cm}}$ 表示冷却时的临界温度。

当含碳量为 0.77% 的奥氏体（γ 或 A）冷却到共析温度 A_{r_1} 以下时，将分解为铁素体（α 或 F）和渗碳体（Fe_3C）的机械混合物，反应式为

$$\gamma_{0.77\%C} \rightarrow \alpha_{0.0218\%C} + Fe_3C_{6.69\%C}$$

式中的 γ 和 α 分别为面心立方和体心立方结构，Fe_3C 为复杂正交结构。在铁碳合金中，将这种共析转变称为珠光体转变，转变的共析组织称为珠光体（pearlite，用 P 表示）。珠光体的形成包含两个同时进行的过程：一是通过 C 原子扩散形成高碳的 Fe_3C 和低碳的 α；二是晶格重构，由面心立方结构的 γ 转变为体心立方结构的 α 和复杂正交结构的 Fe_3C。钢经过奥氏体化

后在 A_{r_1} 以下较高温度范围内等温冷却，或者以缓慢速度连续冷却将得到层片状珠光体，通常采用球化退火工艺才能得到球状珠光体（也称粒状珠光体）。因此，珠光体型组织包含两种基本类型：层片状珠光体和球状珠光体。

（1）层片状珠光体　在层片状珠光体组织中，一个原奥氏体晶粒内可能出现几个层片位向不同的区域，每个层片位向一致的区域称为一个珠光体领域或称珠光体团，它是珠光体转变时由一个结晶核心长大而成的。珠光体组织的最重要特征是层片间距 λ，它是由相同层片的中心距离，也就是一片铁素体和一片渗碳体厚度之和定义的，见图 6-31。层片状珠光体按 λ 的大小可以分为三种类型：①普通珠光体（P），$\lambda \approx 150 \sim 450nm$；②索氏体（S），$\lambda \approx 80 \sim 150nm$；③屈氏体（T），$\lambda \approx 30 \sim 80nm$。钢的等温转变温度越低或者冷却速度越快，过冷度越大，珠光体层片间距越薄。共析钢的普通珠光体等温转变范围约为 $A_1 \sim 650℃$，用光学显微镜就能清晰地观察到层片结构，索氏体转变温度约为 $650 \sim 600℃$，屈氏体转变温度约为 $600 \sim 550℃$。

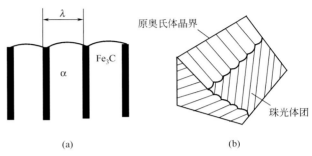

图 6-31　层片状珠光体的层片间距（a）和珠光体领域（b）

由于屈氏体组织细小，用电子显微镜才能观察到层片分布。普通珠光体是平衡组织，而索氏体和屈氏体是非平衡组织。层片状珠光体型组织见图 6-32。

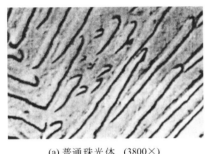

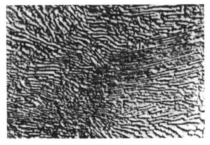

(a) 普通珠光体（3800×）　　(b) 索氏体（8000×）　　(c) 屈氏体（8000×）

图 6-32　层片状珠光体型组织

（2）球（粒）状珠光体　球状珠光体是在铁素体基体上弥散析出球状或者粒状碳化物的两相混合组织，一般是通过球化退火得到。高碳钢和高碳合金钢为了改善组织，提高性能，或者为了降低硬度提高切削加工性能，有时需要进行球化退化。碳化物的大小、数量、形态和分布是影响球状珠光体组织的主要因素。图 6-33 是 T12 和 T10 钢的球状珠光体组织。

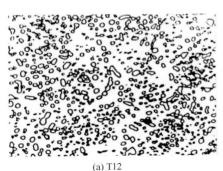
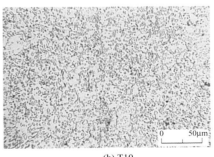

(a) T12　　　　　　　　　　　　(b) T10

图 6-33　T12 和 T10 两种钢球化退火组织，球状珠光体

6.4.2.2　珠光体的形核

在珠光体形核的自由能变化中，驱动力是单位体积内转变前后的化学自由能差 $\Delta G_V^{\gamma \to P} = G_V^P - G_V^\gamma$。

从热力学角度，钢必须过冷到临界温度 T_c 以下，才能发生形核，过冷度定义为 $\Delta T = T_c - T$，T 为实际转变温度。驱动力与过冷度之间的关系仍然遵守式（6-23），即

$$\Delta G_V^{\gamma \to P}(T) \approx \frac{\Delta H_V^{\gamma \to P}(T_c)\Delta T}{T_c}$$

式中，$\Delta H_V^{\gamma \to P}$ 为相变潜热。珠光体形核的阻力包括弹性应变能和界面能。

由于能量、结构及成分起伏的原因，珠光体晶核首先在原奥氏体晶界上形成。只有当过冷度 ΔT 较大，或者奥氏体成分不均匀甚至有未溶碳化物时，才可以在晶粒内部形成。

珠光体形核时，总有一相先形成，称为领先相，而后形成的一相称为受领相，这一点类似于共晶转变。经电子显微镜观察，一般认为亚共析钢在珠光体转变时，由于受到先共析铁素体的诱导，领先相是铁素体，过共析钢转变时因受到先共析渗碳体的诱导，领先相是渗碳体，共析钢的也是渗碳体。

设 Fe_3C 为领先相，首先在奥氏体晶界处形成，为减小弹性应变能，一般呈小片状。Fe_3C 片与一侧的晶粒保持晶体学位向关系，与另一侧的晶粒不存在位向关系，如图 6-34。当 Fe_3C 片形成时，必然吸收其两侧的 γ 中的 C，使 Fe_3C/γ 界面处 γ 的 C 量降低，诱发了 α 片的形成，这样便形成了珠光体晶核。

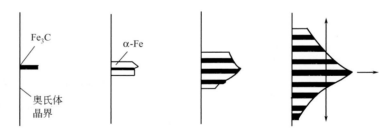

图 6-34　珠光体的形核与长大过程

珠光体晶核是向与其没有位向关系的晶粒内长大，而不能向保持位向关系的晶粒内生长。长大沿两个方向同时进行，一是侧向长大，这主要是通过层片数目的增多，而不是每一片厚度的增加；二是纵向长大，即与片平行的方向纵向延伸。通过层片的反复交替形核和生长，最后形成一个珠光体领域。但是，这种机制需要反复形核，因此形核功较高，可能性不大。实验已经证实，一个珠光体领域中的 α 和 Fe_3C 是分别属于两个彼此穿插的、有一定位向关系的单晶体组成的，按照这样的分枝生长（或称搭桥）机制，形成可以有效地降低形核功。珠光体与奥氏体之间存在一定的晶体学位向关系，一些实验结果给出：

$$(111)_\gamma /\!/ (110)_\alpha /\!/ (001)_{Fe_3C}$$

$$[110]_\gamma \parallel [111]_\alpha \parallel [010]_{Fe_3C}$$

从扩散动力学角度讲，将钢以较快的速度冷却或者转变温度较低时，碳原子的扩散受到一定抑制，在这种情况下形成层片状珠光体有利于碳原子的扩散，最终形成层片状珠光体。但是层片状珠光体不具有最小的表面积，总界面能较高，如果将钢在 A_{r1} 线附近缓慢冷却或者在 A_{r1} 线以下较高温度长时间保温，通过碳原子的扩散层片状珠光体将逐渐转变为总界面能较低的球状珠光体。

6.4.2.3　珠光体的长大

珠光体长大时需要 C 和 Fe 原子的扩散，扩散途径有：①奥氏体和铁素体内的体扩散；②珠光体和奥氏体间的界面扩散。

设奥氏体原始碳浓度为 C_γ，将奥氏体过冷到 A_{r1} 以下 T_1 温度发生珠光体转变，各相平衡碳浓度见 Fe-Fe₃C 相图 6-35。珠光体的长大过程是 P/γ 相界面向奥氏体中推移的过程，见图 6-36（a）；相界面推移依赖于界面处和界面前沿奥氏体中碳的扩散方式，见图 6-36（b），以及碳浓度分布，见图 6-36（c）。在 P/γ 界面前沿的奥氏体中，由于存在碳浓度差 $C_{\gamma/\alpha} - C_{\chi/Fe_3C}$，引起碳原子由 α/γ 界面前沿向 Fe₃C/γ 界面前沿的界面扩散；同时，在奥氏体中，由于存在碳浓度差 $C_\gamma - C_{\chi/Fe_3C}$ 和 $C_{\gamma/\alpha} - C_\chi$，还将引起碳原

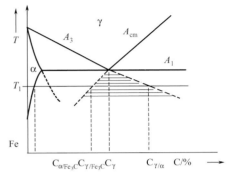

图 6-35　铁碳相图中的相平衡浓度

子在奥氏体中沿着垂直于 P/γ 界面的体扩散。碳原子的界面扩散和体扩散的结果使奥氏体中的碳浓度曲线变缓，从而破坏了各相在界面处的平衡浓度，导致系统自由能升高。为使各相在界面处的碳浓度恢复到平衡浓度，使自由能重新降低到原来的水平，从而使 α 和 Fe₃C 的协同纵向生长。

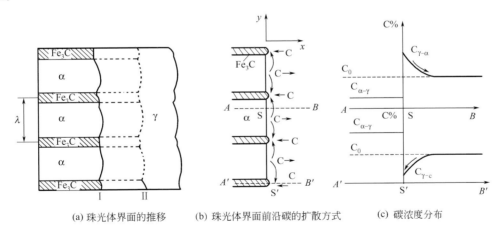

(a) 珠光体界面的推移　　(b) 珠光体界面前沿碳的扩散方式　　(c) 碳浓度分布

图 6-36　层片状珠光体的扩散性长大

可以通过奥氏体中碳原子的扩散来研究 α 和 Fe₃C 的协调性长大，导出珠光体的长大速度公式。为方便起见，碳浓度采用摩尔分数。设 P/γ 界面为平面时的奥氏体中的浓度差为 $(\Delta x_\gamma)_0 = x^0_{\gamma/\alpha} - x^0_{\gamma/Fe_3C}$（见图 6-35），它驱动碳原子沿 P/γ 界面由 α 向 Fe₃C 扩散，D_γ 为碳在奥氏体中的扩散系数；V^P_m、V^γ_m 分别为珠光体和奥氏体的摩尔体积；λ 为珠光体的层片间距，经过计算得在 P/γ 界面为平面情况下的珠光体长大速度

$$V = \frac{D_\gamma (\Delta x_\gamma)_0}{f_{Fe_3C}\, f_\alpha (x_{Fe_3C/\alpha} - x_{\alpha/Fe_3C})} \times \frac{V^P_m}{V^\gamma_m} \times \frac{1}{\lambda} \tag{6-78}$$

式中，f_{Fe_3C}、f_α分别为渗碳体和铁素体的摩尔分数。

式（6-78）是在 P/γ 界面为平面得出的。实际上，由于相界面处的界面张力平衡的结果，相界面应该成为曲面，称为 Thompson 效应。根据热力学，相界面曲率越小，曲率内侧的珠光体自由能将升高，而外侧的奥氏体自由能将降低。自由能的这种变化会引起 Fe-Fe₃C 相图中奥氏体区扩大，使 GS 和 ES 线下移，结果使浓度差 Δx_γ 减小。为简单起见，令

$$\Delta x_\gamma = (\Delta x_\gamma)_0 F$$

式中，相界面为平面时，$F=1$；相界面为曲面时，$F<1$。并且，曲率半径越小，Thompson 效应越大，Δx_γ 就越小，F 值也越小。当 $\Delta x_\gamma \to 0$ 时，层片间距将趋向于某一临界值，即 $\lambda \to \lambda_c$。当珠光体转变温度一定时，λ 则为定值，这是由两方面因素决定的。一方面，λ 减小，原子扩散距离减小，有利于扩散，从而有利于珠光体的形成；另一方面，λ 减小，单位体积中的相界面面积增多，总界面能增加，不利于珠光体的形成。因此，C. Zener 提出一个关系式

$$\Delta x_\gamma = (\Delta x_\gamma)_0 \left(1 - \frac{\lambda_c}{\lambda}\right) \tag{6-79}$$

将式（6-79）代入式（6-78），得到珠光体长大速度的修正式，即

$$V = \frac{D_\gamma (\Delta x_\gamma)_0}{f_{Fe_3C} f_\alpha (x_{Fe_3C/\alpha} - x_{\alpha/Fe_3C})} \times \frac{V_m^P}{V_m^\gamma} \times \frac{1}{\lambda}\left(1 - \frac{\lambda_c}{\lambda}\right) \tag{6-80}$$

在式（6-80）中，令 $dV/d\lambda = 0$，得到 $\lambda = 2\lambda_c$，此时珠光体长大速度最快；当 $\lambda = \lambda_c$ 时，长大速度为零，如图 6-37。实验证实，λ 与过冷度成反比，因此转变温度越低或冷却速度越快，λ 越小。例如选定两个温度 $T_2 > T_1$，如果先在 T_2 温度形成一部分珠光体，然后降温至 T_1 温度使剩余的奥氏体转变为珠光体，则低温下形成的珠光体的 λ 小；若在 T_1 温度形成部分珠光体，然后升温至 T_2 温度，则先形成的细珠光体将溶解，再形成较粗的珠光体。

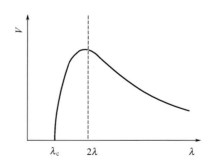

图 6-37　珠光体长大速度与层片间距的关系

珠光体转变是扩散型相变，转变的体积速率完全依赖于珠光体的形核率和长大速度，转变量与时间的关系可以用 Johnson-Mehl 或 Avrami 方程描述。

6.4.2.4 亚（过）共析钢的分解转变

（1）先共析转变　如铁碳相图 6-35 所示，亚共析钢和过共析钢在奥氏

体化以后缓慢冷却进入两相区（α＋γ 或 γ＋Fe₃C）时，在珠光体转变之前首先析出铁素体或渗碳体，这种转变称为先共析转变，析出的铁素体和渗碳体分别叫做先共析铁素体和先共析渗碳体（即二次渗碳体）。从图 6-35 可以看出，A_{cm} 线是奥氏体的溶解度曲线，它随温度降低而减小。当过共析钢冷却到该线以下时，奥氏体碳浓度达到过饱和，将脱溶出先共析渗碳体。然而，A_3 线的碳浓度却随温度降低而增加，它并非奥氏体的溶解度曲线，而是奥氏体向铁素体转变的多晶型转变线。

非共析钢奥氏体分解产物的组织形态与先共析相形态密切相关，亚共析钢中先共析铁素体的组织形态有以下三种类型。

① 块状铁素体　主要在奥氏体晶界形核，也可以在晶粒内部形核，成长为等轴状的铁素体，如图 6-38（a）所示。钢在奥氏体化时晶粒较细，冷却时转变温度较高，原子扩散充分，铁素体易呈等轴状。

② 网状铁素体　在奥氏体晶界形核，成长为不连续的仿晶界状的铁素体，如图 6-38（b）所示。钢在加热时奥氏体晶粒较粗，冷却时转变温度较高，铁素体易呈网状。

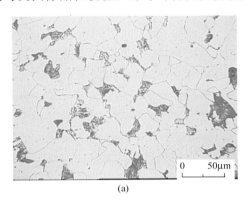 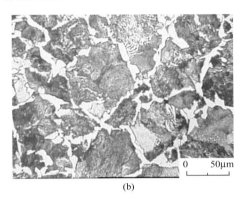

图 6-38　亚共析钢中的块状铁素体（a）和网状铁素体（b）

③ 魏氏组织铁素体　在奥氏体晶界形核，然后向晶粒内部生长成针（片）状或锯齿状铁素体。加热时奥氏体成分较均匀、晶粒较粗大并且转变温度较低，易形成魏氏组织。魏氏组织铁素体与奥氏体呈共格或半共格界面，具有一定的位向关系

$$\{110\}_\alpha /\!/ \{111\}_\gamma, \langle 111 \rangle_\alpha /\!/ \langle 110 \rangle_\gamma$$

惯习面为 $\{111\}_\gamma$。

过共析钢中先共析渗碳体组织形态有以下两种类型。

① 不连续网状或连续网状渗碳体　钢中的含碳量较低时为不连续网状，含碳量较高时为连续网状，与网状铁素体相比，网状渗碳体的厚度薄得多。

② 魏氏组织渗碳体　当奥氏体成分均匀、晶粒粗大及冷却速度适中时，析出与奥氏体保持共格关系的针（片）状魏氏组织渗碳体，典型组织如图 6-39 所示。魏氏组织会恶化钢的塑性和韧性，通常采用完全退火或正火消除。

（2）伪共析转变　由相图 6-35 看出，非共析钢奥氏体化以后以缓慢的速度冷却时，由于不能抑制先共析相的析出，当冷却到室温时，将得到先共析相和珠光体的复合组织；但是，奥氏体化以后以较快的速度过冷到铁碳相图的 GS 和 ES 延长线以下的温区（称为伪共析区）时，将不再有先共析相析出，奥氏体全部转变成珠光体型组织（即索氏体或屈氏体）。

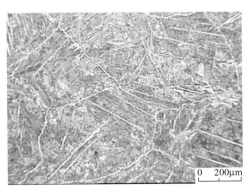

图 6-39　过共析钢中的魏氏组织渗碳体

因为这种组织的成分不是共析成分，所以称为伪共析组织或称伪共析体，这种转变称为伪共析转变。在钢铁材料中，又称为伪珠光体，相应的转变称为伪珠光体转变。

当冷却速度相同时，非共析钢的成分越接近于共析成分，冷却后所得到的先共析相越少，珠光体越多；当钢的成分相同时，冷却速度越快，所得到的先共析相越少，而珠光体越多。

6.4.2.5　珠光体型组织的力学性能

（1）层片状珠光体　共析钢缓慢冷却到室温通常得到层片状珠光体组织，它又可以分为普通珠光体、索氏体和屈氏体。珠光体的性能主要取决于层片间距 λ，随着转变温度降低，过冷度增大，使 λ 减小，珠光体的强度和硬度升高，塑性和韧性也有所改善。因此在这三种组织中，屈氏体的层片间距最薄，硬度最高。普通珠光体的硬度在 HRC5～27 范围内，而屈氏体的可达到 HRC38～43。

层片间距对珠光体性能的影响是由于珠光体的基体是铁素体，铁素体的塑性和韧性很好，而强化主要靠渗碳体。渗碳体的强化作用并不是靠自身的高硬度，而是靠相界面强化。渗碳体和铁素体间的相界面增加了铁素体中位错的运动阻力，提高了珠光体的强度和硬度。显然，λ 越小，相界面面积越多，强化作用越强；同时，λ 越小意味着渗碳体片越薄，在应力作用时会产生一定的弹性变形，使珠光体的塑性和韧性有所升高。

（2）球状珠光体　与层片状珠光体相比，球状珠光体的强度和硬度虽然较低，但它的塑性和韧性较高。渗碳体的球化效果越好，分布越弥散，综合力学性能越好。

6.5　非扩散型相变

非扩散型相变也称位移型相变，相变时不存在原子扩散，或者虽然存在原子扩散但不是相变的主要过程，主要有两种基本类型：①无扩散连续型相变，相变时仅需要原子在晶胞内进行微量的位置调整，不发生点阵应变，如在 Ti-Zn 合金中发现的 $\beta \rightarrow \omega$ 转变；②形核-长大型马氏体相变，相变时发生点阵应变，并且以点阵畸变为主。本节讨论马氏体相变。

将钢加热到奥氏体单相区保温一定时间，然后将奥氏体以足够快的冷却速度（大于临界淬火速度 V_c，其意义为能获得全部马氏体组织的最小冷却速度）冷却，以避免高温或中温转变，从而在 M_s（马氏体转变开始温度）和 M_f（马氏体转变终了温度）之间的低温范围内转变为马氏体（一般用 M 或 α' 表示）。马氏体相变是迄今为止所发现的最重要的相变之一，也是非扩散型相变的最主要类型。由于马氏体相变是材料强化的重要手段，在生产中得到广泛应用，通常将获得马氏体组织的热处理工艺称为马氏体淬火。

从广义来说，马氏体相变是共格切变型相变。共格切变型相变是指相变过程不是通过原子扩散，而是通过切变方式使母相（奥氏体）原子协同式地迁移到新相（马氏体）中，迁移距离小于一个原子间距，并且两相间保持共格关系的一种相变。凡是满足这一特征的相变都称为马氏体相变，其转变产物称为马氏体。

除了早期在钢铁材料中发现的马氏体相变外，目前在许多有色金属及合金以及非金属材料中相继发现了马氏体相变。从理论上讲，只要冷却速度快到能避免扩散型相变或者半扩散型相变，所有金属及合金的高温相都能发生马氏体相变。例如，Cu-Al 合金的 $\beta \rightarrow \beta'$ 转变，Cu-Zn 合金的 $\beta \rightarrow \beta'$ 转变，In-Ti 合金的 FCC→FCT 转变，Zr 中的 BCC→HCP 转变，以及 ZrO_2 的四方相→单斜相转变等，均属于马氏体相变。

6.5.1　马氏体相变的基本特征

6.5.1.1　无扩散性

马氏体相变是低温相变，如共析钢的马氏体转变温度为 230～－50℃，有些高合金钢的转变温度则在 0℃以下甚至还要低得多。在这样低的温度下，原子不可能扩散，其有利证据是：

① 马氏体的含碳量与奥氏体的含碳量相同；

② 有些马氏体的有序结构与母相的有序结构相同；

③ 有些合金在非常低的温度下发生马氏体相变时，其形成速度仍然很快，如在 Fe-C、Fe-Ni 合金中，在－20～－195℃范围内，一片马氏体的形成时间约为 0.05～0.5μs。

上述事实说明，在如此低的温度下以单个原子跳动进行的扩散来达到如此高的形成速度是不可能的，因此无扩散性是马氏体相变的基本特征。尽管有些实验证实，低碳马氏体相变由于形成温度较高，尺寸较小的碳原子可以进行微量的短程扩散，但这并不是相变的控制因素。

事实上，马氏体相变是通过切变方式进行的，相界面处的母相原子协同地集体迁移到马氏体中去，迁移距离不超过一个原子间距，这一点与扩散型相变明显不同。

6.5.1.2　表面浮凸和共格切变性

马氏体相变时，除了均匀的体积变化外（钢中马氏体相变大约产生 3%～4%的体积应变），在转变区域中还会产生点阵畸变，在经过抛光的样品表面上出现晶面的倾动，并使周围基体产生变形，这种现象称为表面浮凸，如图 6-40 所示。如果在抛光表面上预先画上一条直线刻痕，马氏体相变后，直线刻痕在相界面处出现转折，形成了折线。

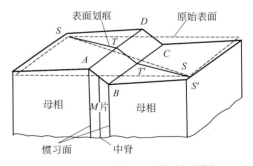

图 6-40　马氏体相变时的表面浮凸

上述事实说明，马氏体相变是通过均匀切变方式进行的（严格地说应该为拟切变，因为除了切应变，还伴随有少量的正应变），刻痕在表面并未断开，而呈连续的折线，表明相界面没有发生转动，在相变中始终保持为平面。由于这些晶体学特征，在相界面上的原子始终为两相所共有，故马氏体与母相之间的界面为共格界面。

6.5.1.3　不变平面——惯习面

马氏体总是在母相的一定晶面上形成，并且沿一定的晶向生长，这个晶面和晶向分别称为马氏体的惯习面和惯习方向。马氏体的惯习面是马氏体与母相间的界面，也就是马氏体形成时的切动面，此面在生长过程中既不畸变也不转动，这样的平面称为不变平面，因此马氏体的惯习面为不变平面。

马氏体的惯习面类型与合金成分及转变温度有关。钢中马氏体的惯习面经测定为：当 C<0.6%时，惯习面为 $\{111\}_\gamma$；在 C=0.6%～1.4%时，惯习面为 $\{225\}_\gamma$；当 C>1.4%时，惯习面为 $\{259\}_\gamma$。表 6-3 列出一些合金发生马氏体相变时的位向关系及惯习面。

表 6-3　马氏体相变中晶体学关系

合　　金	转变类型	取向关系	惯习面	马氏体亚结构
Fe-(0~0.4)%C	FCC→BCT	$(111)_\gamma /\!/ (011)_{\alpha'}$ $[10\bar{1}]_\gamma /\!/ [\bar{1}11]_{\alpha'}$	$\{111\}_\gamma$	位错
Fe-(0.5~1.4)%C	FCC→BCT	$(111)_\gamma /\!/ (011)_{\alpha'}$ $[00\bar{1}]_\gamma /\!/ [\bar{1}11]_{\alpha'}$	$\{225\}_\gamma$	位错 孪晶
Fe-(1.5~1.8)%C	FCC→BCT	$(111)_\gamma /\!/ (011)_{\alpha'}$ $[11\bar{2}]_\gamma /\!/ \langle 011\rangle_{\alpha'}$	$\{259\}_\gamma$	孪晶
Fe-(27~34)%Ni	FCC→BCC	$(111)_\gamma /\!/ (101)_{\alpha'}$ $[1\bar{2}1]_\gamma /\!/ [\bar{1}0\bar{1}]_{\alpha'}$	约$\{259\}_\gamma$	孪晶
Fe-(11~19)%Ni-(0.4~1.2)%C	FCC→BCT	$(111)_\gamma /\!/ (011)_{\alpha'}$ $[10\bar{1}]_\gamma /\!/ [\bar{1}11]_{\alpha'}$	$\{259\}$	孪晶
Fe-(7~10)%Al-2%C	FCC→BCT	$(111)_\gamma /\!/ (011)_{\alpha'}$ $[10\bar{1}]_\gamma /\!/ [\bar{1}11]_{\alpha'}$	$\{3,10,15\}_\gamma$	孪晶
Fe-(2.8~8)%Cr-(1.1~1.5)%C	FCC→BCT	—	$\{225\}_\gamma$	位错 孪晶
Fe-(0.7~3)%N	FCC→BCT	—	—	—
Fe-(13~25)%Mn	FCC→HCP	$\{111\}_\gamma /\!/ \{0001\}_{HCP}$ $\{11\bar{2}\}_\gamma /\!/ \{1\bar{1}00\}_{HCP}$	$\{111\}_\gamma$	—
Fe-(17~18)%Cr-(8~9)%Ni	FCC→BCC	$(111)_\gamma /\!/ (011)_{\alpha'}$ $[00\bar{1}]_\gamma /\!/ [\bar{1}\bar{1}\bar{1}]_{\alpha'}$	$\{225\}_\gamma$	位错
	FCC→HCP	$\{111\}_\gamma /\!/ \{0001\}_\varepsilon$ $[1\bar{1}0]_\gamma /\!/ [11\bar{2}0]_\varepsilon$	$\{111\}_\gamma$	层错
Co	FCC→HCP	—	$\{111\}_\gamma$	层错
Ti	BCC→HCP	—	—	—
Ti-(2~5.4)%Ni	BCC→HCP	—	—	—
Zr	BCC→HCP	$(110)_\gamma /\!/ (0001)_\alpha$	$\{569\}_\gamma$ $\{145\}_\gamma$	—
Li	BCC→HCP	$(110)_\gamma /\!/ (0001)_{\alpha'}$	$\{441\}_\gamma$	—

　　马氏体惯习面的空间取向并不是完全一致，不同马氏体片的惯习面有一定的分散度，会因马氏体片的析出先后和形貌的不同而有所差异。

6.5.1.4　位向关系

　　由于马氏体是以切变方式形成的，这就决定了马氏体与母相间是共格的，它们间存在确定的位向关系。如果两相中的原子密排面或者密排方向相互平行或者接近平行，则形成的相界能较低。已发现的位向关系主要有以下 3 个。

　　① K-S（Kurdjumov-Sachs）关系　　在 Fe-1.4%C 合金中发现的：

$$\{111\}_\gamma /\!/ \{110\}_{\alpha'}，\langle 110\rangle_\gamma /\!/ \langle 111\rangle_{\alpha'}$$

在每个$\{111\}_\gamma$面上，马氏体有六种不同的晶体学取向，奥氏体中共有四个不同的$\{111\}_\gamma$面，因此马氏体共有 24 种不同的晶体学取向，称为 24 种马氏体变体。

　　② 西山（Nishiyama-Wassermann）关系　　在 Fe-30%Ni 合金中发现的，在室温以上满足 K-S 关系，在-70℃以下具有

$$\{111\}_\gamma /\!/ \{110\}_{\alpha'}，\langle 112\rangle_\gamma /\!/ \langle 110\rangle_{\alpha'}$$

每个$\{111\}_\gamma$面上马氏体有三种取向，有四个不同的$\{111\}_\gamma$面，故共有 12 种马氏体变体。在以上两种位向关系中，晶面指数相同，晶向指数发生了变化。

③ G-T（Greninger-Troiano）关系　在 Fe-0.8%C-22%Ni 合金中发现的，位向关系与 K-S 关系基本一致，略有 1°～2°的偏差。

6.5.1.5　变温形成

马氏体相变一般是在一个温度范围内形成，当高温奥氏体冷却到 M_s［马氏体转变开始温度（点）］时开始转变，冷却到 M_f［马氏体转变终了温度（点）］时结束转变。由于马氏体的比容较大，相变时产生体积膨胀，引起未转变的奥氏体稳定化，即使温度下降到 M_f 点以下，也有少量未转变的奥氏体，这种现象称为马氏体转变的不完全性，被保留下来的奥氏体称为残余奥氏体（用 A' 或 γ' 表示），如图 6-41 所示。可见，若 M_s 点低于室温，则淬火到室温时将得到全部的奥氏体；若 M_s 点在室温以上，M_f 点在室温以下，则淬火到室温时将保留相当数量的残余奥氏体。有些高合金钢淬火后，组织中含有大量的残余奥氏体，导致钢的性能变差。生产中，为了减小淬火组织中的残余奥氏体量，有时将钢冷却到室温以下的更低温度，使得未转变的残余奥氏体继续转变为马氏体，这种工艺称为冷处理。

绝大多数钢中的马氏体是变温形成，也即将钢淬火至 M_s 点以下的某一温度，瞬间便会形成一定量的马氏体，在这个温度继续等温，既不会出现新的马氏体，原有的马氏体也不再长大。

6.5.1.6　可逆性

理论上讲，马氏体相变具有可逆性。将高温奥氏体以大于临界淬火速度冷却至 M_s 点马氏体转变开始，冷却至 M_f 点马氏体转变结束；反之，将马氏体加热也会发生由马氏体向奥氏体的逆转变，加热至 A_s［奥氏体转变开始温度（点）］时，奥氏体转变开始，加热至 A_f［奥氏体转变终了温度（点）］时，奥氏体转变结束，马氏体全部转变为奥氏体。

图 6-42 给出 Fe-Ni 和 Au-Cd 合金的马氏体转变和逆转变时的转变量与温度的变化曲线。两条曲线的共同点是，冷却时的马氏体转变始于 M_s 点，终于 M_f 点；加热时奥氏体转变始于 A_s 点，终于 A_f 点。同时，在加热和冷却过程中都出现了相变滞后现象，相变滞后宽度可用 $\Delta T = A_s - M_s$ 或 $\Delta T = A_f - M_f$ 表示。两条曲线的不同点是，相变滞后宽度明显不同，对 Fe-Ni 合金，$\Delta T \approx 420℃$，而对 Au-Cd 合金，$\Delta T \approx 16℃$。

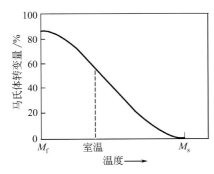

图 6-41　马氏体转变量与转变温度的关系

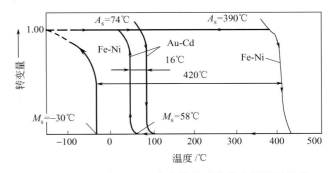

图 6-42　Fe-Ni 和 Au-Cd 合金的马氏体转变可逆性比较

相变滞后现象是一级相变的基本特征，马氏体相变滞后的产生是由于在冷却时相变驱动力的一部分用于克服应变能和界面能阻力，并以能量的形式储存于马氏体中；升温逆相变时，应变能和界面能逐渐释放出来。Au-Cd 合金滞后宽度比 Fe-Ni 合金的小得多，这是因为前者的相变机制不同于后者。Au-Cd 合金的马氏体相变并不像 Fe-Ni 合金等大多数马氏体相变那样，在升温逆相变时是通过奥氏体在马氏体中重新形核和长大，而是原有的马氏体片随着温度升高逐渐缩小直至消失来完成奥氏体转变，因此相变阻力小得多。

应该指出，在钢铁材料等一些合金中，由于马氏体在加热过程中在未发生奥氏体转变之前，就已经发生了马氏体的分解，如淬火钢在回火时所发生的马氏体分解及碳化物类型转变，因此在这些合金中也就不会发生马氏体的逆相变。

综上所述，马氏体相变与扩散型相变的最本质区别是：相变的无扩散性和相变的共格切变性，而其他特点都是由这两个基本特征演变出来的。

6.5.2 马氏体相变热力学

6.5.2.1 相变驱动力

马氏体相变符合一级相变的一般规律，遵循相变的热力学条件，其中研究最多的是FCC→BCC或BCT（体心正方）的转变，如钢中马氏体相变。马氏体相变驱动力是马氏体与奥氏体之间的化学自由能差 $\Delta G_V^{\gamma \to \alpha'} = G_V^{\alpha'} - G_V^{\gamma}$，温度越低，过冷度越大，则相变驱动力越大。两相的自由能随温度的变化曲线与图 6-3 类似，自由能相等的温度定义为两相的平衡温度 T_0。如果马氏体相变时没有相变阻力，则 $M_s = T_0$。但是，马氏体相变过程中会产生很大的阻力（也称为非化学自由能），这些阻力主要包括界面能、应变能、克服切变阻力所需要的能量以及马氏体中形成的位错或孪晶的能量等。界面能是指马氏体与奥氏体间的相界面能、马氏体变间的界面能及孪晶界面能。应变能除了弹性应变能外，相变时因为马氏体周围的奥氏体的屈服强度较低，在奥氏体中会产生少量的塑性变形，从而引起塑性应变能。马氏体与奥氏体间的比体积应变能和共格应变能构成了弹性应变能。

马氏体相变时，当合金冷却到 T_0 温度并不发生马氏体相变，只有过冷到低于 M_s 点以下时，相变才能发生，故 M_s 点的物理意义是奥氏体与马氏体的自由能差达到相变所需要的最小驱动力时的温度。当 T_0 一定时，M_s 点越低，相变阻力越大，相变需要的驱动力也越大。因此，在 M_s 点处的相变驱动力可近似表达为

$$\Delta G_V^{\gamma \to \alpha'} = \Delta S_V^{\gamma \to \alpha'} (T_0 - M_s) \tag{6-81}$$

式中，$\Delta S_V^{\gamma \to \alpha'}$ 为 T_0 温度下 $\gamma \to \alpha'$ 转变的熵变。

6.5.2.2 影响马氏体相变点的因素

T_0 以及 M_s、M_f、A_s、A_f 是表征马氏体相变的基本特征温度，不同合金或者同一合金在不同条件下，这些特征温度是不同的，相变的某些性质也就不同，研究影响这些特征温度的因素对合金的应用具有重要意义。实验表明，这些特征温度随其他因素的变化趋势是相同的，只是变化大小不同。

（1）化学成分　M_s 及 M_f 点主要取决于合金的化学成分，其中以间隙型溶质原子如 C、N 等的影响最为显著。随着钢中含碳量的增加，由于马氏体相变的切变阻力增加，相变温度下降。其中，M_s 点呈现比较均匀的连续下降，而 M_f 点在含碳量小于 0.5% 时下降得较为显著，超过 0.5% 以后下降趋于平缓，此时 M_f 点已经下降到 0℃ 以下，导致钢的淬火组织中存在较多的残余奥氏体。

钢中常加入的合金元素除了 Co 和 Al 外，以及 Si 影响不大，其他合金元素均使钢的 M_s 点下降，但是这些置换型溶质原子的效果远不如间隙型溶

质原子的强烈。合金元素按降低 M_s 点的程度由强到弱排列：Mn、Cr、Ni、Mo、Cu、W、V、Ti。其中强碳化物形成元素 W、V、Ti 等一般在钢中以碳化物形式存在，加热时溶入奥氏体中的量很少，故对 M_s 点影响不大。

（2）塑性变形　实验证实，对有些材料在 M_s 点以上进行塑性变形，可以应力诱发马氏体相变，使材料的 M_s 升高至 M_d 点，M_d 称为应力诱发马氏体相变的开始温度，理论上讲，M_d 的上限温度不能超过 T_0。塑性变形量越大，变形温度越低，应力诱发的马氏体量就越多。

（3）奥氏体化条件　钢的加热工艺规范对马氏体相变点的影响较为复杂。奥氏体化加热温度越高或保温时间越长，碳和合金元素溶入奥氏体中的就越多，相变的切变阻力就越大，使 M_s 点下降。另一方面，加热温度过高或时间过长会使奥氏体中的结构缺陷减少，马氏体相变形核容易，相变阻力减小，使 M_s 点升高。奥氏体化条件对马氏体相变点的影响取决于哪一个因素起主要作用。

6.5.2.3　马氏体相变的形核

（1）均匀形核——经典形核理论　尽管马氏体相变速度极快，但实验发现它仍然是形核与长大的过程。由于在奥氏体中存在能量、结构及成分起伏，当在某些微区内的起伏足够大时，便会在这些微区形成马氏体晶核。令马氏体晶核是半径为 r，厚度为 $2c$ 的椭球体（双凸透镜状），见图 6-43。采取近似计算，晶核体积 $V \approx 4\pi r^2 c/3$，晶核表面积 $S \approx 2\pi r^2$，则形成一个椭球形的晶核系统自由能变化

$$\Delta G = \frac{4}{3}\pi r^2 c \Delta G_V + 2\pi r^2 \sigma + \frac{4}{3}\pi r^2 c \left(\frac{Ac}{r}\right) \tag{6-82}$$

式中，第一项为相变驱动力，第二和第三项分别为界面能和弹性应变能阻力。A 为应变能因子，材料一定时可近似看作常数，$(c/r)A$ 为单位体积马氏体的弹性应变能，该值随形状参量 c/r 变化，c/r 越小，椭球体越扁，弹性应变能越小。式（6-82）忽略了塑性应变能。

ΔG 是 r 和 c 的马鞍曲面函数，鞍点可以分别对 r 和 c 微分求得。令 $(\partial \Delta G/\partial r)_c = 0$，$(\partial \Delta G/\partial c)_r = 0$，求出晶核的临界半径 r_c、临界厚度 c_c、临界形成功 ΔG_c 分别为

$$r_c = \frac{4A\sigma}{\Delta G_V^2}$$

$$c_c = -\frac{2\sigma}{\Delta G_V} \tag{6-83}$$

$$\Delta G_c = \frac{32\pi A^2 \sigma^3}{3\Delta G_V^4}$$

以及临界体积为

$$V_c = -\frac{128\pi A^2 \sigma^3}{3\Delta G_V^5} \tag{6-84}$$

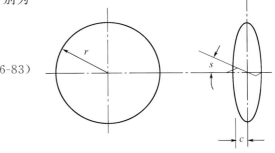

图 6-43　马氏体的经典形核模型

将实验数据 $A \approx 2.1 \times 10^9 \text{J/m}^3$，$\sigma \approx 0.02\text{J/m}^2$，$-\Delta G_V \approx 1.64 \times 10^8 \text{J/m}^3$ 代入式（6-83），得在 M_s 温度形成一片马氏体的形成功 $\Delta G_c \approx 1.64 \times 10^{-18}\text{J}$，形核能垒只靠系统中的能量起伏达到这么高，即使冷到 0K 时也不可能发生马氏体相变，故经典形核理论不适合马氏体相变。

（2）非均匀形核——非经典形核理论　由于经典理论与实验事实的巨大差异，人们随后发展了许多非均匀形核理论，如位错形核、层错形核等。在这些理论中，均假设在母相中预先存在能够优先形核的位置（缺陷），马氏体晶核在缺陷处形成，属于非热激活形核，下列实验证实此假设是正确的。

将 Fe-Ni-C 合金做成直径小于 $100\mu m$ 的颗粒，这些颗粒奥氏体化后冷却到 $-40 \sim -196℃$ 之间，测量已转变马氏体的颗粒分数，得到如下结果。

① 已转变马氏体的颗粒分数随颗粒尺寸的增加而增加，说明虽然各个颗粒的成分相同，但是大颗粒包

含的缺陷较多，因此马氏体转变是缺陷形核。

② 如果颗粒的尺寸相同，则转变温度越低，已转变马氏体的颗粒分数就越大。实验结果是，$50\mu m$ 的颗粒在 $-40℃$ 时已转变马氏体的颗粒分数为 5%；在 $-50℃$ 时已转变的颗粒分数则达 20%，说明不同的缺陷有不同的形核能力。$-40℃$ 时，首先在能力最强的缺陷上形核，$-50℃$ 时，由于驱动力的增加，能力较弱的缺陷也能够作为形核的场所。

据此提出了马氏体形核是在母相中的晶界、亚晶界、位错等地方形成。例如，Zener 阐述了在 FCC 结构中原子密排面上的全位错分解为两个不全位错，不全位错之间的层错区在适当的条件下将转变为 BCC 结构，从而解释了 FCC→BCC 的马氏体转变。全位错分解为不全位错是能量降低的自发过程，分解后的不全位错由于位错弹性应力场的相互排斥而分开；同时由于层错区宽度的增加，又使总的层错能增加。因此，在一定条件下扩展位错有一个平衡距离，只有层错能较低的扩展位错才有足够的宽度用于马氏体形核。这种形核模型在有些合金中已被观察到，故有一定的实验依据。

6.5.2.4　马氏体形貌的热力学分析

马氏体相变总是按阻力最小、消耗能量最低的途径和方式进行，使生成的马氏体具有能量最低的形貌。形成马氏体时阻力主要有界面能和弹性应变能，合在一起用 ΔG_r 表示。马氏体形貌仍然采用图 6-43 所示的椭球体，形状参量 r、c 同前，形成一个马氏体晶核总的相变阻力为

$$\Delta G_r = 2\pi r^2 \sigma + \frac{4}{3}\pi r^2 c \left(\frac{Ac}{r}\right) \tag{6-85}$$

单位体积的阻力为

$$\Delta G_r' = \frac{\Delta G_r}{V} = \frac{3\sigma}{2c} + \frac{Ac}{r} \tag{6-86}$$

现在求在马氏体体积不变的条件下，什么样的形状参量能使相变阻力最小，即

$$dV = 0,\ d\Delta G_r' = 0$$

则

$$dV = \left(\frac{\partial V}{\partial r}\right)_c dr + \left(\frac{\partial V}{\partial c}\right)_r dc = \frac{4}{3}\pi(2rc\,dr + r^2\,dc) = 0$$

得

$$dr = -\frac{r}{2c}dc \tag{6-87}$$

另一方面

$$d\Delta G_r' = \left(\frac{\partial \Delta G_r'}{\partial r}\right)_c dr + \left(\frac{\partial \Delta G_r'}{\partial c}\right)dc = -\frac{Ac}{r^2}dr + \left(-\frac{3\sigma}{2c^2} + \frac{A}{r}\right)dc = 0$$

将式（6-87）代入上式，经整理得

$$\frac{c^2}{r} = \frac{\sigma}{A} \tag{6-88}$$

将式（6-88）代回式（6-86），最后得形核阻力的最小值

$$(\Delta G_{\mathrm{r}}')_{\min} = \frac{5}{2}\left(\frac{\sigma}{c}\right) = \frac{5}{2}\left(\frac{cA}{r}\right) \tag{6-89}$$

从式（6-89）后一项看出，在应变能因子 A 不变的情况下，c/r 值越小，形核阻力越小；而从前一项看出，在界面能 σ 不变的情况下，c 值越小，形核阻力反而增加。综合考虑两方面因素，在 σ 和 A 不变的条件下，c/r 必有一个最佳值，这一点从式（6-88）也可以看出。形核阻力 $\Delta G_{\mathrm{r}}'$ 是由相变驱动力 ΔG_{V} 克服的，形核阻力越大，所需要的相变驱动力也越大，所以 ΔG_{V} 与 c/r 也有对应关系。对低碳钢，马氏体转变温度较高，ΔG_{V} 较小，只能形成 c/r 较小（椭球体较扁）的马氏体，即板条状马氏体；对高碳钢，马氏体转变温度较低，ΔG_{V} 较大，就能形成 c/r 较大（椭球体较厚）的马氏体，即透镜片状马氏体，即使是片状马氏体，形成温度越低，ΔG_{V} 越大，马氏体片也越厚，这一结果与实验现象符合。

6.5.3 马氏体相变动力学

马氏体相变依赖于形核与长大过程，根据温度和时间对马氏体的形核及长大的影响，可以将马氏体相变分为以下四种情况。

6.5.3.1 变温形核、瞬时长大

这类马氏体相变的转变量只取决于转变温度，而与转变时间无关，这种马氏体相变称为变温马氏体相变，生成的马氏体叫做变温马氏体。碳钢及合金钢中的马氏体相变一般都是这种类型，其特点是当合金冷却到 M_{s} 点以下的某一温度时，马氏体瞬间形成一定数量的晶核，并瞬间长大到最终尺寸，若继续等温，马氏体既不形核，又不长大。若要继续形成马氏体，则必须降低温度，如图 6-44 所示。在这种情况下，马氏体转变量仅取决于马氏体的形核率而与长大速度无关。实际中，钢在淬火时所获得的马氏体量取决于淬火所达到的温度 T_{q}，即取决于淬火的深冷程度 $\Delta T = M_{\mathrm{s}} - T_{\mathrm{q}}$。钢的 M_{s} 点越高，淬火获得的马氏体量就越多，残余奥氏体量就越少。

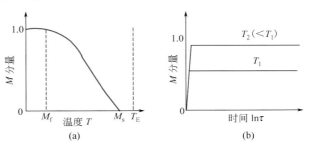

图 6-44 马氏体变温形核、瞬时长大动力学曲线

变温马氏体的形核速度极快，属于非热激活形核。长大速度也极快，约为 $10^2 \sim 10^5 \mathrm{cm/s}$，与转变温度无关。温度范围在 $-20 \sim -195℃$ 时，Fe-Ni 合金的长大速度经测定约为 $2 \times 10^5 \mathrm{cm/s}$，相当于形成一片马氏体的时间大约为 $0.5 \sim 5.0 \times 10^{-7} \mathrm{s}$，长大激活能接近为零。

6.5.3.2 变温形核、变温长大

这是在形状记忆合金（SMA）中发生的一种热弹性马氏体相变。具有实用价值的形状记忆合金主要有铜基合金，如 Cu-Al-Mn、Cu-Al-Ni、Cu-Zn-Al 等，以及 Ni-Ti 基合金。热弹性马氏体相变与其他马氏体相变的显著区别是，相变时的界面能很小，可以忽略，相变阻力仅有弹性应变能。当合金降温至 M_{s} 点以下时，马氏体开始形核，但是不能很快地长大到最终尺寸，继续降温时，还会继续长大，一直到相变驱动力与弹性应变能达到动态平衡为止，马氏体才停止长大。当升温逆相变时，马氏体向奥氏体转变不是通过重新形核，而是已有的马氏体片逐渐缩小直到完全消失，完成奥氏体转变，也就是说，马氏体片随着温度的升降而呈现出消长的现象，这种现象称为马氏体的热弹性。

热弹性马氏体的长大速度较慢，通常能以肉眼观察到的速度生长，主要决定于变温速度或者外加应力的速度。

6.5.3.3 等温形核、瞬时长大

这种马氏体相变称为等温马氏体相变，转变的产物称为等温马氏体。等温马氏体相变最早是在 Mn-

Cu 合金钢中发现的，后来在马氏体相变点较低的 Fe-Ni-Mn、Fe-Ni-Cr 以及高碳高锰钢等合金中也发现了完全的等温马氏体转变。特点是，马氏体晶核可以等温形成，并且存在孕育期；马氏体长大速度较快；马氏体转变量取决于形核率而与长大速度无关，形核率是温度和时间的函数，为热激活形核；绝大部分等温转变都不能进行到底，达到一定的转变量便停止。

6.5.3.4 自触发形核、瞬时长大

在 M_s 点低于 0℃ 以下的 Fe-Ni(-C) 合金中发现，当合金冷却到一定温度 M_b 的瞬间（千分之一秒），剧烈地形成大量的马氏体，其形核率和长大速度极快，均与温度无关，如图 6-45 所示，一般将这种转变称为爆发式马氏体转变，M_b 称为爆发式转变温度。

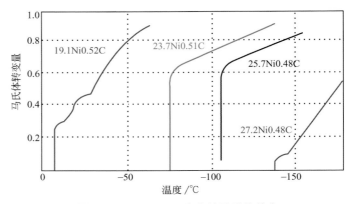

图 6-45 Fe-Ni(-C) 合金的马氏体转变

爆发式转变的第一片马氏体形成时，其尖端应力足以触发另一片马氏体形成，接下来发生连锁反应，形成的马氏体片呈现"Z"字形排列。由于爆发式转变太快，常伴随有响声，并且释放出大量的相变潜热，有时会使试样升温达 30℃。爆发转变量和合金的化学成分有关，条件适合时，可达到 70% 以上。

6.5.4 钢中马氏体的晶体结构

不同材料的马氏体晶体结构可能不同，最具代表性并且应用最广泛的是钢和有色金属中的马氏体。下面以钢中的马氏体为例。

6.5.4.1 马氏体点阵常数和含碳量的关系

钢中马氏体转变的反应式为：$\gamma \rightarrow \alpha'$（或 M）。转变之前的奥氏体与生成的马氏体成分相同，但晶体结构不同。奥氏体是 FCC 结构，马氏体是 BCT（体心正方）结构。钢在淬火时，高温奥氏体中处于平衡浓度的碳原子全部被固溶在低温 α-Fe 中，使 α-Fe 处于过饱和状态，并且随着含碳量的增加，α-Fe 的过饱和程度越大。因此，钢中马氏体可定义为碳在 α-Fe 中的过饱和间隙固溶体。通过 X 射线衍射技术测定奥氏体与马氏体的点阵常数与含碳量关系，证实了过饱和碳引起了 α-Fe 点阵的非对称畸变。随着含碳量的升高，奥氏体的点阵常数 a_γ 增加；马氏体的点阵常数 c 增加，a 减小，使马氏体正方度 c/a 增大，可以用如下线性函数表示

$$c = a_0 + \alpha x$$
$$a = a_0 - \beta x$$
$$c/a = 1 + \gamma x$$

式中，α-Fe 的点阵常数 $a_0 = 0.2861\text{nm}$；$\alpha = 0.116$，$\beta = 0.013$，$\gamma = 0.046$；x 为马氏体的含碳量（质量百分数）。α 和 β 值表示了碳在 α-Fe 中引起的畸变程度。反之，通过测定马氏体的正方度 c/a 也可以确定钢的含碳量。

6.5.4.2　马氏体的晶体结构

α-Fe 中存在四面体间隙和八面体间隙，尽管八面体间隙半径小于四面体间隙半径（$r_8 = 0.154r$，$r_4 = 0.291r$，r 为 Fe 原子半径），但是理论和实验都证实绝大部分碳原子仍然占据八面体间隙中心的位置，原因是八面体间隙是扁八面体，其长轴为 $2^{1/2}a$，短轴为 c，碳原子处于其中所引起的弹性应变能相对较小。但是碳原子半径（0.077nm）远大于八面体间隙半径（0.019nm），碳的溶入必然引起 α-Fe 点阵产生强烈的非对称畸变，结果使八面体间隙的短轴伸长 36%，长轴收缩 4%，最后形成了 bct 结构的马氏体，如图 6-46 所示。

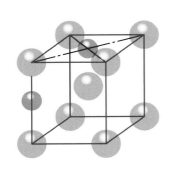

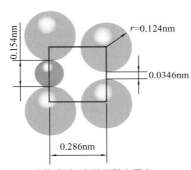

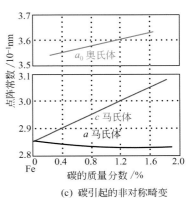

(a) 碳处在 α-Fe 的八面体间隙位置　　(b) 小的碳原子仍比间隙大得多　　(c) 碳引起的非对称畸变

图 6-46　马氏体中过饱和碳原子引起的点阵畸变

6.5.5　马氏体的组织形态

马氏体的组织形态与合金的化学成分及转变温度有密切关系，钢中的马氏体有两种基本类型：板条状马氏体和片状马氏体。

6.5.5.1　板条状马氏体

板条状马氏体是在低、中碳钢或低、中碳合金钢淬火时形成的典型组织，实验已经证实其内部亚结构为高密度位错，故又称为位错马氏体，由于它主要形成于低碳钢中，也称为低碳马氏体。板条状马氏体的显微组织如图 6-47 所示，为一束束平行排列的微细组织；电子显微镜观察发现，每一束马氏体是由细长的板条组成。图 6-48 是板条状马氏体的组织示意图。板条状马氏体主要特征可归纳如下。

（1）显微组织　一个奥氏体晶粒通常由 3～5 个马氏体板条群组成（图 6-48 中 A 区），板条群之间有明显的界面分开，每个板条群的尺寸约为 20～35μm；板条群又可分成一个或几个平行的马氏体同位向束，同位向束之间呈大角度界面（图 6-48 中 B 区）；一个板条群也可以只由一个同位向束组成（图 6-48 中 C 区）；每个同位向束是由平行的板条组成，板条间为小角度界面（图 6-48 中 D 区）。板条状马氏体的尺寸由大到小依次为板条群、同位向束及板条。

（2）空间形态　马氏体为细长的板条状，每一个板条为一个单晶体，横界面近似为椭圆形，尺寸约 $0.5\mu m \times 5.0\mu m \times 20\mu m$，马氏体的惯习面为 $\{111\}_\gamma$。

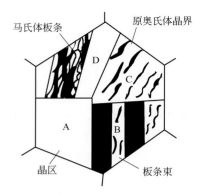

图 6-47　低碳钢淬火得到的板条状马氏体　　　　图 6-48　板条状马氏体组织

（3）亚结构　马氏体板条内部为高密度位错，位错密度约为 $(0.3\sim0.9)\times10^{12}\,cm^{-2}$，相当于经剧烈冷塑性变形金属的位错密度。

（4）残余奥氏体薄膜　实验证实马氏体板条之间有连续的残余奥氏体薄膜，薄膜的含碳量较高，表明相变时 C 原子曾发生微量的扩散。

6.5.5.2　片状马氏体

片状马氏体是在中、高碳钢或中、高碳合金钢淬火时形成的典型组织，与位错马氏体不同，其内部亚结构主要是孪晶，故又称为孪晶马氏体，由于它总出现在高碳钢中，也称为高碳马氏体，实际中也经常按其形态称为透镜片状马氏体或针状及竹叶状马氏体。图 6-49 是 T10 钢淬火后的片状马氏体显微组织，片状马氏体的组织结构见图 6-50。片状马氏体的主要特征可概括为以下几方面。

（1）显微组织　马氏体呈片状、针状或竹叶状，相互间相交成一定的角度。在一个奥氏体晶粒内，首先生成的马氏体片一般横贯整个晶粒，随后生成的马氏体片尺寸依次减小。

（2）空间形态　马氏体呈双凸透镜状，在马氏体片中间存在明显的中脊，中脊所在的晶面即为马氏体的惯习面，按含碳量不同分别为 $\{225\}_\gamma$ 或 $\{259\}_\gamma$。

（3）亚结构　马氏体内部为极细的孪晶，孪晶间距离约 5nm，边缘为复杂的位错组态，位错可以松弛部分孪生变形产生的弹性应力。

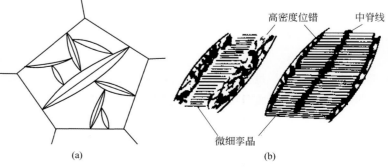

图 6-49　T10 钢淬火后的片状马氏体　　　　图 6-50　片状马氏体的显微组织（a）和孪晶亚结构（b）

6.5.5.3　影响马氏体形态的因素

一般情况下，凡是使马氏体转变温度降低的因素都会使淬火组织中的板条状马氏体量减少，片状马氏体量增多，同时马氏体的亚结构由位错逐渐转化为孪晶。

（1）化学成分

① 含碳量　钢中的含碳量不同，经过完全奥氏体化后淬火所得到的组织也不同。对于碳钢而言，随着含碳量的增加，由于马氏体相变阻力增大，相变温度下降，使得板条状马氏体含量减少，片状马氏体含量增多。当 $C<0.2\%$ 时，淬火组织几乎全部由板条状马氏体组成；在 $C=0.2\%\sim0.4\%$ 时，淬火组织主要由板条状马氏体组成；在 $C=0.4\%\sim0.8\%$ 时，是板条状马氏体和片状马氏体的混合组织；在 $C=0.8\%\sim1.0\%$ 时，以片状马氏体为主；当 $C>1.0\%$ 时，几乎全部由片状马氏体组成。

过共析钢正常淬火时（即在 A_{c_1} 以上 $\gamma+Fe_3C$ 两相区加热后淬火，也称亚温淬火），将出现无组织特征马氏体（featureless martensite）或称隐晶马氏体（crypto-crystalline martensite），实际上是细小的板条马氏体和片状马氏体的混合物。

② 合金元素　钢中加入缩小奥氏体区元素，如 Cr、Si、V 等，加热时若溶入奥氏体中，将使奥氏体单相区缩小，马氏体转变温度升高，易于形成板条状马氏体；钢中加入扩大奥氏体区元素，如 Ni、Mn、Co 等，将使奥氏体单相区扩大，马氏体转变温度降低，易于形成片状马氏体。

（2）马氏体形成温度　马氏体形成温度主要取决于材料属性和奥氏体的化学成分。化学成分对马氏体转变温度以及对马氏体形态的影响如上所述。凡是能降低转变温度的因素都能改变马氏体的组织形态及马氏体的亚结构，马氏体由板条状向片状转变，亚结构由位错向孪晶转变。

（3）奥氏体与马氏体的强度　马氏体相变是以共格切变的方式进行的，因此奥氏体与马氏体的屈服强度对马氏体相变及其形态也有影响。当奥氏体和马氏体的屈服强度均较低时，有利于马氏体形成时的滑移变形，易于形成惯习面为 $\{111\}_\gamma$ 的板条状马氏体；若马氏体强度较高，有利于马氏体内的孪生变形，易于形成惯习面为 $\{225\}_\gamma$ 的片状马氏体；若奥氏体和马氏体强度均较高，只能在马氏体内孪生变形，则易于形成惯习面为 $\{259\}_\gamma$ 的片状马氏体。

6.5.6　马氏体相变机制

基于马氏体相变的非扩散性、表面浮凸及接近 0K 时仍能以极高速度形成的主要事实，人们相继提出了若干马氏体相变的切变模型，具有代表性的有 B（Bain）、K-S（Kurdjumov-Sachs）、G-T（Greninger-Troiano）及 N（Nishiyama）模型。

如果仅从马氏体结构上分析，马氏体转变有多种可能方式，但这些转变方式必须满足以下基本要求：马氏体的晶体结构、马氏体和奥氏体之间的位向关系、马氏体的惯习面以及相变产生的表面浮凸等方面，理论计算应该与实际测量符合。本节不对具体的切变模型进行讨论，而仅从滑移和孪生变形方面在微观上对马氏体相变机制进行定性分析。

马氏体内部的亚结构包括许多类型的缺陷，例如位错、孪晶及层错等，这些缺陷是马氏体相变时滑移或孪生变形的产物。图 6-51 给出了马氏体相变的两次切变过程。

（1）均匀点阵应变　通过这种点阵应变使母相晶体结构转变为马氏体相晶体结构，这是马氏体相变的一次切变过程，如图 6-51（a）和图 6-51（b）。但是实际计算发现，母相仅经过一次切变过程所产生的相变应变量与实际测量值不符，也不满足马氏体亚结构的要求。

（2）点阵不变应变　通过晶体的滑移或者孪生变形作为辅助应变，在不改变已形成的马氏体结构的基础上，使相变应变量与实际测量值相符，这是马氏体相变的二次切变过程。同时，通过二次切变使马氏体的亚结构与实际情况相符。如果点阵不变应变是滑移，则产生的亚结构是位错，得到是板条状马氏体，如图 6-51 (c) 所示；如果点阵不变应变是孪生，则产生的亚结构是孪晶，得到是孪晶马氏体，如图 6-51 (d) 所示，从而解释了马氏体亚结构的问题。

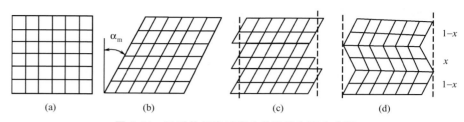

图 6-51　马氏体相变过程中的滑移和孪生变形

(a)、(b) 为均匀点阵应变；(c)、(d) 为点阵不变应变

6.5.7　马氏体的力学性能

6.5.7.1　强度和硬度

钢经过淬火得到的淬火马氏体具有很高的强度和硬度（HRC60 以上），马氏体的强硬性主要依赖于奥氏体中间隙型溶质原子的含量，常见的有 C、N，而置换型溶质原子对马氏体的强硬性影响较小，这是由两类溶质原子在钢中所产生的晶格畸变不同决定的。淬火钢的硬度随含碳量的变化如图 6-52 所示。含碳量较小时，淬火钢的硬度随着含碳量的增加而快速上升，当含碳量大于 0.5% 以后，淬火钢的硬度变化趋于平缓或有所下降（图中曲线 1 和 2）。曲线 1 为高于 A_{c_3} 或 $A_{c_{cm}}$ 以上加热（完全奥氏体化）淬火后的硬度，由于所有的碳化物都溶入奥氏体中，钢的 M_s 点下降，淬火后残余奥氏体量增多，引起淬火钢硬度降低；曲线 2 是在 A_{c_1} 和 A_{c_3}（或 $A_{c_{cm}}$）之间加热（不完全奥氏体化）淬火后的硬度，此时有一定量的碳化物未溶解，奥氏体中的含碳量降低，钢的 M_s 点下降较少，淬火后残余奥氏体量也较少，对淬火钢硬度影响不大；曲线 3 是淬火马氏体的硬度，可以看出马氏体的硬度一直随含碳量的增加而升高。

淬火马氏体可达到很高的强度和硬度，这主要取决于马氏体中过饱和间隙型溶质原子和马氏体的亚结构。

（1）固溶强化　C、N 等间隙原子加热时部分或全部溶解在奥氏体中，淬火时被固溶在马氏体中，从而在马氏体结构内产生严重的非球形对称的弹性应力场，并且与位错发生强烈的交互作用，形成大量的溶质原子气团，导致位错的易动性显著降低，引起马氏体的强度和硬度升高，称为马氏体固溶强化。固溶强化是马氏体强化的重要因素之一。

（2）相变强化　由马氏体相变机制知道，马氏体形成时需要经过二次切变过程，其中点阵不变应变会在马氏体内部产生高密度的晶体缺陷（如位错、孪晶及层错等），导致马氏体的强度和硬度升高，称马氏体相变强化。

实验表明，无碳马氏体的屈服强度约为 280MPa，而退火态铁素体的屈服强度仅为 120MPa 左右，马氏体的相变强化使屈服强度提高一倍以上。

位错马氏体的亚结构是单纯的位错组态，位错具有一定的易动能力，因此位错马氏体的强度和硬度比孪晶马氏体的低，但是它的塑性及韧性却好于孪晶马氏体；反之，孪晶马氏体的亚结构主要是孪晶，只有当马氏体中的滑移面和滑移方向与孪晶面和孪晶方向相一致的那些位错才能运动，位错运动受到很大的限制，故孪晶马氏体的强度和硬度高于位错马氏体，但塑性和韧性却有较大幅度的降低。

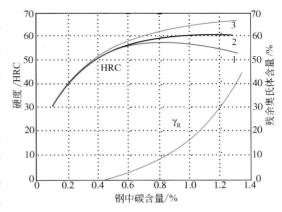

图 6-52 淬火钢的最大硬度随含碳量的变化
1—高于 A_{c3} 或 A_{ccm} 淬火；
2—高于 A_{c1} 淬火；3—马氏体硬度

6.5.7.2 塑性和韧性

位错马氏体的强度和硬度比孪晶马氏体低，但它的冲击韧性和断裂韧性比孪晶马氏体好得多，而且脆性转折温度也低。正因如此，淬火钢获得位错马氏体组织是金属强韧化的重要手段之一。马氏体的塑性和韧性主要决定于它的亚结构。与位错马氏体比较，孪晶马氏体的塑性和韧性低有以下三方面原因。

① 亚结构为孪晶，高密度孪晶的存在就要求只有与孪晶要素平行的滑移系才能开动，使马氏体中的有效滑移系数量降低。

② 孪晶马氏体的生长速度极快，马氏体片之间又相交成一定的角度，这样当两片马氏体相遇时发生撞击，而在撞击处很容易产生显微裂纹。

③ 孪晶马氏体的含碳量较高，温度适合时，C 原子会沿孪晶界形成偏聚区或者析出不连续的碳化物薄片，引起塑性和韧性降低。

总之，淬火马氏体的强度及硬度很高，塑性和韧性较低。板条状马氏体具有良好的强韧性。由于淬火马氏体的塑性及韧性较差，所以淬火后需要及时回火，以提高钢的塑性和韧性。

6.6 过渡型相变

过渡型相变也称为半扩散型相变，主要包括块状转变和贝氏体转变两种类型，转变主要发生在中温范围，因此属于中温转变。过渡型相变既不像扩散型相变那样通过原子的长程扩散进行的，也不像非扩散型相变那样通过原子协同式地由母相转入到新相中进行的，而是在转变时原子在相界面处短距离移动，化学成分不变或几乎不变（块状转变），或者在转变时尺寸较大的原子不扩散，只是尺寸较小的原子扩散（贝氏体转变）的方式进行的。

钢中贝氏体转变是一种典型的过渡型相变，也是本节讨论的内容。钢经过奥氏体化以后过冷至（连续冷却或者等温冷却）珠光体转变和马氏体转变区之间的中温范围，发生贝氏体转变，此时铁原子不能扩散，碳原子尚能扩散。贝氏体转变可用如下反应式表示

$$\gamma \rightarrow \alpha + Fe_3C$$

转变产物称为贝氏体（Bainite，用 B 表示）。与珠光体不同，贝氏体一般是由过饱和铁素体和碳化物组成的非层状混合组织。

6.6.1 贝氏体转变的基本特征

贝氏体转变最早由 E. C. Bain 在 1930 年发现的，R. F. Mehl 在 1939 年将贝氏体分为上贝氏体（当时称为 B_{II} 型贝氏体）和下贝氏体。近几十年在不同钢中相继发现了其他类型的贝氏体，如 B_I 型无碳化

物贝氏体、B_{III}型贝氏体（它的铁素体形态与上贝氏体相似，碳化物形态与下贝氏体相似）、粒状贝氏体等。由于B_{I}、B_{II}、B_{III}型贝氏体中铁素体的形态与上贝氏体相似，故一般将这三种类型的贝氏体归类为上贝氏体。

（1）贝氏体转变的温度范围　贝氏体转变也是在一个温度范围内进行的，其开始转变温度（点）为B_s，终了转变温度（点）为B_f。粗略地说，在贝氏体转变以上的温度范围是珠光体转变区，以下的温度范围是马氏体转变区。贝氏体的B_f点可能与马氏体的M_s点相同，也可能略低于M_s点。在$B_s \sim B_f$温度范围内，随着转变温度的降低，碳原子的扩散能力减弱，贝氏体转变的机制及其产物也将随着变化。一般来说，在这个温度范围的上部发生的是上贝氏体转变，下部发生的是下贝氏体转变。对共析钢来讲，贝氏体转变温度是240～550℃。贝氏体转变也具有转变不完全性，当转变温度较高时，生成贝氏体较小，当转变温度较低时，生成的贝氏体就增多，因此贝氏体淬火后的组织中总存在一定量的残余奥氏体。

（2）贝氏体的形态与转变温度有关　贝氏体是由过饱和铁素体和碳化物组成的混合组织，组织形态与转变温度的高低密切相关。上贝氏体的转变温度较高，贝氏体中的铁素体的过饱和度小，铁素体呈板条状，而碳原子扩散能力较强，碳化物沿着铁素体条之间析出。下贝氏体的转变温度较低，铁素体的过饱和度增大，形态呈片状，由于碳原子扩散能力下降，碳化物一般在铁素体片内部析出。

（3）贝氏体转变时的扩散　贝氏体转变是中温转变，在这样的温度范围内，原子的扩散能力受到一定程度的抑制，铁及合金元素已经不能扩散，而尺寸较小的碳原子仍能扩散，并且对贝氏体的转变速度起控制作用。

上贝氏体的转变温度较高，转变速度主要依赖于碳在奥氏体中的扩散；下贝氏体的转变温度较低，转变速度主要取决于碳在铁素体中的扩散。这是因为奥氏体是面心立方结构，其致密度大于体心立方结构的铁素体，使得碳在奥氏体中的扩散系数远小于在铁素体中的扩散系数。温度较高时，碳原子能够由铁素体扩散到奥氏体中，在奥氏体中的扩散速度就成为转变快慢的主要因素；温度较低时，碳原子只能在铁素体内部扩散。正因为贝氏体转变过程中伴随有碳原子的扩散，导致转变速度远低于马氏体转变。

（4）贝氏体转变是一个形核与长大过程　贝氏体转变也是形核与晶核长大过程，转变需要孕育期，在孕育期内，由于碳在奥氏体中的扩散，造成了浓度起伏。随着转变温度的降低，奥氏体浓度越不均匀，从而在奥氏体中形成了富碳区和贫碳区，在贫碳区形成铁素体晶核。上贝氏体转变温度较高，过冷度较小，铁素体优先在奥氏体晶界处形成，下贝氏体转变温度较低，过冷度增大，铁素体也可以在晶粒内部形成。当铁素体晶核超过临界尺寸后便开始长大，在长大过程中，过饱和的碳原子将不断地从铁素体内向奥氏体中扩散，结果在铁素体条之间或铁素体片内部析出碳化物颗粒。贝氏体转变一般是等温形成，故产生中通常采用等温淬火获得贝氏体组织。

（5）贝氏体转变是按切变方式进行的　支持贝氏体转变是通过切变机制进行的主要事实有以下几个方面。

① 贝氏体中的铁素体在形成时也会在样品的抛光表面上产生表面浮凸。

② 贝氏体中的铁素体与奥氏体保持严格的位向关系。例如，共析钢在 350～450℃ 温度范围形成的上贝氏体符合西山关系：

$$\{111\}_\gamma /\!/ \{110\}_\alpha, \langle 211 \rangle_\gamma /\!/ \langle 110 \rangle_\alpha$$

在 250℃ 形成的下贝氏体符合 K-S 位向关系：

$$\{111\}_\gamma /\!/ \{110\}_\alpha, \langle 110 \rangle_\gamma /\!/ \langle 111 \rangle_\alpha$$

贝氏体中的渗碳体与奥氏体以及渗碳体与铁素体之间也存在一定的位向关系。

③ 贝氏体中的铁素体总是在奥氏体特定的晶面上析出，即有确定的惯习面。在中、高碳钢中，上贝氏体中铁素体的惯习面为 $\{111\}_\gamma$，下贝氏体的惯习面为 $\{225\}_\gamma$，分别与低碳马氏体和高碳马氏体的惯习面相同。

④ 上贝氏体及下贝氏体中的铁素体形态分别与低碳马氏体及高碳马氏体的形态相似。

根据上述实验现象以及贝氏体转变时成分改变和转变速度远低于马氏体相变，人们提出了若干贝氏体转变机制。以柯俊和 R. F. Hehemann 等人为代表认为，贝氏体转变是一种在中温范围内铁原子以共格切变的方式进行的并且受碳原子扩散控制的转变。这种中温转变就决定了贝氏体转变的过冷度及相变驱动力、原子迁移的方式和转变产物的形态与珠光体转变和马氏体转变不同。

6.6.2 贝氏体的组织形态

贝氏体组织形态取决于化学成分和形成温度，当高温奥氏体在中温范围内不同温度下保温时，析出的铁素体以及碳化物的分布形态不同，从而形成不同类型的贝氏体。贝氏体主要有两种基本类型：上贝氏体和下贝氏体。

(1) 上贝氏体　上贝氏体，也就是 B_{II} 贝氏体，是在贝氏体转变温度范围的上部形成的，故又称高温贝氏体，对中、高碳钢，其形成温度大约为 350～550℃。上贝氏体的主要特征有三个。

① 显微组织　在光学显微镜下观察，铁素体呈羽毛状特征，即呈条状或针状，由于放大倍数较低，看不清碳化物的形态；在电子显微镜下观察，上贝氏体为一束束大致平行排列的条状铁素体和条间沉淀出的不连续碳化物所组成的混合物。条状铁素体自奥氏体晶界形核向晶粒内部生长，铁素体束内的条与条之间呈小角度晶界，铁素体束之间呈大角度晶界。上贝氏体的显微组织如图 6-53 所示，可以清楚地看到成束的铁素体条。电镜形貌如图 6-54 所示。

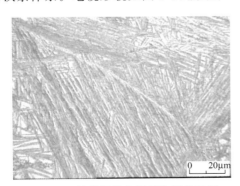

图 6-53　低碳钢的上贝氏体显微组织

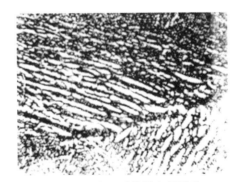

图 6-54　上贝氏体的电镜形貌

钢中的含碳量增加时，铁素体条之间的碳化物增多，形态由颗粒状或短杆状逐渐变为断续状，铁素体条也增多并且变薄；含碳量过高时，碳化物也可以在铁素体条内部沉淀析出。转变温度降低时，铁素体条越薄，条间碳化物细化。

② 空间形态　上贝氏体中的铁素体为板条状，与板条状马氏体类似，条宽约为 $0.3\sim3.0\mu m$，铁素体过饱和度小于板条状马氏体。转变温度较高时，铁素体含碳量接近于平衡碳量。

③ 亚结构　铁素体条内部是高密度位错组态，位错密度大约为 $10^8\sim10^9\mathrm{cm}^{-2}$，比相同含碳量的板条状马氏体的低。转变温度越低，位错密度越高。

上贝氏体的形成温度较高，驱动力较小，铁素体晶核首先在奥氏体晶界处形成，然后并排向晶粒内部生长。同时，碳原子不断从铁素体条中排出并向其两侧扩散，由于碳在铁素体中的扩散速度大于奥氏体中的扩散速度，因而在转变温度较低和含碳量较高的情况下，碳原子扩散较为困难，在铁素体条之间逐渐富集，当富集的浓度足够高时，便在铁素体条间析出不连续的碳化物，形成上贝氏体组织。

（2）下贝氏体　下贝氏体是在贝氏体转变温度范围的下部形成的，故也称低温贝氏体，对中、高碳钢，形成温度大约为 $350\sim240℃$（M_s）。下贝氏体的主要特征有三个。

① 显微组织　在光学显微镜下观察，下贝氏体呈黑色的针状、竹叶状或片状，这是由于下贝氏体在形成时在铁素体片上弥散析出碳化物，发生自回火所至。各铁素体片之间相交成一定角度；在电子显微镜下观察，在铁素体片中沉淀析出排列成行的细粒状或薄片状碳化物，一般与铁素体长轴呈 $55°\sim60°$ 夹角。下贝氏体的显微组织见图 6-55，电镜形貌见图 6-56。

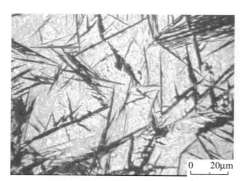 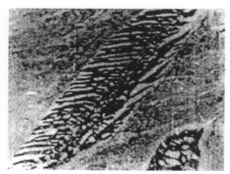

图 6-55　高碳钢的下贝氏体显微组织　　图 6-56　下贝氏体的电镜形貌

② 空间形态　上贝氏体中的铁素体为双凸透镜状，类似于片状马氏体，铁素体过饱和度比片状马氏体小，但比上贝氏体的高。

③ 亚结构　铁素体片内部为高密度位错，没有孪晶亚结构存在，这一点与片状马氏体不同，位错密度比上贝氏体的高。

下贝氏体的形成温度较低，碳原子在奥氏体中扩散困难，但在铁素体中还能扩散，因而碳原子在铁素体片内的某些特定晶面上偏聚并弥散析出碳化物，形成下贝氏体组织。

（3）无碳化物贝氏体　无碳化物贝氏体主要形成于低碳钢中。当贝氏体转变温度处于上贝氏体转变温度范围的较高温度时，由于相变驱动力小，铁素体在奥氏体晶界上晶核，随后长大成条状，具有羽毛状特征。由于含碳量低，铁素体条少且宽，条间距离大，铁素体过饱和度低，接近平衡浓度。伴随着铁素体条的生长，碳原子逐渐由铁素体扩散到奥氏体中，因为转变温度较高，碳原子扩散比较充分，所以在铁素体条之间未析出碳化物，而仅是富碳的奥氏体，这样得到只由铁素体条组成的无碳化物贝氏体，或称铁素体贝氏体，也就是 B_1 型贝氏体。未转变的富碳奥氏体在随后的冷却过程中转变为珠光体或者马氏体，也可能作为残余奥氏体被保留下来。无碳化物贝氏体是上贝氏体的一种特殊类型。

（4）粒状贝氏体　粒状贝氏体主要形成于某些低、中碳合金钢中，当这些钢以一定的速度连续冷却或者在上贝氏体转变温区的最温范围内等温时会形成粒状贝氏体。粒状贝氏体首先由 L. Habraken 于 1957 年发现的，直到 20 世纪 70 年代才开始进行系统的研究。由于粒状贝氏体的形成温度最高，碳原子扩散能力很强，在奥氏体中能进行长距离扩散。当铁素体在奥氏体的贫碳区形核并长大时，绝大部分碳原子都扩散到一些孤立的"小岛状"奥氏体中，铁素体的含碳量接近平衡浓度。"小岛状"铁素体一般呈块状，形状很不规则，在随后的冷却过程中可能转变为铁素体和碳化物或者马氏体，也可能保留为残余奥氏体，见图 6-57。

各种贝氏体的形成过程如图 6-58 所示。

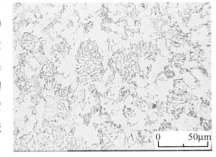

图 6-57　粒状贝氏体的显微组织

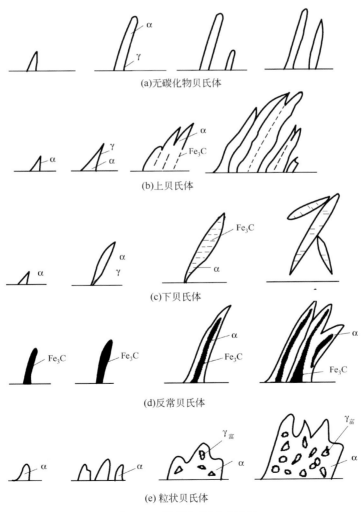

(a)无碳化物贝氏体

(b)上贝氏体

(c)下贝氏体

(d)反常贝氏体

(e) 粒状贝氏体

图 6-58　贝氏体的形成过程

6.6.3　贝氏体的力学性能

贝氏体的力学性能主要取决于贝氏体的组织形态。贝氏体中的铁素体和碳化物的相对含量、形态、大小、分布都会影响贝氏体的性能。

（1）贝氏体中铁素体的影响　铁素体晶粒尺寸越小，贝氏体的强度和硬度越高，韧性和塑性也有所改善。钢的奥氏体化温度越低，奥氏体晶粒较小，贝氏体转变时的铁素体尺寸越小；贝氏体转变温度越低，铁素体尺寸也越小。

铁素体形态对贝氏体性能也有影响，铁素体呈条状或片状比呈块状强度及硬度要高。随着贝氏体转变温度降低，铁素体形态由块状、条状向片状转化。

降低贝氏体转变温度，铁素体的过饱和度增加，位错密度增大，可以使贝氏体的强度及硬度升高。

（2）贝氏体中渗碳体的影响　当碳化物尺寸一定时，钢中的含碳量越高，碳化物数量越多，贝氏体的强度及硬度升高，但塑性及韧性降低。当含碳量一定时，转变温度越低，碳化物越弥散，贝氏体的强度和硬度提高，塑性和韧性降低不多。当碳化物为粒状时，贝氏体的塑性和韧性较好，强度和硬度较低；碳化物为小片状时，贝氏体的塑性及韧性下降；碳化物为断续杆状时，塑性、韧性及强度、硬度均较差。

由此可见，上贝氏体的形成温度较高，形成的铁素体和碳化物均较粗大，特别是碳化物呈不连续的短杆状分布于铁素体条中间，使铁素体和碳化物的分布呈现出明显的方向性。在外力作用下，极易沿铁素体条间产生显微裂纹，导致贝氏体的塑性和韧性大幅度下降。

下贝氏体的形成温度较低，生成的铁素体呈细小片状，碳化物在铁素体基体上弥散析出，铁素体的过饱和度以及位错密度均较大，使得下贝氏体具有较高的强度和硬度以及良好的塑性和韧性。通过等温淬火获得下贝氏体组织是提高材料强韧性的重要方法之一。

要点总结

拓展阅读

第7章
晶体缺陷

导读 C))

1912年，当时世界上最大的游轮，号称永不沉没的泰坦尼克号在北大西洋海域失事，事故造成了1517人遇难，船难原因一时间众说纷纭。

图1　泰坦尼克号沉没

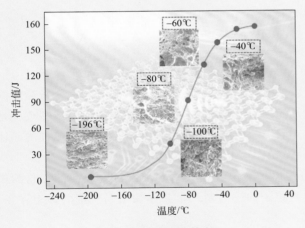

图2　钢铁的冷脆转变

钢铁材料通常具有良好的塑韧性，但是泰坦尼克号残骸上的破坏断口呈现典型的脆性断裂特征。这是由于当时航行的海域温度较低，钢铁材料在过低的温度下发生了冷脆转变，失去了原有的塑韧性。

这种冷脆转变发生的微观原因在于材料内部存在大量晶体缺陷，随着温度降低，原子运动能力下降，晶体缺陷之间的相互作用发生变化，位错滑移受到极大阻碍。

图3　透射电镜下的晶体缺陷

实际晶体中的原子排列并不是完全理想状态，其中存在着许多类型不同的缺陷。晶体缺陷的分布与运动，对材料的屈服强度、半导体的电阻率、金属的加工性、固体中的扩散等性能起着主要甚至是决定性的作用。因此，学习晶体缺陷的基础知识和基本理论，具有重要的理论意义和工程应用价值。

👁 学习目标

学习晶体结构缺陷理论应以位错理论为核心，掌握其基本特征和基本性质（运动性质、弹性性质、缺陷的产生与增殖等）。对于实际晶体中的位错，以面心立方点阵晶体为例进行讨论。本章的难点是位错周围应力场的分布及位错间的交互作用。

（1）点缺陷的基本概念：形成机制、移动、过饱和点缺陷、对材料性能的影响。

（2）位错的基本概念：产生机制、类型、柏氏矢量。

（3）位错的运动：滑移、攀移，注意位错线与伯格斯矢量、位错线移动方向、晶体滑移方向与外加切应力方向之间的关系。

（4）位错的弹性性质：掌握位错的应力场和应变能，位错的塞积与交割。

（5）位错的生成与增殖、位错的增殖机制。

（6）实际晶体中的位错：掌握位错反应条件、扩展位错宽度的计算、汤普森四面体及其应用。

晶体结构的特点是长程有序。结构基元或者构成物体的粒子（原子、离子或分子等）完全按照空间点阵规则排列的晶体叫理想晶体。在实际晶体中，粒子的排列不可能这样规则和完整，而是或多或少地存在着偏离理想结构的区域，出现了不完整性。通常，把实际晶体中偏离理想点阵结构的区域称为晶体缺陷，其特点是该区域内的粒子失去了正常的相邻关系。

应该指出，实际晶体中虽然有晶体缺陷存在，但偏离平衡位置很大的粒子数目是很少的，总的来看，其结构仍可以认为是接近完整的。由于受规则排列粒子的键力制约，晶体缺陷以一定的形态存在，并可用相当确切的几何图像来描述。

根据几何形态特征，可以把晶体缺陷分为三类。

（1）点缺陷　其特征是在三维空间的各个方向上的尺寸都很小，又称为零维缺陷。例如空位、间隙原子等。

（2）线缺陷　其特征是在两个方向上的尺寸很小，在一个方向上的尺寸较大，又称为一维缺陷。晶体中的线缺陷，实际上就是各种类型的位错。

（3）面缺陷　其特征是在一个方向上的尺寸很小，在另外两个方向上的尺寸较大，又称二维缺陷。例如晶界、相界、层错、晶体表面等。

晶体中晶体缺陷的分布与运动，对晶体的某些性能（如金属的屈服强度、半导体的电阻率等）有很大的影响。晶体缺陷在晶体的塑性和强度、扩散以及其他结构敏感性的问题上往往起主要作用，而晶体的完整部分反而处于次要地位。因此，研究晶体缺陷，了解晶体缺陷的基本性质，具有重要的理论与实际意义。本节将以金属晶体为例，分别介绍这些晶体缺陷的结构与基本性质。

7.1 点缺陷

晶体中的点缺陷包括空位、间隙原子和溶质原子，以及由它们组成的尺寸很小的复合体（如空位对或空位片等）。这里主要讨论空位和间隙原子。

7.1.1 空位与间隙原子

在任何瞬间，总有一些原子的能量大到足以克服周围原子对它的束缚作用，就可能脱离其原来的平衡位置而迁移到别处。结果在原来晶格结点的位置上出现了空结点，称为空位。间隙原子是指处于晶格间隙位置的原子，而在正常情况下，这里本来是不存在原子的。间隙原子可以是晶体本身固有的原子，也可能是尺寸较小的外来的异类原子（溶质原子或杂质原子），为了区分，常常称前者为自间隙原子。外来的异类原子若是取代晶体本身的原子而落在晶格结点上，这种外来的异类原子通常被称为置换原子。上述这些缺陷可以看作基本点缺陷。两个或两个以上的基本点缺陷有可能互相结合，形成结构比较复杂的组合点缺陷，或称为点缺陷的复合体（如空位对或空位片等）。图 7-1 是两种最简单点缺陷的示意图。

在晶体中，位于点阵结点上的原子并非静止的，而是以其平衡位置为中心作热振动。在一定温度时，原子热振动的平均能量是一定的；但各个原子的能量并不完全相等，而且经常发生变化，此起彼伏。在任何瞬间，总有一些原子的能量大到足以克服周围原子对它的束缚作用，就可能脱离其原来的平衡位置而迁移到别处。结果，在原来的位置上出现了空结点，称为空位。

离开平衡位置的原子可以有两个去处：既可迁移到晶体的表面上，这样形成的空位通常称为肖特基（Schottky）缺陷［见图 7-2（a）］；也可迁移到晶体点阵的间隙中，这样形成的空位称弗兰克尔（Frankel）缺陷，这时在形成空位的同时产生了间隙原子，如图 7-2（b）所示。在一定条件下，间隙原子还可由晶体表面的原子移动到内部的间隙位置而形成。

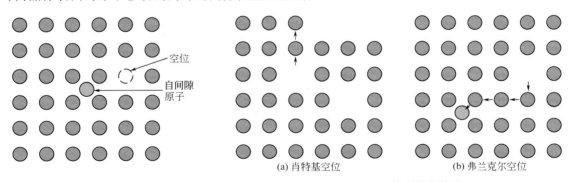

空位

自间隙
原子

(a) 肖特基空位　　　　　(b) 弗兰克尔空位

图 7-1　点缺陷示意　　　　　图 7-2　晶体中的点缺陷

空位和间隙原子的形成与温度密切相关，随着温度的升高，空位或间隙原子的数目也增多。因此，点缺陷又称为热缺陷。但是，晶体中的点缺陷并非都是通过原子的热运动产生的，冷变形加工、高能粒子（例如 α 粒子、高速电子、中子）轰击（辐照）等也可以产生点缺陷。

7.1.2 点缺陷的平衡浓度

晶体中点缺陷的存在，一方面造成点阵畸变，使晶体的内能升高，增大了晶体的热力学不稳定性；

另一方面，由于增大了原子排列的混乱程度，并改变了其周围原子的振动频率，又使晶体的熵值增大。熵值越大，晶体便越稳定。由于存在着这两个互为矛盾的因素，晶体中的点缺陷在一定温度下有一定的平衡数目，这时点缺陷的浓度就称为它们在该温度下的热力学平衡浓度。在一定温度下有一定的热力学平衡浓度，这是点缺陷区别于其他类型晶体缺陷的重要特点。

晶体中的空位处在不断产生和消失的过程中，新的空位不断产生，原来的空位由于不断复合而消失。若单位时间内产生的空位和消失的数量相等时，则空位的数量保持不变。点缺陷的平衡浓度可以用统计热力学方法计算。下面以肖特基空位为例，计算点缺陷的平衡浓度。

根据热力学原理，在恒温下，系统的自由能 F 为

$$F = U - TS \tag{7-1}$$

式中，U 为内能；S 为总熵值；T 为绝对温度。

设一完整晶体中总共有 N 个同类原子排列在 N 个阵点上。若将其中 n 个原子从晶体内部移至晶体表面，则可形成 n 个肖特基空位。假定空位的形成能为 E_f，则晶体中含有 n 个空位时其内能将增加 $\Delta U = nE_f$。另一方面，空位形成后，由于晶体比原来增加了 n 个空位，因此晶体的组态熵（混合熵）增大。

根据统计热力学，组态熵可以表达为

$$S_c = k \ln \Omega \tag{7-2}$$

式中，k 为玻耳兹曼常数，等于 $1.38 \times 10^{-23} \text{J/K}$；$\Omega$ 为相应的微观状态数目，即晶体中引入 n 个空位后，这些空位可能排列方式的数目。

由 N 个原子组成的晶体，在没有空位时，原子可能排列方式只有一种，即每个晶格结点上只有一个原子。当晶体出现 n 个空位后，整个晶体将包含 $N+n$ 个结点，原子可能排列方式数目就要增加。N 个原子和 n 个空位在 $N+n$ 个结点上的排列方式的数目为 $(N+n)!$。但由于 N 个同类原子并无可供辨别的标记，n 个空位也同样无法区别，因此

$$\Omega = \frac{(N+n)!}{N! \ n!}$$

代入式（7-2），晶体组态熵的增加为

$$\Delta S_c = k \ln \frac{(N+n)!}{N! \ n!} \tag{7-3}$$

引用 $x \gg 1$ 时的斯特令（Striling）近似公式 $\ln x! \approx x \ln x - x$，可将上式化为

$$\Delta S_c = k[(N+n)\ln(N+n) - N \ln N - n \ln n] \tag{7-4}$$

由于空位的形成还会影响其周围原子的振动频率，导致振动熵增大 ΔS_v，故形成 n 个空位引起晶体自由能的改变为

$$\Delta F = \Delta U - T \Delta S = nE_f - T(\Delta S_c + \Delta S_v)$$
$$= nE_f - kT[(N+n)\ln(N+n) - N \ln N - n \ln n] - nT \Delta S_v$$

在平衡态，自由能应为最小，即

$$\left(\frac{\partial \Delta F}{\partial n}\right)_T = E_f - kT \frac{\partial}{\partial n}[(N+n)\ln(N+n) - N\ln N - n\ln n] - T\Delta S_V$$

$$= E_f - kT \ln \frac{N+n}{n} - T\Delta S_V = 0$$

所以

$$\ln \frac{N+n}{n} = \frac{E_f - T\Delta S_V}{kT}$$

当 $N \gg n$ 时

$$\ln \frac{N}{n} \approx \frac{E_f - T\Delta S_V}{kT}$$

故空位的平衡浓度

$$C = \frac{n}{N} = \exp[-(E_f - T\Delta S_V)/kT] = A\exp[-E_f/kT] \tag{7-5}$$

式中，$A = \exp(\Delta S_V/k)$，是由振动熵决定的系数，一般约为 1～10。如果将式（7-5）中指数的分子和分母各乘以阿伏伽德罗常数 $N_0 (=6.023 \times 10^{23})$，则式（7-5）可改写为

$$C = A\exp[-N_0 E_f/N_0 kT] = A\exp[-Q_f/RT] \tag{7-6}$$

式中，$Q_f = N_0 E_f$，为形成空位的激活能，即形成 1mol 空位所需做的功，单位为 J/mol；$R = KN_0$，为气体常数，其值为 8.31J/mol·K。

按照类似的方法，也可求得间隙原子的平衡浓度。如设 N' 为晶体中的间隙位置总数，n' 为间隙原子数，E_f' 为间隙原子的形成能，则当 $N' \gg n'$ 时，间隙原子的平衡浓度为

$$C' = \frac{n'}{N'} = A'\exp[-E_f'/kT] \tag{7-7}$$

式中，A' 也是由振动熵决定的系数。

要计算空位和自间隙原子的平衡浓度，首先应知道空位和自间隙原子的形成能（即在晶体中形成一个空位或一个自间隙原子所需要的能量）。空位的存在，使周围原子失去一个近邻原子而影响原子间作用力的平衡。因而，周围的原子都要向空位方向稍微作些调整，造成了点阵的局部弹性畸变。同样，在间隙原子所在处的点阵也会发生弹性畸变。显然，在这两种情况下，空位引起的畸变较小。在金属晶体中，由于间隙原子的形成能为空位的 3～4 倍，例如铜的空位形成能约为 0.17×10^{-19}J，而其自间隙原子形成能约为 0.48×10^{-19}J，故比较式（7-5）和式（7-7）可以看出，在同一温度下，自间隙原子平衡浓度远低于平衡空位浓度。以上述的铜为例，在 1273K 时，空位的平衡浓度约为 10^{-4}，而自间隙原子仅约为 10^{-14}，其浓度比接近 10^{10}。这说明，在通常情况下，晶体中自间隙原子数目甚少，相对于空位可予忽略不计（但在高能粒子辐照后，产生大量的弗兰克尔缺陷，间隙原子数目增高，不能忽视）。所以，一般晶体中主要点缺陷是空位。

这意味着，靠晶格结点上的原子借热振动的帮助跳入间隙位置，从而形成等量空位和自间隙原子的方式来产生平衡空位的可能性是很小的。空位的产生主要靠结点上的原子跳往晶体表面、晶界及位错处。换句话讲，晶体表面、晶界和位错起着空位源泉的作用。当然，它们同时也充当着空位的尾闾，即它们也是空位消亡的地方。

表 7-1 列出了实验测得的一些金属的空位形成能，其中 Au、Ag、Cu、Pt、Al、W 的数值已经过多次测定和计算，所得数据大致接近，而 Pb、Mg、Sn 的数值则是个别研究者测定的。

空位和间隙原子的平衡浓度随温度的升高而急剧增加，呈指数关系。例如，铜晶体中空位浓度随温度的变化见表 7-2。

表 7-1　一些金属晶体的空位形成能 ΔE_f

金　属	Au	Ag	Cu	Pt	Al	W	Pb	Mg	Sn
形成能/($\times 10^{-19}$J)	0.15	0.17	0.17	0.24	0.12	0.56	0.08	0.14	0.08

表 7-2　铜晶体中空位浓度随温度的变化

温度/K	100	300	500	700	900	1000	1273
空位浓度/(n/N)	10^{-57}	10^{-19}	10^{-11}	$10^{-8.1}$	$10^{-6.3}$	$10^{-5.7}$	10^{-4}

　　而铝在 300K 时的空位平衡浓度为 10^{-12}，温度升到 900K 时，平衡浓度增加到 10^{-4}。

7.1.3　点缺陷的移动

　　晶体中的点缺陷并非固定不动，而是处在不断改变位置的运动过程中。例如，空位周围的原子，由于热振动能量的起伏，有可能获得足够的能量而跳入空位，并占据这个平衡位置，这时在这个原子原来的位置上，就形成一个空位。这一过程可以看作是空位向邻近结点的迁移。如图 7-3 所示，当原子在位置 C 时，处于不稳定状态，因而能量较高，空位的迁移必须获得足够的能量来克服此障碍，故称该能量的增加为空位迁移激活能 ΔE_m。一些晶体 ΔE_m 的实验值如表 7-3 所示。同理，由于热振动，晶体中的间隙原子也可由一个间隙位置迁移到另一个间隙位置，只不过间隙原子的迁移激活能比空位小得多。在运动过程中，当间隙原子与一个空位相遇时，它将落入这个空位，而使两者都消失，这一过程称为复合，又称湮没。

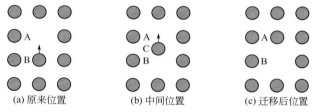

(a) 原来位置	(b) 中间位置	(c) 迁移后位置

图 7-3　空位从位置 A 迁移到 B

表 7-3　一些金属晶体的空位迁移激活能 ΔE_m 的实验值

金　属	Au	Ag	Cu	Pt	Al	W
迁移能 J/($\times 10^{-19}$)	0.14	0.13	0.15	0.10	0.12	0.3

　　空位的迁移频率 j 可用 $j = \nu Z e^{S_m/k} e^{-E_m/kT}$ 表达。式中，ν 为原子的振动频率，通常取 $10^{13}/s$；Z 为空位周围原子配位数；S_m 为空位迁移熵；E_m 为空位迁移能。在通常情况下，空位在晶体中的迁移完全是随机的，在不断进行不规则的布朗运动，空位的迁移造成金属晶体中的自扩散现象。自扩散决定于空位的浓度和迁移频率，因此自扩散随温度升高而剧烈进行。金属的自扩散激活能为空位形成能与迁移能之和。

7.1.4　过饱和点缺陷

　　由上可知，在常温晶体中，热力学平衡点缺陷的浓度是很小的。然而，可以通过许多途径（如淬火、辐照、塑性变形等方法）在晶体中产生大量非平衡的点缺陷。

所谓淬火，是指把经高温停留的晶体激冷到低温。在高温时金属晶体中的平衡空位数量显著增加，如果缓慢冷却下来，多余的空位将在冷却过程中因热运动而消失在晶体的自由表面、晶界体和位错等处；如果从高温急冷（淬火），则在高温时处于平衡浓度的空位将来不及消亡而被"冻结"下来，可大部分保留到低温，使晶体中的空位数远远超出该温度时的平衡浓度，通常将这样获得的过饱和空位称为淬火空位。

若将高能粒子（例如中子、质子、α粒子等）照射到金属中（称为辐照），它们与点阵中的原子发生碰撞，使原子离位而形成间隙原子和空位（即形成了弗兰克尔缺陷）。辐照所产生的缺陷区域是较大的，此区域呈梨形，中间是空位而外围是间隙原子。如果温度不是极低的话，有相当一部分空位和间隙原子会自行复合而消失，但仍有一部分点缺陷保留下来。例如 1.6×10^{-15} J（0.01MeV）能量的中子轰击铜时，可产生的离位原子平均约为 380 个。碰撞后的中子以及离位原子如有足够大的能量，就可进一步地把其他阵点上的原子碰撞离位。

此外，当金属经冷加工塑性变形时，由于位错的交割也会产生点缺陷。

7.1.5　点缺陷对金属性能的影响

点缺陷的存在使晶体体积膨胀，密度减小。例如形成一个肖特基缺陷时，如果空位周围原子都不移动，则应使晶体体积增加一个原子体积。但是实际上空位周围原子会向空位发生一定偏移，所以体积膨胀大约为 0.5 原子体积。而产生一个间隙原子时，体积膨胀量约达 1~2 倍原子体积。

点缺陷引起电阻的增加，这是由于晶体中存在点缺陷时，对传导电子产生了附加的电子散射，使电阻增大。例如，测得铜中每增加 1%（原子）的空位，其电阻率的增加约为 $1.5\mu\Omega \cdot$ cm。

空位对金属的许多过程有着影响，特别是对高温下进行的过程起着重要的作用。显然，这与高温时空位的平衡浓度急剧增高有关。诸如金属的扩散、高温塑性变形的断裂、退火、沉淀、表面化学热处理、表面氧化、烧结等过程都与空位的存在和运动有着密切的联系。

过饱和点缺陷（如淬火空位、辐照缺陷）还提高了金属的屈服强度。

7.2 位错的基本知识

位错是晶体中普遍存在的一种线缺陷，它对晶体的生长、相变、塑性变形、断裂以及其他物理、化学性质具有重要影响。位错理论是现代物理冶金和材料科学的基础。

7.2.1　位错概念的产生

位错并不是空想的产物，相反，对它的认识是建立在深厚的科学实验基础上的。位错概念是在对晶体强度作了一系列的理论计算，发现所计算的理论强度与实际强度有很大差别的基础上提出来的。下面简单介绍一下引出位错概念的过程。

晶体的塑性变形是提高金属材料强度和制造金属制品的重要手段。基于生产的需要，早在位错作为一种晶体缺陷被认识之前，对晶体塑性变形的宏观规律已经作了广泛的研究。实验发现，塑性变形的主要方式是滑移，即在切应力作用下，晶体相邻部分彼此产生相对滑动。进一步分析和测量表明，晶体滑移总是沿着一定的密排面（称滑移面）和其上的一个滑移方向（称滑移方向）进行的。而且，只有当沿着某一滑移系统（即一个滑移面和其上的一个滑移方向）的切应力达到一定的临界值时，滑移才开始进行，这个必要的切应力，被称为临界分切应力，即晶体的切变强度。

晶体的切变强度有多大？人们曾依据理想完整晶体的刚性滑移模型，进行理论上的估算，即假定滑移时滑移面两侧的晶体像刚体一样，所有原子同步平移，计算为使晶体开始滑移所必需的应力。如图7-4所示。图中 τ 是加于晶体的与变形相平衡的切应力，其大小随滑移面两侧晶体相对位移量变化，而最终是决定于滑移面两侧原子间的相互作用。由于晶格的周期性，它应该是切位移 x 的周期函数。考虑到 $x=0$ 即变形尚未开始时，$\tau=0$；当 $x=b$，即两晶面相对位移一个原子间距，原子的排列又恢复变形前的起始状态时，$\tau=0$；而且，当 $x=b/2$ 时，τ 也等于 0，这是因为此时原子处于对称位置，每个原子所受来自其他原子的使它向左和向右的作用力互相抵消。所以，作为近似处理，可以假定切应力是位移 x 的正弦函数，如图7-4所示。

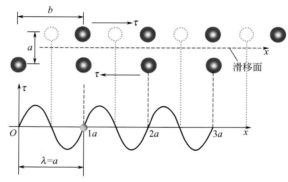

图 7-4　计算理论切变强度所依据的模型

$$\tau = \tau_m \sin\left(\frac{2\pi x}{b}\right) \tag{7-8}$$

式中，τ_m 是正弦曲线的振幅；b 是周期。在位移很小的情况下，式 (7-8) 简化为

$$\tau = \tau_m \frac{2\pi x}{b} \tag{7-9}$$

与此同时，晶体在变形很小的时候应该满足虎克定律，即

$$\tau = G\gamma = G\,\frac{x}{a} \tag{7-10}$$

式中，G 为切变模量；γ 为切应变。从式 (7-9) 和式 (7-10) 可以得到最大切应力

$$\tau_m = \frac{G}{2\pi} \times \frac{b}{a} \tag{7-11}$$

如果取 $a \approx b$，则

$$\tau_m = \frac{G}{2\pi} \tag{7-12}$$

显然，τ_m 就是晶体产生刚性滑移所需的理论临界分切应力，即晶体的理论切变强度，因为当外加切应力达到 τ_m 之后，理想完整晶体就开始发生滑移变形了。

　　与晶体的实际强度相比，$G/2\pi$ 显得太大了，如一般金属的 $G \approx 10^4 \sim 10^5 \mathrm{MN/m^2}$，其理论切变强度应在 $10^3 \sim 10^4 \mathrm{MN/m^2}$ 之间，但一般纯金属单晶体的实际切变强度只有 $1 \sim 10~\mathrm{MN/m^2}$。差值的一个来源是由于对原子间相互作用力所作的正弦曲线近似。然而，即使采取更切实际的原子间作用力规律来代替上面所用的正弦关系，也仅仅把 τ_m 减小到 $G/30$ 左右，它仍比临界分应力的实验值高出 $3 \sim 4$ 个数量级。也就是说，实际晶体在比用理想完整晶体刚性滑移模型计算出的理论切变强度小一千到一万倍的应力作用下就开始滑移变形。

　　理论切变强度与实际切变强度之间的巨大差异最终要求从根本上否定理想完整晶体的刚性相对滑移的假设，也就是说，实际晶体是不完整的，是有缺陷的；滑移也不是刚性的，而是从晶体中局部薄弱地区（即缺陷处）开始，而逐步进行的。比如，在晶体滑移面上方（或下方）有一个多余的半原子面（见图 7-5），则在外加切应力作用下，这个多余的半原子面就可以逐步沿滑移面移动并滑出晶体，晶体的上下两部分便可以产生一个原子间距的滑移。既然滑移是逐步进行的，就必然存在已滑移区与未移区，在已滑移区与未滑移区的边界上，必然存在一种特殊的原子排列形式。由于晶体的滑移是逐步进行的，因此滑移的临界切应力就大大地降低了。

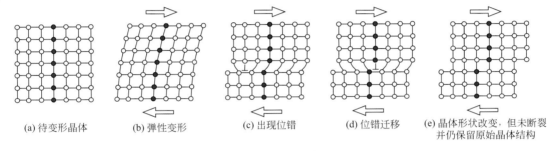

|(a) 待变形晶体|(b) 弹性变形|(c) 出现位错|(d) 位错迁移|(e) 晶体形状改变，但未断裂并仍保留原始晶体结构|

图 7-5　晶体的逐步滑移

　　1934 年，泰勒（G. I. Taylor）、波朗依（M. Polanyi）和奥罗万（E. Orowan）三人几乎同时提出了位错的概念，特别是泰勒把位错与晶体塑性变形时的滑移过程联系起来。这以后，引起了人们对位错的重视，开展了大量的研究工作，例如 1939 年柏格斯（J.M.Burgers）提出了用柏氏矢量来表征位错特性的重要意义，同时引入了螺型位错。1947 年科垂耳（A. H. Cottrell）报告了他研究的溶质原子与晶体中位错的交互作用，以此解释低碳钢的屈服现象，获得满意的结果。1950 年，弗兰克（Frank）与里德（Read）同时提出了塑性碳钢的屈服现象，获得满意的结果，即弗兰克-里德源。

　　位错作为一种晶体缺陷被提出之后，在相当长的一段时期中仅停留在理论的分析上，未能以实验直接证明它的存在，以致很多人对它曾经持怀疑态度，甚至视为唯心主义的臆想。直到 20 世纪 50 年代，一系列直接观察位错的实验方法被发展出来，它们不仅肯定了位错的存在，令人信服地证实了很多理论上的预见，并且为进一步了解位错的性质及其对晶体的作用创造了良好的条件。从此，位错理论的发展进入了一个与实验结合的新阶段。

7.2.2　位错类型和柏氏矢量

　　位错实质上是原子的一种特殊组态，因此熟悉它的结构特点是掌握位错各种性质的基础。这里先介绍两种最基本也是最重要的位错形态，即刃型位错和螺型位错，以及介于它们之间的混合型位错，然后分析它们共有的结构特征。为了突出位错本身的形态，讨论将从简单立方晶体开始。在特殊性中存在着普遍性，通过简单立方晶体我们也会得到较一般的结论。

7.2.2.1　刃型位错

　　如前所述，位错相当于局部滑移区的边界，现在就从这个途径来了解位错的结构。

　　设有一简单立方晶体 ［见图 7-6（a）］，其上半部分相对于下半部分沿着滑移面 ABCD 局部滑移了一个原子间距 **b**。结果在滑移面的上半部出现了多余的半排原子面 EFGH，这个半原子面中断于 ABCD 面上的 EF 处，它好像一把刀插入晶体中，使 ABCD 面上下两部分晶体之间产生了原子错排，多余半原子面的"刃口"EF 就叫做刃型位错线，其原子排列的具体模型如图 7-6（b）所示。由图 7-6（a）可以看出，刃型位错线实际上是晶体中已滑移区（ADFE 部分）与未滑移区（EFCB 部分）的边界线，这条边界线与滑移方向相垂直。由于晶体局部滑移的滑移矢量可用点阵矢量 **b** 来表示，因此，刃型位错线也垂直于滑移矢量 **b**。

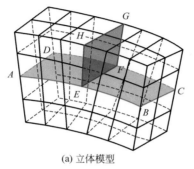
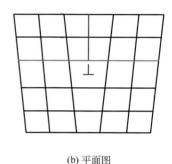

(a) 立体模型　　　　　　　　　(b) 平面图

图 7-6　刃型位错

　　为了讨论的方便，习惯上把多余半原子面位于滑移面上部的刃型位错称为正刃型位错，用符号"⊥"表示；反之，称为负刃型位错，用符号"⊤"表示。显然，正、负刃型位错的划分只是相对的，如将晶体旋转 180°，同一位错的正负号就要发生改变。

　　刃型位错在晶体中引起点阵畸变。这种点阵畸变相对于多余半原子面是左右对称的。含有多余半原子面的那部分晶体受压，原子间距减小；而另一部分晶体则受拉，原子间距增大。点阵畸变在位错中心处最大，随着远离位错中心而逐渐减小至零。严重点阵畸变的范围约为几个原子间距。一般将严重点阵畸变的区域称为位错核心，从微观上看，这是一个细长的管形区域，而不是一条几何线。而其他地方，除了弹性畸变外，原子排列接近于完整晶体，仍然可视为晶体的"好区"。

　　需指出，多余半原子面的周界不一定是一条直线，因此刃型位错线并非一定是直线，如图 7-7 所示。

7.2.2.2　柏格斯矢量

　　1939 年，柏格斯（J. M. Burgers）提出应用柏氏回路来定义位错，使位错的特征能借柏氏矢量表示出来，可以更确切地揭示位错的本质，并能方便地描述位错的各种行为，这个矢量就是柏格斯矢量，简称柏氏矢量。

　　（1）柏氏矢量的确定　图 7-8（a）、（b）分别为作为参考的不含位错的完整晶体和含有一个刃型位错的实际晶体。

　　① 在实际晶体的好区中，从任一原子出发，围绕位错（避开位错线）以一定的步数作闭合回路（也称为柏氏回路），如图 7-8（b）所示。

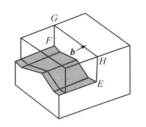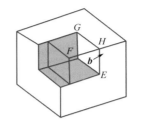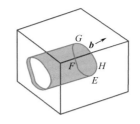

图 7-7　几种形状的刃型位错线

② 在完整晶体中按同样的方向和步数作相同的回路，如图 7-8（a）所示，该回路并不封闭。

③ 由完整晶体中回路的终点向始点引一矢量 **b**，使该回路闭合，见图 7-8（b），这个矢量就是实际晶体中位错的柏氏矢量。

对于刃型位错，柏氏矢量与位错线相垂直，这是刃型位错的一个重要特征。在确定柏氏矢量时，位错线的正向和柏氏回路的方向是人为规定的。为统一起见，规定出纸面的方向为位错线的正方向，且以右手螺旋法则来确定回路的方向，即以右手拇指指向位错线的正向，其余四指即为柏氏回路的方向。刃型位错的正、负，可借右手法则来确定，即用右手的拇指、食指和中指构成直角坐标，以食指指向位错线的方向，中指指向柏氏矢量的方向，则拇指代表多余半原子面。规定：拇指向上者为正刃型位错；反之为负刃型位错。图 7-8（b）所示为正刃型位错。

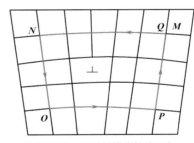

（a）围绕完整晶体的柏氏回路　　　　（b）围绕一刃型位错的柏氏回路

图 7-8　刃型位错柏氏矢量的确定

（2）柏氏矢量的物理意义　位错周围的所有原子，都不同程度地偏离其平衡位置。离位错中心越远的原子，偏离量越小。通过柏氏回路将这些畸变叠加起来，畸变总量的大小和方向便可由柏氏矢量表示出来。显然，柏氏矢量越大，位错周围的点阵畸变也越严重，因此，柏氏矢量是一个反映由位错引起的点阵畸变大小的物理量。该矢量的模 $|b|$ 表示畸变的程度，称为位错的强度。

从局部滑移引入位错的过程中不难看出，位错的柏氏矢量就是已滑移区的滑移矢量。位错的许多性质如位错的能量、应力场、所受的力等都与柏氏矢量有关。

（3）柏氏矢量的守恒性　在确定柏氏矢量时，只规定了柏氏回路必须在"好区"内选取，而对其形状、大小和位置并未作任何限制。这就意味着：如果事先规定了位错线的正向，并按右螺旋法则确定回路方向，只要不和位错线相遇，不论回路怎样扩大、缩小或任意移动，由此定出的柏氏矢量是唯一的。这就是柏氏矢量的守恒性，也是柏氏矢量最重要的性质。从这一点推论，可以得出如下重要概念。

① 若一个柏氏矢量为 **b** 的位错一端分枝形成柏氏矢量为 $b_1, \cdots, b_n$ 的 n 个位错，则其中各个位错柏氏矢量的和恒等于原位错的柏氏矢量，即

$$\boldsymbol{b} = \sum_{i=1}^{n} \boldsymbol{b}_i \qquad (7-13)$$

图 7-9 所示位错线 1 分叉为 2、3 两条位错线，则 2、3 两条位错线的柏氏矢量和 $\boldsymbol{b}_2 + \boldsymbol{b}_3$ 应等于位错线 1 的柏氏矢量 $\boldsymbol{b}_1$。这是因为当位错线 1 的柏氏回路 B_1 前进并扩大时，可与位错线 2、3 的柏氏回路 B_{2+3} 相重合，而柏氏回路 B_{2+3} 的柏氏矢量为 $\boldsymbol{b}_2 + \boldsymbol{b}_3$，所以 $\boldsymbol{b}_1 = \boldsymbol{b}_2 + \boldsymbol{b}_3$。显然，若有数条位错线相交于一点（称为位错结点），则指向结点的各位错线的柏氏矢量之和，应等于离开结点的各位错线的柏氏矢量之和。

② 一条位错线具有唯一的柏氏矢量。这就是说，尽管一条位错线各处的形状和位错类型不同，但其各部分的柏氏矢量都相同；而且当位错在晶体中运动时，其柏氏矢量也不变。现以一个位错环为例，用反证法来说明。

如图 7-10 所示，位错环 $EFGH$ 里面为已滑移区，外面为未滑移区。假定此位错环有两个不同的柏氏矢量，即 EFG 部分为 $\boldsymbol{b}_1$，而 GHE 部分为 $\boldsymbol{b}_2$。由于 $\boldsymbol{b}_1 \neq \boldsymbol{b}_2$，位错环 $EFGH$ 所包围的区域内左右两边的滑移量便不同。按照位错的基本性质，必然会有一条位错线（如 EG）将左右两边隔开，而且这条位错线的柏氏矢量 $\boldsymbol{b}_3 = \pm(\boldsymbol{b}_1 - \boldsymbol{b}_2)$。事实上位错线 EG 并不存在，也就是说，$\boldsymbol{b}_3 = 0$，因此 $\boldsymbol{b}_1 = \boldsymbol{b}_2$，即一条位错线只能有一个柏氏矢量。

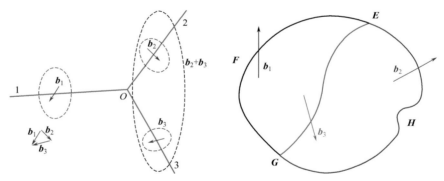

图 7-9 $\boldsymbol{b}_1 = \boldsymbol{b}_2 + \boldsymbol{b}_3$ 的证明   图 7-10 一条位错线只有一个柏氏矢量的证明

③ 若图 7-11 中所有位错线都指向（或离开）结点，则 $\boldsymbol{b}_1 = -(\boldsymbol{b}_2 + \boldsymbol{b}_3 + \boldsymbol{b}_4)$，故 $\boldsymbol{b}_1 + \boldsymbol{b}_2 + \boldsymbol{b}_3 + \boldsymbol{b}_4 = 0$，也即柏氏矢量之和为零，$\sum \boldsymbol{b}_s = 0$。

从柏氏矢量的这些特性可知，位错线只能终止在晶体表面或晶界上，而不能中断于晶体的内部。在晶体内部，它只能形成封闭的环或与其他位错相遇于结点形成如图 7-12 所示的位错网络。

（4）柏氏矢量的表示方法 柏氏矢量的方向可用晶向指数表示，为了表明柏氏矢量的模，可在括号外写上适宜的数字（见图 7-13）。立方晶系中位错的柏氏矢量可记为

$$\boldsymbol{b} = \frac{a}{n}[uvw]$$

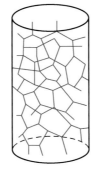

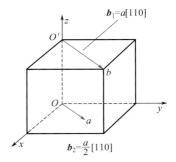

图 7-11　$\sum b_s = 0$ 的证明　　　　　图 7-12　位错网络　　　　　图 7-13　柏氏矢量的坐标

这个柏氏矢量的模

$$|\boldsymbol{b}| = \frac{a}{n}\sqrt{u^2 + v^2 + w^2}$$

例如，体心立方晶体中位错的柏氏矢量一般为 $\frac{a}{2}\langle 111 \rangle$，它的模应为 $\frac{a}{2}\sqrt{1^2 + 1^2 + 1^2} = \frac{\sqrt{3}}{2}a$。

7.2.2.3　螺型位错

参看图 7-14，晶体在滑移面的一部分 $ABCD$ 上相对滑移一个原子间距，另一部分没有滑移。这时已滑移区与未滑移区的边界 BC 就是一条位错线。不同的是，这条位错线与滑移方向平行，即与滑移矢量平行。

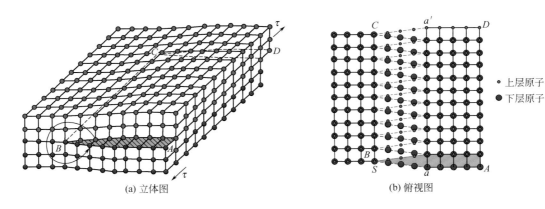

(a) 立体图　　　　　　　　　　　(b) 俯视图

图 7-14　螺型位错的原子组态

为了分析 BC 线附近的原子排列，取出滑移面上下相邻的两个晶面，并且投影到与它们平行的平面上，如图 7-14 所示。图中小圆圈代表上层晶面的原子，小黑点代表下层晶面的原子。不难看出，BC 线和 aa' 线之间的原子失掉了正常的相邻关系，它们连成了一个螺旋线，而被 BC 线所贯穿的一组原来是平行的晶面却变成了一个夹在 BC 线和 aa' 线之间的螺旋面。刃型位错晶体滑移的方向与位错线垂直；而对螺型位错而言，晶体滑移的方向与位错线（BC 线）平行，并移动了一个原子间距而后胶合便产生螺型位错（见图 7-15）。

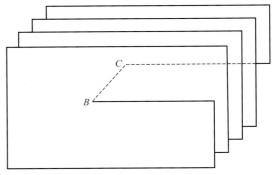

图 7-15　被螺型位错所贯穿的一组晶面

　　鉴于原子排列的这种特点，把这种位错称之为螺型位错。螺型位错的柏氏矢量也可按作柏氏回路的方法加以确定，如图 7-16 所示。与刃型位错一样，从微观上看，螺型位错也是一条"管道"。根据旋进方向的不同，螺型位错有左右之分。通常根据右手法则，即以右手拇指代表螺旋的前进方向，其余四指代表螺旋的旋转方向，凡符合右手定则的称为右螺型位错，符合左手定则的则称为左螺型位错。此外，柏氏矢量和位错线平行是螺型位错的一个重要特征。有时也可以用柏氏矢量与位错线的方向是否相同来规定螺型位错的右旋或左旋。为了统一，我们规定：同向为右旋，反向为左旋。

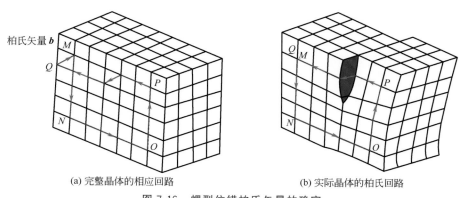

(a) 完整晶体的相应回路　　　　　　(b) 实际晶体的柏氏回路

图 7-16　螺型位错柏氏矢量的确定

　　值得指出的是，与刃型位错不同，螺型位错的左、右并非是相对的，这是因为晶体中的螺型位错，不管从哪个方向看，都不会改变其原本的左、右性质。螺型位错与刃型位错另一个不同之处是它没有多余半原子面，因此它在晶体中只引起剪切畸变，而不引起体积的膨胀和收缩。同样，随着远离位错中心，畸变会逐渐减小至零。

7.2.2.4　混合型位错

　　除了前面介绍的两种基本类型的位错外，还有一种更为普遍的位错，其局部滑移的滑移矢量既不平行也不垂直于位错线，而与位错线交成任意角度，这种位错称之为混合型位错。图 7-17 和图 7-18 分别是晶体局部滑移形成混合位错和混合位错的原子组态示意图。由图 7-18 可以看出，混合位错线 AC 是一条曲线。在 A 处，位错线与滑移矢量平行，因此是螺型位错；在 C 处，位错线与滑移矢量垂直，因此是刃型位错；而在 A 与 C 之间位错线既不垂直也不平行于滑移矢量，其中每一小段位错线都可分解为刃型和螺型两个分量。

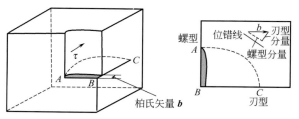

图 7-17　晶体局部滑移形成混合位错

　　由于位错线是已滑移区和未滑移区的边界线，因此，位错具有一个很重要的性质，即位错线不能在晶体内部中断。因而它们只能或者连接晶体表面（包括晶界），或者连接于其他位错，或者形成封闭的位错环。图 7-19 给出晶体中的一个位错环 *ACBDA* 的俯视图。可以看出，此位错环只是 *A*、*B* 两处是刃型位错，且是异号的；*C*、*D* 两处是螺型位错，也是异号的；其他各处都是混合型位错。

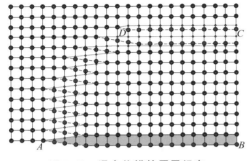

图 7-18　混合位错的原子组态

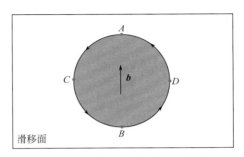

图 7-19　晶体中的位错环俯视图

7.3 位错的运动

　　位错最重要的性质之一是它可以在晶体中运动。刃型位错的运动可有两种方式：一种是位错线沿着滑移面的移动，称为位错的滑移；另一种是位错线垂直于滑移面的移动，称为位错的攀移。对螺型位错来说，它只作滑移而不存在攀移。

7.3.1　位错的滑移

7.3.1.1　刃型位错

　　晶体的宏观滑移实际上就是通过位错的滑移运动实现的。图 7-20（a）表示含有一个正刃型位错的晶体点阵。图中实线表示位错（半原子面 *PQ*）原来的位置，虚线表示位错移动一个原子间距（如 *P'Q'*）后的位置。可见，位错虽然移动了一原子间距，但位错附近的原子只有很小的移动。故这样的位错运动只需加一个很小的切应力就可以实现。图 7-20（b）表明，对于晶体中的负刃型位错，在同样的切应力作用下，尽管其移动方向与正刃型位错相反（在图中为向右移动），但应注意到当它们分别从晶体的一端移到另一端时，所造成的晶体滑移是完全相同的。

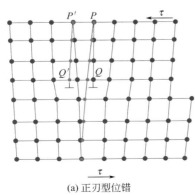

(a) 正刃型位错

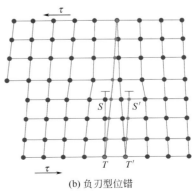

(b) 负刃型位错

图 7-20　刃型位错滑移

　　如图 7-21 所示，当一个刃型位错沿滑移面滑过整个晶体，就会在晶体表面产生宽度为一个柏氏矢量 b 的台阶，即造成了晶体的塑性变形。若有 n 个 b 相同的位错扫过滑移面，则晶体将产生 nb 的宏观滑移量，表面上产生 nb 高的台阶，成为电子显微镜下看到的滑移线。图 7-21（a）为原始状态的晶体以及所加切应力的方向；图 7-21（b）、（c）则为正刃型位错滑移的中间阶段，可以看见位错线 AB 沿滑移面逐渐向后移动；应当注意，在滑移时，刃型位错的移动方向一定是与位错线相垂直，即与其柏氏矢量相一致。因此，刃型位错的滑移面应是由位错线与其柏氏矢量所构成的平面。

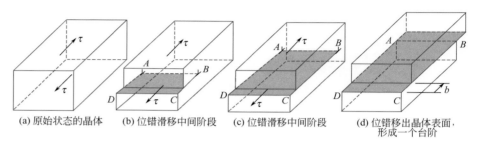

（a）原始状态的晶体　（b）位错滑移中间阶段　（c）位错滑移中间阶段　（d）位错移出晶体表面，形成一个台阶

图 7-21　刃型位错滑移导致晶体塑性变形的过程

　　位错线沿着滑移面移动时，它所扫过的区域是已滑移区，而位错线未扫过的区域为未滑移区。随着位错的移动，已滑移区逐渐扩大，未滑移区逐渐缩小，此两个区域由位错线划分开来。因此，也可以把位错定义为：晶体中已滑移区和未滑移区的分界。

7.3.1.2　螺型位错

　　图 7-22 表示螺型位错的滑移过程。图中"●"表示滑移面下方的原子，"·"表示滑移面上方的原子；虚线表示点阵的原始状态，实线表示位错滑移一个原子间距后的状态。可以看出，在切应力 τ 的作用下，只要位错周围的原子做微小的位移，这种位移随螺型位错向左移动而逐渐扩展到晶体左半部分的原子列。位错线向左移动一个原子间距（从图中第 6 原子列移到第 7 列），则晶体因滑移而产生的台阶也扩大了一个原子间距，如图 7-22（b）所示。

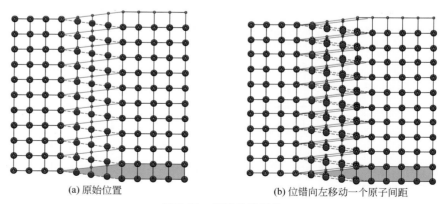

（a）原始位置　　　　　　　　（b）位错向左移动一个原子间距

图 7-22　螺型位错滑移

　　与刃型位错的情况不同，在切应力作用下，螺型位错的移动方向是与其柏氏矢量相垂直，即与切应力及晶体滑移的方向相垂直。此外对于螺型位

错，由于位错线与柏氏矢量平行，所以它不像刃型位错那样具有确定的滑移面，而可在通过位错线的任何原子平面上滑移。如果螺型位错在某一滑移面滑移后转到另一通过位错线的临近滑移面上滑移的现象称为交滑移。只有螺型位错能够交滑移。

由图 7-20、图 7-21、图 7-22 和图 7-23 可以看出，不论是刃型位错还是螺型位错，在切应力作用下，它们都是沿自身的法线方向滑移，滑移至晶体表面消失后，晶体的滑移量都等于它们的柏氏矢量。故其滑移的结果与刃型位错是完全一样的。当 n 个柏氏矢量相同的螺型位错滑出晶体时，也会在晶体表面形成 nb 的宏观滑移量，表面上也会产生高度为 nb 的滑移台阶。

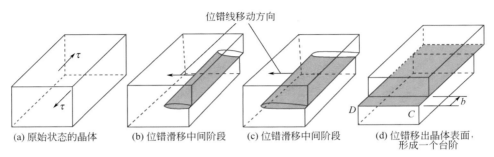

图 7-23　螺型位错滑移导致晶体塑性变形的过程

7.3.1.3　混合型位错

由于混合位错可以分解为刃型和螺型两部分，因此，不难理解，混合位错在切应力作用下，也是沿其各线段的法线方向滑移，并同样可使晶体产生与其柏氏矢量相等的滑移量，如图 7-24 所示。设位错在晶体中形成圆环形，位于滑移面上，如图 7-24 所示。

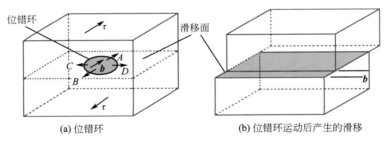

图 7-24　位错环的滑移

如前所述，在同样的切应力作用下，负刃型位错线的运动方向与正刃型位错运动方向相反，若刃型位错 A 向后移动的话，刃型位错 B 就应向前移动。同样，右旋螺型位错 C 向左移动的话，左旋螺型位错就向右移动。各位错线分别向外扩展，一直到达晶体边缘。虽然各位错线的移动方向不同，但它们所造成的晶体滑移却是由其柏氏矢量 b 所决定的，故位错环扩展的结果使晶体沿滑移面产生了一个 b 的滑移。

7.3.2　刃型位错的攀移

刃型位错除了可以在滑移面上滑移外，还可垂直于滑移面发生攀移（半原子面向上或向下移动）。显然，位错发生正攀移时需失去其最下面的一排原子，就是多余半原子面通过空位（原子）扩散而伸长或缩短。在图 7-25 中，当半原子面下端的原子跳离，即空位迁移到半原子面下端时，半原子面将缩短，表现为位错向上移动，这种移动叫做正攀移。反之，如有原子迁移到半原子面下端，半原子面将伸长，表现为位错向下移动，这种移动叫做负攀移。整位错同时攀移是少见的，通常是从位错线段的局部开始，逐步完成整段的攀移。

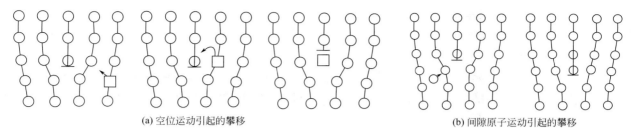

(a) 空位运动引起的攀移　　　　　　　　　　　(b) 间隙原子运动引起的攀移

图 7-25　刃型位错的攀移

与滑移不同，位错攀移时伴随着物质的迁移，需要扩散才能实现。因为攀移需要原子扩散，所以较之滑移所需的能量更大。对于大多数金属，这种运动在室温下很难进行，但施加外力或升高温度可以促进其发生。因此，位错攀移时需要热激活，也就是比滑移需要更大的能量。通常称攀移为"非守恒运动"，而滑移则称为"守恒运动"。

攀移虽然是高温扩散引起的，但外加应力也有影响。显然，当外加应力为垂直于半原子面的拉应力时，有助于原子扩散到位错处，而使半原子面扩大，发生负攀移；反之，当外加应力为压应力时，有助于空位迁移到位错线附近而促使位错正攀移。

7.3.3　位错运动的 $\boldsymbol{\xi} \times \boldsymbol{v}$ 规则

位错线 $\boldsymbol{\xi}$ 的滑移就是它在滑移面上的运动，也就是局部滑移区的扩大或缩小，位错运动面就是 $\boldsymbol{\xi} \times \boldsymbol{b}$。刃型位错和混合型位错的滑移面唯一确定，而螺型位错的滑移面不确定。就位错的运动方向而言，无论何种位错，其位错线的运动方向就是位错滑移的方向 $\boldsymbol{v}$，因而和位错线垂直（$\boldsymbol{v} \perp \boldsymbol{\xi}$），这是位错运动的一个共性特征。

即当柏氏矢量为 $\boldsymbol{b}$ 的位错线 $\boldsymbol{\xi}$ 沿 $\boldsymbol{v}$ 方向运动时，以位错运动面为分界面，$\boldsymbol{\xi} \times \boldsymbol{v}$ 所指向的那部分晶体必沿着 $\boldsymbol{b}$ 的方向运动，这个规则称为 $\boldsymbol{\xi} \times \boldsymbol{v}$ 规则，它对刃型位错、螺型位错以及混合型位错的任意运动（包括滑移或攀移）都适用。

位错的运动并不代表原子的运动，它只代表缺陷区或已滑移区/未滑移区边界（在刃型位错的情形下就是附加半原子面的边缘）的移动。这种情况有点类似于机械波的运动，因为机械波的运动也不代表振动质点的运动。事实上，位错的运动距离远大于相应的原子位移。

位错的滑移和原子的运动（或晶体的滑移）之间的定量关系是：当位错扫过整个滑移面时（也就是当位错从晶体的一端运动到另一端时）滑移面两边的原子（或两半晶体）相对位移一个柏氏矢量 $|\boldsymbol{b}|$ 的距离。

位错的运动（滑移和攀移）方向 $\boldsymbol{v}$、运动面两边的晶体运动方向 $\mathbf{V}$ 以及外加应力之间存在对应关系。外加剪应力和晶体相对位移方向一致。刃型位错滑移时，包含半原子面的那部分晶体总是和半原子面（或位错线）一道运动。攀移时，位错的运动面就是半原子面，位错的运动方向（沿滑移面法线方向）仍然和位错线垂直。

7.3.4　位错的基本几何性质小结

在未考虑晶体学因素，也没有考虑原子间结合键和作用力等因素的前提下，位错的基本几何性质可概括如下。

（1）位错是晶体中的线缺陷，它实际上是一条细长的管状缺陷区，区内的原子严重地错排或"错配"。

（2）位错可以看成是局部滑移或局部位移区的边界。这样得到的位错不失位错的普遍性。

（3）$\boldsymbol{b}$ 与 $\boldsymbol{\xi}$ 之间的关系确定了三类位错。$\boldsymbol{b}$ 的大小决定了位错中心区的原子"错配度"和周围晶体的弹性变形，从而决定了能量大小。

（4）位错线必须是连续的。它或者起止于晶体表面（或晶界），或形成封闭回路（位错环），或者在结点处和其他位错相连。

（5）刃位错的 $\boldsymbol{\xi} \times \boldsymbol{b}$ 向上为正，反之为负（即按右手法则，$\boldsymbol{\xi}$ 为食指方向，$\boldsymbol{b}$ 为中指方向，大拇指所指方向即为 $\boldsymbol{\xi} \times \boldsymbol{b}$ 方向）。螺位错的 $\boldsymbol{\xi}$ 与 $\boldsymbol{b}$ 同向为右螺型，反向为左螺型。

（6）$\boldsymbol{b}$ 的最重要性质是守恒性，即流向某一结点的位错线的柏氏矢量之和等于流出该结点的位错线和柏氏矢量之和。即一条位错线只能有一个 $\boldsymbol{b}$。

（7）关于位错的运动（D_E、D_S、D_M 分别代表刃型、螺型和混合型位错）。

① 运动方式　D_E：滑移、攀移。D_S：只滑移，不能攀移。D_M：可以滑移，也可一面滑移（螺型分量滑移），一面攀移（刃型分量攀移）。

② 运动面　滑移面是由 $\boldsymbol{b}$ 和 $\boldsymbol{\xi}$ 决定的平面，即 $\boldsymbol{\xi} \times \boldsymbol{b}$。

对 D_E、D_M 滑移面是唯一的。

对 D_S 滑移面是不唯一的，几何学上包含位错线的任何平面都可以是滑移面。

D_E 攀移时运动面就是垂直于滑移面的半原子面。

③ 运动方向　不论何种位错，不论滑移、攀移或是既滑移又攀移，位错线的运动方向 $\boldsymbol{v}$ 始终垂直于位错线方向。

④ 位错的运动方向 $\boldsymbol{v}$、晶体各部分的位移方向 $\boldsymbol{V}$ 和外加应力 σ_{ij} 的关系　$\boldsymbol{V}$ 和 σ_{ij} 的关系不言而喻，$\boldsymbol{v}$ 和 σ_{ij} 的关系由 $\boldsymbol{\xi} \times \boldsymbol{v}$ 规则确定。

7.4 位错的弹性性质

定量分析位错在晶体中引起畸变的分布及其能量，这是研究位错与位错、位错与其他晶体缺陷之间的相互作用进而说明晶体力学性能的基础。为解决这个问题，一般把晶体分作两个区域：在位错中心附近，因为畸变严重，必须直接考虑晶体结构和原子之间的相互作用；在远离位错中心的更广大的地区，由于畸变较小，可以简化为连续弹性介质，用线弹性理论进行处理，把相当于位错的畸变以弹性应力场和应变能的形式表达出来。本节将简要介绍位错的弹性应力场与应变能。

7.4.1　位错的应力场

7.4.1.1　应力分量

物体中任意一点的应力状态均可用九个应力分量描述。图 7-26 分别用直角坐标和圆柱坐标说明这九个应力分量的表达方式，其中 σ_{xx}、σ_{yy}、σ_{zz}（σ_{rr}、$\sigma_{\theta\theta}$、σ_{zz}）为正应力分量，τ_{xy}、τ_{yz}、τ_{zx}、τ_{yx}、

τ_{zy}、τ_{xz}（$\tau_{r\theta}$、$\tau_{\theta r}$、$\tau_{\theta z}$、$\tau_{z\theta}$、τ_{zr}、τ_{rz}）为切应力分量。下角标中第一个符号表示应力作用面的外法线方向，第二个符号表示应力的指向。

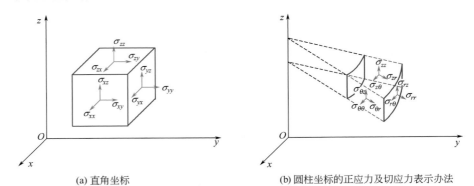

(a) 直角坐标　　　　　(b) 圆柱坐标的正应力及切应力表示办法

图 7-26　物体中一点（图中放大为六面体）的应力分量

在平衡条件下，$\tau_{xy}=\tau_{yx}$、$\tau_{yz}=\tau_{zy}$、$\tau_{zx}=\tau_{xz}$（$\tau_{r\theta}=\tau_{\theta r}$、$\tau_{\theta z}=\tau_{z\theta}$、$\tau_{zr}=\tau_{rz}$），实际只有六个应力分量就可以充分表达一个点的应力状态。与这六个应力分量相应的应变分量是 ε_{xx}、ε_{yy}、ε_{zz}（ε_{rr}、$\varepsilon_{\theta\theta}$、$\varepsilon_{zz}$）和 γ_{xy}、γ_{yz}、γ_{zx}（$\gamma_{r\theta}$、$\gamma_{\theta z}$、γ_{zr}）。

7.4.1.2　螺型位错的应力场

将用连续介质制作的半径为 R 的圆柱体沿纵向由表面切至中心，然后使切缝两侧沿纵向（z 轴）相对位移 b 距离，随即黏合起来，这样就"造"出了一个位于圆柱体中心轴线的螺型位错，其柏氏矢量为 $\boldsymbol{b}$。

为了分析上的方便，给圆柱体一个半径为 r_0 的中心孔，如图 7-27 所示，这就是螺型位错的连续介质模型。

图 7-27 的厚壁筒只有 z 方向的相对位移，因而只有两个切应变分量，没有正应变分量。两个切应变分量用圆柱坐标表示为：$\gamma_{\theta z}=\gamma_{z\theta}=\dfrac{b}{2\pi r}$。相应的切应力分量则为

$$\tau_{\theta z}=\tau_{z\theta}=G\gamma_{\theta z}=\frac{Gb}{2\pi r} \tag{7-14}$$

式中，G 为剪切弹性模量。

其余七个应力分量均为零。即

$$\sigma_{rr}=\sigma_{\theta\theta}=\sigma_{zz}=0 \qquad \tau_{r\theta}=\tau_{\theta r}=\tau_{rz}=\tau_{zr}=0$$

换算成以直角坐标表示的应力分量

$$\left.\begin{aligned}
\tau_{yz}&=\tau_{zy}=\frac{Gb}{2\pi}\times\frac{x}{x^2+y^2}\\[2mm]
\tau_{xz}&=\tau_{zx}=\frac{-Gb}{2\pi}\times\frac{y}{x^2+y^2}\\[2mm]
\sigma_{xx}&=\sigma_{yy}=\sigma_{zz}=\tau_{xy}=\tau_{yx}=0
\end{aligned}\right\} \tag{7-15}$$

式（7-14）及式（7-15）表明，螺型位错的应力场有以下特点。

① 没有正应力分量。

② 切应力分量只与距位错中心的距离 r 有关。与位错中心距离相等的

各点应力状态相同。距位错中心越远，切应力分量越小。

当 r 趋于零时，$\tau_{\theta z}$ 趋于无穷大，这显然与实际情况不符。这就是制造连续介质模型时挖掉中心部分的原因。通常把 r_0 取为 0.5～1nm。

7.4.1.3　刃型位错的应力场

仍用连续介质制成厚壁筒，同样纵向切开，但切口两侧面沿径向 x 轴（或圆柱坐标中的 r 轴）相对位移 b 距离后加以黏合，这样就可以造出一个柏氏矢量为 $\boldsymbol{b}$ 的正刃型位错（图 7-28）。图中 OO' 为位错线所在的位置，$MNOO'$ 为滑移面，z-y 面相当于多余的半原子面。

应用弹性力学可以求出这个厚壁筒中的应力分布，也就是刃型位错的应力场。其圆柱坐标表达式为：

$$\left.\begin{array}{l}\sigma_{rr}=\sigma_{\theta\theta}=-A\,\dfrac{\sin\theta}{r}\\[2mm]\sigma_{zz}=\nu(\sigma_{rr}+\sigma_{\theta\theta})\\[2mm]\tau_{r\theta}=\tau_{\theta r}=A\,\dfrac{\cos\theta}{r}\\[2mm]\tau_{rz}=\tau_{zr}=\tau_{\theta z}=\tau_{z\theta}=0\end{array}\right\} \tag{7-16}$$

用直角坐标表达，则

$$\left.\begin{array}{l}\sigma_{xx}=-A\,\dfrac{y(3x^2+y^2)}{(x^2+y^2)^2}\\[3mm]\sigma_{yy}=A\,\dfrac{y(x^2-y^2)}{(x^2+y^2)^2}\\[3mm]\sigma_{zz}=\nu(\sigma_{xx}+\sigma_{yy})\\[3mm]\tau_{xy}=\tau_{yx}=A\,\dfrac{x(x^2-y^2)}{(x^2+y^2)^2}\end{array}\right\} \tag{7-17}$$

式中，$A=Gb/2\pi(1-\nu)$，ν 为泊松比。刃型位错应力场具有以下特点。

① 正应力分量与切应力分量同时存在。

② 各应力分量均与 z 值无关，表明与刃型位错线平行的直线上各点应力状态相同。

③ 应力场对称于 y 轴。

④ $y=0$ 时，$\sigma_{xx}=\sigma_{yy}=\sigma_{zz}=0$，说明在 x-z 面上没有正应力，只有切应力。

⑤ $y>0$ 时，$\sigma_{xx}<0$；$y<0$ 时，$\sigma_{xx}>0$。说明 x-z 面上侧为压应力，下侧为拉应力。

⑥ $x=\pm y$ 时，σ_{yy} 及 τ_{xy} 均为零。

图 7-29 示意地表明了正刃型位错周围应力分布情况。

7.4.2　位错的应变能

位错周围弹性应力场的存在增加了晶体的能量，这部分能量称为位错的应变能。在计算弹性应力场时略去了位错中心区域，对于一个静态的位错，根据应力场进行计算时，其应变能应包括两部分：位错中心区域的应变能 E_0 和由前述公式计算出来的位错应力场引起的弹性应变能 E_e，即

$$E=E_e+E_0 \tag{7-18}$$

位错中心区域点阵畸变很大，不能用线弹性理论计算 E_0。据估计，这部分能量大约为总应变能的 $\dfrac{1}{10}\sim\dfrac{1}{15}$，故通常予以忽略，而以 E_e 代表位错的应变能。位错的应变能可根据造成这个位错所做的功求得。

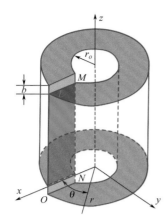

图 7-27　螺型位错的连续介质模型

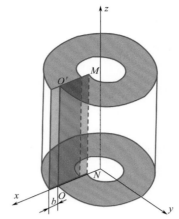

图 7-28　刃型位错的连续介质模型

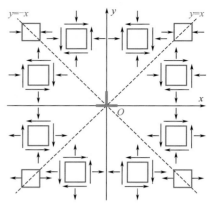

图 7-29　正刃型位错周围的应力分布

7.4.2.1　刃型位错的应变能

假定图 7-28 所示的刃型位错是一个单位长度的位错。由于在造成这个位错的过程中，位移是从 O 逐渐增加到 b 的，它是个随 r 变化的变量，设其为 x；同时 MN 面上各处所受的力也随 r 而变化。在位移的过程中，当位移为 x 时，切应力 $\tau_{or}=\dfrac{Gx}{2\pi(1-\nu)}\times\dfrac{\cos\theta}{r}$，并注意到 $\theta=0$，因此，为克服切应力 $\tau_{\theta r}$ 所做的功

$$W=\int_{r_0}^{R}\int_{0}^{b}\tau_{\theta r}\,\mathrm{d}x\,\mathrm{d}r=\int_{r_0}^{R}\int_{0}^{b}\frac{Gx}{2\pi(1-\nu)}\times\frac{1}{r}\,\mathrm{d}x\,\mathrm{d}r=\frac{Gb^2}{4\pi(1-\nu)}\times\ln\frac{R}{r_0}$$

$$(7\text{-}19)$$

这就是单位长度刃型位错的应力能 E_e^e。

7.4.2.2　螺型位错的应变能

螺型位错的 $\tau_{\theta z}=\dfrac{Gb}{2\pi r}$，同样可以求得单位长度螺型位错的应变能为

$$E_e^s=\frac{Gb^2}{4\pi}\ln\frac{R}{r_0} \qquad (7\text{-}20)$$

比较式（7-19）和式（7-20）可以看出，当 b 相同时，有

$$E_e^e=\frac{1}{(1-\nu)}E_e^s$$

一般金属的泊松比 $\nu=0.3\sim0.4$，若取 $\nu=1/3$，则 $E_e^e\approx\dfrac{3}{2}E_e^s$。这就是说，刃型位错的弹性应变能比螺型位错约大 50%。

7.4.2.3　混合位错的应变能

一个位错线与其柏氏矢量 $\boldsymbol{b}$ 成 φ 角的混合位错，可以分解为一个柏氏矢量模为 $\boldsymbol{b}\sin\varphi$ 的刃型位错和一个柏氏矢量模为 $\boldsymbol{b}\cos\varphi$ 的螺型位错。分别算出这两个位错分量的应变能，它们的和就是混合位错的应变能，即

$$E_e^m=E_e^e+E_e^s=\frac{G\boldsymbol{b}^2\sin^2\varphi}{4\pi(1-\nu)}\ln\frac{R}{r_0}+\frac{G\boldsymbol{b}^2\cos^2\varphi}{4\pi}\ln\frac{R}{r_0}=\frac{G\boldsymbol{b}^2}{4\pi k}\ln\frac{R}{r_0} \qquad (7\text{-}21)$$

式中，$k = \dfrac{(1-\nu)}{1-\nu\cos^2\varphi}$，叫做混合位错的角度因素，$k \approx 1 \sim 0.75$。

从以上各应变能的公式可以看出以下几点。

① 位错的应变能与 $\boldsymbol{b}^2$ 成正比，因此柏氏矢量的模 $|\boldsymbol{b}|$ 反映了位错的强度。$|\boldsymbol{b}|$ 越小，位错能量越低，在晶体中越稳定。为使位错具有最低能量，柏氏矢量都趋向于取密排方向的最小值。

② 当 r_0 趋于零时，应变能将无穷大，这正好说明用连续介质模型导出的公式在位错中心区已不适用。

③ r_0 为位错中心区的半径，可以近似地认为 $r_0 \approx |\boldsymbol{b}| \approx 2.5 \times 10^{-8}\,\mathrm{cm}$；$R$ 是位错应力场最大作用范围的半径，在实际晶体中受亚晶界的限制，一般可取 $R \approx 10^{-4}$。代入上述各式，则单位长度位错的应变能公式可简化为

$$E = \alpha G \boldsymbol{b}^2 \tag{7-22}$$

式中，α 是与几何因素有关的系数，均为 $0.5 \sim 1$。

7.4.3　位错运动的动力与阻力

7.4.3.1　位错滑移的动力与阻力

外力作用在晶体上时，晶体中的位错将沿其法线方向运动，通过位错运动产生塑性变形。位错只是一种畸变的原子组态，并非是物质实体，它的运动只是原子组态的迁移，驱使它运动的力实际上是作用在晶体中的原子上，而非只作用在位错中心的原子上。但是，为了研究问题的方便，把位错线假设为物质实体线，把位错的滑移运动看作是受一个垂直于位错线的法向力作用的结果，并把这个法向力称为作用在位错上的力。显然，它是虚设的、驱使位错滑移的力，它必然与位错线运动方向一致，即处处与位错线垂直，指向未滑移区。

利用虚功原理可以导出外力场作用在位错上的力。根据虚功原理，切应力使晶体滑移所做的功应与法向"力"推动位错滑移所做的功相等。图 7-30（a）表明，在分切应力 τ 作用下，柏氏矢量为 $\boldsymbol{b}$ 的刃型位错滑移与晶体滑移的情况。设位错贯穿晶体长度为 l，当滑移 $\mathrm{d}s$ 距离时，法向力做功为 $F\mathrm{d}s$。若晶体滑移面总面积为 A，位错滑移 $\mathrm{d}s$ 距离使滑移区同样增加 $\mathrm{d}s$ 距离，产生的滑移量为 $\left(\dfrac{l\,\mathrm{d}s}{A}\right)\boldsymbol{b}$，分切应力所做的功应为 $(\tau A)\left(\dfrac{l\,\mathrm{d}s}{A}\right)\boldsymbol{b}$。于是

$$F\mathrm{d}s = \tau \boldsymbol{b} l\,\mathrm{d}s$$
$$F = \tau \boldsymbol{b} l$$

单位长度位错所受的力则为

$$f = F/l = \tau \boldsymbol{b} \tag{7-23}$$

图 7-30（b）表明螺型位错滑移与晶体滑移的情况。用上述方法可以导出平行于柏氏矢量的分切应力施加于单位长度位错的法线方向的力同样为 $f = \tau \boldsymbol{b}$。这个结果可以推广到任意形状的位错。

在实际晶体中，位错运动时要遇到多种阻力，除运动位错外的各种晶体缺陷，对位错运动均能构成阻碍。即使位错在没有任何其他晶体缺陷的情况下运动，也不可避免地需要克服滑移面两侧原子之间的相互作用力，这就是晶体结合力本身所造成的一项最基本的阻力，称为点阵阻力。由于点阵结构的周期性，当位错沿滑移面运动时，位错中的能量要发生周期性变化，如图 7-31 所示。图中"1"与"2"为等同的平衡位置，位错两侧原子的排列呈对称状态，当位错处于这种平衡位置时，其能量最小，相当于处在能谷中。当位错从位置"1"移动到位置"2"时，两侧原子排列要经过一个最不对称状态，即相当

于需要越过一个能垒，这就意味着位错运动遇到了阻力，这种阻力就是点阵阻力。由于派尔斯（R. Peierls）、纳巴罗（F. R. N. Nabarro）估算了这一阻力，故又把这种阻力称为派-纳（P-N）力。

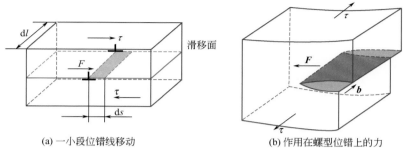

(a) 一小段位错线移动   (b) 作用在螺型位错上的力

图 7-30　切应力作用下位错所受的力

图 7-31　位错滑动时核心能量的变化

派-纳力相当于在理想的简单立方晶体中使一刃型位错运动所需的临界切应力，其近似计算式为：

$$\tau_{\text{P-N}} = \frac{2G}{1-\nu} \exp\left[-\frac{2\pi b}{(1-\nu)a_{\text{id}}} \right] \tag{7-24}$$

式中，b 为滑移面的面间距；a_{id} 为滑移方向上的原子间距。

式（7-24）虽然是在一系列的简化、假定条件下导出的，但在许多方面与实验结果符合得较好，具体如下。

① 对于简单立方结构，$b = a_{\text{id}}$，如取 $\nu = 0.3$ 则可求得 $\tau_{\text{P-N}} = 3.6 \times 10^{-4} G$；如取 $\nu = 0.35$，则 $\tau_{\text{P-N}} = 2 \times 10^{-4} G$。这一数值比无位错的理想晶体的理论屈服强度（约 $G/30$）小得多，并和临界分切应力的实测值具有同一数量级。

② $\tau_{\text{P-N}}$ 与（$-b/a_{\text{id}}$）成指数关系，表明当 b 值越大，a_{id} 值越小，即滑移面的面间距越大，位错强度越小，则派-纳力也越小，因而越容易滑移。由于晶体中原子最密排面的面间距最大，密排面上最密排方向上的原子间距最短，所以，位于密排面上且柏氏矢量的方向与密排方向一致的位错最容易产生滑移。这就说明了为什么晶体的滑移面和滑移方向一般都是晶体的原子密排面与密排方向。

必须指出，虽然由式（7-24）估算的 $\tau_{\text{P-N}}$ 值远低于理论屈服强度，但对于完整性好的高纯金属晶体，$10^{-4}G$ 的数量级仍然偏高，原因之一在于派-纳模型中设想位错滑移时是沿其全长同时越过能峰的，而实际上位错很可能在热激活的帮助下，有一小段首先越过能峰，同时形成位错扭折，如图 7-32 所示。位错扭折可以很容易地沿位错线向旁侧运动，结果使整个位错向前滑移。显然，位错借这种机构滑移所需的应力将大为下降。

除了点阵阻力外，晶体中的其他缺陷（如点缺陷、其他位错、晶界、第二相粒子等）都会与位错发生交互作用，从而引起位错滑移的阻力，并导致晶体强化。此外，位错的高速运动和线张力等也会引起附加的阻力。

7.4.3.2　位错攀移的动力

因为攀移需要原子扩散，所以较之滑移所需的能量更大。对于大多数金属，这种运动在室温下很难进行，但施加外力或升高温度可以促进其发生。

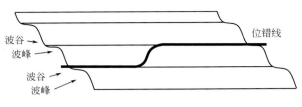

图 7-32　位错的扭折运动

当外加应力为垂直于半原子面的拉应力时，有助于原子扩散到位错处，而使半原子面扩大，发生负攀移；反之，当外加应力为压应力时，有助于空位迁移到位错线附近而促使位错正攀移。如设垂直于半原子面的外加正应力为 σ，利用虚功原理不难求出，单位长度刃型位错所受的攀移驱动力为

$$f_c = -\sigma b$$

式中，b 为位错强度；负号表示如果 σ 为拉应力，则 f_c 指向下，如果 σ 为压应力，则 f_c 指向上。

7.4.4　位错的线张力

由于位错的能量与其长度成正比，因此它有尽量缩短其长度的趋势。正如液体的表面能与其表面积成正比、为了缩减表面积而产生表面张力一样，位错为了缩短其长度也会产生线张力。位错的线张力 T 相似于液体的表面张力，它是以单位长度位错线的能量来表示（单位长度上的能量为 J/m＝N·m/m＝N，即与力的单位相同）。

如果要使位错的长度增加 $\mathrm{d}l$，就必须对抗线张力 T 做功 $T\mathrm{d}l$，显然此功应等于位错增加的能量 $\mathrm{d}E$，即 $T\mathrm{d}l = \mathrm{d}E$，$T = \dfrac{\mathrm{d}E}{\mathrm{d}l}$。可见线张力在数值上应等于单位长度位错的能量。因此位错线张力的定义为：使位错增加单位长度时所增加的能量，即

$$T = \alpha G b^2 \tag{7-25}$$

对于直线型位错，T 大约为 Gb^2，而对于弯曲位错，如图 7-33 所示，这时位错若增加单位长度，系统所增加的能量将小于 Gb^2。因此，粗略估算时，常取 α 为 0.5，于是线张力为

$$T \approx \frac{1}{2} G b^2 \tag{7-26}$$

线张力是位错的一种弹性性质。当位错受力发生弯曲时，线张力将使位错线尽量拉直，因为位错的能量与其长度成正比，位错弯曲使位错线增长、其能量相应地增高，故它有尽量缩短其长度和变直的趋势。

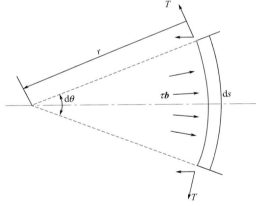

图 7-33　使位错弯曲所需的外力

图 7-33 表示有一段位错线长度为 $\mathrm{d}s$，其曲率半径为 r，$\mathrm{d}s$ 所对圆心角为 $\mathrm{d}\theta$。若有切应力 τ 存在，则单位长度位错线所受的力为 τb，它力图保持这一弯曲状态。另外，位错线有线张力 T 存在，它力图使位错线伸直，线张力在水平方向的分力为 $2T\sin\dfrac{\mathrm{d}\theta}{2}$。平衡时，这两力必须相等，即 $\tau b\,\mathrm{d}s = 2T\sin\dfrac{\mathrm{d}\theta}{2}$，

当 $\mathrm{d}\theta$ 很小时，$\sin\dfrac{\mathrm{d}\theta}{2} \approx \dfrac{\mathrm{d}\theta}{2}$，而且 $\mathrm{d}s = r\mathrm{d}\theta$，因此

$$\tau b = \frac{T}{r} \approx \frac{Gb^2}{2r} \text{ 或 } \tau = \frac{Gb}{2r} \tag{7-27}$$

由上可见，假如切变力 τ 产生作用力 τb 于不能自由运动的位错上，则位错将向外弯曲，其曲率半径 r 与 τ 成反比（弯曲的曲率半径越小，所需的外力越大）。这一要领将帮助我们了解两端固定位错的运动。线张力的存在是晶体中位错呈三维网络分布的原因，因为网络中交于同一结点的各位错，其线张力自动趋于平衡状态，从而保证了位错在晶体中的相对稳定。

7.4.5　位错间的相互作用

在实际晶体中，一般同时含有多种晶体缺陷（例如除位错外还有空位、间隙原子、溶质原子等），它们之间不可避免地要发生相互作用，甚至相互转化。了解位错与其他晶体缺陷间的相互作用，是理解晶体塑性变形的物理本质的必要基础。本节将讨论与位错有关的基本知识。

晶体中常常包含有很多位错，它们的弹性应力场之间必然要发生相互作用，并将影响到位错的分布和运动。直接处理任意分布的大量位错之间的相互作用是困难的，这里只介绍几种最简单、最基本的情况。

（1）平行螺型位错间的相互作用　图 7-34（a）表示位于坐标原点和（r，θ）处有两个平行于 z 轴的螺型位错，其柏氏矢量分别为 b_1、b_2。位错 b_1 在（r，θ）处的切应力为

$$\tau_{\theta z} = \frac{G b_1}{2\pi r}$$

显然，位错 b_2 在 $\tau_{\theta z}$ 作用下受到的力为

$$f_r = \tau_{\theta z} b_2 = \frac{G b_1 b_2}{2\pi r} \tag{7-28}$$

其方向为矢径 r 的方向。同理，位错 b_1 在位错 b_2 应力场的作用下，也将受到一个大小相等，方向相反的作用力。由式（7-28）可知，b_1 与 b_2 同向时，$f_r > 0$ 作用力为斥力；b_1 和 b 反向时，$f_r < 0$，作用力为引力［图 7-34（b）］。也就是说，两平行螺型位错相互作用的特点是同号相斥，异号相吸。相互作用力的绝对值则与两位错柏氏矢量模的乘积成正比，而与两位错间的距离成反比。

（2）平行刃型位错间的相互作用　如图 7-35 所示，设有两个平行于 z 轴，相距为 r（x，y）的刃型位错，分别位于两个相互平行的晶面上，其柏氏矢量 b_1 和 b_2 均与 x 轴同向。令位错 b_1 与坐标系的 z 轴重合。由于位错

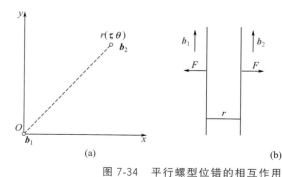

图 7-34　平行螺型位错的相互作用

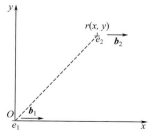

图 7-35　平行刃型位错的相互作用

$\boldsymbol{b}_2$ 的滑移面平行于 x-z 面，因此在位错 $\boldsymbol{b}_1$ 的各应力分量中，只有切应力分量 τ_{yx} 和正应力分量 σ_{xx} 对位错 $\boldsymbol{b}_2$ 起作用，前者驱使其沿 x 轴方向滑移，后者驱使其沿 y 轴方向攀移。这两个力分别为

$$f_x = \tau_{yx} \boldsymbol{b}_2 = \frac{G \boldsymbol{b}_1 \boldsymbol{b}_2}{2\pi(1-\nu)} \frac{x(x^2-y^2)}{(x^2+y^2)^2} \tag{7-29}$$

$$f_y = -\sigma_{xx} \boldsymbol{b}_2 = \frac{G \boldsymbol{b}_1 \boldsymbol{b}_2}{2\pi(1-\nu)} \frac{y(3x^2+y^2)}{(x^2+y^2)^2} \tag{7-30}$$

由式（7-29）可以看出，滑移力 f_r 随位错 $\boldsymbol{b}_2$ 所处位置而异。

对于两个同号刃型位错：

当 $|x| > |y|$ 时，若 $x > 0$，则 $f_r > 0$；若 $x < 0$，则 $f_r < 0$，表明当位错 $\boldsymbol{b}_2$ 位于图 7-36（a）中的①、②区间时，两位错相互排斥。在此两区间中，当 $x \neq 0$，而 $y = 0$ 时，$f_r > 0$，表明在同一滑移面上，同号位错总是相互排斥，距离越小，排斥力越大。

当 $|x| < |y|$ 时，若 $x > 0$，则 $f_r < 0$；若 $x < 0$，则 $f_r > 0$，表明当位错 $\boldsymbol{b}_2$ 处于图 7-36（a）中的③、④区间时，两位错相互吸引。

当 $|x| = |y|$，即位错 $\boldsymbol{b}_2$ 位于 x-y 直角坐标的分角线位置时，$f_r = 0$，表明此时不存在使位错 $\boldsymbol{b}_2$ 滑移的作用力，但当它稍许偏离此位置时，所受到的力会使它偏离得更远，这一位置是位错 $\boldsymbol{b}_2$ 的介稳定位置。

当 $x = 0$，即位错 $\boldsymbol{b}_2$ 处于 y 轴上时，$f_r = 0$，表明此时同样不存在使位错 $\boldsymbol{b}_2$ 滑移的作用力，而且一旦稍许偏离这个位置，它所受到的力就会使之退回原处，这一位置是位错 $\boldsymbol{b}_2$ 的稳定平衡位置。可见，处于相互平行的滑移面上的同号刃型位错，将力图沿着与其柏氏矢量垂直的方向排列起来。通常把这种呈垂直排列的位错组态叫做位错壁（或位错墙）。回复过程中多边化后的亚晶界就是由此形成的。

对于两个异号的刃型位错，由于

$$f_x = -\tau_{yx} b = -\frac{G b_1 b_2}{2\pi(1-\nu)} \frac{x(x^2-y^2)}{(x^2+y^2)^2} \tag{7-31}$$

其交互作用力 f_r 的方向与上述同号位错相反，而且位错 $\boldsymbol{b}_2$ 的稳定平衡位置和介稳定平衡位置也恰好相互对换，如图 7-36（b）所示。

（3）其他情况 当两个互相平行的位错，一个是纯螺型的，另一个是纯刃型的，由于螺型位错的应力场既没有可以使刃型位错受力的应力分量，刃型位错的应力场也没有可以使螺型位错受力的应力分量，所以这两个位错之间便没有相互作用。

对于具有任意柏氏矢量的两个平行的直线位错，可以把每个位错都分解为刃型分量和螺型分量，然后依次计算两个螺型分量和两个刃型分量之间的相互作用，并且叠加起来，就得到两个任意位错之间的

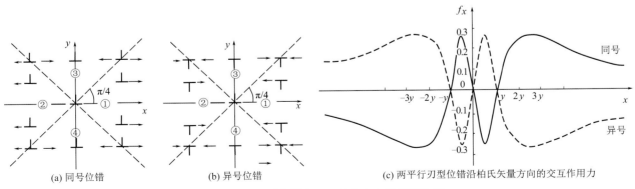

图 7-36 两刃型位错在 x-y 轴方向上的相互作用

相互作用。所得结果可以近似地归纳为：若柏氏矢量夹角$<\frac{\pi}{2}$，则两位错互相排斥；若柏氏矢量夹角$>\frac{\pi}{2}$，则两位错互相吸引。

7.4.6　位错间的塞积

晶体塑性形变时往往发生这样的情况，即在一个滑移面上有许多位错被迫堆积在某种障碍物前（见图 7-37），形成位错群的塞积。这些位错由于来自同一位错源，所以具有相同的柏氏矢量。晶粒间界是很容易想到的障碍物，有时障碍物可以由塑性形变过程中位错的相互作用产生。

图 7-37　位错塞积

曾经从理论上分析了位错塞积群的平衡分布，发现塞积群在垂直于位错线方向的长度，对于刃型位错为 $n\mu b/\pi\tau(1-\upsilon)$，对于螺型位错为 $n\mu b/\pi\tau$，其中，n 为塞积群中的位错总数，τ 为外加切应力（实际上应为减掉晶格阻力之后的有效切应力）。可见塞积群的长度正比于 n，反比于 τ。

位错塞积群的一个重要效应是在它的前端引起应力集中。为了说明这个问题，需要考察一下塞积群中诸位错所受的作用力。首先，每个位错都要受到由外加应力所产生的滑移力 $F_x=\tau\boldsymbol{b}$ 的作用，这个力把位错推向障碍物，使它们在障碍物前尽量靠紧。其次是位错之间的相互排斥力，这里，每个位错都要受到所有其他位错的排斥，而每一对位错之间的排斥力都可以用式 (7-29) 求得，排斥力的作用要求位错群沿着滑移面尽量散开。再其次是障碍物的阻力，这个力一般是短程的，仅作用在塞积群前端的位错上。图 7-37 是位错塞积群在这三种力的作用下达到平衡时的分布状态。因为塞积群的领先位错不仅受外加应力的作用，而且同时受所有其他位错的作用，以致在领先位错与障碍物间因位错挤压而增长起来的局部应力 τ' 达到很高的数值。直接从位错之间的相互作用求 τ' 会很复杂，但是利用虚功原理却可以方便地解出 τ' 来。为此，近似地假定障碍物只与领先位错有作用，然后设想整个塞积群向前移动微小距离 δx，在此过程中，在沿位错线方向上的单位宽度内外力做功为 $n\tau\boldsymbol{b}\delta x$，其中 n 为塞积位错数，而领先位错反抗障碍物所做的功为 $\tau'\boldsymbol{b}\delta x$。按照虚功原理，在平衡状态下这两个功应该相等，即 $n\tau\boldsymbol{b}\delta x=\tau'\boldsymbol{b}\delta x$，从而得到领先位错前的切应力为

$$\tau'=n\tau \tag{7-32}$$

此式表明，当有 n 个位错被外加切应力 τ 推向障碍物时，在塞积群的前端将产生 n 倍于外力的应力集中。

当晶粒边界前位错塞积引起的应力集中效应能够使相邻晶粒屈服，也可

能在晶界处引起裂缝，见图 7-38。

7.4.7 位错间的交割

对于在滑移面上运动的位错来说，穿过此滑移面的其他位错称为林位错。林位错会阻碍位错的运动，但是若应力足够大，滑动的位错将切过林位错继续前进。位错互相切割的过程称为位错交割或位错交截。

一般情况下，两个位错交割时，每个位错上都要新产生一小段位错，它们的柏氏矢量与携带它们的位错相同，它们的大小与方向决定于另一位错的柏氏矢量。当交割产生的小段位错不在所属位错的滑移面上时，则成为位错割阶，如果小段位错位于所属位错的滑移面上，则相当于位错扭折。

7.4.7.1 两个刃型位错交割

在图 7-39 中，柏氏矢量为 b_1 的刃型位错 AB 在剪应力的作用下沿滑移面（I）向下滑移，并切割位于滑移面（II）上柏氏矢量为 b_2 的刃型位错 CD（$b_1 /\!/ b_2$）。按照 $\xi \times v$ 规则，当位错 AB 向下运动时，平面（I）左边的晶体将沿 b_1 方向运动，右边晶体则反向运动。因此，AB 切割 CD 后，CD 上将产生一段台阶 $PP' = b_1$。由于 PP' 的滑移面仍为 CD 原滑移面（II），故在线张力的作用下，台阶 PP' 会自动消失，CD 仍恢复直线形状。像 PP' 这样位于原滑移面上的位错台阶称为扭折。

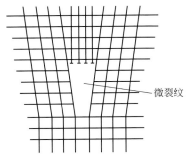
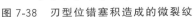

图 7-38 刃型位错塞积造成的微裂纹

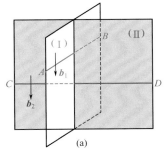
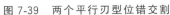

图 7-39 两个平行刃型位错交割

图 7-40 表示的是柏氏矢量相互垂直且不共面的两条刃型位错的交割。根据 $\xi \times v$ 规则判断可知，交割后的 AB 位错形状不变，而 CD 位错上则产生一段平行于 b_1 的台阶 PP'。和上面的情况不同，此处 PP' 台阶的滑移面是（I）面，而不是交割前位错 CD 的滑移面（II 面），所以 PP' 台阶不会在后续的滑移中，由于位错的线张力而自行消失。这种不位于滑移面上的位错台阶成为割阶。产生割阶需要供给能量，所以交割过程对位错运动是一种阻碍。粗略估计，割阶能量的数量级为 $Gb^3/10$，对于一般金属，约等于十分之几电子伏特。

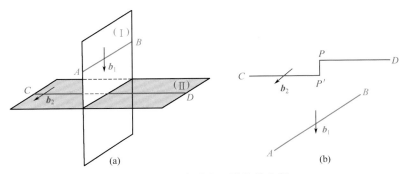

图 7-40 两个垂直刃型位错交割

7.4.7.2 刃型位错与螺型位错交割

考虑一个刃型位错与一个螺型位错的交割（见图7-41）。图中螺型位错的柏氏矢量为 b_1，按照螺型位错的特点，被它贯穿的一组晶面连成了一个螺旋面。另一个位错的柏氏矢量为 b_2，它是一个刃型位错，其滑移面恰好是螺型位错 b_1 的螺旋面。当位错 b_2 切过螺型位错后，变成了分别位于两层晶面上的两段位错，它们之间的连线 PP' 同理也是一个位错割阶。割阶的大小及方向等于螺型位错的矢量 b_1，而它自己的柏氏矢量则是 b_2，因此这是一小段刃型位错。割阶 PP' 随位错 b_2 一起前进的运动也是滑移。

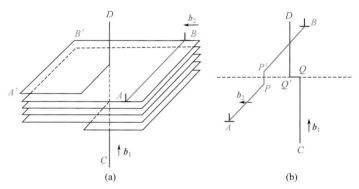

图 7-41　刃型位错与螺型位错交割

7.4.7.3 两个螺型位错交割

图7-42画出了柏氏矢量为 b_1 的右旋螺型位错 AB 在滑移过程中切割另一个柏氏矢量为 b_2 的右旋螺型位错 CD 的情形。和前面一样可以判断，在 AB 和 CD 位错线会分别形成台阶 PP'（$P'P = |b_2|$）和台阶 QQ'（$Q'Q = |b_1|$）。虽然 PP' 和 QQ' 都是螺型位错上的台阶，但前者是割阶，后者是弯折。这是因为 AB 位错的滑移面已定（图中的水平面，它是由外应力条件决定的），而 CD 位错的滑移面未定，可以是包含 CD 线的任何平面。这样一来，QQ' 可以在线张力作用下消失，使 CD 位错在交割后恢复直线形状，但 PP' 却不会消失。

螺型位错上的（刃型）割阶是不能随原位错一道滑移的。从图7-43不难看出，PP' 的滑移面是图中的阴影面，它只能沿着位错线 AB 线滑移。若要 PP' 随 AB 一道运动，则它必须攀移，因为它的运动面（图中的 $PP'M'$ M 面）乃是刃型割阶 PP' 的附加半原子面，PP' 随 AB 一道运动将导致附加的半原子面缩小，因而在点阵中留下许多间隙原子。这种攀移只有在较大的正应力和较高的温度下才有可能。如果 AB 位错是左旋螺位错，则 PP' 随 AB 一道运动将导致附加的半原子面扩大，因而在点阵中留下许多空位。由于金属中间隙原子的生成能大约是空位生成能的 $2\sim4$ 倍，故即使在较大的正应力和较高的温度下，也是有产生空位的攀移是优先的。在常温下，螺型位错上的刃型割阶会妨碍该位错的继续滑移——不仅需要更大的剪应力，而且滑移方式将发生变化，见后述。

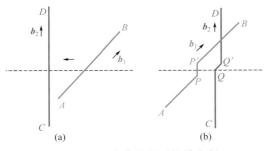

图 7-42　两个右旋螺型位错交割

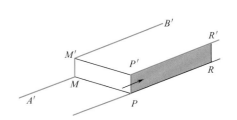

图 7-43　带刃型割阶的螺型位错的运动

　　综上所述，运动位错交割后，每根位错线上都可能产生一扭折或割阶，其大小和方向取决于另一位错的柏氏矢量，但具有原位错线的柏氏矢量。所有的割阶都是刃型位错，而扭折可以是刃型，也可是螺型的。另外，扭折与原位错线在同一滑移面上，可随主位错线一道运动，几乎不产生阻力，而且扭折在线张力作用下易于消失。但割阶则与原位错线不在同一滑移面上，故除非割阶产生攀移，否则割阶就不能跟随主位错线一道运动，成为位错运动的障碍，通常称此为割阶硬化。

　　带割阶位错的运动，按割阶高度的不同，又可分为三种情况：第一种割阶的高度只有 1～2 个原子间距，在外力足够大的条件下，螺型位错可以把割阶拖着走，在割阶后面留下一排点缺陷［见图 7-44（a）］；第二种割阶的高度很大，约在 20nm 以上，此时割阶两端的位错相隔太远，它们之间的相互作用较小，它们可以各自独立地在各自的滑移面上滑移，并以割阶为轴，在滑移面上旋转［见图 7-44（b）］，这实际也是在晶体中产生位错的一种方式；第三种割阶的高度是在上述两种情况之间，位错不可能拖着割阶运动。在外应力作用下，割阶之间的位错线弯曲，位错前进就会在其身后留下一对拉长了的异号刃位错线段（常称位错偶）［见图 7-44（c）］。为降低应变能，这种位错偶尔会断开而留下一个长的位错环，而位错线仍回复原来带割阶的状态，而长的位错环又常会再进一步分裂成小的位错环，这是形成位错环的机理之一。

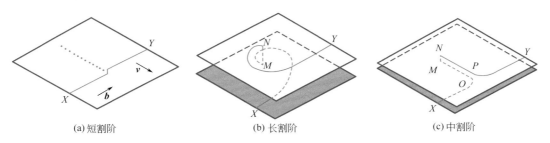

图 7-44　带割阶的螺型位错的滑移过程

　　而对于刃型位错而言，其割阶与柏氏矢量所组成的面，一般都与原位错线的滑移方向一致，能与原位错一起滑移。但此时割阶的滑移面并不一定是晶体的最密排面，故运动时割阶所受到的晶格阻力较大，而相对于螺位错的割阶的阻力则小得多。

7.4.8　位错与点缺陷的交互作用

　　晶体中的点缺陷（如空位、间隙原子、溶质原子等），都会引起点阵畸变，形成应力场，这就势必会与周围位错的应力场发生弹性相互作用，以减小畸变、降低系统的应变能。通常将此应变能的改变量称为点缺陷与位错的相互作用能。例如，按照刃型位错应力场的特点，正刃型位错滑移面上边晶胞的体积较正常晶胞小一些，而滑移面下边的晶胞较正常晶胞大一些。因此，滑移面上边的晶胞将吸引比基体小的置换式溶质原子和空位，滑移面下边的晶胞将吸引间隙原子和比基体原子大的置换式溶质原子。

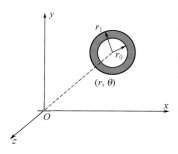

图 7-45　位错与溶质原子
的相互作用

下面以置换式溶质原子为例来定量地分析这个问题。科垂耳曾采用一种简化模型处理这个问题。首先假定：①晶体为连续弹性介质；②溶质原子为刚性小球；③溶质原子所引起的畸变是球面对称的。然后如图 7-45 所示，在作为连续弹性介质的晶体上挖一个半径为 r_0 的球形孔洞，再把一个半径为 r_1 的刚性小球填入此孔洞内，这就相当于先从晶体中拿掉一个基体原子，再把一个体积与基体原子不同的溶质原子挤入到晶体的空位中。于是这个溶质原子引起的应变为

$$\varepsilon = \frac{r_1 - r_0}{r_0}$$

式中，ε 称为错配度，表示溶质原子与基体原子大小的差别。如果这个差别不大，则溶质原子引起的体积变化为

$$\Delta V = 4\pi\varepsilon r_0^3$$

由于体积发生变化，所以溶质原子挤入时必须对晶体做功，这个功就是溶质原子引起的应变能。如果周围还存在着位错的应力场，则溶质原子溶入时，为反抗位错应力场所做的功（或位错应力场所做的负功）就是位错与溶质原子相互作用能。

因为溶质原子溶入引起的畸变是球形对称的，即只引起半径改变，球的形状不变，所以刚性小球周围介质的位移都垂直于球面。因此，位错应力场中只有正应力分量 σ_{xx}、σ_{yy}、σ_{zz} 做功，切应力分量与这种点缺陷没有相互作用。

在球形对称的变形条件下，做功的也应是球形对称的正应力，这种正应力被称为水静应力。位错应力场中的水静应力为正应力分量的平均值，即

$$\sigma = \frac{1}{3}(\sigma_{xx} + \sigma_{yy} + \sigma_{zz})$$

因此溶质原子溶入时，位错应力场所做的功为 $\sigma \Delta V$，故位错与溶质原子的相互作用能为

$$U = -\frac{1}{3}(\sigma_{xx} + \sigma_{yy} + \sigma_{zz})\Delta V \tag{7-33}$$

将三个正应力分量用圆柱坐标换算可求得

$$U = A\frac{\sin\theta}{r} \tag{7-34}$$

式中，$A = \dfrac{Gb}{3\pi}\dfrac{(1+\nu)}{(1-\nu)}\Delta V$，$r$ 与 θ 为溶质原子的坐标位置。

式（7-34）表明，当 $\Delta V > 0$，在 $0 < \theta < \pi$ 处，U 为正；在 $\pi < \theta < 2\pi$ 处，U 为负。当 $\Delta V < 0$ 时则相反。平衡状态要求相互作用能最小，所以，比基体原子大的置换式溶质原子和间隙原子将被位错的压缩区排斥，被位错的膨胀区吸引，而比基体原子小的置换式溶质原子和空位的移动趋向恰恰相反。

由于溶质原子与位错有相互作用，若温度和时间允许，它们将向位错附近聚集，形成溶质原子气团，即所谓的科氏气团，使位错的运动受到限制。

由于位错的存在，位错线周围产生弹性应力场。如在正刃型位错滑移面上方原子承受压应力，下方承受拉应力产生弹性应变能，系统能量升高。如

图 7-46（a）所示，原子尺寸较大的溶质原子易于存在于滑移面下方；而如图 7-46（b）所示，尺寸较小的易于存在于滑移面上方。其结果是位错线周围的弹性应变能降低，并在位错线周围形成"科氏气团"。因为在这种情况下推动位错运动，或者首先挣脱气团的束缚，或者拖着气团一起前进，无论如何都要作更多的功，降低了位错的移动性，从而强化了材料。

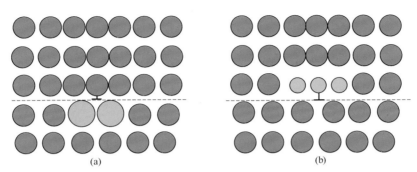

图 7-46 位错与溶质原子的相互作用

按照上面的计算，螺型位错与溶质原子将不发生弹性相互作用，这是由于螺型位错的应力场仅有切应力分量，而溶质原子产生的畸变又被假定为球形对称的结果。实际上，有时溶质原子引起的畸变与球形对称相差很远。例如体心立方铁晶体中的碳或氮原子，它们处在立方体面心的间隙位置时，在 〈100〉方向相接的基体原子距离近，在 〈110〉方向相接的基体原子距离远，所以产生四方性的畸变。其应力场不但有正应力分量，同时有切应力分量，于是它们不仅与刃型位错有相互作用，同时也与螺型位错发生相互作用。

7.5 位错的生成与增殖

尽管位错是热力学不稳定的缺陷，但它们却经常存在于晶体之中，特别是金属晶体，位错密度一般很高。位错从哪来的？在晶体塑性变形过程中，其数量是如何变化的？本节将简要讨论这两个问题。

7.5.1 位错密度

晶体中所含位错的多少可用位错密度来表示。位错密度定义为单位体积晶体中所含位错线的总长度，其表达式为

$$\rho_{v} = \frac{L}{V} \tag{7-35}$$

式中，L 为位错线的总长度；V 是晶体的体积；位错密度的量纲为（长度）$^{-2}$。

为了简便起见，可把晶体中的位错线视为一些直线，而且是平行地从晶体的一端延伸到另一端，于是位错密度就可被视为垂直于位错线的单位截面中所穿过的位错线数目，即

$$\rho_{s} = \frac{n}{S} \tag{7-36}$$

式中，S 为晶体的截面积；n 为穿过 S 面积的位错线的数目。实际上并不是所有的位错线都和观察面相交，故 $\rho_{v} > \rho_{s}$。

在充分退火的多晶体金属内，位错密度一般为 $10^{10} \sim 10^{12}/m^{2}$；但经仔细控制其生长过程的超纯金属单晶体，位错密度可低于 $10^{7}/m^{2}$；而经过剧烈冷变形的金属，位错密度可增至 $10^{15} \sim 10^{16}/m^{2}$。

7.5.2　位错的生成

位错的来源可能有以下几个方面：凝固时，在晶体长大相遇处，因位向略有差别而形成位错；成分偏析使晶体各部分的点阵常数不同，从而在过渡区出现位错；流动液体的冲击、冷却时的局部应力集中等都可能导致位错的萌生。另外，在晶体的裂纹尖端、沉淀物或夹杂物的界面、表面损伤处等都容易产生应力集中，这些应力也促使位错的形成。再有，过饱和空位的聚集成片也是位错的重要来源（见图 7-47）。

7.5.3　位错的增殖

由于塑性变形时有大量位错滑出晶体，所以变形以后晶体中的位错数目应当减少。但实际上位错密度随着变形量的增加而加大，在经过剧烈变形以后甚至可增加 4～5 个数量级。这个现象表明，变形过程中位错肯定是以某种方式不断增殖，而能增殖位错的地方称为位错源。

位错增殖的机制有多种，其中最重要的是弗兰克和里德于 1950 年提出并已为实验所证实的位错增殖机构，称为弗兰克-里德（Frank-Read）源，简称 F-R 源。

设想晶体中某滑移面上有一段刃型位错 AB，它的两端被位错网节点钉住，如图 7-48 所示。当外加切应力满足必要的条件时，位错线 AB 将受到滑移力的作用而发生滑移运动。在应力场均匀的情况下，沿位错线各处的滑移力 $F_t = \tau |b|$ 大小都相等，位错线本应平行向前滑移，但是由于位错 AB 的两端被固定住，不能运动，势必在运动的同时发生弯曲，结果位错变成曲线形状，如图 7-49（b）所示。位错所受的力 F_t 总是处处与位错本身垂直，即使位错弯曲之后也还是这样，所以在它的继续作用下，位错的每一微元线段都要沿它的法线方向向外运动，经历像图 7-49（c）、（d）的样子。当位错线再向前走出一段距离，图 7-49（d）的 p、q 两点就碰到一起了。从位错的柏氏矢量来看，可知 p、q 两点处应该一是左旋螺型位错，一是右旋螺型位错，所以当它们遇到一起的时候，便要互相抵消。于是，原来的整个一条位错线现在被分成两部分，如图 7-49（e）所示。此后，外面的位错环在 F_t 作用下不断扩大，直至到达晶体表面，而内部的另一段位错将在线张力和 F_t 的共同作用下回到原始状态。过程到此并没结束，因为应力还继续加在晶体上，事实上，在产生了一个位错环之后的位错 AB 将在 F 的作用下继续不断地重复上述动作。这样，图 7-48 所示的结构就会放出大量位错环，造成位错的增殖。

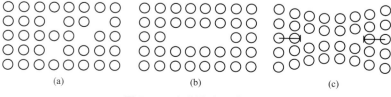

(a)　　　　(b)　　　　(c)

图 7-47　空位聚合形成位错

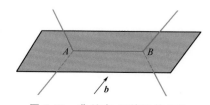

图 7-48　弗兰克-里德源的结构

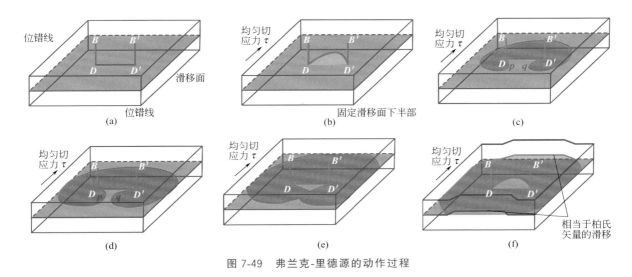

图 7-49　弗兰克-里德源的动作过程

下面讨论为了开动 F-R 源需要有多大的应力。当 F-R 源的 AB 位错线弯曲时，根据式（7-26）线张力引起的向心恢复力为

$$f = \frac{Gb^2}{2r} \tag{7-37}$$

如果要使 AB 线保持弯曲状态，则单位长度位错线所受的滑移力 $\tau \mid b \mid$ 应与 f 达到平衡，即

$$\tau \mid b \mid = \frac{Gb^2}{2r}$$

$$\tau = \frac{G \mid b \mid}{2r} \tag{7-38}$$

可见，外加切应力 τ 与位错线的曲率半径 r 成反比，即 r 越小，所需的 τ 越大。当 AB 位错线弯成半圆形时，其 r 最小、τ 最大。此后若位错继续扩展，其 r 值反而增大，τ 随之减小。因此，与半圆形位错相平衡的切应力就是使 F-R 源开动的临界切应力 τ_c。引用式（7-38）可得

$$\tau_c = \frac{Gb}{2r} = \frac{Gb}{l} \tag{7-39}$$

式中，l 为刃型位错 AB 的长度。

通常，l 的数量级为 $10^{-4}\,\mathrm{cm}$，$\mid b \mid \approx 10^{-8}\,\mathrm{cm}$，则式（7-39）给出的 τ_c 约为 $10^{-4}G$。如果把位错源的开动看成是晶体的屈服，则 τ_c 就是临界分切应力，这和实际晶体的屈服强度接近。

［附］其他位错增殖机制

上述 F-R 源，实质上是一段两端被钉扎的可滑动位错，所以称为双边（或双轴）F-R 源，又称为 U 型平面源。除此之外，还有单边 F-R 源、双交滑移增殖等机制。

图 7-50 为双交滑移位错增殖机制示意图，一个螺型位错开始在 (111) 面中滑移，由于遇到障碍或局部应力状态的变化，位错的一段交滑移到 $(1\bar{1}1)$ 面，并且在绕过障碍之后又回到与 (111) 面相平行的另一个 (111) 面，这时留在 $(1\bar{1}1)$ 面上的两端位错是刃型的，不能随 (111) 面上的位错一起前进，结果 (111) 面上的位错就会以图 7-50 所描述的方式增殖位错。由于通常把螺型位错由原始滑移面转至相交的滑移面，然后又转移到与原始滑移面平行的滑移面上的滑移运动，称为双交滑移运动，所以通常把这种位错增殖机制称为位错的双交滑移增殖机制。试设想，如果 (111) 面上的位错环再交滑移到另一个平行的 (111) 平面上去，成为新的位错源，则位错将迅速增殖。由此可见，双交滑移是一种更有效的增殖机制。

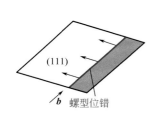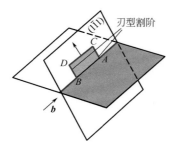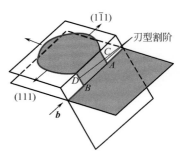

图 7-50　双交滑移位错增殖机制

单边（或单轴）F-R 源，又称 L 型平面源，其实质是一段一端被钉扎的可滑动位错。例如图 7-51 中 CD 是滑移面上的位错，DE 是不动位错，D 点被钉扎住。在切应力 τ 作用下，CD 段开始滑移，并逐渐成为绕 B 点旋转的蜷线，不断向外扩展。蜷线每转一周就扫过滑移面一次、晶体便产生一个 $|b|$ 的滑移量。图 7-51（a）、（b）、（c）、（d）表示转动过程的几个阶段。（a）为开始阶段，DC 是一个正刃型位错；（b）为转了 90° 以后，柏氏矢量与位错线方向（DC 方向）相一致，所以是右螺型位错；（c）为位错线 DC 转了 270° 以后，成为左螺型位错；（d）为 DC 转了 360° 以后，晶体上半部均移动了 $|b|$，而位错又回复到原来位置。如切应力 τ 保持不变，则晶体可以沿着滑移面不断地滑移。

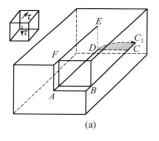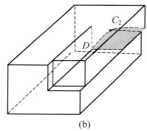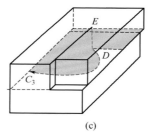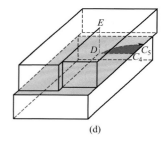

图 7-51　单边 F-R 源动作过程

7.6 实际晶体中的位错

在前面介绍位错的一般性质时，都是结合简单立方点阵讨论的，没有考虑实际的晶体结构，而金属大多为面心立方、体心立方和密排六方结构，在这些晶体结构中的位错更为复杂，除了上述位错的共性之外，还有一些特性，对金属材料的性能有密切关系。本节将以面心立方金属晶体为例，讨论常见晶体中的位错的形式和特点。

7.6.1　实际晶体结构中的单位位错

实际晶体结构中，位错的柏氏矢量不能是任意的，它要符合晶体的结构条件和能量条件。晶体结构条件是指柏氏矢量必须连接一个原子平衡位置到另一平衡位置。在某一种晶体结构中，力学平衡位置很多，故柏氏矢量可取很多；但从能量条件看，由于位错能量正比于 b^2，柏氏矢量 b 越小越好。能量较高的位错是不稳定的，往往通过位错反应分解为能量较低的位错组态。正因为 b 既要符合结构条件又要符合能量条件，因而实际晶体中存在的位错的柏氏矢量限于少数最短的点阵矢量。

在简单立方点阵中的位错，它的柏氏矢量 b 总是等于点阵矢量。点阵矢量是点阵中连接任意两结点的矢量。在实际晶体结构中，位错的柏氏矢量除了等于点阵矢量外，还可能小于或大于点阵矢量。位错根据柏氏矢量的不同，可以分为全位错和不全位错。

柏氏矢量为单位点阵矢量或其倍数的称为全位错，其中柏氏矢量恰好等于单位点阵矢量的称为单位位错。如面心立方结构中，b 为 $\frac{a}{2}\langle 110\rangle$、$|b|=\frac{\sqrt{2}}{2}a$ 的位错；体心立方结构中的 b 为 $\frac{a}{2}\langle 111\rangle$、$|b|=\frac{\sqrt{3}}{2}a$ 的位错；密排六方结构中的 b 为 $\frac{a}{3}\langle 11\bar{2}0\rangle$、$|b|=a$ 的位错等都是最稳定的单位位错。由于单位位错移动时，不破坏滑移面上下原子排列的完整性，即已滑移区和未滑移区仍有相同的晶体结构，因此又称为完整位错。至于晶体中柏氏矢量等于其他点阵矢量的位错，由于其能量高，所以常通过位错反应分解成能量低的位错。

在实际晶体中，还有柏氏矢量不等于点阵矢量整数倍的称为不全位错，其中柏氏矢量小于点阵矢量的称为部分位错（或分位错）。不全位错移动时，除已滑动区边界上的原子产生错排外，已滑移区滑移面上下的原子也产生错排，结构呈现不完整，因此这种位错也称为不完整位错。下面着重讨论面心立方晶体中的不全位错。在这之前，需要了解堆垛层错。

7.6.2　堆垛层错

如图 7-52 所示，面心立方结构是以密排面 {111} 按…ABCABC…顺序堆垛而成；密排六方结构是以同样的密排面 {0001} 按…ABAB…顺序堆垛起来的。为了方便起见，常用符号"△"表示 AB、BC、CA 的堆垛顺序，用符号"▽"表示 BA、AC、CB 的堆垛顺序。因此上述两种结构的堆垛方式可以分别写为…△△△△…和…△▽△▽…。

如果面心立方结构的某个区域中 {111} 面的堆垛顺序出现了差错，成为

$$\cdots ABCBCA\cdots$$
$$\cdots \triangle\triangle\triangledown\triangle\triangle\cdots$$

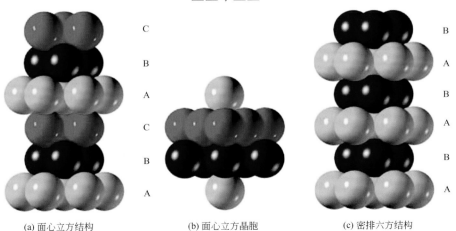

| (a) 面心立方结构 | (b) 面心立方晶胞 | (c) 密排六方结构 |

图 7-52　面心立方结构、密排六方结构密排面原子堆垛

则在"▽"处少了一层 A，形成了晶面错排的面缺陷，这种缺陷叫做堆垛层错。堆垛层错的存在已被实验所证实。

面心立方晶体的堆垛层错，可以通过以下方式形成。

① 如果在图 7-53 的正常堆垛顺序中抽去 A 层晶面，则 A 以上的各层晶面将垂直落下一层的距离，这就相当于各层晶面发生 $\frac{a}{3}\langle 111\rangle$ 的滑移，结果堆垛顺序变为

A B C B C A B C

也可以在 C、A 之间同时插进 B、C 两层（111）晶面，则堆垛顺序也成为

A B C B C A B C

以上两种情况与上述滑移所产生的堆垛层错完全一样，称为抽出型层错。

② 如果在 C、A 两层之间插入一层 B 面，则堆垛顺序变为

A B C B A B C
△ △ ▽ ▽ △ △

此时，B 与相邻的 C、A 两层均形成堆垛层错，可见，一个插入型层错相当于两个抽出型层错。另外，也可以把 BCB 中的 C 面和 BAB 中的 A 面看成两个孪晶面。显然，这里的孪晶具有两个原子层的厚度。

如果抽出相同的两层（111）晶面，例如抽去 B 两侧的 A、C 两层，则堆垛顺序也成为

A B C B A B C

从图 7-54 还可看出，面心立方晶体中存在堆垛层错时，相当于在其间形成一薄层的密排六方结构晶体（…BCBC…）。

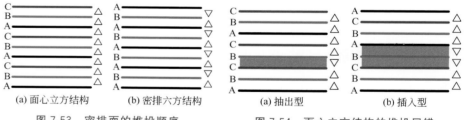

<table>
<tr><td>(a) 面心立方结构</td><td>(b) 密排六方结构</td><td>(a) 抽出型</td><td>(b) 插入型</td></tr>
<tr><td colspan="2" style="text-align:center">图 7-53　密排面的堆垛顺序</td><td colspan="2" style="text-align:center">图 7-54　面心立方结构的堆垛层错</td></tr>
</table>

密排六方结构正常是由密排面 {0001} 按照 ABABAB…，即 △▽△▽△… 的顺序堆垛，它也可能形成堆垛层错，其层错包含有面心立方晶体的堆垛顺序。密排六方晶体的层错也有两种类型：具有抽出型层错时，堆垛顺序变为 …▽△△▽△▽…，即…BABACAC…；而插入型层错则为 …▽△▽▽▽△▽…，即 BABACBCB…。

体心立方晶体的密排面 {110} 和 {100} 的堆垛顺序只能是 ABABAB…，故这两组密排面上不可能有堆垛层错。但是，它的 {112} 面堆垛顺序却是周期性的，见图 7-55，图中表示有两个体心立方晶胞和一组平行的 $(1\bar{1}2)$ 面的位置。由于立方结构中同数值的晶向指数和晶面指数互相垂直，所以可以沿 $[1\bar{1}2]$ 方向看出各层 $(1\bar{1}2)$ 面的排列情况。由图 7-55 可知，$(1\bar{1}2)$ 面的堆

堆顺序 ABCDEFAB…，发生差错时，可产生 ABCDCDEFA…堆垛层错。

　　由以上所述可知，虽然堆垛层错几乎不引起点阵畸变，但却破坏了晶体的完整性和周期性，使电子发生反常的衍射效应，使晶体的能量升高，这部分增加的能量称为堆垛层错能，常以单位面积的层错能 γ 表示，其量纲和界面能相同。见表 7-4。由于堆垛层错只破坏了原子间的次近邻关系，也就是从连续三层晶面才能看出堆垛顺序的差错，因此，层错能比最近邻原子关系被破坏的界面能要低。对于金属的层错能还没有可靠的理论计算方法，目前还只能用实验方法测量和估计层错能。低层错能材料的数据比较接近，高层错能的差别则较大。在层错能高的金属（如铝）中，层错出现的概率很小；而在层错能低的金属（如奥氏体不锈钢和 α-黄铜）中，可能形成大量的堆垛层错。

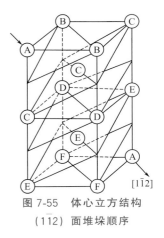

图 7-55　体心立方结构
$(11\bar{2})$ 面堆垛顺序

表 7-4　面心结构金属的层错能

金属	层错能/(J/m^2)	不全位错的平衡距离 d（原子间距）	金属	层错能/(J/m^2)	不全位错的平衡距离 d（原子间距）
银	0.02	12.0	铝	0.20	1.5
金	0.06	5.7	镍	0.25	2.0
铜	0.04	10.0	钴	0.02	35.0

7.6.3　不全位错

　　当层错只在某些晶面的局部区域内发生、并不贯穿整个晶体时，层错区与完整晶体之间就存在着边界线。边界线处原子的最近邻关系被破坏，排列产生畸变，因此形成了位错，这种位错的 **b** 小于点阵矢量，所以是不全位错。不全位错引起的能量变化介于全位错和堆垛层错之间。

7.6.3.1　肖克莱（Shockley）不全位错

　　图 7-56 是 FCC 晶体中滑移面（111）上的一层（A 层）原子。当全位错滑移时，A 层上方的 B 层原子通过 $\frac{a}{2}[10\bar{1}]$ 的滑移从一个间隙位置滑到相邻的等价间隙位置（从 B 位置滑到相邻的 B 位置）。从图中可知，直接沿 [110] 方向滑动会和相邻的 A 层原子发生显著的碰撞，使晶体发生较大的局部畸变，能量显著增加。因此，从能量上考虑，B 层原子的有利滑动路径应该是分两步：第一步是通过 $\frac{a}{6}[11\bar{2}]$ 的滑移到达 C 位置（另一种间隙位置），第二步再通过 $\frac{a}{6}[2\bar{1}\bar{1}]$ 的滑移从 C 位置滑移到相邻的 B 位置。由于在每步滑移过程中，B 原子都是从两个 A 原子之间通过，因而引起 A 原子的位移（或晶体的局部畸变）最小，能量的增加也最小。

　　故对于由多层（111）面按 ABCABC…顺序堆垛而成的 FCC 晶体来说，B 层原子滑到 C 位置就形成了一层层错，因而晶体的能量增加了层错能。若层错能较小，则 B 层原子会停留在亚稳的 C 位置；若层错能较大，则 B 层原子会连续滑移两次而回到 B 位置。如果 B 层原子只滑动了第一步，即 $\frac{a}{6}[11\bar{2}]$，而另一步不滑动，滑动一次的区域和未滑动区域的边界就是位错，它的柏氏矢量 $\boldsymbol{b}=\frac{a}{6}[11\bar{2}]$。

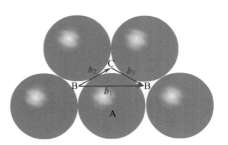

$\boldsymbol{b}_1=\dfrac{a}{2}[10\bar{1}]$　　$\boldsymbol{b}_2=\dfrac{a}{6}[11\bar{2}]$

$\boldsymbol{b}_3=\dfrac{a}{6}[2\bar{1}\bar{1}]$

图 7-56　FCC 中全位错滑移时原子
的滑动路径

再换个角度［如图 7-57（a）、（b）所示］，纸面为面心立方点阵的（$\bar{1}$10）面，面上的"•"代表前一个面上的原子，"•"代表后一个面上的原子，因此每一条线都是前后两个面上相邻原子的连线。图中每一横排原子是一层垂直于纸面的（111）面，这些面沿［111］晶向的正常堆垛顺序为 ABCABC…。如果使晶体的左上部相对于其他部分产生图 7-57（b）中 **OA** 矢量的 $\frac{1}{3}$ 大小的滑移，即滑移矢量是 $\frac{a}{6}$［11$\bar{2}$］，则原来的 A 层原子移到 B 层原子的位置，A 以上的各层原子也依次移到 C、A、B…层原子的位置。于是堆垛顺序变成：

A B C B C A B

△ △ ▽ △ △ △

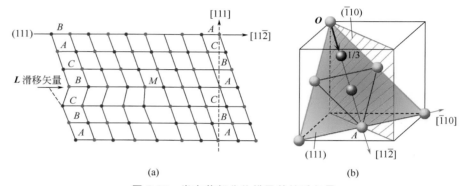

图 7-57　肖克莱部分位错及其柏氏矢量

即形成了抽出型层错，而晶体的右半部仍按正常顺序堆垛，因此在层错区与完整晶体的边界上形成一个柏氏矢量为 $\frac{a}{6}$［11$\bar{2}$］的刃型肖克莱不全位错。

这种不全位错具有一定的宽度，其位错线可以是 {111} 面上的直线或曲线，因此也可能出现螺型或混合型的肖克莱不全位错，这一点与全位错的性质相同。与全位错不同的是这种位错的四周不全是原来的晶体结构，因为层错区中就有局部的密排六方结构。另外，由于层错是沿平面发生的，所以这种位错的位错线不可能是空间曲线。

肖克莱分位错的特点：

① 不仅是已滑移区和未滑移区的边界，而且是有层错区和无层错区的边界；

② 可以是刃型、螺型或混合型；

③ 只能通过局部滑移形成，即使是刃型肖克莱分位错也不能通过插入半原子面得到，因为插入半原子面不可能导致形成大片层错区；

④ 位于孪生面上，柏氏矢量沿孪生方向，且小于孪生方向上的原子间距：$\boldsymbol{b} = \frac{a}{6}\langle 112 \rangle$；

⑤ 即使是刃型肖克莱分位错也只能滑移，不能攀移，因为滑移面上部（或下部）原子的扩散不会导致层错消失，因而有层错区和无层错区之间总

是存在着边界线，即肖克莱分位错线，肖克莱分位错的滑移的结果将使层错面扩大或缩小；

⑥ 即使是螺型肖克莱分位错也不能交滑移，因为螺型肖克莱分位错是沿 〈112〉 方向，而不是沿两个 {111} 面（主滑移面和交滑移面）的交线 〈110〉 方向，故它不可能从一个滑移面转到另一个滑移面上交滑移。

7.6.3.2　扩展位错

（1）概念　面心立方晶体中能量最低的全位错 $\frac{a}{2}\langle 110\rangle$，可以通过位错反应在 {111} 面上分解为两个肖克莱不全位错。如前所述，在 (111) 面上的 $\frac{a}{2}[\bar{1}10]$ 可按 $\frac{a}{2}[\bar{1}10]\rightarrow\frac{a}{6}[\bar{2}11]+\frac{a}{6}[\bar{1}2\bar{1}]$ 分解成为 $\frac{a}{6}[\bar{2}11]$ 和 $\frac{a}{6}[\bar{1}2\bar{1}]$ 两个肖克莱位错，其间夹着一片层错。如从滑移角度来理解，则可认为这个位错反应，就是把矢量 $\frac{a}{2}[\bar{1}10]$ 的一步滑移，分解为矢量 $\frac{a}{6}[\bar{2}11]$ 和 $\frac{a}{6}[\bar{1}2\bar{1}]$ 的两步滑移来完成。由图 7-58 可以看出，当 B 层 (111) 相对于 A 层进行 $\frac{a}{2}[\bar{1}10]$ 的滑移时，B 层原子将从一个平衡位置 B_1 移到另一个平衡位置 B_2。显然，这种移动不会改变 (111) 面的堆垛顺序。但由于 B_1 原子要爬一定的坡，才能越过 A 原子的峰到达 B_2 位置，所以需要较高的能量。如果分成两步滑移，即 B_1 原子先沿 $\frac{a}{6}[\bar{2}11]$ 的方向移到 C 位置，再沿 $\frac{a}{6}[\bar{1}2\bar{1}]$ 方向移到 B_2，则由于 B 原子始终沿着 A 原子间平坦的低谷行进，因此所需的能量较小。由此可见，一个全位错的滑移由两个不全位错分两步完成，这在结构和能量上是合理的。

图 7-58（a）是一个柏氏矢量为 $\frac{a}{2}[\bar{1}10]$ 的滑移分两步进行的情况，当第一个 $\boldsymbol{b}_1$ 为 $\frac{a}{6}[\bar{2}11]$ 的不全位错向右滑移时，在它扫过的面积上，B 层原子由 B_1 移到 C 位置上，于是 (111) 面的堆垛顺序变为 ABCACABC…，出现了层错。而第二个 $\boldsymbol{b}_2$ 为 $\frac{a}{6}[\bar{1}2\bar{1}]$ 的不全位错再移过去，B 层原子从 C 又移到 B_2 位置上，两次移动之和与一个 $\frac{a}{2}[\bar{1}10]$ 全位错的滑移结果是相同的，因此堆垛顺序又恢复正常。

既然第一步滑移以后出现了层错，那么在层错区与正常区的边界上必然有不全位错。由于这两个不全位错在同一个滑移面上，并且柏氏矢量的夹角为 $60°<\pi/2$、即具有同号的分量，因此它们必然相斥而分开。图 7-58 中在两个分开的不全位错之间夹着一片堆垛层错，这种位错组态称为扩展位错。

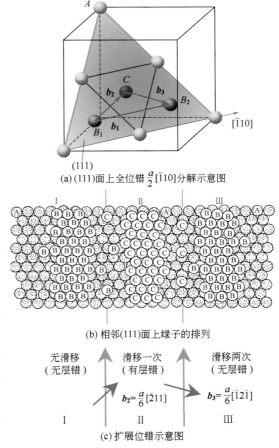

(a)(111)面上全位错 $\frac{a}{2}[\bar{1}10]$ 分解示意图

(b) 相邻(111)面上绿子的排列

(c) 扩展位错示意图

图 7-58　面心立方晶体中扩展位错的结构

（2）扩展位错的性质和特点

① 位于 {111} 面上，由两条平行的肖克莱分位错中间夹着一片层错区组成。

② 柏氏矢量 $\boldsymbol{b}=\boldsymbol{b}_1+\boldsymbol{b}_2=\dfrac{a}{2}[110]$，$\boldsymbol{b}_1$ 和 $\boldsymbol{b}_2$ 分别是两条肖克莱分位错的柏氏矢量，它们的夹角为 60°。

③ 组成扩展位错的两个肖克莱分位错由于交互作用而必然处于相互平行的位置。

它们之间的距离 d 即是层错区的宽度，又称扩展位错的宽度。由于位错的分解导致能量降低，而形成层错又使能量增加。因此当两种能量平衡时，不全位错之间的层错区就不再扩展，达到了平衡宽度 d。这个宽度可以通过作用力的平衡求出，首先两个平行的不全位错之间有排斥力，并且位错的间距越大、斥力越小。其次，可以把两个不全位错之间单位面积的层错能 γ，看成是单位长度的界面张力，这个张力总是力求使两个位错靠近，以便减少层错面积、降低层错能。因此当张力与斥力达到平衡时，可以得到

$$\frac{G\boldsymbol{b}_1\boldsymbol{b}_2}{2\pi d_0}=\gamma_1$$

故
$$d_0=\frac{G\boldsymbol{b}_1\boldsymbol{b}_2}{2\pi\gamma_1} \tag{7-40}$$

由此可见，d 与弹性模量 G 成正比、与层错能 γ 成反比。层错能低的金属，例如奥氏体不锈钢、铜、金等，其扩展位错的宽度可达 20～30 个原子间距；而铝的层错能高，所以 d 只有 1～2 个原子间距，实际上可以认为位错没有扩展。通常，只有层错能足够低、d 足够大的金属，才能在电子显微镜下直接分辨出位错的扩展。

④ 扩展位错可以是刃型、螺型或混合型，取决于 $\boldsymbol{b}$ 和肖克莱分位错线的相对取向。

⑤ 既然组成扩展位错的肖克莱分位错只能滑移，不能攀移，扩展位错也就只能滑移，不能攀移。在滑移过程中领先的分位错滑移导致层错区扩大，跟踪的分位错滑移则导致层错区缩小，总效果是使 d_0 保持不变，两个肖克莱分位错作为一个整体而滑移，没有相对运动。

⑥ 由于扩展位错滑移时需要两个分位错附近及层错区原子的同时位移，其所需外应力远大于使单个位错滑移的应力，故滑移更困难。

⑦ 虽然肖克莱分位错不能交滑移和攀移，但扩展位错在一定条件下却可以交滑移或攀移。该条件是领先位错遇到障碍物而停止滑移，跟踪位错的外力作用下继续滑移，直到和领先位错重合，合成一个 $\boldsymbol{b}=\boldsymbol{b}_1+\boldsymbol{b}_2=\langle110\rangle$ 的全位错，这就叫位错的束集。束集而成的全位错如果是刃型，则可攀移；如果是螺型，则可绕过障碍物而转入交滑移面上滑移，并在随后分解为扩展位错。这样，扩展位错就从主滑移面转到了交滑移面。当然，使位错束集是需要外力做功的，且扩展位错越宽，功越大，或者说，扩展位错越难束集，因而也就越难攀移或交滑移。因此，在实际应用中，为了提高 FCC 金属和

合金的强度，特别是高温强度，一条有效的途径就是加入能降低 {111} 面层错能的合金元素，以增加扩展位错的平衡宽度。这些元素都是置换式元素（即和基体金属形成置换式固溶体），并且择优分布在 {111} 面上，形成所谓铃木气团（或称 Suzuki 气团）。例如 18Cr-8Ni 不锈钢中的 Ni 就择优分布在 {111} 面上形成铃木气团，阻碍位错的滑移和攀移。

⑧ 一个柏氏矢量为 b 的全位错分解为两个柏氏矢量分别为 b_1 和 b_2 的肖克莱分位错的过程表示为 $b \rightarrow b_1 + b_2$。其物理意义是，全位错线的一边，例如左边（Ⅰ区）不滑移；右边的一部分（Ⅱ区）滑移一次，滑移矢量为 b_1；另一部分（Ⅲ区）滑移两次，第一次滑移矢量为 b_1，第二次为 b_2，因而总滑移矢量为 $b_1 + b_2 = b$。可见，第Ⅰ区和第Ⅲ区都是无层错区，中间的第Ⅱ区是有层错区。各区的边界就是肖克莱分位错。

（3）**扩展位错的束集** 由式（7-40）可知，凡影响 γ 的因素，必然影响 d 的大小。当杂质原子或其他因素使层错面上某些地区的能量提高时，该地区的扩展位错就会变窄，甚至收缩成一个结点，如图 7-59（a）所示，即又变成原来的全位错，这个现象称为位错的束集。

由于扩展位错只能在原层错面上滑移，所以（$\bar{1}11$）面上一个 b 为 $\dfrac{a}{2}$ [110] 的螺型位错分解成扩展位错以后，如果要进行交滑移，就必须先束集成结点，再发展成一定长度的全位错，如图 7-59（b）中（$\bar{1}11$）面上的情况。然后在切应力的作用下，这段全位错交滑移到（$1\bar{1}1$）面上，并重新分解为扩展位错，如图 7-59（c）、（d）所示。如此不断地束集和交滑移，最后整个位错转移完毕，滑移就在（$1\bar{1}1$）面上继续进行。

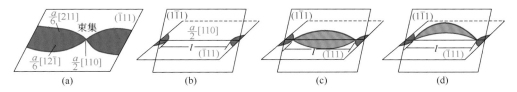

图 7-59 扩展位错的束集（a）、（b）和交滑移（c）、（d）

由以上所述可知，束集是位错扩展的反过程。束集时，不但要抵抗两个不全位错之间的排斥力而做功，并且位错线的弯曲、变长也使能量增加，这些增加的能量称为束集能。显然，在层错能小的晶体中，束集能较大，束集困难，位错的交滑移也就困难。因此层错能不同的金属经塑性变形以后，位错的分布有明显的差别，而且形变强化的能力也不相同。由于束集和交滑移时需要能量，所以热激活有利于束集。

除了交滑移以外，扩展位错交割时一般也需要先束集，因此给交割也增加了困难。

7.6.3.3 弗兰克（Frank）不全位错

从图 7-60 和图 7-61 看出，抽走部分 {111} 面后，在有层错区 {111} 面的堆垛次序变为 ABCABABC…，即形成了一层层错 BA，此种层错就称为内禀层错（intrinsic stacking fault）。内禀层错区和无层错区的边界称为负 Frank 分位错，其柏氏矢量为 $b = \dfrac{a}{3} \langle 111 \rangle$，因为抽走半个 {111} 面后两

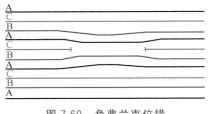

图 7-60 负弗兰克位错

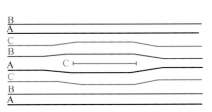

图 7-61 正弗兰克不全位错

边的晶体会沿 〈111〉 方向相对位移（靠拢）一层 {111} 面的距离：

$$d_{(111)} = \frac{a}{\sqrt{3}} = \left| \frac{1}{3} \langle 111 \rangle \right|$$

类似地，插入部分 {111} 面后，在有层错区 {111} 面后，面的堆垛次序变为 ABCACBCABC…，即形成了两层层错 AC、CB。此种层错称为外禀层错（ex-trinsic stacking fault）。外禀层错和无层错区的边界称为正 Frank 分位错，其柏氏矢量也是 $\boldsymbol{b} = \frac{a}{3} \langle 111 \rangle$。

负 Frank 分位错的实际形成原因是晶体中的过饱和空位聚集成空位团，并沿 〈111〉 方向塌陷，形成 {111} 空位片。由于空位是晶体中固有的（或现成的），故所形成的层错称为内禀层错。正 Frank 分位错的实际形成原因是晶体中由于外来高能粒子辐照产生的过剩间隙原子优先分布在 {111} 面之间，形成间隙原子片，故称外禀层错。

Frank 分位错具有以下特点：

① 位于 {111} 面上，可以是任何形状，包括直线、曲线和封闭环（称为 Frank 位错环）。无论是什么形状，它总是刃型的，因为 $\boldsymbol{b} = \frac{a}{3} \langle 111 \rangle$，和 {111} 面垂直。

② 由于 $\boldsymbol{b}$ 不是 FCC 晶体的滑移方向，故 Frank 分位错不能滑移、只能攀移，即图 7-60 和图 7-61 中的半原子面（{111} 面）通过扩散而扩大或缩小。这种不可能滑移的位错便称为定位错，而肖克莱分位错则是可滑位错。

虽然抽出型与插入型层错的结构不同，但两种不全位错的组态相同。特别是它们的 $\boldsymbol{b}$ 都垂直于层错面，也就是垂直于位错线，因此不论位错线的形状如何，弗兰克不全位错都是刃型的。既然是刃型位错，其滑移面又垂直于层错面，那么一旦产生滑移，位错必然会离开层错面，这显然是不可能的。因此，弗兰克位错不能进行滑移，是一种不动位错。不过，这种位错可以通过吸收或放出点缺陷而在层错面上攀移，攀移的结果可使层错面扩大或缩小。

面心立方晶体中的几种典型位错可概括如表 7-5。

表 7-5　面心立方晶体中的几种典型位错

位错名称	全位错	肖克莱位错	弗兰克位错
柏氏矢量	$\frac{a}{2} \langle 110 \rangle$	$\frac{a}{6} \langle 112 \rangle$	$\frac{a}{3} \langle 111 \rangle$
位错类型	刃、螺、混	刃、螺、混	纯刃
位错线形状	空间曲线	{111}面上任意曲线	{111}面上任意曲线
可能的运动方式	滑移、攀移	只能滑移,不能攀移	只能攀移,不能滑移

总之，以上两种不全位错，都只能在层错面上存在和运动，但全位错的许多特点对它们还是适用的。例如，肖克莱位错滑移的结果可以使晶体产生宏观的切变，但这类刃型位错不能攀移，螺型位错不能交滑移。又如弗兰克位错都是刃型的，其结构上也存在受拉力和压力的两部分，但这类位错不能滑移、只能攀移等。

最后必须指出，虽然不全位错与层错有密切的关系，但二者的类型并不一一对应。例如通过"滑移"或"抽出一层"形成的层错结构是相同的，但不全位错的类型不同，前者为肖克莱位错，后者为弗兰克位错。而"插入一层"与"抽出一层"形成的层错结构并不相同，但二者都形成弗兰克不全位错。

7.6.4　位错反应

7.6.4.1　位错反应

位错之间的相互转化称为位错反应。最简单的情况是一个位错分解为两个位错，或者两个位错合成为一个位错。譬如，柏氏矢量为 $2\boldsymbol{b}$ 的位错会通过位错反应

$$2\boldsymbol{b} \longrightarrow \boldsymbol{b}+\boldsymbol{b}$$

分解成两个矢量为 $\boldsymbol{b}$ 的位错。

位错反应能否进行，取决于是否满足下列两个条件。

① 几何条件　反应前的柏氏矢量和等于反应后的柏氏矢量和，即

$$\sum \boldsymbol{b}_{\text{前}} = \sum \boldsymbol{b}_{\text{后}} \tag{7-41}$$

这是柏氏矢量守恒性所要求的。

② 能量条件　反应后诸位错的总能量小于反应前诸位错的总能量，这是热力学定律所要求的。由于位错能量正比于 $\boldsymbol{b}^2$，所以这个条件可以表达为

$$\sum \boldsymbol{b}_{\text{前}}^2 > \sum \boldsymbol{b}_{\text{后}}^2 \tag{7-42}$$

在上面所举的例子中，反应前后位错满足柏氏矢量守恒的条件，而能量相当于从 $4\boldsymbol{b}^2$ 变为 $2\boldsymbol{b}^2$。所以，以 $2\boldsymbol{b}$ 为柏氏矢量的位错是不稳定的，它要自发地分解为两个柏氏矢量为 $\boldsymbol{b}$ 的位错。在其他结构的晶体中将会看到更多位错反应的例子。

7.6.4.2　面心立体晶体中的位错反应

前面曾经讨论了位错反应及其条件，现在应用这些原则来分析面心立方晶体中的一些重要位错反应。

洛末-科垂耳（Lomer-Cottrell）位错的形成。洛末（Lomer）首先提出，如果在面心立方晶体的 $(\bar{1}11)$ 和 $(1\bar{1}1)$ 面上各有一个柏氏矢量为 $\boldsymbol{b}_1 = \dfrac{a}{2}[\bar{1}0\bar{1}]$ 和 $\boldsymbol{b}_2 = \dfrac{a}{2}[011]$ 的全位错，且这两条位错线都平行于两滑移面的交线 $\boldsymbol{CD}$，如图 7-62（a）所示。

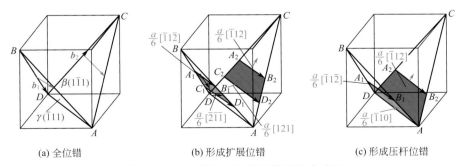

（a）全位错　　　　（b）形成扩展位错　　　　（c）形成压杆位错

图 7-62　FCC 晶体中压杆位错的形成过程

如图 7-62（b）所示，两全位错在各自的滑移面上发生分解，形成扩展位错。即：

在 $(\bar{1}11)$ 面上

$$\frac{a}{2}[\bar{1}0\bar{1}] \longrightarrow \frac{a}{6}[\bar{1}1\bar{2}] + \frac{a}{6}[\bar{2}\bar{1}\bar{1}]$$

在（$1\bar{1}1$）面上

$$\frac{a}{2}[011] \longrightarrow \frac{a}{6}[121] + \frac{a}{6}[\bar{1}12]$$

图中的 4 条肖克莱不全位错的柏氏矢量分别为 $\boldsymbol{A}_1\boldsymbol{B}_1$：$\frac{a}{6}[\bar{1}1\bar{2}]$、$\boldsymbol{C}_1\boldsymbol{D}_1$：$\frac{a}{6}[\bar{2}11]$、$\boldsymbol{A}_2\boldsymbol{B}_2$：$\frac{a}{6}[\bar{1}12]$ 和 $\boldsymbol{C}_2\boldsymbol{D}_2$：$\frac{a}{6}[121]$。当两个扩展位错的领先不全位错 $\boldsymbol{C}_1\boldsymbol{D}_1$ 和 $\boldsymbol{C}_2\boldsymbol{D}_2$ 在外力作用下，滑移至两滑移面的交线上并相遇时，可以合成一个新位错，即

$$\frac{a}{6}[\bar{2}1\bar{1}] + \frac{a}{6}[121] \longrightarrow \frac{a}{6}[\bar{1}10]$$

以两个 Shockley 分位错合成 L-C 位错的反应为例。

① 几何条件　$\sum \boldsymbol{b}_{前} = \frac{a}{6}[\bar{2}1\bar{1}] + \frac{a}{6}[121] = \frac{a}{6}[\bar{1}10]$，$\sum \boldsymbol{b}_{后} = \frac{a}{6}[\bar{1}10]$；

$$\sum \boldsymbol{b}_{前} = \sum \boldsymbol{b}_{后}$$

② 能量条件　$\sum \boldsymbol{b}_{前}^2 = \left(\frac{\sqrt{6}a}{6}\right)^2 + \left(\frac{\sqrt{6}a}{6}\right)^2 = \frac{a^2}{3}$，$\sum \boldsymbol{b}_{后}^2 = \left(\frac{\sqrt{2}a}{6}\right)^2 = \frac{a^2}{18}$；

$$\sum \boldsymbol{b}_{前}^2 > \sum \boldsymbol{b}_{后}^2$$

同时满足几何条件和能量条件，所以反应可以进行。

如图 7-62（c）所示，$\boldsymbol{C}_1\boldsymbol{D}_1$ 和 $\boldsymbol{C}_2\boldsymbol{D}_2$ 合成一条沿 [110] 方向的新位错线，该位错、$\boldsymbol{b}$ 为 $\frac{a}{6}[\bar{1}10]$，滑移面为（001）面（$[110] \times [\bar{1}10] = [001]$）。

由于（001）面不是 FCC 晶体的滑移面，$\frac{a}{6}[\bar{1}10]$ 也不是 FCC 的滑移矢量，并且这个新的不全位错通过两个 {111} 面上的层错与另外两个不全位错联系在一起，因此它既不能在自己的滑移面上滑移，也不能向任何一个 {111} 面移动，即成为一个不动位错。这种在密排面交角处、由三个不全位错和其间的层错构成的组态，称为面角位错，或洛末-科垂耳位错。其中的 $\frac{a}{6}[\bar{1}10]$ 位错，起着把层错弯折并固定住的作用，就像把地毯压在楼梯拐角处一样，因此称它为"梯毯棍位错"，或"压杆位错"。

由于面角位错的整个组态是不能运动的，所以它成为其他位错运动的障碍。其他位错只能通过交滑移绕过它，或者在高温、高应力下把它摧毁才能前进，因此洛末-科垂耳位错的形成是面心立方晶体加工硬化和断裂的重要原因。

7.6.5　FCC 晶体中位错反应的一般表示：汤普森四面体

上面我们用柏氏矢量的具体指数来写位错反应式，其缺点是未表示出位错所在的晶面，且指数易写错。为了更清晰地描述面心立方晶体中位错反应的几何关系，1953 年汤普森（N. Thompson）引入了一个参考四面体和一套标记方法。用汤普森四面体中各特征向量来表示 FCC 晶体中柏氏矢量。

这个四面体的 4 个顶点分别位于晶体中的 A $\left(\frac{1}{2}\ \frac{1}{2}\ 0\right)$、$B$ $\left(\frac{1}{2}\ 0\ \frac{1}{2}\right)$、$C$ $\left(0\ \frac{1}{2}\ \frac{1}{2}\right)$ 和 D $(0\ 0\ 0)$
等 4 点 ，如图 7-63 所示。以 A、B、C、D 为顶点连成一个由四个 $\{111\}$ 面组成的正四面体，称为汤普森四面体。其外表面 $(11\bar{1})$、$(1\bar{1}1)$、$(\bar{1}11)$ 和 (111) 实际上就是面心立方晶体中四个可能的滑移面。

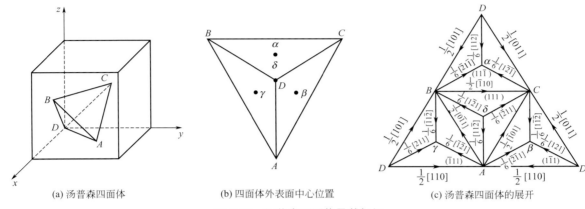

(a) 汤普森四面体　　　　(b) 四面体外表面中心位置　　　　(c) 汤普森四面体的展开

图 7-63　汤普森四面体及其标记

假定四面体的 4 个外表面（等边三角形）的中心分别为 α、β、γ 和 δ，其中 α 是对着顶点 A 的外表面（简称 a 面）的中心，余类推。于是，由 A、B、C、D、α、β、γ 和 δ 等 8 个点中的每 2 个点连成的向量就表示了 FCC 晶体中所有重要位错的柏氏矢量。

7.6.5.1　罗马-罗马向量

由四面体顶点 A，B，C，D 连成的向量，其指数很容易从图 7-63（a）直接看出：

$$\boldsymbol{AB}=\frac{a}{2}\left[0\bar{1}1\right]\qquad\qquad\boldsymbol{BA}=\frac{a}{2}\left[01\bar{1}\right]$$

$$\boldsymbol{BC}=\frac{a}{2}\left[\bar{1}10\right]\qquad\qquad\boldsymbol{CB}=\frac{a}{2}\left[1\bar{1}0\right]$$

$$\boldsymbol{AC}=\frac{a}{2}\left[\bar{1}01\right]\qquad\qquad\boldsymbol{CA}=\frac{a}{2}\left[10\bar{1}\right]$$

$$\boldsymbol{AD}=\frac{a}{2}\left[\bar{1}\bar{1}0\right]\qquad\qquad\boldsymbol{DA}=\frac{a}{2}\left[110\right]$$

$$\boldsymbol{BD}=\frac{a}{2}\left[\bar{1}0\bar{1}\right]\qquad\qquad\boldsymbol{DB}=\frac{a}{2}\left[101\right]$$

$$\boldsymbol{CD}=\frac{a}{2}\left[0\bar{1}\bar{1}\right]\qquad\qquad\boldsymbol{DC}=\frac{a}{2}\left[011\right]$$

由此可见，这也就是面心立方晶体中全位错 12 个可能的柏氏矢量。

7.6.5.2　不对应的罗马-希腊向量

由四面体顶点（罗马字母）和通过该顶点的外表的中心（不对应的希腊字母）连成的向量可由三角形重心的性质求得。例如，$\boldsymbol{D\alpha}=\frac{2}{3}\left(\boldsymbol{DC}+\frac{1}{2}\boldsymbol{CB}\right)$。

$$\boldsymbol{\delta A}=\frac{a}{6}\left[11\bar{2}\right];\qquad\qquad\boldsymbol{A\delta}=\frac{a}{6}\left[\bar{1}\bar{1}2\right]$$

$$\boldsymbol{\delta B}=\frac{a}{6}\left[1\,\bar{2}1\right];\qquad\qquad\boldsymbol{B\delta}=\frac{a}{6}\left[\bar{1}2\bar{1}\right]$$

$$\boldsymbol{\delta C} = \frac{a}{6}[\bar{2}11]; \qquad \boldsymbol{C\delta} = \frac{a}{6}[2\bar{1}\bar{1}]$$

$$\boldsymbol{C\beta} = \frac{a}{6}[1\bar{1}\bar{2}]; \qquad \boldsymbol{\beta C} = \frac{a}{6}[\bar{1}12]$$

$$\boldsymbol{D\beta} = \frac{a}{6}[121]; \qquad \boldsymbol{\beta D} = \frac{a}{6}[\bar{1}\bar{2}\bar{1}]$$

$$\boldsymbol{A\beta} = \frac{a}{6}[\bar{2}\bar{1}1]; \qquad \boldsymbol{\beta A} = \frac{a}{6}[21\bar{1}]$$

$$\boldsymbol{D\gamma} = \frac{a}{6}[211]; \qquad \boldsymbol{\gamma D} = \frac{a}{6}[\bar{2}\bar{1}\bar{1}]$$

$$\boldsymbol{A\gamma} = \frac{a}{6}[\bar{1}\bar{2}1]; \qquad \boldsymbol{\gamma A} = \frac{a}{6}[12\bar{1}]$$

$$\boldsymbol{B\gamma} = \frac{a}{6}[\bar{1}1\bar{2}]; \qquad \boldsymbol{B\gamma} = \frac{a}{6}[1\bar{1}2]$$

$$\boldsymbol{B\alpha} = \frac{a}{6}[\bar{2}1\bar{1}]; \qquad \boldsymbol{\alpha B} = \frac{a}{6}[2\bar{1}1]$$

$$\boldsymbol{C\alpha} = \frac{a}{6}[\bar{1}2\bar{1}]; \qquad \boldsymbol{\alpha C} = \frac{a}{6}[\bar{1}21]$$

$$\boldsymbol{D\alpha} = \frac{a}{6}[112]; \qquad \boldsymbol{\alpha D} = \frac{a}{6}[\bar{1}\bar{1}\bar{2}]$$

由此可见，不对应的罗马-希腊向量代表 24 个 $\frac{a}{6}$ [112] 型的滑移矢量，就是 FCC 晶体中可能的 24 个肖克莱分位错的柏氏矢量。

7.6.5.3 对应的罗马-希腊向量

根据以上结果，利用向量合成规则，很容易求出对应的罗马-希腊向量，例如 $\boldsymbol{A\alpha} = \boldsymbol{AB} + \boldsymbol{B\alpha}$。

$$\boldsymbol{A\alpha} = \frac{a}{3}[\bar{1}\bar{1}\bar{1}]; \qquad \boldsymbol{\alpha A} = \frac{a}{3}[11\bar{1}]$$

$$\boldsymbol{B\beta} = \frac{a}{3}[\bar{1}11]; \qquad \boldsymbol{\beta B} = \frac{a}{3}[1\bar{1}\bar{1}]$$

$$\boldsymbol{C\gamma} = \frac{a}{3}[1\bar{1}\bar{1}]; \qquad \boldsymbol{\gamma C} = \frac{a}{3}[\bar{1}11]$$

$$\boldsymbol{D\delta} = \frac{a}{3}[111]; \qquad \boldsymbol{\delta D} = \frac{a}{3}[\bar{1}\bar{1}\bar{1}]$$

可见，对应的罗马-希腊向量代表 8 个 $\frac{a}{3}\langle 111 \rangle$ 型的滑移矢量，它们相当于面心立方晶体中可能有的 8 个 Frank 不全位错的柏氏矢量。

7.6.5.4 希腊-希腊向量

所有希腊-希腊向量也可根据向量合成规则求得，例如：$\boldsymbol{\alpha\beta} = \boldsymbol{\alpha C} + \boldsymbol{C\beta} = \frac{a}{6}[\bar{1}21] + \frac{a}{6}[1\bar{1}\bar{2}] = \frac{a}{6}[01\bar{1}] = \frac{1}{3}\boldsymbol{BA}$，同理，$\boldsymbol{\alpha\gamma} = \frac{a}{6}[10\bar{1}] = \frac{1}{3}\boldsymbol{CA}$，$\boldsymbol{\alpha\delta} = \frac{a}{6}[110] = \frac{1}{3}\boldsymbol{DA}$，$\boldsymbol{\beta\gamma} = \frac{a}{6}[1\bar{1}0] = \frac{1}{3}\boldsymbol{CB}$，$\boldsymbol{\beta\delta} = \frac{a}{6}[101] = \frac{1}{3}\boldsymbol{DB}$，$\boldsymbol{\gamma\delta} = \frac{a}{6}[011] = \frac{1}{3}\boldsymbol{DC}$。由此可见，希腊-希腊向量就是 FCC 中压杆位错的柏氏矢量。

　　既然 FCC 晶体中所有重要位错的柏氏矢量都可以用汤普森四面体中的有关向量表示，位错反应式（即柏氏矢量的合成或分解式）也就可以用这些向量来表示。

7.6.6　位错反应举例

7.6.6.1　形成扩展位错的反应

　　利用汤普森四面体种的各向量，可以将上节讨论的位于（111）面上、$b = \dfrac{a}{2}[\bar{1}10]$ 的全位错分解为扩展位错的反应式表示如下：

$$BC(\delta) \longrightarrow B\delta + \delta C$$

　　由此不难看出，只要知道全位错所在的面（这里是 δ 面）和柏氏矢量（这里是 BC），就可以根据向量合成规则直接写出反应式，而不必考虑各位错的柏氏矢量的具体指数。但这里还有一个问题，就是由柏氏矢量为 BC 的全位错分解得到的两个肖克莱分位错中，究竟哪个分位错的柏氏矢量为 $B\delta$（罗马-希腊矢量），哪个为 δC（希腊-罗马矢量）？要回答这个问题，需考虑两个因素。一个因素就是肖克莱分位错的刃型分量所对应的"附加半原子面"在滑移面的哪一边，这决定了位错线正向与柏氏矢量正向间的关系（$\xi \times b$ 应指向附加半原子面）；另一个因素就是形成肖克莱分位错时（局部）滑移方向的唯一性——此方向取决于 FCC 晶体相邻两层 \{111\} 面上原子的相对位置，以及观察者站在汤普森四面体的哪一边（外部或内部）去观察。例如，在图 7-64 中，如果站在汤普森外部的观察者将看到，上层原子滑移区（图 7-58 中的 Ⅱ 区）的原子相对于不滑移区（图 7-58 中的 Ⅰ 区）的滑移矢量是 $B\delta$（而不可能是 δC），二次滑移区（图 7-58 中的 Ⅲ 区）的原子相对于一次滑移区的滑移矢量是 δC（而不可能是 $B\delta$）。由于这两次局部滑移形成的肖克莱分位错的刃型分位错所对应的"附加半原子面"都在滑移面的下面（即汤普森四面体的内部），故两条肖克莱分位错的正向及柏氏矢量应如图 7-65（a）所示，而不是图 7-65（b）～（d）所示。图（b）虽然和附加半原子面的位置一致，但图示的滑移方向是不允许的；图（c）则相反，其滑移方向是允许的，但不符合附加半原子面的位置要求；图（d）则二者均不符。

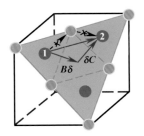

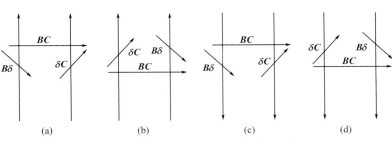

图 7-64　形成肖克莱分位错的局部滑移　　　　图 7-65　面心晶体中全位错分解规则

　　由上述讨论，我们得到一个关于 FCC 晶体中全位错分解为扩展位错的规则，即："站在汤普森四面体的外侧，顺着位错线的正向看去，左边肖克莱分位错的柏氏矢量应为罗马-希腊（如 $B\delta$），右边则为希腊-罗马（如 δC）。"

　　这个扩展位错分解的规则就称为"左罗马-希腊、右希腊-罗马规则"，或简称"罗马-希腊规则"。但是，如果站在汤普森四面体内侧观察，或者如果在图 7-64 中黄原子是上层，蓝原子是下层，那么结论将相反，即左边的肖克莱分位错的柏氏矢量将是希腊-罗马，右边将是罗马-希腊。由上述显然可见，扩展位错分解时究竟应遵守"罗马-希腊规则"还是"希腊-罗马规则"，取决于观察者的立场（站在汤普森四面体的哪一侧）和相邻两层密排面上原子的相对位置（或分布）这样两个因素。人们习惯上规定观察者都站在汤普森四面体的外侧，这时虽然单个扩展位错的分解规则仍可以随意选择（或按罗马-希腊规则，或按希腊-罗马规则），但对于二或多个扩展位错来说，特别是对于在不同的密排面（α、β、γ 或 δ 面）上的扩展位错来说，由于观察者看到任何一组相邻的密排面上原子的相对位置（或分布）都相同，故这些扩展位错的分解规则也必须相同：或者都按罗马-希腊规则，或者都按希腊-罗马规则。综上所述，我们可以将 FCC 晶体中扩展位错分解的规则更准确地表述为："站在汤普森四面体的同一侧（外侧或内侧），顺着位错线的正向看去，各位错的分解必须按照同一规则，或都按左罗马-希腊、右希腊-罗马规则，或都按左希腊-罗马、右罗马-希腊规则"。

这个规则可以简称为"一致性规则"。它对于分析扩展位错之间的反应是非常有用的。

下面，我们就利用一致性规则来分析 FCC 晶体中其他一些重要的位错反应。

7.6.6.2　形成 L-C 定位错的反应

前面讨论的 L-C 位错的形成过程也可以用汤普森记号表示。假定在 β 面和 γ 面上各有一条平行于 AD 的全位错线，其柏氏矢量分别是 BD 和 DC，如图 7-62 所示。于是 L-C 定位错的形成过程（或反应）如下。

首先，两个全位错在各自的滑移面上分解为扩展位错，反应式为：

$$BD(\gamma)=B\gamma+\gamma D，DC(\beta)=D\beta+\beta C$$

新的柏氏矢量在各个肖克莱分位错间的分配可按希腊-罗马规则确定（见图 7-63）。

其次，在 β 面和 γ 面上的扩展位错都向两个面的交线运动，直至领先的肖克莱分位错

γD 和 $D\beta$（均指柏氏矢量）在 AD 线相遇，此时发生以下合成反应：

$$\gamma D+D\beta \longrightarrow \gamma\beta$$

合成的位错线为 AD（沿 [110] 方向），柏氏矢量为 $\gamma\beta=\dfrac{1}{3}BC=\dfrac{a}{6}[\bar{1}10]$。

它就是压杆位错或 L-C 定位错。

7.6.6.3　形成层错四面体的反应

人们用透射电镜曾观察到淬火的金样品中的层错四面体结构，它的 4 个表面都是 {111} 类型的层错面，4 条棱都是压杆位错。这种层错四面体的形成过程如下（参看图 7-66）。

首先，过饱和空位凝聚、塌陷，在某一密排面上，例如 δ 面上，形成三角形的 Frank 位错环，即图中的 △EFG 空位片，其 3 条边 EF、FG 和 GE 都是 $b=\delta D$ 的 Frank 分位错，而 δ 面就是一个层错面［见图 7-66（a）］。实际上，这 3 条边 EF、FG 和 GE 的方向就是汤普森四面体中的 γ 面、α 面、β 面分别与 δ 面的交线方向，即 AB、BC 和 CA。

其次，各 Frank 分位错在包含该位错线的密排面（但不是 δ 面）上分解。

EF 位错在 γ 面上分解：$\delta D(\gamma)\longrightarrow \delta\gamma+\gamma D$

FG 位错在 α 面上分解：$\delta D(\alpha)\longrightarrow \delta\alpha+\alpha D$

GE 位错在 β 面上分解：$\delta D(\beta)\longrightarrow \delta\beta+\beta D$

这样一来就得到了柏氏矢量分别为 **δγ**、**δα** 和 **δβ** 的 3 个压杆位错 **EF**、**FG** 和 **GE**，以及柏氏矢量分别为 **γD**、**αD** 和 **βD** 的 3 个肖克莱分位错 **EF**、**FG** 和 **GE**。

第三步，分位错重合的压杆位错和肖克莱分位错由于其柏氏矢量相交成锐角而相互排斥，致使肖克莱分位错在其滑移面上弯成弓形 [图 7-66（b）和（c）]，而它的两端被压杆位错钉扎住。显然，肖克莱分位错扫过的弓形区就是层错区。

第四步，各肖克莱分位错继续滑移，弓形区不断扩大，直到各滑移面（α、β 和 γ 面）均成为层错面。与此同时，各肖克莱分位错在它们的滑移面的交线 **EH**、**FH** 和 **GH** 上两两相遇，并发生以下位错反应 [参看图 7-66（d）]。

$$在 EH 线上：\boldsymbol{\gamma D} + \boldsymbol{D\beta} = \boldsymbol{\gamma\beta} = \frac{1}{3}\boldsymbol{BC}$$

$$在 FH 线上：\boldsymbol{\alpha D} + \boldsymbol{D\gamma} = \boldsymbol{\alpha\gamma} = \frac{1}{3}\boldsymbol{CA}$$

$$在 GH 线上：\boldsymbol{\beta D} + \boldsymbol{D\alpha} = \boldsymbol{\beta\alpha} = \frac{1}{3}\boldsymbol{AB}$$

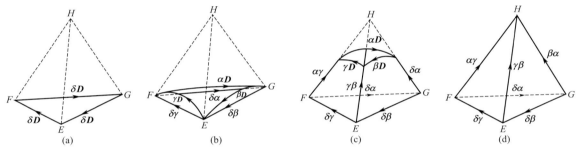

图 7-66 面心晶体中层错四面体的形成过程

由此可见，通过肖克莱分位错反应形成的 **EH**、**FH** 和 **GH** 位错都是压杆位错。这样一来，四面体 **EFGH** 的 4 个表面都是内禀层错面，6 条棱都是压杆位错。这样的缺陷组态就称为层错四面体。

7.6.6.4 形成位错网络的反应

在 FCC 晶体中往往可以观察到有位错形成的网络，这种位错网络也是位错反应的产物。

（1）全位错网络　全位错网络的形成过程如下。

首先，假定在 α 面上有一个位错塞积群 [即一系列彼此平行的位错线，又称（森）林位错]，其柏氏矢量均为 **DC**。又在 δ 面上有一螺型位错，其柏氏矢量为 **CB**（即 α 面与 δ 面的交线），如图 7-67（a）所示。

其次，在螺型位错和林位错交点附近的位错线段由于很强的相互吸引力而合并，并发生以下位错反应：

$$\boldsymbol{CB} + \boldsymbol{DC} = \boldsymbol{DB}$$

反应后形成的新位错线段沿 **CB** 方向，其柏氏矢量为 **DB**，如图 7-67（b）所示。从图中看出，反应后出

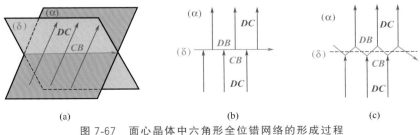

图 7-67 面心晶体中六角形全位错网络的形成过程

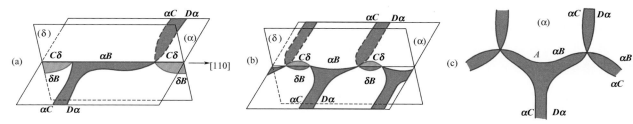

图 7-68　面心晶体中扩展位错网络的形成过程

现了柏氏矢量分别为 **CB**、**DC** 和 **DB** 的三条位错线相交于一点（节点）的组态。如果各位错的线张力的大小相同，则根据力的平衡条件，这三条位错线必须相交成 120°的角，这样就得到了位于 α 面上的六角形全位错网络，如图 7-67（c）所示（为了形成 120°的角，柏氏矢量为 **CB** 和 **DB** 的两段位错需在 α 面上稍稍滑移）。

（2）扩展位错网络　在层错能低的 FCC 晶体中往往观察到扩展位错网络。其形成过程如下。

① 在 α 面上柏氏矢量为 **DC** 的林位错分解为扩展位错：**DC**（α）—**Dα**＋**αC**。同时在 δ 面上柏氏矢量为 **CB** 的螺型位错也分解为扩展位错：**CB**（δ）——**Cδ**＋**δB**。分解后各个肖克莱分位错的柏氏矢量如图 7-68（a）所示（注意希腊-罗马规则）。

② 在 δ 面上的扩展位错的局部区段发生束集：**Cδ**＋**δB**——**CB**。

③ 束集形成的 **CB** 位错段吸引邻近的 **αC** 位错段，使两段位错相遇于 α 面和 δ 面的交线 **CB** 上，其柏氏矢量为 **αB**（**αC**＋**CB**——**αB**），如图 7-68（b）所示。

④ **αB** 位错在线张力作用下在 α 面上拉开（滑开），同时相邻的扩展位错段 **Cδ**＋**δB** 继续束集，并和 **αC** 位错段反应，形成新的一段 **αB** 位错。这样，最终得到图 7-68（c）所示的扩展位错网络（整个网络都在 α 面上）。从图看出，三组扩展位错大体成 120°的角汇合，但汇合的方式有两种。一种是汇合时束集于一点，形成所谓收缩节（点）；另一种是汇合时不束集，形成所谓扩展节（点）。在平衡条件下，在扩展节处 Shockley 分位错的曲率半径 R 和位错的线张力 T、恢复力 f 及比层错能 γ 有以下关系：

$$f = \frac{T}{R} = \gamma$$

故

$$\gamma = \frac{\alpha G b^2}{R} \tag{7-43}$$

因此，只要从实验中测定 R 就可算出晶体的比层错能 γ。

除了上述形成扩展位错网络的方式以外，作者认为，它也可以通过六角形全位错网络直接分解得到，即六角形的每一边（均为全位错）按罗马-希腊规则分解为扩展位错即可得到图 7-68（c）所示的扩展位错网络。

要点总结

拓展阅读

第 8 章
材料表面与界面

 导读

表面与界面是材料对外联系的窗口，也是材料对外界发生作用的媒介。通过调控材料表面与界面，可以极大程度地控制材料的性质，以满足各种应用需求。

图1为荷叶表面的超疏水特性，低表面能的微纳二级结构是荷叶具有超疏水特性的根本原因。

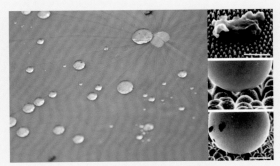

图1　荷叶的超疏水表面

图2　越王勾践剑

图2为越王勾践剑，经检测发现，越王勾践剑表面存在一层铬盐氧化物，显著提高了剑身硬度，并阻止青铜剑身的氧化。越王剑在埋藏2000多年后，出土时仍然锋利无比。

图3展示了晶体材料内部晶界处形貌，相比于晶粒内部，晶界处组织结构较为疏松，易被腐蚀，所以经过酸碱腐蚀后，晶界清晰可见。

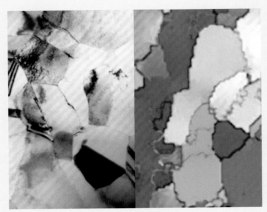

图3　金属晶界形貌

◉ 为什么学习材料表面与界面?

固体的表面无论是细微结构还是化学组成都明显不同于固体的内部，而在固体晶体内部，晶粒与晶粒之间的界面结构也不同于晶粒内部，第二相与母相之间的相界面也有别于母相和第二相本身。材料的表面与界面对材料的物理、化学、力学性能都有着极其重要的影响，因此，材料表面与界面结构是现代材料科学与工程中一个非常活跃的研究领域。

◉ 学习目标

晶体的界面包括晶界、亚晶界、相界等，学习材料表面与界面理论需熟悉不同界面的基本特征与基本性质，掌握界面能的影响因素，了解晶体中界面在偏聚和迁移中涉及的驱动力问题及相应的影响因素，掌握晶界偏析机制、界面与组织形貌的关系以及晶界上的相析出行为。

（1）界面的基本概念：晶界、亚晶界、相界、界面能、大角度晶界、小角度晶界、孪晶界等。

（2）界面的平衡偏析、界面迁移驱动力、影响界面迁移的因素。

（3）界面与组织形貌的关系：单相组织形貌、复相组织形貌。

（4）高聚物的表面张力与界面张力、复合体系的界面结合特性。

8.1 基础知识

实际存在的物质都是具有有限体积的，在这些物质的边界上总是存在着分界面。而根据分界面两侧物质聚集状态的不同，存在固-固、固-液、固-气、液-液以及液-气等五种情况，通常将分界面一侧为气体（或真空）的情况称为表面，其余则称为界面。

物质的表面及其内部，无论在细微结构上还是在化学组成上都存在明显的差别。这是因为位于物质内部的原子或分子受到周围原子或分子的相互作用是相同的，而处于表面的原子只有局部受到与内部相同的相互作用，而其余的部分则完全不同，因此产生了表面能。另外，由不同原子所组成的固体物质，也会出现某种原子向表面富集的现象。所以说，固体的表面具有特殊性，如果固体物质是作为材料来应用，则它的各种性能虽然与组成的物质本体有关，但其表面对性能的影响也占有很大的比例，因为很多性能是通过表面来实现的，如表面硬度、表面电导率等。同时，有些性能将通过表面受到外界环境的影响，如腐蚀、摩擦等。

多相固体物质体系的相界面是更为重要的问题。因为严格来说，即使同一种组成的物质，由于凝聚态结构的差别也存在着界面，如晶界等；而对化学组成或结构不同的物质所构成的多相体系而言，界面不仅占有相当大的比例，而且对其整体性能也具有更大的影响。

金属材料是目前应用量最大的材料。对它的表面硬度以及表面的抗腐蚀和耐磨性能的研究及其用以改善这些性能的方法都是受到广泛重视的课题。金属中的界面，包括晶界和相界对金属的物理、化学、力学性能都有着极其重要的影响。例如，金属材料的强度和断裂行为，以及高温蠕变和烧结过程等都受到晶界的影响。

陶瓷作为一种传统材料，其粉体原料也存在着诸多表面的问题，粉体的比表面积和表面活性将直接影响陶瓷的加工工艺和各种性能。而且陶瓷是典型的多晶材料，因此它的晶界和相界的组成、形态、尺度、结构对很多性能影响很大，如断裂强度、塑性形变、高温蠕变、断裂韧性、电导率、介电常数、铁电相压电性能以及晶界散射对材料透光性能的影响等。与金属相比，陶瓷的晶界及相界的结构、作用及理论更为复杂，虽然两者的界面有相似之处，但陶瓷的界面有很多特点是金属所不具备的。

电子材料是当前的最前沿材料。由于绝大多数由电子材料构成的器件是层状结构的，即用若干层不同性质和厚度的薄膜制成。显然，薄膜之间的界面将对电子材料本身性能产生影响。其中，按界面的构成有半导体-半导体、金属-半导体、绝缘体-半导体和金属-绝缘体之分。只有最后一种界面的影响很小，可以忽略，这些界面对载流子的运动和密度以及其他电学性能都有影响。

高聚物是目前用量仅次于金属的重要材料，高聚物材料中存在大量的表面和界面问题，例如，表面的粘接、染色、耐蚀、抗磨、润滑、耐老化、表面硬度以及由表面引起的对力学性质的影响等。由于高聚物是长链分子，是以链段的形式存在于表面和界面上的，所以完全不同于无机材料是以原子和晶格的存在形式，这给表面的基础研究带来困难。但是从宏观或亚微观的尺度上还是可以进行大量的研究。

复合材料也是当今材料研究和应用的热点之一，它是由基体与增强体材料复合而成的。在复合前常需对增强体表面进行改性，而组成复合材料后的增强体与基体之间的界面是直接影响材料性能的一个关键问题，所以复合材料的界面研究也已经发展成为一个独立的分支学科。

材料的界面还可以根据材料的类型进行划分，例如，金属-金属界面、金属-陶瓷界面、树脂-陶瓷界面等。显然，不同界面上的化学键性质是不同的。

8.1.1　物质表面

在以往很长一段时间里，人们将固体表面和内部看成是完全一样的。但是实验证明这种看法是错误的，因为固体表面的结构和性质在很多方面都与内部明显不同。例如，晶体内部的三维平移对称性在晶体表面消失了。所以，一般将固体表面定义为晶体三维周期结构和真空之间的过渡区域。最简单的情况是理想表面，此外实际上表面状态还有清洁表面、吸附表面等。

（1）理想表面　如果所讨论的固体是没有杂质的单晶，则作为零级近似可将清洁表面（见下述讨论）定义为一个理想表面。这是一种理论上结构完整的二维点阵平面。它忽略了晶体内部周期性势场在晶体表面中断的影响，忽略了表面原子的热运动、热扩散和热缺陷等，忽略了外界对表面的物理-化学作用等。理想表面上原子的位置及其结构的周期性与原来无限的晶体完全一样。当然，这种理想表面实际上是不存在的。图 8-1 是理想表面结构。

（2）清洁表面　清洁表面是指不存在任何吸附、催化反应、杂质扩散等物理-化学效应的表面。这种清洁表面的化学组成与体内相同，但周期结构可以不同于内部。根据表面原子的排列，清洁表面又可分为台阶表面、弛豫表面、重构表面等。

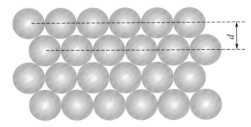

图 8-1　理想表面结构

① 台阶表面　这种表面不是一个平面，它是由有规则的或不规则的台阶所组成。例如图 8-2 所示的情况，台阶的大平面是（111）晶面，台阶的立面是（001）晶面。近年来，应用场离子显微镜和低能电子衍射研究晶体表面的结果也证实了很多晶体的表面是台阶化的。

② 弛豫表面　由于晶体内部的三维周期性在固体表面

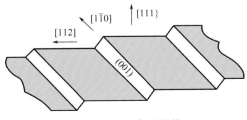

图 8-2　台阶表面结构

处突然中断，表面上原子的配位情况发生变化，相应地表面原子附近的电荷分布将有所改变，表面原子所处的力场与体相内原子也不相同。为使体系能量尽可能降低，表面上的原子常常会产生相对于正常位置的上、下位移，亦即产生压缩或膨胀，形成弛豫表面，如图 8-3 所示。对于多元素的合金，在同一层上几种元素的膨胀或压缩情况也可能不相同。而且表面弛豫往往不限于表面上第一层原子，它可能涉及几个原子层，而每一层间的相对膨胀或压缩也是不同的，不过越往内部，弛豫效应越弱。例如 Al 的（110）表面压缩约 4%～5%，而其（111）表面膨胀约 2.5%。在离子晶体中还往往出现正、负离子弛豫不一致的现象，例如 LiF（001）面上的 Li^+ 离子亚层和 F^- 离子亚层分别从原来的平衡位置向下移动 0.035nm 和 0.01nm，结果在（001）表面上两种离子不再处于同一平面内，同样情况在第 2、3 层也可能发生。不过随着距表面距离的增加，弛豫现象迅速消失，因此一般只考虑第一层的弛豫效应。

③ 重构表面　重构是指表面原子层在水平方向上的周期性（晶格基矢 a_s）不同于体内（晶格基矢 a），但垂直方向的层间距离 b_s 与内部层间距 b 相同。图 8-4 所示的是密排六方晶体的重构表面示意图。假设其表面只包括一个单原子层，在此层中表征原子排列的晶格基矢为 a_s、b_s，其中至少有一个是不同于体内的晶格基矢（a、b），例如图中是假设了 $a_s > a$。同一种材料的不同晶面以及相同晶面经不同加热处理后也可能出现不同的重构结构。例如 Si（111）面劈裂后表面原子的面间距 a_s 扩大了 2 倍，出现（2×1）结构，它是亚稳态的。在 370～400℃ 中加热后，a_s 和 b_s 都比内部扩大了 7 倍，出现（7×7）结构。

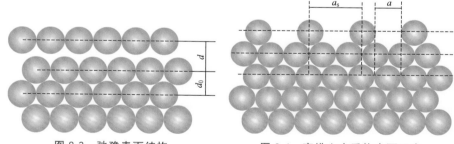

图 8-3　弛豫表面结构　　　　图 8-4　密排六方重构表面示意

（3）吸附表面　在实际存在的表面上，普遍存在杂质及吸附物的污染影响了表面结构，纯净的清洁表面是难以制备的。因此，研究实际表面结构具有重要的现实意义。

由于表面层存在的原子断键以及各种表面缺陷等，使表面易于富集各种杂质物质，这里具有重要意义的是吸附物质的存在。吸附物质可以是表面环境中的气相分子、原子及其化合物，也可以是来自体内扩散出来的元素物质等。它们可以简单地被吸附在晶体表面，也可以外延生长在晶体表面构成新的表面层，或进入表面层一定深度同表面原子形成有序的表面合金等。

8.1.2　固体的表面自由能和表面张力

固体的表面自由能是描述和决定固体表面性质的一个重要物理量。但到目前为止，还没有一种能直接测量固体表面自由能或表面张力的可靠的实验方法。这给固体表面热力学的研究造成了很大困难，也是热力学在研究固体表面问题上还未能发挥更大作用的主要原因之一。

固体的表面自由能和表面张力的定义与液体的表面自由能和表面张力类似。一般来说，采用类似液体表面自由能和表面张力的讨论仍然适用，但又有重要的差别。这是因为液体原子（分子）间的相互作用力相对较弱，相对运动容易，因此液体中产生新的表面的过程实质上是内部原子（分子）克服引力转移到表面上成为表面原子（分子）的过程，新形成的液体表面很快就达到一种动态平衡状态，这样液体的表面自由能与表面张力在数值上是一致的。但是对固体来说，其中原子（分子、离子）间的相互作用力较强，就大部分固体而言，组成它的原子（分子、离子）在空间按一定的周期性排列，形成具有一定对称性的晶格，即使对于许多无定形的固体也是如此，只是这种周期性的晶格延伸的范围小得多（微晶）。在通常条件下，固体中原子、分子彼此间的相对运动比液体中的原子、分子要困难得多，因此总结如下。

① 固体在表面原子总数保持不变的条件下，由于弹性形变而使表面积增加，也就是说，固体的表面自由能中包含了弹性能。表面张力在数值上已不再等于表面自由能。

② 由于固体表面上的原子组成和排列的各向异性，固体的表面张力也是各向异性的，不同晶面的表面自由能也不相同，表面自由能甚至随表面上不同区域而改变。在固体表面的凸起处和凹陷处的表面自由能也是不同的，处于凸起部位的分子的作用范围主要包括的是气相，相反处于凹陷处底部的分子的作用范围大部分在固相，显然，在固体表面的凸起处的表面自由能与表面张力比凹陷处要大。

③ 实际固体的表面大多处于非平衡状态，决定固体表面形态的因素不仅有表面张力，而且与形成固体表面时的条件及所经历的历史有关。

④ 固体的表面自由能和表面张力的测定非常困难，可以说目前还没有找到一种能够从实验上直接测量的可靠方法。

尽管存在上述困难，由于表面自由能和表面张力对于固体的许多过程，如晶体生长、润湿、吸附等是很重要的，因此对其进行讨论是有意义的。下面就简化了的一些情况进行讨论。

假定有一各向异性的固体，其表面张力可以分解成两个互相垂直的分量，分别用 γ_1 和 γ_2 表示，若在这两个方向上面积的增加分别为 $\mathrm{d}A_1$ 和 $\mathrm{d}A_2$，在恒温、恒体积下，表面自由能的总增量由反抗表面张力 γ_1 和 γ_2 所做的可逆功给出：

$$\mathrm{d}(AF^s)_{T,V} = \gamma_1 \mathrm{d}A_1 + \gamma_2 \mathrm{d}A_2 \tag{8-1}$$

式中　F^s——单位面积的自由能；

　　　A——固体的表面积。

因此：

$$\gamma_1 = \frac{\mathrm{d}(A_1 F^s)_{T,V}}{\mathrm{d}A_1} = F^s + A_1 \left(\frac{\partial F^s}{\partial A_1}\right)_{T,V} \tag{8-2}$$

$$\gamma_2 = \frac{\mathrm{d}(A_2 F^s)_{T,V}}{\mathrm{d}A_2} = F^s + A_2 \left(\frac{\partial F^s}{\partial A_2}\right)_{T,V} \tag{8-3}$$

单位面积的表面 Gibbs 自由能 G^s 为：

$$G^s = U^s - TS^s + PV^s \tag{8-4}$$

式中　U^s——单位表面积的内能；

　　　S^s——单位表面积的熵；

　　　V^s——单位表面积的表面相体积。

由于 V^s 很小，所以一般可认为表面上单位面积的 Gibbs 自由能近似等于单位面积的自由能。因此，式（8-2）和式（8-3）也可写为：

$$\gamma_1 = G^s + A_1 \left(\frac{\partial G^s}{\partial A_1} \right)_{T,V} \tag{8-5}$$

$$\gamma_2 = G^s + A_2 \left(\frac{\partial G^s}{\partial A_2} \right)_{T,V} \tag{8-6}$$

合并式（8-5）和式（8-6），得：

$$\gamma_1 dA_1 + \gamma_2 dA_2 = d(AG^s) = G^s dA + A dG^s \tag{8-7}$$

其中

$$dA = dA_1 + dA_2$$

式（8-7）即是 Shuttleworth 导出的各向异性固体的两个不同方向的表面张力 γ_1 和 γ_2 与表面自由能 G^s 的关系。对于各向同性的固体：

$$\gamma_1 = \gamma_2 = \gamma \tag{8-8}$$

式（8-7）变为：

$$\gamma = G^s + A \left(\frac{\partial G^s}{\partial A} \right) \tag{8-9}$$

若固体表面已达到热力学平衡状态

$$\frac{dG^s}{dA} = 0 \tag{8-10}$$

则应有：

$$\gamma = G^s \tag{8-11}$$

但是对于大多数实际固体，它们并非处于热力学平衡状态，即 $dG^s/dA \neq 0$，G^s 和 γ 不等于它们的平衡值，而且 G^s 和 γ 彼此也不相等。Shuttleworth 指出，在研究固体表面时，对于与机械性质有关的场合，应当用 γ，而与热力学平衡性质有关的场合应当用 G^s。

8.1.3　纯金属表面张力的估算

当形成新的表面时，在新表面上和靠近新表面处原子的键合一部分被切断了，这些被切断键的能量之和就构成了金属的表面能，而表面能与表面积的比值就是表面张力。

由热力学理论可知，金属的表面张力与金属单位界面内能及温度之间具有以下关系：

$$\gamma = U + T \frac{d\gamma}{dT} \tag{8-12}$$

式中，γ 为表面张力；U 为表面内能；T 为温度。

根据实验结果，液态纯金属的表面张力与温度关系不大，因此可以近似认为：

$$\gamma = U = \gamma_0 = 常数$$

这样，对表面张力的计算就可以通过对表面内能的计算来完成，下面采用随机混合模型计算表面内能 U 的值。

设在固体金属内有 N' 个原子，其中 n' 个原子位于表面。采用"最邻近原子相互作用模型"计算所有原子的相互作用能，可得到该固体的总内能值：

$$U_A = (N'-n')\frac{Z_0}{2}u_{AA} + \frac{n'}{2}\left(Z_S + \frac{Z_0-Z_S}{2}\right)u_{AA} = N'Z_0\frac{u_{AA}}{2} - \frac{n'(Z_0-Z_S)}{4}u_{AA} \qquad (8-13)$$

式中，u_{AA} 是二原子之间的相互作用势能，其值总是负的；Z_0 是原子的体积配位数；Z_S 是原子的表面配位数，通常为表面层内最近邻原子数。

式（8-13）表明，总内能是由两项组成的，一项是体积内能，即式（8-13）中的第一项；另一项是表面内能，即式（8-13）中的第二项。

令 $Z_R = (Z_0-Z_S)/2$ 为界面配位数。例如，对于密排结构的最密排面（如面心立方的 {111} 面）有 $Z_0=12$，$Z_S=6$，则界面配位数 $Z_R=3$。如果以 N 表示单位体积内的原子数、以 n 表示单位表面积所包含的原子数，这样，便可以从式（8-13）得到单位表面积的表面内能〔即表面张力，式（8-13）中的第二项〕计算式：

$$\gamma_A = \frac{n'(Z_0-Z_S)}{4}u_{AA} = -\frac{n}{2}Z_R u_{AA} \qquad (8-14)$$

由于 u_{AA} 是 <0，故 $\gamma_A > 0$。

对于液态金属，其原子配位数较固态金属大约小 10%。所以，上述讨论虽然是针对固态金属的，但是对液态金属也适用。这里剩下的关键问题是如何计算两原子的相互作用势能 u_{AA}。

如果将 u_{AA} 从与物质的蒸发热 ΔH_v 联系起来，可以近似地认为：

$$\Delta H_v = -\frac{N_0 Z_0}{2}u_{AA} \qquad (8-15)$$

此时

$$\gamma_A = -\frac{n Z_R}{N_0 Z_0}\Delta H_v \qquad (8-16)$$

式中，ΔH_v 为摩尔蒸发热；N_0 为阿伏伽德罗常数。

因此，对面心立方晶体 {111} 面来说，$\gamma_A = -0.25\frac{n}{N_0}\Delta H_v$。如前所述，实验测定 γ_A 是非常困难的，但对纯金属的测量表明，在接近熔点时，很多晶面的表面能大致上为 $\gamma_A = -0.15\frac{n}{N_0}\Delta H_v$。

8.1.4　固液界面与润湿

很多生活或工业上的过程都涉及固体与液体的界面，如机械润滑、金属或陶瓷的钎焊、陶瓷的坯釉结合以及复合材料制备等。在这些过程中，液体对固体表面的润湿性能起着重要的作用。液体对固体的润湿或不润湿均是常见的界面现象。如早晨水形成露珠在树叶上闪闪发亮。水银在玻璃上形成小珠，而水在玻璃表面则会铺展开来等。

润湿作用实际上涉及气、液、固三相。因为固体表面的不均匀性及固体表面能难以直接测量，加上液体分子结构与固态比没有那么整齐，与气体比分子间距又很小，分子间作用力不可不考虑，这就使得固-液-气三相界面十分复杂。

将一液滴置于固体表面上，形成如图 8-5 所示的形貌。设在固-液-气三相界面上，固-气的界面张力为 γ_{SG}，固-液的界面张力为 γ_{SL}，气-液的界面张力为 γ_{GL}。在三相交界处自固-液界面经过液体内部到气-液界面的夹角叫接触角，以 θ

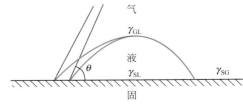

图 8-5　Young 方程的推导

表示。通过分析三相界面处的张力平衡可得，γ_{SG}、γ_{SL}、γ_{GL} 一般服从下面的关系：

$$\gamma_{SG} = \gamma_{SL} + \gamma_{GL}\cos\theta \tag{8-17}$$

这就是 Young 方程，也是研究液-固润湿作用的基础。接触角的大小可作为判断润湿性好坏的依据，一般地，若：

$\theta = 0°$	完全润湿，液体在固体表面铺展；
$0 < \theta < 90°$	润湿，θ 越小，润湿性越好；
$90° < \theta < 180°$	不润湿；
$\theta = 180°$	完全不润湿，液体在固体表面呈球状。

Adam 等从能量观点也导出了 Young 方程。液体放在固体表面上，并形成如图 8-5 所示的形状，平衡后系统达到最小自由焓状态。假定液滴足够小，重力影响可以忽略，现液体发生一个小的位移，使各相界面的面积变化分别为 dA_{SL}、dA_{SG}、dA_{LG}，则系统自由焓的变化为：

$$dG = \gamma_{LG}dA_{LG} + \gamma_{SG}dA_{SG} + \gamma_{SL}dA_{SL} \tag{8-18}$$

在液体位移后：

$$dA_{SL} = -dA_{SG} \tag{8-19}$$

$$dA_{LG} = \cos\theta\, dA_{SL} \tag{8-20}$$

代入式（8-18）得：

$$dG = (\gamma_{LG}\cos\theta - \gamma_{SG} + \gamma_{SL})dA_{SL} \tag{8-21}$$

平衡时，$dG = 0$，因此有：

$$\gamma_{SG} = \gamma_{SL} + \gamma_{GL}\cos\theta \tag{8-22}$$

注意，Young 方程的应用条件仅是化学组成均匀、平整且各向同性的理想表面，只有在这样的理想表面上，液体才会有稳定的接触角，也称为本征接触角。

然而，真实的固体表面往往是粗糙不均匀的，表面化学组分是多样的，实际测得的固体表面液滴接触角与 Young 方程计算出来的接触角具有一定的差异。因此，为了很好地分析非理想的粗糙表面的润湿性，引入了表观接触角（APCA，Apparent contact angle）θ^*，即实际所测得的接触角。

Wenzel 等假设粗糙表面上的液体始终能填满非理想表面上的粗糙结构[见图 8-6（a）]，通过研究液滴在粗糙表面上润湿过程中的能量微小变化，认为平衡状态下的表观接触角 θ^* 与理想材料表面的本征接触角 θ 存在这样的关系：

$$\cos\theta^* = r\cos\theta \tag{8-23}$$

此式即为著名的 Wenzel 润湿方程，其中 r 定义为粗糙度因子，是指实际固-液界面接触面积与表观固-液界面接触面积的比值，可知 $r \geqslant 1$。利用 Wenzel 润湿方程很好地解释了当时遇到的一系列润湿问题，在亲水条件下（$\theta < 90°$），表观接触角 θ^* 随着固体表面粗糙度的增加而降低，更加亲水；疏水条件下（$\theta > 90°$），表观接触角 θ^* 随着粗糙度的增加而变大，表现为更加的疏水。

因此，Wenzel 方程为设计特殊非润湿性的超疏水表面指明了重要的理论方向，构建微观粗糙结构可以有效地调控表观接触角 θ^*，改变固体表面的润湿性能。

Wenzel 方程很好地揭示了粗糙表面的表观接触角 θ^* 与本征接触角 θ 之间的关系。然而，观察发现自然界中还有很多润湿现象仍然不能用 Wenzel 方程解释，例如荷叶表面滚动的水珠，水滴快速从瓢虫背盖上滑走等。Cassie 和 Baxter 因此进一步拓展了 Wenzel 方程，认为 Wenzel 方程适用于亲水材料及部分疏水材料，对于一些超疏水（superhydrophobic phenomena）现象（指表观接触角大于 $150°$，滚动角或接触角滞后小于 $10°$），Wenzel 方程则不再适用。Cassie 和 Baxter 认为液滴在一些超疏水表面上的接触界面不再是单一的固-液完全浸润接触界面，而是一种复合相的接触界面，即在界面上同时存在固-液和气-液接触界面，且气-液接触界面占主要部分，如图 8-6（b）所示。表观接触角 θ^* 与复合接触界面本征接触角 θ_1 和 θ_2 之间则存在着如下关系：

$$\cos\theta^* = f_1\cos\theta_1 + f_2\cos\theta_2 \tag{8-24}$$

式中，θ_1 和 θ_2 分别为液体在固体和气体上的本征接触角；f_1 和 f_2 分别是固-液接触面积与气-液接触面积占表观接触面积的分数，且 $f_1 + f_2 = 1$。又因为水在气体表面上的本征接触角 θ_2 为 $180°$，因此式（8-24）可变为：

$$\cos\theta^* = f_1\cos\theta_1 + f_1 - 1 \tag{8-25}$$

此式即为著名的 Cassie-Baxter 方程，很好地解释了一些特殊非润湿的超疏水现象，认为疏水材料表面的一些特殊微观结构能够有效地截留空气在液体下面，使得液滴不能浸润到微观结构内部，于是表观上的固-液接触界面其实是由固-液和气-液界面共同组成。固-液接触面积占表观接触面积的分数 f_1 越小，则表观接触角 θ^* 越大，液滴就好像悬停在固体表面，达到了超疏水状态。

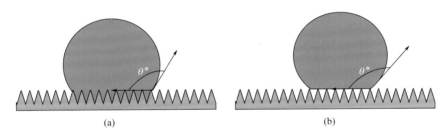

图 8-6　（a）Wenzel 润湿模型与（b）Cassie-Baxter 润湿模型

8.1.5　固-固界面与黏附

所谓固-固界面，一般是指结构与组分中存在不同的两个固相之间的界面。固-固界面的存在将产生界面能。

在复合材料制备中常涉及黏附的概念，黏附是指两黏附固体界面上的黏结现象，是通过跨越两固相界面的相互作用而产生的。这种界面上的相互作用既可以是分子间的范德瓦耳斯作用力，如取向力、诱导力和色散力等，也可以是化学键合作用，如离子键、共价键、金属键等，还可以是界面上微观的机械连接作用。因此，黏附过程是一个复杂的物理、化学过程。

设想有 α 和 β 相构成的两相材料，其相界面张力为 $\gamma_{\alpha\beta}$，如图 8-7（a）所示，若在外力的作用下分离为独立的 α 和 β 相，分离开所需的能量即为黏附功（W_a），它和两相的表面张力 γ_α 和 γ_β 以及界面张力有如下的关系：

$$W_a = \gamma_\alpha + \gamma_\beta - \gamma_{\alpha\beta} \tag{8-26}$$

当两相物质相同时（见图 8-7），则界面消失，$\gamma_{\alpha\beta} = 0$，$\gamma_\alpha = \gamma_\beta$，此时黏附功 W_a 即等于内聚能 W_c，

物体的内聚能越大，将其分离产生新表面所需的功就越大。黏附功和内聚能是表面化学中的两个重要物理量。

由式（8-26）可知，此时：

$$W_a = W_c = 2\gamma_\alpha \tag{8-27}$$

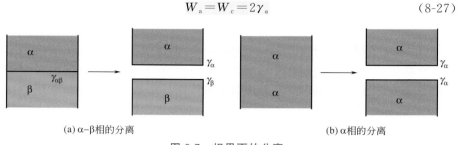

(a) α–β相的分离　　　　　　　　　　　(b) α相的分离

图 8-7　相界面的分离

8.2 晶体中的界面结构

8.2.1　界面类型与结构

我们通常使用的晶体材料主要为多晶状态存在的，多晶体中位向不同的相邻晶粒之间的界面被称为晶界，不同组成相间的界面又称为相界。图 8-8 和图 8-9 就分别是单相 Mg-3Al-0.8Zn 合金中的晶界和两相 Pb-Sn 合金中的相界。研究表明，晶界的存在对材料的性能有重要影响，例如在金属的冶炼和热处理过程中对晶粒度的控制，是获得高强度、高塑性材料的一个重要手段；而在陶瓷功能材料中，我们可利用晶界的各种物理效应制成有用的功能元件。

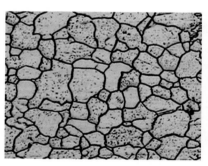　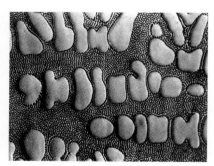

图 8-8　Mg-3Al-0.8Zn 合金中的晶界　　　图 8-9　Pb-Sn 合金中的相界

进一步研究还发现，即使在这些晶粒内部也不是理想的单晶体，除了含有点缺陷及位错之外，每个晶粒又可分为若干个更小的有微小位向差的亚晶粒区域。通常情况下，晶粒平均直径一般在 0.01～0.25mm 之间，而亚晶粒的平均直径则通常为 10^{-3}mm 左右。

晶界的原子排列结构和组成它们的晶粒间的取向有关，一般来说晶粒间取向差越大的晶界结构也越复杂。因此，在处理晶界问题时，按晶粒间的取向差的大小分为小角（度）和大角（度）晶界，相对而言，小角晶界的理论目前已较为完善。

8.2.1.1 界面的自由度

晶界的性质取决于它的结构，而晶界的结构在很大程度上取决于与其相邻的两个晶粒的相对取向和晶界相对于其中一个晶体的相对位向。

要确定两个晶粒的相对位向，我们可以考虑在一个参考坐标系中同一晶粒的两部分，沿着坐标系中的某一旋转轴 μ 互相旋转一个角度 θ，在一个三维坐标系中，要确定 μ 的取向需要 2 个变量，例如知道了 μ 的 3 个方向余弦中的 2 个，则 μ 的方向就确定了，μ 和 θ 共同决定了两晶粒的相对取向，因此这需要 3 个自由度。晶界相对于一个晶体的位向描述了晶界在 2 个晶体之间的位置。假如晶界平面的法线方向为 n，则 n 在坐标系中方向的确定又需要 2 个自由度。因此，从几何上描述一个晶界需要 5 个自由度。

在异相界面的情况下，描述它们之间界面的位向，同样也需要 5 个自由度。

8.2.1.2 小角晶界

如果两个晶粒的位向差在 10°以下，它们之间的晶界称为小角晶界，亚晶界通常都属于小角晶界。简单小角晶界通常有两种：倾转晶界和扭转晶界，前者由刃型位错构成，后者由螺旋位错构成。

（1）对称倾转晶界 这是一种单自由度晶界，可以看作同一晶体的两部分各自相互倾转 $\theta/2$ 角形成的界面，见图 8-10。这种对称倾转的晶界可用一系列平行的刃型位错加以描述，如图 8-11 所示，图中界面接近（100）面，只有一个变量 θ，由于相邻晶粒位向差 θ 很小，对称倾转晶界可看成是由一列平行的刃型位错所构成，很明显，位错间距 D 与柏氏矢量 $\boldsymbol{b}$ 之间的关系为：

$$D = \frac{|\boldsymbol{b}|}{2\sin\dfrac{\theta}{2}} \qquad (8\text{-}28)$$

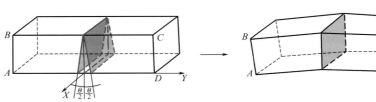

当 θ 很小时，$\sin\dfrac{\theta}{2} \approx \dfrac{\theta}{2}$，因此有该晶界上的位错间距：

$$D = \frac{|\boldsymbol{b}|}{\theta} \qquad (8\text{-}29)$$

图 8-10 对称倾转晶界构造

若 $|\boldsymbol{b}| = 0.25\mathrm{nm}$，当 $\theta = 1°$时，带入上式可得 $D = 14.2\mathrm{nm}$；而当 $\theta = 10°$时，可得 $D = 1.4\mathrm{nm} \approx 5|\boldsymbol{b}|$（5 个原子间距），显然，此时 5～6 个原子间距就将有一个位错，位错密度过大，晶界将全部是位错心，这种结构显然是不稳定的。因此，θ 大时，这个模型不适用。图 8-12 为高分辨率电子显微镜下观察到的对称倾转晶界。

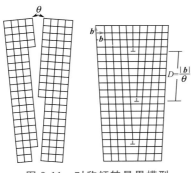

图 8-11 对称倾转晶界模型

图 8-12 实验观察到的对称倾转晶界

（2）不对称倾转晶界 如果上述倾转晶界不是接近（100）面，而是任意的（$hk0$）面，这种非对称的晶界就需要用柏氏矢量分别为 ［100］及 ［010］的两组平行的刃型位错来表示。设（$hk0$）面和 ［100］方向的夹角为 φ（见图 8-13），沿 AC 单位距离中两种位错的数目分别为：

$$\rho_1 = \frac{EC-AB}{|\boldsymbol{b}| \times AC} = \frac{2}{|\boldsymbol{b}|} \sin \frac{\theta}{2} \sin\varphi \approx \frac{\theta}{|\boldsymbol{b}|} \sin\varphi \qquad (8\text{-}30)$$

$$\rho_2 = \frac{CB-AE}{|\boldsymbol{b}| \times AC} = \frac{\theta}{|\boldsymbol{b}|} \cos\varphi \qquad (8\text{-}31)$$

因此，两组位错的间距分别为：

$$D_1 = \frac{|\boldsymbol{b}|}{\theta \sin\varphi} \qquad (8\text{-}32)$$

$$D_2 = \frac{|\boldsymbol{b}|}{\theta \cos\varphi} \qquad (8\text{-}33)$$

（3）扭转晶界　小角度晶界的另一种类型为扭转晶界，其构造如图 8-14 所示，将一个晶体沿中间平面切开，然后使上半晶体绕垂直于切面的轴转过一个角度，再与下半晶体会合在一起而形成。

图 8-15 表示两个简单立方晶粒之间的扭转晶界结构。该图中 (001) 平面是共同的平面（也就是图面），可见这种晶界是由两组螺型位错交叉网络所构成。扭转晶界两侧的原子位置是互相不吻合的，但这种不吻合可以集中到一部分原子的位置上，而其余部分仍然吻合。不吻合的部分是螺旋位错，整个扭转晶界就是由两组交叉的螺旋位错构成的网格，一组是平行于 [100] 轴向，另一组平行于 [010] 方向，网格的间距 D 也满足关系式：

$$D = \frac{|\boldsymbol{b}|}{\theta} \qquad (8\text{-}34)$$

纯粹的倾转晶界和扭转晶界是小角晶界的两种特殊形式。对于更加一般的晶界，旋转轴和晶界可以有任意的取向关系，但都可以分解为适当的刃位错和螺位错，这样的晶界需要用 5 个参数即 5 个自由度才能将晶界完全确定。

8.2.1.3　大角度晶界

一般把 $\theta > 10°$ 的晶界称为大角度晶界。大角晶界的模型比较复杂，原子排列不规则，不能用位错模型来描述，其结构直至目前也难以简单描述。有人认为大角度晶界的结构接近于图 8-16 所示的模型。图 8-16 中表明取向不同的相邻晶粒的界面不是光滑的曲面，而是由不规则的台阶组成的，分界面上既包含有同时属于两晶粒的原子 D，也包含有不属于任一晶粒的原子 A；既

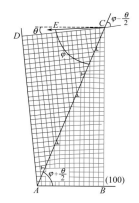

图 8-13　不对称倾转晶界的位错模型（简单立方）

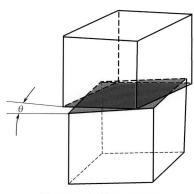

图 8-14　扭转晶界构造

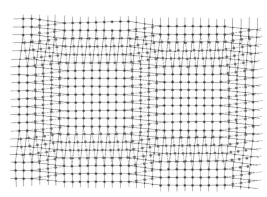

图 8-15　扭转晶界模型

包含有压缩区 B，也包含有扩张区 C。这是由于晶界上的原子同时受到位向不同的两个晶粒中原子的作用所致。总之，大角度晶界上原子排列比较紊乱，但也存在一些比较整齐的区域。因此，晶界可看成"坏区"与"好区"交替相间组合而成。随着位向差的增大，"坏区"的面积将相应增加。纯金属中大角度晶界的宽度不超过 3 个原子间距。

近年来，有人在应用场离子显微镜研究晶界的基础上，提出了大角度晶界的"重合位置点阵"模型。如图 8-17 所示，在简单立方点阵中，当两个相邻晶粒的位向差为 28.1°时（相当于晶粒 2 相对晶粒 1 绕 ［100］旋转了 28.1°），若设想两晶粒的点阵彼此通过晶界向对方延伸，则其中一些原子将出现有规律的相互重合。由这些原子重合位置所组成比原来晶体点阵大的新点阵，通常称为重合位置点阵。由于在上述具体图例中，每 17 个原子即有一个是重合位置，故重合位置点阵密度为 1/17 或称为 1/17 重合位置点阵。显然，由于晶体结构及所选旋转轴与转动角度的不同，可以出现不同重合位置密度的重合点阵。表 8-1 列出了立方晶系金属中重要的重合位置点阵。

根据该模型，在大角度晶界结构中将存在一定数量重合点阵的原子。显然，晶界上重合位置越多，即晶界上越多的原子为两个晶粒所共有，原子排列的畸变程度越小，则晶界能也相应越低。然而从表 8-1 得知，不同晶体结构具有重合点阵的特殊位向是有限的。

重合位置点阵模型认为，晶界上包含的重合位置密度越高，两晶粒在界面上匹配得越好，畸变越小，因而能量越低。所以一方面晶界两侧晶粒趋向于获得高密度重合位置点阵的位向关系，另一方面晶界面趋向于与重合位置点阵的密排面相重合。

如果晶界面与重合位置点阵的密排面不重合，而是与其偏离一定的角度，则晶界趋向于使其大部分面积分段地与重合位置点阵密排面相重合，中间以小台阶相连。显然，这种偏离越大，小台阶越多。以图 8-18 所示的体心立方晶体中重合位置点阵为例，晶界并不会从 A 直接到 D，而是形成 AB、CD 两端与重合位置点阵密排面（图中实心圆）相重合，中间以小台阶 BC 相连。尽管图示 BC 段原子错排显著，但由于比例很小，因而晶界总能量还是较低的。

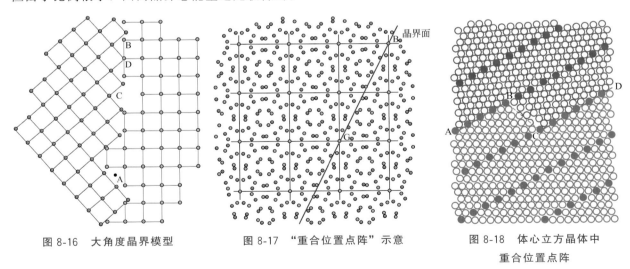

图 8-16　大角度晶界模型　　　图 8-17　"重合位置点阵"示意　　　图 8-18　体心立方晶体中
重合位置点阵

8.2.1.4　相界

若相邻晶粒不仅取向不同而且分属不同的相，则它们之间的界面称为相界。根据界面上的原子排列结构不同，可把固体中的相界分为共格、半共格以及非共格三类。

（1）共格相界　共格界面上的原子同时处于两相邻相点阵的结点上，即在相界面上两相原子完全相互匹配，如图 8-19 所示。例如，在 Cu-Si 合金中，密排六方点阵的富硅相和面心立方点阵的富铜相基体

表 8-1　立方晶系金属中重要的重合位置点阵

晶体结构	旋转轴	转动角度/(°)	重合位置密度
体心立方	[100]	36.9	1/5
	[110]	70.5	1/3
	[110]	38.9	1/9
	[110]	50.5	1/11
	[111]	60.0	1/3
	[111]	38.2	1/7
面心立方	[100]	36.9	1/5
	[110]	38.9	1/9
	[111]	60.0	1/7
	[111]	38.2	1/7

间可以形成共格界面，在这两个相的 (111)$_{FCC}$ 和 (0001)$_{HCP}$ 面上点阵参数相同，原子间距也相同，所以，如果这两个晶体沿它们的密排面相邻接并且密排方向又是平行的话，形成的界面就是完全共格的，两相的密排面和密排方向平行使两相产生如下的取向关系：(111)$_{FCC}$//(0001)$_{HCP}$。

如果界面上的原子间距不一样，则两个点阵中的一个或两个在发生一定畸变后仍有可能保持共格，如示意图 8-20 所示，由此将引起共格畸变或共格应变。

（2）半共格相界　若 a_α 和 a_β 分别为无应力时的 α 和 β 的点阵常数，这两个点阵的错配（不匹配）度 δ 定义为

$$\delta = \frac{a_\beta - a_\alpha}{a_\alpha} \qquad (8-35)$$

当 δ 值很小（<0.05）时，形成共格界面。两侧共格界面的畸变使系统总能量增加，对于比较大的原子错配度（0.05<δ<0.25）或较大的界面积，从能量角度而言，以半共格界面代替共格界面更为有利。在半共格界面上，它们的不匹配可由刃型位错周期地调整补偿，如图 8-21 所示，一维点阵的错配可以在不产生长程应变场下用一组刃位错来补偿，这组位错的间距 D 应是：

$$D = a_\beta/\delta \qquad (8-36)$$

当 δ 值很小时，可以近似为：

$$D \approx |\boldsymbol{b}|/\delta \qquad (8-37)$$

式中，$\boldsymbol{b}$ 是位错的柏氏矢量，$|\boldsymbol{b}| = (a_\alpha + a_\beta)/2$，在界面上除了位错核心部分以外，其他地方几乎完全匹配了。可见，当 δ 值很小时，D 很大，两

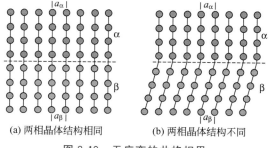

(a) 两相晶体结构相同　　(b) 两相晶体结构不同

图 8-19　无应变的共格相界

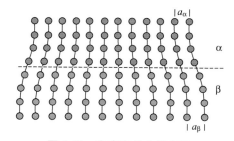

图 8-20　有应变的共格相界

相的界面趋向于完全共格，反之则 D 很小，以致失去了位错结构的物理意义，说明此时相界不能用位错结构来描述，此时应趋向于非共格界面。

（3）非共格相界　当两相在相界面处的原子排列相差很大时，即 δ 很大时，只能形成非共格界面（见图 8-22）。这种相界与大角度晶界相似，可看成是由原子不规则排列的很薄的过渡层构成。

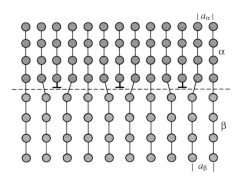
图 8-21　半共格相界

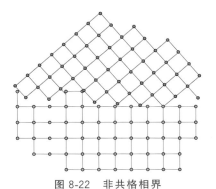
图 8-22　非共格相界

8.2.2　界面能量

8.2.2.1　晶界能

由于小角晶界是由位错构成的，因此其界面能可由组成它的位错能量进行估算。

例如对于对称倾转晶界，设位错间距为 D，取一个面积元，其面积为 $D \times 1$，仅含一根位错，而单位长度刃位错的能量为：

$$E = \frac{Gb^2}{4\pi(1-\nu)} \ln \frac{R}{r_0} + E_{\mathrm{C}} \tag{8-38}$$

因此单位面积上的界面能为：

$$E_{\mathrm{B}} = E/D = E\theta/|\boldsymbol{b}| \tag{8-39}$$

而对如图 8-23 所示的大角度晶界，通过长时间保温可达到平衡，平衡条件为：

$$\frac{\gamma_{12}}{\sin\varphi_3} = \frac{\gamma_{23}}{\sin\varphi_1} = \frac{\gamma_{31}}{\sin\varphi_2} \tag{8-40}$$

其中 φ_1、φ_2、φ_3 分别是晶粒 1、2 和 3 之间的二面角；γ_{12}，γ_{23}，γ_{31} 是晶粒 1/2、晶粒 2/3 和晶粒 3/1 之间界面的晶界能。

这样，可通过测量二面角 φ_1、φ_2、φ_3 来算出 γ_{12}、γ_{23}、γ_{31} 中的两个，但得到的不是绝对值，要用其他方法得到一个参考标准。

图 8-24 给出了铝中分别沿 $\langle 100 \rangle$ 和 $\langle 110 \rangle$ 转动不同角度后形成的晶界的界面能，由图可见，对小角晶界，界面能大致上和界面两侧晶粒取向差成正比，这与上述小角晶界的位错机制是相吻合的。同时也可见，对一般大角晶界而言，界面能几乎与取向差无关，但也存在一些特殊大角度晶界，其界面能显著低于一般值。

8.2.2.2　相界能

由相界面的机构可知，相界能主要包括两部分能量，即由于原子离开平衡位置所引起的弹性畸变能（或应变能），和由于界面上原子间结合键数目和强度发生变化所引起的化学交互作用能。弹性畸变能大小取决于错配度 δ 的大小，而化学交互作用能取决于界面上原子与周围原子的化学键结合状况。相界面

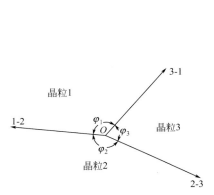

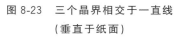

图 8-23   三个晶界相交于一直线
（垂直于纸面）

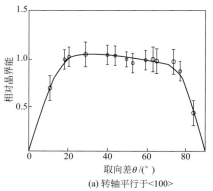

(a) 转轴平行于<100>

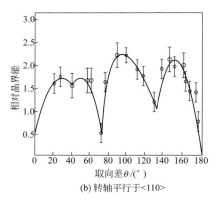

(b) 转轴平行于<110>

图 8-24   铝中倾转晶界的晶界能测量值

结构不同，这两部分能量所占的比例不同，如对共格相界，由于界面上原子保持着匹配关系，故界面上原子结合键数目不变，因此以应变能为主；而对于非共格相界，由于界面上原子的化学键数目和强度与晶内相比有很大差异，故其界面能以化学能为主，而且总的界面能较高。从相界能的角度来看，从共格至半共格到非共格依次递增，如前述 Cu-Si 合金中的共格界面能非常小，仅约 $1mJ/m^2$，而典型的非共格界面能高达 $500 \sim 1000mJ/m^2$。

8.3 晶体中界面的偏聚与迁移

8.3.1   晶界平衡偏析

一般来说，晶界结构比晶内松散，溶质原子处在晶内的能量比处在晶界的能量要高，所以溶质原子有自发地向晶界偏聚的趋势，这就会发生晶界偏析。由于这种偏析降低了系统能量，因此是一种平衡偏析。

设 P 个溶质原子随机地分布在 N 个晶内点阵位置上，p 个溶质原子独立地随机分布在 n 个晶界位置上，由溶质原子分布引起的自由能 G 为：

$$G = pe + PE - kT\{\ln(n!N!) - \ln[(n-p)!p!(N-P)!P!]\} \quad (8-41)$$

式中，E 和 e 分别是溶质原子在晶内点阵及在晶界的能量；含 kT 的项是溶质原子在晶内及晶界的排列熵。G 最小是系统的平衡态，以 p 为变量对 G 微分（注意 $P + p$ 为常数），并令它等于 0，求得：

$$\frac{C_B}{C_B^0 - C_B} = \frac{C_C}{1 - C_C} \exp\left(-\frac{\Delta G}{kT}\right) \quad (8-42)$$

式中，C_B^0 是在晶界的原子位置分数；C_B 和 C_C 分别是晶界中和晶内的溶质原子分数；ΔG 是溶质原子在晶界与在晶内的自由焓差，它包括了除排列熵项以外的熵项的能量。一般在稀固溶体中，$C_C \ll 1$，近似认为 $C_B^0 \approx 1$，上式可重写成：

$$-\frac{\Delta G}{kT} = \ln \frac{C_B}{(1 - C_B)C_C} \quad (8-43)$$

还有一种描述溶质原子在晶界偏聚浓度的简单公式：

$$C_B = C_0 \exp\left(-\frac{\Delta G}{kT}\right) \tag{8-44}$$

式中，C_0 是溶质平衡浓度。如果认为 $C_B \ll 1$，$C_C \approx C_0$，则式
（8-39）就变成式（8-40）。从上面的式子看出，晶界偏析随溶质的
平衡浓度增加而增加。溶质原子在静态晶界中偏析的程度和它在溶
剂中的溶解度有关。图 8-25 是一些合金系中的溶质溶解度与它在晶界
中的富化程度间的关系。从图中可以看出，溶解度低的溶质原子
在晶界偏析的程度大。

随着温度增加，由于溶质原子在晶内和在晶界的能量差别减
小，即 ΔG 减小，晶界偏析也减弱。

原子在晶界富集对材料很多物理化学现象起重要作用，例如晶
界硬化、不锈钢的敏化、晶界腐蚀、粉末烧结过程和回火脆性等有
重要作用。

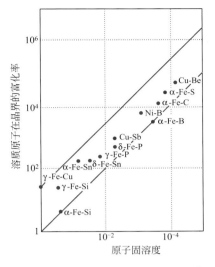

图 8-25 一些合金系的溶质原子固溶
度和溶质在晶界富化程度间的关系

8.3.2 界面迁移驱动力

晶界迁移可以定义为晶界在其法线方向上的位移，从微观上看，是通过晶粒边缘上的原子向其邻近
晶粒的跳动实现的。

如图 8-26 所示，设想 a 为一曲面晶界上的原子，其受晶界两侧晶粒Ⅰ、Ⅱ中原子作用力（引力），
由于其周围Ⅱ类原子多于Ⅰ类，所以若 a 有足够动力，将跳入Ⅱ，结果晶界就会向Ⅰ方向移动，即曲率
中心方向，明显地，当晶界处于平直状态时，将停止迁移。

迁移与曲率半径的关系如图 8-27 所示，考虑一个曲率半径为 r 的圆柱界面面积元，设界面能为 γ，
则界面上的力为 γl，则指向曲率中心的分力为：$2\gamma l \sin(\mathrm{d}\theta/2)$。

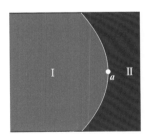
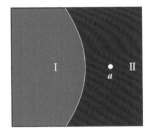
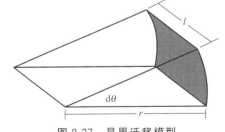

图 8-26 晶粒长大模型   图 8-27 晶界迁移模型

考虑 θ 很小时，有

$$2\gamma l \sin(\mathrm{d}\theta/2) = \gamma l\, \mathrm{d}\theta \tag{8-45}$$

当界面保持平衡时，界面凹侧压力应大于凸侧，其差值为 ΔP，则

$$\gamma l\, \mathrm{d}\theta = \Delta P l r\, \mathrm{d}\theta \tag{8-46}$$

所以

$$\Delta P = \gamma / r \tag{8-47}$$

而对任意曲面，则有

$$\Delta P = \gamma\left(\frac{1}{r_1} + \frac{1}{r_2}\right) \tag{8-48}$$

由热力学有关原理，恒温时

$$\mathrm{d}\mu = V\mathrm{d}P$$

则

$$\mu_1 - \mu_2 = V\Delta P \tag{8-49}$$

通过以上分析可见，晶界曲率是晶界迁移的驱动力，界面总是向凹侧推进。

8.3.3 影响界面迁移的因素

（1）温度　晶界迁移率 B 与扩散系数 D 之间的关系为：

$$B = D/kT \approx \mathrm{e}^{(-Q/kT)} \tag{8-50}$$

式中温度和晶界迁移率呈指数关系，可见温度对晶界迁移率影响很大。

（2）溶质或杂质原子　少量溶质或杂质原子就会对晶界迁移率产生显著的影响，如图 8-28 所示是锡对铅晶界迁移速率的影响。从图中可以看出，这种影响对一般晶界要比特殊晶界大得多，其原因主要是特殊晶界相对规则，对杂质原子不敏感。

（3）第二相颗粒　当晶界上存在第二相颗粒时，这些颗粒往往对晶界迁移都是起一种阻碍作用。假设第二相为半径为 r 的球形颗粒，晶界的界面能为 γ，在图 8-29 中 A 点，为保持张力平衡，可得第二相对晶界的阻力为：

$$F = 2\pi r \cos\theta\gamma\sin\theta = \pi r\gamma\sin 2\theta \tag{8-51}$$

当 $\theta = 45°$ 时达到最大：

$$F_{max} = \nu\pi r\gamma = 3f\gamma/2r \tag{8-52}$$

可见，第二相体积分数 f 越大、颗粒尺寸 r 越小，对晶界迁移的阻力越大。当这个阻力与晶界迁移动力相等时，晶界迁移就停止了，此时晶粒尺寸 D 为极限尺寸，即

$$3f\gamma/2r = 2\gamma/D$$

所以

$$D = 4r/3f \tag{8-53}$$

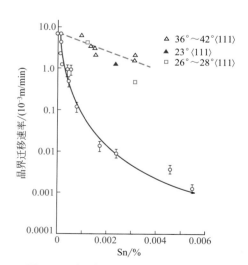

图 8-28　锡对铅晶界迁移速率的影响

（△、▲、□为特殊晶界；○为一般晶界）

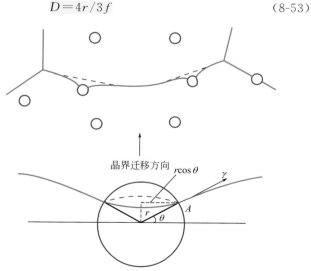

图 8-29　第二相颗粒对晶界迁移

速率的影响

可见，若希望保持细小的晶粒组织，可以引入较大分数的细小第二相来实现。

（4）晶粒间位向差　一般情况下，晶界能越大则晶界越不稳定，原子迁移率也越大。然而，随着晶粒间位向差的增加，晶界能也变大，因此晶界迁移率越大。

另外，有些金属的晶粒间位向差对迁移率的影响还与温度有关。例如铅金属，当温度低于 200℃时，大角度晶界范围内只有某些特殊位向的晶界移动速率较大；在 300℃时，随着晶粒间的位向差增大而增大，达到一定角度后趋于稳定，这主要是较高温度时，杂质在晶界偏聚的现象不明显所致。

8.4　界面与组织形貌

界面结构和界面能决定了多晶体和多相材料中的组织形貌。无论是单相或复相材料，组织的平衡形貌都必须满足界面能最低的热力学条件，晶界和相界是高能区，从热力学角度看，平衡状态下的单相合金应当是单晶体；而两相合金的两个组成相也应当各是一个单晶体。二者之间只应有一个界面，这样总界面能最小。但事实并非如此，在实际材料中存在着大量的界面，这是因为界面通过自身的调整，在晶界或相界相交接处产生亚稳平衡，因此界面能对控制材料的显微组织形貌有重要作用。

8.4.1　单相组织形貌

在多晶材料中，晶粒都是由界面（晶界或表面）围成的多面体，一般的规律是：在平衡时，两个晶粒相遇于 1 个面（晶面），3 个晶面相遇于 1 条线（晶棱），4 个晶粒相遇于一点（晶粒角隅），即 1 个晶面由 2 个晶粒共有，1 个晶棱由 3 个晶粒及 3 个晶面所共有，一个晶粒角隅由 4 个晶粒、4 个棱、6 个晶面所共有，这些是多晶体组织中的共享关系。根据欧拉方程，多晶体中的晶粒数 N_3、晶面数 N_2、晶棱数 N_1 和晶粒角隅数 N_0 间符合如下的拓扑关系：

$$N_0 - N_1 + N_2 - N_3 = 1 \tag{8-54}$$

根据上述的共享关系，有：

$$N_0 = 2N_1$$
$$6N_0 = N_2 \overline{N_{20}} \tag{8-55}$$

式中，$\overline{N_{20}}$ 是每个晶面所含的角隅的平均数。还可以导出有关 N_0、N_1、N_2、N_3 的另外一些关系式，这些拓扑对定量分析组织是很有用的。

如前面讨论可知，即使 2 个晶粒的取向关系不变。晶界位置不同时晶界的结构也会不同，从而晶界能不同，即界面能和界面的位置有关。也就是说，界面会承受指向低能位置的力。若晶界的一端固定，另一端单位面积界面就会受 $\partial \gamma / \partial \alpha$ 的力，其中 γ 是界面能，α 是界面相对于固定端的转角。如果界面保持亚平衡，界面的这一端必须有和上述相反的力作用，以保证界面不发生转动。现在用图 8-30 来分析晶界亚平衡的条件。这个图是垂直晶粒棱的截面。O 点是晶粒棱的位置，它连接 3 个晶粒以及 3 个晶界。晶粒之间的界面能分别以 γ_{12}、γ_{23}、γ_{31} 表示。晶粒棱在 O 点位置时，单位长度晶界系统的能量 G_0（只考虑晶界引起的能量）为：

$$G_0 = \gamma_{23} O\alpha + \gamma_{31} O\beta + \gamma_{12} O\delta \tag{8-56}$$

若棱的位置从 O 点做很小位移到 P，此时系统的能量 G_P：

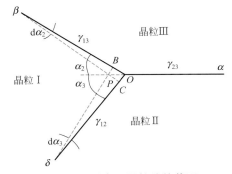

图 8-30　垂直于晶粒棱的截面

$$G_P = \gamma_{23} P\alpha + \left(\gamma_{31} + \frac{\partial \gamma_{31}}{\partial \alpha_2} d\alpha_2\right) P\beta + \left(\gamma_{12} + \frac{\partial \gamma_{12}}{\partial \alpha_3} d\alpha_3\right) P\delta \qquad (8\text{-}57)$$

则

$$\Delta G = \gamma_{23}(P\alpha - O\alpha) + \gamma_{31}(P\beta - O\beta) + P\beta \frac{\partial \gamma_{31}}{\partial \alpha_2} d\alpha_2 + \gamma_{12}(P\delta - O\delta) + P\delta \frac{\partial \gamma_{12}}{\partial \alpha_3} d\alpha_3$$

$$(8\text{-}58)$$

考虑到位移 $OP \rightarrow 0$，同时平衡时 $\Delta G = 0$，得：

$$\gamma_{23} - \gamma_{31}\cos\alpha_2 - \gamma_{12}\cos\alpha_3 + \frac{\partial \gamma_{31}}{\partial \alpha_2}\sin\alpha_2 + \frac{\partial \gamma_{12}}{\partial \alpha_3}\sin\alpha_3 = 0 \qquad (8\text{-}59)$$

这就是晶界平衡时所必须满足的条件。因为式（8-55）并没有涉及晶界的结构，所以它对于相界也是适用的。一般的大角度晶界（非特殊晶界）的晶界能与晶界的位置关系不大，即 $\partial\gamma/\partial\alpha \approx 0$，这时式（8-59）变成：

$$\gamma_{23} - \gamma_{31}\cos\alpha_2 - \gamma_{12}\cos\alpha_3 = 0 \qquad (8\text{-}60)$$

这关系可直接由界面张力平衡导出，同样，该式对于相界也是适用的。对于小角度晶界、特殊大角度晶界（例如孪晶界），由于界面处在低能的位置，当界面偏离这些位置时，晶界能会有很大的提高，即 $\partial\gamma/\partial\alpha > 0$，这些界面不易移动，晶界越稳定，$\partial\gamma/\partial\alpha$ 值就越高，界面就越不易移动。

平衡时，界面张力与界面间的夹角的关系还有另一种表达方法：

$$\frac{\gamma_{12}}{\sin\alpha_3} = \frac{\gamma_{23}}{\sin\alpha_1} = \frac{\gamma_{31}}{\sin\alpha_2} \qquad (8\text{-}61)$$

根据式（8-61）的平衡条件，单相多晶体平衡时，在金相磨面（严格来说，在与晶棱垂直的面上）的晶界应交成 3 线结点，线与线之间夹角接近 120°。为了实现 120° 的要求，晶粒在边数不同的情况下，晶界的曲度不同。其规律是大晶粒的边数多，小晶粒的边数少。曲率中心在小晶粒一侧，即小晶粒凹面向内，大晶粒凹面向外，如图 8-31 所示。由晶界曲率驱动晶界移动的规律可知，界面将向小晶粒一侧移动，最后大晶粒把小晶粒吞并。若 4 个晶粒相交于 1 个棱，在一定条件下，它会自动分解为 2 个三面棱；在界面上看，1 个四棱结点要分解为两个三棱结点，如图 8-32 所示，这种分解使系统能量降低。

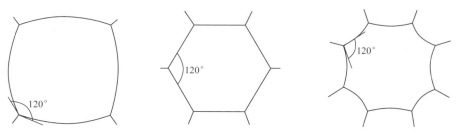

图 8-31　截面曲率随晶粒边数变化而变化

单相多晶体平衡时，在 4 个晶棱相交的角隅上两晶棱间的交角应是 109.5°，然而没有一种规则的多面体可以填满空间并且它们的棱之间符合平衡条件的。满足这些要求的最接近的是规则十四面体［见图 8-33（a）］，它们能填满空间，但棱之间不具有完全正确的角度。把规则十四面体作一些改动，使得各棱之间的夹角都等于 109.5°，这时它的面和棱都必须发生一些弯曲，如图 8-33（b）和图 8-33（c）所示。这两种多面体分别称为 α 和 β 十四面体。由它们堆垛可以填满空间，又满足平衡条件。因此常把它作为单相多晶体的完整晶粒形状的模型。图 8-34 所示为扫描电子显微镜观察到的实际多晶中的晶粒形貌，与上述模型吻合度很高。

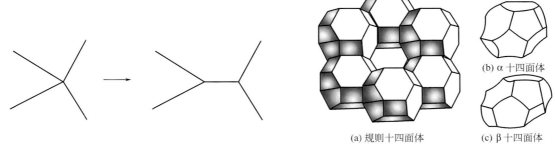

图 8-32　四棱节点分解为两个三棱结点

(a) 规则十四面体
(b) α 十四面体
(c) β 十四面体

图 8-33　十四面体

8.4.2　复相组织形貌

由基体和第二相组成的复相组织中，第二相在基体中可能存在的位置主要有 4 种类型，即晶粒内部、晶界、晶棱和晶角。现在我们来探讨第二相位于这 4 种不同位置时的平衡形状。

（1）晶粒内部的第二相　当在晶粒内部形成第二相（例如从过饱和固溶体的晶粒内部析出第二相）时，设第二相与基体间的总的界面能为 $\sum A_i\gamma_i$，形成第二相时引起的弹性应变能为 ΔG_s，则总能量为 $\sum A_i\gamma_i + \Delta G_s$，当总能量最小时，第二相就可以达到其稳定形貌。

因此析出物的形状是由两个互相竞争着的因素所决定的，即表面能和弹性应变能各自都要趋向其最小值。由于表面能要趋向其最小值。所以有形成等轴析出物的趋势，并且出现小平面，在其所有面上比表面能都最小，而薄片状（盘状）的弹性应变能最低，因此析出物的形状呈现等轴状或者是薄片状，要看上述两个因素哪一个占优势而定。

在完全共格和半共格析出物中，弹性应变保证共格界面处晶格之间的平滑匹配，并且从该界面处传播到基体和析出物的深处，如图 8-35 所示。在这些晶格之间差异较大的地方，基体和析出物晶格的弹性应变能也较大。因共格析出物中常含 50%～100% 的溶质原子，若设这些区域由纯溶质组成，可以由原子半径计算错配度。当固溶体中各组元的原子直径之差不超过 3% 时，共格析出物的形状由表面能最小的趋势来决定，从而接近于球状。当各组元原子直径之差＞5% 时，决定因素是弹性应变能，因此，薄片状析出物优先形成（通常呈盘状），共格析出物有时呈针状，此时其弹性应变能高于盘状析出物，而低于等轴析出物。一个典型的例子是铝合金中过饱和 Ag 或 Cu 析出与 Al 结构相同的共格 GP 区的形貌，

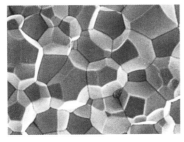

图 8-34　实际多晶中的晶粒

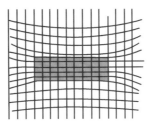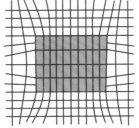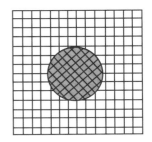

图 8-35　共格、部分共格、非共格界面结构

由于 Ag、Cu 原子与铝原子半径差分别为 0.7% 和 10.5%，因此二者的 GP 区分别呈现球形和片状形貌。

金属是弹性各向异性的，大多数立方结构金属（除 Mo 以外）的弹性模量沿 〈100〉 方向有最小值，而在 〈111〉 方向有最大值。因此，薄片状的共格析出物常沿着基体的 {100} 面分布，在这种情况下，平行于 {100} 的薄片状析出物具有最小的应变能，因为在垂直于薄片的方向上容纳了大部分的错配。

在非共格析出物形成时，切向应力是不存在的，没有共格应变，但是一般都存在正应力，因为基体和析出物的比容不同，不可避免地要引起三维的静压力或张力。设想放置一个尺寸过大的刚性杂质于易屈服的弹性基体中，容易想象，这时在围绕这个析出物的基体中必然出现一个三维压缩区，即引起错配应变。定义 $\Delta = \Delta V / V$ 为体积错配度，其中 V 是基体中不受胁的空洞的体积；ΔV 是不受胁的析出物与基体体积之差。现在考虑一个半轴分别为 a 和 c 的椭球状非共格析出物，并且假定弹性变形完全集中在各向同性的基体内，纳巴罗（Nabarro, F. R. N.）给出在这种情况下的弹性应变能为：

$$\Delta G_S = \frac{2}{3}\mu\Delta^2 \cdot V \cdot f\left(\frac{c}{a}\right) \tag{8-62}$$

这样，弹性应变能正比于体积错配度的平方 Δ^2，$f\left(\frac{c}{a}\right)$ 函数是一个考虑形状影响的因子，如图 8-36 所示。从图中可看出，对一给定的体积，球状 $\left(\frac{c}{a}=1\right)$ 的应变能最高，盘状 $\left(\frac{c}{a}\rightarrow 0\right)$ 的应变能很低，而针状 $\left(\frac{c}{a}=\infty\right)$ 的应变能在二者之间，若考虑弹性各向异性，$f\left(\frac{c}{a}\right)$ 函数关系的一般形式仍能保留下来。所以，若一个非共格析出物的平衡形状是椭球，则作用相反的界面能和应变能之间的平衡决定了椭球的 $\frac{c}{a}$ 值。当 Δ 很小时，界面能起主要作用，析出物将近似为球状。

（2）晶界上的第二相　当第二相（假定为 β 相）在基体（α 相）的晶界存在时，第二相在两个基体晶粒间所张开的角度 θ 称为二面角，如图 8-37 所示。在平衡条件下，有如下的关系：

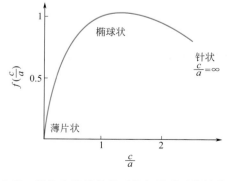

图 8-36　弹性应变能的相对值与椭球形状的关系

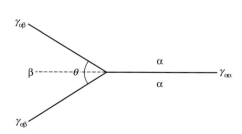

图 8-37　确定二面角的界面张力平衡

$$\gamma_{\alpha\alpha} = 2\gamma_{\alpha\beta}\cos\frac{\theta}{2} \tag{8-63}$$

式中，$\gamma_{\alpha\alpha}$ 为 α 相间的界面张力；$\gamma_{\alpha\beta}$ 为 α 相和 β 相之间的界面张力。θ 的大小决定了第二相的形貌，而 θ 又取决于界面张力的比值 $\gamma_{\alpha\alpha}/\gamma_{\alpha\beta}$。当 $\gamma_{\alpha\beta} \geqslant \gamma_{\alpha\alpha}$ 时，$\theta = 180°$，α 相和 β 相完全不浸润，β 相接近于球形；当 $\gamma_{\alpha\beta} = \gamma_{\alpha\alpha}$ 时，$\theta = 120°$，β 相呈双球冠形；当 $\gamma_{\alpha\beta} \leqslant \gamma_{\alpha\alpha}$，α 相和 β 相完全浸润，β 相在 α 相晶界上铺展开来。例如，由于 Bi 与 Cu 间的界面张力非常低，$w = 0.05\%$ 的 Bi 即可在 Cu 的晶界上形成连续的 Bi 膜，使 Cu 变得很脆。若 β 相较 α 相的熔点低而且合金在 β 相为液态的温度下使用，这种铺展在实际情况下会引起灾难性的后果，导致合金材料解体。但在烧结硬质合金时，却是利用了黏结金属 Co 对 WC 的良好的浸润性。上述三种二面角数值与第二相形状的关系如图 8-38 所示，存在于晶棱上的第二相形状与二面角的关系示于图 8-38 中的右列。

（3）晶棱与晶角上的第二相　我们通过探讨当第二相开始沿 3 个晶粒的晶棱渗透时所发生的情况来分析这个问题，如图 8-39 所示。此时，β 晶粒上端是 3 个 α 晶粒和 1 个 β 晶粒间的晶角。假定沿每个界棱各有 1 个界棱张力，在晶角上互相平衡，由于 3 个界棱张力 $\gamma_{\alpha\beta}$ 相等，所以 3 个 X 角也相等，可由立体几何证明角 X、Y 和二面角 δ 有如下关系：

$$\cos\frac{X}{2} = \frac{1}{2\sin\dfrac{\delta}{2}} \tag{8-64}$$

$$\cos(180° - Y) = \frac{1}{\sqrt{3}\tan\dfrac{\delta}{2}} \tag{8-65}$$

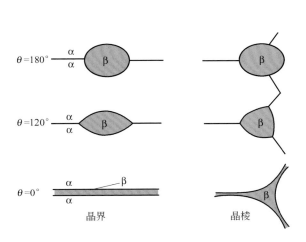

图 8-38　晶界与晶棱上第二相的形状

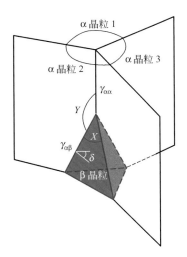

图 8-39　存在于晶棱晶角上的第二相

这两个方程的图像示于图 8-40。下面根据二面角的特殊值来考察图 8-40。

① $\delta = 180°$，此时，$X = 120°$，而 $Y = 90°$，结果 β 相成为存在于晶角上的球形。

② $\delta = 120°$，此时，$X = Y = 109.5°$，β 相成为曲面四面体，α 相的四根晶棱从 β 曲面四面体的 4 个定点放射出来，见图 8-41（a）。

③ $\delta = 60°$，此时，$X \rightarrow 0°$，而 $Y \rightarrow 180°$，由图 8-41（b）可以看出，在这种情况下，β 相将沿晶棱渗透，形成 β 相的骨架网络。

④ $\delta = 0°$，当 $\delta \rightarrow 0°$ 时，β 相沿晶界扩展。

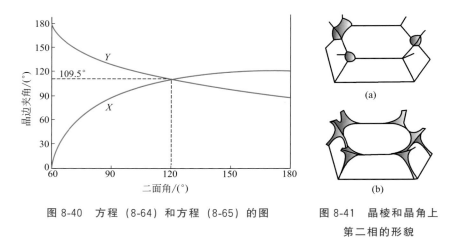

图 8-40　方程（8-64）和方程（8-65）的图　　图 8-41　晶棱和晶角上
第二相的形貌

此外，人们发现当第二相的位置在从晶粒内部到晶界到晶棱到晶角时，化学位 γA 是逐渐降低的。

8.5 高聚物的表面张力与界面张力

8.5.1　表面张力与分子间的作用力

表面张力是材料表-界面的最基本性能之一。对于小分子液体，表面张力的测定已由经典物理化学研究建立了各种测试方法。对于黏稠的高分子溶液或熔体，虽然其分子仍具有一定的流动性，但要达到热力学平衡往往需要很长的时间。这就给表面性能的测试带来了很大的困难。对于固态高分子材料，由于其表面分子几乎没有流动性，因此表面张力的测试没有直接的方法，只能通过间接的方法或估算的方法来求取。

物体的表面性能有时对物性有很大的影响，不同的物体由于其组成和结构不同，其表面张力也各不相同，但不论表面张力大小，它总是力图缩小物体的表面，趋向稳定。物体具有表面张力，这与表面上的分子与体相中的分子所处的状态不同有关。表面层的分子是处于不对称的力场中，它只受到下边分子的作用力，于是表面分子就沿着表面平行的方向增大分子间的距离，总的结果相当于有一种张力将表面分子之间的距离扩大了，此力称为表面张力。不同物体的表面张力是不同的，这与分子间的作用力大小有关，相互作用力大者表面张力高，相互作用力小者表面张力低。比如，液体有机化合物（非极性液体）分子之间相互作用力仅有色散力者，则表面张力较低，一般在（15～30）×10^{-3}N/m 之间；如果液体分子内还有偶极作用力和氢键等作用力存在，则表面张力就高一些，一般在（30～72）×10^{-3}N/m；熔盐和熔体玻璃由于具有离子键的作用力，因此表面张力较高，通常在（100～600）×10^{-3}N/m，熔盐金属液体由于存在金属键，因此它的表面张力最高，通常在（100～3000）×10^{-3}N/m。通常将表面张力在 100×10^{-3}N/m 以上者称为高能表面，在 $100×10^{-3}$ N/m 以下者称为低能表面，高聚物的表面都属于低能表面。

8.5.2 高聚物表面张力的影响因素

8.5.2.1 表面张力与温度的关系

表面张力的本质是分子间的相互作用。因为分子间的相互作用力因温度的上升而变弱，所以表面张力一般随温度的上升而下降。

早期研究工作者 Eötvös 对表面张力与温度的关系曾提出如下的经验公式：

$$\gamma V^{2/3} = K(T_c - T) \tag{8-66}$$

式中，V 为摩尔体积；T_c 为临界温度。

按这个关系式，在温度达到 T_c 时表面张力才为零，而事实上温度尚未达到 T_c 而比 T_c 低时，气液界面已不存在了。为此，Ramsay 和 Shields 提出了修正，以 $T_c - 6$ 来代替式（8-62）中的 T_c，即有如下关系式

$$\gamma V^{2/3} = K(T_c - T - 6)\gamma \tag{8-67}$$

并指出，对于许多液体来说，常数 K 基本保持不变，其值约为 $2.1×10^{-7}$ J/℃。

在远低于临界温度的正常温度下，小分子表面张力随温度线性地变化，其 $-\dfrac{d\gamma}{dT}$ 值约为 $1×10^{-3}$ N/m。

液体高聚物的表面张力随温度变化也呈线性关系，其 $-\dfrac{d\gamma}{dT}$ 值约为 $0.05×10^{-3}$ N/m。因为 $-\dfrac{d\gamma}{dT}$ 是表面熵，所以高聚物的 $-\dfrac{d\gamma}{dT}$ 值较小的原因是大分子链的构象受阻，一些聚合物的表面张力与温度关系如图 8-42 所示。

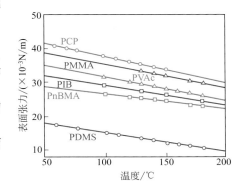

图 8-42 熔融高聚物的表面
张力与温度的关系

Guggenheim 曾提出表面张力与温度关系的经验式：

$$\gamma = \gamma_0 \left(1 - \frac{T}{T_c}\right)^{11/9} \tag{8-68}$$

式中，γ_0 为 $T = 0$K 时的表面张力；T_c 为临界温度。虽然此式是由小分子液体导出，但发现它也适用于高聚物体系。

若以 γ 对 T 微分，可得

$$-\frac{d\gamma}{dT} = \frac{11}{9}\frac{\gamma_0}{T_c}\left(1 - \frac{T}{T_c}\right)^{2/9} \tag{8-69}$$

当温度远低于 T_c 时，$T/T_c \ll 1$，$-\dfrac{d\gamma}{dT}$ 近似为一常数。这就是说，在正常温度范围内，表面张力与温度的关系呈直线关系。表 8-2 列出了一些聚合物的 γ_0 和 T_c 值，可见，高聚物的临界温度一般为 $600\sim900$℃，因此，$0\sim200$℃ 范围内，$-\dfrac{d\gamma}{dT}$ 实际为常数。

利用表面张力与温度的线性关系，可间接地测试固态聚合物的表面张力。虽然固体聚合物的表面张力不能直接测定，但是熔融聚合物的表面张力还是可以测定的。在高温下使聚合物熔融，测定不同温度 T 下熔融聚合物的表面张力 γ，以 γ 对 T 作图可得一直线，外推该直线到室温，即可求出固体聚合物的表面张力（见图 8-43）。

表 8-2　一些聚合物的 γ_0 和 T_c 值

聚合物	γ_0 $/(\times 10^{-3} N/m)$	T_c/K	聚合物	γ_0 $/(\times 10^{-3} N/m)$	T_c/K
聚乙烯(线型)	53.71	1032(1028)[1]	聚四氟乙烯	43.96	823(828)[1]
聚乙烯(交联型)	56.38	921	聚氯丁烯	70.95	892
聚丙烯	47.16	914	聚醋酸乙烯	57.37	948
聚异丁烯	53.74	918	聚甲基丙烯酸甲酯	65.09	935
聚苯乙烯	63.31	967	聚二甲基硅氧烷	35.31	776

① 括号中的 T_c 值是由气态和液态同系物的值外推得到。

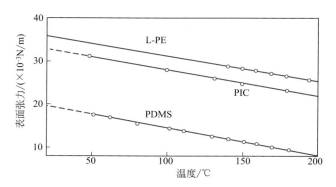

图 8-43　由 γ-T 作图外推求固体聚合物的表面张力

描述表面张力与温度关系的另一方程是 Macleod 方程

$$\gamma = \gamma_0 \rho^n \tag{8-70}$$

式中，ρ 为密度；γ_0 和 n 均为与温度无关的常数。Macleod 方程虽未出现温度，但温度的影响隐含在密度 ρ 中，因为密度一般随温度升高而下降。Macleod 方程同样表明表面张力随温度升高而下降。

Macleod 方程是从小分子液体导出的，但同样适用于高聚物。对未缔合的小分子液体，Macleod 指数 $n=4$。对聚合物来说，n 值从 3.0 变化到 4.4，可近似取作 4。

8.5.2.2　相变对表面张力的影响

在讨论表面张力与温度关系中，未考虑相变的影响。我们知道，非晶态的聚合物随温度的升高，可以从玻璃态转变到高弹态；晶态高聚物随温度的升高，晶体可以熔化。晶体的熔化是一级相变，玻璃化转变是二级相变。相变对表面张力有如下影响。

我们从热力学分析来进行讨论。设 G_{cm} 为结晶熔化转变体系自由能的变化，则

$$\Delta G_{cm} = G_c - G_m \tag{8-71}$$

式中，G_c 为结晶体的自由能；G_m 为熔体的自由能。

由于结晶熔化为一级相变，因此两相自由能相等，而自由能的一级和二级偏微熵不相等，即

$$(\Delta G_{cm})_{T,P} = 0$$

$$\left(\frac{\partial \Delta G_{cm}}{\partial A}\right)_{T,P} = \left(\frac{\partial \Delta G_c}{\partial A}\right)_{T,P} - \left(\frac{\partial \Delta G_m}{\partial A}\right)_{T,P} = \gamma_c - \gamma_m \neq 0 \tag{8-72}$$

$$\left(\frac{\partial^2 \Delta G_{cm}}{\partial A \partial T}\right)_P = \left(\frac{\partial \gamma_m}{\partial T}\right)_P - \left(\frac{\partial \gamma_c}{\partial T}\right)_P \neq 0 \tag{8-73}$$

式中，A 为表面积。因此，在晶体熔化过程中，$\gamma_c \neq \gamma_m$，表面张力要发生突变。由于晶体的密度大于熔体的密度，由 Macleod 方程可知，晶体的表面张力 γ_c 应大于熔体的表面张力。

玻璃化转变是二级转变。设转变过程中自由能变化为 ΔG_{gr}，则

$$\Delta G_{gr} = G_g - G_r \tag{8-74}$$

式中，G_g 和 G_r 分别代表玻璃态和高弹态的自由能。

对于二级相变，恒温恒压下的稳定条件是：

$$(\Delta G_{gr})_{T,P} = 0 \tag{8-75}$$

$$\left(\frac{\partial \Delta G_{gr}}{\partial A}\right)_{T,P} = \gamma_g - \gamma_c = 0 \tag{8-76}$$

$$\left(\frac{\partial^2 \Delta G_{gr}}{\partial A \partial T}\right)_P = \left(\frac{\partial \gamma_g}{\partial T}\right)_P - \left(\frac{\partial \gamma_r}{\partial T}\right)_P \neq 0 \tag{8-77}$$

式中，γ_g 和 γ_r 分别代表玻璃态和橡胶态的表面张力。因此在玻璃化转变中，$\gamma_g = \gamma_r$，$\left(\frac{\partial \gamma_g}{\partial T}\right)_P \neq \left(\frac{\partial \gamma_r}{\partial T}\right)_P$，也就是说，在玻璃化转变中，表面张力不发生突变。图 8-44 和图 8-45 分别为晶体熔化与结晶转变过程的表面张力变化以及玻璃化转变过程的表面张力变化。

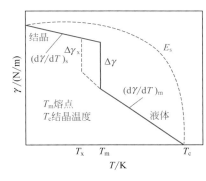

图 8-44　熔化与结晶转变过程的表面张力变化

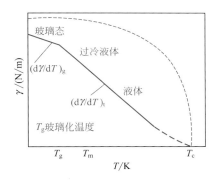

图 8-45　玻璃化转变过程的表面张力变化

高分子聚合物往往是晶态和非晶态共存的。由于晶态密度高于非晶态，因此晶态的表面张力高于非晶态。这就使得非晶态相迁移到表面，半晶态聚合物表面覆盖上一层非晶态的表面层，以降低体系的能量。

聚合物熔体冷却固化时，通常表面生成非晶态聚合物，本体则是富晶态聚合物。如果我们使高聚物熔体在具有不同成核活性的表面上冷却，可得到不同表面结晶度的表面，这类表面就具有不同的表面张力。

8.5.2.3　表面张力与分子量的关系

高聚物的玻璃化温度、热容、比热容、热膨胀系数、折射率等性能通常与分子量倒数成线性关系，即

$$X_B = X_{B\infty} - \frac{K_B}{M_n} \tag{8-78}$$

式中，X_B 为本体的某一物理性质；$X_{B\infty}$ 为分子量达无穷大时本体某一物理性质；M_n 为数均分子量；K_B 为一常数。

这个关系对表面性质不适用。Dettre 和 Johnson 发现，$1/\gamma$ 对 $1/M_n$ 作图有线性关系，后来 Wu 提出以下关系式来表示高聚物分子量与表面张力的关系：

$$\frac{1}{\gamma^n} = \frac{1}{\gamma_\infty^n} + K_s \frac{1}{M_n} \qquad (8-79)$$

式中，γ_∞ 为分子量达无穷大时的表面张力；K_s 为一正常数，对大部分高聚物 $K_s = 8$，而过氧化物 $K_s = 32.67$，n 为一常数，通常为 $300 \sim 4000$ 的数值。他们利用此方程来处理正链烷烃、聚二甲基硅氧烷（PDMS）、聚异丁二烯（PIB）、聚苯乙烯（PS），实验数据得到很好的直线。

而 Legrand 和 Gaines 提出用以下关系式：

$$\gamma = \gamma_\infty - \frac{K_e}{M_n^{2/3}} \qquad (8-80)$$

来处理上述实验结果，也得到很好的直线，但也有例外的情况，如聚乙二醇和聚丙二醇的表面张力与分子量无关。

8.5.2.4　共聚共混合添加剂对表面张力的影响

共聚共混合添加剂使聚合物形成了多元体系。对多元体系，表面张力低的组分优先被吸附在表面，有使整个体系表面能降低的倾向。

（1）无规共聚　无规共聚物的表面张力一般符合线性加和规律：

$$\gamma = \gamma_1 X_1 + \gamma_2 X_2 \qquad (8-81)$$

式中，γ 为无规共聚物的表面张力；γ_i 为组分 i 的表面张力；X_i 则为组分 i 的摩尔分数。

Rostogi 等实验测得的结果如图 8-46 所示。无规共聚物之所以没有发生表面张力降低的行为，是由于聚合物链构型的限制，使低表面能的链段不能优先在表面上吸附所致。

（2）嵌段和接枝共聚　对于嵌段共聚物，若 A 嵌段有高表面能，B 嵌段有低表面能，则在形成共聚物时，B 嵌段优先在表面上吸附，使体系的表面张力下降。Rostogi 等的研究结果如图 8-47 所示。

由结果可知，表面张力随 B 嵌段百分含量的增加显著地下降，而随着 B 嵌段的聚合度的增加，表面张力下降也是很明显的，当聚合度达 56 以上时，B 嵌段达 20% 质量分数时，体系的表面张力下降到与 B 嵌段均聚物的表面张

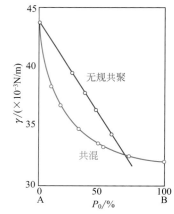

图 8-46　氧化乙烯和氧化丙烯共聚物的表面张力

A—氧化乙烯；B—氧化丙烯；P_0—浓度

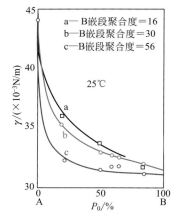

图 8-47　A 嵌段的氧化乙烯和 B 嵌段的氧化丙烯组成的 ABA 嵌段共聚物的表面张力

力相等。高表面能的 A 嵌段聚醚和低表面能的 B 嵌段二甲基硅氧烷组成的 ABA 嵌段共聚物，当 B 嵌段均聚物聚合度达 20 以上时，则嵌段共聚物的表面张力就下降到聚二甲基硅氧烷的表面张力水平。

接枝共聚物情况与嵌段共聚物相似，但表面张力减少的程度则轻一些。

（3）共混　氧化乙烯和氧化丙烯均聚物共混，低表面能的组分在表面上被优先吸附，使体系表面张力下降，如图 8-45 所示。而这种行为随分子量的增加而加剧，之所以如此，可能是由于二者不混溶性增加所致。

（4）添加剂　添加剂能降低高聚物表面张力，Kenclrick 等人曾报道过添加 $0.1\% \sim 1\%$ 质量分数的聚酯（A 嵌段）和聚二甲基硅氧烷（B 嵌段）的 ABA 嵌段共聚物，能使液体多元醇表面张力从 32×10^{-3} N/m 降到 21×10^{-3} N/m，几乎与纯的聚二甲基硅氧烷表面能相当。又如加少量油酸胺到聚乙烯和亚乙烯二氯-丙烯腈共聚物中，加少量氟化物到聚甲基丙烯酸甲酯和聚氯乙烯中，均能降低浸润性和摩擦性。这些添加剂具有低表面能，并与本体高聚物互不相容，故能显示出高的表面活性。

以上所讨论的表面张力是指聚合物液体和熔体的表面张力以及影响因素。对于聚合物固体的表面张力的研究虽然不仅有理论上的意义，而且有很大的实际意义，但对于固体表面张力的测定，目前尚无直接可靠的方法，这是因为固体不具有流动性，因此现有的表面张力测量技术都不能应用。一些学者提出从理论上计算固体表面张力，方法主要有等张比容法、内聚能密度法、由 T_g 参数计算法等。不逐一详述。

8.5.3　高聚物界面张力

界面张力是界面上两相分子的相互作用而产生的，必然与各相本身的表面张力有一定的关系。许多学者对界面张力进行了研究，试图从各相的表面张力求出两相间的界面张力。但是，由于界面的复杂性，至今尚未能从理论上完全解决这一问题，还只能经验地或半经验地从单一相的表面张力来求取相与相间的表面张力。对界面张力的研究为间接测定固体聚合物的表面张力提供了方法。界面张力的理论计算有以下几种方法。

（1）Antonoff 规律　Antonoff 提出界面张力的一个经验规律，认为一相表面张力大于另一相表面张力时，如 $\gamma_1 > \gamma_2$，则 2 相能在 1 相表面上铺展，则所形成的界面张力 $\gamma_{12} = \gamma_1 - \gamma_2$，但这个经验规律只对两相为小分子液体才行，如果两相为大分子体系，则不适用。

（2）Good 和 Girifales 理论　他们定义分子相互作用参数 ϕ 为黏附功 W_a 和各相内聚能 W_{c1} 和 W_{c2} 之积的均方根比，即

$$\phi = \frac{W_a}{(W_{c1}W_{c2})^{1/2}} = \frac{\varphi(V_1V_2)^{1/3}}{(V_1^{1/3}+V_2^{1/3})^2} \times$$

$$\frac{\frac{3}{4}\alpha_1\alpha_2\left(\frac{2I_1I_2}{I_1+I_2}\right) + \alpha_1\mu_2^2 + \alpha_2\mu_1^2 + \frac{2}{3}\left(\frac{\mu_1^2\mu_2^2}{KT}\right)}{\left[\left(\frac{3}{4}\alpha_1^2I_1 + 2\alpha_1\mu_1^2 + \frac{2}{3}\mu_1^4/KT\right)\left(\frac{3}{4}\alpha_2^2I_2 + 2\alpha_2\mu_2^2 + \frac{2}{3}\mu_2^4/KT\right)\right]^{1/2}} \tag{8-82}$$

式中，V 为相互作用单元的摩尔体积；α 为极化度；I 为电离势；μ 为永久偶极距；下标 1、2 分别代表 1 相和 2 相。

他们计算了各种液体对的 ϕ 值，而 Wu 计算了许多高聚物的 ϕ 值，如表 8-3 所示。

由于

$$W_a = \gamma_1 + \gamma_2 - \gamma_{12}$$

$$W_c = 2\gamma_1$$

故

表 8-3   某些聚合物对的相互作用参数 ϕ 值

聚合物对	ϕ 值		
	20℃	140℃	180℃
PVAc/L-PE	0.798	0.804	0.798
PVAc/PIB	0.860	0.864	0.865
PMMA/L-PE	0.845	0.841	0.838
PnBMA/L-PE	0.896	0.903	0.906
PS/L-PE	0.893	0.905	0.907
PMMA/PS	0.962	0.974	0.976
PnBMA/PVAc	0.941	0.950	0.950
PMMA/PnBMA	0.960	0.975	0.982
PVC/B-PE	0.947	0.943	0.942
PVC/PDMS	0.958	0.944	0.937
PVAc/PDMS	0.891	0.880	0.873

$$\phi = \frac{\gamma_1 + \gamma_2 - \gamma_{12}}{(2\gamma_1 2\gamma_2)^{1/2}} = \frac{\gamma_1 + \gamma_2 - \gamma_{12}}{2(\gamma_1\gamma_2)^{1/2}}$$

则

$$\gamma_{12} = \gamma_1 + \gamma_2 - 2\phi(\gamma_1\gamma_2)^{1/2} \tag{8-83}$$

从已知的 $\gamma_1\gamma_2$ 和 ϕ 值代入式（8-83），即可求得二相间的界面张力。此式用于有极性的体系，所得结果偏差较大，因为它没有考虑表面张力的极性部分。计算不同温度界面张力时，由于 $\dfrac{\mathrm{d}\phi}{\mathrm{d}t} = 0$，故无需考虑温度对 ϕ 的影响，只需将不同温度的 γ_1 值和 γ_2 值代入即可求得。

（3）极性成分理论   由于式（8-83）中的参数 ϕ 值一般不易确定，通常令 $\phi = 1$ 作近似的计算。Wu 利用半连续模型中能量加和性概念，并假定分子之间作用能由非极性（色散力）部分和极性部分组成，即 $\gamma_i = \gamma_i^{\mathrm{d}} + \gamma_i^{\mathrm{p}}$ 以及各相的极性度这个宏观物理量来代替 ϕ，得到了一个适用于低表面能体系的界面张力方程，即调和平均方程

$$\gamma_{12} = \gamma_1 + \gamma_2 - \frac{4\gamma_1^{\mathrm{d}}\gamma_2^{\mathrm{d}}}{\gamma_1^{\mathrm{d}} + \gamma_2^{\mathrm{d}}} - \frac{4\gamma_1^{\mathrm{p}}\gamma_2^{\mathrm{p}}}{\gamma_1^{\mathrm{p}} + \gamma_2^{\mathrm{p}}} \tag{8-84}$$

另外，根据分子间作用能由非极性（色散）和极性两部分组成的假定，可以把黏附功 W_{a} 看作为有色散和极性二部分作用力贡献的黏结功加和，即 $W_{\mathrm{a}} = W_{\mathrm{a}}^{\mathrm{d}} + W_{\mathrm{a}}^{\mathrm{p}}$，则

$$\gamma_{12} = \gamma_1 + \gamma_2 - W_{\mathrm{a}} = \gamma_1 + \gamma_2 - W_{\mathrm{a}}^{\mathrm{d}} - W_{\mathrm{a}}^{\mathrm{p}}$$

Fowkes 定义为

$$W_{\mathrm{a}}^{\mathrm{d}} = 2(\gamma_1^{\mathrm{d}}\gamma_2^{\mathrm{d}})^{1/2}$$

同样可以令

$$W_{\mathrm{a}}^{\mathrm{p}} = 2(\gamma_1^{\mathrm{p}}\gamma_2^{\mathrm{p}})^{1/2}$$

则得几何平均方程

$$\gamma_{12} = \gamma_1 + \gamma_2 - 2(\gamma_1^{\mathrm{d}}\gamma_2^{\mathrm{d}})^{1/2} - 2(\gamma_1^{\mathrm{p}}\gamma_2^{\mathrm{p}})^{1/2} \tag{8-85}$$

式（8-85）适用于那种表面能处于低表面能和高表面能之间的体系。故

只要将已知的 γ_1、γ_2、γ_1^d、γ_2^d、γ_1^p、γ_2^p 值代入式（8-84）或式（8-85），即可求得两相间的界面张力。例如，已知 PVC（聚氯乙烯）为

$$\gamma_1 = 33.2 \times 10^{-3} \, \text{N/m}(140℃)$$

$$\gamma_1^d = 29.6 \times 10^{-3} \, \text{N/m}(140℃), \quad \gamma_1^p = 3.6 \times 10^{-3} \, \text{N/m}(140℃)$$

PS（聚苯乙烯）为

$$\gamma_2 = 32.1 \times 10^{-3} \, \text{N/m}(140℃)$$

$$\gamma_2^d = 26.7 \times 10^{-3} \, \text{N/m}(140℃), \quad \gamma_2^p = 5.4 \times 10^{-3} \, \text{N/m}(140℃)$$

求 PVC/PS 在 140℃时的 γ_{12}。

按式（8-84）计算，则

$$\gamma_{12} = 33.2 + 32.1 - \frac{4 \times 29.6 \times 26.7}{29.6 + 26.7} - \frac{4 \times 3.6 \times 5.4}{3.6 + 5.4} = 0.51 \times 10^{-3} \, \text{N/m}$$

按式（8-85）计算，则

$$\gamma_{12} = 33.2 + 32.1 - 2(29.6 \times 26.7)^{1/2} - 2(3.6 \times 5.4)^{1/2} = 0.25 \times 10^{-3} \, \text{N/m}$$

实验测得 PVC/PS 间的 $\gamma_{12} = 0.5 \times 10^{-3} \, \text{N/m}$。

可见，对于低能体系应用式（8-84）来计算界面张力比较合适。计算过程所需的参数，可以通过实验测得，也可以从文献数据获得，如表 8-4 所列的数据。

表 8-4　物质的表面张力 γ 及其 γ^d、γ^p 值

物　　质	温度/℃	$\gamma/(\times 10^{-3}\text{N/m})$	$\gamma^d/(\times 10^{-3}\text{N/m})$	$\gamma^p/(\times 10^{-3}\text{N/m})$
水	20	72.8	21.8	51.0
甘油	20	63.4	37.0	26.4
甲酰胺	20	58.2	39.5	18.7
二碘甲烷	20	50.8	49.5	1.3
乙二醇	20	48.3	29.3	19.0
聚乙烯	20	33.2	33.2	0
聚偏二氯乙烯	20	45.0	42.0	3.0
聚氟乙烯	20	36.7	31.3	5.4
聚偏二氟乙烯	20	30.3	23.2	7.1
聚氯乙烯	20	41.5	40.0	1.5
聚四氟乙烯	20	19.1	18.6	0.5
聚甲基丙烯酸甲酯	20	40.2	35.9	4.3
尼龙 66	20	47.0	40.8	6.2
聚苯乙烯	20	42.0	41.4	0.6

Wu 利用文献数据由式（8-84）和式（8-85）计算了一些高聚物对的界面张力，并和实验值进行比较，如表 8-5 所示。

由结果可知，式（8-84）比较适用于低表面能体系，因此计算结果与实验测定值相接近，式（8-85）则不太适合，计算值与实验值偏差较大。

通常温度对界面张力的影响不大，而两种聚合物之间的界面张力可能由于添加物的加入，促进两相间界面张力的降低。另外添加物上引入不同基团对界面张力的降低效应也有所不同。两相聚合物的极性对界面张力的影响比较大。因为高聚物间非极性色散相互作用力随体系的变化不大，而极性相互作用力随体系的变化较大。

令　$\dfrac{\gamma_i^p}{r} = X_i^p$ 为 i 相的极性度

表 8-5　界面张力理论计算值和实验值比较

聚合物对[①]	界面张力/($\times 10^{-3}$ N/m)		
	测定值	式(8-84)计算值	式(8-85)计算值
PEO/PDMS	9.9	10.7	4.8
PTMO/PDMS	6.3	3.8	1.5
PVAc/PDMS	7.4	8.5	3.6
PVC/PDMS	6.5	8.2	4.1
PnBMA/PDMS	3.8	3.7	1.4
PtBMA/PDMS	3.3	2.9	1.2
PVC/PS	0.5	0.5	0.4
PVAc/PS	3.7	2.3	1.2
PVAc/PnBMA	2.9	2.4	1.2
PMMA/PnBMA	1.9	2.2	1.0
PMMA/PtBMA	2.3	3.4	1.6
PMMA/PS	1.7	1.2	0.5
PEO/PTMO	3.9	3.1	1.4
PVAc/PTMO	4.6	2.8	1.6
PMA/PEA	1.4	0.8	0.4
PMA/PnBA	3.1	2.9	1.6
PMA/PEHA	5.8	6.4	3.3
PEA/PnBA	1.4	0.8	0.5
PEA/PEHA	3.3	3.3	1.5
PnBA/PEHA	1.2	1.2	0.5

　　① PEO—聚氧乙烯；PDMS—聚二甲基硅氧烷；PTMO—聚四亚甲基氧；PVC—聚氯乙烯；PnBMA—聚甲基丙烯酸正丁酯；PtBMA—聚甲基丙烯酸叔丁酯；PS—聚苯乙烯；PMMA—聚甲基丙烯酸甲酯；PMA—聚丙烯酸甲酯；PEA—聚丙烯酸乙酯；PnBA—聚丙烯酸正丁酯；PEHA—聚2-乙基己基丙烯酸酯。

$$\left(\frac{\gamma_1}{\gamma_2}\right)^{0.5} = g_1 = \frac{1}{g_2}$$

$$X_i^{\text{d}} + X_i^{\text{p}} = 1 \quad g_1 g_2 = 1$$

将式（8-83）和式（8-84）以及式（8-83）和式（8-85）联立解得

$$\phi = \frac{2x_1^{\text{d}} x_2^{\text{d}}}{g_1 x_1^{\text{d}} + g_2 x_2^{\text{d}}} + \frac{2x_1^{\text{p}} x_2^{\text{p}}}{g_1 x_1^{\text{d}} + g_2 x_2^{\text{p}}} \tag{8-86}$$

$$\phi = (x_1^{\text{d}} x_2^{\text{d}})^{0.5} + (x_1^{\text{p}} x_2^{\text{p}})^{0.5} \tag{8-87}$$

　　由式（8-83）可知，γ_{12} 随 ϕ 的增加而减小，ϕ 达极大，γ_{12} 为极小。而 ϕ 值从式（8-86）及式（8-87）可知，它随两相的极性度而变化，当两相极性度相等时 ϕ 值达极大，即 $\phi = \frac{2}{g_1} + g_2$ 或 $\phi = 1$，γ_{12} 为极小。

8.6 复合体系的界面结合特性

　　复合材料中增强体与基体接触构成的界面，是一层具有一定厚度（纳米以上），结构随基体和增强体而异，与基体和增强体有明显差别的新相——界面相。复合材料之所以能够通过协同效应表现出原有组分所没有的独特性能，与界面有着非常直接的关系。

界面相可以是基体与增强体在复合材料制备和使用过程中的反应产物层，可以是两者之间扩散结合层，可以是基体和增强体之间的成分过渡层，可以是由于基体与增强体之间物性参数不同形成的残余应力层，可以是人为引入的用于控制复合材料界面性能的涂层，也可以是基体和增强体之间的间隙。

界面相是复合材料的一个组成部分，其作用可归纳为如下几个方面。

① 传递作用　界面能传递力，即将外力传递给增强物，起到基体和增强体之间的桥梁作用。

② 阻断作用　结合适当的界面有阻止裂纹扩展、中断材料破坏、减缓应力集中的作用。

③ 保护作用　界面相可以保护增强体免受环境的侵蚀，防止基体与增强体之间的化学反应，起到保护增强体的作用。

由于界面尺寸很小且不均匀、化学成分及结构复杂、力学环境复杂，对于界面的结合强度、界面的厚度、界面的应力状态尚无直接的、准确的定量分析方法，对于界面结合状态、形态、结构以及它对复合材料性能的影响尚没有适当的试验方法，需要借助拉曼光谱、电子质谱、红外扫描、X 衍射等试验逐步摸索和统一认识。

8.6.1　复合材料界面的形成过程

对于聚合物基复合材料，其界面的形成可以分成两个阶段：第一阶段是基体与增强纤维的接触与浸润过程。由于增强纤维对基体分子的各种基团或基体中各组分的吸附能力不同，它总是要吸附那些能降低其表面能的物质，并优先吸附那些能较多降低其表面能的物质。因此界面聚合层在结构上与聚合物本体是不同的。

第二阶段是聚合物的固化阶段。在此过程中，聚合物通过物理变化或化学变化而固化，形成固定的界面层。固化阶段受第一阶段影响，同时它直接决定着所形成的界面层的结构。以热固性树脂的固化过程为例，树脂的固化反应可借助固化剂或靠本身官能团反应来实现。在利用固化剂固化的过程中，固化剂所在位置是固化反应的中心，固化反应从中心以辐射状向四周扩展，最后形成中心密度大、边缘密度小的非均匀固化结构。密度大的部分称作胶束或胶粒，密度小的称作胶絮。在依靠树脂本身官能团反应的固化过程中也出现类似的现象。

在复合材料的制备过程中，一般都要求组分间能牢固地结合，并且有足够的强度。要实现这一点，必须使材料在界面上形成能量的最低结合，通常都存在一个液体对固体的相互浸润。

固体表面的浸润性能与其结构有关，改变固体的表面状态，即改变其表面张力，就可以达到改变浸润情况的目的，如对增强纤维进行表面处理，就可改变纤维与基体材料间的浸润情况。

8.6.2　树脂基复合材料的界面结构及界面理论

界面层的结构大致包括：界面的结合力、界面的区域（厚度）和界面的微观结构等几个方面。界面结合力存在于两相之间，并由此产生复合效果和界面强度。界面结合力又可分为宏观结合力和微观结合力，前者主要指材料的几何因素，如表面的凹凸不平、裂纹、孔隙等所产生的机械铰合力；后者包括化学键和次价键，这两种键的相对比例取决于组成成分及其表面性质。化学键结合是最强的结合，可以通过界面化学反应而产生。通常进行的增强纤维表面处理就是为了增大界面结合力。水的存在常使界面结合力显著减弱，尤其是玻璃表面吸附的水严重削弱玻璃纤维与树脂之间的界面结合力。

界面及其附近区域的性能、结构都不同于组分本身，因而构成了界面层。基体表面层的厚度约为增强纤维表面层的数十倍，它在界面层中所占的比例对复合材料的力学性能有很大影响。对于玻璃纤维复合材料，界面层还包括偶联剂生成的偶联化合物。增强纤维与基体表面之间的距离受化学结合力、原子基团大小、界面固化后收缩等方面因素影响。

在组成复合材料的两相中，一般总有一相以溶液或熔融流动状态与另一固相接触，然后进行固化反应使两相结合在一起，在这个过程中，两相间的作用和机理一直是人们关心的问题。对复合材料的深入研究已提出多种复合材料界面理论，每种理论都有自己的实验根据，能解释部分实验现象，但由于复合材料界面的复杂性，还没有一种理论能完善地解释各种界面现象。

从已有的研究结果总结为以下几种理论，包括浸润吸附理论、化学键理论、扩散理论、电子静电理论、摩擦理论和可变形层理论，然而也都存在自己无法解释的实验事实。有时对同一问题两种理论的观点是背道而驰的，有时则需要几种理论联合应用才能概括全部实验事实。

（1）浸润吸附理论　该理论认为，浸润是形成界面的基本条件之一，两组分如能实现完全浸润，则树脂在高能表面的物理吸附所提供的黏结强度可超过基体的内聚能，两相间的结合模式属于机械黏结与润湿吸附。表面无论多么光滑平整，从微观上看都是凹凸不平的。在形成复合材料的两相相互接触过程中，若树脂液与增强材料的浸润性差，两相接触的只是一些点，接触面有限。若浸润性好，液相可扩展到另一相表面的坑凹之中，因而两相接触面积大，结合紧密，产生了机械锚合作用。

毫无疑问，浸润性好有利于两相的界面接触，但浸润性不是界面黏结的唯一条件。例如，氯丙基硅烷的表面张力为 48.8mN/m，溴苯基硅烷的表面张力为 49.4mN/m，它们的表面张力大，但却对不饱和聚酯无效；而乙烯基硅烷的表面张力只有 33.4mN/m，却是对不饱和聚酯有效的偶联剂；乙基硅烷的表面张力与乙烯基硅烷相似，对不饱和聚酯却是无效的。环氧树脂对新鲜的 E 玻璃纤维表面浸润性好，但黏结性却不好，界面耐水老化性也差，但是用胺丙基硅烷处理 E 玻璃纤维，对环氧的浸润性下降，但界面的黏结性却提高。

（2）化学键理论　化学键理论认为，要使两相之间实现有效的黏结，两相的表面应具有能相互发生化学反应的活性基团，通过官能团的反应以化学键结合形成界面。若两相之间不能直接进行化学反应，也可通过偶联剂的媒介作用以化学键互相结合。

化学键理论是应用最广、也是应用最成功的理论。硅烷偶联剂就是在化学键理论基础上发展的用来提高基体与玻璃纤维间界面结合的有效试剂。硅烷偶联剂一端与玻璃纤维表面以硅氧键结合，另一端可参与与基体树脂的固化反应。通过硅烷偶联剂的媒介作用，基体与增强纤维实现了界面的化学键结合，有效地提高了复合材料的性能。

碳纤维、有机纤维的表面处理也是化学键理论的应用实例，在表面氧化或等离子、辐照等处理过程中，纤维的表面产生了—COOH、—OH 等含氧活性基团，提高了与环氧等基体树脂的反应能力，使界面形成化学键，大大提高了黏结强度。

（3）扩散理论　该理论认为，高聚物的相互间黏结是由表面上的大分子相互扩散所致，两相的分子链互相扩散、渗透、缠结形成了界面层。扩散过程与分子链的分子量、柔性、温度、溶剂和增塑剂等因素有关。相互扩散实质上是界面中发生互溶，黏结的两相之间界面消失，变成了一个过渡区域，因此对提高黏结强度有利。当两种高聚物的溶度参数接近时，便容易发生互溶和扩散，得到比较高的黏结强度。

必须指出，扩散理论有很大的局限性，高聚物黏结剂与无机物之间显然不会发生界面扩散问题，扩散理论不能用来解释此类黏结现象。

（4）电子静电理论　该理论认为，两相表面若带有不同的电荷，则相互接触时会发生电子转移而互相黏结。有人认为这种静电力是黏结强度的主要贡献者。电子理论虽有一定道理，但是没有严格证明。有人认为，只有当电荷密度达到 10^{21} 个电子/cm^3 时静电引力才有显著作用。但是实验测得的电荷密度只有 10^{19} 个电子/cm^3。因此，即使有界面静电作用存在，它对强度的贡献也是有限的。此外，静电理论也不能解释温度、湿度及其他各种因素对黏结强度的影响。

（5）摩擦理论　摩擦理论认为，基体与增强材料界面的形成完全是由于摩擦作用。基体与增强材料间的摩擦系数决定了复合材料的强度。处理剂的作用在于增加了基体与增强材料间的摩擦系数，从而使复合材料的强度提高。该理论可较好地解释复合材料界面受水等低分子物质浸入后强度下降，干燥后强度又能部分恢复的现象。水等小分子浸入界面使基体与增强材料间的摩擦系数减小，界面传递应力的能力减弱，故强度降低。干燥后界面水分减少，基体与增强材料间的摩擦系数增大，传递应力的能力增加，故强度部分恢复。

（6）变形层理论　聚合物复合材料固化时，聚合物将产生收缩现象，而且基体与纤维的热膨胀系数相差较大，因此在固化过程中，纤维与基体界面上就会产生附加应力，这种附加应力会使界面破坏，导致复合材料的性能下降。此外，由外载荷作用产生的应力，在复合材料中的分布也是不均匀的。从观察复合材料的微观结构可知，纤维与树脂的界面不是平滑的，结果在界面上某些部位集中了比平均应力高的应力。这种应力集中将首先使纤维与基体间的化学键断裂，使复合材料内部形成微裂纹，这样也会使复合材料的性能下降。

增强材料经处理剂处理后，能减缓上述几种应力的作用，因此一些研究者对界面的形成及其作用提出了几种理论：一种理论认为，处理剂在界面形成了一层塑性层，它能松弛界面的应力，减小界面应力的作用，这种理论称为"变形层理论"；另一种理论认为，处理剂是界面的组成部分，这部分是介于高模量增强材料和低模量基体材料之间的中等模量物质，能起到均匀传递应力从而减弱界面应力的作用，这种理论称为"抑制层理论"。

8.6.3　非树脂基复合材料的界面结构

金属基复合材料和陶瓷基复合材料基体与增强材料的界面，由于基体材料特性与聚合物不同以及材料加工工艺的不同，导致其界面结构与树脂基复合材料的界面相比较有很多不同之处。

8.6.3.1　金属基复合材料界面

在金属基复合材料中，往往由于基体与增强材料发生相互作用生成化合物，基体与增强材料的互扩散而形成扩散层，增强物的表面预处理涂层使界面的形状、尺寸、成分、结构等变得非常复杂。近 20 年来，人们对界面在金属基复合材料中的重要性的认识越来越深刻，进行了比较系统详细的研究，得到了不少非常有益的信息。

对于金属基纤维复合材料，其界面比聚合物基复合材料复杂得多。金属基纤维复合材料的界面大致有三种类型：第一类（纤维与基体互不反应也不溶解），界面是平整的，厚度仅为分子层的程度，除原组成成分外，界面上基本不含其他物质；第二类（纤维与基体互不反应但相互溶解），界面是由原组成成分构成的犬牙交错的溶解扩散型界面；第三类（纤维与基体互相反应形成界面反应层），界面含有亚微级左右的界面反应物质（界面反应层）。

界面类型还与复合方法有关。金属基纤维复合材料的界面结合可以分成以下几种形式。

（1）物理结合　物理结合是指借助材料表面的粗糙形态而产生的机械铰合，以及借助基体收缩应力包紧纤维时产生的摩擦结合。这种结合与化学作用无关，纯属物理作用，结合强度的大小与纤维表面的粗糙程度有很大关系。例如，用经过表面刻蚀处理的纤维制成的复合材料，其结合强度比具有光滑表面的纤维复合材料约高 2～3 倍。但这种结合只有当载荷应力平行于界面时才能显示较强的作用，而当应力垂直于界面时承载能力很小。

（2）溶解和浸润结合　这种结合与第二类界面对应。纤维与基体的相互作用力是极短程的，只有若干原子间距。由于纤维表面常存在氧化物膜，阻碍液态金属的浸润，这时就需要对纤维表面进行处理，如利用超声波法通过机械摩擦力破坏氧化物膜，使纤维与基体的接触角小于 90°，发生浸润或局部互溶以提高界面结合力。当然，液态金属对纤维的浸润性与温度有关。如液态铝在较低温度下不能浸润碳纤维，在 1000℃ 以上时，接触角小于 90°，液态铝就可浸润碳纤维。

（3）反应结合　反应结合与前面的第三类界面对应。其特征是在纤维与基体之间形成新的化合物层，即界面反应层。界面反应层往往不是单一的化合物，如硼纤维增强钛铝合金，在界面反应层内有多种反应产物。一般情况下，随反应程度增加，界面结合强度也增大，但由于界面反应产物多为脆性物质，所以当界面层达到一定厚度时，界面上的残余应力可使界面破坏，反而降低界面结合强度。此外，某些纤维表面吸附空气发生氧化作用也能形成某种形式的反应结合。例如，用硼纤维增强铝时，首先使硼纤维与氧作用生成 BO_2。由于铝的反应性很强，它与 BO_2 接触时可使 BO_2 还原而生成 Al_2O_3 形成氧化结合。但有时氧化作用也会降低纤维强度而无益于界面结合，这时就应当尽量避免发生氧化反应。

在实际情况中，界面的结合方式往往不是单纯的一种类型。例如，将硼纤维增强铝材料于 500℃ 进行热处理，可以发现在原来物理结合的界面上出现了 AlB_2，表明热处理过程中界面上发生了化学反应。

8.6.3.2　陶瓷基复合材料界面

在陶瓷基复合材料中，增强纤维与基体之间形成的反应层质地比较均匀，对纤维和基体都能很好地结合，但通常它是脆性的。因增强纤维的横截面多为圆形，故界面反应层常为空心圆筒状，其厚度可以控制。当反应层达到某一厚度时，复合材料的拉伸强度开始降低，此时反应层的厚度可定义为第一临界厚度。如果反应层厚度继续增大、材料强度也随之降低，直至达某一强度时不再降低，这时反应层厚度称为第二临界厚度。例如，利用 CVD 技术制造碳纤维/硅材料时，第一临界厚度为 $0.05\mu m$，此时出现 SiC 反应层，复合材料的拉伸强度为 1.8GPa；第二临界厚度为 $0.58\mu m$，拉伸强度降至 0.6GPa。相比之下，碳纤维/铝材料的拉伸强度较低，第一临界厚度 $0.1\mu m$ 时，形成

Al_4C_3 反应层，拉伸强度为 1.15GPa；第二临界厚度为 $0.76\mu m$，拉伸强度降至 0.2GPa。

　　氮化硅具有强度高、硬度大、耐腐蚀、抗氧化和抗热震性能好等特点，但断裂韧性较差，使其特点发挥受到限制。如果在氮化硅中加入纤维或晶须，可有效地改进其断裂韧性。由于氮化硅具有共价键结构，不易燃烧，所以在复合材料制造时需添加助烧结剂，如 6% Y_2O 和 2% Al_2O_3 等。在氮化硅基碳纤维复合材料的制造过程中，成形工艺对界面结构影响甚大。例如，采用无压烧结工艺时，碳与硅之间的反应十分严重，用扫描电子显微镜可观察到非常粗糙的纤维表面，在纤维周围还存在许多空隙；若采用高温等静压工艺，则由于压力较高和温度较低，使得反应 $Si_2N_4 + 3C \rightarrow 3SiC + 2N_2$ 和 $SiO_2 + C \rightarrow SiO\uparrow + CO$ 受到抑制，在碳纤维与氮化硅之间的界面上不发生化学反应，无裂纹或空隙，是比较理想的物理结合。在 SiC 晶须作增强材料，氮化硅作基体的复合材料体系中，若采用反应烧结、无压烧结或高温等静压工艺也可获得无界面反应层的复合材料。但在反应烧结和无压烧结制成的复合材料中，随着 SiC 晶须含量增加，材料密度下降，导致强度降低，而采用高温等静压工艺时则不出现这种情况。

8.6.4　复合材料界面破坏

　　基体与增强材料是通过界面构成复合材料整体。界面在复合材料中既是重要角色，也是薄弱环节。界面相区域的破坏轨迹确定了基体和纤维间的应力传递水平。复合材料要在静、动态和交变应力以及湿、热等情况下使用，在工作条件和严酷环境下，往往通过界面这一薄弱环节开始破坏，而使复合材料性能劣化。因此了解界面的损伤破坏机理，延缓或阻止界面在外载和严酷环境条件下损伤的产生和发展，有重要的意义。

8.6.4.1　界面破坏的类型

　　（1）界面层的内聚破坏　当增强相与基体相的黏结强度大于界面层的内聚强度时发生。在高温和低速时及黏结界面层较厚的情况，破坏易发生在界面层内，或靠近界面处的基体或纤维的内聚破坏。

　　（2）黏结破坏　当两相的黏结强度低于界面层的内聚强度时发生，尤其黏结界面层较薄时，破坏易发生在界面或界面附近。

　　（3）混合破坏模式　内聚破坏和黏结破坏同时发生。

　　只有破坏完全发生在界面上，才能用热力学平衡理论以表面张力说明破坏强度。而实际上界面的黏结强度不等于界面破坏强度，破坏强度除了与黏结力有关，还受各相材料的力学性能、几何尺寸、破坏条件（载荷和环境）等因素的影响。如增强剂和基体的弹性模量相差较大时，复合材料的冲击、剥离、弯曲和热传导等性能一般随界面黏结强度增大而降低。因此，要根据使用要求和具体材料，设计并形成与复合强度相适应的理想的界面黏结状态，才能满足应用要求。

　　界面破坏包括物理和化学两方面。化学键的形成和破坏是某种形式热激活的动态平衡。

8.6.4.2　界面损伤和破坏机理

　　复合材料的破坏功包括纤维、基体和界面三部分的破坏功。在制造过程中，界面、增强剂和基体各相中均存有内在的原始微损伤，它们在外载和环境等因素作用下，按一定的规律成核和扩展，最后导致复合材料的破坏。

　　在复合材料中，纤维和基体界面中均有微裂纹存在。在外力和其他因素的作用下，都会按照自身的一定规律扩展，最终导致复合材料的破坏。例如，基体上的微裂纹 [如图 8-48（a）所示] 的扩展趋势，有的平行于纤维表面，有的垂直于纤维表面。

　　微裂纹受外界因素作用时，其扩展的过程将逐渐贯穿基体，最后到达纤维表面。在此过程中，随着裂纹的扩展，将逐渐消耗能量，由于能量的消耗，使其扩展速率减慢，垂直表面的裂纹，还由于能量的消耗，减缓它对纤维的冲击。假定没有能量消耗，能量集中于裂纹尖端上，就穿透纤维，导致纤维及复合材料破坏，属脆性破坏特性。通过提高碳纤维和环氧树脂的黏结强度就能观察到这种脆性破坏。另外，也可观察到有些聚酯或环氧树脂复合材料破坏时，不是脆性破坏，而是逐渐破坏的过程，破坏开始于破坏总载荷的 $20\%\sim40\%$ 范围内。这种破坏机理的解释，就是前述的由于裂纹峰扩展过程中能量流散（能量耗散），减缓了裂纹的扩展速率，以及能量消耗于界面的脱胶（黏结被破坏），从而分散了裂纹尖端上的能量集中，因此未能造成纤维的破坏，致使整个破坏过程是界面逐渐破坏的过程。图 8-48（b）为裂纹的能量在界面流散的示意图。

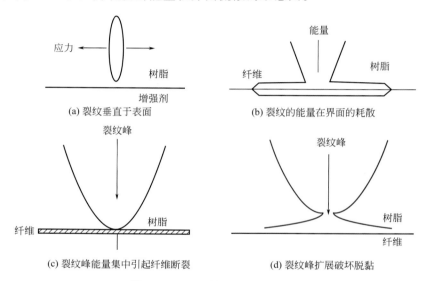

图 8-48　界面破坏中能量的耗散

当裂纹在界面上被阻止，由界面脱胶（界面黏结被破坏）而消耗能量，将会产生大面积的脱胶层，用高分辨率的显微镜观察，可观察到脱胶层的可视尺寸达 $0.5\mu m$，可见能量流散机理在起作用。在界面上，基体与增强材料间形成的键可分为两类：一类是物理键，即范德瓦耳斯力；另一类是化学键，其键能约为范德瓦耳斯力的 5 倍，可见能量流散时，消耗于化学键的破坏能量较大。界面上化学键的分布与排列可以是集中的、分散的，甚至是混乱的。

如果界面上的化学键是集中的，当裂纹扩展时，能量流散较少，较多的能量集中于裂纹尖端，就可能在还没有引起集中键断裂时已冲断纤维，导致复合材料破坏，如图 8-48（c）所示。

界面上化学键集中时的另一种情况是，在裂纹峰扩展过程中，还未能冲断纤维已使集中键破坏，这时由于破坏集中键引起能量流散，仅造成界面黏结破坏［如图 8-48（d）所示］。如果裂纹尖端集中的能量足够大或继续增加能量，则不仅使集中键破坏，还能引起纤维断裂。此外，在化学键破坏的过程中，物理键的破坏也能消耗一定量的集中于裂纹尖端的能量。如果界面上的化学键是分散的，当裂纹扩展时，化学键逐渐破坏，使树脂从界面上逐渐脱落，能量逐渐流散，导致界面脱黏破坏。

8.6.4.3 湿热环境引起的界面破坏

复合材料的应用会遇到湿热环境的侵袭，界面在抗湿热方面是一个比较薄弱的环节。水从材料制造过程中的气泡连成的通道进入，同时处于界面中的溶液渗透压增大而产生微裂缝，水的毛细作用又促使微损伤扩大，水继续浸入，使树脂溶胀，界面产生横向拉应力，当这种应力大于界面黏结强度时，界面发生破坏，而且腐蚀了纤维，使复合材料性能劣化。水对纤维强度的影响虽然是一可逆反应，在水分干燥后，劣化影响一般可以消除。但对树脂基体的降解反应是不可逆的，树脂表层会发生脱落碎片，因此必须采取防水处理。加入偶联剂或在界面形成防水层，都能起到较好的抗湿热效果。当使用温度高于树脂固化温度一半时，对界面产生明显影响。界面受热膨胀，增大分子间的距离，减低分子间的作用力。此外，微观残余应力和孔隙等都能引起破坏。

8.7 材料的复合原理

复合材料按对应的功能可以分为结构复合材料和功能复合材料。以力学性能为主要性能的复合材料称为结构复合材料，以力学性能以外的其他物理性能（如热、电、磁、声、光及辐照等）和化学性能为主要性能的复合材料称为功能复合材料。无论是力学性能还是物理性能，都取决于组元的形状、尺寸、分布（包括连续性、取向等）和界面状态。复合材料的性能与构成复合材料的组元的性能的关系称为复合效应。复合效应除取决于复合状态以外，还主要取决于复合材料各组元材料的性质。概括说来，复合效应有三个特征。

① 复合材料的性能，除了个别情况，往往不是组元性能的简单加和。

② 同样的组元和相同的复合状态，对不同的性能往往具有不同的复合效应。

③ 同样的组元而复合状态不同时，对某一性能将具有不同的复合效应（即该性能不同）。

以上三个特征，决定了复合材料性能的多样性和灵活的可设计性。组元材料性质及复合状态的综合影响，将产生表 8-6 所示的复合效应类型。复合效应有两种：即线性效应和非线性效应。线性复合效应包括平均效应、平行效应、相补效应和相抵效应；非线性复合效应包括相乘效应、诱导效应、系统效应和共振效应。

表 8-6 复合效应类型

线性效应	非线性效应	线性效应	非线性效应
平均效应	相乘效应	相补效应	共振效应
平行效应	诱导效应	相抵效应	系统效应

平均效应是最常见的一种复合效应，它满足熟知的混合定律，即复合材料的某项性能随组元材料的体积含量的变化呈线性改变。混合定律基于界面接合紧密完好的假定，经过实验系数修正用于估算复合材料若干力学性能的公式，在复合材料力学性能分析的细观力学部分中有详细的介绍。通过单层的力学性能计算不同铺层的层合板的力学性能则几乎占了复合材料力学分析的大部分内容。这种计算都是假定层合板各层间的复合具有平均效应。

常用的混合定律有两种形式，即

$$A_c = \sum A_i V_i \tag{8-88}$$

$$A_c = \sum V_i / A_i \tag{8-89}$$

式中，V_i 为复合材料中 i 组元的体积含量；加和范围包括组成复合材料的全部组元。式（8-88）称为并联型混合定律，适用于复合材料的密度、单向纤维复合材料沿纤维方向弹性模量（纵向弹性模量）、纵向泊松比等；式（8-89）称为串联型混合定律，适用于单向纤维复合材料的横向弹性模量、纵向剪切模量和横向泊松比等。

相补效应是指组元材料性能相互补充，弥补各自的弱点，从而使复合材料具有优异的性能。相补效应可以用下式描述：

$$C = A \times B \tag{8-90}$$

式中，C 是复合材料的某项性能，而复合材料的性能取决于它的组元 A 和 B 的该项性能，当 A 和 B 组元的该项性能均具优势时，则在复合材料中获得相互补充。

平行效应是最简单的一种线性复合效应。它指复合材料的某项性能与其中某一组分的该项性能基本相当。例如，玻璃纤维增强环氧树脂复合材料的耐腐蚀性能与环氧树脂的耐腐蚀性能基本相同，即表明玻璃纤维增强环氧树脂复合材料在耐化学腐蚀性能上具有平行复合效应。平行复合效应可以表示为

$$K_c \cong K_i \tag{8-91}$$

式中，K_c 表示复合材料的某项性能；K_i 表示 i 组元对应的该项性能。

相抵效应指各组分之间出现性能相互制约，结果使复合材料的性能低于混合物定律预测值，这是一种负的复合效应。例如，当复合状态不佳时，陶瓷基复合材料的强度往往产生相抵效应。相抵效应可以表示为

$$A_c < \sum A_i V_i \tag{8-92}$$

相乘效应是把两种具有能量（信息）转换功能的组分复合起来，使它们相同的功能得到复合，而不相同的功能得到新的转换。例如，将一种具有 X/Y 转换性质的组元与另一种具有 Y/Z 转换性质的组元复合，结果得到具有 X/Z 转换性质的复合材料。相乘效应已被用于设计功能复合材料。相乘效应可以表示为

$$\frac{X}{Y} \times \frac{Y}{Z} = \frac{X}{Z} \tag{8-93}$$

相乘效应的例子示于表 8-7。

诱导效应是指在复合材料中两组元（两相）的界面上，一相对另一相在特定条件下产生诱导作用（如诱导结晶），使之形成相应的界面层。这种界面层结构上的特殊性使复合材料在传递载荷的能力上或功能上具有特殊性，从而使复合材料只有某种独特的性能。

系统效应是指将不具备某种性能的诸组分通过特定的复合状态复合后，使复合材料具有单个组分不具有的新性能。系统效应的经典例子是利用彩色胶卷能分别感应蓝、绿、红的三种感光乳剂层，即可记录宇宙间千变万化异彩纷呈的各种绚丽色彩。系统效应在复合材料中的体现尚有待说明。

共振效应又称强选择效应。它是指某一组分 A 具有一系列性能，与另一组分 B 复合后，能使 A 组分的大多数性能受到较大抑制，而使其中某一项性能在复合材料中突出地发挥。例如，在要求导电而不导热的场合，可以通过选择组分和复合状态，在保留导电组分导电性的同时，抑制其导热性而获得特殊功能的复合材料。利用各种材料在一定几何形状下具有固有振动频

表 8-7 功能复合材料的相乘效应

A 组元性质 X/Y	B 组元性质 Y/Z	相乘性质 X/Z	A 组元性质 X/Y	B 组元性质 Y/Z	相乘性质 X/Z
压磁效应	磁阻效应	压阻效应	光电效应	电致伸缩	光致伸缩
压磁效应	磁电效应	压电效应	热电效应	(电)场致发光效应	红外线转换可见光效应
压电效应	(电)场致发光效应	压力发光效应	辐照-可见光效应	光-导电效应	辐照诱导导电
磁致伸缩	压电效应	磁电效应	热致变形	压敏效应	热敏效应
磁致伸缩	压阻效应	磁阻效应	热致变形	压电效应	热电效应

率的性质，在复合材料中适当配置时，可以产生吸振的特定功能。

8.7.1 复合材料力学性能的复合规律

复合材料力学性能一般满足组分性能按体积分数加和的混合律，如单向复合材料纵向弹性模量满足并联模型的混合律：

$$E_c = E_f V_f + E_m V_m \tag{8-94}$$

式中，下标 c、f、m 分别代表复合材料、纤维、基体；E 为弹性模量；V 为体积分数。

单向复合材料横向弹性模量满足串联模型的混合律：

$$E_c = V_f/E_f + V_m/E_m \tag{8-95}$$

单向复合材料在一般情况下力学性能的混合律通式：

$$X_c = X_A^n V_A + X_B^n V_B \tag{8-96}$$

式中，X 为某项力学件能；下标 A、B 表示组分；n 为指数幂，并联模型中 $n=1$，串联模型中 $n=-1$。

8.7.2 复合材料物理性质的复合规律

物理和化学性能的复合规律如密度、比热容、介电常数、磁导率等简单物理性能符合线性法则，其中电导率、电阻、磁导率和热传导等物理性能的复合法则与力学性能一样，混合物定律大致是成立的。

8.7.2.1 密度

复合材料的密度是一个平均性能，它决定于复合材料中各相的密度及它们之间的相对比例。这种相对比例用体积含量表示：

$$\rho_c = \rho_f V_f + \rho_m V_m \tag{8-97}$$

式中，下标 c、f、m 分别代表复合材料、纤维、基体；ρ 为密度；V 为体积分数。

这种相对比例也可用质量含量表示，质量含量在复合材料制备过程中容易得到，在材料制成后也容易用试验方法测定。而体积含量则不容易直接测量，但它在细观力学分析中又很重要。复合材料中组分的质量含量 W_i 与体积含量 V_i 相互转换关系：

$$V_f = \frac{\rho_m/\rho_f}{\rho_m/\rho_f + W_m/W_f} \tag{8-98}$$

$$V_m = \frac{\rho_f/\rho_m}{\rho_f/\rho_m + W_f/W_m} \tag{8-99}$$

或者

$$W_f = \frac{\rho_f/\rho_m}{\rho_f/\rho_m + V_m/V_f} \tag{8-100}$$

$$W_m = \frac{\rho_m/\rho_f}{\rho_m/\rho_f + V_f/V_m} \tag{8-101}$$

式中，W 为质量含量。

8.7.2.2　热导率

（1）单向复合材料　纵向和横向的热导率可按以下两式估算：

纵向热导率 $\qquad K_L = K_{fL} V_f + K_m V_m$ （8-102）

横向热导率

$$K_T = K_T + [V_f(K_{fT} - K_m)K_m] / [0.5V_m(K_{fL} - K_m) + K_m] \quad (8\text{-}103)$$

式中，K 为热导率；下标 L、T 分别表示纵向和横向；f、m 分别表示纤维和基体。

（2）颗粒复合材料　当颗粒为球状时，复合材料的热导率为

$$K = K_m + \frac{(1 + 2V_p)K_p + (2 - 2V_p)K_m}{(1 - V_p)K_p + (2 + V_p)K_m} \quad (8\text{-}104)$$

式中，下标 p 表示颗粒。

8.7.2.3　热膨胀系数

当两种各向同性材料复合后，体系的热膨胀系数 α_c 为

$$\alpha_c = \frac{\alpha_1 K_1 V_1 + \alpha_2 K_2 V_2}{K_1 V_1 + K_2 V_2} \quad (8\text{-}105)$$

式中，α_1、α_2 为组成复合材料组分的热膨胀系数；K 为特定弹性常数；V 为体积分数。当两种材料的泊松比相等时，用 E 代替 K，则有

$$\alpha_c = \frac{\alpha_1 E_1 V_1 + \alpha_2 E_2 V_2}{E_1 V_1 + E_2 V_2} \quad (8\text{-}106)$$

对于物理常数差别不是很大的多层复合体系，可采用下式作为第一近似计算

$$\alpha_c = \sum \alpha_i V_i \quad (8\text{-}107)$$

8.7.2.4　电导率

对于单向连续纤维复合材料，若基体的电导率大于纤维的电导率，则有

纵向电导率 $\qquad C_L = C_m(1 - V_f)\left(1 - \dfrac{1.77V_f}{1 - V_f} T^{-1.08}\right)$

横向电导率

$$C_T = 0.5(1 - 2V_f)(C_m - C_f)\left\{1 + \left[1 - \frac{4C_f C_m}{(1 - 2V_f)^2(C_f - C_m)^2}\right]^{1/2}\right\}$$

$$(8\text{-}108)$$

式中，C_m 和 C_f 分别为基体和纤维的电导率；T 为绝对温度。

对于颗粒增强复合材料，将颗粒看成是均匀分散于基体中的球形粒子，复合材料的电导率 C_c 可以用类似式（8-99）的形式表示为

$$C_c = C_m + \frac{(1 + 2V_p)C_p + (2 - 2V_p)C_m}{(1 - V_p)C_p + (2 + V_p)C_m} \quad (8\text{-}109)$$

式中，下标 c、m、p 分别代表复合材料、基体和颗粒；C 代表电导率。

这种形式的公式还可以用以表示电阻、磁导率的复合规律。此公式的准确范围为 $V_p = 0.1$，第一近似计算的范围为 $V_f \leqslant 0.35$。

要点总结

拓展阅读

第9章
金属材料的变形与再结晶

导读

汽车轻量化是当今世界汽车行业的主流发展趋势，也是解决全球能源危机和环境问题的重要途径。高强钢材料的问世为同时解决车辆安全性和环保性问题提供了新的思路。

图1 汽车零部件装配图

近年来，随着多种材料强化成形技术的迅速发展，高强钢材料在具备超高强度（2.2GPa）的同时，其塑韧性也得到了大幅提高（延伸率16%）。

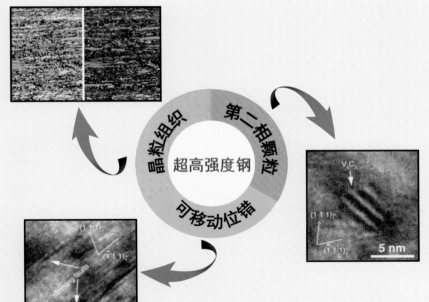

经研究发现，超级钢组织由细小均匀的马氏体与条带状奥氏体组成，内部存在大量晶界。

材料组织中存在众多分布均匀的硬质第二相颗粒，大量可移动位错的存在使超级钢获得"强韧双增"的效果。

图2 超级钢组织结构

金属材料在外力作用下所表现出的强度和塑性等力学性能是结构敏感的，与其内部的微观组织结构密切相关。通过学习变形过程中材料内部的位错运动规律以及位错与不同晶体缺陷之间的交互作用，可以从本质上掌握材料的强化方法和机制。金属经塑性变形后，外部做功的一部分残留在材料内部，造成材料处于热力学不稳定状态，通过金属的回复和再结晶处理，可使材料获得所需要的使用性能。利用回复、再结晶基本规律还可获得粗大晶粒或单晶体以满足特殊使用要求，也可在无相变的金属和合金中获得细小晶粒使材料强韧化。对用于能源工程、航空航天工程的耐热金属和合金，为满足较高温度下的强化要求，必须提高其再结晶温度以防止软化。晶体的高温塑性变形是材料科学与工程的一个重要研究领域，认识高温变形的规律对材料加工成形和高温构件使用时变形的控制意义重大。

👁 学习目标

金属材料的变形与再结晶和工业生产息息相关，首先需要明晰金属的工程应力-应变曲线和真应力-真应变曲线的本质差异，理解单晶体的塑性变形方式和微观机制，掌握细晶强化、固溶强化、第二相强化和加工硬化等方法和原理。联系实际工艺，理解冷变形金属的回复与再结晶过程，掌握其基本概念和影响因素。学习金属的热变形原理，厘清动态回复和动态再结晶与静态回复和静态再结晶的差别；掌握蠕变和超塑性产生的条件和机理，并能正确运用所学理论分析和解决实际问题。

(1) 金属的真应力-真应变曲线。
(2) 塑性变形的机制：临界分切应力、滑移系、单系滑移、复滑移、交滑移、孪生、扭折。
(3) 四大强化方法及原理：细晶强化、固溶强化、第二相强化、加工硬化。
(4) 回复和再结晶：驱动力、动力学、微观机制、再结晶温度、晶粒大小、二次再结晶。
(5) 金属的热变形、蠕变和超塑性。

各种材料在加工以及使用过程中都不可避免地要受到外力的作用，特别对于金属材料而言，材料的变形行为显得格外重要。

材料在外力作用下，当外力较小时将发生弹性变形，随着外力的逐步增大，进而会发生永久变形，直至最终断裂。在这个过程中，不仅其形状或尺寸发生了变化，其内部组织以及相关的性能也都会发生相应变化。

这种变化的结果会使得材料内部的能量增加，因此在热力学上处于不稳定的状态。当动力学条件许可时（如加热到某一温度），在材料内部就会发生一系列的变化（如回复和再结晶），以降低系统能量。

因此，研究材料在塑性变形中的行为特点，分析其变形机理以及影响因素，以及讨论经塑性变形后的材料在随后的回复、再结晶过程中的组织、结构、性能的变化规律，具有十分重要的理论和实际意义。

9.1 金属的应力-应变曲线

9.1.1　工程应力-应变曲线

具有一定塑性的金属材料，在受力之后产生变形，起初是弹性变形，然后是弹-塑性变形，最后当外力超过一定大小之后便发生了断裂。这种变形的特性可以明显地反映在应力-应变曲线上。如图 9-1 所示即为常用的工程应力-应变曲线，其中应力和应变采用如下方法获得：

$$\sigma = \frac{P}{A_0} \tag{9-1}$$

$$\varepsilon = \frac{l - l_0}{l_0} \tag{9-2}$$

式中　P——作用在试样上的载荷；

　　　A_0——试样的原始横截面积；

　　　l_0——试样的原始标距部分长度；

　　　l——试样变形后标距部分长度。

之所以称这样得出的应力-应变曲线为工程应力-应变曲线，是由于应力和应变的计算中没有考虑变形后试样截面积与长度的变化，故工程应力-应变曲线与载荷-变形曲线的形状是一致的。

在图 9-1 中，Oe 对应于弹性变形阶段，$esbk$ 段对应于弹-塑性变形阶段，k 为断裂点。当应力低于材料的弹性极限 σ_e 时，发生弹性变形，应力 σ 与应变 ε 之间通常保持线性关系，服从虎克定律：$\sigma = E\varepsilon$ 或 $\tau = G\gamma$，式中，σ、τ 为正应力和切应力；ε、γ 为正应变和切应变；应力与应变之间的比例系数 E、G 分别称为正弹性模量和切变弹性模量。弹性模量在数值上等于应力-应变曲线上弹性变形阶段的斜率。

弹性模量反映了材料对弹性变形的抗力，E 越大，则在一定的外力下所产生的弹性应变越小。因此，E 反映了材料的刚度，在其他条件相同时，材料的弹性模量 E 越大，材料的刚度越好。弹性模量是表征材料中原子间结合力强弱的物理量，对组织结构不敏感，所以在金属中添加少量合金元素或是进行加工都不会对弹性模量产生明显影响。

当应力超过 σ_s 时，材料发生塑性变形，出现了屈服现象，因此称 σ_s 为该材料的屈服极限或屈服点。对于屈服点不明显的材料，常规定以发生残留变形量为试样标距部分原长的 0.2% 时的应力值作为条件屈服极限或屈服强度，以 $\sigma_{0.2}$ 表示。

应力超过 σ_s 之后，试样发生明显而均匀的塑性变形，随着塑性变形的进行，金属被不断强化，继续变形所需的应力不断提高，一直达到最大值 b 点，此最大应力值 σ_b 称为材料的强度极限（或拉伸强度）。它表示材料对最大均匀塑性变形的抗力。超过此值后，拉伸试样上出现了颈缩现象，由于试样局部截面尺寸快速缩小，导致试样承受的载荷开始降低，因而工程应力-应变曲线也开始下降，直至达到 k 点试样发生断裂为止。

9.1.2　真应力-真应变曲线

在实际的塑性变形过程中，试样的截面积与长度也在不断地发生着变化，特别是当变形较大时，工程应力、应变将与材料的真实应力、真实应变存在明显的差异，因此，在研究金属塑性变形规律时，为了得出真实的变形特性，应当按真应力和真应变来进行分析（见图 9-2）。

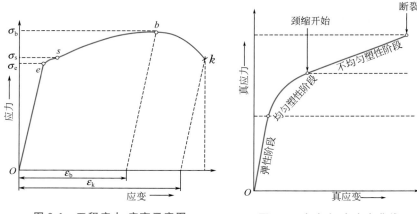

图 9-1　工程应力-应变示意图　　　图 9-2　真应力-真应变曲线

（1）真应变　以拉伸一个长为 l_0 的均匀圆柱体为例，若其伸长一倍，则工程应变 $\varepsilon=(l-l_0)/l_0=1.0$；若为压缩，要获得同样数值的负应变，理应压缩到其原长度的一半，但按此算得 $\varepsilon=(l-l_0)/l_0=-0.5$，两者并不相符，必须压缩到厚度为零时才能算得 -1.0 应变值。这样的结果显然是不对的。这里的主要问题就在于工程应变公式计算所得到的是对应于原长度的平均应变，而不是真实的应变值。考虑到变形过程中试样长度在变化，故每一瞬时的应变值应由此时刻的实际长度来决定。这样，在拉伸时，由于试样长度不断增大，每伸长同样的增量 Δl，相应的应变增量就不断减小；而在压缩时，试样不断缩短，每压缩 Δl，其相应的应变增量却不断增大。由此可知，要得出变形的真应变 (ε_T)，必须按每瞬时的长度进行计算，即

$$\varepsilon_T=\sum\left(\frac{l_1-l_0}{l_0}+\frac{l_2-l_1}{l_1}+\frac{l_2-l_3}{l_2}+\cdots\right)=\int_{l_0}^{l}\frac{\mathrm{d}l}{l}=\ln\frac{l}{l_0} \tag{9-3}$$

按此式计算前述的圆柱体变形例子，可求得伸长一倍时真应变为 $\ln2$；而压缩到一半长度，真应变为 $-\ln2$，这样就得出了相符的结果。

（2）真应力　与真应变类似，真应力 (σ_T) 可由式（9-4）计算获得：

$$\sigma_T=\frac{P}{A} \tag{9-4}$$

式中　P——作用在试样上的载荷；

　　　A——各试样的实际横截面积。

考虑到金属塑性变形时的体积恒定性，以及在颈缩前试样标距内变形基本均匀的特点，可得：

$$A_0l_0=Al=常数 \tag{9-5}$$

因此　　　　$$\sigma_T=\frac{P}{A}=\frac{P}{A_0}\times\frac{A_0}{A}=\frac{P}{A_0}\times\frac{l}{l_0}=\sigma(\varepsilon+1) \tag{9-6}$$

这就是真应力与工程应力之间的关系，当应变 ε 较大时两者之间存在明显差别。

9.1.2.1　真应力-真应变曲线简化模型

一般由实验所得到的真应力-真应变曲线比较复杂，不能用简单的函数关

系式表达，应用时很不方便。因此在解决实际问题时，通常将实验所得的真应力-真应变曲线表达成某一函数形式，以便于计算。根据对真应力-真应变曲线的研究，可将其简化成以下几种模型，如图 9-3 所示。

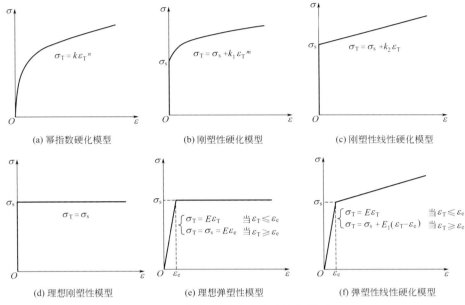

图 9-3　真应力-真应变曲线简化模型

（1）幂指数硬化模型 ［图 9-3 （a）］　大多数金属材料在室温下都有加工硬化效应，其真应力-真应变曲线近似于抛物线形状，可精确地用指数方程表达：

$$\sigma_T = k\varepsilon_T^n$$

式中　k 为强度系数；n 为应变硬化指数。

k 与 n 不仅与材料的化学成分有关，而且与其热处理状态有关，其中 n 值越大，其变形强化效应越明显。

（2）刚塑性硬化模型 ［图 9-3 （b）］　当有初始屈服应力 σ_s 时，可表达为

$$\sigma_T = \sigma_s + k_1\varepsilon_T^m$$

式中　k_1、m 为与材料性能有关的参数，根据实验曲线求出。

适合于预先经过冷加工的金属材料。材料在屈服前为刚性的，屈服后硬化曲线接近于抛物线。

（3）刚塑性线性硬化模型 ［图 9-3 （c）］　如果弹性变形可以忽略，材料的硬化认为是线性的。其数学表达式为：

$$\sigma_T = \sigma_s + k_2\varepsilon_T$$

式中，k_2 为硬化系数。

适合于经过较大的冷变形量之后，并且其加工硬化率几乎不变的金属材料。

（4）理想刚塑性模型 ［图 9-3 （d）］　对于几乎不产生加工硬化的材料，此时硬化指数 $n=0$，可以近似认为真应力-真应变曲线是一条水平直线，这时的表达式为：

$$\sigma_T = \sigma_s$$

这就是理想刚塑性材料模型。大多数金属在高温低速下的大变形及一些低熔点金属在室温下的大变形可采用无加工硬化假设。

（5）理想弹塑性模型 ［图 9-3 （e）］　理想弹塑性材料模型的特点是应力达到屈服应力前，应力与应变呈线性关系，应力达到屈服应力之后，保持为常数：

$$\begin{cases} \sigma_T = E\varepsilon_T & 当\ \varepsilon_T \leqslant \varepsilon_e \\ \sigma_T = \sigma_s = E\varepsilon_e & 当\ \varepsilon_T \geqslant \varepsilon_e \end{cases}$$

式中，E 为弹性模量。

适合于应变不太大，强化程度较小的材料。

（6）弹塑性线性硬化模型［图 9-3（f）］　弹塑性线性硬化材料模型的数学表达式为

$$\begin{cases} \sigma_T = E\varepsilon_T & 当\ \varepsilon_T \leqslant \varepsilon_e \\ \sigma_T = \sigma_s + E(\varepsilon_T - \varepsilon_e) & 当\ \varepsilon_T \geqslant \varepsilon_e \end{cases}$$

式中，E 为弹性模量。

适合于弹性变形不可忽略，且塑性变形的硬化率接近于不变的材料。例如合金钢、铝合金等。

9.1.2.2　变形温度和变形速率对真应力-真应变曲线的影响

（1）变形温度对真应力-真应变曲线的影响　金属材料在不同温度下进行实验，则真应力-真应变曲线有明显差别。

钢、铜、铝等不同材料在冷塑性变形过程中都存在不同程度的应变硬化现象。一般来说，这些材料在加热变形条件下，随着变形温度的提高，流变应力下降。其原因如下。

① 由于温度升高，原子的热运动加剧，动能增大，原子间结合力减弱，金属滑移的临界切应力降低。

② 随着温度升高，发生回复和再结晶，即所谓软化作用，可消除和部分消除应变硬化现象。

③ 随着温度的升高，材料的显微组织发生变化，可能由多相组织变为单相组织。

图 9-4 是 316L 不锈钢在应变速率为 $0.01s^{-1}$ 时不同温度下的压缩真应力-真应变曲线，从中可以看出温度对流变应力的影响。

但是当金属和合金随着温度的变化而发生物理-化学变化和相变时，会出现相反的情况，如钢在加热过程中发生的蓝脆和热脆现象。

（2）变形速率对真应力-真应变曲线的影响　一方面，变形速率增加，塑性变形时位错运动速度加快，必然需要更大的切应力，使流动应力增加。此外，由于变形速率增加，缩短了变形时间，位错运动的发生与发展不足，没有足够的时间发展软化过程，这也促使流动应力增加。另一方面，变形速率的提高，单位时间内的发热率增加，导致温度效应的增加，有利于软化的产生，使流动应力降低。因此变形速率对流变应力的影响比较复杂，具体影响程度主要取决于材料在变形条件下的硬化和软化相对强度。图 9-5 是 CLAM 钢在变形温度为 1123K 时不同应变速率下的压缩真应力-真应变曲线，从中可以看出变形速率对流变应力的影响。

一般情况下，随着变形速率的增大，金属和合金的流变应力提高，但提高的程度与变形温度密切相关。冷变形时，由于温度效应显著，强化被软化所抵消，随着变形速率的提高，流动应力只略微有所增加，即流变应力对速度不是非常敏感。而在热变形时，温度效应不显著，随着变形速率的提高，会引起流变应力明显增大，即流变应力对速度敏感。

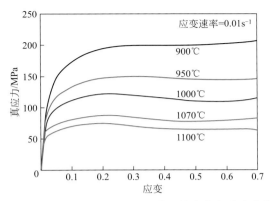
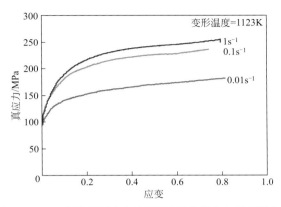

图 9-4 316L 不锈钢在不同温度下的压缩真应力-真应变曲线 图 9-5 CLAM 钢在不同应变速率下的压缩真应力-真应变曲线

9.2 金属的塑性变形

9.2.1 单晶体的塑性变形

当所受应力超过弹性极限后，材料将发生塑性变形，产生不可逆的永久变形。而塑性变形对晶体材料，尤其是对金属材料的加工和应用来说，具有特别重要的意义。利用材料的塑性，我们可以对材料进行压力加工（如轧制、锻造、挤压、拉拔、冲压等），不仅为金属材料的成型提供了经济有效的途径，而且对改善材料的组织和性能也提供了一套行之有效的手段。同时在实际应用中，所选用材料的强度、塑性是零件设计时必须考虑的，而我们知道，这些指标都是材料的塑性变形特征。

虽然常用金属材料大多是多晶体，但考虑到多晶体的变形是以其中各个单晶变形为基础的，所以我们首先来认识单晶变形的基本过程。

研究表明，在常温和低温下单晶体的塑性变形主要是通过滑移的方式来进行的，此外还有孪生和扭折等方式。

9.2.1.1 滑移

（1）滑移线和滑移带 如果对经过抛光的退火态工业纯铜多晶体试样施加适当的塑性变形，然后在金相显微镜下观察，就可以发现原抛光面呈现出很多相互平行的细线，如图 9-6 所示。

最初人们将金相显微镜下看见的那些相互平行的细线称为滑移线，产生细线的原因是由于铜晶体在塑性变形时发生了滑移，最终在试样的抛光表面上产生了高低不一的台阶所造成的。

实际上，当电子显微镜问世后，人们发现原先所认为的滑移线并不是一条线，而是存在更细微的结构，如图 9-7 所示。在普通金相显微镜中发现的滑移线其实由多条平行的更细的线构成，所以现在称前者为滑移带，后者为滑移线。这些滑移线间距约为 10^2 倍原子间距，而沿每一滑移线的滑移量可达 10^3 倍原子间距，同时也可发现滑移变形的不均匀性，在滑移线内部以及滑移带之间的晶面都没有发生明显的滑移。

（2）滑移系 观察发现，在晶体塑性变形中出现的滑移线并不是任意的，它们彼此之间或者相互平行，或者成一定角度，说明晶体中的滑移只能沿一定的晶面和该面上一定的晶体学方向进行，我们将其称为滑移面和滑移方向。

滑移面和滑移方向往往是晶体中原子最密排的晶面和晶向，这是由于最密排面的面间距最大，因而点阵阻力最小，容易发生滑移，而沿最密排方向上的点阵间距最小，从而导致滑移的位错的柏氏矢量也最小。

每个滑移面以及此面上的一个滑移方向称为一个滑移系。滑移系表明了晶体滑移时的可能空间取向，一般来说，在其他条件相同时，滑移系数量越多，滑移过程就越容易进行，从而金属的塑性就越好。

晶体结构不同时，其滑移系也不同，我们下面来了解金属晶体中几种常见结构（面心立方、体心立方、密排六方）的滑移面及滑移方向的情况。

① 面心立方晶体中的滑移系　面心立方晶体的滑移面为 {111}，滑移方向为 ⟨110⟩，因此其滑移系共有 4×3＝12 个，如图 9-8 所示。

② 体心立方晶体中的滑移系　由于体心立方结构是一种非密排结构，因此其滑移面并不稳定，一般在低温时多为 {112}，中温时多为 {110}，而高温时多为 {123}，不过其滑移方向很稳定，总为 ⟨111⟩，因此其滑移系可能有 12～48 个。

③ 密排六方晶体中的滑移系　密排六方晶体中，滑移方向一般都是 ⟨1120⟩，但滑移面与轴比有关，当 c/a 接近或大于 1.633 时，{0001} 为最密排面，滑移系即为 {0001} ⟨1120⟩，共有 3 个；当 c/a 小于 1.633 时，{0001} 不再是密排面，滑移面将变为柱面 {1010} 或斜面 {1011}，滑移系分别为 3 个和 6 个。

由于滑移系数量较少，因此密排六方结构晶体的塑性通常都不太好。

（3）滑移的临界分切应力　我们知道，外力作用下，晶体中滑移是在一定滑移面上沿一定滑移方向进行的。因此，对滑移真正有贡献的是在滑移面

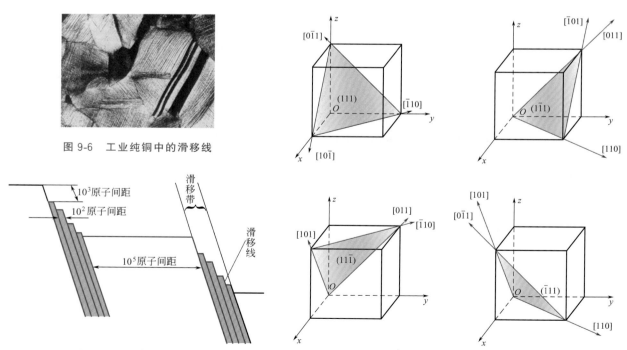

图 9-6　工业纯铜中的滑移线

图 9-7　滑移带形成示意

图 9-8　面心立方晶体中的滑移系

上沿滑移方向上的分切应力，也只有当这个分切应力达到某一临界值后，滑移过程才能开始进行，这时的分切应力就称为临界分切应力。

我们来看看如图 9-9 所示的圆柱形单晶体在轴向拉伸载荷 F 作用下的情况，假设其横截面积为 A，φ 为滑移面法线与中心轴线夹角，λ 为滑移方向与外力 F 夹角，则外力 F 在滑移方向上的分力为 $F\cos\lambda$，而滑移面的面积则为 $A/\cos\varphi$，此时在滑移方向上的分切应力 τ 为：

$$\tau = \frac{F\cos\lambda}{A/\cos\varphi} = \frac{F}{A}\cos\lambda\cos\varphi = \sigma\cos\lambda\cos\varphi \qquad (9\text{-}7)$$

当式 (9-7) 中的分切应力达到临界值时，晶面间的滑移开始，这也与宏观上的屈服相对应，因此，这时 F/A 应当等于 σ_s，即：

$$\tau_s = \sigma_s\cos\lambda\cos\varphi \qquad (9\text{-}8)$$

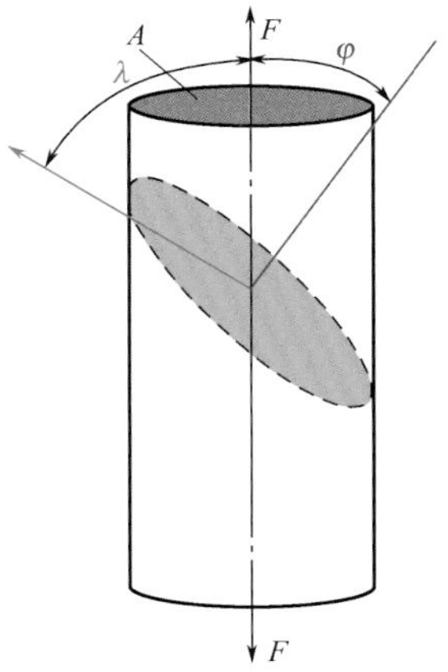

图 9-9　分切应力图

式 (9-8) 中的 τ_s 称为临界分切应力，是一个与材料本性以及试验温度、加载速度等相关的量，与加载方向等无关，可通过实验测得，表 9-1 中列举了一些常见金属晶体的临界分切应力值。$\cos\lambda\cos\varphi$ 称为取向因子或 schmid 因子，因为取向因子 $\cos\lambda\cos\varphi$ 大则材料在较小 σ_s 作用下即可达到临界分切应力 τ_s，从而发生滑移，因此被称为软取向，反之则称为硬取向。

表 9-1　一些金属晶体的临界分切应力值

金　属	温　度	纯度/%	滑移面	滑移方向	临界切应力/MPa
Ag	室温	99.99	{111}	⟨110⟩	0.47
Al	室温	—	{111}	⟨110⟩	0.79
Cu	室温	99.9	{111}	⟨110⟩	0.98
Ni	室温	99.8	{111}	⟨110⟩	5.68
Fe	室温	99.96	{110}	⟨111⟩	27.44
Nb	室温	—	{110}	⟨111⟩	33.8
Ti	室温	99.99	{10$\bar{1}$0}	⟨11$\bar{2}$0⟩	13.7
Mg	室温	99.95	{0001}	⟨11$\bar{2}$0⟩	0.81
Mg	室温	99.98	{0001}	⟨11$\bar{2}$0⟩	0.76
Mg	330℃	99.98	{0001}	⟨11$\bar{2}$0⟩	0.64
Mg	330℃	99.98	{1011}	⟨11$\bar{2}$0⟩	3.92

从式 (9-8) 不难看出，单晶体试样在拉伸试验时，屈服强度 σ_s 将随外力取向而变化，当 λ 或 φ 为 $90°$ 时，无论 τ_s 多大，σ_s 都为无穷大，说明在外力作用下不会发生滑移变形；而当 $\lambda = \varphi = 45°$ 时，σ_s 最低，这是因为当对任何 φ 来说，当滑移方向位于外力 F 和滑移面法线所组成的面上时，沿此方向上的 τ 较大，这时取向因子 $\cos\lambda\cos\varphi = \cos(90° - \varphi)\cos\varphi = \frac{1}{2}\sin2\varphi$，因此当 $\lambda = \varphi = 45°$ 时，取向因子达到最大，分切应力最大。

上述分析结果得到了实验的验证。图 9-10 是密排六方结构的镁单晶拉伸的取向因子-屈服强度关系，图中曲线为按式 (9-8) 的计算值，而圆圈则为实验值，从图中可以看出前述规律，而且计算值与实验值吻合较好。由于镁晶体在室温变形时只有一组滑移面 (0001)，故晶体位向的影响十分明显，对于具有多组滑移面的立方结构金属，取向因子最大，即分切应力最大的这组滑移系将首先发生滑移，而晶体位向的影响就不太显著，以面心立方金属为例，不同取向晶体的拉伸屈服应力相差只有约 2 倍。

（4）滑移时晶面的转动　图 9-11 所示为晶体滑移示意图，从图中可以看出假设的滑移面和滑移方向。当轴向拉力 F 足够大时，晶体各部分将发生如图 9-11 (a) 所示的分层移动，也就是滑移。我们可以设想如果两端自由的话，滑移的结果将使得晶体的轴线发生偏移。

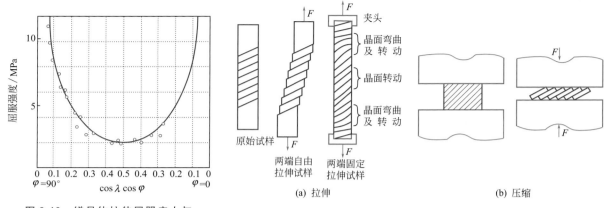

图 9-10　镁晶体拉伸屈服应力与
晶体取向的关系

图 9-11　滑移时晶面的转动

(a) 拉伸　　　　　(b) 压缩

不过，通常晶体的两端并不能自由横向移动，或者说拉伸轴线保持不变，这时单晶体的取向必须进行相应转动，转动的结果使得滑移面逐渐趋向于平行轴向，同时滑移方向逐渐与应力轴平行，而由于夹头的限制，晶面在接近夹头的地方会发生一定程度的弯曲。此时转动的结果将使滑移面和滑移方向趋于与拉伸方向平行。

同样的道理，晶体在受压变形时，晶面也要发生相应转动，转动的结果是使得滑移面逐渐趋向于与压力轴线相垂直，如图 9-11（b）所示。

下面我们就以单轴拉伸的情况来看看滑移过程中晶面发生转动的原因。

图 9-12 画出了晶体中典型的两个滑移面邻近的 A、B、C 三部分的情况。

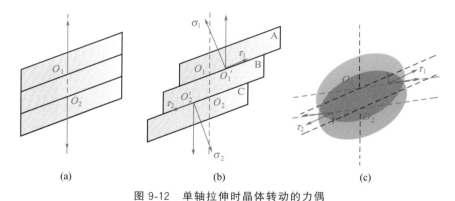

(a)　　　　　　　　(b)　　　　　　　　(c)

图 9-12　单轴拉伸时晶体转动的力偶

在滑移前，作用在 B 层晶体上的力作用于 O_1、O_2 两点。当滑移开始后，由于 A、B、C 三部分发生了相对位移，结果这两个力的作用点分别移至 O'_1、O'_2 两点，此时的作用力可按垂直于滑移面和平行于滑移面分别分解为 σ_1、τ_1 及 σ_2、τ_2。

我们可以明显地看出，正是力偶 σ_1 及 σ_2 使得滑移面发生了趋向于拉伸轴的转动。

在滑移面内的两个分力 τ_1 及 τ_2 可以进一步沿平行于滑移方向和垂直于滑移方向进一步分解。如图 9-12 所示，我们知道其平行于滑移方向的分量就是引起滑移的分切应力，而另外两个分量构成了一对力偶，使得滑移方向转向最大切应力方向。

由于滑移过程中晶面的转动，滑移面上的分切应力值也随之发生变化，当拉力与滑移面法线的夹角为 45° 时，此滑移系上的分切应力最大。但拉伸变形时晶面的转动将使 φ 值增大，故若 φ 原先小于 45°，滑移的进行将使 φ 逐渐趋向于 45°，分切应力逐渐增加；若 φ 原先是等于或大于 45°，滑移的进行使 φ 值更大，分切应力逐渐减小，此滑移系的滑移就会趋于困难。

（5）复滑移　由于很多晶系具有多组滑移系，决定某组滑移系能否开动的前提条件是其分切应力能否达到其临界值，当该滑移系开动后，由于不断发生晶面的转动，结果可能使得另一组滑移系的分切应力逐渐增加，并最终达到其临界值，进而使得滑移过程能够沿两个以上滑移系同时或交替进行，这种滑移过程就称为复滑移，又称多滑移。

面心立方晶体 $\{111\}\langle10\bar{1}\rangle$ 型滑移系有 12 个，拉伸变形时，哪个滑移系将首先发生滑移决定于晶体与拉伸轴之间的位向关系，要讨论这个问题，可以采用极射投影图。图 9-13 是面心立方晶体的（001）投影图，它被分成 24 个由 $\{100\}$、$\{110\}$、$\{111\}$ 极点所构成的投影三角形，故晶体中的任何取向均可对应于投影三角形而定出。由于立方晶体的高度对称性，通常只需利用投影图中心部分的八个三角形（见图 9-14）。设晶体拉伸轴的初始取向位置是 P 点，则首先开始运动的滑移系（即取向因子最大的滑移系）可根据 P 点所在的三角形而确定。这是因为，在每个投影三角形范围内，总是某一特定的滑移系具有最大的取向因子，此滑移系可决定如下：以三角形 $\{111\}$ 角的对边作为公共边，得出与之呈镜面对称的 $\{111\}$ 极点，此极点即表示滑移面的法线方向；以三角形的 $\langle110\rangle$ 角的对边作为公共边，得出与之对称的 $\langle110\rangle$ 点，此点即代表滑移方向。按此，我们就可确定当 P 点在图 9-14 所示位置时，晶体的初始滑移系应是（111）$[\bar{1}01]$，它们与拉伸轴的夹角 λ 和 φ 可借经过 P 的大圆分别求出，可见，λ 和 φ 都是最接近 45°，故具有最大的取向因子。

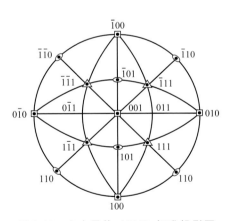

图 9-13　立方晶体（001）标准投影图

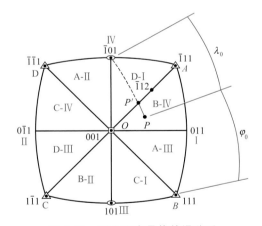

图 9-14　面心立方晶体的滑移系

随着滑移的进行，晶面发生转动而逐渐接近拉伸轴，故 φ 增大，λ 减小，在图 9-14 中为了便于表示起见，把晶体相对于拉伸轴的转动假定为晶体不动而拉伸轴作相对的转动，这样，拉伸轴从 P 点沿着虚线所表示的大圆转向滑移方向 $[\bar{1}01]$，但当拉伸到达 OA 连线上的 P' 点时，滑移系（$\bar{1}\bar{1}1$）$[011]$（称为共轭滑移系）的分切应力达到与始滑移系（111）$[\bar{1}01]$ 相同的数值，因此滑移将同时在这两个滑移系上进行，即造成了"双滑移"。由于共轭滑移系滑移时将引起拉伸轴向着 $[011]$ 极点转动，故两个滑移系所产生的转动可以部分地抵消，使拉伸轴实际上沿 OA 连线转动，以保持两滑移系受到相同的分切应力，直至拉伸轴到达 $[\bar{1}12]$ 极点，此时拉伸轴与两个滑移方向 $[011]$ 和 $[\bar{1}01]$ 位于同一平面且处于两滑移方向的中间位置，故转动作用完全抵消，继续变形时，拉伸轴就停留在此位向不再改变。

在实际变形过程中，常会出现"超越"现象，即拉伸轴达到 P' 点时，由于第二滑移系开动时必然和第一滑移系所造成的滑移线与滑移带交割，其滑移阻力要比第一滑移系继续滑移的阻力大些，因此第一滑移系仍能单独继续使用而使拉伸轴的转动越过了 OA 线，进入到相邻三角形中并到达一定位置 P''（见图 9-15），这时共轭滑移系才起作用而使拉伸轴向 [011] 点方向转动，它同样也发生超越现象，然后再由第一滑移系动作，如此反复交替。

（6）交滑移　在晶体中，还会发生两个或两个以上滑移面沿着同一个滑移方向同时或交替进行滑移的现象，称作交滑移。

例如在 fcc 晶体中，两个不同的 {111} 滑移面的交线就是一个 〈110〉 方向，经常会发生两个不同的 {111} 面沿同一 〈110〉 方向滑移的交滑移现象。图 9-16（a）就是一个示意图，图中两个不同的滑移面 P_1、P_2 沿同一方向 d 进行滑移，图 9-16（b）则是在发生交滑移的抛光试样上出现的特征性的波纹状交滑移带形貌。

我们知道，交滑移的实质是由螺型位错在不改变滑移方向的前提下，改变了滑移面而引起的。

在实际情况下，交滑移一般都是在沿某个晶面滑移受阻时产生的。当沿新滑移面滑移再次受阻时，还可能重新更换滑移面，沿与交滑移前的滑移面平行的平面滑移，由于发生了多次交滑移，这种交滑移也称作双交滑移。

图 9-17 就是一个典型的双交滑移过程示意图。

（7）滑移的位错机制　我们在位错部分已经知道，晶体的滑移并不是一部分相对于另一部分作整体刚性进行的，而是借助于位错在滑移面上的运动来逐步进行的。位错就是已滑移区和未滑移区的分界线。

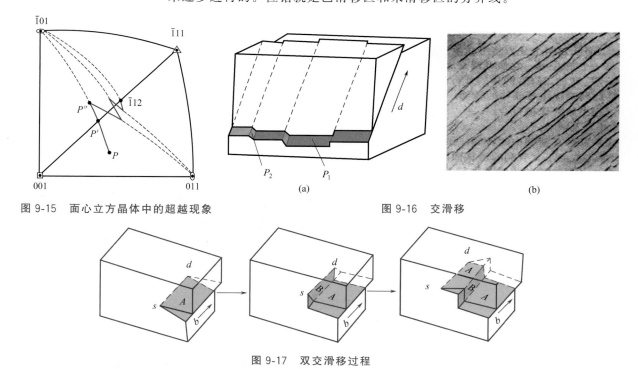

图 9-15　面心立方晶体中的超越现象　　　　图 9-16　交滑移

图 9-17　双交滑移过程

因此宏观上标志晶体滑移进行的临界分切应力应当与微观上克服位错运动阻力的外力相等。对纯金属而言，位错运动的阻力主要包含以下几方面。

① 位错运动的阻力首先来自于点阵阻力，我们知道这就是派-纳力（P-N 力），它相当于简单立方晶体中刃型位错运动所需要的临界分切应力 ［式（7-24）］。

$$\tau_{\text{P-N}} = \frac{2G}{1-\nu}\exp\left[-\frac{2\pi b}{(1-\nu)a_{\text{id}}}\right] = \frac{2G}{1-\nu}\exp\left[-\frac{2\pi W}{a_{\text{id}}}\right]$$

式中，b 为滑移面的面间距；a_{id} 为滑移方向上的点阵间距；ν 为泊松比。

采用上式，我们可以简单推算晶体的切变强度，对于简单立方结构，存在 $d = a_{\text{id}}$；对于金属材料，取 $\nu = 0.3$，可得 $\tau_{\text{P-N}} = 3.6 \times 10^{-4} G$，比刚性模型理论计算值（约 $G/30$）小得多，接近临界分切应力实验值。

除了上述点阵阻力外，位错运动还会受到其他的阻力。

② 与其他位错的交互作用阻力。

③ 位错交割后形成的割阶与扭折。

④ 位错与点、面缺陷发生交互作用。

9.2.1.2　孪生

孪生是晶体塑性变形的另一种常见方式，是指在切应力作用下，晶体的一部分沿一定的晶面（孪生面）和一定的晶向（孪生方向）相对于另一部分发生均匀切变的过程。

在晶体变形过程中，当滑移由于某种原因难以进行时，晶体常常会采用这种方式进行形变。例如，对具有密排六方结构的晶体，如锌、镁、镉等，由于其滑移系较少，当其都处于不利位向时，常常会出现孪生的变形方式；而尽管体心立方和面心立方晶系具有较多的滑移系，虽然一般情况下主要以滑移方式变形，但当变形条件恶劣时，如体心立方的铁在高速冲击载荷作用下或在极低温度下的变形以及面心立方的铜在 4.2K 时变形或室温受爆炸变形后，都可能出现孪生的变形方式。

（1）孪生的形成过程　图 9-18 所示是在切应力作用下，晶体经滑移变形后和孪生变形后的结构与外形变化。由图可见，孪生是一种均匀切变过程，而滑移则是不均匀切变；发生孪生的部分与原晶体形成了镜面对称关系，而滑移则没有位向变化。

孪生变形的应力-应变曲线也与滑移变形时有着明显的不同，图 9-19 是铜单晶在 4.2K 测得的拉伸曲线，开始塑性变形阶段的光滑曲线是与滑移过程相对应的，但应力增高到一定程度后发生突然下降，然后又反复地上升和下降，出现了锯齿型的变化，这就是孪生变形所造成的。因为形变孪晶的生成大致可以分为形核和扩展两个阶段，晶体变形时先是以极快的速度突然爆发出薄片孪晶（常称之为"形核"），然后孪晶界面扩展开来使孪晶增宽。在一般情况下，孪晶形核所需的应力远高于扩展所需的应力，所以

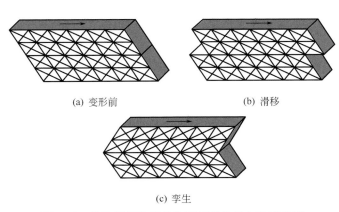

(a) 变形前　　　　(b) 滑移

(c) 孪生

图 9-18　晶体滑移和孪生变形后的结构与外形变化

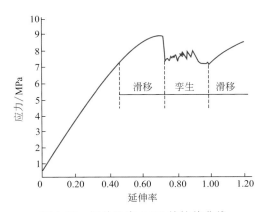

图 9-19　铜单晶在 4.2K 的拉伸曲线

当孪晶形成后载荷就会急剧下降。在形变过程中，由于孪晶不断形成，因此应力-应变曲线呈锯齿状，当通过孪生形成了合适的晶体位向后，滑移又可以继续进行了。

以面心立方为例，图 9-20（a）给出了一组孪生面和孪生方向，图 9-20（b）所示为其 $(1\bar{1}0)$ 面原子排列情况，晶体的 (111) 面间垂直于纸面。我们知道，面心立方结构就是由该面按照 ABCABC… 的顺序堆垛成晶体。假设晶体内局部地区（面 AH 与 GN 之间）的若干层 (111) 面间沿 $[11\bar{2}]$ 方向产生一个切动距离 $a/6\,[11\bar{2}]$ 的均匀切变，即可得到如图 9-20 所示情况。

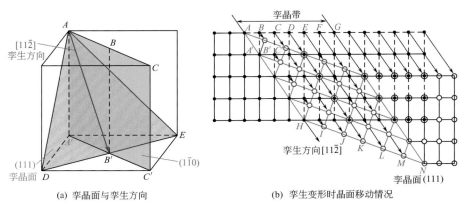

(a) 孪晶面与孪生方向　　　　(b) 孪生变形时晶面移动情况

图 9-20　面心立方晶体孪生变形示意图

切变的结果使均匀切变区中的晶体仍然保持面心立方结构，但位向发生了变化，与未切变区呈镜面对称，因此这种变形过程称为孪生。这两部分晶体合称为孪晶，而均匀切变区和未切变区的分界面称为孪晶界，发生均匀切变的晶面称为孪晶面，孪生面的移动方向称为孪生方向。

为了进一步分析孪生的几何特性，这里来讨论晶体中一个球形区域进行孪生变形的情况（见图 9-21），设孪生发生于上半球，故孪晶面 K_1 是此球的赤道平面，孪生的切变方向为 η_1。发生孪生变形时，孪晶面以上的晶面都发生了切变，切变位移量是与它离开孪晶面的距离成正比，因此经孪

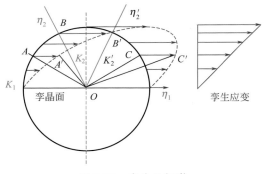

图 9-21　孪生几何学

生变形后，原来的半球将成为半椭圆球，即原来的 AO 平面被移到 $A'O$ 位置，由于 $AO>A'O$，此平面被缩短了，而原来的 CO 平面则被拉长成 $C'O$，可见，孪生切变使原晶体中各个平面产生了畸变，即平面上的原子排列有了变化，但是从图中也可找到其中有两组平面没有受到影响：第一组不畸变面是孪晶面 K_1，第二组不畸变面是面 BO（标以 K_2），孪生后为 $B'O$（K_2'），$B'O=BO$，其长度不变，且由于切应变是沿 η_1 方向进行，故垂直于纸面的

宽度也不受影响，K_2 面与切变平面（即纸面）的交截线为 η_2，表示孪生时此方向上原子排列不发生变化。K_1、K_2、η_1、η_2 称为孪生要素，由这四个参数就可掌握晶体孪生变形的情况。一些金属晶体的孪生参数见表 9-2。

表 9-2　常见金属晶体的孪生参数

金属	晶体结构	c/a	K_1	K_2	η_1	η_2
Al,Cu,Au,Ni,Ag,γ-Fe	面心立方	—	$\{111\}$	$\{11\bar{1}\}$	$\langle11\bar{2}\rangle$	$\langle112\rangle$
α-Fe	体心立方	—	$\{112\}$	$\{\bar{1}\bar{1}2\}$	$\langle\bar{1}\bar{1}1\rangle$	$\langle111\rangle$
Cd	密排六方	1.886	$\{10\bar{1}2\}$	$\{\bar{1}012\}$	$\langle10\bar{1}\bar{1}\rangle$	$\langle10\bar{1}1\rangle$
Zn	密排六方	1.856	$\{10\bar{1}2\}$	$\{\bar{1}012\}$	$\langle10\bar{1}\bar{1}\rangle$	$\langle10\bar{1}1\rangle$
Mg	密排六方	1.624	$\{10\bar{1}2\}$ $\{11\bar{2}1\}$	$\{\bar{1}012\}$ $\{0001\}$	$\langle10\bar{1}\bar{1}\rangle$ $\langle11\bar{2}6\rangle$	$\langle10\bar{1}1\rangle$ $\langle11\bar{2}0\rangle$
Zr	密排六方	1.589	$\{10\bar{1}2\}$ $\{11\bar{2}1\}$ $\{11\bar{2}2\}$	$\{\bar{1}012\}$ $\{0001\}$ $\{11\bar{2}4\}$	$\langle10\bar{1}\bar{1}\rangle$ $\langle11\bar{2}6\rangle$ $\langle11\bar{2}3\rangle$	$\langle10\bar{1}1\rangle$ $\langle11\bar{2}0\rangle$ $\langle22\bar{4}3\rangle$
Ti	密排六方	1.587	$\{10\bar{1}2\}$ $\{11\bar{2}1\}$ $\{11\bar{2}2\}$	$\{\bar{1}012\}$ $\{0001\}$ $\{11\bar{2}4\}$	$\langle10\bar{1}\bar{1}\rangle$ $\langle11\bar{2}6\rangle$ $\langle11\bar{2}3\rangle$	$\langle10\bar{1}1\rangle$ $\langle11\bar{2}0\rangle$ $\langle22\bar{4}3\rangle$
Be	密排六方	1.568	$\{10\bar{1}2\}$	$\{\bar{1}012\}$	$\langle10\bar{1}\bar{1}\rangle$	$\langle10\bar{1}1\rangle$

（2）孪晶的形成

① 形变孪晶　就像上述例子一样，在形变过程中形成的孪晶组织，在金相形貌上一般呈现透镜片状，多数发源于晶界，终止于晶内，又称机械孪晶。图 9-22 所示就是锌晶体经塑性变形后形成的形变孪晶。

② 退火孪晶　变形金属在退火过程中也可能产生孪晶组织，退火孪晶的形貌与形变孪晶有较大区别，一般孪晶界面平直，且孪晶片较厚。图 9-23 所示就是塑性变形铜晶体经退火后所形成的退火孪晶组织。

图 9-22　锌晶体中的形变孪晶

图 9-23　铜晶体中的退火孪晶组织

大量研究表明，孪生形变总是萌发于局部应力高度集中的地方（在多晶体中往往是晶界），其所需要的临界分切应力远大于滑移变形所需临界分切应力。

例如对锌而言，其形成孪晶的切应力必须超过 $10^{-1}G$，不过，当孪晶形成后的长大却容易得多，一般只需略大于 $10^{-4}G$ 即可，因此孪晶长大速度非常快，与冲击波的速度相当。在应力-应变曲线上表现为锯齿状波动，有时随着能量的急剧释放还可出现"咔嚓"声。

尽管与滑移相比，孪生的变形量是十分有限的，例如对锌单晶而言，即使全部晶体都发生孪生变形，其总形变量也仅 7.2%。但是正是由于孪生改变了晶体位向，使得某些原处于不利位向的滑移系转向有利位置，从而可以发生滑移变形，最终可能获得较高变形量。

（3）孪生的位错机制　在孪生的形成过程中，我们已经看到，整个孪晶区域作了均匀切变，其各层的相对移动距离是孪生方向原子间距的分数值，这表明孪生时每层晶面的位移可以借助于一个不全位错的移动而形成。

我们仍然以熟悉的面心立方晶体为例，如图 9-24 所示，如果在相邻（111）晶面上依次各有一个 $a/6$ [11$\bar{2}$] 不全位错滑过，这就是前述的肖克莱不全位错，滑移的结果是使得晶面逐层发生层错，最终堆垛顺序由 "AB-CABCABC" 变为 "ABCACBACB"，从而形成了一片孪晶区。

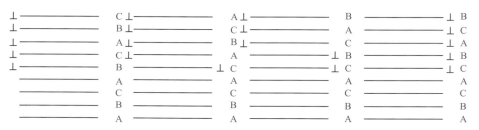

图 9-24　面心立方晶体中孪晶的形成

这个过程一般认为可能是借位错的极轴机制实现的。假定有一个竖直穿过（111）面的极轴位错（见图 9-25），其柏氏矢量具有螺型分量 $a/3$ [111]，即等于（111）晶面的间距，则此螺位错使（111）面扭曲为竖直的螺旋面，如位于（111）面上的不全位错 $a/6$ [11$\bar{2}$] 其一端被极轴所固定，则不全位错只能绕着极轴转动，每当它在（111）面上扫过一圈，就产生一个单原子层的孪晶，同时又沿着螺旋面上升一层，这样不断转动，上述过程逐层地重复进行，就在晶体中形成了一个孪晶区域。

（4）滑移和孪生的比较

① 相同点：

a. 宏观上，都是切应力作用下发生的剪切变形；

b. 微观上，都是晶体塑性变形的基本形式，是晶体的一部分沿一定晶面和晶向相对另一部分的移动过程；

c. 两者都不会改变晶体结构；

d. 从机制上看，都是位错运动结果。

② 不同点：

a. 滑移不改变晶体的位向，孪生改变了晶体位向；

b. 滑移是全位错运动的结果，而孪生是不全位错运动的结果；

c. 滑移是不均匀切变过程，而孪生是均匀切变过程；

d. 滑移比较平缓，应力应变曲线较光滑、连续，孪生则呈锯齿状；

e. 两者发生的条件不同，孪生所需临界分切应力值远大于滑移，因此只有在滑移受阻情况下晶体才以孪生方式形变；

f. 滑移产生的切变较大（取决于晶体的塑性），而孪生切变较小，取决于晶体结构。

9.2.1.3　晶体的扭折

当受力的晶体处于不能进行滑移或孪生的某种取向时，它可能通过不均匀的局部塑性变形来适应所作用的外力。

以密排六方结构的镉单晶为例，若其滑移面（0001）平行于棒的轴线，当沿轴向压缩时，由于滑移面上的分切应力为 0，所以晶体不能进行滑移。此时如果也不能进行孪生的话，继续加大压力，晶体就会局部发生弯曲，如图 9-26 所示，这就是扭折现象。

扭折带有时也伴随着孪生而发生，在晶体作孪生变形时，由于孪晶区域的切变位移，在有约束的情况下（例如拉伸夹头的限制作用），则在靠近孪晶区域的应变更大［如图 9-27（a）所示］，为了消除这种影响来适应其约束条件，在这些区域往往形成扭折带以实现过渡，如图 9-27（b）所示。

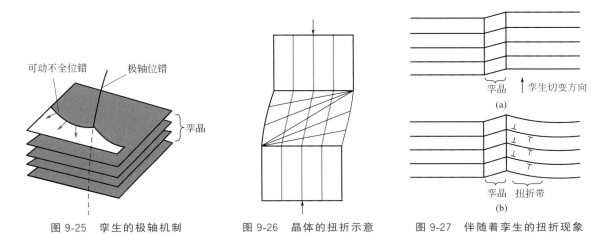

图 9-25　孪生的极轴机制　　图 9-26　晶体的扭折示意　　图 9-27　伴随着孪生的扭折现象

9.2.2　多晶体的塑性变形

实际使用的金属材料中，绝大多数都是多晶材料。虽然多晶体塑性变形的基本方式与单晶体相同。但实验发现，通常多晶的塑性变形抗力都较单晶高，尤其对密排六方的金属更显著，图 9-28 就是锌的单晶体与多晶体的应力-应变曲线。这主要是由于多晶体一般是由许多不同位向的晶粒所构成的，每个晶粒在变形时要受到晶界和相邻晶粒的约束，不是处于自由变形状态，所以在变形过程中，既要克服晶界的阻碍，又要与周围晶粒发生相适应的变形，以保持晶粒间的结合及体积上的连续性。

9.2.2.1　多晶体变形的特点

（1）相邻晶粒的相互协调性　在多晶体中，由于相邻各个晶粒的位向一般都不同，因而在一定外力作用下，作用在各晶粒滑移系上的临界分切应力值也各不相同，处于有利取向的晶粒塑性变形早，反之则晚。前者开始发生塑性变形时，必然受到周围未发生塑性变形晶粒的约束，导致变形阻力增大。同时为保持晶粒间的连续性，要求各个晶粒的变形与周围晶粒相互协调，这样在多晶体中，就要求每个晶粒至少要有 5 个独立的滑移系，这是因为形变过程可用六个应变分量（正应变和切应变各三个）来表示，因为塑性变形体积不变（即三个正应变之和为零），因此有五个独立的应变分量。而每个独立应变分量

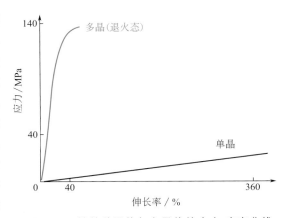

图 9-28　锌的单晶体与多晶体的应力-应变曲线

需要一个独立的滑移系来产生，这说明只有相邻晶粒的五个独立滑移系同时启动，才能保证多晶体的塑性变形，这是多晶相邻晶粒相互协调性的基础。

不同结构的晶体由于其滑移系数目不同，如面心立方和体心立方晶体具有较多的滑移系，而密排六方晶体的滑移系较少，表现出的多晶体塑性变形能力差别很大。

（2）晶界的影响　对只有两个晶粒的双晶试样拉伸结果表明，室温下拉伸变形后，呈现竹节状，如图 9-29 所示。也就是说，在晶界处的晶体部分变形较小，而晶内变形量则大得多，整个晶粒的变形不均匀。这是由于导致晶体产生变形的位错滑移在晶界处受阻，如图 9-30 所示。

实验表明，多晶体的强度随其晶粒的细化而增加。图 9-31 所示就是低碳钢的拉伸屈服强度与晶粒尺寸之间的关系，显然，屈服强度与晶粒尺寸 $d^{-1/2}$ 成线性关系，对其他金属材料的研究也发现了类似的规律，这就是霍尔-佩奇（Hall-Patch）关系：

$$\sigma_s = \sigma_i + Kd^{-\frac{1}{2}} \tag{9-9}$$

式中，σ_i 与 K 是两个与材料有关的常数，显然 σ_i 对应于无限大单晶的屈服强度，而 K 则与晶界有关。

所以，作为材料强化的一种有效手段，晶粒细化在大多数情况下都是我们所期望的，尤其与我们以后所涉及的其他强化方式相比，细晶化是唯一的一种在增加材料强度的同时也增加材料韧塑性的强化方式。

不过，由于细晶强化所依赖的前提条件是晶界阻碍位错滑移，这在温度较低的情况下是存在的。而晶界本质上是一种缺陷，当温度升高时，随着原子活动性的加强，晶界也变得逐渐不稳定，这将导致其强化效果逐渐减弱，甚至出现晶界弱化的现象。

因此，实际上多晶体材料的强度-温度关系中，存在一个所谓的"等强温度"，小于这个温度时，晶界强度高于晶内强度，反之则晶界强度小于晶内强度，如图 9-32 所示。

9.2.2.2　屈服现象

（1）屈服现象　图 9-33 所示是低碳钢拉伸应力-应变曲线，与我们前述的不同，在这根曲线上出现了一个平台，这就是屈服点。当试样开始屈服时（上屈服点），应力发生突然下降，然后在较低水平上作小幅波动（下屈服点），当产生一定变形后，应力又随应变的增加而增加，出现通常的规律。

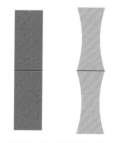

图 9-29　双晶拉伸

位错源　　　　位错源　位错塞积　　　　位错源　位错塞积

图 9-30　位错塞积

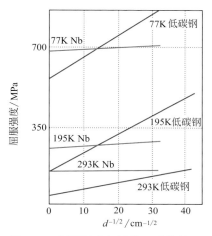

图 9-31　屈服强度与晶粒尺寸的关系

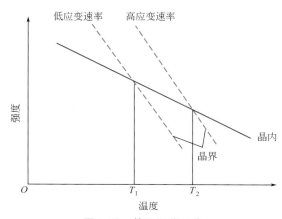

图 9-32　等强温度示意

在屈服过程中，试样中各处的应变是不均匀的，当应力达到上屈服点时，首先在试样的应力集中处开始塑性变形，这时能在试样表面观察到与拉伸轴成 45° 的应变痕迹，称为吕德斯带，同时应力下降到下屈服点，然后吕德斯带开始扩展，当吕德斯带扩展到整个试样截面后，这个平台延伸阶段就结束了。拉伸曲线上的波动表示形成新吕德斯带的过程。

（2）应变时效现象　研究发现，在低碳钢中，如果在试验之前对试样进行少量的预塑性变形，则屈服点可暂时不出现。但是如果经少量预变形后，将试样放置一段时间或者稍微加热后，再进行拉伸就又可以观察到屈服现象，不过此时的屈服强度会有所提高，如图 9-34 所示，这就是应变时效现象。

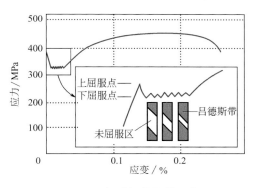

图 9-33　低碳钢的屈服现象

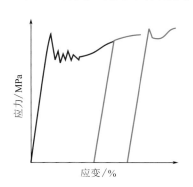

图 9-34　低碳钢应变时效现象

低碳钢的屈服现象有时会给工业生产带来一些问题，例如深冲用的低碳钢板在冲压时就会因此发生不均匀变形，使工件表面粗糙不平，根据上述实验结果，可以采用预变形的方法解决此问题。

（3）屈服现象的解释　屈服现象最初是在低碳钢中发现的，进一步研究发现，在其他一些晶体，如钼、铌、钛等一些金属以及铜晶须和硅、锗、LiF 晶体中都发现了屈服现象。

一般认为，在固溶体中，溶质或杂质原子在晶体中造成点阵畸变，溶质原子的应力场和位错应力场会发生交互作用，作用的结果是溶质原子将聚集在位错线附近，形成溶质原子气团，即所谓的科氏气团。由于这种交互作用，体系的能量处于较低状态，只有在较大的应力作用下，位错才能脱离溶质原子的钉扎，表现为应力-应变曲线上的上屈服点；当位错继续滑移时，就不需要开始时那么大的应力，表现为应力-应变曲线上的下屈服点；当继续变形时，因为应变硬化作用的结果，应力又出现升高的现象。

当卸载后，短时间内由于位错已经挣脱溶质原子的束缚，所以继续加载时不会出现屈服现象；当卸载后经历较长时间或短时加热后，溶质原子又会通过扩散重新聚集到位错线附近，所以继续进行拉伸时，又会出现屈服现象。

尽管这一溶质原子与位错交互作用的气团理论可以解释大部分晶体中出现的屈服现象，但是近些年来的研究发现，一些无位错晶体、离子晶体或者一些共价晶体，如铜晶须、LiF、硅等中都发现了屈服现象，这就不能采用上述理论来进行解释了，说明产生屈服现象的原因不仅仅是上述理论。

进一步的解释可以采用位错理论，材料的塑性变形的应变速率 ε_p 是与晶体中可动位错密度 ρ_m、位错运动平均速度 v 以及位错的柏氏矢量 $\boldsymbol{b}$ 成正比，即：

$$\dot{\varepsilon} \propto \rho_m v \, |\boldsymbol{b}| \tag{9-10}$$

而位错的平均运动速度 v 又与材料所受应力 τ 相关：

$$v = \left(\frac{\tau}{\tau_0}\right)^{m'} \tag{9-11}$$

式中，τ_0 为位错作单位速度运动所需的应力；m' 与材料有关，称为应力敏感指数。

在拉伸时，拉伸夹头的速度接近定值，表明材料的应变速率也接近恒定，而刚开始时晶体中的位错密度较低，或虽有大量位错，但都被钉扎住，此时位错的平均运动速度必须较高，才能保证晶体的变形，而位错变形速率的增加将意味着所需的外力也将增加，这就是上屈服点产生的原因；当塑性变形开始后，位错大量增殖，位错密度迅速增加，此时必将导致位错运动速度的下降，也就意味着所需外力下降，这就是下屈服点产生的原因。

可见，具有明显屈服现象的材料应具备以下条件：
① 开始变形前，晶体中的可动位错密度 ρ_m 较低；
② 随着塑性变形的发生，位错能够迅速增殖；
③ 应力敏感因子 m' 较低。

9.2.3　合金的塑性变形与强化

我们实际使用的材料绝大多数都是合金，根据合金元素存在的情况，合金的种类一般有固溶体、金属间化合物以及多相混合型等，不同种类合金的塑性变形存在着一些不同之处。

9.2.3.1　固溶体的塑性变形

（1）固溶强化　溶质原子溶入基体金属后，合金的变形抗力总是提高，即所谓固溶强化现象。图 9-35 为 Cu-Ni 固溶体的强度、塑性随其成分变化的关系，可以发现其强度 σ_b、硬度 HB 随溶质含量增加而增加，而塑性指标则呈现相反的规律。

研究发现，溶质原子的加入通常同时提高了屈服强度和整个应力-应变曲线的水平，并使材料的加工硬化速率增高，图 9-36 所示即为反映这个规律的镁溶入铝后的应力-应变曲线。

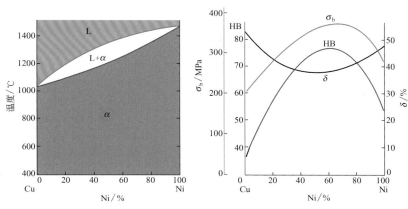

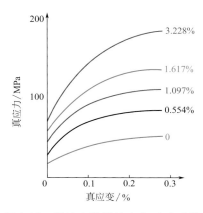

图 9-35　铜镍合金相图及其固溶体性能与成分的关系　　图 9-36　铝溶有镁后的应力-应变曲线

　　不同溶质原子引起的固溶强化效果是不同的，如图 9-37 所示。其影响因素很多，主要有以下几个方面。

　　① 溶质原子的浓度　浓度越高，一般其强化效果也越好，但并不是线性关系，低浓度时显著。

　　② 原子尺寸因素　溶质与溶剂原子尺寸相差越大，其强化作用越好，但通常原子尺寸相差较大时，溶质原子的溶解度也很低。

　　③ 溶质原子类型　间隙型溶质原子的强化效果好于置换型，特别是体心立方晶体中的间隙原子。

　　④ 相对价因素（电子因素）　溶质原子与基体金属的价电子数相差越大，固溶强化效果越显著，图 9-38 为电子浓度对 Cu 固溶体屈服应力的影响，可见其屈服应力随电子浓度增加而增加。

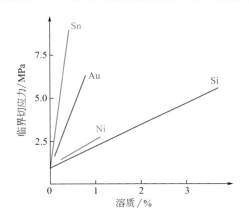

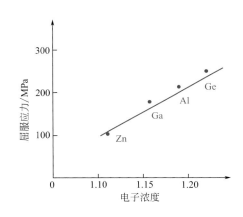

图 9-37　溶入合金元素对铜单晶临界分切应力的影响　　图 9-38　电子浓度对 Cu 固溶体屈服应力的影响

　　一般认为，固溶强化是由于多方面的作用引起的，包括以下几个方面。

　　① 溶质原子与位错发生弹性交互作用，固溶体中的溶质原子趋向于在位错周围的聚集分布，称为溶质原子气团，也就是科氏气团，它将对位错的运动起到钉扎作用，从而阻碍位错运动。

　　② 静电交互作用，一般认为，位错周围畸变区的存在将对固溶体中的电子云分布产生影响。由于该畸变区应力状态不同。溶质原子的额外自由电子从点阵压缩区移向拉伸区，并使压缩区呈正电，而拉伸区呈负电，即形成了局部静电偶极。其结果导致电离程度不同的溶质离子与位错区发生短程的静电交互作用，溶质离子或富集于拉伸区或富集在压缩区均产生固溶强化。研究表明，在钢中，这种强化效果仅为弹性交互作用的 $1/6 \sim 1/3$，且不受温度影响。

③ 化学交互作用，这与晶体中的扩展位错有关，由于层错能与化学成分相关，因此晶体中层错区的成分与其他地方存在一定差别，这种成分的偏聚也会导致位错运动受阻，而且层错能下降会导致层错区增宽，这也会产生强化作用。化学交互作用引发的固溶强化效果，较弹性交互作用低一个数量级，但由于其不受温度的影响，因此在高温形变中具有较重要的作用。

（2）有序强化　溶质原子在固溶体中有时会呈现长程有序分布状态（又称超结构），超结构使晶体的对称性下降，经平移一个原子间距后晶体不能复原，所以有序态的晶胞大于无序状态，从而其全位错的柏氏矢量也相应增大，对应无序状态下的单位位错此时就成了不全位错，当一个这样的位错滑移后，将破坏滑移面上下原子的有序状态，从原先滑移面两侧不同的原子变成了相同的原子，原晶体中的连续性发生中断，产生了两个畴块，畴块间的界面就是反相畴界。反相畴界的出现导致了系统能量的增加，也给有序晶体的变形增加了阻力。实际上，在有序合金中，位错往往倾向于成对出现，在图 9-39 中就示意地给出了这样一对位错，后一个位错消除了前一个位错滑移后留下的反相畴界，也恢复了固溶体的正常有序状态。可以预见，成对位错的间距，或者说是反相畴界的宽度取决于反相畴界能与成对位错间的斥力平衡，较高的反相畴界能将导致较短的位错平衡间距（如 Cu_3Au），反之则位错间距很大，甚至可能出现单根位错滑移现象，造成晶体中出现大量反相畴界（如 Fe_3Al）。图 9-40 所示为透射电子显微镜观察到的有序合金中的位错对。

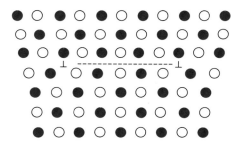

图 9-39　有序合金中的位错对示意

图 9-40　有序合金中的位错对

9.2.3.2　多相合金的塑性变形

目前工程上使用的金属结构材料主要是两相或多相合金，这是因为尽管固溶强化能够提高材料的强度，但其幅度还是很有限的，并不能满足需要。而通过在合金中引入第二相的方式则是另一种重要的强化方式。

第二相的引入一般是通过加入合金元素并经过随后的加工或热处理等工艺过程获得，也可以通过一些直接的方法（如粉末冶金、复合材料等就是直接向合金中加入强化相）。

第二相的引入使得多元合金的塑性变形行为更加复杂，影响塑性变形的因素中，除了基体相和第二相的本身属性，如强度、塑性、应变硬化特征等，还包括第二相的尺寸、形状、比例、分布以及两相间的界面匹配、界面能、界面结合等。

在讨论多相合金塑性变形行为时，由于第二相尺寸对合金塑性变形性能影响很大，因此常按第二相的尺度大小将其分为两大类：若其与基体相尺度属同一数量级，则称为聚合型，如图9-41所示；若第二相尺寸非常细小，并且弥散分布于基体相中，则称为弥散分布型，如图9-42所示。

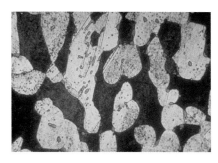
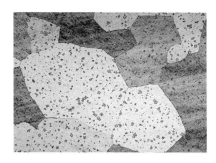

图9-41　聚合型合金组织——Al青铜　　　图9-42　弥散型第二相合金组织——铁黄铜

（1）聚合型两相合金的塑性变形　对聚合型两相合金而言，如果两个相都具有塑性，则合金的塑性变形决定于两相的比例，与此相似，也可以分别考虑合金变形时两相的应变相同或应力相同。

如果应变相等，则对于一定应变时合金的平均流变应力为：

$$\sigma_m = f_1 \sigma_1 + f_2 \sigma_2 \tag{9-12}$$

式中，f_1、f_2分别为两个相的体积分数；σ_1、σ_2分别为两个相在此应变时的流变应力。

如果应力相等，则对于一定应力时合金的平均应变为：

$$\varepsilon_m = f_1 \varepsilon_1 + f_2 \varepsilon_2 \tag{9-13}$$

式中，f_1、f_2分别为两个相的体积分数；ε_1、ε_2分别为两个相在此应力时的应变。

由上两式可见，只有第二相为较强的相时，合金才能强化。当两相合金塑性变形时，滑移首先发生在较弱的相中；如果较强相很少时，则变形基本都发生在较弱相中；只有当较强相比例较大（＞30％）时，较弱相不能连续，此时两相才会以接近的应变发生变形；当较强相含量很高（＞70％）时，则成为基体，此时合金变形的主要特征将由它来决定。

如果两个相中一个是塑性相，而另一个是脆性相时，则合金的塑性特征不仅取决于两相比例，而且与硬脆相的形状、尺寸和分布相关。以碳钢为例，其组织就是以渗碳体（Fe_3C，硬脆相）分布在铁素体中构成的，渗碳体的存在方式将显著影响碳钢的力学性能。

（2）弥散分布型合金的塑性变形　当第二相以弥散分布形式存在时，一般将产生显著的强化作用。这种强化相颗粒如果是通过过饱和固溶体的时效处理沉淀析出的，就称作沉淀强化或时效强化；如果是借助粉末冶金或其他方法加入的，则称为弥散强化。

在讨论第二相颗粒的强化作用时，通常将颗粒分为"可变形的"和"不可变形的"两大类来考虑。一般来说，弥散强化的颗粒属于不可变形的，而沉淀强化的颗粒多数可变形，但当沉淀粒子长大到一定程度后，也会变为不可变形的。由于这两类颗粒与位错的作用机理不同，因此强化的途径和效果也不同。

① 不可变形颗粒的强化作用　不可变形颗粒对位错运动的障碍作用如图9-43所示。当运动位错与颗粒相遇时，由于颗粒的阻挡，使位错线绕着颗粒发生弯曲；随着外加应力的增加，弯曲加剧，最终围绕颗粒的位错相遇，并在相遇点抵消，在颗粒周围留下一个位错环，而位错线将继续前进，很明显，这个过程需要额外做功，同时位错环将对后续位错产生进一步的阻碍作用，这些都将导致材料强度的上升。

根据前述位错理论，位错弯曲至半径R时所需切应力为：

$$\tau = \frac{Gb}{2R} \tag{9-14}$$

而当 R 为颗粒间距 λ 的一半时，所需切应力最小：

$$\tau = \frac{Gb}{\lambda} \tag{9-15}$$

可见，不可变形颗粒的强化与颗粒间距成反比，颗粒越多、越细，则强化效果越好。这就是奥罗万机制。按此计算所得某些合金的屈服强度值与实验结果符合得较好，在薄膜样品的透射电镜观察中也证实了位错环围绕着第二相微粒现象的存在（见图9-44）。

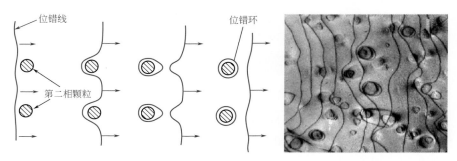

图 9-43　位错绕过第二相粒子的示意　　　图 9-44　第二相颗粒周围的位错环

② 可变形颗粒的强化作用　当第二相颗粒为可变形颗粒时，位错将切过颗粒，如图9-45所示。此时强化作用主要决定于粒子本身的性质以及其与基体的联系，其强化机制较复杂，主要由以下因素决定。

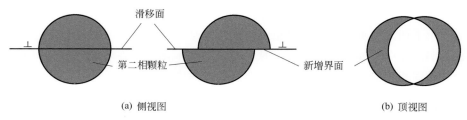

图 9-45　位错切过颗粒机制

a. 位错切过颗粒后，在其表面产生 b 大小的台阶，增加了颗粒与基体两者间界面，需要相应的能量。

b. 如果颗粒为有序结构，将在滑移面上产生反相畴界，从而导致有序强化。

c. 由于两相的结构存在差异（如晶体结构、点阵常数），因此当位错切过颗粒后，在滑移面上导致原子错配，需要额外做功。

d. 颗粒周围存在弹性应力场（由于颗粒与基体的比容差别，而且颗粒与基体之间往往保持共格或半共格结合）与位错交互作用，对位错运动有阻碍作用。

下面举一个例子来说明一下。

对 Al-1.6%Cu 合金中，先在773K进行固溶处理，对照图9-46所示的 Al-Cu 二元合金相图，此时组织为单相的（Al）过饱和固溶体，随后在463K进行时效处理，此时固溶在（Al）中的过饱和铜将发生析出。在析出的初始阶段，析出的是很细小的共格过渡相，变形时位错切过将受到很大阻力，因此合金强度显著提高；继续进行时效，颗粒的尺寸增大、数量也增加，强度随之增加，并逐渐达到其最大值；进一步时效时，由于析出颗粒分数不再增加，而此时颗粒将发生粗化现象，同时与基体间的共格关系也逐渐失去，合金的强度开始下降。图 9-47 所示就是表明这一过程的时效曲线。

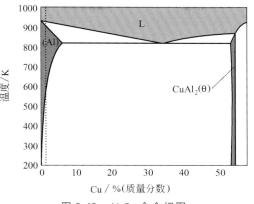

图 9-46　Al-Cu 合金相图

联系前述的位错与颗粒交互作用机制可知，在颗粒开始析出阶段，它们可以变形，位错采用切过机制起作用，因此强度随颗粒含量及尺寸增加而增加，如图 9-48 所示。当颗粒尺寸增加到一定程度后，位错就以绕过粒子的方式移动，同时此时由于过饱和固溶体中的溶质基本都已析出，强度随着颗粒尺寸的增加而下降了。这样就可以解释图 9-47 时效曲线的变化情况。显然，当时效达到颗粒尺寸相当于 P 点时，合金具有最佳的强度。

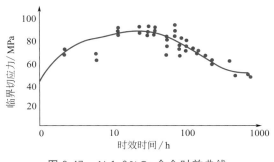

图 9-47　Al-1.6%Cu 合金时效曲线

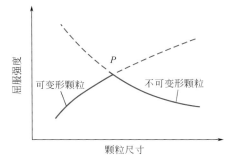

图 9-48　可变形颗粒与不可变形颗粒尺寸对强度影响

9.2.4　变形后的组织与性能

晶体发生塑性变形后，不仅其外形发生了变化，其内部组织以及各种性能也都发生了变化。

9.2.4.1　显微组织的变化

经塑性变形后，金属材料的显微组织发生了明显的改变，各晶粒中除了出现大量的滑移带、孪晶带以外，其晶粒形状也会发生变化：随着变形量的逐步增加，原来的等轴晶粒逐渐沿变形方向被拉长，当变形量很大时，晶粒已变成纤维状，如图 9-49 所示。

(a) 30% 压缩率(3000×)

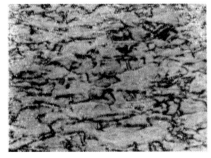

(b) 50% 压缩率(3000×)

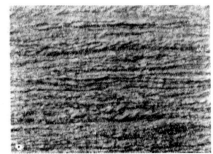

(c) 99% 压缩率(3000×)

图 9-49　铜经不同程度冷轧后的光学显微组织

9.2.4.2　亚结构的变化

金属晶体在塑性变形进行时，位错密度迅速提高，例如可从变形前经退火的 $10^6 \sim 10^{10}/cm^2$ 增至 $10^{11} \sim 10^{12}/cm^2$。

通过透射电子显微镜对薄膜样品的观察可以发现，经塑性变形后，多数金属晶体中的位错分布不均匀，当形变量较小时，形成位错缠结结构；当变形量继续增加时，大量位错发生聚集，形成胞状亚结构，胞壁由位错构成，胞内位错密度较低，相邻胞间存在微小取向差；随着形变量的增加，这种胞的尺寸减小，数量增加；如果变形量非常大时，如强烈冷变形或拉丝，则会构成大量排列紧密的细长条状形变胞，如图 9-50 所示。

研究表明，胞状亚结构的形成与否与材料的层错能有关，一般来说，高层错能晶体易形成胞状亚结构，而低层错能晶体形成这种结构的倾向较小。这是由于对层错能高的金属而言，在变形过程中，位错不易分解，在遇到阻碍时，可以通过交滑移继续运动，直到与其他位错相遇缠结，从而形成位错聚集区域（胞壁）和少位错区域（胞内）。层错能低的金属由于其位错易分解，不易交滑移，其运动性差，因而通常会形成分布较均匀的复杂位错结构。

9.2.4.3　性能的变化

（1）加工硬化　图 9-51 是工业纯铜和 45$^\#$ 钢经不同程度冷变形后的性能变化情况。从中可以明显看出，随着形变量的增加，晶体的强度指标（包括 σ_b、$\sigma_{0.2}$ 及 HB 等）增加、塑性指标（包括弯曲次数、δ 等）下降的规律。

金属的加工硬化特性可以从其应力-应变曲线上反映出来。图 9-52 是单晶体的应力-应变曲线，图中该曲线的斜率 $\theta = d\tau/d\gamma$，称为硬化系数。根据曲线的 θ 变化，单晶体的塑性变形可划分为三个阶段描述。

第一阶段，当切应力达到晶体的临界分切应力值时，滑移首先从一个滑移系中开始，由于位错运动所受的阻碍很小，因而硬化效应也较小，一般在 $10^{-4}G$ 左右。因此该阶段称为易滑移阶段。

第二阶段，滑移可以在几组相交的滑移面中发生，由于运动位错之间的交互作用及其所形成不利于滑移的结构状态（有可能在相交滑移面上形成割阶与缠结，致使位错运动变得非常困难），因而其硬化系数 θ 急剧增大，一般恒定在 $3 \times 10^{-2}G$ 左右，故该阶段称为线性硬化阶段。

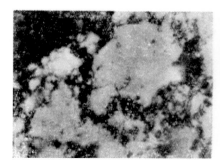 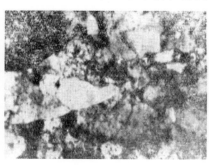 

(a) 30%压缩率(30000×)　　　(b) 50%压缩率(30000×)　　　(c) 99%压缩率(30000×)

图 9-50　铜经不同程度冷轧后的透射电镜相

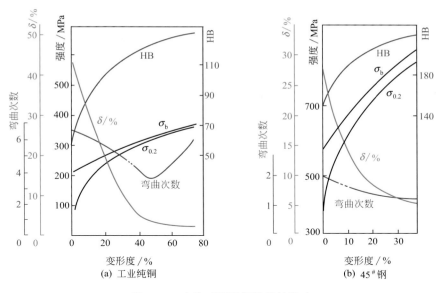

图 9-51　冷轧对铜及钢性能的影响

　　第三阶段，在应力进一步增高的条件下，已产生的滑移障碍将逐渐被克服，并通过交滑移的方式继续进行变形。硬化系数 θ 随应变的增大而不断下降，由于该段曲线呈抛物线变化，故称为抛物线型硬化阶段。

　　上述具有硬化特性三阶段的应力-应变曲线是经典硬化的情况。而各种晶体由于其结构类型、取向、杂质含量以及试验温度等因素的影响，实际曲线有所改变。图 9-53 为三种常见结构的纯金属单晶体处于软取向时的应力-应变曲线。由图可见，具有低层错能的铜显示了典型的应力-应变曲线特征；单晶密排六方纯金属镁由于只沿一组相平行的滑移面作单系滑移，位错的交截作用很弱，故第一阶段 θ 很小，且曲线很长以至几乎没有第二阶段（而开始只发生单系滑移的软取向面心立方金属，虽然其 θ 也很小，但由于随之可以同时或交替地在几个滑移系上滑移，故在位错发生强烈交互作用下，很快进入硬化系数剧增的第二阶段）。体心立方纯金属铌的应力-应变曲线类似于面心立方纯金属铜的曲线。

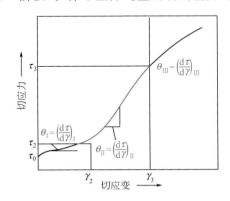

图 9-52　单晶体应力-应变曲线上的三个阶段

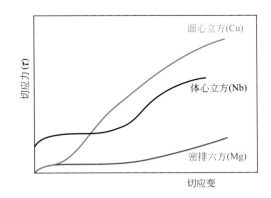

图 9-53　三种常见结构的纯金属单晶体处于
软取向时的应力-应变曲线

　　晶体中的杂质可使应力-应变曲线的硬化系数 θ 有所增大。曲线第一阶段将随杂质含量的增加而缩短，甚至消失。在体心立方金属中，微量的间隙原子（C、N、O 等）也由于会发生与位错的交互作用而产生屈服现象，从而使曲线有所变化。

　　加工硬化现象作为变形金属的一种强化方式，有其实际应用意义，如许多不能通过热处理强化的金属材料，可以利用冷变形加工同时实现成型与强化的目的。此外，金属零件的冷冲压成型等加工，正是由于材料本身的加工硬化特性，才能使零件均匀变形，避免因局部变形导致的断裂。不过加工硬化现象也存在不利之处，当连续变形加工时，由于加工硬化，使金属的塑性大为降低，故必须进行中间软化退火处理，以便继续变形加工。

（2）其他性能变化　经塑性变形后的金属，由于点阵畸变、位错与空位等晶体缺陷的增加，其物理性能和化学性能也会发生一定的变化。如电阻率增加，电阻温度系数降低，磁滞与矫顽力略有增加而磁导率、热导率下降。此外，由于原子活动能力增大，还会使扩散加速，抗腐蚀性减弱。

9.2.4.4　形变织构（择优取向）

如同单晶形变时晶面转动一样，多晶体变形时，各晶粒的滑移也将使滑移面发生转动，由于转动是有一定规律的，因此当塑性变形量不断增加时，多晶体中原本取向随机的各个晶粒会逐渐调整到其取向趋于一致，这样就使经过强烈变形后的多晶体材料形成了择优取向，即形变织构。

依据产生塑性变形的方式不同，形变织构主要有两种类型：丝织构和板织构。

丝织构主要是在拉拔过程中形成，其主要特征是各晶粒的某一晶向趋向于与拔丝方向平行，一般这种织构也就以相关方向表示。如铝拉丝为 $\langle 111 \rangle$ 织构，而冷拉铁丝为 $\langle 110 \rangle$ 织构。

板织构主要是在轧板时形成，其主要特征为各晶粒的某一晶面和晶向趋向于与轧面和轧向平行，一般这种织构也以相关面和方向表示。如冷轧黄铜的 $\{110\}\langle 112 \rangle$ 织构。

实际上，无论形变进行的程度如何，各晶粒都不可能形成完全一致的取向。

形变织构的出现会使得材料呈现一定程度的各向异性，这对材料的加工和使用都会带来一定的影响。如图 9-54 所示，加工过程中的"制耳"现象就是我们所不希望出现的；而变压器用硅钢片的 (100) [001] 织构由于其处于最易磁化方向，则是我们所希望的。

图 9-54　形变织构导致的"制耳"现象

9.2.4.5　残余应力

对金属进行塑性变形需要做大量的功，其中绝大部分都以热量的形式散发了，一般只有不到 10% 被保留在金属内部，即塑性变形的储存能，其大小与变形量、变形方式、温度以及材料本身的一些性质有关。

这部分储存能在材料中以残余应力的方式表现出来，残余应力是材料内部各部分之间不均匀变形引起的，是一种内应力，对材料整体而言处于平衡状态。就残余应力平衡范围的大小，可将其进一步分为以下三类。

第一类内应力，又称宏观残余应力，作用范围工件尺度；例如，金属线材经拔丝模变形加工时，由于模壁的阻力作用，冷拔材的表面较心部变形少，故表面受拉应力，而心部则受压应力。于是，两种符号相反的宏观应力彼此平衡，共存在工件之内。

第二类内应力，又称微观残余应力，作用范围晶粒尺度；它是由晶粒或亚晶粒之间的变形不均匀性产生的。其作用范围与晶粒尺寸相当。

第三类内应力，又称点阵畸变，作用范围点阵尺度，由于在形变过程中形成了大量点阵缺陷所致，这部分能量占整个储存能中的绝大部分。

正是由于塑性变形后晶体中存在着储存能，特别是点阵畸变，导致系统处于不稳定状态，这样在外界条件合适时，将会发生趋向于平衡状态的转变，就是以后所说的回复和再结晶现象。

9.3 回复与再结晶

我们已经知道，金属经过一定程度冷塑性变形后，组织和性能都发生了明显的变化，由于各种缺陷及内应力的产生，导致金属晶体在热力学上处于不稳定状态，有自发向稳定态转化的趋势。不过，对大多数金属而言，在一般情况下，由于原子的活动性不强，因此这个自发过程很难察觉，而一旦满足了发生这种转化的动力学条件，例如通过适当的加热和保温过程，这种趋势就会成为现实。这种变化的表现就是一系列组织、性能的变化。根据其显微组织及性能的变化情况，可将这种变化分为三个阶段：回复、再结晶和晶粒长大。

（1）组织变化　冷变形后金属在加热时，其组织和性能会发生变化，根据观察可以将这个过程分为回复、再结晶和晶粒长大三个阶段：回复是指新的无畸变晶粒出现前所产生的亚结构和性能变化的阶段，在金相显微镜中无明显变化；再结晶是指出现无畸变的等轴新晶粒逐步取代变形晶粒的过程；而晶粒长大是指再结晶结束后晶粒的长大过程。

这一过程如图 9-55 所示，在回复阶段，与冷变形状态相比，光学金相组织中几乎没有发生变化，仍保持形变结束时的变形晶粒形貌，但此时若通过透射电子显微镜可以发现，位错组态或亚结构则已开始发生变化。

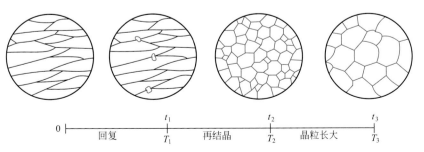

图 9-55　冷变形金属退火晶粒形状大小变化

在再结晶开始阶段，首先在畸变较大的区域产生新的无畸变的晶粒核心，即再结晶形核过程，然后通过逐渐消耗周围变形晶粒而长大，转变成为新的等轴晶粒，直到冷变形晶粒完全消失。

最后，在晶界界面能的驱动下，新晶粒会发生合并长大，最终会达到一个相对稳定的尺寸，这就是晶粒长大阶段。

（2）回复和再结晶的驱动力　已知在外力对变形金属所做的功中，有一部分是以储存能的形式保留在变形金属中了，这部分能量主要以位错密度增加的形式存在，可以近似看作晶体经塑性变形后自由能的增加。显然，由于该储存能的产生，将使变形金属具有较高的自由能和处于热力学不稳定状态。因此，储存能是变形金属加热时发生回复与再结晶的驱动力。

当变形金属加热到足够高的温度时，其中的储存能即将释放出来，采用功率示差法可以测量所释放的储存能。如选取两个尺寸相同的试样，其一经塑性变形，另一个经充分退火处理。若以恒定的加热速度进行加热，则变形试样由于储存能的释放，将提供一部分能量使试样加热，故通过所测定的功率差可以换算出释放的储存能。

根据材料性质不同，通常测定的储存能释放曲线大致有三种类型，如图 9-56 所示。其中曲线 A 代表纯金属，曲线 B、C 代表两种不同的合金。各曲线均有一个能量释放的峰值，所对应的温度即相当于再结晶开始出现的温度。

图中曲线对比分析表明，回复阶段时各材料释放的储存能量均很小。其中，纯金属 A 最小（高纯度金属约占总储存能的 3%），合金 C 释放的能量较多，而合金 B 型居中（某些合金约占总储存能的 7%）。该现象说明，杂质或合金元素对基体金属再结晶过程可能存在推迟作用。

（3）性能的变化　伴随着回复、再结晶和晶粒长大过程的进行，冷变形金属的组织发生了变化，金属的性能也会发生相应的变化。图 9-57 示意地列出了一些性能的变化情况。

① 强度与硬度的变化　回复阶段的硬度变化很小，约占总变化的 1/5，而再结晶阶段则下降较多。可以推断，强度具有与硬度相似的变化规律。上述情况主要与金属中的位错密度及组态有关，即在回复阶段时，变形金属仍

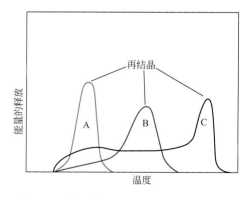

图 9-56　变形金属退火过程中的能量释放

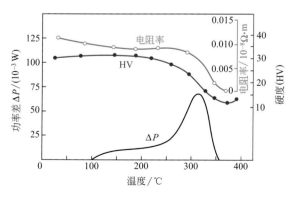

图 9-57　冷变形金属退火时某些性能的变化

保持很高的位错密度，而发生再结晶后，则由于位错密度显著降低，故强度与硬度明显下降。

　　② 电阻率的变化　变形金属的电阻率在回复阶段已表现明显的下降趋势。这是因为电阻是标志晶体点阵对电子在电场作用下定向运动的阻力，由于分布在晶体点阵中的各种点缺陷（空位、间隙原子等）对电阻的贡献远大于位错的作用，故回复过程中变形金属的电阻下降明显，说明该阶段点缺陷密度发生了显著的减小。

　　③ 密度的变化　变形金属的密度在再结晶阶段发生急剧增高的原因主要是再结晶阶段中位错密度显著降低所致。

　　④ 内应力的变化　金属经塑性变形所产生的第一类内应力在回复阶段基本得到消除，而第二、三类内应力只有通过再结晶方可全部消除。

9.3.1　冷变形晶体的回复

9.3.1.1　回复的去应力作用

　　在回复阶段，由于温度升高，在内应力作用下，金属内部的位错会发生继续滑移现象，将发生局部塑性变形，从而使得第一类内应力得到消除，随着加热温度的升高，第一类内应力基本可以消除。研究表明，在回复阶段，造成加工硬化的第三类内应力变化很少，而第二类内应力的消除程度则介于一、三类内应力之间。

　　冷变形金属的第一类内应力有时是导致零件开裂的主要原因，例如在一次世界大战中，很多黄铜的弹壳都发生了这种现象，后来发现，这是由于深冲成型弹壳中的内应力在战场环境下发生了应力腐蚀而引起的，人们后来对深冲弹壳采用了回复处理，解决了这个问题。

　　因此，回复处理在工业上一般用于去除形变加工后的内应力，因此也常称作去应力退火。

9.3.1.2　回复动力学

　　在回复阶段，材料性能的变化是随温度和时间的变化而变化的，图 9-58 所示就是相同变形程度多晶体铁在不同温度下的回复动力学曲线。图中纵坐标为剩余加工硬化分数（$1-R$）。R 为屈服应力回复率，$R=(\sigma_m-\sigma_r)/(\sigma_m-\sigma_0)$。其中 σ_m、σ_r 和 σ_0 分别代表变形后、回复后以及变形前的屈服应力。显然，屈服应力回复率 R 越大，则剩余应变硬化分数（$1-R$）越小。

　　从这个动力学曲线可以发现，回复过程具有以下特点：

　　① 回复过程在加热后立刻开始，没有孕育期；

　　② 回复开始的速率很大，随着时间的延长逐渐降低，直至趋于零；

　　③ 加热温度越高，最终回复程度也越高；

　　④ 变形量越大，初始晶粒尺寸越小，都有助于加快回复速率。

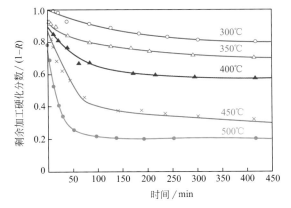

图 9-58　同一变形度的 Fe 在不同温度等温退火后的性能变化曲线

　　动力学曲线表明，回复是一个弛豫过程：恒温回复时，开始阶段的性能回复速率较快，而随保温时间增长，回复速率则逐渐减小，直至难以测试其变化。此外，随着回复温度的升高，回复速率与回复程度明显增加，其原因与热激活条件下晶体缺陷密度的急剧降低有关。这种回复特征通常可用一级反应方程来表达，即：

$$\frac{\mathrm{d}x}{\mathrm{d}t}=-cx \tag{9-16}$$

式中，t 为恒温下的加热时间；x 为冷变形导致的性能增量经加热后的残留分数；c 为与材料和温度有关的比例常数，c 值与温度的关系具有典型的热激活过程的特点：

$$c = c_0 e^{-Q/RT} \tag{9-17}$$

式中，Q 为激活能；R 为气体常数（8.31×10^{-3} J/kg·mol·K）；c_0 为比例常数；T 为绝对温度。

将式（9-17）代入方程（9-16）中并积分，以 x_0 表示开始时性能增量的残留分数，则得：

$$\int_{x_0}^{x} \frac{dx}{x} = -c_0 e^{-Q/RT} \int_0^t dt \tag{9-18}$$

$$\ln \frac{x_0}{x} = c_0 t e^{-Q/RT} \tag{9-19}$$

在不同温度下如以回复到相同程度作比较，即式（9-19）左边为常数，这样对两边同时取对数：

$$\ln t = A + Q/RT$$

于是，通过作图所得到的直线关系，由其斜率即可求出回复过程的激活能 Q。变形金属的不同性能（如电阻率、硬度等），可能以各不相同的速率发生回复，这主要与其回复过程的激活能不同有关。

有关回复过程的激活能测定结果表明，锌的回复激活能与其自扩散激活能相近。由于自扩散激活能包括空位形成能和空位迁移能，故可以认为在回复过程中空位的形成与迁移将同时进行。已知空位的产生与位错的攀移密切相关，这也表明位错在回复阶段存在着攀移运动。然而，铁的回复实验表明，短时间回复时，其激活能与空位迁移激活能相近，长时间回复时，其激活能与铁的自扩散激活能相近。因此有人认为，在回复的开始阶段，其主要机制是空位的迁移，而在后期则以位错攀移机制为主。

9.3.1.3　回复机制

回复阶段的加热温度不同，回复过程的机制也存在差异。

（1）低温回复　变形金属在较低温度下加热时所发生的回复过程称为低温回复。此时因温度较低，原子活动能力有限，一般局限于点缺陷的运动，通过空位迁移至晶界、位错或与间隙原子结合而消失，使冷变形过程中形成的过饱和空位浓度下降。对点缺陷敏感的电阻率此时会发生明显下降。

（2）中温回复　变形金属在中等温度下加热时所发生的回复过程称为中温回复。此时因温度升高，原子活动能力也增强，除点缺陷运动外，位错也被激活，在内应力作用下开始滑移，部分异号位错发生抵消，因此位错密度略有降低。

（3）高温回复　变形金属在较高温（约 $0.3T_m$）下，变形金属的回复机制主要与位错的攀移运动有关。这时同一滑移面上的同号刃型位错在本身弹性应力场作用下，还可能发生攀移运动，最终通过攀移和滑移使得这些位错从同一滑移面变为在不同滑移面上竖直排列的位错墙，以降低总畸变能，如图 9-59 所示。

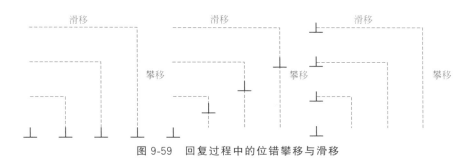

图 9-59 回复过程中的位错攀移与滑移

图 9-60 为经弯曲变形的单晶体产生高温回复多边化过程的示意图。其中，图 9-60（a）为弯曲变形后滑移面上存在的同号刃型位错塞积群；图 9-60（b）为高温回复时，按上述攀移与滑移模型，沿垂直于滑移面方向排列并具有一定取向差的位错墙（小角度亚晶界）以及由此所产生的亚晶（回复亚晶），即多边化结构。

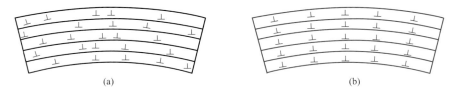

(a)　　　　　　　　　　　　　(b)

图 9-60 位错在多边化过程中重新分布

9.3.2 冷变形金属的再结晶

再结晶是指经冷变形金属加热到一定温度时，通过形成新的等轴晶粒并逐步取代变形晶粒的过程。与前述回复过程的主要区别是再结晶是一个光学显微组织完全改变的过程，随着保温时间的延长，新等轴晶数量及尺寸不断增加，直至原变形晶粒全部消失为止，再结晶过程就结束了。与此相对应，在性能方面也发生了显著的变化，因此我们掌握再结晶过程的有关规律就显得非常必要。

9.3.2.1 再结晶晶核的形成与长大

实验表明，再结晶是一个形核长大过程，即通常在变形金属中能量较高的局部区域优先形成无畸变的再结晶晶核，然后通过晶核逐渐长大成为等轴晶，从而完全取代变形组织的过程。与一般相变存在区别，没有晶体结构转变。

研究表明，再结晶形核机制一般根据其形变量的不同，存在如下一些形式。

（1）晶界弓出形核机制　对于变形程度较小的金属（一般小于 20%），再结晶晶核往往采用弓出形核机制生成，如图 9-61 所示。

这是因为当变形度较小时，变形在各晶粒中往往不够均匀，处于软取向的晶粒变形较大。如图 9-62 所示，设 A、B 为两相邻晶粒，其中由于 B 晶粒变形时处于软取向，因此变形程度大于 A 晶粒，其形变

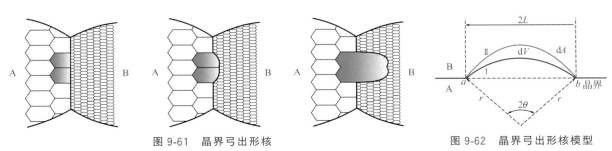

图 9-61 晶界弓出形核　　　　　　图 9-62 晶界弓出形核模型

后位错密度高于 A 晶粒，在回复阶段所形成的亚晶尺寸也较小。为降低系统能量，在再结晶温度下，晶界某处可能向 B 晶粒侧弓出，并吞食 B 中亚晶，形成缺陷含量大大降低的晶核。可见，并非晶界上任何地方都能够弓出形核，只有能量满足一定条件才可能。

假设弓出形核核心为球冠型，球冠半径为 L，晶界界面能为 γ，冷变形金属中单位体积储存能为 E_s，若界面由 I 推进至 II，其扫过的面积为 dV，界面的面积为 dA，若 dV 体积内全部储存能都被释放，则此过程中的自由能变化为：

$$\Delta G = -E_s + \gamma \frac{dA}{dV} \qquad (9\text{-}20)$$

若晶界为球面，设其半径为 r，则 $\dfrac{dA}{dV} = \dfrac{2}{r}$，从而：

$$\Delta G = -E_s + \gamma \frac{dA}{dV} = -E_s + \frac{2\gamma}{r} \qquad (9\text{-}21)$$

显然，若晶界弓出段两端 a、b 固定，且 γ 值恒定，则开始阶段随 ab 弓出弯曲，r 逐渐减小、ΔG 值增大。当 r 达到最小值（$r = ab/2 = L$）时，ΔG 将达到最大值。此后，若继续弓出，由于 r 的增大而 ΔG 减小，于是，晶界将自发地向前推移。因此，一般段长为 $2L$ 的晶界，其弓出形核的能量条件为 $\Delta G < 0$，即：

$$E_s \geqslant 2\gamma/L \qquad (9\text{-}22)$$

由此可见，变形金属再结晶时，若满足式（9-22）中能量条件的原晶界线段，均能以弓出方式形核。

（2）亚晶形核机制　对冷变形量较大的金属，再结晶晶核往往采用亚晶形核机制生成。这是由于形变量较大，晶界两侧晶粒的变形程度大致相似，因此弓出机制就不显著了。这时再结晶直接可借助于晶粒内部的亚晶作为其形核核心。

亚晶形核方式通常有两种，一种是亚晶合并机制，某些取向差较小的相邻亚晶界上的位错网络通过解离、拆散并转移到其他亚晶界上，导致亚晶界的消失而形成亚晶间的合并，同时由于不断有位错运动到新亚晶晶界上，因而其逐渐转变为大角度晶界，它具有比小角度晶界大得多的迁移速度，从而成为再结晶晶核，如图 9-63 所示。

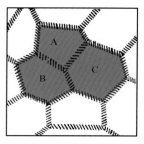 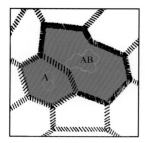 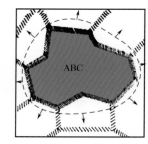

(a) ABC 间位向差很小　　(b) A 和 B 合并　　(c) ABC 合并，形成大位向差界面

图 9-63　亚晶合并形核机制

　　另一种是亚晶直接长大机制，某些取向差较大的亚晶界具有较高的活性，可以直接吞食周围亚晶，并逐渐转变为大角晶界，实际上是某些亚晶的直接长大，如图 9-64 所示。

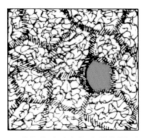 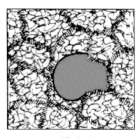 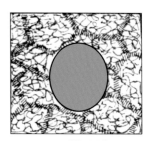

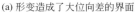

(a) 形变造成了大位向差的界面　　(b) 界面迁移　　(c) 再结晶晶核

图 9-64　亚晶直接长大形核机制

　　（3）再结晶晶核的长大　再结晶晶核形成以后，就可以借助界面的移动而向周围畸变区域不断长大，长大的条件与弓出机制的能量条件相似。

　　总的看来，再结晶的驱动力是变形畸变能，再结晶过程实际上就是变形畸变能的释放过程，主要体现在金属内部位错密度显著下降。从再结晶的形核和长大机制可见，晶界迁移的驱动力是两晶粒间的畸变能差，晶界总是背离其曲率中心方向移动，直至无畸变的等轴晶完全取代畸变严重的形变晶粒为止。

9.3.2.2　再结晶动力学

　　人们对再结晶动力学作了大量的研究，实验测得的动力学曲线具有如图 9-65 所示的"S"形特征（为 Fe-0.03C-0.5Mn-0.19Nb 合金冷轧 80%）。图中纵坐标表示已再结晶晶粒分数，横坐标表示保温时间。可见，再结晶过程存在着孕育期，即只有在保温一定时间后才能发生再结晶过程，并且刚开始再结晶速度很小，然后逐渐加快，直至再结晶分数约 50% 时达到最大，然后逐渐降低。同时可以发现，温度越高，再结晶转变速度越快。

　　恒温再结晶时，若形核率 I 及长大速率 u 均为不随时间而变的常数，则可用描述液态金属结晶动力学的约翰逊-梅尔方程来描述：

$$x_R = 1 - \exp\left(-\frac{1}{3}\pi I u^3 t^4\right)$$

　　实际上，再结晶的形核率 I 并非常数，它要随时间的增长而衰减，因此约翰逊-梅尔方程不能适用。当 I 随时间呈指数关系衰减时，多数研究者认为，采用阿弗拉密（Avrami）方程比较合适：

$$x_R = 1 - \exp(-Bt^k) \tag{9-23}$$

　　式中，x_R 为再结晶的体积分数；B 为随温度升高而增大的系数；k 也是一个常数，其值视材料与条件不同而不同，为 1～9 之间。如对上式两边取自然对数，可得

$$\ln\frac{1}{1-x_R} = Bt^k \tag{9-24}$$

　　作 $\lg\ln\frac{1}{1-x_R}$-$\lg t$ 图，其直线的斜率就是 k，截距就是 $\lg B$。图 9-66 就是含铜 0.0034% 的区熔铝经在 0℃ 冷轧 40% 并再结晶退火时的 $\ln[1/(1-x_R)]$ 与时间的双对数坐标关系。

　　如前所述，形核和长大都是热激活过程，形核率和长大速率都符合阿累尼乌斯方程

$$I = I_0 \exp(-Q_I/RT) \tag{9-25}$$

$$u = u_0 \exp(-Q_u/RT) \tag{9-26}$$

　　式中，Q_I 与 Q_u 分别为形核和长大的激活能；I_0 与 u_0 都是常数。在约翰逊-梅尔方程中，如取 x_R 为

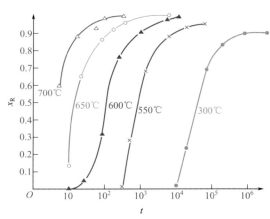

图 9-65 同一变形度的 Fe 在不同温度
等温退火后的再结晶曲线

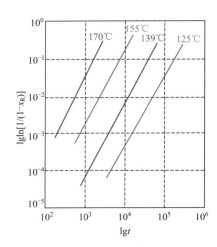

图 9-66 含铜 0.0034% 的区熔铝经在 0℃ 冷轧 40%
并在结晶退火时的 lgln [1/(1−x_R)] 与 lg$t$ 的关系曲线

常数，即取一定的再结晶体积分数，并将上式代入，两边取对数，化简后可得：

$$t = A\exp\left(\frac{Q_I + 3Q_u}{4RT}\right) \tag{9-27}$$

式中，A 为一常数。对上式两边取对数，并令 $\frac{Q_I + 3Q_u}{4} = Q_R$，则：

$$\ln t = \ln A + \frac{Q_R}{R} \times \frac{1}{T} \tag{9-28}$$

式（9-28）表明了达到一定体积分数的再结晶所需的加热温度和时间之间的关系。不难看出，如将 $\ln t$ 对 $1/T$ 作图，可得一直线。直线的斜率即为 Q_R/R。用实验测得一定再结晶体积分数时的几对 T-t 数据，便可求出再结晶激活能 Q_R。上式还说明，如取 $x_R = 0.95$ 并以此作为再结晶完成的标志，则加热时间越长，再结晶温度便越低。这样，再结晶温度便是个不确定的值。习惯上取加热 1h 完成再结晶的温度为金属的再结晶温度。在实际应用中，再结晶退火的温度要比再结晶温度高些。

一些金属材料的再结晶温度如表 9-3 所示。

表 9-3　一些金属材料的再结晶温度

材　料	再结晶温度/℃	材　料	再结晶温度/℃
铜(99.999%)	120	镍-30%铜	600
无氧铜	210	电解铁	400
铜-5%锌	320	低碳钢	540
铜-5%铝	290	镁(99.99%)	65
铜-2%铍	370	镁合金	230
铝(99.999%)	85	锌	10
铝(99.0%)	240	锡	−3
铝合金	320	铅	−3
镍(99.99%)	370	钨(高纯)	1200~1300
镍(99.4%)	630	钨(含显微气泡)	1600~2300

9.3.2.3　再结晶温度及其影响因素

由于再结晶可以随相关条件不同，在一定温度范围内发生，为便于比较不同材料的再结晶情况，一般工业上所说的再结晶温度是指经较大冷变形量（＞70％）的金属，在 1h 完成再结晶体积分数 95％所对应的温度。

实验表明，对许多工业纯金属而言，在上述条件下，再结晶温度 T_R 与其熔点 T_m 间有如下关系：

$$T_R \approx (0.35 \sim 0.45)T_m \tag{9-29}$$

影响再结晶温度的因素有以下几点。

（1）变形程度　金属的冷变形程度越大，其储存的能量也越高，再结晶的驱动力也越大，因此不仅再结晶温度随变形量增加而降低，同时等温再结晶退火时的再结晶速度也越快。不过当变形量达到一定程度后，再结晶温度就基本不变了。这从图 9-67 所示的电解铁和 99％（质量分数）工业纯铝的开始再结晶温度与变形程度的关系曲线中可以明显看出上述规律。

（2）原始晶粒尺寸　原始晶粒越小，则由于晶界较多，其变形抗力越大，形变后的储存能较高，因此再结晶温度降低。此外，再结晶形核通常是在原晶粒边界处发生，所以原始晶粒尺寸越小，I 与 u 越大，所形成的再结晶晶粒更小，而再结晶温度也降低。

（3）微量溶质原子　微量溶质原子的存在一般会显著提高金属的再结晶温度，主要原因可能是溶质原子与位错及晶界间存在交互作用，倾向于在位错和晶界附近偏聚，从而对再结晶过程中位错和晶界的迁移起着牵制的作用，不利于再结晶的形核和长大，阻碍再结晶过程的进行。如图 9-68 所示即为微量溶质原子与铜再结晶温度的关系。

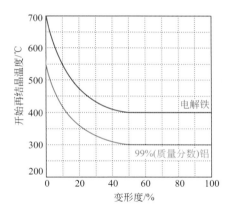

图 9-67　变形程度与再结晶温度的关系

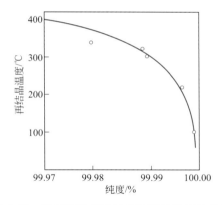

图 9-68　微量溶质原子与铜再结晶温度的关系

（4）第二相颗粒　当合金中溶质浓度超过其固溶度后，就会形成第二相，多数情况下，这些第二相为硬脆的化合物，在冷变形过程中，一般不考虑其变形，所以合金的再结晶也主要发生在基体上，这些第二相颗粒对基体再结晶的影响主要由第二相的尺寸和分布决定。

当第二相颗粒较粗时，变形时位错会绕过颗粒，并在颗粒周围留下位错环，或塞积在颗粒附近，从而造成颗粒周围畸变严重，因此会促进再结晶，降低再结晶温度。

当第二相颗粒细小，分布均匀时，不会使位错发生明显聚集，因此对再结晶形核作用不大，相反，其对再结晶晶核的长大过程中的位错运动和晶界迁移起一种阻碍作用，因此使得再结晶过程更加困难，提高再结晶温度。

9.3.2.4　再结晶后的晶粒大小

由于再结晶后晶粒尺寸大小对材料力学性能的影响很大，因此，了解再结晶后晶粒大小及其影响因素具有重要的实际意义。一般情况下，总是希望晶粒细小。

再结晶后晶粒尺寸符合约翰逊-梅尔方程，其晶粒尺寸 d 与形核率 I 及长大速度 u 之间存在如下关系：

$$d = 常数 \times \left[\frac{u}{I}\right]^{-\frac{1}{4}} \qquad (9\text{-}30)$$

可见，凡是能影响形核率 I 及长大速度 u 的因素都会对再结晶完成后的晶粒大小产生作用。

（1）变形度的影响　变形量与再结晶后晶粒尺寸的关系可用图 9-69 表示。当变形程度很小时，变形后晶粒尺寸变化也不大，由于形变储存能也很小，不能驱动再结晶的进行，因此晶粒尺寸与原始晶粒相当。当变形程度继续增加至某一量时（一般在 2%～10%），此时的畸变能刚能驱动再结晶的进行，但由于变形程度不大，I/u 的比值很小，因此最终得到的晶粒尺寸特别粗大，这一变形度常称为临界形变量。对于要求细晶粒的情况，应避免在此形变量下进行加工。当变形量继续增大后，驱动形核与长大的储存能不断增加，而且形核率 I 增加大于长大速度 u，因此再结晶后晶粒不断细化。

（2）再结晶退火温度的影响　再结晶退火温度对刚完成再结晶时的晶粒尺寸影响较小，但是提高再结晶退火温度可使再结晶速度加快，临界变形量减小。将变形量、退火温度以及再结晶后晶粒尺寸的关系表示在一张图上，就构成了再结晶全图，如图 9-70 所示。再结晶全图对于控制冷变形后退火的金属材料的晶粒尺寸有很好的参考作用。

（3）原始晶粒大小　晶界附近区域的形变情况比较复杂，因而这些区域的局部储存能较高，使晶核易于形成。细晶粒金属的晶界面积大，所以储存能高的区域多，形成的再结晶核心也多，故使再结晶后的晶粒尺寸减小。

（4）杂质　金属中杂质的存在可提高强度，因此在同样的变形量下，杂质将增大冷形变金属中的储存能，从而使再结晶时的 I/u 值增大。另一方面，杂质对降低界面的迁移能力是极为有效的，这就是说，它会降低再结晶完成后晶粒的长大速率。所以，金属中的杂质将会使再结晶后的晶粒变小。

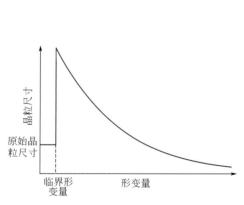

图 9-69　变形量与再结晶后晶粒尺寸的关系

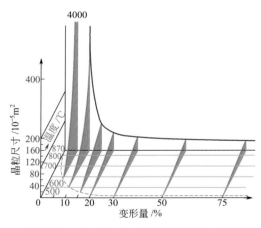

图 9-70　再结晶退火温度及变形量与再结晶后晶粒尺寸的关系

9.3.3　再结晶后的晶粒长大

再结晶完成后，继续升温或延长保温时间，都会使得晶粒继续长大。这是一个自发过程，只要动力学条件允许，这个过程就会进行，结果是晶界面积减小，系统能量降低。

一般可按照其长大过程的特征，分为两类：一类是大多数晶粒长大速率相差不多，几乎是均匀长大，称为正常长大；另一类是少数晶粒突发性的不均匀长大，称为异常长大，有时也称为二次再结晶。

9.3.3.1　晶粒的正常长大

晶粒长大过程中，如果长大的结果是晶粒尺寸分布均匀的，那么这种晶粒长大称为正常长大。

（1）长大方式　再结晶完成后，新等轴晶已完全接触，形变储存能已完全释放，但在继续保温或升高温度情况下，仍然可以继续长大，这种长大是依靠大角度晶界的移动并吞食其他晶粒实现的。

（2）长大的驱动力　晶粒长大的过程实际上就是一个晶界迁移过程，从宏观上来看，晶粒长大的驱动力是界面能的降低，而从晶粒尺度来看，驱动力主要是由于晶界的界面曲率所造成的。有时也将晶粒长大称为粗化。

9.3.3.2　二次再结晶（异常晶粒长大）

冷形变金属在初次再结晶刚完成时，晶粒是比较细小的。如果继续保温或提高加热温度，晶粒将渐渐长大，这种长大是大多数晶粒几乎同时长大的过程。除了这种正常的晶粒长大以外，如将再结晶完成后的金属继续加热超过某一温度，则会有少数几个晶粒突然长大，它们的尺寸可能达到几个厘米，而其他晶粒仍保持细小。最后小晶粒被大晶粒吞并，整个金属中的晶粒都变得十分粗大。这种晶粒长大叫做异常晶粒长大或二次再结晶。图 9-71 给出了 Mg 合金经形变并加热到退火后的组织。其中图（c）是在二次再结晶的初期阶段得到的结果，从图中可以看出大小悬殊的晶粒组织。

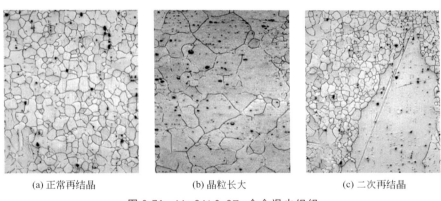

(a) 正常再结晶　　　　　　　　(b) 晶粒长大　　　　　　　　(c) 二次再结晶

图 9-71　Mg-3Al-0.8Zn 合金退火组织

二次再结晶的一般规律可以归纳如下。

① 二次再结晶中形成的大晶粒不是重新形核后长大的，它们是初次再结晶中形成的某些特殊晶粒的继续长大。

② 这些大晶粒在开始时长大得很慢，只是在长大到某一临界尺寸以后才迅速长大。可以认为在二次再结晶开始之前，有一个孕育期。

③ 二次再结晶完成以后，有时也有明显的织构。这种织构一般和初次再结晶得到的织构明显不同。

④ 要发生二次再结晶，加热温度必须在某一温度以上。通常最大的晶粒尺寸是在加热温度刚刚超过这一温度时得到的。当加热温度更高时，得到的二次再结晶晶粒的尺寸反而较小。

⑤ 和正常的晶粒长大一样，二次再结晶助驱动力也是晶界能。

晶粒的异常长大一般是在晶粒正常长大过程被分散相粒子、结构或表面热蚀沟等强烈阻碍情况下发生的。

这里先简要介绍表面热蚀沟及其对晶粒长大的阻碍作用。金属薄板经高温长时间加热时，在晶界与板面相交处，为了达到表面张力间的互相平衡，将会通过表面扩散而产生如图 9-72 所示的热蚀沟。图中的热蚀沟张开角 $(180°-2\varphi)$，取决于晶界能 γ_b 和表面能 γ_s 的比值，当 φ 角很小时：

$$\mathrm{tg}\varphi \approx \sin\varphi = \frac{\gamma_b}{2\gamma_s} \tag{9-31}$$

表面热蚀沟对薄板中的晶界迁移具有一定影响，如晶界自热蚀沟处移开，必然引起晶界面积增加和晶界能增大，于是，导致了晶界迁移阻力的产生。显然，当晶界能所提供的晶界迁移驱动力与热蚀沟对晶界迁移的阻力相等时，晶界即被固定在热蚀沟处，并使金属薄板中的晶粒尺寸大都达到极限而不再长大。在正常晶粒长大受到上述因素阻碍而形成晶粒尺寸较为稳定的组织情况下，若继续加热到较高的温度，此时某些晶粒（如再结晶中的一些尺寸较大的晶粒、再结晶织构组织中某些取向差较大的晶粒以及无杂质或第二相粒子的微区等）有可能发生优先长大。它们与周围小晶粒在尺寸、取向和曲率上的差别相应增大。由于其晶粒边界多大于六边而凹向周围小晶粒，故在晶界迁移速度显著增加的同时，通过吞并周围大量小晶粒而异常长大，直到粗大晶粒彼此相接触，二次再结晶即告完成。

同样道理，高温下部分原阻碍晶界迁移的颗粒相溶解也将导致晶粒的异常长大。图 9-73 所示为 Fe-3％Si 合金冷轧 50％后，在不同温度退火 1h 的晶粒尺寸变化情况。图中曲线 1 表示不含 MnS 第二相微粒的高纯合金，在退火温度升高时的正常晶粒长大。当合金中含有 MnS 颗粒相时，曲线 2 表示发生二次再结晶的晶粒尺寸变化。其中，晶粒约在 930℃ 突然长大，与 MnS 的溶解温度相对应（即与阻碍晶界迁移因素的消失有关）。继续升高温度时，晶粒尺寸有所下降，可能与二次再结晶晶粒数量增多，其晶粒平均尺寸减小有关。曲线 3 表示那些未被吞并的细小晶粒长大特性，其晶粒尺寸变化符合正常长大规律，但与曲线 1 相比，由于 MnS 颗粒的阻碍作用，减缓了晶粒长大速度。

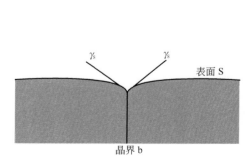

图 9-72　金属薄板表面热蚀沟

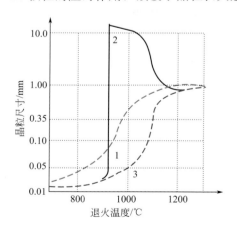

图 9-73　Fe-3％Si 合金冷轧退火晶粒尺寸变化情况

还有一种情况也会导致再结晶完成后晶粒的异常长大，若再结晶后存在再结晶织构的话，此时多数晶粒间位向差较小，晶界不易发生迁移，只有少数晶界位向差较大，容易发生迁移。这样最终晶粒长大过程中的少数晶界的迁移就导致了晶粒尺寸的不均匀。

9.3.4　再结晶织构与退火孪晶

9.3.4.1　再结晶织构

我们知道，在塑性变形后，由于晶面的转动等原因，在组织中会形成一定的形变织构，在随后的再结晶过程中，这种织构可能消失，也可能仍然存在，但是一般与形变织构并不相同。若在再结晶后组织中形成了具有择优取向的晶粒，称为再结晶织构。

在对这种现象的解释上，存在两种观点：择优形核理论和择优长大理论。

择优形核理论认为，当变形量较大的金属组织存在变形织构时，由于各亚晶的位向相近，而使再结晶形核具有择优取向，并经长大形成与原有织构相一致的再结晶织构。显然，该理论无法解释与变形织构不相一致的再结晶织构。

择优长大理论认为，尽管金属中存在着强烈的变形织构，但是其再结晶晶核的取向大都是无规则的，只有某些具有特殊位向的晶核才可能迅速向变形基体中长大，即形成了再结晶织构。晶粒长大时，晶界的迁移速度与晶界两侧晶粒的位向差有关。当基体存在变形织构时，其中大多数晶粒取向是相近的，晶粒不易长大。而某些与变形织构呈特殊位向关系的再结晶晶核，其晶界则具有很高的迁移速度，故发生择优生长，并通过逐渐吞并其周围变形基体达到互相接触，形成与原变形织构取向不同的再结晶织构。

许多研究工作证明，择优成长理论较为接近实际情况。

9.3.4.2　退火孪晶

我们已经知道，在滑移受阻的情况下，晶体有可能采取孪生的方式进行塑性变形，形成所谓的形变孪晶。在再结晶退火过程中，一些面心立方金属，如铜合金、奥氏体不锈钢、镍基合金等经冷变形退火后，会出现如图 9-74 所示的退火孪晶。

在面心立方金属中形成退火孪晶时，需在 $\{111\}$ 面上产生堆垛层错，即密排面 $\{111\}$ 由正常堆垛顺序 ABCABCABC 改变为 ABCBACBACBACAB，如图 9-75 所示。其中，两 $\overline{C}$ 面为共格孪晶界面，其间的晶体则构成一退火孪晶带。

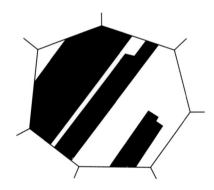

图 9-74　退火孪晶

AB$\overline{C}$BACBACBA$\overline{C}$ABCAB

图 9-75　面心立方金属中形成退火孪晶时 $\{111\}$ 面上的堆垛次序

9

一般认为，退火孪晶是在晶粒生长过程中形成的，如图 9-76 所示，当晶粒通过晶界迁移而生长时，若原子层在晶界角 (111) 面上的堆垛顺序偶然发生错堆，则出现一共格的孪晶界面 T（相当于图 9-75 中的第一个 $\overline{C}$ 面）。该孪晶界面在大角晶界不断迁移的长大过程中，若原子再次在 (111) 面上发生错堆而恢复正常堆垛顺序，则又形成第二个共格孪晶界面 T′（相当图 9-75 中的第二个 $\overline{C}$ 面），即构成了一个退火孪晶带。

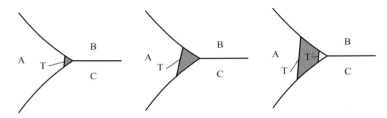

图 9-76   退火孪晶的形成

应指出，在孪晶界面能远小于大角晶界能的条件下，某些金属与合金再结晶退火时所发生的退火孪晶，主要与其层错能较低有关。

9.4 金属的热变形、蠕变与超塑性

9.4.1   晶体的热变形

晶体的高温塑性变形是材料科学与工程的一个重要研究领域。高温通常是指晶体点阵中原子具有较大热运动能力的温度环境，一般粗略地用 T/T_m 的比值来界定，$T/T_m > 0.5$ 即为高温。认识高温变形的规律对材料加工成型和高温构件使用时变形的控制都是极有意义的。

热变形在生产上称为热加工，是指晶体在再结晶温度以上进行的变形。晶体在高温下容易变形。晶体的变形抗力随温度的提高而下降，这是点阵原子的活动能力随温度升高而增加的必然结果。当温度高到使晶体在形变的同时又迅速发生回复和再结晶时，晶体的强度就降得很低了。

9.4.1.1   动态回复和动态再结晶

晶体在高温下形变，同时也发生回复和再结晶。这种与形变同时发生的回复与再结晶称为动态回复和动态再结晶。而变形停止后仍继续进行的再结晶为亚动态再结晶。

（1）动态回复   冷变形金属在高温回复时，由于螺位错的交滑移和刃位错的攀移，产生多边化和位错缠结胞的规整化，对于层错能高的晶体，这些过程进行得相当充分，形成了稳定的亚晶，经动态回复后就不会发生动态再结晶了。同理，这些高层错能的晶体，如铝、α-铁、铁素体钢及一些密排六方金属（Zn、Mg、Sn 等），因易于交滑移和攀移，热加工时主要的软化机制是动态回复而没有动态再结晶。图 9-77 为动态回复时的真应力-真应变曲线，可将其分成 3 个阶段。第一阶段为微应变阶段。热加工初期，高温回复尚未进行，晶体以加工硬化为主，位错密度增加。因此，应力增加很快，但应变量却很小（<1%）。第二阶段为均匀变形阶段。晶体开始均匀的塑性变形，位错密度继续增大，加工硬化逐步加强。但同时动态回复也在逐步增

加，使形变位错不断消失，其造成的软化逐渐抵消一部分加工硬化，使曲线斜率下降并趋于水平。第三阶段为稳态流变阶段，由变形产生的加工硬化与动态回复产生的软化达到平衡，即位错的增殖和湮灭达到了动力学平衡状态，位错密度维持恒定，在变形温度和速度一定时，多边形化和位错胞壁规整化形成的亚晶界是不稳定的，它们随位错的增减而被破坏或重新形成，且二者的速度相等，从而使亚晶得以保持等轴状和稳定的尺寸与位向。此时，流变应力不再随应变的增加而增大，曲线保持水平。

显然，加热时只发生动态回复的金属，由于内部有较高的位错密度，若能在热加工后快速冷却至室温，可使材料具有较高的强度。但若缓慢冷却则会发生静态再结晶而使材料彻底软化。

（2）动态再结晶　对于一些层错能较低的金属，由于位错的攀移不利，滑移的运动性较差，高温回复不可能充分进行，其热加工时的主要软化机制为动态再结晶。一些面心立方金属如铜及其合金、镍及其合金、γ-铁、奥氏体钢等都属于这种情况。图 9-78 为热加工时发生动态再结晶的真应力-真应变曲线。可见，随应变速率不同曲线有所差异，但大致也可分为 3 个阶段：第一阶段为加工硬化阶段，应力随应变上升很快，动态再结晶没有发生，金属出现加工硬化。第二阶段为动态再结晶开始阶段，当应变量达到临界值时，动态再结晶开始，其软化作用随应变增加逐渐加强，使应力随应变增加的幅度逐渐降低，当应力超过最大值后，软化作用超过加工硬化，应力随应变增加而下降。第三阶段为稳态流变阶段，此时加工硬化与动态再结晶软化达到动态平衡。当应变以高速率进行时，曲线为一水平线；而应变以低速率进行时，曲线出现波动。这是由于应变速率低时，位错密度增加慢，因此在动态再结晶引起软化后，位错密度增加所驱动的动态再结晶一时不能与加工硬化相抗衡，金属重又硬化而使曲线上升。当位错密度增加至足以使动态再结晶占主导地位时，曲线便又下降。以后这一过程循环往复，但波动幅度逐渐衰减。

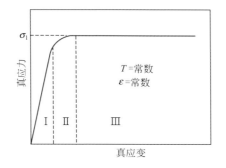

图 9-77　动态回复时的真应力-真应变曲线

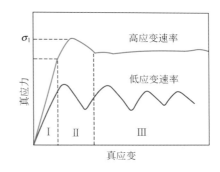

图 9-78　动态再结晶时的真应力-真应变曲线

动态再结晶同样是形核长大过程，其机制与冷变形金属的再结晶基本相同，也是大角度晶界的迁移。但动态再结晶具有反复形核、有限长大的特点，已形成的再结晶核心在长大时继续受到变形作用，使已再结晶部分位错增殖，储存能增加，与邻近变形基体的能量差减小，长大驱动力降低而停止长大。而当这一部分的储存能增高到一定程度时，又会重新形成再结晶核心。如此反复进行。

9.4.1.2　热加工后金属的组织与性能

热加工不仅改变了材料的形状，而且由于其对材料组织和微观结构的影响，也使材料性能发生改变，主要体现在以下几方面。

① 改善铸态组织，减少缺陷　热变形可焊合铸态组织中的气孔和疏松等缺陷，增加组织致密性，并通过反复的形变和再结晶破碎粗大的铸态组织，减小偏析，改善材料的机械性能。

② 形成流线和带状组织，使材料性能各向异性　热加工后，材料中的偏析、夹杂物、第二相、晶界等将沿金属变形方向呈断续、链状（脆性夹杂）和带状（塑性夹杂）延伸，形成流动状的纤维组织，称为流线。通常，沿流线方向比垂直流线方向具有较高的机械性能。另外，在共析钢中，热加工可使铁

素体和珠光体沿变形方向呈带状或层状分布，称为带状组织。有时，在层、带间还伴随着夹杂或偏析元素的流线，使材料表现出较强的各向异性，横向的塑、韧性显著降低，切削性能也变坏。

③ 晶粒大小的控制　热加工时动态再结晶的晶粒大小主要取决于变形时的流变应力，应力越大，晶粒越细小。因此要想在热加工后获得细小的晶粒，必须控制变形量、变形的终止温度和随后的冷却速度，同时添加微量的合金元素抑制热加工后的静态再结晶也是很好的方法。热加工后的细晶材料具有较高的强韧性。

9.4.2　蠕变

9.4.2.1　蠕变现象的研究

早期，人们对金属材料强度的认识不足，设计金属构件时仅以短时强度作为设计依据。不少构件，即使使用应力低于弹性极限，使用一段时间后仍然会发生因塑性变形而失效或因破断而失效的现象。随着科学技术的发展，金属材料的使用温度逐步提高，这种矛盾越来越突出。这就使人们进一步认识到材料强度与使用期限之间尚有密切的联系，从而相继开拓了蠕变、蠕变断裂、松弛、疲劳、断裂力学等长时强度研究领域。蠕变则是其中研究最早、内容较丰富而成果较显著的一个领域，成为其他几个研究领域的基础。

金属在持续应力作用下（即使在远低于弹性极限的情况下）会发生缓慢的塑性变形。熔点较低的金属容易产生这种现象；金属所处的温度越高，这种现象越明显。在一定温度下，金属受持续应力的作用而产生缓慢的塑性变形的现象称为金属的蠕变。引起蠕变的这一应力称蠕变应力。在这种持续应力作用下，蠕变变形逐渐增加，最终可以导致断裂，这种断裂称蠕变断裂。导致断裂的这一初始应力称蠕变断裂应力。在有些情况下（特别是在工程上），把蠕变应力及蠕变断裂应力作为材料在特定条件下的一种强度指标来讨论时，往往又把它们称为蠕变强度及蠕变断裂强度，后者又称为持久强度。蠕变现象的发生是温度和应力共同作用的结果。温度和应力的作用方式可以是恒定的，也可以是变动的。常规的蠕变试验则是专门研究在恒定载荷及恒定温度下的蠕变规律。为了与变动情况相区别，把这种试验称为静态蠕变试验。

蠕变现象很早就被人们发现，远在 1905 年 F. Philips 等就开始进行专门研究。最初研究的是铅、锌等低熔点纯金属，因为这些金属在室温下就已表现出明显的蠕变现象。以后逐步研究了较高熔点的铝、镁等纯金属的蠕变现象，进而又研究了铁、镍以至难熔金属钨、铂等的蠕变规律。对纯金属的研究后来又发展到对铁、钴、镍基合金及其他各种高温合金的研究。对这些合金，需要它们在几百度的高温下才能表现出明显的蠕变现象（例如碳钢 $>0.35T_m$，不锈钢 $>0.4T_m$）。

蠕变现象的研究是与工业技术的发展密切相关的。随着工作温度的提高，材料蠕变现象越来越明显，对材料蠕变强度的要求越来越高。不同的工作温度需选用具有不同蠕变性能的材料，因此蠕变强度就成为决定高温金属材料使用价值的重要因素。

9.4.2.2　蠕变曲线

在恒定温度下，一个受单向恒定载荷（拉或压）作用的试样，其变形 ε 与时间 t 的关系可用如图 9-79 所示的典型的蠕变曲线表示。曲线可分下列几个阶段。

第Ⅰ阶段：减速蠕变阶段（图中 AB 段），在加载的瞬间产生了的弹性变形 ε_0，以后随加载时间的延续变形连续进行，但变形速率不断降低。

第Ⅱ阶段：恒定蠕变阶段，如图中曲线 BC 段，此阶段蠕变变形速率随加载时间的延续而保持恒定，且为最小蠕变速率，称为稳态蠕变速率。

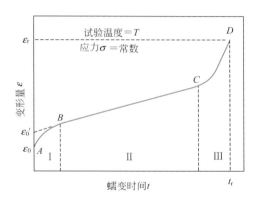

图 9-79　典型的蠕变曲线

第Ⅲ阶段：曲线上从 C 点到 D 点断裂为止，也称加速蠕变阶段，随蠕变过程的进行，蠕变速率显著增加，直至最终产生蠕变断裂。D 点对应的 t_r 就是蠕变断裂时间，ε_r 是总的蠕变应变量。

温度和应力也影响蠕变曲线的形状。在低温（$<0.3T_m$）、低应力下实际上不存在蠕变第Ⅲ阶段，而且第Ⅱ阶段的蠕变速率接近零；在高温（$>0.8T_m$）、高应力下主要是蠕变第Ⅲ阶段，而第Ⅱ阶段几乎不存在。

9.4.2.3　蠕变强度及持久强度

在工程上，需按蠕变强度及持久强度确定许用应力。蠕变强度及持久强度是表示材料抵抗因外力作用导致蠕变变形或蠕变断裂的能力，是材料本身所具有的一种固有性能。蠕变强度是材料在规定的蠕变条件（在一定的温度下及一定的时间内，达到一定的蠕变变形或蠕变速度）下保持不失效的最大承载应力。在测量中以失效应力表示，因为在规定条件下两者的数值相等。通常，以试样在恒定温度和恒定拉伸载荷下，在规定时间内伸长（总伸长或残余伸长）率达到某规定值或稳态蠕变速率达到某规定值时的蠕变应力表示蠕变强度。根据不同的试验要求，蠕变强度有以下两种表示法。

① 在规定时间内达到规定变形量的蠕变强度，记为 $\sigma_{\delta/\tau}^{T}$，单位为 MPa，其中 T 为温度（℃），δ 为伸长率（总伸长或残余伸长，%），τ 为持续时间（h）。例如，$\sigma_{0.2/1000}^{700}$ 表示 700℃、1000h 达到 0.2% 伸长率的蠕变强度。

这种蠕变强度一般用于需要提供总蠕变变形的构件设计。对短时蠕变试验，蠕变速度往往较大，第一阶段的蠕变变形量所占的比例较大，第二阶段的蠕变速度不易确定，所以用总蠕变变形作测量对象比较合适。

② 稳态蠕变速率达到规定值时的蠕变强度，记为 σ_v^{T}，单位为 MPa，其中 T 为温度（℃），v 为稳态蠕变速度（%/h）。例如 $\sigma_{1\times10^{-5}}^{600}$ 表示 600℃、稳态蠕变速度达到 1×10^{-5}%/h 的蠕变强度。

这种蠕变强度通常用于一般受蠕变变形控制的运行时间较长的构件。因为在这种条件下蠕变速度较小，第一阶段的变形量所占的比例较小，蠕变的第二阶段明显，最小蠕变速度容易测量。

9.4.2.4　蠕变的机理

现有的蠕变机理大致可以划分为以下四类：①扩散塑性理论；②硬化与软化理论；③位错理论；④结构理论。前两种理论没有考虑到真实晶体中存在的许多缺陷。位错理论则只考虑了晶体中存在的基本缺陷-位错。结构理论考虑了晶体中存在的位错及其他缺陷。金属中位错及其他晶体缺陷的形成、运动及相互作用是决定蠕变规律的根本因素。晶体缺陷是金属的典型结构因素，根据这些因素建立的描述蠕变规律的各种理论称为蠕变的结构理论。在合金中，位错及其他晶体缺陷之间的相互作用还与合金基体相的结构（晶格类型及参数、晶粒大小及形状），第二相的结构、尺寸及分布等有密切的关系。

在外力的作用下，金属晶体中的位错会发生运动而引起塑性形变。位错可以在金属结晶时形成，也可以在塑性变形时形成。在完整晶体中，两端被钉扎的位错可以成为位错源，即弗兰克-瑞德源。要使位错源增殖新的位错，必须在位错源所在的滑移面内对位错施加一切向应力：

$$\tau = \frac{G\,|\boldsymbol{b}|}{L} \tag{9-32}$$

式（9-32）表明，形变阻力与柏氏矢量 $\boldsymbol{b}$、切变模量 G 和位错源长度 L 有关，其中 $\boldsymbol{b}$ 与 L 随温度的变化不大，而切变模量 G 随温度的变化是影响形变阻力的主要因素。

在实际晶体中，由于存在各种缺陷和障碍，位错作用的机制远比这复杂。

当存在点缺陷（间隙原子、空位、进入基体晶格的固溶体原子等）时，这些缺陷可阻滞位错的增殖和运动；另一方面，随着温度的升高和涨落及扩散过程的进行，位错有可能挣脱这些障碍而继续运动。位错的阻滞和解脱过程组成了位错运动的基本过程。

面型障碍的稳定性大大超过点型障碍。当存在面型障碍时，位错不能单凭热涨落越过障碍，位错便只能靠下述途径解脱：①障碍本身的迁移；②位错本身的扩散；③位错在障碍之间通过；④位错越过障碍。位错越过障碍所需的能量要比穿过时所需的能量少得多。同样，蠕变过程仍然取决于这些障碍对位错的阻滞及位错自这些障碍解脱的过程。

当存在体缺陷时（例如位错周围异种原子组成的气团）时，位错在这种障碍性气团中难以运动，从而提高了蠕变阻力。然而只有在与温度和应力相应的某一蠕变速度范围内，气团的阻滞作用最大。高于这一范围时，气团的扩散速度大于位错的运动速度；低于这一范围时，位错的运动速度显著地大于气团的扩散速度，位错可以甩脱气团。这两种情况均对位错没有明显的阻滞作用。科垂耳计算出气团与位错一起运动的临界速度范围约为 $10^{-6}/s$ 的数量级，可见，气团的阻滞作用只有在这种蠕变速度比较大的情况下才有作用。

此外，在晶体中还存在着位错之间的相互作用。例如分布在平行平面上的同号位错，可以形成稳定结构，可以相互吸引而形成垂直列，引起多边化。两个异号位错也可以形成稳定结构，使位错互相之间成为运动的障碍。

蠕变变形的微观机理是与材料内部组织结构的变化以及位错组态与行为密切相关的，主要形变机理有三种：①位错滑移，高温蠕变时滑移的特点是随温度的升高和变形速率的降低，滑移带变粗和间距增大，以致在滑移带间距超过晶粒尺度时，晶内不显示滑移带，而只显示出晶界的粗化。此外，高温变形时滑移系增多，更利于产生多滑移和交滑移。②亚晶形成，蠕变变形时，由于晶内变形的不均匀，到一定程度时，原始晶粒可被狭窄的形变带所分割，使晶粒"碎化"形成亚晶。此外，由位错的多边形化也可构成亚晶。③晶界形变，在高温蠕变条件下，晶界强度降低，晶界参与变形量对总变形量作出贡献，最高可达到 $40\%\sim50\%$。晶界参与变形是通过晶界的滑动来实现的，如图 9-80 所示，A、B 晶粒边界产生滑移，以及 B、C 晶粒边界随后在垂直方向作的迁移，使 A、B、C 三个晶粒的交点由 1 点转移到 2 点（图中第一、二阶段），同时在 C 晶粒中必然会产生一个相应的形变带（图中蓝色区域），这样，A、B 晶界在原来滑动方向的继续变形就要受到阻碍。因而 B、C 晶界又在它的垂直方向作一个迁移（第三阶段），使 A、B、C 三个晶粒的交点由 2 点移到 3 点，晶界在另一个方向可以继续产生如箭头所示的滑动而达第四阶段，此时，A、B、C 三个晶粒的边界都因晶界的相对滑动和迁移而做了位置的变更。

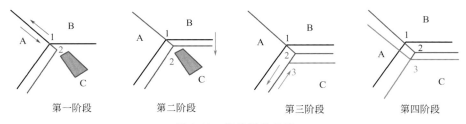

第一阶段　　　　　第二阶段　　　　　第三阶段　　　　　第四阶段

图 9-80　晶界滑动示意

可以把蠕变过程理解成热激活过程，其蠕变速率 ε 应满足阿累尼乌斯热激活方程，即：

$$\varepsilon = A\exp(-Q_c/RT)$$

$$(9\text{-}33)$$

式（9-33）中，A 是与温度、应力和组织结构因素有关的特征常数；Q_c 即为蠕变激活能，实验表明，对大多数金属和陶瓷，蠕变激活能与自扩散激活能相近。由于面心立方 γ-Fe 的扩散系数只有 α-Fe 的 1/350，其蠕变速率也只有 α-Fe 的 1/200，因此高温合金多是以 γ-Fe 或面心立方金属为基的合金。

9.4.3　超塑性

超塑性可以说是非晶态固体或玻璃的正常状态，如玻璃在高温下可通过黏滞性流变被拉得很长而不发生缩颈，金属及合金通常没有这种性质。但如果一种晶体在某种显微组织、形变温度和形变速度条件下表现出了特别大的均匀塑性变形而不产生缩颈，延伸率达到 500%～2000%，我们就称这个材料具有超塑性。超塑性的本质特点是，在高温发生、应变硬化很小或者等于零，要将塑性流变用黏滞性流变来分析。可写成状态方程，即：

$$\sigma = K\dot{\varepsilon}^{m}$$

$$(9\text{-}34)$$

式（9-34）中，K 是由材料决定的常数；$m = \lg\sigma/\lg\dot{\varepsilon}$ 称应变速率敏感系数。

对目前观察到的超塑性现象，可归纳为细晶超塑性和相变超塑性两大类。

9.4.3.1　细晶超塑性

它是在一定的恒温下，在应变速率和晶粒度都满足要求的条件下所呈现的超塑性，因此又称为结构超塑性或恒温超塑性。具体来说，要满足以下条件。

① 材料具有细小等轴的原始组织　可以肯定地说，材料产生超塑性的唯一必要的显微组织条件就是尺寸为微米级的超细晶粒，一般晶粒尺寸在 0.5～5μm，同时要求在热加工过程中晶粒不能长大或长得很慢，即要始终保持细小的晶粒组织。由于第二相的存在是稳定晶粒尺寸的最佳方法，因此产生超塑性的最佳组织应是由两个或多个紧密交错相的超细晶粒组成的组织，这就解释了为什么大多数超塑性材料都是共晶、共析或析出型合金。

② 在高温下变形　一般情况下，超塑性材料的加工温度范围在（0.5～0.65）T_m 之间。高温下的超塑性变形不同于热加工时的动态回复与动态再结晶变形，其变形机制主要是晶界滑动和扩散性蠕变。

③ 低应变速率和高应变速率敏感系数　超塑性加工时的应变速率通常在 10^{-2}～$10^{-4}\,s^{-1}$，以保证晶

界扩散过程充分进行，但应变速率的敏感系数 m 要大。如图 9-81 所示，超塑性发生在最大斜率区，取值范围为 $0.5 \leqslant m \leqslant 0.7$。因为当 m 值较大时，试样横截面积 A 随时间 t 的变化率 dA/dt 的变化不敏感，拉伸时不易产生缩颈，而呈现出超塑性。经超塑性变形后的材料的组织结构具有以下特征：a. 超塑性变形时尽管变形量很大，但晶粒没有被拉长，仍保持等轴状；b. 超塑性变形没有晶内滑移和位错密度的变化，抛光试样表面也看不到滑移线；c. 超塑性变形过程中晶粒有所长大，且形变量越大，应变速率越小，晶粒长大越明显；d. 超塑性变形时产生晶粒换位，使晶粒趋于无规则排列，并可因此消除再结晶织构和带状组织。

细晶超塑性是目前研究和应用较多的一种，其优点是恒温下易于操作，故大量用于超塑性成形；但其也有缺点，因为晶粒的超细化、等轴化及稳定化要受到材料的限制，并非所有材料都能实现。

9.4.3.2　相变超塑性

这类超塑性不要求材料具有超细晶粒组织，但要求其具有相变或同素异构转变。在一定的外力作用下，使材料在相变温度附近反复加热和冷却，经过一定的循环次数后，就可以获得很大的伸长率。相变超塑性的主要控制因素是温度幅度（$\Delta T = T_{上} - T_{下}$）和温度循环率（即加热 $\Longleftrightarrow$ 冷却速度）。相变超塑性的总伸长率和温度循环次数有关，循环次数越多，伸长率也越大。

由于相变超塑性是在一个变动频繁的温度范围内，依靠结构的反复变化而引起的，材料的组织不断地从一种状态转变为另一种状态，故又称为动态超塑性。

相变超塑性不同于细晶超塑性，它不要求材料进行晶粒的超细化、等轴化和稳定化的预处理，这是其有利的一面；但是相变超塑性必须给予动态热循环作用，这就造成操作上的困难，因此不易用于超塑性成形加工。目前其主要用于焊接和热处理方面。例如，利用金属在反复加热和冷却过程中原子发生剧烈运动、具有很强的扩散能力，将两块具有相同或同素异构转变的金属相互接触，施加一个很小的负荷，在经过一定的温度循环次数后，最终可使这两块金属完全黏合。钢与钢、铸铁与铸铁、钢与铸铁都可以利用这种方法进行焊接。至于成形方面目前只用于简单的变形方式，如镦粗、弯曲等。

目前有关相变超塑性的研究远不如细晶超塑性那么广泛深入，对其规律性尚无统一的认识。

9.4.3.3　影响细晶超塑性的主要因素

影响细晶超塑性的因素很多，其中主要有应变速率、变形温度、组织结构和晶粒度等，这些因素都直接影响应变速率敏感系数 m 值的大小。

（1）应变速率的影响　应变速率敏感系数 m 是表征超塑性的重要指标。图 9-82 给出了 5083 铝合金在 525℃ 条件下应变速率与 m 值之间的关系曲线。当应变速率极低时（$\dot{\varepsilon} < 10^{-4} \mathrm{s}^{-1}$），$m$ 值较低，属于蠕变速度范围；当应变速率 $\dot{\varepsilon} = (10^{-4} \sim 10^{-3}) \mathrm{s}^{-1}$，在此区间内，$m$ 值出现峰值，属于超塑性应变速率范围；而当应变速率继续增大，m 值则降低，不再属于超塑性应变速率范围。

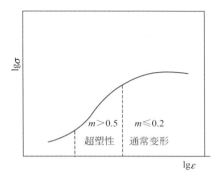

图 9-81 $\lg\sigma$-$\lg\varepsilon$ 曲线的典型形状

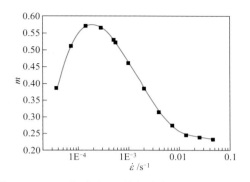

图 9-82 5083 铝合金 m 值与应变速率之间的关系

由此可见，细晶超塑性具有高度的速率敏感性，应变速率的变化对 m 值的影响非常显著，只有控制在合适的范围内，才能获得超塑性。

（2）变形温度的影响　变形温度对超塑性的影响非常明显，当低于或超过某一温度范围时，就不出现超塑性现象。超塑性变形温度大约在 $0.5T_{\mathrm{m}}$，但对于不同的材料会有所差别。

需要指出，只有在应变速率和变形温度综合作用下才有利于获得最佳的超塑性状态。

（3）组织结构和晶粒度的影响　为了获得超塑性，除了选择合适的应变速率和变形温度外，还要求材料具有超细、等轴、双相及稳定的晶粒。之所以要求双相，是因为第二相能阻止母相晶粒的长大，而母相也能阻止第二相的长大；所谓稳定，是指在变形过程中，晶粒长大的速度很缓慢，以便在保持细晶的条件下有充分的热变形持续时间；又由于在超塑性变形过程中，晶界的滑动和扩散蠕变起着很重要的作用，所以要求晶粒细小、等轴，以便有数量多且短而平坦的晶界。对于大多数合金，一般认为直径大于 $10\mu\mathrm{m}$ 的晶粒组织是难以实现超塑性的。

在考虑晶粒大小的同时，晶粒的形态也很重要。例如在 Pb-Sn 系共晶合金中发现，其铸态组织为层片状两相晶粒，而经轧制后形成等轴的两相晶粒，它们的平均晶粒尺寸几乎相同，都约为 $2\mu\mathrm{m}$，但由于晶粒形态截然不同，在超塑性变形条件下，前者的伸长率只有 50% （$m<0.15$），而后者可达 1600% （$m=0.59$）。可见，要实现超塑性，不但晶粒尺寸要小，而且要求晶粒形态呈等轴状。

通过以上分析不难理解，为什么超塑性材料多为共晶或共析合金，这是因为该类合金有利于获得两相稳定的超细晶粒组织。但近期的研究表明，在弥散合金和单相合金中也发现有超塑性，可见超塑性材料的范围有扩大的趋势。

9.4.3.4　超塑性在塑性加工工程中的应用

超塑性在塑性加工工程中已获得较广泛应用。由于材料在超塑性状态下，具有很高的塑性，且不产生加工硬化，所以能成形出复杂的零件，可使原来需要多道工序才能成形的零件一次成形，亦可使原来因为工艺上的需要，分部设计的组合零件改为整体零件。

金属材料在超塑性状态下，所具有的优良的塑性和极低的变形抗力，使其可像塑料一样能进行气胀成形，包括真空成形和吹塑成形，或将两种并用。也可超塑性拉深成形，特别是超塑性差温拉深，比常规拉深的拉深比（毛坯直径与凸模直径之比）要大很多。超塑性体积成形应用也较多，如超塑性用于挤压成形称为超塑性挤压成形，可以成形零件和模具型腔；模锻时采用超塑性称为超塑性模锻。各成形工艺简介如下。

（1）气胀成形　这是最早利用超塑性的工艺，目前应用最广。材料在超塑状态下变形抵抗力较低，塑性极好，可像玻璃和塑料一样用气吹成形，常用于生产薄壁壳体部件，其最大的特点是工艺和设备都很简单。如抛物线状的天线、仪表壳体及美术浮雕等适于此方法生产制造。

（2）超塑性拉延　由于超塑材料有极高的塑性，因此，可将金属板材一次深拉延成筒形零件。该方法可成形高径比很大的筒形件（＞10），成形后的薄壁均匀，还可在模腔中再次胀成瓶状部件。

（3）超塑性等温模锻　此方法充分利用了超塑性材料变形抵抗力低、塑性好的特点，在不改变常规模具和设备的条件下，成形载荷大为降低，而且材料的填充性能好，对形状复杂的材料成形有非常好的适应性，该方法被广泛用于冷冲压模具的成形。

（4）超塑成形/扩散焊接（SPF/DB）　这种方法是充分发挥超塑性材料特点的一种组合技术。材料本身在超塑状态下能高速扩散，超塑成形的同时，也将多个部件扩散焊接成一个整体，使得结构的重量减轻、强度提高、导热性也增强了，所以被认为是航天、航空工业中最有潜力的新型技术。

9.4.3.5　SPF/DB 技术应用

（1）SPF/DB 技术简介　SPF 及 SPF/DB 技术，在航空航天工业科技发展的推动下，早已进入了实用阶段。SPF 和 SPF/DB 技术作为一种推动现代航空航天结构设计概念发展和突破传统板材成形方法的先进制造技术，该技术的发展应用水平已成为衡量一个国家航空航天生产能力和发展潜力的标志。

SPF/DB 工艺主要的特点是在一次加热过程中可以实现超塑成形和扩散连接两道工序，特别适合于制造结构复杂、整体或局部加强的结构件。

常见的 SPF/DB 结构件有四种形式，如图 9-83 所示。

图 9-83（a）是单层板结构，在板料超塑成形之前，将加强板置于模具的相应位置，板料完成超塑成形之后在压力的作用下可以与加强板实现扩散连接。这种结构用以提高构件的刚度和强度，常用作飞机和航天器的加强板、筋和翼梁等。

图 9-83（b）是二层板结构，在成形之前将 SPF 板材和外层板之间需要扩散连接的地方保持接触界面良好的清洁度，不需要扩散连接的地方涂有阻焊剂。通过对板料外层面施加压力使两块板料在未涂阻焊剂处实现扩散连接，当扩散连接完成后，对两板之间充入保护气体，板料在气压的作用下超塑胀形。这种结构常用作飞行器的口盖、舱门和翼面等。

图 9-83（c）是三层板结构，三层板结构有两层面板，一层芯板。在成形之前，板与板之间不需要扩散连接的区域涂上阻焊剂，连接区域需保持表面清洁度，常通过先扩散连接后超塑成形的工艺顺序，利用此工艺可以制造出中间层为波纹板的整体结构件，这种结构件具有重量轻、刚度大、模具结构简单的优点，但如果面板过薄或者阻焊剂涂覆不均匀易导致成形后的零件面板表面出现沟槽现象。

图 9-83（d）为四层板结构，四层板结构包含两层面板，两层芯板，整体结构对称。构件的外形由模具保证，芯板结构形状取决于阻焊剂的位置。此类四层板结构所需要的模具对称，面板表面成形后不存在沟槽缺陷，结构设计自由度大，非常适合于导弹、火箭的各种翼面。由于四层板常采用 SPF 与 DB 同时进行的工艺顺序，并且板料变形大、扩散连接面积大，所以四层板

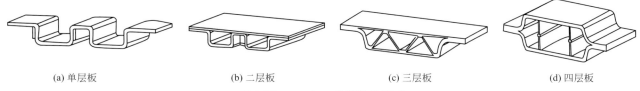

(a) 单层板	(b) 二层板	(c) 三层板	(d) 四层板

图 9-83　SPF/DB 典型结构形式

SPF/DB 对进气系统、真空度要求和工艺控制要求较高。

（2）SPF/DB 工艺原理　在采用 SPF/DB 组合工艺进行多层结构的生产中，可以先扩散焊接后超塑成形（DB/SPF），也可以先超塑成形后扩散焊接（SPF/DB）。DB/SPF 工艺过程中，构件的芯板结构由板面的阻焊剂位置而定，构件生产可在一次加热循环中完成，也可分为两道工序。一道工序的特点是零件在生产过程中无需开模；两道工序则有以下优点：DB 可用气压或机械压力，也可选用其他连接技术，SPF 前可对 DB 质量进行检测，此外 DB 和 SPF 的温度可各自优化，气压更易控制，并可同时连接几个部件，提高加工经济性。

先扩散焊接后超塑成形的 SPF/DB 工艺主要用于单层板加强结构及三层板结构的制备，对于钛合金来说，在高温下能同多种气体发生反应，特别是与氧、氢反应强烈，致使材料表面性能恶化。因此，在 SPF/DB 过程中必须对材料进行高温保护。保护方法有三种：真空保护、涂料保护和氩气保护。尽管真空保护接头质量较好，但生产效率低，成本高，故在工业生产中普遍采用氩气保护的方法，氩气保护可同 SPF/DB 的气源结合在一起考虑。

目前工业生产中，采用先扩散焊接后超塑成形的 SPF/DB 组合工艺较多，其优点是工艺实现方便，模具结构简单，气体保护容易，连接强度好。图 9-84 表示三层板结构 SPF/DB 过程，各界面上放入阻焊剂的三层板的叠层［图 9-84（a）所示］在高温气压作用下，首先在模腔内进行扩散焊接［图 9-84（b）所示］，然后将扩散焊接好的三层叠板在高温内部压力作用下在模具型腔内进行超塑成形［图 9-84（c）所示］，最后图 9-84（d）表示三层板结构最终的外形。

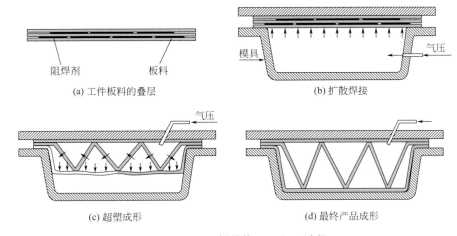

(a) 工件板料的叠层	(b) 扩散焊接
(c) 超塑成形	(d) 最终产品成形

图 9-84　三层板结构 SPF/DB 过程

（3）SPF/DB 工艺发展趋势　SPF/DB 技术虽然已经进入工程应用阶段，并且已经展示出巨大的技术经济效益，特别是在航空航天领域，SPF/DB 技术在减轻飞行器结构重量、降低生产成本方面显示出极大的优越性，被誉为现代航空航天工业生产的开创性技术。但是与其他新兴技术一样，仍然需要不断加强基础研究和发展，开拓新的应用领域。国内外的研究动态表现出如下发展趋势。

① 轻量化结构零部件研制已进入"材料—设计—工艺—制造"一体化的新阶段。CAD、CAE 计算机辅助设计制造正在成为 SPF/DB 结构研制中有力的辅助工具，在应力、应变、壁厚分布预测以及强度、刚度分析等方面的指导性作用正在逐步增强，并能够有效预测结构完整性。今后，工艺过程数值仿真、SPF/DB 内部结构优化等工作的深入开展将对 SPF/DB 轻量化整体结构扩大应用产生重要影响。

② 探索超塑成形与其他焊接技术的工艺组合方式。通过超塑成形/激光焊接、超塑成形/搅拌摩擦焊、超塑成形/热等静压等组合新工艺，进一步解决扩散连接难度大或超塑成形与扩散连接温度参数条件差异大的材料（如高温钛合金、钛铝金属间化合物、铝合金等）的结构制造问题。

③ 当前航空航天工业领域钛合金超塑成形/扩散连接工程应用的一个重要趋势是采用超细晶钛合金进行产品的研制。引入超细晶钛合金可以使零件的成形温度大大降低，有效减少零件表面的褶皱缺陷，零件表面质量好、后续表面处理容易。同时温度的降低还有利于保证模具尺寸精度并有效延长模具寿命。

要点总结

拓展阅读

第 10 章
非金属材料的应力-应变行为与变形机制

导读 ◖))) -

图1 唐三彩与青花瓷

唐三彩、青花瓷是我国重要的文化瑰宝，主要由陶瓷材料构成。生活中的饭碗、汤勺、花瓶等大多也是陶瓷材料。

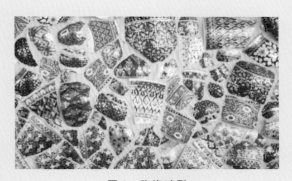

陶瓷材料内部原子主要以共价键和离子键形式结合，在硬度、强度、耐磨、耐高温、耐腐蚀性能上较金属有明显优势。但其塑韧性差、耐冲击性低，严重制约了陶瓷在结构材料领域的应用。

图2 陶瓷破裂

近年来，各国纷纷开展陶瓷增韧方法研究，在保留材料原有性能优势的基础上，赋予材料一定的加工成型性能，使其满足结构材料的使用需求。

提高陶瓷材料的塑韧性以制造高性能陶瓷发动机已成为世界科技大国关注的热点研究领域。图3为部分使用氮化硅陶瓷零件的发动机。

图3 陶瓷发动机

👁 为什么学习非金属材料的应力-应变行为与变形机制？

　　陶瓷材料是人类生活和现代化建设中不可缺少的一种材料。陶瓷材料具有高强度、高硬度、高弹性模量、耐高温、耐磨损、耐腐蚀、抗氧化、质轻等特点，因而在很多领域逐渐取代昂贵的超高强度合金钢，或被应用到金属材料所不可胜任的领域，如发动机气缸套、轴瓦、密封圈、陶瓷切削刀具等。它兼有金属材料和高分子材料的共同优点，在不断改性的过程中，已使其易碎性得到很大改善。陶瓷材料以其优异的性能在材料领域独树一帜，是现代材料科学发展最活跃的领域之一。

👁 学习目标

　　掌握陶瓷材料的弹性变形，包括陶瓷弹性模量、刚度以及应力-应变曲线。重点掌握陶瓷的键合结构与弹性模量之间的构效关系，了解显微结构对陶瓷弹性模量的影响因素，掌握陶瓷材料压缩与拉伸模量之间差异的本质原因，明晰单晶陶瓷塑性变形机制。针对多晶陶瓷材料，掌握晶界对多晶陶瓷材料变形的影响机制，并提出陶瓷材料塑性的改善方法。熟悉高聚物的高弹特性和应力-应变行为。

　　（1）陶瓷弹性变形的基本概念：弹性模量、键合结构、压缩模量、拉伸模量。

　　（2）陶瓷材料的塑形：单晶陶瓷塑性变形机制、多晶陶瓷的塑性、非晶体陶瓷的变形机制、玻璃的热膨胀曲线。

　　（3）陶瓷材料的强度：断裂与断裂强度、格里菲斯线弹性断裂理论、弯曲强度与压缩强度。

　　（4）高聚物的高弹特性以及应力-应变行为。

10.1 陶瓷的弹性变形

10.1.1 陶瓷的弹性变形与弹性模量

　　材料在静拉伸载荷条件下一般要经过弹性变形、塑性变形和断裂 3 个阶段，通常可以用应力-应变曲线表示，如图 10-1 所示。

　　金属材料在断裂前都不同程度存在一个塑性变形阶段，而陶瓷材料在室温静拉伸或静弯曲载荷下，大多不出现塑性变形阶段，在弹性变形阶段完成后，即发生脆性断裂。材料弹性变形阶段的应力与应变的关系服从虎克定律 $\sigma = E\varepsilon$。弹性模量 E 的大小反映材料原子间结合力的大小，E 越大，材料的结合强度越高。在工程上，弹性模量反映了材料刚度的大小。一般用弹性模量（E）与工程构件截面积（A）的乘积（EA）表示构件的刚度，它反映了构件弹性变形的难易程度。

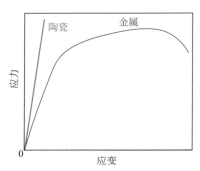

图 10-1　金属材料与陶瓷材料的应力-应变曲线

　　由于陶瓷材料具有离子键或共价键的键合结构，因此陶瓷材料表现出高的熔点，也表现出高的弹性模量。实验证明，熔点与弹性模量常常保持一致关系，甚至正比关系，这是由于熔点和弹性模量都是由原子间结合力的大小所决定的。

10.1.2　显微结构对弹性模量的影响

　　陶瓷材料的弹性模量与材料的显微结构、组成相有关。对于金属材料，尤其是钢铁材料的弹性模量是一个稳定的力学性能指标，合金化、热处理、冷热加工工艺对弹性模量的影响较小。但陶瓷材料则不同，配方与工艺过程以及随后得到的不同的显微结构均会对弹性模量产生较大影响。

　　对于复杂的多相结构，由于各相的弹性模量相差较大，因此弹性模量的理论计算非常困难，通常从宏观均质的假定出发，来测定弹性模量的平均值。考虑几何学上不规则的影响，实际上两相陶瓷复合物的弹性模量处于两者之间。

　　陶瓷材料的气孔率是与陶瓷成型、烧结工艺密切相关的重要物理参数，这与金属是不同的。金属制品大多（除粉末冶金外）通过冶炼获取，气孔率很低，再加工、后续压力加工，气孔问题通常可以忽略不计，但陶瓷中的气相则往往是不可忽视的组成相。

　　实验表明：陶瓷的弹性模量 E 与气孔率 p 的关系可表示为

$$E = E_0 e^{-bp} \tag{10-1}$$

　　式中，E_0 是气孔率为零时的弹性模量；b 是与陶瓷制备工艺有关的常数。

　　表 10-1 给出了常见结构陶瓷的弹性模量值，可以看出，金刚石具有最高的弹性模量，这也表明金刚石的结合键（共价键）是所有材料中最强的；其次是碳化物陶瓷（以共价键为主），再其次为氮化物陶瓷，相对较弱的为氧化物陶瓷（以离子键为主）。

表 10-1　常见结构陶瓷的弹性模量值

材　料	E/GPa	材　料	E/GPa
金刚石	1000	ZrO_2	160～241
WC	400～600	莫来石	145
TaC	310～550	玻璃	35～46
WC-Co	400～530	Pyrex 玻璃	69
NbC	340～520	碳纤维	250～450
SiC	450	AlN	310～350
自结合 SiC	345	$MgO\text{-}SiO_2$	90
Al_2O_3	390	$MgAl_2O_4$	240
BeO	380	BN	84
TiC	379	MgO	250
热压 B_4C（气孔率 5%）	289	多晶石墨	10
Si_3N_4	220～320	石墨（气孔率 20%）	9
SiO_2	94	TiO_2	29
烧结 $MoSi_2$（气孔率 5%）	407	超级耐火砖	96
NaCl,LiF	15～68	镁砖	172

10

10.2 陶瓷材料的塑性

　　材料的塑性常用拉伸试验的延伸率或断面收缩率来度量。如前所述，晶体中的塑性变形一般有两种基本方式，即滑移和孪生。在较高的温度下，塑性变形还可以通过晶界的滑动或流变方式进行。而陶瓷材料在常温下基本不出现或极少出现塑性变形，它的脆性比较大。主要原因在于陶瓷材料具有非常少的滑移系统。陶瓷一般为离子键或共价键，具有明显的方向性，同号离子相遇时具有非常小的斥力。陶瓷中只有个别滑移系统能满足滑移的几何条件与静电作用条件。晶体结构越复杂，满足这些条件就越困难。因此，陶瓷材料中只有为数极少的具有简单晶体结构的材料，如 MgO、KCl、KBr 等（均为 NaCl 型结构）在室温下具有塑性。一般的陶瓷材料由于晶体结构复杂，在室温下没有塑性；加之陶瓷材料一般呈多晶状态，多晶体比单晶体更难以产生滑移。因为在多晶体中晶粒取向混乱，即使个别晶粒的某个滑移面与滑移方向恰好处于有利的位置而产生滑移时，也会受到周围晶粒和晶界的制约，使滑移难以进行。在晶界处，由于位错的堆积引起应力集中而导致微裂纹，进一步限制了塑性变形的继续进行。

共价晶体 SiC、Si_2N_4，金刚石和离子晶体 Al_2O_3、MgO、CaO 等都是难以变形的，这首先是由它们结合键的本性决定的。结合键对位错运动的影响如图 10-2 所示。对于共价键，原子间是通过共用电子对键合的，有很强的方向性和饱和性，如图 10-2（b）所示。当位错以水平方向运动时，必须破坏这种特殊的原子键合，而共价键的结合力是很强的，位错运动有很高的点阵阻力，即派-纳力。金属晶体则不同，大量的自由电子与金属离子的结合，使位错运动时不会破坏金属键。所以结合键的本性决定了金属固有特性是软的，而共价晶体的固有特性是硬的。离子晶体怎样呢？图 10-2（c）中可以看到，当位错运动一个原子间距时，同号离子的巨大斥力，使位错难以运动，但位错如沿 45°方向而不是水平方向，运动就较容易些，所以离子晶体的屈服强度和硬度较共价晶体稍低些，但还是较金属高得多。典型的金属和陶瓷弹性模量值的比较见表 10-1。通常，取陶瓷晶体的屈服强度为 $E/30$，而金属则为 $E/10^3$，也就是陶瓷的屈服强度高达 5GPa，由于陶瓷的脆性，使其屈服强度只能用金刚锥测量硬度来换算，一般 $H_v = 3\sigma_{ys}$。

陶瓷晶体的变形除与结合键的本性有关外，还与晶体的滑移系少、位错的柏氏矢量大有关。

10.2.1 单晶陶瓷的塑性

单晶陶瓷中只有少数晶体结构简单（如 MgO、KCl、KBr 等）陶瓷在室温下具有一定塑性，而大多数陶瓷只有在高温下才表现明显的塑性变形。

氯化钠结构的离子晶体中，低温时滑移最容易在 {110} 面和 $\langle 1\bar{1}0 \rangle$ 方向发生。如图 10-3 所示。几何与静电作用条件均使滑移面及滑移方向受到限

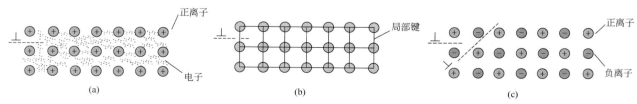

图 10-2　结合键对位错运动的影响

制。滑移过程中，NaCl 型晶体中，滑移方向 [1̄10] 是晶体结构中最短平移矢量方向，如图 10-4 所示。在滑移过程中，沿 ⟨110⟩ 的平移不需要最近邻的同号离子并列，因而不会形成大的静电斥力。对于 NaCl 型强离子晶体，沿 {100}⟨110⟩ 滑移时，在滑移距离的一半时静电能较大，因为这时同号离子处于最近邻位置。在高温下可以观察到这些强离子晶体中的 {100}⟨110⟩ 滑移。

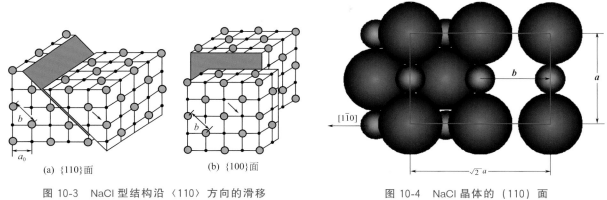

图 10-3　NaCl 型结构沿 ⟨110⟩ 方向的滑移

图 10-4　NaCl 晶体的 (110) 面

滑移系统为 [1̄10] (110)，滑移矢量 $b = u/\sqrt{2}$

　　NaCl 型结构的 MgO 晶体在常温下出现的塑性变形是由于主滑移系 {110}⟨110⟩ 运动的结果。当温度提高到 1300℃ 以上，由于静电力得以松弛，面间距最宽的 {001} 面和 ⟨110⟩ 方向构成的次滑移系才能运动。这是静电作用力在决定滑移系的可动性方面起着关键性影响的实例。

　　从表 10-2 列出的数据看来，并非所有 NaCl 型结构的离子晶体的主滑移系都是 {110}⟨110⟩。因为随着离子半径的增大，极化率相应提高，静电作用力也得到松弛。于是，PbS 和 PbTe 晶体的 {100} 则成为主滑移面。

表 10-2　NaCl 型结构的晶体主滑移面、离子极化以及晶格常数

晶体	主滑移面	极化度/10^{-30} m^{-3}			晶格常数/nm
		阳离子	阴离子	总数	
LiF	{110}	0.03	1.0	1.0	0.401
MgO	{110}	0.09	3.1	3.2	0.420
NaCl	{110}	0.18	3.7	3.9	0.563
PbS	{100}	3.1	10.2	13.3	0.597
PbTe	{100}	3.1	14.0	17.1	0.634

　　值得注意的是，共价晶体的价键方向性、离子晶体的静电互作用力，都对陶瓷晶体滑移系的可动性起决定性的影响。此外，离子半径比、极化率、负荷加载速度和温度等也是不容忽视的因素。

10.2.2　多晶陶瓷的塑性

　　常用的陶瓷工程构件大多为多晶体，极少采用单晶体。陶瓷的塑性来源于晶内滑移或孪生，晶界的滑动或流变。在室温或较低温度下，由于陶瓷结合键的特性，使陶瓷不易发生塑性变形，通常呈现典型的脆性断裂。在较高的工作温度（$>0.5T_m$，T_m 为材料熔点的绝对温度），晶内和晶界均可出现塑性变形现象。

　　为了提高陶瓷的烧结密度，常常在陶瓷制备工艺过程中添加熔点较低的烧结助剂，在烧结过程中，这些低熔点烧结助剂一般集中于晶界。在多晶陶瓷高温塑性变形过程中，晶粒尺寸与形状基本不变，此

10

时说晶粒内部位错运动基本上没有启动，塑性变形的主要贡献来源于晶界相的滑动或流变。晶粒越细，晶界所占比例越大，晶界成分、结构和特性的作用越大。因此，从烧结助剂考虑，应加入熔点较高的添加剂，以提高陶瓷的高温强度或提高陶瓷的高温塑性变形抗力。在室温下通过晶粒细化可提高陶瓷的强度和韧性，但在高温下，由于晶界比例增大，晶界流动抗力反而降低。具有一定方向性排列的针状或板状晶陶瓷出现较高的高温塑性变形抗力。还可以通过一定的工艺手段改变晶界的结构，从而改善多晶陶瓷的晶界行为。例如，在 Si_3N_4 陶瓷中加入氧化物烧结助剂（MgO、Al_2O_3 等）能够改善 Si_3N_4 陶瓷的烧结性能，提高陶瓷构件质量。产生的原因是这些氧化物在 Si_3N_4 晶界形成低熔点玻璃相，在高温下会造成 Si_3N_4 陶瓷的塑件变形，使 Si_3N_4 陶瓷的高温强度降低。如果采用热处理使 Si_3N_4 陶瓷晶界玻璃相转变为晶相，能够明显提高 Si_3N_4 陶瓷的高温强度，降低高温塑性变形的能力。

表 10-3 列出一系列陶瓷晶体的滑移系及其工作温度。可见，除了 MgO 在常温就可能滑移之外，绝大多数的晶体都在 1000℃ 以上才会出现主滑移系运动引起的塑性变形。

多晶陶瓷材料的塑性变形与高温蠕变、超塑性有十分密切的关系，深入开展多晶陶瓷塑性变形研究不仅具有重要的实用价值，而且具有重要的理论意义。

10.2.3　非晶体陶瓷的变形

玻璃的变形与晶体陶瓷不同，表现为各向同性的黏滞性流动。

在测定玻璃的热膨胀时，见图 10-5，可以看到有两明显不同的热膨胀系数（曲线的斜率），在温度 T_g 以下，其热膨胀和结晶型固体相似，而在 T_g 以上，热膨胀急剧增加和液体情况相似。因此，T_g 叫做玻璃转化温度。在 T_g 以下材料被看作刚硬的固体，在 T_g 以上，则被看作过冷的液体。在 T_g 以下材料只发生弹性变形，在 T_g 以上，材料的变形则类似液体发生黏滞性流动。当温度继续升高至 T_s 时，材料已变成流体不再能维持膨胀试样的形状了，这一温度称为软化温度。

表 10-3　某些陶瓷晶体的主、次滑移系

材料	晶体结构	滑移系		独立滑移系数目		出现可观滑移温度/℃	
		主	次	主	次		
Al_2O_3	六方	$\{0001\}\langle11\bar{2}0\rangle$	$\begin{cases}\{11\bar{2}0\}\langle1\bar{1}00\rangle\\\{1\bar{1}02\}\langle\bar{1}101\rangle\end{cases}$	2	2	1200	$0.8T_m$
BeO	六方	$\{0001\}\langle11\bar{2}0\rangle$	$\begin{cases}\{10\bar{1}0\}\langle11\bar{2}0\rangle\\\{10\bar{1}0\}\langle0001\rangle\end{cases}$	2	2	1000	$0.5T_m$
MgO	立方（NaCl）	$\{110\}\langle1\bar{1}0\rangle$	$\{001\}\langle1\bar{1}0\rangle$	2	3	0	$0.5T_m$
$MgO \cdot Al_2O_3$	立方（尖晶石）	$\{111\}\langle1\bar{1}0\rangle$		5		1650	
β-SiC	立方（ZnS）	$\{111\}\langle1\bar{1}0\rangle$		5		＞2000	
β-Si_3N_4	六方	$\{10\bar{1}0\}\langle0001\rangle$		2		＞1800	
TiC	立方（NaCl）	$\{111\}\langle1\bar{1}0\rangle$		5		900	
ZrB_2	六方	$\{0001\}\langle11\bar{2}0\rangle$		2		2100	

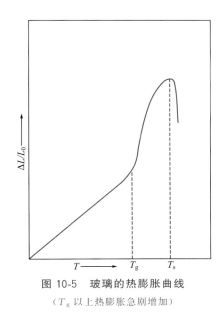

图 10-5　玻璃的热膨胀曲线

（T_g 以上热膨胀急剧增加）

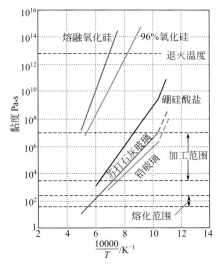

图 10-6　温度与成分对玻璃黏度的影响

〔附〕　玻璃的黏滞行为可用黏滞性 η 来描述，设在单位面积切应力 F/A 作用下，产生两流层的速度梯度为 dv/dx，则

$$F/A = \eta \frac{dv}{dx}$$

这一关系称为牛顿黏性定律。比例系数 η 称为黏性系数或简称黏度，它反映了流体内摩擦力的大小，η 的数值可理解为速度梯度为 1 时，作用在单位接触面积上的内摩擦力。习惯上 η 的单位常用 Pa·s。对给定材料，黏度主要取决于温度

$$\eta = \eta_0 e^{+Q/RT}$$

式中，Q 为黏滞变形的激活能。需注意的是，它和一般的扩散方程不同，此处关系式中的 Q 前为正号，所以随着温度的增加，η 总是减小的。

温度与成分对玻璃黏度的影响见图 10-6。该图是玻璃生产中常用的，现举例说明其应用。

例　估计 SiO_2 和苏打石灰玻璃黏性流动的激活能。

解：由图 10-6 可确定两种玻璃曲线的斜率

对 SiO_2 取两点，　　$\eta = 10^{10}$　　　$T = 1667K$

　　　　　　　　　　$\eta = 10^{13}$　　　$T = 1429K$

因 $\lg\eta = \lg\eta_0 + Q/RT$

$$\lg 10^{10} = 10 = \lg\eta_0 + \frac{Q}{1.987(1667)} = \lg\eta_0 + 0.0003Q$$

$$\lg 10^{13} = 13 = \lg\eta_0 + \frac{Q}{1.987(1429)} = \lg\eta_0 + 0.000305Q$$

消去 η_0，可得 $Q = 251040 J/mol$

同样，对苏打石灰玻璃，也取两点：

　　　　　　　　　　$\eta = 10^2$　　　$T = 1724K$

　　　　　　　　　　$\eta = 10^6$　　　$T = 1053K$

重复以上计算，可求出 $Q = 87862 J/mol$。

10

对比之下可以有定量的概念，由于加入 Na_2O、CaO，破坏了 SiO_4^- 网状结构，使黏性流动激活能减少了三倍，而黏性因与激活能成指数关系，故急剧下降。生产上确定苏打玻璃加工的温度范围，在 $\eta = 10^3 \sim 10^6 \, Pa \cdot s$ 之间，在此温度区间可以轧制成板，拉拔成丝，或吹制灯泡等。玻璃的退火温度约定在 450℃，此时 $\eta = 10^{12} \, Pa \cdot s$，在此温度下只需退火 15min，就可去除残留应力。在此图上还可确定一个特征温度，即当 $\eta = 10^{13} \, Pa \cdot s$ 时的温度，玻璃产品从成形温度缓冷到这一温度之后，即可快冷至室温而不会产生新的应力了。

在玻璃生产中也利用表面产生残留压应力的办法使玻璃韧化。韧化的方法是将玻璃加热到退火温度（实际上这一温度接近玻璃转化温度 T_g）然后快速冷却，玻璃表面收缩变硬而内部仍很热，流动性很好，将玻璃变形，使表面的拉应力松弛，当玻璃心部冷却和收缩时，表层已刚硬，这时表面产生了残留压应力。因为一般的玻璃多因表面微裂纹引起破裂，而韧化玻璃使表面微裂纹在附加压应力分量下或者不易萌生或者不易扩展。经过这种处理的玻璃叫钢化玻璃。

10.3 陶瓷材料的强度

材料强度是指材料抵抗塑变形与断裂的能力。由于陶瓷材料在弹性变形后立即发生脆性断裂，没有塑性变形阶段，只出现断裂强度 σ_f。

陶瓷材料在室温下很难发生塑性变形，这种特性与陶瓷材料结合键性质和晶体结构有关。其原因是：①金属键没有方向性，而离子键与共价键都具有明显的方向性；②金属晶体的原子排列取最密排、最简单、对称性高的结构，而陶瓷材料晶体结构复杂，对称性低；③金属中相邻原子（或离子）电性质相同或相近，价电子组成共有电子云，不属于个别原子或离子，属于整个晶体。陶瓷材料中，若为离子键，则正负离子相邻，位错在其中若要运动，会引起同号离子相遇，斥力大，位能急剧升高。基于上述原因，位错在金属中运动的阻力远小于陶瓷，极易产生滑移运动和塑性变形。陶瓷中，位错很难运动，几乎不发生塑性变形。因此塑韧性差成了陶瓷材料的致命弱点，也是影响陶瓷材料工程应用的主要障碍。由于陶瓷材料无塑性变形，因此，人们常说的陶瓷强度主要指它的断裂强度。

10.3.1 陶瓷材料的断裂与断裂强度

10.3.1.1 断裂理论

有裂缝的材料极易开裂，而且裂缝端部的锐度对裂缝的扩展有很大影响。例如：塑料雨衣，一有裂口，稍不小心，就会蔓延而被撕开。如若在裂口根部剪成一圆孔，它就较难扩展。这表明，尖锐裂缝尖端处的实际应力相当大。

裂缝尖端处的应力有多大，可以用一个简单模型来说明。设在一薄板上刻出一圆孔，施以平均张应力 σ_0，在孔边上 σ_0 方向成 θ 角的切向应力分量

σ_t 可表示为

$$\sigma_t = \sigma_0 - 2\sigma_0\cos2\theta \tag{10-2}$$

式 (10-2) 指出，在通过圆心并和应力平行的方向上 ($\theta=0$)，孔边切向应力等于 $-\sigma_0$，是压缩性；在通过圆心并和应力垂直的方向上 $\left(\theta=\dfrac{\pi}{2}\right)$，孔边切向应力等于 $3\sigma_0$，为拉伸性。可见，圆孔使应力集中了 3 倍。假如在薄板上刻一椭圆孔（长轴直径为 $2a$，短轴直径为 $2b$），该薄板为无限大的虎克弹性体。在垂直于长轴方向上施以均匀张应力 σ_0，经计算可知，该椭圆孔长轴的两端点应力 σ_t 最大，为

$$\sigma_t = \sigma_0\left(1+\frac{2a}{b}\right) \tag{10-3}$$

式 (10-3) 说明，椭圆长短轴之比 a/b 越大，应力越集中。图 10-7 为圆孔和椭圆孔在垂直于外加张力截面上的应力分布情况。当 $a\gg b$ 时，它的外形就像一道狭窄的裂缝。在这种情况下，裂缝尖端处的最大张应力 σ_m 可表示为

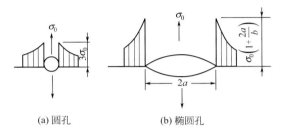

(a) 圆孔　　　　(b) 椭圆孔

图 10-7　圆孔和椭圆孔在垂直于
外加张力截面上的应力分布

$$\sigma_m = \sigma_0\left(1+2\sqrt{\frac{a}{\rho}}\right) \approx 2\sigma_0\sqrt{\frac{a}{\rho}} \tag{10-4}$$

式中　a——裂缝长度之半；

　　　ρ——裂缝尖端的曲率半径。

式 (10-4) 说明，应力集中随平均应力的增大和裂缝尖端处半径的减小而增大。这样，当应力集中到一定程度时，就会达到和超过分子、原子的最大内聚力而使材料破坏。

裂缝对降低材料的强度起着重要作用，而尖端裂缝尤为致命。如若能消除裂缝或钝化裂缝的锐度，则材料强度相应提高。实践证明了这一点。例如用氢氟酸处理粗玻璃纤维，其强度有显著提高。

从裂缝存在的概率来看，它与试样的几何形状和尺寸有关。例如细试样中危害大的裂缝存在的概率比粗试样中小，因而纤维强度随其直径的减小而增高。同样，大试样中出现裂缝的概率比小试样大得多，因而试样的平均强度随其长度的降低而提高。这就是测定材料强度时要求试样有一定规格的原因。

10.3.1.2　格里菲斯（Griffith）线弹性断裂理论

当裂缝尖端变成无限地尖锐，即 $\rho\to0$ 时，材料的强度就小到可以忽略的程度。一个具有尖锐裂缝的材料，是否具有有限的强度，必须进一步弄清楚发生断裂的必要条件和充分条件。

格里菲斯从能量平衡的观点研究了断裂过程，认为：①断裂要产生新的表面，需要一定的表面能，断裂产生新的表面所需要的表面能是由材料内部弹性储能的减少来补偿的；②弹性储能在材料中的分布是不均匀的。裂缝附近集中了大量弹性储能，有裂缝的地方比其他地方有更多的弹性储能来供给产生新表面所需要的表面能，致使材料在裂缝处先行断裂。

按格里菲斯假定，当由于裂缝扩张（da）所引起的弹性储能减少（$-dU$），大于或等于裂纹扩张（da）而形成新表面 dA 的表面能增加（γdA）时，材料就发生断裂。

$$-\frac{\partial U}{\partial A} \geqslant \Gamma \tag{10-5}$$

式中，U 为材料中的内储弹性能；A 为裂缝面积；$-\partial U/\partial A$ 为每扩展单位面积裂缝时，裂缝端点附近所释放出来的弹性能，称为能量释放率，是驱动裂缝扩展的原动力，以 ζ 标记。该值与应力的类型及大小、裂缝尺寸、试样的几何形状等有关；Γ 为产生每单位面积裂缝的表面功，反映材料抵抗裂缝扩展的一种性质。它不同于冲击强度，也不同于应力-应变曲线覆盖面积所表征的"韧性"概念。

格里菲斯最初针对无机玻璃、陶瓷等脆性材料确定裂缝扩展力为

$$\zeta = -\frac{dU}{dA} = \frac{\pi\sigma^2 a}{E} \tag{10-6}$$

式中　a——无限大薄板上裂缝长度之半；

　　　σ——张应力，见图 10-8 所示；

　　　E——材料的弹性模量。

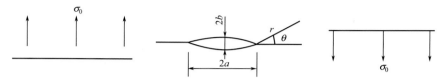

图 10-8　均匀拉伸的无限大薄板上的椭圆裂缝

将式（10-6）代入式（10-5），则可得到裂缝扩展的临界应力 σ_c

$$\sigma_c = \left(\frac{E\Gamma}{\pi a}\right)^{1/2} \tag{10-7}$$

格里菲斯又假定，脆性玻璃无塑性流动，裂缝增长所需的表面功仅与表面能 γ_s（表面张力）有关。因此

$$\Gamma = 2\gamma_s \tag{10-8}$$

则式（10-7）变为

$$\sigma_c = \left(\frac{2\gamma_s E}{\pi a}\right)^{1/2} \tag{10-9}$$

式（10-9）即为著名的脆性固体断裂的格里菲斯能量判据方程。式中并未出现尖端半径，即它适用于尖端无曲率半径的"线裂缝"的情况。该式表明 σ_c 正比于 $\sqrt{\gamma_s}$ 和 $\sqrt{E}$，而反比于 $\sqrt{a}$。它指出，对于长度为 $2a$ 的某裂缝，只要外应力 $\sigma \leqslant \sigma_c$，裂缝能稳定，材料有安全的保证。

将式（10-9）改写为

$$\sigma_c (\pi a)^{\frac{1}{2}} = \sqrt{2\gamma_s E} \tag{10-10}$$

即对于任何给定的材料，$\sigma_c (\pi a)^{1/2}$ 应当超过某个临界值才会发生断裂，$\sigma_c (\pi a)^{1/2}$ 叫做应力强度因子 K_I（下标 I 表示张开性裂纹）

$$K_I = \sigma (\pi a)^{\frac{1}{2}} \tag{10-11}$$

由式（10-11）可知，材料的断裂与外应力和裂纹长度有关。而材料断裂时的临界应力强度因子记作 K_{IC}

$$K_{IC} = \sigma_c (\pi a)^{\frac{1}{2}} \tag{10-12}$$

格里菲斯方程的正确性已广泛地为脆性材料的实验所证实。

理想晶体的断裂强度为

$$\sigma_c = \left(\frac{E\gamma}{\alpha_0}\right)^{\frac{1}{2}} \tag{10-13}$$

式中，σ_c 为理论断裂强度；E 为弹性模量；γ 为材料比表面能；α_0 原子间距离。

将常用陶瓷和金属材料的 E、γ、α_0 代入式（10-13），便可求得理论断

裂强度 σ_c，作为近似值，取 $\gamma = 0.01Ea_0$，则 $\sigma_c = E/10$。而实际材料的断裂强度 σ_c' 仅为理论值的 $1/10 \sim 1/100$，断裂强度的理论值与实测值的比较如表 10-4 所示。

表 10-4　断裂强度的理论值与实测值

材　料	理论值 σ_c /MPa	实测值 σ_c' /MPa	σ_c/σ_c'	材　料	理论值 σ_c /MPa	实测值 σ_c' /MPa	σ_c/σ_c'
Al_2O_3 晶须	49000	15100	3.3	BeO	35000	230	150.0
铁晶须	29420	12700	2.3	MgO	24000	300	81.4
奥氏体型钢	20000	3240	6.4	Si_3N_4（热压）	37700	980	38.5
高碳钢琴丝	13700	2450	5.6	SiC（热压）	4800	930	51.5
硼	34100	2350	14.5	Si_3N_4（反应烧结）	37700	290	130.5
玻璃	6800	103	66.0	AlN（热压）	27500	$588 \sim 980$	$46.7 \sim 28.0$
Al_2O_3（蓝宝石）	49000	630	77.0				

由表 10-4 可知，陶瓷材料断裂强度理论值和实测值有较大差异，可用格里菲斯裂纹强度理论得到满意解释，理论断裂强度公式（10-13）与格里菲斯裂纹强度表达式很相似，只是后者用 πa（a 为裂纹半长）代替了原子间距离 a_0。作为数量级粗略估计，若原子间距离 $a_0 \approx 10^{-8}\,mm$，材料中的裂纹长度 $a = 0.1\,mm$，则带裂纹体的断裂强度 σ_c 仅为无裂纹体理论强度的万分之一。

研究表明，陶瓷材料的断裂强度具有下述特点。

① 陶瓷材料的实际断裂强度比理论断裂强度低得多，往往低于金属　根据式（10-13），如果弹性模量大，则理论断裂强度也大。陶瓷材料具有高的熔点和高的硬度，也反映陶瓷材料具有高的强度，这些都是由陶瓷的离子键、共价键合强度高于金属强度所决定的。但是陶瓷材料是由固体粉料烧结而成，在粉料成形、烧结反应过程中，存在大量气孔，这些气孔不都是球形，少量不规则形状，其作用相当于裂纹。在加热烧成过程中，固体颗粒的凝聚或反应往往在固相间进行，烧结反应中的固溶、第二相析出、晶粒长大等大多数过程也是在固相中进行，反应进行的程度与烧结条件有很大关系，这就导致陶瓷材料不同于金属材料的特点，即内部组织结构的复杂性与不均匀性，由于陶瓷材料中的缺陷或裂纹比金属材料中的多而大，金属中裂纹扩展时要克服比表面大得多的塑性功，因此陶瓷的断裂强度反而低于金属。

② 陶瓷材料的压缩强度比拉伸强度大得多，其差别的程度大大超过金属　表 10-5 比较了某些材料的拉伸强度与压缩强度。由表可以看出，金属材料即使是脆性的铸铁，其拉伸强度与压缩强度之比为 $1/5 \sim 1/3$，而陶瓷材料的拉伸强度与压缩强度之比都在 $1/10$ 以下。表明陶瓷材料承受压应力的能力大大超过承受拉应力的能力，其原因在于陶瓷材料内部缺陷（气孔、裂纹等）和不均匀性对拉应力十分敏感，这对陶瓷材料在工程上的合理使用有着重要意义。

③ 气孔和材料密度对陶瓷断裂强度有重大影响。

表 10-5　一些材料的拉伸强度和压缩强度

材　料	拉伸强度 σ_b/MPa	压缩强度 σ_{bc}/MPa	σ_b/σ_{bc}
铸铁 HT100	100	500	1/5
铸铁 HT250	290	1000	$1/3.4 \sim 1/5$
化工陶瓷	$29 \sim 39$	$245 \sim 390$	$1/8 \sim 1/10$
透明石英玻璃	49	196	1/40
多铝红柱石	123	1320	1/10.8
烧结尖晶石	131	1860	1/14
99%烧结氧化铝	260	2930	1/11.3
烧结 B_4C	294	2940	1/10

10.3.2　陶瓷材料的弯曲强度

对于脆性材料，拉伸试验时，由于上下夹头不可能完全同轴而引起载荷偏心而产生附加弯矩，使试样断裂往往发生在夹头处，测不出真实的拉伸强度。一般采用弯曲强度和压缩强度。

陶瓷材料的弯曲强度是指矩形界面在弯曲应力作用下受拉面断裂时的最大内力。加载方式分为三点弯曲和四点弯曲两种，如图 10-9 所示。

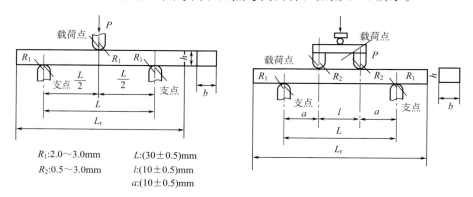

R_1:2.0～3.0mm　　　　L:(30±0.5)mm
R_2:0.5～3.0mm　　　　l:(10±0.5)mm
　　　　　　　　　　　　a:(10±0.5)mm

图 10-9　弯曲强度测试加载方式

三点弯曲试验：

$$\sigma_f = \frac{3PL}{2bh^2} \tag{10-14}$$

四点弯曲试验：

$$\sigma_f = \frac{3P(L-l)}{2bh^2} \tag{10-15}$$

式中，P 为断裂载荷，N；L 为下支点间跨距，mm；b 为试样宽度，mm；h 为试样厚度，mm。对四点弯曲，l 为上支点跨距，mm。

弯曲强度的测试值离散性较大，因此要求试样有一定数量，一般每组为 10～12 根，高温试验时试样可适当少一些，每组为 5～10 根。试样尺寸为 36mm×4mm×3mm（详见国标 GB 6569—86）。弯曲强度存在明显的尺寸效应，主要是厚度效应，试样厚度越小，强度越高。陶瓷弯曲试样的表面粗糙度和是否进行棱边倒角加工对弯曲强度带来较大影响。

10.3.3　陶瓷材料的压缩强度

陶瓷材料的压缩强度是指一定尺寸和形状的陶瓷试样在规定的试验机上受轴向应力作用破坏时，单位面积上所承受的载荷或是陶瓷材料在均匀压力下破碎时的应力。用式（10-16）表示

$$\sigma_c = \frac{P}{A} \tag{10-16}$$

式中，σ_c 为试样的压缩强度，MPa；P 为试样压碎时的总压力，N；A 为试样受载截面积，mm^2。

试样尺寸高与直径之比一般为 2∶1，每组试样为 10 个以上，陶瓷材料

压缩强度试验方法（详见 GB/T 8489—2006）。

陶瓷材料的压缩强度比拉伸强度高得多，因此，压缩强度对设计工程陶瓷部件常常是有利的，压缩强度是工程陶瓷材料的一个常测指标。

10.3.4　影响陶瓷材料强度的因素

影响陶瓷材料强度的内在因素有：微观结构、内部缺陷的形状和大小等；以及试样本身的尺寸和形状、应变速率、环境因素（温度、湿度、酸碱度等）、受力状态和应力状态等外在因素。

10.3.4.1　显微结构对陶瓷材料强度的影响

陶瓷的显微结构主要有晶粒尺寸、形貌和取向；气孔的尺寸、形状和分布；第二相质点的性质、尺寸和分布；晶界相的组分、结构和形态以及裂纹的尺寸、密度和形状等，它们的形成主要和陶瓷材料的制备工艺有关。

（1）晶粒尺寸对陶瓷材料强度的影响　在试验的基础上，建立的陶瓷材料强度 σ_f 与晶粒直径 d 之间的半经验关系式：

$$\sigma_f = kd^{-\alpha} \tag{10-17}$$

式中，α 为材料特性和试验条件有关的经验指数，对离子键氧化物陶瓷或共价键氧化物、碳化物等陶瓷 $\alpha = 1/2$；k 是与材料结构、显微结构有关的比例常数。

由式（10-17）看出，晶粒尺寸越小，陶瓷材料室温强度越高。

（2）气孔对陶瓷材料强度的影响　陶瓷材料强度与气孔率之间的关系由式（10-18）表示

$$\sigma_f = \sigma_0 e^{-bp} \tag{10-18}$$

式中，σ_f 为有气孔时陶瓷材料的强度；σ_0 为无气孔时陶瓷材料强度有关的常数。

由式（10-18）可以看出，陶瓷材料的强度随气孔率的增加而下降，其原因一方面是由于气孔的存在，使固相截面减少，导致实际应力增大；另一方面由于气孔引起应力集中，导致强度下降；此外，弹性模量和断裂能随气孔率的变化也影响着强度值。

（3）晶界相对陶瓷材料强度的影响　通常陶瓷材料在烧结时要加入助烧剂，因此形成一定量的低熔点晶界相而提高致密度。晶界相的成分、性质及数量（厚度）对强度有显著影响。晶界玻璃相的存在对强度不利，应通过热处理使其晶化，尽量减少脆性玻璃相，晶界相最好能起阻止裂纹过界扩展并能松弛裂纹尖端应力场的作用。

10.3.4.2　试样尺寸对陶瓷材料强度的影响

工程陶瓷材料的强度指标通常为弯曲强度。弯曲应力的特点是沿厚度、长度方向非均匀分布，位于不同位置的缺陷对强度有不同的影响。只有弯曲试样跨距中间下表面部位的微缺陷，才对弯曲强度产生重要影响。

弯曲强度存在尺寸效应，尤其是厚度效应，在相同体积下，试样厚度越小，测试强度值越高。弯曲强度的厚度效应产生的原因是由于应力梯度的变化。一般情况，试样厚度越小，应力梯度越大，弯曲强度值越高。

10.3.4.3　温度对陶瓷材料强度的影响

陶瓷材料的耐高温性能大多都比较好，通常在 800℃ 以下，温度对陶瓷材料强度影响不大。离子键陶瓷材料的耐高温性能比共价键陶瓷低。在较低温度范围内、陶瓷的破坏为脆性破坏，即没有塑性变形，同时极限应变很小，对微小缺陷很敏感，在高温区，陶瓷材料在断裂前可以产生微小塑性变形，极限应变大大增加，有少量弹塑性行为，这时强度对缺陷的敏感程度有很大变化。产生陶瓷材料性能变化的低温区和高温区的分界线称为韧-脆转变温度。韧-脆转变温度不仅与材料的化学成分有关，还与材料的微观结构、晶界杂质、特别是玻璃构成含量等有关。在高温下，大多数陶瓷材料的强度是随温度升高而下降的。不同的材料，韧-脆转变温度不同，如 MgO 的韧-脆转变温度很低，几乎从室温开始强度就随温度的提高而下降；Al_2O_3 的韧-脆转变温度大约在 900℃ 左右；热压 Si_3N_4 的韧-脆转变温度大约在 1200℃ 左右。而 SiC 材料可以达到 1600℃，甚至更高温度。这是因为韧-脆转变温度受到材料的成分、晶界物质及其含量等因素的控制。

高温下，晶界第二相，特别是低熔点物质的软化，使晶界产生滑移，从而使陶瓷表现出一定程度的塑性，同时晶界强度大幅度下降，使宏观承载能力下降，因此高温下大多数陶瓷材料是沿晶断裂，说明陶瓷材料强度是由晶界强度所控制。如果要提高陶瓷材料的高温强度，应尽量减少玻璃相和杂质成分。

10.4 高聚物的分子运动与转变

聚合物结构和性能之间的关系是高分子物理学的基本内容。由于结构是决定分子运动的内在条件，而性能是分子运动的宏观表现，所以了解分子运动的规律可以从本质上揭示出不同高分子纷繁复杂的结构与千变万化的性能之间的关系。例如，常温下的橡皮柔软而富有弹性，可以用来做轮胎。但是，一旦冷却到 -100℃，便失去弹性，变得像玻璃一样又硬又脆；又如聚甲基丙烯酸甲酯室温下是坚硬的固体，一旦加热到 100℃ 附近，就变得像橡皮一样柔软。诸如此类的事实充分说明，对于同一种聚合物，如果所处的温度不同，那么分子运动状况就不同，材料所表现出的宏观物理性质也大不相同。因此，通过学习聚合物分子热运动的规律，了解聚合物在不同温度下呈现的力学状态、热转变与松弛以及影响转变温度的各种因素，对于合理选用材料、确定加工工艺条件及材料改性等都是非常重要的。

由于聚合物分子量很大，与小分子相比，它的分子运动及转变又有其特点。

10.4.1　分子运动的特点与材料的力学状态

材料的物质状态转变是分子运动状况的反映，而且在通常压力条件下，温度对大分子运动具有决定性影响。与小分子运动相比，大分子运动要复杂得多，具有显著的特点。

① 高分子运动单元具有多重性，除了整个高分子主链可以运动之外，链内各个部分还可以有多重运动，如分子链上的侧基、支链、链节、链段等都可以产生相应的运动。具体地说，高分子的热运动包括四种类型。一是高分子链的整体运动，这是分子链质量中心的相对位移。例如，宏观熔体的流动是高分子链质心移动的宏观表现。二是链段运动，我们把高分子链中能够

独立运动的最小单元称为链段，链段长度约为几个至几十个结构单元。链段运动是高分子区别与小分子的特殊运动形式，即在高分子链质量中心不变的情况下，一部分链段通过单键内旋转而相对于另一部分链段运动，使大分子可以伸展或蜷曲。例如，宏观上橡皮的拉伸、回缩。三是链节、支链、侧基的运动，侧基或侧链的运动多种多样，例如，与主链直接相连的甲基的转动，苯基、酯基的运动，较长的$\leftarrow$CH$_2$ $\rightarrow_n$支链运动等。上述运动简称次级松弛，比链段运动需要更低的能量。另外，晶态聚合物的晶区中也存在着分子运动，如晶型转变、晶区缺陷的运动、晶区折叠链的"手风琴式"运动等。

几种运动单元中，整个大分子链称作大尺寸运动单元，链段和链段以下的运动单元称作小尺寸运动单元。

② 其次是其运动的松弛特征，即分子运动具有时间依赖性，在一定的外力和温度条件下，聚合物从一种平衡态通过分子运动过渡到另一种与外界条件相适应的新的平衡态总是需要时间的。分子运动依赖于时间的原因在于整个分子链、链段、链节等运动单元的运动均需克服内摩擦阻力，是不可能在瞬间完成的。

如果施加外力将橡皮拉长 Δx，然后除去外力，Δx 不能立即变为零。形变恢复过程开始时较快，以后越来越慢，如图 10-10 所示。

橡皮被拉伸时，高分子链由蜷曲状态变为伸直状态，即处于拉紧的状态。除去外力，橡皮开始回缩，其中的高分子链也由伸直状态逐渐过渡到蜷曲状态，即松弛状态。故该过程简称松弛过程，可表示为：

$$\Delta x(t) = \Delta x(0) e^{-t/\tau} \tag{10-19}$$

式中　$\Delta x(0)$ ——外力作用下橡皮长度的增量；

　　　$\Delta x(t)$ ——除去外力后 t 时间橡皮长度的增量；

　　　　t ——观察时间，一般为物性测量中所用的时间尺度；

　　　　τ ——松弛时间。

由式（10-19）可知，$t=\tau$ 时，$t/\tau=1$，$\Delta x(t)=\Delta x(0)/e$。所以，$\tau$ 的宏观意义为橡皮由 $\Delta x(t)$ 变到 $\Delta x(0)$ 的 $1/e$ 倍时所需要的时间。一般松弛时间的大小取决于材料固有的性质以及温度、外力的大小。聚合物的松弛时间一般都比较长，当外力作用时间较短或实验的观察时间不够长时，不能观察到高分子的运动；只有当外力作用时间或实验观察时间足够长时，才能观察到松弛过程。此外，由于聚合物分子量具有多分散性，运动单元具有多重性，所以实际聚合物的松弛时间不是单一的值，可以从与小分子相似的松弛时间 10^{-8}s 起，一直到 $10^{-1} \sim 10^4$s 甚至更长。在一定的范围内可以认为松弛时间具有一个连续的分布，称作"松弛时间谱"。

松弛时间 τ 的大小具有依温性，符合阿累尼乌斯关系：

$$\tau = \tau_0 e^{\Delta E/RT} \tag{10-20}$$

式中　R——气体常数；

　　　T——绝对温度；

　　　ΔE——松弛过程所需的活化能；

　　　τ_0——常数。

聚合物按外力作用下发生形变的性质而划分的物理状态，常称为高分子的力学状态。晶态和非晶态聚合物的力学状态是不同的。

非晶态聚合物在不同温度下，可以呈现三种不同的力学状态，即玻璃态、高弹态和黏流态。

将一块线型非晶态聚合物试样在恒定应力作用下等速升温，测定试样形变随温度的变化，可以得到如图 10-11 所示的形变-温度曲线。与之对应的模量-温度曲线如图 10-12 所示。

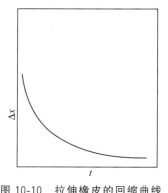

图 10-10 拉伸橡皮的回缩曲线

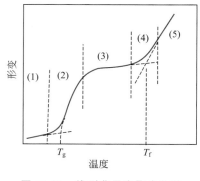

图 10-11 线型非晶态聚合物的
形变-温度曲线

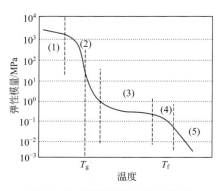

图 10-12 线型非晶态聚合物的
模量-温度曲线

又如图 10-11 和图 10-12 可见，整个曲线可分为五个区域，各区域的特点分别如下。

(1) 玻璃态区 聚合物类似玻璃，通常是脆性的。室温下典型的例子为聚苯乙烯、聚甲基丙烯酸甲酯。玻璃化温度以下，玻璃态聚合物的杨氏模量近似为 $3 \times 10^9 Pa$，分子运动主要限于振动和短程的旋转运动。

(2) 玻璃-橡胶转变区 此区域内，在 $20 \sim 30 ℃$ 范围，模量下降了近 1000 倍，聚合物的行为与皮革相似。玻璃化温度（T_g）通常取作模量下降速度最大处的温度。玻璃-橡胶转变区是远程、协同分子运动的开始。T_g 以下，运动中仅仅有 $1 \sim 4$ 个主链原子，而在转变区，约 $10 \sim 50$ 个主链原子（即链段）获得了足够的热能而以协同方式运动，不断改变构象。

(3) 橡胶-弹性平台区 模量在玻璃-橡胶转变区急剧下降以后，到达橡胶-弹性平台区又变为几乎恒定，其典型数值为 $2 \times 10^6 Pa$。在此区域内，由于分子间存在物理缠结，聚合物呈现远程橡胶弹性。这一力学状态称为高弹态。平台的宽度主要由聚合物的分子量所控制，分子量越高，平台越长。

(4) 橡胶流动区 为高弹态和黏流态之间的转变区，对应的转变温度为黏流温度，用 T_f 表示。这个区域内，聚合物既呈现橡胶弹性，又呈现流动性。实验时间短时，物理缠结来不及松弛，材料仍然表现为橡胶行为；实验时间增加，温度升高，发生解缠结作用，导致整个分子产生滑移，即产生流动。而交联聚合物是不存在橡胶流动区的，因为交联阻止了分子链的滑移运动。

(5) 液体流动区 该区内，聚合物容易流动，类似糖浆。这一力学状态称为黏流态。热运动能量足以使分子链解缠结，这种流动是整链的运动。

可见，非晶态聚合物在不同的温度范围内表现出三种典型的力学状态：$T < T_g$ 时为玻璃态，$T_g < T < T_f$ 时为高弹态，$T > T_f$ 时为黏流态。

从高分子热运动的观点来看，当 $T < T_g$ 时，分子热运动的能量很低，不足以克服分子内旋转的势垒，链段和整个分子链的运动均被"冻结"。这时对外力作出响应的主要是键长、键角的变化，表现出模量高，形变小的普弹性。

随着温度的升高，分子热运动的能量增加。当 $T_g < T < T_f$ 时，虽然整

个大分子尚不能运动，但链段已开始运动。这时，聚合物在外力作用下，大分子可以通过链段的运动改变构象以适应外力的作用，表现出弹性模量低而形变大的高弹性。当 $T>T_f$ 时，分子具有很高的能量，不仅链段能自由运动，整个高分子链都可以运动。在外力作用下，高分子链的重心在外力方向发生相对迁移，产生不可恢复的塑性形变。

部分结晶高聚物是由晶相和非晶相组成的两相体系。当温度升高时，晶相将在熔点 T_m 发生晶态→非晶态的相转变；非晶相将分别在 T_g 和 T_f 发生玻璃态→高弹态和高弹态→黏流态的转变。因此部分结晶高聚物的形变-温度和弹性模量-温度曲线分别如图 10-13 和图 10-14 所示。

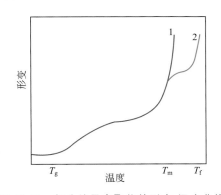

图 10-13　部分结晶高聚物的形变-温度曲线
1—相对分子质量较低；2—相对分子质量较高

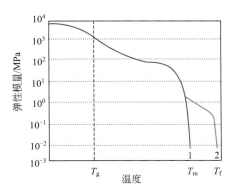

图 10-14　部分结晶高聚物的弹性模量-温度曲线
1—相对分子质量较低；2—相对分子质量较高

当 $T<T_g$ 和 T_m 时，部分结晶高聚物的晶相和非晶相分别处于晶态和玻璃态，材料的模量较高而形变很小。在 T_g 附近，非晶相发生玻璃态→高弹态的转变，材料的弹性模量发生一个跌落。跌落的程度取决于材料的结晶度。结晶度越高，非晶相所占的比例越小，模量的跌落就越小。当 $T_g<T<T_m$ 时，两相分别为晶态和高弹态。当 $T>T_m$ 时，晶相转变为非晶态，整个体系变成非晶态均相体系。这时可能是高弹态，也可能是黏流态，与相对分子质量有关。如果高聚物的相对分子质量比较小，因而 $T_f<T_m$，则材料在熔点以上处于黏流态。反之，如果高聚物的相对分子质量很大，从而 $T_f>T_m$，则材料在熔点以上处于高弹态。只有当 $T>T_f$ 时，才转变为黏流态。

结晶高聚物的熔点与分子链柔性及分子间作用力有关，分子链越柔顺，T_m 越低；分子间相互作用力越大，特别是有氢键作用时，T_m 越高（见表 10-6）。熔点高于室温的部分结晶高聚物可以作塑料或纤维。它们的使用上限温度为 T_m。

表 10-6　几种聚合物的 T_g 和 T_m

聚合物	T_g/℃	T_m/℃	聚合物	T_g/℃	T_m/℃
聚乙烯（低密度）	−110	115	聚苯乙烯（全同）	100	239
聚乙烯（高密度）	−90	137	尼龙 66	57	265
聚氯乙烯（间同）	87	212	聚酯（PET）	73	265
聚四氟乙烯	−90	327	聚碳酸酯	150	265
聚丙烯（全同）	−14	176			

10.4.2　玻璃态与晶态的分子运动

10.4.2.1　玻璃态聚合物的分子运动

非晶态聚合物在玻璃态时的分子运动也是极其多样的。在 T_g 以下的温度，链段运动虽然被"冻结"，但比链段小的一些运动单元仍然能够发生运动，因为它们运动所需要的活化能较低，可以在较低的温度下被激发。自然，随着温度的升降，这些小尺寸运动单元同样也要发生从冻结到运动或从运动到冻结的变化过程，通常称为高聚物的次级松弛，以区别于发生在玻璃化转变区的主要松弛过程。聚合物发生次级松弛时，其动态力学性质和介电性质等有较为明显的变化，因此在力学性能和介电性质温度谱上出现多个内耗吸收峰。为了方便起见，习惯上把包括玻璃化转变在内的多个内耗峰用符号来标记，如果把最高温度下出现的内耗峰（即玻璃化转变）记作 α 松弛，依据随后出现的内耗峰的温度由高到低分别记作 β、γ、δ 松弛。低于玻璃化温度的松弛统称为次级松弛。需要说明的是，上述记号只是一个温度出现次序的标记，并不严格地对应着松弛的分子机理，有时这个高聚物的 β 松弛可能与另一个高聚物的 β 松弛有完全不同的分子机理。

（1）链节运动　某些线型聚合物，如高密度聚乙烯、各种聚酯、聚酰胺，当其主链中包含有 4 个以上 —CH₂— 基团时，会在 −120～−75℃ 范围内出现松弛转变，一般叫做 γ 松弛。这可由所谓的曲柄运动来解释（图 10-15）。当键 1 和键 7 在一条直线上时，中间的碳原子能够绕这个轴转动而不扰动沿链的其他原子。在多于 4 个 —CH₂— 的长支链和带有不大侧基（如甲基）的

主链链节 $-CH_2-\overset{\overset{CH_3}{|}}{CH}-CH_2-CH_2-$ 中，也有可能产生曲柄运动。

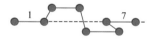

图 10-15　曲柄运动示意

（2）杂链聚合物中包含杂原子部分的运动　杂链聚合物主链中的杂链节的运动，包括聚碳酸酯中的 $-O-\overset{\overset{O}{\|}}{C}-O-$ 基、聚芳砜中的 $O=\overset{\overset{O}{\|}}{S}=O$ 基和聚酰胺中的 $-\overset{\overset{O}{\|}}{C}-\overset{\overset{H}{|}}{N}-$ 基的运动，在玻璃态时小区域协同运动所产生的内耗峰又称 β 松弛。以尼龙为例：−40℃ 的内耗峰，若用 —CH₃ 置换 $-\overset{\overset{O}{\|}}{C}-\overset{\overset{H}{|}}{N}-$ 中的 H 后，从峰的增大，证实松弛机理为非氢键结合部分酰氨基的运动。

（3）侧基和侧链的运动　主链旁较大的侧基，如聚苯乙烯中的苯基和聚甲基丙烯酸甲酯中的酯侧基的内旋转均可产生 β 松弛。与主链相连的 α-甲基发生内旋转运动产生 γ 松弛，对于聚甲基丙烯酸甲酯，α-甲基在动态力学谱上于 −173℃ 产生一个小内耗峰。

（4）局部松弛模式　在玻璃化温度以下，虽然链段运动被冻结，但是比较短的主链链段仍然可以通过在其平衡位置附近的有限振动而实现小范围的运动。对于聚氯乙烯，在低于 T_g 出现覆盖很宽温度范围的 β 松弛应该归因于这种局部松弛模式，见图 10-16。

对于聚合物次级松弛机理的研究，虽然已经提出了许多方法，但对许多聚合物松弛过程的认识至今尚不十分清楚。

10.4.2.2　晶态聚合物的分子运动

　　结晶聚合物的松弛转变比非晶聚合物的更复杂。结晶聚合物中，晶区和非晶区是并存的，显然，其非晶区可以发生前述的各种次级松弛，而且这些松弛的分子运动机理，由于可能在不同程度上受到晶区存在的牵制，表现更为复杂。另外，在晶区中也还存在着各种分子运动，它们也要引起各种新的次级松弛。晶区引起的松弛转变对应的分子运动可能有以下几点。

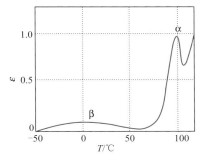

图 10-16　聚氯乙烯的 β 松弛

　　（1）结晶聚合物的熔融　晶区的主转变是结晶的熔融，其温度为熔点 T_m。由晶态变为熔融态发生相变，属整链的运动。

　　（2）晶型转变　在 T_m 温度以下，晶态高聚物能发生一种晶型到另一种晶型的变化。因为许多晶态高聚物是多晶型的，即它们可以形成好几种晶态结构，其中有一些是热力学不稳定结构，只是由于动力学的因素妨碍了它形成更稳定的形式。因此在一定温度和压力条件下，处于固态的晶态高聚物会发生一种晶型向另一种晶型的转变。例如聚四氟乙烯在室温附近出现了从三斜晶系向六方晶系的转变。

　　（3）晶区内部的运动　包括晶区缺陷部分的局部运动、侧基或链段的运动，以及分子链折叠部分的运动。此外还有晶区和非晶区的相互作用，包括外力作用下界面和晶粒之间的滑移运动等。这方面的研究目前尚不成熟。

　　晶态高聚物分子运动的内耗峰温度也一样有 α、β、γ 等的标记。为了更进一步表明这些松弛过程哪些是由晶区分子运动引起的，哪些是由非晶区引起的，还在 α、β、γ 等记号的下脚标以 c 或 a，分别表明该松弛属于晶区或非晶区。

10.4.3　玻璃化转变及影响因素

　　非晶态聚合物的玻璃化转变，即玻璃-橡胶转变。对于晶态聚合物是指其中非晶部分的这种转变。由于晶态聚合物中，晶区对非晶部分的分子运动影响显著，情况比较复杂，所以像聚乙烯等高结晶度的聚合物，对其玻璃化温度至今尚有争议。这里主要讨论非晶态聚合物的玻璃化转变。

　　玻璃化温度（T_g）是聚合物的特征温度之一。所谓塑料和橡胶，就是按它们的玻璃化温度是在室温以上还是在室温以下而言的。因此，从工艺角度来看，玻璃化温度 T_g 是非晶态热塑性塑料（如聚苯乙烯、硬质聚氯乙烯等）使用温度的上限，是橡胶或弹性体（如天然橡胶、顺丁橡胶等）使用温度的下限。

　　聚合物在玻璃化转变时，除了力学性质如形变、模量发生明显变化外，许多其他物理性质如比体积、膨胀系数、比热容、热导率、密度、折射率、介电常数等，也都有很大变化。所以，原则上所有在玻璃化转变过程发生突变或不连续变化的物理性质，都可以用来测定聚合物的 T_g。通常，把各种测定方法分成四种类型：体积的变化、热力学性质的变化及力学性质的变化和电磁效应。测定体积的变化包括膨胀计法、折射系数测定法等；测定热力学性质的方法包括差热分析法（DTA）和差示扫描量热法（DSC）等；测定力学性质变化的方法包括热机械法（即温度-形变法）、应力松弛法等，还有动态力学松弛法等测量法，如测定动态模量或内耗等；电磁效应包括介电松弛法、核磁共振法。

　　玻璃化温度是高分子的链段从冻结到运动（或反之）的转变温度。链段运动是通过主链的单键内旋转来实现的，所以凡是影响高分子链柔性的因素，都会对 T_g 产生影响。影响玻璃化温度的内因主要有分子链的柔顺性、几何立构、分子间的作用力等，外因主要是作用力的方式、大小以及实验速率。

　　（1）主链的柔顺性　分子链的柔顺性是决定聚合物 T_g 的最重要的因素。主链柔顺性越好，玻璃化温度越低。

10

（2）取代基　旁侧基团的极性，对分子链的内旋转和分子间的相互作用都会产生很大的影响。侧基的极性越强，T_g 越高。

（3）构型　单取代烯类聚合物如聚丙烯酸酯、聚苯乙烯等的玻璃化温度几乎与它们的立构无关，而双取代烯类聚合物的玻璃化温度都与立构类型有关。一般，全同立构的 T_g 较低，间同立构的 T_g 较高，如表 10-7 所示。

表 10-7　构型对 T_g 的影响

侧基	聚甲基丙烯酸酯		侧基	聚甲基丙烯酸酯	
	全同 T_g/℃	间同 T_g/℃		全同 T_g/℃	间同 T_g/℃
甲基	45	115	异丙基	27	81
乙基	8	65	环己基	51	104

顺反异构中，往往反式的分子链柔顺性差，因而 T_g 较高，例如：顺式聚 1,4-丁二烯的 T_g 为 -95℃，而反式聚 1,4-丁二烯的 T_g 为 -18℃。

（4）分子量　当分子量较低时，聚合物的 T_g 随分子量增加而增加。当分子量超过一定值（临界分子量）后，T_g 将不再依赖于分子量了，见图 10-17。

由于常用聚合物的分子量比上述临界分子量大得多，所以分子量对 T_g 值基本无影响。

（5）链间的相互作用　高分子链间相互作用降低了链的活动性，因而 T_g 增高。例如聚癸二酸丁二醇酯与尼龙 66 的 T_g 相差 100℃ 左右，主要原因是后者存在氢键。

分子链间的离子键对 T_g 的影响很大。例如，聚丙烯酸中加入金属离子，T_g 会大大提高，其效果又随离子的价数而定。用 Na^+ 使 T_g 从 106℃ 提高到 280℃；用 Cu^{2+} 取代 Na^+，T_g 提高到 500℃。

（6）作用力　不同的作用力方式对聚合物 T_g 的影响不同。张力可强迫链段沿张力方向运动，聚合物 T_g 降低。如聚氯乙烯无张力时，$T_g = 78℃$，张力为 19.6MPa 时，$T_g = 50℃$。

从分子运动角度看，增加压力就相当于降低温度使分子运动困难，只有提高温度，链段才能运动，所以 T_g 增高，如图 10-18 所示。

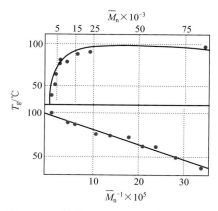

图 10-17　聚苯乙烯的 T_g 与 $\overline{M}_n$ 的关系

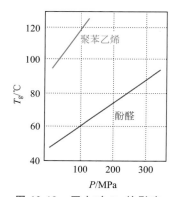

图 10-18　压力对 T_g 的影响

（7）实验速率　快速冷却得到的 T_g 值比缓慢冷却得到的 T_g 值高。另外，为了满足各种用途对聚合物 T_g 的不同要求，除了选择适当 T_g 的聚合物以外，也可通过增塑、共聚、交联、共混等途径使聚合物的 T_g 在一定范围内变化。

10.4.4　高分子流动性质

当温度超过流动温度 T_f 时，线型聚合物就产生显著的黏性流动，形变随时间发展，并且不可逆，聚合物由高弹态转变为流动态。聚合物的流动行为是聚合物分子运动的表现，反映了聚合物的组成、结构、分子量及其分布等结构特点。线型聚合物在一定温度条件下具有流动性，正是聚合物成型加工的依据。绝大多数聚合物的成型加工都是在流动态进行的，特别是热塑性塑料的加工。例如，滚压、挤出、注射、吹塑、浇铸薄膜以及合成纤维的纺丝等成型加工过程。流动态是聚合物的一个重要的也是一个方便的成型状态。

聚合物熔体的流动行为比起小分子液体来说要复杂得多。在外力作用下，熔体不仅表现出不可逆的黏性流动形变，而且还表现出可逆的弹性形变。

（1）高分子流动是链段的位移运动　一般小分子液体的流动，可以看作是小分子液体在外力作用下，跃迁至分子间的孔穴，形成了液体的宏观的流动现象。而高分子的流动并不是整个高分子链之间的简单滑移，而是通过链段的相继跃迁来实现的。形象地说，这种流动类似于蚯蚓的蠕动。这里的链段也称流动单元，尺寸大小约几十个主链原子。

（2）高分子流动不符合牛顿流体的流动规律　低分子液体流动时，流速越大，受到的阻力越大，剪切应力 σ 与剪切速率 $\dfrac{\mathrm{d}\gamma}{\mathrm{d}t}=\dot{\gamma}$ 成正比：

$$\sigma=\eta\frac{\mathrm{d}\gamma}{\mathrm{d}t}=\eta\dot{\gamma} \tag{10-21}$$

式（10-21）称为牛顿流体公式，比例常数 η 称为黏度，是液体流动梯度（剪切速率）为 $1s^{-1}$ 时，单位面积上所受的阻力（剪切力），单位为帕斯卡·秒。黏度不随剪切应力和剪切速率的大小而改变，始终保持常数的流体，统称为牛顿流体。典型牛顿流体如甘油、水的切应力与切变速率关系为一直线，直线的斜率即为黏度 η。

许多液体包括聚合物的熔体和浓溶液，聚合物分散体系（如胶乳）以及填充体系等并不符合牛顿流动定律，这类液体统称为非牛顿流体，它们的流动是非牛顿流动。对于非牛顿流体的流动行为，通常可由它们的流动曲线作出基本的判定。图 10-19 为各种类型流体的流动曲线。

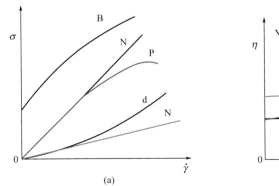
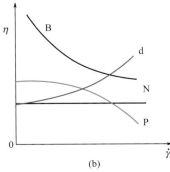

图 10-19　各种类型流体的 σ、η 对 $\dot{\gamma}$ 的依赖性

N—牛顿流体；P—假塑性流体；d—膨胀性流体；B—宾汉流体

大多数聚合物熔体属假塑性流体，其黏度随剪切速率增加而降低，即所谓剪切变稀。这主要是由于在剪切应力下流动体系的结构发生了改变。高聚物在流动过程中随剪切速率或剪切应力的增加而变稀，这是由于分子的取向使黏度降低。膨胀性流体与假塑性流体相反，随着剪切速率的增大，黏度升高，即发生剪切变稠。这类流动行为在高聚物熔体和浓溶液中是罕见的，但常发生于各种分散体系，如高聚物悬浮液、胶乳和高聚物-填料体系等。假塑性和膨胀性流体的流动曲线都是非线性的，一般用指数关系来描述其剪切应力和剪切速率的关系，即所谓幂律公式：

$$\sigma = K\dot{\gamma}^n \tag{10-22}$$

式中，K 是常数；n 是表征偏离牛顿流动的程度的指数，称为非牛顿指数。假塑性流体 $n<1$，而膨胀性流体 $n>1$。牛顿流体可看成是 $n=1$ 的特殊情况。

另一种非牛顿流体是宾汉流体，或称塑性流体，具有名副其实的塑性行为，即在受到的剪切应力小于某一临界值 σ_y 时不发生流动，相当于虎克固体，而超过 σ_y 后则可像牛顿流体一样流动。呈现这种流动行为的物质有泥浆、牙膏和油脂等，涂料特别需要具有这种塑性。

还有一些非牛顿流体的黏度与时间有关，其中在恒定剪切速率下黏度随时间增加而降低的液体称为触变体，而黏度随时间而增加的液体称为摇凝体。通常认为，触变和摇凝这两种与时间有关的效应是由于流体内部物理或化学结构发生变化而引起的。触变体在持续剪切过程中，有某种结构的破坏，使黏度随时间减小；而摇凝体则在剪切过程中伴随着某种结构形成。在触变体和摇凝体中，前者较为常见，如胶冻以及加有炭黑的橡胶胶料等都具有触变性。摇凝体较为少见，实验发现，饱和聚酯在一定切变速率下表现出摇凝性。

（3）高分子流动时伴有高弹形变　低分子液体流动所产生的形变是完全不可逆的，而高聚物在流动过程中所发生的形变一部分是可逆的。在外力作用下，高分子链不可避免地会顺外力方向有所伸展，因而聚合物黏性流动的同时会伴随一定的高弹形变，外力消失后，高分子链又蜷曲起来，形变会恢复一部分。这种流动过程见图 10-20。

图 10-20　高分子链流动过程示意

在高聚物挤出成型时，型材的截面实际尺寸与口模的尺寸往往有差别。一般型材的截面尺寸比口模来得大，这种截面膨胀的现象就是由于外力消失后，高聚物在流动过程中发生的高弹形变回缩引起的。

10.5 高聚物的高弹性

10.5.1　高弹态与分子结构

高聚物在其玻璃化温度以上具有独特的力学状态——高弹态。高聚物在高弹态呈现的力学性能——高弹性是高聚物区别于其他材料的一个突出特性，是高聚物材料优异性能的一个方面，有着重要的使用价值。

高聚物在高弹态的物理力学性能是极其特殊的。它有稳定的尺寸，在小形变（剪切，<5%）时，其弹性响应符合虎克定律，像个固体；但它的热膨胀系数和等温压缩系数又与液体有相同的数量级，表明高弹态时高分子间相互作用又与液体的相似；另外，在高弹态时导致形变的应力随温度增加而增加，又与气体的压强随温度升高而增加有相似性。单就力学性能而言，高弹性具有以下特点。

① 可逆弹性形变大，可高达 1000%，即拉长十倍之多，而一般金属材料的弹性形变不超过 1%，典型的是 0.2% 以下。

② 弹性模量小，高弹模量约为 $10^5\,N/m^2$，而一般金属材料弹性模量可达 $10^{10}\sim10^{11}\,N/m^2$。

③ 高聚物高弹模量随绝对温度的升高而正比地增加，而金属材料的弹性模量随温度的升高而减小。

④ 形变时有明显的热效应。当把橡胶试样快速拉伸（绝热过程），温度升高（放热）；回缩时，温度降低（吸热）。而金属材料与此相反。

除了这些现象特征外，高弹性与金属等材料的普弹性在本质上也是不同的，前者本质上是一种熵弹性，而后者则是能量的弹性。

研究表明，由相对分子质量足够高的柔性链组成并经过轻微交联的高聚物在宽阔的温度范围内具有典型的高弹性。从实用的角度来讲，我们研究最多的是橡胶的高弹性。

橡胶的柔性、长链结构使其蜷曲分子在外力作用下通过链段运动改变构象而舒展开来，除去外力又恢复到蜷曲状态。橡胶的适度交联可以阻止分子链间质心发生位移的黏性流动，使其充分显示高弹性。交联可以通过交联剂硫黄、过氧化物等与橡胶反应来完成。

10.5.2　能弹性与熵弹性

我们可以通过对高弹性的热力学分析来进一步了解高弹性的本质。把橡皮试样当作热力学体系，环境就是外力、温度和压力等。橡皮被拉伸时发生高弹形变，除去外力后可回复原状，即变形是可逆的，因此可利用热力学第一定律和第二定律进行分析。把长度为 l 的试样在拉力 f 作用下伸长 dl，根据热力学第一定律，体系的内能变化 dU 为：

$$dU = dQ - dW$$

式中，dQ 为体系吸收的热量；dW 为体系对外做的功；包括膨胀功 PdV 和拉伸功 fdl。即假设过程是可逆的，由热力学第二定律可得：

$$dQ = TdS$$

而 dW 包括膨胀功 PdV 和拉伸功 fdl，即

$$dW = PdV - fdl$$

所以

$$dU = TdS - PdV + fdl$$

由此可推得等温等压条件下的热力学方程（利用 $H = U + PV$）：

$$f=\left(\frac{\partial H}{\partial l}\right)_{T,P}-T\left(\frac{\partial S}{\partial l}\right)_{T,P} \tag{10-23}$$

$$f=\left(\frac{\partial H}{\partial l}\right)_{T,P}+T\left(\frac{\partial f}{\partial T}\right)_{l,P} \tag{10-24}$$

以及等温等容条件下的热力学方程：

$$f=\left(\frac{\partial U}{\partial l}\right)_{T,V}-T\left(\frac{\partial S}{\partial l}\right)_{l,V} \tag{10-25}$$

$$f=\left(\frac{\partial U}{\partial l}\right)_{T,V}+T\left(\frac{\partial f}{\partial T}\right)_{l,V} \tag{10-26}$$

尽管实验在等压条件下容易实现，但等容条件更便于理论分析，因为在此条件下可认为分子间距离不变，即分子间相互作用不变，只需考虑由于分子构象改变而引起的内能和熵的改变。因此，根据式（10-26）可从拉伸力 f（即应力）对温度依赖性来推求试样伸长时内能和熵的变化。

图 10-21 是天然橡胶在伸长 l 恒定时的拉力（或张力）-温度取向。实验中，改变温度时，必须等待足够长的时间，使张力达到平衡值。对于所有的伸长，拉力-温度取向都是线性的。但是，当伸长率大于 10% 时，直线的斜率为正；伸长率小于 10% 时，直线的斜率为负。这种斜率的变化称为热弹转变，它是由于橡皮的热膨胀引起的。热膨胀使固定应力下试样的长度增加，这就相当于为维持同样长度所需的作用力减小。在伸长不大时，由热膨胀引起的拉力减小超过了在此伸长时应该需要的拉力增加，致使拉力随温度增加而稍有下降。为了克服热膨胀引起的效应，改用恒定拉伸比 $\lambda=l/l_0$ 来代替恒定长度 l，直线就不再出现负斜率了，见图 10-22。

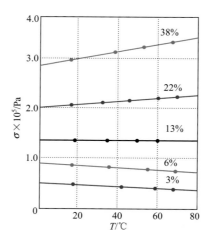
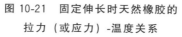

图 10-21　固定伸长时天然橡胶的
拉力（或应力）-温度关系

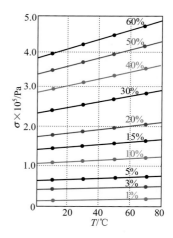

图 10-22　校正到固定伸长比时
拉力（或应力）-温度关系

图 10-21 中，伸长率小于 10% 时，在相当宽的温度范围内，各直线外推到 $T=0\text{K}$ 时，几乎都通过坐标原点，由式（10-25）、式（10-26）可知，$(\partial U/\partial l)_{T,V}\approx0$，即

$$f=T\left(\frac{\partial f}{\partial T}\right)_{l,V}=-T\left(\frac{\partial S}{\partial l}\right)_{T,V} \tag{10-27}$$

说明橡胶拉伸时，内能几乎不变，而主要引起熵的变化。在外力作用下，橡皮分子链由原来蜷曲状态变为伸展状态，熵值由大变小，终态是一种不稳定的体系。当外力除去后，就会自发地回复到初态。这就说明了高弹性主要是由橡胶内部熵的贡献。

同样，因内能不变，在恒容条件下由式（10-25）可得：

$$f\,\mathrm{d}l = -T\,\mathrm{d}S = -\mathrm{d}Q$$

当橡胶拉伸时，$\mathrm{d}l>0$，故 $\mathrm{d}Q<0$，体系是放热的；反之，当橡胶压缩时，$\mathrm{d}l<0$，但 $f<0$，所以 $\mathrm{d}Q<0$，体系仍将是放热的。

研究表明，内能对聚合物的高弹性也有一定的贡献，约占 10%，但这并不改变高弹性的熵弹本质。

10.6　高聚物的黏弹性

10.6.1　黏弹性现象

材料在外力作用下将产生应变。理想弹性固体（虎克弹性体）的行为服从虎克定律，应力与应变呈线性关系。受外力时平衡应变瞬时达到，除去外力应变立即恢复。理想黏性液体（牛顿流体）的行为服从牛顿流动定律，应力与应变速率呈线性关系。受外力时应变随时间线性发展，除去外力应变不能回复。实际材料同时显示弹性和黏性，即所谓黏弹性。与其他物体相比，聚合物材料的这种黏弹性表现得更为显著。如果这种黏弹性可由服从虎克定律的线性弹性行为与服从牛顿流动定律的线性黏性行为的组合来描述，则称之为线性黏弹性；否则，称之为非线性黏弹性。造成聚合物黏弹性非线性的原因是多方面的，例如应变过大或时间过长等。目前该领域的研究还不够充分，为此本节的讨论仅限于线性黏弹性。

10.6.2　黏弹性与力学松弛

蠕变及其回复、应力松弛、滞后和力学损耗这些黏弹性行为反映的都是聚合物力学性能的时间依赖性，统称为力学松弛现象。

（1）蠕变　蠕变是指在一定的温度和较小的恒定应力作用下，材料的应变随时间的增加而增大的现象。例如，软质 PVC 丝钩着一定质量的砝码，就会慢慢地伸长；解下砝码后，丝会慢慢地回缩。这就是软质 PVC 的蠕变和回复现象。图 10-23 为线性非晶态聚合物在 T_g 以上单轴拉伸的典型蠕变曲线和蠕变回复曲线。

从分子运动和变化的角度来看，蠕变过程包括下面三种形变。

当高分子材料受到外力作用时，分子链内部键长和键角立刻发生变化，这种形变量是很小的，称为普弹形变，用 ε_1 表示：

$$\varepsilon_1 = \frac{\sigma}{E_1} = D_1\sigma \qquad (10\text{-}28)$$

式中，σ 是应力；E_1 是普弹模量；D_1 是普弹柔量。外力除去后，普弹形变能立刻完全回复。

推迟弹性形变是分子链通过链段运动逐渐伸展的过

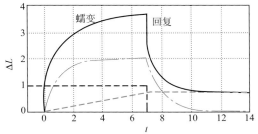

图 10-23　线性非晶态聚合物的蠕变及回复曲线

（t 时刻恒定外力下试样的伸长 ΔL 是三部分的叠加）

----瞬时弹性响应；－·－推迟弹性部分；

－－－黏性流动，除去外力回复过程完成后，

留下不可回复的形变

10

程，形变量比普弹形变大得多，以 ε_2 表示：

$$\varepsilon_2 = \frac{\sigma}{E_2}\psi(t) = \sigma D_2\psi(t) \tag{10-29}$$

式中，E_2 为高弹模量；D_2 为高弹柔量；$\psi(t)$ 为蠕变函数。推迟弹性形变发展的时间函数为 $\psi(t)$，其具体形式可由实验确定或者理论推导得出。显然，$t=0$，$\psi(t)=0$；$t=\infty$，$\psi(t)=1$。即当应力作用时间足够长时，应变趋于平衡。

分子间没有化学交联的线型高聚物，则还会产生分子间的相对滑移，称为黏性流动，用符号 ε_3 表示：

$$\varepsilon_3 = \frac{\sigma}{\eta_3}t \tag{10-30}$$

式中，η_3 是本体黏度。外力除去后黏性流动是不能回复的，因此普弹形变 ε_1 和高弹形变 ε_2 称为可逆形变，而黏性流动 ε_3 称为不可逆形变。

高聚物受到外力作用时以上三种形变是一起发生的，材料的总形变为：

$$\varepsilon(t) = \varepsilon_1 + \varepsilon_2 + \varepsilon_3 = \frac{\sigma}{E_1} + \frac{\sigma}{E_2}\psi(t) + \frac{\sigma}{\eta_3}t \tag{10-31}$$

以上三种形变的相对比例依具体条件的不同而不同。在非常短的时间内，仅有理想的弹性性能（虎克弹性）ε_1，形变很小。随着时间的延长，蠕变速度开始增加很快，然后逐渐变慢，最后基本达到平衡。这一部分总的形变除了理想的弹性形变 ε_1 以外，主要是推迟弹性形变 ε_2，当然也存在着随时间增加而增大的极少量的黏流形变 ε_3。加载时间很长，推迟弹性形变已充分发展，达到平衡值，最后是纯粹的黏流形变 ε_3。这一部分总的形变包括 ε_1、ε_2 和 ε_3 的贡献。

蠕变回复曲线中，理想弹性形变 ε_1 瞬时恢复，推迟弹性形变即高弹形变 ε_2 逐渐恢复，最后保留黏流形变 ε_3。

蠕变与温度高低和外力大小也有关系（图10-24）。温度过低，外力太小，蠕变很小而且很慢，在短时间内不易觉察；温度过高、外力过大，形变发展过快，也感觉不到蠕变现象；在适当的外力作用下，通常在高聚物的 T_g 以上不远，链段在外力作用下可以运动，但运动时受到的内摩擦力又较大，只能缓慢运动，则可观察到较明显的蠕变现象。

聚合物蠕变性能反映了材料的尺寸稳定性和长期负载能力，有重要的实用性。主链含芳杂环的刚性链聚合物，具有较好的抗蠕变性能，成为广泛应用的工程塑料，可以代替金属材料加工机械零件。对于蠕变比较严重的材料，使用时必须采取必要的补救措施。例如硬聚氯乙烯有良好的抗腐蚀性能，可以用于加工化工管道、容器等设备。但它容易蠕变，使用时必须增加支架以防止因蠕变而影响尺寸稳定性，减少使用价值。橡胶可采用硫化交联的方法阻止不可逆的黏性流动。图10-25为几种聚合物的蠕变性能比较。

（2）应力松弛　所谓应力松弛，就是在恒定温度和形变保持不变的情况下，聚合物内部的应力随时间增加而逐渐衰减的现象。例如，拉伸一块未交联的橡胶至一定长度，并保持长度不变。随着时间的增长，橡胶的回弹力逐渐减小到零。这是因为其内部的应力在慢慢衰减，最后衰减到零。图 10-26 曲线之一为线性聚合物（如未硫化橡胶）在室温、单轴拉伸时典型的应力松弛曲线。

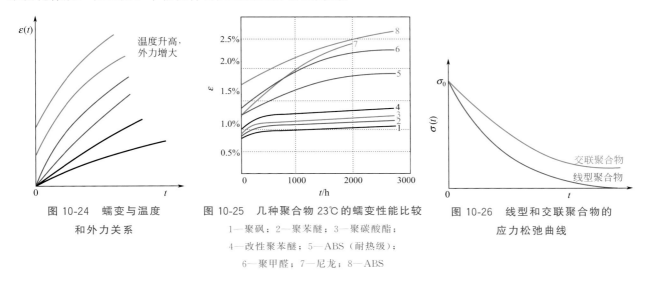

图 10-24　蠕变与温度　　　图 10-25　几种聚合物 23℃ 的蠕变性能比较　　图 10-26　线型和交联聚合物的
　　　和外力关系　　　　　1—聚砜；2—聚苯醚；3—聚碳酸酯；　　　　　　应力松弛曲线
　　　　　　　　　　　　　4—改性聚苯醚；5—ABS（耐热级）；
　　　　　　　　　　　　　6—聚甲醛；7—尼龙；8—ABS

与线型聚合物相比，交联聚合物在足够长的时间里其应力 $\sigma(t)$ 仅能松弛到一个有限值，如图 10-26 所示。

若以模量 $E(t) = \sigma(t)/\varepsilon_0$ 来表示，则交联聚合物在应力松弛过程中，模量可以写成：

$$E(t) = E_1 + E_0 \phi(t) \tag{10-32}$$

式中　E_1——足够长时间后，聚合物的平衡弹性模量；

　　　E_0——起始模量；

　　　$\phi(t)$——应力松弛函数。

$\phi(t)$ 随时间 t 的增加而减小。$t=0$，$\phi(t)=1$；$t=\infty$，$\phi(t)=0$。其具体形式可由实验或理论推导而成。

在切应力作用下：

$$G(t) = G_1 + G_0 \phi(t) \tag{10-33}$$

式中　$G(t)$——切变模量。

关于线型聚合物产生应力松弛的原因，可理解为试样所承受的应力逐渐消耗于克服链段及分子链运动的内摩擦阻力上。具体说，在外力作用下，高分子链段不得不顺着外力方向被迫舒展，因而产生内部应力，以与外力抗衡。但是，通过链段热运动调整分子构象，以至缠结点散开，分子链产生相对滑移，逐渐恢复其蜷曲的原状，内应力逐渐消除，与之相平衡的外力当然也逐渐衰减，以维持恒定的形变。交联聚合物整个分子不能产生质心位移的运动，故应力只能松弛到平衡值。

由于聚合物的分子运动具有温度依赖性，所以应力松弛现象要受到实验温度的影响。温度很高，链段运动受到内摩擦力很小，应力很快就松弛掉了。甚至快到难以觉察的程度；温度太低，虽然应变可以造成很大的内应力，但是链段运动受到的内摩擦力很大，应力松弛极慢，短时间内也不易觉察到；只有在 T_g 附近，聚合物的应力松弛现象最为明显。

应力松弛可用来估测某些工程塑料零件中夹持金属嵌入物（如螺母）的应力，也可用来测定塑料制品的剩余应力。由于应力松弛结果一般比蠕变更容易用黏弹性理论来解释，故又常用于聚合物结构与性能关系的研究。

10

（3）滞后现象与内耗　动态力学行为是在交变应力或交变应变作用下，聚合物材料的应变或应力随时间的变化。这是一种更接近实际使用条件的黏弹性行为。例如，许多塑料零件，像齿轮、阀门片、凸轮等都是在周期性的动载下工作的；橡胶轮胎、传送皮带等更是不停地承受着交变载荷的作用。另一方面，动态力学行为又可以获得许多分子结构和分子运动的信息。例如，对聚合物玻璃化转变、次级松弛、晶态聚合物的分子运动都十分敏感。

在周期性变化的作用力中，最简单而容易处理的是正弦变化的应力 $\sigma(t)$。

$$\sigma(t) = \hat{\sigma}\sin\omega t \qquad (10\text{-}34)$$

式中　$\hat{\sigma}$——应力 $\sigma(t)$ 的峰值；

　　　ω——角频率；

　　　t——时间。

对于理想的弹性固体（虎克弹性体），应变正比于应力，比例常数为固体的弹性模量。即应变也是相应的正弦应变：

$$\varepsilon(t) = \hat{\varepsilon}\sin\omega t \qquad (10\text{-}35)$$

式中　$\hat{\varepsilon}$——应力 $\varepsilon(t)$ 的峰值。

应力与应变之间没有任何相位差，见图 10-27（a）。在应力的一个周期里，外力所做的功完全以弹性能（位能）的形式储存起来，而后又全部释放出来变成动能，使材料回到它的起始状态，没有能量的损耗。

对于理想的黏性液体（牛顿黏流体），应力与应变速率成正比，应变与应力有 90° 的相位差，即

$$\varepsilon(t) = \hat{\varepsilon}\sin\left(\omega t - \frac{\pi}{2}\right) \qquad (10\text{-}36)$$

如图 10-27（a）所示，用以变形的功全部损耗为热。

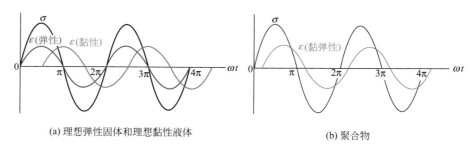

(a) 理想弹性固体和理想黏性液体　　　　　　(b) 聚合物

图 10-27　各种材料对正弦应力的响应

聚合物对外力的响应部分为弹性的，部分为黏性的，应变与应力之间有一个相位差 δ，即

$$\varepsilon(t) = \hat{\varepsilon}\sin(\omega t - \delta) \qquad (10\text{-}37)$$

在每一形变周期内，损耗一部分能量，见图 10-27（b）。

聚合物在交变应力作用下应变落后于应力的现象称为滞后现象。由于发生滞后现象，在每一循环变化中，作为热能损耗掉的能量与最大储存能量之比称为力学内耗，其值等于 $2\pi \mathrm{tg}\delta$。从交联橡胶拉伸和回缩过程的应力-应变曲线和试样内部的分子运动情况可深入了解滞后和内耗产生的原因。

对硫化的天然橡胶试样，如果用拉力机在恒温下尽可能地慢慢拉伸后又慢慢回复，其应力-应变曲线如图 10-28 所示。由于高分子链段运动受阻于内摩擦力，所以应变跟不上应力的变化，拉伸曲线（OAB）和回缩曲线（BCD）并不重合。如果应变完全跟得上应力的变化，则拉伸与回缩曲线重合，如图 10-28 中虚线 OEB 所示。具体地说，发生滞后现象时，拉伸曲线上的应变达不到与其应力所对应的平衡应变值，回缩曲线上的应变大于与其应力相对应的平衡应变值。如对应于应力 σ_1，有 $\varepsilon_1' < \varepsilon_1 < \varepsilon_1''$。在这种情况下，拉伸时外力对聚合物体系所做的功，一方面用来改变分子链的构象，另一方面用来提供链段运动时克服链段间摩擦阻力所需的能量；回缩时，聚合物体系对外做功，一方面使伸展的分子链重新蜷曲起来，回复到原来的状态，另一方面用于克服链段间的内摩擦阻力。这样一个拉伸-回缩循环中，链构象的改变完全回复，不损耗功，所损耗的功都用于克服内摩擦阻力转化为热。

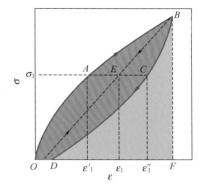

图 10-28　硫化橡胶拉伸和回缩的应力-应变曲线

这里，外力对橡胶所做的拉伸功和橡胶对外所做的回缩功分别相当于拉伸曲线和回缩曲线下所包含的面积（OABF 和 DCBF）。所以，一个拉伸-回缩循环中所损耗的能量与这两块面积之差相当。通常，拉伸-回缩两条曲线构成的闭合曲线称为"滞后圈"，"滞后圈"的大小等于单位体积橡胶试样在每一拉伸-回缩循环中所损耗的功，即

$$\Delta W = \int_0^{2\pi/\omega} \sigma(t) \frac{\mathrm{d}\varepsilon(t)}{\mathrm{d}t} \mathrm{d}t = \int_0^{2\pi/\omega} (\hat{\sigma}\sin\omega t)\,[\hat{\varepsilon}\omega\cos(\omega t - \delta)]\,\mathrm{d}t \tag{10-38}$$

经运算可得：

$$\Delta W = \pi\hat{\sigma}\hat{\varepsilon}\sin\delta \tag{10-39}$$

之所以是"单位体积试样"，是由于应力-应变曲线的积分结果实际上是功密度（即单位体系的功）而不是功。

上面讨论了聚合物在交变应力、应变作用下发生的滞后现象和力学损耗，属于动态力学松弛或称为动态黏弹性。在这种情况下，体系模量计算如下。

当 $\varepsilon(t) = \hat{\varepsilon}\sin(\omega t - \delta)$ 时，因应力变化比应变领先一个相位角 δ，故 $\sigma(t) = \hat{\sigma}\sin(\omega t + \delta)$，这个应力表达式可以展开成：

$$\sigma(t) = \hat{\sigma}\sin\omega t\cos\delta + \hat{\sigma}\cos\omega t\sin\delta \tag{10-40}$$

由上式可见，应力由两部分组成：①与应变同相位的应力，即 $\hat{\sigma}\sin\omega t\cos\delta$，这是弹性形变的主动力；②与应变相位差 90° 的应力，即 $\hat{\sigma}\cos\omega t\sin\delta$，由于该应力对应的形变是黏性形变，所以必将消耗于克服摩擦阻力上。如果定义 E' 为同相的应力和应变幅值的比值，E'' 为相差 90° 的应力和应变幅值的比值，则：

$$E' = \frac{\hat{\sigma}\cos\delta}{\hat{\varepsilon}} = \frac{\hat{\sigma}}{\hat{\varepsilon}}\cos\delta \tag{10-41}$$

$$E'' = \frac{\hat{\sigma}\sin\delta}{\hat{\varepsilon}} = \frac{\hat{\sigma}}{\hat{\varepsilon}}\sin\delta \tag{10-42}$$

应力的表达式为：

$$\sigma(t) = E'\hat{\varepsilon}\sin\omega t + E''\hat{\varepsilon}\cos\omega t \tag{10-43}$$

因此，模量也一个包括两部分，该模量的表达式正好符合数学上的复数形式，叫复数模量 E^*。

$$E^* = E' + iE'' \tag{10-44}$$

10

$i = \sqrt{-1}$。E' 为实数模量或称储能模量，它反映材料形变过程由于弹性形变而储存的能量。E'' 为虚数模量或称损耗模量，它反映材料形变过程以热损耗的能量。

由式（10-41）和式（10-42）可得：

$$\tan\delta = \frac{E''}{E'} \tag{10-45}$$

式中，$\tan\delta$ 称作损耗角正切，它表征材料在交变应力作用下每一形变周期内以热的形式消耗的能量与最大的弹性储能之比。能量损耗的本质原因是热运动单元在响应外力的运动中需克服一定的摩擦力。

由于在动态力学试验中，直接测量能量的损耗是有困难的，通常通过强迫振动非共振的黏弹谱仪等方法测量损耗角正切 $\tan\delta$，用来表示内耗的大小。

聚合物材料的内耗同交变作用力的频率的关系如图 10-29 所示。低频率时，应变完全跟得上应力的变化，需克服的内摩擦较小，内耗较小，高聚物表现出橡胶的高弹性；而高频率时，链段来不及运动，内耗也很小，高聚物显得刚性，表现出玻璃态的力学性质；只有在适当的频率范围内，链段运动跟不上外力的变化，内耗出现极大值，称为内耗峰。这个范围内材料的黏弹性表现得很明显。

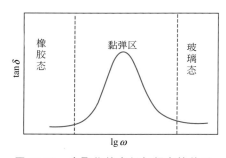

图 10-29　高聚物的内耗与频率的关系

聚合物在宽广温度范围内 $\lg E'$、$\lg E''$ 和 $\tan\delta$ 对温度 T 作图，能够反映其力学松弛现象。图 10-30 所示是典型的非晶态聚合物在玻璃化转变前后的动态力学性能温度谱。图中储能模量 E' 随温度的变化是不言而喻的。损耗模量 E'' 随温度的变化原因如下：当 $T > T_g$ 时，分子热运动能量较高，链段运动十分自由，基本上总能跟上外力的变化，因此能量损耗比较小；随着温度的下降，链段运动逐渐变得比较困难，因此在运动中需克服较大的摩擦力，能量损耗越来越大；当温度继续下降时，由于链段运动相当困难，能对外力作出响应的链段也越来越少，因此能量损耗又逐渐减少，当 $T < T_g$ 时，链段运动被"冻结"，对外力不作响应，因此能量损耗很小。所以 E'' 在玻璃化转变区达到极大值。根据 $\tan\delta$ 的定义，$\tan\delta$ 也将出现极大值。

实际上，高分子的热运动单元除了整个分子链和链段之外，还有主链局部、侧链和侧基等多重运动单元。每一重运动单元从冻结到自由所需要的热能是不同的，因而将在不同的温度范围内表现出来。图 10-31 给出了聚合物

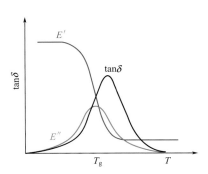

图 10-30　非晶态聚合物玻璃化转变前后的动态力学性能温度谱

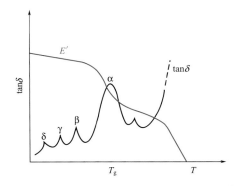

图 10-31　聚合物典型的动态力学性能温度谱

典型的动态力学性能温度谱。图中，在 tanδ-T 曲线上出现的各个转变峰，分别对应于特定运动单元的运动状态转变。此外，在部分结晶聚合物和非均相高分子共混体系中，各相分子运动状态的转变也将在不同的温度范围内表现出来。因此，在它们的 tanδ-T 或 E''-T 曲线上将出现与各相分子运动状态转变所对应的转变峰。图 10-32 所示为部分结晶尼龙 610 的动态力学性能温度谱。图中显示了该材料中晶相的熔点（约 200℃）、非晶相的玻璃化转变（约 50℃）和两个次级转变。图 10-33 给出了 SBS 热塑性弹性体的动态力学性能温度谱。图中，—70℃ 和 100℃ 附近的转变峰分别对应于聚丁二烯连续相和聚苯乙烯分散相的玻璃化转变。

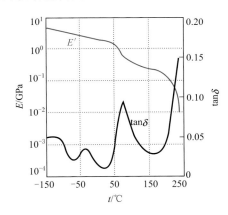

图 10-32　尼龙 610 的动态力学性能温度谱

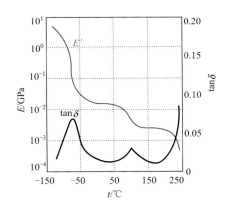

图 10-33　SBS 热塑性弹性体的动态力学性能温度谱

　　用动态力学实验方法可测得一般静态力学实验中不易测得的微小转变，因此已成为研究高分子运动和结构变化的重要手段。

10.6.3　黏弹性的温度依赖性-时温等效原理

　　像作用时间一样，温度 T 是影响聚合物性能的重要参数。随着温度从低到高，包括力学性能在内的许多性能发生很大变化，在玻璃态到高弹态的转变温度区域-玻璃化温度 T_g 附近，若干性能甚至发生突变。事实上，聚合物的三种力学状态-玻璃态、高弹态和黏流态就是依据温度（或外力作用时间）不同而呈现的。

　　聚合物在不同温度下或在不同外力作用时间（或频率）下都显示出一样的三种力学状态和两个转变，表明温度和时间对高聚物力学松弛过程，从而对黏弹性的影响具有某种等效的作用。从高分子运动的松弛性质已经知道，要使高分子链段具有足够大的活动性，从而使聚合物表现出力学松弛现象需要一定的时间

（用松弛时间来衡量）。温度升高，松弛时间可以缩短。因此，同一个力学松弛现象，既可在较高的温度下较短的时间内观察到，也可以在较低的温度下较长的时间内观察到。这是因为在较低的温度下，分子运动的松弛时间较长，聚合物对外力作用的响应可能观察不出来，或者是需要很长时间才能观察出来，这时若升高温度，缩短它的松弛时间，就可以在较短的时间内观察到它的力学响应。因此，升高温度与延长观察时间对分子运动是等效的，对聚合物的黏弹行为也是等效的，这就是时温等效原理。

对于非晶聚合物，在不同温度下获得的黏弹性数据，包括蠕变、应力松弛、动态力学试验，均可通过沿着时间轴平移叠合在一起。例如，在保持曲线形状不变的条件下，将相应于温度 T 的应力松弛曲线叠合，如图 10-34（a）所示。需要移动的量记作 a_T，称为移动因子。那么，时温等效原理给出：

$$E(T，t)=E(T_0，t/a_T) \tag{10-46}$$

式中　T——试验温度；

　　　　T_0——参数温度。

图 10-34（a）中，$T<T_0$，故 $a_T>1$。若 $T>T_0$，则 $a_T<1$。

如果实验是在交变力场下进行的，类似地有图 10-34（b）所示的时温等效关系，即降低频率与延长观察时间是等效的，增加频率与缩短观察时间是等效的。

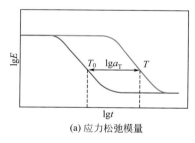
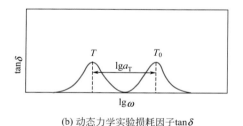

(a) 应力松弛模量　　　　　　　　(b) 动态力学实验损耗因子 $\tan\delta$

图 10-34　时温等效原理

下面列出蠕变及动态力学试验的时温等效基本关系：

$$D(T，t)=D(T_0，t/a_T) \tag{10-47}$$

$$E'(T，\omega)=E'(T_0，a_T\omega) \tag{10-48}$$

$$E''(T，\omega)=E''(T_0，a_T\omega) \tag{10-49}$$

$$D'(T，\omega)=D'(T_0，a_T\omega) \tag{10-50}$$

$$D''(T，\omega)=D''(T_0，a_T\omega) \tag{10-51}$$

严格地说，模量的温度依赖性包括模量本身随温度变化以及模量随聚合物密度变化、密度又随温度变化两项。因此，上述时温转换关系尚需进行温度校正和密度校正。例如：

$$E(T，t)=\frac{\rho T}{\rho_0 T_0}E(T_0，t/a_T) \tag{10-52}$$

$$D(T，t)=\frac{\rho T}{\rho_0 T_0}D(T_0，t/a_T) \tag{10-53}$$

$$E''(T, t) = \frac{\rho T}{\rho_0 T_0} E''(T_0, a_T \omega) \tag{10-54}$$

甚至可以推广到动态黏度：

$$\eta(T) = \frac{\rho T}{\rho_0 T_0} a_T \eta(T_0) \tag{10-55}$$

上述校正称作垂直校正，其改变量一般是很小的。

时温等效原理的定量描述，具有重要的实际意义。

图 10-35 左半部为不同温度下实验测定的聚异丁烯应力松弛模量-时间曲线，可将其变换成 $T=25℃$、包含 $10^{-12} \sim 10^4\,\mathrm{h}$ 宽广时间范围的曲线。参考温度 25℃ 测得的实验曲线在时间坐标轴上不需移动，$\lg a_T$ 为零；而 0℃ 测得的曲线转换为 25℃ 的曲线，其对应的时间依次缩短，也就是说，低于 25℃ 测得的曲线应该在时间坐标轴上向左移动，$\lg a_T$ 为正；50℃ 测得的曲线转换为 25℃ 时相应的时间延长，也就是说，高于 25℃ 测得的曲线必须在时间坐标轴上向右移动，$\lg a_T$ 为负；各曲线彼此叠合连接成光滑曲线即成为组合曲线。不同温度下的曲线向参考温度移动的量不同。图 10-35 右上角表示的是应力松弛模量-时间曲线构成组合曲线时必须沿 $\lg t$ 坐标轴移动的量与温度的关系。

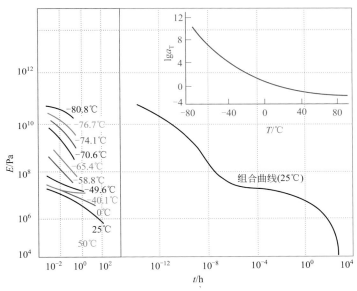

图 10-35　利用时温等效原理将不同温度下测得的聚异丁烯应力松弛数据换成 $T=25℃$ 的数据

（右上插图给出了不同温度下曲线需要移动的量）

经研究发现，若以聚合物的 T_g 作为参考温度，$\lg a_T$ 与 $(T-T_g)$ 之间的关系均可用 WLF 方程表示，式中 c_1、c_2 几乎对所有的聚合物均有普遍的近似值，即 $c_1=17.44$，$c_2=51.6$。

$$\lg a_T = \frac{-c_1(T-T_g)}{c_2+(T-T_g)} = \frac{-17.44(T-T_g)}{51.6+(T-T_g)} \tag{10-56}$$

此方程适用于温度范围为 $T_g \sim T_g+100℃$。

WLF 方程有着重要的实际意义。有关材料在室温下长期使用寿命以及超瞬间性能等问题，实验时无法进行测定的，但可以通过时温等效原理来解决。例如，需要在室温条件下几年甚至上百年完成的应力松弛实验实际上是不能实现的，但可以在高温条件下短期内完成；或者需要在室温条件下几十万分之一秒或几万分之一秒中完成的应力松弛实验，实际上也是做不到的，但可以在低温条件下几小时甚至几天完成。

10

10.7 高聚物的应力-应变行为

10.7.1 高聚物的塑性及屈服

应力-应变曲线是一种使用最广泛、非常重要而又实用的力学实验。图 10-36 示出了高聚物的拉伸试样。

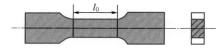

图 10-36　拉伸试样示意

从实验测得的应力、应变数据可以绘制出应力-应变曲线，见图 10-37，由该曲线可以得到一系列评价材料力学性能的物理量。在宽广的温度和试样速率范围内测得的数据可以判断聚合物材料的强弱、硬软、脆韧，也可以粗略地估计聚合物所处的状态及其拉伸取向过程。玻璃态高聚物在脆化温度 T_b 与玻璃化温度 T_g 之间和结晶性聚合物在脆化温度 T_b 与熔融温度 T_m 之间典型的拉伸应力-应变取向以及试样形状的变化过程，如图 10-37 所示。整根曲线以屈服点 A 为界分为两部分：A 点以前是弹性区域，试样被均匀拉伸，除去应力，试样的应变可以恢复，不留下任何永久变形。A 点以后，材料呈现塑性行为，此时若除去外力，应变不能恢复，留下永久变形。A 点就是所谓的屈服点，到达屈服点时，试样截面突然变得不均匀，出现"细颈"。该点所对应的应力、应变分别称为屈服应力 σ_y（或屈服强度）和屈服应变 ε_y（屈服伸长率）。聚合物的屈服应变比金属大得多，大多数金属的屈服应变为 0.01，甚至更小，但聚合物的屈服应变可达 0.2 左右。A 点以后，总的来看载荷增加不多或几乎不增加，试样应变却大幅度增加。其中 AB 段应变增加、应力反而下降，称作"应变软化"；由 B 点到 C 点就是高聚物特有的颈缩阶段，"细颈"沿样品扩展；C 点以后，应力急剧增加，试样才能产生一定的应变，称作"取向硬化"，这一阶段，成颈后的试样被均匀拉伸，直至 D 点材料发生断裂。相应于 D 点的应力称为断裂强度 σ_b，其应变称为断裂伸长率 ε_b。材料的杨氏模量 E 是应力-应变曲线起始部分的斜率：

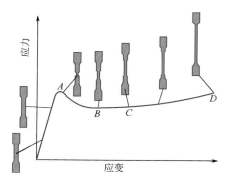

图 10-37　玻璃态高聚物在 $T_b \sim T_g$ 之间和部分结晶高聚物在 $T_b \sim T_m$ 之间的
典型拉伸应力-应变曲线以及拉伸过程中试样形状变化的示意

$$E = \tan\alpha = \Delta\sigma / \Delta\varepsilon$$

聚合物的这样一个拉伸形变过程也称作"冷拉"。

非晶态聚合物冷拉后残留的形变表面上看来是不可回复的塑性形变，其实只要把已经冷拉的试样加热到 T_g 以上，形变基本上都能回复。这说明非晶态聚合物冷拉中产生的形变属高弹形变范畴。这种本来是处于玻璃态的高聚物在外力作用下被迫产生的高弹形变称为强迫高弹形变。

晶态聚合物一般包含晶区和非晶区两部分，其成颈（也叫"冷拉"）也包括晶区和非晶区两部分形变。晶态聚合物在比 T_g 低得多的温度到接近 T_m 的温度范围内均可成颈。拉力除去后，只要加热到接近 T_m 的温度，也能部分回复到未拉伸的状态。近年来，人们把晶态聚合物的拉伸成颈归结为球晶中片晶变形的结果。从球晶拉伸变形过程的 X 射线小角散射和聚合物单晶拉伸形变的电子显微镜观察可见，球晶中片晶的变形大体包括：①相转变和双晶化；②分子链的倾斜，片晶沿着分子轴方向滑移和转动；③片晶的破裂，更大的倾斜、滑移和转动，一些分子链从结晶体中拉出；④破裂的分子链和被拉直的链段一道组成微丝结构。其中，沿着分子轴方向并伴有结晶偏转的片晶滑移使得片晶变薄和变长，如图 10-38 所示，其形变可达 100% 甚至更高。

因此，非晶态高聚物和晶态高聚物的冷拉中，缩颈区是因为分子链的高度取向或片晶的滑移而增强硬化的。合成纤维的拉伸和塑料的冲压成型正是利用了高聚物的冷拉特性。

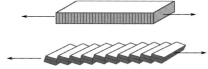

图 10-38　片晶由于沿分子轴的滑移而伸长变薄

由于聚合物材料的品种繁多，它们在室温和通常拉伸速度下的应力-应变曲线呈现出复杂的情况。按照拉伸过程中屈服点的表现、伸长率的大小以及断裂情况，大致可分为五种类型，即硬而脆、硬而强、强而韧、软而韧、软而弱。如图 10-39 所示。

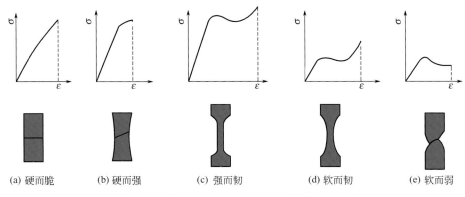

(a) 硬而脆　　(b) 硬而强　　(c) 强而韧　　(d) 软而韧　　(e) 软而弱

图 10-39　聚合物的五种类型应力-应变曲线

属于硬而脆的有聚苯乙烯（PS）、聚甲基丙烯酸甲酯（PMMA）和酚醛树脂等。它们的模量高，拉伸强度相当大，没有屈服点，断裂伸长率一般低于 2%。硬而强的聚合物具有高的杨氏模量、高的拉伸强度，断裂伸长率约为 5%，硬质 PVC 属于这一类。强而韧的聚合物有尼龙 66、聚碳酸酯（PC）和聚甲醛（POM）等。它们的强度高，断裂伸长率也较大。该类聚合物在拉伸过程中会产生"细颈"。橡胶和增塑 PVC 属于软而韧的类型。它们的模量低、屈服点低或者没有明显的屈服点，只看到曲线上有较大的弯曲部分，伸长率很大（20%～1000%），断裂强度还高。至于软而弱这一类，只有一些柔软的凝胶，很少用作材料。

上述主要涉及聚合物材料的宏观屈服和塑性形变，另外在材料中微小的区域内还会出现局部屈服与塑性形变，包括银纹现象和剪切带。

（1）剪切带　双折射实验结果表明，韧性聚合物单向拉伸至屈服点时，常可看到试样上出现与拉伸方向成大约 45°角的剪切滑移变形带（简称剪切带），如图 10-40 所示。说明该种材料的屈服过程，剪切应力分量起着重要作用。不同聚合物有不同的抵抗拉伸应力和剪切应力破坏的能力。一般韧性材料拉伸时，斜截面上的最大切应力首先达到材料的剪切强度，因此试样上首先出现与拉伸方向成约 45°角的剪切带，相当于材料屈服。进一步拉伸时，剪切带中由于分子链高度取向使强度提高，暂时不再发生，而变形带的边缘则进一步发生剪切变形。同时，倾角为 135°的斜截面上也发生剪切滑移变形。因而，试样逐渐生成对称的"细颈"。对于脆性材料，在最大切应力达到剪切强度之前，正应力已超过材料的拉伸强度，试样不会发生屈服，而在垂直于拉伸方向上断裂。

剪切屈服是一种没有明显体积变化的形状扭变，不仅在外加剪切力作用下能够发生，拉伸应力、压缩应力都能引起剪切屈服。

在剪切带中存在较大的剪切应变，其值在 1.0～2.2 之间，并且有明显的双折射现象，这充分表明其中分子链是高度取向的，但取向方向不是外力方向，也不是剪切力分量最大的方向，而是接近于外力和剪切力合力的方向。剪切带的厚度约为 1μm，每一个剪切带又是由若干个更细小的（0.1μm）不规则微纤所构成。

（2）银纹　银纹现象是聚合物在张应力作用下，于材料某些薄弱地方出现应力集中而产生局部的塑性形变和取向，以至在材料表面或内部垂直于应力方向上出现长度为 100μm、宽度为 10μm 左右（视实验条件而异）、厚度约为 1μm 的微细凹槽的现象。银纹为聚合物所特有，通常出现在非晶态聚合物中，如 PS、PMMA、PC 等，但某些结晶聚合物中（如 PP）也有发现。图 10-41 为 PS 试样在张应力作用下断裂前形成的银纹照片，图 10-42 为银纹结构示意图。

由图 10-41 可见，PS 样条拉伸断裂前在弯曲范围内观察到应力发白现象，即产生了大量银纹。而图 10-42 进一步表明，银纹的平面垂直于产生银纹的张应力，在张应力作用下能产生银纹的局部区域内，聚合物呈塑性变形，高分子链沿张应力方向高度取向并吸收能量。由于聚合物的横向收缩不

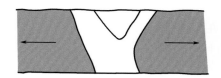

图 10-40　PC 试样"细颈"开始
时剪切带形成的显微图
（箭头表示施加的张应力的方向）

图 10-41　PS 试样在
张应力作用下呈现
银纹的照片

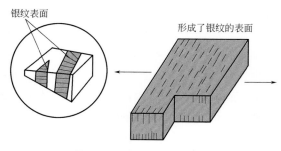

图 10-42　银纹结构示意图

足以全部补偿塑性伸长，致使银纹体内产生大量空隙，其密度为聚合物本体的 50% 左右，折射率也低于聚合物本体。因此在银纹和本体聚合物之间的界面上将对光线产生全反射现象，很容易在全反射角度下观察到银色的闪光。

许多聚合物材料在储存和使用中会出现银纹，特别是在 PS、PMMA 和 PC 这类透明材料中，银纹现象尤其明显。材料中银纹的出现不仅影响外观质量，而且有时会最终演变成裂纹，降低材料的强度和使用寿命，因此一般是不希望出现银纹的。但是，在橡胶增韧的聚合物中，如抗冲聚苯乙烯塑料，却正是利用橡胶颗粒周围的聚苯乙烯在外力作用下产生大量银纹，吸收能量，而达到提高冲击韧性的目的。

10.7.2　聚合物的断裂与强度

聚合物的断裂与强度是与它们使用性能的丧失有关的一类问题。聚合物材料在各种使用条件下所能表现出的强度和对抗破坏的能力是其力学性能的重要方面。目前，人们对聚合物强度的要求越来越高，因此研究其断裂类型、断裂形态、断裂机理和影响强度的因素，显得十分重要。

10.7.2.1　脆性断裂和韧性断裂

聚合物的断裂方式有脆性断裂和韧性断裂之分。从实用的观点来看，聚合物材料的最大优点之一是它们内在的韧性，即这种材料在断裂前能吸收大量的能量。但是，材料内在的韧性不是总能表现出来的。由于加载方式的改变，或者温度、应变速率、制件形状和尺寸的改变等都会使聚合物材料的韧性变坏，甚至以脆性形式断裂。而材料的脆性断裂，在工程上是必须尽力避免的。

从应力-应变曲线出发，脆性在本质上总是与材料的弹性响应相关联。断裂前试样的形变是均匀的，致使试样断裂的裂缝迅速贯穿垂直于应力方向的平面。断裂试样不显示有明显的推迟形变，断裂面光滑，相应的应力-应变关系是线性的或者微微有些非线性，断裂应变低于 5%，且所需的能量也不大。而所谓韧性，通常有大得多的形变，这个形变在沿着试样方向上可以是不均匀的，如果发生断裂，试样端面粗糙，常常显示有外延的形变，其应力-应变关系是非线性的，消耗的断裂能很大。在这许多特征中，断裂面形状和断裂能是区别脆性和韧性断裂最主要的指标。断面形貌特征是断裂过程的记载，观察和研究断面形貌特征能为深刻理解材料的断裂机理、分子材料失效的原因提供丰富的信息。有时由经验看出的断面形貌往往胜过理论判断。

一般认为脆性断裂是由所加应力的张应力分量引起的。韧性断裂是由切应力分量引起的。因为脆性断面垂直于拉伸应力方向，而切变线通常是在以韧性形式屈服的高聚物中观察到的。所加的应力体系和试样的几何形状将决定试样中张应力分量和切应力分量的相对值，从而影响材料的断裂形式。例如流体静压力通常是使断裂由脆性变成韧性，尖锐的缺口在改变断裂由韧变脆方面有特别的效果。

对于高分子材料，脆性和韧性还极大地依赖于实验条件，主要是温度和测试速率（应变速率）。正如我们已经看到的，在恒定应变速率下应力-应变曲线随温度而变化，断裂可由低温的脆性形式变到高温的韧性形式。应变速率的影响与温度正相反。

材料的脆性断裂和塑性屈服是两个各自独立的过程。实验表明，在一定应变速率 $\dot{\varepsilon}$ 下，断裂应力 σ_b 和屈服应力 σ_y 与温度 T 的关系如图 10-43（a）所示。显然，在一定温度和应变速率下，当外加应力达到它们之中较低的那个时，就会发生或者是断裂或者是屈服。显然，σ_b-T 和 σ_y-T 曲线的交点应该就是脆韧转变点。在高于这点的相应的温度时，材料总是韧性的。同样，在一定温度下，σ_b-$\dot{\varepsilon}$ 和 σ_y-$\dot{\varepsilon}$ 关系见图 10-43（b）。由图 10-43 可见，

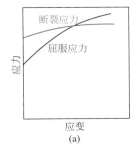
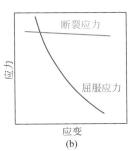

图 10-43　脆性断裂和屈服应力是两个各自独立的过程

断裂应力受温度和应变速率影响不大，而屈服应力受温度和应变速率影响很大：即屈服应力随温度增加而降低，随应变速率增加而增加。因此，脆韧转变将随应变速率增加而移向高温，即在低应变速率时是韧性的材料，高应变速率时将会发生脆性断裂。此外，材料中的缺口对其脆韧转变影响显著，尖锐的缺口可以使聚合物的断裂从韧性变为脆性。

格里菲斯方程的正确性已广泛地为脆性聚合物的实验所证实。格里菲斯理论本质上是一个热力学理论，它只考虑了为断裂形成新表面所需要的能量与材料内部弹性储能之间的关系，没有考虑聚合物材料断裂的时间因素，这是该理论的不足之处。另外还有断裂分子理论以及 Andrews 提出的广义断裂理论为聚合物的断裂奠定了更为广阔的基础，这里不再一一详述了。

10.7.2.2　高聚物的强度

当材料所受的外力超过其承受能力时，材料就被破坏。从分子结构的角度来看，高聚物之所以具有抵抗外力破坏的能力，主要靠分子内的化学键合力和分子间的范德瓦耳斯力与氢键。高聚物材料的破坏无非是高分子主链上化学键的断裂或是高分子链间相互作用力的破坏。因此从构成高分子链化学键的强度和高分子和高分子链间相互作用力的强度可以估算聚合物材料的理论强度。其中一个半经验公式：

$$\sigma = 0.1E \tag{10-57}$$

式中，σ 是断裂强度；E 是杨氏模量。一般说来，由高分子链化学键强度和链间相互作用力强度估算的理论强度比现有高聚物实际强度大 $100 \sim 1000$ 倍。因此在提高聚合物材料强度方面是大有作为的。

为什么聚合物的实际强度比理论强度差得如此多呢？这是由于材料内部的应力集中所致。引起应力集中的缺陷有几何的不连续，如孔、空洞、缺口、沟槽、裂纹；材质的不连续，如杂质的颗粒、共混物相容性差造成的过大第二组分颗粒；载荷的不连续；不连续的温度分布产生的热应力等。许多缺陷可能是材料中固有的，也可能是产品设计或加工时造成的。例如，开设的孔洞及缺口，不成弧形的拐角、不适当的注塑件浇口位置、加工温度太低以致物料结合不良等。当材料中存在上述缺陷时，其局部区域中的应力要比平均应力大得多，该处的应力首先达到材料的断裂强度值，材料的破坏便在那里开始。为此，注意克服不适当的产品设计和加工条件，对提高材料的强度是非常必要的。

10.7.2.3　影响聚合物强度的因素与增强

（1）内因（结构因素）与外因（温度和拉伸速率）　高分子材料的强度上限取决于主链化学键合力和分子链间的作用力。所以，在一般情况下，增加高分子的极性或形成氢键可以使其强度提高。在某些例子中，极性基团或氢键的密度越大，则强度越高。但如果极性基团过密或取代基团过大，不利于分子运动，材料的拉伸强度虽然提高，但呈现脆性。

主链含有芳杂环的聚合物，其强度和模量都比脂肪族的高。即刚性的高分子链的强度较高。例如芳香尼龙的强度和模量比普通尼龙高。分子链的支化程度增加，分子之间的距离增加，作用力减小，拉伸强度降低。适度的交联可以有效地增加分子链间的联系，使分子链不易发生相对滑移。随交联度的增加，往往不易发生大的形变，材料强度提高。但是在交联过程中，往往会使聚合物的结晶度下降或结晶倾向减小，因而过分的交联反而使强度下降。对于不结晶的聚合物，交联密度过大强度下降的原因可能是交联度高时，网链不能均匀承载，易集中应力于局部网链上，使有效网链数减小。这种承载的不均匀性随交联度提高而加剧，强度随之下降。分子量对聚合物材料强度的影响规律如下，当分子量较低时，强度随分子量的增加而提高；但是当分子量增加到一定程度后，强度随分子量增加的趋势变得平缓。

结晶对聚合物力学性能的影响包括两个方面：①结晶度的影响，一般来讲，随结晶度的增加，聚合物的强度、模量都提高，而断裂伸长率和冲击强度降低。②球晶大小的影响，球晶小而均匀的材料可能在模量、强度和韧性方面都超过大球晶材料。

取向可以使材料在取向方向上的强度提高几倍甚至几十倍，这在合成纤维工业中是提高纤维强度的一个必不可少的措施。因为单轴取向后，高分子链顺着外力方向平行排列，故沿取向方向断裂时，破坏主价键的比例大大增加，而主价键的强度比范德瓦耳斯力的强度高 50 倍左右。对于薄膜和板材，也可以利用取向来改善其性能。这是因为双轴取向后在长、宽两个方向上强度和模量都有提高，同时还可以阻碍裂缝向纵深发展。

材料中的缺陷造成应力集中，严重地降低了材料的强度。加工过程由于混合不均或塑化不良，成型过程由于制件表里冷却速度不同而产生内应力等，均可产生缺陷，必须引起注意。增塑剂的加入，对聚合物来说起了稀释作用，减小了分子间作用力，因而强度降低。此外，低温和高应变速率条件下，聚合物倾向于发生脆性断裂。温度越低，应变速率越高，断裂强度越大。

（2）增强途径　就力学强度和刚度而言，单一聚合物材料比起金属来要低得多，这也限制了它的应用。如果在聚合物基体中加入第二种物质，则形成"复合材料"，通过复合作用来提高材料力学强度的作用称为"增强"作用，能够提高聚合物基体力学强度的物质称为增强剂或活性填料。

按照填料的形态，可以分为粉状和纤维状两类。粉状填料如木粉、炭黑、轻质二氧化硅、碳酸镁、氧化锌等。它们与某些橡胶或塑料复合，可以显著改善其性能。例如，天然橡胶中添加 20% 的胶体炭黑，拉伸强度可以从 16MPa 提高到 20MPa；硅橡胶中加入胶体二氧化硅，拉伸强度可提高约 40 倍。

活性填料的作用，如对橡胶的补强可用填料的表面效应来解释。即活性填料粒子的活性表面较强烈地吸附橡胶的分子链，通常一个粒子表面上连接有几条分子链，形成链间的物理交联。吸附了分子链的这种粒子能起到均匀分布载荷的作用，降低了橡胶发生断裂的可能性，从而起到增强作用。填料增强的效果受到粒子和分子链间结合的牢固程度的制约。两者在界面上的亲和性越好，结合力越大，增强作用越明显。

纤维填料中使用最早的是各种天然纤维，如棉、麻、丝及其织物等。后来，发展了玻璃纤维。近年来，随着尖端科学技术的发展，又开发了许多特种纤维填料，如碳纤维、石墨纤维、硼纤维、超细金属丝纤维和单晶纤维即晶须，在宇航、电讯、化工等领域获得应用。

纤维填料在橡胶轮胎和橡胶制品中，主要作为骨架，以帮助负担载荷。通常采用纤维的网状织物，俗称帘子布。在热固性塑料中，常以玻璃布为填料，得到所谓玻璃纤维层压塑料，强度可与钢铁媲美。其中，环氧玻璃钢的比强度甚至超过了高级合金钢。用玻璃短纤维增强的热塑性塑料，其拉伸强度、压缩强度、弯曲强度和硬度一般可提高 100%～300%，但冲击强度一般提高不多甚至降低。纤维填充塑料增强的原因是依靠其复合作用。即利用纤维的高强度以承受应力，利用基体树脂的塑性流动及其与纤维的黏结性以传递应力。

随着高分子液晶的商品化，20 世纪 80 年代后期开辟了液晶聚合物与热塑性塑料共混制备高性能复合材料的新途径。这些液晶聚合物一般为热致型主链液晶，在共混物中可形成微纤而起到增强作用。而微纤结构是加工过程中由液晶棒状分子在共混物基体中就地形成的，故称作"原位"复合增强。随着增强剂用量增加，复合材料的弹性模量和拉伸强度增加，断裂伸长率下降，发生韧性向脆性的转变。表 10-8 为两种聚合物的液晶增强效果。

表 10-8　聚醚砜和聚碳酸酯的液晶增强效果

材料	拉伸强度 /MPa	伸长率 /%	拉伸模量 /GPa	弯曲强度 /MPa	弯曲模量 /GPa	缺口冲击强度 /(J·m^{-1})
聚醚砜						
未增强	63.6	122	2.50	101.9	2.58	77.4
增强	125.5	3.8	4.99	125.9	6.11	35.2
聚碳酸酯						
未增强	66.9	100	2.32	91.3	2.47	—
增强	121	3.49	5.72	132	4.54	14.8

10.7.2.4　聚合物的增韧

材料的冲击强度是一个技术上很重要的指标，是材料在高速冲击状态下的韧性或对断裂抵抗能力的度量。与材料的其他极限性能不同，它是指某一标准试样在断裂时单位面积上所需要的能量，而不是通常所指的"断裂应力"。冲击强度不是材料的基本参数，而是一定几何形状的试样在特定实验条件下韧性的一个指标。

（1）影响聚合物冲击强度的因素

① 高分子的结构　分子链支化程度增加，分子间距增加，作用力减小，冲击强度可能提高。如低密度聚乙烯的冲击强度比高密度聚乙烯高；适度交联也可提高材料的冲击强度，如聚乙烯交联后，冲击强度可提高 3～4 倍；聚合物的结晶度提高，冲击强度下降，甚至表现为脆性；结晶度相同的情况下，球晶大的聚合物冲击强度显著下降；适量加入增塑剂，可以使聚合物链段运动能力增加，冲击强度提高。

② 温度和外力作用速度　冲击实验中，温度对材料的冲击强度影响很大。随温度提高，冲击强度逐渐增加，接近 T_g 时，冲击强度将迅速增加，且不同品种之间的差别缩小。如室温下很脆的聚苯乙烯，在 T_g 附近也变成一种韧性材料。另外，外力作用时间长，相当于温度升高。

（2）增韧机理　目前的研究表明，增韧机理主要有橡胶等弹性体增韧聚合物基体时，弹性体颗粒作为应力集中物引发大量银纹或（和）剪切带的银纹机理以及银纹-剪切带机理；不相容的聚合物合金体系，在外力作用下产生三轴应力，致使分散相粒子周围引起空化的三轴应力空化机理；刚性粒子增韧的 ROF（刚性有机粒子增韧）和 RIF（刚性无机填料增韧）增韧机理以及刚性粒子，弹性粒子混杂填充增韧。对于聚合物增韧机理的研究还在不断发展和完善，目前提出的增韧机理都具有一定的局限性，不再一一详述。

要点总结

拓展阅读

附录
材料科学基础专业词汇

第1章　晶体学基础

长（短）程有序：long(or short)-range order

周期性：periodicity

点群：point group

对称要素：symmetry elements

旋转对称：rotational symmetry

原子堆积因数：atomic packing factor（APF）

体心立方结构：body-centered cubic（BCC）

面心立方结构：face-centered cubic（FCC）

布拉格定律：Bragg's law

配位数：coordination number

晶体结构：crystal structure

晶系：crystal system

晶体的：crystalline

衍射：diffraction

中子衍射：neutron diffraction

电子衍射：electron diffraction

六方密堆积：hexagonal close-packed（HCP）

各向同性的：isotropic

各向异性的：anisotropy

布拉菲点阵：Bravais lattice

晶格参数：lattice parameters

密勒指数：Miller index

密勒布拉菲指数：Miller-Bravais index

非结晶的：noncrystalline

晶带轴：the zone axis

金刚石结构：diamond structure

结构基元：base of the crystal

多晶的：polycrystalline

多晶形：polymorphism

单晶：single crystal

晶胞：unit cell

原子面密度：atomic planar density

衍射角：diffraction angle

粒度，晶粒大小：grain size

显微结构：microstructure

显微照相：photomicrograph

扫描电子显微镜：scanning electron microscope（SEM）

透射电子显微镜：transmission electron microscope（TEM）

三斜的：triclinic

菱形的：rhombohedral

正交的：orthorhombic

四方的：tetragonal

单斜的：monoclinic

配位数：coordination number

平移矢量：translation vector

半导体：semiconductor

绝缘体：insulator

第2章　固体材料的结构

原子质量单位：atomic mass unit（AMU）

原子数：atomic number

原子量：atomic weight

波尔原子模型：Bohr atomic model

键能：bonding energy

库仑力：Coulombic force

共价键：covalent bond

分子的构型：molecular configuration

电位：electron states

（化合）价：valence

电子：electrons

电子构型：electronic configuration

负电的：electronegative

正电的：electropositive

基态：ground state

氢键：hydrogen bond

离子键：ionic bond

同位素：isotope

金属键：metallic bond

一(二)次键：primary（secondary）bonds

密排结构：close packed structure

原子（离子）半径：atomic（ionic）radius

缺位固溶体：omission solid solution

电子化合物：electron compound

固溶体：solid solution

固溶度：solid solubility

过饱和固溶体：supersaturated solid solution

化合物：compound

间隙固溶体：interstitial solid solution

置换固溶体：substitutional solid solution

金属间化合物：intermetallics

鲍林规则：Pauling rule

(无)有序固溶体：(dis)ordered solid solution

固溶强化：solid solution strengthening

金属：metal

合金：alloy

摩尔：mole

分子：molecule

泡利不相容原理：Pauli exclusion principle

元素周期表：periodic table

原子：atom

分子：molecule

分子量：molecule weight

质量百分数：weight percent

极性分子：polar molecule

量子数：quantum number

价电子：valence electron

范德瓦耳斯键：van der Waals bond

电子轨道：electron orbitals

NaCl 型结构：NaCl-type structure

CsCl 型结构：caesium chloride structure

闪锌矿型结构：blende-type structure

纤锌矿型结构：wurtzite structure

金红石型结构：rutile structure

萤石型结构：fluorite structure

钙钛矿型结构：perovskite-type structure

尖晶石型结构：spinel-type structure

硅酸盐结构：structure of silicates

岛状结构：island structure

链状结构：chain structure

层状结构：layer structure

架状结构：framework structure

滑石：talc

叶蜡石：pyrophyllite

高岭石：kaolinite

石英：quartz

长石：feldspar

美橄榄石：forsterite

聚合物、高分子：polymer

单体：monomer

结构单元：structural unit

结构重复单元：structural repeat unit

聚合度：degree of polymer（DP）

链段：chain segment

构象：conformation

构型：configuration

取向：orientation

立体异构体：stereoisomer

几何异构体：geometric（al）isomer

立构规整性：stereoregularity

全同立构：isotactic

间同立构：syndiotactic

无规立构：atactic

支化高分子：branched polymer

星形支化高分子：star-branched polymer

无规共聚物：random copolymer

嵌段共聚物：block copolymer

接枝共聚物：graft copolymer

交替共聚物：alternating copolymer

硫化：vulcanization

接枝：graft

交联：crosslink

热固性塑料：thermoset

热塑性塑料：thermoplastic

单晶：monocrystal

片晶：lamellar crystal

球晶：spherulite

液晶高分子：polymer liquid crystal

主链液晶高分子：main-chain polymer liquid crystal

侧链液晶高分子：side-chain polymer liquid crystal

聚合物合金：polymer alloy

共混聚合物：polymer blend

准晶：quasicrystal

纳米晶：nanocrystal

体积收缩：volume shrinkage

玻璃态：vitreous state

第3章　固体中的扩散

活化能：activation energy

扩散通量：diffusion flux

浓度梯度：concentration gradient

菲克第一定律：Fick's first law

菲克第二定律：Fick's second law

相关因子：correlation factor

稳态扩散：steady state diffusion

非稳态扩散：nonsteady-state diffusion

扩散系数：diffusion coefficient

跳动概率：jump frequency

填隙机制：interstitialcy mechanism

晶界扩散：grain boundary diffusion

短路扩散：short-circuit diffusion

上坡扩散：uphill diffusion

下坡扩散：downhill diffusion

互扩散系数：mutual diffusion

渗碳剂：carburizing

浓度梯度：concentration gradient

浓度分布曲线：concentration profile

扩散流量：diffusion flux

驱动力：driving force

间隙扩散：interstitial diffusion

自扩散：self-diffusion

表面扩散：surface diffusion

空位扩散：vacancy diffusion

扩散偶：diffusion couple

扩散方程：diffusion equation

扩散机理：diffusion mechanism

扩散特性：diffusion property

无规行走：random walk

达肯方程：Dark equation

柯肯达尔效应：Kirkendall equation

本征热缺陷：intrinsic thermal defect

本征扩散系数：intrinsic diffusion coefficient

离子电导率：ion-conductivity

空位机制：vacancy concentration

第4章　凝　　固

过冷：supercooling

过冷度：degree of supercooling

晶核：nucleus

形核：nucleation

形核功：nucleation energy

接触角：contact angle

晶体长大：crystal growth

均匀形核：homogeneous nucleation

非均匀形核：heterogeneous nucleation

形核率：nucleation rate

长大速率：growth rate

临界晶核：critical nucleus

临界晶核半径：critical nucleus radius

枝晶偏析：dendritic segregation

局部平衡：localized equilibrium

平衡分配系数：equilibrium distributioncoefficient

有效分配系数：effective distribution coefficient

成分过冷：constitutional supercooling

引领（领先）相：leading phase

共晶组织：eutectic structure

树枝状结构：dendritic structure

层状共晶体：lamellar eutectic

伪共晶：pseudoeutectic

离异共晶：divorced eutectic

表面等轴晶区：chill zone

柱状晶区：columnar zone

中心等轴晶区：equiaxed crystal zone

定向凝固：unidirectional solidification

区域熔炼：zone melting

急冷技术：splat cooling

区域提纯：zone refining

单晶提拉法：czochralski method

晶界形核：boundary nucleation

位错形核：dislocation nucleation

晶核长大：nuclei growth

斯宾那多分解：Spinodal decomposition

有序无序转变：disordered-order transition

成核：nucleation

结晶：crystallization

籽晶，雏晶：matted crystal

籽晶取向：seed orientation

均匀化热处理：homogenization heat treatment

熔体结构：structure of melt

过冷液体：supercooling melt

软化温度：softening temperature

黏度：viscosity

表面张力：surface tension

介稳态过渡相：metastable phase

组织：constitution

淬火：quenching

退火的：softened

玻璃分相：phase separation in glasses

第 5 章 相 图

平衡图：equilibrium diagram

相：phase

相图：phase diagram

组分，组元：component

二元相图：binary phase diagrams

相律：phase rule

投影图：projection drawing

浓度三角形：concentration triangle

冷却曲线：cooling curve

成分：composition

自由度：freedom

相平衡：phase equilibrium

相律：phase rule

热分析：thermal analysis

杠杆定律：lever rule

相界：phase boundary

相界线：phase boundary line

相界交联：phase boundary crosslinking

共轭线：conjugate lines

相界有限交联：phase boundary crosslinking

相界反应：phase boundary reaction

相变：phase change/phase transformation

相组成：phase composition

共格相：phase-coherent

共晶反应：eutectic reaction

金相相组织：phase constituent

相衬：phase contrast

相衬显微镜：phase contrast microscope

相衬显微术：phase contrast microscopy

相分布：phase distribution

相平衡常数：phase equilibrium constant

相平衡图：phase equilibrium diagram

相变滞后：phase transition lag

相分离：phase segregation

相序：phase order

相稳定性：phase stability

相态：phase state

相稳定区：phase stabile range

相变温度：phase transition temperature

相变压力：phase transition pressure

同质多晶转变：polymorphic transformation

同素异晶转变：allotropic transformation

相平衡条件：phase equilibrium conditions

显微结构：microstructures

低共熔体：eutectoid

不混溶性：immiscibility

共析钢：eutectoid steel

共晶钢：eutectic steel

亚（过）共析钢：hypo(hyper)-eutectoid steel

铸铁：cast iron

第 6 章 固态相变的基本原理

内能：internal energy

焓：enthalpy

熵：entropy

化学势：chemical potential

热力学：thermodynamics

吉布斯相律：Gibbs phase rule

自由能：free energy

吉布斯自由能：Gibbs free energy

吉布斯混合能：Gibbs energy of mixing
吉布斯熵：Gibbs entropy
吉布斯函数：Gibbs function
热力学函数：thermodynamics function
热力学函数：thermodynamics function
固相反应：solid state reaction
扩散型相变：diffusional phase transition
非扩散型转变：diffusionless phase transition
铁碳合金：iron-carbon alloy
渗碳体：cementite

铁素体：ferrite
奥氏体：austenite
珠光体：pearlite
贝氏体：bainite
过渡相：transitional phase
马氏体相变：martensite phase transformation
马氏体：martensite
固溶处理：solution heat treatment
莱氏体：ledeburite

第 7 章　晶体缺陷

缺陷：defect，imperfection
点缺陷：point defect
线缺陷：line defect，dislocation
体缺陷：volume defect
位错排列：dislocation arrangement
位错线：dislocation line
刃位错：edge dislocation
螺位错：screw dislocation
混合位错：mixed dislocation
位错阵列：dislocation array
位错气团：dislocation atmosphere
位错轴：dislocation axis
位错胞：dislocation cell
位错爬移：dislocation climb
位错聚结：dislocation coalescence
位错滑移：dislocation slip
位错核心能量：dislocation core energy
位错裂纹：dislocation crack

位错阻尼：dislocation damping
位错密度：dislocation density
原子错位：substitution of a wrong atom
间隙原子：interstitial atom
晶格空位：vacant lattice sites
间隙位置：interstitial sites
杂质：impurities
弗仑克尔缺陷：Frenkel disorder
肖脱基缺陷：Schottky disorder
主晶相：the host lattice
错位原子：misplaced atoms
缔合中心：associated centers
自由电子：free electrons
电子空穴：electron holes
伯格斯矢量：Burgers
克罗各-明克符号：Kroger Vink notation
中性原子：neutral atom

第 8 章　材料表面与界面

面缺陷：interface defect
晶界：grain boundaries
大角度晶界：high-angle grain boundaries
小角度晶界：tilt boundary
孪晶界：twin boundaries
表面：surface
界面：interface
同相界面：homophase boundary
异相界面：heterophase boundary
晶界：grain boundary

表面能：surface energy
小角度晶界：low angle grain boundary
大角度晶界：high angle grain boundary
共格孪晶界：coherent twin boundary
晶界迁移：grain boundary migration
错配度：mismatch
弛豫：relaxation
重构：reconstruction
表面吸附：surface adsorption
表面能：surface energy

倾转晶界：tilt grain boundary

扭转晶界：twist grain boundary

倒易密度：reciprocal density

共格界面：coherent boundary

半共格界面：semi-coherent boundary

非共格界面：noncoherent boundary

界面能：interfacial free energy

应变能：strain energy

晶体学取向关系：crystallographic orientation

惯习面：habit plane

第9章　金属材料的变形与再结晶

弹性：elasticity

塑性：plasticity

刚性：rigidity

永久变形：permanent deformation

试样：specimen

应力：stress

应变：strain

弹性极限：elastic limit

屈服点（极限、强度）：yield point（limit，strength）

弹性模量：modulus of elasticity

延伸率：elongation

延展性：ductility

挠度：deflection

破坏：rupture

失效：failure

截面收缩率：reduction of area

缩颈：necking

拉伸强度：tensile strength

压缩强度：compressive

弯曲强度：bending strength

剪切强度：shearing strength

帕：pascal

兆帕：mega pascal

残余应力：residual stress

内应力：internal stress

应力集中：stress concentration

回复：recovery

再结晶：recrystallization

二次再结晶：secondary recrystallization

第10章　非金属材料的应力-应变行为与变形机制

烧结：sintering

烧成：fire

陶瓷：ceramic

氧化物：oxide

碳化物：carbide

氮化物：nitride

三点弯曲试验：three point bending test

玻璃化温度：glass transition temperature

玻璃态：vitreous state

高弹态：rubbery state

淬火：quench

蠕变：creep

应力松弛：stress relaxation

黏弹性：viscoelasticity

松弛时间：relaxation time

屈服：yield

冷拉：cold drawing

银纹：craze

格里菲思线弹性断裂理论：Griffith linear elastic fracture theory

参 考 文 献

[1] 包永千. 金属学基础. 北京：冶金工业出版社，1986.

[2] 石德珂. 材料科学基础. 2 版. 北京：机械工业出版社，2003.

[3] 卢光熙，等. 金属学教程. 上海：上海科学技术出版社，1985.

[4] 胡赓祥，钱苗根. 金属学. 上海：上海科学技术出版社，1980.

[5] 钟家湘，等. 金属学教程. 北京：北京理工大学出版社，1995.

[6] 赵品，等. 材料科学基础教程. 哈尔滨：哈尔滨工业大学出版社，2016.

[7] [美] 唐纳德 R 阿斯克兰. 材料科学与工程. 北京：宇航出版社，1988.

[8] 潘金生，等. 材料科学基础. 修订版. 北京：清华大学出版社，2011.

[9] 徐祖耀，等. 材料科学导论. 上海：上海科学技术出版社，1986.

[10] 梁光启. 工程非金属材料基础. 北京：国防工业出版社，1985.

[11] 殷声. 现代陶瓷及其应用. 北京：北京科学技术出版社，1990.

[12] 周玉，等. 陶瓷材料学. 哈尔滨：哈尔滨工业大学出版社，1995.

[13] 蓝立文. 高分子物理. 西安：西北工业大学出版社，1993.

[14] 张云兰，等. 非金属工程材料. 北京：轻工业出版社，1987.

[15] 复旦大学高分子科学系. 高分子化学. 上海：复旦大学出版社，1995.

[16] 赵华山，等. 高分子物理学. 北京：纺织工业出版社，1982.

[17] 冯端，等. 金属物理学. 第一卷结构与缺陷. 北京：科学出版社，1987.

[18] 杨于兴，等. X 射线衍射分析. 上海：上海交通大学. 1983.

[19] 周如松. 金属物理（中册）. 北京：高等教育出版社，1992.

[20] 胡赓祥. 蔡珣. 材料科学基础. 上海：上海交通大学出版社，2000.

[21] 刘文西，等. 材料结构电子显微分析. 天津：天津大学出版社，1989.

[22] D A 波特，等. 金属和合金中的相变. 李长海等译. 北京：冶金工业出版社，1988.

[23] 张联盟，黄学辉，宋晓岚. 材料科学基础. 2 版. 武汉：武汉工业大学出版社，2008.

[24] 王国梅，万发荣. 材料物理. 2 版. 武汉：武汉理工大学出版社，2015.

[25] Steinhardt P J，Jeong H C，Saitoh K，Tanaka M，Abe E，Tsai A P. Empirical evidence for quasi-unit cell picture based on AlNiCo. Nature，1998，396：55～57.

[26] Tsuda K，NIshida Y，Saitoh K，Tanaka M，Tsai A P，Inoue A，Masumoto T. Phil. Mag.，1996，A74：697.

[27] Callister W D. 郭福等译. 材料科学与工程基础，4 版. 北京，化学工业出版社，2016.

[28] 金志浩，高积强，乔冠军. 工程陶瓷材料. 西安：西安交通大学出版社，2001.

[29] 朱张校. 工程材料. 北京：清华大学出版社，2001.

[30] R W 卡恩，P 哈森，E J 克雷默. 材料科学与技术丛书. 聚合物的结构与性能. 北京：科学出版社，1999.

[31] R W 卡恩，P 哈森，E J 克雷默. 材料科学与技术丛书. 复合材料的结构与性能. 北京：科学出版社，1999.

[32] 沃丁柱. 复合材料大全. 北京：化学工业出版社，2000.

[33] 詹姆斯·谢佛，等. 工程材料科学与技术（原书第二版）. 余永林等译. 北京：机械工业出版社，2003.

[34] 冯端，师昌绪，刘治国. 材料科学导论——融贯的论述. 北京：化学工业出版社，2002.

[35] 吴人洁. 高聚物的表面与界面. 北京：科学出版社，1998.

[36] 胡福增，陈国荣，杜永娟. 材料表界面. 上海：华东理工大学出版社，2001.

[37] 张开. 高分子界面科学. 北京：中国石油化工出版社，1997.

[38] 华幼卿，金日光. 高分子物理. 5 版. 北京：化学工业出版社，2019.

[39] 马德柱，徐种德，何平笙，周漪琴. 高聚物的结构与性能. 2 版. 北京：科学出版社，1995.

［40］何曼君，陈维孝，董西侠．高分子物理．3 版．上海：复旦大学出版社，2008．．

［41］吴培熙，张留成．聚合物共混改性．北京：轻工业出版社，1996．

［42］顾雪蓉，陆云．高分子科学基础．北京：化学工业出版社，2003．

［43］Peter Haasen. Physical Metallurgy. Third Enlarged and Revised Edition. Translated by Janet Mordike. Cambridge University Press，1996.

［44］徐瑞，荆天辅．材料热力学与动力学．哈尔滨：哈尔滨工业大学出版社，2003．

［45］余永宁．金属学原理．北京：冶金工业出版社，2000．

［46］H 米格兰比．材料的塑性变形与断裂．颜鸣皋等译．北京：科学出版社，1980．

［47］余焜．材料结构分析基础．北京：科学出版社，2000．

［48］杨顺华，丁棣华．晶体位错理论基础．北京：科学出版社，1998．

［49］Smallman R E，Bishop R J. Modern Physical Metallurgy and Materials Engineering. Sixth Edition. Reed Educational and Professional Publishing Ltd，1999.

［50］Callister W D. Fundamentals of Materials Science and Engineering. fifth edition. John Wiley & Sons，Inc.，2001.

［51］Callister W D. Materials Science and Engineering An Introduction. sixth edition. John Wiley & Sons，Inc.，2003.

［52］Courtney T H. Mechanical Behavior Of Materials. McGraw-Hill Book Co-Singapore，2000.

［53］Budinski K G，Budinski M K. Engineering Materials：Properties and Selection. 7th edition. Prentice Hall，2002.

［54］Glicksman M. Diffision In Solids. Wiley-Interscience，2000.

［55］Okamoto H. Desk Handbook：Phase Diagrams For Binary Alloys. ASM International，Materials Park，OH，2000.

［56］Sperling L H. Introduction to Physical Polymer Science. 3rd edition. Wiley，2001.

［57］Chawla K K. Composite Materials Science And Engineering. 2nd edition. Springer-Verlag，1998.

［58］Peters S T. Handbook Of Composites. 2nd edition. Kluwer Academic，1998.